"十二五"国家重点图书出版规划项目

海河流域水循环演变机理与水资源高效利用丛书

社会水循环原理与调控

王建华 王浩 等著

科学出版社

北京

内 容 简 介

本书的主要内容包括对社会水循环的基础知识、研究现状与进展的论述；"自然-社会"二元水循环模式及耦合机制；社会水循环系统结构、动力机制、通量演化机制与规律；工业、农业、生活、第三产业和人工生态等行业用水需水基本原理和节水减污的调控机制；国内外城市水循环演化规律和城市单元用水系统分析；城市水循环系统演变的影响因素及其调控的机制与策略；流域、行政区域、城市单元等不同尺度社会水循环过程模拟模型的研发，并在海河流域相关单元的实证研究等。

本书可供流域与区域水循环、水资源管理、水资源配置与高效利用、水资源保护和节水型社会建设等领域的工作人员，以及水文、水资源、给水与排水相关专业的科研人员和高等院校师生阅读、参考。

图书在版编目（CIP）数据

社会水循环原理与调控／王建华等著．—北京：科学出版社，2014.1
（海河流域水循环演变机理与水资源高效利用丛书）
"十二五"国家重点图书出版规划项目
ISBN 978-7-03-038056-2

Ⅰ．社⋯ Ⅱ．王⋯ Ⅲ．海河-流域-水循环系统-研究 Ⅳ．TV213.4

中国版本图书馆 CIP 数据核字（2013）第 136346 号

责任编辑：李 敏 张 震／责任校对：宣 慧
责任印制：钱玉芬／封面设计：王 浩

科学出版社 出版
北京东黄城根北街16号
邮政编码：100717
http://www.sciencep.com

中国科学院印刷厂 印刷
科学出版社发行 各地新华书店经销

*

2014年1月第 一 版 开本：787×1092 1/16
2014年1月第一次印刷 印张：37 1/2 插页：3
字数：1 000 000

定价：228.00元
（如有印装质量问题，我社负责调换）

总　　序

　　流域水循环是水资源形成、演化的客观基础，也是水环境与生态系统演化的主导驱动因子。水资源问题不论其表现形式如何，都可以归结为流域水循环分项过程或其伴生过程演变导致的失衡问题；为解决水资源问题开展的各类水事活动，本质上均是针对流域"自然-社会"二元水循环分项或其伴生过程实施的基于目标导向的人工调控行为。现代环境下，受人类活动和气候变化的综合作用与影响，流域水循环朝着更加剧烈和复杂的方向演变，致使许多国家和地区面临着更加突出的水短缺、水污染和生态退化问题。揭示变化环境下的流域水循环演变机理并发现演变规律，寻找以水资源高效利用为核心的水循环多维均衡调控路径，是解决复杂水资源问题的科学基础，也是当前水文、水资源领域重大的前沿基础科学命题。

　　受人口规模、经济社会发展压力和水资源本底条件的影响，中国是世界上水循环演变最剧烈、水资源问题最突出的国家之一，其中又以海河流域最为严重和典型。海河流域人均径流性水资源居全国十大一级流域之末，流域内人口稠密、生产发达，经济社会需水模数居全国前列，流域水资源衰减问题十分突出，不同行业用水竞争激烈，环境容量与排污量矛盾尖锐，水资源短缺、水环境污染和水生态退化问题极其严重。为建立人类活动干扰下的流域水循环演化基础认知模式，揭示流域水循环及其伴生过程演变机理与规律，从而为流域治水和生态环境保护实践提供基础科技支撑，2006年科学技术部批准设立了国家重点基础研究发展计划（973计划）项目"海河流域水循环演变机理与水资源高效利用"（编号：2006CB403400）。项目下设8个课题，力图建立起人类活动密集缺水区流域二元水循环演化的基础理论，认知流域水循环及其伴生的水化学、水生态过程演化的机理，构建流域水循环及其伴生过程的综合模型系统，揭示流域水资源、水生态与水环境演变的客观规律，继而在科学评价流域资源利用效率的基础上，提出城市和农业水资源高效利用与流域水循环整体调控的标准与模式，为强人类活动严重缺水流域的水循环演变认知与调控奠定科学基础，增强中国缺水地区水安全保障的基础科学支持能力。

　　通过5年的联合攻关，项目取得了6方面的主要成果：一是揭示了强人类活动影响下的流域水循环与水资源演变机理；二是辨析了与水循环伴生的流域水化学与生态过程演化的原理和驱动机制；三是创新形成了流域"自然-社会"二元水循环及其伴生过程的综合模拟与预测技术；四是发现了变化环境下的海河流域水资源与生态环境演化规律；五是明晰了海河流域多尺度城市与农业高效用水的机理与路径；六是构建了海河流域水循环多维临界整体调控理论、阈值与模式。项目在 2010 年顺利通过科学技术部的验收，且在同批验收的资源环境领域 973 计划项目中位居前列。目前该项目的部分成果已获得了多项省部级科技进步一等奖。总体来看，在项目实施过程中和项目完成后的近一年时间内，许多成果已经在国家和地方重大治水实践中得到了很好的应用，为流域水资源管理与生态环境治理提供了基础支撑，所蕴藏的生态环境和经济社会效益开始逐步显露；同时项目的实施在促进中国水循环模拟与调控基础研究的发展以及提升中国水科学研究的国际地位等方面也发挥了重要的作用和积极的影响。

本项目部分研究成果已通过科技论文的形式进行了一定程度的传播，为将项目研究成果进行全面、系统和集中展示，项目专家组决定以各个课题为单元，将取得的主要成果集结成为丛书，陆续出版，以更好地实现研究成果和科学知识的社会共享，同时也期望能够得到来自各方的指正和交流。

最后特别要说的是，本项目从设立到实施，得到了科学技术部、水利部等有关部门以及众多不同领域专家的悉心关怀和大力支持，项目所取得的每一点进展、每一项成果与之都是密不可分的，借此机会向给予我们诸多帮助的部门和专家表达最诚挚的感谢。

是为序。

海河 973 计划项目首席科学家
流域水循环模拟与调控国家重点实验室主任
中国工程院院士

2011 年 10 月 10 日

序

随着全球人口的快速增长以及经济社会活动范围的拓展,地球表层物质与能量的自然循环过程被强烈扰动,水循环过程也不例外。大规模的工农业生产、城市化与生态建设以及人工取、用、耗、排水等活动,无时不在改变着天然水循环的大气、地表、土壤和地下各个过程,致使现代环境下的流域水循环呈现出明显的"自然−社会"二元化特性。而在水循环的研究方面,以自然水循环为基本对象的水文科学历经数百年的发展,目前已形成较为完善的学科体系。近几十年来,国内外水科学工作者在研究变化环境下自然水循环演变机理与规律的同时,也越来越关注经济社会用水和社会水循环的研究。节水型社会建设、从供水管理为主转向需水管理为主的水资源管理模式的确立,都将社会水循环原理与调控作为其重要的科学基础之一,水科学工作者从不同角度开展了大量探索性的工作。但迄今为止,社会水循环原理的认知及其知识体系的构建仍滞后于节水减排和需水管理的现实需求,亟须我们以社会水循环为基本对象,开展基础原理研究和学科知识体系的构建,并结合节水型社会建设和最严格水资源管理等国家治水实践,研究社会水循环调控的具体路径与措施。

该书作者在多年从事二元水循环应用基础研究和水资源规划管理研究的基础上,面向国家实行最严格水资源管理制度和建设节水防污型社会的现实需要,依托国家 973 计划项目、国家自然科学基金创新群体项目和重点项目等,系统开展社会水循环原理与调控应用基础研究,撰写了这本兼具科学价值与实践意义的专著。其主要贡献在于三方面:一是在学科层面,明确了水文学和水资源学研究对象的差异,即水文学研究的对象是自然水循环,水资源学研究的对象是社会水循环;二是在应用基础研究层面,初步形成了社会水循环及其调控的基础理论框架,探索性地构建了流域、行政区域和城市单元三个尺度的社会水循环模拟模型;三是在调控管理层面,创新形成了社会水循环系统整体调控模式,系统研究了分行业用水原理,提出了典型流域和区域社会水循环调控阈值,许多成果已经广泛应用于国家和地方节水型社会建设、水资源需求管理和最严格水资源管理实践。

由于水资源开发利用的外部性问题已经发展成为当前我国乃至许多其他国家与地区水

资源开发利用的主要矛盾，可以预言，社会水循环及其调控的科学问题必将成为未来一个时期水资源研究的方向与重点，该书的学科意义和应用价值将会不断显现出来。

中国工程院院士

2013 年 10 月

前　言

自人类社会开发利用水资源以来，耦合于"降水–产流–蒸发–排泄"自然主循环的社会侧枝水循环便开始形成，它以"取–供–用–排"为基本环节。随着经济社会需水和社会水循环通量的增加，社会水循环通量的保障及相应的生态环境外部性问题开始显现，成为当前水资源的主要矛盾。

社会水循环是指为实现特定的经济社会服务功能，人类从自然界有限水资源中获取的水分在经济社会系统中的赋存、运移、转化的过程。社会水循环是人类在开发利用水资源的实践活动中提出来的。一方面是缺乏对经济社会系统用水与需水的指导，导致需水管理中的预测与实际的节水型社会的进步不相匹配；另一方面是对需水管理和建设节水型社会缺少具体理论方面的指导。因此，社会水循环既是变化环境下认识水循环结构、通量和特性的科学总结，也是在自然驱动力与人类活动驱动力的双重驱动下的水分在流域地表介质中循环转化的一种认知模式。

全书共分 14 章。第 1 章概述了本书研究的背景和意义，综述了社会水循环研究的现状与进展，阐述了本书研究的目标、内容和技术路线。第 2~3 章在分析"自然–社会"二元水循环认知模式和耦合机制的基础上，对社会水循环系统结构和特征进行了解析，提出社会水循环的二维动力机制是用水需求及对应的"社会势"；提出社会水循环调控的目标是内部的安全性和外部的低影响性，调控的关键环节是取水端、用水过程和排水端，调控的路径是总量控制与定额管理相结合。第 4 章在对社会水循环通量演化机制进行研究的基础上，对包括径流性水资源和有效降水在内的社会水循环通量及其演化规律进行了评价和分析。第 5~9 章在对工业、农业、生活、第三产业和人工生态等行业用水过程分析的基础上，深入解析了各行业用水需水基本原理和节水减污的调控机制。第 10 章基于虚拟水的概念，计算了典型年我国南北方及各区域间的虚拟水通量关系，从社会水循环的角度分析了形成水以真实形式和虚拟形式在我国南北方之间逆向流动的主要原因。第 11~13 章研发了流域、行政区域、城市单元等不同尺度社会水循环过程模拟模型，在海河流域的相关单元进行了实证研究，对海河流域、天津市和典型城市单元的社会水循环过程进行了系统模拟，根据模型各自的定位，其中流域和区域社会水循环模拟模型是嵌套于分布式自然水循环的半分布式模拟模型。城市单元社会水循环模拟模型分为两部分：一是城市供水调度模拟模型，力图通过供水过程和精细化过程模拟提高水量、水压和水质保证率，并降低供水能耗与水耗；二是城市水文模型与城市排水体系耦合的城市排水调度模拟模型，力图通过城市排水过程的精细化模拟，为城市排水调控提供决策支持，以降低城市雨洪灾害风险。最后基于上述三个尺度社会水循环模拟，提出了相应尺度社会水循环调控的方案和阈值。第 14 章阐述了对社会水循环研究的总体结论与展望。

本书的研究工作得到了国家自然科学基金重点课题（40830637）、国家自然科学基金创新群体研究基金项目（51021066）、国家自然科学基金面上课题（51279208）和财政部"节水型社会建设"专项"我国节水型社会建设理论技术与实践应用研究"（水综节水[2006] 50 号）的共同资助。本书编写的具体分工为第 1 章由王浩、王建华、肖伟华和周毓彦执笔；第 2 章由王浩、王建华、肖伟华和邵薇薇执笔；第 3 章由王建华、肖伟华和王浩执笔；第 4 章由王建华、王浩和肖伟华执笔；第 5 章由王浩、李海红和王建华执笔；第 6 章由王浩、赵勇、杨贵羽、王建华、翟家齐、肖伟华和牛存稳执笔；第 7 章由王浩、褚俊英和王建华执笔；第 8 章由王浩、刘家宏和王建华执笔；第 9 章由王建华、王浩和高学睿执笔；第 10 章由马静、王建华和肖伟华执笔；第 11 章由王建华、胡鹏、王浩和严子奇执笔；第 12 章由王建华、桑学锋和王浩执笔；第 13 章由王建华、曹尚兵和肖伟华执笔；第 14 章由王浩和王建华执笔。全书由王浩与王建华统稿。

本书在研究和写作过程中，得到了水利部和中国工程院有关领导和研究课题组成员的大力支持和帮助，在此表示衷心的感谢！感谢钱正英院士等国内知名专家的指导与关怀！

由于社会水循环问题具有复杂性，且属于认识水循环变化规律的新方向，加之我们时间和水平有限，书中疏漏在所难免，敬请读者批评指正。

作 者

2013 年 10 月

目 录

总序
序
前言

第1章 绪论 ·· 1

  1.1 社会水循环的研究背景 ··· 1
  1.2 社会水循环研究进展 ··· 2
    1.2.1 国内研究进展 ··· 3
    1.2.2 国外研究进展 ··· 8
    1.2.3 国内外研究对比 ··· 13
    1.2.4 研究发展趋势 ·· 14
  1.3 研究目标、内容与技术路线 ·· 15
    1.3.1 研究目标 ·· 15
    1.3.2 研究内容 ·· 15
    1.3.3 研究技术路线 ·· 17

第2章 "自然-社会"二元水循环模式及耦合机制 ·· 20

  2.1 变化环境下的自然水循环 ··· 20
    2.1.1 自然水循环基本过程 ··· 20
    2.1.2 自然水循环主要功能 ··· 21
    2.1.3 自然水循环演化动因 ··· 21
  2.2 "自然-社会"二元水循环模式 ··· 22
    2.2.1 二元水循环概念框架 ··· 22
    2.2.2 二元水循环基本模式 ··· 23
    2.2.3 二元水循环相互作用特征 ··· 26
  2.3 "自然-社会"二元水循环耦合机制 ··· 27
    2.3.1 二元水循环耦合过程 ··· 27
    2.3.2 二元水循环耦合效应 ··· 28
    2.3.3 海河流域二元水循环系统耦合 ··· 29

2.4 "自然-社会"二元水循环调控研究 ································ 31
　　　　2.4.1 二元水循环调控基础分析 ································ 31
　　　　2.4.2 二元水循环调控的关键问题 ······························ 32
　　　　2.4.3 二元水循环与节水型社会建设 ···························· 33
　　　　2.4.4 基于二元水循环的节水型社会建设要点 ···················· 34

第3章　社会水循环系统结构解析与调控机制研究 ························ 37
　　3.1 社会水循环概念与特征解析 ······································ 37
　　　　3.1.1 社会水循环内涵的相关界定 ······························ 37
　　　　3.1.2 社会水循环概念与特征 ·································· 38
　　3.2 社会水循环系统及其历史演进 ···································· 39
　　　　3.2.1 原始文明的社会水循环 ·································· 39
　　　　3.2.2 农业文明的社会水循环 ·································· 39
　　　　3.2.3 工业文明的社会水循环系统 ······························ 41
　　　　3.2.4 后工业文明的社会水循环系统 ···························· 42
　　3.3 社会水循环系统结构与过程分析 ·································· 42
　　　　3.3.1 取（供）水过程 ·· 44
　　　　3.3.2 用（耗）水过程 ·· 45
　　　　3.3.3 排水过程 ·· 46
　　　　3.3.4 再生回用过程 ·· 46
　　3.4 社会水循环驱动机制 ·· 47
　　3.5 社会水循环系统调控机制 ·· 48
　　　　3.5.1 社会水循环系统调控标的 ································ 48
　　　　3.5.2 社会水循环系统调控环节 ································ 50
　　　　3.5.3 社会水循环系统调控路径 ································ 51
　　3.6 社会水循环研究的学科与现实意义 ································ 53
　　　　3.6.1 社会水循环与自然水循环比较研究 ························ 53
　　　　3.6.2 社会水循环研究的学科意义 ······························ 53
　　　　3.6.3 社会水循环研究的实践价值 ······························ 55

第4章　社会水循环通量演化机制与规律 ································ 56
　　4.1 社会水循环通量概念 ·· 56
　　　　4.1.1 基本概念解析 ·· 56
　　　　4.1.2 社会水循环通量的分类 ·································· 57
　　4.2 社会水循环通量演化的机制与规律 ································ 60

| | 4.2.1 | 渐变机制 | 61 |
| | 4.2.2 | 突变机制 | 62 |

4.3 世界及主要发达国家用水量演变 ·········· 63
    4.3.1 世界用水量历史演变 ·········· 63
    4.3.2 OECD 国家用水演变 ·········· 65
    4.3.3 美国用水量演变 ·········· 68
    4.3.4 日本用水演变 ·········· 72

4.4 中国社会水循环通量演变 ·········· 74
    4.4.1 用水总量及其用水结构 ·········· 74
    4.4.2 有效降水量 ·········· 76
    4.4.3 中国不同地区用水演变分析 ·········· 81

4.5 社会水循环通量的影响因子 ·········· 84
    4.5.1 水资源条件 ·········· 84
    4.5.2 人口 ·········· 84
    4.5.3 经济发展阶段 ·········· 84
    4.5.4 产业结构 ·········· 87
    4.5.5 科技水平 ·········· 87
    4.5.6 水管理 ·········· 88

4.6 中国社会水循环通量发展预测 ·········· 88
    4.6.1 经济社会发展预测 ·········· 88
    4.6.2 资源环境约束分析 ·········· 88
    4.6.3 用水总量演变趋势 ·········· 90
    4.6.4 用水结构演变趋势 ·········· 90

第 5 章 工业用水系统解析及其调控机理 ·········· 91

5.1 工业用水原理与特征分析 ·········· 91
    5.1.1 工业用水分类 ·········· 91
    5.1.2 工业用水的相关概念 ·········· 91
    5.1.3 工业用水的服务功能 ·········· 92
    5.1.4 工业用水特征分析 ·········· 94
    5.1.5 工业用水效应分析 ·········· 99

5.2 工业用水系统的发展与驱动机制 ·········· 99
    5.2.1 工业用水循环类型 ·········· 99
    5.2.2 工业用水系统的发展 ·········· 101
    5.2.3 工业用水的驱动机制 ·········· 103

5.3 典型高用水行业的用水 ··· 105
　5.3.1 火力发电企业用水系统 ··· 105
　5.3.2 石油化工企业水循环系统 ·· 107
　5.3.3 造纸企业水循环系统 ·· 109
　5.3.4 钢铁企业水循环系统 ·· 111
　5.3.5 纺织印染企业水循环系统 ·· 112
　5.3.6 食品加工企业水循环系统 ·· 113
5.4 世界工业用水的发展 ··· 114
　5.4.1 世界工业的发展 ··· 114
　5.4.2 世界工业用水的总体趋势 ·· 117
　5.4.3 工业用水发展宏观影响因子 ··· 122
5.5 我国工业用水与排水的演变分析 ··· 124
　5.5.1 我国工业发展历程 ·· 124
　5.5.2 我国工业发展的基本特点 ·· 124
　5.5.3 我国工业用水演变历程 ··· 127
　5.5.4 我国工业用水现状总体评价 ··· 131
5.6 工业用水影响因子及我国需水预测 ·· 136
　5.6.1 工业用水影响因子研究 ··· 136
　5.6.2 我国工业用水发展趋势的宏观预判 ···································· 141
5.7 我国工业用水系统调控途径与模式 ·· 148
　5.7.1 调控目标与原则 ··· 148
　5.7.2 我国工业用水区域调控模式 ··· 149
　5.7.3 我国工业用水调控主要措施 ··· 150

第6章 农业用水系统原理及其安全调控 ·· 153

6.1 农业水循环原理与特性 ·· 153
　6.1.1 农业水循环系统发展与结构 ··· 153
　6.1.2 农业水循环原理 ··· 154
　6.1.3 农业水循环特性 ··· 158
　6.1.4 雨养农业与灌溉农业 ·· 163
6.2 农业水循环过程解析与效率评价 ··· 165
　6.2.1 雨养农业水循环系统结构与过程 ······································· 165
　6.2.2 灌区农业水循环系统结构与过程 ······································· 168
　6.2.3 基于水循环的农业用水效率评价 ······································· 171
6.3 农业水循环伴生过程与面源污染问题 ······································· 177

	6.3.1 农业水循环伴生过程与面源污染	177
	6.3.2 我国农业面源污染现状	181
	6.3.3 我国农业面源污染演变规律	185
	6.3.4 我国农业面源污染防治	187
6.4	我国与世界典型国家农业水循环通量及其构成演变	190
	6.4.1 农业水循环通量	190
	6.4.2 我国农业水循环通量结构	191
	6.4.3 我国农业用水量演变规律	199
	6.4.4 世界典型国家农业用水量演变	204
	6.4.5 农业水循环通量影响因子与演变规律	211
6.5	面向粮食安全保障的农业用水需求预测	215
	6.5.1 保障我国粮食安全的需求分析	215
	6.5.2 我国耕地需求预测	223
	6.5.3 保障粮食安全的农业用水需求量	225
	6.5.4 农业可利用水量分析	229
6.6	我国农业水循环系统安全调控	230
	6.6.1 农业水循环调控目标与调控原则	230
	6.6.2 我国农业水循环调控途径与策略	231
	6.6.3 农业水循环调控的管理策略	233

第 7 章 生活用水系统解析及其调控机理 235

7.1	生活用水结构及其特性分析	235
	7.1.1 生活用水概念与基本构成	235
	7.1.2 生活用水的特性分析	236
7.2	典型生活用水单元结构与过程解析	238
	7.2.1 生活用水单元的发展及其水循环系统演化	238
	7.2.2 典型生活用水系统单元水循环结构	241
	7.2.3 典型生活水循环系统单元水量、水质演变过程	244
7.3	世界典型国家生活用水现状与演变分析	248
	7.3.1 生活用水现状	248
	7.3.2 生活用水演变趋势	253
7.4	生活用水的影响因子及其发展规律	254
	7.4.1 生活用水的影响因子及其识别	254
	7.4.2 生活用水的主要影响因子分析	255
	7.4.3 不同终端用水的影响因子	260

7.4.4 生活用水发展规律 ··· 261
7.5 我国生活水循环系统现状及发展预测 ·· 268
7.5.1 我国生活水循环系统现状分析 ··· 268
7.5.2 我国生活用水演变分析 ·· 275
7.5.3 我国生活水循环系统发展预测 ··· 278
7.6 我国生活水循环系统调控机理与途径 ·· 282
7.6.1 调控机理 ··· 282
7.6.2 调控途径 ··· 285

第8章 人工景观生态系统用水原理及其建设模式 ······························ 294
8.1 人工景观生态用水服务功能及需水特征 ······································ 294
8.1.1 人工景观生态用水分类 ·· 294
8.1.2 人工景观生态用水的服务功能 ··· 296
8.1.3 人工景观生态用水特征与要求 ··· 297
8.2 国内外人工景观生态用水及其影响因子分析 ································ 299
8.2.1 国外部分城市人工景观生态用水概况 ·· 299
8.2.2 我国人工景观生态用水概况 ·· 300
8.2.3 人工景观生态用水影响因子 ·· 310
8.3 人工景观生态建设与用水规划基础理论 ······································ 317
8.3.1 人工景观生态建设的目的和基本原则 ·· 317
8.3.2 基于可持续理念的人工景观用水规划理论 ·································· 319
8.4 人工景观用水规划标准研究 ·· 329
8.4.1 水量标准 ··· 329
8.4.2 水质标准 ··· 331
8.4.3 安全标准 ··· 335
8.5 人工景观生态的系统建设模式与关键技术 ··································· 335
8.5.1 人工景观生态用水系统的建设模式 ··· 335
8.5.2 人工景观生态系统建设的关键技术 ··· 337

第9章 第三产业用水系统原理及其安全调控 ····································· 340
9.1 城市第三产业用水的结构与特性 ·· 340
9.1.1 第三产业的内涵 ·· 340
9.1.2 第三产业用水的分类 ··· 342
9.1.3 第三产业用水基本特征 ·· 350
9.2 城市第三产业用水的微观机理 ··· 355

|　目　录　|

　　9.2.1　个体行为驱动 ………………………………………………… 355
　　9.2.2　宏观通量表征 ………………………………………………… 360
9.3　典型行业水系统构成与过程分析 ………………………………………… 362
　　9.3.1　行业用水构成 ………………………………………………… 362
　　9.3.2　取排水水质 …………………………………………………… 369
　　9.3.3　中水利用 ……………………………………………………… 370
　　9.3.4　水价响应差异 ………………………………………………… 372
9.4　城市第三产业用水的通量与构成特征 …………………………………… 374
　　9.4.1　部分国家第三产业用水构成的比较 ………………………… 374
　　9.4.2　我国城市第三产业用水变化分析 …………………………… 375
　　9.4.3　我国不同区域城市第三产业用水的比较 …………………… 377
　　9.4.4　我国直辖市产业用水结构变化分析 ………………………… 383
9.5　典型城市第三产业用水过程演变分析——以北京市为例 ……………… 388
　　9.5.1　第三产业用水总量与演变 …………………………………… 388
　　9.5.2　第三产业用水结构 …………………………………………… 389
　　9.5.3　第三产业用水效率 …………………………………………… 391
　　9.5.4　第三产业用水影响因素 ……………………………………… 393
9.6　城市第三产业用水系统调控的机制与途径 ……………………………… 393
　　9.6.1　城市第三产业用水系统调控的层次化结构 ………………… 393
　　9.6.2　城市第三产业用水系统调控的措施 ………………………… 396

第10章　虚拟水及其通量核算研究 …………………………………………… 402

10.1　虚拟水及其定量计算的理论基础 ………………………………………… 402
　　10.1.1　开展虚拟水研究的意义 ……………………………………… 402
　　10.1.2　相关概念及其定量计算方法 ………………………………… 403
10.2　各国虚拟水贸易及水足迹比较 …………………………………………… 404
10.3　中国区域虚拟水通量核算基本思路 ……………………………………… 408
　　10.3.1　核算的必要性 ………………………………………………… 408
　　10.3.2　核算思路 ……………………………………………………… 408
10.4　农产品供需平衡 …………………………………………………………… 410
　　10.4.1　1999年以来我国区域农产品生产 …………………………… 410
　　10.4.2　我国区域农产品消费 ………………………………………… 411
　　10.4.3　我国农产品进出口 …………………………………………… 412
　　10.4.4　我国农产品供需平衡 ………………………………………… 413
10.5　我国区域间虚拟水交换通量 ……………………………………………… 414

	10.5.1	主要农产品虚拟水含量	414
	10.5.2	我国虚拟水国际贸易通量	415
	10.5.3	区域间虚拟水交换通量	417

第 11 章 海河流域社会水循环模拟与调控 422

11.1	海河流域概况	422
	11.1.1	自然地理与水文气象	422
	11.1.2	高强度人类活动特点	429
	11.1.3	主要水问题	431
11.2	海河流域社会水循环模拟模型	433
	11.2.1	模型总体结构	434
	11.2.2	DAMOS 模型	435
	11.2.3	ROWAS 模型	440
	11.2.4	WACM 模型	445
11.3	海河流域社会水循环调控方案及模拟结果	452
	11.3.1	多维临界调控三层次递进方案设置	452
	11.3.2	多维临界调控方案的比选与评价	454
	11.3.3	总量控制指标分析	469
11.4	海河流域社会水循环调控措施	479
	11.4.1	水资源配置工程	479
	11.4.2	节水与非常规水源利用	479
	11.4.3	水资源保护	484
	11.4.4	实行最严格的水资源管理制度	488

第 12 章 天津市社会水循环模拟与调控 494

12.1	天津市基本情况	494
	12.1.1	自然地理	494
	12.1.2	经济社会	496
	12.1.3	水资源及开发利用	496
	12.1.4	水资源与水环境存在的问题	496
12.2	调控目标与原则	497
	12.2.1	调控目标	497
	12.2.2	调控原则	497
12.3	天津市社会水循环模拟及分析	498
	12.3.1	全市二元水循环过程定量分析	498

12.3.2 全市主要水循环要素构成及定量分析 …… 500
12.3.3 人工取用水过程中的供、用、耗、排通量 …… 502
12.3.4 主要农作物耗用水特点及水分生产率 …… 503
12.4 天津市水资源调控方案 …… 508
12.4.1 区域取水总量调控方案 …… 508
12.4.2 行业耗用水调控方案 …… 510
12.4.3 水环境纳污控制调控方案 …… 511
12.5 天津市水资源调控方案评估 …… 513
12.5.1 水资源分析 …… 513
12.5.2 ET 分析 …… 513
12.5.3 生态环境分析 …… 514
12.5.4 社会经济分析 …… 514

第 13 章 城市单元社会水循环模拟与调控 …… 515
13.1 城市水循环系统概述 …… 515
13.1.1 城市水系统与城市水循环 …… 515
13.1.2 城市水循环系统的基本特性 …… 519
13.1.3 城市化的水循环效应 …… 523
13.2 城市社会水循环供水系统模拟与调控 …… 529
13.2.1 城市社会水循环供水系统 …… 529
13.2.2 城市社会水循环供水系统模拟模型 …… 532
13.2.3 城市社会水循环供水系统模拟与调控实例 …… 541
13.3 城市社会水循环排水系统模拟与调控 …… 548
13.3.1 城市社会水循环排水系统 …… 548
13.3.2 城市社会水循环排水系统模拟模型 …… 550
13.3.3 城市社会水循环排水系统模拟与调控实例 …… 556

第 14 章 总结与展望 …… 567
14.1 总结 …… 567
14.2 展望 …… 571

参考文献 …… 573

第1章 绪　　论

1.1 社会水循环的研究背景

　　天然状态下，受太阳能、重力势能、生物势能等能量的共同作用，水分于垂直方向上在"大气—地表—土壤—地下"、水平方向上在"坡面—河道—海洋（尾闾湖泊）"之间循环往复，通过"搬运（溶解）—沉积（结晶）"作用改变物质分布并塑造地表形态，通过"河道汇流—水流演进"维持河流廊道、河口与近海生态系统，通过蒸腾参与"光合—呼吸作用"维持着地表陆生生态，通过"蒸发—凝结作用"调节地表的能量分布，从而成为支撑地球表面最为基本的循环过程之一，并在地球无机物质和有机生命的系统循环演变过程中扮演着十分重要的角色。

　　自人类社会开始开发利用水资源以来，天然的一元水循环结构被打破，形成了"自然-社会"二元水循环结构，即一个完整的陆域水循环系统是由流域"降水—坡面—河道—地下"为基本过程的自然主循环与区域"取水—供水—用水—排水"为基本过程的社会循环耦合组成，二者通量相互依存、过程相互影响。

　　社会水循环的形成，一方面，使得水资源的服务功能由自然生态和环境范畴拓展到社会和经济范畴，但同时由于社会水循环与自然水循环之间存在着通量此长彼消的动态依存关系，以及以水循环为载体的社会经济污染物的排入，水资源在发挥社会与经济服务功能的同时，自然生态与环境服务功能受到影响；另一方面，社会取、耗、排水通量不断增加，甚至会破坏自然主循环的基本生态和环境服务功能，如在我国海河流域，现状水资源开发利用率已超过100%，社会水循环的取、用、耗、排的通量过大，致使流域呈现出有河皆干、有水皆污、地下水超采、漏斗遍布的严峻态势。从我国的国情和水情出发，必须长期坚持建设节水防污型社会，对社会水循环实施有效、科学的调控，以维护自然水循环系统稳定，促进水资源的生态、环境、社会、经济全属性服务功能目标的协调实现。

　　社会水循环是一个宏观开放的系统，始端起于从自然水循环系统的取水或雨水直接利用，终端止于向自然水循环系统的排放或蒸、散发，中间通过入渗等过程与自然水循环系统紧密耦合。随着社会经济的不断发展，社会水循环系统随之演进。总结其演变和发展过程，初步可以得到四个方面的基本规律：一是径流性水分通量呈现出倒"U"形的演变过程。即随着社会经济发展，社会水循环通量表现出"快速增长—缓慢增长—零增长—缓慢下降"的宏观演变规律。在我国，社会水循环的径流性通量从新中国成立初期的1000多亿立方米增长到2005年的5600多亿立方米，目前已进入缓慢增长时期。二是循环路径不断延展。社会水循环的初期路径以"取水—用水—排水"为基本过程，中期以"取水—

给水处理—用水—污水处理—排水"为基本过程，后期则以"取水—给水处理—配水——次利用—重复利用—污水处理—再生回用—排水"为基本过程。三是循环结构日趋复杂。在现代的社会水循环大系统中，往往包含了多个闭路的单元子系统，如城市的水利用和再生子系统、农村的水利用子系统、企业的水利用子系统以及社区的水利用子系统等。四是与自然水循环系统的分离特性日趋明显。如农业节水减少了渠系和田间的回归量，管网改造减少了公共供水向地下的渗漏量，城市污水处理回用和工业水循环利用等大大减少了向自然系统的排放量。

从上述初步分析可以看出，作为与自然主循环系统耦合并存且发挥重要社会和经济服务功能的另一分支，社会水循环系统有着自身的科学原理和发展规律。要实现对社会水循环系统有效、科学的调控，维护自然水循环系统的稳定，减少社会水循环对自然生态系统的负面影响，提高社会水循环的效率和产出，必须建立在科学认知"自然-社会"二元水循环的耦合、作用和约束机理，以及系统掌握社会水循环系统的基本结构、循环过程、驱动机制和演进规律的基础上。

随着经济社会需用水和社会水循环通量的增加，社会水循环通量的保障及相应的生态环境外部性问题开始显现，成为当前水资源开发利用的主要矛盾。从现有的科学技术支撑体系来看，在长期除水害、兴水利的社会经济发展实践需求驱动下，以自然水循环系统为基本对象、服务于供水管理的知识体系相对完善。前者如水文学、水力学、河流动力学、泥沙运动力学等基础性学科；后者包括农田水利、水力发电科学和水运科学等水利科学，以及水工结构与材料科学、岩土力学与岩土工程学、水利机械、海岸与海洋工程科学等水工程技术科学。对于社会水循环，以及如何达到社会水循环与自然水循环的均衡协调，尽管国内外许多学者已开始意识到该项研究的必要性和紧迫性，但由于社会水循环系统十分复杂，已有的研究大多停留在基本理念的推广和系统概念性的描述上，或局限于对系统的特定单元（多集中于城市单元）或是单一过程与环节（如灌溉、给排水等）的研究方面，而以社会水循环系统为基本对象、服务于用水需求管理与调控的知识体系还十分薄弱，不能满足当前我国以社会经济用水系统自我约束为核心的需水管理、节水防污型社会建设等重大实践需求。为此，社会水循环研究项目组提出"社会水循环与调控原理研究"项目的立项建议，力图搭建出相对系统的社会水循环知识体系构架，服务于我国必须长期坚持的节水防污型社会建设和需水管理实践，推进具有中国特色的现代水科学和技术创新体系的发展。

1.2　社会水循环研究进展

尽管社会水循环形成于人类社会开发利用水资源的开始，但长期以来开展的研究大多是围绕水资源供给系统（自然水循环系统）及其开发利用途径展开的。直至20世纪70年代，自然水循环系统的资源供给不足和环境容量约束的问题逐步显露，人们才开始逐步关注社会经济用水对于生态环境的影响以及对社会经济用水系统自身的约束和管理，并针对社会水循环系统的典型单元、过程和环节开展了相关描述、评价、调控和管理研究。发展到20世纪90年代中期，越来越多的学者开始从系统的角度对社会水循环的整体和内部结构及其基本过程开展研究，经过十几年的不断探索，目前取得了一些阶段性成果。

1.2.1 国内研究进展

我国对社会水循环的研究始于 20 世纪 80 年代，但以社会水循环系统为明确对象的研究主要是从 20 世纪 90 年代中后期开始的。社会水循环研究的前沿领域主要包括：自然水循环系统与社会水循环系统之间的耦合机理及平衡-约束机制研究，经济社会发展规律的科学认知与社会水循环之虚拟水流动机理研究，社会水循环系统的水量、水质演变过程研究，描述社会水循环系统的模型技术与方法研究，以及社会水循环系统的评价与调控研究。

1.2.1.1 "自然-社会"水循环系统耦合机理及平衡-约束机制研究

一方面，自然水循环与社会水循环相互之间密不可分，它们在何处、以何种方式、发生何种相互作用并有机耦合起来；另一方面，在现代社会水循环系统中，如何延伸传统水平衡原理的内涵及扩展其平衡要素，实现不同尺度的转化，这是深入揭示和丰富完善"自然-社会"二元水循环理论及模式的关键科学问题之一，也是社会水循环研究的前沿领域之一。

近十年来，对自然水循环和社会水循环关系的研究从零星分散到系统集中，从简单到复杂，从片面到全面。

姚治君等（2003）应用累积滤波器和肯德尔秩次相关法，对潮白河径流的年际、年内分配规律作定性和定量研究，结果表明，潮白河年径流总体呈减少趋势，且减少趋势显著；根据年径流累积曲线和回归分析，人类活动是引起潮白河径流减少的主要因素。李文生等（2007）提出的"健全水循环"是指在一个流域现有的水资源条件和开发现状下，既要实现流域内正常的产业活动，又要保证水的社会循环不损害水的自然循环的客观规律。即在水的利用中，用水应与流域水循环系统相协调，保持合理平衡，以维持水在经济社会发展和自然、生态、环境等方面的功能。刘昌明（2004）提出，需要进一步综合考虑黄河流域人类活动与气候变化影响，深入开展变化环境下的水循环过程的实验与计算研究，并制定水资源评价方法，包括发展二元水资源演化模型；结合可更新量的确定，计算水资源的人口与经济承载力，为恢复和创建黄河流域可持续利用的水资源供水系统及其管理提供依据。

在研究自然水循环与社会水循环相互影响的过程中，对于定量化确定和分离气候变化与人类活动对水循环要素的影响，成为近年来的热点和难点。胡珊珊等（2012）以唐河上游流域为例，根据流域内 1960～2008 年水文气象数据，采用气候弹性系数和水文模拟方法，研究了气候变化和人类活动对白洋淀上游水源区径流量的影响。结果表明：年径流下降趋势显著，下降速率为 1.7mm/a，且径流在 1980 年前后发生了突变；气候变化对唐河上游流域径流减少的贡献率为 38%～40%，人类活动对径流的减少起主导作用，为 60%～62%。为维持白洋淀的生态功能，必须保证一定的最小生态需水量，开展湿地生态用水调度与监管。王庆平等（2010）认为，降水变化是造成滦河流域下游水资源年际波动性变化的主要因素，但造成流域水资源量显著下降的主要影响因素是人类活动，包括以农业灌溉为主的水资源利用、土地利用活动对流域水资源的间接影响，以及向外流域持续调水等因素的直接影响。王纲胜等（2006）用 DTVGM 月水量平衡模型定量识别气候变化及人类活动对径流变化的贡献，通过设定模型中人类活动背景参数集——地表产流系数、地表产流指数、地下径流蓄泄系数、蒸散发计算参数、土壤湿度初值等进行研究。贺国庆等（2008）以广东省主要河流为研究对象，对其降雨、径流、降雨-径流关系、蒸发等多年变化特征进行分析，根据有人类活动以前的降雨、径流资料建立降雨-径流相关关系，并利用有人类活动影响时的降雨、径流资料进一步综合分析人类活动对水循环的影响规律和程度。

2004 年，王浩等开始对"天然-人工"二元水循环进行系统的研究，在国家"九五"、"十五"科技攻关计划和 973 计划项目研究中，提出了"天然-人工"二元水循环基本结构与模式，并初步研究了分布式水循环模拟模型和集总式水资源调配模型耦合而成的二元水循环系统模拟模型。刘家宏等（2010）详细分析海河流域的水循环过程，详细阐述了二元水循环模式的研究基础、定义、关键要素、演变历程，并阐述了海河流域二元水循环要素的演化规律。贾仰文等（2010）在充分阐述二元水循环理论的前提下，提出二元水循环模型，由分布式流域水循环模型（WEP）、水资源合理配置模型（ROWAS）和多目标决策分析模型（DAMOS）3 个模型耦合而成，并在海河流域进行了较好的验证，可望用作海河流域水资源规划与管理的情景分析工具。

1.2.1.2 虚拟水流动机理研究

尽管社会水循环是水在社会经济系统的运移演化过程，但其驱动力主要源于经济社会本身的发展演变，因此，加强对经济社会发展规律和内在机制的掌握，是从全局高度跳出以水论水局限、系统认知社会水循环科学机理的基础。前已述及，社会水循环中大量的水运移过程以"虚拟水"形式进行，虚拟水流动实质是水随着经济社会发展而变化的伴生过程，虚拟水流动机理研究是撬动社会水循环研究的一个"支点"，是真正深入认知社会水循环驱动机制和演变规律的切入点。

虚拟水战略是一种定量化度量水资源在经济社会中的循环过程模拟。虚拟水的思想来自以色列农业应用中"嵌入水"（embedded water）的概念，Allan（1993）首先提出了虚拟水的概念，是指在生产商品和服务过程中所需要的水资源数量。Bouhiah（1998）提出了水资源利用投入产出表，除了加入"水的投入"外，还在产出部分加入了"自然储水量变化"项目。该表从水的自然循环和社会循环出发，较好地表达了水在经济活动中的流动过程，并直接反映出各种经济活动中实际消耗的水量，较传统模型是一大进步。2003 年，程国栋等引入了虚拟水概念，指出水在社会经济系统的运动除实体水外，还有大量"蕴含"在产品中并通过贸易体现的虚拟水。徐中民等（2003）提出虚拟水的计算采用账户的方式解释水资源在社会经济系统中的迁移转换。尚海洋等（2011）详细介绍了虚拟水的概念及虚拟水的投入产出模型，根据当地的水资源投入产出表，提出水资源投入产出模型及虚拟水的预算方法。尚海洋等（2009）还发现实物消费量增减是影响虚拟水消费量变化的主要因素，控制虚拟水人均消费量是减少虚拟水消费的关键所在，以低营养级产品替代高营养级产品，可以减少当前消费模式下的虚拟水消费量。鲁仕宝等（2010）提出农作物和畜牧产品的虚拟水计算方法。马静等（2004）认为目前普遍采用的动物产品的虚拟水含量计算方法是Chapagain和Hoekstra提出的生产树方法，在研究中采取简化方法获得，即动物产品的虚拟水量等于单位产品的饲料用量乘以其相应的虚拟水含量加上单位体重活动物饮用水量以及生产各环节的用水量。项学敏等（2006）提出工业产品中虚拟水含量的计算方法，并总结虚拟水含量的统一计算方法和步骤：①产品属性的确认；②产品中虚拟水流向图的绘制；③明确各个过程的用水效率；④确定产品虚拟水含量的计算模型。

1.2.1.3 社会水循环系统的水量、水质演变过程研究

传统社会水循环系统水量、水质演变研究，一般将社会经济系统作为一个整体"黑箱"或"灰箱"进行集总式描述，在很大程度上源于对其水量、水质演变过程缺乏深入细致的认知。未来的工作将集中在对这些"黑箱"或"灰箱"进行深入细致的剖析，明晰其演变过程，揭示社会水循环的发展机制和演变机理。

贾绍凤等（2003）指出，社会经济系统水循环指社会经济系统对水资源的开发利用及各种人类活动对水循环的影响。它是相对于自然水循环而言的。杜会等（2006）研究植被对社会水循环要素的影响，包括截留效应、提高入渗速率、增加蒸腾作用等。由于绿化面积增加，需要的灌溉量也相应增加，再加上近年来地下水开采量增加，如北京市水资源总量呈递减趋势。邓荣森等（2004）研究发现，在城市用水系统中增加污水回用这一环节后，下水系统处理污染物量增加；上水系统处理污染物、排放环境污染物量减少；与之对应的费用也相应增减。建立整个水循环系统污水回用的环境经济净效益函数，可以此作为对缺水地区用户制定罚款或补贴等激励机制的依据。王西琴等（2006）基于二元水循环理论，考虑人类活动影响，提出生态需水量不仅来自于天然降水，而且受到社会系统排水的补充，其水量大小与水质状况还受到人类利用水资源程度、利用效率、污水排放量等的影响。张进旗（2011）研究发现，山区蓄水工程增大了水面面积，增加了水面蒸发量，减小了径流量；平原引水工程、地下水开发工程增加了水循环的通量，同时也增加了耗水量；在我国的生活、工业、农业用水中，农业用水量最大，如2005年占全国总用水量的70%以上，用于农业灌溉的水量，一部分消耗于蒸发、散发，一部分补充地下水，在整个流域水循环过程中，增大了水量消耗。张光辉等（2004）认为，黑河流域近50年以来修建水库已达100多座，同时中游区水资源开发利用程度步伐加快；随着人口的增加、农业灌区面积逐年扩大，以致流入下游区水量逐年减少，河湖干涸，地下水位持续下降，导致额济纳旗生态环境急剧恶化，胡杨林已经大片枯死，草场退化和沙尘暴肆虐等问题进一步加剧。他们用指数加权法估算人类活动对水循环的影响，并据此提出可持续发展策略。王利民等（2011）分析了生产建设活动及水利工程对流域水资源供需状况的影响。对于降雨量较大的区域（一般年降雨量大于等于800mm），人类活动对水文循环的产流、汇流及径流等过程影响较小，对于年降雨量较小而经济发达的区域，水文情势已经发生了根本的变化。人类活动的影响主要有农业生产活动、农村与城镇建设活动、流域上游森林植被变化、水利工程（蓄水、取水、排水工程）的影响。从总体上这些影响使流域的供水能力减弱，破坏了流域内水资源供需关系，孕育并产生了大量的水资源危机，这种水资源危机是

伴随社会发展过程而产生的，而且具有逐步深化的趋势。许炯心（2007）认为，黄河径流的研究已有大量成果发表，涉及水资源与径流变化、水土保持对径流的影响、径流可再生性的变化、二元水循环模式、黄河干流下游断流的径流序列分析等方面，但是对黄河流域侧支循环的系统研究尚少。侧支循环和主干循环的影响因素有自然和人类活动，其中，自然因素是决定水循环的主导因素，下垫面特征也是重要的自然因素；人类活动也是重要影响因素之一。人类活动的影响有两个方面：一是引水能满足灌溉、工业、城镇和乡村人口需水要求；二是通过大规模水土保持改变流域的土地利用、土地覆被状况，从而改变下垫面状况。通过建立侧支水循环和主干水循环的相对强度指标和绝对强度指标来研究人类活动对黄河河川径流的影响。

1.2.1.4　描述社会水循环系统的模型技术与方法研究

模拟模型既是水文科学研究的重要工具，也是研究的热点和难点之一。社会水循环模拟面临着比自然水循环更多的难点，如与水有关的社会经济数据的空间化及其描述方法、社会水循环基本单元间相互作用机制等。同时，如何在不同类型社会水循环单元机制研究的基础上，通过精细的过程模拟，实现各单元间的"无缝"耦合，需要加强模型数理描述和现代信息技术应用的引进和研发。社会水循环模型技术有如下分类：典型城市社会水循环模拟；典型农村社会水循环模拟；单元水循环系统结构、过程与水分演变。

1.2.1.5　社会水循环系统的评价与调控研究

社会水循环系统综合评价主要包括健康评价和效率评价，需要建立社会水循环系统的健康指标体系，明确社会水循环调控的目标与方向，同时研究效率评价的指标体系、评价方法和技术。在社会水循环的调控方面，需要综合以往单项研究的成果，开展调控措施的综合评估，为其调控决策提供参考依据。目前国内对社会水循环系统的评价与调控的研究内容有基于"二元"水循环的水资源及其开发利用评价、水资源管理评价、用水过程评价、非常规水源利用评价等。

来海亮等（2006）针对上述两种类型的评价目标提出了相应的评价指标体系：水资源系统描述指标、水资源开发利用系统描述指标、水生态系统描述指标、水环境系统描述指标、经济社会系统描述指标体系。王浩等（2006）提出了水资源全口径层次化动态评价方法，即以降水为资源评价的全口径通量，遵照有效性、可控性和可再生性原则对降水的资源结构进行解析，实现广义水资源、狭义水资源、径流性水资源和国民经济可利用量的层次化评价。在手段上，构建了由分布式水循环模拟模型与集总式水资源调配模型耦合而成的二元水资源评价模型，并将下垫面变化和人工取用水作为模型变量以实现动态评价。贾仰文等（2010）综合考虑水文气象、南水北调工程、地下水超采控制、入海水量控制目标等因素，据现状（2005年）、2010年和2020年三个水平年，设置了九个情景方案，应用海河流域二元水循环模型（简称"二元模型"）进行了水资源管理战略情景模拟分析。采用GDP、粮食产量、ET（蒸、散发量）、入海水量、总用水量、减少地下水超采量等评价指标对九个情景方案的模拟结果进行了评价，给出了各规划水平年的推荐方案。在此基础上，对今后海河流域水资源管理战略问题如 ET 控制、地下水超采量控制和入渤海水量控制等进行了讨论。基于流域二元水循环理论，通过理论推导，周祖昊等（2011）提出了基于流域二元水循环全过程的用水评价方法，即体现四个统一评价的评价方法：供、用、耗、排统一评价；用水过程与自然水循环过程统一评价；地表水和地下水用水统一评价；用水量与用水效率、效益统一评价。钱春健等从社会水循环的概念入手，提出了社会水循环的概念模型及整体示意，结合苏州市水资源开发利用的三种途径，提出了水资源保护的方法。张炜等（2010）研究发现，雨水回用不仅不会减少雨水入渗量，还可以控制雨水径流污染，削减汛期江河下游区域的洪峰流量，是改善下游区域生态环境的有效途径。李碧清等（2004）发现，随着排污量的增加和传统二级生物处理能力的不足，特别是对于 TN、TP 的去除率只有 35%～75%，低于对 COD、BOD、SS 去除率的 80%～95%。他们阐述了污水深度处理的必要性，并提出了基于污水深度处理的流域健康水循环的方略：节约用水；健全水循环系统规划；综合各方面因素（经济、地理、技术、再生水回用、规模效应等）确定再生水厂的数量和厂址；确定科学的工艺流程；预留分期发展的空间和再生水管线位置；根据不同水质要求，合理利用再生水和污水。史晓燕等（2007）用简单的水平衡关系阐述了污水回用的环境效益，如图 1-1、图 1-2 所示，有 50% 的水用于农业灌溉，有 25% 的水用于城市和工业用水。图 1-1 为一次性用水即用完直接排放的水平衡模式。图 1-2 为节水循环再生回用水平衡模式，通过有效节水措施节约 20% 农业和城市用水，采取污水循环再生方式，占 90% 的水循环再生补给农业和城市用水。污水再生循环再利用减少了从河中取水量，也减少了污染物的排放量，因此下游水质得到提高。

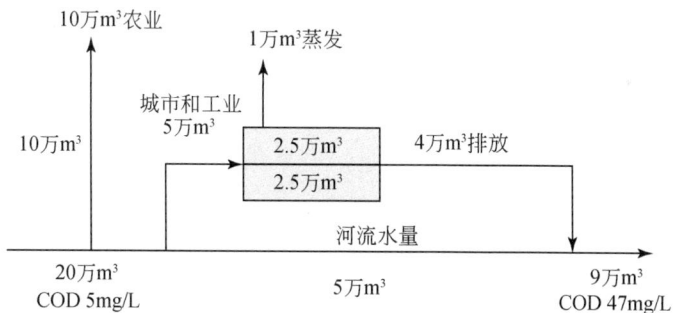

图 1-1　一次性用水水平衡模式（15 万 m³ 用水量需要 15 万 m³ 淡水资源；净用量 11 万 m³）

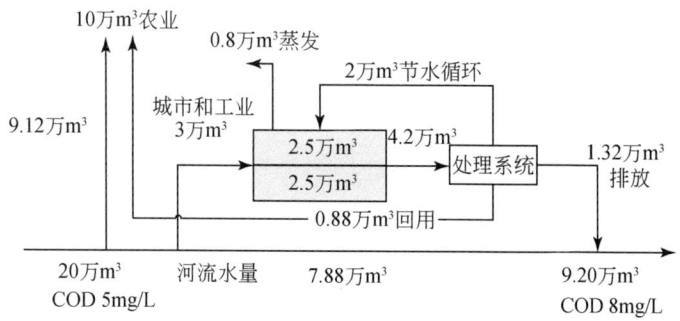

图 1-2　节水循环再生水平衡模式（15 万 m³ 用水量
需要 9.12 万 m³ 淡水资源；河流淡水净减少量 8.8 万 m³）

1.2.2 国外研究进展

国外以社会水循环系统为对象的研究主要集中在近10年，以社会水循环系统整体为对象的研究尚不多见。尽管如此，满足单一需求所进行的城市或农村及其内部单元水循环系统分析却相当丰富，特别是城市水循环（urban water cycle）系统。城市水循环系统是以城市或城市内区域为研究范围，关注水在不同单元、不同过程中的演变过程的系统。通过完善、创新社会水资源管理理论和建立社会水循环模型，来充分描述社会水循环的基本过程。

1.2.2.1 水资源与其他资源的联系

1997年，Falkenmark提出先前的水资源管理没有考虑水资源与土地资源之间的联系。他将水资源分为绿水和蓝水，其中绿水是指土壤中的水；蓝水是指河川和含水层中的水。水的功能有健康功能、生物栖息地功能、溶解质和悬移质的载体功能、生产功能。其中绿水用于生物生产，而蓝水用于生活和工业生产等；作为溶解质和悬移质的载体和生产的功能则是与土地利用有关的功能。与水资源可利用量有关的典型土地利用有农业和林业等。众所周知，森林的空地易涝水，但重建或修复森林又会使径流量减少。城市化也是一种特殊的依赖水资源的土地利用，快速扩张的城市与农村竞争水资源，现在已经扩大到农村地区。作者将与水有关的生命保障约束转化为人口承载能力的概念，并提出最广义的约束与反馈机制，如图1-3所示。

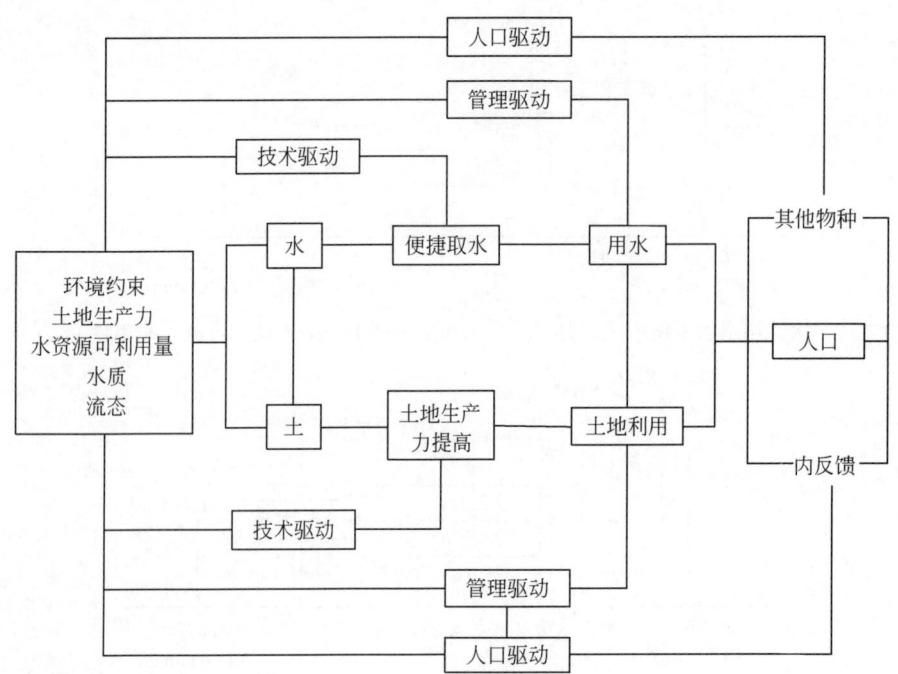

图1-3 水资源与其他资源的耦合机制

1.2.2.2 社会水资源管理创新与实践研究

近 40 年来，城市水资源管理集中在优化水资源配置网络、废水收集系统和污水处理厂的设计和运行等方面。此外，现代城市还面临基础设施老化、设施不足和气候变化、系统可持续性以及水污染等问题。在现代变化条件下水资源管理已经逐步由通过建设大型水利设施提高供水量向减少用水户需求转变。Mitchell 等（2006）提出了水资源综合管理的概念：考虑水循环的每一个环节，将自然的和人工的、地表和地下的看做统一的整体；考虑水的所有需求量，包括人类活动和生态的；考虑不同视角，如环境、社会、文化、经济等；在规划和决策过程中考虑所有利益相关者；以可持续为目标，考虑短期、中期、长期的环境、社会、经济平衡。此外，他们还给出早期和现代城市水系统特性的对比，如表 1-1 所示。

表 1-1 早期和现代城市水系统特性对比

早期城市水系统	现代城市水系统
人类社会的废弃物是垃圾，应该处理后丢弃	废弃物是一种资源，应该被有效地收集利用，用于土地和庄稼
雨水是垃圾，应尽快将雨水运出城区	雨水是一种资源，收集雨水来充沛河道，渠道，灌溉植被
需水量只是对水量的需求，基础设施只需要考虑供水量，将所有来源的水处理至饮用水标准	需水量是多方面的，基础设置要从水量、水质、可靠度等方面满足不同终端用户的需求
一次性利用	通过串联使用回用和再生水
灰色设施，水基础设施由混凝土、金属和塑料等组成	绿色设施，水基础设施不仅包括灰色设施，还包括土壤和植被
大型或集中型的集水系统和处理厂	小型或分散型的集水系统和处理厂
复杂性小，用标准方案，基础设施技术单一	多样性方案，多学科决策，使用新的管理策略和技术
以历史经验来管理供水、废水利用和污水利用，三个系统各自独立	从技术和制度的角度综合设计，供水和雨污利用，综合管理
合作＝人际关系，有需要的时候才与其他机构和公众合作	合作＝参与制，共同需求更有效的方案

Karamouz 等（2010）在 *Urban Water Engineering and Management* 一书中用系统的方法研究城市水文过程，工程设施、规划与管理，以及用案例分析水资源管理、灾害管理和气候变化对城区的影响，并认为气候变化是 21 世纪对水循环各部分影响最值得关注的因素。2011 年美国 Next Space 公司提出现状与未来城市水资源管理框架对比，如表 1-2 所示。

表 1-2   现状与未来城市水资源管理框架对比

内容	当前框架	未来框架
系统范围	为经济社会发展和保护公共卫生供水、排水、调洪	从长远角度考虑多目标利用,包括河道健康、运输、娱乐设施、微观气候、能源和粮食产出等
管理方法	区分和优化水循环的单一部分	适应性的、综合的、可持续的管理整个水循环,来确保未来不确定性下的更高的保证率。同时改善城市的居住环境。不确定性包括气候、水服务需求等
专家库	狭义的固定的经济技术学科	多学科、多方协作决策,如社会、技术、经济、规划和生态领域等
提供服务	集中的和线性的,主要基于经济技术	通过一系列如技术、社会、经济、生态等方法提供多样的、弹性的方案
公众作用	政府代表公众管理水	由政府、商人和公众共同管理
风险	由政府控制和管理风险	风险由私有和公有的设施分担
协作	对有关城市规模和密度的决策的影响有限	从用水、运输、卫生、就业、社会服务等角度协同规划

大量事实证明,现代水资源管理理念能取得巨大成效。Jorgelina 等(2010)研究了西班牙地中海污水处理厂中污水回用带来的环境影响,评估污水回用的不同用途。研究表明,三级处理不意味着整个处理厂的影响的增加。生产 $1m^3$ 的再生水带来 0.16kg 的 CO_2 排放,而传统的污水处理工艺(一级,二级,污泥处理)产生 0.83kg 的 CO_2。对于再生水不同的用途,若用于饮用水,则节省 $1.1m^3$ 的淡水;如用于取代海水淡化,将会节省很多能源。因此要在恰当的地方推行污水利用,对缓解水资源短缺问题至关重要。越南 Duong(2011)介绍了一揽子城市水资源管理策略,包括雨水收集、暴雨利用、透水地面和污水回用等,并在以色列的特拉维夫市取得了显著成效,通过雨水收集能减少 10% 的用水量,通过污水回用能减少 32% 的用水量。Leung(2012)在研究中国香港海水利用的基础上,充分挖掘海水利用的回用潜力,考虑完整城市水循环,创新地提出建立一个综合淡水、海水、再生水的水资源管理系统,提高海水的利用效率及再生水的利用效率,从而降低对淡水的需求。该系统已经在香港国际机场得以实施,从而降低了 52% 的淡水需求。

1.2.2.3   社会水循环模型模拟技术研究

(1)综合考虑自然水循环过程中的各个模块

Jeppesen 等(2011)用一套模型(根系模型、网格生成模型和改进的 Modflow-2000 模型)来模拟城市的水循环,包括根区水平衡关系、供水、废水、暴雨径流、地下径流、地表径流以及各子系统之间的相互作用关系。他们模拟了哥本哈根地区($976km^2$)1850~2003 年的水循环过程;用长系列的水位、径流和进入排水系统的入流资料,用步进法来率定每一个步骤的水文地质参数、暴雨径流参数和控制地下水和管道系统之间相互作用的参数。模拟结果表明,由于大量开采地下水,地下水渗流到河流、湖泊和湿地中的渗流量只占城市化进程加剧之前的 60%。由于不透水面积增加和滴灌管道系统贡献不大,城市化进程减慢了地下水补给的能力。这和当前报道的通过城市化增加地下水补给的趋势不同，但哥本哈根地区的地下水补给率比之前提高了 20%，这是该阶段降雨的增加导致的。

城市洪水的模型是通过耦合一维管线和二维地表径流的模型来实现的（Domingo et al.，2010）。这个方法适用于管线高度覆盖的区域，但当陆地水文过程占大比例时就不准确。该研究的目的是为了构建新型城市洪水模型，该模型能反映系统与水文过程的相互作用，表明其适用性良好，同时揭示城市洪水分析中考虑完整的水循环的重要性。该模型耦合了一个基于物理机制的分布式水文模型和一个排水管网模型，并用传统一维、二维模型来校验其适用性，通过分析新模型在复杂城市地区的应用来确定水文过程在区域洪水中的作用。

Kouyi 等于 2009 年研究路面地表径流、河道内洪水和管道内排水之间的相互作用，揭示了城市地区降雨径流、河道洪水和管道内排水之间的原始一维联系。

（2）综合城市供水、雨水和排水系统，进行水量平衡模拟

Aquacycle 模型（Mitchell et al.，2001），整体考虑城市供水、雨水、排水系统，模拟三个系统水流动及其相互作用，用于评价不同的用水策略。Aquacycle 是城市水量平衡模型，时间尺度为天，空间尺度分级为：街区单元（unit），如一户人家、一家工厂、一个机关或者商业大楼等最小的供用水区域；单元群（cluster）（由一群统一的街区单元构成）；流域（catchment）（由一群单元群组成）。模型模拟的水文过程包括：不透水地表的产流、蒸发，以及通过透水地表下渗至地下水、蒸发、散发，雨水入流入渗至污水系统和城市灌溉，居民生活用水，雨水回收利用，污水处理和利用。模型在澳大利亚堪培拉进行应用，很好地反映了城市供水、雨水和污水系统的水量情况。Lekkas 等（2008）将 Aquacycle 模型在大雅典区域应用，模拟城市水循环的两个子系统——降雨路径网络和供水排水网络，以及两者之间的相互作用关系。该模型可以模拟用水量、废污水量和排水量。模型根据结构特征将研究区分为不同的尺度（单元斑块、斑块群、流域），用实测的资料进行校准，输入数据为模拟区域的物理特征，其中测量的参数和校准的参数有所不同，最后设定三个场景来运行模型，包括就地雨水利用、就地污水利用、地下灰水灌溉，同时设定一个基础场景作为现状用水条件，以作比较。

Li 等（2010）整体考虑城市的水量平衡。城市水量平衡提供了一个评价供水需求、雨水和污水可回用性，以及供水、污水和雨水之间相互作用的框架。随着城市水资源供需矛盾加大，以及城市水系统在社会发展中的作用增强，从水源、输送、用水、处理、排放等多方面多角度考虑城市水系统可持续发展成为必然。在城市环境中，水量平衡为设计和运行集成水管理提供了良好的条件。首先，分层次建立城市水系统模型，通过室内、室外、管网子系统的叠加形成城市综合水系统模型；其次，从环境、经济和社务服务方面，提出衡量城市水量的评价指标；最后，开发层次模型水量分析程序，并以 SH 城市水系统的原始数据为例，初步分析了其中的水量问题。

Hardy 等（2005）开发 UrbanCycle 模型，综合考虑用水、雨水、污水问题，采用层级网络模型结构，以天为步长进行连续模拟。模型尺度从单元到区域，耦合不同尺度间的交互作用，并用案例说明城市化下降雨径流对城市季节性河流的时空影响，评价在水资源综合管理框架下的各种缓解措施。

(3) 在综合城市水循环模拟中，模拟污染物过程对环境水体和生态环境的影响

Mitchell 和 Diaper（2005，2006）在水量平衡模型 Aquacycle 的基础上，满足城市生态环境的可持续性发展，研究污染物在城市区域的流动和总量平衡，开发 UVQ 模型，将污染物对应到城市降雨—径流和供水—排水系统中的水流过程。两个系统的水量输送和处理单元，决定污染物在城市环境中的输移和空间分布。模型可以模拟污染物产生、累积和输移等过程。

欧盟 SWITCH 项目中城市水平衡工具（city water balance, CWB），用于快速评估城市变化的水资源管理策略（Mackay and Last，2010）。该模型能在最低的时空分辨率下输出有意义的指示数据，这个工具能输出关于需水量、水质、耗能和简化了的生命周期成本的指示数据。CWB 的数据需求使得模型能很快从现有的空间地图中建立起来。CWB 相比于 Aquacycle 模型有所改进：在自然水循环中加入更为详细的城市水循环的描述，加入能源消耗量和生命周期成本。研究者以伯明翰城市为案例，验证了模型的可行性与有效性。

City Drainag 模型集成模拟流域统一管理和环境水体。该模型是在 Matlab/Simulink 环境下开发的，模块包括汇水区、排水管网系统、蓄水单元和受纳水体等。

(4) 综合考虑社会经济因素对水循环、水环境的影响

SyDWEM 模型（Qin et al.，2011）分析了快速城市化下社会经济和水资源管理系统。模型综合考虑社会经济、城市水务和环境水体，分析在长时期快速城市化下经济和人口增长、水资源和环境变化情况。模型包括社会经济、供水、用水、产污、污水处理和环境水体模块，特点是以社会经济模块作为模型的驱动，以系统动力学方法将各个模块进行耦合。研究者以深圳河流域为案例，预测了流域尺度社会经济政策和水务规划对社会经济和环境的影响。

(5) 在模拟水循环时耦合能量过程

WEP 模型（Jia et al.，2001）在模拟流域水文过程时，同时模拟能量过程。在短波辐射观测的基础上，推导出日照时数，根据温度计算长波辐射、潜热和感通量计算空气动力学方法，解决了表面温度的问题。此外，人工措施，例如供水、地下水梯度、污水排放和能源消耗等也考虑在内。该模型应用到 EBI 河流域（27km^2），网格大小为 50m×50m，时间步长为 1 小时。通过比较，验证了模型模拟的河水、地下水水位和地表温度的观测值，1993 年的水平衡，对未来（2035 年）也进行了比较。研究发现，未来的水文循环可以通过实施渗透沟措施得以改善。

SUES（single-source urban evapotranspiration-interception scheme）模型（Mitchell et al.，2008）基于能量平衡方程，以生物物理形式表述雨水截留和蒸发、散发过程。与 Aquacycle 模型相关联，模拟不同季节植被覆盖（叶面积指数）变化下蒸发、散发量。研究者评价了不同的城市设计策略对水循环的影响，从能力平衡的角度分析了这些策略对大气温度的影响，为定量化用水在城市微气候环境、能量消耗、CO_2 排放等方面的角色，提高城市气候模型模拟水、热和 CO_2 在陆地-大气交换的能力提供支撑。

1.2.2.4 社会生态水循环研究

Livesley 等（2010）发现减少草地系统的灌溉能降低草地 N_2O 排放；构建木屑覆盖的多年生花园植被能增加 CH_4 吸收率，同时更能增加总的碳储备量。国外研究还集中在水生态系统服务功能上，并在此基础上提出城市水资源管理的目标与措施。2011 年 Smith 等（2011）提出"节水型园艺"（xeriscape）的概念，这是一种当代景观维护工艺，目的是用更少的水、肥料、杀虫剂、除草工艺来达到园艺低维护。他们研究了加拿大的草原城市——萨斯喀彻温省的萨斯卡通市，调查了该市居民对节水型园艺的积极性，帮助决策者更好地规划城市水安全的项目。Depietri 等（2012）提出随着城市化进程的推进，那些未规划的或规划不合理的地区容易受到水文气象灾难的破坏。城市能使环境退化，分散和孤立生态系统，减弱其服务功能。目前的研究主要集中在城市生态系统特征的生物学和生态学研究以及灾害对人们和基础设施的影响方面，但缺乏对城市生态系统脆弱性的政策性研究。

1.2.3 国内外研究对比

1.2.3.1 研究范畴

国内外社会水循环的研究均集中于概念及理论、水资源合理配置问题、虚拟水战略问题、社会水循环与自然水循环相互作用关系问题、非常规水源（雨水、污水、海水等）利用问题以及节水减排、节能降耗和循环经济问题等方面。但是国内外的研究方向和侧重点不同。

国外对社会水循环的研究从城市水循环开始，研究城市中的供水、用水、排水和污水回用过程，其中如何充分利用雨水资源和再生水资源成为社会水循环的热点问题。侧重水资源管理理念创新，提出由传统的地表水、地下水资源管理转变为水资源综合管理（或者全面的水资源管理）的概念。全新的概念在节约用水、再生水回用、雨水回用、节能减排等方面得到广泛的验证。此外，对于生活供水和用水安全、保障饮用水水质、城市公共用水水质也有大量的研究。

我国对社会水循环的研究起步比国外晚，随着经济社会的发展提出了"人工侧支水循环"的概念：发展进程中的人类活动，从循环路径和循环特性两个方面明显改变了天然状态下的流域水循环过程，在自然水循环的大框架内形成并发展了由"取水—输水—用水—排水—回归"五个基本环节构成的人工侧支循环路径，并使天然状态下地表径流和地下径流量逐步减少。在充分阐述社会水循环概念的基础上，从自然水循环和社会水循环的关系、经济社会发展对社会水循环的影响、社会水循环水量水质演变过程、社会水循环模拟技术、社会水循环系统评价与调控等方面提出了社会水循环的基本原理。

在实践中，国外研究主要针对饮用水（生活用水）方面，但对于生产用水和生态用水的研究不多。在社会水循环研究中，国外研究者将饮用水和非常规水源联系起来，在现有供水条件下，充分利用非常规水源来提高水资源的利用效率、增加供水能力和减少污水排放。许多国外非常规水源利用工程都是为了解决当地的饮用水供应问题，将非常规水源列为地表地下之外的重要水源之一，以保障饮水安全和粮食安全。国内大部分地区还是以地表水和地下水为主要水源，再加上外调水来保障用水，对于非常规水源的研究不足，其在供水量中所占的比例也不够，在社会水循环模拟方面则力图模拟生产、生活、生态用水的水循环过程，进一步将社会水循环模型与自然水循环模型耦合，形成"自然-社会"二元水循环模型，最终目的是为了研究人类活动对自然水循环的影响。

1.2.3.2 研究方法

在研究方法上，主要有两种：理论研究和模型模拟。国内外对社会水循环的理论都进行了深入的探讨，包括社会水循环的概念、理论框架、前沿问题以及发展方向等。目前的研究大都是问题导向型，从社会水循环中可能对自然水循环、人类经济社会互动产生重大影响的环节开始研究，例如，城市水循环的主要过程为取水、用水、耗水和排水，每一个过程都对城市饮水安全、节水型社会建设产生重大影响，因此必须对四个基本过程的水量和水质进行研究。这一点国内外基本一致。随着经济社会的发展和现代研究技术的更新，要在社会水循环的基本过程中考虑更多可能因素，以尽可能详尽地描述社会水循环过程，国外在这方面的研究比较深入。例如，考虑雨水和污水的回用及其利用效率问题、引水和排水管网的布置问题、不透水路面和屋顶产生的雨洪污染问题等。国内的理论研究起步较晚，因为上述问题过于微观、在城市化进程中没有充分考虑、基础资料难以获得等，阻碍了研究的深入。

在模型模拟方面，国内外研究者均建立水循环模型，特别是建立社会水循环模型（或城市水循环模型）。国内外普遍认可水循环模型是模拟、分析和预测水循环特征的重要工具，可以了解水循环的基本过程，模拟降雨、蒸发、入渗、径流及其过程。从模型的尺度上讲，可以分为宏观、中观、微观。宏观尺度的模型可以模拟整个水循环的过程，以自然水循环为主要过程、考虑城市水循环和农村水循环在内的大循环；中观尺度的模型可以模拟城市水循环（农村水循环）的基本过程，包括降雨、产流、入渗、路面汇流、管道汇流、污水处理、再生水回用以及排污等；微观尺度的模型能模拟某一个区域内的水资源收支平衡（取、用、耗、排）情况，如城市淤积、城市洪水以及水污染问题。因此，国外的社会水循环模型偏微观，从小尺度到大尺度研究城市内的水循环问题；而国内的模型则偏宏观，从大尺度到小尺度研究在自然水循环条件下，水在城市（农村）中的循环过程。针对不同的研究问题，尺度转换一直都是社会水循环模型建模时首要考虑的问题。在水循环模型建立之后，往往会基于此耦合一个决策支持系统来辅助决策者作出最合理的决策。

1.2.4 研究发展趋势

总结国内外研究现状，可以得到以下几个方面的基本结论：

一是越来越多的学者和管理者都开始充分意识到社会水循环对于自然水循环和生态系统的影响和作用，纷纷呼吁进一步加强社会水循环系统的基础和调控研究；

二是国内外对社会经济取用水和排污的生态与环境影响，以及自然水循环系统对社会经济用水承载约束的研究成果较丰富，但对于社会水循环与自然主循环两大系统之间的耦合、平衡和调控的研究较为薄弱；

三是国内外对于社会水循环的研究主要集中在水循环系统的结构分析和调控途径方面，对社会水循环系统的驱动机制、演变机理和基本规律等基础性研究有待加强；

四是国内外已有研究中，针对社会水循环的某一单元或环节的成果较多，如城市给排水、农田用水、家庭用水和排水、废污水处理回用等，综合不同尺度、水量与水质耦合的社会水循环系统研究相对比较薄弱；

五是现有的研究手段主要包括统计观测和部分实验，社会水循环模型技术的研发和现代信息技术引进较为薄弱；

六是社会水循环的调控侧重于对单项措施和政策的研究，利用系统科学知识实现社会水循环系统的整体多维调控研究还有待于进一步深入。

总体来看，通过一个时期的探索，社会水循环以及"社会-自然"二元水循环的耦合研究已形成了诸多的知识点，但对于社会水循环的基本原理、内在机制、过程规律的系统认知还没有形成，亟待加大研究和创新力度，建立和完善有中国特色的社会水循环知识体系。

1.3 研究目标、内容与技术路线

1.3.1 研究目标

在分析"自然-社会"二元水循环认知模式和耦合机制的基础上，开展社会水循环的结构、过程、通量演变的驱动机制、演变机理与变化规律分析，系统构建社会水循环理论体系；深入解析工业、农业、生活、第三产业和人工生态等行业用水过程、需水基本原理和节水减污的调控机制；结合社会水循环理论和行业用水原理，按照流域、行政区域和城市单元三个空间尺度，研发不同尺度社会水循环过程模拟模型，并探索不同尺度社会水循环耦合的尺度转化问题、社会水循环效率评价方法和调控决策机制；最后在海河流域相关单元的社会水循环过程进行实证研究。通过研究，在理论上丰富完善"自然-社会"二元水循环模式理论方法，推进有中国特色的现代水科学和技术创新体系的发展，同时为研究区节水防污型社会建设和需水管理调控实践提供坚实的科学依据和决策信息。

1.3.2 研究内容

围绕研究目标，研究内容主要包括如下四个方面。

1.3.2.1 社会水循环理论体系、自然和社会二元水循环模式及耦合机制研究

现代环境下，流域水循环演变规律受自然和社会二元作用力的综合作用，具有高度复杂性，是一个复杂的巨系统。尤其是随着经济社会需水和社会水循环通量的增加，极大地改变了原有的自然水循环原始特性，社会水循环通量的保障及相应的生态环境外部性问题开始显现，成为当前水资源主要矛盾。因此，社会水循环理论体系及其与自然水循环的耦合机制研究非常必要，主要包括：①分析国内外已有研究成果，提出和系统构建社会水循环的理论体系与基本框架，为社会水循环学科规范化发展奠定基础；②分析包括气候变化、下垫面改变、人工取用排水等因素在内的不同人类活动对自然水循环的干扰和作用，探索现代环境下的自然水循环系统演变机理；③分析"自然-社会"二元水循环的复合结构、耦合机制、服务功能和交互通量，研究社会侧支循环对自然主循环的作用与影响机制、自然主循环对社会侧支水循环承载和反馈机制；④研究维护流域水循环资源、生态、环境等自然服务功能的水量与水质平衡关系，反演社会侧支水循环取、耗、排环节的通量阈值，构建社会水循环的概念模型；⑤结合海河流域的实证分析，从宏观尺度上分析社会水循环动力机制和演变过程，揭示社会水循环系统演变的基本规律和不同发展阶段社会水循环系统的状态特征。

1.3.2.2 社会水循环系统分析与演进机理研究

本部分社会水循环系统分析主要针对用水单元进行，主要包括：①在行政区尺度上解析社会水循环系统的层次结构及城乡单元系统的嵌套关系和转化规律，创新社会水循环描述方法；②研究气候、水资源、人口、社会经济结构和发展水平、产业结构与布局、技术进步、制度安排和公众意识等因素对于社会水循环演进的作用，研究社会水循环系统演化的驱动机制；③研究不同发展阶段社会水循环系统的演化过程和状态特征，揭示社会水循环系统演化的基本规律及其影响因子；④研究社会水循环演变的资源、生态与环境、社会和经济效应，揭示社会水循环宏观调控机制；⑤在通量、质量、公平和效率等维度上开展社会水循环系统的度量方法和评价研究，识别影响单元用水效率的主要因素。

1.3.2.3 单元水循环系统结构、过程与水分演变

本部分主要针对生活用水系统、工业用水系统、农业用水系统、第三产业用水系统和人工生态用水系统五种单元类型的社会水循环开展研究。主要包括以下几个方面：

1）分析典型消费型用水单元用水的构成、需求特征及过程规律；绘制单元水循环系统结构和流程图；研究不同单元水循环过程的水量消耗和水质劣变的过程与机理；探求单元节水减污的调控机制和关键节点。

2）以海河流域典型工业行业为对象，研究不同类型工业用水的服务功能及其作用原理；绘制典型行业企业单元水循环系统结构与流程图，对不同类型和环节用水基本特征进行系统分析，研究工业企业水循环系统的水量消耗和水质劣变机理，明晰典型工业企业节水减污的调控机制和关键节点。

3）分析雨养和灌溉农业用水的基本原理、需求过程及其影响因子；解析农业水循环系统的基本结构、环节与过程，绘制不同类型农业水循环系统结构与流程图，开展农业水循环系统的数量-质量耦合演变过程及其调控机制研究；研究农业面源污染形成的社会机制和基本过程，研究农业面源污染调控的科学基础；建立科学的农业水循环系统效率评价方法，进行海河流域真实节水潜力评估。

4）识别第三产业用水的分类与特性，从微观个体行为视角分析第三产业用水的过程机理；研究典型行业用水原理与构成，辨识其取排水水质、中水利用以及水价响应特征；系统分析世界典型国家、我国城市总体、不同区域城市以及直辖市第三产业的用水通量、构成与演变；选取北京市为案例，分析其第三产业用水总量、结构、过程特点及其用水系统调控的机制与途径。

5）开展以城市河湖和人工绿地为重点的人工景观系统生态服务功能及其需水特征研究，构建人工景观生态用水基础理论；研究人工景观生态用水的影响因子，探索建立人工景观生态建设用水标准，探索面向安全、高效用水的人工景观生态系统的建设模式。

1.3.2.4 海河流域社会水循环系统模拟与评价研究

在上述系统和单元结构、环节和过程解析基础上，研究区域社会水循环系统模拟模型构建方法，探索不同层次社会水循环的尺度转化机理；同时，研究以循环效率为核心的社会水循环调控决策机制。主要内容包括：①在统一的 GIS 平台上，以不同用水类型为基本要素，以供—用—耗—排为主线，以统计、监测和实验多源信息为率定和校验准则，构建社会水循环模拟模型，开展海河流域典型地区社会水循环系统的仿真模拟，探索不同尺度社会水循环的尺度转化机理；②研究社会水循环系统的评价准则、方法和指标体系，开展海河流域社会水循环系统的健康与效率评价；③以海河流域典型地区为例，从社会、经济、生态和环境等多个维度上构建社会水循环目标函数，研究调控决策机制和调控途径。

1.3.3 研究技术路线

1.3.3.1 研究思路

本书研究内容可以归纳为五种类型：一是社会水循环理论方法体系与"自然-社会"二元水循环模式的研究；二是社会水循环系统结构和过程的解析研究；三是社会水循环系统演变机理与规律的识别研究；四是社会水循环系统状态的度量和评价研究；五是社会水循环的系统模拟研究。研究内容之间的逻辑关系如图 1-4 所示，本书研究将根据各内容之间的逻辑关系分别开展，以社会水循环的演变机理和系统模拟为主线进行统一协调。因此，在实施过程中应注重以下几种方法：

1）在技术上，坚持原型观测与数值模拟相结合。原型观测一方面注重长系列的统计和监测信息的收集和整理，另一方面补充必要的实验监测，如水平衡测试和农田水循环过程实验；在数值模拟上，重点是创新不同尺度社会水循环系统描述方法和模型构建技术。

2）在方法上，实行机理研究与统计归纳相结合，通过机理研究探索系统演变的内在物理机制，通过统计归纳寻找系统演变的基本规律，二者相互补充和验证。

3）在执行中，采用理论完善、知识创新和实证分析相结合的方法，并结合专家咨询、讲座和参加国际国内会议交流，拓展研究思路。如社会水循环研究对象方面，在原来实体水循环的基础上，提出了虚拟水循环也是社会水循环的一个分支；在实证分析方面，对流域、行政区域和城市单元分别进行了模型研发与应用。

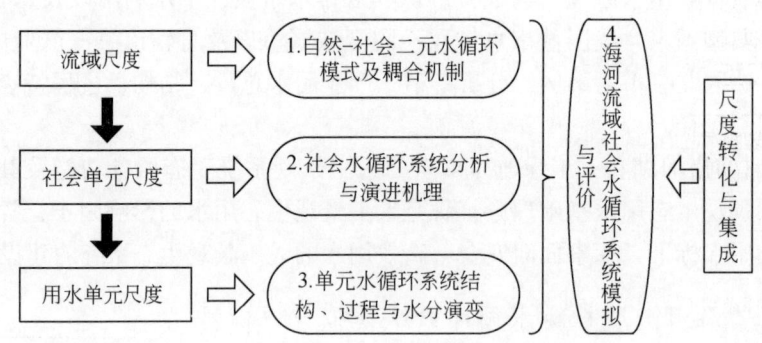

图1-4　各部分研究内容之间的联系及其逻辑关系

1.3.3.2　技术路线

面向研究任务和目标要求，本研究分解为七个步骤：

1）全面开展国内外信息和文献综述，系统掌握已有的研究成果及其技术方案，借鉴自然水循环等相关研究，开展社会水循环基础理论创新，探索构建社会水循环知识体系框架。

2）全面收集和获取三个尺度下社会水循环系统的输入（如取供水）、输出（如耗水与排污量等）、过程（如制水过程、灌溉过程、工业用水流程等）、状态（如用水效率）实测信息。

3）补充必要的用水过程监测、用水单元水循环实验、现场调查和空间信息解析，开展典型城市、灌区、重点行业工业企业等单元用水过程的水量、水质监测实验和调研。

4）开展社会水循环过程中各用水系统的描述方法创新，包括工业、生活、第三产业、生态等不同用水系统的社会水循环结构分析、过程剖析、驱动机制、演变机理及规律。

5）研究虚拟水通量、结构的演化变化特征与规律，构建虚拟水通量定量核算的模型，分析核算我国虚拟水通量变化的特征，为我国区域社会水循环调控提供一个新的视角与方向。

6）开展社会水循环模拟模型技术研究，构建不同尺度的社会水循环系统模拟模型，实现基于机理的流域社会水循环系统模拟模型。

7）将流域、行政区域、城市单元等不同尺度社会水循环过程模型在海河流域的相关单元进行实证研究，对海河流域、天津市和典型城市单元的社会水循环过程进行系统模拟分析，为国家和实证研究区的节水型社会建设实践和水管理工作提供科技支撑。

本书研究技术路线如图 1-5 所示。

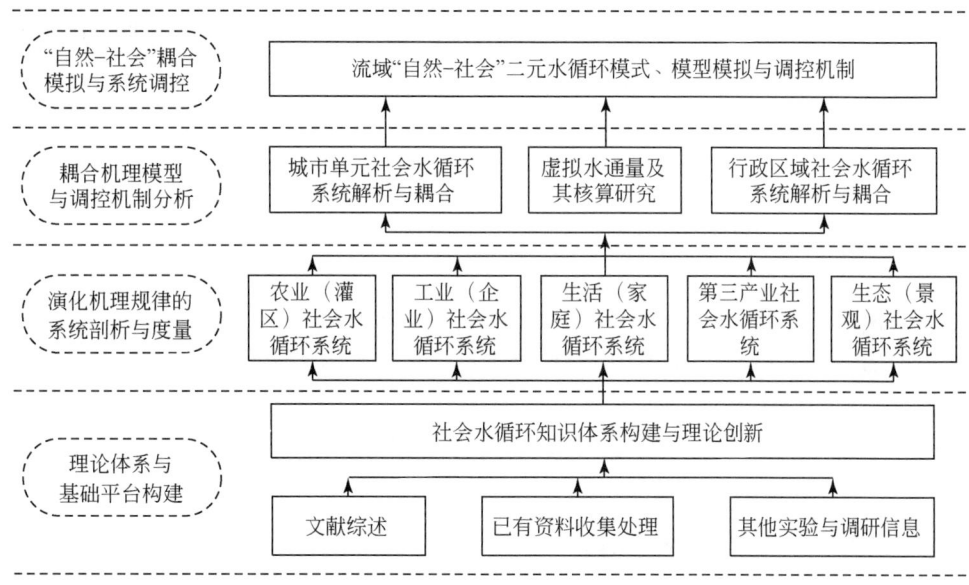

图 1-5　本书研究技术路线

第 2 章 "自然-社会"二元水循环模式及耦合机制

水循环是联系地球系统"地圈-生物圈-大气圈"的纽带,是全球变化三大主题"碳循环、水循环、食物纤维"中的核心问题。受自然变化和人类活动的影响,现代环境下流域水循环呈现出明显的"自然-社会"二元特性,不仅深刻影响天然水资源的形成、转化过程,也深刻影响着与水循环相伴生的生态系统与环境系统的演变规律。

2.1 变化环境下的自然水循环

2.1.1 自然水循环基本过程

自然水循环是水资源形成、演化的客观基础。所谓自然水循环,是指水分在自然的太阳辐射能、地球引力、毛细管力等外营力的作用下,在垂直和水平方向上连续转化、运移和交替,并伴随着气态、液态或固态三态间转化的过程,又称为水文循环(图2-1)。自然水循环是一个嵌套循环,全球尺度上的大水文循环系统包括诸多的小尺度循环,如全球循环可进一步划分为海洋水循环和陆地水循环,陆地水循环内部又包括流域水循环。本书中的自然水循环研究将重点关注陆面流域尺度的水文循环。

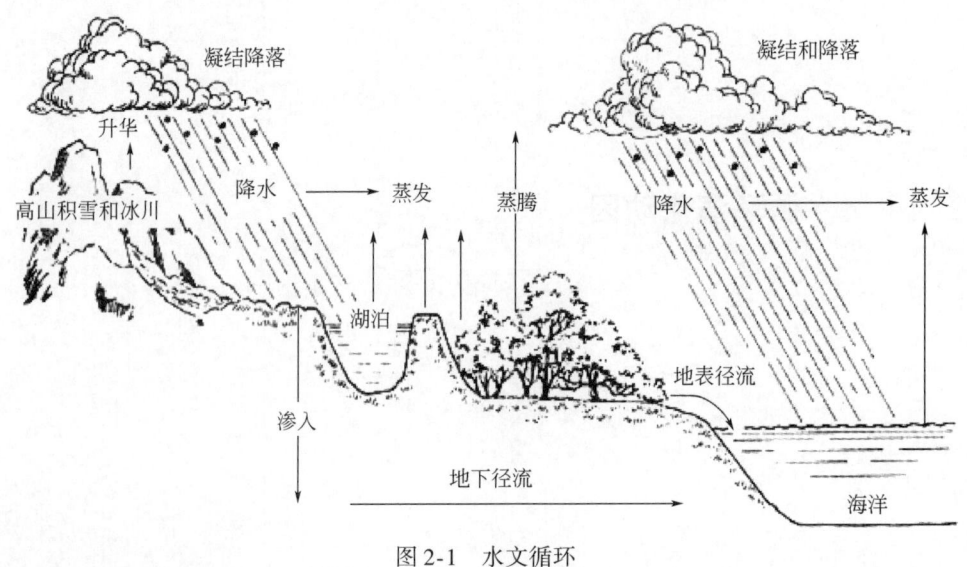

图2-1 水文循环

自然水循环系统按照其水分赋存介质和环境的不同可分为四个子系统，即大气子循环系统、地表子循环系统、土壤子循环系统和地下子循环系统。因此自然水循环的子系统内部过程也可分为大气、地面、土壤和地下四大基本过程。在这四大基本过程中，界面过程是不同系统间的通量交互过程，典型的界面过程包括蒸发（水分从水面或土壤表面进入大气）、蒸腾（水分从植物表面如叶片进入大气）、入渗（水分从大气界面进入土壤水分）、植物吸收（水分从土壤中进入植被根系）、排泄（从地下水系统进入地表水系统）。

2.1.2 自然水循环主要功能

1）资源功能。水在水圈内各组成部分之间不停地运动着，构成全球范围的海陆间循环（大循环），并把各种水体连接起来，使得各种水体能够长期存在、不断更新、动态调整，以满足社会生产、生活及经济发展对水资源的需求，同时满足动植物生存、繁殖、迁徙、枯荣等生理需求。

2）环境功能。水循环的环境功能包括温度调节、地质环境塑造、水质净化三大方面。其中，在温度调节方面，水循环既是联系地球各圈和各种水体的"纽带"，也是"调节器"，它调节了地球各圈层之间的能量，对冷暖气候变化起到了重要的作用。在地质环境塑造方面，水循环是地球"雕塑家"，它通过侵蚀、搬运和堆积，塑造了丰富多彩的地表形象；水循环还是"传输带"，它是地表物质迁移的强大动力和主要载体，在河口地区的河沙、海沙动态交换维持了河口海岸的稳定。在水质净化方面，水循环具有环境稀释作用，未被污染的地表水或地下水流入被污染的河流、湖泊、海洋或渗入地下的污水，可以大大降低水中污染物的浓度，使水体得到净化，是环境自净中物理净化的作用之一。水体流过河床或地表，可以清除污染物，还大自然以洁净的空间，对整个地表环境也有洗涤净化功能。此外，水循环还可以通过化学和生物作用消解、固化一部分污染物，使水体重归洁净（自净能力）。

3）生态功能。水循环维持了地表坡面生态系统、河流及湖泊湿地生态系统、土壤微生物系统三大陆域生态系统，是生态系统健康发展中最基础也是最活跃的因素。水循环的强弱演变直接决定着生态系统的正向和逆向演替。

2.1.3 自然水循环演化动因

自然水循环的演变主要受到自然和人工作用的影响，前者包括全球太阳辐射、地理条件、温度场、风场等，后者包括温室气体排放、下垫面和赋存条件变化、人工取用水等。事实上，自从人类社会出现以来，自然水循环过程的一元驱动结构就被改变，天然的自然水循环系统的运动规律和平衡发生变化，并随着文明的进步、经济的增长和社会的发展人类对自然水循环过程的干预逐渐加强，极大地改变了自然水循环原始特性。特别是从20世纪80年代开始，温室气体的排放增加也逐渐成为人类影响自然水循环的一个方面。温室气体的排放引起全球尺度的气候变化，直接影响了流域水循环的降水输入和蒸发、散发输出。人类大规模的农业活动、城市化及配套设施建设，构筑水库、开凿运河、渠道、河网，以及大量开发利用地下水等，改变了水原来的径流路线，引起水的分布和水的运动状况的变化。农业的发展、森林的破坏引起蒸发、径流、下渗等过程的变化，改变了水循环天然状况下的下垫面，改变了流域的产汇流模式。工业生产排放出的污染物影响了水汽的输送和凝结过程。在地表水持续衰减的情况下，水资源供需矛盾加剧，地下水超采严重，地下水位持续下降，不仅造成地面沉降等地质灾害和负面生态效应，还造成地下水可持续能力的降低。在新技术的支持下，人类已经开始对土壤水进行调控和利用。人工驱动力已然成为水循环不可忽视的一个动力因子，在许多人类活动密集区，甚至超出了自然作用的影响，如水资源归因分析表明，人类活动在海河流域过去 40 年水资源演化中的贡献率为62%，自然因素影响只占 38%（图 2-2）。

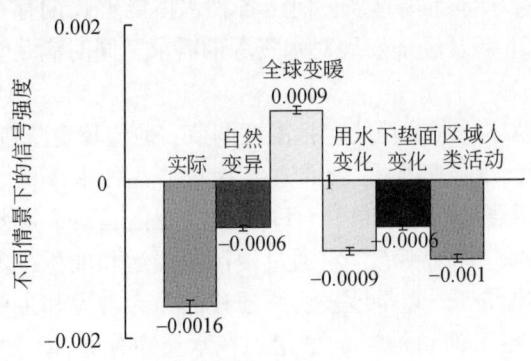

图 2-2　海河流域水资源量变化的信号强度

2.2　"自然-社会"二元水循环模式

2.2.1　二元水循环概念框架

所谓流域二元水循环，就是将人工力与自然力并列为流域水循环系统演变的"双"驱动力，从"自然-社会"二元的视角来研究变化环境下的流域水循环与水资源演变过程与规律，具体体现在两个方面：一是将人类活动对流域自然水循环系统环境影响作为内生变量来考虑，包括气候变化、下垫面变化、水利工程建设和人工能量加入等；二是将人工取水—用水—排水过程作为与自然主水循环内嵌的社会侧支水循环来考虑，建立"自然-社会"二元水循环结构同时保持其动态耦合关系，社会水循环通过取水、排水和蒸散耗水和自然水循环发生联系，是自然水循环和社会水循环的联系纽带，也是社会水循环对自然水循环影响最为剧烈和敏感的形式。二元水循环研究经济社会用水发展条件下的流域水循环系统演进过程与规律及其伴生的资源、生态与环境效应。二元水循环概念性框架如图 2-3所示。

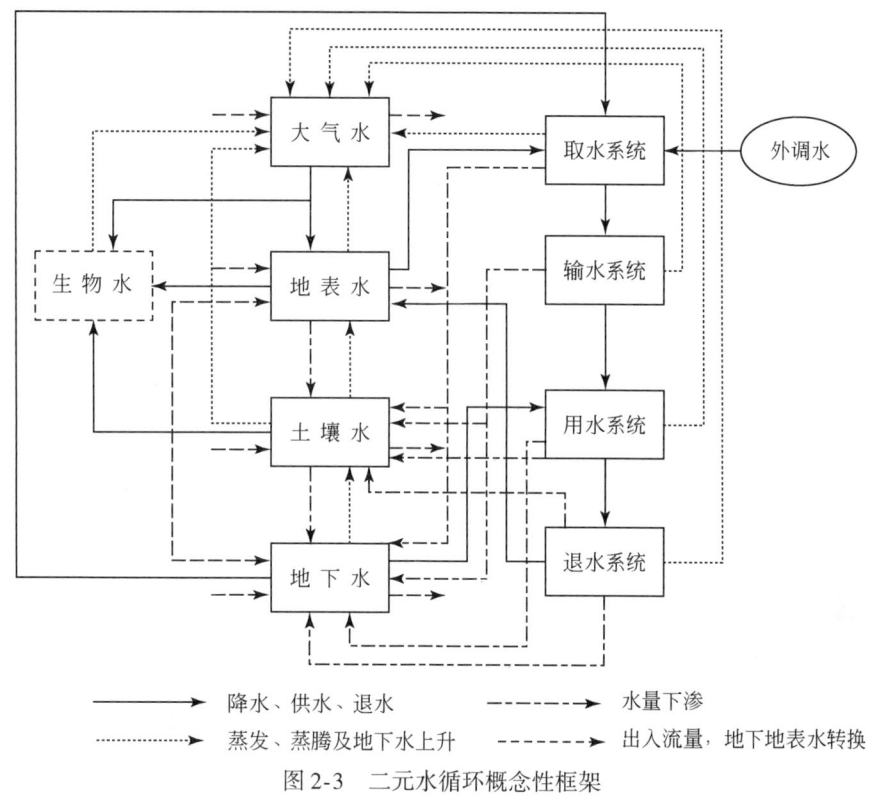

图 2-3 二元水循环概念性框架

2.2.2 二元水循环基本模式

"自然-社会"二元水循环模式是指在自然驱动力与人类活动驱动力的双重驱动下的水分在流域地表介质中的循环转化的认知范式。这一范式二元化的基本内涵包括四个方面：一是驱动力的二元化；二是循环路径的二元化；三是循环结构和参数的二元化；四是服务功能和效应的二元化。

(1) 驱动力的二元化

天然状态下，流域水分在太阳辐射能、势能和毛细作用等自然作用力下不断运移转化，表现为"一元"的自然力。随着人类活动对流域水循环过程影响的范围拓展，流域水循环的内在驱动力呈现出明显的二元结构，在强烈人类活动干扰地区，甚至超过了天然作用力。

两种不同的驱动力对水循环的作用机理也有所不同。自然作用力方面，水体在蒸腾发过程中吸收太阳辐射能，克服重力做功形成重力势能；水汽凝结成雨滴后受重力作用形成降水，天然的河川径流也从重力势能高的地方流到低的地方；当上层土壤干燥时，毛细作用力可以将低层土壤中的水分提升。太阳辐射能和重力势能、毛细作用等维持水体的自然循环。人工作用力外在表现为修建水利工程使水体壅高，或者使用电能、化学能等能量转化为机械能将水体提升。人工作用力存在着三大作用机制：一是经济效益机制，水由经济效益低的区域和部门流向经济效益高的区域和部门。二是生活需求驱动机制，水由生活需求低的领域流向需求高的领域，生活需求又由人口增长、城市化和社会公平因素决定。水是人类日常生活必不可少的部分，为了兼顾社会公平和建设和谐社会的需求，必须在经济效益机制和生活需求的基础上考虑社会公平机制。三是生态环境效益机制，生态环境效益已经从自上而下的政府行政要求转化成自下而上的民众普遍要求。为了人类经济社会的可持续发展，人工驱动力的生态环境效益机制的作用越来越大。

天然的水循环作用力如太阳辐射能、势能和毛细作用是相对恒定的。相反人工作用的影响是不断发展的，随着人类使用工具的发展、新技术的开发，人类能够影响的水循环范围是扩大的。在采食经济阶段，人类只能够开发利用地表水和浅层地下水；到了近代，人类已经通过修建大型水利工程，深度影响地表水、大规模开发利用浅层地下水；到了现代，人类已经能够进行跨流域调水、开发深层地下水，甚至能够采用科学的手段调控利用土壤水，排放的温室气体引起的全球气候变化能够影响全球水循环，人类活动已经对水循环产生了深度影响。

(2) 循环路径的二元化

从路径上来看，水循环也体现出了二元化的特征。由于人类取用水、航运等多种经济活动的影响，水循环已经不局限于河流、湖泊等天然路径：一方面，在天然路径之外开拓了长距离调水工程、人工航运工程、人工渠系、城市管道等新的水循环路径；另一方面，天然水循环路径在人类活动的影响下发生变化，人工降雨缩短了水汽的输送路径，地下水的开发缩短了地下水的循环路径，也改变了地表水和地下水的转化路径。

水循环路径的改变必然伴随着水循环周期的改变。从流域层面上来说，流域水循环路径的二元化使流域纵向水通量减小，垂向水通量增大，从而加快了区域内的水循环速度，缩短了流域内的水循环周期。特别是地下水，在天然状况下需要长时间才能更新的深层地下水由于受到人类大规模的开发利用，其赋存条件发生极大改变，转化周期大大缩短。

(3) 循环结构和参数的二元化

从循环结构和参数上来看，二元模式水循环结构也呈现出明显的二元化特征。自然状况下，流域天然水循环是"大气—坡面—地下—河道"主循环。在人类活动参与下，一方面，在主循环外形成了由"取水—输水—用水—排水—回归"五个环节构成的侧支循环圈；另一方面，人类活动对主循环的结构和参数也产生了深刻的影响，包括对天然坡面产汇流过程的影响、对平原地区渗透和产汇流过程的影响。

主循环之外形成的社会水循环，已经不能用天然水循环的参数来描述，必须增加用于描述和刻画社会水循环的参数体系，包括供水量、用水量、耗水量、排水量等体现社会水循环用水效率的参数。在二元化的循环结构中，不同区域的社会循环的特点并不一致。因此对两种不同的社会水循环结构，需要用不同的参数体系来描述。

由于天然主循环与社会循环的径流通量之间存在着动态互补与依存关系，因此社会循环圈的形成和通量的增加，必然会引起伴随流域二元水循环的水沙过程、水盐过程、水化学过程和水生态过程的相应演化。

（4）服务功能和效应的二元化

水分在循环过程中支撑着自然生态环境系统和社会经济系统。水循环对自然生态环境系统的支撑包括五个方面：①水在循环过程中不断运动和转化，使全球水资源得到更新；②水循环维持了全球海陆间水体的动态平衡；③水在循环过程中进行能量交换，对地表太阳辐射能进行吸收、转化和传输，缓解不同纬度间热量收支不平衡的矛盾，调节全球气候，形成鲜明的气候带；④水循环过程中形成了侵蚀、搬运、堆积等作用，不断塑造地表形态，维持生态群落的栖息地稳定；⑤水是生命体的重要组成成分，也是生命体代谢过程中不可缺失的物质组成，对维系生命有不可替代的作用。水循环对人类社会经济系统的支撑，主要包括三个方面：一是水在循环过程中支撑着人类的日常生活；二是水在循环过程中支撑人类生产活动，包括一产、二产和三产；三是水在循环过程中支撑市政环境、人工生态环境系统用水。

在人类经济社会用水和生态环境用水发生冲突时，对水循环服务功能的二元化的认识，有助于辩证地认识生态环境系统、人类经济社会系统之间的关系，科学地指导两个系统之间的用水协调，实现人类经济社会系统和自然生态环境系统的可持续发展。

（5）二元水循环系统状态描述

"自然-社会"二元水循环系统存在的状态可表示为

$$\{W_N, W_A\} = \Psi_S(W_{Nin}, W_{Ain}, R_{Z_N}, R_{Z_A}, R_{Z_{AN}}, S, R) \quad (2\text{-}1)$$

式中，W_N 表示自然水循环系统的状态；W_A 表示人工水循环系统的状态；Ψ_S 是与二元水循环系统的环境有关的函数；S 是二元水循环系统所处环境的状态，即日-地系统、大气系统、社会经济系统和人工生态系统的状态，除了太阳辐射、大气的温度、湿度、风速等以外，还有经济发展水平、经济增长速度、城市化水平、居民生活水平等；R 是环境向系统的输入、输出，除了降雨、太阳辐射等以外，还有进出社会经济系统和人工生态系统的水量、建设人工水循环系统的原材料、燃料及其他各种投入等，W_{Nin}、W_{Ain} 分别是自然水循环和人工水循环系统的初始状态；R_{Z_N} 是自然水循环系统的输入；R_{Z_A} 是人工水循环系统的输入；$R_{Z_{AN}}$ 是二元水循环系统的输入。

由于各变量都是时间和空间的函数，式（2-1）也可以用微分的形式表示：

$$\begin{cases} \dfrac{\partial W}{\partial t} = \psi_S^t(W_{in}, R_Z, S, R) \\ \dfrac{\partial W}{\partial x} = \psi_S^x(W_{in}, R_Z, S, R) \\ \dfrac{\partial W}{\partial y} = \psi_S^y(W_{in}, R_Z, S, R) \\ \dfrac{\partial W}{\partial z} = \psi_S^z(W_{in}, R_Z, S, R) \end{cases} \quad (2\text{-}2)$$

同样，如果系统初始状态、系统所处环境的状态和系统输入、输出在空间上各点的信息已知，联立求解方程组（2-2）就可以得到时段末系统在空间上各点的状态。

2.2.3 二元水循环相互作用特征

一是通量上此消彼长。"自然-社会"二元水循环的形成：一方面，使水循环的服务功能由自然的生态和环境范畴拓展到社会和经济范畴，但同时也由于社会水循环与自然水循环之间通量此长彼消的动态依存关系，以及以水循环为载体的社会经济污染物的排入，水资源在发挥社会与经济服务功能的同时，自然的生态与环境服务功能受到影响和侵占；另一方面，经济社会取、耗、排水循环通量不断增加，会破坏自然水循环的基本生态和环境服务功能，如在我国海河流域，现状水资源开发利用率已超过100%，即社会水循环通量已超过了自然水循环的一次性径流通量，使流域内河、湖、湿地生态重度退化、地表水与地下水严重污染。

二是过程上深度耦合。从过程来看，自然水循环与社会水循环的耦合是全过程的，突出表现为两端，即取水端、排水端，同时初级的社会水循环系统过程环节与自然水循环耦合也十分紧密（图2-4）。在严重缺水地区，随着社会水循环系统的发育成长，制水、输水和用水环节过程效率不断提高，无效和低效的漏损与损耗不断减少，同时水资源的重复利用和再生回用程度不断提升，以径流形式的退水和排水量逐渐减少，水分更多的是以蒸发、蒸腾的形式回归到自然水循环的大气过程。从这个意义上来说，随着社会水循环系统的演化，缺水地区的社会水循环在排水端和过程中与自然水循环的耦合关系逐渐疏离。

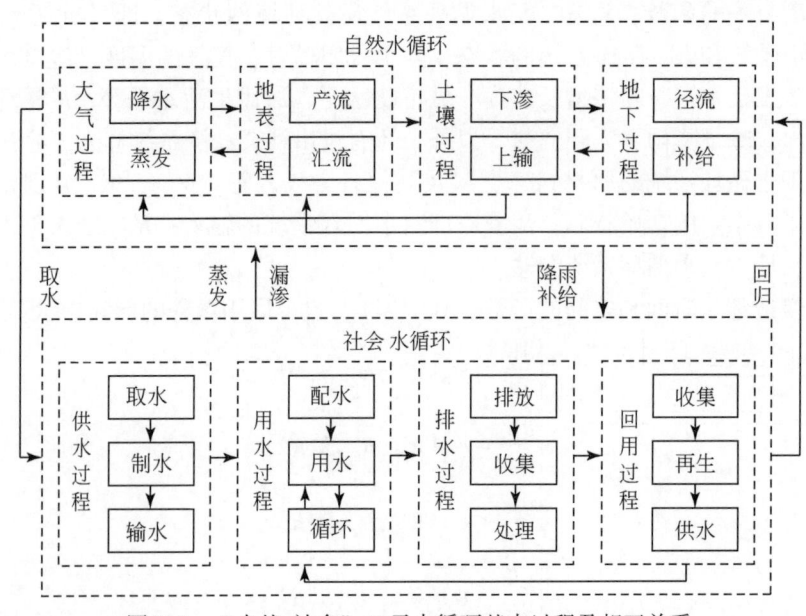

图2-4 "自然-社会"二元水循环基本过程及相互关系

三是功能上竞争融合。天然条件下，一元的自然水循环的功能主要包括资源功能、环境功能、生态功能。自社会水循环形成伊始，水循环的服务功能具有二元化的特征，首先，在原生的生态和经济属性功能的基础上，增加了社会服务功能和经济服务功能，主要因为水是人类生存和生活的基础,包括供人饮用、洗浴、美化环境、休闲娱乐等,水循环便具有了社会属性特征;其次,水是大部分生产活动的原材料或辅助材料,水在参与经济生产循环过程中,具有重要的经济属性。此外,水的有用性和宏观稀缺特性使水资源具有价值,加之水资源开发、利用与保护也需要一定的经济投入,导致社会水资源具有鲜明的经济属性和服务功能。

2.3 "自然-社会"二元水循环耦合机制

2.3.1 二元水循环耦合过程

现代环境下,流域水循环演变规律受自然和社会二元作用力的综合作用,具有高度复杂性,是一个复杂的巨系统。水循环在驱动力、过程、通量三大方面均具有耦合特性,并衍生出多重效应(图2-5)。

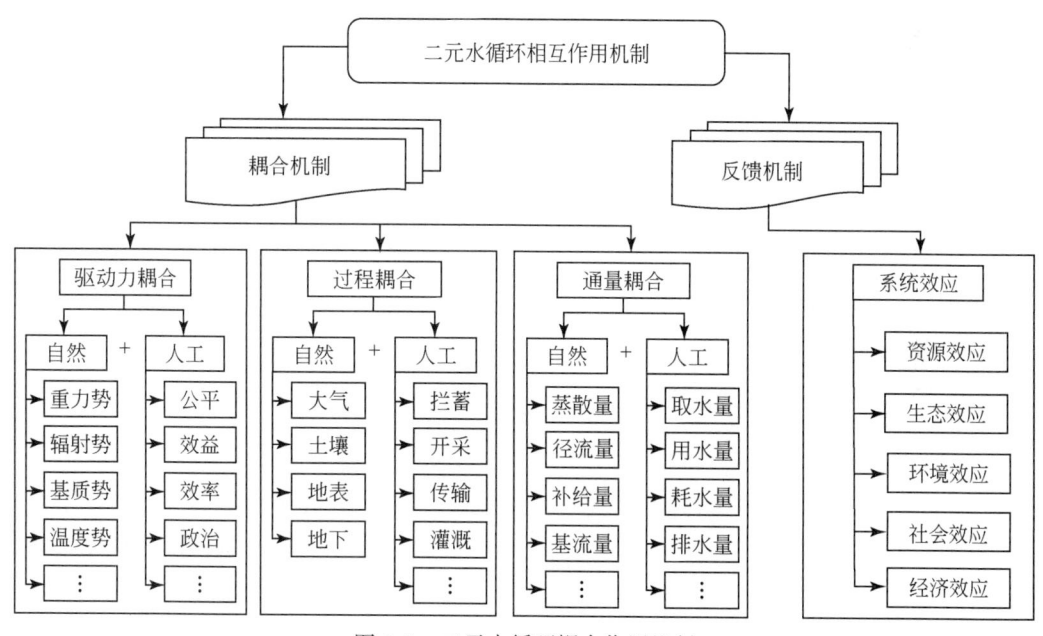

图2-5 二元水循环耦合作用机制

在驱动力耦合方面,体现为自然驱动力和人工驱动力的耦合,即流域水分的驱动机制不仅基于自然的重力势、辐射势等,也受人工驱动力如公平、效益、效率、政治等作用。自然驱动力是流域水循环产生和得以持续的自然基础,人工驱动力是水的资源价值和服务功能得以在社会经济系统中实现的社会基础。自然驱动力使流域水分形成特定的水资源条件和分布格局,成为人工驱动力发挥作用的外部环境,不仅影响人类生产、生活的布局,同时影响水资源开发利用方式和所采用的技术手段。人工驱动力使流域水分循环的循环结构、路径、参数变化,进而影响自然驱动力作用的介质环境和循环条件,使自然驱动力下的水分运移转化规律发生演变，从而对人工驱动力的行为产生影响。流域水循环过程中两种驱动力并存，并相互影响和制约，存在某种动态平衡关系。需要指出的是，相对而言自然驱动力的稳定性和周期性规律较强，但人工驱动力则存在较大的变数，动态平衡阈值的破坏往往源自于人工驱动力不合理的扩张和过度的强势。

在过程耦合方面，体现为自然水循环过程与人工水循环过程的耦合。自然水循环过程可划分为大气过程、土壤过程、地表过程、地下过程四大过程。在过程耦合作用机制上，人工水循环过程较多体现为外在干预的形式。自然水循环四大过程中的每一个环节，人工水循环过程均有可能参与其中。如大气过程中人工降雨过程、温室气体排放过程等；地表过程中的水库拦蓄过程、水利枢纽分水、渠系引水过程等；土壤过程中的农业灌溉过程、低渗透性面积建设过程等；地下过程中的地下水开采、回补等。以上自然过程和人工过程的耦合显著增加了流域水循环整体过程的复杂性和研究的难度。

在通量耦合方面，现代环境下的自然水循环通量与社会水循环通量紧密联系在一起。二元水循环通量的耦合与过程的耦合有直接的因果关系。在水循环过程二元耦合情况下，水循环通量的二元耦合是必然的。二元水循环系统中自然水循环的各项通量，如蒸散量、径流量、入渗量、补给量等，与社会经济系统的取水量、用水量、耗水量、排水量等，既是构成系统整体通量的组成部分，又相互影响，此消彼长，存在对立统一的关系。

传统的水资源评价方法相对于现代环境下的水资源评价技术需求存在五大缺陷：评价口径狭窄、一元静态评价、要素分离评价、时空集总式评价、缺乏统一的定量工具。这样可能导致水资源评价结果对水循环过程和规律认知上出现失真，不能反映水循环过程的全部有效水量和利用效率的高低。为客观评价二元水循环系统的通量，需要发展新的评价理论与技术方法，进行全口径层次化动态评价。

2.3.2 二元水循环耦合效应

现代环境下流域水循环存在"天然-人工"二元特性，人类活动和人工能量一方面改变了自然水循环的天然过程特性，其功能属性也拓展到社会属性和经济属性，并影响着自然水循环天然属性功能的发挥，从而衍生出一系列相关效应。因此，流域二元水循环演化衍生出对自然水循环及其伴生过程的三大后效应：一是水资源次生演变效应，大多表现为径流性水资源衰减；二是伴生的水环境演变，主要表现为水体污染和环境污染；三是伴生的水生态演变，主要表现为天然生态退化和人工生态的发展。另一方面，在原始自然属性的基础上，水作为人类经济社会系统中的关键生产要素，对经济社会的发展有着基础支撑作用；水作为人类经济社会系统中污染物的输移质，对社会有较大的促进作用；水作为自然水循环系统中的基本要素，对保障自然生态与经济社会健康发展有约束作用。因此，人类活动对水循环过程的干预衍生了水的经济与社会属性。

（1）水资源效应

从20世纪80年代开始，北方地区持续干旱，缺水形势加剧。由于降水偏少，气温偏高，地面蒸发损失加大；同时受到人类活动的影响，地下水补给量明显减少。在地表水持因为水是人类生存和生活的基础，包括供人饮用、洗浴、美化环境、休闲娱乐等，水循环便具有了社会属性特征；其次，水是大部分生产活动的原材料或辅助材料，水在参与经济生产循环过程中，具有重要的经济属性。此外，水的有用性和宏观稀缺特性使水资源具有价值，加之水资源开发、利用与保护也需要一定的经济投入，导致社会水资源具有鲜明的经济属性和服务功能。

2.3 "自然-社会"二元水循环耦合机制

2.3.1 二元水循环耦合过程

现代环境下，流域水循环演变规律受自然和社会二元作用力的综合作用，具有高度复杂性，是一个复杂的巨系统。水循环在驱动力、过程、通量三大方面均具有耦合特性，并衍生出多重效应（图2-5）。

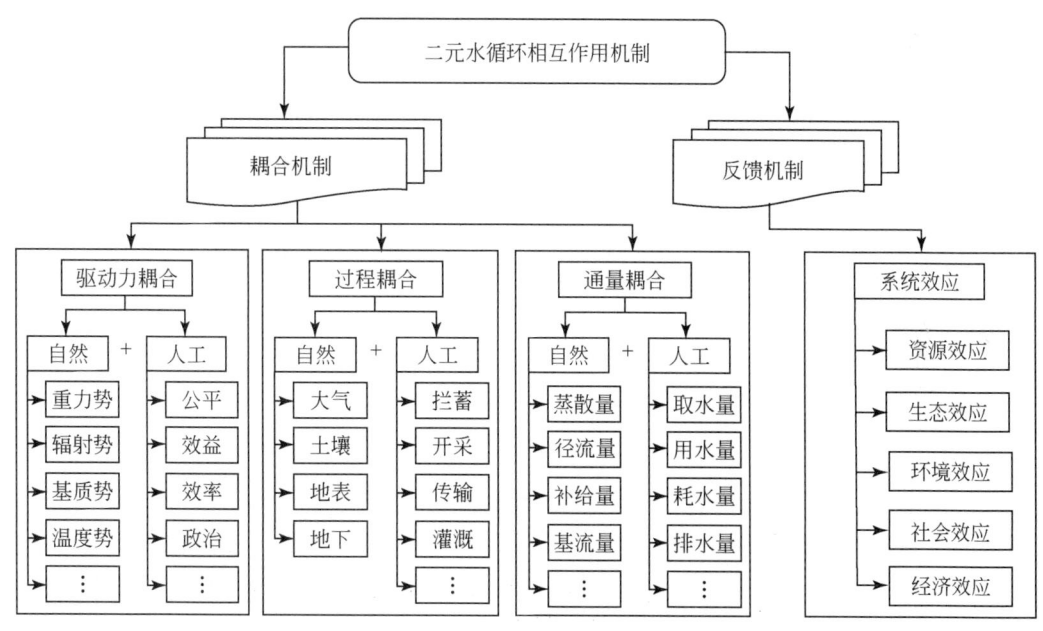

图2-5 二元水循环耦合作用机制

在驱动力耦合方面，体现为自然驱动力和人工驱动力的耦合，即流域水分的驱动机制不仅基于自然的重力势、辐射势等，也受人工驱动力如公平、效益、效率、政治等作用。自然驱动力是流域水循环产生和得以持续的自然基础，人工驱动力是水的资源价值和服务功能得以在社会经济系统中实现的社会基础。自然驱动力使流域水分形成特定的水资源条件和分布格局，成为人工驱动力发挥作用的外部环境，不仅影响人类生产、生活的布局，同时影响水资源开发利用方式和所采用的技术手段。人工驱动力使流域水分循环的循环结构、路径、参数变化，进而影响自然驱动力作用的介质环境和循环条件，使自然驱动力下的水分运移转化规律发生演变，从而对人工驱动力的行为产生影响。流域水循环过程中两种驱动力并存，并相互影响和制约，存在某种动态平衡关系。需要指出的是，相对而言自然驱动力的稳定性和周期性规律较强，但人工驱动力则存在较大的变数，动态平衡阈值的破坏往往源自于人工驱动力不合理的扩张和过度的强势。

在过程耦合方面，体现为自然水循环过程与人工水循环过程的耦合。自然水循环过程可划分为大气过程、土壤过程、地表过程、地下过程四大过程。在过程耦合作用机制上，人工水循环过程较多体现为外在干预的形式。自然水循环四大过程中的每一个环节，人工水循环过程均有可能参与其中。如大气过程中人工降雨过程、温室气体排放过程等；地表过程中的水库拦蓄过程、水利枢纽分水、渠系引水过程等；土壤过程中的农业灌溉过程、低渗透性面积建设过程等；地下过程中的地下水开采、回补等。以上自然过程和人工过程的耦合显著增加了流域水循环整体过程的复杂性和研究的难度。

在通量耦合方面，现代环境下的自然水循环通量与社会水循环通量紧密联系在一起。二元水循环通量的耦合与过程的耦合有直接的因果关系。在水循环过程二元耦合情况下，水循环通量的二元耦合是必然的。二元水循环系统中自然水循环的各项通量，如蒸散量、径流量、入渗量、补给量等，与社会经济系统的取水量、用水量、耗水量、排水量等，既是构成系统整体通量的组成部分，又相互影响，此消彼长，存在对立统一的关系。

传统的水资源评价方法相对于现代环境下的水资源评价技术需求存在五大缺陷：评价口径狭窄、一元静态评价、要素分离评价、时空集总式评价、缺乏统一的定量工具。这样可能导致水资源评价结果对水循环过程和规律认知上出现失真，不能反映水循环过程的全部有效水量和利用效率的高低。为客观评价二元水循环系统的通量，需要发展新的评价理论与技术方法，进行全口径层次化动态评价。

2.3.2 二元水循环耦合效应

现代环境下流域水循环存在"天然-人工"二元特性，人类活动和人工能量一方面改变了自然水循环的天然过程特性，其功能属性也拓展到社会属性和经济属性，并影响着自然水循环天然属性功能的发挥，从而衍生出一系列相关效应。因此，流域二元水循环演化衍生出对自然水循环及其伴生过程的三大后效应：一是水资源次生演变效应，大多表现为径流性水资源衰减；二是伴生的水环境演变，主要表现为水体污染和环境污染；三是伴生的水生态演变，主要表现为天然生态退化和人工生态的发展。另一方面，在原始自然属性的基础上，水作为人类经济社会系统中的关键生产要素，对经济社会的发展有着基础支撑作用；水作为人类经济社会系统中污染物的输移质，对社会有较大的促进作用；水作为自然水循环系统中的基本要素，对保障自然生态与经济社会健康发展有约束作用。因此，人类活动对水循环过程的干预衍生了水的经济与社会属性。

（1）水资源效应

从20世纪80年代开始，北方地区持续干旱，缺水形势加剧。由于降水偏少，气温偏高，地面蒸发损失加大；同时受到人类活动的影响，地下水补给量明显减少。在地表水持续衰减的情况下，水资源供需矛盾加剧，地下水超采严重，地下水位持续下降，透支水资源不仅造成地面沉降等地质灾害，又危及生态安全，进一步加剧了地下水供水能力的衰减，形成恶性循环。另外，随着近年来工业生产和城市建设的迅猛发展，经济发展加快，刚性用水需求不断增长，使得水资源短缺形势更加严峻。

(2) 水环境效应

排污量和水环境容量不相适应，是造成水环境问题的重要原因。1980~2000年，我国工业及城镇废污水排放量年均增长率为6%左右，2000年后随着治污力度的加大，增速有所放缓，但总量不小，2008年全国废污水排放量达到758亿t。与此同时，河道内径流大幅减少，河流动力学过程和水文情势发生了深刻演变，导致纳污能力减小，水体自净能力下降，加剧了水环境恶化，这些因素也是导致水环境问题突出的重要方面。

(3) 水生态效应

一方面，人类活动对水资源的过度开发造成生态系统的退化和破坏。水资源演变和刚性需求的增加导致的资源型缺水，以及水环境污染导致的水质型缺水，进一步加剧了水资源的供需矛盾。一些地区用水量已大大超过水资源可利用量，对水资源无节制的过度开发利用，导致了江河断流、湖泊萎缩、湿地消失、地下水枯竭、水体污染等一系列生态问题。另一方面，水资源过度开发及水体污染导致的生态系统破坏也对水生态造成了巨大的危害。此外，大量建造大坝、水库、引水、围垦等水利工程，使得水资源在时间和空间分布上的不稳定性增加，导致一些新的生物入侵和生态变迁问题。

(4) 经济社会效应

伴随着人类生存与发展需求的变化，人类经济社会活动对自然水循环的干扰逐渐增大。尽管经济社会发展的布局对自然水循环的直接依赖程度逐渐弱化，但水是人类赖以生存和发展的基础。水资源的有限性决定了自然水循环对保障自然生态与经济社会健康发展的约束作用。具体表现为，人类活动对自然水循环的作用产生水资源、水环境与水生态效应，同时，水资源对地区生产力、产品的市场竞争力、投资环境、城市化和人类生存环境都有支撑与改善作用。因此，合理调控经济社会系统对水资源的需求和人类活动对水循环的干预，引导它们朝良性平衡方向发展，力争做到生态环境和经济社会发展双赢。

流域"自然-社会"二元水循环是水资源形成演化和水资源开发利用的基础，随着经济社会活动影响的加剧，水循环的二元化分异属性日益显著，人们在水资源开发利用和调控过程中，必须坚持二元论的观点，综合看待水循环的二元化属性和功能，协调好水循环统一基础上的生态环境与经济社会系统的关系，遵循自然原理和社会规律，科学配置水资源，走内涵式的发展道路，实现社会经济系统与生态环境系统的协调发展。

2.3.3 海河流域二元水循环系统耦合

(1) 海河流域自然水循环系统

在太阳能、重力势能、生物势能等能量的共同作用下，水分从海洋和陆面蒸发，被大气环流输送到大气中，遇冷凝结成雨或雪的形式降落，被树、草和植物截留后在地表形成径流，入渗补给地下水，最后流入海洋或是尾闾湖泊，再次从海洋和陆面蒸发。在垂向上不断在"大气—地表—土壤—地下"、水平向在"坡面—河道—海洋（尾闾湖泊）"间循环往复，并伴随着气态、液态或固态相变。

（2）海河流域社会水循环系统

流域社会水循环涉及多水源（地表水、地下水、外调水、污水处理回用水等），多工程（蓄水工程、引水工程、提水工程、污水处理工程等），多水传输系统（包括地表水传输系统、外调水传输系统、弃水污水传输系统和地下水的侧渗补给与排泄关系系统）。流域社会水循环系统内部各变量之间的相互作用关系及其系统概念如图2-6所示。

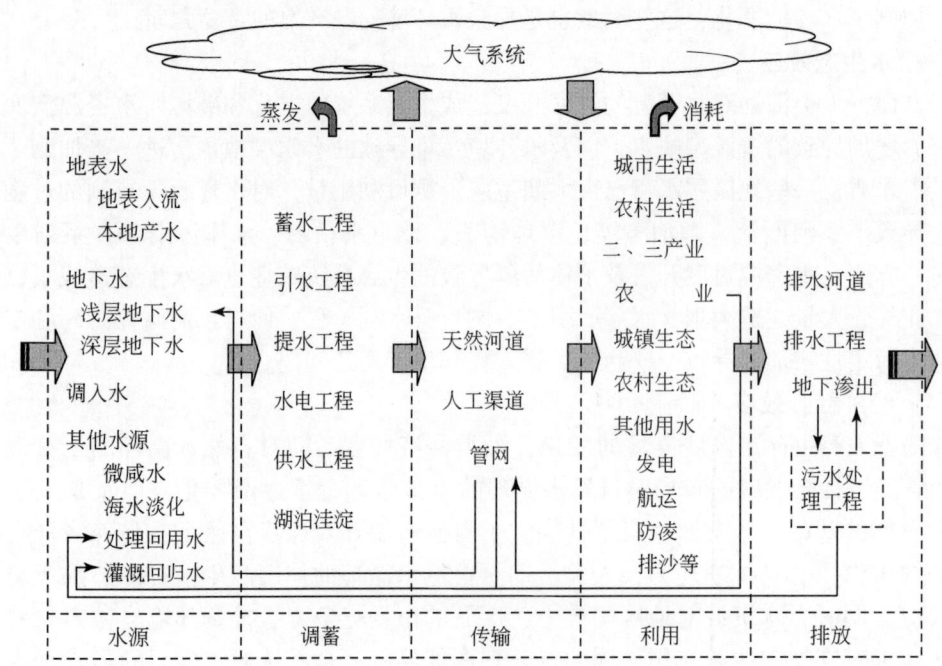

图2-6 流域社会水循环系统概念图

（3）海河流域"自然–社会"二元水循环系统

随着人类活动的增强，流域水循环演变的一个突出特征就是循环尺度变化，主要表现为流域大尺度循环过程不断减弱，局地小尺度循环过程不断增强，水循环"本地化"的现象日益明显。在另外一些特定的人类活动影响下，流域水循环的尺度也可能被扩大，其中一个最明显的例子就是跨流域调水工程。此外，下垫面破坏也使得流域产流增加，也可能引起流域水循环水平尺度的扩大。图2-7为人类活动影响下的海河流域二元水循环路径示意图。

2.4 "自然-社会"二元水循环调控研究

2.4.1 二元水循环调控基础分析

分析我国水资源问题形成的背景,可以将缺水、水污染和水生态退化三大问题归结为流域水循环系统演变导致的失衡现象:水资源系统演变引起供水、需水过程的失衡产生了缺水问题,排污量超出水体自净能力导致水化学过程的失衡产生了污染问题,河道外取耗水量增加导致生态水文过程的失衡产生了生态退化问题。造成流域水循环系统演变的主要原因有两点:一是人类活动对自然水循环系统环境和要素的改变,如气候变化引起的降水和蒸发条件的变化,土地利用类型变化改变了坡面产汇流条件和过程,水利工程修建改变了河川径流的演进过程;二是人工取用水导致的流域水循环结构变化,经济社会取用水在天然的"降水—下渗—排泄—蒸发"水循环大过程中嵌套生成了以"取水—输水—用水—处理—回用—排水"为基本环节的社会水循环,从而产生了一系列资源、生态与环境效应。

传统水文学的一元自然水循环认知模式已不能客观揭示变化环境下的流域水循环演变规律,以剔除人类活动影响为出发点的量化方法也难以准确评价变化环境下水资源的真实状况,必须把人工力和自然力并列为流域水循环的二元驱动力,将社会水循环与自然水循环并列为流域水循环的二元化结构,建立将人类活动影响作为流域水循环系统演变的内生参量的二元认知模式。在该认知模式的指导下,形成符合流域水循环演变规律的现代水资源评价、规划和调控方法,才能科学指导现代环境下的水事活动,突出体现在以下四个方面。

一是将对变化环境下的流域水循环系统演变机理认知起到重要的指导作用。二元模式采取"分离—耦合"的基本思路,将人类活动作为内生变量分别在自然水循环的环境变化和"自然-社会"二元水循环平衡关系中进行考虑,客观反映了变化环境下流域水循环系统演变的驱动机制,对于流域水循环及其伴生过程演变机理的揭示具有重要的指导意义。

二是将推动流域水循环模拟系统发展。在传统一元自然模式指导下,国内外流域水文模型描述的对象基本上是天然水循环过程,对人类活动影响主要采取调参的方式来考虑,二元水循环理论的建立带来建模思路的变革,必将引发水循环及其伴生过程模型系统的创新,从而有效提高流域水循环过程数字仿真的精度。

三是将推进水资源评价和规划方法的创新性变革。传统一元自然模式指导下的水资源评价方法,采取"还原"和"一致性修正"的方式来提出人类活动的影响,其评价基础条件和精度均不能满足变化环境下的水资源规划实践需求。二元水循环理论有效克服了一元模式在描述环境变化产生的水资源效应的内在缺陷,能有效推动水资源评价方法的变革。

四是将对变化环境下的流域水资源演变规律认知和趋势预测起到重要的指导作用。由于二元模式实现了人类活动和自然营力对于流域水循环系统的作用分离,同时又保持了二者的动态耦合关系,因此可以通过数字仿真实验来预测未来规划,或者假定情景下的流域水资源演变趋势,从而为流域水资源规划和管理实践奠定基础。

2.4.2 二元水循环调控的关键问题

我国水资源严重短缺且利用率低，严重制约着社会经济的迅速发展，解决水资源问题的根本出路在节水。建设节水型社会是节水的根本途径，也是一项涉及面广、规模宏大的系统工程，其中包含着各种错综复杂的关系，正确认识和处理这些关系，尤其是二元水循环与节水型社会建设相互作用中的关系，是建设好节水型社会的前提和保证。因此，要尊重变化环境下水循环的演变规律，推行基于二元水循环的节水型社会建设理念，以水定需，量水而行，调整经济结构，转变经济增长方式，统筹协调生活、生态和生产用水，大力提高水资源管理水平和水资源利用效率与效益，维护河流健康，推动社会经济全面协调、可持续发展。

(1) 经济社会与生态环境系统的用水关系

长期以来，由于对水资源的无节制开发利用，江河断流、地下水超采、地面下沉；由于过度地围湖造地，侵占河道，降低了河湖调蓄能力和行洪能力，加剧了洪水灾害；由于破坏了生态环境，水土流失严重，造成江河湖库淤积；由于人为地污染水体，造成了严重的生态问题……这些都是人类不按自然规律办事，向大自然无节制索取的后果。因此，一定要坚持科学的发展观，合理调控"自然-社会"二元水循环的通量，维护健康水循环。

以供定需，以水定发展，保持自然水循环与社会水循环的有机统一，以水资源供需和生态系统平衡为基本条件，确定流域经济社会发展的目标和规模，全面制定水资源开发、利用、配置、节约和保护规划，要从经济、社会、生态、环境的和谐发展出发来构建水资源的合理配置体系。从水的资源属性出发，按照不同区域、不同河流、不同河段的功能定位，合理有序规范经济社会行为，严格遵守自然规律，充分发挥大自然的自我修复能力，使社会水循环对自然水循环的干扰度处于水自然循环可承载的范围之内，在节约资源、保护环境的前提下实现社会经济的迅速发展。

(2) 无限发展与有限水资源的关系

经济社会的发展目标没有止境，但流域/区域水资源量有限，协调这二者的关系是节水型社会建设的关键方面。由于社会水循环过程中的供、用、耗、排等环节会造成径流性水资源衰减和水体环境污染，因此在建设节水型社会中，应要求进一步对水资源的开发做到"减量化"、"再利用"、"资源化"。需要转变发展观念，创新发展模式，提高发展质量，更加注重优化结构、提高效益、降低消耗、减少污染，更加注重实现速度和结构、质量、效益相统一，更加注重经济发展和人口、资源、环境相协调，统筹经济社会和水利发展，把经济社会发展与水资源承载能力和水环境承载能力统一起来，统筹流域和区域间水利发展，合理配置水资源。总体来看，在建设节水型社会中，通过水资源的高效利用和循环利用来支撑经济社会发展，实际上就是以社会水循环调控为核心，按照以供定需的原则，引导生产力布局和产业结构的合理调整，加快经济发展模式的转变，建立节约型的生产模式、消费模式和建设模式，按照一个地方、一个区域的水资源条件来科学规划社会经济的发展布局，在水资源充裕地区和紧缺地区打造不同的经济结构，量水而行，以水定发展。

(3) 用水公平和用水效率的关系

在水资源总量有限的情况下，优先保证生活用水，尽量满足生态用水，着力解决生产用水，提高生产用水效率，特别要考虑那些贫困人口的基本用水需求。不能以满足生产用水为理由挤占生态用水，不能以获得经济效益为理由牺牲生态效益，不能以实现当代人的利益为理由断了子孙后代的生计，要努力做到生产与生态的公平、经济效益与生态效益的公平、眼前利益与长远利益的公平。同时，社会经济的发展需求必然要进行水资源开发，其核心就是自然水循环和社会水循环通量的调控问题。自然界中的水体及相关生物群落是一个有机的生态系统，其中各成员借助能量交换和物质循环形成一个组织有序的功能复合体，在整个系统中的任何一种因素遭到破坏，都会引起系统的失衡。因此，要坚持科学的发展观，以可持续发展为宗旨，既要加快水资源开发利用，优化配置水资源，又要注重水资源的节约与保护，着力提高水资源利用效率，维护经济社会与生态环境的可持续发展，实现用水公平与用水效率的双赢。

2.4.3 二元水循环与节水型社会建设

我们国家明确提出要努力实现由供水管理向需水管理转变，大力推行节水型社会建设，其核心是总量控制与定额管理的实施。前者遵从自然水循环的演化规律，解决节水型社会建设外部性约束的问题；后者是要遵从社会水循环的演化规律，解决节水型社会建设内部性效率的问题。因此，节水型社会建设与二元水循环是密切相关的，二元水循环从全过程的水文要素分析提高水资源利用效率的潜力和宏观配置水资源的规划策略，节水型社会是具体形式和内容，两者相辅相成。但是，现有知识体系是建立在传统的以自然水循环为基本对象的供水管理为主的理念上，以社会水循环为基本对象的需水管理知识体系还很不完善，需要加大科研创新力度，揭示社会水循环的原理，建立社会水循环的认知与调控知识体系。通过二元水循环的研究，可以明确提高水资源利用效率的途径，可以减少水资源的开发，落实总量控制目标；而节水型社会建设有利于科学合理地调控"自然-社会"二元水循环的通量转换，提高水资源的利用效率与效益，落实定额管理目标。

流域二元水循环演化衍生出水资源、水环境与水生态三大效应，均在不同程度上对水资源的数量和质量造成影响。水循环过程变化带来的影响要求在生产、生活和消费过程中充分把水资源利用起来，做到最有效、最高效的利用。也就是说，在节水型社会中，通过水资源的高效利用和循环利用来保障经济社会的可持续发展，实际上就是以社会水循环调控为核心。

从江河湖库取水处理后供给生活用水、工业用水、农业用水和生态用水等，排放处理后循环利用，最后再排入江河，这是简单的社会水循环描述。在这个循环过程中要求的是水资源的综合利用，比如，水排放以后，经过收集、处理，可以用于市政浇花、种草、冲厕所、洗车等用途，排放要尽量达标，减少对环境的影响。二元水循环是节水型社会建设最基础的约束、支撑和调控依据。反过来，节水型社会建设的程度与效果直接影响到二元水循环过程中各个水文要素的变化，包括水资源数量、质量和效率等。

2.4.4　基于二元水循环的节水型社会建设要点

(1) 基于二元水循环的总量控制

在人类对生存和发展刚性驱动下，流域水循环过程一方面遵守着原始的天然水循环转换机理，另一方面又在人类活动作用下改变了其循环通量和产汇流方向，二者相互融合，不可分割，形成独特的"自然–社会"二元水循环系统。人工引水、输水、用水、排水与自然大气降水等多种水源，经地表径流和地下径流等迁移转化而彼此联系、相互作用，人类活动的各种排水使得水的物理性质和化学成分也产生了巨大的变异。水循环系统的演化在缺水地区显得尤为明显，依赖流域水循环而存在的各类生态、环境、社会经济系统此消彼长，相互影响，有些已经出现了衰败、退化的趋势，加强水资源系统整体调控已刻不容缓。

基于二元水循环的总量控制来实现自然水循环与社会水循环两大系统的平衡，需要以维持水资源系统的良性循环的五大平衡（水量平衡、水质平衡、水生态平衡、水沙平衡、水盐平衡）为基础，结合水资源的自然、生态、环境、经济与社会等五大属性对"八大总量"（表2-1）进行整体调控，从而降低外部对经济社会发展的约束，并减少社会水循环系统对自然水循环的影响程度，保障经济社会与生态环境的可持续发展。

表2-1　流域水资源整体调控八大总量控制指标

八大总量		相关分量	对应的平衡种类
1	地表水取水总量	一、二、三产业地表取水量	水量平衡
		生活地表取水量	
		生态地表取水量	
2	地下水取水总量	一、二、三产业地下用水量	
		生活地下用水量	
3	国民经济用水总量	一、二、三产业用水量	
		生活用水量	
4	生态用水总量	河道内用水量	生态平衡
		河道外生态用水量	
5	ET总量	一、二、三产业ET	水量平衡
		生活ET	生态平衡
		生态ET	水盐平衡
6	排污总量	一、二、三产业排污量	水质平衡
		生活排污量	
7	入河泥沙总量	流域侵蚀量	水沙平衡
		河道冲沙量	
8	出入境水质水量	断面污染物出入量	生态平衡、水质平衡
		断面出入境水量	水沙平衡、水盐平衡

(2) 资源约束下的效率与效益提高

水作为一种资源之所以能够被人类社会和生态环境所利用，是因为其具有可用性，这种可用性称之为效用。对水资源而言，这种效用即消费水资源所得到的满足程度。耗水是人类社会和生态环境消费水资源的主要表现形式，其所得到的满足程度即取得的各种效益，包括经济效益、社会效益和生态效益。同时，水资源在被利用过程中的消耗表现为两种途径，一是被生命体消耗或产品带走，二是表现为通过蒸、散发的形式参与到经济和生态量的产出过程中。因此，水资源利用效率是以资源消耗为表征的水的资源消耗量与取用水量的比值，利用效益则是相应的经济与生态产出量。

通过采取各种技术手段及措施，水资源被开发利用并进入经济社会系统或者由人工以及天然生态系统直接利用，促进区域经济发展和生态系统改善、提高人类生存质量。但是，在资源限制约束条件下，能够从自然水循环系统中取水进入社会水循环系统中的水资源量有限，从水资源高效利用的角度出发，要以尽可能少的水资源消耗量获得最大的水利用效益，充分发挥耗水定额下水作为稀缺资源的经济价值。也就是要尽可能地节约水的资源消耗量，将节约出来的水资源量满足经济社会发展和生态环境维护的需要，以最小的资源消耗获得较高的经济、社会和生态效益产出。

(3) 基于社会水循环的全过程节水

在流域尺度上，不同水体的水分在人类社会经济系统运动过程中形成了取（供）水、输（配）水、用（耗）水、排水和回用等环节的循环系统。在区域和行业尺度上，以工艺优化为手段，实行全过程节水，以生产、生活废水零排放为目标，实施废水资源化节约，形成了以区域经济社会发展布局和行业经济发展实体为依托的水循环体系。因此，仅仅针对末端节水的传统调控模式已经难以适应经济社会发展的需求，需要结合供水端（多水源、取水、制水、输水、配水）和用水端（结构、分质供水、循环用水）进行环节分解，考虑全过程节水。

在水资源缺乏的地区，可能出现供水总量不变甚至降低的总趋势，有限的可利用水资源已成为制约经济社会系统可持续发展的重要因素。同时，经济社会系统中的生产、生活废水的直接排放不但严重浪费水资源，而且污染环境。因此，在节水型社会建设过程中，要以社会水循环为调控核心，坚持开源与节流并重、节流优先的方针，本着"把废水作为第二水源"的原则，牢牢抓住源头、过程、末端三个环节。在源头上，减少对原水资源的开发；在生产过程中，优化技术工艺，提高水资源的利用效率；在生产末端，将废水中污染物处理成新的水资源，并提高水的重复利用率。围绕社会水循环的各个环节，具体解析如下：

1）在输配水环节针对供水与输水系统进行改造。目前，我国各流域供水管网系统中存在一些供水管网和输水渠道老化、渗漏严重现象。需要在对管网、渠道进行全面普查的基础上，建立起完善的供水管网与输水渠道技术档案，根据不同的使用年限，分期分批进行改造更换。同时，加强管网的检查力度，进一步降低供水管网和输水渠道漏失率。

2）在用耗水环节抓好生产过程节水。在工业生产过程中，主要技术措施包括：①建立和完善循环用水系统，其目的是提高工业用水重复率；②改革生产工艺和用水工艺，如采用节水新工艺、采用无污染或少污染技术和推广新的节水设备等。在农业生产过程中，主要技术措施包括发展农业灌溉技术、渠道衬砌和田间工程技术等。

3）搞好末端节水与废水回用。①加强生产、生活废水处理回用工程建设，减少废水排放；②推广公共与居民生活用水、节水器具；③搞好再生水回用的供水管网系统建设。

（4）减少经济社会 ET 量（蒸散发量），实现真实节水

1996 年，Keller 等提出了"真实节水"系列概念，强调从整个水循环不可回收的水量中进行节水（而不仅限于用水过程中的节水），引发了"人们对水资源高效利用的新思考"。并且，"真实节水"的概念被进一步推广到全流域，研究者提出基于广义 ET 管理理念的水资源规划，"真实节水"的含义为减少项目区广义的蒸散发量（ET）消耗量，只有减少水分的蒸发蒸腾，才是区域水资源量的真正节约，这与传统的水资源规划是有区别的。传统的水资源管理中，节水的效果主要由取水量的减少来衡量，缺乏对广义 ET 总量的分配和控制。其结果是，发达地区或者强势部门通过提高水的重复利用率和消耗率，在不突破许可取水量的限制条件下，将消耗更多的水量（增加 ET），在区域/流域水资源总量（区域/流域总的可消耗 ET）基本不变的情况下，这就意味着欠发达地区或者弱势部门如农业、生态等部门可使用的水资源将被挤占。越是在水资源紧缺的地区，这种矛盾越突出。因此，只有对广义 ET 进行控制才能真正实现流域/区域水资源的可持续利用。对广义 ET 进行控制，不仅需要从流域/区域整体对广义 ET 进行控制，还需要对局部区域的广义 ET 进行分别控制。否则，即使整个流域/区域广义 ET 得到控制，由于局部的广义 ET 控制没有实现，可能会产生局部的水资源问题。

从流域水循环过程中降水、径流、蒸腾蒸发和入海之间的流域水分平衡关系考虑，要维持自然水循环和社会水循环的和谐关系，其根本途径是要控制社会经济系统的耗水，确保人工侧支耗水量不超过允许径流耗水量。因此，现代二元水循环调控的关键是控制区域 ET，实现途径就是开展节水型社会建设，以水资源的高效利用达到节水和经济增长的双赢局面。

现有的水资源规划方法基于"以供定需，控制取水"的理念开展，水资源配置的对象是取水量，其后果是随着节水技术发展和水资源管理水平的提高，水资源消耗率不断增加，在取水量不变的情况下，从河流和地下取出的水量更少地回归河道和地下。从区域整体来看，即使取水总量得到控制，河道径流量逐年减少和地下水位持续下降的趋势仍将继续。由于干旱半干旱地区水资源系统承载能力的极度脆弱性，基于取水管理理念的现行水资源规划方法不利于水资源的可持续利用。因此，对于我国北方地区的水资源管理应当基于 ET 总量控制，其基本思路是从流域/区域整体控制住总的 ET 量，确保流域/区域总 ET 量不超过可消耗 ET 量，实现水资源的可持续利用，在此基础上提高区域整体水分生产力水平，增加单位 ET 量产出，促进社会经济持续发展。在我国南方丰水地区，则以定额管理为抓手严控水资源开发利用超过红线，防止水资源禀赋较好地区的水资源浪费现象。

在此基础上，通过高效利用地表水、地下水及其他非常规水源供水有效调控所产生的 ET，实现流域综合 ET 的控制，通过调节国民经济用水和生态用水产生的 ET 比例来调节流域产业结构，通过控制排污总量、入河泥沙总量和控制出入境水质水量实现上下游生态环境的保护与改善。区域目标 ET 理论通过控制耗水实现资源节水，是先进的水资源管理理念，使水资源管理从"取水"管理开始向"耗水"管理转变，有利于实现水资源的高效利用，尤其是对人类活动干扰极为剧烈的北方缺水地区，具有重要的科学依据和实践意义。

第3章 社会水循环系统结构解析与调控机制研究

3.1 社会水循环概念与特征解析

3.1.1 社会水循环内涵的相关界定

社会水循环的提出最早可追溯到20世纪末期,1997年英国学者Stephen Merrett提出与"hydrological-cycle"(水文循环)相对应的科学术语"hydrosocial-cycle"(社会水循环),并给出社会水循环的简要模型(图3-1)。国内最早提出水循环的李奎白等(2001)以城市为例,认为城市社会水循环就是水在城市系统中的"供—用—排"的过程。王浩等于2002年在《水资源学》中提出"人工侧支循环"概念,认为发展进程中的人类活动,从循环路径和循环特性两个方面明显改变了天然状态下的流域水循环过程,在自然水循环的大框架内形成并发展了由取水—输水—用水—排水—回归五个基本环节构成的人工侧支循环路径,并使天然状态下地表径流和地下径流量逐步减少;贾绍凤等(2003)认为社会经济系统水循环是指社会经济系统对水资源的开发利用及各种人类活动对水循环的影响,

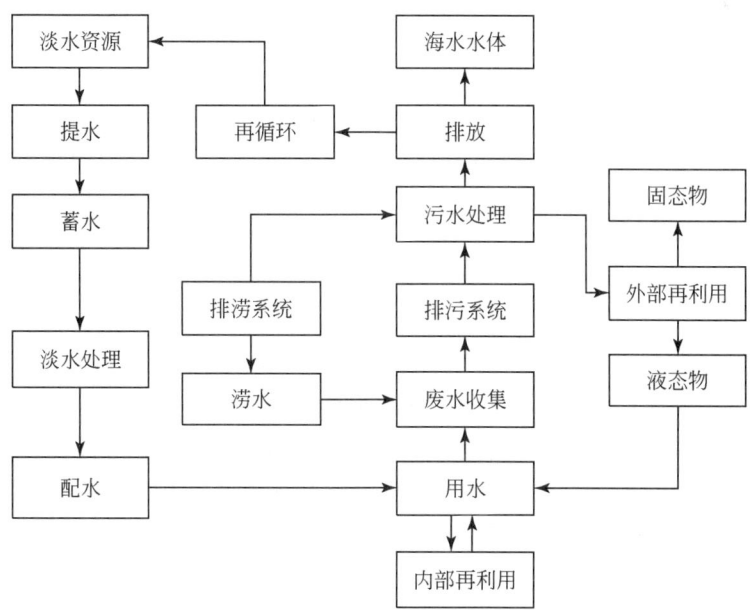

图3-1 社会水循环系统概化图

它是相对于自然水循环而言的；纽卡斯尔城市委员会制定了"可持续的城市水循环政策"，为城市水循环系统管理提供了基本的准则框架；日本设立了"构筑健全的水循环系统省厅联席会"，提出了宏观（海洋-陆地水分交换与循环）、中观（区域"自然-社会"二元耦合循环）和微观（家庭或是商业建筑等单元的内部循环）三个尺度的水循环；陈庆秋等（2004）认为，水在社会经济系统的活动状况正成为控制社会系统与自然水系统相互作用过程的主导力量，社会水循环就是水在人类社会经济系统的运动过程，并在此基础上提出了水资源管理和城市水系统环境可持续性评价的基本构架。张杰等（2006）认为，水的社会循环是指在水的自然循环当中，人类不断地利用其中的地下或地表径流满足生活与生产活动之需而产生的人为水循环；在此基础上还分析提出了以城市为主体的水健康循环理念，以及包括节制取水、节约用水、污水深度处理和再生水循环利用在内的健康社会水循环模式。

3.1.2 社会水循环概念与特征

自然水循环是指水分在自然界水以气态、液态、固态的形式在陆地、海洋和大气间不断循环的过程，对应地，本书将社会水循环定义为"为实现特定的经济社会服务功能，水分在经济社会系统中的赋存、运移、转化的过程"。从上述定义可以看出，有别于自然的水循环过程，社会水循环具有两大差异性要素：一是水分循环中实现了特定的经济社会服务功能，如人类生活需求、工农业生产、人工生态建设等；二是水分参与了上述经济社会服务功能的实现过程，这种参与过程可以通过社会的供排水系统实现，包括农业灌排水系统和城市供排水系统，也可以通过直接耗用的方式实现，如人工直接取水手段、对有效降水的直接利用等。

与自然水文循环相比较，社会水循环具有以下几个方面的特征：

1）侧支性。社会水循环是依存于自然主循环的一个侧支循环，其来源端、过程和排水端均与自然主循环相耦合，其中在来源端包括利用有效降水或是取用径流性水资源，缘起于自然水循环，过程中通过蒸发、渗漏与自然水循环的大气过程和地表过程耦合，其用水端主要通过蒸腾、蒸发的形式与自然水循环的大气过程耦合，其排水端与地表水、地下水体或自然环境相耦合。可以看出，自然水循环既是社会水循环的"源"，也是社会水循环的"汇"，因此自然水循环是二元水循环的主循环，而社会水循环则属于侧支循环。

2）开路性。从宏观的循环结构上来看，社会水循环是一个不闭合的循环，其起始端为取水口，终端为末端排水点，中间过程尽管其输水和用水类型有差别，但均会有一定量的蒸发、散发和渗漏，因此社会水循环整体上是一个开路的循环。

3）双源性。从水分的来源上看，社会水循环主要有两方面的来源：一是取用的地表、地下径流性水资源，尤其是生活、工业和第三产业用水，基本以这一类水源为主；二是直接利用的有效降水，主要是农业和人工生态，特别是雨养农业，则基本上以有效降水为主。因此在较大的区域尺度上，社会水循环往往包括径流性水资源和有效降水的双源性循环。

4）嵌套性。社会水循环系统结构是一个不断演化的过程，发展至今，在取、供、用、排的宏观路径下，还衍生出多个嵌套的小循环，如大的农业灌区的排水提灌、城市系统的再生水回用、工业企业内部循环用水以及社区的中水回用等，因此现代社会水循环是一个复杂的多层嵌套水循环系统。

3.2　社会水循环系统及其历史演进

人类自动物界分化出来以后，通过"他所做的改变来使自然界为自己的目的服务，来支配自然界"，在不断改造自然界的过程中，人类社会的组织形式和生产方式也不断进步，很多学者将人类社会发展历史划分为原始文明、农业文明、工业文明和后工业文明四个阶段。不同社会发展阶段的不同主导生产方式对水的需求也有很大不同，其社会水循环的通量、水源结构、用水结构、水量演变过程、水质演变过程也都呈现出显著的特点，并随着社会生产进步而不断发展演化。

3.2.1　原始文明的社会水循环

原始文明是指人类从动物界分化出来开始的数百万年原始社会的人类文明。原始文明时期人的物质生产能力非常低下，主要的物质生产活动就是采集和渔猎，从自然界获取现成的食物和其他简单的生活资料，对自然的支配能力极其有限。原始文明在世界范围内已经消失数千年，但是在局部地区仍有一些部族依靠渔猎和采集生存，保持了渔猎民族的生存与文化传统，如中国东北的黑龙江、松花江、乌苏里江流域的赫哲族，就仍以渔猎为生。

原始文明时期，人类对水资源的开发利用处于一种自发的阶段，社会水循环系统处于原始阶段，呈现以下基本特征：①总量很小。这一时期人类社会的种群数量很少，生产水平很低，几乎没有生产性用水，经济社会系统对水的需求也很小，使这个时期的社会水循环的通量极小，占自然水循环通量的比例几乎可以忽略。②用水结构简单。几乎完全是生活水通量，用于满足人生存所必需的饮用、食物清洁等基本需求。③水源结构单一。由于早期人类对水基本没有调控能力，为了满足对水的需求，人类主要聚居于大江、大河两岸，水源直接取自临近江河、湖泊的地表水。④水量演变过程极其简单。原始文明时期的社会水循环通量采用就近取水、就近排放的方式，转化过程极其简单。⑤用水过程产生的污染物数量极少，种类也以单一有机污染为主。

3.2.2　农业文明的社会水循环

在距今大约1万年前，随着青铜器、铁器等工具的出现，人类文明从原始文明进入农业文明。在农业文明时期，人类物质生产方式从原始的渔猎转向农业生产或者畜牧生产，人类不再依赖自然界直接提供的食物维持生活，已经开始主动改造自然界，主动利用并改造自然条件，开始物质生产：对自然的植物和动物进行改造和驯养，改变其部分属性和习性，形成了人工改良的作物或者牲畜，并创造适当的条件，使这些作物和牲畜得以生长和繁衍，从中获取生活所需的粮食、肉类、衣物等。

在农业文明时期，由于自然环境的不同，出现了以农耕为主的农耕文明和以畜牧为主的游牧文明两种文明并存的局面，其中农耕文明主要集中在相对温暖、湿润的地区，如黄河流域、长江流域等，而游牧文明则相对集中在较为寒冷和干旱的草原，如蒙古草原等。这两种文明长期并存并相互影响，同时随着时间的推移和环境的变化，两种文明主导的区域也发生着变迁。

（1）游牧文明及其社会水循环

游牧文明是以游牧为主导的社会生产方式的社会发展阶段。在这一时期，牧民无固定住所，逐水草而居，通过终年随水草转移进行游动放牧这种粗放的草原畜牧业经营方式，利用草食动物的食性与卓越的移动性，将广大地区人类无法直接消化、利用的植物资源，转换为人类社会可以利用的肉类、乳类等食物及其他生活所需。当时游牧的生产效率是比较低的，即使在现代，一个游牧家庭至少需要6000~8000亩[①]地才能维持生活，而在农业生产条件较好的地区，不到一亩地便能养活一个五口之家。

游牧这种生产方式的用水需求主要是人和牲畜的生活用水，且大部分的游牧地区都属于干旱或半干旱气候区，社会水循环系统较为简单。伴随着人口和牲畜数量的增长，社会水循环通量也比原始社会有一定的增长，但是总量仍然不大，水源结构仍以简单的地表和地下直接取水为主，用水结构为单一生活用水，用水过程简单，基本没有完整的取排水系统，在用水过程中产生的污染物也以有机污染物为主，且数量很少。

（2）农耕文明及其社会水循环

农耕文明时期，人类主要通过农田耕种生产的粮食来满足基本的食物需求，同时也辅以少量的牲畜养殖等满足对于动物类食物和产品的需要，是一种可以自给自足的生产方式。这一时期形成了相当发达的文明，人类历史上的四大文明古国埃及、印度、中国和古巴比伦都是农耕文明的典型代表。

人类在农耕文明时期，初步形成了比较完整的社会水循环系统，社会水循环发生了显著的变化：①农业灌溉极大地提升了农业生产力，农耕地区人口的数量有了大量的增长，促进了耕地面积的扩张，社会水循环通量也有了快速的增长，并出现了一些著名的引水灌溉工程，如都江堰、郑国渠等；②随着农业的快速发展，社会水循环通量的结构中除了生活水通量外，开始出现了生产性水通量，农业水通量成为社会水循环通量的重要组成部分；③有效降水量成为社会水通量的主体，满足了绝大部分农业用水需求，同时人工取水量也有很大的增长，人们开始通过修建挡水堰、引水渠、蓄水池等方式从江河获取更多的水量，同时开始打井提取地下水，满足生活和农业灌溉用水的需求；④形成了由"取水—用水—排水"三个基本环节组成的社会水循环通量转化过程，在灌溉农业发达的地区形成了发达的灌溉输水系统和排水收集系统，在发达的城市出现了生活用水输配与收集系统；

---

① 1亩≈666.667m^2。

⑤农业文明时期除了生活用水过程产生的污染物外，在农业文明后期随着大量有机肥和化肥的使用，出现了以有机污染物为主的污染。

3.2.3 工业文明的社会水循环系统

工业文明开始于第一次工业革命，之后工业化生产在全球范围内逐步取代农业成为主导性的生产方式，其代表性的工具就是蒸汽机等工业机械。在工业文明时期，人对于自然界的改造能力大幅度增强，人类开始通过大规模开采各种矿产、利用大量的化石能源等方式更加深入地利用自然界的各种资源，同时进行大规模的机械化生产也使社会生产的集约化程度大幅度提高，并且工业化生产方式也不断地渗入传统农牧业生产中，使农牧业的生产也带有部分工业化集中生产的特性。在工业文明时期，人类生产活动不再像农业文明时期一样受到"天时"的严格限制，在很大程度上摆脱了自然界的约束，使这一时期的人口、经济总量等都出现了大幅度增长。

在工业文明时期，工业生产成为社会经济的主体，工业用水已经成为社会水循环通量中一个重要的组成部分。工业文明时期的社会水循环通量的水源结构、用水结构等特性也发生了显著变化，逐步表现出现代社会水循环通量的基本特点：

1）社会水循环通量总量快速增长。人口的快速扩张和生活水平的提高直接导致了生活用水的快速增长，同时对于粮食需求的增长又导致了农业用水大幅度增加，而工业生产发展也引起了工业用水的快速增加，使工业文明时期的社会水循环通量得到快速的增加，目前全球人工取用水已经占到可更新淡水资源的10%。

2）随着工业生产的发展，社会水循环通量的结构中除了生活水通量和农业水通量外，开始出现工业水通量，虽然在全球范围内农业水通量仍是社会水循环通量的整体，但是工业水通量在社会水循环通量中的比重一直在持续增加。在部分发达国家和地区，工业水通量已经超过农业水通量成为人工取水量的最大用水部门，如2000年美国人工取水量中，工业用水已经占到53.5%。

3）社会水循环中人工取水和有效降水量的绝对数量都已有较大增长，其中调节能力更强的人工取水在社会水循环通量中的比重持续增加，进入21世纪以来，中国年人工取水量已经接近6000亿 m^3，占到社会水循环通量的50%左右。同时，人工取水的水源结构也更为复杂，在进一步开发利用地下水和地表水水资源的同时，出现了再生水、蓄积的雨水、淡化海水等多种非常规水源。

4）形成了由"取水—用水—排水—污水回用"四个基本环节组成的社会水循环通量转化过程，在工业企业内部、生活用水系统内部以及工业、农业、生活用水系统之间形成了复杂的重复用水过程，在灌溉农业发达的地区形成了发达的灌溉输水系统和排水收集系统，在城市出现了专门的污水处理、再生水回用系统。

5）工业文明时期由于工业行业、生产流程的复杂性，工业用水过程产生并进入排水的污染物类型更为复杂，除了传统的有机污染物外，出现了酚、氰化物、多环芳香烃化合物等人工合成污染物，Cu、Pb、Zn、Hg、Cd、As等重金属污染物，还有一些细菌、病毒、激素等生化污染物，同时伴随着化肥在农业中的大量使用，以有机污染物为主的农业面源污染也成为重要的水污染源。社会水循环系统中污染物种类和数量的急剧增长，对自然水循环在水量和水质两个方面都已经产生了显著影响，出现了河道、湖泊水质大范围恶化。

3.2.4 后工业文明的社会水循环系统

在工业文明的发展过程中，人类对自然界进行了掠夺性的无度开发和破坏性的利用，对自然界造成了空前的伤害，超过了自然界的承载能力，造成了全球性的生态失衡和人类生产环境的恶化，使人类自身也面临深刻的危机，如人口危机、环境危机、生态危机、粮食危机、能源危机等。这些使人类逐步认识到自然界已经无法支撑高资源消耗、高污染排放的传统工业的持续发展，开始逐步转变生产方式，形成了后工业文明时期。

后工业文明时期的社会生产与工业文明时期相比具有五个显著的特点：①"以知识为基础的经济"逐步取代传统工业，知识在经济发展中占主导地位，表现在国民财富中，人力资本所占比重已大大超出二分之一，而信息等产业则成为国民经济的支柱产业。②经济结构中以人为中心的第三产业开始取代工业，成为经济的基础，工业文明的代表重工业占经济的比重大幅下降。以美国为例，制造业在国内生产总值中的比重已下降到20%。而与此同时，咨询业在社会上的地位、作用却大大提高，无形资产占财富的比例已超出50%。③社会财富中有形资源的比重下降，而专利、商标等无形资产在社会经济中的成分大大增加，其地位与作用也大大提高。④信息产业等作为经济核心支柱，发展势头迅猛。美国信息产业的产出已超过了三大汽车公司的总和。⑤经济发展对自然资源的依赖程度大幅下降，而对于人力资源依赖程度却大幅度增加。

在后工业文明时期，社会生产方式的改变对社会水循环通量产生了明显的影响，呈现出一些新的特点：①在工业化后期出现高峰后，随着环境政策、产业结构的调整，社会水循环通量进入缓慢增长期，并逐渐趋于稳定，同时水质的要求逐渐提高；②用水结构中与人直接相关的生活和第三产业用水通量有所增加，人工生态用水成为新的用水部门，而工业和农业水通量在水资源量和水环境的双重制约下，开始逐渐趋于稳定或有所下降；③用水单元内部出现了更为复杂的内部水循环过程，用水效率大幅度提高，水污染种类日趋复杂，在水污染处理率大幅度提高的同时，分散处理则成为一种新的水处理方式。

3.3 社会水循环系统结构与过程分析

对于社会水循环系统结构与过程研究，国内外一些专家学者力图通过构建相应的概念性模型进行抽象与描述（图3-2）。1997年，英国学者Merrett参照城市水循环模型勾勒出了社会水循环的简要模型。该模型源于原有的城市水循环，并把自然水体分为"淡水水源"和"海水水体"两部分，以及把固体（污泥）问题和排涝系统放入了社会水循环过程中。陈庆秋等（2004）提出了社会水循环的概念模型。Hardy在2005年提出了综合城市水循环管理的新框架,并建立了城市水循环模拟模型。该模型包括城市供水、耗水、回用、排水和雨水等基本单元,采用分层网络的方式描述多尺度的城市水循环过程,并在悉尼西部进行了应用。同年,联合国教育、科技及文化文组织出版了 *Water Resources Systems Planning and Management: An Introduction to Methods, Models and Applications* 一书,指出城市水系统包括水源地集水与储水设施、输水设施(如渠道、隧道和管道等)、水处理设施、储水和配水系统、污水收集与处理系统以及城市排水系统等。

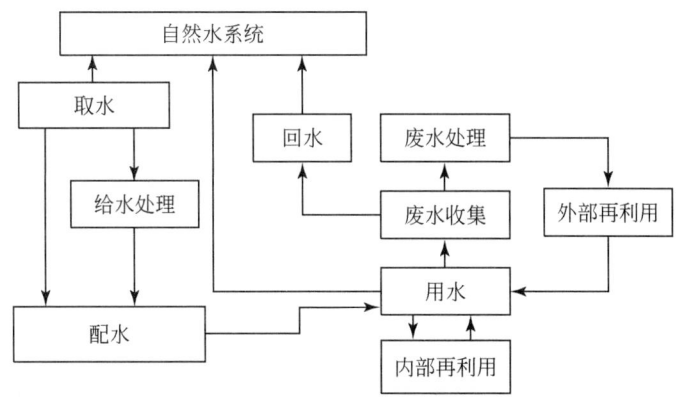

图 3-2 社会水循环简要模型

社会水循环是人类社会由于生活和生产等需求,从自然水循环中获取部分水资源,在使用后又重新排放到自然水体中的过程,集社会侧支用水的取水、净化、输送、利用、污水的收集、处理、回收利用等环节,是各种供排水设施和过程的汇总。社会水循环过程按照不同环节可以划分为取(供)水过程、用(耗)水过程、排水过程和水的再生回用过程,如图 3-3 所示。①取(供)水过程,是指从地表或地下水体进行取水,并采用一定的工程措施使水资源进入用水系统的过程。②用(耗)水系统,指人们日常的生产(主要包括工业、农业和服务业)、生活以及生态环境的用水和耗水。③排水系统,指进入人类社会的水资源被使用后,进行收集并处理,直至最终排放到自然水体的过程;包括污水处理厂、输水管道等。④水的再生回用过程,是伴随着社会经济系统水循环通量和人类环境卫生需求而产生的循环环节,利用水的可再生属性,将水进行再生回用处理后再返回用耗水系统。

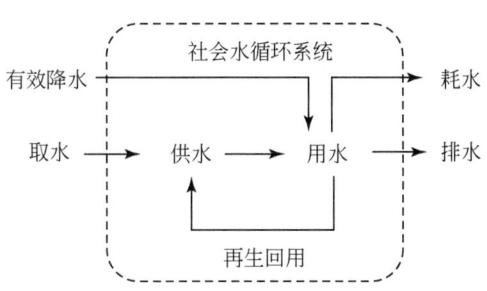

图 3-3 社会水循环系统结构示意图

3.3.1 取（供）水过程

取（供）水过程是社会水循环的始端和将自然水循环引入社会经济系统的"牵引机"。取（供）水过程可以细分为取水和供水过程。从人与自然和谐的角度看，人类社会经济取用水和生态环境（主要是指自然生态环境）之间应该符合合理分配结构，即自然水系统可供人类直接利用的数量是社会水循环的出发点。

在取水过程中，取水水源一般包括地表水、地下水和土壤水系统。地表水系统按来源可以分为江河、湖泊、蓄水库和海洋等，按工程分可以包括蓄水、引水、外流域调水等。地下水系统主要包括深层及浅层地下水、泉水等。土壤水水源过去常被忽略，但是在社会水循环中，也需要密切关注土壤水循环对社会经济系统的贡献。取水过程一般要遵循水资源开发利用量不能超过允许开采量的原则。一般认为，在保证流域生态环境需水的情况下，水资源合理的最大开发利用比例不应超过水资源总量（多年平均）的40%。当水资源的开发利用程度大于40%时，那么用水将十分紧缺，河流生态将得不到有效保证。因此，一般而言河道外取水不应超过河道水资源总量的40%。水资源开发利用率与用水紧张程度的关系如表3-1所示。因此，在取水过程中要实施水资源总量控制，一是对取（用）水户实施取水许可管理（包括取水许可证的发放与水资源费的征收等），二是对分水区域实现水资源的优化配置和调度（包括水权的初始分配和水权的流转等）。

表3-1 水资源开发利用率与用水紧张程度的关系

用水紧张程度	开发利用率/%	分类描述
低度紧张	<10	水资源不成为限制因素
中度紧张	10~20	可用水量开始成为限制因素，需要增加供给，减少需求
中高度紧张	20~40	需要加强供水和需水管理，确保水生态系统有足够水流量，增加水资源管理投资
高度紧张	>40	供水日益依赖地下水超采和非常规水利用，严重缺水已成为经济增长的因素，现有的用水格局和用水量不可持续

供水过程又包括给水过程和输配水过程，是指从水体取水后，按照用水对水质的要求进行处理，然后通过输水系统将水输送到用水区，并向用户配水。输水系统按照传送媒介分可以包括输水河道、输水管道、输水渠道等；按照输水方式分可以包括自流系统（重力供水）、水泵供水系统（压力供水）和混合供水系统；按使用目的可以分为生活供水、生产给水和消防给水系统；按服务对象可以分为城市给水和工业给水系统。供水过程一般要遵循以下原则：①供水的水质符合用水的标准，因此在供水过程中要实现给水处理；②水源地与用水地之间一般采用就近供水原则。供水系统的物质设置一般包括净水厂、供水管网等。

3.3.2 用（耗）水过程

用（耗）水系统是社会水循环的核心，是社会经济系统"同化"攫取水的各种价值及使水资源价值流不断耗散的一整套流程。若按照社会水循环用水单元的不同，用（耗）水环节可以分为宏观、中观和微观。其中宏观的用水单元包括全球、国家和一级流域等；中观的用水单元包括城市、农村和行业；微观的用水单元包括社区、工业园区和灌区等。若按照社会水循环用水主体的不同，用（耗）水环节可以进一步分为农业、工业、生活和人工生态四类。用（耗）水结构与经济发展水平密切相关。和产业结构影响一个地区的经济发展水平一样，用（耗）水结构是影响用水量乃至缺水程度的重要因素，因而调整用（耗）水结构是实现节水、破解水资源短缺的首要举措。

各个行业的用水过程具有各自的用水机理。就用水量而言，有学者分析过我国国民经济各部门的总用水量和新鲜水用水量，其用水量最大的 10 个部门如表 3-2 所示。由此可见，农业、电力和热力生产供应业及住宿餐饮业无论是用水总量还是新鲜水用量，都位于前列；尤其是农业部门，其用水量比其他所有部门的总和还多，在新鲜水的用水比例中占 80% 以上，而且主要用于农业灌溉。

表 3-2　国民经济部分部门用水量情况

排名	部门用水总量	部门新鲜水用量
1	农业	农业
2	电力、热力的生产和供应业	电力、热力的生产和供应业
3	住宿餐饮业	住宿餐饮业
4	化学工业	商业
5	商业	居民及其他服务业
6	金属冶炼及压延加工业	货物运输及仓储业
7	居民及其他服务业	化学工业
8	货物运输及仓储业	金属冶炼及压延加工业
9	石油加工及炼焦业	造纸印刷及文教用品制造业
10	造纸印刷及文教用品制造业	食品制造及烟草加工业

耗水过程是指在用水过程中的水分消耗和损失，主要包括输水损失、蒸散发消耗、渗漏损失等，其耗水量与用水量的比值用耗水系数表示。耗水系数对于各类别用水有差异，其回归到自然水体中的水量也有所不同。以鄱阳湖流域为例，城镇生活用水的耗水系数约为 0.2，农村生活用水的耗水系数约为 0.9；农业灌溉用水的耗水系数约为 0.7，工业用水的耗水系数约为 0.3。不过各个地区乃至同一流域的上、下游的耗水系数也有所差异。

在用（耗）水过程中实施最严格水资源管理，主要依靠水价管理以及各个行业的用水定额管理，同时还需要提高各个用水户的节水意识。

3.3.3 排水过程

排水过程是社会水循环的"汇"及与自然水循环的联结节点，发挥"异化"适合经济系统废污水的重要作用。排水过程包括排水的收集、输送、水质的处理和排放等环节。排水系统按照其服务对象的不同，主要可以分为农田排水系统和城市排水系统。

农田排水系统可以汇集地面的降雨积水、降低地下水位和防止涝渍及土壤次生盐碱化。对于农田排水而言，排水系统的物质设置包括田间排水调节网、各级排水沟、蓄涝湖泊、排水闸、抽排泵站等。田间排水调节网分明沟、暗沟、竖井等，其中明沟主要用以排出地表径流，暗沟主要用以控制土壤水分和降低地下水位，竖井一般用于地表透水性差而地层浅部有良好砂层时。竖井排水可以有效控制地下水位，还可减少田间排水系统和土地平整工作量。各级排水沟一般分为干沟、支沟、斗沟等，田间排水沟一般处于控制面积的最低处，以求尽量自流排水。

城市排水过程包括城市废污水的收集、输送、处理、回用和排放等环节。城市排水系统是处理和排除城市废污水的工程设施，是现代化城市的重要基础设施。城市排水系统通常由排水管道和污水处理厂组成。城市的排水制度有两种基本类型：分流制和合流制。分流制是设置污水和雨水两个独立的排水管道系统，分别收集污水和雨水。工厂排放的比较洁净的废水（如冷却水）可收集送入雨水管道系统。在实行雨污分流的情况下，污水由排水管道收集，送至污水处理厂后，排入水体或回收利用；雨水径流由排水管道收集后，就近排入水体。合流制只有一个排水管道系统，污水和雨水合流。为处理合流制中的污水，需要设置污水截流管。平时，污水通过截流管送入污水处理厂；雨天，超过截流管输送能力的雨水和污水混合通过溢流井排入水体。城市污水的处理一般采用一级处理或二级处理。一级处理又称机械处理，主要是把污水中易于沉淀的污染物质除去，处理效率比较低，一般由格栅、沉沙池、沉淀池、污泥消化池、污泥干燥设备等组成。常用的二级处理是一级处理的后增加的生物处理。生物处理分天然和人工两种：天然生物处理设施有生物塘和以处理污水为目的的灌溉田、过滤田等；人工生物处理设施有氧化沟、生物滤池、曝气池等。有危害性的工业废水，如产生易燃易爆和有毒气体的废水，以及对城市污水的生物处理有抑制作用的废水，要在工厂内进行预处理，符合标准后才可排入城市排水管道。

在排水过程中的水资源管理，主要涉及污水排放许可管理（含污水排放许可证的发放与排污费的征收）和污水排放权的配置管理（排污权的初始分配与排污权的转移）。实施最严格水资源管理，要将主要污染物入河湖总量控制在水功能区纳污能力范围之内，水功能区水质达标率要达到要求。

3.3.4 再生回用过程

水的再生回用过程是指污水经适当处理后，达到一定的水质指标，满足某种使用要求，可以再进行有益使用。和海水淡化、跨流域调水相比，再生水回用具有明显的优势。

从经济的角度看，再生水的成本最低；从环保的角度看，污水再生利用有助于改善生态环境，实现水生态的良性循环。

再生水又称中水，包括污水处理厂经二级处理再进行深化处理后的水和大型建筑物、生活社区的洗浴水、洗菜水等经集中处理后的水。再生水具有不受气候影响、不与临近地区争水、可以就地取用、稳定可靠、保证率高等优点。再生水的水质指标低于城市给水中饮用水水质指标，但高于污染水允许排入地面水体的排放标准。再生水是城市的第二水源，水的再生回用是提高水资源综合利用率、减轻水体污染的有效途径。推动再生水发展的动力主要在于：一方面，社会对水资源的需求不断增加，而可利用的水资源量却由于气候变化等原因逐渐减少；另一方面，各国家和地区的环境政策则日趋严格；同时，再生水在经济上也具有优势，现在生产用水消耗成本很高，使用再生水会节省大量的资金。总之，再生水合理回用既能减少水环境污染，又可以缓解水资源短缺的矛盾，是实现水资源可持续利用的重要举措。

在技术方面，随着科学技术的发展，水的再生回用处理技术有显著进步。目前的水处理技术可以将污水处理达到人们生产、生活所需用的水质标准。采用常规的污水深度处理，例如，滤料过滤、微滤、纳滤、反渗透等技术，可以获得不同净化程度的再生水。一般而言，滤料过滤系统出水可以满足生活杂用水等要求，包括房屋冲厕、浇洒绿地、冲洗道路和一般工业冷却水等。微滤膜处理系统出水可满足景观用水要求。而反渗透系统出水水质则可以好于自来水水质。

再生水的用途很多，可以用于地下水回灌用水、工业用水、农林牧业用水、城市非饮用水、景观和环境用水等。再生水用于地下水回灌，可以补给地下水源、防止海水入侵；再生水用于工业可以作为冷却用水、洗涤用水、锅炉用水等；再生水用于农林牧业可作为粮食作物、经济作物、观赏植物的灌溉、种植与育苗用水以及家畜、家禽用水。

3.4 社会水循环驱动机制

在流向上，自然水循环受热能和势能的驱动，从能态高的地方向能态低的方向流动，故有"水往低处流"之说。与自然水循环不同的是，社会水循环有着自身的驱动机制，表现出"水往高处流"的基本特征。

1) 源动力：用水需求。社会侧支水循环是经济社会系统的用水过程，因此用水需求是社会水循环的内生驱动机制，只有存在用水需求时才能构成循环的路径。同人类其他需求一样，用水需求也是分层次的：首先，不同类型的需求其保证率不一样，其中饮水需求是最高等级；其次是粮食安全保障要求下的农业用水需求；最后是工业用水和人工生态用水需求。正是在需求的驱动下，水分从水源区流向需水侧，社会水循环就此形成。

2) 配给机制：社会势。在经济社会用水需求的驱动下，由"低"向"高"的地方流动。当然，这种"高"和"低"不是物理空间意义上的高低，而是社会对水量供给和分配作用上的高低，本研究将其定义为"社会势"，社会势又可以进一步划分为政治势、经济势、政策势等，比如，北京作为国家的首都，其政治势必然高于其他地区；长江三角洲、珠江三角洲和环渤海经济区等区域经济发达，单方水产出高，经济势则高于其他地区；在国家粮食安全战略和新农村政策实施下，基本农业灌溉用水和农村饮水安全的水循环势明显增强。

3）约束机制：经济技术与环境成本。在用水需求驱动下，社会水循环通路能否形成，则取决于供水经济技术与生态环境成本，其中经济成本主要取决于取水成本、治水成本、输配水成本等，技术成本主要是技术可达性，空间距离包括横向和垂向二维距离，生态环境成本则包括取水和排水造成的负外部性核算。成本越高，则社会水循环的作用越强，通路越难形成。

4）直接动力：自然和社会能量。在社会势高于供水的全成本时，经济社会系统会利用自然能实现自流，或是加入人工能量，包括提水和蓄水的方式，实现社会水循环的供给和配置。

对于上述各方面的关系，可借鉴电力学的概念加深理解，其中供水和需水相当于电路中的正极和负极，只有存在供给和需求，才可能构成社会水循环系统的通路；社会势相当于电路中的电压，社会势越高，通路越容易形成，在分配中占有优先地位，电流也可能越大；供水经济技术和生态环境的全口径成本则相当于电路中的电阻，成本越高阻力则越大，越不容易形成循环通路（图3-4）；但与电路存在差异的是，由于社会水循环是一个开路的循环，因此水循环通量的大小还取决于水源的供水能力，这与闭路的电路有所差异，因此水源供水能力相当于电路中"电子"的多少。

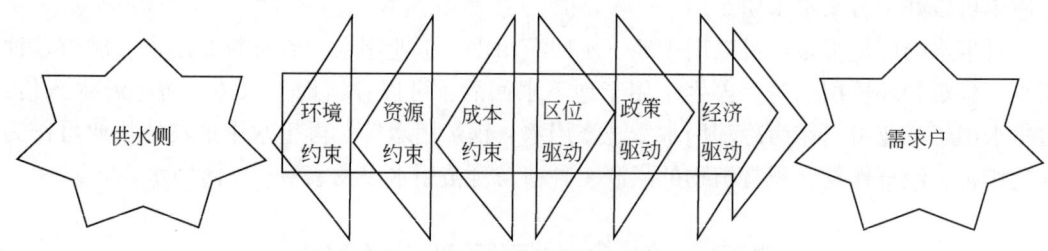

图3-4 社会水循环驱动与约束机制示意

3.5 社会水循环系统调控机制

3.5.1 社会水循环系统调控标的

(1) 系统内部标的：高安全（HSI）

对经济社会系统而言，社会水循环系统调控的基本标的就是提升其安全性，核心是用水安全，在一些特殊地区也包括除涝安全，如城市低洼排涝。通过社会水循环的调控，提升水资源系统安全保障，维护社会稳定，促进经济社会系统正向演进。内部安全性增进的具体途径主要包括以下三个方面：

1）增加社会水循环供给通量。为满足经济社会的用水需求，需要通过增加社会水循环供给通量来实现其安全保障程度，具体可以通过三方面路径实现：一是增加地表水、地下水取水量，包括修建蓄、引、提、调水工程来增加当地和区域外取水量；二是加大非常规水资源的开发利用量，包括再生水、海水和苦咸水等；三是加大对有效降水的利用量，主要是农业和人工生态。

2）合理分配水资源。社会发展有两大基本的目标追求，一是实现社会总财富的增加，二是实现社会财富在不同阶层和不同主体间的合理分配，维护社会公平。在资源总量的约束下，由于不同区域、不同行业、不同用户竞争能力存在差异，因此一些弱势主体在水资源配置中处于弱势地位，如农村地区、偏远地区、农业和生态等。社会水循环系统调控就是要通过行政、市场和公众参与等途径，促进水资源的合理配置，增进不同主体公平用水和社会和谐。

3）提高各行业用水效率和效益。经济社会的持续发展表现为社会财富和福利的不断累积，以水为生产要素的社会财富与福利总量（E），是供用水量（Q）和单方水产出（Φ）的乘积。节水型社会就是通过各种途径提高单方水产出值，使其成为社会财富与福利总量增长的主导性因子，使得社会财富与福利总量的增加不再依赖于供用水量的增长，从而实现以一定规模的供用水量支撑经济社会的可持续发展。

（2）系统外部标的：低影响（LID）

在社会水循环形成之前，一元的自然水循环支撑着丰富多彩的自然生态环境系统，水资源主要具有并发挥着生态属性功能和环境属性功能，随着社会水循环的形成和通量的不断增加，水资源的功能属性也随之拓展，不仅产生和发挥着社会服务功能和经济服务功能，同时生态和环境服务功能也具有鲜明的人工属性。随着社会水循环通量的加大，经济、社会服务功能与产出越来越大，由于自然水循环与社会水循环通量之间存在此消彼长的动态依存关系，经济社会用耗水量和排污量的增加必然会影响到天然生态与环境功能的实现，从而导致自然生态系统退化和环境质量下降。目前这一次生的外部性效应已经上升为我国水资源的主要矛盾，社会水循环的调控就是要将水资源因过度开发利用所造成的外部性在经济社会系统内消化，以维系水循环系统的二元服务对象——经济社会系统与自然生态环境系统的平衡。社会水循环外部调控具体要维系以下三个方面的平衡：

1）自然生态环境用水与经济社会用水的平衡。在统一的自然水循环的系统框架下，为实现天然生态环境服务功能与人工的经济社会服务功能的协调，需要合理确定经济社会的允许耗用水量，其边界是适宜的生态环境需水量，其阈值是基本的生态环境需水量。生态环境需水量的确定基于三大科学基础：一是合理的生态环境保护目标；二是适宜的生态环境建设与保护途径；三是科学的生态环境需水量计算方法。事实上，生态环境保护目标和需水量的确定本身也是生态系统特性、水资源条件和经济社会用水需求三方面权衡的结果。

2）自然环境容量与经济社会排污量的平衡。水的特殊溶解和运移特性，使其成为许多行业进行溶解、洗涤的常用介质，从而将经济社会系统中的大量溶解和非溶解物带入自然水循环系统。当进入自然系统的污染物超过自然环境（包括水体）的容纳和降解能力，则产生水污染。为将水资源开发利用环境外部性控制在系统承载能力之内，需要将经济社会排污量控制在环境容量范围之内，经济社会允许排污量的确定基于三大科学基础：一是水体功能区划；二是基于功能区的水体纳污能力核算；三是经济社会排污总量控制方案。

3）经济社会需（取）水量与水资源可供给量的平衡。经济社会发展在某种意义上具有无限性，其需水量不断增加，但水资源再生能力和可供给量是有限的，因此许多地区在一定时期经济社会需水量超过水资源可供给量。如果严格控制取水规模，一部分需水量得不到满足，则会转化为缺水损失；如果超量取用水资源量，则会影响水资源系统平衡，突出表现为地表水河湖萎缩干涸、地下水水位持续下降。节水型社会将通过强化需水管理，降低用水损耗，减少区域经济社会用水需求量和取水量，实现经济社会需水量与自然水资源系统的可供给能力的平衡，促进水资源的可持续利用。

3.5.2 社会水循环系统调控环节

从整体结构来看，社会水循环主要包括取水、用水、排水三个基本环节（水再生回用可纳入供用水的环节当中）。当前，我国水资源面临的主要问题与社会水循环三大环节调控失调均有密切的关系。其中，在取水环节，既有社会水循环供给通量不足导致的经济社会缺水问题，也有社会水循环供给通量过大导致的水生态系统退化问题；在用水环节，既有用水效率低下和浪费造成供水经济成本过高的问题，也有用水效率不高需求过大带来的缺水问题；在排水环节，因为社会水循环污染通量控制的不力导致水体环境恶化的现象在我国普遍存在。而上述三个环节的调控相互依存、互相影响，用水总量的控制将倒逼用水效率的提高，用水效率的提升将显示降低用水需求量，从而反馈为从自然水循环系统中的取供水量的减少。取水总量的控制和用水效率的提升将减轻排水处理的压力，同时促进水资源及其污染物的再生回用。排水端的调控降低水体环境污染的风险，从而增加优质可供水量。可以看出，对于社会水循环的调控，只有形成基于取水、用水、排水三个环节的系统调控，才能形成一个完整的良性循环，促进社会水循环调控的内外部标的整体实现。

社会水循环调控是水资源管理的核心内容。传统非基于社会水循环系统调控的水资源管理主要存在以下几个方面的问题：一是分离式管理，即供水、用水、排水的管理多处于分离状态，即便在管理体制上，目前我国许多地区还是处于多部门分割管理的状态；二是弹性管理，如对于社会节水往往通过各种倡导和鼓励的方式予以推进，管理的约束性与国家和区域的水资源情势不相匹配；三是模糊化管理，由于水的流动性、随机性和广泛性，水资源管理长期处于定性管理和粗放管理的状态。

针对上述问题，基于社会水循环的水资源管理应具有四个方面的特征：一是"系统性"特征。社会水循环调控是以自然水循环系统的承载能力为基础的，对人与水、人与人的用水关系进行了有效界定，因此其调控的着眼点必须是取水、用（耗）水、排水等关键环节的全过程调控，而不是单一环节或是单个环节的分离式调控。二是"刚性化"特征。基于社会水循环的调控应当强调其"红线"管理，应当科学界定社会水循环调控的边界，使其成为水资源管理的"红线"或阈值。三是"精细化"特征。应当按照社会水循环的系统规律，在开展精细化模拟的基础上定量制定水资源管理的目标，并按照不同尺度单元进行分级、分区的解构，使得不同层级和不同区域都有指标约束，从而有效消除了非精细化管理的"模糊带"和"空白区"的问题。四是"可执行性"特征。基于社会水循环的水资源管理通过目标的阶段性分解以及制度执行力和保障体系的建设，最大程度地保障了制度的有效性和预期目标的实现。社会水循环调控与水资源管理关系如图3-5所示。

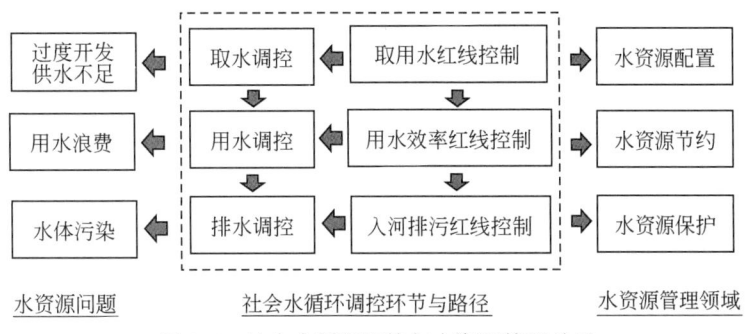

图3-5 社会水循环调控与水资源管理关系

3.5.3 社会水循环系统调控路径

（1）社会水循环高安全保障路径：二元配置与定额管理

由前面论述可知，社会水循环调控的内部性主要体现在维护社会用水公平和提高用水产出两方面：维护用水公平，主要包括不同区域之间、城乡之间、行业之间以及社会不同阶层人群之间的用水公平，其公平性体现在不同主体基本用水的分配与供给保障程度、合理的价格与经济调节制度等，即行政与市场配置的有效性程度；对于提高用水产出或是降低单位产品用水定额来说，其具体途径主要包括三类——降低供用水过程的无效损耗、优化产品或服务结构、提高重复利用率和利用非一次性替代水源，可以归结为定额管理。因此合理配置水资源、强化用水定额的管理是增进社会水循环系统内部安全性的基本路径。

用水和排污定额按照其尺度由小到大可以分为四类，即产品定额、单元定额、行业定额以及区域定额。其中产品定额就是生产某种产品用耗水量或污染物产生量，主要取决于生产用水的工艺和管理；单元定额是指某一单元（如企业、灌区等）单位产品或产值的用耗水量或污染物排放量，主要取决于产品结构、生产用水工艺、管理以及水的循环利用率、水的处理回用率等指标；行业定额是指特定区域内某个行业单位产品或产值的用耗水量或污染物排放量，主要取决于行业生产结构、工艺水平、制度有效性和管理体系的完备程度；区域定额是指一个地区人均或是单位产值用（耗）水量或污染物排放量，取决于区域的生产力发展水平、产业结构、用水和污染处理水平、水资源管理制度安排以及公众意识等因素。

定额管理也包括两方面的基本内涵：一是分类定额管理，即依据所制定的产品用水/排污定额标准，对于产品生产实际用水/排污通过行政管制或是"节奖超罚"等途径进行管理和控制，促进单位产品用水量下降，达到节水的目标；二是综合定额的管理，即通过区域经济结构和布局调整与优化来降低综合用水定额，达到节水目的。

(2) 低影响实现路径：取（耗）水与排污总量控制

社会水循环过程的外部性具体表现主要在两个方面：一是由于非兼容性的经济社会耗（用）水和生态环境耗（用）水量之间存在此长彼消的互补性动态依存关系，因此经济社会耗（用）水量的增加必然会挤占生态环境耗（用）水量，当维持生态系统基本功能的水量被侵占后，生态系统功能将会发生质变，水资源开发利用的外部性将会集中显现；二是由于水的溶解性和流动载体的特性，经济社会系统的排水往往带有大量的污染物质，当排放的污染物超出水体自净能力，自然水体的环境功能将会发生质量劣变。因此，降低水资源开发利用的负外部性，重点是对经济社会耗（用）水总量和进入自然环境系统（重点是地表河湖水系和地下含水水体）污染物排放总量进行严格的控制，以保证自然水生态与环境系统功能的有效发挥。

从分类别用户角度出发，外部性主要包括两个方面和四种类型。"两个方面"是指水量耗用和水质劣变两类外部性，而"四种类型"是指：①河道外取（耗）水和排污对河道内生态环境系统的外部性；②上游取（耗）水和排污对下游地区经济和生态环境系统的外部性；③流域陆域取（耗）水和排污对入海和入尾闾湖泊的外部性；④地下水抽取对于地表生态环境的外部性。基于上述外部性分析，区域取（耗）水总量控制可以进一步细化为八大总量控制：取水总量控制、漏损总量控制、退排水量控制、行政区河道断面下泄量控制、河道内生态流量控制、入海（尾闾湖泊）水量控制、地下水位控制和非常规水源利用量控制。在水质方面，污染物排放量控制可以分解为污水排放与退水水质标准控制、废污水排放总量控制、入河排污量、入河排污区域控制与浓度控制和行政区交接断面水质标准控制。

在操作层面，总量控制具体内涵包括"三个层次"：规划层面的总量控制、管理层面的总量控制、校核层面的总量控制。其中在规划层面要将资源消耗量控制在水资源可利用量范围以内，将排污总量控制在水功能区达标水质目标下水体纳污能力范围以内；在管理层面上，要将实际取（耗）水量控制在基于特定目标的生态用水保障范围内，将排污量控制在实际水文过程、实际排污分布与过程条件下水功能区达标的水体自净能力之内；在校核层面上，为规避取水-耗水、排污-自净关系实际过程与规划模拟的差异，在实际调度管理中还需要利用典型断面水量和水质控制指标进行校核，作为总量控制的校核指标。以上三个层次总量控制指标之间应当是闭合的，即用水总量与耗水总量控制指标之间、用（耗）水总量控制与断面下泄量/地下水水位校核之间应当是吻合的。

(3) 社会水循环调控路径：用水总量控制与定额管理相结合

综上所述，区域水资源合理配置基础上的用水总量控制与定额管理是节水型社会建设的分层次内容，其中在宏观上是总量控制，在微观上是定额管理，两者是不同层面的辩证统一：宏观的总量控制需要通过定额管理予以落实，定额管理的累加效应就是控制的总量，因此总量控制与定额管理有机结合是节水型社会建设的基本路径。科学的总量控制和定额管理两套指标也应当是"闭合"的，所谓"闭合"，就是从各行业微观定额标准与产品（产值）乘积累加形成的用水总量应当与总量控制指标相等，否则宏观管理和微观管理就会存在矛盾和冲突。

3.6 社会水循环研究的学科与现实意义

3.6.1 社会水循环与自然水循环比较研究

社会水循环作为依存于自然水循环的侧支循环，与自然水循环有着许多相对的特性。在循环驱动力上，自然水循环的驱动力是自然能，其中地表、地下径流流动依靠重力势能，蒸发、蒸腾依靠太阳能，水分在土壤的向上运移依靠毛细势能等；而社会水循环的驱动力是"社会势"，包括政治、经济、政策等多种"势场"的作用因素。在流动方向上，自然陆面水循环总是从能态高的地方向着能态低的方向流动，而社会水循环总是从势态低的地方向着势态高的方向流动，比如，河北向北京应急供水就是典型例证。在循环单元方面，自然陆面水循环的循环尺度是流域、地下过程循环的尺度是水文地质单元，而社会水循环的循环尺度是各类社会单元，包括不同层级的行政区以及各类行业运行单元。在循环通量上，自然水循环陆面过程是一个汇流过程，其将面上的水汇集到线和点上，而社会水循环的过程是一个散流的过程，即将取水点取的水供应到面上的各个需水用户。从伴生的水质过程来看，自然陆面水循环在水体流动过程中不断自净，如果没有外界污染物的排入，水质是一个不断净化的过程；而社会水循环由于其自身的功能属性，往往在循环过程中会将经济社会系统中的营养物质带入水体，如果没有处理再生的过程，社会水循环是一个污染物自净的过程。在服务功能上，自然水循环主要发挥的是生态和环境功能，社会水循环主要发挥的是社会和经济的功能。

社会水循环与自然水循环的对比关系如表 3-3 所示。

表 3-3 社会水循环与自然水循环的对比关系

项目	自然水循环	社会水循环
循环驱动力	自然能	社会势
流动方向	往能态低的方向流动	向着势态高的方向流动
循环单元	自然单元	社会单元
循环通量	汇流过程	散流过程
水质过程	自净过程	污染物进入过程（不包含去除环节）
服务功能	以生态、环境为主	以社会、经济为主

3.6.2 社会水循环研究的学科意义

社会水循环的提出和研究具有重要的学科意义。从学科发展的背景来看，作为一门应用科学，水科学技术体系的发展和完善始终围绕着国家和区域的除水害、兴水利展开的。长期以来，水文学与水资源学的学科边界界定不清，甚至在表述上往往将水文学与水资源学合称为"水文水资源学"。事实上,水文学的发展历经了一个漫长的时期,大致可以分为三个阶段:第一个阶段是19世纪中叶前期,可看做水文学萌芽与古典时期的水文学,这个时期主要集中于对地球上水、河流、降水等基本水文现象的原始观测以及猜测思辨。第二个阶段是19世纪中期到20世纪中期,即水文学的奠基和发展时期。以1851年Mulvaney提出汇流时间为标志,随后Darcy建立了地下水运动的基本规律,Saint-Venant推导出了地表水一维运动方程组,Green-Ampt公式和Theis公式的提出以及明渠水力学的发展等,都是这一阶段水文学发展的重要事件,初步奠定了水文学的基本原理和方程。第三阶段是20世纪中期到现在,可视作现代水文学发展时期。这一时期水文学发展有三个重要的特征:一是水文计算机模拟模型得到快速发展,特别是分布式水文模型;二是水文信息获取和处理技术得到长足进步,如水热通量测试技术、遥感技术以及水循环示踪技术等;三是水文学与其他学科的交叉和融合趋势逐渐显现并逐步增强,包括生态水文学的出现、水文过程与气候过程耦合等。可以看出,水文学作为一门学科已有超过160多年的发展史。目前已发展成为一门较为成熟的水利分支学科,其研究的基本对象就是地球水圈的存在与运动的科学,即自然水循环,研究的内容包括地球陆面水的形成、循环、时空分布、化学和物理性质以及水与环境的相互关系,主要目的是为人类防治水旱灾害、合理开发和有效利用水资源、不断改善人类生存和发展的环境条件提供科学依据。

水资源被誉为经济社会发展的"基础性的自然资源、战略性的经济资源以及生态环境的控制性要素",因此对于水资源的研究由来已久,但在相当长的一段时间里,与水资源相关的知识和经验常融合在其他已建立的学科中,如水文学、水利学等,而没有形成水资源的专门学科。从20世纪中期以来,水资源问题日益突出,专门以水资源为对象的研究和实践在很大范围内有了发展和提高,逐渐形成了与原有的有关水的学科内容有差别并自成体系的水资源学。有学者将水资源学的研究内容概括为三大方面:一是水资源的形成、演化原理;二是在人类社会及其经济发展中为适应用水的需要而开发利用水资源的科学途径;三是研究在人类开发利用水资源过程中引起的环境与生态变化,以及这种变化对水资源自然规律的影响,探求在变化的环境中如何保持水资源的可持续开发利用的科学途径等。但水资源学的研究对象一直没有定论。

"自然-社会"二元水循环认知模式的提出,为水文学和水资源学两大水利分支学科边界的划分提供了科学依据,即水文学研究的基本对象是自然水循环、水资源学研究的基本对象是社会水循环。基于社会水循环的视角,水资源学研究内容的解构就变得容易起来,具体可以包括三个方面:一是服务于水资源开发的知识体系的构建,包括全口径水资源的评价、水资源可利用量的评价、变化环境下的水资源演变机理与规律的研究、其他替代水源的开发利用措施、跨区域水资源配置格局等;二是服务于水资源利用体系的构建,包括各行业需水和用水原理与过程,水资源配置与调度,需水管理与节水,水资源管理与调控政策,水与宏观经济的作用、反馈机制和关系等;三是服务于水资源开发利用外部性影响的知识体系构建,包括水资源开发利用的生态环境影响评价、水资源保护、水生态修复等。如果将社会水循环作为一个系统,上述三个方面则包括输入、过程、输出三项内容。由此可见,社会水循环知识系统的确立和完善对水资源学科的发展具有重要的意义。

3.6.3 社会水循环研究的实践价值

随着经济社会的快速发展，我国水资源的安全保障需求不断提升。但由于全球气候的变化和人类活动的影响，我国水资源本底条件整体朝着不利方向发展，导致我国面临的水资源形势愈加严峻，问题日益突出。基于这种实践背景，社会水循环知识系统的确立和完善尤为迫切。总体来说，社会水循环研究体系的建立具有三个方面的应用价值：一是社会水循环原理规律及其与自然水循环耦合互动关系的研究，将为"三条红线"为核心的最严格水资源管理制度提供理论和科技支撑。最严格的水资源管理制度就是针对社会水循环的三大基本环节，通过水资源开发利用总量控制、用水效率控制、水功能区限制纳污三条红线管理，将经济社会系统对水资源系统的荷载和影响控制在可承载范围之内，因此社会水循环知识体系的构建将系统地支撑我国今后较长一个时期内基础性水资源公共政策的实施。二是社会水循环系统过程模拟和各行业用水原理的研究，将为节水型社会建设提供理论和科技支撑。超越传统的节水内涵，节水型社会建设包括结构性节水、管理性节水、工程技术性节水和意识性节水四方面的内容，上述建设内容均离不开社会水循环过程模拟、用水需水机制及其社会水循环与经济社会系统关系研究。三是社会水循环伴生的污染物的进入、转化、处理和排放的研究是减排防污的重要基础。此外社会水循环的模拟（特别是城市社会水循环的模拟）对于除涝减灾具有重要的现实意义。

第4章 社会水循环通量演化机制与规律

4.1 社会水循环通量概念

4.1.1 基本概念解析

社会水循环通量是从自然水循环系统进入社会水循环系统，并用于满足经济社会系统用水需求的水量。从概念中可以看出，社会水循环通量必须同时满足必要条件：一是社会水循环通量是取自自然水循环系统的，而不包括社会水循环系统内部的交换量与重复利用量，因此进入农业用水系统的有效降水、人类通过取水工程从地表和地下水源的直接取水都属于社会水循环通量，但社会水循环系统内部的再生水量利用量、不同用水单元间的直接水量交换就不属于社会水循环的范畴；二是社会水循环通量必须满足某种经济社会的需求，从自然水循环系统进入了社会水循环系统，但是没有被用于满足经济社会系统用水需求的水量也不属于社会水循环通量的范畴。例如，农田上降水中直接以地表径流流走或者渗入地下水系统的水量、降落在城市直接通过雨洪管网排入自然水体的水量都不属于社会水循环通量。

在目前的水资源统计和研究中，还有一些与社会水循环通量相关的概念，如取水量、供水量、用水量、耗水量、排水量、有效降水利用量等，这些概念与社会水循环通量既有联系又有区别。

取水量是指直接从江河、湖泊或者地下通过工程或人工措施获得的水量，通常包括蓄水、引水、提水、调水等。

供水量是指各种水源工程为用户提供的包括输水损失在内的毛供水量之和，按照水源分包括地表供水量、地下供水量和其他水源供水量。与取水量相比，供水量包括污水处理回用量等社会水循环系统内部的回用量。

用水量是指各类用水户所使用的水量之和，通常是由供水单位提供，也可以是由用水户直接从江河、湖泊、水库（塘）或地下取水获得。实际上，在农业用水系统和生态用水系统中，用水量还应包括利用的有效降水量，在水资源公报等统计口径中并未将有效降水量包括在内。

耗水量是指在输水、用水过程中，通过蒸腾蒸发、土壤吸收、产品吸附等所消耗的、不可回收利用的净用水量。

排水量是指用水户向江河、湖泊或其他水体排放的水量，一般以废水或污水形式排入水体中。

有效降水利用量是指自然降水中实际被植被冠层截留或补充到植物根层土壤水分中,并被植物利用的部分,不包括降雨中的直接产流的部分和深层渗漏损失。

根据社会水循环通量的定义,社会水循环通量包括取水量和有效降水量两大部分,对应于常用的统计口径,社会水循环通量相当于供水量扣除污水处理回用量,并加上有效降水量。相关概念的关系及社会水循环系统的水量平衡关系如图4-1所示。

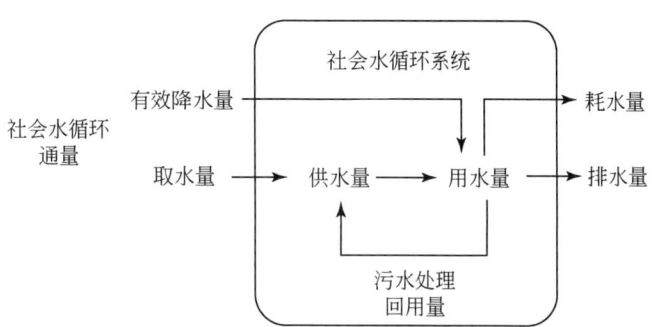

图 4-1 社会水循环系统的水量平衡关系

4.1.2 社会水循环通量的分类

社会水循环通量从满足的用水需求来分,可以分为农业水通量、工业水通量、生活水通量和人工生态水通量四大类。

4.1.2.1 农业水通量及其特性

农业水通量是指社会水循环通量中用于满足农业用水需求的部分。

水量特性:通量大、保证率低,受降水影响显著。农业水通量主要受到农业生产规模、结构、气候条件以及农业用水效率的控制,中国农业水通量是社会水循环通量的主体,利用了几乎全部的有效降水和超过60%的人工取水量。由于相对工业和第三产业而言,农业生产的经济效益较低,用水弹性相对较大,农业用水也是经济社会系统中保证率最低的部门,其水通量受降水年际变化的影响最为显著,常常呈现随降水的丰枯而波动的现象。在农业用水中,有效降水量是水源的主体,在中国约60%农业水通量是有效降水量提供的,人工取水量虽然只提供了40%农业水通量,但是在降水不足的情况下通过人工取水进行补充灌溉却是提高农业用水保证率、维持农业生产稳定发展的重要途径,在中国灌溉农业的单产是纯雨养农业的4倍,用大概50%的耕地生产了80%的粮食。

消耗特性:耗水率高。农业用水消耗主要与渠系输水损失、田间渗漏、棵间无效蒸发和作物的蒸腾有关。在中国,农业用水的耗水量较高,人工取水部分的消耗量约占70%。

过程特性:通量演变过程简单。农业水通量的演变过程简单,重复利用水量很少,经过消耗后的剩余水量一般直接排入自然水体。农业水通量的转化过程如图4-2所示。

经济特性:经济效益较低。农业水通量总量很大,但是整体经济产出较低。2007年中

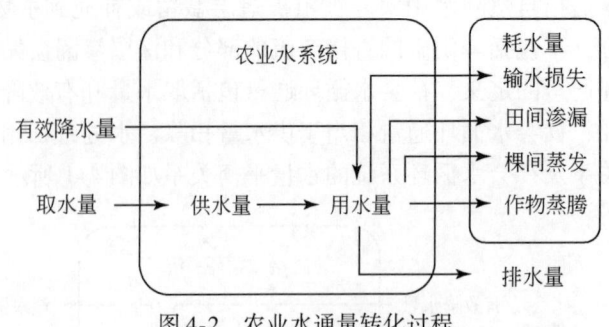

图 4-2 农业水通量转化过程

国农业的万元 GDP 用水量高达 1287m³，若包括有效降水量农业万元 GDP 的用水量更是高达 3200m³，远高于工业和第三产业。

水质特性：用水水质要求不高，排水污染以有机污染为主，总量很大。

4.1.2.2 工业水通量及其特性

工业水通量是指社会水循环通量中用于满足工业生产需求的部分。

水量特性：总量较大，保证率高。由于工业生产环节相对封闭，难以利用降水，其水通量全部来源于人工取水。工业用水量中除了人工取用水外，经过处理后回用的再生水也提供了水源。由于工业生产对于水供给的总量和时间过程都有较高的要求，水源主要来自人工供水系统，调节能力强，工业用水保证率较高，一般在 90% 以上。

消耗特性：整体耗水率低，行业差别大。工业水通量的消耗主要包括输水损失、冷却等环节的蒸发损失，还有少量的水分附存在工业产品中，整体上工业水通量的消耗较低，2006 年全国工业用水的消耗量占总用水的 23%，但是各工业行业、各不同企业由于采用的技术方案、生产规模的不同，耗水率差别很大。

过程特性：通量演变过程具有复杂的循环结构。工业水通量进入工业系统后，在供（用）水过程中形成了复杂的循环，不仅在整个工业水系统中具有由污水处理回用形成的循环结构，而且在不同用水企业内部也存在循环用水过程。工业水通量的转化过程，如图 4-3 所示。

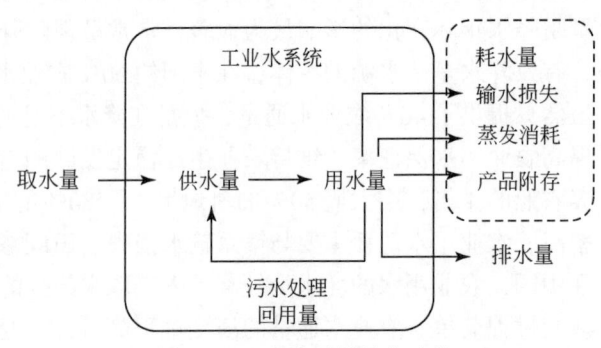

图 4-3 工业水通量转化过程

经济特性：经济产出高，内部差别大。总体上工业水通量具有较高的经济产出，2007年中国工业万元 GDP 用水量为 112m³，单方水的经济产出是农业的 30 倍。但是，在不同行业、不同发展阶段工业水通量的经济产出差别很大。

水质特性：不同工业行业由于用水特性、产品类型的差别，对用水水质要求差别很大，一般直接作用于产品的生产环节对水质要求较高，例如，食品加工中用水要求水质满足饮用水要求，而不接触产品的间接冷却水等用水对水质要求较低，仅要求不腐蚀输水管道即可，部分清洗用水对于水质要求则更低。工业生产过程会产生大量的污染物，部分污染物会随排水排出，由于工业产品的多样性、生产过程的复杂性，污染物的种类也是非常复杂的，包括无机污染物、有机污染物、重金属、各类细菌病毒等。

4.1.2.3 生活水通量及其特性

生活水通量是指社会水循环通量中用于满足人及牲畜生活需求的部分，包括饮用水、卫生用水、食物加工用水等，还包括第三产业的用水。

水量特性：总量不大，保证率最高。生活水通量主要来源于人工取水，在部分家庭或生活小区的景观用水中也利用了少量的有效降水，同时经过处理后回用的再生水为部分水质要求较低的用户（如冲厕等）提供了部分水源。由于生活用水与人直接相关，在各类经济社会用水中具有最高的优先级，其水源以调节能力强、人工供水系统为主，具有最高的保证率，一般在 95% 以上。

消耗特性：耗水率低。生活水通量的消耗主要包括输水损失、用水环节的蒸发和渗漏损失，还有极少量的水分留在人和牲畜体内，成为机体的一部分。整体上生活水通量的消耗量很低。

过程特性：具有复杂的循环结构。生活水通量在供用水过程中形成了复杂的循环过程，不仅在整个生活水系统中具有由污水处理回用形成的循环结构，由于生活用水的水量衰减很少，在用水过程中主要是水质劣化，也产生了水在不同水质要求的用水部门间的重复利用。生活水通量的转化过程如图 4-4 所示。

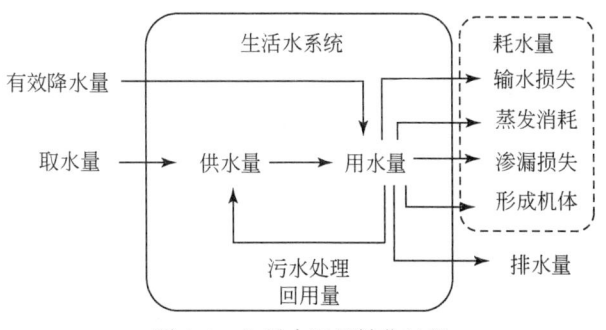

图 4-4 生活水通量转化过程

经济特性：经济产出高。生活水通量直接服务于人的生活，有较高的经济产出，如 2007 年中国第三产业的万元 GDP 用水量为 71m³，单方水的经济产出是工业的约 1.6 倍。

水质特性：生活用水直接与人的生活相关，大部分与人接触的用水环节对于水质要求很高，同时生活用水过程中产生的污染物结构相对简单，以有机污染物为主。

4.1.2.4 人工生态水通量及其特性

人工生态水通量是指社会水循环通量中人工生态用水需求的部分，主要包括人工绿地、人工水面、人工湿地等用水，还包括自然生态人工补水。

水量特性：总量不大，保证率不高。人工生态水通量来源于有效降水和人工取水，在湿润地区以有效降水为主，在干旱地区人工取水是重要的水源。人工生态水通量的水量不大，同时由于生态系统具有较强的自我调节能力，短暂的缺水并不会导致系统的迫害，一般生态用水的保证率并不高。对于自然生态的补水一般在水量相对充沛的时期进行，但是部分与人关系密切的绿地和水面等人工景观系统的用水也具有很高的保证率。

消耗特性：消耗率高。人工生态水通量的消耗主要包括输水损失、植被和水面蒸腾发及渗漏损失，整体上消耗量很高，几乎被完全消耗。

过程特性：过程相对简单。人工生态水通量转化过程相对简单，虽然人工生态水系统利用了其他部分用水系统产生的再生水，在用水过程中也产生了水在不同水质要求用水单元间的重复利用，但并没有发展相应的回用过程。人工生态水通量的转化过程如图 4-5 所示。

水质特性：与人接触的部分用水环节（如喷泉等）对于水质要求很高，大部分用水环节对于水质没有太高要求，同时人工生态用水过程中一般没有新的污染物产生，部分绿地、湿地对于水体中的污染物还有降解作用，能够改善水质。

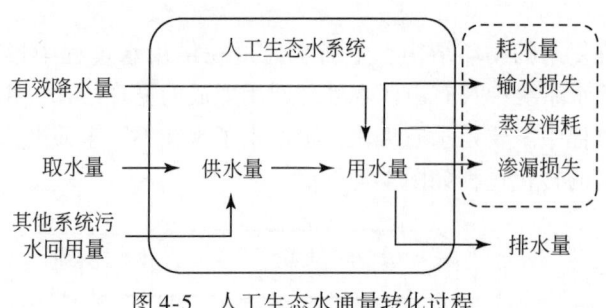

图 4-5 人工生态水通量转化过程

4.2 社会水循环通量演化的机制与规律

从自然辩证法的观点出发，任何事物都有生成、演化、发展到消亡的过程，在这个发展过程中要遵循普遍的规律，包括其相互作用机制和演进范式。由于事物之间存在着相互作用、相互影响、相互转变的关系，客观事物存在的环境、条件或组成因素的改变，必然导致相关方面发生相应的改变，而每一次改变所形成的结果必然是后续变化发展的基础。这种由于上一次变化影响下一次变化，从而形成的不断改变的过程就是演化。一切事物存续的内外因素都在发生着或大或小的变化，因而客观事物都处在演化过程中。由于事物演化的内外因素既有相似之处，但又不完全相同，因此，其演化的路径、形式及结果既有相似之处，但又不会完全相同。一次微小的变化可能通过各种影响因素的相互作用，最后产生巨大的影响，即强化效应，如"差之毫厘，谬以千里"、多米诺骨牌效应等；一次巨大的努力则可能在各种因素的相互作用下完全湮灭，即弱化效应，如"大事化小，小事化了"。演化可分为自然演化和社会演化。在人类社会形成之前，水循环的通量按照自然规律演化，冬枯夏丰，周而复始；在人类社会形成之后，人类在活动范围内运用客观规律控制水循环系统的演化方向而形成了社会演化，诞生了社会水循环通量，并且不断强化，此长彼消，直至危及水循环系统自身的稳定和平衡。随着人类控制能力的增强，水循环社会演化的影响范围越来越广，程度越来越深，正在直接或间接地改变这个地球的面貌。总结起来，社会水循环的演化机制大体可分为两大类：一类是渐变机制，这主要是指随着人口的增长、人类活动范围的扩大，用水量呈人口自然增长率的速度上升，是一个缓慢的过程；另一类是突变机制，主要指人类科技水平的提高，水的新使用功能或使用方式被发现，导致用水量急剧变化，伴随而来的还有水质的剧烈变化。

4.2.1 渐变机制

社会水循环通量的渐变机制是一个相对长期、平稳而缓慢的演进过程。渐变机制演化的后效要通过比较长的时间才能凸显出来。其演化原理是通过漫长的时间使微小的改变逐渐积累，产生惊人的效果，例如，进化论中从南方古猿到智慧人类的转变就经历了大约600万年。在社会水循环通量的演化历程中，长期而持久发挥作用的是渐变机制。在漫长的原始文明时代，社会水循环通量的大小几乎只取决于一个因子，那就是原始部落的人口数量。当时的社会用水仅限于饮用和生火做饭，因此社会水循环通量的大小是随着人口的自然增长而缓慢上升的。在近5000年的农业文明时期，社会水循环通量取决于两个因子——人口和耕地数量，而耕地数量和人口又是密切相关的。在"牛-犁"耕作模式下，人口数量取决于能耕种的土地面积，也就取决于农业水循环的通量。因此在整个农业文明时期，依然是渐变机制决定着社会水循环通量的演化。但是在原始渔猎文明向封建农耕文明过渡的时期，决定社会水循环通量演化的是突变机制，这部分内容将在下节论述。进入工业社会以后，社会水循环变得异常复杂多样，用水范围不仅包括居民生活和农业，还涉及50多个工业门类的几乎所有生产企业。现在要找一家不用水的生产企业，几乎找不到，即使是生产干燥剂的车间，也要用水。因此在工业社会，单纯通过人口、耕地面积、工业生产总值已经无法估算一个国家或区域的社会水循环通量。因为即使生产同样的产品，所使用的水量也可能相差成百上千倍。例如，在火力发电中，采用空气冷却还是直流水冷却，使用的水量差别极大。在工业社会，社会水循环通量的演化是渐变机制和突变机制共同作用的结果。

4.2.2 突变机制

突变机制,顾名思义就是在短时间内使某种量发生剧烈变化的驱动机制。在社会水循环通量的演化进程中,能够促使其通量发生突变的驱动力主要有水资源的功能拓展、新的水源被开发、替代水源的应用、节水型新工艺等。

(1) 水资源的功能拓展

在原始社会时期,人类主要使用的水资源生命支撑功能,即水主要是用来生活的;在农业文明时期,人们发现经过灌溉的农田收成更高,认识到了水资源的灌溉功能,于是大量的水资源被从河流、湖泊引到农田灌溉,使得农业水循环通量诞生并发展,成为农业社会的主导通量。进入工业社会后,水的冷却、洗涤、化学催化等功能被发掘出来,水开始进入工业生产的各个领域。随着工业生产规模的迅速扩大,工业用水量急剧增加,大有赶超农业用水之势。在工业社会,农业用水、工业用水跃居社会水循环通量的前两位,而生活用水则退居第三。

(2) 新的水源被开发

随着水资源的多种潜在功能被逐步发掘,水的使用范围越来越广,社会水循环通量越来越大。在一些缺水地区,社会用水已经吸干了几乎所有的地表水资源,干旱在枯水年份开始蔓延。这时候虽然有强劲的用水需求,但是无水源可供,因此社会水循环的通量增长受到水源的制约。这时如果有新的水源被开发利用,其循环通量会呈"井喷式"增长。例如,20世纪70年代,华北平原农田井灌技术趋于成熟,大量的地下水被开采出来,从1970年至1980年,短短的10年时间内,地下水的开采量增加了近200亿 m^3。

(3) 替代水源的应用

在水资源匮乏地区,国民经济和社会发展受到水资源短缺的瓶颈约束,这就促使一些工业企业为了自身发展而寻找新的替代水源。例如,沿海的工业企业面向大海,直接或间接利用海水;内地城市开始利用再生水进行景观生态建设。这种替代水源的大量利用取代了常规水资源的消耗,在一段时间内会造成社会水循环通量的"断崖式"下降,带来社会水循环通量的负向突变。

(4) 节水型新工艺

随着科学技术的发展,高额的用水成本正被节水型新工艺化解。一些节水工艺对用水量具有革命性的影响。例如,火力发电中的直流冷却和空气冷却,其用水量相差300~800倍,如果采用空气冷却机组,用水总量就会大幅消减,造成负向突变效应。

社会水循环通量的渐变机制、突变机制,以及各类用水主体、产业规模和结构调整的共同作用,造就了社会水循环通量的涨落和变化,深刻掌握这些作用机制,充分摸清社会经济系统各类用水户的数量和规模,就可以解释不同国家或区域社会水循环通量的演进过程和变化规律,进而预测未来社会水循环的通量的演化方向,作出科学的判断和决策,有效应对水危机。

4.3 世界及主要发达国家用水量演变

4.3.1 世界用水量历史演变

4.3.1.1 用水总量

早期的水资源开发利用主要用于农业灌溉和人畜生活，农业灌溉用水随着人口的增长和灌溉面积的增加快速增长。在工业革命后，工业用水出现了大幅度的增长，同时由于全球范围内的城市化进程，人类生活水平的提高，生活用水也出现了大幅的增长，而且世界总用水量仍处于快速增长的过程中，从1900年至2000年的100年间，世界的用水总量增长了14.26倍，年均增长率达到了2.7%，这种趋势目前仍在延续。近百年世界用水量变化如图4-6和表4-1所示。

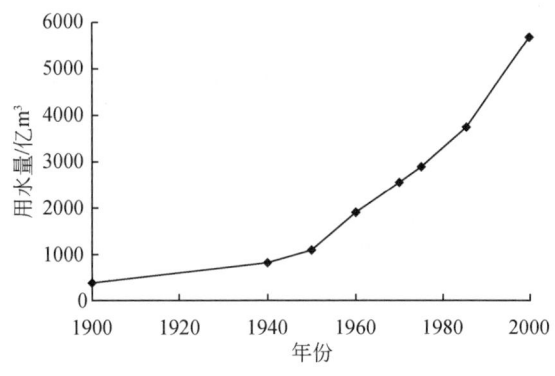

图4-6 近百年世界用水量变化

表4-1 世界用水量变化　　　　　　　　　　（单位：亿 m^3）

用水类型	1900年	1940年	1950年	1960年	1970年	1975年	1985年	2000年
城市生活用水	20	40	60	80	120	150	250	440
工业用水	30	120	190	310	510	630	1100	1900
农业用水	350	660	860	1500	1900	2100	2400	3400
总用水量	400	820	1110	1890	2530	2880	3750	5704

4.3.1.2 用水结构

从世界的用水结构来说，农业用水始终是用水量最重要的组成部分，但是占总用水量的比例在不断下降，到2000年占总用水量不足60%；同时工业用水量增长迅速，到2000年占到总用水量的33.3%；城市生活用水也随着城市人口的增长有所增加，2000年占到总用水量的7.7%。近百年来世界用水结构的变化，如图4-7所示。

4.3.1.3 驱动力分析

社会水循环通量主要受到经济社会发展的驱动影响，同时受到水资源与环境因素的制

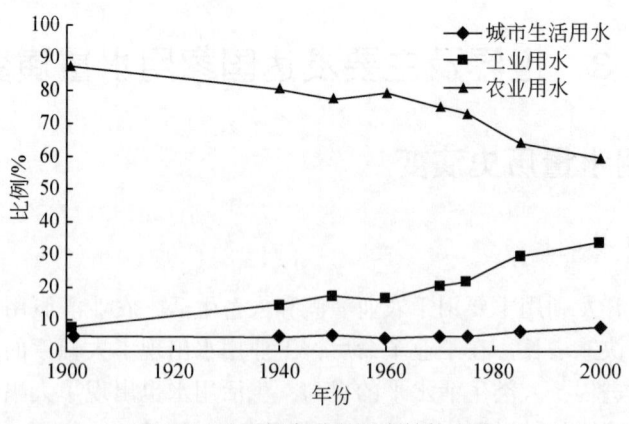

图 4-7 近百年来世界用水结构变化

约。在水资源条件和环境制约因素发挥作用前,社会水循环通量主要受到经济社会发展的驱动影响,之后主要受到资源、环境制约。下面分两个阶段对用水增长的驱动力进行定量分析。

在世界范围内,1900~2000年,整体上用水量仍处于一个高速增长的时期,这一时期的主要驱动力是经济社会的发展。人口与GDP是衡量一个地区经济社会发展水平的重要指标。

从 1900 年以来的全球范围用水与人口、GDP 的分析表明,虽然全球各国的水资源条件、经济发展阶段、用水总量相差悬殊,但全球范围内用水增长与人口增长具有很好的同步性,如图 4-8 和图 4-9 所示。全球的总用水量和人口有十分密切的关系,近百年的全球人口和用水量的关系近似地满足以下关系:

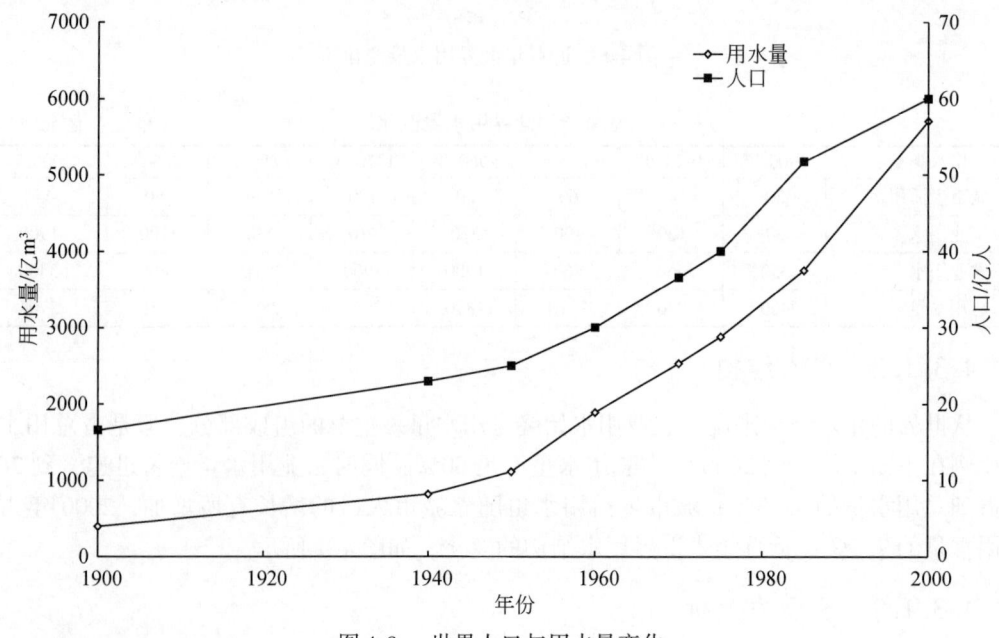

图 4-8 世界人口与用水量变化

$$WU = 116.33POP - 1727.33 \tag{4-1}$$

式中，WU 为世界用水总量（不包含直接利用降水）（亿 m³）；POP 为世界人口总数（亿人）。相关系数 R^2 达到了 0.97。

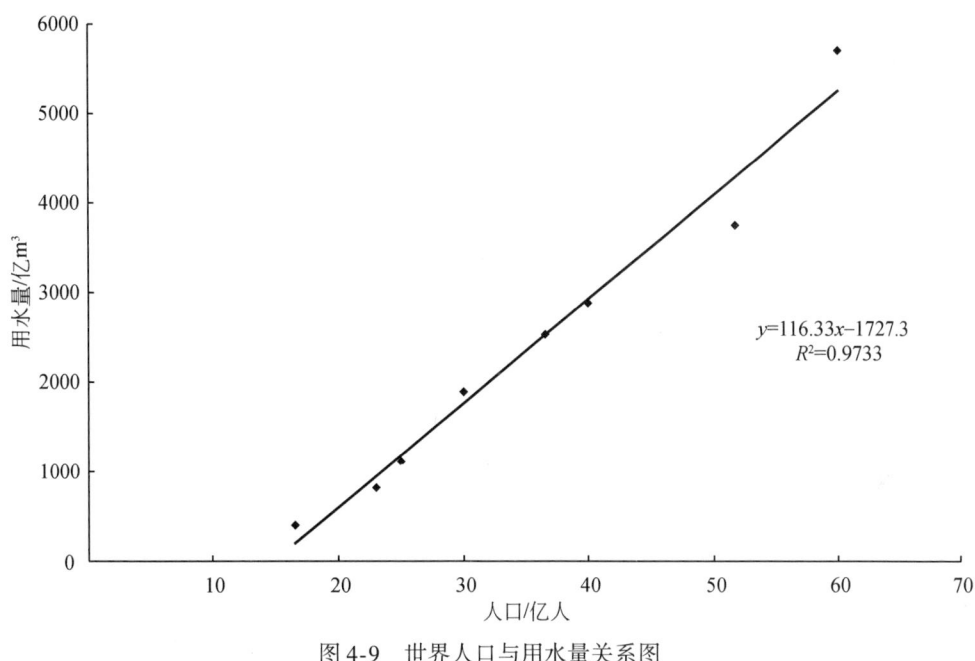

图 4-9 世界人口与用水量关系图

4.3.2 OECD 国家用水演变

4.3.2.1 水量演变

经济合作与发展组织（Organization for Economic Cooperation and Development，OECD）中的 30 个国家基本涵盖了世界上的主要发达国家，其用水总量从 1980 年后基本稳定在 1000 亿 m³ 左右，见表 4-2。

表 4-2 1980~2000 年 OECD 国家用水总量变化   （单位：亿 m³）

国家	1980 年	1985 年	1990 年	1995 年	2000 年	2006 年
澳大利亚	10.9	14.6	—	24.1	21.7	18.8
奥地利	3.3	3.6	3.8	3.4	3.7	3.8
比利时	—	—	—	8.2	7.5	6.7
加拿大	37.6	42.4	45.1	42.2	—	—
捷克	3.6	3.7	3.6	2.7	1.9	1.9
丹麦	1.2	—	1.3	0.9	0.7	0.7

续表

国家	1980年	1985年	1990年	1995年	2000年	2006年
芬兰	3.7	4.0	2.3	2.6	2.3	2.3
法国	31.0	34.9	39.3	40.7	32.7	33.7
德国	42.2	41.2	47.9	43.4	40.6	35.6
希腊	5.0	5.5	7.0	8.7	—	—
匈牙利	4.8	6.3	6.3	6.0	6.6	5.8
冰岛	0.1	0.1	0.2	0.2	0.2	0.2
爱尔兰	1.1	—	—	1.2	—	—
意大利	—	—	—	—	42.0	—
日本	86.0	87.2	88.9	88.9	87.0	83.5
韩国	17.5	18.6	20.6	23.7	26.0	29.2
卢森堡	—	0.1	0.1	0.1	0.1	—
墨西哥	56.0	—	—	73.7	70.4	77.3
荷兰	9.2	9.3	8.0	6.5	8.9	10.3
新西兰	—	—	—	—	2.5	3.9
挪威	—	2.0	0.0	2.4	2.3	2.5
波兰	15.1	16.4	15.2	12.9	12.0	11.5
葡萄牙	10.5	—	8.6	10.8	8.8	—
斯洛伐克	2.2	2.1	2.1	1.4	1.2	0.8
西班牙	39.9	46.3	36.9	33.3	37.1	38.2
瑞典	4.1	3.0	3.0	2.7	2.7	2.7
瑞士	2.6	2.6	2.7	2.6	2.6	2.5
土耳其	16.2	19.4	28.1	33.5	43.7	44.8
英国	13.5	11.5	12.1	12.1	15.0	13.0
美国	517.7	467.3	468.6	470.5	476.8	—
30国总计	935.0	842.1	851.7	959.4	957.0	429.7

注：2006年一列中无2006年数据的取为最近年份的数据。根据经济合作与发展组织提供的统计资料，20世纪80年代起捷克与斯洛伐克的数据即分开统计。

根据1980年以来这30个国家用水的变化趋势，除数据不完整无法判断用水发展趋势的爱尔兰、意大利、新西兰和希腊等13个国家外，可以将剩余的17个国家根据用水演变趋势分为四类（表4-3）：

1）1980年后用水量持续下降的国家或地区，包括捷克、芬兰、斯洛伐克和瑞典。

2）用水在1980~2000年出现峰值，已经进入缓慢下降阶段的国家，包括法国、德国、日本、波兰、西班牙、英国、美国7个国家。

3）用水相对稳定的国家，包括奥地利、匈牙利、冰岛、瑞士4个国家。

4）用水持续增长的国家，包括土耳其和韩国2个国家。土耳其和韩国在OECD中都是经济相对落后的国家。

整体上讲，在OECD组织的有用水数据支持的26个国家中，除土耳其、韩国和墨西哥两个典型的发展中国家外，有23个国家已经进入用水微增长、零增长甚至负增长阶段。

表 4-3　OECD 国家 1980~2000 年用水变化分类

用水变化阶段	数量	国家
持续下降	3	比利时、瑞典、斯洛伐克
出现峰值后下降	13	澳大利亚、奥地利、加拿大、捷克、丹麦、芬兰、法国、德国、日本、波兰、西班牙、瑞士、英国
基本稳定	7	美国、匈牙利、荷兰、挪威、葡萄牙、卢森堡、冰岛
持续增长	3	韩国、土耳其、墨西哥

4.3.2.2　驱动力分析

用水稳定期的用水量主要受到水资源量和纳污能力的制约，其中水资源条件影响了一个区域或者流域的水资源开发潜力，是社会水循环通量的重要制约因素。一个地区耕地和人工生态上的降水量是直接利用降水量的上限，而水资源量则是直接开发利用量的上限。同时，一个地区的水资源条件也会影响其农业生产的布局、工业生产类型、用水文化等，间接影响水资源需求。

本章以 2006 年 OECD 国家的用水、人口和 GDP 数据为基础，考虑不同水资源开发利用条件，分析了水资源条件对社会水循环通量的影响。

水资源开发利用率很低的国家（开发利用率小于 5%）的水资源量对于社会水循环通量的影响很小，在分析中将不考虑这些国家。通过对水资源开发利用率大于 5% 的 14 个国家进行分析可以发现，人均用水量与人均水资源量间存在明显的正相关关系，相关系数 R^2 达到了 0.7473，如图 4-10 所示。对水资源开发利用率超过 15% 的 9 个国家进行分析，结果表明人均用水量与人均水资源量间存在明显的正相关关系更为显著，相关系数 R^2 达到了 0.8589，如图 4-11 所示。

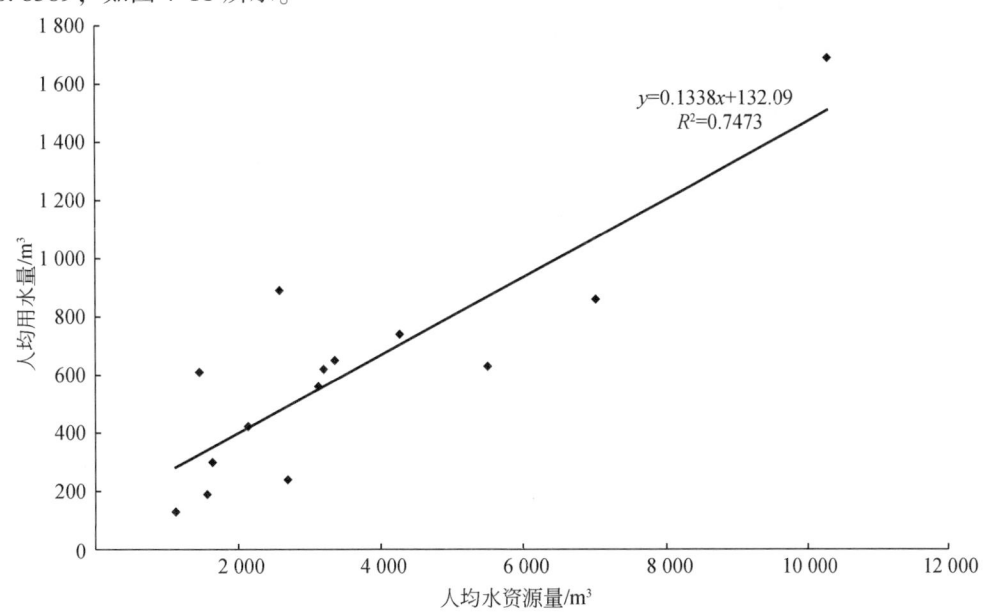

图 4-10　人均用水量与人均水资源量的关系（开发利用率大于 5%）

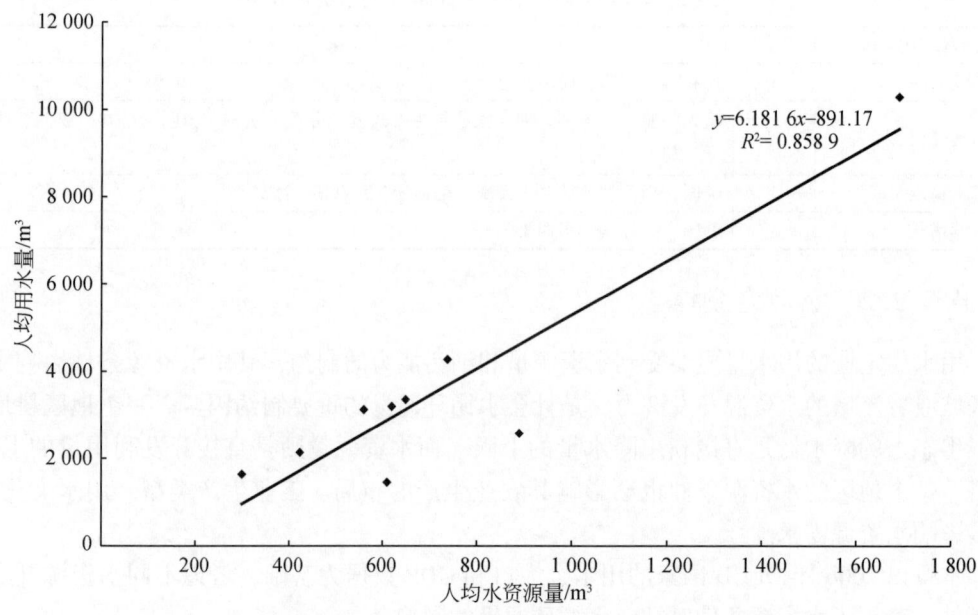

图 4-11　人均用水量与人均水资源量的关系（开发利用率大于 15%）

这说明对于进入稳定用水阶段的国家而言，水资源条件与用水总量有显著的相关关系，是用水总量的一个控制性因素，并且这种影响随着水资源紧缺程度的增加而增强。

4.3.3　美国用水量演变

美国的国土面积超过 962 万 km^2，人口总量也超过 3 亿人，是全球经济最发达的国家，其 2008 年 GDP 高达 14.3 万亿美元，占全球生产总值的 23%（按购买力平价为 21%），人均 GDP 达到了 46 859 美元。

美国的大部分地区属温带和亚热带气候，除西部高原干燥气候区外，其他地区的多年平均降水量在 1000~1500mm 之间，降水充沛，水资源丰富，多年平均水资源量为 29 702 亿 m^3，人均水资源量近 10 000m^3，属于水资源比较丰富的国家。

根据美国地质调查局提供的 1950~2000 年的用水资料，下面对美国 50 年来用水总量、用水结构演变进行分析。

4.3.3.1　用水总量

1950 年以来，美国的用水总量经历一个快速增长到逐步稳定的过程，大致可以分为两个阶段，如图 4-12 所示。

1) 快速增长阶段。1980 年前，美国用水总量快速增长，1950~1980 年的 30 年间，用水总量从 2527 亿 m^3 迅速增长到 6143 亿 m^3，年均增长率达到了 3%。这一阶段是第二次世界大战后美国工业快速发展的阶段，美国的经济从 20 世纪 50 年代起在战后优势地位

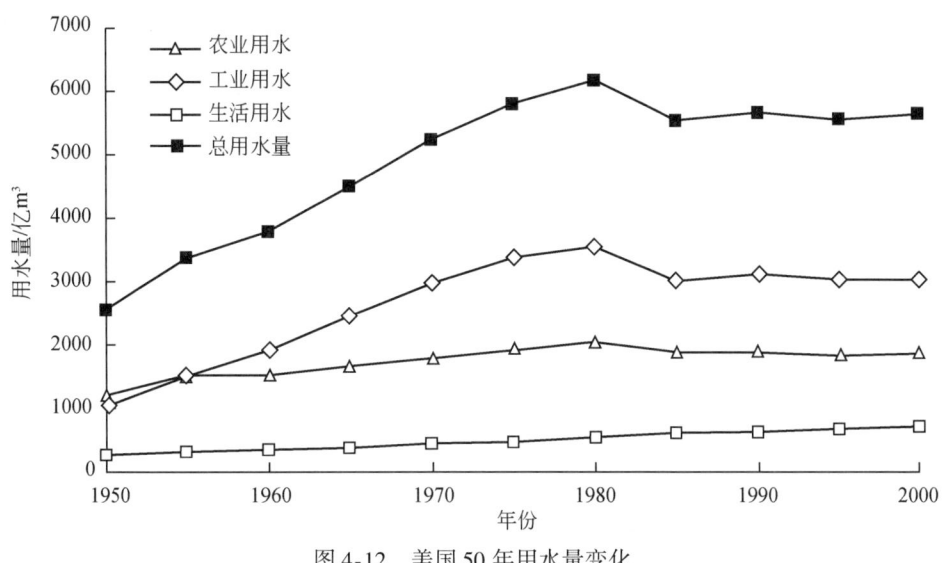

图 4-12 美国 50 年用水量变化

的基础上进一步持续增长，经济持续发展，西部、南部呈现繁荣景象。1955~1968 年，美国的国民生产总值以每年 4% 的速度增长。美国工业生产的快速扩张直接导致了工业用水的大幅度增加，工业新增用水量占到了新增总用水量的 68%。

2）用水稳定阶段。1980 年后，美国用水总量在小幅下降后进入相对稳定时期，总用水量维持在 5600 亿 m³ 左右。美国在 20 世纪 80~90 年代，资源与环境对用水增长的约束逐渐显现，经济社会系统开始进行调整，使用水进入了稳定期。这个时期，美国出现了灌溉用水紧缺、能源涨价、劳动力不足的局面，促使节水灌溉技术的大量推广，部分地面灌溉转向喷灌等高效灌溉方式。根据美国《灌溉杂志》公布的 2000 年美国灌溉面积的统计资料，在全美 3.832 亿亩灌溉面积中，喷灌已经占 49.9%，地面灌溉占 44.9%，微灌占 4.99%。同时，美国 1972 年《联邦水污染控制法》要求到 1985 年全美实现污染物"零排放"，这对美国工业节水起到了非常重要的作用，迫使美国工业企业开始重视工业用水的重复利用，使工业用水量大幅度减少。1985 年美国工业用水量比 1980 年减少了近 500 亿 m³，下降了约 15%。

4.3.3.2 用水结构

美国的用水结构 50 年来随着用水总量的变化大致可以分为两个阶段，如图 4-13 所示。

1）工业用水比例快速增长阶段。1980 年前为用水快速增长期，工业用水比例大幅度增加，从 1950 年的 42% 增加到 1980 年的近 57%，同期农业用水比例大幅下降，从 48% 下降到 33%。工业用水在 1955 年左右首次超过了农业用水，成为美国最大的用水部门。这一阶段生活用水比例基本维持在 9% 左右。

2）用水结构稳定阶段。1980 年后，随着美国总用水量进入稳定阶段，用水结构也进入相对稳定阶段，农业、工业和生活用水的比例基本维持在 34∶55∶11。

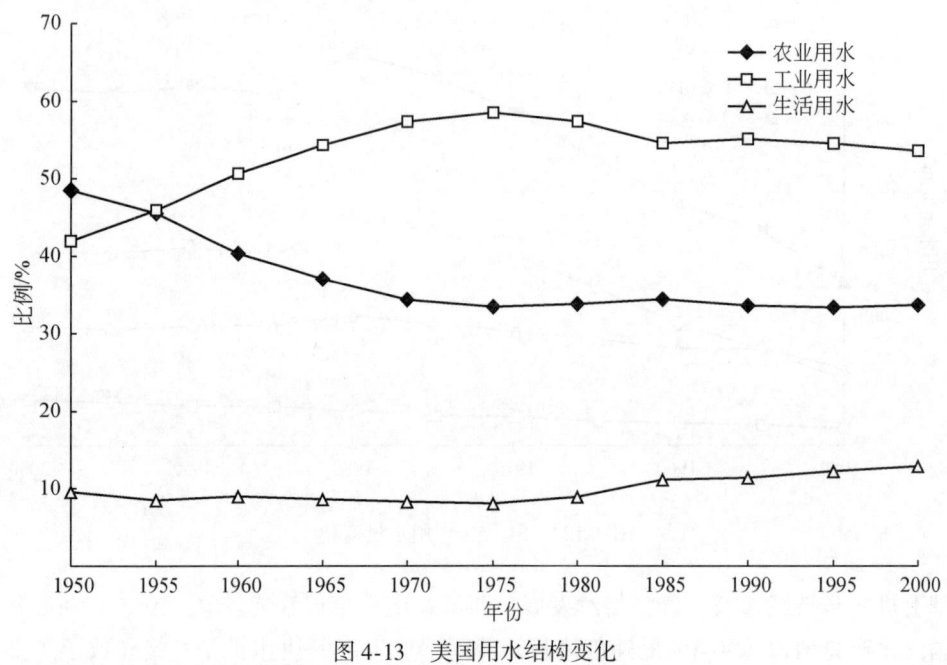

图 4-13 美国用水结构变化

4.3.3.3 驱动力分析

社会水循环通量主要受到经济社会发展驱动,同时受到水资源与环境因素的制约。下面结合美国的具体情况对用水演变的驱动因素进行分析。

(1) 用水快速增长阶段

在 1980 年前,美国用水快速增长,这一时期经济社会发展是主要驱动因素。本章选择人口和 GDP 两个指标表征经济社会发展的水平,分析 1980 年前经济社会发展与用水量的关系。

美国 1980 年以前用水量与人口具有很好的相关性(图 4-14),近似符合线性关系,可以表示为

$$WU = 4656.5 POP - 4443.5 \qquad (4-2)$$

式中,WU 为美国用水总量(不包含直接利用降水)(亿 m³);POP 为美国人口总数(亿人)。相关系数 R^2 超过了 0.99。

美国 1950~1980 年的用水量与 GDP 的关系表明,GDP 增长对于用水增长的驱动在前期较强,但是随着经济的增长逐渐减弱,在 1980 年前后经济增长对于用水增长的驱动已经几乎为零(图 4-15)。

综合起来,在美国用水快速增长时期,人口与 GDP 对于用水增长都有显著的驱动作用,人口与用水量的关系十分密切,GDP 增长对用水增长的驱动随着经济发展逐渐减弱。

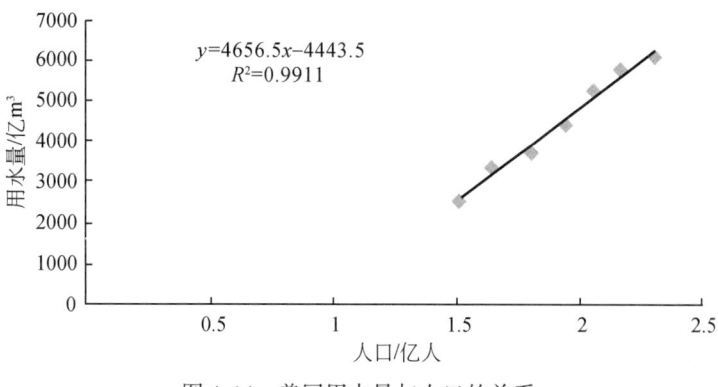

图 4-14　美国用水量与人口的关系

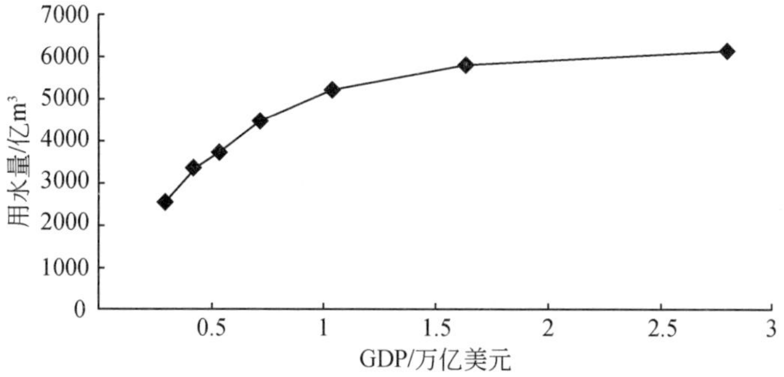

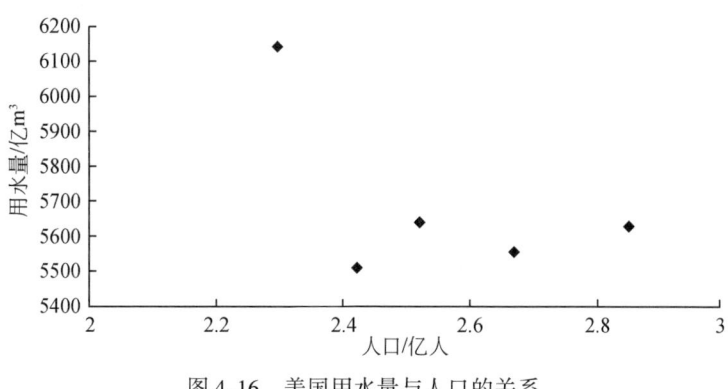

图 4-15　美国用水量与 GDP 的关系

(2) 用水稳定期

美国用水稳定期的用水量主要受到水资源量和纳污能力的制约，这一时期美国的年用水量稳定在 5600 亿 m³ 左右，与人口和 GDP 的相关关系都很弱（图 4-16 和图 4-17）。在这个阶段人口与 GDP 的增长不再是用水的主要驱动因素，资源与环境成为用水量的决定因素，使这一时期的用水量维持在水资源总量的 19% 左右。

图 4-16　美国用水量与人口的关系

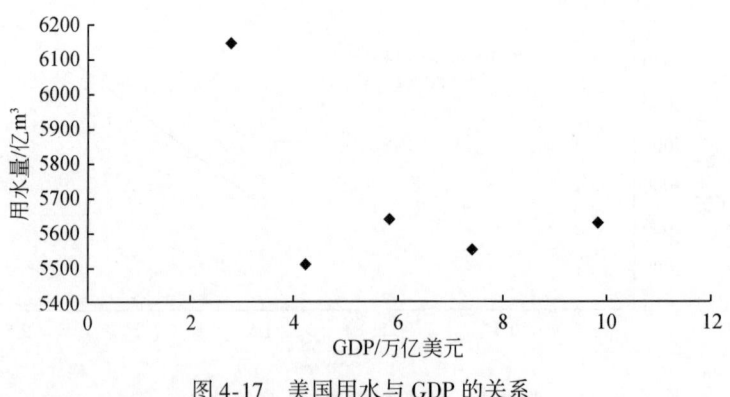

图 4-17 美国用水与 GDP 的关系

4.3.4 日本用水演变

日本国土面积约 37.8 万 km², 2009 年人口达到了 1.28 亿人, 是全球第二大经济体, 其 2008 年的 GDP 达到了 4 978 807 亿日元 (约合 4.8 万亿美元), 人均 GDP 达到了 3.78 万美元。

日本由于地处海洋的包围之中, 属温带海洋性季风气候, 终年温和湿润, 与同纬度地区相比冬无严寒, 夏无酷暑, 1 月份平均气温北部 -6℃, 南部 16℃, 7 月份北部 17℃, 南部 28℃。降水丰沛, 年降水量为 700~3500mm, 最高达 4000mm 以上, 按 2008 年人口计算的人均水资源量约为 3300m³, 仅约为美国的 1/3。

根据日本国土厅水资源部公布的 1975~2005 年的用水数据, 下面对日本的用水总量与结构的演变进行分析。

4.3.4.1 用水总量

1975 年以来, 日本的用水总量基本处于稳定阶段, 年用水量维持在 850 亿 m³ 左右, 农业用水量一直维持在 580 亿 m³ 左右 (图 4-18)。工业用水从 1975 年开始就持续下降, 这与日本高度重视工业节水有关, 日本工业用水的回用率一直处于较高水平并不断提高, 回用率从 1965 年的 36.3% 到 1980 年前后提高到了 73.6%, 之后仍缓慢提高, 到 2005 年已经达到了 78.7%。从 1975 年开始, 通过工业用水的重复利用, 提高用水效率节约的水量已经大于工业生产用水的增长, 使工业企业取用的新鲜淡水不断减少。

4.3.4.2 用水结构

日本的用水结构中, 农业始终处于主导地位, 1975~2005 年一直占总用水量的 66% 左右, 如图 4-19 所示。工业用水比例随着工业节水的开展不断下降, 从 1975 年的 20% 下降到 2005 年的 15%, 而生活用水则随着人口增长不断增加, 在 1986 年超过工业用水, 成为第二大用水主体, 2005 年占总用水量的 19%。

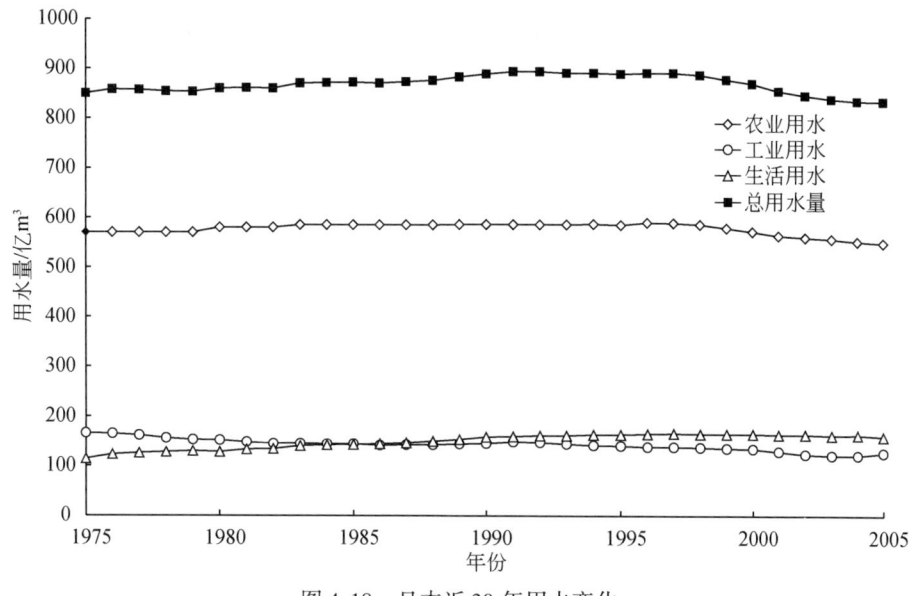

图 4-18 日本近 30 年用水变化

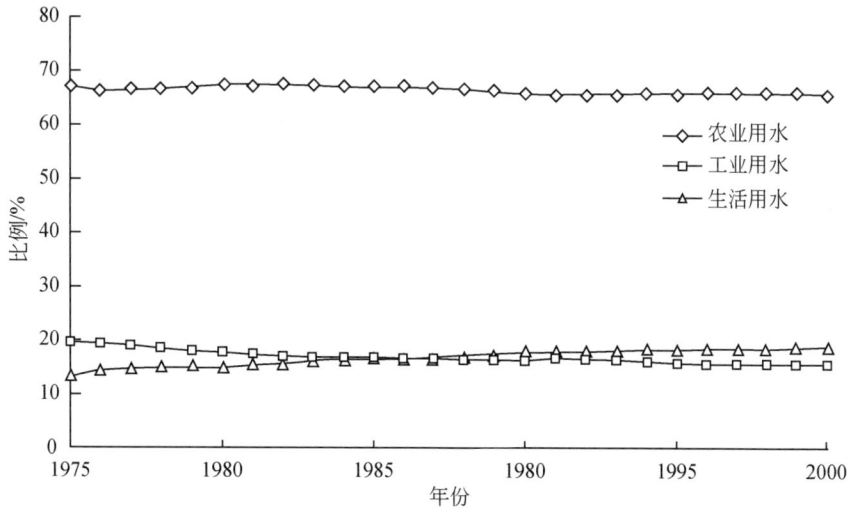

图 4-19 日本用水结构的变化

4.3.4.3 驱动力分析

日本从 1975 年开始已经进入用水稳定期。通过对其用水量与人口和 GDP 关系的分析表明，用水总量与人口和 GDP 的相关性都较差，说明在这个阶段人口与 GDP 的增长不再是用水的主要驱动因素，其主要的控制因素是资源与环境制约，使这一时期的用水量维持在水资源量的 15.5% 左右。

4.4 中国社会水循环通量演变

4.4.1 用水总量及其用水结构

新中国成立以来，中国经济社会从自然水循环系统中的人工取水量整体上经历了一个快速增长的过程，其用水结构变化总体上呈现出农业用水比例持续下降、工业和生活用水比例持续上升的特点，如图 4-20 和图 4-21 所示。

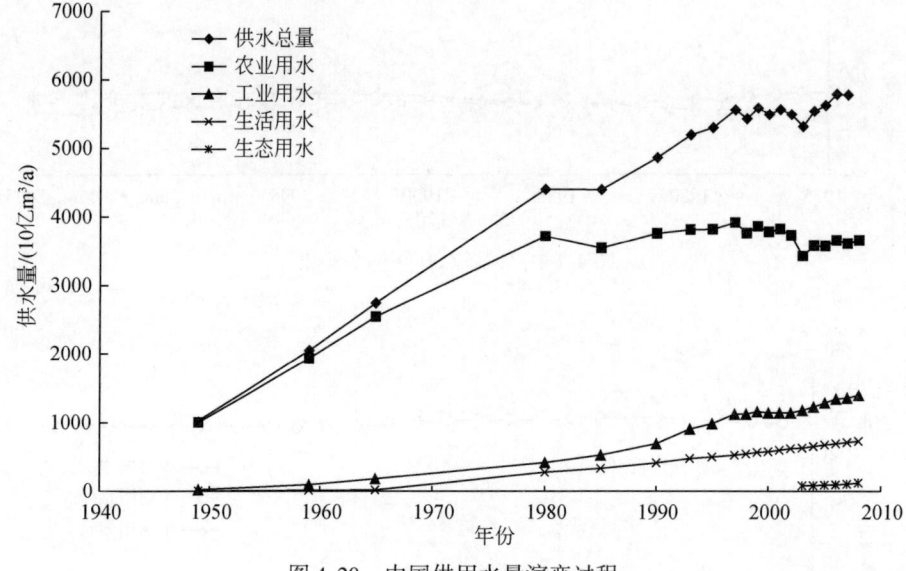

图 4-20 中国供用水量演变过程

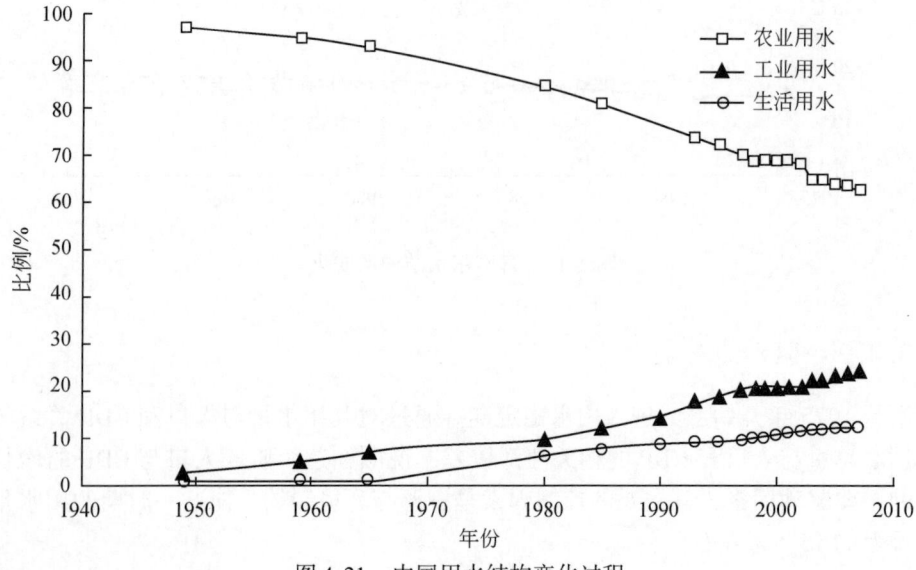

图 4-21 中国用水结构变化过程

根据其总量和用水结构的变化特点，新中国成立以来的用水演变过程可划分为四个阶段。

(1) 新中国成立初期至改革开放前的用水总量小、增速快阶段

这个阶段随着用水需求增长和供水能力的提高，用水总量迅速增长，全国用水量1949年约为1030亿 m³，而到1980年全国的供水量已经达到4400亿 m³，年均增长率为4.85%。这一阶段的用水增长具有典型的农业社会特点。在这个时期，农业是占主导地位的用水部门，从1949年到1980年为第一阶段，随着灌溉面积的迅速扩大和新中国成立后大量水利基础设施的建设，农业供水能力大幅度提高，用水量从1949年的1000亿 m³一直快速增长到1980年的近4000亿 m³，用水比例一直维持在85%以上，在新增用水总量中，农业新增用水量也占80%左右。

在这个时期，工业用水总量还比较小，但是增长迅速，30年间从1949年的24亿 m³增加到418亿 m³，增加了约17.4倍，年均增长率达到了9.65%。而同期生活用水也呈现总量小、增加快的特点，从1949年的约6亿 m³迅速增加到274亿 m³，增加了约45.7倍，年均增长率达到了13.1%。

(2) 改革开放至1997年的用水总量大、增速减缓阶段

这一阶段用水总量已经很大，但是增速大幅度下降，1980~1997年，用水总量从4400亿 m³增加到5566亿 m³，年均增长率为0.76%。这一时期体现出农业文明后期、工业文明前期的显著特点，农业用水量增速大幅度下降，工业用水增量成为用水增加的主体。1980~1997年，农业用水量增长速度快速下降，用水量逐渐减少，17年农业用水量仅增长了约200亿 m³；同时工业用水量增长迅速，17年增加了704亿 m³，占新增用水量的60%左右，成为用水量增长的主体，年均增长率下降到3.2%。

(3) 1997~2003年的短暂稳定期

这一阶段用水总量基本维持稳定，农业用水量绝对量出现了缓慢的下降，工业用水量增速下降，是中国经济发展过程中的一个短暂调整期。

这一时期，中国GDP增速从10%以上逐渐下降到8%左右，然后又有所回升（图4-22），工业增长放缓，使工业用水量增长趋缓，同时这一时期出现了农业的播种面积和粮食产量的小幅度下降（图4-23），引起农业用水量出现了小幅度下降。

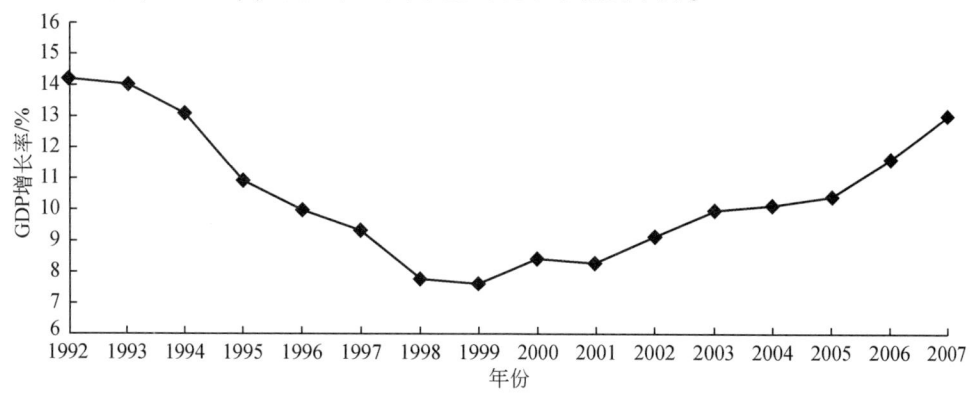

图4-22　中国1992~2007年的GDP增速变化

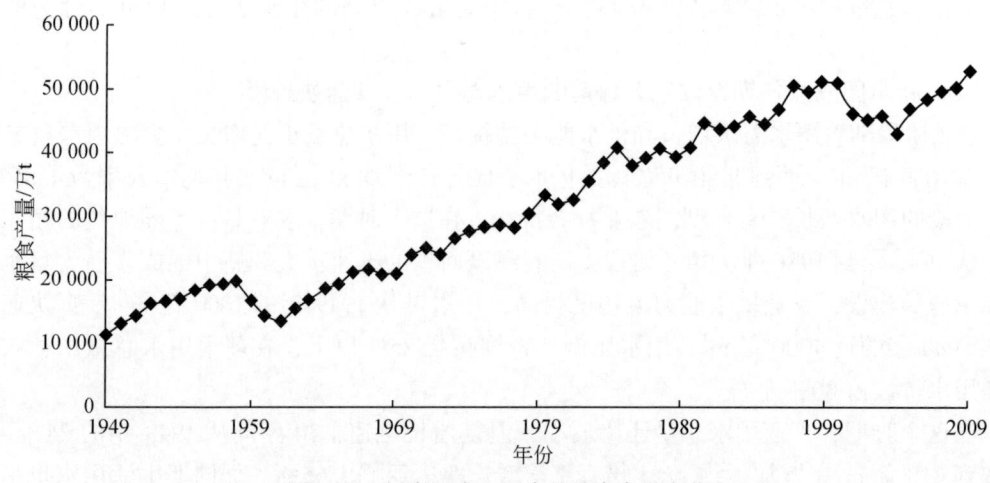

图 4-23 新中国成立以来的粮食产量变化

(4) 2003 年至今的用水总量缓慢增长阶段

这一阶段的经济发展开始提速，工业生产进入一个重工业化阶段，GDP 增长从 8% 左右增加到 10% 左右，同时由于粮食安全压力的增加，随着各种农业扶持政策的实施，农业播种面积有所增加，粮食产量出现了恢复性增长。在这些因素的综合作用下，从 2003 年开始，中国用水量又进入一个较快的增长时期，农业、工业、生活和生态用水量均有了较大的增长。在 2003~2008 年的 5 年间，用水总量增长了 590 亿 m^3，年均增长率为 0.34%，其中，农业用水量增长了 231 亿 m^3，工业用水量增长了 220 亿 m^3，生活用水量增长了 98 亿 m^3，生态用水量增长了 41 亿 m^3。

4.4.2 有效降水量

中国经济社会系统利用的有效降水主要用于农业和人工生态。其中农业用水占到有效降水利用的绝大部分，可以根据新中国成立以来各省份（不含香港、澳门、台湾）的耕地面积变化情况和有效降雨量予以估算。人工生态利用量主要随人工绿地、人工水域面积的变化而变化，同样可以根据面积和有效降水量进行估算。由于人工生态利用的有效降水数量较小，分析时没有考虑。

4.4.2.1 有效降水量估算

由于在田地、人工生态、人工湿地上的降水在被利用前一般都参与了入渗、土壤水调节等复杂的转化过程，要细致划分这些降水中有多少被直接利用是相当困难的。一般有效降水量可以根据下式进行计算：

$$P_e = \alpha P_t \tag{4-3}$$

式中，P_e 为有效降水量；P_t 为总降水量；α 为降水入渗系数，其值与一次降水量、降水强度、降水延续时间、土壤性质、地面覆盖及地形等因素有关。本研究参考表 4-4 中月降雨有效利用系数，以省为单位在月尺度上进行有效降雨量的计算。

表 4-4 月降水有效利用系数

月降水量/mm	<5	5~30	30~50	50~100	100~150	>150
有效利用系数	1	0.85	0.80	0.70	0.58	0.48

根据全国 743 个气象站点的逐日降水资料，将其展布到全国 1km 的网格上，经过统计得到全国各省份逐月的降水量 $P_{i,j}$（i 为省份序号，j 为月序号）。按照表 4-4 中的降水有效利用系数，可以得到各种逐月的有效降水深 $Pe_{i,j}$：

$$Pe_{i,j} = \alpha(P_{i,j}) \times P_{i,j} \tag{4-4}$$

全国各省份的有效降水深计算结果见表 4-5，从多年平均有效降水深的分布可以看出有效降水深的分布与中国多年平均降雨量的分布基本一致，呈现从东南到西北逐渐减少的趋势。

表 4-5 全国各省份有效降水深　　　　　　　　　　　　　　　　（单位：mm）

省份	1978年	1979年	1980年	1985年	1990年	1995年	2000年	2005年
北京	312	308	218	313	480	437	310	359
天津	455	406	359	464	508	524	336	415
河北	375	366	323	418	472	440	351	357
山西	363	299	347	409	407	377	361	338
内蒙古	219	228	212	256	285	231	192	196
辽宁	403	441	414	586	561	547	370	509
吉林	308	322	426	448	474	454	421	469
黑龙江	323	270	409	441	440	383	389	401
上海	421	472	679	802	678	851	567	461
江苏	403	619	687	741	778	569	705	693
浙江	713	727	934	902	1022	950	950	912
安徽	481	715	847	793	831	726	805	839
福建	936	1022	993	946	1022	967	911	1101
江西	845	901	1141	1007	1108	1121	1075	1097
山东	417	422	435	477	583	420	415	496
河南	415	606	602	584	634	484	667	619
湖北	613	722	919	743	824	748	813	775
湖南	780	798	1021	840	1008	968	944	870
广东	1025	999	964	983	1057	1037	943	933
广西	824	906	904	921	986	794	792	913
海南	1183	1060	1108	1175	1130	1143	1119	1093
重庆	735	845	929	828	699	662	671	625
四川	599	562	643	636	646	569	583	590

续表

省份	1978年	1979年	1980年	1985年	1990年	1995年	2000年	2005年
贵州	807	817	884	771	788	804	864	704
云南	707	696	679	772	784	735	751	681
西藏	41	45	59	55	50	58	58	279
陕西	422	387	468	465	491	357	450	454
甘肃	214	224	206	227	231	186	184	214
青海	125	136	208	248	190	201	198	269
宁夏	239	229	191	264	327	231	187	165
新疆	53	58	72	61	89	86	91	110

注：不含香港、澳门和台湾。下同。

综合整理现有的统计数据（中国统计年鉴、各省市统计年鉴、各省市农业统计年鉴），可以得到 1949 年以来中国及各省份（不含香港、澳门、台湾）耕地变化情况，如图 4-24 和表 4-6 所示。从表 4-6 中可以看出，在新中国成立初期，耕地面积有较大增长，从 1978 年开始，总体上耕地面积逐渐萎缩，1978～1995 年，平均每年耕地面积减少约 30 万 hm^2。

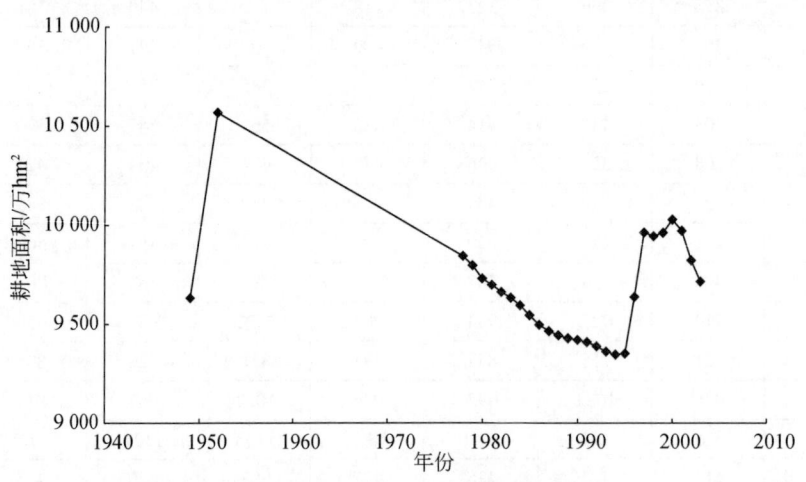

图 4-24　新中国成立以来中国耕地面积变化

表 4-6　新中国成立以来中国各省份耕地面积　　　　（单位：万 hm^2）

省份	1949年	1952年	1978年	1979年	1980年	1985年	1990年	1995年	2000年	2003年
北京	53	61	43	43	43	42	41	40	33	26
天津	53	56	47	47	46	45	43	43	42	42
河北	727	762	668	666	665	660	656	652	647	600
山西	416	462	392	392	392	376	369	365	434	389

续表

省份	1949年	1952年	1978年	1979年	1980年	1985年	1990年	1995年	2000年	2003年
内蒙古	433	517	533	535	525	493	497	549	732	686
辽宁	459	479	468	422	376	359	347	339	416	416
吉林	447	466	405	405	404	400	394	395	399	345
黑龙江	570	649	846	866	873	893	883	900	962	969
上海	38	39	36	36	35	34	32	29	29	26
江苏	552	581	466	465	464	460	456	445	501	486
浙江	174	204	184	183	182	178	172	162	161	159
安徽	509	578	447	446	445	442	437	429	423	408
福建	148	168	130	129	129	126	124	120	119	115
江西	237	275	240	239	239	236	234	231	227	227
山东	873	918	730	726	723	706	690	673	665	665
河南	734	896	716	714	713	703	693	681	688	719
湖北	374	402	377	375	374	358	348	336	328	303
湖南	340	368	345	344	342	334	331	325	392	383
广东	272	296	278	276	275	260	253	232	225	213
广西	236	257	262	263	264	257	260	261	265	255
海南	32	34	45	45	45	44	44	43	43	42
重庆	—	—	—	—	—	—	—	—	159	159
四川	523	548	491	487	487	474	465	456	435	390
贵州	180	188	191	190	190	188	187	185	185	185
云南	226	243	273	274	275	280	285	290	294	294
西藏	26	27	23	23	23	22	22	22	23	23
陕西	439	454	385	383	380	366	352	338	324	324
甘肃	336	364	357	355	355	349	348	348	343	340
青海	45	46	60	60	59	57	58	59	67	67
宁夏	60	76	89	90	90	80	80	81	129	127
新疆	121	154	318	319	319	320	321	322	337	331
全国合计	9 633	10 568	9 845	9 798	9 732	9 542	9 422	9 351	10 027	9 714

根据全国各省份的有效降水深和各省耕地面积的变化，可以计算得到农业降水直接利用量（表4-7）。从全国各省份多年平均有效降水利用量分布可以看出中国利用有效降水较多的省份集中在中东部地区，其中河南、安徽、黑龙江、湖南等农业大省是利用有效降水最多的省份，而西部的新疆、西藏、青海等有效降水利用量很小。

表 4-7　1978 年以来中国各省份直接利用降水量估算　　（单位：亿 m³）

省份	1978年	1979年	1980年	1985年	1990年	1995年	2000年	2003年
北京	17	19	9	13	20	18	11	12
天津	24	23	17	21	22	22	14	19
河北	272	279	216	277	310	288	228	273
山西	151	138	136	156	151	138	158	205
内蒙古	95	118	113	130	139	119	139	183
辽宁	185	211	194	214	195	187	154	195
吉林	138	150	172	182	187	179	169	159
黑龙江	184	175	346	386	388	342	359	407
上海	16	18	24	28	22	26	17	10
江苏	223	360	320	343	355	256	355	392
浙江	124	148	172	164	178	158	153	115
安徽	245	413	379	351	365	314	342	405
福建	138	171	129	120	127	118	107	84
江西	200	247	274	239	260	260	245	198
山东	364	388	317	340	406	286	276	393
河南	305	543	431	415	441	333	456	519
湖北	229	290	346	271	290	254	270	268
湖南	265	294	352	283	335	317	304	324
广东	279	296	268	261	270	244	216	203
广西	195	233	237	241	253	207	210	152
海南	37	36	50	52	49	49	48	38
重庆	0	0	0	0	0	0	107	110
四川	313	308	316	307	301	262	262	250
贵州	145	154	168	146	148	149	160	134
云南	160	169	185	215	222	212	220	186
西藏	1	1	1	1	1	1	1	6
陕西	185	175	180	173	176	123	150	181
甘肃	72	81	73	81	80	65	64	86
青海	6	6	13	14	11	12	12	15
宁夏	14	18	17	22	26	19	24	36
新疆	6	9	23	20	28	28	30	37
全国合计	4588	5471	5478	5466	5756	4986	5261	5595

4.4.2.2　有效降水演变

根据全国各省份的有效降水量，可以计算得到农业降水直接利用量（图 4-25）。从图中可以看出全国 1978 年以来利用的有效降水量变化没有明显的趋势性，在 4500 亿～5800 亿 m³ 之间随着降水的丰枯波动。

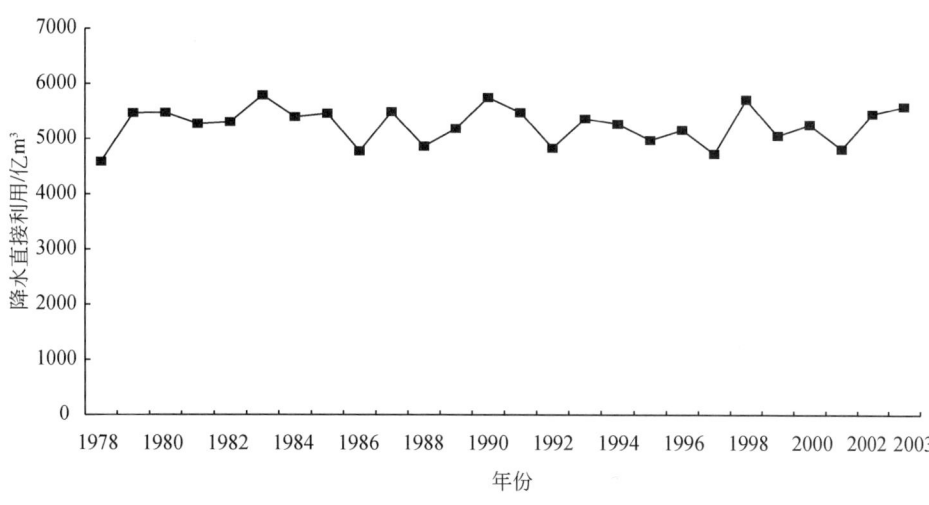

图 4-25　全国农业有效降水量变化过程（1978～2003 年）

4.4.3　中国不同地区用水演变分析

4.4.3.1　总量演变

根据 1997～2008 年全国水资源公报，统计分析全国部分省份用水的演变过程，部分省份的用水总量及各分类用水量的年均增长率如图 4-26 所示。中国部分省份用水总量演变差别很大，根据部分省份用水总量及各分类用水量的演变特点可将全国部分省（自治区、直辖市）分为三大类型：

1）用水量下降型，包括宁夏、北京、山东、河北、河南、黑龙江、吉林、辽宁、天津、山西共 10 个省份。这 10 个省份都位于中国北方地区，年均降水量均小于 800mm，水资源禀赋对用水增长有很强的约束作用。其中北京、天津、山东、辽宁、黑龙江、河北、吉林 7 省市 2008 年的人均 GDP 均在 8000 元以上，属于中国经济较为发达的省份，而宁夏则属于中国最为缺水的地区之一，年降水量仅 270mm。

2）用水量缓慢增长型，包括湖北、甘肃、陕西、四川、湖南、云南、江西、广西、广东、浙江、海南、内蒙古、上海、福建共 14 个省份。这些省份量除海南外，农业用水量均出现了一定的下降。位于北方缺水区的甘肃和陕西用水量增长主要源于生活用水量的增加，而内蒙古的用水量增长与能源基地的建设有密切关系；其余 10 个省份均在中国南方，水资源条件相对较好，工业用水量仍有一定增长。

3）用水量快速增长型，包括新疆、贵州、青海、江苏、安徽、重庆、西藏 7 个省份。这 7 个省份中新疆和青海虽然降水量很小，但是人均水资源量较高，土地资源丰富，农业用水量有一定的增长；其他省份均位于中国南方的丰水区，具有良好的水资源条件。

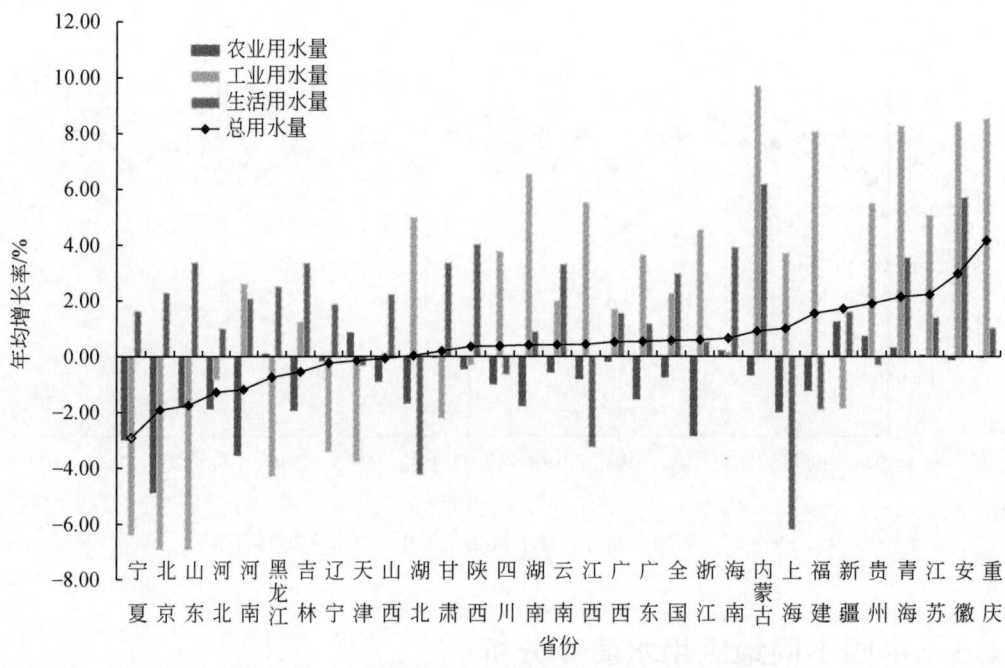

图 4-26 中国部分省份用水总量及各类用水量演变趋势

4.4.3.2 用水效益分析

部分省份的水循环效益有显著的差别,最高的北京和天津的单方水效益(含直接利用降水)是新疆的 23 倍,如图 4-27 所示。用水效益与经济发展水平有显著的关系:中国部分省份单方水产值与人均 GDP 均呈现较强的相关性,在考虑直接利用降水量后,相关性更强,相关系数 R^2 分别达到了 0.493 和 0.728,如图 4-28 所示,说明了用水效益随经济发展提高的基本特征。

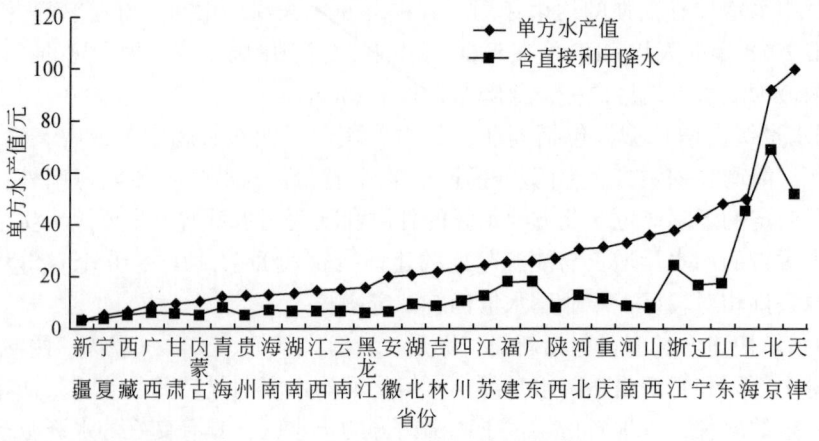

图 4-27 中国部分省份用水效益现状(2003 年)

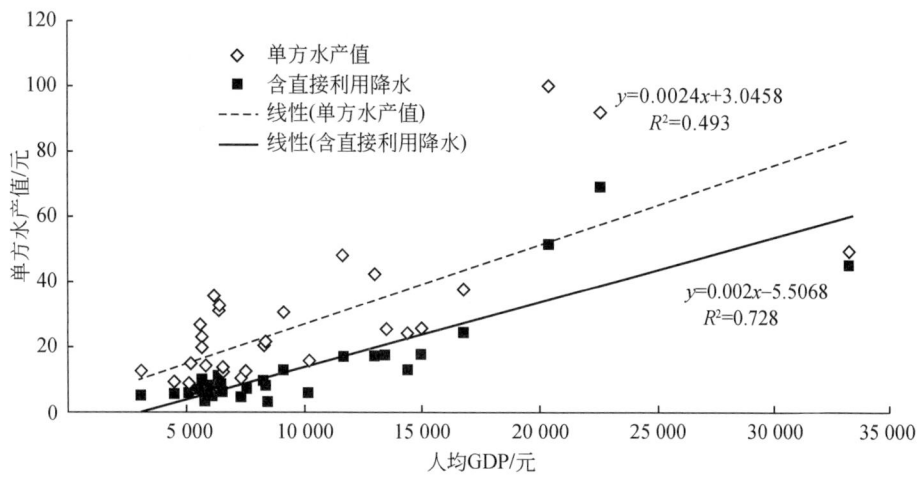

图 4-28　中国部分省份用水效益与经济发展状况的关系（2003 年）

一个地区的降水在很大程度上决定了其水资源条件，本书根据中国部分省份的多年平均降水量将各省份分为湿润区（降水量≥800mm）和非湿润区（降水量<800mm），对其用水效益与人均 GDP 的关系进行分析，如图 4-29 所示，对比图 4-28 可见有明显改善，说明水资源条件对于用水效益的显著影响。图 4-29 同时表明在经济发展至较高水平后，水资源条件制约机制开始发挥作用，通过改变社会生产的技术选择、产业结构对单方水的产出产生显著影响。

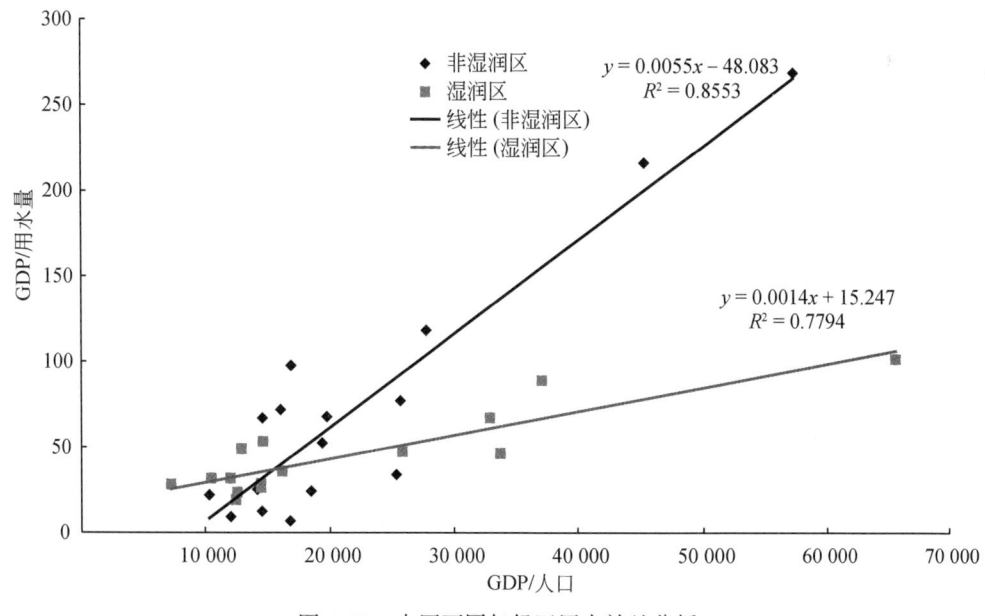

图 4-29　中国不同气候区用水效益分析

4.5 社会水循环通量的影响因子

社会水循环通量演变的驱动因子分析表明，经济社会的发展是社会水循环通量演变的核心驱动力，同时自然水循环系统的水资源禀赋和环境约束对社会水循环通量也有显著的制约作用。人口、经济规模、产业结构、科技水平、用水管理水平等决定了用水需求，而水资源条件则集中体现了自然水循环系统对社会水循环通量的制约，这些因子的共同作用决定了社会水循环通量的演变过程。

4.5.1 水资源条件

水资源条件影响了一个区域或者流域的水资源开发潜力，是社会水循环通量的主要制约因素，其中一个地区耕地和人工生态上的降水量是直接利用降水量的上限，而水资源可利用量则是直接开发利用量的上限，这二者都与水资源量密切相关。

水资源量是社会用水稳定阶段的用水总量的决定性因素，并且在水资源越紧张的地区，水资源量与用水总量的关系更为密切。

4.5.2 人口

社会水循环的根本目的是为了满足人的需求，人口是一个地区社会水循环通量的一个重要影响因子。人口对于社会水循环通量的影响主要包括两个方面：一是人口是生活用水主要决定因子之一，人口直接影响了生活用水的总量；二是由于人们对于粮食、工业产品、生态环境等的需求，人口在很大程度上决定了一个地区的农业、工业和人工生态的规模，影响了农业、工业和人工生态的用水量。

在自然水循环的制约发挥作用前，人口与社会水循环通量有密切的关系，全球1900~2000年用水量增长分析和美国1950~1980年的用水量增长分析都表明在用水稳定前的快速增长期，用水总量与人口的增长具有很好的一致性，二者呈现显著的线性关系。

新中国成立后的用水和人口的数据（图4-30和图4-31）同样反映出了用水量与人口同比增长的关系，相关系数同样达到了0.97以上。

4.5.3 经济发展阶段

经济发展水平直接决定了经济的规模和人的生活水平，对于社会经济需水量有直接的影响。在水资源充沛的地区，经济发展水平和经济规模是社会水循环通量的主要影响因子之一。

人类社会处于不同经济发展阶段，社会水循环通量有着显著的差别，在原始文明和游牧文明时期，社会水循环通量很小，其随着农业文明时期农田面积的大幅度扩张和工业文

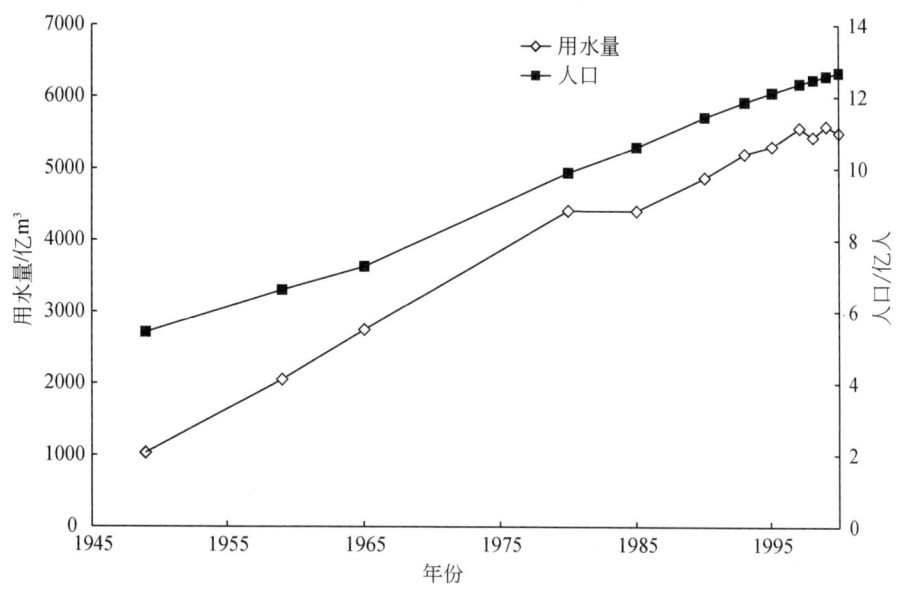

图 4-30 新中国成立后中国人口与用水量变化

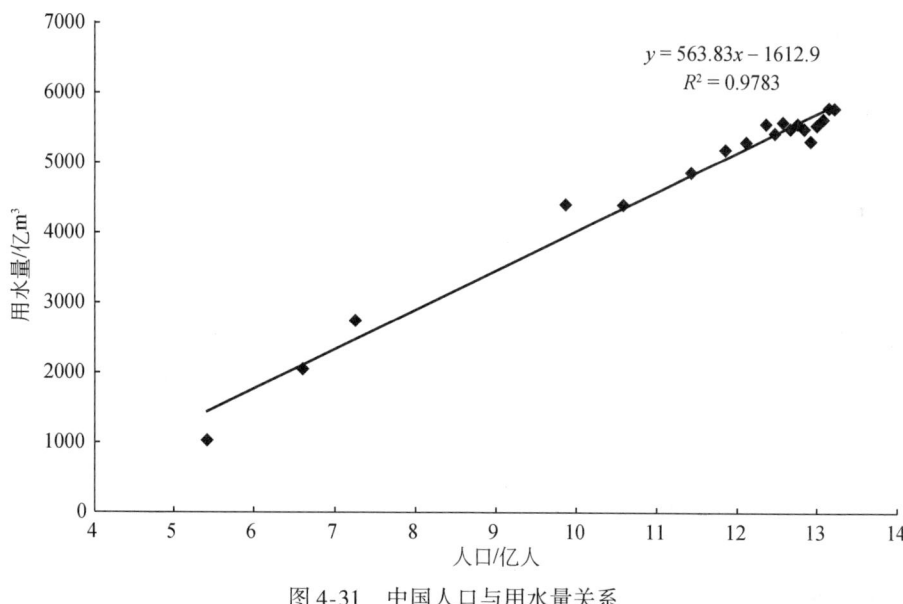

图 4-31 中国人口与用水量关系

明时期的工业生产规模扩大而扩大。目前世界大多数国家都处于农业文明和工业文明时期，本书重点针对这个阶段经济发展对于社会水循环通量的影响进行分析。

从全球和典型国家的数据分析可以看出，进入农业文明和工业文明时期后，人工直接取（用）水量大致可以划分为三个阶段。

(1) 快速增长阶段

在这个阶段，由于农业灌溉面积的扩张引起的农业用水量增长和工业用水量大幅增长相叠加，使总用水量出现了随着经济发展快速增加的现象，同时人均用水量也出现快速增长。中国工农业用水量及其结构变化，如图 4-32 所示。

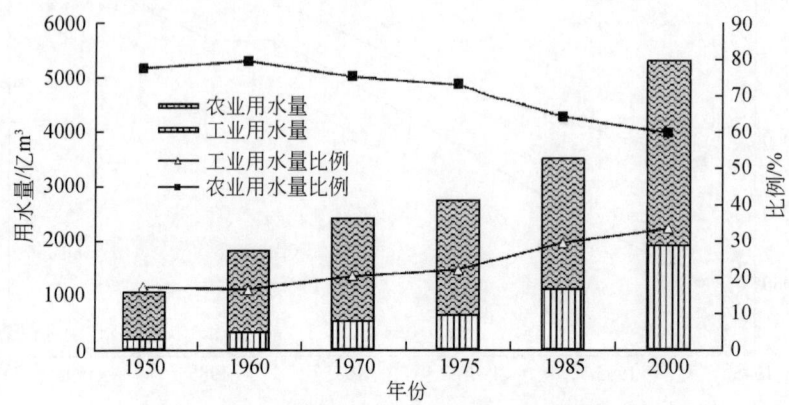

图 4-32 中国工农业用水量及其结构变化

从 1940 年到 1990 年，随着第二次世界大战后世界经济的快速发展，全球的人均用水量从大约 400m^3 增加到 800m^3，增长了一倍。由于全球经济发展的不平衡，目前全球平均来讲，人均用水量仍处于高速增长的阶段。中国从新中国成立到 1980 年前也是处于这个时期，新中国成立后的 30 年人均用水量从 189m^3 增加到约 450m^3，增长了约 2.4 倍。美国 1970 年前也大致处于这个阶段，从 1950 年到 1970 年，美国的人均用水量从 1683m^3 增长到 2540m^3。

这个阶段用水量变化的一个显著特征就是农业用水和工业用水的总量都在快速增加，在用水结构中农业用水量开始出现下降，工业用水量比例显著提高。

(2) 相对稳定阶段

这个阶段由于农业灌溉面积基本不变，农业节水技术提高，农业用水总量上首次出现了下降，同时工业用水总量随着工业规模的增加而增长，使用水总量或人均用水量出现了相对稳定的情况。目前大多数发达国家都已进入这个阶段，中国也开始进入这个阶段。

(3) 用水量缓慢下降的阶段

随着工业化的进一步发展，部分发达国家的产业结构发生了明显的变革：高耗水、高耗能、低附加值的传统制造业大量转移到发展中国家，而以信息产业、生物产业为主，新的高附加值、低资源消耗的产业在工业生产中的份额逐渐扩大，同时在国民经济组成中，第三产业开始取代第二产业成为最重要的部分。这种经济结构的变化使工业用水量开始出现下降，从而导致用水总量进入缓慢下降的阶段。

目前，主要发达国家一般已完成工业化，逐步进入后工业化社会。1980 年后由于大量节水技术的采用和产业结构调整，用水效率大幅度提高，到 2000 年大部分发达国家总用水量已经进入相对稳定或负增长阶段。

4.5.4 产业结构

一个国家或者地区的产业结构布局对于用水量有显著的影响。1980～2007年平均三种产业中，以农业为主的第一产业单位产值用水量最大，万元GDP用水量为1287m³；以工业和建筑业为主的第二产业次之，万元GDP用水量为112m³；而以服务业为主的第三产业最小，万元GDP用水量仅为71m³。同时，在三个产业内部，特别是第二产业内部由于不同工业行业的用水效益存在显著差别，其中单位产值的用水量以能源、制造业等基础工业最大，纺织等轻工业次之，信息产业等高科技工业最小。因此，在同样经济规模下，不同产业布局需要的用水量将有很大差别：国民经济中第一产业的比重越大，同样经济规模的用水量越大；相反，第二、第三产业的比重越大，同样经济规模的用水总量将越少（图4-33）。

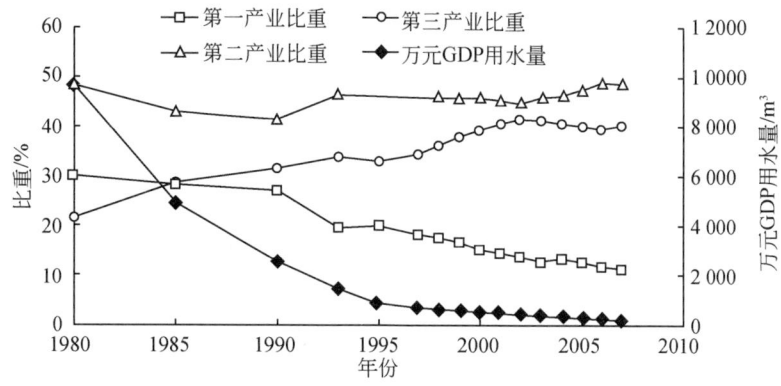

图4-33 新中国成立以来中国产业结构调整与用水效益变化

国内外用水量变化的过程中，产业结构的调整一直是一个重要的因素。新中国成立以来，第一产业的比重从新中国成立初期的30%下降到2007年的12%，而第三产业从新中国成立初期的21%上升到2007年的40%，第二产业基本在48%左右，这种产业格局的调整导致了中国万元GDP用水量的大幅度下降，从新中国成立初期的近10 000m³下降到2007年的231m³，在2000年前后进入了用水量相对稳定阶段。

4.5.5 科技水平

节水科技的推广也是社会水循环通量演变的重要影响因素之一。在农业生产中，节水灌溉技术、低耗水作物品种的推广能够大幅度提高水分的生产效率，如在棉花生产中，与传统灌溉方式相比，采用节水的覆膜滴灌等方式能够节水60%左右，同时实现30%～40%的增产。在工业生产中，节水技术的推广应用也能大量减少用水量，如电厂冷却用水中采用循环式代替贯流式，可以减少90%以上的用水量，同时工业企业内部水的循环利用也可以大幅度减少新鲜淡水的取用。在生活用水中，节水器具的推广也可以大幅度的减少用水量。

4.5.6 水管理

水作为一种兼有公共物品属性和商品属性的自然资源，其使用受到水价制度、节水激励机制、取水许可制度、水资源项目论证制度等水资源管理政策的影响。中国开展的节水型社会建设，对于提高用水效率和效益都产生了显著作用。同时由于水的循环伴随着污染物的输移，与水相关的环保政策等也是社会水循环通量的影响因子之一，如美国1972年《联邦水污染控制法》直接导致了1980年后美国用水总量的下降。

4.6 中国社会水循环通量发展预测

中国社会水循环通量的发展主要受经济社会发展水平、资源环境制约的影响。对中国社会水循环通量的预测，必须建立在正确认识中国未来一个阶段经济社会发展状况和资源环境状况的基础上。

4.6.1 经济社会发展预测

中国目前处于用水量增长到一定程度并相对稳定的阶段，这一时期的用水量主要由经济社会发展水平决定，其中人口与社会水循环通量具有良好的相关关系，可以作为经济社会发展的代表性指标。

研究表明，在保持现行人口政策长期不变的前提下，中国人口总量在2020年达到14.6亿~15.1亿人，在2030年前后将达到15.5亿~16.1亿人，之后开始缓慢下降。

4.6.2 资源环境约束分析

根据全国水资源综合规划初步成果，中国多年平均水资源可利用量为8140亿 m³，其中北方地区为1924亿 m³，南方地区为5600亿 m³。2007年中国水资源开发利用量达到了5819亿 m³，河道外的供水消耗量达到了3946亿 m³，已占全国水资源利用量的49%，中国进一步大幅度增加供水将受到水资源条件的限制。

中国北方的海河、黄河、辽河和西部内陆河等缺水流域，目前的水资源开发利用程度均超过了其允许的开发阈值。黄河流域的地表水开发利用率达到了近88%，海河流域和辽河流域地下水开采量已经超过可采量（图4-34和图4-35），海河区和黄河区的耗水量已经超过了水资源可利用量（图4-36），北方地区的石羊河、黑河、塔里木河流域的耗水量都已超过水资源可利用量，其中石羊河流域耗水量达到了可利用量的两倍，这些流域内已基本没有增加供水的潜力。以南水北调中线为标志的跨流域调水工程，由于受到调水规模的限制，只能部分缓解目前的缺水状况，能够提供的用水量增长空间极其有限。因此，在中国北方地区，水资源条件的制约使得未来用水量增长的空间很小，大部分地区还需要进一步的压缩用水量。

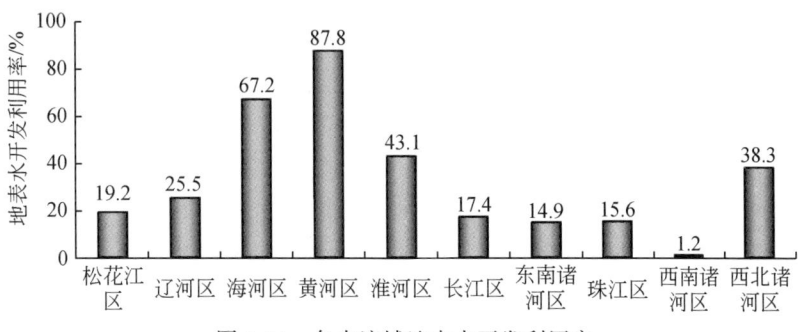

图 4-34 各大流域地表水开发利用率

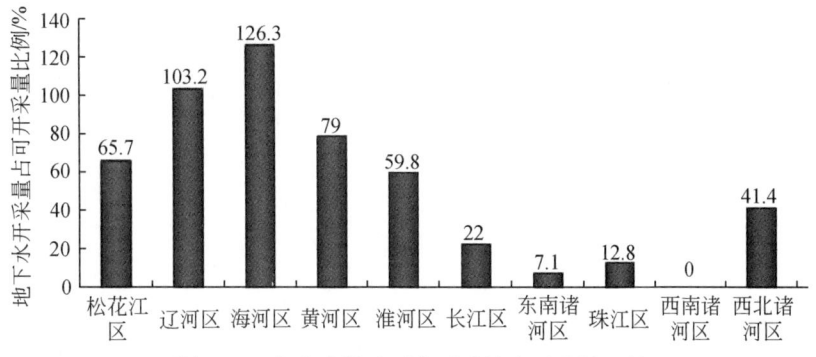

图 4-35 各大流域地下水开采量占可采量比例

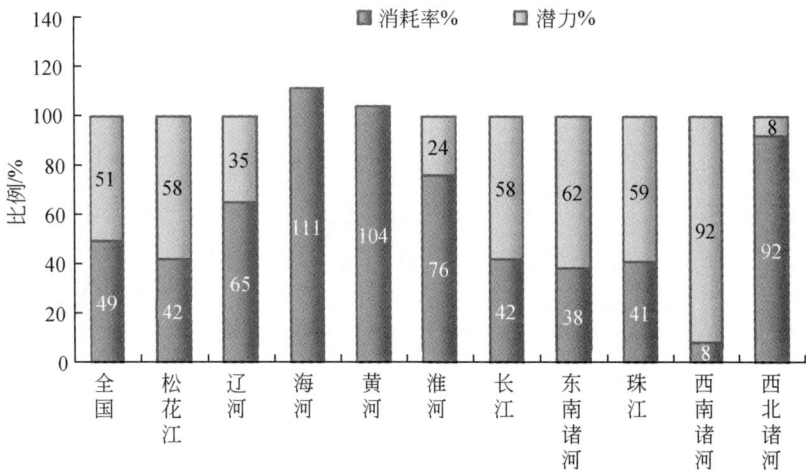

图 4-36 各大流域供水消耗量占水资源可利用总量比例

在中国南方地区，水资源条件相对丰富，还有一定的增加用水量的空间，但是在中国南方以太湖流域为代表的经济发达地区，水环境的约束已经开始显现，对未来用水量的增长会形成较大的制约。

4.6.3 用水总量演变趋势

中国未来的用水总量在经济社会发展的驱动下,预计在 2030 年前用水总量仍将有小幅度的增长,根据人口与用水的关系(图 4-31),中国 2020 年的用水总量将达到 6600 亿~6900 亿 m³,2030 年将达到 7100 亿~7500 亿 m³。

中国北方地区当前水资源开发利用已经接近甚至超过水资源允许阈值,水资源条件的制约将使中国北方地区用水量在未来一个时期难以增长,甚至出现小幅度的下降。在中国南方地区,水资源相对丰富,在缓解水污染问题的情况下,用水量仍有一定的增长空间,不会对经济社会发展引起的用水量增长形成明显的制约。

考虑到中国北方地区的水资源条件制约后,未来中国用水总量的增长将大幅度减少,根据中国人口与经济的分布,估计约 50% 的用水量增长将因为水资源的制约而无法实现,使中国在 2020 年的用水量仅能达到 6300 亿~6450 亿 m³,在 2030 年的用水高峰期达到 6550 亿~6750 亿 m³。

4.6.4 用水结构演变趋势

(1) 农业用水

未来中国的耕地面积将保持相对稳定,但是灌溉面积仍将有所增长,随着农业用水效率的提高和保证率较高的工业用水、生活用水对农业用水的挤占,预计未来中国农业用水量将保持相对稳定并可能略有下降,基本维持在每年 3300 亿~3500 亿 m³ 的水平。

(2) 工业用水

中国目前处于高速工业化的过程中,2003 年以来重工业发展迅速。目前,国家确定的十大产业调整与振兴规划中,涉及钢铁、汽车、船舶、石化、有色金属、装备制造等重工业领域,这些领域振兴规划的实施将使中国工业未来一个阶段保持较高的增长。同时,中国区域发展很不平衡,中西部地区工业化水平还处于较低的阶段,工业化在这些地区还将持续较长时间。综合来看,在未来一个阶段,工业发展对于用水仍将有旺盛的需求,工业用水量仍将有一定的增长,但增长速度将有所下降,按照 2020 年前 2% 的年增长率,2020~2030 年 1% 的增长率估算,在 2020 年和 2030 年,工业用水量将分别达到 1772 亿 m³ 和 1957 亿 m³,比 2008 年分别增加 375 亿 m³ 和 560 亿 m³。

(3) 生活用水

随着人口的增长、城镇化水平的提高,中国生活用水在未来还将有较大幅度的增长,按照 2020 年和 2030 年城镇化率分别达到 42% 和 46% 的计划,城镇和农村生活用水定额比 2008 年增加 5% 估算,2020 年和 2030 年中国的生活用水量将分别达到 850 亿 m³ 和 950 亿 m³,比 2008 年分别增加 120 亿 m³ 和 220 亿 m³。

第5章 工业用水系统解析及其调控机理

5.1 工业用水原理与特征分析

5.1.1 工业用水分类

工业（industry）是社会分工发展的产物，有手工业、机器大工业、现代工业几个发展阶段。在古代社会，手工业只是农业的副业，经过漫长的历史过程，工业是指采集原料，并把它们在工厂中生产成产品的工作和过程。《中国统计年鉴》中对重工业的定义，是为国民经济各部门提供物质技术基础的主要生产资料的工业；轻工业是指主要提供生活消费品和制作手工工具的工业。工业生产部门主要包括电力、纺织、造纸、石化、冶金、采掘、木材、食品、建材、机械、电子等。

水是工业生产的重要原料之一，在当前众多的工业行业中，几乎没有一项不和水直接或间接地发生关系，甚至是每一个生产环节几乎都有水的参与，水也因此被誉为"工业的血液"。从功能角度出发，工业用水可大致分为三大类，即间接冷却水、工艺用水和锅炉用水。其中，工艺用水又分为产品用水、洗涤用水、直接冷却水和其他用水。间接冷却水是指在生产过程中作为不与产品接触的吸热介质，带走多余热量的水。水是工业生产最常见的吸热介质，冷却用水量在工业生产用水量中所占的比例较大。工艺用水是指作为工业原料的水，通常是直接用水，这是工业用水中最富有生命力的部分。除火力发电外，一般工业都有工艺水。其中在纺织、造纸、食品工业中，工艺用水量可占总用水量的40%~70%。锅炉用水是为工艺或采暖、发电等需要产汽的锅炉给水及锅炉水处理用水。

不同功能的用水对于水质有不同的要求，其中间接冷却水要求尽可能低温，全年温度变化小，不产生水垢和泥渣沉积，对金属的腐蚀性小，不得有微生物和藻类等存在。工艺用水对水质要求差别较大，一些工业产品对水质有特殊要求。例如，酿酒工业用水就以硬度略高一些为好，化学工业生产对水的纯度的要求越来越高，一些工业甚至需要"高纯水"或"超纯水"。锅炉用水主要是对水质硬度等有相应的特殊要求，以免在锅炉内结成水垢，影响工业生产效率甚至生产安全。

5.1.2 工业用水的相关概念

工业用水总量指工、矿企业的各部门，在工业生产过程（或期间）中，制造、加工、冷却、空调、洗涤、锅炉等处使用的水及厂内职工生活用水的总称。工业用水量不仅包括新鲜水取用量，还包括重复利用量（包括二次以上用水和循环用水量）和其他非常规水源的利用量。

工业取水量是指为使工业生产正常进行，保证生产过程对水的需求，而从各种水源实际引取的新鲜水量。取水量小于用水量。

工业耗水量包括输水损失和生产过程中的蒸发损失量、产品带走的水量、厂区生活耗水量等。

工业用水重复利用率为重复用水量（包括二次及以上用水和循环用水量）占总用水量的比例。

工业排水量，即废水排放量，是指工业生产过程中向外界所排放的废水量。

工业产出水量是指经过用水过程后仍可被再利用的那部分水量。

如图5-1所示，工业用水总量=工业取水量+工业用水重复利用量=工业耗水量+工业排水量+工业产出水量，显而易见，工业用水重复利用量=工业产出水量，工业取水量=工业耗水量+工业排水量。

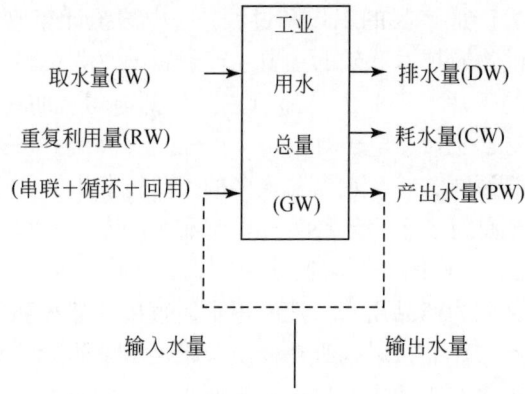

图5-1 工业用水系统平衡示意图

5.1.3 工业用水的服务功能

水具有沸点高、蒸发量大、热容高、反常膨胀、良好溶剂、能不断发生缔合等多种特性。水的这些特性使其在工业生产中发挥着重要的作用。从功能与原理上讲，直接冷却水和间接冷却水的工作原理在本质上是一致的，锅炉用水利用了水体载能的特性，洗涤用水的功能主要是转移污染物，产品用水主要指水直接进入产品。我国每年冷却用水、锅炉用水、洗涤用水和产品用水的新水取用量分别占到全国工业取水总量的40%、40%、8%和5%左右。因此在本节中主要针对冷却用水、锅炉用水、洗涤用水和产品用水等四类用水的服务功能进行探讨。

5.1.3.1 冷却用水的冷却功能与工作原理

水的热容量除了比氢和铝的热容量小之外，比其他物质的热容量都高，具有很高的熔化热和汽化热，被称为热能的良好载体。在正常温度下，水处于稳定的液态，能很好地起到调节环境和有机体体温的作用，经常被作为冷却水。根据水是否与被冷却的工业对象接触而分为间接冷却水和直接冷却水两种。

间接冷却水（indirect cooling water），顾名思义，是指与被冷却物质通过换热设备进行间接换热的冷却水。相对于直接冷却水来讲，间接冷却水由于不直接与被冷却物质进行接触，因此主要是水温或赋存形态会有一定变化，其水质主要受换热设备和环境影响，一般不会发生较大改变，因此间接冷却水在经过降温之后大多可循环使用。

直接冷却水（direct cooling water）是与被冷却物质直接接触换热的冷却水，与间接冷却相比冷却效率相对较高，但不同冷却对象对直接冷却水的水质要求存在很大差异。另外，直接冷却水因同产品和原料直接接触，因此排水的水质受冷却对象影响较大，排出的废水的污染物种类繁多，往往要根据生产工艺要求进行适当处理，才能实现循环使用。

5.1.3.2 锅炉用水的热力功能与工作原理

水蒸气是由水蒸发或冰升华而成的气体，某温度下水的饱和蒸气压（简称蒸气压）是一定值，但蒸气压会随着温度升高而增加。高温状态下，高压蒸气可推动汽轮机对外做功，这就是蒸气能。

锅炉中产生的热水或蒸气可直接为生产和生活提供所需要的热能，也可通过蒸气动力装置转换为机械能，或再通过发电机将机械能转换为电能。用于工艺或采暖、发电需要产汽的锅炉的用水及锅炉水处理用水，统称为锅炉用水。锅炉用水又可分锅炉给水和锅炉水处理用水。

提供热水的锅炉称为热水锅炉，主要用于生活，工业生产中也有少量应用。产生蒸气的锅炉称为蒸气锅炉，又叫蒸气发生器，常简称为锅炉，是蒸气动力装置的重要组成部分，多用于火电站、船舶、机车和工矿企业。锅炉用水是锅炉运行工作的条件。为了保障锅炉设备正常运行，锅炉水水质要求较高，锅炉水使用前要经过特殊处理。我国国家标准（GB 1576—2001）特别对工业锅炉用水水质标准作出了明确规定，例如，对于额定出口蒸气压力小于等于2.5MPa的蒸气锅炉和气水两用锅炉，锅炉给水悬浮物浓度要求小于等于5mg/L，总硬度小于等于0.03mmol/L等。

锅炉水由于存在水、气损失，通常耗水量较大，我国工业蒸气锅炉的用水量定额是吨蒸气1.5~1.7m^3，实际运行水平是1.4~1.8m^3，这些数据稍高于发达国家。我国2001年在用锅炉总台数为53.67万台，其中蒸气锅炉为34.68万台，工业蒸气锅炉产汽量约150万t/h，按用水量定额计，年耗水量197亿~223亿t，占到当年全国全部工业耗水量的25%~30%。

5.1.3.3 洗涤用水的洗涤功能与工作原理

水有很强的溶解能力，是性能优良的溶剂，几乎所有的物质都可或多或少地溶解在水中。水的溶解能力，特别是对固体电解质的溶解，是和它的强极性与很高的介电常数有关的。置于水中的固体电解质，其正、负离子都会受到极性水分子的吸引，同时高的介电常数又使这些离子在水中的相互结合力仅为固体中的1/18。因此，难以在固体中保持而转入水中，形成电解质溶液。在加热、磁场等作用下，水分子间的氢键将被程度不同地破坏，从而降低了缔合度而活化。物质一般在热水中溶解度大，热水洗涤效果好。

水既是弱的电解质也是中性物质。在常温下水的解离很微弱，$c(H^+) = c(OH^-)$，因此是一切化学反应十分理想的介质。

液态水具有很好的流动性，对于不溶解于水的灰渣等，可在水中形成悬浊物或漂浮物，随着高速流动的水运动迁移。工业利用水的这一特性进行除尘、除灰、排渣等。

洗涤用水利用了水的流动性和溶剂的特性。工业生产过程中洗涤用水分为产品洗涤、装备清洗和环境洗涤用水。产品洗涤包括对原材料、物料、半成品进行洗涤处理。洗涤用水在生产过程中水量消耗低，但污染严重。洗涤用水不仅在传统工业中广泛存在，高端电子工业也需要大量的高纯水对电子零件进行清洗。

5.1.3.4 产品用水的生产功能与工作原理

产品用水指水作为工业生产原材料之一，直接参与产品的生产或作为产品的组成部分，食品加工业、药品制造工业中产品用水量相对较多。产品用水的归宿大体分为两种，一是作为废水放掉，二是成为产品的组分。产品用水主要是利用了水的各种化学与物理特性，如面包生产过程中水的主要作用有：使面粉中的蛋白质充分吸水，形成面筋网络，使面粉中的淀粉受热吸水而糊化，促进淀粉酶对淀粉进行分解，帮助酵母生长繁殖等。大部分工业产品用水都有特殊的水质要求，如造纸工业，水的浑浊度、色度、硬度、酸碱度、臭味以及水中离子和藻类的含量都会对纸的质量产生影响。在化学工业生产中，多数化学药剂和化学反应产物都会和铁发生反应生成有色沉淀，因此许多化工产品需含盐类、铁、锰量极少的高纯水。

除上述四种主要类型外，工业用水还有一些其他的类型。如利用水（非纯净水）的导电特性为生产过程提供所需的适宜湿度环境：为了避免出现静电导致火灾，纺织工业加工车间要求最佳湿度为40%～60%；电子产品生产企业为避免静电导致电子元件损坏，装配车间的湿度也要求在50%以上。

5.1.4 工业用水特征分析

水是工业生产不可或缺的资源。随着世界工业的迅速发展，水在工业生产过程中的作用越来越大，利用方式也越来越多。从供—用—耗—排的角度讲，工业用水具有以下几个特征。

5.1.4.1 水量、水质要求

由于工业生产系统相对较封闭，工业用水主要来自人工取用的地表、地下径流性水资源，因此工业用水与农业用水有很大不同，受区域自然和外部环境的影响相对较小，包括区域的降雨条件，但由于冷却水占工业用水比重大，因而气温（水温）对工业用水量有一

定的影响。从一个国家和区域来看，工业用水需求量主要受工业产品生产量、工业用水工艺、技术水平和工业用水管理政策等因素所决定。对于一个工业企业，在一定的工艺技术水平下，用水需求弹性较小，年内用水需求量相对较为平稳，因此需要较高的保证率。

工业各行业由于产品种类和用水工艺的不同，用水水质要求相差很大。工业用水水质标准可分为国际标准、国家标准、地区标准、行业标准和企业标准等不同等级。我国对工业用水水质没有发布统一的标准。而于2005年9月发布、2006年4月实施的《城市污水再生利用 工业用水水质》（GB/T 19923—2005）国家标准，是针对以城市污水再生水作为工业用水水资源的水质标准规定（表5-1），可间接说明部分工业用水的水质要求。

表5-1 再生水用作工业用水水源的水质标准

序号	控制项目	冷却用水 直流冷却水	冷却用水 敞开式循环冷却水系统补充水	洗涤用水	锅炉补给水	工艺与产品用水
1	pH	6.5~9.0	6.5~8.5	6.5~9.0	6.5~8.5	6.5~8.5
2	悬浮物（SS）/(mg/L) ≤	30	—	30	—	—
3	浊度（NTU）≤	—	5	—	5	5
4	色度/度 ≤	30	30	30	30	30
5	生化需氧量（BOD_5）/(mg/L) ≤	30	10	30	10	10
6	化学需氧量（COD_{Cr}）/(mg/L) ≤	—	60	—	60	60
7	铁/(mg/L) ≤	—	0.3	0.3	0.3	0.3
8	锰/(mg/L) ≤	—	0.1	0.1	0.1	0.1
9	氯离子/(mg/L) ≤	250	250	250	250	250
10	二氧化硅（SiO_2）/(mg/L) ≤	50	50	—	30	30
11	总硬度（以$CaCO_3$计）/(mg/L) ≤	450	450	450	450	450
12	总碱度（以$CaCO_3$计）/(mg/L) ≤	350	350	350	350	350
13	硫酸盐/(mg/L) ≤	600	250	250	250	250
14	氨氮（以N计）/(mg/L) ≤	—	10[①]	—	10	10
15	总磷（以P计）/(mg/L) ≤	—	1	—	1	1
16	溶解性总固体/(mg/L) ≤	1000	1000	1000	1000	1000
17	石油类/(mg/L) ≤	—	1	—	1	1
18	阴离子表面活性剂/(mg/L) ≤	—	0.5	—	0.5	0.5
19	余氯[②]/(mg/L) ≥	0.05	0.05	0.05	0.05	0.05
20	粪大肠菌群/(个/L) ≤	2000	2000	2000	2000	2000

①当敞开式循环冷却水系统换热器为铜质时，循环冷却系统中循环水的氨氮指标应小于1mg/L。
②加氯消毒时管末梢值。

该标准适用范围包括：

冷却用水，包括直流式、循环式补充水。

洗涤用水，包括冲渣、冲灰、消烟除尘、清洗等。

锅炉用水，包括低压、中压锅炉补给水等。

工艺用水，包括容料、蒸煮、漂洗、水力开采、水力输送、增湿、稀释、搅拌、选矿、油田回注等。

产品用水，包括浆料、化工制剂、涂料等。

但是此标准并未进行行业细分，给实际应用带来困难。例如，氮肥行业，造气工序洗气塔、锅炉烟气除尘用水 COD 浓度小于 150mg/L 时就可以正常运行；在制浆造纸行业，用于原浆洗涤的初级用水 COD 浓度小于 150mg/L 也是可以的。这进一步说明，工业生产由于部门多样化和生产环节的复杂性，很难实行统一的用水水质标准。针对这一特点，各行业甚至是各用水类型部门需要专门出台用水水质标准，如《工业锅炉水质标准》、《微电子工业用水水质标准》等。

5.1.4.2 水量消耗

就工业用水系统整体情况来讲，耗水率相对于农业用水低，根据《全国水资源公报》统计，2006 年中国工业用水总量为 1343.8 亿 m^3，耗水量为 310.6 亿 m^3，耗水率为 23.1%。需要指出的是，这部分耗水量中包括了约占用水总量 20% 左右的管网输水损失，因此实际生产过程中耗散的更少。对于输水损失而言，随着工业生产和用水水平的提高，这部分损失逐渐减少；而对于生产过程中的蒸发损失率则伴随着工业用水重复利用率的不断提高而增加。不同用水类型工业，由于水的作用原理不同，耗水率差异很大。即便对于同类型用水，不同行业也存在很大差异。表 5-2 为估算的不同类型工业用水的耗水率。

表 5-2 不同用水类型工业的水量消耗情况

用水类型	水量消耗
冷却水（循环冷却）	循环冷却水耗水率为 2%
锅炉用水	耗水率为 16% 左右（锅炉用水总耗水量占到当年全国全部工业耗水量的 25%~30%）
洗涤用水	耗水率低，1% 左右
产品用水	耗水率高，90% 以上

5.1.4.3 污染

新鲜水经过工业一次性利用后，将会有不同程度的污染。其中直流间接冷却对水体水质污染小，主要是存在一定程度的热污染；循环冷却用水和锅炉用水，由于存在水分大量蒸发损失，水中各种离子的浓度逐渐升高，但污染物主要与原水水质和用水过程的添加物有关；对于洗涤用水，其污染物与被清洗物有关，组成相对复杂。表 5-3 所示为不同工业部门废水中主要污染物。由于各生产过程所产生的废水污染程度不同，只有分类收集废水，才能有利于处理与再利用。

表 5-3 不同工业部门废水中的主要污染物

工业部门	废水中主要污染物
化学工业	各种盐类、Hg、As、Cd、氰化物、苯类、酚类、醛类、醇类、油类、多环芳烃化合物等
石油化学工业	油类、有机物、硫化物

续表

工业部门	废水中主要污染物
有色金属冶炼	酸、Cu、Pb、Zn、Hg、Cd、As 等
钢铁工业	酚、氰化物、多环芳香烃化合物、油、酸
纺织印染工业	染料、酸、碱、硫化物、各种纤维素悬浮物
制革工业	铬、硫化物、盐、硫酸、有机物
造纸工业	碱、木质素、酸、悬浮物等
采矿工业	重金属、酸、悬浮物等
火力发电	冷却水的热污染、悬浮物
核电站	放射性物质、热污染
建材工业	悬浮物
食品加工工业	有机物、细菌、病毒
机械制造工业	酸、重金属 Cr、Cd、Ni、Cu、Zn 等、油类
电子及仪器仪表工业	酸、重金属

5.1.4.4 处理

工业废水处理是将废水中的污染物质分离出来，或将其转化为无害的物质，从而使进入下一循环过程的水得到净化。由于工业产品种类繁多、生产过程复杂，工业废水中的污染物组成复杂，如果将各种废水混在一起，加大了处理难度。因此，工业废水宜实行"污水集中"、"浊清分流"和"分类处理"的方式，对于不同污染类型、污染程度的工业废水进行集中分类收集和处理，以降低处理难度，同时促进废污水的再生利用。

由于运行小型废水处理设施往往存在单价高、废水水量与水质逐时变动大、管理水平低下等缺点，因此，各工业发达国家除大型集中工业或工业区采用独立废水处理外，中小型企业倾向在对特殊污染物进行单独预处理的基础上，采取将废水与城市污水合并处理的方法。但城市污水处理厂大都采用生化法进行集中处理，因此，工业废水经预处理后的水质必须符合微生物处理的要求。从20世纪90年代初起，中国各类新建建设项目按照环保"三同时"制度要求都有配套的工业废水处理设施，因此在这一时期建设了许多分散的小型工业废水处理设施。众多的小型废水处理设施运行的监督管理一直是基层环保部门的一大难题。据统计，目前我国分散型工业废水处理设施运转良好的只占30%。近几年来，不少地区通过开发区的建设、城市规划、产业整合，实现了工业废水集中处理，这是我国工业废水处理的发展方向。

(1) 工业废水处理分类

由于组成的复杂性，工业废水处理方法包括物理法、化学法、物理化学法和生物法四大类。其中每一大类又针对废水中污染物的不同特点分为多个小类。如果按照处理程度分类，则又可以分为一级处理、二级处理、三级处理和高级处理等。各级处理的主要任务如表5-4所示。

表 5-4 工业废水各级处理的主要任务

处理等级	主要处理任务	备注
一级处理	去除悬浮物与呈分层或乳化状态的油类污染物	—
二级处理	大幅度去除废水中呈胶体和溶解状态的有机污染物	一般工业废水进行二级处理后就能达标排放
三级处理	更深层次的去除前两级未能去除的污染物	—
高级处理	实现废水回用或回收污染物资源	—

(2) 工业废水处理重点

污染严重的企业主要分布在电子、塑胶、电镀、五金、印刷、食品、印染等行业。从废水的排放量和对环境的危害程度来看，电镀、线路板、表面处理等以无机类污染物为主的废水，食品、印染、印刷及厂区生活污水等以有机类污染物为主的废水，都是处理的重点。随着水污染日益严重，各行业越来越重视工业废水的处理。但是，就目前来讲，工业废水处理大都从末端治理入手，对于食品工业等污染负荷重、水量大的企业来讲，废水处理投资大、运行费用高，而且往往达不到良好的处理效果。因此，较末端治理来讲，企业更应注重生产过程的节能、降耗、减污，加强污染源头控制。

5.1.4.5 回用

工业废水的回用是降低废水排放、减少新水取用量的重要途径。对于经过一定程度处理的再用于生产的水通常称为再生水，可作为非常规水资源再利用于农业灌溉、工业生产、城市生态用水以及地下水回灌等（表 5-5），用途非常广泛。在实际工作中，可根据再生水水质、处理厂位置以及用水户的水质要求等因地制宜地选择利用再生水。

表 5-5 再生水利用途径

利用途径	水质标准	备注
农业灌溉用水	农田灌溉水质标准	经过二级处理
工业用水	根据不同用途，符合相应行业用水标准	在二级处理基础上，根据需要进行深层次处理
市政、园林用水	达到杂用水标准	—
生活杂用水	生活杂用水水质标准	在二级处理基础上，进一步处理
城市二级河道景观用水	景观娱乐水水质标准	二级处理，且符合卫生指标
备用水源（利用现有坑塘储存再生水）	—	二级处理
地下水回灌用水	地下水质量标准	在二级处理基础上，进一步处理

工业生产内部的废水回用有三种方式：一是对水质影响不大的同一生产环节的循环利用；二是对水质要求不同的各生产环节的串联使用；三是对废污水进行再生处理后的再利用。前两种回用方式，此次利用过的水并未经过特殊处理便可回用于下次的生产过程。不同工业对再生水水质要求存在很大差异，已在上节内容中涉及。再生城市废水用于冷却塔

是最为成功的工业水回用类型之一，冷却塔所用的水量与农业和景观灌溉所用的再生水量及过程较为相近。而作为主要的工业用水大户的食品生产工业，由于水质因素、潜在的健康后果的不确定性以及规范的不一致性等障碍，难以实施废水回用。

5.1.4.6 废水排放

经过不同程度的处理，不能达到再利用水质要求的水体，但满足一定排放标准的，将作为工业废水进行排放。由于工业废水排放将对受纳水体造成水质污染，因此，科学设定工业废水排放标准是一项十分重要又困难的工作。工业废水排放水质要求必须综合考虑区域工业污染物排放总量与水环境纳污能力的关系。由于各地工业企业密度、生产类型、生产水平等千差万别，工业废水排放标准并不是一个世界通用的指标，甚至对于一个国家来讲，也应针对不同工业生产布局、水环境特点进行分区制定，对于污染状况越严重、废水排放量越大的区域，应当实行更严格的废水排放标准。

我国制定了包括《污水综合排放标准》、《造纸工业水污染物排放标准》、《城镇污水处理厂污染物排放标准》等在内的 20 余项废水排放标准，但是各标准均是对排放废水中各类污染物的浓度进行分区、分等级限制，并未涉及废水或污染物排放总量，导致环境污染形势难以彻底改善。《污水综合排放标准》中对排入设置二级污水处理厂的城镇排水系统的污水水质做了明确规定，有利于实行工业废水集中处理。

5.1.5 工业用水效应分析

工业用水的功能与效应，宏观上体现在经济服务功能与环境影响效应两方面。

(1) 经济服务功能

工业用水是支持区域社会经济发展的基础性资源。工业用水的经济服务功能是十分突出的，这部分用水产生了巨大的经济效益。工业发展是世界经济发展乃至社会进步的推动力。在工业生产中，水充分发挥了其物理和化学特性，各工业生产环节均离不开工业用水。在这个角度上讲，工业用水支撑和推动了整个社会经济的发展。

(2) 环境影响效应

工业用水在带来经济效益的同时，也给环境带来了巨大污染。利用过的工业用水大都在不同程度上被污染，形成大量工业废水。1980~2006 年，中国仅统计在内的工业废水排放量一直在 200 亿 m^3/a 左右，污染物排放量严重超过河流自净能力，导致主要河流均出现了严重的水污染，水质恶化严重，破坏了水生态平衡。

5.2 工业用水系统的发展与驱动机制

5.2.1 工业用水循环类型

工业用水系统按照其是否重复利用可分为两种类型：直流用水系统、重复用水系统。

5.2.1.1 直流用水系统

直流用水系统是对水进行一次利用后直接排出的用水方式。例如，直流式冷却水系统的方式是水流过冷却设备或换热器经一次性热交换后，即被排放掉（图5-2）。直流用水系统由于一次性的取（用）水量大，仅适合于水资源特别丰沛的地区。

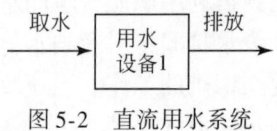

图 5-2　直流用水系统

5.2.1.2 重复用水系统

重复用水系统分为循环用水系统、串联用水系统和回用水系统。

（1）循环用水系统

由一系列用水单元和水处理再生单元按照一定准则组合而成的用水系统称为循环用水系统（图5-3）。水的循环利用主要包括直接回用、再生回用和再生循环三种方式。把系统内生产过程中所产生的废水，经过适当处理全部回用到原来的生产过程或其他生产过程，不补充或只补充少量洁净水，而不排放废水，这个系统称为闭路循环用水系统，或称废水回用闭路循环用水系统。实现闭路循环必须满足下列两个条件：第一，废水量要小于或等于用水量。要满足这个条件，必须做到：①要清浊分流，把未被污染的水（如间接冷却水）和污染的水（如直接冷却水）严格分开；②要使生产用水和非生产用水严格分开；③要防止自然降水进入循环水系统。第二，水质要满足生产工艺要求，不能影响产品质量和生产工艺要求。

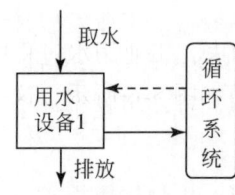

图 5-3　循环用水系统

（2）串联用水系统

一个生产过程往往包含多个具有空间逻辑结构关系的用水单元，而且不同用水单元对于水质的要求也不尽相同。在这种情况下，一股水流有可能在一种用水单元利用后还可以满足其他用水单元的水质要求而得到直接利用，这称为水的逐级利用，由此形成的用水体系称为串联用水系统（图5-4）。

（3）回用水系统

污水经过处理并在一定范围内重复使用的非饮用水，称为再生水，其水质达到一定标准，可以被应用在对水的质量要求相对较低的工艺中，形成工业回用水系统（图5-5）。

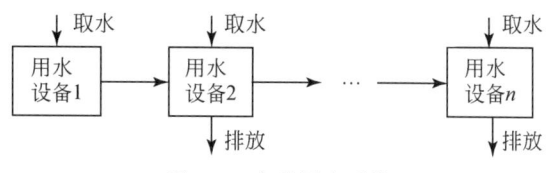

图 5-4　串联用水系统

低排放或零排放与回用水是两个密切相关的概念。回用水利用量增加必然导致新水取用量和污水排放量的减少，从而减轻水环境的水量、水质负荷。

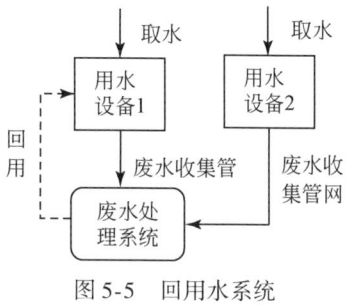

图 5-5　回用水系统

5.2.2　工业用水系统的发展

工业用水系统是从直流系统逐渐向重复用水系统进化的。根据工业用水系统的两大类型，工业用水系统发展可大致分为三个阶段，即直流型的工业用水系统、循环型的工业用水系统和现代化工业园区的优化用水系统。

5.2.2.1　直流型的工业用水系统

在生产规模较小的工业发展初期，由于水资源及环境容量对工业用水未造成严重约束，或是人们未能充分意识到这种约束，工业用水过程中包括"新水取用"、"直流用水"和"废水直接排放"三个简单环节，如图 5-6 所示。这一阶段，决策者与生产者把精力都投入到社会经济发展上，对新水取用量控制少，忽视工业废水排放对环境的污染。因此，生产水平低，用水效率和效益低下，废水排放量大，给生态环境带来巨大压力。

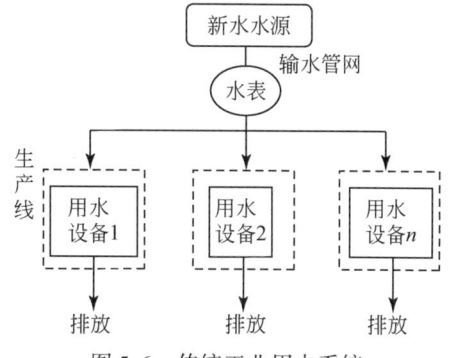

图 5-6　传统工业用水系统

在这一工业用水发展阶段，通过工程供水仅需要支付低廉的基本水费，因此用水企业不注重节水。后期，随着水污染问题的日益严重，人们逐渐意识到工业废水处理的重要性与必要性。企业生产过程中产生的废水从自由排放逐步发展成为通过专门的收集管网统一处理并排放，并需要按照排放量缴纳排污费。

5.2.2.2 循环型的工业用水系统

随着社会经济用水总量的加大与水环境的急剧恶化，各类型用水与排水逐渐受到资源与环境约束。对于工业用水来讲，"直流用水"和"废水排放"两个环节发生明显改变。"节水减污"的提出是在保障社会经济可持续发展的要求下应对资源和环境双重约束的唯一途径。节水减污工业用水系统大力加强节水生产线的引进和提高水资源重复利用两个环节。如图 5-7 所示，企业内部建立循环利用和废污水处理回用系统，对于清洁生产环节所产生的废水可直接进入下一生产环节。通过提高水循环利用率和废水回用，有的企业甚至已经达到了"零"排放。对于新水取用，采用累进加价的形式进行取用水总量控制，大大减少了新水的取用量。

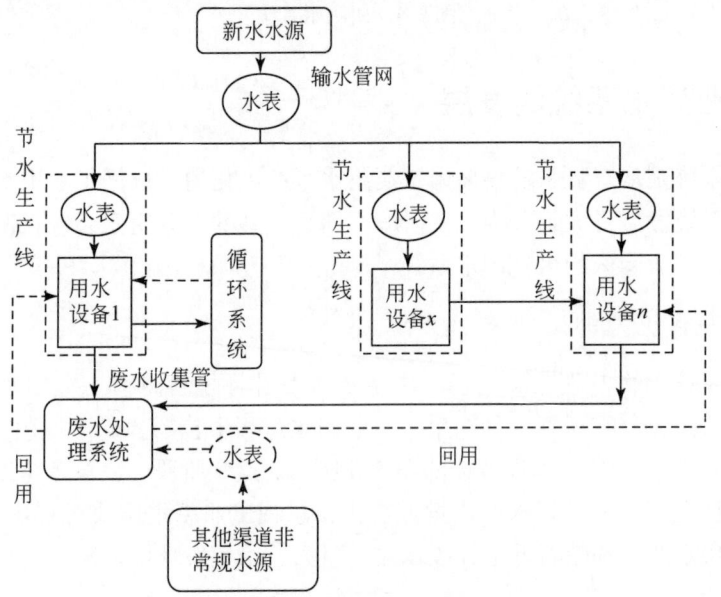

图 5-7 循环型的工业用水系统

但必须指出的是，循环用水系统的出现与发展是资源与环境双重胁迫的结果。在水资源十分丰沛的地区，由于水资源条件对工业用水不具胁迫约束，那些对水体水质影响很小的用水，如火力发电的直流间接冷却水系统，还会有一定的存在和发展的空间。

5.2.2.3 现代化工业园区的优化用水系统

上述循环型的工业用水系统是理想的企业内部用水系统，实际生产中往往遇到一系列问题：设备间用水水质需求相近而导致不能串联利用；企业用水排水规模小，废水处理循环利用成本过高等。随着现代化工业园区的建立，这个问题将逐步得到解决。对于经济开发区等工业企业密集地区，以资源共享为原则，可以通过对区域各企业用水水质需求、排放废水水质以及废污水处理能力等进行科学整合，减少设施的重复建设，实现整个区域生产对区域外的废水零排放，这是工业用水系统发展的必然趋势。如图 5-8 所示，用水企业 x 对水质要求高，且其废水污染物组成简单，可直接进入中转站以备其他企业直接利用。企业 n 对水质要求低，可直接利用中转站水源。在大型工业园区，也可根据企业废水排放污染物组成的不同，建立分类废水处理厂，以最优配置资源。对于电子工业密集的园区，还可以有专门的大规模高纯水生产企业为电子工业企业提供必需的高纯水，以减少单独制备高纯水的重复投资。

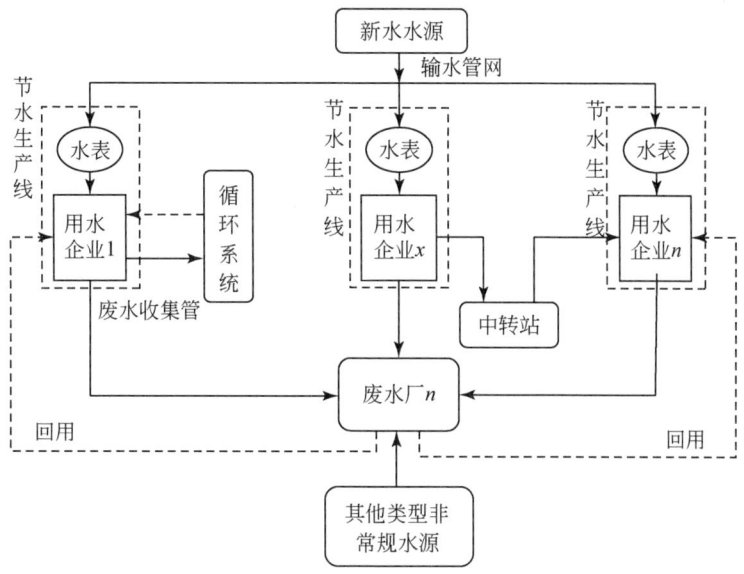

图 5-8　现代化企业园区的优化用水系统

5.2.3　工业用水的驱动机制

工业用水受社会经济发展需求、经济技术水平、资源禀赋约束和环境影响约束等因素影响（图 5-9），其中社会经济发展需求为工业用水系统提供正向驱动力，资源禀赋约束和环境影响约束为工业用水系统提供了负向约束力，经济技术水平决定了工业用水系统对上述驱动与约束力的反应能力。

经济发展需求驱动，克服自然重力，使工业用水以各种形态更多地在工业生产内部发挥其各种服务功能，从而产生经济效益。受经济驱动，为了使工业用水循环成本最小而效益最大，社会经济系统对于工业用水的要求是"充足且符合水质标准的水源和直接经济的排放方式"，因此社会经济发展需求驱动了水从自然水系统到工业生产系统（供、用）再到自然水系统（排）的大循环，促进产生和发展了"直流型的工业用水系统"。

随着人类对水资源开发利用量的不断加大，水资源供需产生矛盾，生活用水、工业用水、农业用水和环境用水之间的竞争逐渐激烈，资源禀赋约束对工业取（用）新鲜水量的限制日益加强，特别是水资源本底条件差、工业用水量和工业用水比重都大的地区，资源

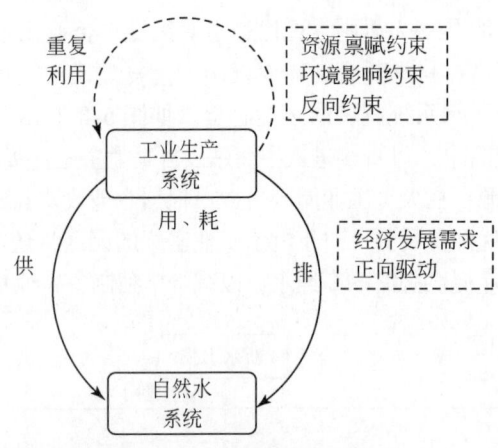

图 5-9　工业用水的驱动机制

禀赋条件对工业用水发展的约束力越强。

工业生产耗水量小、废水排放量大，严重污染水体。当污染物排放量低于纳污水体的自净能力，环境影响约束对于工业用水的反向约束是松散的；当污染物排放量超过纳污水体的自净能力，水生态系统遭到破坏，环境影响约束将对工业用水提供强制的反向约束力，要求最大限度地减少排放。

当资源禀赋条件的"源头"约束和环境影响的"末端"约束提供了越来越大的反向约束时，减弱了"自然水系统—工业用水系统—自然水系统"的大循环，促进了工业用水系统内部小循环的发展。新水取（用）量减少，工业用水重复利用率提高，形成"循环型的工业用水系统"。水资源短缺的区域，资源禀赋约束和环境影响约束为工业用水提供的反向约束力大，而水资源丰沛的区域，资源禀赋约束和环境影响约束为工业用水提供的反向约束力小。

经济技术水平决定了工业用水系统受经济发展需求驱动和资源禀赋条件、环境影响约束的敏感性：工业化初级阶段，经济技术水平低下，工业用水系统对经济发展需求驱动敏感，经济发展需求增大，整个工业用水系统取水量随之大幅增加，加强了"自然水系统—工业用水系统—自然水系统"的大循环，而由于用水节水技术水平和废水处理回用水平低，对资源与环境约束反应迟钝，工业用水系统内部小循环运转困难；在高水平的工业化生产阶段，用水效率高，废水处理回用技术先进，对经济发展需求驱动反应不灵敏，而对资源禀赋和环境约束更敏感。因此发展中国家较发达国家，社会经济发展对工业用水的正向驱动力要大，而资源禀赋和环境约束力则反之。

此外，不同用水企业，由于用水效益、用水量需求与废水污染物组成等千差万别，社会经济发展驱动力、资源禀赋约束和环境影响约束为其工业用水提供不同的驱动力与约束力。总体来讲，除政策倾向外，受社会经济发展驱动，自然水系统更易向用水效益高的企业提供更多的水量。资源禀赋约束为用水量大的企业提供更强的"源头"约束，环境影响约束则为那些废水污染物组成复杂、浓度大的企业提供更强的"末端"约束，促进这些企业用水系统内部的小循环。

5.3 典型高用水行业的用水

除按照工业用水的功能划分外，工业用水还可以按不同的工业部门即行业分类。不同行业取（用）水量差别很大，如火力发电、钢铁、石油、石化、化工、造纸、纺织、食品与发酵等行业取（用）水量较大，被称为高用水工业行业。高用水工业行业是资源消耗和污染物产生的主要来源，因此是整个工业用水管理的关键。2005 年我国火电、钢铁、石油化工、纺织、造纸和食品加工业六大高用水行业用水量占全国工业用水量的 61.4%，废污水排放量占到全国工业废污水排放量的 80%。其中，用水量最大的是火力发电行业，占总用水量的 45%，而废污水排放量最大的行业是石油化工业和造纸业，分别占到当年全国废污水排放总量的 18% 和 19%。本次研究主要针对取（用）水量大的六大工业的用水过程进行分析。

虽然各个工业行业用水过程千差万别，但是概括来讲主要包括如下几个用水系统，即水汽循环系统（即热力系统用水）、冷却系统、水力除灰排渣系统、供热系统、洗涤系统、脱硫系统、脱盐系统等，如图 5-10 所示。其中水汽循环系统、冷却系统组成较为复杂，也是工业企业中最常见的用水系统。

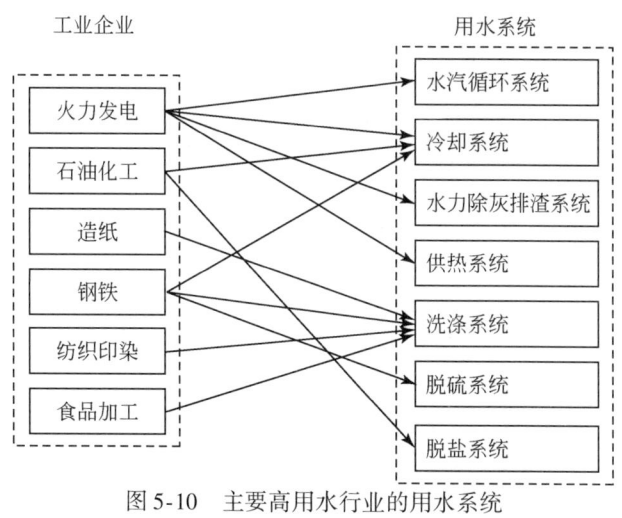

图 5-10 主要高用水行业的用水系统

5.3.1 火力发电企业用水系统

5.3.1.1 用水系统分类

火力发电企业生产用水主要有水汽循环系统用水、冷却系统用水、供热系统用水和水力除灰排渣系统用水等。火力发电企业是用水量非常大的工业企业，特别是厂区冷却水用量很大。图 5-11 所示为火力发电企业生产用水系统。

5.3.1.2 水量消耗与水质劣变特点

火力发电厂中生产用水的消耗包括冷却水损失、除灰排渣水损失、热力系统汽水损失、化学处理系统水损失、厂区工业水损失等（表 5-6）。

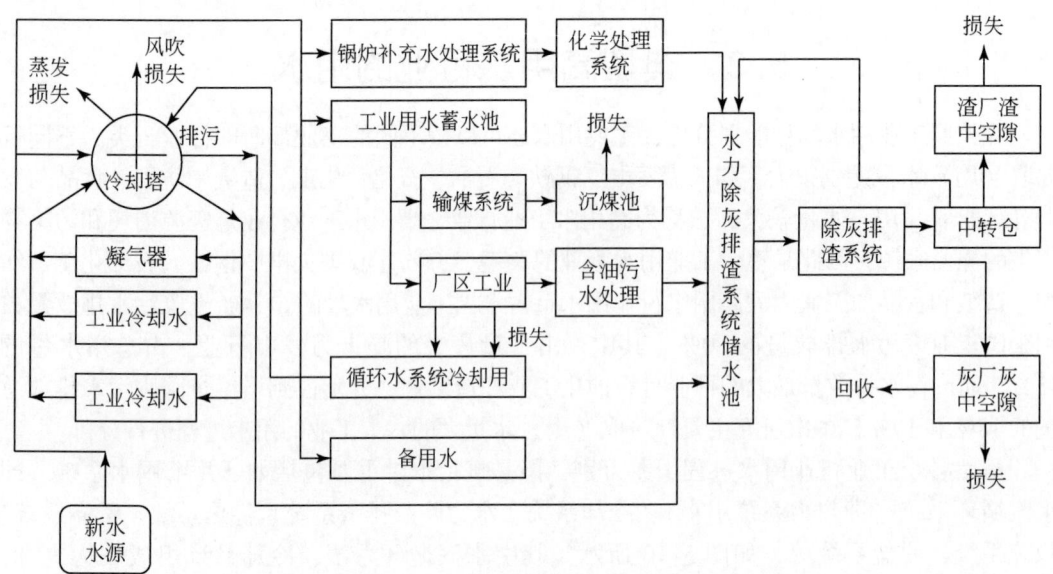

图 5-11 火力发电企业生产用水系统

表 5-6 火力发电企业用水系统水量消耗和水质劣变

用水环节		水量消耗	水质劣变
冷却水	排污损失	全厂耗水量的 12%~25%	含有大量盐分，还有为防垢、防腐加入的药剂
	蒸发损失	全厂耗水量的 45%~58%	—
	风吹损失		
	渗漏损失		
除尘、除灰、排渣水		全厂耗水量的 10%~45%	①悬浮物 ②干式除尘 pH 9.5~11.5；湿式除尘呈弱酸性或弱碱性 ③悬浮物浓度过高时，COD 超标 ④有毒物质，即氟、砷
热力系统	锅炉排污水	锅炉额定蒸发量的 2%~4%	pH 低、COD 值高、金属离子含量高
	蒸汽损失		
供热系统	汽水损失	热网水量的 1%	—
化学水处理系统	酸碱废水	全厂耗水量的 1%~3%	含酸、含碱废水，排水的 pH 变化范围大
	澄清池排渣水		
	过滤器反洗水		
厂区工业水	生产区内的维修、清扫、防尘	全厂耗水量的 3%	悬浮物、pH、重金属可能超标
生活、消防水		全厂耗水量的 2%~4%	COD 值高、BOD 值高、悬浮物含量高

5.3.1.3 直流冷却水系统与循环冷却水系统的争议

火力发电行业用水 90% 以上是用于冷却，用水特点是用水量大、耗水量小。2000~2007 年火力发电行业用水量占工业用水总量的比重保持在 39%~47%，是用水量最大的行业，而耗水量却只占工业总耗水量的 4% 左右。目前，我国火力发电行业用水中有 90% 左右是直流冷却水系统，而直流冷却水系统和循环冷却水系统的选择在我国存在较大争议。

目前统计资料中，一律将直流冷却水的耗水率视为零，而循环冷却水耗水率在2%以下。从本质上讲，直流冷却水与循环冷却水的冷却作用原理是一样的，因此不考虑用水过程中的漏损量，就冷却过程中的水量损耗量应是相同的。循环冷却水在被下一次利用前，要进行降温处理，存在蒸发损失。直流冷却水系统将大量高温水直接排入水体，造成天然水体的逐渐升温，易导致热影响、热富聚甚至热污染。

5.3.1.4 火力发电的节水

火力发电行业的节水应根据不同区域特点因地制宜。直流冷却水系统由于水源水温低，设备投资低，在沿江、沿海等水源丰沛地区仍有保留和发展的空间。但大量高温水需要进行适当降温处理再排入水体，避免热污染。而对于水资源短缺地区，受允许取（用）水量的限制，加之不同部门和行业之间用水竞争激烈，宜采用循环用水等多种用水方式，减少新水取用量。

工业节水的主要途径分为三种：一是采用循环用水的方式，减少新水取用量；二是利用非常规水源，替代新水水源；三是采用空气冷却技术，减少水资源利用。

（1）采用循环用水方式

对于冷却水系统来讲，国际上比较先进的高炉循环水冷却技术是采用软水闭路循环系统，其特点是节水的冷却效果好，较好地解决了结垢和腐蚀问题。但是在循环冷却水系统中，密闭式循环系统由于设备结构较为复杂，技术要求不适宜水量大的冷却装置，目前尚未被广泛采用，大多数工业企业仍采用开路式的循环冷却系统。循环冷却水由于反复的蒸发损失，会使水中矿物质浓度增加，浓度过大时要作为废水排出或进行特殊处理。

（2）利用非常规水源

将海水等作为冷却水，减少新水的取用量。由于火力发电行业用水量大，火力发电厂建设应向水资源丰富地区、沿海地区转移。鼓励使用海水、矿井水、再生水等非常规水源替代新水。推广浓浆成套输灰、干除灰、冲灰水回收利用等节水技术和设备。

（3）采用空气冷却技术

近十多年来，我国节水型火力发电空气冷却技术也有一定范围的应用，以600MW机组为例，2005年，采用湿冷技术的耗水率约为$0.68\text{m}^3/(\text{s}\cdot\text{GW})$，而采用空气冷却技术的耗水率约为$0.13\text{m}^3/(\text{s}\cdot\text{GW})$，大大节约了用水量与耗水量。西北、华北和东北等缺水地区应优先推广空气冷却技术。

5.3.2 石油化工企业水循环系统

5.3.2.1 用水系统分类

石油化工企业的生产用水主要包括三个部分：生产装置、辅助单元、公用设施等的生产用水；工业用循环冷却水系统的补充水；制备软化水、脱盐水、发生蒸气用水。其中，循环冷却水补充水和除盐水的新水取（用）量都很大。炼油厂的供水系统如图5-12所示。

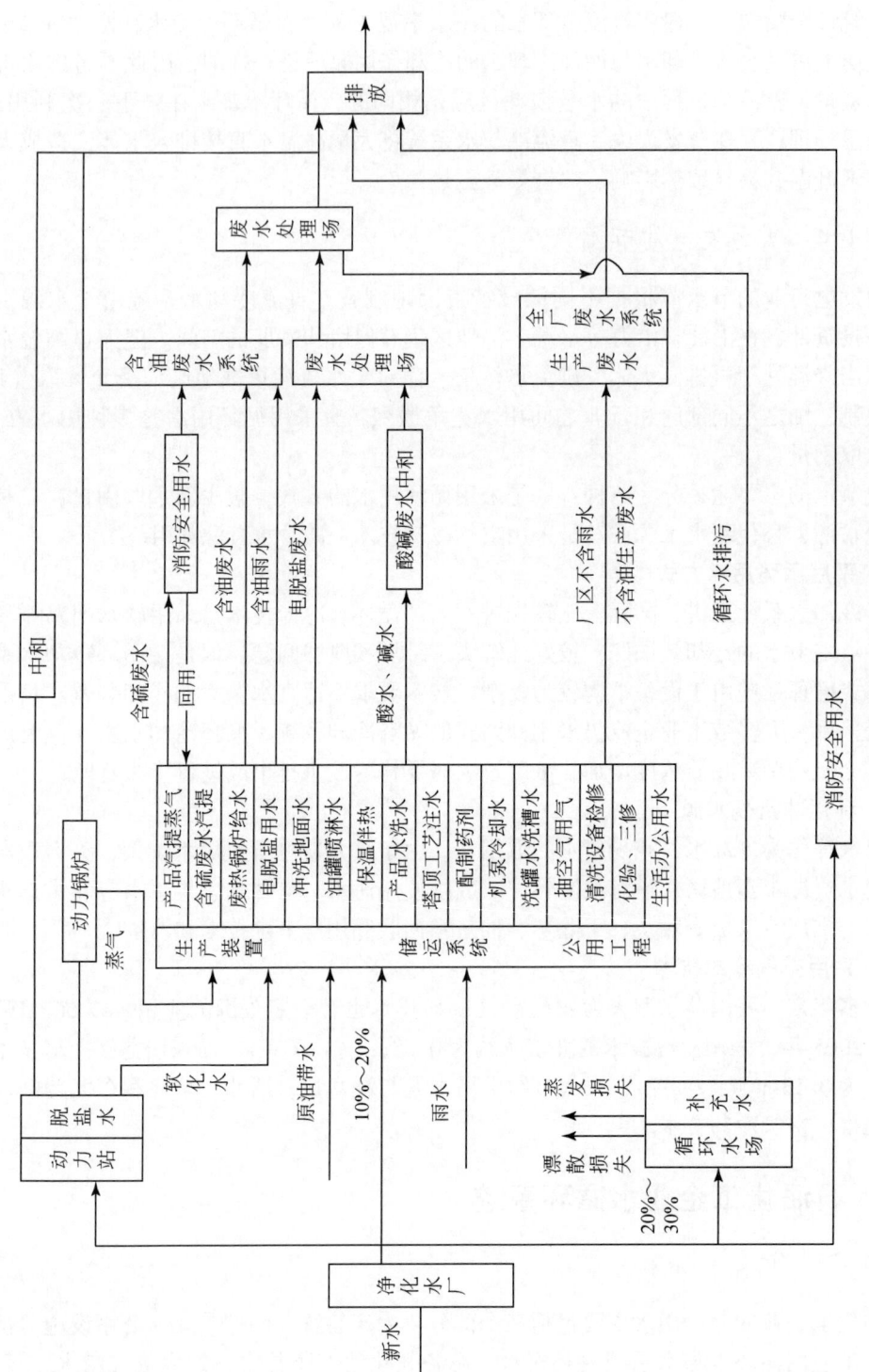

图 5-12 炼油厂供水系统

5.3.2.2 水量消耗与水质劣变特点

炼油厂的软化水和脱盐水的新水取用量占到总用水量的40%~50%，并且形成大量废水和蒸气凝结水。凝结水的回收率和处理率低，是炼油厂取（用）水量和耗水率大的症结所在。表5-7为炼油厂各生产过程的用水量和水质劣变情况。

表5-7 炼油厂各生产过程用水量和水质劣变

用水类型	用水量	水质劣变（污染物种类）
生产装置、辅助单元、公用设施等的生产用水	总用水量的10%	含油废水：油、硫、酚、氰、COD、BOD
工业用循环冷却水系统的补充水	总用水量的30%~40%	油、水质稳定剂
制备软化水、脱盐水、发生蒸气用水	总用水量的40%~60%	含盐废水

5.3.2.3 石化企业的节水重点

石化企业的节水主要是回收工艺冷凝水和蒸气凝结水、减少循环冷却补充水。大力推广串级用水或处理净化回用技术，应用采油污水处理的高效水质净化与稳定、反渗透水处理等污水深度处理回用技术，开发循环冷却水高浓缩技术等都是有效的节水措施。

5.3.3 造纸企业水循环系统

5.3.3.1 用水系统分类

造纸企业生产过程用水主要包括制浆用水、洗涤筛选用水、漂白用水、碱回收车间用水、造纸阶段用水。根据造纸的原材料不同，将制浆分为三种：一是木浆，木浆造纸取水量为80~90m^3/t浆；二是废纸浆，脱墨废纸浆取水量为10~20 m^3/t浆，是最节水的造浆方式；三是非木浆，非木浆（草浆等）取水量为100~120m^3/t浆，取（用）水量最大，但是由于造纸材料选取的局限性，目前我国大部分造纸企业仍沿用这种制浆方式。图5-13所示是以木浆为造纸材料的生产流程中用水与污染物排放情况。其中，白水即抄纸工段废水，它来源于造纸车间纸张抄造过程。白水主要含有细小纤维、填料、涂料和溶解了的木材成分以及添加的胶料、湿强剂、防腐剂等，以不溶性COD为主，可生化性较低，其加入的防腐剂有一定的毒性。白水水量较大，但其所含的有机污染负荷远远低于蒸煮黑液和中段废水。现在几乎所有的造纸厂造纸车间都采用了部分或全封闭系统以降低造纸耗水量，节约动力消耗，提高白水回用率，减少多余白水排放。

5.3.3.2 水质劣变特点

造纸是对其用水污染最为严重的行业之一，几乎每一个生产环节都要产生相应的废水。其中制浆用水产生的污染负荷占企业废水总负荷的85%，因此，降低制浆用水量也是治理造纸工业废水排放的关键。造纸企业水循环系统水质劣变特点如表5-8所示。

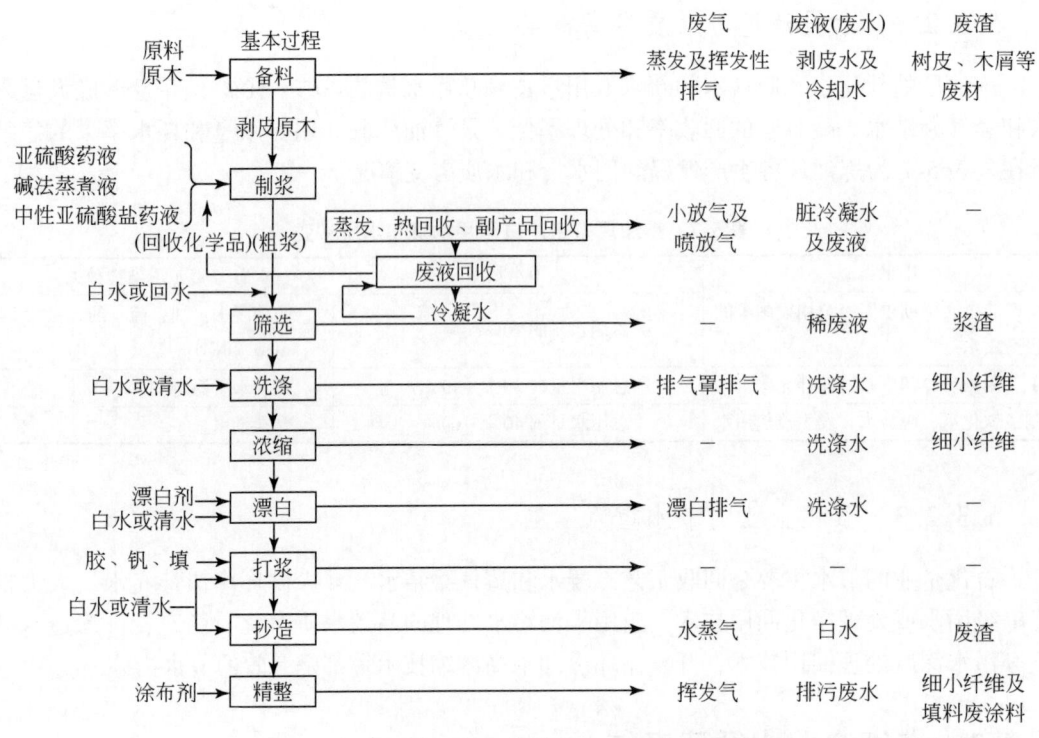

图 5-13 制浆造纸生产过程中用水与污染物排放情况

表 5-8 造纸企业水循环系统水质劣变

用水类型	水质劣变（污染物种类）
制浆用水	COD、BOD、SS 及无机盐
洗涤筛选用水	浆料中残留的废液及杂质，污染较重
漂白用水	COD_{Cr}、BOD_5、AOX（可吸附的有机卤素）、色度
碱回收车间用水	烯类化合物、甲醇等有机污染物
造纸阶段用水	细小纤维、半纤维素、填料及助剂

5.3.3.3 造纸企业的节水重点

造纸企业的节水主要有四个途径：一是坚决取缔设备落后、污染严重、经济效益差的小型企业，新建和改造大中型企业，降低单位产品取水量，减少环境污染；二是开发和完善低卡伯值蒸煮、氧脱木素、无元素氯漂白、高得率制浆和二次纤维的利用、蒸发污冷凝水回用、中浓筛选等先进的节水制浆工艺技术；三是引进高效黑液提取设备、全封闭引纸的长网纸机等设备；四是推广制浆封闭筛选、中浓操作、纸机用水封闭循环、白水回收、碱回收等技术，提高工序间的串联利用率和水的重复利用率。

5.3.4 钢铁企业水循环系统

5.3.4.1 用水系统分类

冶金工业的循环水系统很多，其中包括矿山、选矿、原料、烧结、球团、焦化、耐火、炼铁、炼钢、轧钢、铁合金和动力设施等。目前，冶金企业的给水系统大都是循环给水系统。

炼铁循环水系统包括：间接冷却水系统（清循环系统），直接冷却水系统（污循环系统），煤气洗涤水系统和污泥处理系统。炼钢（转炉炼钢）循环水系统包括高压冷却水系统和低压冷却水系统，均属于间接冷却水系统。热轧车间包括间接冷却水系统和直接冷却水系统，冷轧过程需用水冷却轧辊。如图 5-14 所示为轧钢循环水系统的流程。

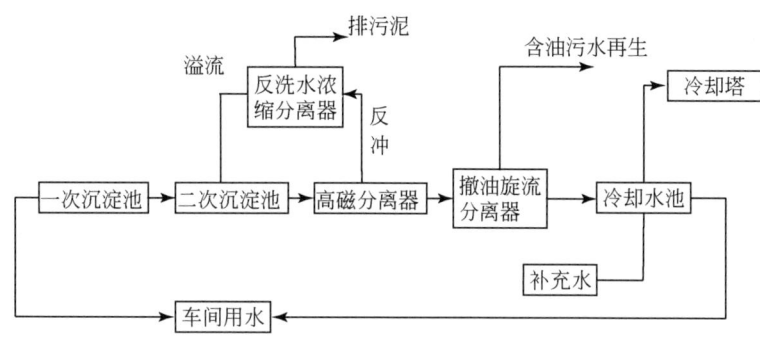

图 5-14 轧钢循环水系统的流程

5.3.4.2 水质劣变特点

冶金企业水循环系统的水量消耗和水质劣变特点如表 5-9 所示。

表 5-9 冶金企业水循环系统水量消耗和水质劣变特点

用水环节		水量消耗	水质劣变
高炉	间接冷却水	二者串联使用	污染较小
	直接冷却水		
	煤气洗涤水	—	水的硬度、含盐量、游离二氧化碳大量增加
	污泥处理	—	—
炼钢	间接冷却水系统	循环使用	水质未污染
	烟气净化系统	排放至转炉炉渣循环水系统	悬浮物、金属氧化物
热轧	间接冷却水	循环使用	水质未污染
	直接冷却水	—	氧化铁皮等悬浮物
冷轧	冷却水	—	油、污泥、氧化铁皮

5.3.4.3 钢铁企业的节水重点

提高废水处理回用能力、实施系统节水技术改造、利用非常规水源替代新水；推广干法除尘、干熄焦等节水工艺技术。有条件的企业可实现废水"零排放"，缺水地区循环冷却水系统推广浓缩倍数大于4.0的节水技术。开发和推广高氨氮及高COD等废水处理及含油（泥）、高盐废水处理回用和酸洗液回收利用技术。

1）开发新型药剂，增加循环冷却水浓缩倍数，减低运行成本，提高循环率。
2）推广耐高温无水冷却装置，减少加热炉的用水量。
3）推广干熄焦工艺，减少炼焦用水。
4）推行干式除尘技术。
5）以企业为节水系统，开展工序节水，开发和完善外排污水回用、轧钢废水除油、轧钢酸洗废液回用等技术，推行一水多用、串用、回用技术和水–气热交换的密闭循环水系统。

5.3.5 纺织印染企业水循环系统

5.3.5.1 用水系统分类

典型的印染过程一共有8个步骤：退浆、煮炼、漂白、丝光、印花、整理、碱减量及洗毛。纺织印染企业用水主要包括前处理过程用水、印花过程用水、染色过程用水，织物整理过程基本不用水。

5.3.5.2 水质劣变特点

印染废水中的污染物主要是棉毛等纺织纤维上的污物、盐类、油类和脂类以及加工过程中附加的各种浆料、染料、表面活性剂、助剂、酸、碱等（表5-10）。印染废水的两大来源是退浆及染色（印花）工序，这两个工序产生的废水在整个印染工艺流程所产生的废水中占有非常高的比重。

表5-10 印染工艺各工序废水中的主要化学成分及其污染特征

工序	废水中污染物的化学成分	污染特征
退浆	淀粉分解酶、烧碱、亚溴酸钠、过氧化钠、PVA或CMC浆料	废水量占印染总废水量的15%，pH较高、有机物浓度高，BOD含量占印染废水总量的45%左右，COD浓度较高
煮炼	碳酸钠、烧碱、碳酸氢钠、多聚磷酸钠	pH高（10～13），废水量大，废水呈深褐色，BOD、COD浓度达3g/L，温度较高，污染严重
漂白	次氯酸钠、亚溴酸钠、过氧化氢、高锰酸钾、保险粉、亚硫酸钠、硫酸、乙酸、甲酸、草酸等	漂白剂易分解，废水量大，BOD浓度约为200mg/L，COD浓度较低，污染程度较小

续表

工序	废水中污染物的化学成分	污染特征
丝光	烧碱、硫酸、乙酸等	碱性较强，pH 高达 12~13，SS 和 BOD 较低，含染色燃料、烧碱、元明粉、保险粉、重铬酸钾、硫化钠、硫酸、吐酒石、苯酚、表面活性剂等，水质组成复杂，变化多，色度一般很深，高达 400~600 倍，COD 浓度较高，BOD 浓度低，可生化性差
印花	燃料、尿素、氢氧化钠、表面活性剂、保险粉等	废水含大量燃料、助剂和浆料，BOD 浓度和 COD 浓度较高，废水中 BOD 含量约占印染废水 BOD 总量的 15%~20%，色度高、氨氮浓度高，污染程度高
整理	树脂、甲醛、表面活性剂等	废水量少，对整改印染废水水质影响较小
碱减量	对苯二甲酸、乙二醇等	pH 高（>12），有机物浓度高，COD 浓度可达 90~200mg/L，高分子有机物及部分燃料很难降解，属高浓度难降解废水
洗毛	碳酸钾、硫酸钾、氯化钾、硫酸钠、不溶性物质和有机物、羊毛脂等	废水呈棕色或浅棕色，表面浮有一层含各种有机物、细小悬浮物及各种溶解性有机物的含脂浮渣

5.3.5.3 纺织印染企业的节水重点

推广喷水织机节水技术、棉纤维素新制浆工艺节水技术及逆流漂洗、印染废水深度处理回用、缫丝废水循环利用、一浴法工艺、冷轧堆一步法工艺、生物酶处理技术、超柔软新型涂料印花等技术。缺水地区严格限制建设以漂洗、印染为主的企业。

1）加强行业内部的产业结构调整，对经济效益差或无经济效益的小纺织企业实行关、停、并、转，变小纺织为大型或集中纺织生产企业，逐步实行集团化管理，以便于能源及水资源的合理分配和使用，便于废水的集中处理和回用；而众多的乡镇和村办小纺织企业逐步转变为纺织制品加工企业。

2）对于印染业，开发和完善超临界一氧化碳染色、生物酶处理、天然纤维转移印花、无版喷墨印花等技术。推广棉织物前处理冷轧堆、逆流漂洗、合成纤维转移印花、光化学催化氧化脱色等节水型新工艺、新技术。

3）以企业为节水系统、开展工序节水，提高工序间的串联利用量。

5.3.6 食品加工企业水循环系统

5.3.6.1 用水系统分类

食品加工企业用水主要包括原料清洗、工艺用水、冷却用水、生产设备用水和车间洗涤用水等。由于食品加工业产品繁多，各类产品对水的消耗和产生的污染物存在很大差别。

5.3.6.2 水质劣变特点

食品加工企业用水量很大，所排废水中的污染物主要包括：漂浮在水中的固体物质，如菜叶、果皮、碎肉、羽毛、畜毛；悬浮的油脂、蛋白质、淀粉、胶体物质等；溶解在水中的糖、酸、盐、碱等；原料中夹带的泥沙、各种微生物等。

5.3.6.3 食品加工企业的节水重点

1）对酒精制造业，采用双酶法淀粉发酵工艺和节水型冷却设备，开发、应用高温酵母菌，节约冷却水。推广应用细菌发酵工艺。

2）对啤酒制造业，引进先进生产工艺，推广高浓度糖化发酵技术，减少冷却水用量。分工序设置原位清洗系统，实行清洁生产制度，减少用水损失。

3）对罐头制造业，推广先进的节水罐装技术和高逆流螺旋式冷却工艺技术，采用节水的清洁和灭菌工艺。

5.4 世界工业用水的发展

5.4.1 世界工业的发展

人们关于世界经济发展阶段和工业发展阶段的划分存在众多的争议。目前，被广泛接受和应用的划分方法有两种。

一是世界银行根据人均收入、GDP结构和城市化水平，对工业化进程进行划分，具体方法有三分法和四分法。三分法是把世界各个国家分成三组——高收入、中等收入和低收入国家。2004年人均收入在826美元到10 065美元的国家都是中等收入国家，中等收入国家的跨度比较大。四分法就进一步细化了中等收入国家，分为中高收入国家和中低收入国家。随着全世界社会经济的发展，划分国家经济发展水平的人均收入分界线也发生着变化，如表5-11所示。自1997年至今，中国位于中低收入国家之列，并逐渐向中等收入国家靠近。

表5-11 四分法历年分界线　　　　　　　　　　　　　（单位：美元）

年份	高收入国家	中高收入国家	中低收入国家	低收入国家
1997	9 656以上	3 126~9 655	786~3125	785以下
1999	9 266以上	2 996~9 265	756~2 995	755以下
2005	10 076以上	3 466~10 075	876~3 465	875以下
2007	11 906以上	3 856~11 905	976~3 855	975以下
2008	11 456以上	3 706~11 456	936~3 705	935以下

二是发达国家和发展中国家的划分。发达国家的概念是经济合作与发展组织提出来的，通常指参加经济合作与发展组织的24个成员国，即美国、法国、英国、日本、德国、

加拿大、意大利、瑞典、芬兰、丹麦、挪威、荷兰、比利时、瑞士、奥地利、土耳其、澳大利亚、新西兰、希腊、冰岛、爱尔兰、卢森堡、葡萄牙、西班牙。2005 年世界发达国家新名单中增加了塞浦路斯、巴哈马、斯洛文尼亚、以色列、韩国、马耳他、匈牙利、捷克8 个国家，2007 年的发达国家数又稍稍有所变动。发达国家指经济发展水平较高、技术较为先进、生活水平较高的国家，又称做工业化国家、高经济开发国家（也有部分国家由于开发自然资源获得较高人均国民生产总值）。表 5-12 为世界发达国家人均 GDP（以 2005 年名单为准），均在 1 万美元以上。

表 5-12　2005 年世界发达国家人均 GDP　　　　　（单位：美元）

国家	人均 GDP	国家	人均 GDP
卢森堡	69 056	希腊	18 995
挪威	53 465	葡萄牙	16 658
瑞士	49 246	美国	42 076
爱尔兰	46 335	加拿大	32 073
丹麦	45 015	日本	36 486
冰岛	44 133	新加坡	25 176
瑞典	38 451	澳大利亚	29 761
英国	36 977	新西兰	23 276
奥地利	35 861	塞浦路斯	19 008
荷兰	35 393	巴哈马	18 190
芬兰	35 242	斯洛文尼亚	17 660
比利时	34 081	以色列	16 987
法国	33 126	韩国	14 649
德国	33 099	马耳他	13 144
意大利	29 648	匈牙利	10 896
西班牙	24 627	捷克	10 708

通过对 1971～2007 年世界各国的人均 GDP 系列数据进行分析发现，32 个发达国家中有 19 个国家的人均 GDP 平均年增长率出现明显下降，如图 5-15 所示。日本、法国、美国、德国、意大利、加拿大 6 国人均 GDP 平均年增长率分阶段持续下降，英国、日本的人均 GDP 平均年增长率也呈总体下降趋势，即社会经济发展呈缓慢增长趋势。

伴随着发达国家经济缓慢增长的是其工业增加值比重的降低。如图 5-16 所示，典型的工业强国自 20 世纪 70～80 年代开始，工业增加值占 GDP 的比重逐年下降。

国际对于发展中国家没有统一的定义，基本上是一个约定俗成的概念。目前，最受关注的发展中国家有亚洲的印度、印度尼西亚、马来西亚、泰国、中国；非洲的埃及、肯尼亚；美洲的墨西哥、巴西、阿根廷、智利。

发展中国家由于工业发展起步晚，现阶段工业仍大规模迅速发展，产业结构以工业为主，其中，重工业在国民经济中所占比重大，因此工业用水总量仍呈现增加的趋势。图 5-17 所示为典型发展中国家历年工业增加值占 GDP 的比重，上述最受关注的发展中国家中（肯尼亚由于数据不全未加分析），仅近几年处于经济危机阶段的阿根廷工业增加值占

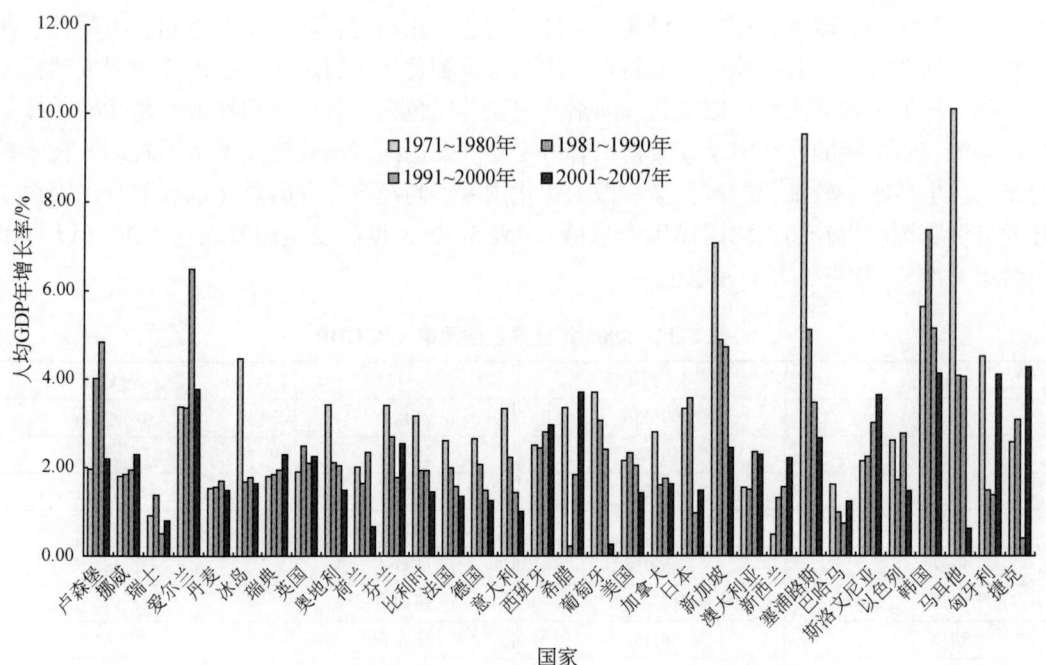

图 5-15 发达国家分阶段的人均 GDP 年增长率

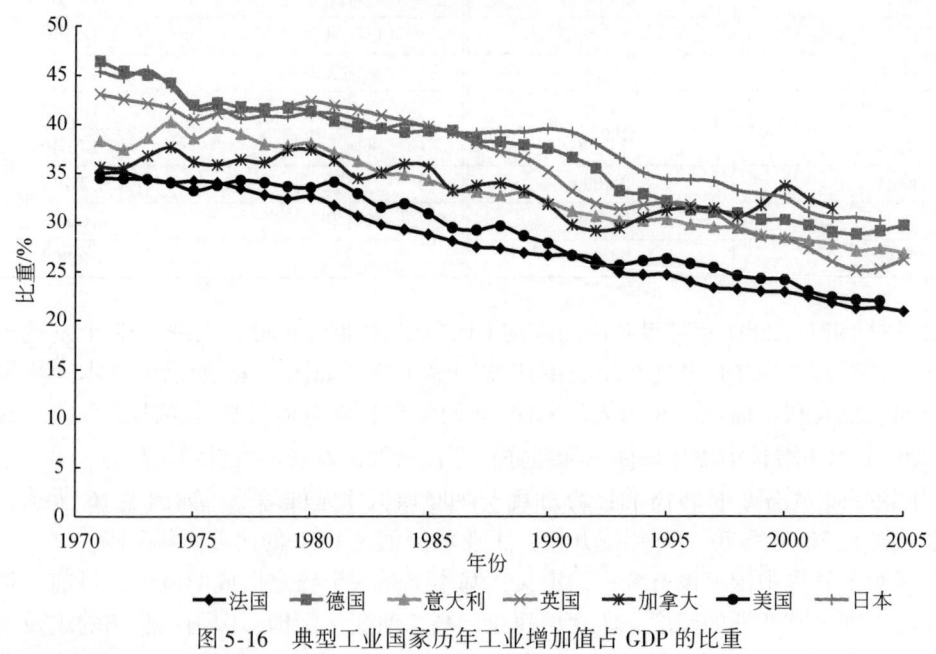

图 5-16 典型工业国家历年工业增加值占 GDP 的比重

GDP 比重逐年下降,其他国家的工业增加值占 GDP 的比重呈明显增加趋势。

中国工业增加值占 GDP 比重呈平稳略有增长态势,20 世纪 60 年代维持在 35% 左右,自 70 年代以后各年均在 40% 以上,近年来保持在 45% 左右。由于中国经济整体发展速度快,工业增加值的绝对量大,2007 年较 1997 年增长了 60 多倍。目前,重工业增加值占工业总增加值比例高达 70%，导致工业用水总量仍在大规模增加。

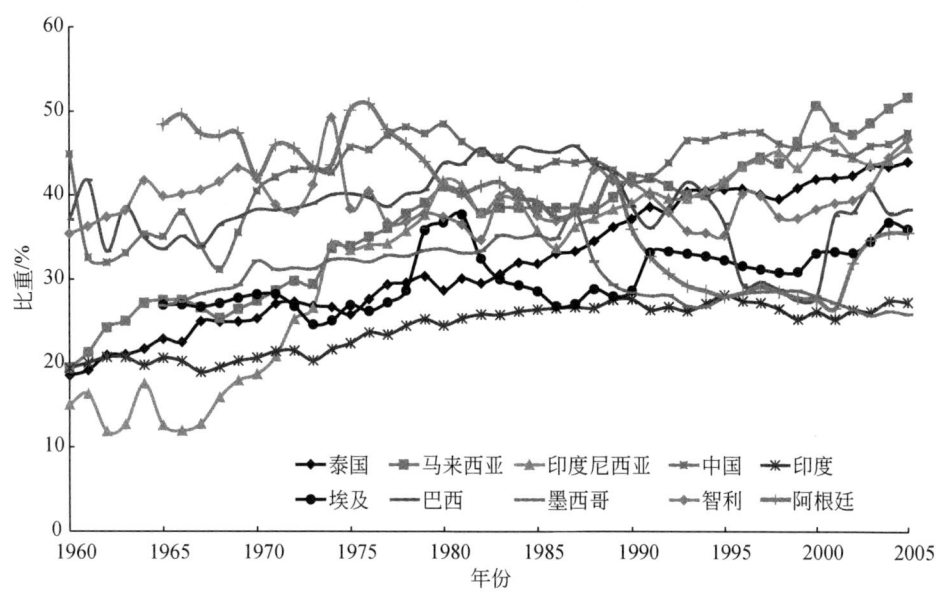

图 5-17　典型发展中国家历年工业增加值占 GDP 的比重

5.4.2　世界工业用水的总体趋势

工业用水的发展与工业发展是密不可分的。在以手工丝织业、棉织业为代表的早期工业中，水作为必不可少的生产要素参与漂洗、印染等生产环节，但由于工业化本身不发达，工业用水量很少。

第一次工业革命从发明和使用机器开始。"珍妮纺纱机"的出现揭开了工业革命的序幕；瓦特改良的蒸汽机于 1785 年投入使用，使人类社会从工场手工业向大机器生产发生一个飞跃，人类社会进入了"蒸汽时代"。这一阶段，以提供能、热为目的的锅炉用水被广泛应用，采煤、冶金、纺织等许多工业部门机器化生产规模逐渐扩大，各类生产用水规模相应扩大，全世界的工业用水量大幅增加。

第二次工业革命发生于 19 世纪晚期到 20 世纪初。科学技术发展突飞猛进，新能源的开发和利用，内燃机和新交通工具的创制，新通信手段的发明被迅速应用到工业上，直接转化为生产力，大大推动了社会经济的发展。电力的广泛应用，把人们从"蒸汽时代"推进到"电气时代"。这一阶段，虽然蒸汽动力向电力转变，但是电力的获取伴随着高用水量。新能源的大规模应用直接促进了重工业的大踏步前进，使大型的工厂能够方便廉价地获得持续有效的动力供应，进而使大规模的工业生产成为可能。重工业大规模发展使全世界的工业用水量迅速增加。

第三次工业革命是指 20 世纪四五十年代兴起的新的技术革命，其发展速度远远超过以前所有的时代。人们在原子能、电子计算机、微电子技术、航天技术、分子生物学和遗传工程等领域取得重大突破,标志着新的科学技术革命的到来,并且一直延续至今,不断发展、不断扩充新的内容。工业迅速发展伴随着自然资源和能源的过度消耗。20世纪中期,工业用水量加大和环境污染负荷增加,人们开始逐渐关注工业用水及污水排放。在这一发展阶段,不同发展阶段的国家工业用水呈现不同的特点。部分工业化程度较高的国家,工业用水总量在经历快速增长、缓慢增长阶段后呈倒"U"形,下降趋势明显;而发展中国家,工业仍处于迅速发展阶段,工业用水量呈持续增加态势。

5.4.2.1 总体趋势

全世界工业用水总量在可获取资料的1950~1990年处于高速增长阶段,而1990年以后增加速度变缓,如图5-18所示。在亚洲,分布着处于不同发展阶段的国家,因此,如图5-19所示,亚洲工业用水总量总体发展趋势与全世界用水总量基本一致。非洲与南美洲,大多是中高收入国家,总体来讲,工业处于迅速发展阶段,因此工业用水量仍然处于增加趋势,工业用水总量如图5-20和图5-21所示。欧洲、北美洲高收入国家相对较多,工业用水总量在20世纪80~90年代达到顶峰后,处于平稳并略有减少的态势,如图5-22和图5-23所示。

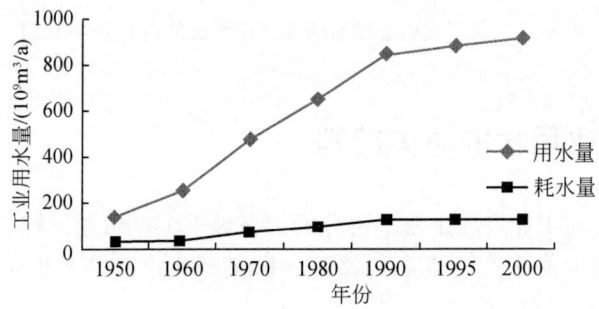

图 5-18 1950~2000 年世界工业用水量与耗水量
资料来源:Shiklomanov,2003。至图 5-23 同

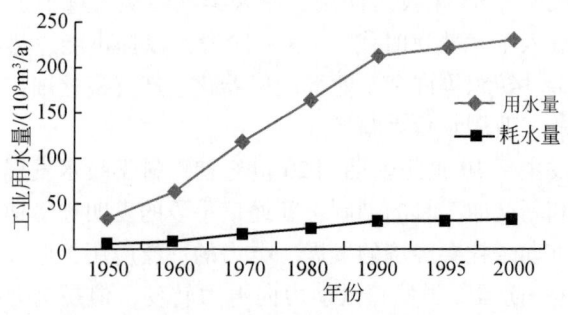

图 5-19 1950~2000 年亚洲工业用水量与耗水量

由于工业发展的差别,各大洲总体用水水平也存在一定差异。世界工业用水多年平均耗水率为14%左右,亚洲大体相近,为15%左右。欧洲工业用水水平相对较高,1980~2000年,欧洲工业耗水率从15%提高至20%以上。这说明随着工业发展水平和用水水平的提高,重复利用量提高,工业耗水率将会升高。

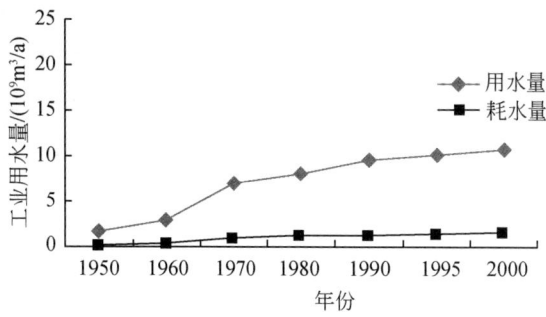

图 5-20　1950~2000 年非洲工业用水量与耗水量

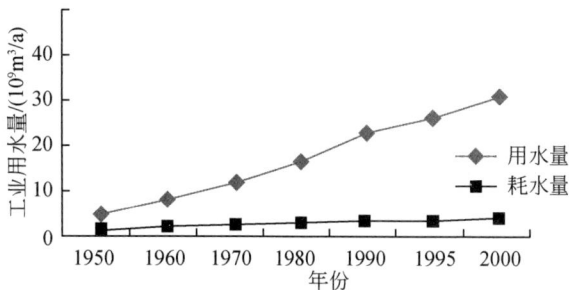

图 5-21　1950~2000 年南美洲工业用水量与耗水量

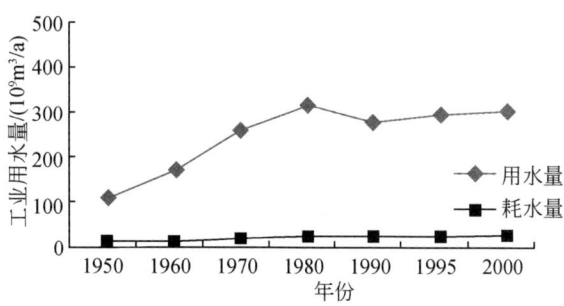

图 5-22　1950~2000 年北美洲工业用水量与耗水量

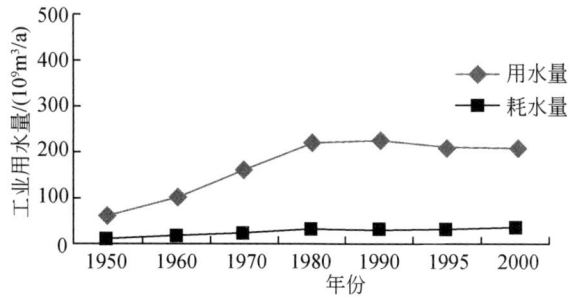

图 5-23　1950~2000 年欧洲工业用水量与耗水量

就一个国家而言，工业用水发展历程更是与其工业发展阶段、产业结构变化同步，不同的经济发展阶段，工业用水都会体现其时代特点。贾绍凤等（2001）通过研究发现经济合作与发展组织中的 24 个成员国，除了水资源开发利用率很低的加拿大、冰岛和挪威以及产业升级较为滞后的韩国，其他国家在 20 世纪 90 年代以前都经历了工业用水量从高峰转而下降的过程。此外，韩国、新加坡和中国的台湾、香港等新兴工业化国家或地区也在 20 世纪 90 年代后期出现了工业用水量减少现象。图 5-24 至图 5-27 所示为典型发达国家历年工业用水量，下降趋势较为明显。发展中国家工业经济仍然处于快速发展时期，这些国家工业用水总量呈增加趋势。

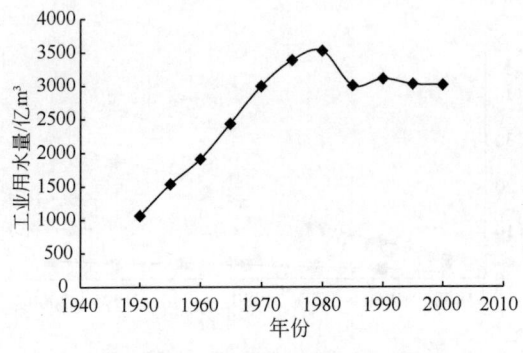

图 5-24　历年美国工业用水量

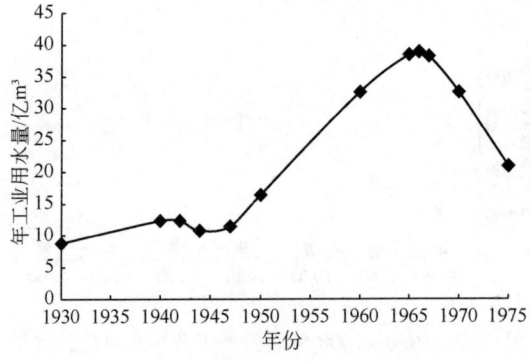

图 5-25　历年瑞典工业用水量

图 5-26　历年日本工业用水量

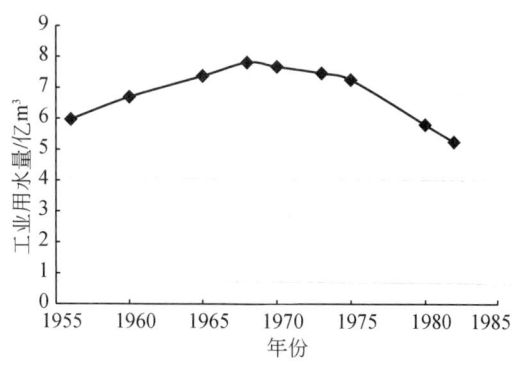

图 5-27 历年荷兰工业用水量

5.4.2.2 工业用水比例的差别

各国工业用水量占社会经济总用水量的比例与社会经济发展水平密切相关。就全世界范围来讲，2000 年，工业用水量占社会经济用水总量的 22% 左右，高收入国家为 59%，低收入国家仅为 8%。

如图 5-28 所示，尽管 7 个典型工业国家的工业用水比例自 20 世纪 60~70 年代以来持续下降，但总体来讲仍远远高于发展中国家的工业用水比例。当然，各国的降雨情况存在较大差异，也在一定程度上影响了用水结构（主要是对农业灌溉用水的影响），导致同一发展阶段的各个国家工业用水比例存在一定差异。如图 5-29 所示，对于位列发展中国家的印度尼西亚、泰国、巴西等国，虽然降雨量大，农业灌溉用水总量小，但是工业发展阶段与经济水平决定了其工业用水量在社会经济用水总量中的比例仍然很低。

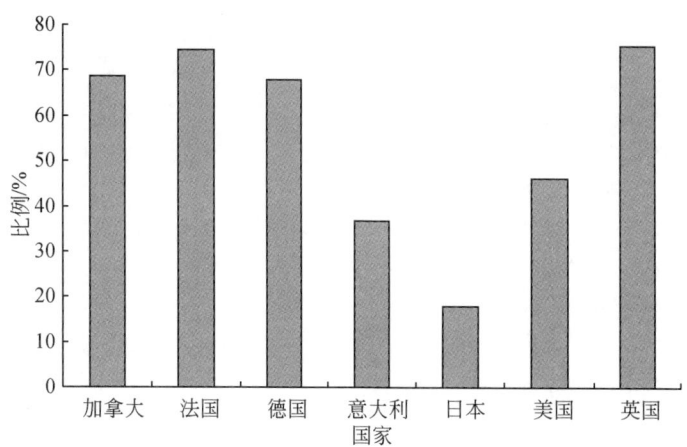

图 5-28 2000 年典型工业国家工业用水量占全部用水量的比例

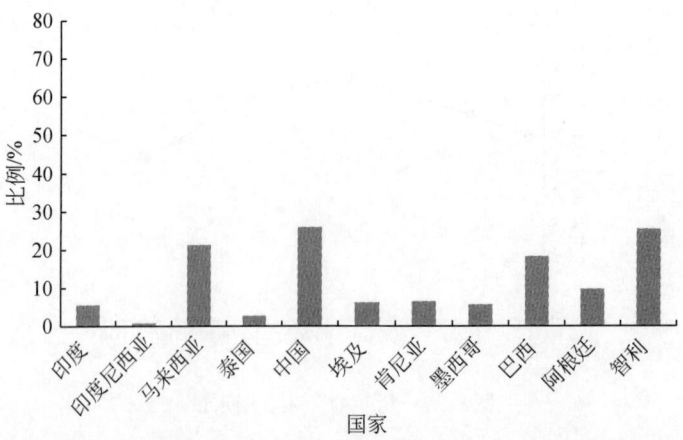

图 5-29　2000 年典型发展中国家工业用水量占全部用水量的比例

5.4.2.3　工业废水排放差别

不同国家由于工业生产的重心不同，各行业工业废水排放比例也大不相同。如图 5-30、图 5-31 所示，高收入国家排放的工业废水中，食品工业排放废水比例为 39.6%，而低收入国家这个比例则达到 54%。各行业所排放的废水中工业污染物存在很大差别，但这部分数据资料难以获取，因此本书研究并未针对这部分内容进行相关深入分析。

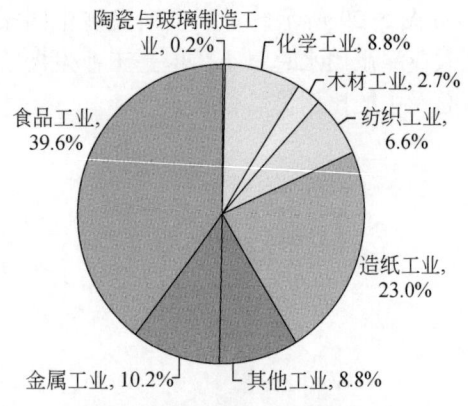

图 5-30　经济合作与发展组织
成员国工业废水排放量的行业分布
资料来源：World Bank，2001

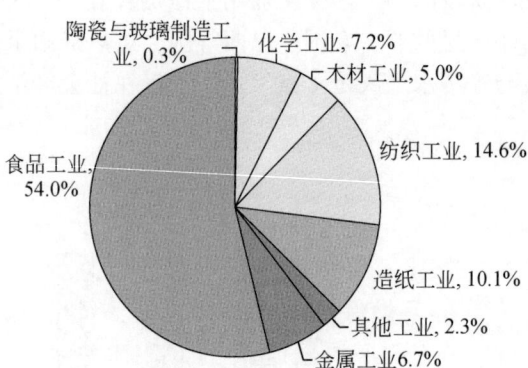

图 5-31　低收入国家工业废水排放量的行业分布
资料来源：World Bank，2001

5.4.3　工业用水发展宏观影响因子

如上所述的工业用水量减少是否伴随工业发展的必然趋势，"先增加后减少"的倒 U 形曲线是否可以描述工业用水发展的全过程，而工业用水总量的变化和哪些因素密不可分呢？从宏观上来讲，工业用水总量与产业结构、水资源供给状况以及环境保护约束等三大因素有关；从微观上来讲，工业用水总量与生产工艺和用水方式密不可分。本节主要分析工业用水的宏观影响因素。

(1) 产业结构对工业用水的影响

伴随社会经济与工业发展的产业结构升级是影响工业用水发展的重要因素。工业发达国家的工业增加值占 GDP 比例经历了大幅增加、保持稳定到明显下降这一历程。目前，冶金、化工、石油冶炼、造纸和食品加工业等高用水劳动-资本密集型产业萎缩，或大量向发展中国家转移，这是这些国家工业用水量下降的主要原因。而发展中国家，工业发展仍处于较低水平，工业用水总量的增加是必然趋势。

(2) 受水资源短缺的胁迫情况

我国是工业化程度相对较低的农业大国，农业用水量占社会经济用水总量的比例高达 65%左右，而工业用水量仅占 20%左右，特别是在目前大力发展工业、积极保障工业用水的基本战略下，从表象上看水资源量短缺对工业用水胁迫并不十分突出。对于工业用水量占全国社会经济用水总量 60%~80%的工业化国家来讲，水资源短缺将会对工业发展造成重要影响。例如，加拿大和日本同属于发达的工业化国家，但是由于水资源本底条件差异，工业用水特点差别很大。

加拿大是主要工业化国家之一，降雨丰沛，水资源开发利用率低于 2%，水环境容量大，尽管其工业化程度很高，但工业用水总量一直持续增长。2000 年，工业用水量占社会经济用水总量的 68.7%，万元工业增加值用水量为 1500 m³ 左右，远高于其他工业国家。

在这 7 个典型工业国家中，淡水资源最为短缺的是日本，多年平均降雨量为 1730mm，是世界平均值（970mm）的 1.8 倍，是我国多年平均值（660mm）的 2.6 倍。但是因人口密度大，人均年降雨量仅为 5300m³，为世界平均值的 1/5，同时，由于日本属于狭长岛国，加之降雨分布不均，对于降雨资源的调蓄能力弱，人均水资源可利用量少之又少。为了应对水资源短缺对工业发展的阻碍，日本在工业用水方面遵循多次循环、重复利用的原则，其全国工业用水回用率 2005 年达 78.7%（资料来源：《日本的水资源 2008》，未计入循环用水量），工业用水量比 20 世纪 70 年代的高峰值减少了近 30%，工业用水量占全部用水量的比例维持在 20%左右。

(3) 环境保护的约束

如前所述，环境约束是从"末端"影响工业用水排放，从而促进工业用水的重复利用，加强工业系统内部水循环，进而减少新水的取用量。

工业污染是指工业企业在生产过程中，对包括人在内的生物赖以生存和繁衍的自然环境的侵害。污染主要是由生产中的"三废"（废水、废气、废渣）及各种噪声造成的，可分为废水污染、废气污染、废渣污染、噪声污染。20 世纪五六十年代是世界主要工业化国家工业飞速发展的时期，但随之而来的是环境的急剧恶化。在世界十大工业污染事件中，日本的水误病和骨痛病都是由于工业废水污染而造成并命名的，这也是日本为实现发达工业所付出的惨痛代价。

随着人们对工业污染认识的加深和对生存环境质量要求的提高，从 20 世纪 60 年代后期开始，发达国家开始进行环境保护运动，这也是工业用水量减少的重要影响因素之一。

这些国家主要通过立法、高水价等方法促进工业水循环利用，进而减少新水取水量和废水排放量。美国为了改变水域严重污染的状况，于 1972 年通过《联邦水污染控制法修正案》，以高水价及严格的水污染控制法则刺激工业循环用水，使四个最大的工业用水行业——造纸、石油、化工、选矿用水量倍减，取水量和排水量大幅下降。

5.5 我国工业用水与排水的演变分析

5.5.1 我国工业发展历程

我国工业发展经历了两大时期：一是新中国成立初期至 1978 年，即改革开放前为第一时期，这一时期以封闭的计划经济和极低的人均国民收入为基本国民经济背景，优先发展重工业和国有经济，初步奠定了工业化基础，建立了较为完整的工业经济体系；二是自 1979 年至今，是建设中国特色社会主义工业化道路时期，轻、重工业均衡发展，多种经济成分共同发展，中国工业化取得了巨大成功。

根据轻、重工业的比例关系变化，可以将改革开放以来中国的工业发展与工业化进程大致划分为两个阶段：一是结构纠偏和轻、重工业同步发展时期；二是重化工业加速发展、产业结构明显高度化时期。对于这两个时期的分界：一种观点认为以 1993 年为界，因为中国的工业化进程再次出现重化工业势头；另一种观点认为以 1997 年作为分界，因为 1997 年以后我国经济运行发生根本性转变，政府实施积极的财政政策，进行大规模产业结构调整；还有种观点认为以 2000 年为分界，因为自 2000 年中国重工业再次呈现快速增长势头。

本书研究倾向于 1997 年作为分界，认为 1997 年后重工业比例有下降的趋势，并且自 1997 年开始，中国步入中等低收入国家之列。而 1997~2002 年为该时期的经济调整阶段，该阶段工业增加值年均增长率低于 10%，远低于其他时期。2002 年中共十六大提出新型工业化战略，此后，中国工业进入又一轮的高速发展期。

5.5.2 我国工业发展的基本特点

（1）工业发展迅速

中国工业一直保持高速增长，工业化进程不断加快。特别是 1978 年以后，工业增加值每年以 10% 的比例增加（图 5-32）。1979 年，我国工业增加值仅为 1607 亿元。2007 年，我国工业增加值为 107 367 亿元，比 2006 年增长 13.5%（按照 1978 年不变价格计算）（图 5-32）。这一年规模以上工业增加值增长 18.5%，其中国有及国有控股企业增长 13.8%，集体企业增长 11.5%，股份制企业增长 20.6%，外商及中国的港、澳、台投资企业增长 17.5%，私营企业增长 26.7%。从轻、重工业看，轻工业增长 16.3%，重工业增长 19.6%。同时，钢、煤、水泥、棉布等工业产品产量位居世界首位，工业制成品出口额占总出口额的 49.7%。2013 年，我国已经具备了庞大的工业生产能力，成为工业贸易大国。

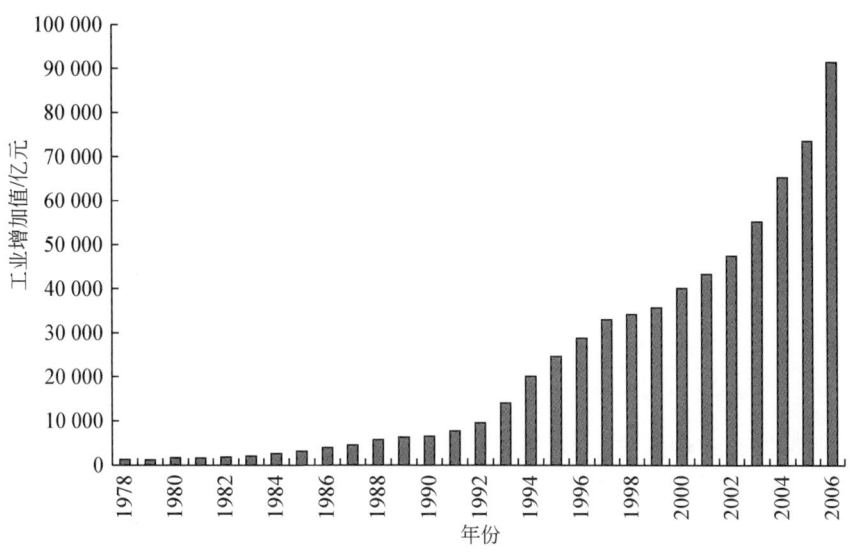

图 5-32　1978~2006 年我国工业增加值（当年价）

资料来源：《中国统计年鉴》，2005 年，2006 年，2007 年

(2) 产业结构逐步升级，但重工业在国民经济中仍占较大比例

我国工业发展的第一时期，重工业优先发展，其产值比例不断升高，至 1978 年，重工业占全部工业产值比例比轻工业高 15% 左右。改革开放后，工业发展战略进行调整，优先发展轻工业，轻、重工业产值大体相当。2000 年以来，我国重工业又呈现快速增长势头，出现工业增长再次以重工业为主导的格局。轻、重工业总产值的比例差距进一步加大。图 5-33 所示为 1952~2008 年我国轻、重工业总产值比例的对比情况。

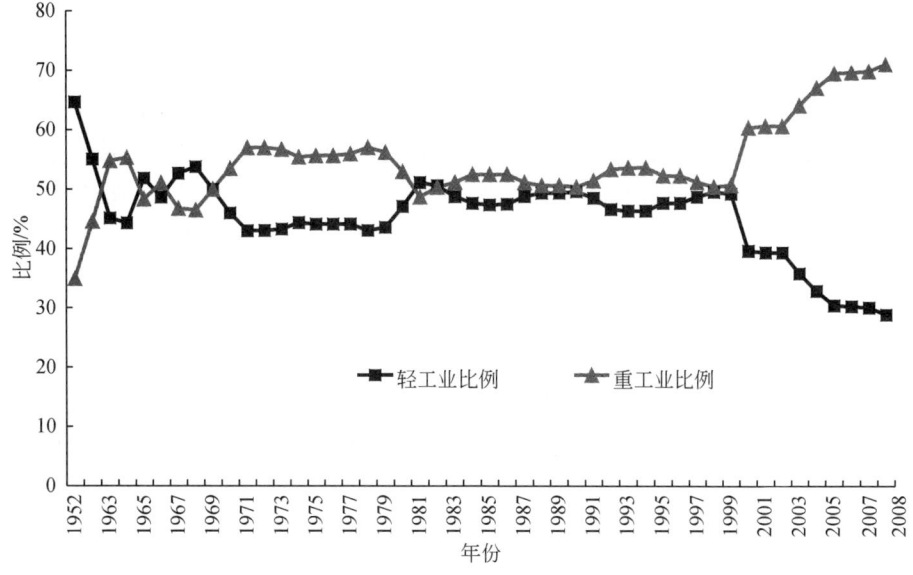

图 5-33　1952~2008 年我国轻、重工业总产值比例对比

资料来源：中国工业发展报告 2008 年，2005~2008 年国民经济和社会发展统计公报

2008年，规模以上工业增加值比2007年增长12.9%。我国规模以上工业仍以重工业为主，并且重工业增加值年增长速度高于轻工业，如表5-13所示。

表5-13 2008年规模以上工业增加值增长情况

指标	比上年增长比例/%
规模以上工业	12.9
其中	
轻工业	12.3
重工业	13.2

资料来源：中国2008年国民经济和社会发展统计公报

从工业结构的行业构成变化来看，改革开放以来，我国一般加工制造业的比例相对稳定或有所下降，以电子及通信制造业为中心的技术密集型产业和高新技术产业迅速增长，带动了工业结构的升级。目前，我国工业结构正跨以加工组装工业为中心的高加工度化阶段，正在从劳动密集型工业、资本密集型工业向技术密集型工业转换，工业的发展从数量扩张为主转向了以素质提高为主，工业结构调整的重点也由解决比例失调转向推进产业结构升级。

总体来看，我国煤炭采选业、食品加工业、纺织业、普通机械制造业四个行业增加值占全国GDP的比例明显下降，其中纺织业下降的幅度最大。石油和天然气开采业、石油加工及炼焦业、交通运输设备制造业、电子及通信设备制造业、电力蒸汽热水生产供应业等五个行业的比例显著增加，其中电子及通信设备制造业的比例增幅最大。

2000～2005年，我国工业产业结构进一步改善。2000年，工业增加值比例位于前五位的行业分别为电力蒸汽热水生产供应业、石油和天然气开采业、电子及通信设备制造业、化学原料及制品制造业、交通运输设备制造业。而到2005年，工业增加值比例位于前五位的行业则变为电子及通信设备制造业、黑色金属冶炼及压延加工业、电力蒸汽热水生产供应业、化学原料及化学制品制造业、石油和天然气开采业。统计数据显示，"十五"期间以电力、煤炭、石油为主的能源工业明显加强，钢铁、纺织、建材等传统的原材料和加工工业有所压缩，以电子及通信设备制造业为主的信息产业迅速成长。信息产业的迅速崛起，不仅打破了传统的行业生产格局，同时也为其他行业和领域提供了先进的技术、装备，促进了国民经济产业结构的优化升级进程。

(3) 各地区工业发展水平差距大

我国各地区资源储备、产业布局、工业发展模式存在很大差异，导致工业经济发展很不均衡。2007年仅福建、内蒙古、辽宁、北京、广东、浙江、山东、江苏、天津、上海等省（自治区、直辖市）人均工业增加值高于1万元，其中上海市人均工业增加值接近3万元，同时全国有11个省（自治区、直辖市）人均工业增加值在5000元以下，其中西藏自治区只有826元，仅为最高省区的三十六分之一。地区发展的不均衡，给全国工业统筹发展带来一定的阻碍。

5.5.3 我国工业用水演变历程

图 5-34 为新中国成立后至 2007 年我国工业用水量的总体情况。不难看出，我国工业用水量演变与工业发展基本是同步的。因此，按照工业发展的阶段，将工业用水量演变历程也相应划分为三个阶段：一是新中国成立初期至改革开放前，为工业用水量增长快、总量少的快速增长阶段；二是改革开放后至 1996 年，为增长快、总量大的快速增长阶段；三是 1997~2007 年，为增长慢、总量大的缓慢增长阶段，这一阶段又以 2002 年为分界年，前段 1997~2002 年为调整期，2003 年以后为发展期。

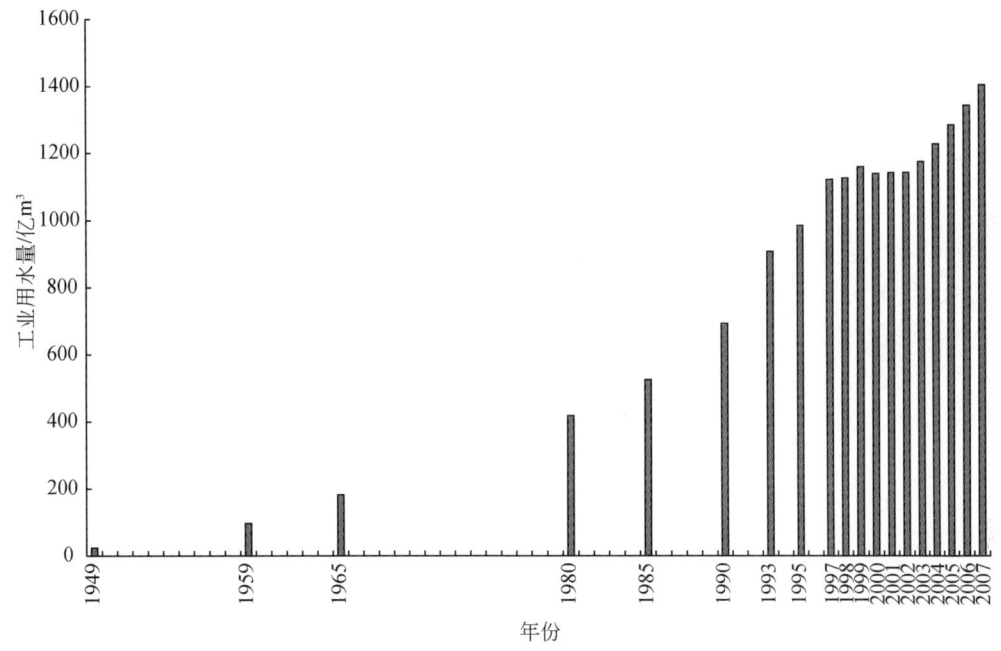

图 5-34　1949~2007 年我国工业用水量

资料来源：中华人民共和国水利部，2009

(1) 新中国成立初期至改革开放前，为工业用水量增长快、总量少的高速增长期

新中国成立初期，我国基本没有现代工业，工业用水总量不足 20 亿 m^3。新中国从第一个"五年计划"（1953 年）开始实行重工业发展的"赶超战略"，工业飞速发展，随之而来的是工业用水量的急剧增加。至 20 世纪 70 年代末，工业用水量（包括火力发电）比新中国成立初期增长了 22 倍，年均增长率为 11%。北京市工业用水量为新中国成立初期的 40 多倍，河北、河南、山东、安徽等省的工业用水量也都比新中国成立初期增长几十倍，有的甚至超过 100 倍。这一阶段，虽然工业用水总量增加飞快，但其基数小，工业发展并未受到水资源条件的限制。

由于工业技术水平低，工业经济增长伴随着大量资源的消耗与污染物的排放，工业废水排放逐渐成为主要的污染点源。1953~1980 年，在农业、轻工业、重工业基建投资构成中，重工业占到74.4%，因此，增加的工业废水中含有大量重工业所排放的重金属污染物，对环境污染严重。1973年颁布、1974年1月实施的《工业"三废"排放试行标准》，将工业废水污染物分为两类、19项有害物质指标，对其最高容许排放浓度进行了规定。

（2）改革开放后至1997年，为增长快、总量大的快速增长期

改革开放后，我国开始进行工业化战略的重大调整，注重市场需求导向，优先发展轻工业，工业化的总体进程由工业化初级阶段向工业化中期过渡。这一阶段的近20年，工业用水总量高速增长，1980年，我国工业用水457亿 m^3，占用水总量的10.3%，1997年，工业用水总量为1121亿 m^3，较1980年增加了664亿 m^3、近1.5倍（图5-36）。这一时期，工业技术水平逐渐提高，但总体来讲，工业用水效率和效益仍很低，与发达国家差距很大，水资源供需矛盾逐渐尖锐。

由于用水总量大，工业废水排放量迅速加大，轻工业主要污染物（COD）排放量占全国工业废水COD排放总量的60%左右，给水环境带来沉重压力（图5-35）。1988年，中国统计年鉴统计的全国工业废水排放量达到268亿 m^3。为应对日益凸显的水环境问题，我国不得不在20世纪80年代对轻工、冶金等30多个行业制定了31项行业水污染物排放标准，从标准上进一步加强对主要工业污染源的水污染物的排放控制。1988年，为了理顺综合治理与行业水污染物排放标准的关系，解决标准实施中的一些问题，加强对有机污染的控制，我国对《工业"三废"排放执行标准》（废水部分）进行了第一次修订，并发布了《污水综合排放标准》。由于排放标准的进一步明确，1988~1997年，我国工业废水排放量呈下降趋势。这一时期废水达标排放率很低，1996年及以前，工业废水达标排放率均在60%以下，废水的排放对水环境造成了极大的污染。

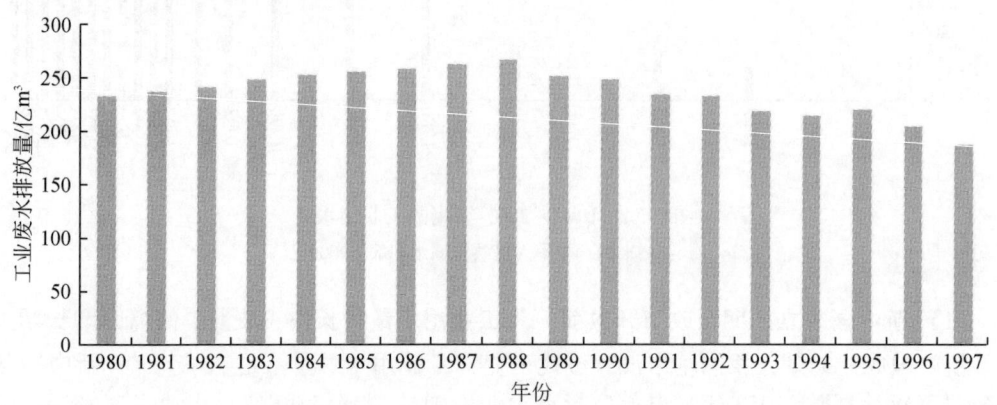

图5-35 1980~1997年我国工业废水排放量

资料来源：中国历年统计年鉴

（3）1997年至今，为增长慢总量大的缓慢增长期

1997年以来，我国调整工业发展策略，再次以重工业为发展中心。随着知识密集型、对能源依赖少的新兴工业迅速发展，高效率用水方式被广泛应用，工业用水量增长趋势大大减缓。中国水资源公报的数据显示，1997~2007年的11年，全国工业用水量增加了

282亿 m³（表5-14），工业用水总量大，但增加幅度比上两个阶段明显减缓。

表5-14 1997~2007年工业用水量及其在经济社会用水量中的比例

年份	工业用水量/亿 m³	工业用水量比例/%	工业用水量年增长率/%
1997	1121	20.14	—
1998	1126	20.70	0.45
1999	1159	20.73	2.93
2000	1139	20.72	-1.73
2001	1142	20.50	0.26
2002	1143	20.80	0.09
2003	1176	22.10	2.89
2004	1228	22.20	4.42
2005	1284	22.82	4.56
2006	1343	23.20	4.60
2007	1403	24.10	4.47

1997~2002年，国民经济处于调整时期，工业增加值增长速度减缓（图5-36），因此，这几年间全国工业用水量仅增加了22亿 m³，年均增长率仅0.4%，为历史最低。当时很多相关研究甚至指出中国工业用水量已经进入了零增长阶段。

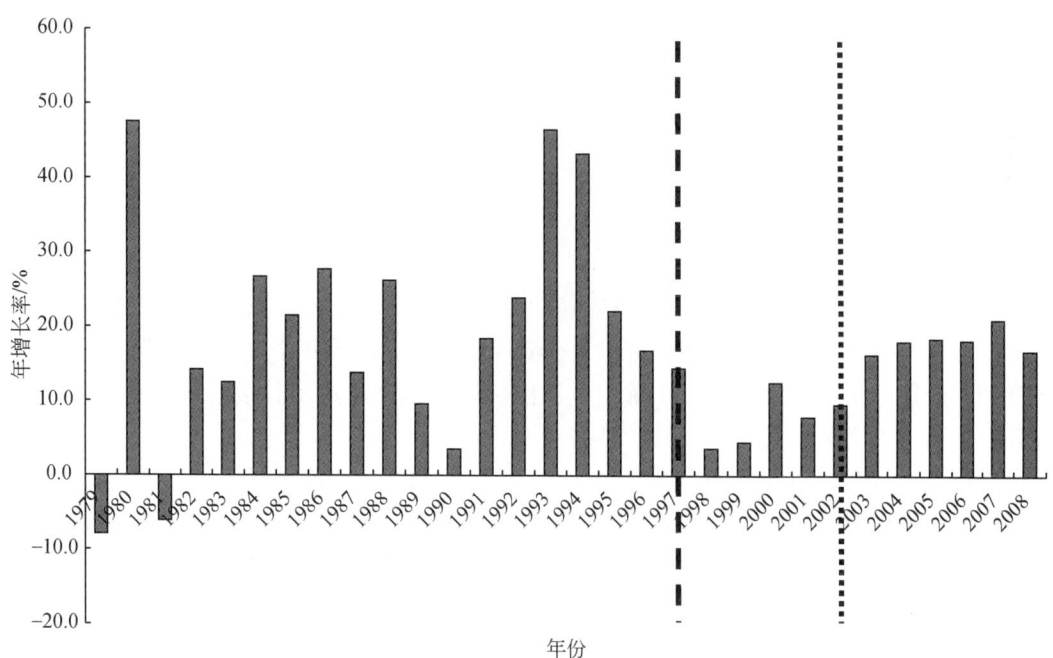

图5-36 1979~2008年中国工业增加值年增长率

自 2003 年以后，中国工业经过一段调整期后进入新一轮的稳定发展阶段。2003～2007 年，中国工业增加值年增长率均在 16% 以上，重工业产值年增长率高于 17%。这 5 年间工业用水量增加了 227 亿 m³，除 2003 年外，年增长率均在 4% 以上。这进一步说明，工业生产的发展是工业用水量增加的决定性因素。

工业用水效益显著提高，万元工业增加值用水量迅速降低。如图 5-37 所示，2007 年，我国万元工业增加值的用水量为 131 m³，接近 1997 年万元工业增加值用水量的 1/3。分析其影响因素主要有三点：一是工业内部生产格局的变化，对水资源依赖小、知识密集型的新型工业迅速发展；二是生产工艺（用水工艺）的改进，包括节水工艺和循环用水方式的采用；三是用水管理政策的限制，缺水地区经济发展受到水资源限制，用水管理制度逐步严格，工业生产过程中的水资源浪费量大幅度减少。

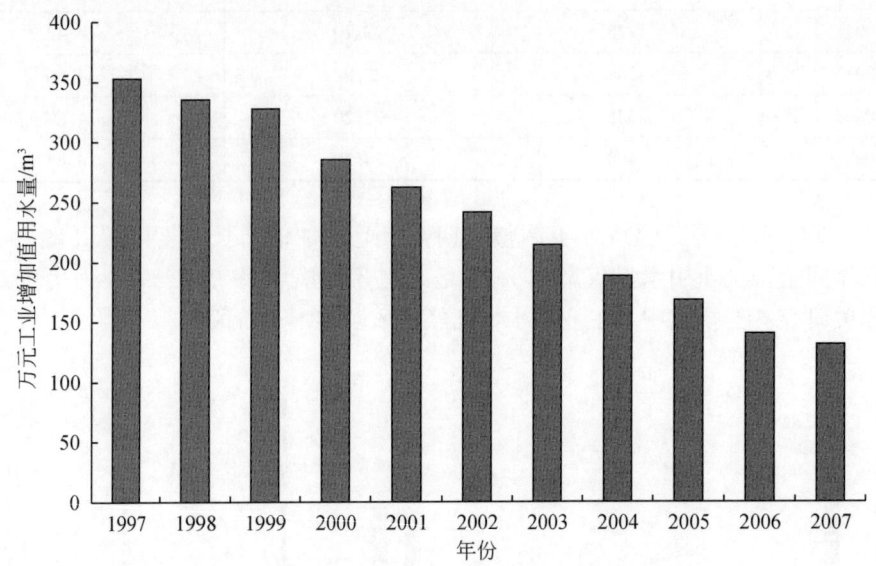

图 5-37　1997～2007 年我国万元工业增加值用水量

快速增长的工业生产并未给社会经济供水格局带来太大变化，这一阶段工业用水仍主要集中在火力发电、石化、钢铁、纺织、造纸、化工、食品等几个高用水行业。目前，由于我国工业还处于快速发展阶段，重工业比例仍较大，工业用水总量继续呈现增加趋势，并且在短期内不会出现拐点。

1997 年，全国工业废水排放量为 188 亿 m³，为 1980 年以来的最低值，随后，由于重化工业的迅速发展，工业废水排放量再次呈现增长趋势（图 5-38）。国家对工业废水排放的管理进一步加强，对《污水综合排放标准》再次进行修订，于 1996 年发布，1998 年 1 月 1 日开始实施。1997 年后，工业废水达标排放率显著提高，特别是 2004 年以来，工业废水达标排放率一直保持在 91% 左右（图 5-39），但是由于污染物排放量过大，环境污染状况并未发生实质上的改变。随着新兴工业的发展，工业废水中污染物种类和数量进一步增加，更增加了污染防治工作的难度。

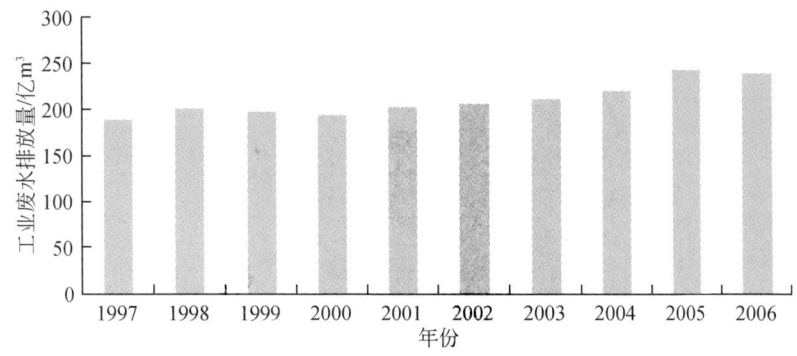

图 5-38 1997~2006 年我国工业废水排放量

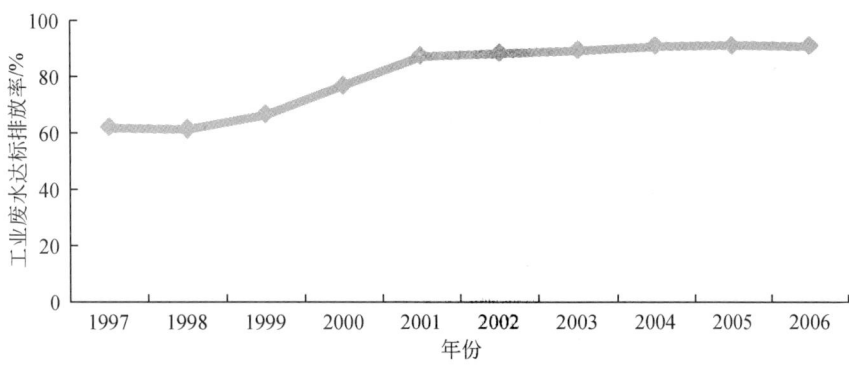

图 5-39 1997~2006 年我国工业废水达标排放率

5.5.4 我国工业用水现状总体评价

(1) 用水效率整体水平不高

表 5-15、表 5-16 所示为国内外万元工业增加值用水量以及主要工业产品用水量的对比情况。不难看出，尽管我国工业用水水平显著提高，但由于我国工业化水平仍较低，用水效率与效益较国外先进国家仍然存在非常大的差距。中国制造业增加值占 GDP 比例大，工业用水重复利用率低，导致工业用水量较大。

表 5-15 国内外万元工业增加值用水量

国家	万元工业增加值用水量/m³	制造业增加值占 GDP 比例/%	效率指标工业水重复利用率/%
中国	131（2007 年）	38（2004 年）	60（2005 年）
美国	15	17	94.5（2000 年）
日本	18	22	78.7（2005 年）（仅计废水回用量）
韩国	13	29	—
德国	64	23	—
法国	77（1995 年）	16	—

注：表中未单独标识的均为 2000 年数据资料。
资料来源：中华人民共和国国家统计局，2009

表 5-16　国内外工业产品用水量对比　　　　　　　　（单位：m³/t）

产品名称	国内用水量/国外用水量	产品名称	国内用水量/国外用水量
味精	306/100	酒精	246/40
啤酒	27/13	罐头	70/10
皮革	4.8/0.7	造纸	300/15
氯碱	50/17	纯碱	40/40
石化	1.3/0.5	水泥	29/0.55
乙烯	18.5/1.5		

（2）区际工业用水差异大

尽管从全国总体情况来看，工业用水效率显著提高，但就各地区来讲，工业用水量存在很大差异。2006 年，国家发展和改革委员会、水利部、国家统计局联合公布了 2005 年各地区万元工业增加值用水指标，如表 5-17 所示。

表 5-17　2005 年各省份万元工业增加值用水量

	降雨量	地区	万元工业增加值用水量/m³
		全国	169
东部	降水量≤800mm	北京	38
		天津	24
		河北	54
		辽宁	62
		山东	23
	降水量>800mm	上海	196
		江苏	223
		浙江	92
		福建	221
		广东	135
		海南	203
中部	降水量≤800mm	山西	67
		吉林	138
		黑龙江	206
		河南	93
	降水量>800mm	安徽	369
		江西	352
		湖北	343
		湖南	366

续表

降雨量		地区	万元工业增加值用水量/m³
西部	降水量≤800mm	内蒙古	95
		陕西	83
		甘肃	230
		青海	307
		宁夏	151
		新疆	83
		西藏	271
	降水量>800mm	广西	357
		重庆	322
		四川	226
		贵州	395
		云南	153

注：不含台湾、香港、澳门。

由表 5-17 可以看出，2005 年，我国各省份万元工业增加值用水量最低值为 23m³（山东），最高值为 395m³（贵州），二者相差 16 倍以上。各地区的工业用水效益不仅与区域的产业结构和生产工艺有关，同时还与该区域的水资源短缺程度密切相关。经济越发达，水资源越短缺，工业用水效率和效益就越高。

从分流域情况来看，社会工业经济相对发达地区，其工业用水量大。如表 5-18 所示，我国长江区、东南诸河区工业较发达，工业用水量所占比例远远超过全国平均水平，而西南诸河区、西北诸河区工业发展慢，社会经济水平相对较低，工业用水量所占比例不足 10%。

表 5-18　2007 年各流域分区工业用水情况

分区	工业用水量/亿 m³	工业用水比例/%	万元工业增加值用水量/m³
松花江区	78.7	19.6	189
辽河区	29.7	14.5	68
海河区	52	13.5	50
黄河区	61.5	16.1	88
淮河区	99.6	18.0	81
长江区	728.6	37.6	254
其中：太湖	233	59.6	187
东南诸河区	118.4	35.0	137
珠江区	210.8	24.0	163
西南诸河区	7.7	7.1	234
西北诸河区	17.1	2.7	115

资料来源：中华人民共和国水利部，2008

工业发展水平和水资源约束是影响工业用水效率和效益高低的主要因素。如太湖区，由于其水资源本底条件好，工业用水效率较低，大规模的工业生产带来大量的工业废水排放，导致严重的水环境污染。海河区受到水资源本底条件的制约，工业用水效率相对较高，但社会生产用水已经严重挤占了生态环境用水，导致生态环境恶化，同时由于河流少水，水功能达标率统计困难，无法衡量水环境受污染程度。

(3) 同行业各企业间用水水平参差不齐

由于企业规模和选取工艺的不同，同类型企业间的用水水平差异也很大。就造纸制浆用水来讲，国内企业大多采用碱法、硫酸盐法制浆，由于原料纤维不同，又分为化学木浆和漂白化学草浆。表5-19所示为国内不同工艺及代表企业的制浆取（用）水量，单浆取（用）水量从12m³至200 m³不等，行业用水效益差异很大。虽然个别造纸企业由于采用先进生产设备和省水造纸材料单浆取水量较低，甚至达到国际先进水平，但从整体来讲，绝大多数企业用水水平仍很低。其他行业如火力发电、纺织印染、石油化工等也存在着同样的问题。较大用水水平差距导致水资源综合管理和行业用水管理难以统一标准。

表5-19 国内造纸企业各工艺制浆取水量

基本分类	制浆工艺	制浆取水量/(m³/t浆)	代表企业
化学木浆	全套引进国外生产线：连续蒸煮、扩散洗涤、封闭筛选、氧脱木素、四段漂白	60	广西南宁凤凰纸业等
	部分引进，配置封闭筛选系统	80~90	广西贺县纸业等
	传统制浆工艺	200	国内绝大多数中小型木浆厂
	木色化学木浆制浆工艺	63	福建青州纸厂
化学草浆	传统制浆工艺，无封闭筛选系统	200	国内大部分造纸企业
	传统制浆工艺，增设封闭筛选系统	100~120	河南银鸽纸业等
废纸及机械木浆	废纸脱墨工艺，国外进口设备	12	上海松潜纸业
	废纸脱墨工艺，国内设备	35~45	山东泰山纸业等
	机械木浆制浆工艺	15~25	广州造纸公司等

资料来源：根据《中国工业用水与节水丛书——重点行业用水与节水》第278页文字内容整理。

(4) 工业废水排放量大，水环境污染严重

我国参照国外已有经验，于1973年制订了《工业"三废"排放执行标准》，对工业废水中19项污染物浓度提出了控制标准；1988年我国从结构形式、适用范围、控制项目和指标值等方面进行了修订，并发布了《污水综合排放标准》；1996年进行了再次修订，形成水污染物综合性的排放标准；20世纪80年代和1990年，对行业水污染物排放标准进行了制定和修订，目前行业水污染物排放标准涉及12个行业。这些标准的不足之处依旧是对于污染物排放总量未加限制。

尽管近年来，我国工业废水达标排放率均在91%左右，但是由于工业废水排放总量一直居高不下，各类型污染物排放量远远超过河流污染负荷能力，我国水环境严重污染状况并未改善（图 5-40，图 5-41）。工业废水排放管理亟待符合中国水环境特点的标准。

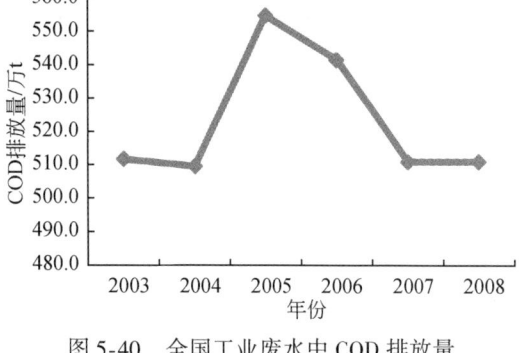

图 5-40　全国工业废水中 COD 排放量

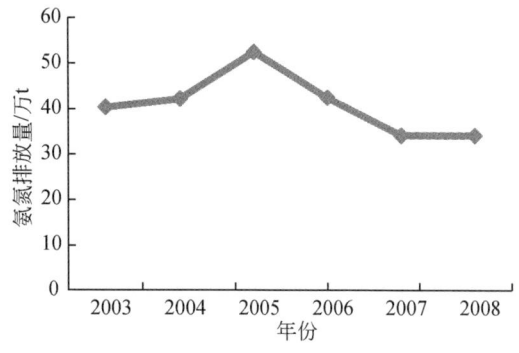

图 5-41　全国工业废水中氨氮排放量

根据全国各省份 1985~2007 年工业废水排放量统计资料，工业废水排放总量与社会经济发展及水资源条件密不可分。新中国成立初期至改革开放前，我国工业布局向中、西部倾斜，1953~1980 年，中国基本建设投资总额的 60% 集中于中、西部地带，导致这一区域工业废水排放量增加迅速。改革开放后，我国工业布局向东南沿海地区倾斜，东部经济地带全社会固定资产投资占全国年均 50% 以上[①]。因此，工业废水排放量迅速向东南沿海地区集中。1985 年、2000 年和 2007 年工业废水排放量数据基本体现了国家工业发展布局的调整。

工业废水排放量减少最为明显的是北京市、上海市、黑龙江省以及四川省。北京市工业废水排放量减少主要由于工业的萎缩和第三产业的迅速发展。上海市自 1985 年以来工业废水排放量持续下降，由 1985 年的 149 921t 缩减为 2007 年的 47 570t，主要由于产业结

---

① 资料来源于《中国工业发展报告 2008》；东部经济地带包括北京、天津、河北、辽宁、山东、江苏、上海、浙江、福建、广东、广西、海南等 12 个省（自治区、直辖市）；中部经济地带包括黑龙江、吉林、内蒙古、山西、安徽、江西、湖南、湖北、河南等 9 个省区；西部经济地带包括陕西、甘肃、宁夏、青海、新疆、四川、云南、贵州、西藏等 9 个省区。

构的不断升级和生产工艺的提高。黑龙江省工业以重工业为主,是我国重要的石油、煤炭工业基地,1985年,黑龙江地区重工业产值在国民经济中的比例比全国同期平均水平高15.1个百分点,这一年,黑龙江省工业废水排放量在全国各省(自治区、直辖市)中居第二位,占全国工业废水排放总量的8%。随着产业结构的调整和废水排放的限制,黑龙江省的工业废水排放量持续下降。四川省造纸工业发展历史悠久,小型造纸企业众多且生产技术水平低,导致废水排放量大。1985年,四川省工业废水排放量为236 830t,在全国各省(自治区、直辖市)中居第一位,占全国工业废水排放总量的9.2%。实施"关小"措施后,加之采用竹浆造纸,废水排放量大幅下降,至2007年,四川省工业废水排放量为114 687t。

工业废水排放量增加最明显的是江苏省、浙江省、福建省、广东省、广西壮族自治区等。这些省区由于水资源相对丰沛,工业经济发展迅速,工业用水量受水资源禀赋条件约束小,对于工业废水排放控制相对较弱。另外,从污染源在流域的空间分布来看,工业废水污染物排放逐渐集中于各流域的下游区域,使污染影响范围减小,较有利于污染控制与治理。

5.6 工业用水影响因子及我国需水预测

5.6.1 工业用水影响因子研究

5.6.1.1 人均收入

通过本章前述分析可以判定,人均工业用水量与社会经济发展阶段、区域水资源状况这两大因素密切相关。但是仅社会经济发展阶段的划分指标就十分复杂,这大大增加了工业用水影响因子的确定难度。从前述对各种工业化发展阶段的划分方法不难看出,衡量工业化发展程度的指标不外乎人均GDP(人均工业增加值)、三产结构(工业增加值比例)、劳动力结构、人均收入以及城市化水平等。但目前来讲,在实际应用中,人均收入成为衡量一个国家社会经济发展水平的主要标志。

将世界各国人均工业增加值与人均工业用水量进行拟合,如图5-42所示,各发展阶段国家分界较为明显。低收入国家,人均工业用水量普遍较少。与用水结构相比,人均工业用水量更能说明各个国家工业用水的实际差距。2000年,发展中国家的人均工业用水量仅有100m³左右,而发达国家达到300m³左右。

按照不同发展阶段,绘制各国工业用水量与人均工业用水效益的关系,如图5-43所示。在特定发展阶段下,log(工业用水量)与log(人均工业用水效益)呈现良好的线性关系。在每个阶段中,工业用水量大但人均工业用水效益相对较低的基本上都是该阶段中水资源较丰沛的国家。尽管拟合关系良好,由于各国水资源条件差别很大,即使明确了某国所处的社会发展阶段,在未来工业用水总量预测中,也很难预测其在相应直线上所处的位置。但可以肯定的是,就一个国家来讲,社会经济发展特点是影响该国工业用水总量的决定性因素。

第 5 章 | 工业用水系统解析及其调控机理

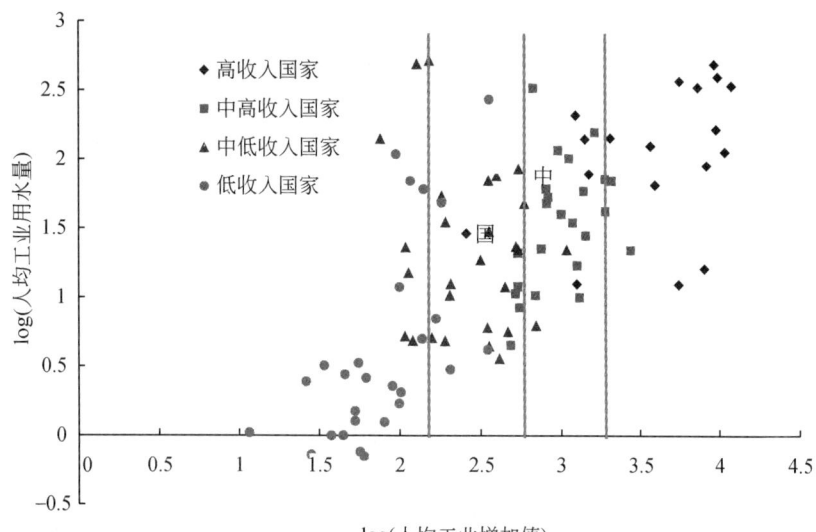

图 5-42 2000 年世界各国人均工业用水量的对比情况

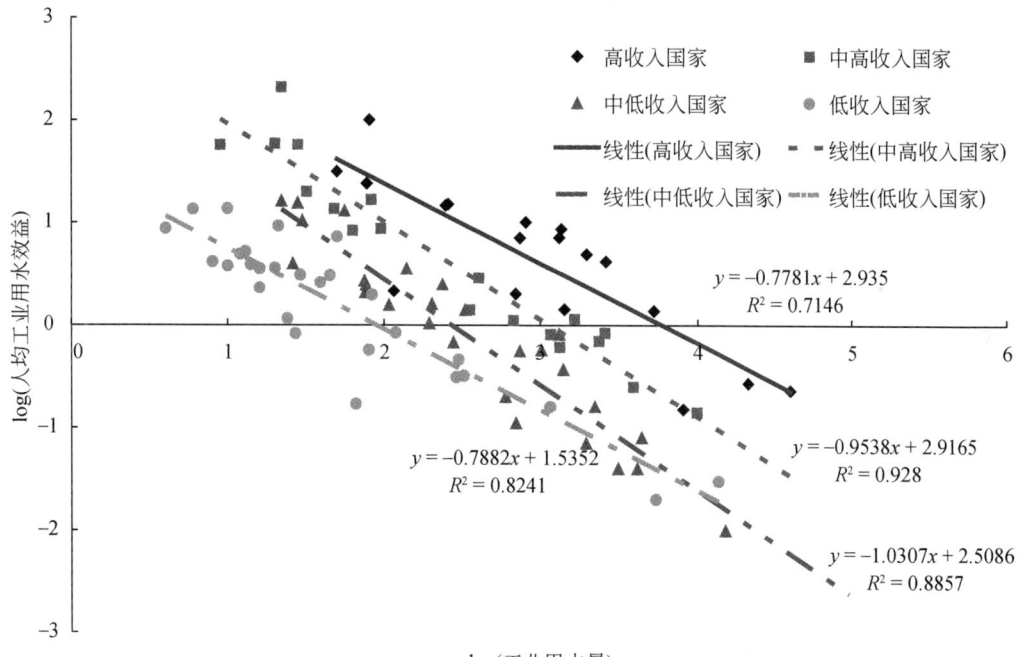

图 5-43 工业用水量与人均工业用水效益的关系（2000 年）

5.6.1.2 人均水资源量

图 5-44 和图 5-45 为 2000 年部分国家的单方①工业用水所产生的工业增加值以及人均

---

① 这里的单方指 1m³。

水资源量。通过比较不难看出，发达国家与发展中国家在这一指标上的差异并没有明显的边界划分。其中埃及、印度、中国既是水资源相对短缺的国家，也是单方工业用水产出最低的国家，可见，2000年这三个国家的工业和工业用水都处于较低水平。

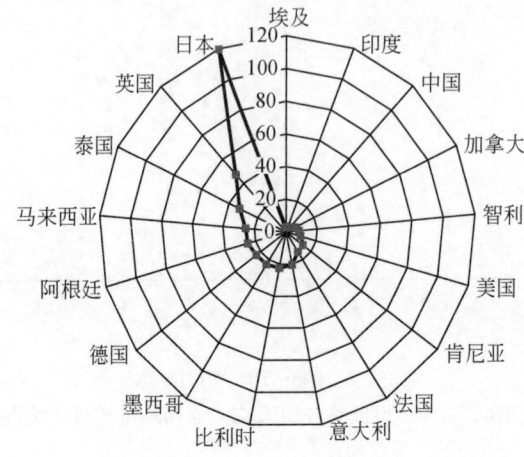

图 5-44　2000 年部分国家单方工业用水产出（单位：美元/m³）

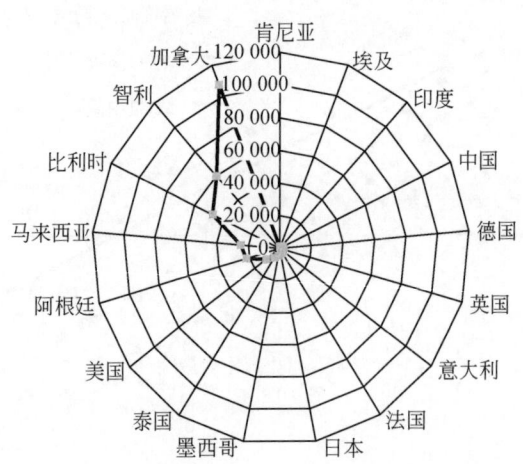

图 5-45　2000 年部分国家人均水资源量（单位：m³）

同样是工业生产先进的发达国家，加拿大、美国由于水资源丰沛其工业发展并未受到用水限制，因而其单方水工业增加值较低，而日本工业生产受到水资源制约，通过提高工业水循环利用率从而减少新水取用量，大大增加了单方水的产出。可以看出，区域的水资源禀赋条件及其相应水体环境的纳污能力，既是工业用水单方水产出的最大约束，也是工业节水减污的最大动力。

对世界 146 个国家（地区），按照人均水资源量（采用 Falkenmark 的水资源紧缺指标划分）进行分类，选取其中人均水资源量为 1000~1670m³ 的属于中度缺水的 13 个国家（地区），进行人均工业用水量和人均 GDP 的关系拟合，如图 5-46 所示，拟合结果并未呈现预先期待的良好相关关系。此外，本书还对我国 2005 年 31 个省份（不包括台湾、香港、澳门）的人均 GDP 和人均工业用水量进行了拟合，结果同样无规律可循，如图 5-47 所示。这进一步说明社会经济发展阶段对工业用水总量有着重要影响。

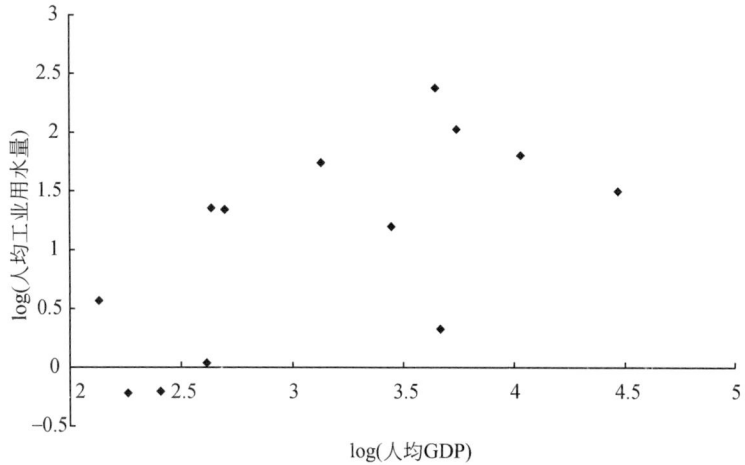

图 5-46 中度缺水的 13 个国家（地区）的拟合结果

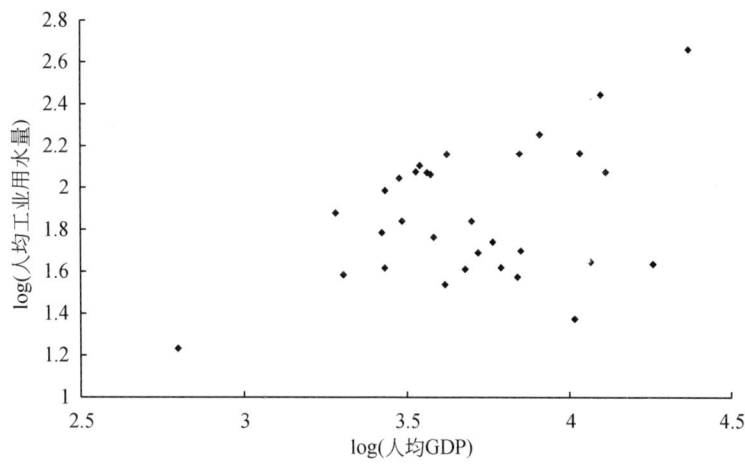

图 5-47 我国 31 个省份人均 GDP 与人均工业用水量的关系
资料来源：中华人民共和国水利部，2006；中华人民共和国国家统计局，2006

为了尽量减弱社会经济发展对工业用水总量的影响，本书选取包括中国在内的中低收入国家，假定这些国家处于相同的经济发展阶段，进行人均水资源量与工业用水量的关系拟合，如图 5-48 所示，它们无明显关系。因此判定，水资源丰沛程度是工业用水总量的影响因素之一，但不是控制性因素，这与工业在国民经济部门用水竞争中处于优势地位有关。

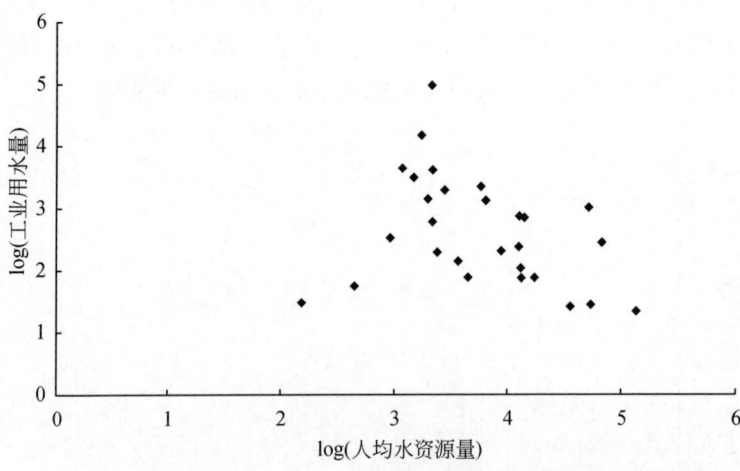

图 5-48　中低收入国家人均水资源量与工业用水量的关系

5.6.1.3　同一水资源条件下，社会经济发展对工业用水的影响

只有针对某一特定区域，才能获取相对稳定的同一水资源条件。图 5-49 和图 5-50 所示，分别为针对中国和美国进行的工业用水量与 GDP 的关系拟合。结果显示，同一区域内，人均工业用水量与人均 GDP 具有很好的相关性。这说明，就某一区域而言，由于社会经济发展和水资源短缺约束都具有连续性，工业用水总量体现着产业结构的缓慢升级和技术的逐步进步，工业用水量增长具有延续性并体现经济的逐步发展，因此与 GDP 呈现良好的相关性。

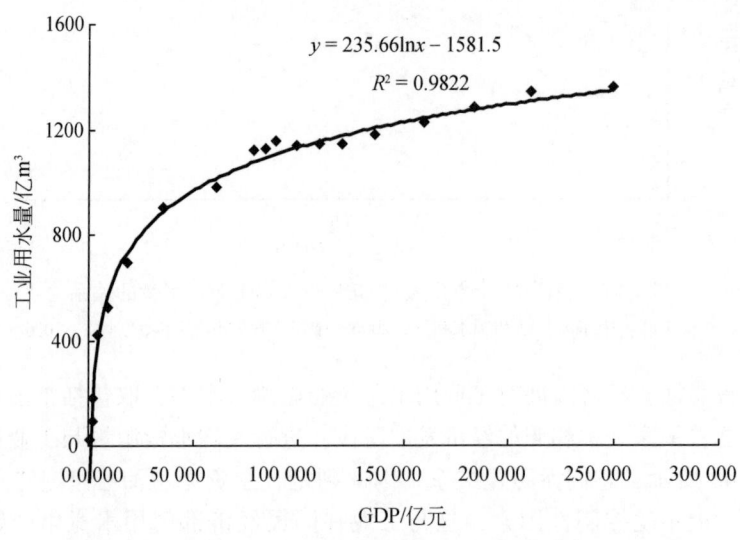

图 5-49　1949~2007 年中国 GDP 与工业用水总量拟合关系

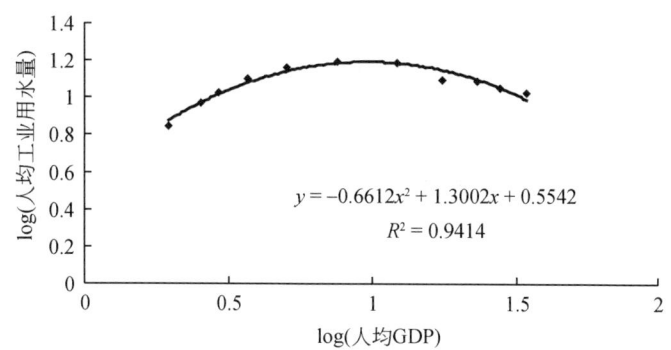

图 5-50　1950~2000 年美国人均 GDP 与人均工业用水量的拟合关系

5.6.2 我国工业用水发展趋势的宏观预判

5.6.2.1 工业发展宏观趋势分析

工业化的核心表现在产业结构的高级化方面。从三次产业结构上看，一个国家产业结构一般具有从"一、二、三"到"二、一、三"，再到"二、三、一"，最终到"三、二、一"的演进过程。工业结构的高级化存在由轻纺工业占优势向重化工业占优势、由重化工业占优势向技术密集型产业占优势的演进规律（参考《中国工业发展报告 2007》）。纵观新中国成立以来我国工业发展历程，一直伴随着关于轻、重工业何为发展重心的调整与争论。以经济学家吴敬琏为代表的"反重工业"派认为，我国资源的特点是，人力资源丰富、自然资源短缺、资本资源紧俏、生态环境脆弱，在这样的条件下集中力量发展重工业，显然是扬短避长，妨碍效率提高，会造成我国生态环境的严重破坏、增加解决就业问题的难度、阻碍服务业的发展、引发短期和长期的金融问题等一系列问题。支持发展重工业的一方则认为，优先发展重工业是经济发展客观规律决定的，也是由我国的国情决定的，在当前和今后一个时期，我国仍会处于重工业化时期。但无论如何，尽管我国已经从农业大国转向工业大国，但仍不是工业强国，我国工业仍处于较低水平。

几十年来，我国以火电、钢铁、石油化工、纺织、造纸和食品加工业为代表的高用水行业发展迅速，在国民经济中占有举足轻重的地位。尽管新型工业发展迅速，2001~2005 年，我国主要高用水行业的工业增加值占全国工业增加值总数的比例一直保持在 40% 以上。并且，由于我国所处的特殊发展阶段以及人民对物质生活需求的特点，在未来可预见的几年里，这些主要高用水行业仍将以较高速度继续发展，如果保持现有的用水水平，则工业用水总量和废水排放总量将会持续增长，势必给供水系统和水环境系统带来沉重压力。限制和保障这些行业的用水仍是我国工业用水管理工作的重点。技术密集型产业如高技术电子产业，虽然产出较高，其用水水质要求也高，往往需要高度纯水，其用水量也很大。

5.6.2.2 工业用水总体发展趋势预测

目前，我国正以相当稀缺的水资源和脆弱的水生态环境，支持着全世界最大规模的人口及其经济社会活动，按照可持续的经济发展战略，工业用水在一定程度上将会受到水资源短缺的制约。目前我国为了工业的快速发展，通过不断挤占农业用水和生态用水来保障各类工业用水需求，这种发展终究是不可持续的。在新的水资源管理理念下，保障国家粮食安全的农业用水需求和维护生态健康的生态用水需求将会给工业用水提供一个既定的规模空间。

对美国、日本和中国的工业用水弹性系数（工业用水弹性系数是工业新水取用量年增长率与工业产值年增长率的比率）进行计算分析，如图 5-51 至图 5-53 所示。美国和日本的工业用水总量分别于 1981 年和 1974 年开始进入下降阶段，美国自 1980 年开始，其工业用水弹性系数一直保持在 5% 以下，而日本则更低，除个别年份（1975 年和 1999 年）外基本在 2% 以下。

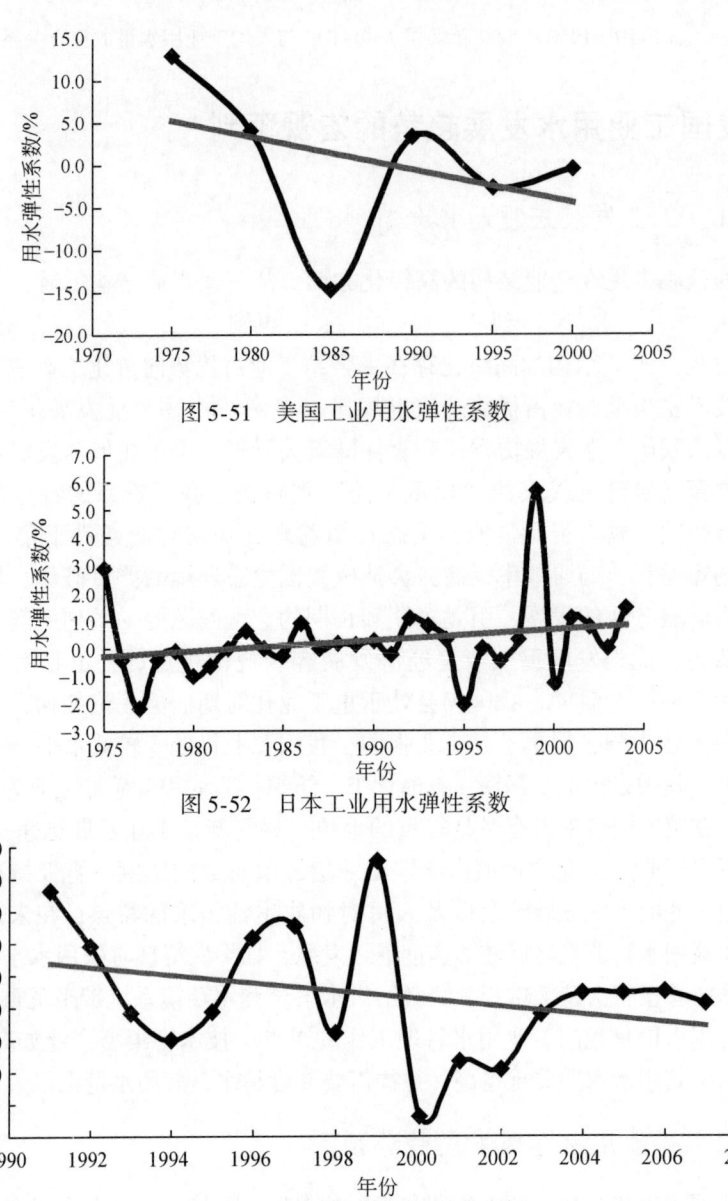

图 5-51　美国工业用水弹性系数

图 5-52　日本工业用水弹性系数

图 5-53　中国工业用水弹性系数

中国工业用水弹性系数波动幅度大、数值高，最高值65%出现在1999年。2003年以后中国实施新型工业化战略，工业进入调整后的快速发展期，工业用水弹性系数才相对稳定，数值仍较高，保持在20%左右。这进一步说明，对比世界经济发达国家，中国工业生产与工业用水仍处于较低水平。

如图5-54所示，中国自1997~2007年的万元工业增加值用水量呈明显线性下降趋势，其斜率为4.2%，也即该阶段万元工业增加值用水量的年下降率。设定工业用水弹性系数为α，工业增加值年增长率为β，万元工业增加值新水取用量年下降率为γ，工业用水量年增长率为$\alpha \cdot \beta$。当中国工业用水总量呈零增长时，$1+\alpha \cdot \beta = (1+\beta)(1-\gamma) = 1$，即，$\gamma = \frac{\beta}{1+\beta}$。

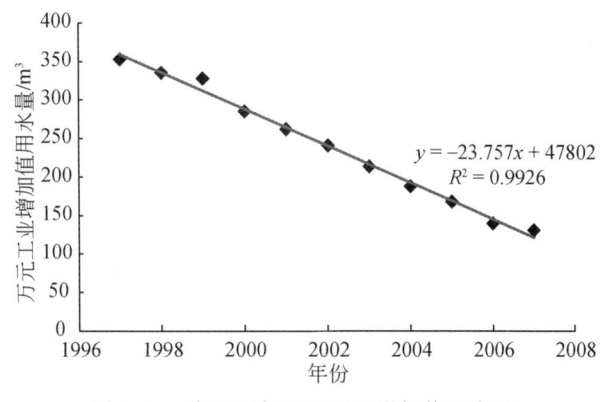

图5-54　中国历年万元工业增加值用水量

1997~2007年，中国万元工业增加值新水取用量平均年下降率为4.2%，随着用水效率的不断提高，未来年份万元工业增加值新水取用量年下降率将低于这个值。从数学角度讲，当$\gamma \leq 5\%$时，$\beta \approx \gamma$，即当工业用水总量零增长时，工业增加值年增长率与万元工业增加值新水取用量年下降率数值相近。

目前，中国工业仍处于快速发展阶段，2008年工业增加值为129 112亿元，比2007年增长9.5%，规模以上工业增加值整体比上年增长12.9%，重工业增长13.2%，轻工业增长12.3%。这样的增长速度与5%相差甚远，也意味着，中国工业用水总量在相当长的一段时期内仍将保持缓慢增长态势。

5.6.2.3　全国工业用水格局预测

目前，我国各省份工业用水发展极不平衡，人均工业用水量各地区差异显著。人均工业用水量较大的省份集中于我国水资源量较丰沛、经济较发达的东南部地区，人均工业用水量均在100m³以上，最高的是上海市，达438m³。西北及中、北部地区除青海省和黑龙江省以外，各省份人均工业用水量均不足100m³。山东省最低，不足上海市的1/16。

单方水的工业增加值产出与人均工业用水量呈现相反的分布，东部、南部水资源相对丰沛的地区，不管工业发展水平如何，工业用水效益普遍低下，单方水工业增加值基本都在 100 元以下。工业用水效益高的省份集中于华北水资源短缺、工业生产水平相对较高的地区。

从增长量上来看，2007 年较 2000 年全国工业用水量增加 264 亿 m^3。增加量主要集中于我国东南部丰水地区，其中江苏省在这一阶段工业用水量增长 83 亿 m^3，占到全国总增长量的近 1/3。除东南部的其他地区，工业用水量均小幅增长（少于 10 亿 m^3）或略有减少，其中黑龙江省工业用水量减幅最大，达 37 亿 m^3。

通过上述分析不难看出，我国工业用水总量增长及用水效益具有明显的区域分布特点。为更好地分析我国工业用水分区域特点和未来发展趋势，将我国各省份按照水资源本底条件和工业发展现状特点分为四个类型区，如表 5-20 所示。

表 5-20　我国各省份分类

分区名称	省份名称	水资源特点	工业发展特点
少水的迫切待发展区（Ⅰ型区）	宁夏、河北、河南、山西、甘肃、陕西、吉林、新疆、内蒙古	水资源本底条件差	人均工业增加值低，工业发展较落后
多水的重点发展区（Ⅱ型区）	青海、安徽、湖北、重庆、黑龙江、湖南、贵州、四川、江西、海南、广西、云南、西藏	水资源本底条件好	人均工业增加值低，工业发展较落后
受资源胁迫的高效区（Ⅲ型区）	辽宁、北京、山东、天津	水资源本底条件差	人均工业增加值较高，工业发展快
低效的快速发展区（Ⅳ型区）	福建、广东、浙江、江苏、上海	水资源本底条件好	人均工业增加值较高，工业发展快

(1) Ⅰ型区

少水的迫切待发展区，包括宁夏、河北、河南、山西、甘肃、陕西、吉林、新疆、内蒙古等 9 个省份，工业用水量增加缓慢，其中宁夏、甘肃、陕西、新疆等甚至是持续负增长，但这种工业用水量负增长与发达区域的工业用水量负增长存在本质区别。该类型区中各省份 2007 年人均工业增加值基本都在 1 万元以下，人均工业用水量在 80m^3 以下，均低于全国平均水平。因此，该类型区工业用水量增长缓慢的主要原因是工业发展落后和受水资源短缺约束（表 5-21）。

表 5-21　少水的迫切待发展区 2007 年工业发展与工业用水情况

省份	2007 年人均工业增加值/元	2007 年人均工业用水量/m^3	单方工业用水产出/元
宁夏	6 106	58	106
甘肃	3 523	54	66
河北	6 946	36	193
河南	7 868	55	144

续表

省份	2007年人均工业增加值/元	2007年人均工业用水量/m³	单方工业用水产出/元
陕西	6 358	31	204
山西	8 286	43	195
吉林	7 618	72	107
内蒙古	10 537	77	137
新疆	6 667	44	151

加快工业发展步伐是这些省份在未来相当长一段时期内的经济发展重心。宁夏回族自治区自2006年开始建设宁夏"一号工程"宁东能源化工基地。按照规划，宁夏到2020年将建成中国重要的能源化工基地。2008年，国务院出台了《关于进一步促进宁夏经济社会发展的若干意见》，强调了宁东能源化工基地发展的重要地位。甘肃省为摆脱贫困处境，提出经济发展"三大工程"——发展大企业、大集团的"双十工程"，打造甘肃工业的"支柱板块"和"211工程"。自2002年起，甘肃全省每年重点扶持20个左右的高新技术项目；重点扶持中小企业、发展非国有经济的"千户百强"工程。河北省针对环京津产业经济区、冀中南产业经济区、冀东产业经济区和冀北产业经济区分布，提出经济发展战略。河南省2006年出台《中原城市群总体发展规划纲要》，系统地提出了中原城市群发展的框架结构，明确提出中原城市群9市通过在空间、功能、产业、体制、机制等方面的有机结合，努力形成作为一个城市群体发挥作用的集合城市；在空间上形成三大圈层——以郑州为中心的都市圈（开封作为郑州都市圈的一个重要功能区）、紧密联系圈（其他7个结点城市）和辐射圈（接受城市群辐射带动作用的周边城市）。在产业上，发展重点向郑汴洛城市工业走廊、新郑漯京广、新焦济南太行、洛平漯等四大产业发展带集聚，通过"产业簇群化"发展，努力形成带动区域产业发展的核心增长极。此外，陕西省、山西省、吉林省、内蒙古自治区、新疆维吾尔自治区均设计了工业发展的宏伟蓝图。因此，这些省份的工业用水量将会改变目前这种增长缓慢甚至是负增长的态势。

(2) Ⅱ型区

多水的重点发展区包括青海、安徽、湖北、重庆、黑龙江、湖南、贵州、四川、江西、海南、广西、云南、西藏13个省份（其中西藏自治区由于人口少，类型特点不明显）。该类型区水资源相对丰沛，人均工业用水量整体明显高于少水的迫切待发展区，但单方工业用水产出均在70元以下，用水效率与效益十分低，如表5-22所示。该类型区近年来工业用水量增加幅度较大，除黑龙江省外，各省份增长幅度均在20%以上，其中安徽省增幅达到117%。

该类型区，工业用水量增长快主要是水资源约束小。由于该类型区工业化水平较低，未来这些省份将加快工业发展步伐，但由于工业用水效率与效益提升空间大，加之水资源综合管理工作的加强，工业用水量增长速度将减缓。

表 5-22 多水的重点发展区 2007 年工业发展与工业用水情况

省份	2007 年人均工业增加值/元	2007 年人均工业用水量/m³	单方工业用水产出/元	2007 年较 2000 年工业用水增加量/m³
湖北	5724	170	34	18.42
湖南	4491	130	35	27.94
安徽	4189	137	31	45.21
青海	6209	130	48	3.37
黑龙江	7465	150	50	-37.46
重庆	4921	145	34	15.71
四川	4946	73	68	9.58
贵州	2367	85	28	12.89
云南	3469	49	70	4.03
西藏	826	40	21	0.43
广西	3187	100	32	9.1
海南	3309	55	60	0.97
江西	4172	134	31	11.1

(3) Ⅲ型区

受水资源胁迫的高效区包括北京、天津、山东、辽宁 4 个省市。其中天津、山东、辽宁三省市，工业发展速度快，受水资源短缺的胁迫，工业用水效率与效益提高较快，工业用水量近年来呈缓慢下降趋势，如表 5-23 所示。北京市由于产业结构的大幅度调整，众多高用水企业搬迁至该区域外，区内工业产业迅速升级，导致工业用水总量明显减少。因此，总体来讲，该类型区的工业用水量将保持缓慢下降的态势。

表 5-23 受资源胁迫的高效区 2007 年工业发展与工业用水情况

省份	2007 年人均工业增加值/元	2007 年人均工业用水量/m³	单方工业用水产出/元	2007 年较 2000 年工业用水增加量/m³
北京	13 224	35	376	-4.75
天津	26 481	38	703	-1.1
辽宁	12 549	57	222	-3.95
山东	15 776	26	613	-19.48

(4) Ⅳ型区

低效的快速发展区主要包括福建、广东、浙江、江苏、上海，集中于我国东南部地区，水资源丰沛，工业经济发展迅速，工业用水总量增长快。该类型区五省市 2007 年较 2000 年全区工业用水量共增长 161 亿 m³，占全国同时期工业用水量增长总量的 62%，如表 5-24 所示。但工业用水效益与效率低，大量废水排放，给水环境带来极大的污染，这种发展模式伴随着不可忽视的环境风险，是不可持续的。未来一段时间内，随着工业用水管理的进一步加强,以及工业节水投入的加大,该类型区工业用水效率与效益将显著提升,其工业用水量增长速度将会变缓。

表 5-24 低效的快速发展区 2007 年工业发展与工业用水情况

省市	2007 年人均工业增加值/元	2007 年人均工业用水量/m³	单方工业用水产出/元	2007 年较 2000 年工业用水增加量/m³
福建	10 049	203	49	26.07
上海	29 570	438	68	2.65
江苏	16 953	295	57	82.85
浙江	14 963	127	118	11.57
广东	14 927	149	100	38.27

5.6.2.4 全国工业用水总量预测

根据相关经济发展预测,中国 2020 年实现 GDP 总量应为 530 000 亿元,人口达 14.5 亿人;经济学家林毅夫预言 2030 年中国 GDP 或可超美国,居世界第一,假定中国经济年平均增长率保持在 6.5%,年平均通货膨胀率保持在 3%,以中国 2006 年 GDP 总量 210 871 亿元为基数,2030 年中国 GDP 总量则可以达到 1 861 897 亿元。

从宏观角度上,根据图 5-53,我国 GDP 与工业用水量的拟合关系,进行我国 2020 年和 2030 年工业需水量预测,即

$$y = 235.66\ln x - 1581.5$$

式中,y 为全国工业用水量(亿 m³);x 为 GDP(亿元)。

预测结果如表 5-25 所示。预测结果未考虑政策性的节水等突变性因素以及中国社会经济发展阶段跳跃对工业用水的影响。

表 5-25 我国工业需水预测(1)

预测年份	GDP/亿元	工业用水量/亿 m³
2020	530 000	1 613
2030	1 861 897	1 994

对上式两侧求导,得到 $dy/dx = 235.66y/x$,即当 GDP 为无穷大时,工业用水量才趋近于零增长,这显然不符合工业用水演变的基本规律。造成这种情况的原因在于,当我国社会经济发展到一定阶段,工业用水效益和工业用水量将脱离原关系曲线发生突变性跳跃,如图 5-47 所示。因此,对于我国这样工业化进程不完整的国家来讲,单一的"GDP-工业用水量"关系曲线不足以进行工业用水总量的中长期预测。

如前所述,我国工业和工业用水发展大致可分为三个阶段,分别以 1978 年和 1997 年为界。同样可将我国工业用水统计数据系列分为三个阶段,每个阶段外延两年的数据进行

拟合，每个阶段都得到如图 5-55 所示的良好相关关系。由此计算我国 2020 年和 2030 年的工业需水量，如表 5-26 所示。

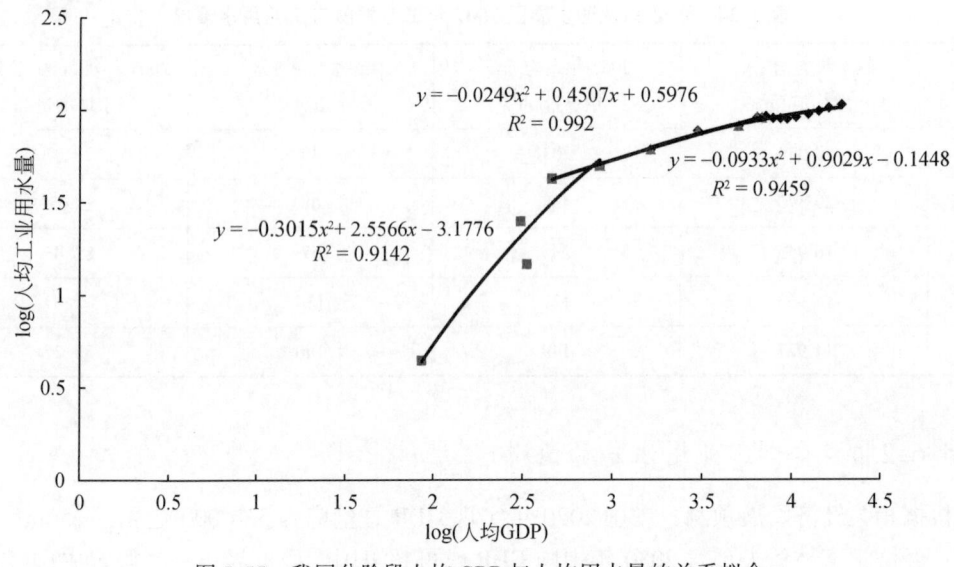

图 5-55　我国分阶段人均 GDP 与人均用水量的关系拟合

表 5-26　我国工业需水预测（2）

预测年份	GDP/亿元	人口/亿人	工业用水量/亿 m³
2020	530 000	14.5	1 563
2030	1 861 897	15.0	1 620

必须指出的是，如图 5-55 所示，工业用水特点与国家经济发展阶段密切相关。由于社会经济的飞速发展，2030 年中国经济可能会处于另一个发展阶段，例如，进入中高收入国家行列，那么沿用 1997 年及以后的数据得到的预测数据在一定程度上会有所偏差。

5.7　我国工业用水系统调控途径与模式

5.7.1　调控目标与原则

5.7.1.1　工业用水系统调控目标

国际通常将"节水"译为 water conservation，可以看出节水不仅仅指水资源的高效利用，还包含水资源保护的含义。工业节水的提出，从根本上讲是为了减少工业废水排放量，降低水环境的纳污压力，保护水环境质量。进行工业用水系统调控，就是在确保工业用水安全和保障工业经济稳定发展的基础上，最大限度地减少新水取用量和废水排放量，建立符合经济发展阶段与水资源可持续利用要求的工业用水系统。

5.7.1.2 工业用水系统调控原则

(1) 支撑发展原则

我国工业仍处于较低发展阶段，2007年全国人均工业增加值只有9000元，远低于发达国家水平，因此大力发展工业是我国在未来相当长时期内的社会经济发展重心。工业用水系统的调控必须以保障、支撑工业稳定发展为重要原则。

(2) 节水减排原则

众所周知，我国是水资源短缺的国家，工业用水受到资源短缺和环境保护的双重约束。既要保障经济的快速发展，又要保持水资源的可持续利用，因此工业用水系统调控必须与节约水资源和保护水环境为原则，发展循环经济与低碳经济，促进生产布局的优化与节水生产工艺的利用，减少新水取用、降低废水。

(3) 因地制宜原则

我国内地31个省（自治区、直辖市）水资源及其开发利用现状、工业发展水平和未来发展方向、工业用水效益与效率等都存在巨大差别，工业用水系统的调控不能一概而论，应针对不同类型区的特点，密切结合我国《国民经济和社会发展第十一个五年规划纲要》中提出的各类型主体功能区（优化开发区域、重点开发区域、限制开发区域和禁止开发区域）的发展方向，制定相适应的调控政策和措施，实现各区域工业的迅速发展和水资源的可持续利用。

5.7.2 我国工业用水区域调控模式

5.7.2.1 少水的迫切待发展区

(1) 类型特点

主要集中在西北、华北地区。本类型地区通常具有三个方面的显著特点：一是农业产值占区域生产总值比例以及农业用水量占总用水量的比例都较高；二是区域经济通常面临工业发展迫切需求，工业用水客观需求进一步加大；三是水资源本底条件差，资源承载力低；四是水资源利用方式较粗放，水资源利用效率和效益较低。

(2) 建设重点

本类型地区工业用水系统调控重点包括：一是区域经济结构优化调整，因地制宜发展资源环境可承载的特色产业，加快工业化进程；二是结合区域土地资源特点，加快农业种植结构调整，发展低用水高产出作物种植；三是加强新增工业企业水资源论证，促进农业用水科学合理的向工业用水转换，以满足工业用水需求。

5.7.2.2 多水的重点发展区

(1) 类型特点

主要集中于西南、华南地区。本类型地区通常具有三个方面的显著特点：一是区域发展相对落后，工业化程度较低；二是区域水资源条件较好，资源承载力高；三是水资源开发利用的方式较为粗放，工业用水效益与效率为各区最低，2007 年各省份单方水工业增加值产出全部低于 70 元。

(2) 建设重点

本类型地区工业用水系统调控重点包括：一是结合经济区等经济发展战略规划，进行区域发展水安全保障规划；二是建立水资源科学管理体制，加快工业用水定额和排污标准制定；三是要突出经济手段的运用，充分发挥水价、水资源费、排污费的调节作用，避免进入"污染—治理—再污染"的怪圈。

5.7.2.3 受资源胁迫的高效区

(1) 类型特点

本类型地区通常具有三个方面的显著特点：一是区域经济水平相对较高；二是水资源本底条件差，供需矛盾突出，生态环境退化现象普遍；三是工业节水技术较先进，工业用水效率和效益相对较高，工艺节水潜力低。

(2) 建设重点

本类型地区工业用水系统调控重点包括：一是区域产业结构进一步调整，发展重心由工业逐渐向第三产业转移；二是实行严格的用水总量控制，推行分质供水；三是加大包括雨水、再生水、微咸水、海水等在内的水源开发力度，充分利用非常规水资源替代淡水资源。

5.7.2.4 低效的快速发展区

(1) 类型特点

集中于我国东南部地区。本类型地区通常具有三个方面的显著特点：一是经济发展迅速，工业化程度较高；二是水资源本底条件较好，但由于工业废水排放量大，大多数地区水环境污染问题已经成为制约经济社会发展的障碍性因素；三是受资源约束弱，工业用水循环利用程度较低，用水效益与效率低下。

(2) 建设重点

本类型地区工业用水系统调控重点包括：一是改变依靠以大量消耗资源和大量排放污染实现经济较快增长的模式，建立循环经济；二是建立严格的水资源管理制度，加强工业用水定额管理；三是提高工业用水重复利用率，减少新水取用量和废水排放量；四是提高工业废水排放标准，强化污染物处理深度。

5.7.3 我国工业用水调控主要措施

5.7.3.1 工业产业结构调整和升级

如前所述，工业本身的发展是决定工业用水发展最主要的因素。总体来讲，我国水资源本底条件差、承载力低，加快工业化进程，采取低碳发展模式，促进工业产业结构调整与升级，建立与资源禀赋条件相适应的循环经济，是调控我国工业用水的根本途径。但是，工业产业结构调整不是一蹴而就的工作，而是遵循经济发展规律的循序渐进的过程。因此，我国工业用水量持续增长的大趋势短时期内难以转变。

5.7.3.2 建立最严格的用水管理制度

(1) 计划用水管理制度

从宏观层面上，加强计划用水管理政策的约束。计划用水是实现我国"总量控制与定额管理相结合的水资源管理制度"的抓手。严格执行计划用水管理制度是控制各用水环节用水量的关键。经过水平衡测试，制定企业用水定额，批复各用水过程、环节的用水额度，对各环节用水进行监督和考核。

(2) 计量与监测制度

建立计量与监测制度，应重点做好以下工作：一是加强城市管网建设与改造，完善用水量计量与监测设施，建立严密的计量与监测制度；二是在企业单元内部建立节水责任制，在加强用水节点计量和减少过程损失的基础上推行子单元用水成本独立核算。

(3) 企业用水考核制度

建立完善的企业用水节水考核制度，针对工业用水特点设置考核指标（表5-27），将企业用水考核与效益考核相结合，加强企业与职工高效用水意识。

表5-27 工业企业用水考核指标

序号	用水环节	指标
1	供水环节	供水保证率
2	取水环节	万元GDP取（用）水量
3	计量环节	水表计量率
4	输水环节	管网综合漏失率
5	用水环节	节水设备装配率
6	循环用水	工业用水重复利用率
		直接冷却水循环率
		间接冷却水循环率
		冷凝水回用率
		废水回用率
7	排水环节	达标排放率
8	非常规水利用环节	非常规水利用率

(4) 企业节约用水管理条例

工业企业应针对用水特点制定相应的节约用水管理条例，规范职工用水行为，使节约用水成为企业文化的重要组成部分。

5.7.3.3 企业高效用水系统建设

从工业供（用）水设施及布局来讲，工业企业用水系统建设应包含以下六个重点：①较高保证率供水及输水系统。企业由于其生产的特殊性，要求有较高的保证率供水及输水系统，以提高供水保证率。②分生产线、分质计量系统。为了抓住各个生产用水环节，应当对于各生产线进行分别计量，对于新水和非常规水分别设置独立水表，进行分质计量。③节水生产线。采用先进的节水工艺和节水生产设备，降低单位产品取（用）水量，减少废水产生量。④工业废水的收集与处理系统。铺设废水收集管网，对于不同工业废水进行分质收集，对于一定规模以上的企业应设立企业污水处理与回用系统，对于规模以下的企业废水由管道通过市政管网排入附近污水处理厂。⑤循环利用系统。对于部分企业，应建立冷却水循环利用系统，对冷却废水进行循环使用。同时，还可以通过先进工艺将冷却水中的热能置换出来，为企业生产提供动力，如水源热泵等。⑥非常规水源利用系统。对于用水水质要求低或具有较强处理能力的企业，采用两套管网，对于不同生产环境进行分质供水，提高中水回用率及其他非常规水源的利用率。

第6章　农业用水系统原理及其安全调控

农业生产是经济社会稳定发展的基础，农业用水是农业生产的保证，服务于农业生产与消费的水分流转过程构成了农业水循环系统，其来源为人工径流性水资源和天然降水补给两个途径，存在消耗和非消耗两种状态，表现为"实体水"和"虚拟水"两种形式。农业水循环系统与自然水循环过程联系最为紧密，存在此消彼长的融合过程，并且在高强度人类活动影响下，农业水循环系统变得越来越复杂，循环环节不断增加、循环路径不断延长、循环通量不断扩大。

为揭示水分在农业生产系统中的循环机理，合理调控农业水循环过程，本章在剖析农业用水基本原理及其特性的基础上，解析农业水循环过程、效率及其伴生的面源污染问题，分析我国与世界各国农业水循环通量和演变规律，预测我国面向粮食安全的农业用水发展趋势，探讨我国农业水循环系统的调控策略。

6.1　农业水循环原理与特性

6.1.1　农业水循环系统发展与结构

6.1.1.1　农业水循环系统发展

农业是人类发展的基础产业，其本质是通过培育动植物，生产粮食及工业原料为人类生存和发展提供基本原料。随着人类认识自然和适应自然能力的发展，农业的内涵不断拓宽和延伸，在原始农业、传统农业之后出现了现代农业、都市农业、生态农业以及低碳农业等新型的农业范畴。与之相伴的农业水循环系统也发生了改变，其循环驱动方式、循环结构、循环路径、循环通量、循环强度和循环效应都在不断扩大和演化。

在远古时代，雨养是农业用水唯一的方式，由于人口数量较小且狩猎占主导地位，农业用水量较少且分布范围较小，农业水循环系统简单，空间分布独立。随着人类活动范围的逐渐扩大，雨养农业的作用逐渐增强，成为远古文明的主要支撑，农业水循环系统也随之壮大。

随着引水灌溉的产生，农业用水产生了革命性的变化，不再仅仅局限于天然降水，径流性水资源成为农业水源。人类大规模地控制生产条件，并且用水规模不断扩大，用水条件不断改善，用水形式不断创新，农业水循环系统由原始的一元降水补给转变成自然降水和人工径流性水资源补给二元形式，人工蓄水、提水、输水、用水和排水社会侧支水循环系统形成并不断完善。自工业革命以来，人类改造自然的能力得到空前发展，以蓄、引、提水工程为主的灌溉农业得到极大发展，加之降水不均匀分布，灌溉农业的作用日益凸显，在一些地区其贡献已超过雨养农业，成为世界各国的主要生产方式。

进入现代社会，农业用水的方式再次发生改变。灌溉农业在灌溉制度、灌溉措施以及灌溉水源方面有了新的发展，出现了非充分灌溉、调亏灌溉以及控制性根系交替灌溉等节水灌溉制度，突破了传统的农业水循环机理，并在传统一次性水源的基础上增加了再生水灌溉。而雨养农业为提高水资源的利用效率，发展了适水作物，实施了种植结构调整以及蓄水保墒等农业用水和节水措施。由于灌溉方式和种植模式的不断更新以及再生水的加入，农业水循环系统在循环路径、规模和范畴上更加复杂。

伴随着农业用水中"实体水"循环的发展，农业水循环系统也逐渐沿着农业水足迹形成了"虚拟水"循环。"虚拟水"循环是为提高区域整体的水资源利用效率和保证粮食供给安全，进行农产品贸易流通所产生的，其中的水循环是以农产品附着物的形式产生，表现为不同区域间的水分流通。

6.1.1.2 农业水循环系统结构

从农业水循环系统的发展变化历程可以看出，尽管农业水循环系统变得越来越复杂，循环边界不断扩大、循环环节不断增加、循环路径不断延长、循环通量不断扩大，但是其基本服务功能始终没有改变。其本质仍然是从水源到作物的实体水消耗和农产品交易携带的虚拟水共同构成，是一个由水源到农产品产出再到农产品流通等不同循环子过程构成的社会水循环大系统，涉及水文循环过程、作物生理过程、水资源配置过程以及区域经济结构的合理调控过程等相关内容。为此，农业水循环系统是社会水循环系统的重要组成部分，是指服务于农业生产的水分流转过程，其水源来自于降水及其派生的一次性径流资源和再生水，表现为消耗型和非消耗型两种状态，显示为"实体水"和"虚拟水"的方式。

按照水分流通过程，农业水循环系统的基本结构可以概括为五个过程：①取水过程，即通过灌溉输配水系统将水自水源引至田间，也包括田间降水的自然输配补给过程。②输配过程，田间水分与作物体根系层土壤水的转化及土壤水再分配过程，即由降水和径流性水资源转变为土壤水的过程。③用耗过程，从作物体根系经作物体再到大气，非径流性土壤水资源向气态水转化的过程，作物吸收水分后通过光合作用将辐射能转换为化学能，最后形成碳水化合物的用（耗）水过程。④排水过程，将多余水量排出农业系统的过程。⑤农产品流通过程，即区域实体水与区域间农产品虚拟水间的转化过程。各个过程既相互作用又相互影响，而且又与自然水循环过程密切联系。图6-1为农业水循环系统概念示意图。

6.1.2 农业水循环原理

农业水循环是水分在农业系统的循环转化过程，是以自然水循环为基础，通过人工调控降水和径流性水资源，实现农业用水的最大利用效用为目标的水循环过程。在自然-人工二元驱动作用下，表现为"实体水"循环和"虚拟水"循环两种类型，其中实体水循

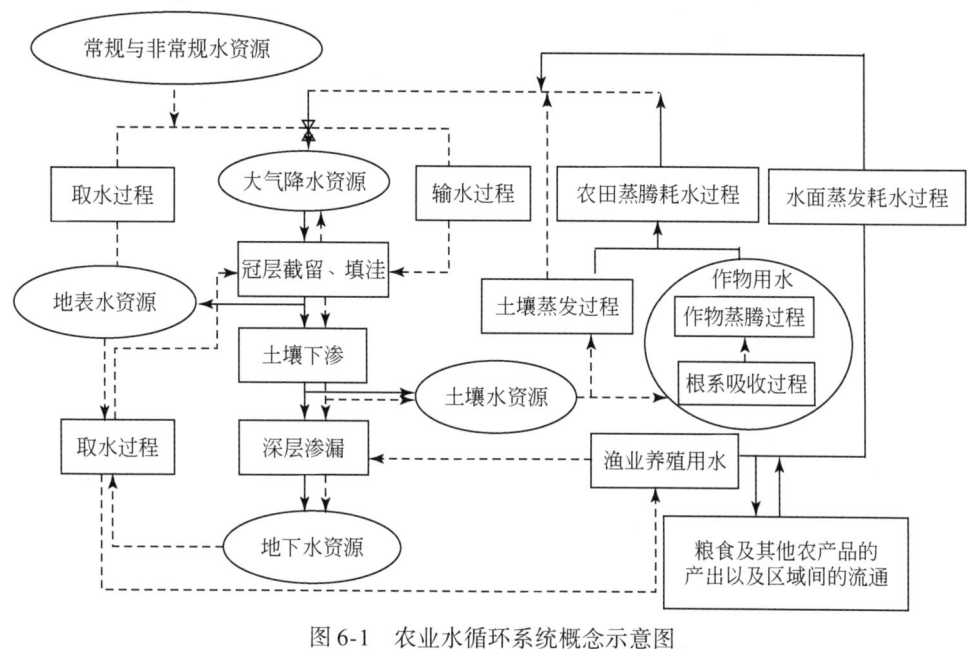

图 6-1 农业水循环系统概念示意图
→：自然水循环过程；⇢：人工水循环过程

环主要表现为区域内农业系统的水分循环，虚拟水主要体现在区域间依附于农产品流通的水分流转。二者遵循不同的循环机理，对于实体水循环的不同环节，其循环机理也不完全相同。

6.1.2.1 驱动原理

在人类对粮食和农作物生产刚性驱动下，农业水循环是典型的自然-社会二元驱动。以天然驱动力为基础，水分受太阳能、重力势能、毛细管势能和生物势能等驱动力综合作用下，在垂直方向沿着"大气—地表—土壤—地下"、水平方向在"坡面—河道—海洋（尾间湖泊）"间循环往复。为了提高农业生态效率，人类通过修筑堤坝蓄水或机井等从地表和地下水源中取水，通过人工渠系及其附属建筑物向农业供水，人工能量（如电能等）驱动了水往"高处"流。

农田水循环系统在自然、人工二元驱动力的作用下，是耦合自然水循环蒸发蒸腾、入渗、产汇流过程和"取水—用（耗）水—排水"等环节的综合循环体，其内生驱动机制的识别也是社会水循环调控的科学基础。

6.1.2.2 输配原理

农业水循环的输（配）过程是为满足农业系统对水的需求，结合农业可用水源，通过直接或间接干预自然水循环过程，提高进入农业系统转化为土壤水量的过程。由于农业可利用水源量既包括降水入渗到土壤供给植被生长的水，也包括为补充天然降水不足的灌溉水。因此，农业水循环的输（配）水是在重力势、基质势以及人工外力的驱动下，对农业水循环系统中自然降水和径流性水资源通量的调整。

降水是农业水循环系统中最直接的水分源泉，是在自然水势梯度的作用下，在克服重力、大气浮力和太阳辐射能的作用下，以液态形式降落到田间，并通过截留、入渗和产汇流等自然水循环后，赋存于农田土壤包气带中，以有效降水的形式服务于农作物的生长发育。农作物冠层截留是农业水循环的可调控部分，一部分通过蒸发消耗，另一部分穿透农作物冠层落到地表。可通过降低农作物叶面温度、维持农作物叶气孔内外的水势梯度影响农作物的蒸腾，进而提高农业水资源的消耗效率。透过农作物冠层落到地表的填注量，可通过调节农田小气候而影响农业产出。

灌溉水的输配过程，是针对径流性水资源的可调控特性，在人工外力（如水泵电能、人力）作用下，通过蓄、引、提水工程措施以及输水措施克服水的重力，干预自然水循环过程，将灌溉水源输送到田间的过程。不同灌溉水源、不同灌溉技术的输（配）水原理不完全相同，但人工过程仍伴随着自然水循环过程的入渗和蒸发机理，在重力势和基质势作用下实现土壤水分的再分配。

6.1.2.3 用耗原理

用（耗）水过程是农业水循环的重要组成部分，是实现农业价值最主要的环节，是以提高农业水系统水分消耗效率为宗旨的，对自然水循环过程中不同消耗项进行的人工调控，主要体现在土壤蒸发、植被蒸腾以及渠道供（输）水过程蒸发以及深层渗漏（包括田间和输配水过程）。对于土壤蒸发、深层渗漏量虽然在生态环境系统发挥了重要的作用，且从区域水资源的整体而言并没有被消耗，但就农业系统而言，其并没有最大效率的服务于农业用水目的，仍属于水量的消耗范畴，且为低效或无效消耗。因此减少这部分消耗量成为农业水循环调控的主要方向。

植被蒸发蒸腾消耗是农业水循环系统中最主要的消耗项，主要发生于SPAC系统，是在大气和作物体间水势梯度差的驱动下，通过克服土壤-根系界面、农作物体内不同器官以及作物与大气界面间的阻力，由农作物根系吸取土壤水分，经茎、叶等器官进入大气，转化为作物水（农产品的组成）的用（耗）水过程。图6-2采用电路方式形象地表示出了作物体内水分的传输消耗过程。其中土壤蒸发和植被蒸腾是其主要消耗形式。

作物蒸腾速率受水汽压、根系影响层土壤含水量影响下的叶片气孔开度所控制。当叶片内外水汽压差趋于平衡时，叶气孔开度减小，蒸腾速率下降；当土壤供给植被蒸腾的水量不足以满足其蒸腾消耗时，叶面气孔被迫减小，其蒸腾速率下降。由作物蒸腾的生理过程可见，虽然作物蒸腾是一个自然的水循环过程，但其蒸腾速率的变化与外界环境密切相关。因此，在农业用水过程中，合理调控土壤水分，维持冠丛阻力和冠层附近湿度，有利于农业水循环系统用（耗）水效率的改善。另外，在农作物的蒸腾中，参与光合作用的水量极少（不足1%），绝大部分都消耗于非光合作用。为此，提高农业用（耗）水的生产性消耗，减少非生产性消耗，提高生产性高效消耗，减少低效消耗，成为农业水循环过程中的重要调控原则。

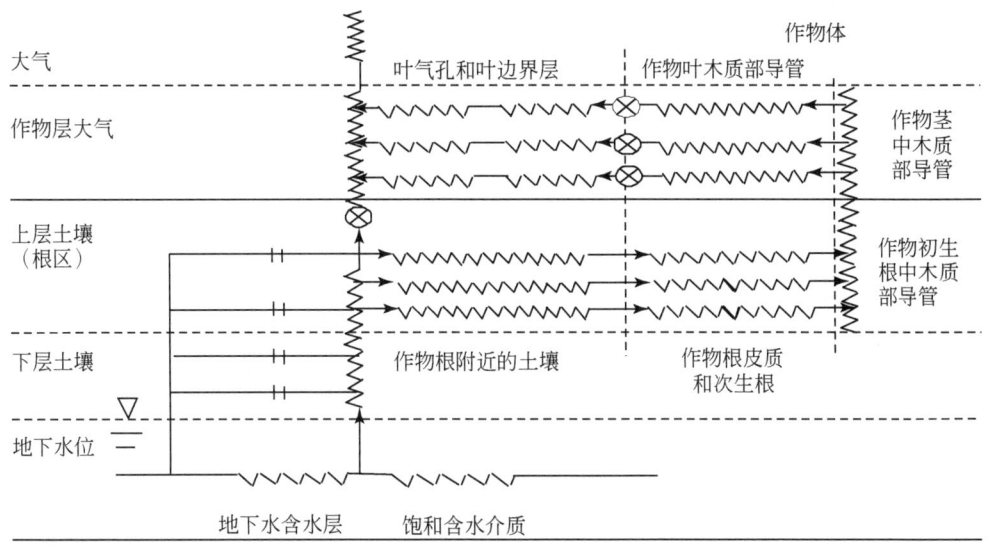

图 6-2 采用电路模式形象表示 SPAC 系统水分的传输消耗过程

棵间土壤蒸发是农业水系统中水资源消耗的一个主要方面，是在土壤水势与大气水势梯度的作用下，土壤水分由土壤非饱和带液态直接转化为气态，并散失到大气中的自然水循环过程。尽管农田棵间土壤蒸发可通过调解农田微气候间接影响农作物生长发育，但是相对于农业系统的生产而言确实低效。因此，常常在人工的干预下，通过地膜覆盖，适当增加农作物种植密度以及通过适当方法减少土壤水分含量最终降低棵间蒸发。

总之，SPAC 系统是农业水循环系统中消耗环节的重要组成部分，水分在水势梯度的驱动下，通过克服土壤—根系界面、农作物体内不同器官以及作物与大气界面间的阻力，由农作物根系吸水、土壤蒸发和植被蒸腾方式实现液态土壤水分向大气水、作物水（农产品的组成）转化过程共同构成。提高农业水资源转化效率，提高生产性消耗，减少非生产性消耗成为农业水循环系统中用（耗）水的调控原则。这也是世界银行提出执行 ET 管理理念开展水资源需求管理的重要理论基础。

6.1.2.4 排水原理

农业排水是通过人为干预地表面产流过程和地下水排泄过程，调控田间土壤含水率，控制地下水位，达到除涝、防渍，防止盐渍化，创造适时耕作条件的目的。除涝通常利用田间沟网、田块本身以及田块上的沟、畦等拦蓄多余的地面径流，或利用集雨工程收集多余降水达到排涝功效。此过程主要遵循地面汇流机理，即将地表的积水在特定的时段内以径流的形式排除。

控制地下水位在地下水补排原理的指导下，通过人工干预其排泄量，达到人工干预地下水位的目的。因为降水/灌溉入渗到土壤中的水量，一部分蓄存在土壤非饱和带内，另一部分将经过深层渗漏补给地下水，引起地下水位的升高；之后，地下水的回落主要依靠潜水蒸发。潜水蒸发量随着地下水位的下降而减弱，水位下降十分缓慢。因此，农田排水过程实质是人工干预地下水排泄的过程。目前田间排水包括两种形式，即水平排水和垂直排水，水平排水又分为明沟和暗管排水两种。

6.1.2.5 虚拟水循环原理

水资源短缺是当前社会经济发展的瓶颈，为合理调控区域内水资源利用，实现区域经济和生态环境的可持续发展，在农业用水过程中针对"实体水"开展"开源节流"的同时，"虚拟水"循环过程逐渐形成，延长了农业水循环过程。

"虚拟水"是指隐含在产品和服务中水的数量，或者说凝结在产品和服务中不可见的水量，是通过产品和服务的贸易完成循环的。虚拟水循环过程改变了传统水资源的观念和思维方式，将传统的农业用水从农田到作物蒸腾过程扩展到农产品的流通、贸易和使用等方面。

尽管虚拟水循环可在一定程度上避免区域内水资源供需矛盾造成水资源、经济社会和生态环境系统之间的不协调，但是虚拟水贸易的安全性也受到质疑。因为目前虚拟水循环主要集中于粮食和农产品的贸易流通中，如果一个国家/地区完全依靠贸易进行粮食供给，其粮食安全不能被保障。特别是我国，人口基数大、粮食刚性需求大，仅依靠进口粮食不能保障我国的粮食安全。

6.1.3 农业水循环特性

6.1.3.1 多源特性——水质要求较低，水源相对丰富

由于农业用水过程中绝大多数的水分要经过土壤、农作物和大气间的转化，各介质均有一定程度的水质自净作用，相对其他产业农业用水水质要求相对较低，因此农业用水水源相对丰富，不仅包括降水、地表水资源、地下水资源和土壤水等一次性水资源，也包括经过废污水处理后的再生水资源以及咸淡水混合利用的咸水资源。据统计，以色列污水灌溉水量的1/5是污水再生利用量，咸淡水混合灌溉面积达4.5万hm^2；美国50个州中约有45州采用污水灌溉，2000年污水灌溉量达到2.4亿m^3。有效降水作为最直接的农业水分源泉，其利用量也相当可观。

6.1.3.2 通量特性——用水总量大，用水分布广

由我国总用水结构的变化可见，1980~2005年，在全国总用水量增加的态势下，农业用水量整体呈先增加后减少的趋势，农业用水量占国民经济用水量的比例不断下降，但仍维持各产业用水量最大比例。据统计，我国农业用水量占国民经济总用水量的比例由1980年的84%下降到2005年的64%，2008年仅为62%。2008年全国及各省的农业用水量所占比例如图6-3所示。从全球尺度看，虽然不同国家农业用水量变化趋势不同，但全球农业用水总量仍在快速增加，如图6-4所示，在2000年农业用水量达到4.65万亿m^3，约占总用水量比例的66%。

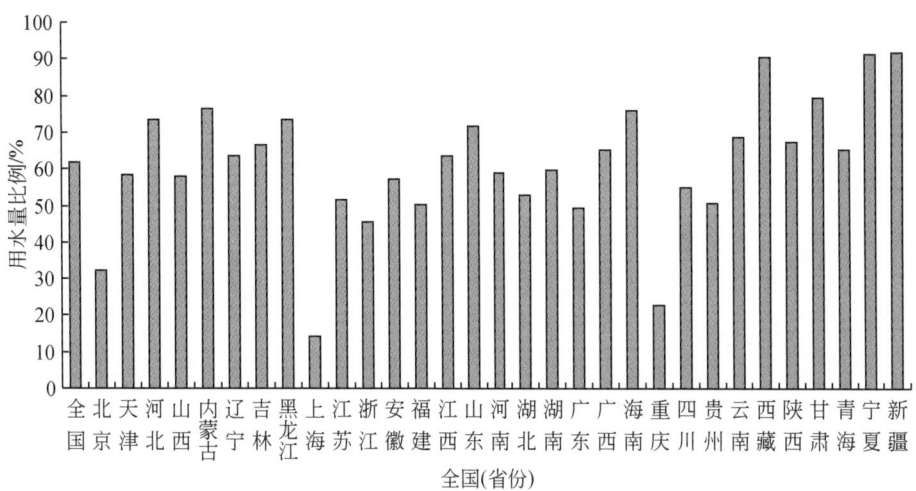

图 6-3　2008 年全国及各省份农业用水量占总用水量比例

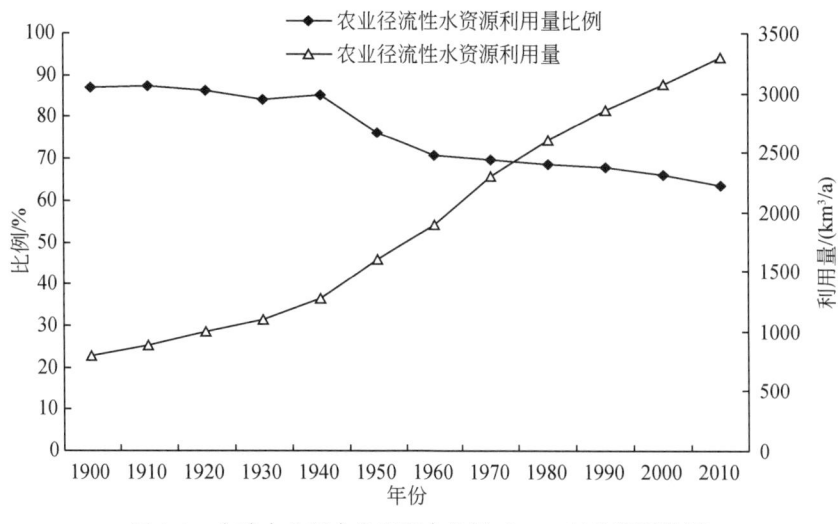

图 6-4　全球农业用水量及所占比例（2010 年为预测数据）

6.1.3.3　消耗特性——用水效率和效益较低，耗水量大

尽管随着节水措施的实施，农业用水效率得到较大的提高，但是，由于农业水分消耗发生在农业水循环的各个环节，既包括蒸发蒸腾消耗量，也包括被产品带走的量，且其水循环与自然生态系统相互依存、相互影响，使得农业水循环利用效率和效益仍较低。就灌溉用水而言，尽管从耗水量整体而言农业耗水量呈下降趋势，耗水系数由 20 世纪 90 年代末的 0.56，变为 2008 年的 0.63（图 6-5 为各省的消耗比例），之后又略有增加，但是其利用效率仍较低。据统计，2007 年全国农业灌溉水利用系数在 0.47 左右，自流灌区渠系水的有效利用率只有 40% 左右，井灌区一般也只有 65% 左右。节水发达的国家 2000 年的

灌溉水利用系数维持在0.7~0.8。在水循环效益方面，地区间差异较大，远不及工业和第三产业。目前我国粮食生产中的水分生产率在0.8kg/m³左右，生产1t粮食耗水量达1250m³；而发达国家生产1t粮食的用水量在1000m³以下。由图6-6可见我国1980~2004年农业、工业和第三产业的用水生产率。

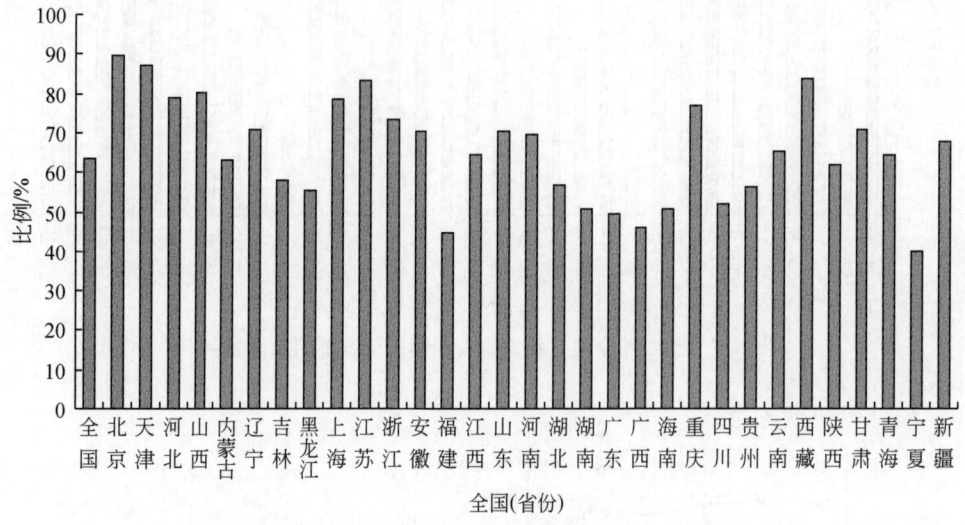

图6-5　2008年全国及各省份农业用水消耗比例

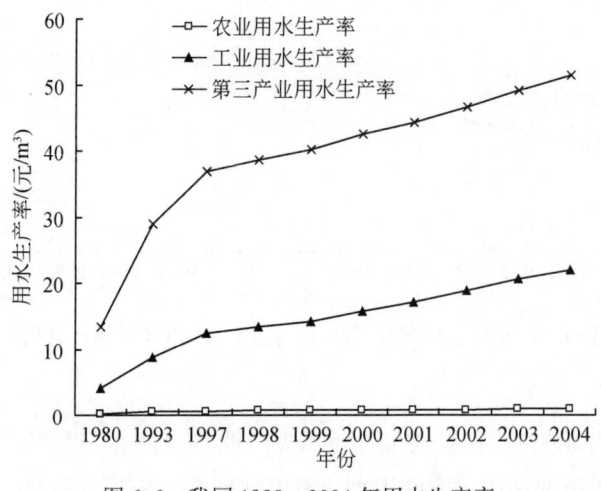

图6-6　我国1980~2004年用水生产率

6.1.3.4　时间特性——农业用水的不同步性和缺水的滞后性

相同作物的不同发育期需水量不同，不同作物的生育期不相耦合需水量也不同，二者共同使得农业用水具有不同步性。另外，作物的不同发育期对缺水的敏感程度不同和对缺水后灌水时间补偿性生产响应的差异，使得农业特别是农作物水分通量在缺水方面不容易集中连片，需水时间上相对滞后。这二者共同决定了农业水循环通量随着时间变化的特性。图 6-7 所示为海河流域冬小麦和夏玉米的需水量在年内的变化过程。结合作物需水规律，发展节水灌溉技术，能够显著改变农业水循环通量和过程。

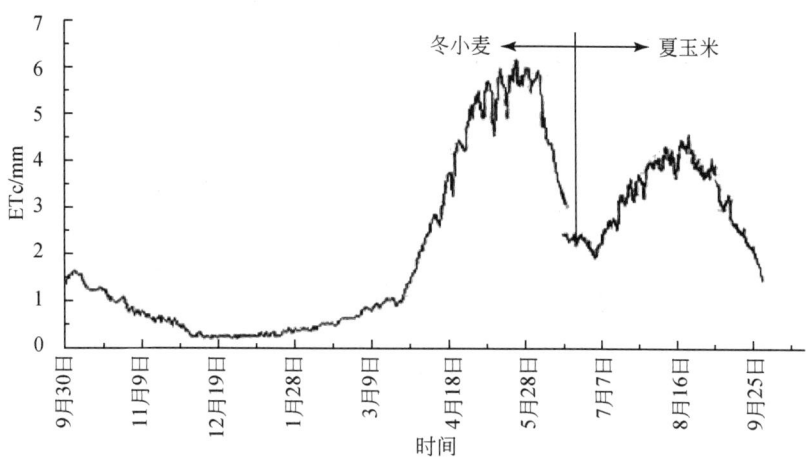

图 6-7 海河流域主要农作物需水量变化过程

6.1.3.5 空间特性——受降水影响大，随机性强

区域水文、气候、土地资源以及人口分布使农业用水呈现空间差异，且受区域管理条件以及国民经济发展整体水平等外因的影响和制约，农业用水的区域差异性更加明显。降水作为农业生产最直接的水资源，其变化对农业用水的影响较大。我国多年平均径流 81% 分布在长江流域及其以南地区，60% 以上的耕地面积集中于北方地区，其中黄河、淮河、海河流域径流仅为全国的 7.5%，而耕地却占全国的 36.5%，并且 45% 的国土处在降水量小于 400mm 的干旱地带。在河川径流分布上，我国的灌溉用水量受降水的影响极大。

图 6-8 为各大洲降水量和农业用水量占总用水量的比例分布。由于天然降水较少，且人口相对密集，亚洲和非洲农业用水量占总用水量的比例均高达 85%，但二者耕地灌溉率则相差较大，亚洲达到 44% 左右，非洲仅为 8% 左右。美洲人口密度相对较少且天然降水资源丰富，农业用水量占总用水量的比例不足 50%，耕地灌溉率也仅为 10% 左右。

降水的年际变化直接影响着农业水循环通量的时空分布。例如，2009 年春天华北地区大旱，河北省平均降水量只有 11.4mm，比历史同期减少 62%，是河北省自 1951 年以来的同期最低值，整个河北地区，尤其是沧州、衡水、承德、保定四地缺水最为严重，直接减少了农业水循环通量，农业生产也受到影响。不同地区由于降水不同，水循环强度也会显著不同，如西北地区降水稀少，其农业水循环强度远远小于湿润地区。

6.1.3.6 结构变化特性——受国民经济发展和生活水平的影响较大

农业用水的农、林、牧、渔产业结构和种植结构受国民经济、生活水平的明显影响。随着生活水平的提高，人们的饮食结构发生变化，为追求合理的饮食结构，农业产业结构

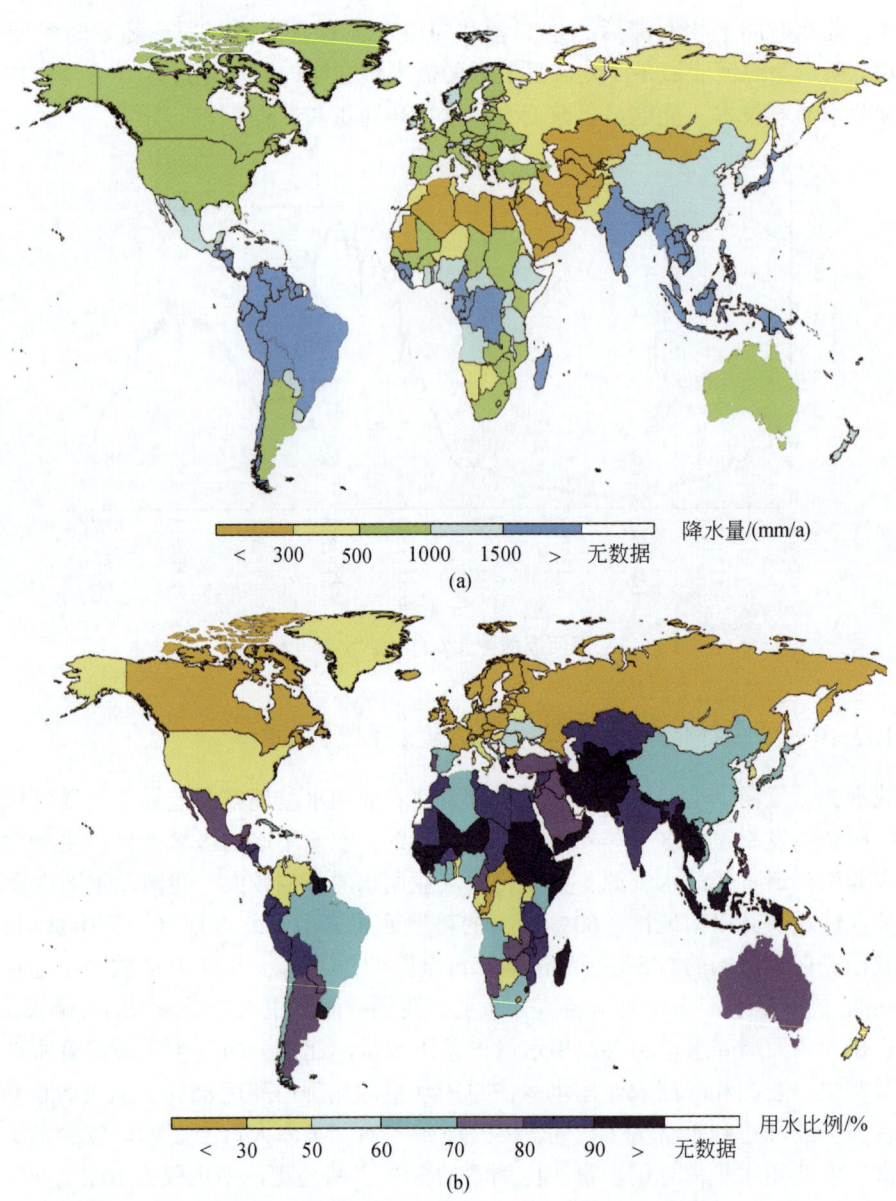

图 6-8 2007~2008 年全球降水量和农业用水量占总用水量比例的空间分布

随之发生改变，农业用水也受到影响。我国农业灌溉用水量整体呈现减少趋势，而林、牧、渔业用水量却缓慢增加。不同年份农田灌溉用水量、林牧渔业用水量及相应 GDP 的变化，如图 6-9 所示。据统计，1980~2007 年，我国农业灌溉用水量由 3509 亿 m^3 下降为 2007 年的 3249 亿 m^3，占农业用水量的比例由 94% 下降到 90%；用于林、牧、渔业的水量缓慢增加。从图 6-10 我国粮食作物和经济作物播种面积变化可以看出，随着经济水平和粮食生产效率的提高，近 30 年来，我国粮食播种面积总体上呈现下降的趋势，而经济作物播种面积快速增加，这一转变同样影响到农业用水结构的变化。

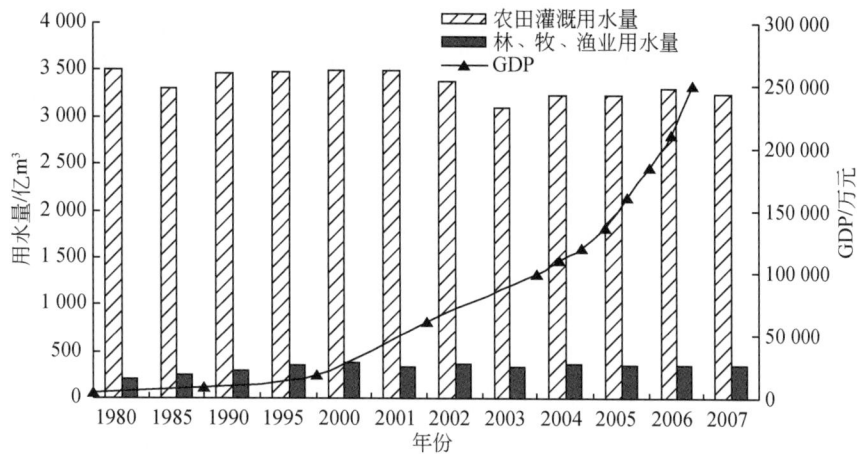

图 6-9　1980~2007 年经济发展与农业用水结构的变化

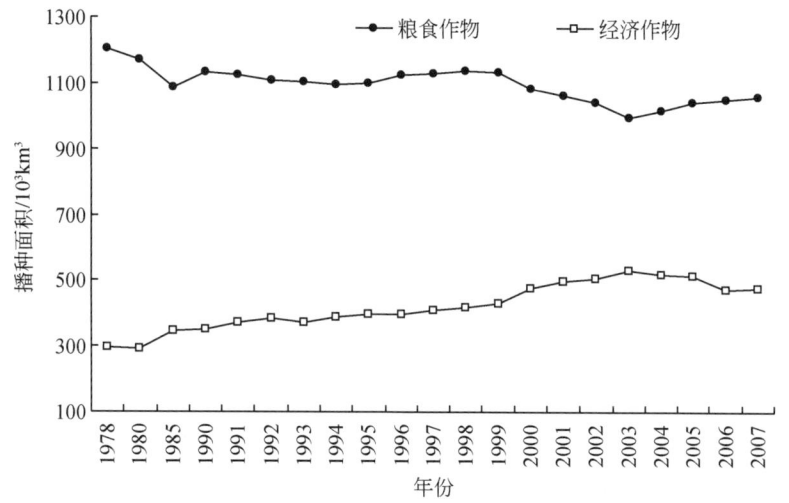

图 6-10　我国粮食作物和经济作物播种面积变化

6.1.4　雨养农业与灌溉农业

雨养农业和灌溉农业是两种主要的农业生产方式。在水资源匮乏、农业用水严重不足、粮食刚性需求增加的情势下，充分利用各种可能的水资源，挖掘耕地生产潜力成为未来保障粮食安全和农业发展的主要方向。雨养农业和灌溉农业并重将是未来粮食安全的保障。

6.1.4.1　雨养农业

雨养农业是指以天然降水为作物生长发育的水源，通过应用综合配套技术，建立合理的旱地农业结构，采取一系列旱作农业技术措施（包括工程措施、耕作措施以及蓄水保墒措施等），挖掘自然降水利用率的生产潜力，实现农业稳产、高产和农、林、牧综合发展的农业。按照区域降水量的差异雨养农业可分为旱地雨养农业和湿地雨养农业两种类型。

旱地雨养农业一般指在作物生长季节降雨量偏少，降雨不规律，且集中在年内一个较短的时期内，与农作物需水时间不相耦合的雨养农业，在农业生产上主要强调水分的保蓄，通过雨水集蓄利用技术在空间和时间两个方面对雨水资源富集利用，以更有效地解决区域农业生产中普遍存在的天然降水和作物需水严重错位导致受旱减产的问题。湿地雨养农业一般指在作物生长季节降雨充足，且雨量分布适中但水量较大的雨养农业，在农业生产上的重要问题是排水。在热带和亚热带地区，当蒸发量超过降雨量时，湿地和旱地都有一段水分亏缺期。可见，在雨养农业中，降雨是最直接的水源。

由于降雨受区域气候条件的影响较大，雨养农业相对灌溉农业而言生产能力较低。然而，全球可利用耕地的分布以及淡水资源的限制决定了雨养农业仍占有十分重要的位置，且随着水资源匮乏程度的加剧，雨养农业措施的实施、抗旱农作物品种的培育以及发展新灌溉系统的成本不断上升，灌溉农业的整体效益下降，而人口的增加、粮食需求的增长，迫使雨养农业在农业发展中成为极重要的部分。据统计，全球14亿hm^2耕地中，主要依靠自然降水生产的旱地占可耕地的80%，全球有60%~70%的粮食产自雨养农业。我国虽然有着悠久的灌溉发展历史，但绝大多数国土面积分布在拥有充足土地光热资源的干旱半干旱季风气候区，雨养农业在我国的农业发展进程中始终占有重要的地位。据统计，在19.5亿亩（1999年）耕地中完全没有灌溉设施的雨地农田面积约有11.7亿亩，尽管其水分生产效率较低，但随着旱农耕作技术的实施具有很大的生产潜力，对提高农业粮食生产能力具有重要的作用。

因此，面对资源、环境、人口等方面的压力，世界各国特别是水资源相对缺乏的地区，雨养农业的范畴、规模及生产能力将得到提高。雨养农业不再仅仅体现在适水种植的过程，而且在干旱区也出现了通过修筑梯田、堤坝和小型水坝等方式截留雨水，增加农田雨水转化为土壤水资源的数量，通过修建水窖、蓄水池等小型雨水收集工程对降水入渗进行时空调控，采取农作物垄作、蓄水保墒措施减少土壤水分无效蒸发等措施进行调控和合理利用。在各种节水保墒措施的实现下，雨养农业的生产能力将会得到进一步提高，对保障未来粮食安全具有重要的作用。

6.1.4.2 灌溉农业

灌溉农业是指通过人工手段补充天然降水不足以支撑农作物生产的农业，主要通过各种农用水利灌溉设施，满足农作物对水分的需要，提高土地生产能力，是一种稳产、高产的农业。灌溉农业遍布世界各地，特别是在大江大河两岸，如北美洲的密西西比河、南美洲的亚马孙河、亚洲的长江、非洲的尼罗河等流域。灌溉农业与人类文明并行发展，为人类的繁荣作出了巨大的贡献，在人类赖以生存的粮食供给中发挥了至关重要的作用。

据文献记载，农业灌溉用水的第一例最早出现在古埃及。古埃及人民在认识了尼罗河定期泛滥水文特征的基础上，以洪水为农田灌溉水源，通过引洪补充天然降水对农作物供水的不足，出现了灌溉农业。之后，古巴比伦人民根据幼发拉底-底格里斯河的水沙特点发展了两河流域的灌溉农业，缔造了灿烂的古巴比伦文明。我国的灌溉农业历史悠久，如西周时期的井田配置的沟洫、春秋战国时期的楚修芍陂抗旱、秦汉时期的引水灌溉工程以及近代的运河灌溉等。灌溉农业的发展为我国 5000 年的辉煌历史发挥了极为重要的作用。

灌溉农业在世界粮食供应方面发挥着至关重要的作用。据统计，全球农业灌溉面积已由 20 世纪初的 5000 万 hm² 增加到 2005 年的 2.5 亿 hm²，占全球耕地总面积的 17.8%，生产了世界粮食总量的 1/3。在发展中国家，灌溉地只占耕地面积的 20%，却生产了大约 40% 的作物。表 6-1 给出了国际灌溉排水委员会（ICID）88 个成员国的农业灌溉情况，结果表明，88 个成员国总人口占全球人口的 80% 左右，耕地面积占全球的 86.3%，灌溉面积占 99%，耕地灌溉率平均为 20.49%，灌溉农业的出现使得粮食产量得到了极大的提高。我国之所以能以占世界 9% 的耕地养活占世界 25% 的人口，灌溉农业起到了十分重要的作用。据统计，我国由灌溉农田生产了我国粮食总产量的 70%、棉花总产量的 80% 和蔬菜总产量的 90%。

表 6-1 ICID 成员国农业灌溉情况

地区	国家数	人口/百万	农业人口/%	总面积/10⁶ hm²	耕地面积/10⁶ hm²	耕地与总面积比/%	耕地灌溉面积/10⁶ hm²	耕地灌溉率/%
非洲	21	552.87	50.53	1898.47	146.65	7.72	11.86	8.08
美洲	15	723.46	12.58	3758.11	389.68	10.36	38.09	9.77
亚洲、大洋洲	25	3402.69	56.99	3162.64	502.16	15.87	170.11	43.83
欧洲	27	693.18	13.05	575.06	169.70	29.50	27.56	16.24
合计	88	5372.20	44.67	9394.28	1208.19	12.86	247.62	20.49

资料来源：ICID，薛亮，2002

随着人类对农业用水机理认识的加深和水资源紧缺以及农业节水意识的增强，以提高灌溉水利用效率为驱动的先进的节水灌溉技术的发展，非充分灌溉和节水灌溉被相继提出，进一步促进了灌溉农业的发展。灌溉农业在未来人口增长、粮食需求增长中将发挥更大的作用。

6.2 农业水循环过程解析与效率评价

6.2.1 雨养农业水循环系统结构与过程

6.2.1.1 农业雨水利用结构

(1) 农业雨水利用

雨水是雨养农业的唯一水源。雨水资源从形成到消失可以分为两个阶段：第一阶段是形成阶段，即云层中水汽凝结成水滴或水晶，在重力作用下下降的过程；第二阶段是消失阶段，为雨水资源降落到地表后，通过入渗、蒸发和径流转化为其他形式水资源的过程。农业雨水利用是改变雨水自然循环与转化规律的过程，根据不同阶段的特点，农业雨水利用的方式和手段不同。

第一阶段以采取改变水汽凝结条件和时机的措施，提前或延后降水的形成，改变次雨水资源量，如人工增雨技术。第二阶段是雨水调控利用的主要阶段。绝大部分雨水资源降落到地表，极少部分通过蒸发转化为空中水，剩余部分或通过入渗转化为土壤水，或通过汇集形成地表水。这一阶段除了采取适水种植等农艺调控措施外，主要的雨水调控措施包括：①改变蒸发的技术措施，如地表覆盖和水面覆盖技术抑制蒸发作用。②改变入渗的措施，主要有通过化学制剂处理技术影响入渗能力，通过地面覆盖技术减小入渗能力，利用生物技术改变土壤入渗等。③改变径流过程和路径的措施，主要是改变地表径流汇集、输移以及停留时间和路径达到雨水利用目的。例如，通过改变微地形增加雨水资源的停留时间或者截断雨水资源形成径流输移路径，主要工程措施包括梯田、水平阶、等高耕作、鱼鳞坑等。④改变雨水资源在时间上的分配和转化，主要有以存储雨水资源为主的工程措施，如水窖、旱井、塘坝等。

雨水资源利用从时间上可以分为即时利用和延时利用。即时利用是将雨水资源通过人为措施立即转化为其他形式的水资源供生物利用，主要包括抑制蒸发和增加入渗类技术措施；延时利用是通过一定技术措施使雨水的形式维持较长时间，在较晚的时段转化为其他形式的水资源，主要包括改变径流过程、减少入渗以及存储雨水等技术措施。雨水利用按空间可以分为就地利用和异地利用。就地利用是指雨水资源降落到农田表面后直接转化为其他形式水资源的利用过程；异地利用是指雨水资源降落到农田表面后，通过一定的技术措施输移到其他位置后再利用的过程。

（2）农业雨水集蓄利用结构

雨水集蓄利用是在传统雨养农业技术的基础上，叠加对降雨时空分布的调节利用，是在传统雨养农业的基础上对降水利用方式的进一步发展。该方式可使天然降雨利用率进一步提高，为作物关键需水期提供了有限度的人工供水，从而使作物避免因过度水分亏缺造成的致命性损伤甚至枯萎，使作物能较好的吸取后期降雨。

雨水集蓄利用工程是在水资源贫乏，且受地形、地质、水文等条件限制而很难修建骨干水利工程的地区，通过采取一定的工程措施收集、储存和调节利用雨水的小型水利工程。雨水集蓄利用系统基本结构如图6-11所示，可分为集流工程、净化工程、蓄水工程、输水工程和供水工程五个部分。集流工程由集流面、汇流沟、输水渠和沉沙池组成。集流面主要有混凝土集流面，塑料薄膜集流面和原土夯实集流面等形式，但是通常主要利用自然坡面，如屋顶、庭院、公路和各种道路、碾场。蓄水工程有水窖、水柜、水池和塘坝等多种形式，其作用是通过蓄存雨水，解决作物用水供需错位的矛盾。

6.2.1.2 雨养农业水循环过程

雨养农业中作物的水分获取完全来自于大气降水，虽然雨养农业水循环通量和过程在一定程度上受到人类活动的干扰，但其循环利用完全依赖于自然水循环的降水、蒸发、入渗和产流机制等。大气降水和蒸发是雨养农田水循环的输入、输出源，农田上的降水在太阳能、重力势能和土壤吸力的驱动下，经作物植被冠层截留、地表洼地蓄留、地表径流、蒸发蒸腾、入渗、壤中径流和地下径流等迁移转化过程，一部分重返大气，一部分排入水域，并再次从水域或陆面蒸发，这样循环往复、永无休止。图6-12为雨养农业水循环过程示意图。

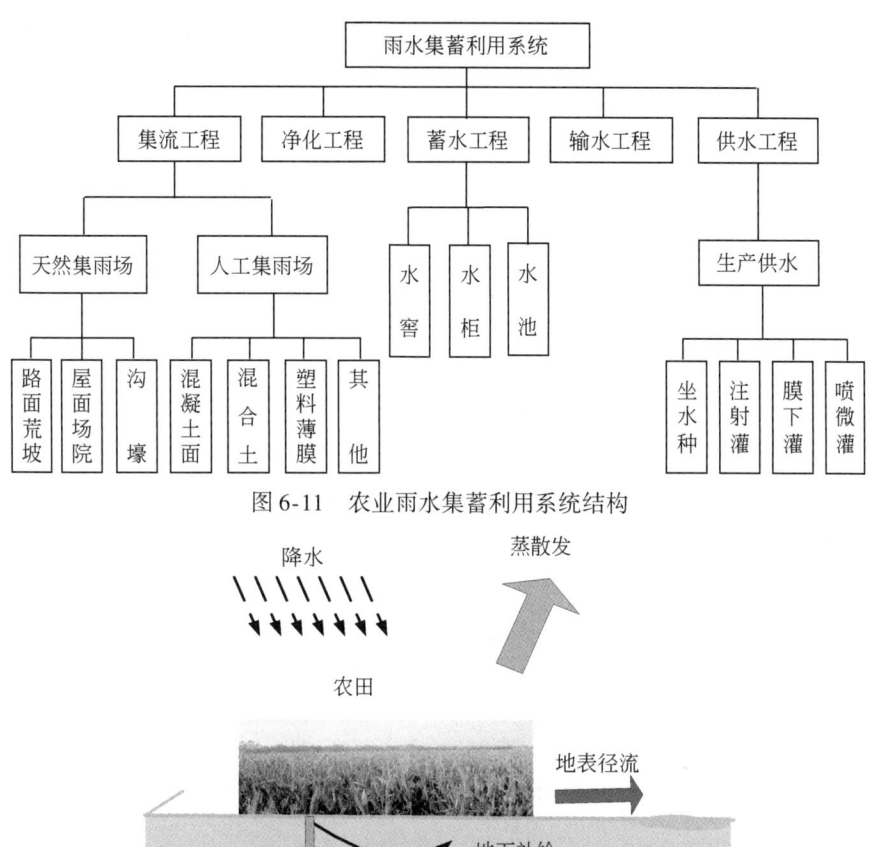

图 6-11 农业雨水集蓄利用系统结构

图 6-12 雨养农业水循环过程示意图

雨养农业种植模式虽然通过对土地利用方式的改变影响陆地表面的覆盖率、植物分布方式和土壤质地,并采取集雨调蓄利用等措施调控降水,深刻影响着农田区域入渗、产流和蒸发蒸腾过程,与完全不受人工干扰的自然水循环过程存在显著不同,但依然遵循自然水循环的基本物理机制,体现在降水入渗、作物蒸腾发和产汇流各个环节。

1)降水入渗。农业耕作和施肥措施等改变了土壤和岩层状况,或者通过坡改梯、平整土地等改变地表覆被状态,影响了水量入渗的时空规律,但是水分入渗机理均与自然水循环状态的入渗机理一样,不同的只是由于受到人工的调节,土壤入渗通量的大小和时空发生变化。

2)作物蒸腾发。农田取代了自然土地的水分利用和消耗过程,农田节水采取的调控田间蒸发蒸腾措施也影响了农田蒸腾发过程,但农田蒸腾发仍然基于热动力学机制,遵循自然水循环的热量平衡原理。

3)产汇流。农田产流过程仍然遵循自然水循环的蓄满、超渗或者二者同时发生的产流机制。但农田土壤含水率受人类活动的干扰导致产流量与时空过程发生变化。农田水流汇集过程仍然根据地形坡度的变化，并在流动过程中逐渐汇集，最后汇集到排水沟或者河道。农业耕作方式和种植结构调整等都不同程度地影响农田地表的产汇流量。

6.2.2 灌区农业水循环系统结构与过程

6.2.2.1 灌区分类

灌区是灌溉农业集中发展的区域，一般是指有可靠水源和引、输、配水渠道系统和相应排水沟道的灌溉区域，是依靠自然环境提供的水、土、光、热资源，加上人工灌溉补水和人为选择的作物与种植比例等调控手段，形成的一个具有很强社会性质的相对独立的开放式系统。灌区地形地貌、气象、土壤和地下水的补给等自然条件和水利设施条件的差异使灌区水资源的开发利用形式明显不同。灌区按照降水量与蒸发量的差异又分为补充灌溉区、不稳定灌溉区和常年灌溉区。表6-2是我国依据降水量、蒸发量划分的灌溉分区表。按照取水方式的不同灌区分为纯井灌区、渠灌区和井渠结合灌区。

表6-2 降水量、蒸发量及灌溉分区表

降水带	年平均降水量/mm	年平均蒸发量/mm	干旱指数	灌溉区	占国土面积的比例/%
湿润	>800	<800	<0.5	补充灌溉区	32
半湿润	400~800	800~1200	1.0~3.0	不稳定灌溉区	15
半干旱	200~400	1200~1400	3.0~7.0	常年灌溉区	22
干旱	<200	>1400	>7.0		31

(1) 纯井灌区

纯井灌区采取从水井中汲取地下水以浇灌作物的灌溉方式，一般建设在地下水丰富或地面水引取十分困难的地方，是完全依靠地下水供水的灌区，有大量分散的管井建筑和抽水设备以及配套的田间输水工程。井灌区农业水循环系统一般规模较小，循环系统相对封闭和简单。

我国井灌区面积为2亿多亩，占全国灌溉面积的1/4左右，大部分分布在华北和东北地区。在降雨比较充足或有一定的地下水侧向补给来源的地区，如当地地下水资源能满足农业用水要求时，可以采用地下水灌溉，结合工程与非工程（农艺和管理）节水措施解决农业用水问题。在低洼易涝易碱地区，井灌可降低地下水位，以防治土壤盐渍化、沼泽化。井灌系统渠系短、输水时间短、输水损失小、灌溉效益高，能适时适量给作物供水，是一种较先进的灌溉方式。

(2) 渠灌区

渠灌区一般没有适合于开发的地下含水层，其农业用水全部由地面水系统供给。渠灌区主要有供水系统、田间灌水系统和排水系统。供水系统主要包括地表水源工程和地表水输配水渠道及建筑物等，其中地表水源工程既可以是拦蓄调节地面水的河流水库，也可以是无调节措施的河流引水或扬水工程，有些情况下还包括防洪、排沙等辅助工程。田间灌水系统是将地面水或地下水输送分配到田间的灌溉沟渠及渠系上的建筑物和设备。排水系统排泄暴雨径流或多余的引水量。渠灌区一般规模较大，农业水循环系统较为复杂。

（3）井渠结合灌区

井渠结合灌区是指同时利用地表水和地下水进行农业水资源供给的灌溉系统区域，按照地表水和地下水供给量侧重不同而类型不同。在有地表水可以引用，但地下水天然侧向补给较少，地下水主要由降水和灌溉补给的地区，采用以渠为主、渠井结合的灌溉方式；对于有一定地下水侧向补给并有良好淡水含水层的地区，可以采用以井为主、以渠补源的灌溉方式。

井渠结合既可以利用地下含水层进行调蓄，重复利用地表水灌区渠道渗漏和田间灌溉水深层渗漏补给的地下水进行灌溉，解决地面水供水与作物需水在季节上的矛盾，达到了开源的作用；又可以显著减少地表灌溉用水量和渠道取水量；还能起到提高灌区的供水保证程度，降低地下水位的作用，有利于除渍和防治次生盐碱化。井渠结合灌区农业水循环系统复杂程度远远超过井灌区和渠灌区。

6.2.2.2 灌区农业水循环结构

在天然状态下，受太阳能、重力势能、生物势能等能量的共同作用，水分在垂直方向沿着"大气—地表—土壤—地下"、水平方向在"坡面—河道—海洋（尾闾湖泊）"间循环往复。由于受到人类土地利用和直接引提水的影响，灌区天然一元的自然水循环结构被打破，形成了"自然-人工"二元水循环结构。如图6-13所示，为了满足农业生产水资源的需求，人类从地表和地下水源中取水，通过渠首及其附属建筑物向农田供水，经由田间工程进行农田灌水，形成了取水、输配水、用水和排水的四大过程，并参与到灌区大气水、地表水、土壤水和地下水自然循环转化过程中。人类活动外力成为地球重力作用、太阳辐射之外的灌区水循环的另一个主要驱动因素。

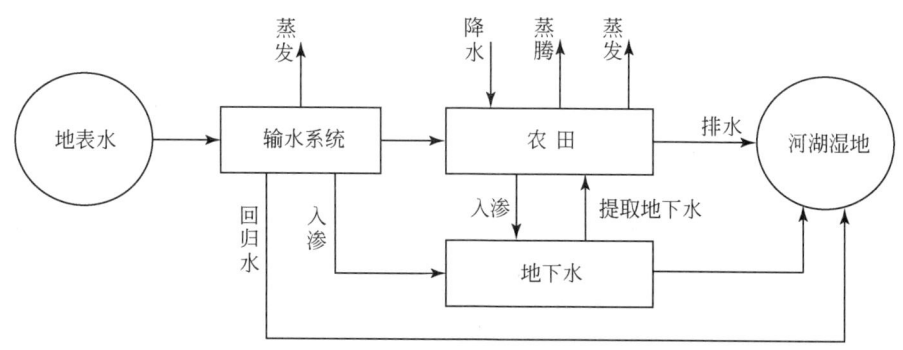

图6-13 灌区自然-人工二元水循环结构

6.2.2.3 灌区农业水循环过程

灌区农业活动除了改变农田地表覆盖、植物分布方式和土壤质地等水循环陆面过程的主要控制性因素之外，还通过修建水库、渠道和机井等直接干预地表径流和地下径流的循环路径和通量，这些分离的水分在输运、利用和排泄过程中形成新的水循环分支——灌区社会水循环过程，即通过各种水利设施从地表和地下取水，通过输水干渠经支沟、斗沟、农沟、毛沟等各级渠道输送到田间，或者将水暂时调蓄起来，扣除蒸发和入渗损失后，进入田间的水分在利用与消耗之后存在地表和地下逐渐汇集的过程，经毛沟、农沟、斗沟进入干沟，最后排入河道。

灌区社会水循环的取水—输水—用水过程不仅改变了水循环的蒸发、入渗、产流过程与通量，而且形成完全逆于自然产汇流的过程。首先，水从河道引出以各级渠道为载体输送到农田，由原来在河道中的汇流过程变成水量逐步分散的过程；提取地下水则改变了地下水的流动过程，使得原本依据重力作用汇流的地下水转变为由电能等提取灌溉输送到农田地表。在农田排水时，由于排水沟的存在，灌溉退水由最末一级排水沟向干沟汇流的过程完全是人工控制。

因此，灌区社会水循环对农田水分的调控可分为两类：一类是对水体的运动过程进行直接控制，如灌区取水—输水—蓄水—用水—耗水—排水过程；另一类是通过改造天然介质要素或者重新构建新的介质要素对水循环过程产生影响的间接调控。对灌区水循环的直接调控和间接调控系统构成了灌区农业社会水循环。可见，人类农业种植和灌排活动直接或间接调控了农田系统的产汇流过程，完全改变了天然状态下的产汇流过程、通量和路径。

在灌区系统中，人类活动的干扰主要表现在农田耕作、引水和排水等，但是，无论是灌溉水还是降水，水循环系统在输配水系统和农田上所发生的改变仅是各循环通量数量和时空格局的变化，或者是产汇流层次和方向的变化，而水循环的转换机理仍然遵循自然水循环机理。就农田降水而言，若无人类干扰因素存在，水分仍按照自然水循环过程进行，但是由于作物、田埂、田面平整、渠道和排水沟道等人类活动的干扰，改变了降水在田面上的入渗、产流过程和通量。农田水循环过程一方面遵守着蒸发蒸腾、入渗、产汇流等自然水循环机理与过程；另一方面又在人类活动的取水—输水—蓄水—用水—耗水—排水人工水循环的作用下改变其循环通量数量或产汇流方向，形成了灌区水循环系统，如图6-14所示。

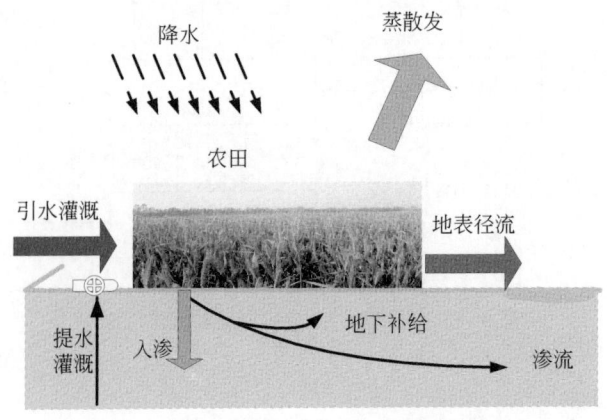

图6-14 灌区自然-人工复合水循环系统结构

6.2.3　基于水循环的农业用水效率评价

农业是人类利用太阳能的生物转化，获得人们所需要的食物、工业原料和能源，并创造理想的生态环境的产业。围绕农业水资源的利用目的，以水循环转化过程为基础的农业用水效率评价包括三个层次：一是以水为中心，从农业灌溉水资源的利用与消耗的角度，评价农业水资源提取、传输和使用效率，即农业水资源的利用效率；二是以产品为中心，从农业水资源产生的经济效益角度，评价农业水资源的生产效率；三是以生态为中心，从农业水资源利用的生态效益角度，评价农业水资源的生态服务效率。

6.2.3.1　农业水资源的利用效率

(1) 农业水资源利用效率评价指标

农业水资源的利用效率是从资源利用程度的角度评价水资源利用效率，主要是指灌溉用水的利用效率。1977年国际灌溉排水委员会提出了一个灌溉效率标准，该标准将总灌溉效率划分为输水效率、配水效率和田间灌水效率，总灌溉效率为三者之积。Jensen 等于1990年指出传统灌溉效率概念忽视了灌溉回归水，在用于水资源开发管理时是不适用的，因此从水资源管理的角度提出了净灌溉效率的概念；Willardson 等提出采用"比例"的概念来代替田间灌溉效率指标，如灌溉消耗性利用比例指的是作物蒸发蒸腾量占田间灌溉水量的比例，还有可重复利用比例、不可重复利用比例等；Keller 等提出"有效效率"的指标，即作物蒸发蒸腾量同田间净灌溉水量之比，田间净灌溉水量为田间总灌水量减去可被重复利用的地表径流和深层渗漏；国际水管理研究院（IWMI）提出了水分生产率、水分消耗百分率、水分有益消耗百分率三大类指标。

在灌溉实践中，国内普遍应用灌溉水利用系数作为评价灌溉用水利用效率的指标。《农村水利技术术语》（SL56—2005）中定义灌溉水利用系数为灌入田间可被作物利用的水量与渠首引进的总水量的比值；《灌溉与排水工程设计规范》（GB 50288—99）中，灌溉水利用系数为某时段灌区净灌溉用水量与毛灌溉用水量的比值。在实际测算分析中，灌溉水利用系数通常采用渠系水利用系数乘以田间水利用系数得到，而渠系水利用系数则采用各级固定渠道水利用系数连乘求得，其研究分析的重点集中在测定渠系水利用系数和田间水利用系数方面，形成了确定渠系水利用系数、田间水利用系数和灌溉用水有效利用系数的各种量测分析方法。

灌溉水利用系数指标主要反映渠系和田间工程状况，是设计工程条件下的灌溉用水效率可以达到的水平。目前我国灌区技术改造，渠道防渗、田间节水灌溉技术的应用变化很大，灌区的灌溉水利用系数也随之改变，以往测定的灌溉水利用系数往往缺乏代表性，随着大型续建配套和灌区节水改造的实施，传统的采用静水法或动水法测算灌溉水利用系数在代表性、测算工作量和操作难度方面都比较大，难以跟踪测定灌溉水利用系数变化。而在工程运行管理中，水价调整、管理制度改革等也对灌溉水利用效率产生较为深刻的影响，这些在灌溉水利用系数的评价方法中均无法反映。所以，近年来有专家提出了灌溉用水有效利用系数指标，用来反映灌区工程状况、管理状况、技术条件、气象因素等对灌溉用水水平的影响，并且已经在全国灌溉用水效率评价使用。

（2）灌溉水利用系数

灌溉水利用系数是指灌入田间的水量（或流量）与渠道引入总水量（或流量）的比值，是灌溉工程规划设计时，在灌溉设计保证率的情况下，根据未来规划作物种植结构、灌溉面积、灌溉制度确定工程规模及布局、引水流量等所需要的参数。灌溉水从水源到引入田间被作物吸收利用过程中的水量损失，可分解成田间灌水损失和渠系输水损失两部分，相应地，灌溉水利用系数可分解为田间水利用系数和渠系水利用系数两部分。渠系水利用系数由各级渠道的渠道水利用系数（η_s）连乘求得，是灌溉渠系的净流量与毛流量的比值，即

$$\eta_s = \eta_干 \eta_支 \eta_斗 \eta_农 \tag{6-1}$$

某一级渠道的水利用系数为渠道的净流量（Q_n）与毛流量（Q_g）的比值，用符号η_r表示。

$$\eta_r = \frac{Q_n}{Q_g} \tag{6-2}$$

我国自流灌区的渠系水利用系数标准如表6-3所示。

表6-3 我国自流灌区渠系水利用系数

灌溉面积/万亩	<1	1~10	10~30	30~100	>100
渠系水利用系数	0.85~0.75	0.75~0.70	0.7~0.65	0.60	0.55

田间水利用系数（η_f）是指实际灌入田间的有效水量（对旱作农田，指蓄存在计划湿润层中的灌溉水量；对水稻田，指蓄存在格田内的灌溉水量）和末级固定渠道放出的水量的比值：

$$\eta_f = \frac{A_农 m_n}{W_{农净}} \tag{6-3}$$

式中，$A_农$为农渠的净灌溉面积（亩）；m_n为净灌溉定额（m³/亩）；$W_{农净}$为农渠供给田间的水量（m³）。田间水利用系数是衡量田间工程状况和灌水技术水平的重要指标，在田间工程完善、灌溉技术良好的条件下，旱作农田的田间水利用系数可以达到0.9以上，水稻田的田间水利用系数可以达到0.85以上。

（3）灌溉用水有效利用系数

灌溉用水有效利用系数是田间实际净灌溉用水总量与实际毛灌溉用水总量的比值，在实际评价中采用首尾测算分析法，通过观测和计算田间实际净灌溉用水总量，以及测量统计灌区从水源实际引入（取用）的毛灌溉用水总量来求得。该法适用于各种形式的渠系和灌溉取水方式，可以体现灌溉工程质量、灌溉管理水平和灌溉技术水平，代表实际灌溉状况下灌溉用水效率。灌溉用水有效利用系数计算公式如下：

$$\eta_w = \frac{W_j}{W_a} \tag{6-4}$$

式中，η_w为灌溉用水有效利用系数；W_j为净灌溉用水总量（m³）；W_a为毛灌溉用水总量（m³）。

水利部全国灌溉用水有效利用系数测算分析工作组采用首尾测算法，根据2006年各省（自治区、直辖市，包括新疆建设兵团）灌溉用水量和不同类型样点灌区灌溉用水有效利用系数测算分析值，利用水量加权平均得到全国2006年现状灌溉用水利用效率为0.46，全国及各省（自治区、直辖市）灌溉用水有效利用系数如表6-4所示。

表6-4 2006年全国及各省份灌溉用水有效利用系数

序号	全国/省份	灌溉用水有效利用系数	不同规模灌溉用水有效利用系数平均值			
			大型	中型	小型	纯井
	全国	0.46	0.42	0.43	0.46	0.69
1	北京	0.66	0.54	0.60	0.60	0.68
2	天津	0.62	0.53	0.57	0.62	0.82
3	河北	0.62	0.36	0.44	0.51	0.69
4	山西	0.47	0.43	0.40	0.46	0.55
5	内蒙古	0.42	0.35	0.35	0.36	0.68
6	辽宁	0.52	0.48	0.49	0.60	0.80
7	吉林	0.51	0.47	0.46	0.51	0.59
8	黑龙江	0.54	0.37	0.38	0.51	0.74
9	上海	0.60	0.60	—	0.60	—
10	江苏	0.54	0.47	0.53	0.57	0.72
11	浙江	0.52	0.48	0.50	0.56	—
12	安徽	0.44	0.41	0.44	0.50	0.60
13	福建	0.45	0.43	0.43	0.47	0.66
14	江西	0.39	0.43	0.37	0.39	0.70
15	山东	0.54	0.43	0.45	0.51	0.76
16	河南	0.54	0.37	0.40	0.55	0.65
17	湖北	0.43	0.43	0.43	0.45	—
18	湖南	0.41	0.42	0.42	0.41	—
19	广东	0.40	0.36	0.38	0.41	0.56
20	广西	0.38	0.41	0.37	0.38	—
21	海南	0.51	0.43	0.52	0.60	—
22	重庆	0.41	—	0.39	0.41	—
23	四川	0.38	0.37	0.39	0.43	—
24	贵州	0.39	—	0.37	0.39	—
25	云南	0.38	0.42	0.37	0.37	—
26	西藏	0.31	0.32	0.32	0.27	—
27	陕西	0.50	0.51	0.41	0.55	0.69
28	甘肃	0.47	0.44	0.45	0.52	0.62
29	青海	0.42	—	0.43	0.40	—
30	宁夏	0.39	0.40	0.36	0.46	0.60
31	新疆	0.43	0.41	0.48	0.51	0.69
32	新疆建设兵团	0.48	0.47	0.44	0.48	0.67

图 6-15 为宁夏青铜峡灌区和卫宁灌区 1991~2007 年灌溉用水有效利用系数变化过程。可以看出，在大型灌区续建配套与节水改造实施以前（1997 年以前），青铜峡灌区和卫宁灌区都没有采取大规模的节水改造措施，引黄灌溉水量也没有受到限制，两个灌区灌溉用水有效利用系数都没有大的提高，只是在灌溉引水条件和当地气象因素影响下有小幅的波动。1997 年以来，宁夏青铜峡灌区和卫宁灌区灌溉用水有效利用系数整体呈现稳步上升的趋势，结合两个灌区实际情况可以发现，灌溉用水有效利用系数在不同阶段的变化都是各种因素综合作用的结果，其主要影响因素包括 1998 年以来实施的大型灌区节水改造和续建配套、2000 年开始的农业用水价格改革、2003 年黄河流域特殊干旱导致两个灌区引黄水量受到严格限制、2005 年沙坡头水利枢纽主体工程的投入使用以及全区节水型社会建设加大了节水力度等。因此，除了自然因素影响灌溉水利用效率外，灌溉引水条件的改善、渠系工程的改造、田间节水措施的实施以及各种管理技术手段的提高等因素综合作用是青铜峡灌区和卫宁灌区灌溉用水利用率提高的根本原因。

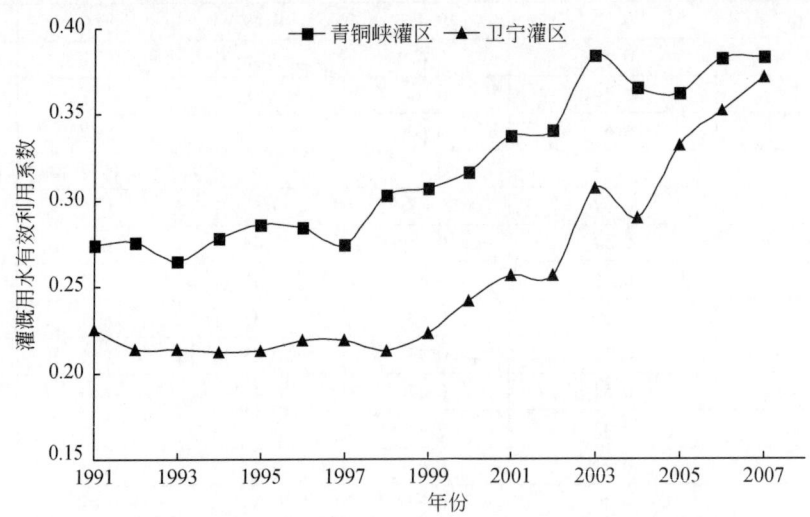

图 6-15 宁夏青铜峡灌区和卫宁灌区灌溉用水有效利用系数变化

6.2.3.2 农业水资源的生产效率

农业水资源的生产效率反映水量的投入产出效率，是高效农业发展的重要指标之一。近年来，国内外越来越多的采用"水分生产率"来衡量水资源利用状况或灌区的用水管理水平。它不仅反映出水分消耗与作物产量的关系，还反映出水分消耗和转化的途径。作物水分生产率（WUE）是指单位水资源量在一定的作物品种和耕作栽培条件下所获得的产量或产值，即

$$\text{WUE} = Y/M \tag{6-5}$$

式中，Y 为作物产量或产值；M 为作物生育期耗用水量。在进行生产效率评价时，作物产量 Y 多以收获时的籽粒产量（或称经济产量）为指标，而作为水分投入的 M，则因说明问题的不同而派生出各种不同含义的水分生产率。目前使用最多的是以作物田间净耗水量作为水分

投入的水分生产率（WUE_E）和以灌溉用水量作为水量投入的灌溉水分生产效率（WUE_I）。

（1）WUE_E

以作物田间净耗水量作为水分投入的水分生产率WUE_E是应用最广泛的水资源生产效率评价指标，其定义是作物消耗单位水量所获得的籽粒产量，其算式为

$$WUE_E = Y/ET \tag{6-6}$$

WUE_E反映的是农作物消耗单位水量所获得的产量。WUE_E的高低与农田灌水技术、耕作技术、水肥管理、灌溉制度、土地利用率、气象条件、作物品种直接相关。表6-5为不同类型作物水分生产率。可以看出，不同种类作物的水分利用效率存在显著差异，C4作物的水分利用效率是C3作物的两倍多。

表6-5 不同类型作物水分生产率

类型	作物	水分生产率/%
C4	李子	3.74
	玉米	2.87
C3	麦类	1.80~1.93
	水稻	1.47
	紫花苜蓿	1.18

"北方地区主要农作物灌溉用水定额研究"项目对我国主要作物的田间水分生产率的分析结果（表6-6）表明，单方水生产粮食能力仅为1.10kg，而以色列已达到2.32kg，一些发达国家基本都在2kg以上，差距仍然比较大。

表6-6 2000年全国主要粮食作物和棉花的水分生产率

作物种类		平均水分生产率/%
水稻	早稻	0.72
	中稻	0.71
	晚稻	0.63
小麦	冬小麦	1.32
	春小麦	0.80
玉米	春玉米	1.70
	夏玉米	1.74
谷子	春谷	1.10
	夏谷	0.74
大豆		0.57
高粱		1.91
全国主要粮食作物平均		1.10
棉花		0.23

(2) WUE$_I$

以灌溉用水量作为投入的灌溉水分生产率 WUE$_I$ 指单位灌溉水量所能生产的农产品数量，其算式为

$$\text{WUE}_I = Y/M \tag{6-7}$$

式中，Y 为农产品数量；M 为净灌溉定额或毛灌溉定额。WUE$_I$ 反映的是灌区尺度农作物利用单位水量所获得的产量，反映了在当地自然条件（包括当地的降雨、地下水补给提供的水量）以及所采取的农业技术措施条件下单方灌溉水所获得的产量。当采用净灌溉定额时，M 可以理解为由于灌溉所带来的总体效益；当 M 采用毛灌溉定额时，除了反映由于灌溉所获得的单方灌水的产量外，还能够反映整个灌溉系统的管理水平。

灌溉水分生产率能综合反映灌区的农业生产水平、灌溉工程状况和灌溉管理水平，直接显示出灌区灌溉水量的农作物产出效果，有效地把节约灌溉用水与农业生产结合起来，既可以避免片面地追求节约灌溉用水量而忽视农业产量的倾向，又可以防止片面地追求农业增产而不惜大量增加灌溉用水量的倾向。图 6-16 是全国灌溉水分生产率变化过程，可以看出，近 30 年来，我国灌溉水分生产率呈现显著增加的趋势。

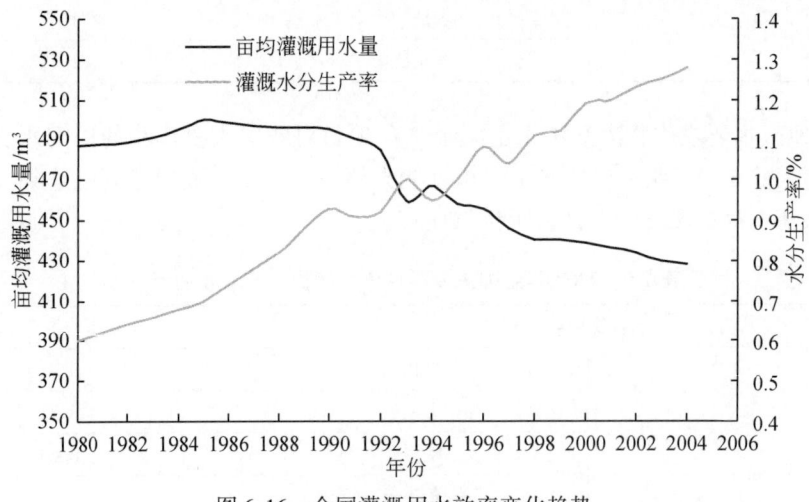

图 6-16　全国灌溉用水效率变化趋势

6.2.3.3　农业水资源的生态服务效率

农业–水资源–环境是客观存在、不可分割的整体，是一种特殊的自然–人工复合系统，它不仅具有农产品生产功能，还具有环境服务功能、旅游服务功能以及文化教育与美学功能等生态环境服务功能，如充当着物质的"源与汇"、进行光合作用固定二氧化碳、生产有机质、释放氧气、释放 CO_2 和 CH_4 等影响全球变化、维持生物多样性、营造小气候、防治水土流失等功能。因此，伴随着农业水循环过程的水资源也发挥了重要的生态功能。然而，人们往往过分注重农业系统的产品服务功能及其价值，而忽视了农业系统的生态服务效益，从而使得农业水资源的生态服务效益有所下降。

农业水资源的生态效益是伴随着农业系统生态服务功能产生的。农业水资源的生态服务效益可定义为单位水资源利用所获得的生态服务价值，其算式为

$$\text{WUE}_E = Y/M \tag{6-8}$$

式中，Y 为农业水资源生态服务价值；M 为作物耗用水量。

尽管农业水资源的生态服务效益可以用式（6-8）表示，但是农业水资源生态服务价值是建立在农业系统生态服务价值基础上的，与其他环境因素以及农业肥料等具有复杂的相互作用关系，难以简单地从目前农业生态系统服务功能价值的估算中剥离出来，相关的定量研究较少。水对于农业系统的生态服务功能主要指农业生态系统所产生的大气调节、净化空气、土壤保持、养分循环、水分调节、生物多样性、景观、娱乐、文化教育功能以及农业生态系统本身的非使用价值（存在价值、选择价值、遗产价值等）。目前其价值量的估算主要采用环境经济学和生态经济学中提供的方法进行的，表 6-7 是农业生态系统的服务功能及其价值评估方法。

表 6-7　农业生态系统的服务功能及其价值评估方法

生态服务价值	具体服务功能形式	生态服务价值评估方法
产品服务价值	粮食、蔬菜、瓜果、糖类、动物肉类产品、蛋奶产品、鱼产品、食用菌、饲料产品、花卉产品、木材产品、药材、工业原料产品等	市场价值法、生产力评价法等
环境服务价值	物质循环功能、能量转化功能、调节气候功能、保持水土功能、生物多样性维持功能、环境净化功能、防灾功能等	市场价值法、影子价值法、机会成本法、工资差异法、房地产评估法等
旅游服务价值	旅游观光、娱乐、休闲、体验农业生活、修养身心等	旅行费用法、享乐价格法、费用支出法、问卷调查法等
文化美学价值	农业文化、农业认知、农业教育、农业精神文化、农业生态美学等	条件价值法、问卷调查法等

6.3　农业水循环伴生过程与面源污染问题

6.3.1　农业水循环伴生过程与面源污染

随着社会经济的发展，水环境污染问题已经是影响人类社会可持续发展的重要制约因素。随着点源污染得到逐步控制，面源污染对水环境污染的贡献正逐渐显现出来，其中又以农业面源污染的贡献率最大，越来越受到人们的关注。

6.3.1.1　农业面源污染形成、运移过程

在农业生产过程中，为了保持作物健康生长和提高粮食产量，化肥、农药被大量投

入施用，造成过量有机和无机污染物质富集在农田。在降水或灌溉过程中，各种污染物（沉淀物、营养物、农药、盐分、病菌等）以低浓度、大范围的形式缓慢地在土壤或地表运动，并随着地表径流、农田排水和地下渗漏进入水体，形成了农业面源污染。其形成过程概括为污染的产生、坡面输移及伴随的污染物降解沉积三个过程，这三个过程相互联系、相互作用，在迁移转化中常伴有淋溶、土壤侵蚀、氮的挥发、硝化和反硝化作用，如图 6-17 所示。

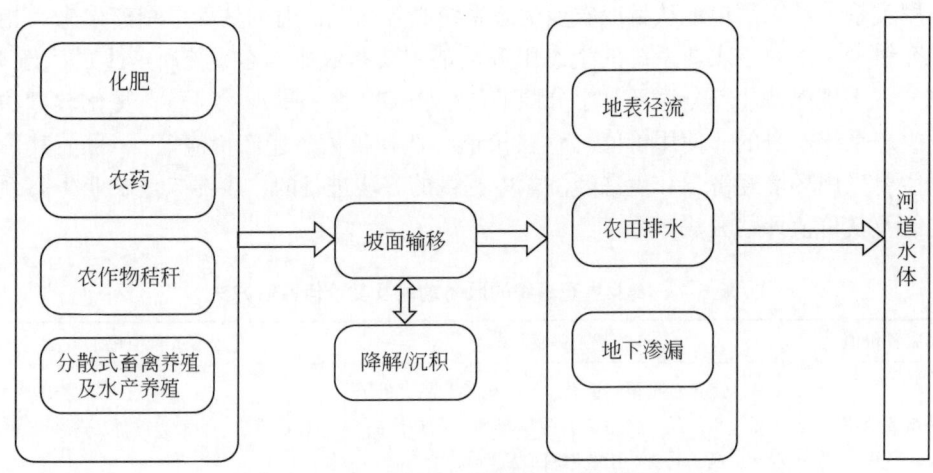

图 6-17 农业面源污染的主要来源和形成过程

在农业面源污染的转化过程中，水循环是面源污染运移转化的主要驱动力，随着农业社会水循环过程对自然水循环的影响，人工外力成为新的驱动力。污染物迁移转化的载体、动力机制和演化过程也发生了相应改变。

(1) 降雨灌溉过程

降水径流和灌溉排水是农业面源污染产生的主要驱动力，以径流或灌溉排水形式产生。降水径流量大小取决于降雨量、降雨强度、降雨历时、流域下渗和蓄水特征等因素，通常农业面源的汇水面径流系数小，形成径流的时间长，地下的入渗量较大，径流形式主要表现为地表漫流、沟渠和河道径流。通常来讲，径流量和排水量越大，污染物负荷量越高；农田的施肥量和施肥时间对面源污染负荷也有重要影响。在径流量相同的情况下，潜在的污染物含量越高，造成的污染负荷越大。丰水年污染负荷较大，枯水年相对较小，污染负荷主要集中在年内的暴雨期。

(2) 土壤侵蚀过程

土壤侵蚀过程是农业面源污染的重要部分。流失的水土是污染物的重要载体，水土流失不仅使土壤环境和质量受到损害，而且给受纳水体带来危害。土壤侵蚀包括土壤颗粒在土体中的分散过程和在陆地表面的传输和沉积过程。土壤颗粒随着降水或灌溉形成的地表径流进入水体，使水体的悬浮物含量增加，影响水体质量，同时悬浮物在水体中还会释放出一些溶解态污染物，导致水体的进一步污染。土壤侵蚀的强度取决于降水强度、灌溉方式、地形地貌、土地利用方式、种植结构和植被覆盖度等因素。

(3) 污染物迁移过程

污染物在地表和土壤中迁移是农业面源污染产生的最主要过程，由于降水和地表径流造成的污染物可以颗粒态或者溶解态而迁移，颗粒态污染物只能由地表径流迁移，溶解态污染物可以通过地表径流、土壤中流或地下基流迁移。来自于土壤中的化学污染物向水体的扩散转移过程，表现为污染物质在土壤中转移和扩散过程以及污染物在外界条件下（降水、灌溉等）向水体转移和扩散的过程。例如，氮的迁移可以分为径流迁移和淋溶迁移。径流迁移是指溶解于径流的矿质氮或吸附于泥沙颗粒表面以无机和有机态氮的形式随径流而损失。氮的径流迁移主要是悬浮态流失和淋洗态流失；悬浮态流失是指污染物结合在悬浮颗粒上随土壤流失进入水体；淋洗态流失是指水溶性较强的污染物被淋洗而进入径流。氮的淋溶迁移是指土壤中的氮随水向下移动至根系活动层以下，从而不能被作物根系吸收所造成氮素淋溶损失。

6.3.1.2 农业面源污染特点

由于非点源污染形成过程受区域地理条件、气候条件、土壤条件、土壤结构、土地利用方式、植被覆盖和降水过程等多种因素的影响，因而具有随机性大、分布范围广、形成机理模糊、潜伏性强、滞后发生和管理控制难度大的特点。因此，非点源污染研究已成为水污染研究与控制的重要课题之一。与点源污染相比较，农业面源污染具有不确定时间、不确定方式、不确定数量和多种污染物复合排放的特征。

(1) 分散性和隐蔽性

与点源污染的集中性相反，农业面源污染具有分散性特征。它随流域内土地利用状况、地形地貌、水文特征、气候、天气等不同而具有空间异质性和时间分布不均匀性。农业面源污染排放的分散性导致其地理边界和空间位置的不易识别。

(2) 随机性和不确定性

农业面源污染的产生和形成过程与降雨特性、灌溉方式、汇水面性质、地貌形状、地理位置、气候等密切相关。降雨的随机性和其他因素的不确定性，决定了农业面源污染的形成具有较大的随机性和不确定性。

(3) 广泛性和难监测性

由于农业面源污染涉及众多污染者，给定区域内污染排放是相互交叉的，而且不同地理、气象、水文条件对污染物的迁移转化影响很大，因此很难具体监测到单个污染者的排放量。但近年来，遥感 RS、地理信息系统 GIS 和面源污染模型的开发等技术的发展，为监控、预测和检验提供有力的数据支持。

(4) 滞后性和风险性

农业污染物质对环境产生影响的过程是一个量的积累过程，如各类重金属物质对土壤的污染。因而农业面源污染是一个从量变到质变的过程，其危害具有滞后性。农业面源污染对生态环境具有很强的破坏作用，其滞后性使各种物质的生态风险性很大。

6.3.1.3 农业面源污染危害

由于缺乏有效的管控技术，我国的面源污染没有得到有效的控制，给生态环境和人类健康带来了很大的危害，主要表现在以下四个方面：

1）部分可溶性污染物以溶解态存在于径流中，随径流直接进入地表水体，影响地表水环境质量，使水体透明度降低、水质恶化，会导致水域富营养化，破坏水生生物的生存环境，污染饮用水源；大量氮、磷素随径流流入近海，又给近海赤潮生物的生长和繁殖带来有利条件，致使近海赤潮频发。

2）大量氮肥、农药的施用和农村固体废弃物的排放，不仅直接对环境造成污染，同时也间接污染了农作物，导致农产品中亚硝酸盐和重金属含量的增加，危及人类健康。

3）污染物受到暴雨或灌溉排水携带冲刷，以颗粒态随径流迁移。污染物在产生和迁移过程中伴随着推移、沉淀、解析、吸附等一系列物理化学及生态过程，进入水体的颗粒态物质依密度大小及粒径粗细在河道沉淀，造成河道和河口淤积。

4）由于农业面源污染物产生量大，特别在北方地区降雨量少，农田基本不产流，使得污染物的入河量很小，在土壤中大量富集，造成土壤质量下降，潜伏污染严重，流域一旦发生大的洪水，会导致大量污染物从土壤、河道底泥释放，将直接威胁到水资源、水生态和水环境安全。

6.3.1.4 农业面源污染估算方法

农业面源污染的控制，首先需要识别面源污染发生的总量以及污染风险高的区域，然后根据区内实际情况，安排治理工程布局，采取针对性的调控措施，以提高投资效益和治理成效，达到事半功倍的效果。目前对于农业面源污染的估算有以下三类方法：

(1) 输出系数法

输出系数法是指通过野外小型观测试验，分析各类土地利用及集水区特征与地表水污染物浓度之间的关系，确定各类单位面积或单位时间的污染物输出系数，建立污染物输出与土地利用特征的相关函数，然后应用于较大范围或具有类似土地利用特征的流域。PLOAD 是此类的代表性方法，它是 USEPA 开发的 BASINS 系统中用来计算流域非点源污染年负荷量的模型。计算公式为

$$L_P = \sum U(0.01 \times P \times P_J \times R_{VU} \times C_U \times A_U) \tag{6-9}$$

式中，L_P 为污染负荷（kg）；P 为降雨量（mm/a）；P_J 为径流系数；R_{VU} 为土地利用类型 U 的平均径流系数；C_U 为土地利用类型 U 的污染物径流量加权平均浓度（mg/L）；A_U 为土地利用类型 U 的土地面积（hm²）。该方法通过计算流域中不同土地利用类型的污染物估算年负荷量。

(2) 多因子综合分析法

该方法根据研究区特征筛选、确定与面源污染物流失关系最密切的因子作为评价指标，建立分类（如源因子、迁移因子）指标体系，根据各个指标的调查资料确定权重与等级值，以数学关系综合成多因子判别模型，对流域内的面源污染数量及分布进行识别。目前，采用半定量指数模型结合 GIS 技术是面源污染估算的重要方法，可以方便地实现污染关键源区的识别以及面源污染的评价。

(3) 非点源污染负荷模型

自 20 世纪 70 年代中后期以来，CREAMS、ANSWERS、HSPF、AGNPS 等这些尺度和功能各异的机理型非点源污染模型被研制开发；随着 3S 技术广泛应用于流域研究，一些集空间信息处理、数据库技术、数学计算与可视化表达功能于一身的大型流域模型，如 SWAT、BASINS 和 AGNPS 等，也广泛应用于农业非点源污染研究。这类模型通过对污染物的迁移路径、转化过程机理及输出的连续模拟，可找出污染发生的时间与重点区域。

6.3.2 我国农业面源污染现状

面源污染是导致地表水污染的重要原因，其中又以农业面源污染贡献率最大。全球有 30%~50% 的地表水体受到面源污染的影响。美国的非点源污染约占污染总量的 2/3，其中农业面源污染占非点源污染总量的 68%~83%，已成为全美河流污染的第一污染源。非点源污染已经成为我国太湖和滇池等湖泊水质恶化的主要原因之一，其中农业面源污染占较大比例。

我国农业面源污染的诸多成因中，化学废料、化学农药、畜禽粪便及养殖废弃物、没有综合处理的农作物秸秆、农膜地膜、生产污水等都是造成污染的重要因素，主要污染物是重金属、硝酸盐、NH_4^+、有机磷、六六六、COD、DDT、病毒和塑料增塑剂等。农业面源污染已经成为我国水体污染中氮、磷的主要来源。我国已经成为世界上最大的生产和消费氮肥的国家，平均每年氮的应用量从 1975 年的 $38kg/hm^2$ 增加到 2001 年的 $262kg/hm^2$，而氮的利用效率低下，施入土壤的氮只有 30%~40% 被作物吸收利用，约 20% 被作物的根、茎及土壤微生物固定在土壤中。另外，我国禽畜养殖规模发展快、有机废弃物的处理率低，全国畜禽粪便产生量从 1980 年的 7 亿 t 增加到 2002 年的 41 亿 t，而 90% 以上的畜禽养殖场没有污水处理系统和设备。

6.3.2.1 化肥投入污染现状

我国化肥投入引发的农业面源污染主要表现在化肥施用量过高和流失严重等问题，全国农作物单位面积的化肥施用量从 1990 年的 $175kg/hm^2$ 增加到 2005 年 $300kg/hm^2$，如图 6-18 所示，远远超过为防止水体污染而设置 $225kg/hm^2$ 的安全使用量上限。而同期美国、俄罗斯、加拿大和澳大利亚的化肥施用量分别为 $10kg/hm^2$、$29kg/hm^2$、$60kg/hm^2$ 和 $32kg/hm^2$。

我国 31 个省（自治区、直辖市）2005 年的化肥投入密度如图 6-19 所示。可以看出，化肥施用量呈现经济越发达的地区施用量越高的规律，如我国经济较为发达的北京、天津、江苏、福建、山东、广东和海南的化肥使用密度最大，其中，福建省化肥投入密度达 $492kg/hm^2$，为全国最高。经济不发达的贵州、西藏、甘肃、黑龙江、内蒙古和青海的化肥投入密度最低，其中青海省 $147kg/hm^2$ 为全国最低。综合分析 1990~2005 年全国部分省（自治区、直辖市）农业化肥施用变化发现，全国 31 个省（自治区、直辖市）的化肥施用量全部呈现增加的趋势。

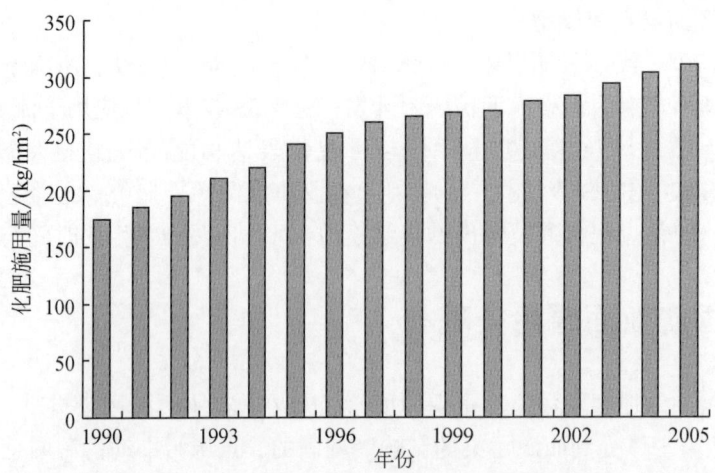

图 6-18 1990~2005 年我国农作物单位种植面积的化肥施用量
资料来源：中国农业年鉴编辑委员会，1990—2005

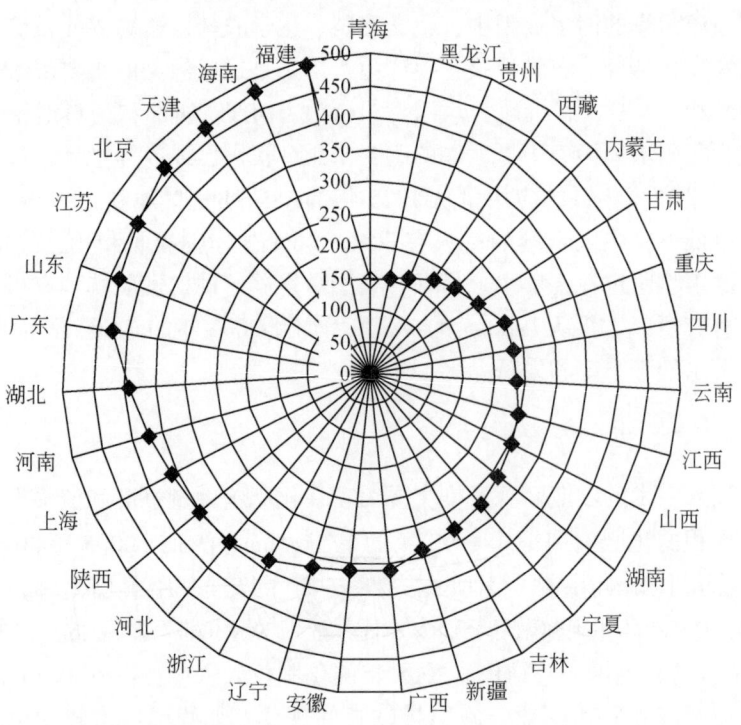

图 6-19 2005 年全国部分省（自治区、直辖市）化肥投入密度（单位：kg/hm²）

6.3.2.2 农药施用污染现状

我国农药施用引发面源污染的原因主要表现在大量施用农药、品种搭配不合理和利用效率低下等方面。据 1990~2005 年《中国经济年鉴》资料，我国农药施用量由 1990 年的

4.9kg/hm² 增加到 2005 年的 9.5kg/hm²（图 6-20），农药品种从 5 个发展到 313 个。我国农药利用率很低，只有 10%~20% 的农药附着在农作物上，其余则流失在土壤、水体和空气中，在灌水与降水等雨淋作用下污染水体。同时，我国农药中杀虫剂、杀菌剂、除草剂的使用比例约为 2∶1∶1，发达国家的使用比例通常为 2∶1∶2，农药总量中化学农药占 93.3%，生物农药仅占 6.7%，化学农药中高毒、高残留农药占 30% 以上。

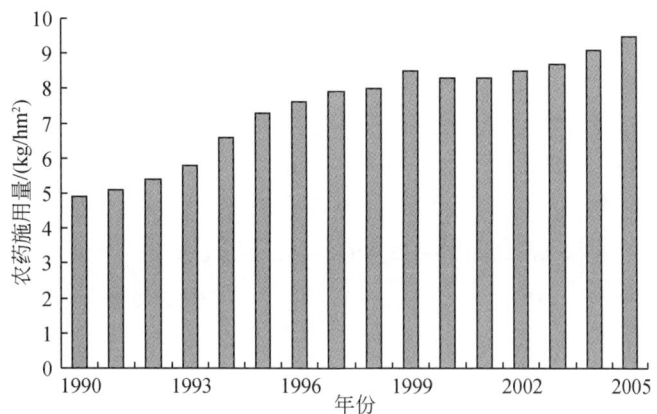

图 6-20　1990~2005 年我国农作物单位种植面积农药施用量
资料来源：中国农业年鉴编辑委员会，1990—2005

我国 31 个省（自治区、直辖市）2005 年农药施用密度如图 6-21 所示。可以看出，其

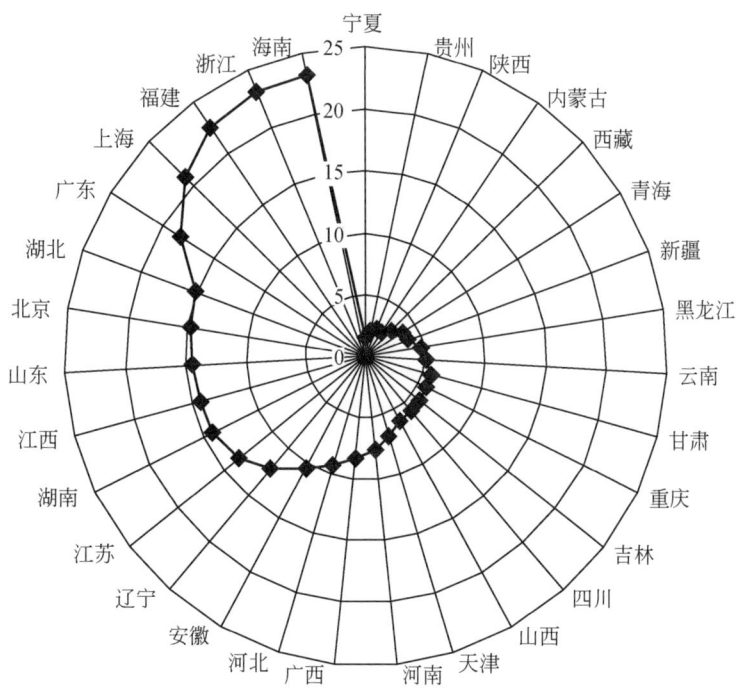

图 6-21　2005 年全国部分省（自治区、直辖市）农药施用密度（单位：kg/hm²）

规律与化肥施用量基本相同，经济越发达的地区农药施用密度越高，如经济较发达的上海、福建、浙江和海南农药施用量都超过20kg/hm^2；而经济不发达的内蒙古、贵州、宁夏和陕西的农药都不超过2kg/hm^2。综合分析1995~2005年全国31个省（自治区、直辖市）农业化肥施用变化发现，其全部呈现增加趋势，其中山东、海南和甘肃增加最为迅猛。

6.3.2.3 畜禽养殖业污染现状

畜禽养殖污染主要是由于没有对畜禽养殖固体废弃物和废水进行及时、合理的处理引起的。近年来中国畜禽养殖业发展迅猛，2005年猪存栏头数是1990年的约1.5倍（图6-22）。牲畜数量的增长直接带来畜禽粪便产生量的增加，2005年畜禽粪便产生量是工业固体废弃物产生量的4倍。2001年中国环境保护局颁布了《畜禽养殖业污染物排放标准》（GB 18596—2001），标志着规模化养殖场纳入非点源污染控制范围。但是从实践来看，我国大型集约化畜禽养殖造成的面源污染问题仍然十分突出，反映在较低的污水处理率和粪尿综合利用率等问题上。

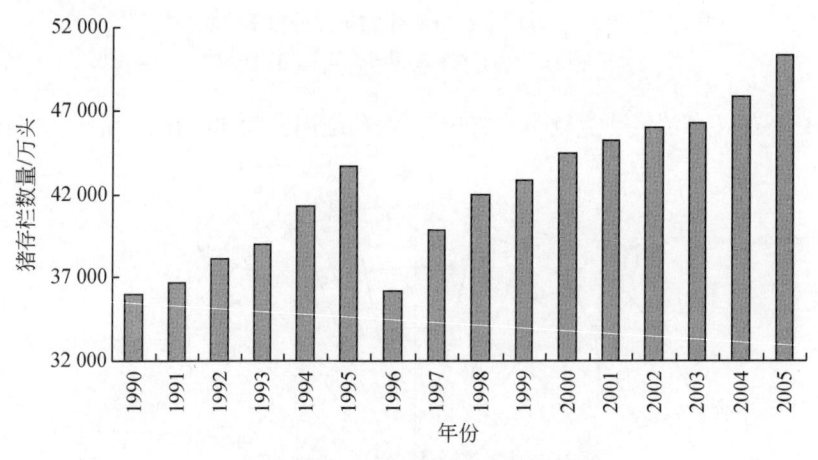

图6-22 1991~2005年全国猪存栏数量

6.3.2.4 水土流失现状

90%以上的营养物流失与土壤流失有关，农业耕种带来的扰动会增加农田的侵蚀。水土流失是导致面源污染的重要因素，由于雨污分流技术水平低，水土流失带来的泥沙本身就是污染物，也是有机物、金属、磷酸盐等污染物的主要携带者，流失的土壤还带走了大量的氮、磷等营养物质，成为面源污染系统中不容忽视的重要组成部分。近年来，我国对水土流失的防范和治理工作加强，水土流失治理面积持续增长，如图6-23所示。

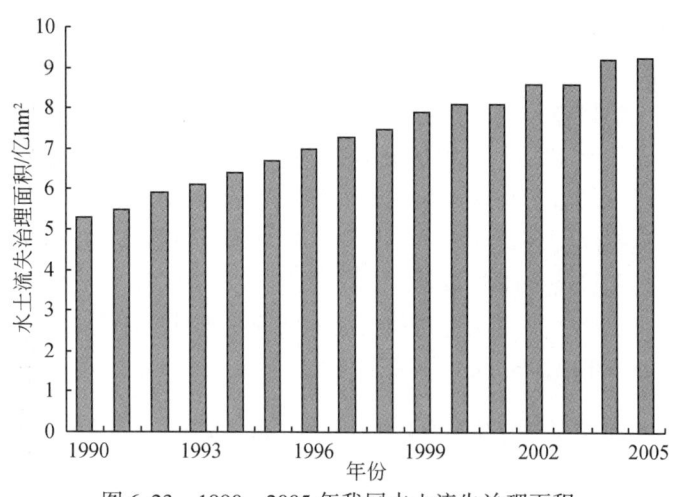

图 6-23 1990~2005 年我国水土流失治理面积
资料来源：中国农业年鉴编辑委员会，1990—2005

6.3.3 我国农业面源污染演变规律

6.3.3.1 比较分析

我国农业面源污染引起水域富营养化的程度和广度已经远远超过发达国家，而潜在的压力更是其他国家无法相比的。这一问题关乎农民收入、农村地区基础设施建设、农业产业政策等，治理难度远远超过发达国家。例如，如果控制流域近水域地带高污染风险的蔬菜、水果、花卉种植面积，仅在滇池、五大湖泊、三峡库区，影响到的农村人口将超过1000 万人，这些农民年平均收入将减少 1000~5000 元。又如，中国农田单位面积氮、磷化肥养分平均用量在国际上已经处于高水平（表 6-8），除氮肥用量较蔬菜、花卉生产大国荷兰低外，氮、磷化肥养分用量已经高于欧美发达国家。

表 6-8 我国与世界其他国家和地区人均耕地和每公顷耕地氮、磷化肥用量比较

项目	时期	国家和地区					
		中国	美国	欧洲	德国	荷兰	东亚和东南亚
人均耕地/hm²	20 世纪 60 年代初期	0.154	—	—	0.167	0.085	—
	2000 年以来	0.097	—	—	0.144	0.57	—
耕地氮化肥用量/(kg/hm²)	20 世纪 60 年代初期	8	20	36	80	285	9
	20 世纪 80 年代初期	110	55	113	184	600	37
	2000 年以来	190	58	48	120	391	86
耕地磷化肥用量/(kg/hm²)	20 世纪 60 年代初期	2	16	36	76	111	6
	20 世纪 80 年代初期	21	26	71	108	105	13
	2000 年以来	71	23	16	34	67	28

资料来源：Food and Agriculture Organization of the United Nations：http://www.fao.org/Statistical Databases//FAOSTAT-Agriculture，1960，1980，2000

与欧美发达国家相比较，我国农业面源污染存在的主要问题是化肥用量比例失调和区域间、农户间的不平衡。自然条件相近的地区，单位面积化肥用量相差悬殊。而且在1980~2000年有进一步拉大的趋势（表6-9），中国用量最低的200个县（占全国的近1/10）每公顷播种面积化肥用量仅为43kg，而用量最高的200个县已达532kg。虽然一个地区内肥料、农药用量和养殖业可在较短时间内成倍增长，但农民的经营规模、文化水平和专业化水平却难以在短期内迅速提高，盲目施肥、不科学、不标准的种植方式不易在短期内扭转。由于蔬菜播种面积增加和经济水平较高等原因，大量养分高度集中于少数地区的农田土壤，如蔬菜、水果、花卉生产大县山东寿光和滇池流域的呈贡县，单位面积化肥纯养分用量平均已达到1146kg/hm^{2}和1219kg/hm^2，对这些地区造成巨大的潜在面源污染压力。

表6-9　1980年和2000年中国2300个县单位播种面积化肥用量变化　（单位：kg/hm^2）

范围	1980年	2000年
中国2300个县平均	87	234
用量最低的200个县	12	43
用量最高的200个县	207	532

注：播种面积化肥用量以纯养分计。
资料来源：张维理等，2004

6.3.3.2　面源污染变化规律分析

国内外众多学者普遍认为经济发展与环境质量间存在倒"U"形关系，即环境库兹涅茨现象，如表6-8所示，美国、欧洲、德国和荷兰从20世纪60年代以来经济快速发展，人均GDP不断增长，而氮、磷化肥用量总体下降。因此，我们认为当经济发展处于较低水平时，环境退化处于较低水平；当经济快速发展进入工业化时期，资源消耗速度超过资源再生率，产生的废弃物使环境恶化；当经济发展到一定水平，人们的环境消费意识增强，经济结构向清洁行业转化，环境质量将得到改善。

经济发展与农业生态环境的矛盾是经常出现的，表现在经济增长对农业资源需求的无限性和资源供给能力有限性之间的矛盾。经济发展与农业生态环境关系的矛盾就是农业面源污染问题产生的实质。随着经济的发展，农业生态环境的再生能力与日益增长的物质文化需求能力的差距逐渐增大，一方面，农业生态资源过度消耗，造成生态系统功能下降；另一方面，农业生产过程中残留的农药化学品、排放的各种废弃物，超过农业生态环境的自净能力，生态平衡被打破，农业面源污染加剧。

图6-24为1985~2005年我国人均GDP与化肥投入密度、农药投入密度和畜禽粪便排放量的关系，可见经济规模的扩张与农业面源污染存在着明显的倒"U"形曲线的上升阶段特征，经济发展过程实际上走着"先污染，后治理"、"先生态破坏，后生态建设"的老路。20世纪80年代以前，我国经济发展水平很低，对自然生态系统的扰动不大，农业面源污染较小。改革开放以后，我国经济持续扩张，农业面源污染加速，近年来随着人们对环境改善意愿的提高，农业面源污染速度减缓，但是仍呈现出缓慢增加的趋势。

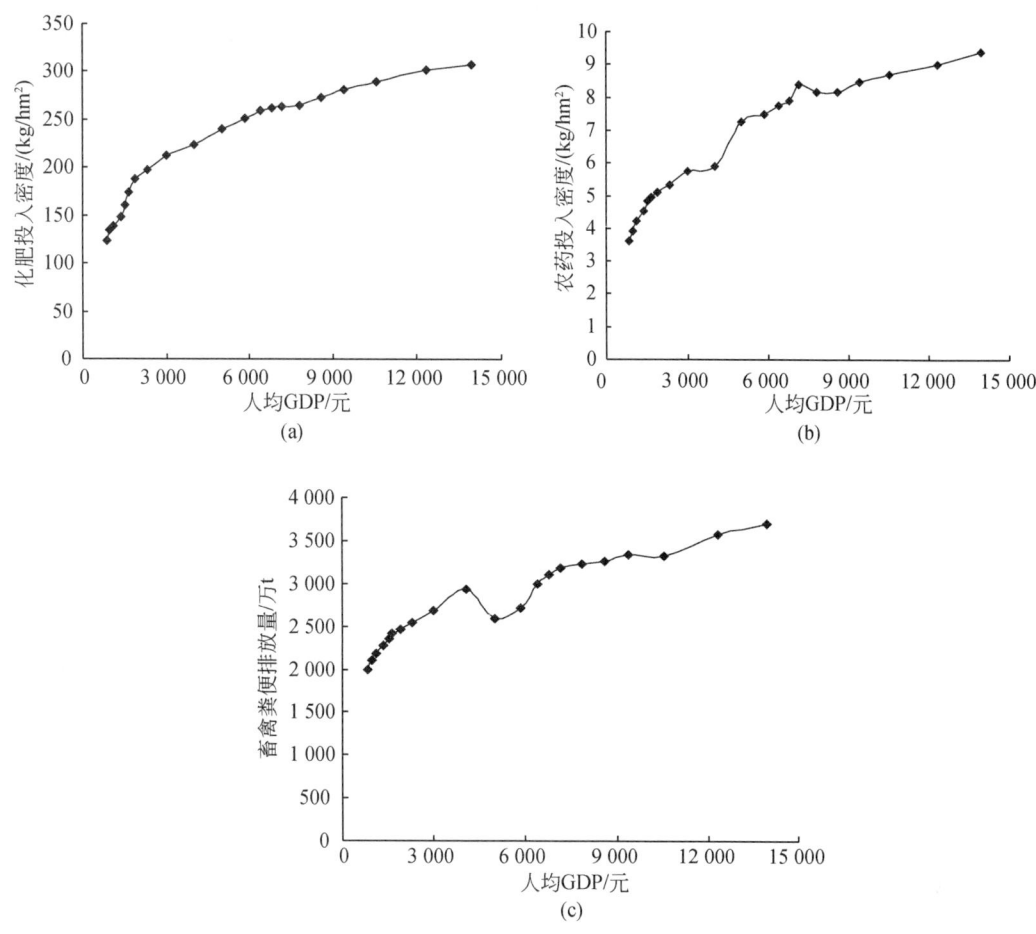

图 6-24 我国人均 GDP 与农业面源污染的关系图

6.3.4 我国农业面源污染防治

农业面源污染具有累积性，治理难度更大。目前，我国农业面源污染的防治多着眼于污染产生后的治理，但从我国生产形态来看，末端治理不仅成本高，而且效果较差。面源污染的产生和输移过程伴随着农业水循环，因此，分析农业污染形成的机理首先要分析农业水循环的特点，同时要明确污染物的产生机理和污染物的自然背景值。

由于农业水循环过程主要与面源污染形成直接相关，形成面源污染的机理主要包括产生和输移两个过程。首先，农业面源污染的产生主要源于过量施用农用化学品，如化肥、农药等，与耕作制度，化肥农药施用种类、数量，化肥、农药的施用方法、时间、次数及其在土壤中的残留量、衰减率、富集率等密切相关，且受地表特征、土地利用周期、土地管理措施等因素的影响。其次，面源污染对水体的影响随季节变化而有所不同，水体中化肥与农药的含量、沉积物的含量也随季节的变化而有所不同。

尽管农业生产有自身的特点，但也可以借鉴工业上清洁生产的成功经验和思路，开展农业清洁生产，即打破传统的末端治理的模式，开展全过程的污染控制，从源头抓起，在生产的每个阶段都注意防治污染，使废物最小化，并将每个环节产生的副产品与废物及时回收、综合利用。同时，结合对面源污染产生、利用和排放的全过程分析可知，降雨和施肥是我国农业面源污染的主要驱动力。因此，应加强源头减排、过程控制和末端治理全过程管控和推行清洁型农业生产。清洁生产思想的指导，必然使农业投入的化肥和肥料得到更有效的利用，促使氮、磷等营养物质减少流失，也使面源污染减小到最低程度。

6.3.4.1 源头减排

农业面源污染的源头减排是指通过优化耕作措施、施肥工艺和节水措施等减少农业化学品的过量施用，从而提高作物对农业化学品的利用效率，减少流失。因此，控制农业面源污染最有效和经济的方法，是从污染源头控制和减少氮、磷、农药等的施用，主要包括发展生态农业、减少农业化学物质的投入、实行限制性标准等措施。

1）发展生态农业。控制农业面源污染，应将重点放在农业生态工程的利用上，研制高产、高抵抗力作物，减少化肥和农药的施用量，施用天然肥料和实施秸秆还田技术，从根源上减少农业污染，使农业生产体现出经济和环境双重效益，改变以往粗放型的农业生产方式为依靠科技提高农业生产率的生态农业。强化对规模化畜禽养殖场的综合治理，推广畜禽养殖业粪便综合处理，建设养殖业和种植业紧密结合的生态工程，并发展生物质固化利用。

2）减少农业化学物质投入。目前，肥料和农药具有不可替代和利弊共存的双重性，因此，兼顾农业化学物质的投入与投入的最小化都具有重要意义。农田投入养分过大，盈余部分没有起到作用，是造成农业面源污染的主要原因，采取"控氮、稳磷、增钾"的农田养分管理措施，推广科学施肥技术、推广秸秆还田，提高农田养分再循环率。可以利用耕作、栽培、育种等农艺、生物和基因技术措施防治农作物病虫害，利用光、电、微波、超声波、辐射等物理措施控制病虫害，推广高效环保型生物农药等。

3）实行限制性标准。许多发达国家的实践证明，有效控制面源污染的关键措施之一是制定限制性标准。针对不同区域农业面源污染的成因，制定农业生产技术型标准，包括种植作物类型与轮作类型限定，肥料类型、施肥量、施肥期、施肥方法的规定，土壤残留养分最高临界值的限定，农田灌溉和排水的规定，畜禽场固体液体废弃物储放、处理的规定，畜禽场农田最低配置的规定等。

4）发展使用有机肥。可以采用先进的堆肥发酵技术，接种高速高效发酵菌剂，使秸秆纤维素迅速分解转化，形成有机肥料。秸秆与粪便产生的生物有机肥含有作物生长所需要的氮、磷、钾等大量元素，又含有硫、钼、铜、铁等微量元素，既可以满足作物生长需要，还可以提高作物对不良环境的适用能力。与化肥相比，有机肥具有不偏肥、不缺素、稳供、长效等特点，使用有机肥可以实现生态效益和经济效益的统一。

6.3.4.2 过程控制

农业水循环过程促进了农业面源污染的输移。尤其是植被覆盖率较低的区域，下垫面产流条件好，在降雨落到地面上后很快形成地表径流，从而携带地面上的污染物进行运移。而在植被覆盖率高的区域，地表径流的形成需要比较长的时间，且在地表径流的运动过程受到下垫面条件的影响，携带的污染物也会减少。

农业面源污染物迁移过程的主要驱动力是农业水循环过程，在水循环的驱动作用下，污染物随着水流的运动不断向河道、湖泊水体及地下水中扩散。因此，根据污染物伴生于水循环的特点，可以在农业面源污染物迁移过程中采取拦截、植物吸收等措施控制污染物的入水过程。主要措施有以下几个方面：

1）通过系列工程措施阻截、控制排水，减少农业径流和渗漏，可减少农业面源污染；建设环湖截污工程，减少农业面源入水污染量；建设污水处理厂，将污水集中处理，使污水资源化；建设入湖河道的清淤、护砌工程。

2）建立人工湿地和土地处理系统，减少农业面源污染物的入水量。人工湿地在去除面源中的氮、磷营养盐有着很好的作用。滨水带对于恢复水体生态功能、防止富营养化方面有着显著的功效。

3）加强造林、植树、种草，增加地表覆盖，避免水土流失及肥料流入水体或渗入地下水。

6.3.4.3 末端治理

末端治理是指农业面源污染物进入水体以后进行治理，需要结合水体纳污能力等影响因素来考虑。在末端可以采取相应的物理、化学和生物措施进行治理。可以通过加速水体流动，调节水体循环，加快进入水体的农业污染物的降解等。

6.3.4.4 综合治理

农业面源污染成因是多方面的，在源头减排、过程控制和末端治理各措施的基础上，需要采取多种综合措施控制农业面源污染。

（1）加强流域（区域）规划

根据污染物伴生于水循环过程的产生、输移和归趋的机制，治理农业面源污染时，陆域与水体部分密不可分，迫切需要流域（区域）水量水质联合控制。结合区域发展定位，政府和有关部门应结合区域自然、地理等现状，统一规划和合理布局农业生产格局。在合理规划产业结构的同时，应制定有利于水环境污染防治的经济技术政策及能源政策。鼓励发展对水环境无污染、少污染的行业和产品，提倡水资源的循环利用，推动工业清洁生产和生态农业的进程。引入环境评价机制和循环经济的概念和方法，建立系统的面源污染管理规划。

（2）健全政策法规与监测体系

我国现阶段农业面源污染防治的法律法规还很不完善，缺乏可操作性，有些领域还存在法律上的空白。可以借鉴国际上成功控制化肥和农药面源污染的法规，建立国家清洁生产的技术规范，拟定新的化肥和农药管理法律法规，鼓励能够减少面源污染的化肥和有机肥的生产和使用；建立我国有机废弃物排放的法规，有效控制规模化养殖场牲畜粪尿的排放。

农业面源污染控制属于公共事物，需要政府给予强有力的政策和资金支持。环保设施建设是政府的重要职责，农业面源污染监测体系、农产品质量监测体系以及环保基础设施建立是农业面源污染控制的基础。同时应建立以政策性融资为主、市场融资为辅的以政府主导、社会群体广泛参与的治污投融资机制。另外，相关的配套激励政策也急需出台。环境友好型农业生产模式如绿色农业、有机农业模式成本较高，市场竞争力较低，政府可出台相应的政策给予扶持。畜禽养殖业的监测与治污成本较高，政府除补贴部分成本外，还可以通过金融政策，以无息或低息贷款的方式推进畜禽养殖者治污。

(3) 完善管理制度与监督保障体系

目前，中国农业面源污染控制体制尚未理顺，尚未建立起完整的从中央到各级政府的农村环境保护工作体系，没有明确、统一的管理部门。环保部门偏重于环境执法功能，对于农业面源污染缺乏有效的工作方法；农业部门主要关注农业与农村经济发展，往往忽视生产发展与环境保护的矛盾；地方政府注重工业经济发展、注重城市建设的观念还占主导地位，农村基础设施建设特别是环境保护建设尚未列入政府工作议事日程。因此，要理顺并完善农业面源污染控制相关的环境管理体制，明确规定农业面源污染控制的主管部门，同时建立起农业、环保、水土、国土等部门的综合协调机制，提高管理效率、拓宽管理深度，从而减少地方保护主义和"搭便车"的行为。

加强农业环境监测体系的能力建设，准确掌握农业环境质量状况及变化趋势，加强治理面源污染的推广体系建设，改进对农民的技术服务支持，统一规划面源污染控制政策和设立执行部门，实施流域综合管理。同时，要加快流域农业面源污染监测等硬件设施建设，重点加强污染源在线监控、污染源监督性监测、环境监察执法、环境统计和信息传输等方面的能力建设，做到装备先进、标准规范、手段多样、运转高效，及时跟踪各地区和重点污染源主要污染物排放变化情况。通过现代化、系统化和科学化的监测，建立并完善农业面源污染监测保障体系，为流域水资源保护提供支持。

6.4 我国与世界典型国家农业水循环通量及其构成演变

6.4.1 农业水循环通量

通量是指流体、粒子或能（如辐射能）等通过已知面的速率。借用物理学通量的概念，可将农业水循环通量定义为单位时间内通过农业水循环系统的水量，包括流入和流出农业系统的水循环通量。

农业用水包括农田和林、牧、渔业用水，农田水循环的自然-人工二元特性产生了自然和社会二元水循环通量，其中社会水循环通量是指服务于农业生产的水量，即农业水循环通量。随着农业水循环的取、用、耗、排水等循环通量不断增加，以及人类调控降水能力的增强，社会侧支水循环通量甚至超过了自然主循环通量。因此，进行农业水循环科学有效的评估和调控，是维护水循环系统稳定，促进水资源生态、环境、社会、经济全属性服务功能目标协调实现的基本途径。

农业水循环通量结构如图 6-25 所示。根据农业水循环通量的流入结构，可以分为人工补给的径流性水资源和自然降水补给源。根据农业水循环通量的流出结构，可以将农业水循环消耗途径分为消耗型利用和非消耗利用。根据社会水循环通量的定义，农业水循环通量包括两个部分：一是人工补给的径流性水资源利用量；二是降水补给被农业和作物利用消耗的水量。以下选择年为时间尺度、省市为空间尺度，从农业水循环通量的补给来源和消耗结构两个层次分析我国农业水循环现状和结构，研究农业水循环通量的演变规律及其作用因子。

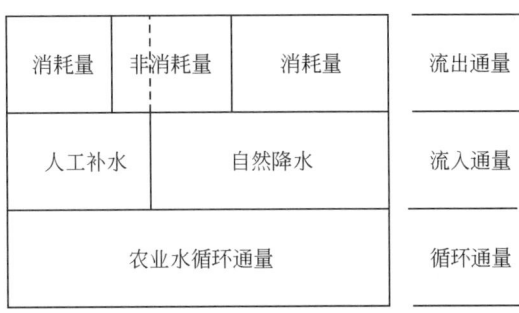

图 6-25　农业水循环通量结构

6.4.2　我国农业水循环通量结构

6.4.2.1　农业人工补水利用量

人工补给的农业水资源利用量包括灌溉和林、牧、渔业补水两部分。据统计，根据 2008 年中国水资源公报，2008 年我国农业灌溉用水总量为 3664 亿 m^3，其中农田灌溉用水量为 3306 亿 m^3，林、牧、渔业用水量为 358 亿 m^3。分省区农业人工补水利用量和比例情况如表 6-10 所示。

表 6-10　2008 年我国农业人工补水利用量

行政区	农田灌溉 用水量/亿 m^3	农田灌溉 占人工补水利用量比例/%	林、牧、渔业 用水量/亿 m^3	林、牧、渔业 占人工补水利用量比例/%	农业人工补水利用量/亿 m^3
全国	3306	90	358	10	3664
北京	8	73	3	27	11
天津	13	98	0	2	13
河北	134	94	9	6	143

续表

行政区	农田灌溉 用水量/亿 m³	农田灌溉 占人工补水利用量比例/%	林、牧、渔业 用水量/亿 m³	林、牧、渔业 占人工补水利用量比例/%	农业人工补水利用量/亿 m³
山西	32	96	1	4	33
内蒙古	123	92	11	8	134
辽宁	86	95	5	5	91
吉林	66	95	3	5	69
黑龙江	212	97	6	3	218
上海	16	95	1	5	17
江苏	255	89	32	11	287
浙江	85	86	14	14	99
安徽	145	96	7	4	152
福建	94	95	5	6	99
江西	145	97	4	3	149
山东	142	90	15	10	158
河南	123	92	10	8	134
湖北	129	90	14	10	143
湖南	191	99	3	1	193
广东	187	82	41	18	228
广西	185	91	18	9	203
海南	29	82	7	18	36
重庆	17	91	2	9	19
四川	108	95	6	5	114
贵州	51	99	0	1	52
云南	99	94	6	6	105
西藏	14	40	20	60	34
陕西	52	90	6	10	58
甘肃	92	95	5	5	97
青海	19	85	3	15	22
宁夏	61	90	7	10	68
新疆	392	81	94	19	486

注：全国统计数据中不包括香港、澳门和台湾省；以下同。
资料来源：中华人民共和国水利部，2009

6.4.2.2 我国农业水循环流入通量分析

表 6-11 为我国农田和林、牧、渔业水循环流入通量分析表,其中农业人工补给利用量来源于 2008 年中国水资源公报,农田降水利用量根据全国各省份农田耕地面积与当年降水量得到。2008 年全国平均降水量约为 654.8mm,比常年值偏多 1.9%。可以看出,农田降水补给是农业水循环通量的最主要补给来源,2008 年农田和林、牧、渔业水循环流入通量为 14 132 亿 m^3,其中人工补给 3664 亿 m^3,农田降水补给 10 468 亿 m^3,分别占补给总量的约 74% 和 26%。

表 6-11 我国农田和林牧渔业水循环流入通量分析表

区域	降水量/mm	耕地面积/万 km^2	人工补给量/亿 m^3	降水补给量/亿 m^3	补给总量/亿 m^3	人工补给比例/%	降水补给比例/%
合计或平均	655	121.7	3664	10468	14132	26	74
北京	639	0.2	11	15	26	43	57
天津	641	0.4	13	28	41	31	69
河北	558	6.3	143	352	495	29	71
山西	466	4.1	33	189	222	15	85
内蒙古	277	7.1	134	198	332	40	60
辽宁	620	4.1	91	253	344	26	74
吉林	592	5.5	69	328	397	17	83
黑龙江	474	11.8	218	561	779	28	72
上海	1238	0.3	17	32	49	34	66
江苏	994	4.8	287	474	761	38	62
浙江	1520	1.9	99	291	390	25	75
安徽	1146	5.7	152	656	808	19	81
福建	1598	1.3	99	213	312	32	68
江西	1536	2.8	149	434	583	26	74
山东	712	7.5	158	534	692	23	77
河南	738	7.9	134	585	719	19	81
湖北	1213	4.7	143	566	708	20	80
湖南	1396	3.8	193	529	722	27	73
广东	2141	2.8	228	610	837	27	73
广西	1799	4.2	203	758	961	21	79
海南	2095	0.7	36	152	188	19	81
重庆	1188	2.2	19	266	285	7	93
四川	956	6.0	114	569	683	17	83
贵州	1267	4.5	52	568	620	8	92

续表

区域	降水量 /mm	耕地面积 /万 km²	人工补给量 /亿 m³	降水补给量 /亿 m³	补给总量 /亿 m³	人工补给 比例/%	降水补给 比例/%
云南	1334	6.1	105	810	915	11	89
西藏	617	0.4	34	22	56	60	40
陕西	592	4.0	58	240	297	19	81
甘肃	274	4.7	97	128	225	43	57
青海	324	0.5	22	18	40	56	44
宁夏	250	1.1	68	28	96	71	29
新疆	147	4.1	486	60	547	89	11

资料来源：中华人民共和国水利部，2009；中华人民共和国国家统计局，2009

我国不同省份之间农田和林、牧、渔业水循环补给通量差别显著，一些省份人工补给水比例不足水循环补给总量的15%，而新疆和宁夏人工补给水比例却分别高达89%和71%，如图6-26所示。根据农业人工用水补给比例，可以将我国农业水循环补给结构分为降水补给主导型、人工补给主导型和其他三种类型。山西、吉林、安徽、河南、湖北、重庆、海南、云南、贵州、四川和陕西等省（市）农业降水流入通量比例高达80%以上，属于降水补给主导型，说明这些省（市）农业生产主要依靠当地农田降水，但产生的原因各有不同，例如，山西和陕西是由于水资源紧张而缺少灌溉水源；吉林、安徽、海南、河

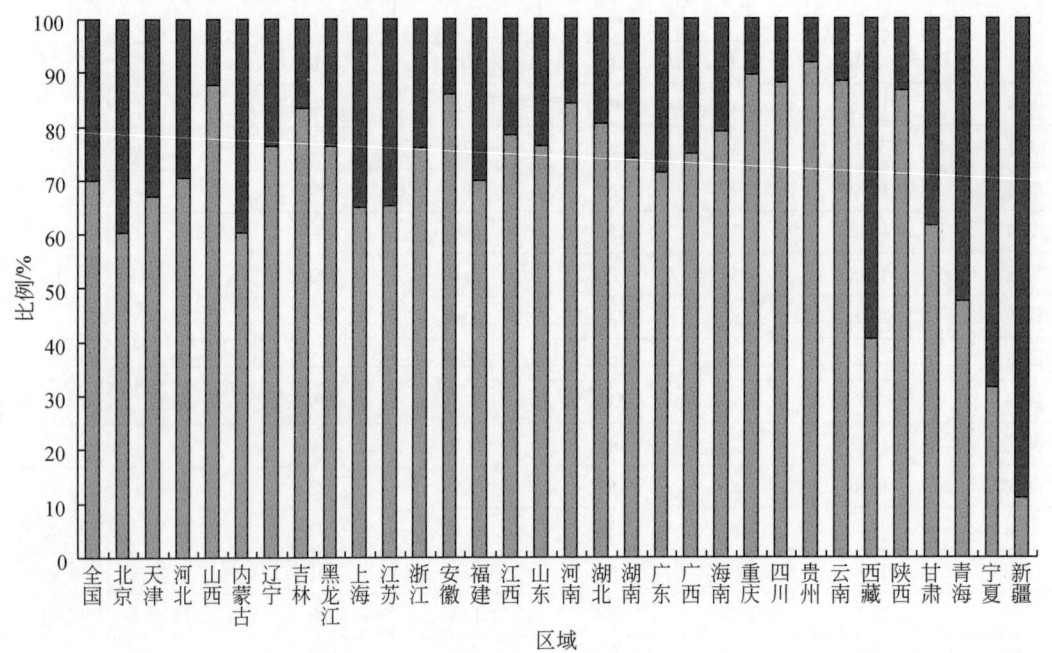

图6-26 不同省份降水和人工补水利用量占农业用水量比例

南等省份是因为降水与农业生产相对匹配,灌溉需水较小;重庆、云南、贵州和四川等省份是由于降水资料丰富,远大于灌溉补水量;西藏、青海、宁夏、新疆四个省(区)降水补给比例不足50%,属于人工补给主导型,说明这些省(区)降水资源较少,灌溉条件相对较好,农业生产主要依靠灌溉水源。

6.4.2.3 我国农业水循环消耗结构

农业水循环流出通量包括消耗量和非消耗量两部分。农业水循环流出通量的消耗结构包括农业田间水循环消耗量、输配水过程消耗量和林牧渔业消耗量。

农业水循环消耗量是指在输水和用水过程中,通过蒸腾蒸发、土壤吸收、产品吸附等途径消耗掉而不能回归到地表水体和地下含水层的水量。农业水资源消耗总量和林、牧、渔业耗水数据取自《2008年中国水资源公报》;农业田间水循环消耗量根据各省份耕地面积、种植结构、主要农作物的蒸发蒸腾量估算得到;输水消耗量根据农业水循环灌溉消耗量扣除田间水循环消耗量,其中田间水循环消耗量根据全国现状及各省份灌溉用水利用效率测算结果与灌溉用水量求得。各变量计算公式如下:

农田水循环消耗量=灌溉用水有效利用系数×灌溉用水量

农业田间水循环消耗量=Σ作物种植面积×作物田间耗水量

人工补给水资源消耗量=农业灌溉消耗量+林、牧、渔业消耗量

农业水循环消耗量=农业田间水循环消耗量+输配水过程消耗量+林、牧、渔业消耗量

依据以上分析得到2008年我国农业水资源消耗结构,如表6-12所示。

表6-12 2008年我国农业水循环消耗结构 (单位:亿 m^3)

行政区	人工补给水资源消耗量				合计	农田水循环消耗量			消耗总量
	林、牧、渔业消耗量	农田灌溉消耗量				人工补给水资源消耗量	降水资源消耗量	小计	
		田间	输水	合计					
全国	259	1433	631	2064	2323	1433	6108	7541	8432
北京	3	5	2	7	10	5	10	16	21
天津	0	8	3	11	11	8	23	31	34
河北	9	79	25	104	113	79	315	395	428
山西	1	17	8	25	26	17	175	192	201
内蒙古	7	52	26	78	85	52	184	236	269
辽宁	3	45	16	61	64	45	186	231	250
吉林	3	26	11	37	40	26	239	266	279
黑龙江	5	81	35	115	121	81	464	545	585
上海	1	9	3	12	13	9	13	23	26
江苏	32	151	56	206	239	151	252	403	491
浙江	11	44	17	61	73	44	117	161	190
安徽	5	64	39	103	107	64	371	435	479

续表

行政区	人工补给水资源消耗量				合计	农田水循环消耗量			消耗总量
	林、牧、渔业消耗量	农田灌溉消耗量				人工补给水资源消耗量	降水资源消耗量	小计	
		田间	输水	小计					
福建	4	26	14	40	44	26	84	111	129
江西	4	56	36	92	96	56	171	228	267
山东	10	77	24	101	111	77	387	464	498
河南	4	66	22	88	93	66	407	474	500
湖北	7	55	18	74	81	55	308	364	389
湖南	2	70	25	95	98	70	229	299	326
广东	30	58	25	83	112	58	195	253	308
广西	10	57	26	83	93	57	318	375	411
海南	4	10	4	14	18	10	55	65	73
重庆	1	10	3	13	15	10	124	134	139
四川	5	38	17	54	59	38	298	336	358
贵州	0	20	9	29	29	20	308	328	337
云南	5	43	21	64	69	43	449	492	518
西藏	17	6	5	11	28	6	10	16	39
陕西	4	23	9	32	36	23	200	223	236
甘肃	3	43	22	66	69	43	117	161	186
青海	2	8	4	12	14	8	15	23	29
宁夏	2	15	10	25	27	15	25	40	52
新疆	65	169	97	266	331	169	56	225	386

资料来源：中华人民共和国水利部，2009；中华人民共和国国家统计局，2009；中国农业年鉴编辑委员会，2009；陈玉民等，1995；石玉林和卢良恕，2001；廖永松，2006

2008 年全国农业水循环人工补给水资源消耗量为 2324 亿 m^3，其中农业灌溉消耗量为 2064 亿 m^3，林、牧、渔业消耗量为 259 亿 m^3。全国各省份农业水循环中人工补给水资源消耗比例如图 6-27 所示，北京、天津消耗比例接近 90%，而宁夏、福建、广西、广东等消耗比例不到 50%。

2008 年全国农业水循环消耗总量为 8432 亿 m^3，其中人工补给水资源消耗量 2324 亿 m^3，农田降水资源消耗量 6108 亿 m^3，分别占总消耗量的 28% 和 72% 左右。全国各省份农田水循环通量消耗比例如图 6-28 所示，可以看出，我国农田水循环通量消耗比例为 63%，其中华北地区的河北、天津等和西北地区的甘肃、新疆等农业水循环通量消耗接近 90%，表明这些区域人工补水量和农田自然降水量已经基本消耗完，开源潜力有限，水资源节约只有通过提高水资源利用效率的途径来实现；广东、广西、福建、海南等的农田水资源消耗比例在 40% 左右。

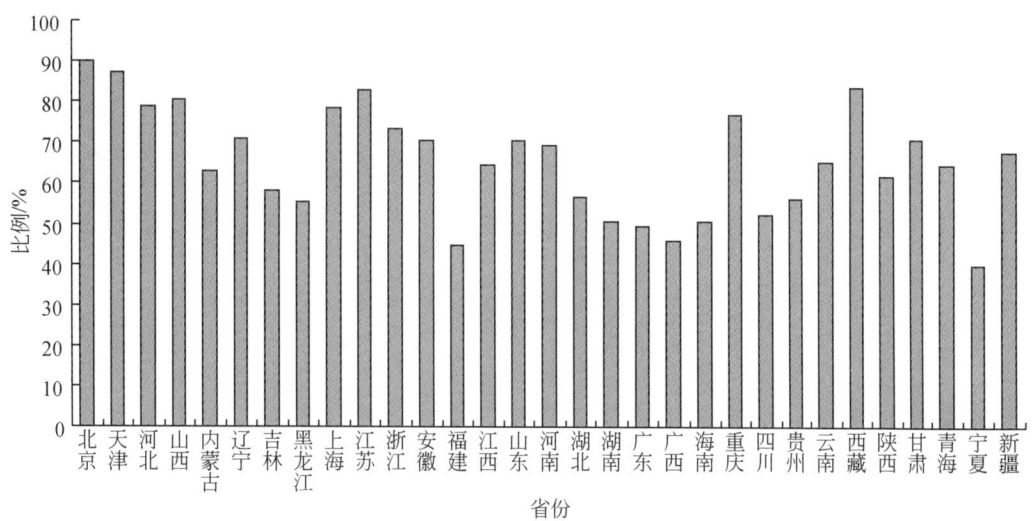

图 6-27　全国各省份农业水循环中人工补给水资源消耗比例

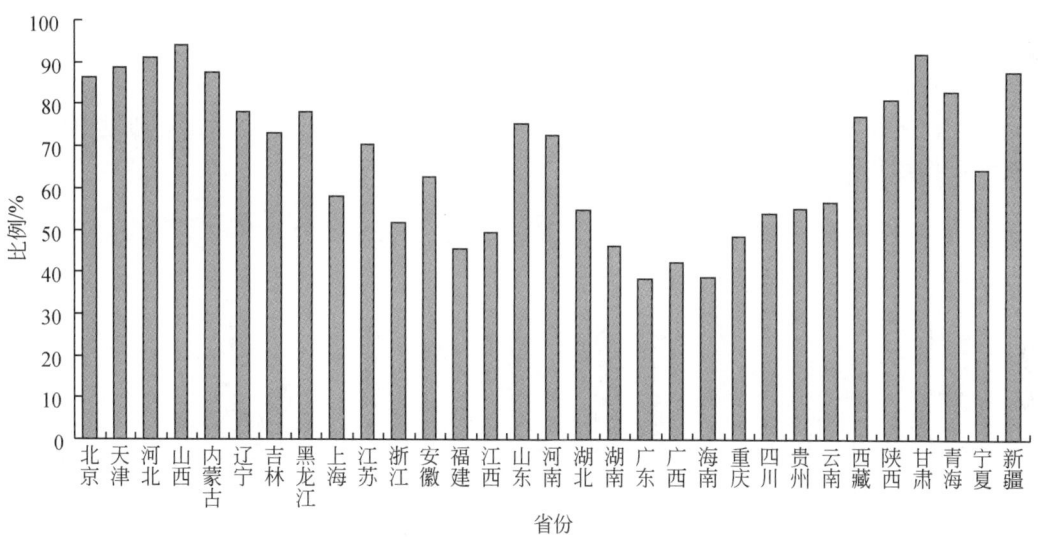

图 6-28　全国各省份农田水循环通量消耗比例

6.4.2.4　我国农业水循环通量

我国农田和林、牧、渔业水循环通量结构如图 6-29 所示。根据 2008 年我国农业水循环通量补给和消耗结构分析，我国农田和林、牧、渔业水循环流入通量约为 1.41 万亿 m^3，其中自然降水补给约 1.04 万亿 m^3，人工补给约 0.37 万亿 m^3，分别占 74% 和 26%；在农田水循环流出通量中，消耗和非消耗量分别约为 0.84 万亿 m^3 和 0.57 万亿 m^3，分别占流入通量的约 60% 和 40%；而在 0.84 万亿 m^3 消耗通量中，来自降水补给和人工补给为 0.61 万亿 m^3 和 0.23 万亿 m^3，分别约占 73% 和 27%。可以看出，降水补给是我国农业水循环通量的最主要补给来源。

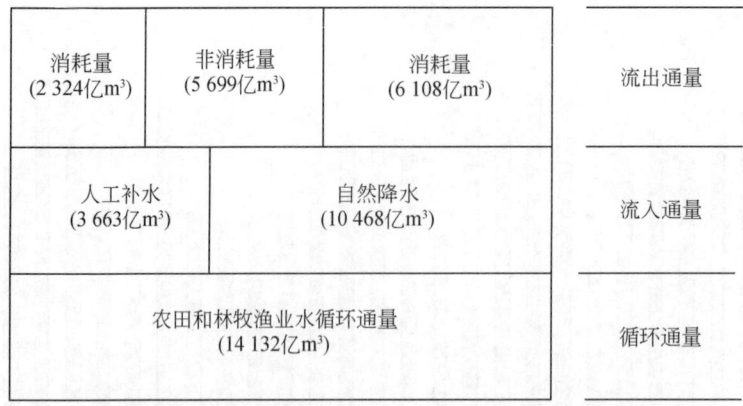

图 6-29 2008 年我国农田和林、牧、渔业水循环通量结构

根据农业水循环通量的定义,服务于农业生产的水量包括两个部分:一是人工补给水量;二是降水补给被农田和作物利用消耗的水量。因此,2008 年我国农业水循环通量为 9771 亿 m^3,其中人工补给利用量为 3663 亿 m^3,自然降水补给被农田作物利用消耗的水量 6108 亿 m^3。2008 年全国分省份农业水循环通量如图 6-30 所示,可以看出,黑龙江是我国农业水循环通量最大的省份,达到 682 亿 m^3;新疆是农业水循环通量中人工补给水资源利用比例最大的省份,达到 90%;山西、贵州、云南等省份农业水循环通量中降水补给被农田作物利用消耗的水量比例超过 80%。

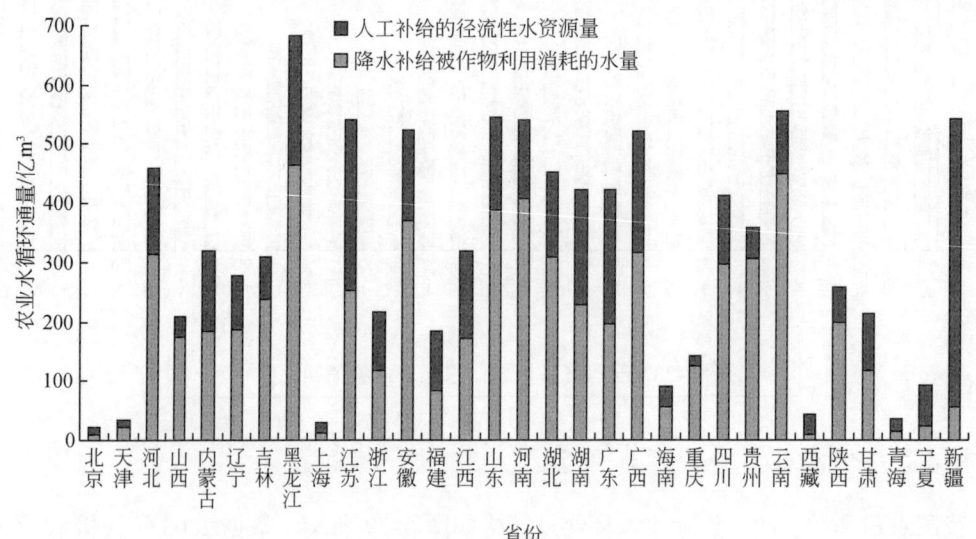

图 6-30 2008 年我国分省份农业水循环通量

农业水资源管理利用往往仅考虑人工补给水量,即来自河流和地下水的水资源,忽视了雨水资源的管理与利用。从水循环的角度来看,全球尺度上总降水量的 65% 通过森林、草地、湿地和农业的蒸发、散发返回到大气中,仅有 35% 的降水储存于河流、湖泊以及地下含水层中。世界粮食生产量的约 60% 依赖于降水的直接利用,几乎全部的畜牧业肉产品

和林产品依靠降水，并且降水支撑着约占全球耕地面积83%的雨养农业，为世界70%的人口提供粮食保障。我国现有耕地面积约为18亿亩、草地约有60亿亩，有一半以上耕地依赖雨养，在水资源日趋紧张的今天，应加强农业降水资源的利用过程研究，提高雨水资源的利用效率，这对维护我国粮食安全具有极为重要的作用。

6.4.3 我国农业用水量演变规律[①]

6.4.3.1 总体演变规律

1949年以来，我国农业用水量经历了从快速增加、基本稳定、小幅下降再基本稳定的过程（图6-31）。新中国成立初期，全国农田灌溉面积为2.4亿亩，占耕地总面积的16%，到1980年，农田有效灌溉面积增加到7.3亿亩，2000年农田灌溉面积达到8.3亿亩。随着农田灌溉面积的快速发展，农业用水量也在不断增加，由1949年不到1000亿 m³发展到1980年的3580亿 m³，此后，由于受到水资源条件的限制以及农业节水措施的大面积实施，农业用水量基本稳定在3400亿~3600亿 m³。农业用水量在全国总用水量中占的比例逐步下降，由1949年的92%下降到2008年的62%。

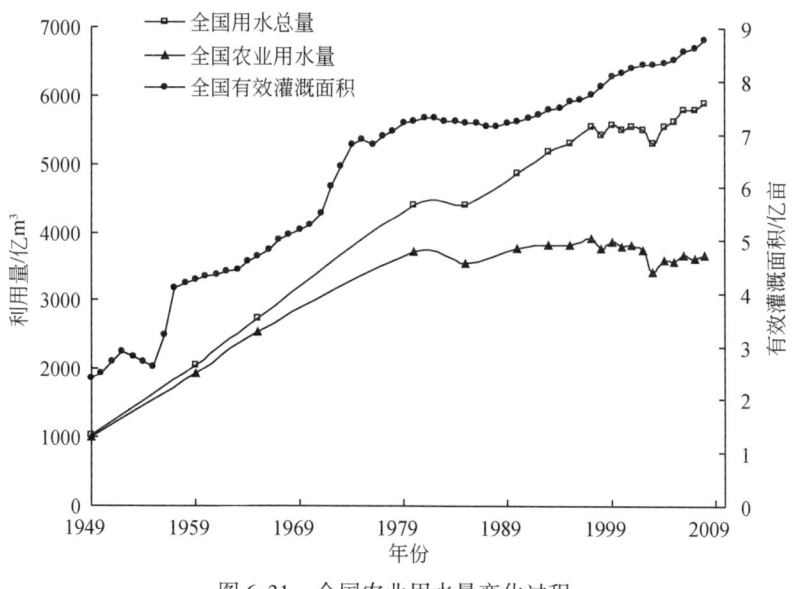

图 6-31 全国农业用水量变化过程

6.4.3.2 不同流域农业用水量变化规律

不同流域农业用水量变化规律各不相同，1980~2005年全国不同流域农业用水量演变

---

① 本节中用水量是指人工补给的径流性水资源利用量。

规律,如表6-13所示。可以看出,从20世纪80年代以来,海河流域、黄河流域、淮河流域和珠江流域呈现出波动下降的趋势;长江流域农业用水量先增加后减少,1985年左右农业用水量出现拐点;东南诸河流域用水量较为稳定,1995年和2005年是气象异常点;松辽流域由于灌溉面积的快速增加,农业用水量增长明显;西南诸河流域水资源丰富,随着灌溉面积的增加,农业用水量也呈现出增加的趋势;西北诸河流域虽然灌溉面积有所增加,但灌溉用水效率有明显提高,其农业用水量受当地降水的影响显著,降水偏枯的年份灌溉水量就偏少,但总体上农业用水量有所增加。

表6-13 1980~2005年全国各流域农业用水量　　　　（单位：亿 m³）

年份	全国	松辽流域	海河流域	黄河流域	淮河流域	长江流域	东南诸河	珠江流域	西南诸河	西北诸河
1980	3510	236	319	291	431	998	177	564	37	457
1985	3303	230	254	266	346	1050	171	544	44	398
1990	3467	318	268	295	366	1045	165	557	51	402
1995	3479	330	274	299	392	1011	188	529	55	401
2000	3484	410	265	296	380	987	170	491	67	418
2005	3225	377	244	260	325	888	154	465	70	442

6.4.3.3 不同省（自治区、直辖市）农业用水量变化规律

(1) 全国各省份基本情况

1994~2008年,我国农业用水量整体呈现快速减少后又缓慢上升的过程,但各省份变化并不与此完全同步。导致各省份农业用水量变化的主要原因除了不同年份用水条件不同之外,主要包括农业节水和灌溉面积变化（表6-14为我国各省份耕地面积和灌溉面积变化对比）两方面因素,但由于各省份的节水力度、节水起点水平和灌溉面积变化不同,各省份变化趋势和变化原因也各有不同。采用1994~1996年我国南方与北方水资源公报和1997~2008年全国水资源公报数据信息,统计分析全国各省份农业用水量,根据1994~2008年农业用水量变化过程、趋势和减少速率,可以将全国31个省（自治区、直辖市）（不含台湾省）用水量变化分为显著减少、缓慢减少、基本稳定和继续增加四类。

表6-14 我国各省份耕地面积和灌溉面积变化对比

地区	耕地面积/10³ hm² 1996年	耕地面积/10³ hm² 2008年	变化/%	有效灌溉面积/10³ hm² 1996年	有效灌溉面积/10³ hm² 2008年	变化/%
全国总计	130 039	121 735	-6	49 281	56 518	15
北京	344	232	-32	323	174	-46
天津	486	444	-9	355	349	-2
河北	6 883	6 315	-8	4 040	4 579	13
山西	4 589	4 053	-12	1 202	1 256	4

续表

地区	耕地面积/10^3hm^2 1996年	2008年	变化/%	有效灌溉面积/10^3hm^2 1996年	2008年	变化/%
内蒙古	8 201	7 146	−13	1 776	2 817	59
辽宁	4 175	4 085	−2	1 203	1 491	24
吉林	5 578	5 535	−1	904	1 641	81
黑龙江	11 773	11 838	1	1 095	2 950	169
上海	315	260	−18	288	206	−28
江苏	5 062	4 764	−6	3 833	3 835	0
浙江	2 125	1 918	−10	1 419	1 431	1
安徽	5 972	5 728	−4	2 933	3 403	16
福建	1 435	1 333	−7	937	953	2
江西	2 993	2 827	−6	1 880	1 840	−2
山东	7 689	7 507	−2	4 663	4 837	4
河南	8 110	7 926	−2	4 044	4 956	23
湖北	4 950	4 663	−6	2 174	2 095	−4
湖南	3 953	3 789	−4	2 680	2 697	1
广东	3 272	2 848	−13	1 488	1312	−12
广西	4 408	4 215	−4	1 472	1 522	3
海南	762	727	−5	181	170	−6
重庆	2 650	2 239	−15	586	634	8
四川	7 041	5 950	−15	2 313	2 500	8
贵州	4 904	4 487	−8	612	780	27
云南	6 422	6 072	−5	1 250	1 517	21
西藏	363	361	0	162	156	−3
陕西	5 141	4 049	−21	1 340	1 287	−4
甘肃	5 025	4 660	−7	893	1 063	19
青海	688	542	−21	177	177	0
宁夏	1 269	1 106	−13	278	426	53
新疆	3 986	4 114	3	2 780	3 465	25

显著减少的包括北京、河南、山东、广东、浙江和湖南 6 个省份。大幅度农业节水是农业用水量迅速减少的主要原因，如北京市灌溉用水有效利用系数为全国最高，已经达到 0.66，但同时 2008 年相对于 1996 年灌溉面积减少了 46%，而同期广东省灌溉面积减少了 12%。河南和山东主要位于黄河中下游，原有灌溉条件相对较好，随着农业节水的实施，农业用水量有了大幅度减少，山东省农业用水量由 1994 年的 195 亿 m³ 减少到 2008 年的 158 亿 m³，减少了 19%，河南省同期农业用水量也减少了 20% 左右。

缓慢减少的省份包括宁夏、河北、江苏、安徽、江西、福建、湖北、云南和四川9个省份。除了湖北和江西外，其他省份农业灌溉面积都有不同程度的提高，相对于1996年，其中安徽、云南和宁夏2008年灌溉面积分别增加了16%、21%和53%，但随着农业节水措施的实施，灌溉用水效率有了明显提高，农业用水量也呈现出缓慢下降过程。

基本稳定的省份包括山西、内蒙古、陕西、甘肃、辽宁、吉林、海南、天津、上海、重庆、贵州和广西。主要包括两种类型，一是内蒙古、甘肃、辽宁、吉林和贵州灌溉面积都有大幅度提高，但农业灌溉用水总量没有显著变化；二是山西、陕西、海南、天津、重庆和广西灌溉面积没有显著变化，但由于其原有用水效率起点很高和种植结构调整的原因，农业用水量也没有显著变化。

继续增加的省份包括新疆、西藏和黑龙江3个省份。新疆和黑龙江农业用水量增加的主要原因是灌溉面积的扩大，虽然实施了大规模的农业节水。如新疆灌溉面积由1996年的278万hm^{2}增加到2008年的347万hm^2，增加了约25%，但同期灌溉用水量增加不到13%；1996~2008年，黑龙江灌溉面积增加了169%，而灌溉用水仅增加50%左右。西藏农业用水量的增加主要是因为灌溉条件的改善。

（2）显著减少：北京

1949年以来，北京农业用水量经历了从缓慢增加到快速增加再到快速减少的演变过程。其演变过程与社会发展、农田灌溉面积变化、节水改造和种植结构调整的实施等有着密切关系，如图6-32所示。

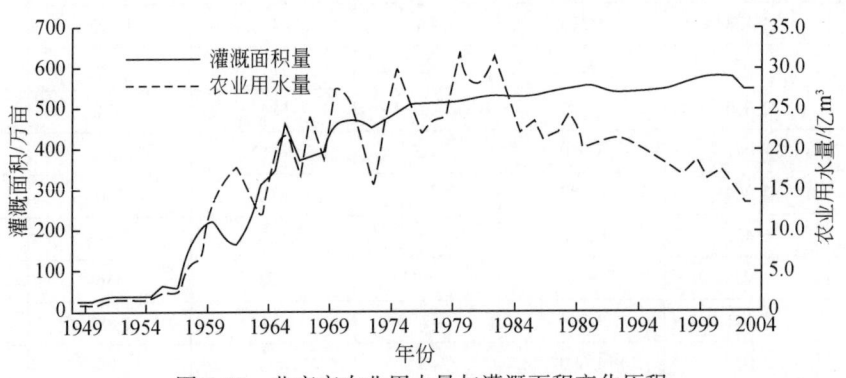

图6-32 北京市农业用水量与灌溉面积变化历程

1949~1957年为北京市农业用水量缓慢增加时期，这一阶段一定程度上延续了新中国成立前农田灌溉的建设模式，灌溉面积从1949年的21.3万亩增加到1957年的58.1万亩，这一时期的典型特征是通过大量提取地下水来增加灌溉面积，但灌溉面积增长缓慢，灌溉面积与用水量增幅较小，灌溉用水效率没有明显变化，1957年农业用水量约为2.3亿m^3。

1958~1980年为北京市农业用水快速增加时期，官厅水库、密云水库等许多大中型水利工程的建设极大地促进了地表水灌溉面积的发展，灌溉面积由1958年的142.9万亩增加到1980年的519.9万亩。随着渠系建设长度的增加，部分渠系严重渗漏的现象日益突出，渠道防渗成为研究与推广的重点，这一时期还开展土地平整与畦灌，提高了田间水利用率，同时还开展了大量滴灌、喷灌、管灌等形式的节水灌溉试验。1980年农业用水量达到31.7亿m^3。

1981 年以来为北京市农业用水快速减少时期,这期间北京市灌溉面积增幅不大,从 1980 年的 519.9 万亩增加到 2003 年的 551.8 万亩,但节水灌溉面积占灌溉面积的比例由 1980 年的 9% 增加到 2003 年的 84%。除渠道防渗以外,低压管灌、喷灌、微灌等节水灌溉技术得到广泛应用,节水效果显著。同时,种植结构大幅度调整,减少了高耗水粮食作物种植面积。农业用水量由 1980 年的 31.7 亿 m³ 下降到 2003 年的 13.7 亿 m³。

(3) 缓慢减少:宁夏

宁夏引黄灌区是我国现存的大型古老灌区之一,至新中国成立前灌溉面积已经发展到 192 万亩。从 20 世纪 50 年代以来,宁夏农业引黄灌溉水资源利用量变化过程经历了从快速增加到缓慢增加再到缓慢减少的三个阶段,如图 6-33 所示。

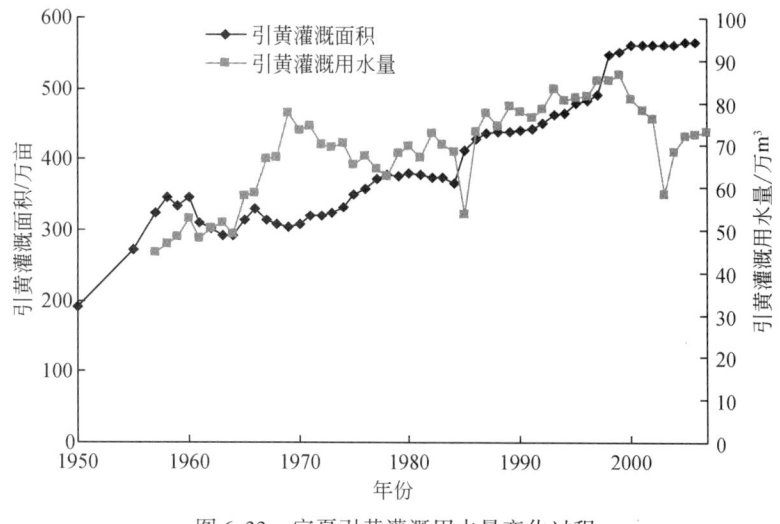

图 6-33 宁夏引黄灌溉用水量变化过程

第一阶段,1969 年前,农业引黄灌溉用水量快速增加。从 20 世纪 50 年代开始至 60 年代末,通过改造旧灌区、开发新灌区,宁夏水利建设事业空前发展,灌溉面积增加到 305 万亩,灌溉引水量从 1950 年的 44.7 亿 m³ 增加到 1969 年的 77.5 亿 m³,但由于灌溉田间和自然条件限制,灌溉用水效率很低。

第二阶段,1970~1999 年,这一时期宁夏兴建了一批大中型扬黄灌区,并且逐步形成了沟、井、站结合的排水体系,农业引黄灌溉用水量缓慢增加。20 世纪 80 年代建设了固海、南山台、盐环定等大型扬水,改造陶乐成为扬水灌区;20 世纪 90 年代开发了红寺堡、固海扩灌区 130 万亩,重点进行了渠道除险加固,改造老化带病运行的险工险段,渠道砌护,续建配套,进行节水改造。这一时期虽然灌溉面积快速稳步增加,但是以发展用水效率相对较高的扬黄灌溉为主,引黄灌溉用水量从 20 世纪 70 年代初的 77.5 亿 m³ 减少到 70 年代末的 62.9 亿 m³,之后引黄灌溉水量逐渐增加到 1999 年的 86.5 亿 m³。

第三阶段,2000 年以来,农业引黄灌溉用水量缓慢减少。此时宁夏新增农田灌溉面积有限,由于受到黄河水资源统一调度的影响,宁夏引黄灌溉受到严格限制,同时开展了大规模的节水型社会建设,加强了灌溉管理和调整了种植结构,水资源利用效率有了很大的提高。

引黄灌溉水量经历了逐步减少的过程，由20世纪末的83亿m³减少到2006年的72亿m³。

（4）继续增加：新疆

新疆近几十年来农业灌溉面积和灌溉用水量变化如图6-34所示。可以看出，新疆的农业灌溉发展十分迅速，全疆灌溉总面积1980年为4439万亩，2006年增加到7634万亩，净增加3195万亩，其中，农田灌溉面积2006年为4923万亩，比1980年净增加1002万亩，林草灌溉面积2006年为2711万亩，比1980年净增加2193万亩。虽然新疆节水灌溉面积也在迅速增加，用水效率得到很大提高，但是灌溉总面积的发展，带动了灌溉用水量的大幅度提高。

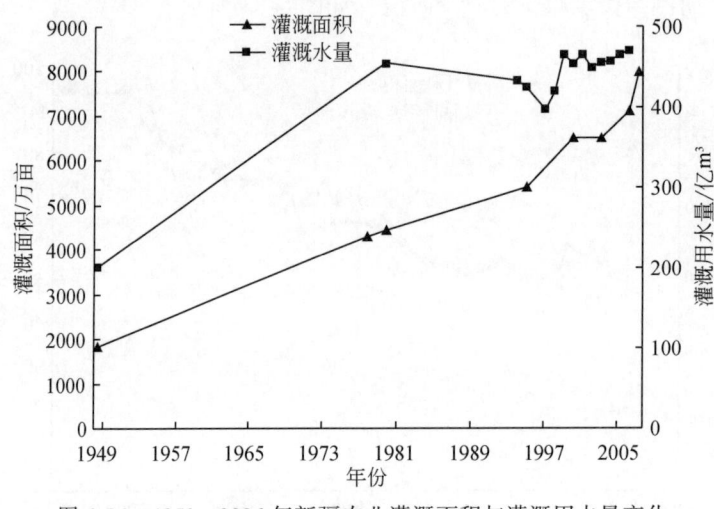

图6-34　1950~2006年新疆农业灌溉面积与灌溉用水量变化

6.4.4　世界典型国家农业用水量演变[①]

6.4.4.1　世界农业用水量演变趋势

虽然不同国家农业用水量变化趋势不同，但世界农业用水总量在快速增加。图6-35展示了1900~2005年跨度100多年世界不同行业的用水量（来自2006年国际灌排大会提供的资料信息）。可以看出，过去一个多世纪中，世界农业、工业和生活用水可以分为两种趋势：缓慢上升和快速上扬。1900~1950年，农业用水量逐渐增长，从最初的约500km³稳步上升到1950年前的1000km³，工业及生活用水量则基本没有变化。自1950年起，农业用水量开始进入大幅度增长期，从1000km³快速增加到1960年的1500km³，截止到2000年，已经达到了3000km³。农业灌溉用水量增加主要归因于农田灌溉面积的快速增加，如图6-36所示，仅在过去40年里，灌溉面积增加了一倍。

---

① 本节中世界各国农业用水量是指人工补给的径流性水资源利用量。

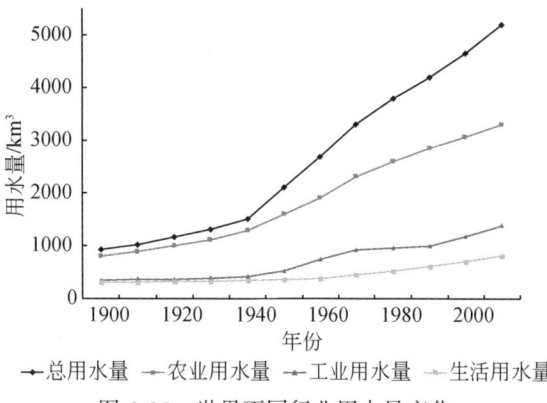

图 6-35 世界不同行业用水量变化

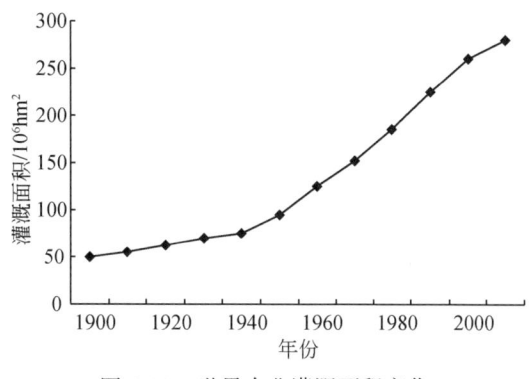

图 6-36 世界农业灌溉面积变化

在世界用水总量中，农业用水量大约占 70%，工业用水量占 22%，生活用水量占 8%。但各国农业用水量占总用水量的比例，随地区水土条件和工业化程度不同而异，图 6-37 为选择的 12 个典型国家用水结构，其中阿富汗农业用水量占总用水量的 99%、印度占 84%、以色列占 79%、巴西占 61%、澳大利亚占 68%、中国占 69%、日本占 64%、美国占 42%、加拿大占 8%、英国占 3%。可以看出，各国农业用水量所占比例差异巨大，总体规律是发展中国家农业用水比例较大、干旱半干旱地区的国家农业用水比例较大。

6.4.4.2 典型国家农业用水量演变

(1) 美国

美国近 50 年的农业用水量变化趋势，反映了一个完成了工业化进程进入成熟经济后的农业用水发展过程，如图 6-38 所示。1950 年，美国国民经济总用水量仅为 2500 亿 m³，其中农业为第一用水大户。此后，随着美国经济的持续增长，用水量于 1980 年达到峰值，为 6100 多亿立方米，1980 年后，用水量明显回落，并在 1995 年以前基本稳定在 5500 亿 m³ 左右，2000 年用水降到 4800 多亿立方米。1950～1980 年的 30 年间，农业用水量由 1950 年的 1063 亿 m³ 增长到 1980 年的 3500 亿 m³，虽然也在持续增长，但增长幅度明显小于工业用

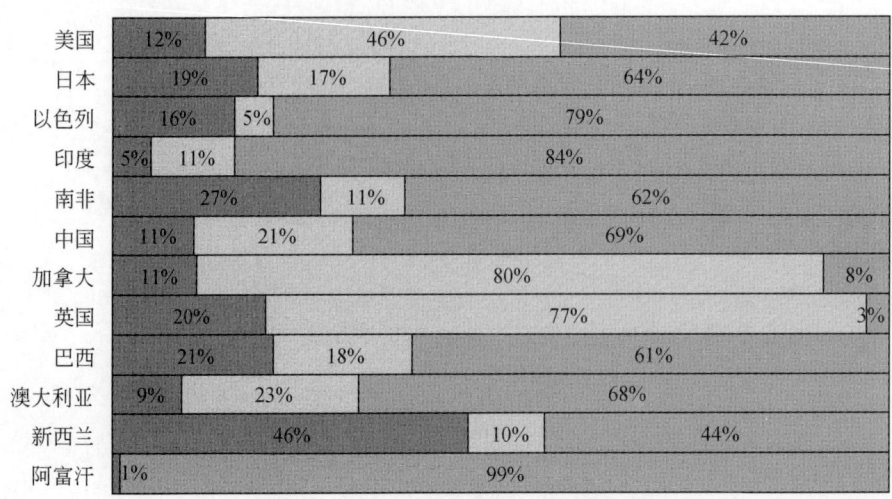

图 6-37 世界典型国家用水结构图

水,工业转变成为第一用水大户。1980 年以后,以电子产业为主的新兴工业和服务业成为拉动经济增长的主导产业,工业和农业用水量不断下降,总用水量进入稳定时期。

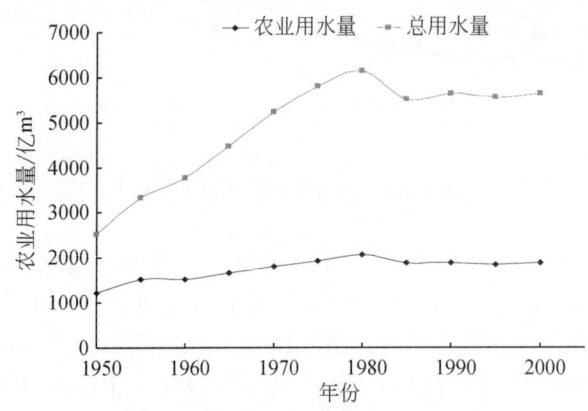

图 6-38 1950~2000 年美国农业用水量与总用水量变化

(2) 日本

日本是中国的近邻,在农业经济的客观条件方面与我国存在许多相似之处,如山地较多、人多地少和一家一户分散的小规模经营等。日本十分重视农业发展,不仅实现了农业现代化,而且农业整体生产达到了世界先进水平,从灌溉专用水库所占比例即可窥见一斑——日本共有大坝 2700 座,其中专门用于农业灌溉的为 1595 座。与其他发达国家不同,日本农业用水量占总用水量比例较大,约为 2/3,基本维持在 600 亿 m³ 左右。日本在工业化以前是一个典型的农业国,属于小规模农业。经过 20 世纪 50~70 年代的大规模土地改良,兴修大型水利工程,普及机械化耕作,日本农业基本上实现了现代化。因此,日本农业用水量 1950 年之前一直保持稳定,1950~1970 年农业用水量有了大幅度增加,从

1970年到21世纪初，农业用水量基本保持稳定状态，之后，随着产业结构的变化和用水效率的提高，农业用水量有了小幅度减少，如图6-39所示。

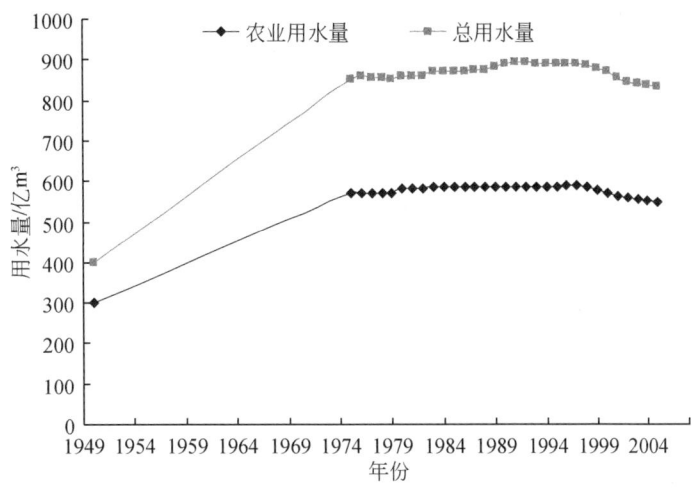

图6-39　1950~2005年日本农业用水量变化

(3) 澳大利亚

澳大利亚土地辽阔，但大部分地区干旱少雨，水资源缺乏，有39%的地区年降雨量不足250mm。澳大利亚是世界最重要的农产品加工和出口国之一，农业生产和管理高度专业化和社会化，以大型农场为主体，主要从事谷物种植业和畜牧业。畜牧业在农业中占明显优势，被称为"骑在羊背上的国家"，畜牧业用地面积占全国总面积的64%，其中90%以上是天然草场，而灌溉面积仅占到4%。澳大利亚年用水总量为259亿m³，自20世纪80~90年代以来，澳大利亚农业用水量持续下降，农业用水比例由20世纪90年代的75%下降到2005年的68%。其主要原因是自20世纪80~90年代以来，澳大利亚制定并实施了一系列促进灌溉用水高效利用的政策及具体管理措施，提高水利工程的企业化管理和灌溉工程管理水平，并积极改进了灌溉和运行管理技术，有效地降低了农业用水量。

(4) 俄罗斯

俄罗斯是世界上土地面积最大的国家，水资源和土地资源总量丰富，多年平均水资源量约4万亿m³，居世界第2位，仅次于巴西，但空间分布极不均匀，俄罗斯欧洲部分人口约占全国总人口的80%，而河川径流量仅占径流总量的8%。由于水资源分布不均、洪涝灾害严重等自然原因和其他社会原因，俄罗斯粮食生产呈现出波动幅度较大、产量低、品质差等特点。随着政治局面日趋稳定，俄罗斯农业出现明显好转，1999~2005年粮食生产连年增加。虽然俄罗斯在农业上制定了一定的政策，采取了一定的措施，但其经济结构的调整目标是走一条符合俄罗斯国情的后工业化道路。因此，在水资源利用上，俄罗斯工业用水量为2251亿m³，占总用水量的84.2%；而农业和渔业用水量为305亿m³，占总用水量的11.4%。农业灌溉用水量由1990年的160亿m³减少到2005年的89亿m³，主要原因是1990年以来俄罗斯的灌溉面积缩减了22%，由原来的9300万亩减少到7300万亩，而实际灌溉面积大约只有3000万亩。

（5）南非

南非多年平均降水量仅为450mm，属半干旱地区，是全世界最干旱的30个国家之一。南非是非洲大陆经济最为发达的国家，有"非洲经济巨人"之称，其经济发展走的是一条以农牧业起步、采矿业发家、制造业后来居上、采矿业和制造业并举作为支柱产业的独特道路。南非原是一个农牧业国家，随着工矿业的发展，农业产值在国内生产总值中的比例逐步下降，从1930年的20%降至1981年的7%，再到目前仅占国内生产总值的4.5%。尽管如此，农业在南非经济中仍占重要地位，并且对整个南部非洲地区的发展和稳定起着至关重要的作用。全国有耕地2.3亿亩左右，比1985年增加了将近1/4，但灌溉面积仅为0.2亿亩左右，南非灌溉面积发展情况如表6-15所示，2000年灌溉用水量为80亿 m³，占全国总用水量的62%。根据相关研究分析，基于现在用水情况和人口增长的趋势，预计在2030年南非的可用淡水资源将达到消耗极限，灌溉用水量将达到107亿 m³/a。

表6-15　南非灌溉面积发展情况

年份	1910	1924	1965	1996	2000
灌溉面积/万亩	347	479	1106	1935	1950

（6）土耳其

土耳其年平均降雨量为643mm，多年平均径流量约为1860亿 m³，土耳其的降水总量和分布非常不均匀，70%集中在10月至次年4月。水是大部分地区农业生产的限制因素，土耳其同时面临着大力发展和管理农业水资源以及保护水质和环境的挑战。土耳其非常重视农业灌溉，采取各种政策促进灌溉农业的发展。目前，土耳其共有耕地面积2800万 hm²，其中灌溉面积为127万 hm²，建设中的安那托利亚（GAP）工程将在幼发拉底河和底格里斯河的上游修建22座大坝和19座电站，将新增170万 hm² 灌溉面积。1990年以来，土耳其用水总量快速增加，由1990年的306亿 m³增加到2000年的420亿 m³，其主要原因在于农业灌溉面积和灌溉能力的迅速提高，农业用水量的比例由1990年的72%提高到2000年的75%，如表6-16所示。

表6-16　土耳其1990~2000年农业用水量

年份	总用水量/亿 m³	农业用水/亿 m³	所占比例/%
1990	306	220	72
1992	316	229	73
1998	389	292	75
2000	420	315	75
2030（预测）	1100	715	—

资料来源：WWC，2003

（7）印度

印度自独立后以来，工农业生产虽然有了较快发展，但仍然是一个以农业为主的发展中国家，80%的人口以农业为生，农业（包括林业、牧业、渔业）的净产值占国内净产值的35%，农业用水量占全国总用水量的84%。印度1947年独立时农田灌溉面积仅为2.9亿亩，从20世纪50年代起印度建库修渠、发展灌溉，到1990年灌溉面积达到12亿亩，2000年为14.3亿亩，预计2050年将增加到22.2亿亩。随着人口和灌溉面积的增加，印度农业用水量仍处于快速增加的阶段，如图6-40所示，从1990年到2000年的10年间，农业灌溉用水量由4600亿 m³ 增加到6500亿 m³，有预测认为到2050年将增加到1万亿 m³ 左右。

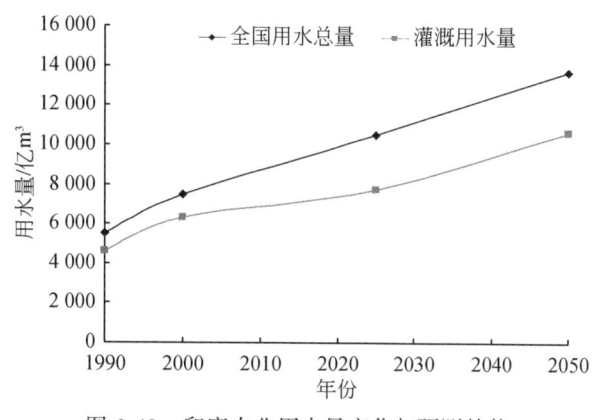

图6-40 印度农业用水量变化与预测趋势

（8）世界典型国家农业用水的规律

通过分析中国、美国、日本、澳大利亚、俄罗斯、南非、土耳其、印度8个国家农业用水总量及其发展变化规律可以看出具有以下特点：

第一，每个国家的农业用水总量是由多种因素综合决定的，主要包括国家人口数量、可耕作面积、水土资源匹配条件、粮食安全政策、经济发展阶段等，但决定不同国家农业用水的主导性因素各有不同。表6-17是典型国家农业用水及其主要影响因子分析表，如印度人口高达11.9亿人，并且灌溉水资源条件较好，因此农业灌溉用水量最多；中国人口最多，但由于受限于水土资源条件，虽然国土面积远大于印度，但耕地面积、灌溉面积和灌溉用水量远小于印度；日本地少人多，但国家非常重视粮食的自给率，并且水资源非常丰富，农田灌溉率高达57%，灌溉用水量较多；俄罗斯人少地多，水土条件相对匹配，灌溉面积还不到耕地面积的4%，灌溉用水量远远小于印度、中国、美国、日本等人口众多的大国；澳大利亚人口稀少，人均耕地面积远高于其他国家，并且非常注重农牧产业，所以灌溉用水量相对较高。

表 6-17 2008 年典型国家农业用水基本分析表

国家	国土面积/万 km²	总人口/亿人	年平均降水量/mm	耕地面积/亿亩	灌溉面积/亿亩	灌溉水量/亿 m³
美国	936	3.05	1500	25.0	3.4	1893
日本	39	1.27	1800	0.7	0.4	549
澳大利亚	760	0.21	470	7.1	0.4	177
俄罗斯	1707	1.41	530	18.6	0.7	80
南非	122	0.47	464	2.4	0.2	80
土耳其	81	0.73	679	3.8	0.8	420
印度	329	11.9	1170	23.0	10.3	6500
中国	960	13.4	648	18.3	8.4	3580

第二，人均和亩均指标反映了一个国家农业用水条件和用水水平。如图 6-41 所示，澳大利亚和俄罗斯人口密度最小，但由于澳大利亚较为干旱，人均耕地面积和灌溉面积远远高于俄罗斯和其他国家，人均灌溉水量也远高于其他国家；印度和日本人口密度最大，虽然其人均灌溉面积不是很大，但其灌溉用水条件较好，因此人均农业用水量也很大；美国人口密度远小于中国，但人均灌溉用水量和农业用水量都大于中国，说明其水土资源条件优于中国，同时也说明中国农业用水水平和效率已经达到较高的水平。

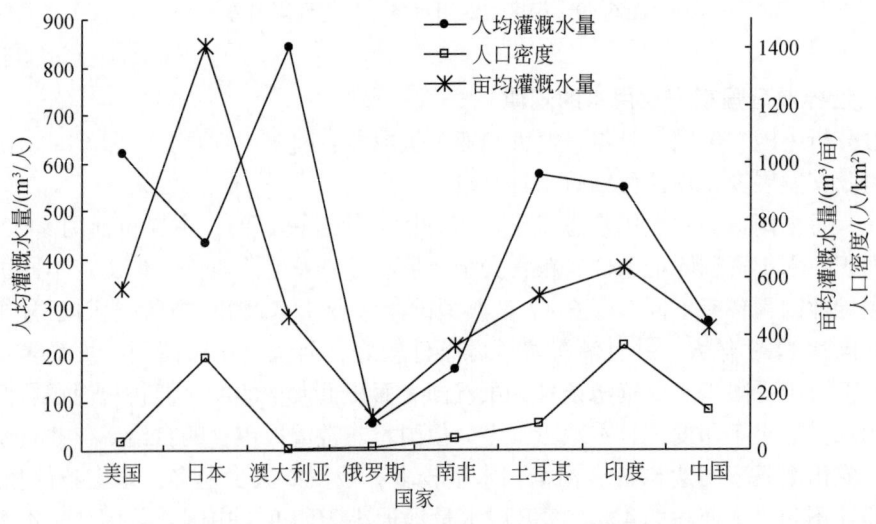

图 6-41 2008 年典型国家农业用水量人均指标对比

第三，不同国家所处的发展阶段决定了农业用水量的变化趋势。美国、日本、澳大利亚人均 GDP 都在 3.5 万美元以上，属于发达国家，已经完成了工业化进程，农业用水量经历了从快速增长到基本稳定再到缓慢下降的过程；俄罗斯具有发展农业灌溉的潜力，但由于社会和国家政策等原因，近年来，农业用水量经历了迅速下降的过程；南非是非洲经济大国，比较注重农业生产，农业灌溉用水量相对比较稳定；印度和中国都处在工业化进程之中，人口均快速增加，因此，农业用水量有迅速增加的趋势，但由于受到水资源条件的限制，近年来中国农业用水总量基本处于稳定状态。

6.4.5 农业水循环通量影响因子与演变规律

6.4.5.1 影响因子识别

区域/流域农业水循环通量是社会、经济、科技、文化、自然地理等诸多因素综合作用的结果，各种因素影响过程和作用机制十分复杂。

人口增长及农产品需求变化是农业水循环通量变化的原始驱动力。人的生存需要消耗一定量的水，同时人口增长对物质需求的增加间接驱动生产需用水的增加，粮食是人类生存的必需品，人口增长对粮食需求的增加直接驱动农业水循环通量变化，虽然受到城市化和工业化的影响，我国耕地面积在持续减少，但农田灌溉面积在持续增加，农业灌溉用水量与全国总人口保持了几十年的同步增长过程。图 6-42 为我国人口与灌溉水量的关系图，可以看出，我国农业灌溉用水量与全国总人口保持了几十年的同步增加过程。

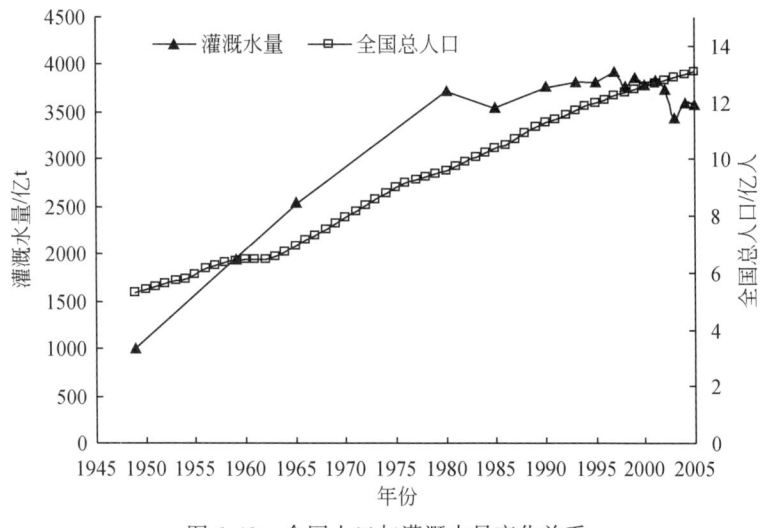

图 6-42　全国人口与灌溉水量变化关系

农业水土资源条件是农业水循环通量的基础因素。在农业产业分布和规模确定的前提下，影响区域或流域农业水循环通量和结构的主要因素是水文气象和灌溉条件与农业资源的匹配程度，降水资源丰沛的地区水资源需求要小于干旱地区，直接影响农业社会水循环通量的大小。

灌溉面积、农业结构、用水效率和气候变化等是影响农业水循环通量的主要因子，各影响因素对我国不同地区农业用水的影响存在明显地区差异，如北方地区用水效率提高对农业社会水循环通量用水变化贡献率最大，而南方地区灌溉面积下降对农业社会水循环通量变化的贡献率最大。

6.4.5.2 主要影响因子及其演变规律

(1) 水土资源匹配条件

水、土、气象等因素是影响农业水循环通量的自然条件，不同地区水资源利用条件明显不同，而同一地区不同年份农业水循环通量也会相应变化。我国地域辽阔，自然资源条件差异很大，不同区域农业用水量和农业用水效率差别显著，水土资源的差异是造成用水效率差异的内在因素。图 6-43 是我国 2000 年不同流域亩均农业灌溉用水量情况。如图 6-43 所示，水资源丰富的珠江流域一直是我国农业亩均用水量最大的流域；气候干旱、降水稀少、蒸发强烈的西北地区亩均灌溉用水量仅次于珠江流域；水资源最为紧缺的海河流域农业灌溉用水定额最小；农业水土资源匹配较好的淮河流域亩均灌溉用水接近于海河流域。

水土资源条件具有不可选择的特点，但未来水土资源利用可以通过发展节水灌溉和种植适水适地作物等措施提高水土匹配程度。

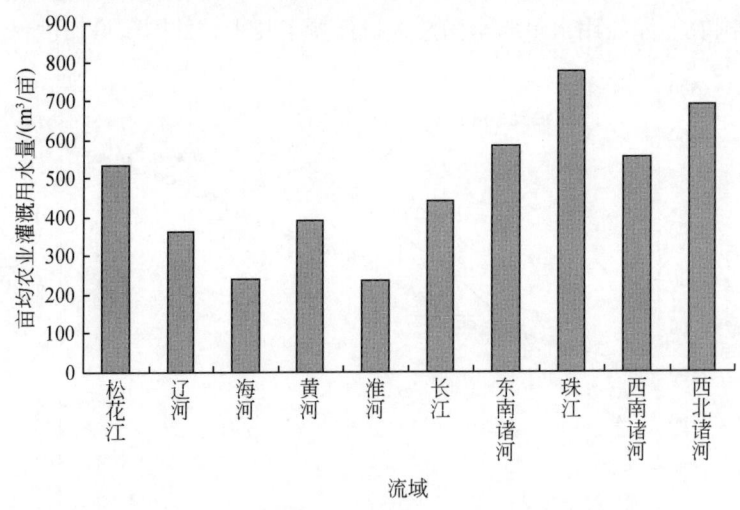

图 6-43 我国 2000 年不同流域亩均农业灌溉用水量

(2) 农业灌溉面积

农业灌溉面积的增加是推动我国农业社会水循环通量增加的主要因素。农业生产具有地域性和季节性，而典型的季风气候又使中国降水时空分布很不均衡，很难满足农作物生长的降水需求，灌溉在农业生产中处于极为重要的地位。1949~1997 年，我国农业有效灌溉面积增加了 3.4 倍，而同期灌溉用水量增加了 3.9 倍，粮食产量增加了 4.1 倍。1997 年以来，我国有效灌溉面积增加缓慢，随着农业用水效率的提高，灌溉用水量呈现减少的趋势，但同时粮食产量也产生显著的同步下降和波动，如图 6-44 所示。

从全球和我国粮食安全来看，20 世纪 50 年代以来，世界灌溉农业的迅速发展，为各国粮食增长和维持整个世界的稳定作出了巨大贡献，农业用水量随着灌溉面积的增加呈同步增长态势，都增加了近 4 倍。目前全球约有 24 亿人的工作、食物和经济收入要依赖灌

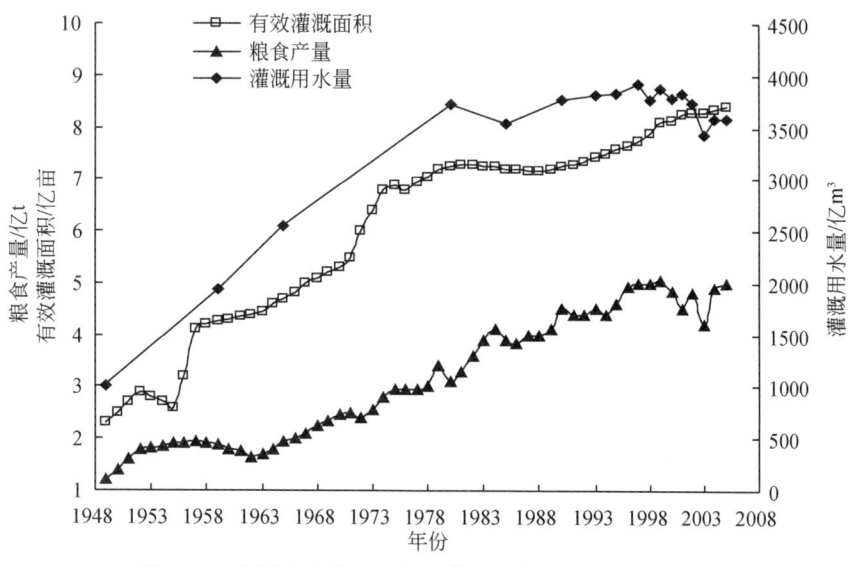

图 6-44　我国农业灌溉面积、灌溉用水量与粮食产量关系

溉农业,世界粮食的 30%~40% 来自占耕地面积 18% 的灌溉农业,据联合国粮食及农业组织预测,今后 30 年供养世界人口所需粮食的增加部分的 80% 要靠灌溉农业生产。

中国人口快速增长和经济的高速发展引发我国粮食需求的增长,与此同时,随着人们生活水平的日益提高、膳食结构的日益改善、居民动物性食物消费的增加,粮食的需求量还会加大。而粮食需求的增加将对粮食生产带来新要求,从我国粮食生产对灌溉的依赖性可见农业土地利用对水资源需求的驱动作用。由此可以看出,未来灌溉农业发展仍将是农业需水增长的重要驱动因素之一。

(3) 农业结构

农业结构包括农、林、牧、渔业经济结构和粮食作物、经济作物、饲料作物种植结构两个层次,其变化能够显著影响区域社会水循环通量。进行农业经济结构优化、调整种植结构,是我国保证农业社会水循环通量零增长并实现粮食安全的重要措施。从 1980 年到 2007 年,我国高耗水的水稻和小麦种植面积分别减少了 15% 和 17%,而灌溉水量较少的玉米播种面积却增加了 44%。

农业结构的调整是影响农业水循环通量的重要因素,随着我国节水型社会的建设,面向市场和资源双重约束的节水型农业结构是未来发展的方向,在保障粮食安全的前提下将逐步减少农业灌溉水量,林、牧、渔业用水量将有所增加,以粮食为主兼顾经济的二元结构逐步调整为"粮食、经济、饲料"的三元结构。图 6-45 是 1978 年以来我国小麦、水稻和玉米变化过程,可以看出,高耗水的水稻种植面积和小麦种植面积明显减少,而消耗灌溉水量较少的玉米面积明显增加。

(4) 用水效率

农业用水效率是节水技术、管理水平、降水量、蒸发量、种植结构等诸多因素综合作用的结果。降水量、蒸发能力等是决定农业用水效率的自然特性,而管理水平、农艺措

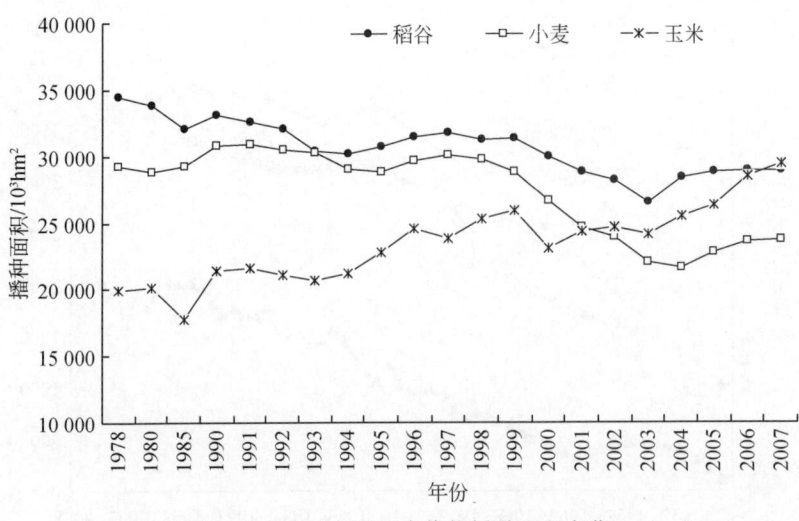

图 6-45 全国主要粮食作物播种面积变化

施、作物品种、水土管理、灌溉措施等因素直接影响农业社会水循环利用效率。随着节水灌溉措施的推广实施、作物品种的改良、管理水平的提高、灌溉节水改造的实施等，我国农田灌溉综合用水定额总体呈现下降的趋势，用水效率逐步提高，有效缓解了我国农业灌溉用水量的增加趋势。

图 6-46 是我国 20 世纪 80 年代以来全国平均农业灌溉亩均综合用水量变化结果，可以看出，我国农业灌溉用水量呈现明显的下降趋势，亩均灌溉用水量由 20 世纪 80 年代的 588m^3 减少到 2007 年的 434m^3。然而，我国水资源利用效率与国际先进水平相比存在较大差距，2006 年农业灌溉水有效利用系数仅为 0.463，远低于国外先进水平。提高水资源利

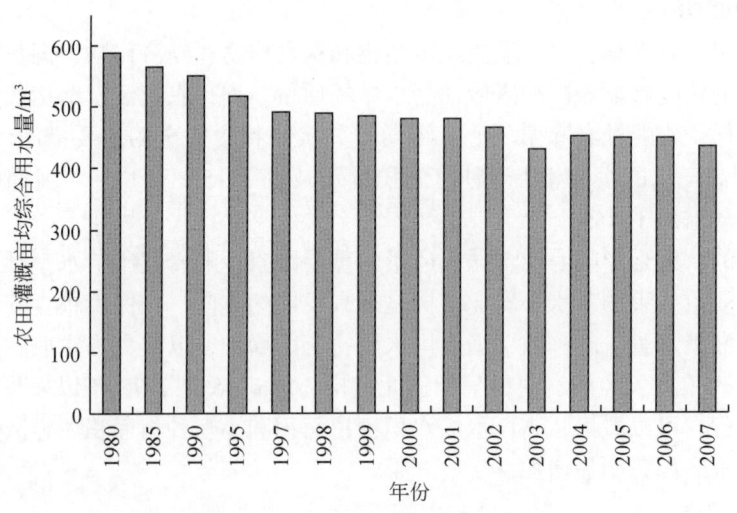

图 6-46 全国农业灌溉用水效率变化

用的效率已经成为我国水资源开发利用的重要目标，随着节水型社会建设、工程体系的完善和科技的进步，未来农业用水效率还将会进一步提高。

（5）气候变化

气候变化对农业水循环通量的演变具有长期趋势性影响。气候变化对农业水循环的影响，远远大于对工业和生活水循环的影响，尤其是在降水趋于减少或蒸发的增加大于降水增加的地区。气候变化主要是通过气温和降水两个因子的变化来体现，气温升高会延长作物的生长期，导致潜在蒸发上升，使农业需水量增加，而降水总量和时空分布的变化将影响农业有效降水的利用。大量观测事实表明，全球气候在过去100年经历了以变暖为主要特征的显著变化过程。在全球变暖的大背景下，我国气候也发生了明显变化。中国气象局根据观测资料分析表明：近百年来我国年平均气温升高了0.5~0.8℃，近50年变暖尤其明显，西北、华北和东北地区气候明显变暖，长江以南地区变暖趋势不显著；我国年均降水量变化趋势不显著，但区域降水变化波动较大，华北大部分地区、西北东部和东北地区降水量明显减少，平均每10年减少20~40mm，其中华北地区减少最为明显，华南与西南地区降水明显增加。

在气候变暖的大背景下，我国年平均气温上升、积温增加、植物生长期延长，从而可能导致种植区成片北移。当年平均温度增加1℃时，大于或等于10℃积温的持续日数全国平均可延长约15天，将会改变我国的种植结构，显著影响农业水循环过程和通量。

6.5 面向粮食安全保障的农业用水需求预测

6.5.1 保障我国粮食安全的需求分析

6.5.1.1 粮食安全的内涵及国际粮食生产状况

粮食安全的确保程度是关系民族生死存亡最重要的问题，当粮食发生问题时，粮食将由直接的"经济资源"转变为"生命资源"（日本经济学家安根卓朗）。为此，粮食安全问题一直是世界性的重大问题，备受各国政府的关注。早在1974年11月，联合国根据不结盟首脑会议的倡议，在罗马召开了联合国世界粮食会议，形成了最初的粮食安全概念[①]；之后，于1983年，FAO又更新了这一概念[②]，1996年在《世界食物安全罗马宣言》和《世界粮食首脑会议行动计划》中重新论述了粮食安全的内涵。目前，国际沿用的"粮食安全"是指"只有当所有人在任何时候都能够在物质和经济上获得足够、安全和营养的食物来满足其积极和健康的膳食需要及喜好时，才实现了食物安全"。其中的"粮食"主要是指全部食物，而非单纯粮食。在我国，"粮食安全"通常仅限于谷物、大豆和薯类等粮食，即Grain Security。

---

① 指"保证任何人在任何时候都能得到为了生存和健康所需要的足够食品"。
② 指"所有人在任何时候既能买得到又能买得起所需的基本食品"。

面对粮食安全问题，世界各国的粮食生产状况发生了极大改变。在近30年中，全球粮食产量由1979年的15.7亿t增加到2004年的22.7亿t，比1950年翻了一番多（表6-18）；谷物平均单产到2001年达到415斤[①]/亩，比1970年提高了72.4%。但是，不同国家粮食生产能力不同。按照社会经济发展阶段不同，粮食生产基本可概括为以下四种类型。

1）发达国家——美国、澳大利亚：粮食产量缓慢增长，亩均产量增幅越来越小。

2）发达国家——日本，粮食总量缓慢下降，亩均产量维持稳定。

3）发展中国家——中国、印度：经历快速增长之后，增速变缓；亩均产量低于发达国家，呈缓慢增长。

4）不发达国家——巴基斯坦：粮食产量稳定增加，粮食单产呈增加趋势。

比较各国粮食生产状况可见，中国、印度和美国是世界三大粮食生产国，对于保障世界粮食安全和稳定世界粮食市场具有举足轻重的作用，其产量分别占全球粮食产量的18.94%、10.59%和16.17%（2005年的统计数据）。但是，由于人口数量的差异，各个国家人均、亩均粮食占有量相差悬殊。据分析，中国多年（1994~2006年）平均人均粮食占有量为330kg（2005年仅为325kg），亩均量为336.6kg（2005年为348.6kg），尽管与世界平均水平（人均345.2kg，亩均211.3kg）相差不大，但是落后于发达国家（美国2005年人均粮食占有量1222 kg，亩均维持在430.1kg）。

表6-18 世界部分国家的粮食生产及其对世界粮食产量的贡献

项目	时间	澳大利亚	中国	印度	以色列	日本	巴基斯坦	南非	美国	全球
粮食产量/万t	1979~1981年	2 115	28 649	13 818	24	1 432	1 720	1 419	30 113	157 323
	1989~1991年	2 139	39 017	19 548	33	1 395	2 104	1 274	29 222	190 396
	1999~2001年	3 623	42 031	23 801	18	1 244	2 842	1 177	33 461	208 462
	2003年	4 165	37 612	23 341	32	1 083	2 896	1 182	34 890	208 577
	2004年	3 152	41 317	23 236	29	1 199	3 031	1 235	38 907	227 036
	2005年	3 987	42 937	24 000	31	1 243	3 351	1 418	36 654	226 660
	2006年	1 923	44 406	24 289	24	1 174	3 286	945	33 851	222 804
在全球所占比例/%	1979~1981年	1.34	18.21	8.78	0.02	0.91	1.09	0.90	19.14	100.00
	1989~1991年	1.12	20.49	10.27	0.02	0.73	1.10	0.67	15.35	100.00
	1999~2001年	1.74	20.16	11.42	0.01	0.60	1.36	0.56	16.05	100.00
	2003年	2.00	18.03	11.19	0.02	0.52	1.39	0.57	16.73	100.00
	2004年	1.39	18.20	10.23	0.01	0.53	1.34	0.54	17.14	100.00
	2005年	1.76	18.94	10.59	0.01	0.55	1.48	0.63	16.17	100.00
	2006年	0.86	19.93	10.90	0.01	0.53	1.48	0.42	15.19	100.00

---

① 1斤=0.5kg。

6.5.1.2 我国粮食供求状况及其客观环境因素分析

(1) 我国的粮食生产状况

中国是一个历史悠久的农业大国，新中国成立之前，由于封建所有制和连年战争，使得农业生产力屡遭破坏，粮食生产能力极低，远远落后于世界先进水平。新中国成立后粮食生产得到极大的提高，先后经历了三个明显不同的阶段（图6-47）。据统计，在新中国成立后的前31年，我国粮食产量由新中国成立初的1.13亿t发展到1980年的3.21亿t，增长了1.84倍；到1984年，粮食总产量达到4.07亿t，五年内年均增长4.9%，步入了我国粮食生产的快速发展阶段；1985~2006年，我国粮食生产处于总体缓慢增长的态势，1999年粮食总产量创历史最高纪录，达到5.08亿t。然而，在此期间，由于工业化、城镇化进程的推进，耕地资源、水资源农转非现象严重，粮食产量曾一度跌落到2003年的低谷4.31亿t，产需缺口达到550亿kg，粮食由净出口653万t转为净进口243万t；之后到2008年再次创历史新高，达到5.24亿t。图6-48给出了粮食产量、耕地面积和农业用水

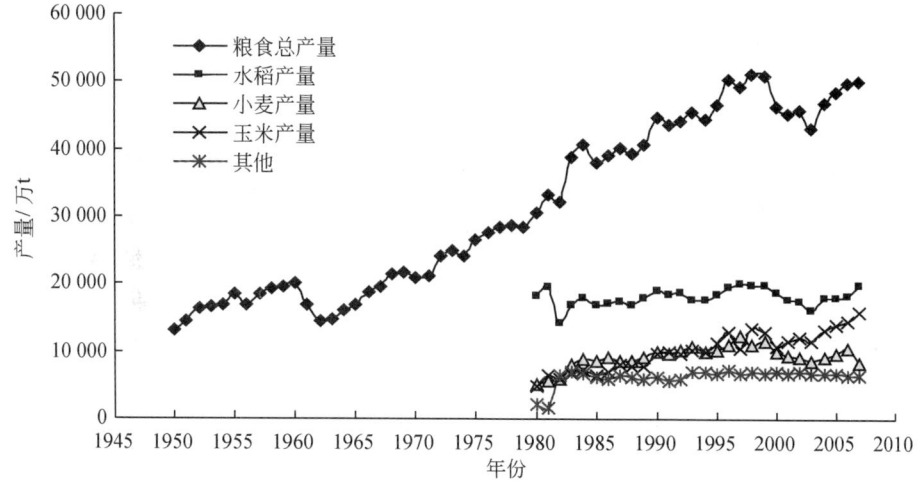

图6-47 新中国成立以来我国粮食产量的演变趋势

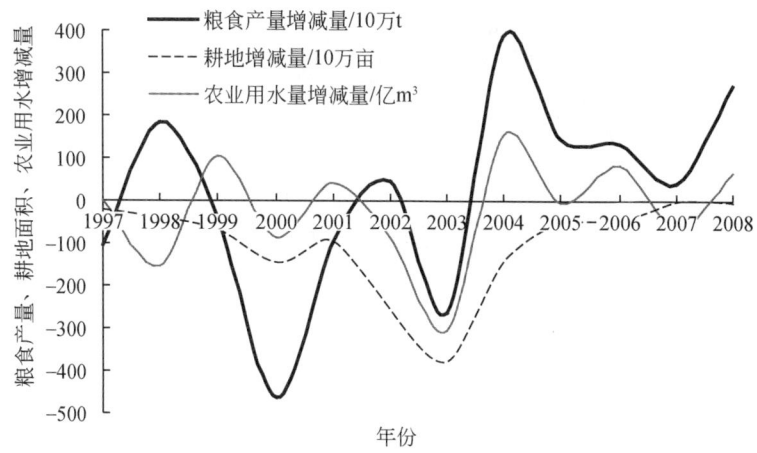

图6-48 1997~2008年我国粮食产量、耕地面积、农业用水量增减变化

量的变化情况。

由于地区间经济发展和资源条件的差异，我国粮食生产在空间区域上也发生了改变（图6-49），集中表现为：粮食主产区持续向缺水和生态脆弱的北方地区集中，在1985年之前，全国人均粮食产量大于400kg的省份共9个，其中6个在南方，3个在北方；1995年以来，全国9个人均产量大于400kg的省份已有7个集中于北方，仅有2个在南方；到2006年，南北方粮食产量分别占粮食总产量的48.2%和51.8%。现在13个粮食主产区主要分布于北方的河南、河北、山东、黑龙江、吉林、辽宁、内蒙古和南方的江苏、湖北、湖南、江西、四川、安徽省份，成为我国重要的商品粮基地。

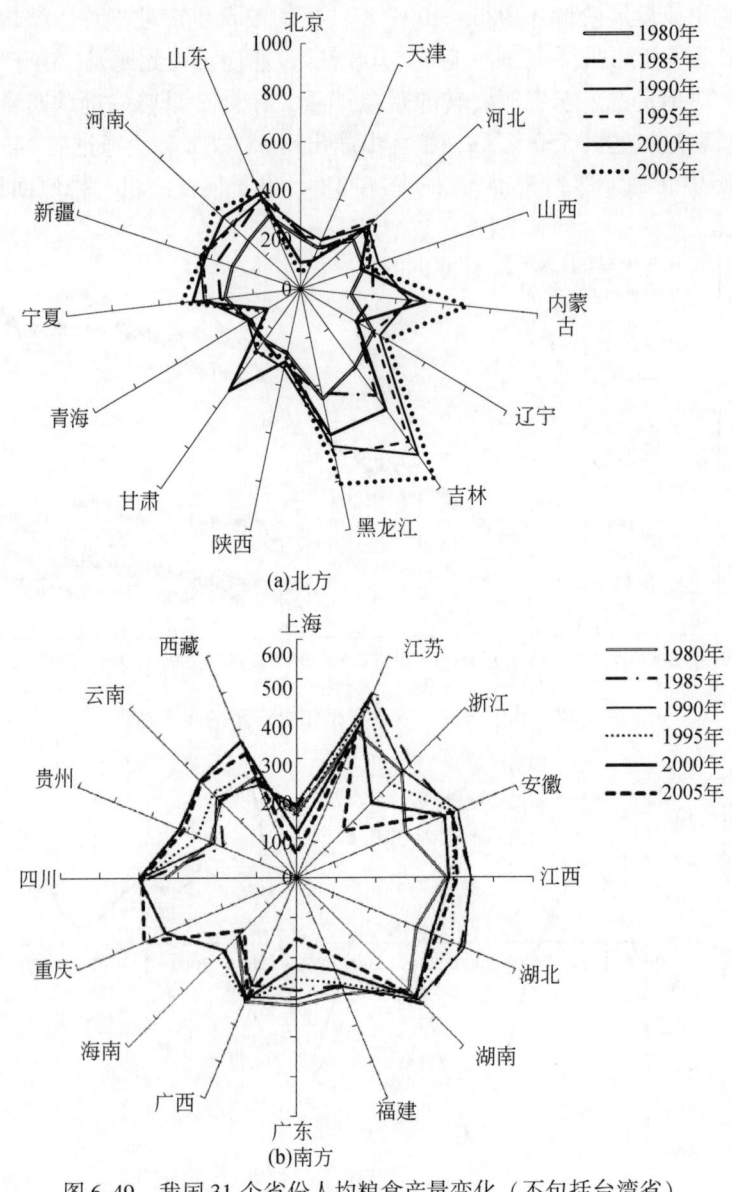

图6-49 我国31个省份人均粮食产量变化（不包括台湾省）

(2) 我国的粮食需求状况

随着经济发展和人们生活水平的提高，粮食需求也发生了极大变化（图6-50），1952~2005年，我国粮食需求大致呈现总量缓慢增长，结构明显变化的趋势。

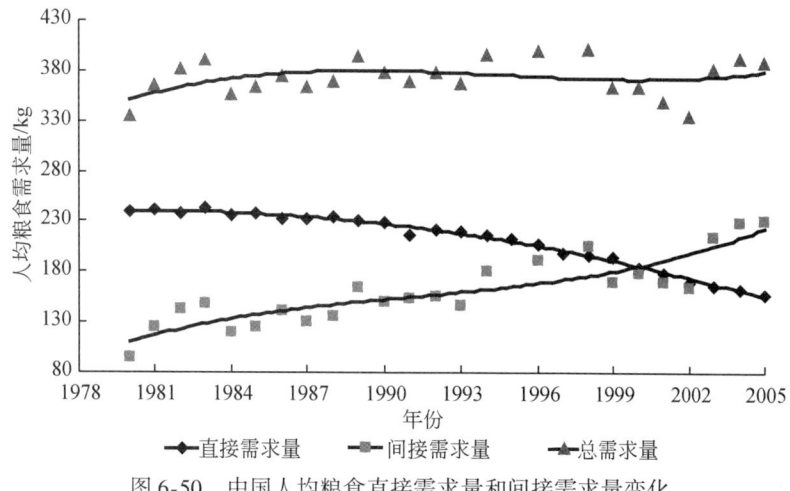

图 6-50　中国人均粮食直接需求量和间接需求量变化

在 20 世纪 50~80 年代，我国人均粮食直接需求基本维持在 230~240kg，到 80 年代中期，以 1984 年为转折点达到 243kg。之后我国粮食直接需求呈现加速下降的过程，到 2005 年人均直接粮食消费只有 158kg。

粮食间接需求始终呈现随着 GDP 增长和人们生活水平的提高而增大的趋势。据统计，我国人均粮食间接需求量由 1978 年不足 110kg 增加到 2005 年的 230kg，且 20 世纪 90 年代的增长速度较快，由 1990 年的 1.47 亿 t 增加到 2000 年的 2.29 亿 t。

比较多年来我国的粮食供需状况可见，经过多年的发展，我国的粮食生产取得了令人瞩目的成就，在维持粮食安全上发挥了重要作用。但是从长远来看，由于我国幅员辽阔，人口基数大，粮食生产抵御自然灾害的能力较弱，尤其是一些粮食主产区的产需缺口在逐渐加大，且随着粮食主产区持续向缺水和生态脆弱的北方地区转移，水土资源不相匹配、水资源匮乏对粮食生产的影响进一步加剧，加上能源危机等因素引发的国际粮食供需紧张态势，我国的粮食供需矛盾依然严峻。

(3) 影响我国粮食安全的因素

纵观新中国成立 60 多年来我国粮食供求的演变趋势，其主要驱动因子集中体现在三个方面：一是土地所有制度的改革，扩大了耕地面积的发展，提高了生产能力；二是农业科学技术的发展，改进了灌溉农业技术和农田肥料的施用，扩大了农田灌溉面积，提高了农田的生产潜力；三是农业综合管理制度的实施，提高了农田综合生产力。由于水土资源匮乏和水环境条件恶化的现状，继续通过扩大耕地面积的外延式发展和增加农业供水资源以及农药化肥施用量来促进粮食生产，难以成为 21 世纪我国粮食安全的保障。影响我国粮食安全的主要因素包括以下几个方面。

一是人均耕地资源较少。人均耕地资源少是我国的基本国情。尤其是随着工业化、城市化的发展，工业用地挤占农业耕地和退耕还林等生态保护政策的实施，耕地面积总体呈下降趋势（图6-51和图6-52），特别是最近20年下降更加明显，1986～1996年平均每年净减少耕地750万亩，1998～2004年下降了5.8%。尽管到2005年全国耕地面积锐减的势头得到了控制，但减少的趋势并未得到根本扭转，到2007年，全国耕地面积维持在18.26亿亩，人均仅为1.4亩，仅相当于世界平均水平的40%，有666个县低于联合国粮农组织确定的0.8亩人均耕地警戒线，耕地资源严重不足。同时，我国中低产田占全部耕地的2/3，且大部分耕地存在养分不平衡、有机质下降、水土流失等问题。

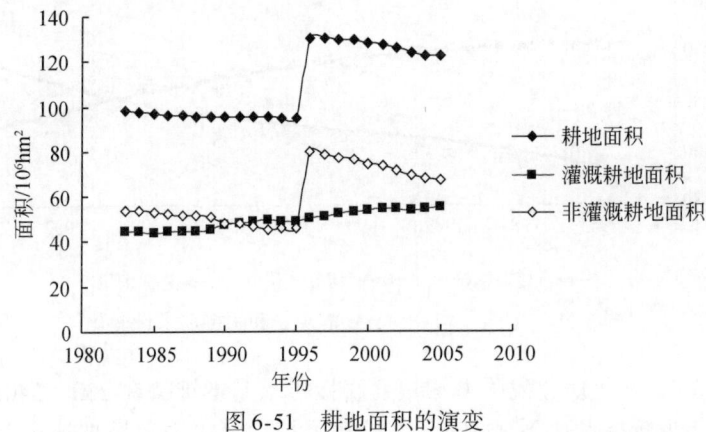

图6-51 耕地面积的演变

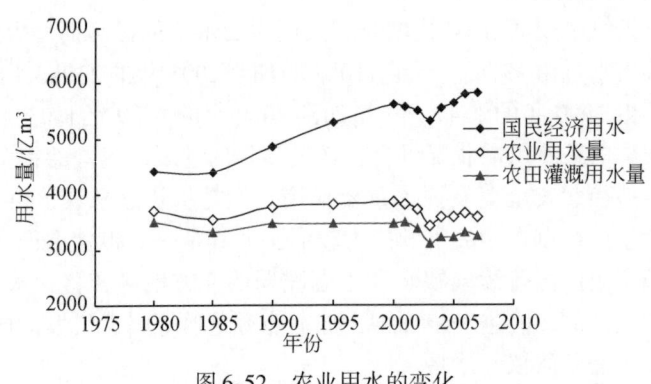

图6-52 农业用水的变化

二是粮食播种面积波动较大。粮食播种面积难以保证是影响粮食生产的重要因素。1998～2003年，我国粮食播种面积减少了2.16亿亩，减幅为12.6%，粮食减产816亿kg，减幅达15.9%。2003年粮食播种面积仅为14.91亿亩，降到新中国成立以来的最低值。其中粮食生产条件较好的长江中下游5省、冀鲁豫3省和东南4省区粮食产量分别减少了17.2%、16.1%和31.0%，对全国粮食总产量减少量的贡献率分别达26.8%、22.0%和17.3%，如表6-19所示。尽管自2004年以来，通过采取一系列的惠农政策，到2007年粮食播种面积恢复到15.85亿亩，粮食产量提高到5016亿kg，但仍不足1998年的水平。

表 6-19　1998~2003 年我国分区域粮食生产变化情况

地区	粮食作物种植面积变化					粮食产量变化				
	1988 年/亿亩	2003 年/亿亩	减少量/亿亩	减少率/%	对全国贡献率/%	1988 年/亿t	2003 年/亿t	减少量/亿t	减少率/%	对全国贡献率/%
全国	17.07	14.91	2.16	12.64	—	5.12	4.31	0.82	18.95	—
长江区	3.77	3.29	0.48	12.72	22.25	1.27	1.05	0.22	20.80	26.77
东北区	2.20	2.23	-0.03	-1.20	-1.23	0.73	0.63	0.11	17.12	13.15
东南区	1.34	0.93	0.41	30.42	18.89	0.46	0.31	0.14	44.88	17.28
都市类	0.18	0.08	0.10	55.17	4.69	0.07	0.03	0.04	139.73	4.73
冀鲁豫	3.68	3.19	0.49	13.27	22.66	1.12	0.94	0.18	19.15	22.05
青藏区	0.09	0.07	0.02	25.87	1.05	0.02	0.02	0.00	16.25	0.37
西北区	2.65	2.20	0.44	16.78	20.59	0.60	0.51	0.08	16.40	10.30
西南区	3.15	2.91	0.24	7.59	11.09	0.86	0.82	0.04	5.34	5.36

三是农业用水严重不足。水资源短缺和水土资源不相匹配是影响我国粮食产量的自然因素。我国人均淡水资源占有量不足世界人均占有量的 1/4，其中 6 个省区属于严重缺水地区。在空间上，我国水土资源格局是北方水少地多、南方水多地少，水资源与耕地布局不相适应，严重影响了我国的粮食安全。

尽管多年来我国灌溉耕地面积一直缓慢增加，但是粮食产量却并非保持同步变化。据农业统计年鉴分析，在 1980~1999 年，我国有效灌溉面积从 7.33 亿亩增加到 7.98 亿亩，增幅仅为 8.9%，但粮食产量却增加了 31.3%；进入 2000 年以来，灌溉面积继续缓慢增加，到 2005 年达到 11.97 亿亩，5 年内增幅为 3.5%，而粮食产量由于农业用水短缺等影响却减少了 5%。

此外，随着工业化和城镇化的发展，工农业用水激烈竞争，农业灌溉用水转移到工业和生活用水，也加剧了农业用水短缺的局面。据统计，我国粮食总产量的 2/3 来自于占总耕地面积 1/2 的灌溉农田，而 1990~2005 年的 16 年间，用于农田灌溉的水量由 3580 亿 m^3 减少到 3263 亿 m^3。2000 年以来全国农业灌溉用水的缺口多年平均维持在 300 亿~400 亿 m^3，实际灌溉面积只有 6.5 亿亩左右，因缺水而减少的粮食产量达 350 亿~400 亿 kg。

四是耕地质量下降，部分地区农田污染严重。我国耕地中低产田较多，加之近年来掠夺式的开发和不合理施用化肥、农药造成耕地质量下降，部分地区农田污染严重。

据分析，由于长期以来我国耕地处于掠夺式开发经营状态，耕地营养失衡严重，造成严重的沙化或盐渍化，使农业生产环境受到严重影响。据统计，2004 年我国荒漠化耕地面积累计达 1.5 亿亩，约占全国耕地面积的 8% 以上。

尽管农药、化肥的施用增加了我国粮食的生产能力，但由于利用效率较低、大量流失而造成了严重的面源污染。加之工业废物被不合理排入河道和农田，农业生产环境进一步被影响。据统计，我国目前农田化肥施用量约有 65% 未被利用（当季利用率中氮肥只有 30%~40%，磷肥为 10%~25%，钾肥为 50%~60%），造成了地表水、地下水以及非饱和带土壤水分的水质劣变，每年因土壤污染减产粮食 1000 多万吨。

五是生物燃料发展，影响粮食进口。世界生物燃料的迅速发展将造成全球粮食供给的紧张态势，在欧美大量粮油作物用于生产生物燃料的情势下，全球粮食安全问题日益严峻。我国是人口大国，粮食的需求较大，粮食进口受到威胁。

综上所述，我国人多地少，生态环境脆弱，加之社会经济发展和全球气候变暖等因素共同影响着粮食生产的供需关系，决定了我国粮食供需关系将长期处于不平衡状态。耕地资源和水资源是粮食生产的两大刚性约束，面对耕地面积仍将呈减少趋势和农业用水紧张依然存在的现实，由目前我国粮食亩产、水分生产率低于发达国家的农业生产水平可见，保障未来我国粮食安全的根本途径应立足于本国，在保障基本耕地资源和农业用水资源需求的同时，挖掘农田生产潜力，提高粮食亩产水平和农业水分生产率。

6.5.1.3 未来我国粮食需求的分析

保障我国粮食安全的首要任务是满足未来小康生活对多品种、高质量农产品的巨大需求。人口数量、人均粮食消费水平、消费结构以及粮食自给状况成为确定粮食需求的决定性因素。

（1）粮食需求预测

人口增长推动粮食消费量的刚性增长，人口的地域分布又将影响粮食生产的总体布局。针对全球粮食安全问题和能源危机，国内外众多专家学者利用不同方法和多种方案预测了我国人口的发展。预计到 2020 年、2030 年，我国人口总数将从 2010 年的 13.4 亿增长到 14.2 亿~15.1 亿人和 14.8 亿~15.7 亿人。本章综合众多成果和我国人口政策，预测不同方案我国未来人口和粮食需求变化，如表 6-20 所示。

表 6-20 我国未来人口和粮食需求预测结果

分区	适中方案 2020 年	适中方案 2030 年	低方案 2020 年	低方案 2030 年	高方案 2020 年	高方案 2030 年
人口/亿人	14.72	15.25	14.18	14.77	15.06	15.74
粮食总需求量/亿 t	5.81	6.10	5.60	5.91	5.95	6.30
其中直接需求量/亿 t	2.38	2.14	2.30	2.07	2.44	2.20
其中间接需求量/亿 t	2.51	2.81	2.42	2.72	2.57	2.90
其中工业用粮需求/亿 t	0.92	1.16	0.88	1.12	0.94	1.20
粮食生产量/亿 t	5.52	5.80	5.32	5.61	5.65	5.98

注：以上人口预报是结合以下研究和其他众多研究整理所得：刘昌明，陈志恺，2002；石玉林，卢良恕，2001。

人均粮食需求是粮食总需求量的基础。国务院新闻办公室于 1996 年 10 月发表的《中国的粮食问题》白皮书预测，2000 年我国人口增长到 13 亿人时，按人均占有粮食 385kg 计算，粮食总需求量为 5 亿 t；2030 年我国人口增长到 16 亿人峰值时，按人均占有 400kg 计算，粮食需求总量将达到 6.4 亿 t。从实际消费情况看，我国 2000 年的人均粮食消费总量为 376kg 左右，比白皮书对 2000 年人均占有量的预测值低 9kg 左右，这说明白皮书中对我国未来粮食需求的预测并不保守，且最接近于实际。

参考《中国的粮食问题》白皮书的内容,按照我国社会经济发展目标以及《国家粮食安全中长期发展规划纲要》,结合当前我国人均粮食消费现状,在2020年和2030年,我国居民人均粮食消费量将分别为395kg和400kg,2020~2030年粮食总需求量将维持在5.6亿~6.3亿t。不同方案的预测结果如表6-20所示。

1)粮食直接需求量(口粮需求)。随着我国生活水平的提高,消费结构由传统相对单一的食物结构向现代多种类食物结构转变,人均粮食直接消费量稳步下降(1985年253kg,1995年234kg,2000年213kg,2005年仅为158kg),但是为维持总体营养平衡,粮食直接需求量仍需要维持一定水平。尽管不同学者看法不同,综合《国家粮食安全中长期发展规划纲要》的结果和我国饮食结构的变化,预计到2020年、2030年我国人均粮食直接需求维持在140~162kg水平,粮食直接需求量将维持在2.3亿~2.4亿t和2.1亿~2.2亿t(表6-20)。2020年之前,粮食的直接需求量仍呈上升趋势,之后缓慢下降。

2)粮食间接需求量。由国内外农业发展表明,在人均粮食消费400kg基本达到温饱之后,膳食结构将发生改变,肉、蛋和奶的消耗增加,相应的粮食间接需求量随之改变。以下立足于中国营养协会对我国未来营养膳食结构的确定结果,以及其他食品消费对粮食的间接消耗,预测2020年和2030年粮食间接需求量将维持在2.4亿~2.9亿t。

3)工业用粮将维持在0.88亿~1.2亿t。

比较不同类型的粮食需求可见,2020年以后,我国粮食的直接需求量将维持在粮食总需求的35%~41%,饲料用粮和其他工业用粮将增加,分别维持在粮食总消费量的43%~46%和16%~19%。

(2) 粮食生产预测

未来我国粮食总需求量较大,且以口粮和饲料用粮为主,达到粮食总需求量的80%以上。尽管粮食安全涉及粮食生产、粮食流通、粮食消费三大领域,但是面对我国庞大的人口数量和复杂的国际形势,稳定快速增长的粮食生产成为重中之重。只有保证基本的粮食自给,才能从根本上保障我国粮食安全。

众多经济学家认为,一个国家粮食自给率大于95%时表明该国基本实现了粮食自给。我国在综合考虑粮食生产条件、生产成本以及国际粮食市场环境、生产合作等因素后,确定粮食自给率的安全标准为95%。为此,按照95%粮食自给率计算2020年、2030年粮食生产量应维持在5.3亿~6.0亿t(表6-20),比2007年(产量达到5.016亿t)增加11.5%~19.6%。

6.5.2 我国耕地需求预测

6.5.2.1 播种面积预测

粮食作物播种面积预测。我国粮食单产近50年来一直呈增长趋势,从1950年的69kg/亩增加到1998年的330kg/亩,年均提高5.4kg/亩,到2008年年均提高4kg/亩。考虑我国粮食单产与先进国家相差较大,且随着灌溉面积的适度增加和农业科技水平的提高，粮食单产还有发展潜力。结合国外主要粮食生产国粮食单产变化的规律（先较大增幅，之后增幅越来越小）和我国粮食单产近年的变化，以2005年为基础，按照2020年、2030年年均粮食单产分别增长3kg/亩和1.5kg/亩计算，到2020年、2030年粮食亩产将分别达到354.5kg/亩、368.0kg/亩。届时，我国粮食播种面积应维持在15亿～16亿亩，整体不低于15亿亩。

经济作物播种面积预测。考虑未来我国粮食需求结构的变化、农业结构的战略性整合和优质、高效、现代农业的发展，种植业将从以粮食为主兼顾经济作物的二元结构逐渐向"粮食、经济、饲料"三元结构发展的总体趋势，按照全国水资源综合规划成果——到2020年和2030年粮食和经济作物播种面积比例67.3∶32.7和65.3∶34.7计算，预测到2020年和2030年经济作物播种面积分别为7.57亿亩和8.37亿亩。

二者综合，预计到2020年、2030年，我国农作物播种面积应维持在22.31亿～23.69亿亩和23.35亿～24.9亿亩。详细的预测结果如表6-21所示。

表6-21 不同水平年我国农业播种面积 （单位：亿亩）

分区	适中方案		低方案		高方案	
	2020年	2030年	2020年	2030年	2020年	2030年
农作物总播种面积	23.15	24.13	22.31	23.35	23.69	24.90
粮食作物播种面积	15.58	15.75	15.01	15.25	15.95	16.26
经济作物播种面积	7.57	8.37	7.29	8.10	7.75	8.64

6.5.2.2 耕地面积

耕地是粮食生产的根本，是保证粮食安全最基础的要素。要维持农田播种面积，必须以基本耕地面积作保证。我国耕地资源较少，且耕地农转非现象严重，耕地资源的稳定始终受到我国政府的高度关注，政府要求严格遏制耕地资源下降，控制建设占用耕地，在"保障基本农田数量不减少的条件下，到2010年末我国耕地面积必须确保不低于18亿亩"；《中国的粮食问题》白皮书也提出要实现2010年粮食95%自给目标，耕地保有量应维持在18.25亿亩。基于此，本章结合近年来全国土地利用变更情况（2006年为18.27亿亩、2007年为18.26亿亩），亩均粮食生产能力和耕地面积上的复种条件的改善，预测了我国保障粮食安全的基本耕地需求。

据分析，我国的复种指数较理论值1.98相差较大。一些研究预测，到2020年和2030年农田综合复种指数有望达到1.28和1.34，其中灌溉耕地为1.58和1.60，雨养农田为1.0和1.1。按此计算，到2020年耕地面积应维持在18.09亿亩，2030年争取通过耕地政策的实施和耕地后备资源的开发，维持整体稳定略有减少，维持在18.0亿亩（耕地红线）。具体预测结果如表6-22所示。按照2007年的61.3%计算，种粮耕地面积应维持在11.0亿亩左右。

灌溉面积：在维持基本耕地面积的基础上，适当加大灌溉面积，是进一步保证粮食产量最为重要的举措。然而，经过多年的发展，水源、地形等水土资源配置条件较好、发展灌溉面积投资少、效益好的耕地绝大部分已得到开发，新的灌溉面积开发难度较大。考虑到灌溉农田在我国粮食生产中所具有的重要作用，要保障粮食生产，必须结合有限的灌溉水资源，在适度发展灌溉面积的同时，集中于对现有灌溉工程设施的挖掘、配套和改造，以改善和扩大有效灌溉面积为主，同时辅助以开发较为分散的灌溉面积。

结合 2000 年以来我国灌溉面积维持在 8.25 亿亩并略有增长的情势，预计通过农业节水措施实施和节水综合效益的提高，到 2020 年在基本完成全国大中型灌区的续建配套和节水改造，并基本实现现代化的农业发展情势下，届时农田灌溉率达到 49%，灌溉面积将维持在 8.86 亿亩；2030 年灌溉面积基本稳定，灌溉率略有提高，维持在 50.6%，灌溉面积将维持在 9.1 亿亩左右。

雨养农田面积：结合耕地面积和灌溉面积的发展，雨养耕地将随之发生改变，预计到 2030 年基本稳定在 9 亿亩左右。

结合相关的研究，不同方案下的灌溉面积和雨养耕地面积如表 6-22 所示。

表 6-22 我国不同方案下耕地面积的发展预测 （单位：亿亩）

分区	适中方案 2020 年	适中方案 2030 年	低方案 2020 年	低方案 2030 年	高方案 2020 年	高方案 2030 年
耕地面积	18.09	18.0	17.42	17.43	18.51	18.58
灌溉耕地面积	8.86	9.11	8.54	8.82	9.07	9.40
雨养耕地面积	9.23	8.89	8.88	8.61	9.44	9.18

6.5.3 保障粮食安全的农业用水需求量

水资源作为粮食生产的命脉，在基本耕地面积得到保障的同时，农业用水供给成为保障未来粮食安全的另一重要因素，而且随着营养条件、饮食结构的改变，粮食安全向食物安全过渡，农业需水量不仅包括种植业需水而且也包括养殖业用水需求，甚至还包括一部分生态环境消耗，如河流、坑塘以及荒地蒸发的水量。农业需水量预测中以种植业为主，并考虑未来林、牧、渔业的发展和畜牧业发展的用水需求。灌溉农田的需水量由两部分构成，即降水直接形成的土壤水分和径流性灌溉水资源转化成的土壤水，且由于灌溉制度的不同，分为充分灌溉需水量和非充分灌溉需水量。天然降水形成的土壤水分是雨养农业唯一的水源。

充分灌溉条件下的农业需水量是在不考虑或极少考虑环境因素限制的农业最大需求量，是实际农业用水的基础。其对应的灌溉制度是以单位面积的作物产量最大化为目标。

非充分灌溉是综合农作物抗旱生理特性的节水灌溉，也称限水灌溉。其目的是在有限水量供给条件下使作物的水分生产率最高或者在相同产量下使农作物的耗水量最低。其实质是尽量保证作物生长关键期的用水，适度减少或限制非关键期用水。

尽管我国亩均灌溉用水量已低于世界中等水平，粮食水分生产率已达到世界中等以上水平，但地区间差异较大，且与国际先进水平相比还有很大差距。2007年我国灌溉水利用系数约为0.47，而国际先进水平已达0.7以上；我国水分生产率平均为1.1kg/m³，而以色列在20世纪90年代就已达到2.32kg/m³。另外，我国节水灌溉技术含量较低，仍以地面灌溉为主，占全部灌溉面积的85%，而发达国家的节水灌溉中，高新技术灌溉所占的比例已达到60%~70%。由此可见，我国农业节水还有一定的发展潜力。面对我国的水资源现状和农业水资源的利用状况，节水农业是我国未来农业的发展方向。在我国农业用水零增长政策和农业耗水灌溉政策的指导下，基于提高水分生产率为关键的非充分灌溉制度下的农业需求量成为保障我国粮食安全水分需求的最低线。以下在简要说明非充分灌溉下农作物需水原理后，结合我国农作物水分生产率的变化对我国未来农业需水量作出预测。

6.5.3.1 非充分灌溉条件下农作物需水原理

非充分灌溉制度下的农业需水量是建立在作物耗水量的基础上。蒸腾是作物耗水量的主要途径。据分析蒸腾耗水占作物总耗水量99%左右，但并不直接参与干物质的生成。蒸腾作用与土壤供给的水分密切相关，当供水不足时，农作物叶片气孔关闭，可减少水分的散失；当供水充分时，作物的蒸腾耗水量增加。对于作物生长，并不是耗水量越大越好。耗水量过大，将形成"奢侈蒸腾"，造成用水浪费。为此通过众多试验分析获得的作物全生育期耗水量与作物产量间存在着二次抛物线关系[图6-53和式（6-10）]，即随着作物耗水量从极少量（严重干旱）变化到极大量（严重涝害），作物的生物学产量会从无到有，逐步增加到最大，然后再逐步下降；对于以生产籽实（如小麦、玉米等）或果实（如西红柿、茄子等）为目标的作物，在总用水量从零增加到一定数量之前，作物不会形成任何经济产量；当用水量超过可以形成一定经济产量的阈值后，随着用水量的继续增加，经济产量也会不断增加，并逐渐达到最大值；之后，随着用水量的进一步增加，作物会开始受到一定程度的危害，经济产量不断下降，最终有可能达到零。

$$Y = a\text{ET}_c^2 + b\text{ET}_c + c \tag{6-10}$$

产量最大条件下的用水需求量，这里称为耗水量，可利用式（6-10）求导获得，计算见式（6-11）。

$$\text{ET}_{cm} = -\frac{b}{2a} \tag{6-11}$$

单位用水量最大经济效益时的最小用水需求量，即最小耗水量，通常采用作物需水系数（K）[①]与式（6-10）相结合，通过导数的极值可计算获得。计算见式（6-12）。

$$\text{ET}_{cmin} = \sqrt{\frac{c}{a}} \tag{6-12}$$

以上各式中，Y为作物产量（kg/hm²）；ET_c为作物生育期用水量（mm）；ET_{cm}，ET_{cmin}是

---

① 表达为每公顷土地上每生产1kg粮食需要消耗的水量，单位：m³/kg。$K = \frac{\text{ET}_c}{Y}$。

最大产量时的耗水量和最低产量时的水资源消耗量；a，b，c 分别为回归系数。

基于耗水量的原理，作物水分生产率是指单位耗水量所获得的产出，分为作物潜在水分生产率和实际水分生产率两种。其中作物潜在水分生产率也称水分利用效率，指作物消耗单位水量所产生的光合产物（生物产量）的重量，是理论产量的上限。实际水分生产率是农田实际产量（对于粮食作物主要是指经济产量）与相应蒸发蒸腾量的比。结合当前我国农田水分生产率的变化可预测保证不同水平年的粮食需求的用水需求量。表6-23为海河流域主要作物全生育期产量与耗水量关系。

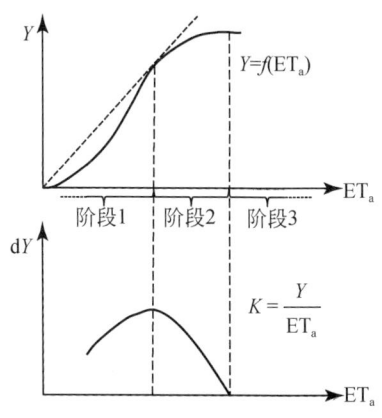

图6-53 作物水分生产函数关系

表6-23 海河流域主要作物全生育期产量与耗水量关系

二级区	代表站	作物	$Y = a\text{ET}_c^2 + b\text{ET}_c + c$			ET_c 适用范围/mm	
			a	b	c	$(\text{ET}_c)_{大} = -b/2a$	$(\text{ET}_c)_{小} = (c/a)^{1/2}$
滦河及冀东沿海	河北承德	春小麦	−0.0330	31.30	−2089.05	474.2	251.0
		春玉米	−0.2287	227.20	−47037.00	496.7	453.5
		大豆	−0.1283	132.66	−27869.16	517.0	466.1
		冬小麦	−0.0467	53.60	−9334.50	574.3	447.2
	河北唐山	夏玉米	−0.2000	142.00	−18923.00	355.0	296.0
		棉花	−0.0107	12.00	−2143.00	562.5	404.2
海河北系	河北遵化	冬小麦	−0.0467	53.60	−9334.50	574.3	447.2
	山西大同	春小麦	−0.0800	98.80	−23279.10	617.5	539.4
		夏玉米	−0.2373	246.04	−52573.00	510.0	400.0
	河北张家口	大豆	−0.1283	132.66	−27869.16	517.0	466.1
	北京	春玉米	−0.4267	399.00	−80953.50	467.6	435.6
海河南系	山西原平	春小麦	−0.0800	98.80	−23279.10	617.5	539.4
		春玉米	−0.2287	227.20	−47037.00	496.7	453.5
	河北保定	夏玉米	−0.1333	116.00	−18638.00	435.0	333.6
	河南安阳	冬小麦	−0.0293	32.90	−2674.50	560.8	302.0
	河北泊头	棉花	−0.0107	12.00	−2243.00	562.5	404.2
徒骇马颊河	山东陵县	冬小麦	−0.0553	65.87	−13958.35	595.2	495.0
		夏玉米	−0.0640	54.00	−5441.00	421.9	277.9
		棉花	−0.0107	12.00	−2343.00	562.5	404.2

6.5.3.2 农田需水量预测

随着技术进步和节水型社会建设，灌区续建配套与节水改造工程的大力实施，农业结构调整以及灌区管理水平的不断提高，我国的水分生产率将会得到极大的提高。据相关专家预测，到2020年和2030年，我国农田灌溉用水利用系数将由2005年的0.45提高0.56和0.6，届时水分生产率将进一步增加。初步估计从1998年到2020年每年提高0.65%，之后到2030年每年提高0.9%，分别达到1.28kg/m³和1.39kg/m³。

按照2020年和2030年的粮食水分生产率，对于人口适中条件的粮食需求量2020年5.52亿t、2030年5.8亿t计算，粮食生产共需水4315亿m³和4171亿m³。依据众多理论需水量计算中有效降水所得比例（占总需水量的51%），扣除有效降水利用量2200亿m³和2127亿m³，粮食作物的灌溉补水量应为2114亿m³和2044亿m³；考虑当前粮食作物与其他作物的灌溉用水比例基本维持在7:3的水平，2020年和2030年农田灌溉总需水量为3020亿m³和2919亿m³。

6.5.3.3 林、牧、渔及牲畜需水预测

随着饮食结构和营养水平的改善，林、牧、渔业的发展对维持我国的粮食安全也发挥着较大的作用。为此，国家提出未来我国农业种植结构要由"以粮食为主兼顾经济作物的二元结构"逐渐向"粮食、经济、饲料"三元结构转变，加之退耕还林、还草政策的实施，林、牧、渔业的生产规模将进一步增加，用水量也随着增大。尽管如此，考虑林、牧、渔业用水量在农业用水量中所占的比例较小，多年平均约10%，为此，仍采用传统的定额方法进行预测。

在具体的预测中，依据自1980年以来我国林、牧、渔业用水量的变化（即呈缓慢增长，2001~2005年基本在340亿~380亿m³），结合国家退耕还林还草以及农牧业结构的调整等政策的实施，预计到2030年，林、牧、渔业综合定额将由2007年的370m³/亩下降到260m³/亩，其需水总量将达到573亿m³，牲畜生活需水量将由80亿m³提高到133亿m³。

6.5.3.4 农业总需水量预测

综合以上各部分农业需水量预测结果（表6-24），得到2020年和2030年我国农业总需水量分别为3558亿m³和3492亿m³。

表6-24 未来水平年农田灌溉需水量预测结果 （单位：亿m³）

分区	适中方案		低方案		高方案	
	2020年	2030年	2020年	2030年	2020年	2030年
粮食作物总需水量	4315	4171	4157	4037	4416	4304
粮食作物有效降水量	2201	2127	2120	2059	2252	2195
农作物灌溉总需水量	3020	2919	2910	2826	3091	3013

续表

分区	适中方案		低方案		高方案	
	2020年	2030年	2020年	2030年	2020年	2030年
粮食作物灌溉需水量	2114	2044	2037	1978	2164	2109
其他作物灌溉需水量	906	876	873	848	927	904
林、牧、渔业需水量	538	573	538	573	538	573
农业总需水量	3558	3492	3448	3399	3629	3586

注：本表中林、牧、渔业需水量引自《农业水资源合理配置与高效利用》。

由近年农业用水可见，随着人口和粮食需求量在 2030 年达到高峰后基本趋于稳定，农业用水量将呈现零增长或负增长。

6.5.4 农业可利用水量分析

尽管为保障粮食安全，从农业生产自身角度而言需要大量的水资源作为基本保障，然而当前我国的水资源极为有限，用于农业的水资源也受到限制。

2002 年全国水资源评价结果表明：1956~2000 年系列多年平均降水深为 649.9mm，水资源总量为 28 412 亿 m^3，地表水资源量为 27 357 亿 m^3，地下水资源量为 8219 亿 m^3。与第一次水资源评价结果相比，自 1980 年以来，北方地区持续枯水，水旱灾害频发，危害程度加剧，水资源量明显减少。区域水资源短缺日益加剧，不稳定性在增加。南方水资源总量增加，但极端天气发生频繁。全国水资源整体呈现出北方偏枯、南方偏丰的局面。加之耕地资源的南北方分布差异，人口、资源、粮食间的矛盾将更加突出，农业用水的紧张局面扩大。进入 21 世纪，在全球气候变化和高强度人类活动的影响下，全国降水和水资源的时空分布更加不均匀。据统计，2007 年全国平均降水量为 610.0mm，比多年平均值偏少 5.1%，且呈现北方六区减少 3.1%、南方四区偏少 6.0% 的空间格局。全国地表水资源为 24 242 亿 m^3，比多年平均值偏少 9.2%，呈北方六区偏少 7.8%、南方四区偏少 9.5% 的空间变化。另据全国气候评估报告的初步研究，全国气候变暖将可能使北方径流量继续减少，而南方径流量增加，各流域的蒸发量随之变化进而加剧了水资源的不稳定。同时，工农业用水的激烈竞争也随着我国经济的高速发展而加剧。在二者的共同作用下，耕地资源与水资源之间的动态平衡关系再次受到冲击，可用于农业的水资源量也随之而受影响。

依据以上水资源条件和农业用水发展的整体趋势，以下分析可用于农业的水资源。

（1）可用于农业的一次性水资源量分析

按照目前农业发展中用水量的变化，21 世纪以来，我国多年来平均农业用水量维持在 3632 亿 m^3，在各种节水措施、耗水管理理念实施以及国家农业用水零增长政策等指导下，到 2030 年农业用水量需求量将维持在 3625 亿 m^3 左右。而按相关规划预计，2030 年可供用于农业的一次性水资源仅 3500 亿 m^3，其中灌溉用水量按 90% 计算，仅为 3150 亿 m^3 左右，农业灌溉供需水缺口将达约 345 亿 m^3。

（2）可用于农业灌溉的再生水量

农业可用淡水资源的日益紧张与农产品安全是近年来困扰全球的主要问题。世界各国都在寻求相应的对策，废污水的再生回用成为人们解决水危机又一有效途径之一。由于农业灌溉对水质的要求相对较低，因此再生水作为一种边界水源，除用于工业冷却、住宅冲厕、河湖景观、洗车用水等方面外，在农业灌溉利用方面越来越受到重视。预计到2030年，我国再生水资源量将达到680亿~850亿 m^3，按照再生水灌溉回用率30%计算，到2030年，至少可替代清洁水资源量为204亿 m^3。

综合农业可利用水资源，在维持农业用水略有增加或基本持平的条件下，灌溉用水的缺口依然较大。因此，立足于农业水循环过程，加大节水力度是保障我国粮食安全的主要途径。对于再生水用于农业，尽管可以缓解水资源不足，但是再生水灌溉造成的污染问题仍需要进一步研究。

6.6 我国农业水循环系统安全调控

水是农业发展的命脉，直接关系着粮食生产和农业生态系统功能的刚性约束。要保障未来我国粮食生产能力，维持生态系统平衡，立足于农业水循环过程合理调控农业水资源成为解决我国农业用水短缺的主要方向。

6.6.1 农业水循环调控目标与调控原则

6.6.1.1 调控目标

农业水循环过程首先包括"取水—供（输）水—用（耗）水—排水"四大基本社会水循环环节，每一环节又与自然水循环"入渗—蒸发—渗漏"等环节紧密联系。在各环节蒸发蒸腾都是主要消耗项，其次是深层渗漏。而供水/入渗是农业水循环系统的主要输入项。面对保障粮食安全、提供用水效率、发挥农业生态功能、保护农业生产环境的农业用水的目的，建立了以下农业水循环调控目标：立足于水循环全过程，"增加农业水循环系统中可利用水资源量，减少低效和无效消耗，提高农业水资源的效率和效益"。唯有如此，才能从根本上保证粮食安全。

6.6.1.2 调控原则

1）坚持以人为本，全面发挥农业水资源的经济社会服务功能，保障粮食安全。
2）坚持人与自然和谐，重视生态环境保护，加强农业水循环的水量和排污的监管。
3）坚持水资源可持续利用，重视农业水资源的节约保护，提供农业水资源的高效利用。

6.6.2 我国农业水循环调控途径与策略

6.6.2.1 基于农业水循环供给环节,增加农业可利用水资源量

农业可利用水资源既包括由降水派生的一次性水资源(径流性水资源和土壤水资源),也包括再生性二次水资源(工业生活废污水经处理后的再生水资源和集蓄的雨水资源)。面对我国农业水资源的紧缺现状、农业生产环境状况,应加强降水资源、再生水资源和微咸水等其他水资源的合理调控利用。

(1) 降水资源的充分利用

由农业水循环过程可见,在农业供水子过程中,降水资源作为一次性水资源,是陆域一切水资源的基础,是维持整个陆地生态系统乃至全人类生存的水分源泉。尽管水库、坑塘以及跨流域调水等水利工程在一定程度上调节了降水的时空分布,提高了径流性水资源的利用,但是实际中绝大部分的降水资源被无效或低效消耗。

土壤水资源是农作物生长最直接的水分源泉,一切形式的水资源只有转化为土壤水才能被农作物利用。充分认识降水资源的不同转化形式,加强降水资源的充分利用,可提高农业供水量。具体的调控策略可概括为以下两个方面:

1) 修建雨水蓄积工程,加强径流性水资源的利用。由于我国降水具有总量少、时空分布不均等特性,要合理利用降水,必须结合区域降水特点,合理配置水利工程设施,加强农田水利设施建设,重视集雨工程设施如水窖、坑塘以及地下水库等设施的建设,实现降水在时间分布上的调控,增加径流性水资源的利用。这将有利于收集汛期或降水量集中时段的雨水,增加农业可利用水资源。在我国的西北干旱地区,加强基础工程设施建设对改善径流性水资源的利用有重要的作用。

2) 开展土地覆被、农作物种植结构调整及非充分灌溉制度的实施,加强降水非径流性水资源的转化与利用。降水的非径流性水资源集中体现为土壤水资源,土壤水分又是农作物生长发育最直接的水源。增加土地覆被、减少田间径流的生成,是实现土壤水源涵养的重要举措。另外,加强非充分灌溉制度的实施和雨养农业的发展力度,可通过发展滴灌、微灌等非充分灌溉技术和休耕、免耕、种植结构调整等农业措施,减少灌溉用水量,增加土壤非饱和带库容,促进降水入渗蓄存量,从而提高农作物根系活动区土壤水资源的转化,达到涵养土壤水源的目的。我国当前主要粮食生产区分布在北方,如华北、东北地区,降水量少,农业径流性水资源严重不足,加强非径流性水资源的转化显得尤为必要。

(2) 加强其他非常规水资源的利用

通常农业灌溉用水主要来源于地表水和地下水等常规水资源。然而,随着我国人口的不断增长和国民经济的迅速发展,用于农业的常规水资源量已受到限制。结合农业用水对水质要求相对较低的特点,重视非常规水资源成为解决农业水资源不足的另一重要手段。合理利用再生水、微咸水等非常规水资源,有利于缓解农业水资源短缺的情势。具体调控策略包括以下两个方面。

1）开展再生水水质标准研究，加强再生水资源利用。再生水灌溉利用是世界范围缓解农业水资源短缺的重要途径。尽管在20世纪90年代以来，我国的再生水利用得到较大发展，但是从我国目前情况来看，再生水可能存在二次污染和相应配套设施不完善、运营管理机制不健全等因素使得再生水在农业中的利用远不及发达国家，然而在未来，我国的再生水资源将面临着供大于求的局面。合理制定再生水水质标准，结合区域种植特点，加强再生水利用，可缓解农业用水需求的紧张。

2）加强地下微咸水和半咸水的综合利用。我国拥有丰富的微咸水和半咸水资源，且在长期的开发利用中积累了丰富的经验。据全国地下水资源评价的最新统计，我国地下水资源中地下微咸水天然资源为277亿 m^3，地下半咸水天然资源为121亿 m^3。长期的利用和相关的试验研究表明，咸水/微咸水进行灌溉是可行的，对促进农业生产具有重要作用。河北省水利科学研究所在河北省南皮县乌马营试区进行了多年咸水灌溉和咸淡水轮灌、混灌的试验研究，利用 4~6g/L 咸水和 2~4g/L 微咸水灌溉小麦、玉米两茬作物，10年平均产量分别达到 6960kg/hm^2 和 557kg/hm^2。另外，在加强其利用的同时也应指出，利用微咸水和咸水灌溉时必须有适当的排水条件，在纯井灌区应通过自然降雨淋洗，将旱季土壤中积累的盐分排除至根层以下，在有地表水灌溉的地区则应利用灌溉的地表水和降雨水淋洗，使根层土壤溶液浓度不超过作物生理极限。

6.6.2.2 基于农业水循环用（耗）水环节，提高农业水资源利用效率

基于农业水循环用（耗）水环节，提高农业水资源利用效率，即从"节流"角度保障农业水资源。长期以来，我国农业存在用水资源量小、浪费严重并存的局面。立足于水资源的消耗，提高农业水资源的利用效率，是我国农业水循环调控的另一基本途径。

（1）加强总量控制和定额管理，提高灌溉水利用效率

在我国灌溉农业发展中，尽管通过工程措施和非工程措施的实施，使农田灌溉水的利用率有所提高，节水灌溉面积也得到了极大的发展。但是，目前仍有大面积的灌溉农田由于工程老化，灌溉设施不配套使得水资源利用效率较低，远远落后于发达国家。这不仅使水资源紧缺的形式日益严峻，而且也引发了严重的生态环境问题，如地下水超采。因此，结合农业水循环过程，以"耗水"管理为核心，对水循环诸环节进行调控，可提高农业灌溉水资源的利用效率。

加强农田灌溉输水过程中的水分的调控，以减少非生产性消耗，提高输水效率。在田间，结合区域的特点，按照水资源的供耗水关系，合理配置水源，提高灌区内的调蓄能力，严格控制农业用水定额和用水总量。

（2）水旱并举，工程措施和非工程措施并重，提高降水资源的利用效率

根据国家科技攻关研究，我国北方旱作农区降水量的20%以径流损耗，而非作物生长期无效水分蒸发占降水的24%，真正能够被农业生产利用的降水只占降水总量的56%；56%的利用中，有26%由于田间蒸发而散失，作物真正利用的降水只有总量的30%。在南方水资源相对丰富的地区，降水的利用效率更低。因此，提高降水资源利用效率可缓解农业水资源的不足。

提高降水资源的利用效率，主要应以合理控制区域农田蒸发蒸腾、提高其生产性消耗、减少非生产性消耗为基本原则。不同的消耗效用与土地利用密切相关，既包括农作物棵间土壤蒸发也包括植被蒸腾。对于土壤蒸发，其实质是大气对水的需求和土壤通过扩散和毛细管上升作用将水输送至土壤与大气的交界面的能力所驱使的农田土壤水分消耗，是通过调节农田小气候方式为农业生产发挥效用，即生产性低效消耗；对于植被蒸腾，由于其消耗是参与农产品的直接生产、直接参与农产品，具有生产性高效消耗。因此，针对农田水资源的消耗效用，加强区域土地资源的覆被，调整种植结构、减少高耗水作物的种植，大力推广节水保墒等措施，可调控农田棵间土壤蒸发和休耕期土壤蒸发，减少土壤的生产性低效消耗，增大农作物蒸腾的有效消耗。农田蒸散发既发生于雨养农田也出现在灌溉农业中，在综合提高农田蒸散发的同时，对于灌溉农田，还可结合农作物生理特点和区域气候特点，开展综合区域水资源特点的经济灌溉制度（非充分灌溉和种植结构调整相结合的灌溉制度），减少灌溉用水量，提高降水资源的利用效率。

（3）挖掘植物抗旱特性，发展生物节水技术，提高农作物水分转化效率

农业发展伴随着品种的改良，尽管新品种所带来的节水增效作用还难以准确估计，但在北方资源性缺水地区，扩大水分转化效率较高的作物种植规模，推广抗旱品质体系已被证明是行之有效的技术措施，而改进和提高作物水分利用效率的潜力必将随着现代科学技术的突破而不断增加。挖掘植物抗旱特性，发展生物节水技术，通过提高农作物自身水分转化效率的方式，可提高水资源的整体利用率。对于农作物的抗旱特性，其主要在于蒸腾耗水的生理响应，既包括农作物根系从土壤中吸收水分的能力，经过植物体内各器官扩散到大气过程的阻力以及根系与土壤界面阻力、器官间阻力；同时又与作物的根系长度、根的密度以及叶面积及叶气孔等密切相关。因此，挖掘植物抗旱能力，发展生物节水技术，提高生产性高效消耗的比例，可减少水资源的浪费。

6.6.2.3 基于农业水循环过程排水环节，提高水质排放标准

在农业水循环系统中，伴随着水循环过程，农药化肥以及土壤固有的化学成份也随之变化。面对当前我国农药化肥利用效率低、农业面源污染严重的现状，通过源头减排、过程控制和行政法规管理相结合的方式，加强农业排水水质的监控。

在废污水灌溉方面，应大量发展灌溉污水预处理技术，采用相关生物技术净化水体，改善灌溉水质和农业生态环境，建立健全农田污水灌溉的规范化管理体系，加强对污水灌溉的科学监控和研究。

6.6.3 农业水循环调控的管理策略

由于农业水循环管理是一个极其复杂的系统，影响因素既有自然因素也有社会因素。在水资源较为充足的地区，由于农民种地节水的成本远高于其收益，投入粮食生产的耕地面积下降，在一定程度上偏好于经济产出，加之农业劳动力也向高收益行业转变，使得农业水资源利用受到影响。因此，在加强农业水循环技术调控的同时，管理措施的实施也是

重要的方面。相关管理措施包括以下两个方面：

1）加强农田水利工程建设和运行监管，增加农业水循环环节水质和水量监测，从技术上促进农业水资源高效利用；大力推广用水计量，制定合理的农业水价，执行按方收费按亩返还规定，从制度上促进节水；严格执行农业用水定额管理，提高水资源的合理利用。

2）加大对粮食主产区的政策倾斜，提高农业补贴幅度，提高农业水资源的开发利用效率。在耕地资源紧缩、人口增长、粮食供需不平衡难以根本改变、粮食生产比较效益低的形势下，国家应进一步加大对粮食主产区农业供水的投入。

总之，在农业生产中，立足于水循环全过程，开展以"增加农业水循环系统中可利用水资源量，减少低效和无效消耗，提高农业水资源的效率和效益"为目标的农业水循环系统调控，是达到保障我国粮食安全、提高用水效率、发挥农业生态功能、保护农业生产环境等目的的根本途径。

第 7 章　生活用水系统解析及其调控机理

生活水循环是指满足社会经济生活用水需求的水的流动过程。生活用水与公共健康和社会福利密切相关，是人类生存和发展的基础，需要确保水量和水质满足要求，在流域水资源规划与配置中通常具有最高的优先权。由于水资源日益紧缺、社会经济快速发展以及气候变化等因素，生活用水对城市和流域水资源规划与管理乃至对整个宏观经济的影响日益得到关注。本研究在对生活用水的基本内涵、特性分析以及影响因子分析的基础上，对三大典型生活用水单元的水循环结构进行了解析，即农村生活、城镇生活与发达城市生活用水单元；通过对国内外生活用水系统的调研，从通量、结构、质量等方面归纳了生活水循环的发展规律；基于统计数据，对我国生活水循环系统现状、演变规律进行了分析，考察生活用水影响因子演变特点，对我国未来生活水循环系统发展进行了预测。从水质、水量两大方面系统提出了我国生活水循环的调控目标，并对基于水质、水量耦合的多元优化调控途径进行了探索。

7.1　生活用水结构及其特性分析

7.1.1　生活用水概念与基本构成

当前，国内外对于生活用水尚未有完整统一的定义，各国的生活用水统计结果也呈现出明显的差异。从当前的研究与管理实践看，生活用水概念主要包括狭义和广义两大层次（图 7-1）。

（1）狭义的生活用水

狭义的生活用水主要是指满足人类饮用和日常生活的用水，包括城镇和农村居民家庭生活用水，可细分为饮用、炊事、洗涤、沐浴、清洁等用水。在国外，清洗汽车和户外花园浇灌也占到相当大的比重。按照用途生活用水可以细分为三类，即消费用水（如饮用、炊事等）、卫生用水（如个人卫生及清洁用水）和美观用水（如洗车、花园浇灌等）。农村居民用水通常还包括散养畜禽用水等日常用水。

（2）广义的生活用水

广义的生活用水也称为大生活用水，由城市和农村居民家庭用水（含牲畜用水）、城市公共用水（含服务业、商饮业、货运邮电业及建筑业等用水）和城市环境用水（含绿化用水与河湖补水）等组成。其中，城市环境用水如市政、园林、河湖环境用水，原归属于城市公共用水中，近年来随着环境建设的改善，用水量逐渐增加，一些城市将其从公共用水中分离出来单独统计。城市公共用水相对较为复杂，主要包括两类，即生活性用水

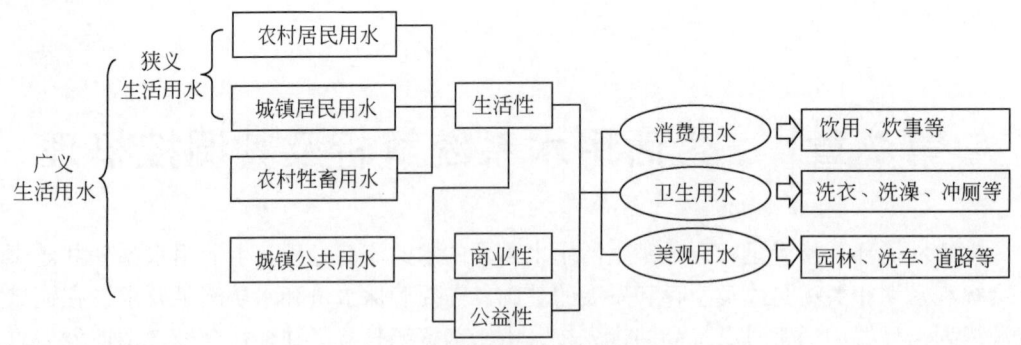

图 7-1 生活用水的内涵与构成

(如政府机关、学校、幼儿园、科研单位等）和商业性用水（如商业、餐饮、旅馆、医疗、洗车、淋浴等），其中，前者是指满足本单位成员生活所需的用水，与家庭用水有很大的相似性，区别在于该部分用水通常是对本单位集体财产的消费，经济因素对个人的约束不直接；后者则是把水作为一种经济成本的用水方式，水的消费量通常与用水单位的效益有很强的相关性，消费的个体通常具有随机性。本书研究与我国历年发布的《中国水资源公报》保持一致，生活用水包括城镇居民、农村居民和牲畜用水三大部分，城市环境用水则在城镇公共用水中予以体现。

7.1.2 生活用水的特性分析

从总量上看，生活用水相对于工农业用水总量较小。但与农业用水和工业用水不同，生活用水是人类生存和发展所必需的，具有较高的优先权。我国 2006 年实施的《取水许可和水资源费征收管理条例》第五条明确规定，"取水许可应当首先满足城乡居民生活用水，并兼顾农业、工业、生态与环境用水以及航运等需要"。通常，从生活水循环与自然水循环的衔接看，生活用水大部分来自径流，大部分回归到径流中。生活用水在回归自然的过程中，带入了相当的污染物。

7.1.2.1 需求特性

生活用水与农业、工业等生产和生态用水不同，是人类自身生存和发展不可缺少的要素，与人们的日常生活需求息息相关。生活用水的需求来源于人类日常生活的基本需求，即满足特定标准的生存、愉悦、舒适、卫生、便利和美学等需要。生活用水需求可细分为三大层次：①维持人类生存的饮用水需求；②维持人类健康的卫生用水需求（如洗澡、洗衣、冲厕等）；③人类娱乐休闲用水需求（如花园浇灌等）。正是这种层次化的需求特征，驱动着生活水循环系统的结构和层次不断演进。这种需求特征也使得生活水循环具有了消费者社会学、消费者行为学和消费者经济学的驱动机制。依据马斯洛的需求层次理论，生活用水需求的层次化模式如图 7-2 所示。其中，饮用、做饭、个人卫生、洗衣、清洁等用水依次由较低层次到较高层次排列，一般而言，较低层次的用水需要满足后，随着经济的发展以及用水设备的完善，就会向高一层次发展，追求更高一层次的需要就成为驱使行为的动力；任何一种需要都不会因为更高层次需要的发展而消失，但对行为的驱动程度将减小。人类短期的生存、中期的维持生活以及长期的持久发展，对生活用水构成与通量具有不同层面的要求。生活水循环中水的服务功能主要包括生命物质与输送介质，如表7-1所示。

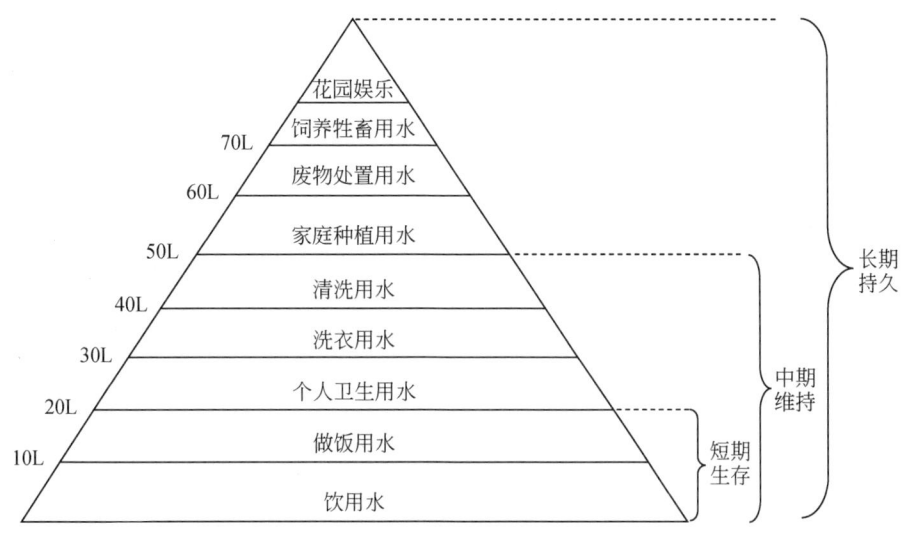

图 7-2　生活用水需求的层次化体系

表 7-1　生活水循环中水的服务功能

终端用水	水的服务功能
饮用	生命物质（生命介质、调节体温、润滑）
做饭	生命物质、输送媒介
洗衣	输送媒介
洗澡	输送媒介
冲厕	输送媒介
浇灌	生命物质
洗车	输送媒介
其他	生命物质、输送媒介

7.1.2.2　消耗特性

从水资源的利用方式看，与水体发电、航运、水产养殖不同，生活用水属于消耗性用水，水在利用过程中一部分返回水体，但水量有所减少。生活耗水量包括两大部分：①输漏水损失；②居民家庭和公共用水消耗和蒸发的水量（ET）。在城镇地区，生活耗水量的计算方法与工业基本相同，即由用水量减去污水排放量求得；在农村地区，一般没有给排水设施，用水定额低，耗水率较高（可近似认为农村生活用水量基本是耗水量）；对于有给排水设施的农村，可采用典型调查确定耗水率的办法估算耗水量。据调查，根据不同用户需水特性和用水方式不同，耗水率（消耗水量占用水量的比例）差别较大。据统计，2006年全国用水消耗总量为3042.3亿m^3，耗水率为53%。其中，城镇生活耗水量为117.1亿m^3，耗水率为29%；农村生活耗水量为252.6亿m^3，耗水率为86%。不同用水的耗水率大小比较为，农村生活（86%）>林、牧、渔业（73%）>农田灌溉（62%）>生态与环境（58%）>城镇生活（29%）>工业（23%）。从整体上看，农村生活耗水率高于城镇生活耗水率，城镇生活耗水率与工业耗水率基本接近。

7.1.2.3 健康效应

水是人类赖以生存的重要物质之一，其质量的优劣对人体健康关系十分密切。2001年世界水日的主题为"水与健康——两种珍贵而密切联系的资源"。我们把生活用水对人体健康产生的影响称为健康效应。通常，这种健康效应的强度与水中某种污染物毒性和数量有着密切的关系。当人们饮用或接触不清洁的水或用水不充分时，可能引发一系列的健康问题，主要包括如下类型：①水生疾病，如腹泻等，主要是通过防止因饮用水污染而引发肠道传染病；②水生介质传播疾病，如疟疾、血吸虫病等，由水生态系统中繁殖的昆虫和螺类进行传播；③水洗疾病，如疥疮、沙眼等，主要由于基本卫生用水（如冲洗、洗浴）的不足而使得细菌、寄生虫繁殖所致。据世界卫生组织的调查，在发展中国家，各类疾病有8%是因为饮用了不安全、不卫生的水而传播的，每年大约有2000万人死于饮用不卫生的水。饮用水安全的问题正在日益严重地威胁着人类健康。

7.1.2.4 环境效应

在生活用水过程中，水受到人类活动的影响，其物理与化学性质发生了明显变化，简称为生活污水。通常，生活污水中含有泥沙、油脂、皂液、果核、纸屑和食物屑、病菌、杂物和粪尿等物质。这些物质按其化学性质来分，可分为无机物与有机物（后者约占60%）；按其物理性质来分，可分为不溶性物质、胶体性物质和溶解性物质。据统计，2006年我国废污水排放总量731亿t，其中，1/3是来自第三产业和城镇居民的生活污水。通常，生活污水的水质一般较稳定，污染物浓度较低，也较容易通过生物化学方法进行处理。

7.2 典型生活用水单元结构与过程解析

7.2.1 生活用水单元的发展及其水循环系统演化

依照生活用水的基本环节与发展过程，典型的生活用水单元主要包括乡村生活单元（初级）、城镇生活单元（中级）以及发达城市生活单元（高级），如图7-3所示。从水质水量过程的结构复杂性程度上看，三类单元具有明显差异。从规模上看，初、中和高级单元具有递增趋势。随着城市化进程的推进以及社会经济的发展，这三类用水单元之间不断地升级转化，从而推动着社会水循环系统由低级向高级不断演进。从过去以及当前看，城镇生活单元的用水模式无论从数量还是规模上都是我国生活用水的主体，发达城市生活单元系统则是我国未来一段时间生活用水单元的理想模式和高级阶段。

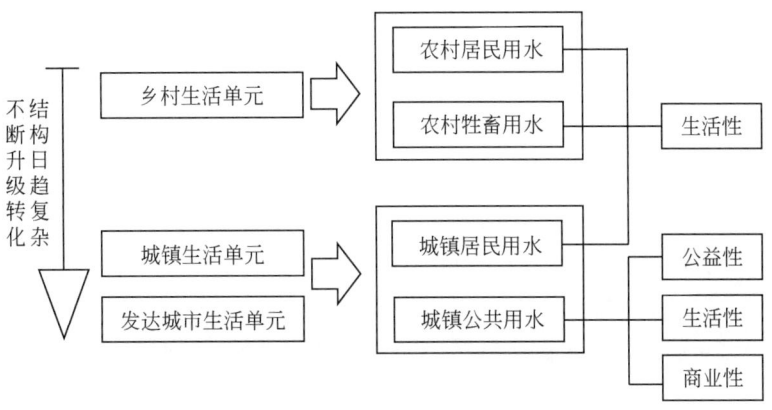

图 7-3　生活水循环的典型单元

7.2.1.1　乡村生活单元

乡村生活单元生活用水模式最为原始，通常，水源是就近的河水、湖水、井水、泉水等。在世界发展的历史上，无论是古巴比伦还是亚述，水井都曾是人们生活中密不可分的组成部分。乡村人口居住相对分散，周围的水源通常既清洁又丰富；在一些缺水地区，农民家庭劳动力往往花费一定的时间到更远的地方获取水资源。无论怎样，乡村单元中人们生活用水的模式也相对简单，通常包括"取水—用水—排水"等简单的环节，如图 7-4 所示。在一些边远的山区，水窖也成为解决乡村农民用水的重要途径，例如，我国西北地区的"母亲水窖"，通过屋面、场院和沟坡等设施积蓄雨水为贫困干旱地区的乡村居民生活提供重要的水源，如图 7-5 所示。此外，随着流域性、全局性和局部性水污染的不断加重，农村给排水系统也日益发展起来，从而逐步由原始的乡村生活单元过渡到类似城镇的生活单元（或社区生活单元）。例如，美国 2005 年仍有 15% 的居民利用生活用井获取水源，其余都通过公共或私有的给排水系统获取水资源。依据中国科学院农业政策研究中心

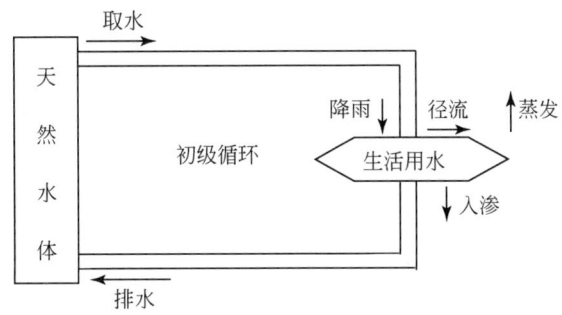

图 7-4　乡村生活单元的水循环过程

"农村贫困与发展"课题组2003年对我国江苏、甘肃、四川、陕西、吉林、河北6个省的乡村生活用水单元的调研，我国农村的自来水普及率为43.4%（江苏最高为78.8%，四川最低为14.2%），使用井水的村占42.4%，使用泉水和水窖的村分别占8.4%和3.4%，使用河湖、水库和其他水源的村占比不足2%。

图7-5 水窖蓄积雨水的示意图

7.2.1.2 城镇生活单元

进入20世纪中后期以来，全球城市化进程不断加快，城镇人口迅猛增长，从而形成了城镇生活用水单元的基本模式。在该模式下，城镇给水与排水卫生设施的发展被认为是减少人类疾病传播、改善人类生活条件的重要举措。据统计，2000年世界60亿人中，有11亿人缺少安全的给水系统，有24亿人缺少足够的安全排水系统，由此导致与水和卫生相关疾病在一定范围内传播。依据世界卫生组织（WHO）和联合国儿童基金会（UNICEF）发布的全球给排水评估报告（*Global Water Supply and Sanitation Assessment* 2000 *Report*），世界上缺乏足够的给排水设施的人口主要分布在非洲和亚洲地区。其中，缺乏给水设施人口的2/3和缺乏排水设施人口的3/4分布在亚洲地区。根据联合国预测，到2050年世界人口将达到91亿人，从而对城市给排水系统提出更严峻的考验。与乡村生活单元不同，城镇生活用水单元水循环系统增加了给水处理和污水处理，即具有"取水—给水处理—配水—用水—污水收集—污水处理—排水"等环节，其中前三个环节为给水系统，后三个环节为排水系统，如图7-6所示。从给水的类型上看，在世界大部分城镇都以公共管网供水为主，但仍存在一些自备水水源形式的供水。在多数城镇地区，给水系统和排水系统的建设并不同步，污水收集与处理设施通常滞后于给水处理设施的建设，从而导致一系列城市水环境问题的出现与恶化。在美国，2005年公共或私人的给水系统已达15.8万套，其中33%是社区供水系统（community water systems, CWSs），这些社区给水系统服务的人口从25人到大于10万人规模不等，其中数量占8%的CWSs服务了接近81%的总服务人口。除了社区供水系统外，还有非社区非临时供水系统（non-transient non-community water system, NT-NCWS）和非社区临时供水系统（transient non-community water system, TNCWS），前者主要指宾馆、学校、医院等用水系统，后者主要指加油站、营地等临时水系统。2005年美国生活用水系统分类与规模如图7-7所示。

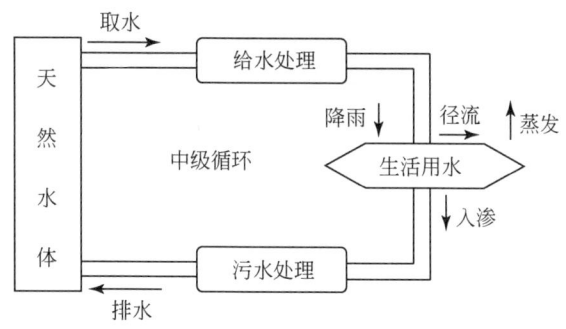

图 7-6　城市生活单元的水循环过程

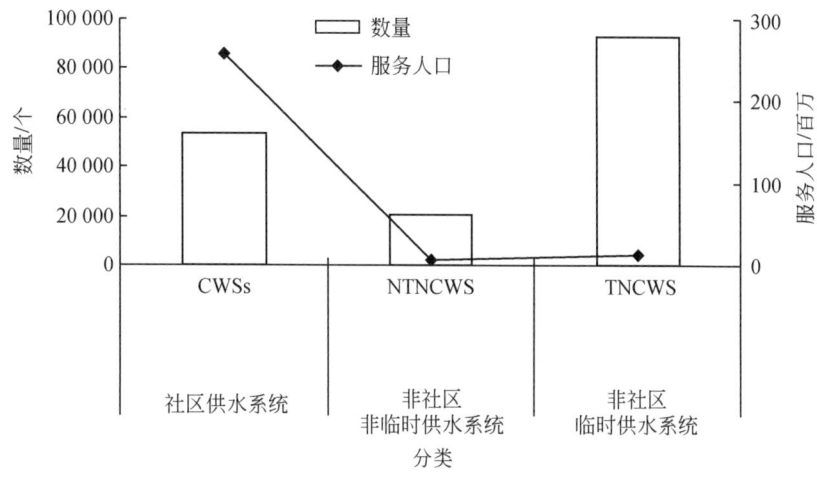

图 7-7　美国生活用水系统的分类与规模

注：CWSs 中含乡村生活用水（有给水系统，非独立的生活用井水）；NTNCWS 含有工业用水。

7.2.1.3　发达城市生活单元

随着城市化进程的推进和技术的进步，发达城市单元的生活水循环结构更为复杂，通常增加了污水处理后回用过程，具体包括"取水—给水处理—用水—污水处理—回用—排水"等环节，如图 7-8 所示，即在城镇生活原有的生活水系统之外，人为地构建了强化循环部分，以提高水资源利用的效率，减轻对于水环境的负面效应。通常，发达城市生活单元的污水处理，提高了污水处理的深度，由污水二级处理提高到污水深度处理，以满足再生水利用的水质要求。此外，该用水单元相对于城镇生活单元生活水循环系统而言，在给水环节，往往还包括雨水（海水）的利用、直饮水系统等细分系统。

7.2.2　典型生活用水系统单元水循环结构

生活用水量是生活水循环系统建设与发展的主要限制因子，其水量的大小直接影响到给水系统的取水量，也是污染物产生的主要来源，决定着排水系统水量和污染物负荷。因

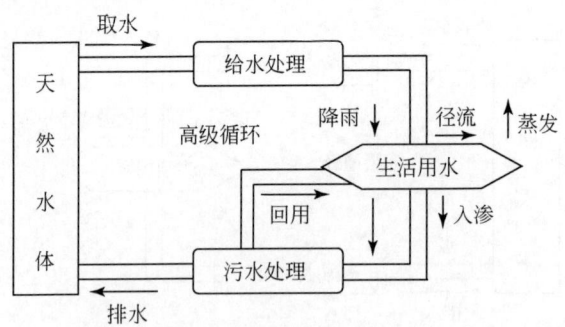

图 7-8　发达城市生活单元的水循环过程

此，下文重点对用水系统的结构进行详细剖析。

7.2.2.1　乡村生活单元

乡村生活单元的水循环结构如图 7-9 所示。从取水的水源类型看，有雨水、地表水、地下水等；从污染物角度看，生活污水、人粪尿、垃圾是农村生活污染最主要的来源类型。

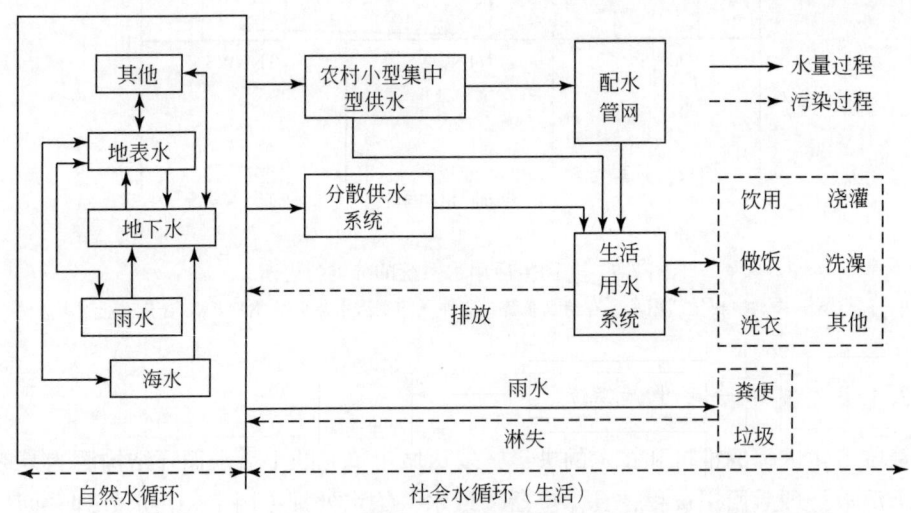

图 7-9　乡村生活单元的水循环结构

注：农村小型集中型供水是指日供水在 1000m³ 以下或供水人口在 1 万人以下的农村集中式供水；
分散供水是指用户直接从水源取水，未经任何设施或仅有简易设施的供水方式。

7.2.2.2　城镇生活单元

城镇生活单元水循环结构如图 7-10 所示。无论是平房住户还是高层住宅、别墅区，无论是城镇居民家庭用水系统还是学校、写字楼或宾馆用水系统，生活用水的功能（即饮用、做饭、洗衣、洗澡、冲厕、浇灌等）基本相似，只是在用水结构方面有所差异，例如，写字楼通常淋浴、做饭用水所占比例较小。

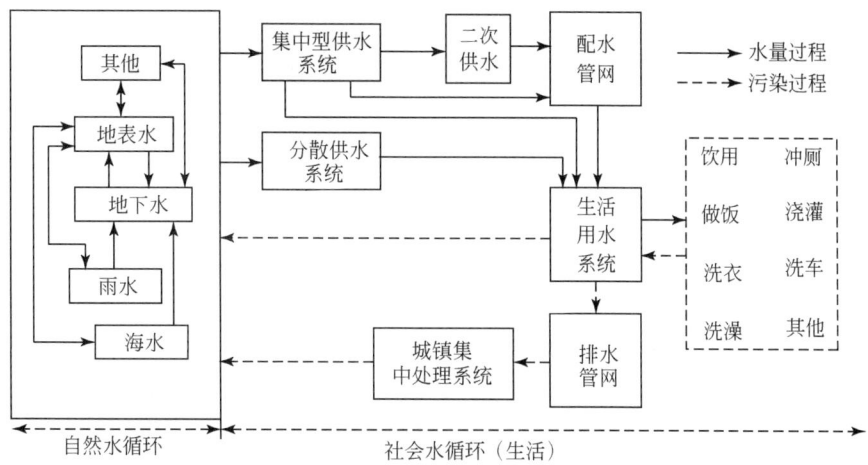

图 7-10 城镇生活单元水循环结构

注：集中供水是指自水源集中取水，通过输（配）水管网送到用户或者公共取水点的供水方式，包括自建设施供水，为用户提供日常饮用水的供水站和为公共场所、居民社区提供的分质供水也属于集中式供水；二次供水是指集中式供水在入户之前经再度储存、加压和消毒或深度处理，通过管道或容器输送给用户的供水方式。

7.2.2.3 发达城市生活单元

相对于城镇生活单元而言，发达城市生活水循环结构更为复杂，其结构与流程如图 7-11 所示。通常，在生活水循环内部又增加了细部的水循环系统以及营养物质循环利用体系。

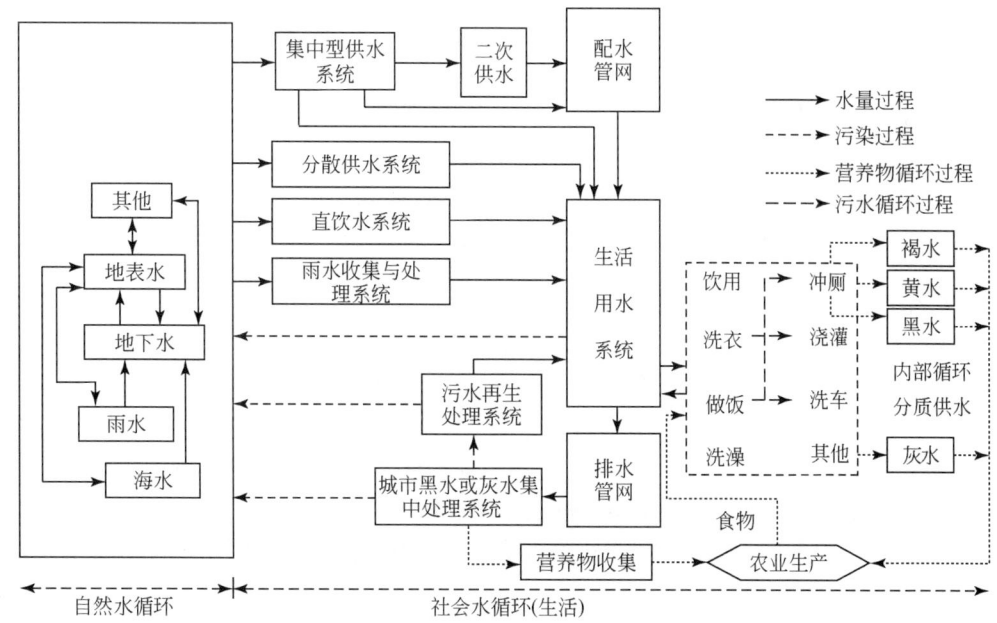

图 7-11 发达城市生活水循环结构与流程

注：黑水指厕所粪便污水，包括人尿和粪便；灰水指来自于家庭的厨房、洗衣、沐浴和盥洗等污水；黄水是指人尿；褐水是指粪便。

| 243 |

7.2.3 典型生活水循环系统单元水量、水质演变过程

7.2.3.1 水量过程

（1）生活水循环通量

生活用水系统的水量平衡如图 7-12 所示。从大的生活水循环的水量过程看，最初的取水与最终的排水并不完全等同，这里面除了管网系统的漏失、给排水处理过程的蒸散发外，还包括人体自身的消耗（如饮用）和用水过程中的蒸散发。生活用水系统的水量平衡如式 (7-1) 所示。通常，城镇生活用水的 70% 左右通过排水系统排入接纳水体中。蒸散发量约占进入水量的 30%，相对于农业和工业用水系统的蒸散发而言，生活用水系统的蒸散发量较小并较为稳定。

$$In_t + Re_t = Ou_t + ET_t \tag{7-1}$$

式中，In_t 为 t 时刻进入生活水系统的水量；Re_t 为 t 时刻生活水系统的污废水回用量；Ou_t 为 t 时刻排出生活水系统的污废水量；ET_t 为 t 时刻生活水系统的蒸散发量，主要由蒸发量、消耗量以及管网和设备漏失量等部分构成。

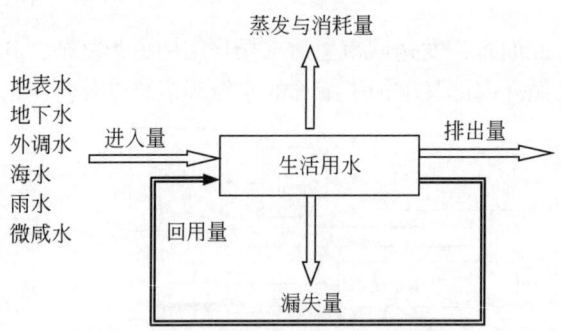

图 7-12 生活用水系统的水量平衡

（2）生活水循环通量的变化特征

由于给排水系统针对多个生活用水单元进行给水和污水的收集，并设计了具有一定安全系数的存储设施，因此，其水量随着时间变化的稳定性较好，实际运行给水和污水处理量一般只是在设计范围内呈现细微的波动。对比而言，生活用水过程的水量变化复杂得多。从这种意义上，乡村生活的水量循环过程是各个用水过程的直接体现；对比而言，城镇生活和发达城市生活单元水量的循环过程则通过给排水系统实现了一定的缓冲和稳定作用。无论对于乡村生活、城镇生活还是发达城市生活单元，对于生活水循环水量过程起决定作用的是人们的用水需求结构与用水模式，进入量的变化过程随着人们生产、生活活动的规律性具有明显的时变化、日变化、月变化和年变化特征。

A. 时变化特征

随着人们生产、生活的规律性，生活用水量在各个时刻也发生着有规律的变化。例如，通过对澳大利亚珀斯市高、中、低三种不同收入城镇家庭居民的日用水量监测结果表

明，夏季日生活用水量出现早、晚两大高峰；冬季日生活用水量较小，并主要集中在户内，用水峰值不明显。在夏季，高收入家庭日用水峰值出现在早上（5~7时），低收入家庭的日用水峰值出现在下午（18~19时），如图7-13所示。又如，对欧洲典型城市居民生活水循环各环节排水量在一天内的逐时变化过程研究表明，在早6~9时城市居民生活用水出现一天最大用水高峰，第二个用水高峰出现在晚18~21时，前者主要是由于洗澡、洗漱和冲厕用水量增加所致，后者主要是由厨房、冲厕和洗澡用水量增加所致。城镇居民生活最高一小时用水量与平均时用水量的比值（时变化系数，Kh）通常为1.4~2.9。此外，给水卫生器具完善程度不同对时变化系数有着明显影响，研究表明，给水卫生器具完善程度越高，时变化系数越小。据测定，设有给水排水卫生器具但无淋浴设备的小城镇生活用水时变化系数最大为2.1~2.6，设有给水排水卫生器具并有淋浴设备和集中热水供应的小城镇时变化系数相对较小，为1.3~1.5。相对而言，设有给水排水卫生器具但无淋浴设备的城市生活用水时变化相对平缓，时变化系数为1.2~2.0；村屯用水更为集中，时变化系数为3.0~6.0。

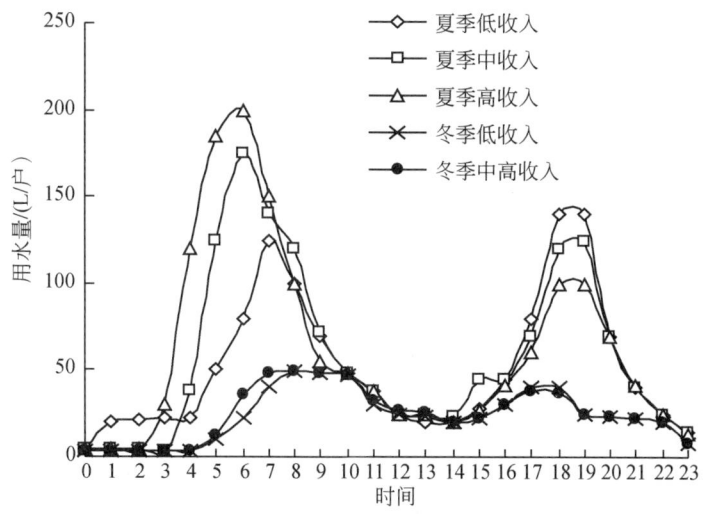

图7-13　澳大利亚珀斯市单户家庭生活用水24h变化过程（夏季）

B. 日变化特征

生活用水还具有逐日波动的特征，通常将最高日用水量与平均日用水量的比值计算为日变化系数。研究表明，一些小城镇周六、周日生活用水量呈现一周内最低值，主要原因在于小城镇常住人口比例较少，节假日期间离家较近的学生、打工者纷纷返乡，使得周末城镇生活用水量出现骤然减少的现象。通常，小城镇生活用水日变化系数在1.35~1.85。日变化系数是给水系统中各项建筑物的规模确定的重要依据。

C. 月变化特征

生活用水量也是逐月波动的，这种逐月波动的特性使得居民季节性水价的设计与应用开始得到重视。研究发现，生活用水量在每年春季的2月和3月用水量最低，而到了夏季的7~9月用水量达到年内最高值。这种用水量逐月变化的特征，使得不同季节的用水也不同，研究表明，用水量最多的是第三季度，最少的是第一季度，而另两个季度差别不大，造成这种变化的一个重要原因在于第三季度由于温度的升高导致人们洗澡次数的增加，即第三季度洗澡频率是平均每人每天 1.6 次、第一季度降低到每人每周 2.1 次。

在美国城市西雅图，夏季城市居民月生活用水量几乎是其他季节用水量的 2 倍，其中，天气的变化对于月高峰用水量具有明显影响，通常湿冷的夏季用水峰值低于干热的夏季。造成夏季用水量增加的主要原因，首先是城市居民户外浇灌用水量的增加，其次是冲厕、洗衣、洗澡用水量的增大。在南半球的澳大利亚珀斯市，城市居民用水量也呈现夏季多、冬季少的特点，这种季节性波动对于收入高的单户居民以及非多层住宅的多户居民（这些居民的私人草坪和花园使得浇灌用水增加）生活用水量的影响更为明显，如图 7-14 所示。

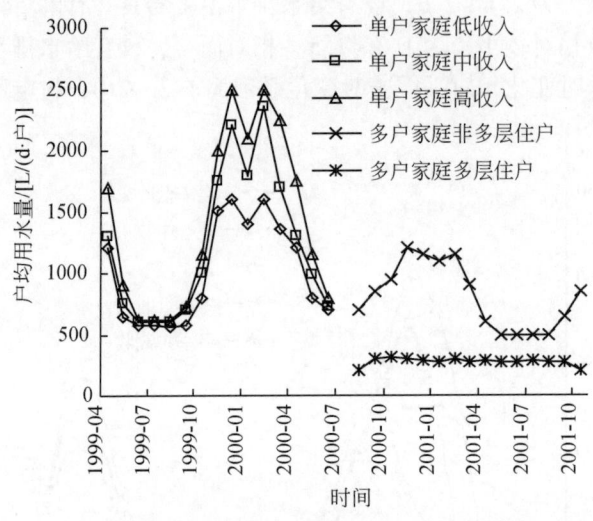

图 7-14 澳大利亚珀斯市单户居民月用水量

在公共用水方面，水循环通量也具有明显的月变化特征。例如，根据 1994～1996 年对我国厦门市生活用水的调查结果，旅馆业的用水高峰主要出现在春秋季节的 3～5 月和 8～11 月，大专院校的用水高峰主要出现在 5 月，机关的用水高峰出现在 6～8 月。

D. 年变化特征

通常，城市生活用水量随着人口和第三产业的发展呈现缓慢增长的趋势。对于小城镇而言，城镇规模越大，年变化幅度相对较大。

7.2.3.2 水质过程

为了保证人们的用水安全和环境的健康，在生活水循环过程中，用水过程是生活污染物产生的根源，主要来自洗涤剂的使用以及人类自身的卫生与清洁要求；给水和污水处理都担当着削减污染物的任务，当然在削减的过程中也不可避免地可能带来二次污染。生活水循环系统水质演化过程，如图 7-15 所示。

(1) 给水处理过程中的污染物去除与二次污染过程

由于水源的污染日益严重，人们的饮用水卫生标准也逐步提高，给水处理的程度日益

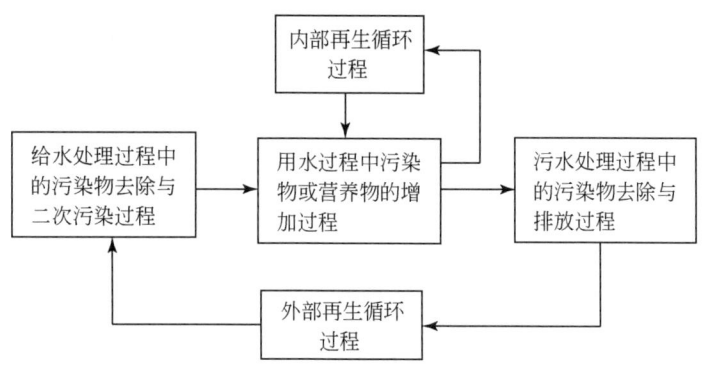

图 7-15 生活水循环系统的水质过程

提升。生活用水质量在很大程度上受到国家卫生标准的约束和限制,标准主要包括生活饮用水和生活杂用水标准两大类。

一是生活饮用水标准。旨在保证用户饮用安全,维护城乡居民的身体健康,提高人民群众的生活质量。生活饮用水水质应符合如下基本要求:不得含有病原微生物、化学物质和放射性物质,不得危害人体健康,感官性状良好且应经消毒处理。生活饮用水水质应符合常规指标和非常规指标及其限值的卫生要求。集中式供水出厂水中消毒剂限值、出厂水和管网末梢水中消毒剂余量均应符合饮用水中消毒剂常规指标及要求。当发生影响水质的突发性公共事件时,经市级以上人民政府批准,感官性状和一般化学指标可适当放宽。我国的饮用水卫生标准日益提高,2006 年修订的《生活饮用水卫生标准》(GB 5749—2006),将指标数量由 1985 年的 35 项增至 106 项(包括 42 项常规指标和 64 项非常规指标)。该标准对于我国的城市或农村的各类生活饮用水(包括集中和分散设施)都适用,但考虑到农村地区受经济条件、水源及水处理能力等限制,对农村日供水不足 1000m^3 或供水人口不足 1 万人的集中式供水和分散式供水采用过渡办法,在保证饮用水安全的基础上,对 10 项感官性状和一般理化指标、1 项微生物指标及 3 项毒理学指标,现阶段放宽限值要求。该标准的指标全部要求强制执行,但考虑到我国地域广阔,各地具体情况不同,64 项非常规指标由省级人民政府根据当地实际情况确定实施项目和日期,但全部指标最迟于 2012 年 7 月 1 日必须实施。

二是生活杂用水标准。我国 2002 年《城市污水再生利用 城市杂用水水质》(GB/T 18920—2002)是在《生活杂用水水质标准》(CJ/T 48—1999)基础上编制的,适用于 5 项杂用水,其中冲厕用水水质与生活水循环密切相关。该标准的主要变化包括用水类别增加消防及建筑施工杂用水;水质项目增加溶解氧,删除了氯化物、总硬度、化学需氧量、悬浮物;水质类别由 2 个增加到 5 个;水质指标值进行了相应调整。相对于饮用水标准而言,生活杂用水标准对于色度、阴离子合成洗涤剂、总余氯等指标都有所放宽。

当然,在自来水生产过程中会产生二次污染问题,即加氯消毒所产生的有毒副产物(氯化消毒副产物,CDBPs)。自来水加氯消毒始于 1902 年比利时的 Middelkerke 城,距今已有 100 多年的历史。其消毒过程主要是利用液氯或漂白粉等消毒剂在水中形成次氯酸,通过破坏细菌的酶组织而起灭菌作用。但水源水中不可避免地含有腐殖质、氨基酸等天然有机物以及各种含氮化合物，消毒剂与这些有机物发生反应，就会形成对人体具有致癌作用的物质如三卤甲烷（THMs）和卤乙酸（HAAS），两者约占 CDBPs 的 80% 以上。当前，加氯消毒引发的二次污染问题已成为世界的热点研究问题。

（2）用水过程中污染物或营养物的增加过程

生活用水过程伴随着污染物的产生过程，主要来源为粪尿和洗涤污水，水中含有机物及肠道病原菌、病毒和寄生虫卵等。就生活污水与污染物的排放时空特征看，对于城镇生活单元和发达城市单元而言，生活污水的收集往往通过城市排水系统实现，一般具有固定的排放点，排放量和浓度随着生活活动呈现规律性的周期变化；对于乡村生活单元而言，由于居民居住比较分散，又缺乏集中的污水收集与排放体系，因此，排放在空间上具有更大的不确定性和随机性。从排放浓度看，城镇居民的人均产污量明显高于农村居民。在城镇生活污水排放浓度的时间规律方面，例如，仲婧和许宁（2004）对山东省泰安市向阳小区 2003 年近一个月的生活污水跟踪监测 pH、电导率、DO、COD 四项指标，研究发现，一是从时变化过程看，pH 在一天的早晚偏低、中午偏高，主要是由于早晚的洗涮使得酸性物质增多所致；DO 在一天中早晚浓度较高、中午最低，这主要是由于污水早上排放后由于分解作用有机物耗氧速率大于其复氧速率，DO 逐渐降低到中午的最低值，随后耗氧速率因有机物浓度降低而小于复氧速率，DO 开始回升；电导率在一天内的变化不太明显；COD 在一天中早上和中午出现两大高峰，主要由于人们污水排放较为密集导致。二是从日变化过程看，pH、COD 和电导率都在周末较高，DO 与之相反，这主要是由于室内活动较为密集所致。再如，李桂芳等（2001）研究了株洲市具有代表性的 4 个生活污水水质监测点的结果发现，生活污水中的主要污染物是 BOD_5 和无机磷，污水中氮、磷主要以无机盐形式存在；污染物浓度在中午和傍晚前后较高，早晨和半夜则较低；冬、春季节的污水污染物浓度皆高于夏、秋两季；居民、餐饮业密集区的污水中污染物浓度显著高于商业区和混合区。

（3）污水处理过程中的污染物去除与排放过程

生活污水的处理（主要是针对城镇生活和发达城市生活单元等具有良好排水和污水处理设施的单元）主要包括一级处理和二级处理两部分。由于生活污水的可生化性（即 BOD_5 与 COD_{Cr} 之比在 0.4～0.7）较好，一般采用生化处理法可以收到良好的净化效果。通常，在现有技术水平条件下，经过一级污水处理工艺，BOD_5 可去除 30%，SS 可去除 50%；经过二级污水处理工艺，BOD_5 和 SS 可去除 85%～95%，COD 可去除 75%～85%，TN 可去除 70%～90%，TP 可去除 50%～70%，NH_3-N 可去除 85%～95%。

7.3 世界典型国家生活用水现状与演变分析

7.3.1 生活用水现状

据统计，1987～2003 年世界上生活用水总量年均 3250 亿 m^3，平均每人每年 $52m^3$ [相当于 142.5L/(人·d)]。不同国家和地区人均生活用水量有较大差异，美国和印度生活用水量最大，分别占世界总生活用水量的16.3%和14.0%。根据世界银行2005年的统计数据，从世界各大洲看，1987~2003年人均生活用水量最高的是北美洲，其次是西欧、东欧、南美洲和中东，最低的是中部非洲，如图7-16所示。从不同的国家看，人均生活用水量最大的前三位国家为澳大利亚、亚美尼亚和加拿大，分别为人均年用水量487m³、281m³和259m³ [分别相当于1334.2L/(人·d)、769.9L/(人·d) 和709.6L/(人·d)]，美国位居第六位，人均年生活用水量为209m³ [相当于572.6L/(人·d)]，主要原因是他们习惯于浇灌自己的花园以及用于游泳的水池。欧洲国家处于中等水平。以色列的人均生活用水量平均为271L/d。用水量最少的为柬埔寨，其人均年生活用水量仅为1.8m³ [相当于4.9L/(人·d)]，这主要是由于大多数人无法获得良好的给排水设施所致。包括中国在内的东亚地区平均人均生活用水量仅为25m³（相当于68L/d），仍有很大的上升空间。2003年世界160多个国家的人均日生活用水量统计结果如图7-17所示。可见，世界90%以上的国家人均生活用水量主要分布在71~400L/d。发达国家的人均日生活用水量大约是发展中国家人均用水量的10倍左右。据估计，2000年发达国家人均日生活用水量为500~800L，发展中国家仅为60~150L；大城市的人均日生活用水量在200~600L，一般不超过总用水量的5%~10%；小城市人均日生活用水量在100~150L，占总用水量的比重将增加为40%~60%。

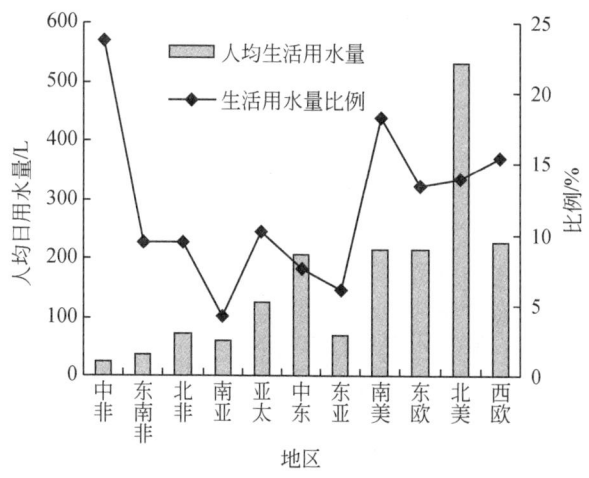

图7-16　世界不同大洲和地区的人均生活用水量对比（1987~2003年均值）

从欧洲国家看，城市居民生活用水量如图7-18所示。可以看出，西班牙人均居民生活用水量最大，达265L/d，其次是挪威为224L/d、荷兰218L/d和法国164L/d；相对而言，立陶宛、爱沙尼亚和比利时人均居民家庭生活用水量仅分别为85L/d、100L/d和115L/d。

世界不同地区生活用水量的结构也具有明显的差异。这种结构的差异与用水器具的完善程度、用水习惯、用水文化、用水设施与技术以及节水意识等方面有着密切的关系。例如，在美国，居民生活用水的35%集中在户外，厕所用水量占居民用水总量的26%，洗澡、卫生用水量占23%，厨房用水占5%，清洁用水占2%，洗衣用水占9%，户外浇灌用水占35%，如图7-19所示。在英国，便器用水所占比例高达35%，其次是洗澡用水

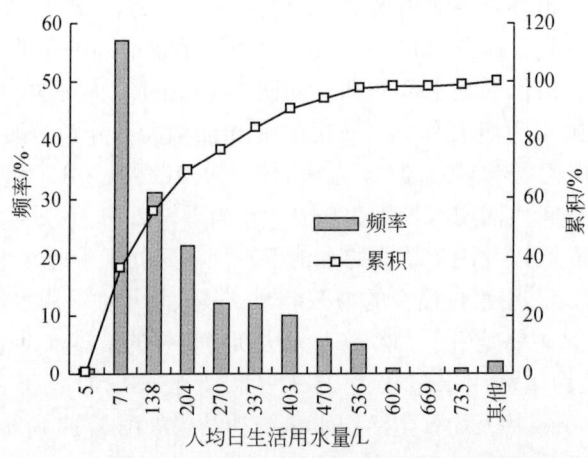

图 7-17 1975~2003 年世界 160 个国家人均生活用水量

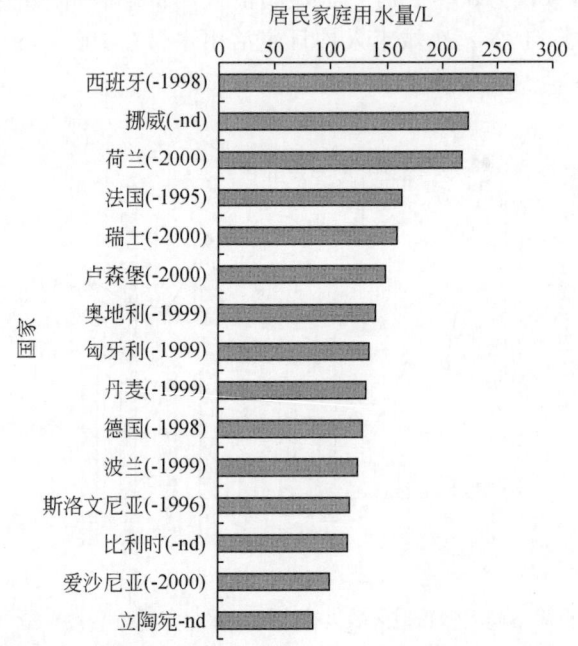

图 7-18 欧洲居民家庭用水量（20 世纪 90 年代至 2000 年）

注：各国居民家庭用水量数据主要通过公共给水系统的监测或估计数据获得，由于各国统计方式不同，有的包含了分配系统的漏失量。括号数字为年份，nd 表示没有明确指出数据获取的年份。

（含淋浴和盆浴）占 20%，厨房和洗衣用水分别占 15% 和 12%，户外用水仅占 6%。就城市居民用水量而言，1999 年美国水工程协会（American Water Works Association，AWWA）的调查表明，城镇单户家庭人均生活用水量为 274L/(人·d)，其中冲厕、洗衣和淋浴用水量最大分别占 28%、21% 和 17%。从整体上看，美国人均城市居民用水量大于人均农村居民用水量；西部地区人均生活用水量大于东部和中部地区；早晨的几小时用水量较小；冬季用水量较小，高峰用水量出现在浇灌较为普遍的夏季；下午和晚上家庭成员的返家使用水量明显增大。

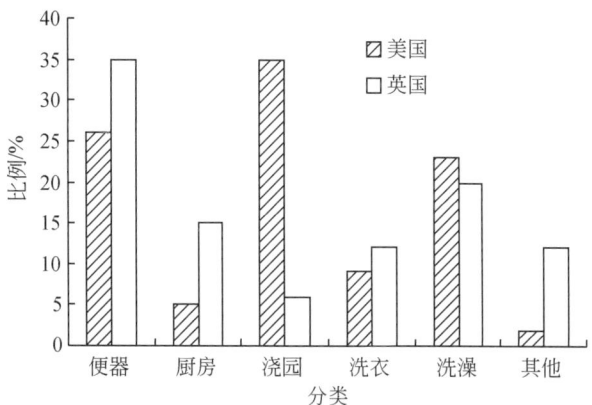

图 7-19 美国和英国典型家庭用水构成对比

注：美国的厨房用水含 2%的清洁用水；英国厨房用水包括水龙头用水、洗碗机用水和清洁用水。

图 7-20 给出了世界上一些城市人均日生活用水的终端构成状况。从总体上看，便器、洗澡和洗衣用水在生活用水中所占比例较大，平均分别为 27.9%、26.6%和 21.3%。其中，美国一些地区更细的用水结构调查数据如表 7-2 所示。

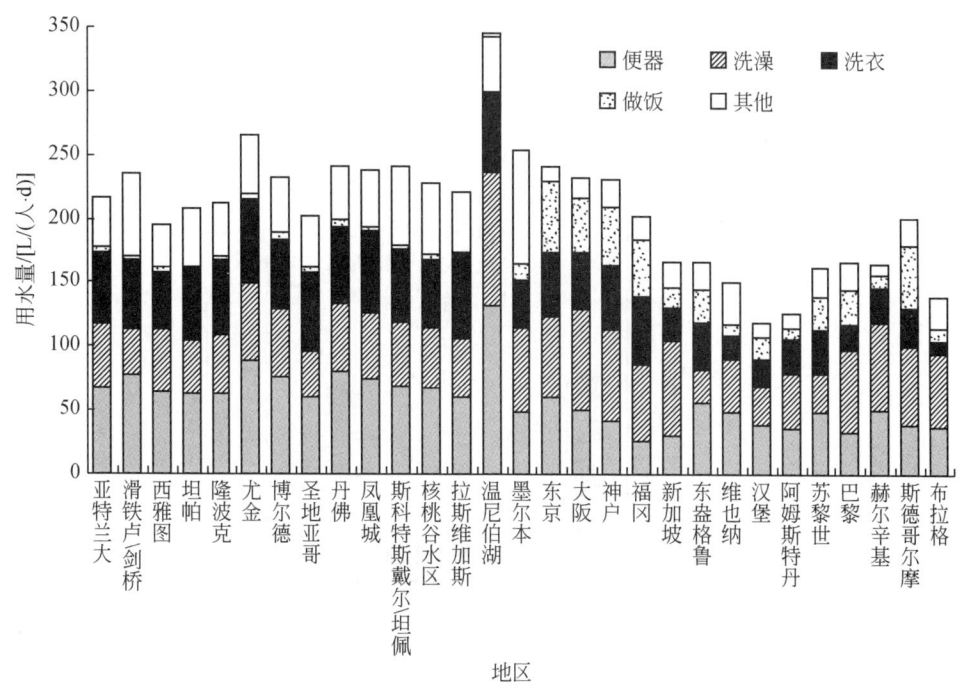

图 7-20 国外一些城市居民生活用水量的结构

表 7-2　美国一些地区居民用水量结构　　　［单位：L/(人·d)］

地区	样本数	冲厕	水龙头	淋浴	盆浴	洗碗	洗衣	泄露	其他	总量
滑铁卢/剑桥	95	76.8	43.1	31.4	7.2	3.0	51.9	31.0	22.7	267.1
西雅图	99	64.7	32.9	43.1	4.2	3.8	45.4	22.3	0.0	216.4
坦帕	99	63.2	45.4	38.6	4.2	2.3	53.7	40.9	1.1	249.4
隆波克	100	62.8	37.5	42.0	4.5	3.0	57.9	38.2	3.4	249.3
尤金	98	86.7	45.0	57.2	5.7	5.3	64.7	51.5	0.4	316.5
博尔德	100	74.9	43.9	49.6	5.3	5.3	53.0	12.9	0.8	244.7
圣地亚哥	100	59.8	40.9	34.1	1.9	3.4	61.7	17.4	1.1	220.3
丹佛	99	79.9	39.7	48.8	6.1	4.5	59.0	22.0	1.9	262.9
凤凰城	100	74.2	36.3	47.3	4.5	3.0	64.0	56.0	8.3	293.6
斯科特斯戴尔/坦佩	99	69.6	42.4	47.7	3.4	4.2	54.9	66.6	18.9	308.7
核桃谷水区	99	68.1	46.6	44.3	3.8	3.0	53.4	28.8	8.7	256.7
拉斯维加斯	100	59.4	42.4	43.1	4.9	3.4	63.6	42.4	4.2	263.4

　　城市公共用水的结构相对更为复杂。图 7-21 给出了美国加利福尼亚州东湾地区水务局对公共用水行业的调查结果。结果表明，办公楼、学校和高尔夫球场用水量较大，宾馆、洗衣店和医院用水量较小。从细部结构看，办公楼用水主要集中在浇灌和冷却方面；饭店用水主要是厨房和便器用水；医院用水主要是冷却和其他用水；宾馆用水主要为淋浴和便器用水；洗衣房用水主要为洗衣过程用水；商店用水主要集中于浇灌和冷却用水方面；学校用水的大部分是浇灌和便器用水；高尔夫球场主要是浇灌用水。

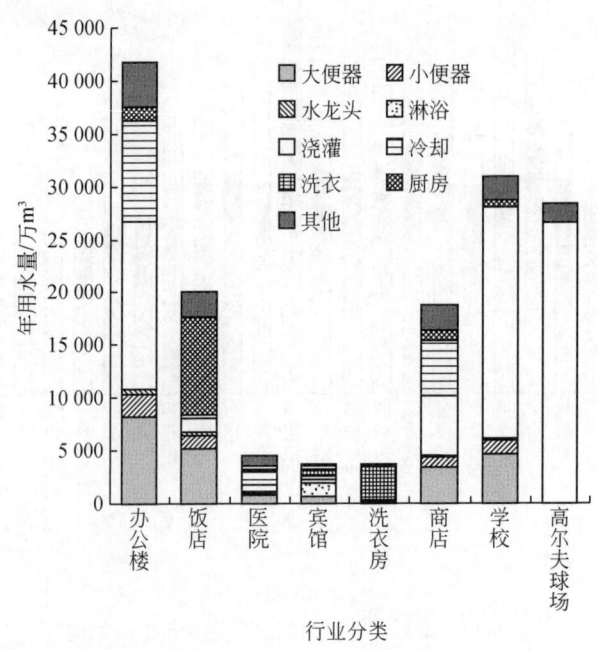

图 7-21　美国加利福尼亚州东湾地区水务局对公共行业用水的调查结果

7.3.2 生活用水演变趋势

随着世界人口的不断增加以及给排水设施的不断完善,世界生活用水量呈现明显增加的趋势,已从1975年的200亿 m^3 左右增加到1990年的650亿 m^3 左右,据预测,2020年生活用水量将达到1200亿 m^3,浪费的生活用水量与实际的生活用水量大致持平。就人均水平而言,针对欧洲的研究表明,1980~1997年欧洲11个国家人均城镇家庭生活用水指标变化幅度较小,一些国家该指标略有上升,另一些国家该指标略有下降,其平均值由152L/d上升为154L/d。这说明当国民经济发展到一定程度时,人均生活用水量将呈现较为稳定的趋势(图7-22)。

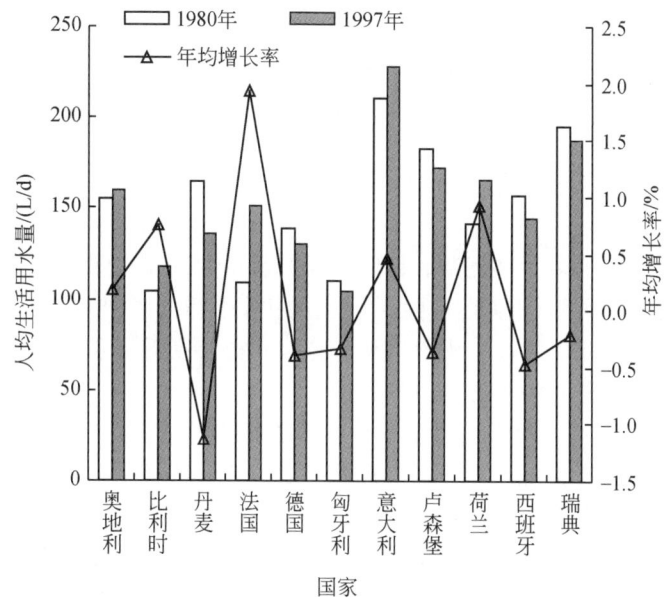

图7-22 欧洲部分国家人均生活用水量演变(1980年和1997年)

对于美国而言,1995年,生活用水总量为678.2亿 m^3,占总用水量的12.2%。其中,城市生活用水量为555.4亿 m^3,占生活用水量的81.9%,是生活用水的主要部分;相对而言,农村生活和牲畜用水量仅占18.1%。1950~1995年美国生活用水量呈现缓慢上升的趋势,如表7-3所示,其中,人均生活用水量已从1950年的442.0L/d上升到1995年的695.7L/d。

表7-3 1950~1995年美国生活用水量演变

年份	人口/百万	总用水量/亿 m^3	城市生活用水量/亿 m^3	农村生活和牲畜用水量/亿 m^3	生活用水量/亿 m^3	生活用水量占总用水量比例/%	城市生活用水占生活用水比例/%	人均生活用水量/(L/d)
1950	150.7	2487	193.4	49.7	243.1	9.8	79.6	442.0
1960	179.3	3730.5	290.2	49.7	339.9	9.1	85.4	519.4

续表

年份	人口/百万	总用水量/亿 m³	城市生活用水量/亿 m³	农村生活和牲畜用水量/亿 m³	生活用水量/亿 m³	生活用水量占总用水量比例/%	城市生活用水占生活用水比例/%	人均生活用水量/(L/d)
1970	205.9	5112.3	373.1	62.2	435.3	8.5	85.7	579.2
1975	216.4	5803	400.7	67.7	468.4	8.1	85.5	593.0
1980	229.6	6079.4	469.8	77.4	547.2	9.0	85.9	653.0
1985	242.4	5512.9	504.3	107.6	611.9	11.1	82.4	691.6
1990	252.3	5637.2	531.9	109	640.9	11.4	83.0	696.0
1995	267.1	5554.3	555.4	122.8	678.2	12.2	81.9	695.7

7.4 生活用水的影响因子及其发展规律

7.4.1 生活用水的影响因子及其识别

影响生活用水的因子多而且复杂。目前，研究者主要采用计量经济学回归分析、主成分分析、系统动力学等方法识别影响生活用水的主要因素。主要影响因素包括水价、收入、天气、家庭人数、住房特征、水价变化频率、户外特征等。从整体上看，价格弹性以及收入弹性是生活用水研究的主要热点问题。

沈大军等（1999）通过构建我国及6个区域的城镇居民家庭生活需水函数，识别出对生活需水影响最大的因素为供水人口的增加，职工工资的增长也将导致居民家庭人均生活用水量的大幅度增长，价格提高对需水的增长有一定的抑制作用，但并不是很明显。就不同的区域来看，长江中下游地区的价格弹性最大（-0.5），工资需求弹性系数西北地区最大（0.53），人口需求弹性系数除西南地区（供水能力建设落后）外都在1.0左右，表明人口与需水几乎同步增长。张雅君等（2003）认为影响生活用水的主要动力因子是人口和第三产业产值。周景博（2005）以2002年中国180个城市的截面数据为依据，构建了中国城市居民生活用水的影响因素分析模型，研究结果表明，水价可以在一定程度上起到调节城市居民生活用水需求的作用；经济增长、水资源禀赋、南北方的气候差异是中国城市居民生活用水的显著影响因素；职工平均工资和城市人均住房使用面积对居民生活用水的影响并不显著。袁宝招（2007）研究表明，1980~2000年，我国人均生活用水定额的变化是在经济社会发展、用水条件和公共设施建设三大类因素的驱动下发展形成的，其中，城市规模、产业结构、水源条件、人均GDP、城镇化水平、城镇居民收入水平、居住条件、公共设施水平等指标的改变均不同程度地对生活用水产生了影响。顾月红等（2008）采用偏最小二乘回归与时间序列分析相结合的方法，识别了影响2003~2010年北京城市年生活用水量的五大影响因子，即非农业城市人口、第三产业产值、人均居住面积、绿地因子和城镇居民家庭可支配收入。国外的研究认为，影响家庭生活用水的主要因素包括用水设施、住户收入水平、给排水成本、住户的年龄与生活方式、房屋居住率、天气、当地的景观美学和用水习惯、节水的意识水平等。通常，居民收入、住房类型、住户人数、用水设施、天气状况、住户年龄、温度等是影响生活用水的关键因素。

7.4.2 生活用水的主要影响因子分析

通常，人类的饮用水仅占生活用水的一小部分［约 2L/(人·d)］，非饮用水是生活用水的绝大部分，并与自然、社会经济条件和生活方式紧密联系在一起。对影响人均生活用水的一些主要的影响因素进行具体分析，有如下几个方面。

7.4.2.1 人口增长与经济结构转型

城市化的快速增长、人口的增加、生活水平的提高以及经济结构的转型是 20 世纪生活用水量快速增长的主要驱动因素。人口的增长与生活用水量的增加通常成正比例关系，此外，流动人口（如游客的增加）季节性的变化也可能对特定时期的生活用水产生明显影响。

7.4.2.2 收入状况

通常，住户的月收入水平与人均用水量呈正相关关系。早在 20 世纪 60 年代，据英国全国的用水调查显示，收入水平最高和最低的两大居民群体的人均日用水量之比为 1.47，前者比后者高出 47%。根据对 133 个以色列城镇 5000 人调查结果，人均生活用水量与住户的平均月收入水平呈正相关。

7.4.2.3 住户人数与居住率

研究表明，住户人数或居住率对生活用水量有着明显的影响，如欧洲的研究表明，人均生活用水量与住户人数呈反比例关系，即随着住户人数的增加，人均日生活用水量呈现明显减少的趋势（图 7-23）。

7.4.2.4 价格政策

水价对生活用水的影响在一定范围之内，通常采用价格弹性表示。例如，Beecher 等（1994）针对 100 多个需水价格弹性研究，发现城市居民需水弹性为 -0.2 ~ -0.4；Dalhuisen 等（2000）比较了 70 项研究得出价格弹性值如图 7-24 所示。进一步的研究还表明，高峰期的水价具有较强的经济信号，其价格弹性明显高于非高峰时期；夏季水价的敏感性比冬季水价敏感性高 30%；户外用水相对户内用水也具有较高的价格弹性；对于消费者类型的差异，研究发现中高收入阶层的用水行为受水价的影响很小。

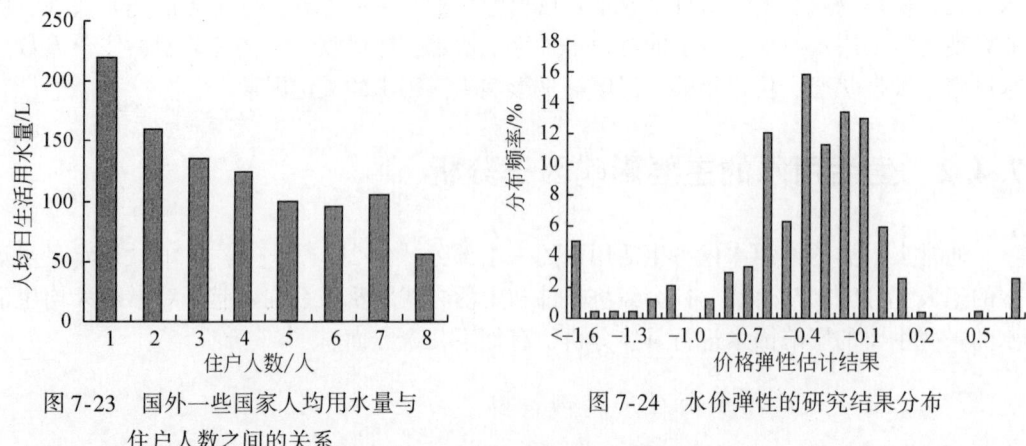

图 7-23 国外一些国家人均用水量与住户人数之间的关系

图 7-24 水价弹性的研究结果分布

7.4.2.5 节水技术水平

节水器具技术的发展与革新带来生活用水量的减少,图 7-25 显示我国洗衣机和洗碗机单次用水量自 1970~1998 年呈明显下降趋势。图 7-26 给出了欧洲一些国家五种主要用水器具单次用水量的统计结果,可以看出,盆浴单次用水量较大,其次为洗衣机每次用水量,冲厕每次用水量相对较少。就不同的国家来看,便器、洗碗机单次用水量最少的国家是芬兰,洗衣机、淋浴单次用水量最小的国家是法国,盆浴单次用水量最小的是英格兰和威尔士,德国单次用水量较大。

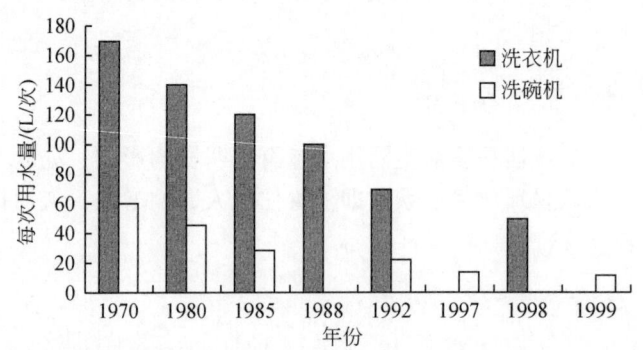

图 7-25 我国洗衣机和洗碗机每次用水量的变化(1970~1999 年)

7.4.2.6 用水设施与居住条件

随着城市化的发展,城市化所带来的居民生活方式的变化日益明显,这使得生活用水量多少与给排水设施的完备性程度有着密切的关系,调查表明,当人们无法获得给排水设施时,生活用水量在 5L/(人·d) 以下(取水距离 1000m 范围内;耗时约 30 分钟);当人们的给排水设施非常便利时,人均用水量在 100L/(人·d) 左右及以上。通常,随着给排水设施的完善程度的递增,人类生存的健康风险逐渐减少,获得水的距离和时间也明显减少。当前的研究表明,世界上还有相当多的人没有安全给排水系统。研究表明,2002 年世

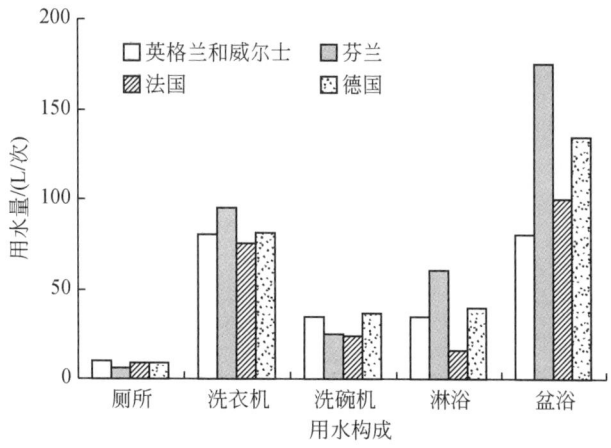

图 7-26 欧洲一些国家各种用水器具的每次使用水量

界上缺少给水设施的城乡人口为 10.6 亿人（占世界人口的 17%），缺少排水设施的城乡人口为 26.1 亿人（占世界人口的 42%）。2002 年世界上给水设施的覆盖率明显大于排水设施的覆盖率；城市给排水设施的覆盖率明显高于农村地区。2002 年相对于 1990 年给排水设施的覆盖率明显增加，主要集中在乡村给水与排水方面，如图 7-27 所示。

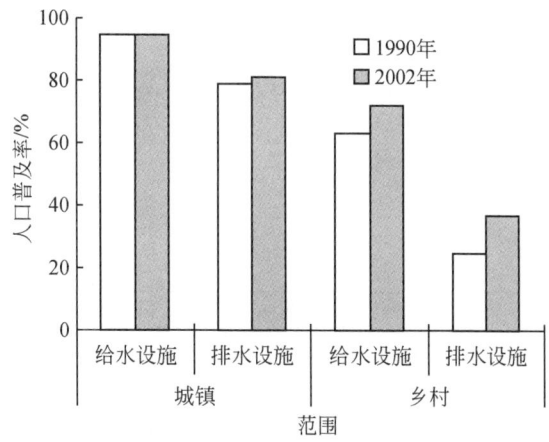

图 7-27 1990 年和 2002 年全球给排水设施覆盖范围

即使是在城市给排水设施充足的情况下，住宅卫生设施的拥有程度对于生活用水量也有着重要的影响。例如，根据对我国北方 12 个城市居民住宅用水调查结果，将用水量按照住宅卫生设备的完善程度划分为五种类型，如表 7-4 所示，其中仅有给水龙头的情况下用水量最小，即 44L/(人·d)；有坐便器、洗涤盆、淋浴设备以及热水供应设施具备的条件下用水量最大，即 192L/(人·d)。又如，根据我国住房和城乡建设部城市建设司 1998~2000 年组织的城市居民用水社会调研结果，我国六大区域一些住宅小区和不同用水设施的居民用户 A、B、C 三类用水状况如表 7-5 所示，其中，A 类指室内有取水龙头，无卫生间等设施的居民用户；B 类指室内有上下水卫生设施的普通单元式住宅居民用户；

C 类指室内有上下水洗浴等设施齐全的高档住宅用户。结果表明，随着用水设施的日益完善，人均生活用水量呈现明显增加趋势。

表 7-4 1992 年我国北方 12 个城市居民家庭用水调查结果　　　[单位：L/(人·d)]

用水类别	仅有给水龙头	洗涤盆厕所共用	大便器、洗涤盆	大便器、洗涤盆及淋浴设备	大便器、洗涤盆、淋浴设备及热水供应
饮用	3	3	3	3	3
烹调	12.5	25	25	25	25
洗漱	17.5	17.5	17.5	12.5	12.5
洗涤衣物	7	17.5	17.5	17.5	17.5
居室擦洗	—	6	6	6	6
冲洗厕所	—	—	45	45	45
洗澡	—	—	—	25	70
杂用	4	4	4	4	13
平均日用	44	73	118	138	192

资料来源：建设部城市节约用水办公室，1992

表 7-5 1998~2000 年我国不同区域不同用水设施的居民用户的典型调查结果

[单位：L/(人·d)]

分区	三年均值	2000 年均值	A 类均值	B 类均值	C 类均值	总均值
一区	110	107	46	104	155	101
二区	113	114	66	98	187	117
三区	157	154	122	152	249	174
四区	259	260	151	227	240	206
五区	122	126	67	112	135	105
六区	96	106	101	158	212	146
平均值	143	145	92	142	196	142

注：第一区为黑龙江、吉林、辽宁、内蒙古；第二区为北京、天津、河北、山东、河南、山西、陕西、宁夏、甘肃；第三区为湖北、湖南、江西、安徽、江苏、上海、浙江、福建；第四区为广西、广东、海南；第五区为重庆、四川、贵州、云南；第六区为新疆、西藏、青海。

需要注意的是，通常收入水平与用水设施和居住条件有着密切的关系，研究发现，高收入水平，往往对应着较高水平的住房和较为完善的卫生设施，人均日生活用水量也相对较大，如表 7-6 所示。

表 7-6 一些国家和地区人均生活用水量与收入、住房类型之间的关系

收入水平	住房类型	人均生活用水量/(L/d)
高收入	独立的房屋，奢侈的用水设施，有 2 个或以上便器，3 个或以上水龙头	150~260
中等收入	住房或公寓有至少 1 个便器和 2 个水龙头	110~160
低收入	租房户、政府安置房户、合租户，至少有 1 个水龙头，但共享便器	55~70

注：这些国家和地区包括土耳其、沙特阿拉伯、非洲、埃及、中国香港、印度尼西亚、玻利维亚等。

7.4.2.7 公众意识与用水习惯

表 7-7 给出了美国节水与非节水用水习惯下满足不同生活服务功能的用水量的差异。根据对我国城市居民一些用水器具与使用频率等方面的调查结果，可以看出，受到生活水平、用水习惯等因素的影响，拘谨型、节约型和一般型用水户的人均生活用水量有明显不同，差异最大的为淋浴，其次为冲厕和厨用，如表 7-8 所示。此外，随着旅游度假村的增多，将使农村生活用水量出现明显增加。

表 7-7 美国传统条件与节水条件下用水结构的差异

用水分类	非节水用量	节水用量
冲厕	根据水箱大小为 18.5~26.5L	水箱放置瓶子为 15.1L
淋浴	水长流为 94.6L	涂抹肥皂关水为 15.1L
盆浴	最高水位洗 151.4L	最小水位洗 37.9~45.4L
刷牙	长流水 18.9L	适时关水 1.9L
洗脸洗手	长流水 7.6L	接水盆洗 3.8L
饮用	长流水冷却 3.8L	冰箱冷却 0.2L
洗菜	长流水 11.4L	用锅接水洗 1.9L
洗碗机用水	满负荷运行 60.6L	快速洗涤 26.5L
洗碗（手洗）	长流水 113.6L	容器接水冲洗 18.9L
洗衣	满负荷、高水位运行 227.1L	快速、低水位运行 102.2L

资料来源：美国农业部，其中原文 1 加仑 = 3.785L，1 盎司 = 28.41mL。http://academic.evergreen.edu/g/grossmaz/ABRASHNM/.

表 7-8 我国城市居民家庭生活人均用水量调查统计表

分类	拘谨型 用水量/[L/(人·d)]	比例/%	节约型 用水量/[L/(人·d)]	比例/%	一般型 用水量/[L/(人·d)]	比例/%
冲厕	30	34.8	35	32.1	40	29.1
淋浴	21.8	25.3	32.4	29.7	39.6	28.8
洗衣	7.23	8.4	8.55	7.8	9.32	6.8
厨用	21.38	24.80	25	23	29.6	21.5
饮用	1.8	2.1	2	1.8	3	2.2
浇花	2	2.3	3	2.8	8	5.8
卫生	2	2.3	3	2.8	8	5.8
其他	—	—	—	—	—	—
合计	86.21	100	108.95	100	137.52	100
月用水量/[m³/(户·月)]	7.86	—	9.94	—	12.54	—

注：①平均月日数：30.4 天/月；②家庭平均人口按 3 人/户计算；③表中所反映的数据是按照居民用水设施必要的生活用水事项计算确定的，不包含实际使用过程当中的用水损耗、走亲访友导致的用水增加等一些复杂情况的必要水量。

7.4.2.8 气候与水资源条件

气候的变化对人均日生活用水量有着明显的影响。在国外造成夏季用水量增加的主要原因，首先是城市居民户外浇灌用水量的增加，其次是冲厕、洗衣、洗澡用水量的增大；在国内主要是由于洗澡和洗衣频率的增加。水资源条件对生活用水量也具有明显的制约作用。

7.4.3 不同终端用水的影响因子

国外的研究不仅关注生活用水总量的影响因子，而且关注生活用水各组成部分的影响要素。图 7-28 给出了泰国孔敬（Khon Kaen）调查（2004 年 11 月~2005 年 3 月）中对城市和农村生活不同终端用水（如冲厕、洗澡、洗衣、洗碗等）的影响要素及其关联曲线，主要包括住户的基本特征与供水条件和满意度两大方面的 11 项要素：住户人数、年龄分布、性别、居住率、收入水平、房屋使用年限、关闭用水设施的频率、给水压力的满意程度、节水意识、安全关注程度和价格关注程度。

从根本上讲，不同终端用水受到三大关键因素的影响，即设施所有权、使用频率和用水效率水平。用水设施的所有权表示用水设施使用的广泛性程度，如洗衣机、淋浴器和浴

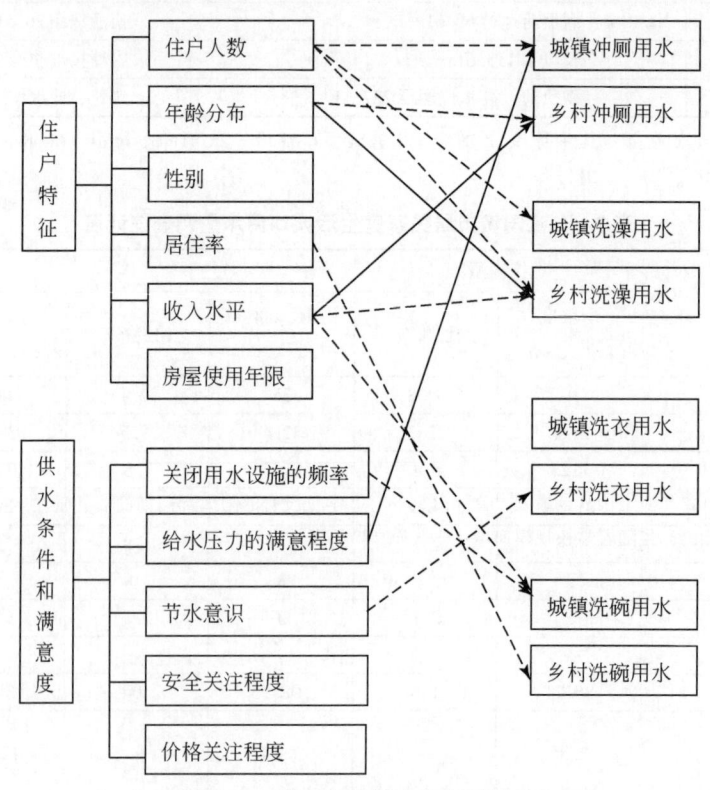

图 7-28 影响终端用水的主要因子

注：→表示相关显著性水平为 0.01；-->表示相关显著性水平为 0.05。

缸的保有量等；使用频率反映了人们用水的经常性程度；用水效率水平反应了用水设施的技术效率。该方法能够考察消费者什么地方用水、如何用水，可用于节水潜力的估算、需水预测和水管理政策的评估等，也是城市生活污水再生利用潜力分析的重要基础。通常，不同终端用水受到多种因素的影响，如意识、收入、价格与年龄结构等，如表7-9所示。公共用水的影响因素更为复杂，我国北京市主要行业用水影响因素如表7-10所示。

表7-9 不同用水终端的影响因素

序号	终端用水	用水设施	使用频率（F）	设施所有权（O）	用水效率水平（V）
1	饮用	水龙头	年龄、性别、季节、职业	家庭收入 住房条件	产品价格 技术水平 水价
2	洗手	水龙头	年龄[②]、性别[②]		
3	做饭/洗碗	水龙头	住户规模、职业		
4	冲厕	便器	性别[③]		
5	洗衣	水龙头（洗衣机）	季节、住户规模、年龄		
6	洗澡	淋浴、浴缸	季节[④]、年龄[⑤]、性别[⑥]		
7	浇园	水龙头	季节、住户规模		
8	其他[①]	水龙头等	季节、年龄、性别		

①含洗车、清洁、养鱼与游泳池用水等；②老年人的洗手次数明显较高，女性的洗手次数高于男性；③性别对每日小便次数没有显著影响，但对大便次数存在显著影响，男性每日大便次数比女性高约0.096次；④根据2008年北京市调查，夏季洗澡频率明显增加，约80%的居民每天洗一次澡，其他季节2~3天洗一次澡，夏季的淋浴时长相对冬季较短；⑤调查结果表明，老年人的淋浴频率略高；⑥虽然性别对于淋浴频率的影响并不显著，但对淋浴时间的影响较大，女性的淋浴时间明显高于男性。

表7-10 北京市主要公共行业用水影响因素分析

类别	影响因素
机关用水	①与职工人数相关性最好；②与建筑面积相关性较好；③职工人数与建筑面积相关；④随着机关级别的提高，人均用水量递减；⑤部级、副部级机关规模大、用水量多，是水资源管理的重点
医院用水	①住院部、洗衣房和浴室是三大主要用水区域；②建筑面积是影响医院用水的主要因素；③医院等级越高，单位建筑面积用水量越大
学校用水	①学生宿舍和浴室用水量最大，合计占50%；②学校设有的附属部门如商店、餐厅、招待所等用水量占有相当比例，且随着学校规模递增；③普通高校的用水定额高于其他高校，远大于中等学校和小学
宾馆用水	①四星级以上附属设施较多，用水占有相当比例；②宾馆实际出租床位数是主要影响因素；③星级越高，单位床位用水量越大

7.4.4 生活用水发展规律

7.4.4.1 用水总量规律

随着社会经济的发展，生活用水总量的演变呈现"较低水平—快速增长—缓慢增长—

趋于平缓"四大发展阶段,其中,缓慢增长阶段可能导致用水量的下降。具体如下:①较低水平阶段。在社会经济发展的初期,人口较少、城市化率较低、收入水平较低、给排水设施不完善等情况下,生活用水量较小的阶段。②快速增长阶段。随着人口的增加、收入水平的提高、给排水设施日益完善,洗浴设施、洗衣机、洗碗机、热水器具、冲水厕具等用水器具给生活带来方便和舒适之外,也带来用水量的急增。③缓慢增长阶段。在这个阶段,生活用水量的增长速度受到抑制,这主要是随着用水器具(洗衣机、便器、淋浴器和浴缸等)的市场渗透达到稳定、节水技术的革新、政府经济政策的调整以及居民节水意识的提高,生活用水呈现增长减缓甚至略下降(出现拐点)的趋势。④趋于平缓阶段。随着人口与城市化的发展与稳定、用水与节水技术的长足发展,加上人们节水意识和节水行为的改善,生活用水量呈现基本稳定的态势。那么,人均生活用水量的饱和水平到底是多少?如前所述,受到社会经济发展水平、生活习惯、水资源条件等多种因素的影响,世界最高的1987~2003年人均生活用水量为1334L/d;发达国家的人均生活用水量(500~800L/d)约是发展中国家人均生活用水量(60~150L/d)的10倍;大城市的人均生活用水量(200~600L/d)一般是小城市人均生活用水量(100~150L/d)的2~4倍(图7-29)。

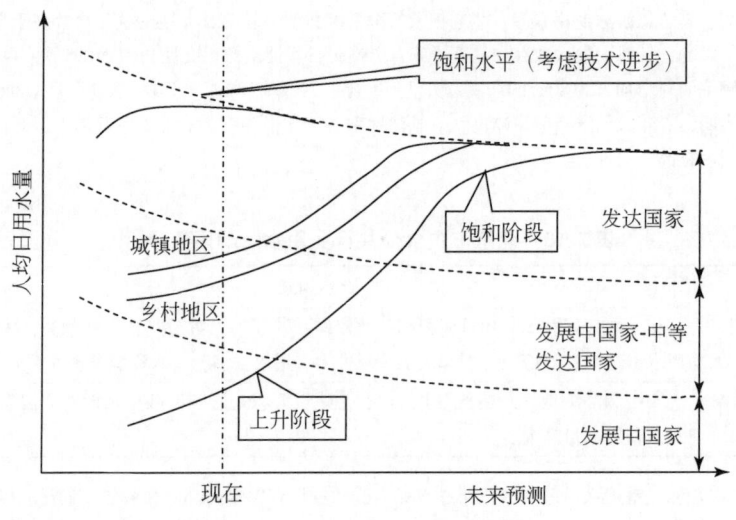

图7-29 人均生活用水量的发展规律

7.4.4.2 用水结构规律

从用水结构上看,主要具有如下特点:①生活用水中基本生活用水所占比例较小。人类生活的消费用水量(包括饮用、炊事)基本稳定,即在10~15L/(人·d),用于卫生和美化用水则相对具有较大的增长空间,通常在20~40L/(人·d)。用水器具结构的变化是导致人均用水量发生变化的重要驱动因素,城市居民家庭由以水龙头、洗衣机用水为主导的结构向以洗澡、冲厕用水为主导的模式发展。如北京市,水龙头用水比例从1985年的

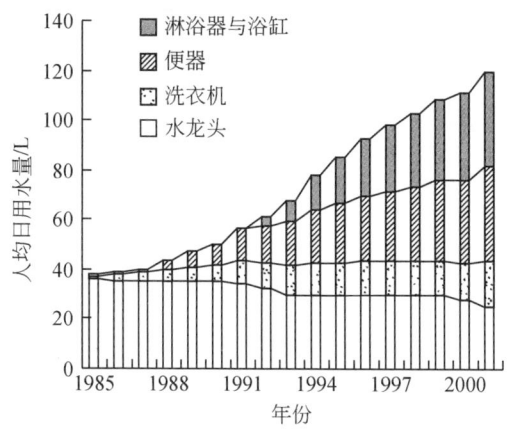

图 7-30 北京市城市居民不同器具的用水结构

95.2%下降到 2001 年的 21%，而便器与洗澡用水分别上升到 31%和 32%，成为城市居民用水的重要组成部分，如图 7-30 所示。②城镇生活用水比例高于农村生活用水。一方面，与城镇居民生活水平较高、第三产业发展较快有着密切的关系；另一方面，随着城市化的推进，农转非增加，推动了乡村生活用水向城镇生活用水单元转化。③城镇生活与城镇公共用水的比例受到城镇性质的影响。由于城镇的性质不同，城镇生活用水量中居民生活用水量与公共用水量的结构也有很大的差异。例如，北京市公共用水量较大，这与其作为我国政治、经济和社会活动的中心密不可分。

7.4.4.3 用水质量规律

生活用水在质量方面的规律如下：①生活饮用水标准日益严格。饮用水的安全性对人体健康具有至关重要的作用，对饮用水安全程度起到关键影响作用的是饮用水标准的制定。20 世纪 90 年代以来，随着微量分析和生物检测技术的革新进步以及流行病学的发展，世界各国对水中微生物、致癌有机物和无机物对健康的危害逐渐熟悉，世界卫生组织和世界各国相关机构纷纷制定了新的水质标准。目前，全世界具有国际权威性、代表性的饮用水水质标准有三部：世界卫生组织（WHO）的《饮用水水质准则》（*Guidelines for Drinking-water Quality*）、欧盟（EC）的《饮用水水质指令》（Directive 98/83/EC, *Quality of Water Intented for Human Consumption*）以及美国环境保护局（USEPA）的《国家饮用水水质标准》（*The Drinking Water Standards and Health Advisories*）。包括我国在内的世界其他国家或地区大都以这三种标准为基础或重要参考，来制定本国或本地区的饮用水标准。这些标准的制定严格规范着生活用水的质量。目前，国际饮用水标准的发展趋势表现为如下特点：一是控制指标数量逐渐增多，例如，WHO 的饮用水标准，从 I 版的 43 项增加到 III 版的 151 项。二是指标限制越来越严格，例如，美国已将砷的限值由 1975 年的 50μg/L 降至 2001 年的 10μg/L；欧盟将铅的限值从 1980 年的 50μg/L 降至 1998 年的 10μg/L，并要求在 15 年内（即 2013 年 12 月前）替换掉含铅配水管。三是更加重视微生物、消毒剂及其副产物。例如，美国要求自 2002 年 1 月起，饮用水中的总三卤甲烷浓度由 0.1mg/L 降为

0.08mg/L，并增加了卤乙酸的浓度不超过 0.06mg/L 的规定。②不同用水的水质要求不同，使分质供水、中水利用成为可能。水除了维持生命本身的必要需求外，还作为载体承担着健康与环境卫生的要求，如冲厕、绿化、洗车等。我国 2002 年《城市污水再生利用 城市杂用水水质》（GB/T 18920—2002）适用于 5 项杂用水，其中冲厕用水水质与生活水循环密切相关。该标准的主要变化包括：用水类别增加消防及建筑施工杂用水；水质项目增加溶解氧，删除了氯化物、总硬度、化学需氧量、悬浮物；水质类别由 2 个增加到 5 个，并对水质指标值进行了相应调整（表 7-11）。相对于饮用水标准而言，城市杂用水标准对于色度、阴离子合成洗涤剂、总余氯等指标都有所放宽。

表 7-11 生活用水水质标准

分类	标准	生活饮用水水质标准（GB 5749—2006）	生活饮用水水质标准（GB 5749—2006）	城市污水再生利用城市杂用水水质（GB/T 18920—2002）
	指标	生活饮用水水质常规指标及限值	农村小型集中式供水③和分散式供水④	冲厕
1. 微生物指标①	总大肠菌群、耐热大肠菌群与大肠埃希氏菌(MPN/100mL 或 CFU/100mL)	不得检出	不得检出	—
	菌落总数/(CFU/mL)	100	500	—
2. 毒理指标	砷/(mg/L)	0.01	0.05	—
	镉/(mg/L)	0.005	同左	—
	铬/(六价,mg/L)	0.05	同左	—
	铅/(mg/L)	0.01	同左	—
	汞/(mg/L)	0.001	同左	—
	硒/(mg/L)	0.01	同左	—
	氰化物/(mg/L)	0.05	同左	—
	氟化物/(mg/L)	1.0	1.2	—
	硝酸盐/(以 N 计,mg/L)	10(地下水源限制时为 20)	20	—
	三氯甲烷/(mg/L)	0.06	同左	—
	四氯化碳/(mg/L)	0.002	同左	—
	溴酸盐/(使用臭氧时,mg/L)	0.01	同左	—
	甲醛/(使用臭氧时,mg/L)	0.9	同左	—
	亚氯酸盐/(使用二氧化氯消毒时,mg/L)	0.7	同左	—
	氯酸盐/(使用复合二氧化氯消毒时,mg/L)	0.7	同左	—

续表

分类	标准	生活饮用水水质标准（GB 5749—2006）	生活饮用水水质标准（GB 5749—2006）	城市污水再生利用 城市杂用水水质（GB/T 18920—2002）
	指标	生活饮用水水质常规指标及限值	农村小型集中式供水③和分散式供水④	冲厕
3. 感官性状和一般化学指标	色度(铂钴色度单位)	15	20	30
	浑浊度(NTU-散射浊度单位)	1(水源与净水技术条件限制时为3)	3(水源与净水技术条件限制时为5)	5
	臭和味	无异臭、异味	同左	无不快感
	肉眼可见物	无	同左	—
	pH	不小于6.5且不大于8.5	不小于6.5且不大于9.5	6.0~9.0
	铝/(mg/L)	0.2	同左	—
	铁/(mg/L)	0.3	0.5	0.3
	锰/(mg/L)	0.1	0.3	0.1
	铜/(mg/L)	1.0	同左	
	锌/(mg/L)	1.0	同左	
	氯化物/(mg/L)	250	300	
	硫酸盐/(mg/L)	250	300	
	溶解性总固体/(mg/L)	1000	1500	1500
	总硬度/(以$CaCO_3$计,mg/L)	450	550	
	耗氧量/(COD_{Mn}法,以O_2计,mg/L)	3(水源限制,原水耗氧量>6mg/L时为5)	5	
	挥发酚类/(以苯酚计,mg/L)	0.002	同左	
	阴离子合成洗涤剂/(mg/L)	0.3	同左	1.0
	五日生化需氧量/(BOD_5,mg/L)	—	—	10
	氨氮/(mg/L)	—	—	10
	溶解氧/(mg/L)	—	—	1.0
4. 放射性指标②	总α放射性/(Bq/L)	0.5	同左	
	总β放射性/(Bq/L)	1	同左	
5. 消毒剂部分指标	总余氯/(mg/L)	接触30min后≥0.3,管网末端≥0.05	同左	接触30min后≥1.0,管网末端≥0.2

①MPN表示最可能数；CFU表示菌落形成单位。当水样检出总大肠菌群时，应进一步检验大肠埃希氏菌或耐热大肠菌群；水样未检出总大肠菌群，不必检验大肠埃希氏菌或耐热大肠菌群。②放射性指标超过指导值，应进行核素分析和评价，判定能否饮用。③日供水在1000m³以下（或供水人口在1万人以下）的农村集中式供水。④用户直接从水源取水，未经任何设施或仅有简易设施的供水方式。

7.4.4.4 排水水量规律

在生活排水水量方面,具有如下关系:①排水量与用水量之间通常具有正相关性。生活污水的排放与生活用水的比例在一定区间内波动,具有范围性特点。通常,两者之间呈现简单的线性关系,即生活用水越多,排放的生活污水量也相应增多。依据公布的统计数据,我国 2001~2006 年城镇生活新鲜水用量与污水排放量之间的关系如图 7-31 所示,两者之间大致呈线性关系,斜率约为 0.74。②随着中水回用系统的发展,处理后的污水继续回到生活用水环节,从而导致排出生活用水系统的污水水量日趋减少。

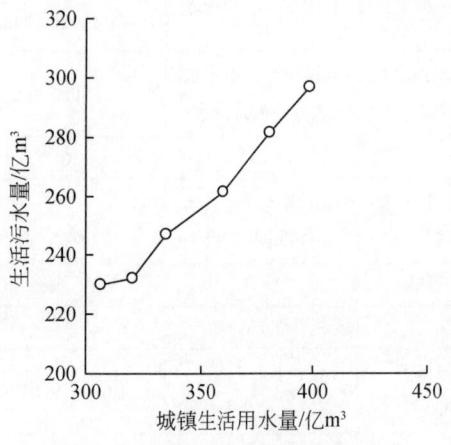

图 7-31 城镇生活用水量与污水排放量之间的关系

7.4.4.5 排水水质规律

1) 不同服务功能的原水水质具有明显差异。相对于工业和农业而言,城镇生活污水的水质浓度较稳定,一般 SS 为 100~350mg/L,BOD_5 为 100~400 mg/L,COD 为 250~1000 mg/L,TN 为 20~85 mg/L,TP 为 4~15 mg/L。粪便是生活污水中氮的主要来源(主要是氨氮和有机氮)。随着人类生活水平的提高,城市生活污水的来源和污染物也发生了显著的变化。不同来源生活污水的污染物特点具有明显差异,如厨房排水和冲厕排水的有机物、悬浮物含量较多,沐浴、盥洗和洗衣排水中洗涤剂的含量较高,空调冷却排水的污染较小,如表 7-12 所示。从排水的污染物浓度看,厨房和厕所排水的污染物浓度较高,沐浴和盥洗排水的污染物浓度较低;居民住宅排水的 BOD 和 SS 浓度较高,宾馆饭店和办公楼浓度较低;办公楼 COD 浓度较高,住宅和宾馆饭店较低,这主要是由于办公楼中冲厕的频率较高所致(表 7-13)。近年来,随着人们大量使用含磷洗涤剂,使污水磷的含量显著增加,成为一些水体富营养化的主要因素。

表 7-12 不同来源生活污水的污染物特点

序号	名称	来源	水质特点
1	沐浴排水	卫生间、公共浴室中淋浴和浴盆排放的废水	有机物浓度、悬浮物浓度都较低,皂液含量较高
2	盥洗排水	洗脸盆、洗手盆和盥洗槽排放的废水	含皂液、洗涤剂量多,悬浮物的浓度较高
3	空调冷却水	空调循环冷系统的排污水	水温较高,基本上未受有机物的污染,受冷却蒸发的影响,溶解性盐类浓缩后浓度增加,悬浮固体多
4	洗衣排水	宾馆洗衣房排放的废水	水质与盥洗排水相近,但洗涤剂含量高
5	厨房排水	住宅、食堂、餐厅等建筑内厨房排放的污水	有机物多、悬浮物多、油脂含量高
6	冲厕排水	大便器和小便器排放的污水	有机物多、悬浮物多、细菌病毒多

表 7-13 不同类型城镇生活排水浓度 （单位：mg/L）

类别	居民住宅 BOD	居民住宅 COD	居民住宅 SS	宾馆饭店 BOD	宾馆饭店 COD	宾馆饭店 SS	办公楼 BOD	办公楼 COD	办公楼 SS
厕所	200~260	300~360	250	250	300~360	200	300	360~480	250
厨房	500~800	900~1350	250	—	—	—	—	—	—
沐浴	50~60	120~135	100	40~50	120~150	80	40~50	120~150	80
盥洗	60~70	90~120	200	70	150~180	150	70~80	120~150	20

2）随着水环境问题的日益严重，排入受纳水体的水质要求日趋严格。通过制定标准对排水水质进行控制是世界各国普遍采用的措施，因此，随着流域及其区域水环境问题的不断加重，对排水水质标准的要求也越来越严格，从而导致污水处理的规模和深度不断加强。我国污水处理的主要标准包括《污水综合排放标准》（GB 8978—1996）、《污水排入城市下水道水质标准》（CJ 3082—1999）、《城镇污水处理厂污染物排放标准》（GB 18918—2002）等。其中，《城镇污水处理厂污染物排放标准》（GB 18918—2002）给出了一些水质指标的最高允许排放浓度，如表 7-14 所示。

表 7-14 城镇污水处理厂污染物允许排放浓度 （单位：日均值，mg/L）

控制浓度		一级标准 A 标准	一级标准 B 标准	二级标准	三级标准
化学需氧量（COD）		50	60	100	120[①]
生化需氧量（BOD）		10	20	30	60[①]
悬浮物（SS）		10	20	30	50
氨氮[②]		5（8）	8（15）	25（30）	—
总氮（以 N 计）		15	20	—	—
总磷（以 P 计）	2005 年 12 月 31 日前建设	1	1.5	3	5
	2006 年 1 月 1 日后建设	0.5	1	3	5

①下列情况下按去除率指标执行：当进水 COD 浓度大于 350mg/L 时，去除率应大于 60%；BOD 浓度大于 160mg/L 时，去除率应大于 50%。②括号外数值为水温>12°C 时的控制指标，括号内数值为水温≤12°C 时的控制指标。

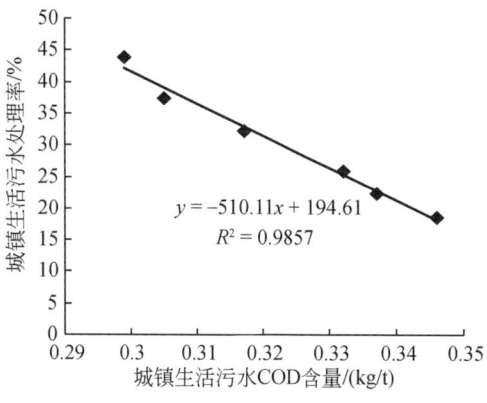

图 7-32 城镇生活污水 COD 含量与污水处理率之间的关系

3)随着处理程度的增加,污染物浓度呈现减少趋势。研究表明,COD 的含量与城镇生活污水处理率呈明显的负相关关系,相关性系数 $R^2=0.9857$,如图 7-32 所示。

4)污染物向着多样化与新型化发展。随着生活方式的变迁与分析检测手段的不断改进,一些新型生活污染物也成为国内外关注的热点。例如,含磷洗涤剂在城乡居民中的大量使用,使得洗涤污水含有大量的磷酸盐[三聚磷酸钠或五钠($Na_5P_3O_{10}$),STPP]助洗剂(能与水中的钙镁离子发生络合作用,使溶液显碱性而有利于油污分解),约占排入总磷量的 20%~60%,是导致湖泊富营养化和海洋赤潮的重要因子。又如,遮光剂、滤紫外线剂作为亲脂化合物,具有内分泌干扰活性和发育毒性,在美容剂、化妆液、喷发剂、染发剂和洗发液等个人护理用品中使用。它们除了通过皮肤和呼吸与人体接触产生健康风险外,还可通过洗澡、洗衣和游泳等人类活动大量进入水体造成环境风险。再如,人类使用的抗生素类、镇痛消炎类、神经系统类、降血脂类、β-受体阻断类、激素类等药物的正常使用与随意丢弃,加上畜禽养殖的发展,兽药(如抗菌药、抗寄生虫药、激素以及其他促生长添加剂)和饲料添加剂的使用,对动物和人体产生类雌激素效应以及其他健康影响。还有前面提到的饮用水消毒过程中产生的氯化消毒副产物(CDBPs)等。对于这些新型污染物质,传统的污水处理工艺通常难以进行降解,排入环境中会对地表水体、地下水体以及土壤产生污染。

7.5 我国生活水循环系统现状及发展预测

7.5.1 我国生活水循环系统现状分析

7.5.1.1 用水总量现状

根据《中国水资源公报》,2006 年我国生活用水量为 693.8 亿 m³,占总用水量的 12.0%。尽管生活用水量占总用水量的比例较小,但其关系到人类社会的生存和发展,具有十分重要的地位。①就不同的水资源一级区来看,南方四区生活用水量为 443.2 亿 m³,占全国生活用水量的 63.9%,占南方四区总用水量的 13.9%;北方四区生活用水量为 250.6 亿 m³,占全国生活用水量的 36.1%,占北方四区总用水量的 9.6%,如表 7-15 所示。生活用水量最大的为长江流域,占全国生活用水总量的 32.5%;生活用水量最小的为西南诸河,占全国生活用水总量的 1.8%。生活用水比例最大的是珠江流域,生活用水占总用水量比例为 17.1%,生活用水比例最小的为西北诸河,比例为 2.4%。②就不同的行政区看,生活用水量最大的是广东省,生活用水量为 92.4 亿 m³,占全国生活用水量的 13.3%,其次是江苏省和湖南省,生活用水量分别占全国生活用水量的 6.6% 和 6.4%,如表 7-16 所示。生活用水占总用水量比例最大的是北京市,占 42.1%,其次是重庆市和广东省,分别占 22.2% 和 20.1%。城镇生活用水量最大的是北京市和重庆市,分别占全国城镇生活用水量的 17.1% 和 7.9%,农村生活用水量最大的是北京市和广东省,分别占全国农村生活用水量的 8.3% 和 7.9%。③从不同的地理分区看,生活用水量如图 7-33 和图 7-34 所示。西南、长江中游和南部沿海生活用水总量较大,1997~2008 年的上升幅度也较大。

表 7-15 2006 年各水资源一级区主要用水指标

区域	用水总量/亿 m³	生活用水量/亿 m³	生活用水量比例/%
全国	5795	693.8	12.0
松花江区	396.7	32.4	8.2
辽河区	203.5	30.1	14.8
海河区	391	56.5	14.5
黄河区	396.1	39.4	9.9
淮河区	592.4	76.9	13.0
长江区	1884.3	237.6	12.6
东南诸河区	327.6	45.5	13.9
珠江区	878.9	150.4	17.1
西南诸河区	102.4	9.8	9.6
西北诸河区	622	15.2	2.4

资料来源：中华人民共和国水利部，2007

表 7-16 2006 年不同行政分区生活用水量及其所占比例

行政区	城镇生活/亿 m³	农村生活/亿 m³	总用水量/亿 m³	生活用水总量/亿 m³	生活用水占总用水量比例/%	城镇生活占生活用水比例/%	农村生活占生活用水比例/%
全国	398.33	295.42	5794.97	693.8	12.0	57.4	42.6
北京	12.27	2.16	34.3	14.4	42.1	85.0	15.0
天津	3.33	1.28	22.96	4.6	20.1	72.2	27.8
河北	10.32	13.73	204	24.1	11.8	42.9	57.1
山西	5.46	3.81	59.29	9.3	15.6	58.9	41.1
内蒙古	5.72	7.41	178.69	13.1	7.3	43.6	56.4
辽宁	17.45	6.8	141.24	24.3	17.2	72.0	28.0
吉林	7.19	4.3	102.9	11.5	11.2	62.6	37.4
黑龙江	11.47	8.56	286.21	20.0	7.0	57.3	42.7
上海	18.74	1.64	118.57	20.4	17.2	92.0	8.0
江苏	31.32	14.83	546.39	46.2	8.4	67.8	32.1
浙江	19.73	12.91	208.26	32.6	15.7	60.4	39.6
安徽	12.03	12.32	241.87	24.4	10.1	49.4	50.6
福建	12.71	8.3	187.25	21.0	11.2	60.5	39.5
江西	9.83	11.02	205.68	20.9	10.1	47.1	52.9
山东	12.99	18.27	225.82	31.3	13.8	41.6	58.4
河南	13.45	21.12	226.98	34.6	15.2	38.9	61.1
湖北	17.24	11.58	258.79	28.8	11.1	59.8	40.2
湖南	20.82	23.34	327.73	44.2	13.5	47.1	52.9
广东	67.95	24.4	459.4	92.4	20.1	73.6	26.4
广西	19.24	22.67	314.42	41.9	13.3	45.9	54.1
海南	3.68	2.17	46.46	5.9	12.6	62.9	37.1
重庆	10.64	5.6	73.2	16.2	22.2	65.5	34.5
四川	16.04	18.15	215.13	34.2	15.9	46.9	53.1
贵州	7.51	10.18	99.98	17.7	17.7	42.5	57.5

续表

行政区	城镇生活/亿 m³	农村生活/亿 m³	总用水量/亿 m³	生活用水总量/亿 m³	生活用水占总用水量比例/%	城镇生活占生活用水比例/%	农村生活占生活用水比例/%
云南	9.14	10.37	144.77	19.5	13.5	46.8	53.2
西藏	0.83	1.65	35.03	2.5	7.1	33.5	66.5
陕西	6.6	6.67	84.08	13.3	15.8	49.7	50.3
甘肃	4.91	4.21	122.33	9.1	7.5	53.8	46.2
青海	1.65	1.59	32.2	3.2	10.1	50.9	49.1
宁夏	1.07	0.69	77.63	1.8	2.3	60.8	39.2
新疆	6.99	3.68	513.43	10.7	2.1	65.5	34.5

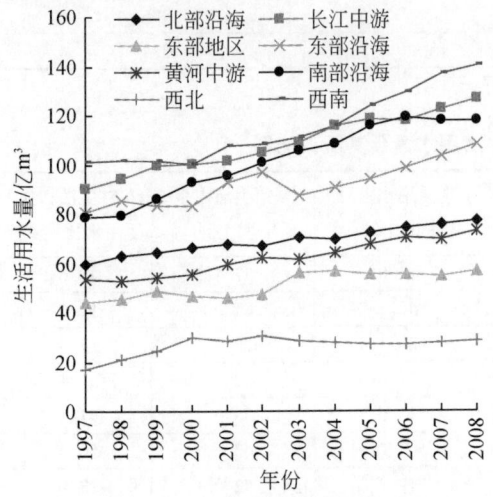

图 7-33 我国八大区域生活用水量的分布

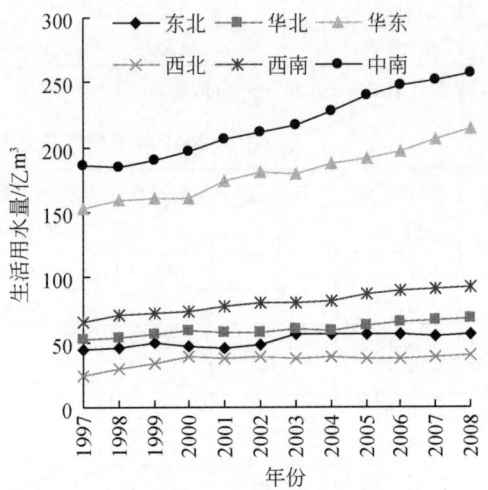

图 7-34 我国六大区域生活用水量的分布

7.5.1.2 人均生活用水量现状

2006 年，我国城镇人均生活用水量为 212L/d（含公共用水），农村为 69L/d，人均生活用水量为 145L/d。①就不同的一级流域看，城镇人均生活用水量最高的是珠江流域为 309L/d，最小的是淮河流域为 150L/d；农村人均生活用水量最高的是珠江流域为 118L/d，最小的是黄河区为 44L/d，如图 7-35 所示。②就不同的行政区看，由于生活水平和生活方式的差异，各地区的生活用水状况都不相同。上海和广东由于生活水平较高，人均城镇生活用水量最高，分别为 348L/d 和 322L/d；山西和宁夏生活水平相对较低，人均城镇生活用水量分别为 103L/d 和 115L/d；天津由于缺水严重，人均生活用水量也仅为 134L/d。从整体上看南方地区的人均城镇用水量普遍高于北方地区的省份，如图 7-36 所示。对于乡村地区，人均农村生活用水量最高的是广东和北京，分别为 147L/d 和 134L/d；最低的为宁夏和山西，分别为 29L/d 和 36L/d。我国不同行政区人均 GDP 与人均用水量的关系如图 7-37 所示。社会经济较为发达、水资源丰沛的上海人均生活用水量较高；北京和天津受到水资源条件的限制，人均生活用水相对受到压制；社会经济较不发达的甘肃和宁夏人均生

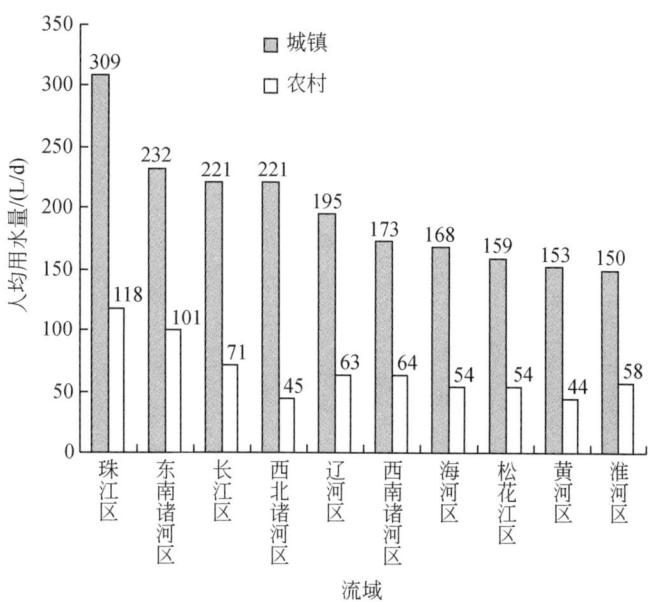

图 7-35　2006 年各水资源一级流域人均城镇与农村生活用水量

资料来源：中华人民共和国水利部，2007

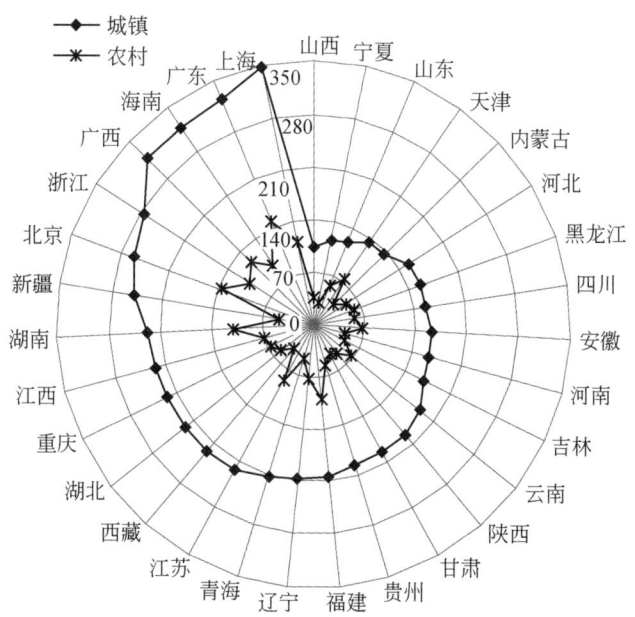

图 7-36　2006 年各行政区人均城镇与农村生活用水量（单位：L/d）

资料来源：中华人民共和国水利部，2007

活用水量较小。③从不同的地理分区看，生活用水量如图 7-38 ~ 图 7-41 所示。按照八大区域的划分，东部沿海和南部沿海人均生活用水总量较大，1997 ~ 2008 年上升幅度较大的是长江中游和西南部；按照六大区域的划分，中南和华东人均生活用水总量且上升幅度较大；按照东、中、西三大区域的划分，东部人均生活用水总量较大，上升幅度较大的是西南和中南；按照南北两大区域的划分，南方人均生活用水总量上升幅度较大。

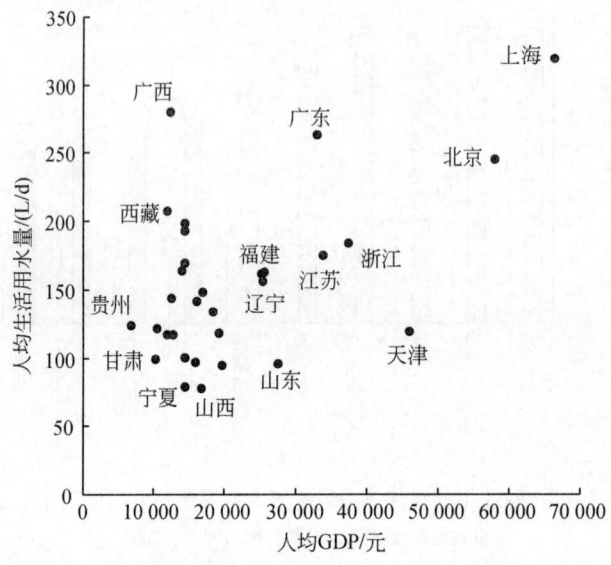

图 7-37 我国不同行政区人均 GDP 与人均生活用水量的关系

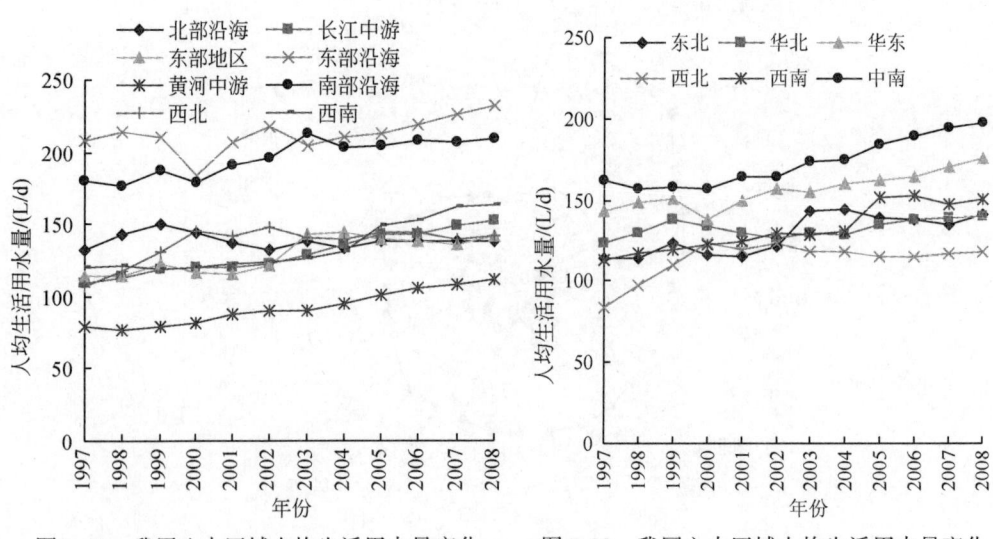

图 7-38 我国八大区域人均生活用水量变化　　图 7-39 我国六大区域人均生活用水量变化

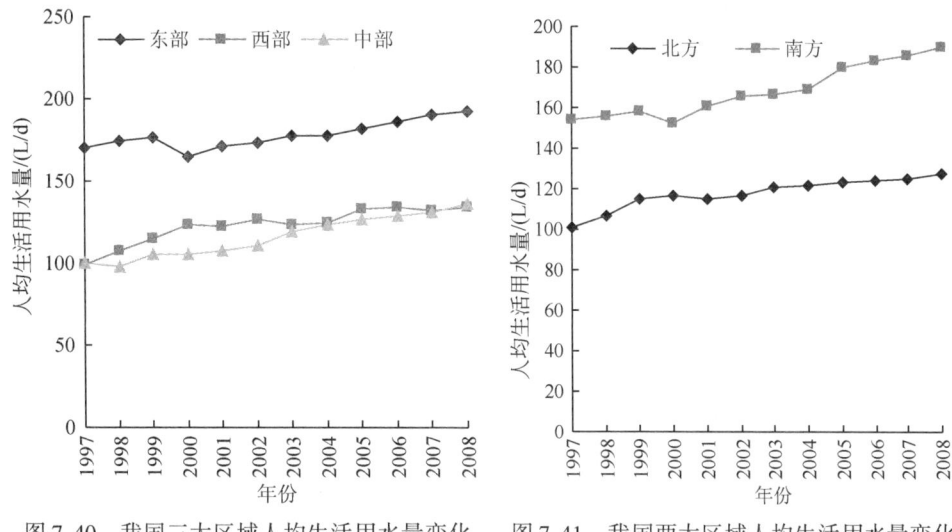

图 7-40 我国三大区域人均生活用水量变化　　图 7-41 我国两大区域人均生活用水量变化

7.5.1.3 用水结构现状

就全国来看，根据《中国水资源公报》，2006 年我国生活用水量中，居民用水量占 67.6%，城镇公共用水占城镇生活用水的比例为 15.9%，如图 7-42 所示。不同省份该比例有明显差异，这通常受到城市的规模与性质的影响。总体上看，我国城镇生活用水比例略高于农村生活用水所占比例，2006 年分别为 57.4% 和 42.6%。不同的行政区的生活用水结构有明显差异，具体地，城镇生活用水量占生活用水比例最大的是上海和山东，分别为 92.0% 和 85.0%；农村生活用水量占生活用水比例最大的是新疆和浙江，分别为 66.5% 和 61.1%，如图 7-42 所示。

就不同的终端看，北京市 1995 年、1999 年和 2004 年公共用水结构如图 7-43 所示，

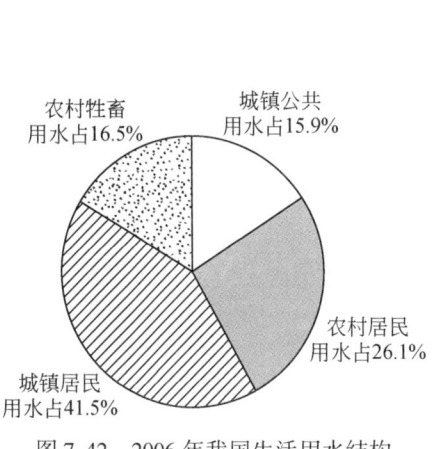

图 7-42 2006 年我国生活用水结构

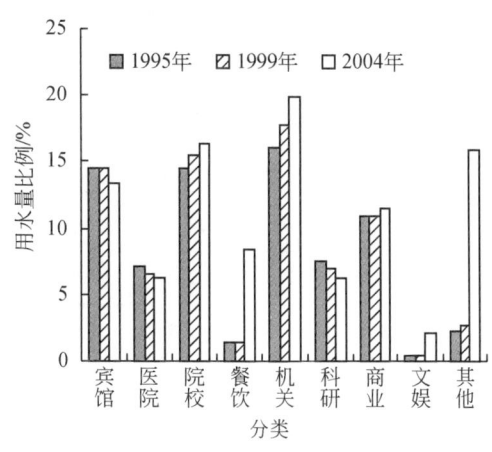

图 7-43 北京市公共用水结构

可以看出，北京市各行业用水结构基本保持稳定，用水量较多的是机关、宾馆、院校和商业用水，1995年、1999年和2004年总体比例呈现递增趋势，分别为56.0%、58.6%和61.1%。2004年北京市的机关、院校、宾馆和医院用水细部结构，如表7-17所示。

表7-17　北京市四大行业用水构成（2004年）

用水类别	用水结构
机关	办公楼（30%~40%）、食堂（20%）、浴室（15%~25%）、供暖补水（20%~30%）和其他（10%）
院校	普通高校的教学实验用水（教学、办公、图书馆、实验、体育、绿化、补暖）生活服务用水（宿舍、食堂、浴室和饮用水），宿舍用水比例最大占36%~42%；浴室用水占6%~12%
宾馆	三星级以下客房占60%，职工洗浴、餐饮占20%，中央空调与保洁2%~5%，洗衣2%，绿化1%；四星级以上客房22%，保洁10%~11%，中央空调6%~11%，绿化2%，对外餐厅14%~17%
医院	主体用水（门诊、住院部、办公楼）40%；辅助用水（锅炉、实验室、药剂室、洗衣房、空调补水）40%；附属部分用水（食堂、浴室、宿舍、绿化、后勤）20%

7.5.1.4　污水与污染物排放现状

据国家统计局和原国家环境保护总局统计信息显示，2005年和2006年全国生活污水排放量分别为281.4亿t和296亿t，COD分别为859.4万t和886.7万t，氨氮为97.3万t和98.9万t。生活污水排放量占污水排放总量的55.3%，生活COD排放量占COD总排放量的62.1%，生活氨氮排放量占氨氮总排放量的70.0%，可以看出，当前，我国生活污水及其污染物排放量已明显超过工业，成为不可忽视的重要污染源。就不同的行政区看，如表7-18所示，2006年生活污水排放量前三位是广东、江苏和上海，分别占全国生活污水排放总量的14.1%、7.7%和5.9%；生活COD排放量前三位是广东、江苏和湖南，分别占全国COD排放总量的8.5%、7.2%和7.1%；生活氨氮排放量是广东、湖南和江苏，分别占全国氨氮排放总量的8.7%、6.4%和6.1%。

表7-18　2006年生活污水与污染物排放量及其所占比例

地区	排放总量/万t			生活排放量/万t			生活排放量所占比例/%		
	污废水	COD	氨氮	生活污水	生活COD	生活氨氮	污水	COD	氨氮
全国	5 368 287	1 428.2	141.3	2 966 341	886.7	98.9	55.3	62.1	70.0
北京	104 994	11.0	1.3	94 824	10.1	1.2	90.3	91.6	95.1
天津	58 887	14.3	1.5	35 909	10.6	1.1	61.0	74.2	73.2
河北	222 262	68.8	6.8	91 922	33.0	3.6	41.4	47.9	53.2
山西	102 856	38.7	4.2	58 765	21.7	2.8	57.1	56.2	67.2

续表

地区	排放总量/万 t			生活排放量/万 t			生活排放量所占比例/%		
	污废水	COD	氨氮	生活污水	生活 COD	生活氨氮	污水	COD	氨氮
内蒙古	61 509	29.8	3.8	33 686	16.2	3.1	54.8	54.3	82.6
辽宁	212 953	64.1	7.4	118 229	38.0	5.9	55.5	59.3	80.0
吉林	97 166	41.7	3.6	57 845	24.9	2.9	59.5	59.7	81.0
黑龙江	115 658	49.8	5.3	70 857	35.6	4.3	61.3	71.5	80.9
上海	223 755	30.2	3.5	175 419	26.7	3.2	78.4	88.3	91.3
江苏	515 549	93.0	8.3	228 368	63.8	6.0	44.3	68.6	72.6
浙江	330 694	59.3	5.7	131 101	30.6	3.1	39.6	51.7	53.8
安徽	166 471	45.6	5.9	96 352	31.4	3.7	57.9	68.9	62.5
福建	216 024	39.5	4.9	88 441	30.1	4.1	40.9	76.1	83.4
江西	134 518	47.4	3.5	70 444	35.8	2.7	52.4	75.6	77.5
山东	302 637	75.8	8.3	158 272	42.2	5.8	52.3	55.6	70.0
河南	278 022	72.1	9.4	147 864	40.3	5.1	53.2	55.9	54.7
湖北	239 670	62.6	7.4	148 524	45.6	5.2	62.0	72.9	70.7
湖南	244 134	92.3	10.0	144 110	63.0	6.3	59.0	68.3	62.8
广东	654 419	104.9	9.3	419 706	75.5	8.6	64.1	72.0	92.1
广西	259 721	111.9	7.1	130 789	44.0	3.5	50.4	39.3	49.1
海南	35 357	9.9	0.8	28 006	8.7	0.7	79.2	87.4	91.0
重庆	150 613	26.4	2.8	64 117	14.7	1.6	42.6	55.8	55.0
四川	252 375	80.6	6.6	137 027	50.4	4.6	54.3	62.5	69.2
贵州	55 382	22.9	1.8	41 454	21.1	1.6	74.9	92.0	90.2
云南	80 478	29.4	2.0	46 192	18.8	1.6	57.4	64.0	79.4
西藏	3 252	1.5	0.1	2 462	1.4	0.1	75.7	93.8	100.0
陕西	86 565	35.5	2.6	46 086	20.7	2.3	53.2	58.2	85.2
甘肃	45 721	17.8	3.3	29 151	12.4	1.3	63.8	69.7	40.0
青海	19 407	7.5	0.7	12 239	3.9	0.6	63.1	52.8	79.5
宁夏	31 796	14.0	1.0	13 296	3.2	0.4	41.8	22.8	39.5
新疆	65 442	28.8	2.3	44 884	12.1	1.9	68.6	42.2	80.3

资料来源：中华人民共和国国家统计局，2008

7.5.2 我国生活用水演变分析

7.5.2.1 总量演变

生活用水总量呈增长态势，城镇生活用水增量尤为突出。据《中国水资源公报》的数据显示，从 1980 年到 2006 年，我国生活用水量从 278 亿 m³ 增加到 693.8 亿 m³，累计增加 415.8 亿 m³，占全国同期用水增量的 30.6%。其中城镇生活用水量增加 330.3 亿 m³，占生活用水增量的 79.4%；农村生活用水量从 1980 年的 210 亿 m³，也增加到 2006 年的 295.4 亿 m³。从时段变化看，20 世纪 80 年代增长速度较快，90 年代增长速度变缓。可以说，人口的增加、城镇与农村居民生活水平的提高带来居民生活用水量的迅速增长，城镇环境建设以及服务业的蓬勃发展造成了城镇公共用水量的增加，共同推动了我国生活用水量的不断增长（图 7-44）。

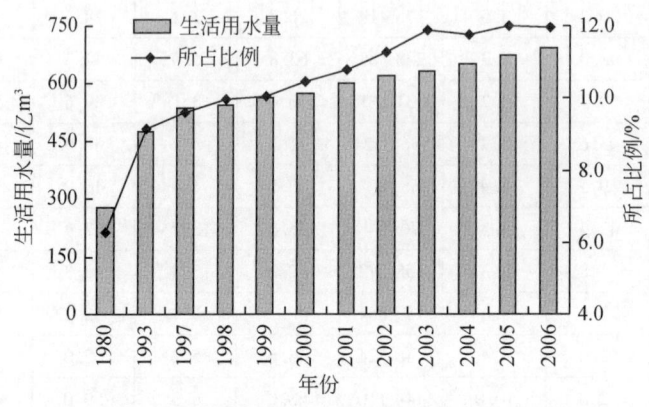

图 7-44 1980~2006 年全国生活用水量及其所占比例

7.5.2.2 人均生活用水量演变

从人均生活用水量看，1980~2006 年全国城镇和农村人均生活用水量呈现先增长后下降趋势。其中，城镇生活用水量从 1980 年的 123L/(人·d) 提高到 1999 年的 227L/(人·d)，增长了 84.6%；1999 年之后缓慢下降到 2006 年的 212L/(人·d)。相对而言，农村生活用水水平提高的幅度要小得多，从 1980 年的 66L/(人·d) 发展到峰值 2002 年的 94L/(人·d)，之后缓慢下降到 2006 年的 69L/(人·d)。城镇与农村人均生活用水量之比呈现阶段性跳跃上升的趋势，如图 7-45 所示。近阶段，我国人均生活用水量之所以呈现下降趋势，主要由于我国处于社会经济转型时期，低水平的城镇化导致现有用水模式下城镇用水人口的增加，节水型社会建设带来一定范围节水技术的推广和应用。

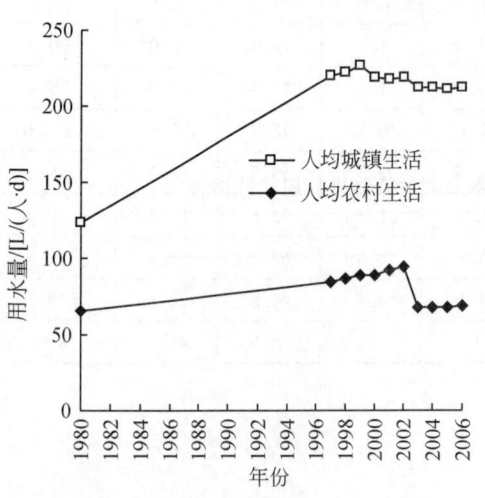

图 7-45 人均生活用水量的演变过程

7.5.2.3 用水结构演变

1980~2006年，我国生活用水结构变化明显，主要具有以下特点：①生活用水量占国民经济用水量的比例逐步提高。由1980年的7.3%提高到2006年的12%，如图7-46所示。②城镇生活用水比例增大。城镇和农村生活用水量的比例由1980年的24∶76转变为2006年的57∶43，城镇生活供水的压力逐步增大。③城镇居民生活用水量与城市用水量比例呈现明显下降趋势，表明城市第三产业的发展促进了城市生活用水量的提高。④农村居民与牲畜用水量的比例都呈下降趋势，这与大量农村剩余劳动力转移到城镇就业有关。⑤生活用水中，淋浴、洗澡、洗衣用水的比例增长幅度较大。

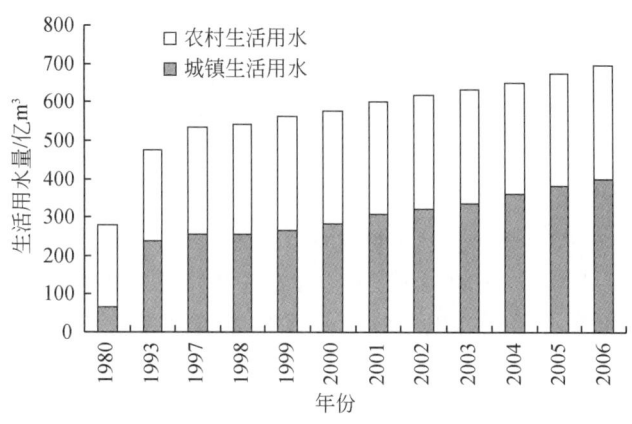

图7-46 1980~2006年全国生活用水量构成

7.5.2.4 污水与污染物排放演变

2001~2006年，生活污水和污染物排放量呈现缓慢上升趋势，所占比例也明显增加（表7-19）。城镇生活污水排放量与城镇人口数呈正相关关系，相关系数 $R^2=0.9791$。

表7-19 2001~2006年城镇生活污水及其污染物排放现状数据表

分类	2001年	2002年	2003年	2004年	2005年	2006年
城镇人口数/万人	48 064	50 212	52 376	54 283	56 157	57 706
城镇生活污水量/亿t	230.2	232.3	247	261.3	281.4	296.6
城镇生活污水量所占比例/%	53.2	52.9	53.8	54.2	53.7	55.3
城镇生活COD排放量/万t	797.3	782.9	821.1	829.5	859.4	886.7
城镇生活COD所占比例/%	56.8	57.3	61.6	61.9	60.8	62.1
城镇生活氨氮排放量/万t	83.9	86.7	89.2	90.8	97.3	98.9
城镇生活氨氮所占比例/%	67.0	67.3	68.8	68.3	65.0	70.0
城镇生活污水处理率/%	18.5	22.3	25.8	32.3	37.4	43.8
城镇生活污水COD含量/(kg/t)	0.346	0.337	0.332	0.317	0.305	0.299
城镇生活污水 NH_3-N 含量/(kg/t)	0.036	0.037	0.036	0.035	0.035	0.033

7.5.3 我国生活水循环系统发展预测

如前所述，生活水循环系统是一个多层次、多环节、多要素的系统，具有众多的影响因素，如人口规模与城市化水平、生产规模、结构与发展速度、生活水平、住户人数、节水技术水平、用水习惯等。当前，对于生活水循环系统的发展预测，最常用的方法是人均生活用水定额法，即依据用水人口与单位人口综合生活用水量定额指标预测生活用水量。但人均生活用水量往往与居民生活水平、卫生设施条件、生活习惯、气候因素、环境条件、城市规模和城市性质等诸多因素有关，预测的误差较大。可以说，在未来我国生活水循环发展中，势必存在很多不确定性的因素，但也不难发现其中的一些规律。本研究主要基于统计学规律，将生活用水系统发展建立统计学关系，预测方法如下式所示。

$$\begin{aligned} Ou_t &= In_t \times KD \times [KT_t \times (1 - KR_t \times 10^{-2}) + (1 - KT_t)] \times 10^{-2} \\ Re_t &= In_t \times KD \times KT_t \times KR_t \times 10^{-2} \times 10^{-2} \\ ET_t &= In_t - Ou_t - Re_t \\ In_t &= POP_t \times F_1(GDPPP_t) \\ In_t &= Inu_t + Inr_t = KU \times In_t \times 10^{-2} + Inr_t = F_2(UR_t) \times In_t + Inr_t \end{aligned} \tag{7-2}$$

式中，$GDPPP_t$ 为 t 年人均 GDP 量（元/人）；KD 为生活用水的排水系数（%）；KR_t 为 t 年生活污水再生利用率（%）；KT_t 为 t 年生活污水处理率（%）；UR_t 为 t 年城市化率（%）；KU_t 为 t 年城市生活用水比例（%）；Inu_t 为 t 年城市生活用水量（亿 m³）；Inr_t 为 t 年农村生活用水量（亿 m³）；F_1 和 F_2 为历史数据拟合函数；Ou_t 为 t 年排出生活水系统的污废水量（亿 m³）；Re_t 为 t 年生活水系统的污废水回用量（亿 m³）；ET_t 为 t 年生活水系统的蒸散发与漏损量（亿 m³）。

7.5.3.1 我国生活用水影响因子演变分析

1）人口总量（POP_t）。人口是生活用水系统最主要的动力因素。研究表明，保持现行人口政策长期不变的前提下，21 世纪中叶以前我国人口总量将达到峰值，由此开始缓慢下降；在高低增长情景下，2020 年和 2030 年我国的人口总量及其结构预测如图 7-47 所示。依据《国家人口发展战略研究报告》，我国 2020 年人口总量控制在 14.5 亿人，2030 年我国人口约达到峰值 15 亿人。

2）城市化率（UR_t）。从人口结构上看，我国的城镇人口比例将大幅度提高。据研究，未来 20 年是我国城市发展的关键时期，2010~2020 年城市实现现代化阶段，2020~2030 年我国城市接近或达到发达城市化阶段。城市化率将从现状水平逐步增加到 2030 年的 60%，此后城市化率基本保持稳定，到 2050 年达到中等发达国家水平。

3）人均 GDP（$GDPPP_t$）。依据我国社会经济发展规划，到 2020 年达到世界上中等收入发展中国家平均水平，建成全面小康社会；到 2030 年达到当代高收入的发展中国家水平，具体如图 7-48 所示。

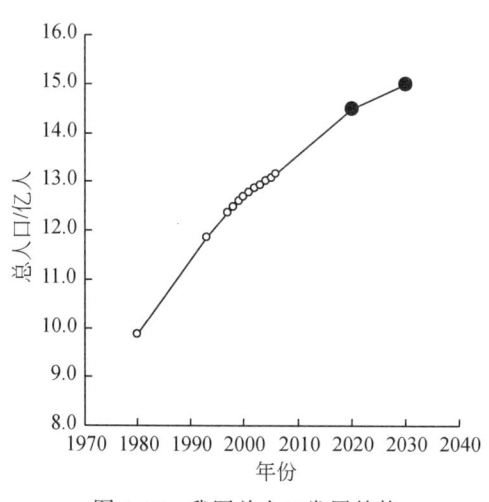

图 7-47 我国总人口发展趋势　　　　图 7-48 我国人均 GDP 的发展趋势

4）生活污水处理率（KT_t）与再生利用率（KR_t）。依据《国务院关于落实科学发展观加强环境保护的决定》（国发〔2005〕39 号）提出，到 2010 年，全国设市城市污水处理率不低于 70%。设定城市生活污水处理率和再生利用率如表 7-20 所示。

表 7-20　我国生活污水处理率

分类	2006 年	2020 年	2030 年
生活污水处理率/%	43.8	60.0	85.0
生活污水回用率/%	20.0	40.0	50.0
污水回用到生活比例/%	10.0	10.0	10.0

5）排水系数（KD）。假定排水系数未来保持不变，依据 2001～2006 年城镇生活用水量与城镇生活污水排放量之间的比例系数取其平均值得到 KD=0.74。

6）COD 产生浓度。相对于工业和农业而言，城镇生活污水的水质浓度较稳定。假定生活污水中 COD 浓度保持不变，即 450mg/L。可以肯定，随着居民生活水平的不断提高，人均生活 COD 的产生系数也日益增加。

7）城镇生活 COD 去除率，按照 75% 设定。

7.5.3.2　生活水循环系统发展预测结果及合理性分析

（1）拟合关系一：人均 GDP 与人均用水量的关系

依据 1980 年、1993 年、1997～2006 年的统计数据，我国人均需水量与人均 GDP 之间呈指数关系，如图 7-49 所示，R^2 为 0.9883，具有较高的拟合程度。

（2）拟合关系二：城镇用水比例与城市化率的关系

依据 1998～2006 年的统计数据，我国城镇用水比例与城市化率之间呈对数关系，如图 7-50 所示，R^2 为 0.9824。

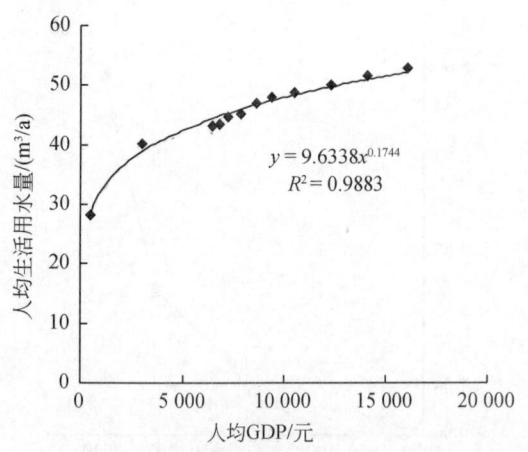

图 7-49　人均 GDP 与人均需水量的关系

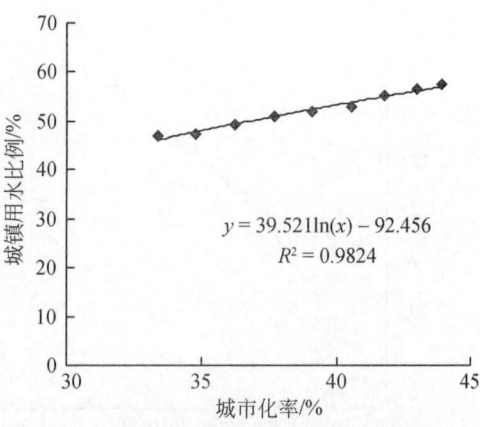

图 7-50　城镇用水比例与城市化率的关系

(3) 生活需水量的预测结果

预测结果表明,随着人口的继续增加和生活水平的不断提高,我国生活需水量预计在 2020 年和 2030 年将分别达到 850.2 亿 m^3 和 1031.9 亿 m^3,生活用水量分别上升到 160.6 L/(人·d) 和 188.5L/(人·d),如表 7-21 所示。从生活用水的结构来看,随着我国城镇居民生活水平的提高和住房卫生设施的不断完备,以及城市化进程特别是第三产业的发展和城市市政建设的发展,城镇生活用水量呈增长趋势。从根本上看,城市化进程的推进和城市公共市政事业的发展是城市生活用水增长的主导因素;尽管农村人均用水量仍然逐渐上升,但随着农村人口的下降,农村生活的需水总量则将呈现稳中缓慢下降的趋势。本研究与其他结果的比较如图 7-51 所示。可以看出,陈家琦 (1994) 预测的结果偏低,张岳 (2000) 预测的结果偏高,本研究与刘昌明 (2002) 和王浩 (2007) 的预测结果大致持平。预测误差的存在,不仅与预测方法本身的局限性有关,还与对社会经济发展和生活用水需求的客观规律的认识局限性有关。

表 7-21　生活需水量预测结果

主要指标	2006 年	2020 年	2030 年
生活用水量合计/亿 m^3	693.8	850.2*	1031.9*
其中,城镇生活用水量/亿 m^3	398.3	528.4*	715.6*
农村生活用水量/亿 m^3	295.4	321.8	316.2
城市生活人均用水量/(L/d)	212	217.0	251.4
农村生活人均用水量/(L/d)	69	112.6	120.3
人均生活用水量/(L/d)	145.0	160.6	188.5

* 含生活用水系统中的再生水利用量。

(4) 生活污水与污染物排放量的预测结果

未来生活污水与污染物排放量如表7-22所示,2020年和2030年,我国城镇生活污水排放量将达389.3亿 m³ 和 537.5 亿 m³。从环境保护以及新增水资源的要求看,污水应当进行全部处理并进行再生利用。考虑项目的经济性以我国的经济承受力水平等条件的约束,城市生活污水处理和回用率主要依据现有的规划确定。经计算,2020年和2030年生活污水直接排放量和处理后排放量合计为295.9亿 m³ 和 309.1 亿 m³。在生活污染物方面,2020年和2030年城镇COD排放量分

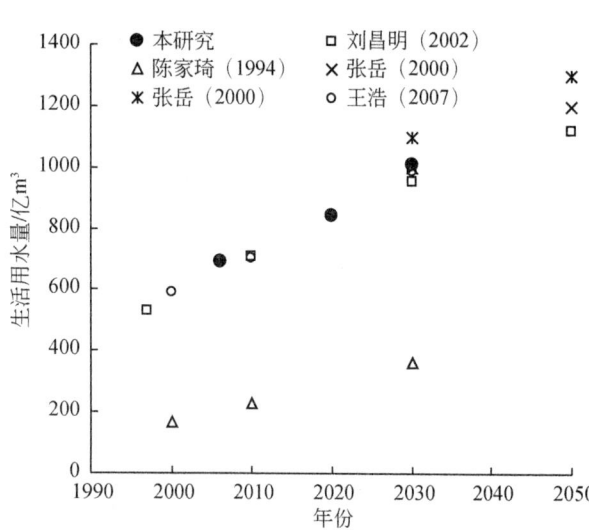

图 7-51 生活用水量现状及其需水预测结果比较

别为963.6万 t 和876.9万 t,虽然2030年比2006年COD排放量略有减少,但距离"十一五"规划要求的2010年比2005年减排10%的目标甚远。这在一定程度上也说明,要完成我国既定的减排目标,实现水环境质量的改善,单纯通过末端治理措施难以满足要求,还应当采取综合源头减排、过程控制等方法来实现多维、多层次的调控。

表 7-22 生活污水与污染物排放量的预测

主要指标	2006 年	2020 年	2030 年
城镇生活污水排水量/亿 m³	296.6	389.3	537.5
城镇生活污水处理量/万 t	129.9	233.6	456.9
城镇生活污水回用量/万 t	26.0	93.4	228.5
城镇生活污水直接排放量/万 t	166.7	155.7	80.6
城镇生活污水处理后排放量/万 t	103.9	140.2	228.5
城镇生活污水回用到生活量/万 t	2.6	9.3	22.8
城镇生活污水回用到其他领域量/万 t	23.4	84.1	205.6
城镇生活 COD 产生浓度/(mg/L)	450	450	450
城镇生活 COD 产生量/万 t	1334.7	1752.0	2418.9
城镇生活 COD 去除率/%	75.0	75.0	75.0
城镇生活 COD 去除量/万 t	438.4	788.4	1542.1
城镇生活 COD 排放量/万 t	896.3	963.6	876.9

2020年和2030年生活用水系统水量平衡关系分别如图7-52和图7-53所示。

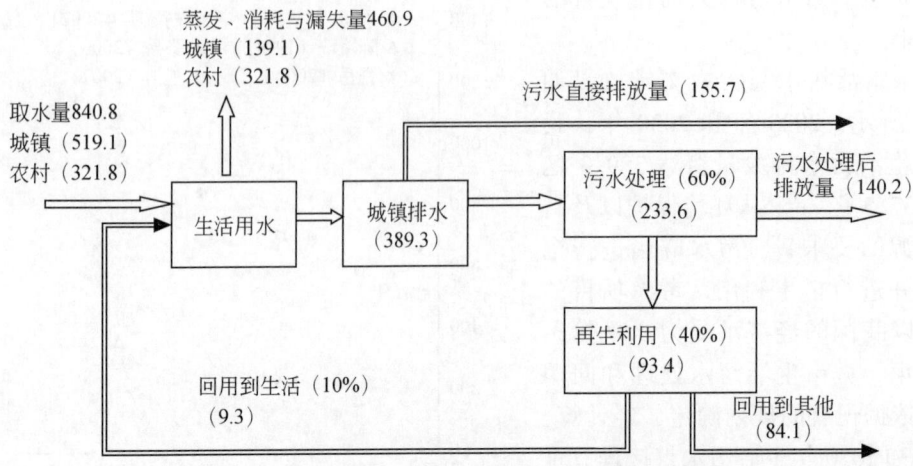

图 7-52　2020 年生活用水系统水量平衡（水量单位：万 t）

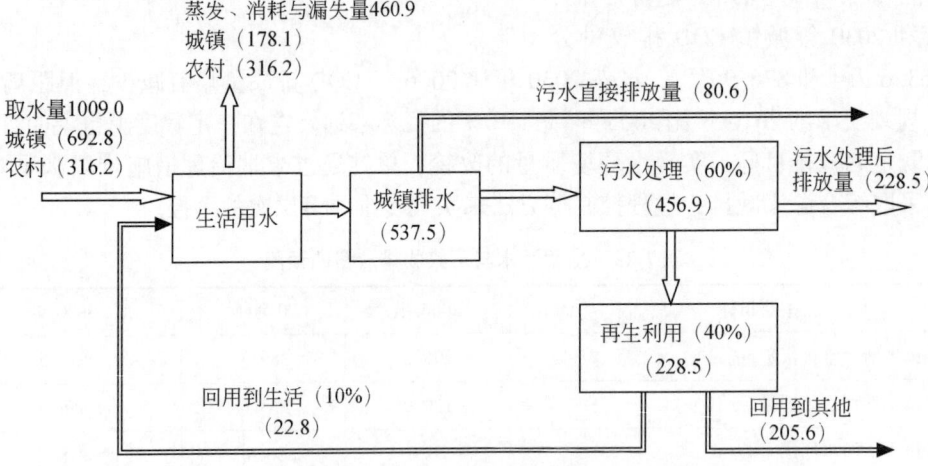

图 7-53　2030 年生活用水系统水量平衡（水量单位：万 t）

7.6　我国生活水循环系统调控机理与途径

7.6.1　调控机理

对生活水循环进行科学调控是实现生活水循环与自然水循环协调的重要内容。生活水系统调控的基本原理是：以生活水循环的水质水量全要素全过程为主线，采取行政、经济、结构、技术等综合措施进行控制，从而推动各单元生活水循环的完善和升级，从根本上扭转流域水环境恶化的趋势，如图 7-54 所示。从不同的生活用水单元看，乡村、城镇和发达城市生活用水单元的调控模式略有差异，行政手段和社会手段基本相同；考虑到乡村生活单元中农户的承受力较低，经济手段侧重于在城镇生活单元和发达城市生活用水单元方面的调控。技术手段的复杂性程度在三大单元之间具有明显差异，其中，乡村生活单元侧重于发展乡村集中供水、雨水集蓄利用技术；城镇生活单元侧重于发展节水型生活用水器具以及给水与污水处理先进技术；发达城市单元侧重于发展节水型生活用水器具、给水与污水处理先进技术、中水利用技术、源分离技术和生态厕所技术等。不同层次和不同单元的调控模式，如表7-23所示。

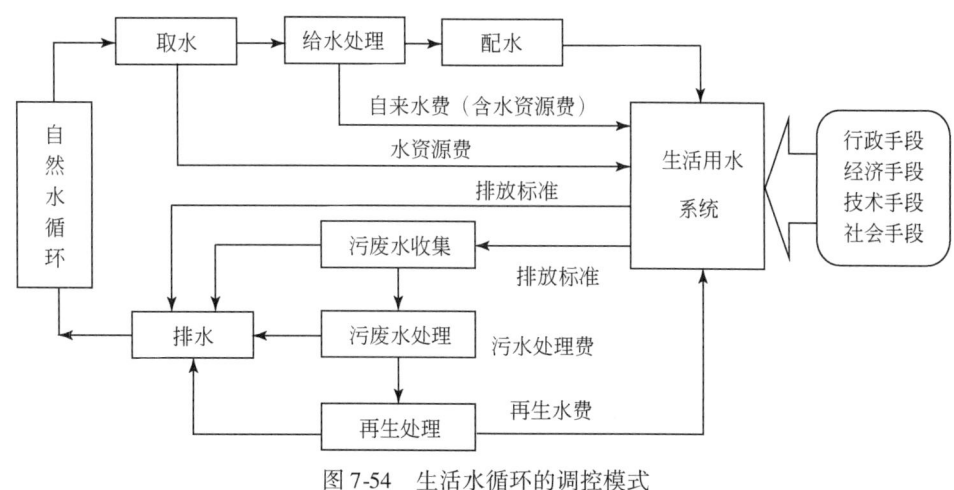

图7-54 生活水循环的调控模式

表7-23 不同层次和不同单元调控模式

分类			乡村生活单元	城镇生活单元	发达城市生活单元
调控节点			饮用水排水	给排水节水	给排水、节水、中水、营养物循环
调控手段	行政手段	限制含磷洗涤剂的使用	✓	✓	✓
		实施严格的标准与规范体系	✓	✓	✓
	经济手段	建立合理的价格机制	—	✓	✓
		制定高效的投融资政策	—	✓	✓
	技术手段	节水与非常规水源利用技术的推广与应用	①	②	③
		污染物的集中处理与营养物利用			
		营养物的分离与源头处理	—	—	
	社会手段	加强宣传教育与公众参与	✓	✓	✓

①乡村集中供水、雨水集蓄利用技术；②节水型生活用水器具、给水与污水处理先进技术；③节水型生活用水器具、给水与污水处理先进技术、中水利用技术、源分离技术、生态厕所技术。

生活用水调控的根本目标在于维持健康、高效的生活水循环系统，即在保障人类发展用水需求的同时，维持自然界的良好生态环境，发展人与自然和谐相处的生态文明。具体地，生活水循环调控应从水量水质耦合的角度出发，调控目标为减少水的健康风险（安全）、公平保证基本生活用水（公平）、提高用水效率（节水）、减少环境污染（减污）以及营养物循环与有效利用（循环）五大方面，如图 7-55 所示。不同生活用水单元的调控目标具有不同的侧重点，例如，乡村生活单元的调控侧重于减少用水的健康风险、公平保证基本用水；城镇生活单元的调控重点相对于前者还增加了提高用水效率；发达城市单元的调控目标重点包括全部的五大方面。生活用水的具体调控指标如表 7-24 所示。

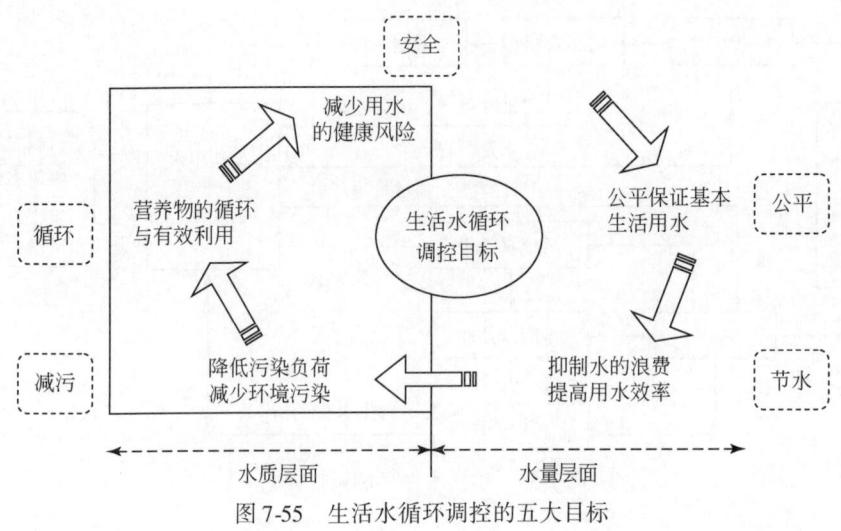

图 7-55　生活水循环调控的五大目标

表 7-24　生活水循环的调控指标与限值

目标	指标	调控限值	备注
安全	饮用水	水质	生活饮用水卫生标准（GB 5749—2006）
	再生水（杂用水）	水质	城市污水再生利用　城市杂用水水质（GB 18920—2002）
公平	生活用水量	水量	室外给水设计规范（GB 50013—2006） 农村给水设计规范（CECS82：96） 建筑给水排水设计规范（GB 50015—2003） 城市居民生活用水量标准（GB/T 50331—2002）
节水	节水器具普及率	100%	节水型生活用水器具标准（CJ 164—2002）
减污	污水处理率	>90%	依据《城市污水处理及污染防治技术政策》，2010 年全国设市城市和建制镇的污水平均处理率不低于 50%，设市城市的污水处理率不低于 60%，重点城市的污水处理率不低于 70%
	污水排放标准	水质	城镇污水处理厂污染物排放标准（GB 18918—2002） 污水排入城市下水道水质标准（GJ 3082—1999） 污水综合排放标准（GB 8978—1996）
循环	污水回用率	>90%	—

（1）安全——减少用水的健康风险

水循环调控的目标不仅包括水量方面，也包括水质方面。应减少用水过程的健康风险，维护人类的健康。具体包括两个方面：一是生活水循环应该保证饮用水的卫生和安全，具体包括确保饮用水感官性状良好，防止介水传染病的暴发，防止急性和慢性中毒以及其他健康危害；二是保证再生水的安全（主要包括污水冲厕、海水冲厕、雨水冲厕等）。从整体上，让人们及时、方便地获得足量、卫生的生活用水是人类的共同愿望。

(2) 公平——公平保证基本生活用水

水是地球上各种生命赖以生存的基本条件，如果没有水，所有地球上的生命都无法生存。供水不足是导致贫困的重要原因。当前，保障人类发展所需的基本生活用水需求已被看做基本的人权。1977年于阿根廷马德普拉塔（Mar del Plata）召开的联合国世界水会议，提出"所有的人，不管他们所处的发展阶段以及他们的社会经济状况如何，都有获得一定数量和质量饮用水满足其自身需求的同等权利"。"基本水需求"（basic water requirement，BWR）不仅是指人类生存所需的饮用水[约5L/(人·d)]，还包括维持健康所需要的基本的个人卫生用水量，通常在20~50[约5L/(人·d)]。

(3) 节水——抑制浪费，提高用水效率

抑制用水过程的浪费，提高用水效率，是健康生活水循环的重要基础。应坚持循环经济的"3R原则"，即减量化（reduce）、再利用（reuse）、再循环（recycle）。其中，减量化包括减少生活水循环系统的漏损、利用高效节水器具、采用科学的水管理方式、推广雨水的利用、养成节约用水的良好习惯等；再利用包括冷却水的循环利用；再循环主要是指构筑中水回用系统。

(4) 减污——减少环境污染，提高处理程度

减少生活水循环中污染物向环境中的排放，是减少生活水循环的环境效应、促进其与自然水循环和谐的重要途径。具体包括：在点源方面，应减少污染负荷的产生，如不使用含磷洗涤剂，并加大生活污水的深度处理，最大限度地对污染物进行削减；在面源方面，应因地制宜地构建农村生活排水体系，完善畜禽养殖的处理系统，减少污染物的产生强度。

(5) 循环——营养物的循环与有效利用

依据现代营养物循环理论，注重营养物的循环使用与有效利用是生活水循环的创新模式，这从更深的层次上体现了人类发展的生态文明。生活用水系统营养物的循环与有效利用方式包括积极利用富含营养物的污水处理厂污泥作为肥料、构建污染物源头分离系统等。

7.6.2 调控途径

7.6.2.1 限制含磷洗涤剂的使用

人们生活中使用含磷洗涤剂是造成水体污染与富营养化的重要原因之一，因此，对含磷洗涤剂的生产和使用进行控制是20世纪70年代以来许多国家普遍采用的水污染防治方法。例如，1992年联合国《关于洗涤剂中磷酸盐及其替代用品的研究》报告提出禁磷措施；美国、加拿大、日本、德国和意大利等国纷纷采取禁磷措施。我国自1998年起，部分静态水域禁止含磷洗涤剂的销售和使用,首先是太湖流域,此后滇池、巢湖等地相继出台相关的措施和法规。我国应该在全国范围内的生活系统限制含磷洗涤剂的使用,应要求各类洗涤用品必须正确标明含磷量,并依法严查混入市场的有磷洗涤用品。此外,应依靠科技进步与创新,寻找助洗剂三聚磷酸钠的替代品,制造无磷洗涤剂。这些措施将在很大程度上削减生活污染物的产生,对于水体富营养化的防范与治理具有重要意义。

7.6.2.2 制定与实施严格的标准与规范体系

制定与实施严格的标准与规范体系是生活水循环调控的重要手段。我国当前与生活水循环相关的标准按照水循环的环节整理如表 7-25 所示。首先,我国迫切需要尽快完善标准体系,确定适合我国国情的生活水循环标准,重点主要是在与生活相关的节约用水与污水再生利用方面。其次,我国的标准应提高对于不同地域的分类指导性程度。最后,不同标准条文、数据间的协调性有待于进一步改善。此外,由于居民生活用水受到众多因素的影响,如何估计满足维持可接受的最小生活标准的水量缺乏可靠的数据。考虑到水资源在人类发展中的基础性作用,早在 1977 年联合国就提出了"基本水需求"(BWR)的概念。1997 年联合国研究认为,BWR 包括满足饮用以及生活卫生需求的用水,阈值是 25L/(人·d)。美国国际开发署、世界银行以及国际卫生组织,推荐的 BWR 范围在 20~40L/(人·d)。

表 7-25 生活水循环相关的标准与规范

编号	水循环环节	标准名称与序号
1	水源地	水源水中肼卫生标准(GB 18061—2000) 水源水中一甲基肼卫生标准(GB 18062—2000) 水源水中偏二甲肼卫生标准(GB 18063—2000) 水源水中二乙烯三胺卫生标准(GB 18064—2000) 水源水中三乙胺卫生标准(GB 18065—2000)
2	节水、用水	城市用水分类标准(CJ/T 3070—1999) 生活杂用水水质标准(CJ/T 48—1999) 城市居民生活用水量标准(GB/T 50331—2002) 节水型生活用水器具标准(CJ 164—2002) 生活饮用水卫生标准(GB 5749—2006) 饮用水化学处理剂卫生安全性评价(GB/T 17218—1998)
3	供水、饮用净水	城市供水水质标准(CJ/T 206—2005) 饮用净水水质标准(CJ 94—2005) 二次供水设施卫生规范(GB 17051—1997) 村镇供水单位资质标准(SL 308—2004) 室外给水设计规范(GB 50013—2006) 农村给水设计规范(CECS 82:96) 建筑给水排水设计规范(GB 50015—2003)

续表

编号	水循环环节	标准名称与序号
4	污水控制	城镇污水处理厂污染物排放标准（GB 18918—2002） 污水排入城市下水道水质标准（GJ 3082—1999） 污水综合排放标准（GB 8978—1996）
5	污泥控制	城市污水处理厂污水污泥排放标准（CJ 3025—1993） 农用污泥中污染物控制标准（GB 4284—1984） 城市污水处理厂污泥检验方法（CJ/T 221—2005）
6	污水再生利用	城市污水再生利用分类（GB/T 18919—2002） 城市污水再生利用城市杂用水水质（GB 18920—2002）

例如，在水量方面，针对我国的情况，住房和城乡建设部颁布的《室外给水设计规范》（GB 50013—2006）分不同区域和城市规模给出的人均综合生活用水定额和居民生活用水定额，如表7-26所示，其中，居民平均日用水量为70~210L，综合平均日用水量为100~340L。我国《建筑给水排水设计规范》（GB 50015—2003）依据住宅类别建筑标准卫生器具完善程度和区域等因素，给出我国住宅的最高日生活用水定额为85~350L，如表7-27所示；我国《城市居民生活用水量标准》（GB/T 50331—2002）按照不同区域给出的城市居民人均日生活用水量标准为80~220L，如表7-28所示。从整体上看，我国人均生活用水量的标准相对于国际水平而言仍处于较低水平；不同标准规定的人均用水量数据差异较大，例如，对于北京居民人均日平均用水量，《室外给水设计规范》、《建筑给水排水设计规范》和《城市居民生活用水量标准》分别给出110~160L、85~350L、85~140L的标准，即85~350L的大范围，因此，在水资源管理运用时具有相当的不确定性。

表7-26 综合和居民生活用水定额　　　　　　[单位：L/(人·d)]

类别	城市规模	特大城市		大城市		中、小城市	
	分区	最高日	平均日	最高日	平均日	最高日	平均日
综合	一	260~410	210~340	240~390	190~310	220~370	170~280
	二	190~280	150~240	170~260	130~210	150~240	110~180
	三	170~270	140~230	150~250	120~200	130~230	100~170
居民	一	180~270	140~210	160~250	120~190	140~230	100~170
	二	140~200	110~160	120~180	90~140	100~160	70~120
	三	140~180	110~150	120~160	90~130	100~140	70~110

注：①特大城市指市区和近郊区非农业人口100万人及以上的城市；大城市指市区和近郊区非农业人口50万人及以上、不满100万人的城市；中、小城市指市区和近郊区非农业人口不满50万人的城市。②一区包括湖北、湖南、江西、浙江、福建、广东、广西、海南、上海、江苏、安徽、重庆；二区包括四川、贵州、云南、黑龙江、吉林、辽宁、北京、天津、河北、山西、河南、山东、宁夏、陕西、内蒙古河套以东和甘肃黄河以东的地区；三区包括新疆、青海、西藏、内蒙古河套以西和甘肃黄河以西的地区。③经济开发区和特区城市，根据用水实际情况，用水定额可酌情增加。④当采用海水或污水再生水等作为冲厕用水时，用水定额相应减少。⑤综合生活用水包括城市居民日常生活用水和公共建筑用水，但不含浇洒道路、绿地和其他市政用水。

表 7-27 住宅的最高日生活用水定额及小时变化系数

住宅类别		卫生器具设置标准	用水定额 /[L/(人·d)]	小时变化系数（Kh）
普通住宅	I	有大便器、洗涤盆	85~150	3.0~2.5
	II	有大便器、洗脸盆、洗涤盆、洗衣机、热水器和沐浴设备	130~300	2.8~2.3
	III	有大便器、洗脸盆、洗涤盆、洗衣机、集中热水供应（或家用热水机组）和淋浴设备	180~320	2.5~2.0
别墅		有大便器、洗脸盆、洗涤盆、洗衣机、洒水栓、家用热水机组和淋浴设备	200~350	2.3~1.8

注：①当地主管部门对住宅生活用水定额有具体规定时应按当地规定执行；②别墅用水定额中含庭院绿化用水和汽车洗车用水。

表 7-28 城市居民生活用水量标准

地域分区	用水量 /[L/(人·d)]	适用范围
一	80~135	黑龙江、吉林、辽宁、内蒙古
二	85~140	北京、天津、河北、山东、河南、山西、陕西、宁夏、甘肃
三	120~180	上海、江苏、浙江、福建、江西、湖北、湖南、安徽
四	150~220	广西、广东、海南
五	100~140	重庆、四川、贵州、云南
六	75~125	新疆、西藏、青海

注：①日用水量是满足人们日常生活基本需要的标准值。在核定城市居民用水量时，各地应在标准值区间内直接选定。②城市居民生活用水考核不应以日作为考核周期，日用水量指标应作为月度考核周期计算水量指标的基础值。③指标值中的上限值是根据气温变化和用水高峰月变化参数确定的，一个年度当中对居民用水可分段考核，利用区间值进行调整使用。上限值可作为一个年度当中最高月的指标值。④家庭用水人口的计算，由各地根据本地实际情况自行制定的管理规则或办法。⑤以本标准为指导，各地视本地情况可制定地方标准或管理办法组织实施。

在公共用水方面，我国《建筑给水排水设计规范》（GB 50015—2003）根据卫生器具完善程度和区域条件，分行业给出集体宿舍、旅馆和公共建筑的最高日生活用水定额和时变化系数，如表 7-29 所示。在乡村用水方面，我国《农村给水设计规范》（CECS82：96）依据供水设备类型，给出我国乡镇居民生活用水量为 30~125L/(人·d)，如表 7-30 所示。这两大标准都没有体现我国不同地域的差异，在实践中运用时也面临较大的不确定性。

表 7-29　集体宿舍、旅馆和公共建筑生活用水定额及小时变化系数

序号	建筑物名称	单位	最高日生活用水定额/L	使用时数/h	小时变化系数（Kh）
1	单身职工宿舍、学生宿舍、招待所、培训中心、普通旅馆： 设公用盥洗室 设公用盥洗室、淋浴室 设公用盥洗室、淋浴室、洗衣室 设单身卫生间、公用洗衣室	每人每日 每人每日 每人每日 每人每日	50～100 80～130 100～150 120～200	24	3.0～2.5
2	宾馆客房： 旅客 员工	每床位每日 每人每日	250～400 80～100	24	2.5～2.0
3	医院住院部： 设公用盥洗室 设公用盥洗室、淋浴室 设单独卫生间 医务人员 门诊部、诊疗所 疗养院、休养所住房部	每床位每日 每床位每日 每床位每日 每人每班 每病人每次 每床位每日	100～200 150～250 250～400 150～200 10～15 200～300	24 24 24 8 8～12 24	2.5～2.0 2.5～2.0 2.5～2.0 2.0～1.5 1.5～1.2 2.0～1.5
4	养老院、托老院： 全托 日托	每人每日 每人每日	100～150 50～80	24 10	2.5～2.0 2.0
5	幼儿园、托儿所： 有住宿 无住宿	每儿童每次 每儿童每次	50～100 30～50	24 10	3.0～2.5 2.0
6	公共浴室： 淋浴 浴盆、淋浴 桑拿浴（淋浴、按摩池）	每顾客每次 每顾客每次 每顾客每次	100 120～150 150～200	12 12 12	2.0～1.5
7	理发室、美容院	每顾客每次	40～100	12	2.0～1.5
8	洗衣房	每千克干衣	40～80	8	1.5～1.2
9	餐饮业： 中餐酒楼 快餐店、职工及学生食堂 酒吧、咖啡馆、茶座、卡拉 OK 房	每顾客每次 每顾客每次 每顾客每次	40～60 20～25 5～15	10～12 12～16 8～18	1.5～1.2 1.5～1.2 1.5～1.2
10	商场： 员工及顾客	每平方米营业厅面积每日	5～8	12	1.5～1.2
11	办公楼	每人每班	30～50	8～10	1.5～1.2
12	教学、实验楼： 中小学校 高等院校	每学生每日 每学生每日	20～40 40～50	8～9 8～9	1.5～1.2 1.5～1.2

续表

序号	建筑物名称	单位	最高日生活用水定额/L	使用时数/h	小时变化系数（Kh）
13	电影院、剧院	每观众每场	3~5	8~12	1.5~1.2
14	健身中心	每人每次	30~50	8~12	1.5~1.2
15	体育场（馆）： 运动员淋浴 观众	每人每次 每人每场	30~40 3	— 4	3.0~2.0 1.2
16	会议厅	每座位每次	6~8	4	1.5~1.2
17	客运站旅客、展览中心观众	每人次	3~6	8~16	1.5~1.2
18	菜市场地面冲洗及保鲜用水	每平方米每日	10~20	8~10	2.5~2.0
19	停车库地面冲洗水	每平方米每次	2~3	6~8	1.0

注：①除养老院、托儿所、幼儿园的用水定额中含食堂用水，其他均不含食堂用水；②除注明外均不含员工生活用水，员工用水定额为每人每班；③医疗建筑用水中已含医疗用水；④空调用水应另计。

表7-30 乡镇居民生活用水量

类别	供水设备类型	用水量/[L/(人·d)]
1	从集中供水龙头取水	30
2	户内有供水龙头无卫生设备	50
3	户内有供水排水卫生设备无淋浴设备	80
4	户内有供水排水卫生设备和淋浴设备	125

注：乡镇生活用水包括居民日常生活用水和公共建筑设施用水两部分。

7.6.2.3 建立合理的价格机制

建立城市生活用水合理的价格机制，可将生活水资源的利用同人们的直接经济利益有机地结合起来，促使人们更加注意节约用水，以取得一定的节水效果。图7-56给出了20世纪90年代以来欧洲部分国家生活用水价格的平均增长率情况，从价格绝对值上看，欧洲各国之间在水价方面具有明显的差异，这主要是由于当地的水价受到若干因素的影响，如价格的构成（是否包含污染水处理费）、计价方式是否是全成本等。水费支出占居民收入的比例通常在0.2%（奥斯陆）~3.5%（布加勒斯特）。与90年代以前政府补贴的水价不同，90年代之后水价的快速攀升，在一定程度上降低了生活用水量。例如，匈牙利在取消了水价补贴后，水价年增长率高达19%，从而导致生活用水量在20世纪90年代降低了约50%，如图7-57所示。进一步的研究发现，提高水价对抑制生活用水量的作用是十分有限的，发展中国家的需求价格弹性系数一般为0.10~0.45。就中水价格而言，按现在国内外通行惯例，中水价格可按照自来水价格的百分比确定，一般低于自来水价格的60%~80%时，用户可以接受。

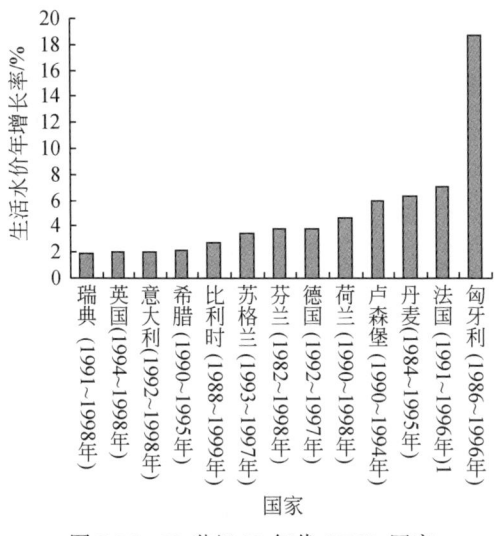

图 7-56　20 世纪 90 年代 OECD 国家
生活水价的年增长率

注：资料来源于 OECD（2001），除了德国和卢森堡是公共给水价格外，其余国家的居民水价包括给水和污水处理费；纵坐标的括号中表明居民水价平均增长率计算的时间范围。

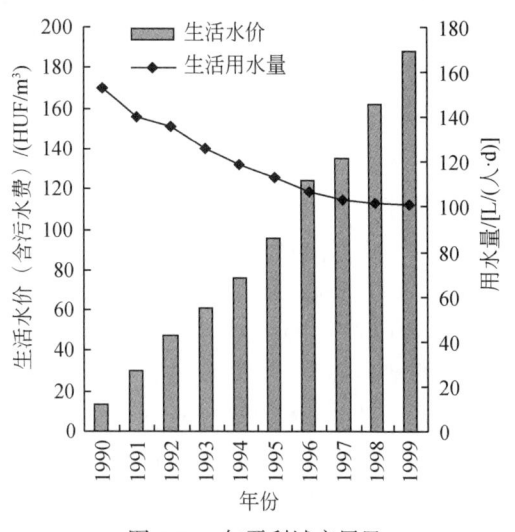

图 7-57　匈牙利城市居民
用水量与水价的关系

资料来源：Hungarian Central Statistical Office，2001

当前，我国城市生活水价仍存在以下问题：①水价的系统性较差，一些城市没有征收污水处理费、再生水也没有进行合理定价；②水价构成不完整，难以实现成本的完全回收；③水价水平偏低，缺乏节水减污的经济激励机制；④水价形式单一，不利于保护低收入弱势群体基本的用水行为，难以制约高收入群体的高耗水行为。城市供水水价的制定应该坚持四大基本原则，具体包括：①成本补偿，应推行全成本定价方式，即水价应既包括取水、处理、输送等工程成本，也包括水资源保护和污染治理的资源成本、环境成本、生态成本以及机会成本。②合理收益，即确定维持供水企业正常运转的合理的供水企业利润率。③激励节水，研究表明，当水费支出占家庭收入 2% 时，有一定影响，人们开始关心水量；当水费占家庭收入的 5% 时，影响较大，认真节水；当水费占家庭收入的 10% 时，影响很大，考虑水的重复使用。④社会公平，水价的制定应考虑用户的承受能力，对低收入的弱势群体应进行保护。研究表明，适度提高水价标准，有利于水资源的高效利用，不会对国民经济发展产生不利影响。我国城市生活水价调整重点为：一是水价水平与结构分步调整、逐步到位，水价形式多元化；二是重视公众在价格改革中的参与；三是确保城镇低收入家庭和特殊困难群体的基本生活用水，并适当予以补贴。

7.6.2.4　制定高效的投融资政策

资金是生活水循环可持续发展的重要保障。长期以来，我国对生活水循环系统建设资金的投入不足，已成为其发展的重要制约因素。一些地区建设了生活污水再生水厂却闲置不能运行，原因就是资金的缺乏导致再生水的输配管网设施建设相对滞后，使生产和消费环节严重脱节。根据"十一五"全国城镇污水处理及再生利用设施建设规划的总体思路，我国"十一五"期间，将有3000亿元左右资金投向污水处理设施建设领域，其中3.1%左右投资进行回用水建设，即93亿元，其余资金主要用于管网、新增污水能力、污泥处理处置以及旧厂升级改造等方面，其中很大部分用于生活污水的治理与再生利用。应制定高效的投融资政策对生活水循环系统进行调控，主要措施包括：①加大政府政策性资金的运用力度。对于生活水循环体系中具有基础性、公益性的建设项目，应加大政府财政支出的力度，以达到启动市场、降低风险的作用。例如，北京市政府对于部分投资规模较大的雨水利用工程项目可以提供30%的财政资助；此外，还可采用政策性资金（如外国政府援助、世界银行等多边机构借款、发行市政债券，建立非常规水源发展专项基金以及通过财政补贴、税费减免和贴息贷款等形式对生活水循环项目进行扶持。②建立与市场经济相适应的多层次、多元化的投融资机制。对于具有明显赢利收入的生活水循环建设项目，应以企业作为投资主体，通过实现投资主体的多元化、运营主体的企业化和运作管理的市场化，形成其开放式、竞争性的建设运营格局，减少政府资金的比例，增强项目的风险管理和市场竞争能力。

7.6.2.5 节水与非常规水源利用技术的推广与应用

推广节水与非常规水资源利用工程是国内外生活水循环调控的重要方式，具体包括：①进行广泛的计量。②推广生活节水器具。国外采用补贴方式，鼓励消费者购买节水型生活用水设施和器具。随着技术的革新和进步，用水器具的单次用水量逐渐减少，用水效率明显增加。我国应加强节水器具的科研与实践创新，逐步淘汰现有的上导直落式便器水箱、铁螺旋升降式水龙头和水阀、冲水量大于9L的便器水箱等，大力推广6L以下分档冲洗式节水便器、每分钟出水量小于9L的淋浴器等。此外，广泛安装用水计量设施也是抑制用水需求的重要技术手段。③推广海水利用技术。我国海水生活利用技术发展的重点，是发展大生活直接利用海水示范工程和城镇生活饮用水大中型海水淡化示范工程。前者主要是在天津、青岛等海水利用示范城市以及舟山、长海、嵊泗等岛屿，结合滨海新建生活小区发展，通过对原有系统改造或新建小区等方式，建设以海水冲厕、消防为主要用途的大生活用海水示范工程，以及大生活用海水与城市污水系统混合后含盐污水的生化处理技术和海洋处置技术示范。后者主要是在极度缺水的天津、大连、青岛等沿海城市，建设以供应城市居民饮用水为目标的大中型海水淡化示范工程，重点为10万 m^3 级及以上的蒸馏法和反渗透法海水淡化工程，包括天津10万 m^3/d 级、烟台16万 m^3/d 级和青岛黄岛8万 m^3/d 级的海水淡化工程，提高城镇居民供水保证率。④推广雨水利用技术，应重点对雨水利用的水质进行控制，并考虑大气污染对雨水水质的影响。

7.6.2.6 污水的集中处理与污泥利用

我国城市生活排水与污水处理系统主要沿袭欧美的发展模式，以污水的空间转移和污染物与其传输介质水的分离为核心，在发达国家百年的实践中证明是解决生活水污染的重要途径。具体措施包括：①加大生活污水处理系统的建设。当前，我国生活污水处理系统的建设仍然非常滞后，2006年我国城市污水处理率仅为56%，大部分污水未经处理或处理后未达标排放到水体中，远远超过水体的环境容量，造成了自然水循环系统的严重污染。因此，积极建设生活污水集中处理与再生利用系统是未来生活污水治理的重要途径，力争2020年我国污水处理与再生利用率分别实现60%和40%；2030年我国污水处理与再生利用率分别实现85%和50%。应重点发展如下三个方面的生活污水再生利用系统：在资源型缺水城市发展以增加水源为主要目的生活污水再生利用；在水质型缺水城市发展提高城市水体水质功能为主要目标的城市生活污水再生利用；在适宜区域发展再生水厂与生态湿地建设结合的生活污水再生利用。②发展分散式生活中水系统。我国也应当积极发展分散式生活中水系统，将住宅小区或公共建筑产生的杂排水或污水经过处理达到一定的水质标准后，回用于冲洗厕所、清洗汽车、绿化等生活杂用方面。应重点在城镇居民小区、宾馆、饭店、公寓及高层住宅、大专院校、疗养院等不同类型区域重点推广生活中水系统。③推广污泥营养物的利用技术。根据在江苏省的调查，目前污水处理厂的污泥的去向主要是卫生填埋和弃置填坑，仅有不足10%的污水处理厂污泥采用堆肥、干化造粒、焚烧等处置方式。应尽快明确城镇生活污水处理厂的污泥进行无害化处置的责任主体，加强污泥处置方面的政府监管，推行污泥处置与污水处理设备的同步设计、同步建设以及同步运行验收。

7.6.2.7 营养物的分离与源头处理

生活营养物的分离与源头处理包括：①厨房污水净化与营养物回收。依据日本千叶县水质保护研究所对居民生活排水的调查，为了削减生活排水的污染负荷，可以厨房为主，对厨余物、剩余酒、汁、油污器皿、食用油等的回收和处理以及洗涤剂的合理使用、粪尿净化槽的管理采取一系列对策。②推广生活污染源分离系统。由于生活用水过程中带入大量的营养物，因此，生活水循环系统逐步成为国际上推行污染物源头控制的重要领域。生活污染源分离系统具体包括小便分离系统、真空厕所、干式厕所等，这些技术的发展使生活水循环系统面临根本性变革。其中，小便分离可实现营养物的提取，防止其大量排放所带来的富营养化问题，并为土壤、生物及人类活动提供必要的物质基础；真空厕所诞生于19世纪的荷兰，可减少新鲜水资源的使用量，从而大大减少整个城市的污水排放量（20%~30%）。

7.6.2.8 加强宣传教育与公众参与

生活用水是人类社会行为的重要体现。国外的研究表明，人们的生活行为和习惯受到多种因素的影响而使其不愿意采取水资源高效利用的行为方式，这些因素包括较低的水价与缺乏计量设施、缺水意识较差、行为惯性（inertia）、宗教信仰、生活方式固定化、节水知识欠缺等。要改变人们不良的用水行为或习惯，就必须培养人们树立正确的观念，使其改变不良行为或习惯成为一种自觉行动。宣传和教育措施通过对人们思想的正面引导，有利于提高公众环境意识和节水意识，国外主要的宣传教育方式如出版水资源系列丛书、当地的座谈会或培训计划、教育手册、媒体宣传、社区讲座、邮寄材料等。

第8章 人工景观生态系统用水原理及其建设模式

8.1 人工景观生态用水服务功能及需水特征

8.1.1 人工景观生态用水分类

人工景观生态系统是指为满足人的精神需求而建设的生态系统。它与自然生态系统最大的区别在于：它加入了人类审美取向的元素，经过了人工的过滤和筛选，因而也就需要人工的维护才能保持其系统内的平衡。人工景观生态系统一般建设在城市中心和周边地区，一方面，它是城市化发展到一定阶段后，人类精神需求的自然回归；另一方面，它是全球气候变化背景下，生活在工业污染阴霾中的人类的绝地反思。人工景观生态系统目前主要有三类具体形式：人工绿地、人工湿地和建筑水景观。维持人工景观生态系统平衡的措施包括人工补水、清理垃圾和杂草、定期修剪、灭虫去污等，其中最重要的是维持该系统中的水分平衡和水质达标，即保证人工景观生态系统的生态用水。

8.1.1.1 人工绿地

人工绿地是人类为满足环境审美需求而建设的陆生植被区，包括人工草地、人工林地、人工灌丛等，广泛分布于公园、广场、生活小区以及道路两侧。人工绿地的雏形是城市建筑面积以外的天然陆生植被，之所以称之为"天然"，而非"人工"，是因为在城市发展的早期，主要的资金都花费在满足人类物质需求的建筑和设施建设上，对于建筑间空地绿化的投入较小，仅仅是一次性种上树或草之后就不再维护，这些建筑空地上的植被主要依靠天然降水生存，处于一种自然状态。奥姆斯台德（Frederick Law Olmsted，1822~1903）是开创城市人工绿地的先驱者之一，他协助美国联邦政府于1875年将纽约市内大约348hm^{2}的一块空地改造成为市民公共游览、娱乐的用地，这就是世界上最早的城市公园之一——纽约中央公园。人工绿地随着生态城市建设运动的发展而逐步扩大，品位也逐步提高，对人工维护的依赖程度也相应增大。与现代人工绿地发展息息相关的城市生态学起步于20世纪20~30年代芝加哥学派的城市社会学研究，复兴于20世纪60~70年代的环境和资源危机引起的系统生态学研究，繁荣于20世纪80~90年代的全球变化和可持续发展研究。在城市生态学的指引下，人工绿地已成为现代城市规划中一个至关重要的部分，它在营造宜居环境、提高城市品位以及提供应急避难场所方面发挥着不可替代的作用。人工绿地用水主要来自树木和草地灌溉。

8.1.1.2 人工湿地

狭义的人工湿地是指由人工建造和控制运行的与沼泽地类似的地面,其主要目的是处理污水或污泥。操作过程是将污水、污泥有控制地投配到经人工建造的湿地上,污水与污泥在沿一定方向流动的过程中,利用土壤、人工介质、植物、微生物的物理、化学、生物三重协同作用,对污水、污泥进行处理;其作用机理包括吸附、滞留、过滤、氧化还原、沉淀、微生物分解、转化、植物遮蔽、残留物积累、蒸腾水分和养分吸收及各类动物的作用。在本研究中,人工湿地取其广义含义:指以美化环境为目的,由人工建造或经人工改造治理的沟渠、河流、湖泊(主要指为改善环境而建的城市湖泊,不包括为防洪、供水而建的水库)、沼泽等地域。人工湿地至少有以下四个特征:①至少周期性地以水生植物为植物优势种;②底层土主要是湿土;③在每年的生长季节,底层有时被水淹没;④需要不定期地进行维护或人工补水。

常见的人工湿地有:城市的人工水系,如人工湖、人工溪流等;为处理轻污染水体而修建的人工沼泽;为改善城市环境而建设的湿地公园等。人工湿地往往处于人类活动剧烈的城市区的洼地,接纳的雨水和入流污染较重,为维持湿地水质,通常需要进行人工补水,加快湿地内水的循环速度。

8.1.1.3 建筑水景观

建筑水景观是指与建筑相融相生的水循环系统,它以建筑为母体,构筑水循环的动力系统和循环通道,以水为其跃动音符,营造美轮美奂的人造水环境,满足人类的精神需求(图8-1)。常见的建筑水景观有喷泉、水幕、花园小水池等。建筑水景观的规模相对较小,对人工动力和水源依赖程度最高,同时也是最绚丽夺目的人工景观生态系统。建筑水景观的建设历史悠久,遍及中外,据记载,早在我国汉代的上林苑中,就有"铜龙吐水",这就是一种人工喷泉;清代圆明园中建有著名的大水法;几乎同时期的还有罗马的Trevi喷泉等。随着人类社会的发展和科技的进步,建筑水景观已从过去的皇宫大院走向一些大型广场、办公大楼和住宅小区。2004年以来,我国建筑水景观,特别是各类喷泉和水池的建设步入一个新的高潮,其对水源的需求增长迅速。

图8-1 国家大剧院水景观

8.1.2 人工景观生态用水的服务功能

8.1.2.1 景观美化功能

水是万物灵秀的源泉,一切生态之美来源于水。人类世代逐水而居,一方面是因为水是维系生命的基本物质,另一方面是因为水体的流动和由水而生的动植物为人类提供了一个和谐优美的环境。美源于心,却难以表达,唯有心向往之,这即是"水岸"、"观湖"等以水为招牌的地产项目热销的原因。水的景观美化功能所带来的巨大商业价值,使人工景观生态用水的服务功能超越了纯生态的范畴,延拓到了社会领域,由此也带来了人工景观生态系统在高档住宅小区的建设热潮。

8.1.2.2 环境加湿功能

环境湿度对于人的健康生活十分重要,适宜的环境湿度能有效抑制流感病毒的存活。医学研究显示:环境湿度低于35%时,流感病毒的存活时间超过24小时;环境湿度高于50%时,流感病毒的存活时间不超过10小时。将环境湿度控制在50%以上,就能有效抑制流感病毒的存活。在北方干旱地区,景观生态用水的增加可以提高空气湿度,营造宜人的城市小气候。一方面,人工景观生态系统中的人工绿地,增加了植被蒸腾量,从而可以增加空气中水分的含量。例如,北京市建成区的绿地,每年通过蒸腾作用可释放4.39亿t水分,可增加环境空气的湿度18%~25%;另一方面,人工湿地和喷泉等建筑水景观增加了水与空气的接触面积,有利于水分子的蒸发,从而增加空气湿度。此外,蒸腾蒸发过程还会在大气中产生大量雾化的负离子,如Cl^-、HCO_3^-等,这些负离子具有氧化性,可以杀灭空气中带正电荷的污染离子,从而保护人体健康。

8.1.2.3 温度调节功能

水对稳定环境温度有重要意义。水的热容量很大,为4.2kJ/(kg·℃),约为空气的4倍[空气的比热容约为1.0kJ/(kg·℃)],混凝土的5倍[混凝土的比热容约为0.84kJ/(kg·℃)],干燥土壤的6倍[干燥土壤的比热容约为0.7kJ/(kg·℃)]。水的吸热和放热过程缓慢,因此水体温度不像大气温度那样变化剧烈。景观水的存在,将大大提高地表的热容量,使得在吸收相同热量的情况下,升高的温度小,在放出相同热量的情况下,降低的温度小,减小昼夜温差。研究表明:在炎热的夏季,绿化状况好的绿地中的气温比没有绿化地区的气温要低3~5℃。绿地能降低环境的温度,是因为绿地中园林植物的树冠和根部潮湿的土壤吸收了环境中的大量热能,从而降低环境的温度。在北京地区,1hm²的绿地在夏季(典型的天气条件下)可以从环境中吸收约80MJ的热量,相当于189台空调机全天工作的制冷效果。城市人工绿地在很大程度上缓解了城市的热岛效应,改善了人居环境。

8.1.2.4 污染消解功能

水体具有一定的自净化功能，主要包括三种进化过程：①物理自净——由于水的湍流、涡流、扩散、挥发、沉淀、过滤而使水净化的过程；②物理化学净化——通过溶解氧的作用，水体内发生氧化、还原、化合、分解、中和、络合、螯合、吸附、凝聚等使水体自净化的过程；③生物净化——通过水体中的微生物对污染物的消解作用，使水体得到净化的过程。人工湿地的水生植物能直接吸收利用污水中的营养物质，供其生长发育。废水中的有机氮被微生物分解与转化，而无机氮（氨氮）作为植物生长过程中不可缺少的物质被植物直接摄取，合成蛋白质与有机氮，再通过植物的收割而从废水和湿地系统中除去。无机磷也是植物必需的营养元素，废水中的无机磷在植物吸收及同化作用下可转化成植物的 ATP、DNA、RNA 等有机成分，然后通过植物的收割而移去。生根植物直接从沙土中去除氮、磷等营养物质，而浮水植物则在水中去除营养物质。许多根系不发达的沉水植物，例如，金鱼藻属（*Ceratophyllum*）也能直接从水中吸收营养物质。大型挺水植物的茎和叶以及浮水植物的根还可以用来减缓水流速度和消除湍流，以达到过滤和沉淀沙粒、有机微粒的作用。

8.1.2.5 地下补水功能

城市中心及周边地区由于过量开采，往往存在地下水漏斗区。据统计，北京市 1960~2008 年累计超采地下水 100 多亿立方米，形成了 1000 多平方千米的下降漏斗，漏斗区平均水位下降 10m，中心水位下降 20~30m，严重地区达 40m。超采地下水破坏了地下水的补排平衡，导致地下水下降，出现地面沉降。目前处理地下水漏斗的一个重要方法就是利用经过深度处理的再生水进行地下水回灌。由于受到土壤渗透速度的限制，地下水的补给是一个比较缓慢的过程，因此要在短时间内回灌大量的地下水，就必须扩大渗透面积。人工湿地是一个很好的渗透面，通过向人工湿地补充深度处理的再生水，既可以促进人工湿地生态系统的健康循环，又可以补充地下水，达到一举两得的功效。此外，人工绿地的灌溉水对地下水的补给作用也不可小觑。

8.1.2.6 动物栖息功能

人工绿地和人工湿地是鸟类、鱼类、两栖动物的觅食、繁殖、栖息、迁徙、越冬的场所，由于城市化的快速推进，许多动物赖以生存的空间被建筑物和交通设施挤占，因而被迫向城市周边迁移，城区内的野生动物大量减少。由人工景观生态用水所滋养的人工绿地和人工湿地为野生动植物提供了新的生存空间，可以吸引已经迁徙的动物重新回来，有望在城市形成鸟语花香、鱼游水清的和谐景象。

8.1.3 人工景观生态用水特征与要求

8.1.3.1 主体公共特征

人工景观生态用水主体是社会公众，这一点不同于工业、生活用水，工业、生活用水有具体的用水主体，使用者即是水费的承担者。对于工业、生活用水，通过增加水费可以促进节约用水，但对于人工景观生态用水，用水主体是社会公众，水费是通过城建或物业部门支出，最终由社会公众承担。社会公众是人工景观用水的买单者，却不能直接控制水的用量。正因为如此，人工景观用水的需求量对水价并不敏感，其使用量主要由城市规划的人工景观生态系统规模和当地的自然气候条件（包括降水、蒸发、太阳辐射等）决定。人工景观生态用水的主体公共特征也决定了其用水需求的优先性。

8.1.3.2 功能复合特征

人工景观生态用水的功能是多样的、复合的，包括景观美化功能、环境加湿功能、温度调节功能、污染消解功能、地下补水功能、动物栖息功能。这有别于工业应用中水作为能量传递介质、清洗液、原料等的单一功能模式。由于人工景观生态用水的功能复合，其用水效益的计算也就变得更加复杂，同时也由于它的"一举多得"，在用水结构的优化中，其应处于优先保证的位置。

8.1.3.3 自然联系特征

人工景观生态系统的用水量和天然降水、蒸发、地下水回补等紧密相关，天然降水和人工补水之间是相互转换、此消彼长的。因此人工景观生态系统的用水量不像工业、生活用水需求那样相对稳定，而是随着水资源的丰枯周期逐年变化的，这一点与农业用水类似。

8.1.3.4 间接消费特征

社会公众对人工景观生态用水的消费是间接的，绝大多数情况下（喷泉、亲水河岸等供人们直接接触人工水景观除外），人们并不直接接触景观水，只是通过视觉、听觉、嗅觉感受景观水滋养、营造的环境和氛围。因此景观用水在保证生态系统良性循环的前提下，对水的颜色、气味要求比较高，通俗地说就是要水清，没有异味，不能发黑、发臭。

8.1.3.5 弹性需求特征

人工景观生态系统与自然是紧密联系的，其以土壤水和地下水为缓冲池，短期缺水的危害不会马上显现，因此在需求特征上表现出一定的弹性。例如，湿地短期缺水会使水位降低，带来营养物质的富集和部分沉水植物的死亡，同时也会使一些挺水植物向湿地中央蔓延，这两种效应在短期内是可逆的，有利于植被的周期演替和生物多样性的发展，但长期缺水，则会对人工景观生态系统造成严重伤害，发生不可逆转的生态失衡。人工景观生态用水的弹性需求特征要求必须保障人工景观生态系统的用水总量，并在生态需水的弹性范围内控制其用水过程。

基于人工景观生态系统用水特征的分析，可归纳出如下三项供水要求，即总量保障、水质达标、健康循环（图8-2）。

(1) 总量保障要求

基于主体公共特征、功能复合特征和弹性需求特征，人工景观生态用水具有社会公平和效率上的优先性，同时具有一定的需求弹性。因此要求人工景观生态供水必须保证总量满足，过程控制只需在生态系统需水的弹性范围内，不必过分苛求。

（2）水质达标要求

基于功能复合特征、自然联系特征和间接消费特征，要求人工景观生态用水须分类达标，具体的水质标准需要根据其服务功能、与地下水的联系程度以及是否与人直接接触来决定，总体原则是要在保障人工生态系统安全的前提下满足人的精神需求。

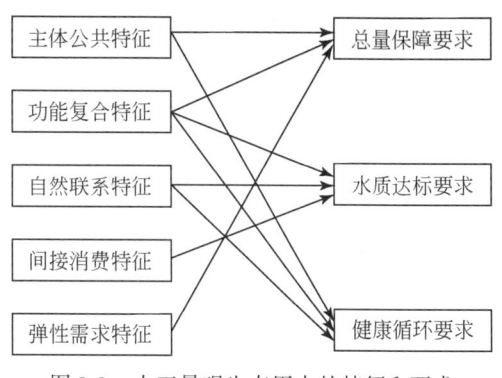

图 8-2 人工景观生态用水的特征和要求

（3）健康循环要求

基于主体公共特征、功能复合特征和自然联系特征，要求不能有持久性有机物或致癌、重金属等物质，即是长期人工景观生态系统长期循环，不会存在上述物质的富集，不会危及地下水的应急供水功能。

8.2 国内外人工景观生态用水及其影响因子分析

8.2.1 国外部分城市人工景观生态用水概况

人工景观生态用水包括城市绿地灌溉用水、人工湿地用水和建筑水景观用水。国外人工湿地大多是为了处理污水、净化水质，其供水来源主要是城市生活污水处理后的中水；而喷泉等建筑水景观的用水量比较少，因此城市绿地灌溉用水是国外人工景观生态用水的主要部分。关于国外生态用水的统计资料很少，本节主要从国外纽约、巴黎、柏林、莫斯科、伦敦等典型城市的绿地建设现状和当地的水资源条件分析其景观生态用水概况。

纽约是一座拥有 1200 万人口的超大城市，其生态建设主要包括两部分：一是主城区的城市森林公园和街道小区绿化，总面积为 11 574hm^2，占城区土地面积的 15%；二是市区外围的莽莽林海，总面积约 50 万 hm^2。纽约闹市区的森林公园在建造之初曾经比较追求人工化，在经历了诸多生态问题之后才走上了近自然的道路；市区外围的林区，则基本处于天然状态，不仅不需要灌溉，自身涵养的清洁水源还供应城市 90% 的饮用水。纽约年均降水量为 1200mm，降水月分配过程均匀，最湿的 11 月平均降水 114mm，最干的 2 月平均降水 83mm，天然降水足以满足生态需求，基本不用人工灌溉。

巴黎的生态建设以森林著称。从 1976 年开始，巴黎在距离市中心 10~30km 内，启动了环城绿化带建设工程，最终形成了凡尔赛森林、枫丹白露森林等森林圣地。巴黎的森林大多呈半天然状态，有人工湖、大草地，有步行街道，城市道路穿过森林时均潜入地下，以保持森林景观的整体性。巴黎城区绿化率 15%。巴黎地区的森林面积是 2880 万 hm^2，植被覆盖率 34%。巴黎年均降水 650mm，年内分布均匀，最湿的 5 月平均降水 63mm，最干的 2 月平均降水 46mm，林地和草地基本不用灌溉。

柏林城市总面积为 891.7km²，其中绿地、森林面积占 34%。柏林市中心有一系列公园，绿地有 2500 多个，占地 5500hm²，其中，占地 210hm² 的大蒂尔加滕森林公园是最大的自然风景公园，号称柏林的"肺"。此外柏林市还有 6000hm² 的水域湿地，河流和运河总长度 200km。柏林年均降水 591mm，年内分布较为均匀，最湿的 7 月平均降水 71mm，最干的 2 月平均降水 37mm，林地和草地的少量灌溉用水主要靠蓄积的雨水来满足，人工景观建设实现了对城市洁净水资源的零消耗。例如，位于柏林市中心的欧洲最大商业区——波茨坦广场，规划了 13 042m² 的城市水面，占总用地的 19%，总共可收集容纳 15 000m³ 的雨水，基本满足了周边景观生态的用水需求。

莫斯科城市绿地总面积为 35 100hm²，占莫斯科面积的 40%，包括 17 个大型森林公园（宽度都在 10~15km，北面则达 28km）等，有 9000 多公顷的湿地森林。莫斯科西北还有一座面积 3000 多公顷的森林疗养区。在距离城区 30~70km 处，莫斯科建立了宽 20~40km、平均厚度 28km 的环城森林公园和郊野森林公园近 30 个，各以楔形或窝头形嵌入城区，与市区的公园、花园和林荫道连接。莫斯科年均降水 691mm，年内分布较为均匀，最湿的 7 月平均降水 94mm，最干的 3 月平均降水 34mm。莫斯科地区纬度高，平均气温较低（最冷的 1 月平均气温-9.3℃，最热的 7 月平均气温 18.2℃），蒸发量相对较少，因此该地的林地和草地基本不需要灌溉。

伦敦绿地覆盖率 42%，城市软质地面（公园、居住区花园、农地等）占 63%，比硬质地面大。伦敦大于 20hm² 的大型绿地占总绿地面积的 67%，市中心有大型花园。伦敦城区绿化的另一特色就是住宅区的绿化与街道绿化融为一体。伦敦的绿化带是按照顺风方向配置的，东风沿着泰晤士河将污染空气吹散，西风则从市郊引入新鲜空气，空气非常流通，有效地降低了热岛效应。伦敦受北大西洋暖流和西风影响，属温带海洋性气候，四季温差小，夏季凉爽，冬季温暖，空气湿润，多雨雾，秋冬尤甚。伦敦平均气温 1 月为 4.5℃，7 月为 18℃；春季（3 月底~5 月）和秋季（9~10 月），气温则维持在 11~15℃。年降水量为 1100mm，年降水的最大与最小比值仅为 1.33，年内分配均匀，平均年陆面蒸发量约为 540mm，占降水量的 49%，草地和林地基本不用人工浇灌（侯元兆，李玉敏，2007）。

国外发达城市的绿地和湿地建设大多依赖天然降水，耗用城市清洁水资源比较少。城市的植被景观建设与经营的基本做法是人工促进、天然恢复。建设理念师法自然，同时采用人工手段促进其恢复，加速发育进程；充分运用自然生态规律和当地的水资源条件，营造具有可持续发展能力的自然景观生态系统。基于以上建设理念，国外发达国家的景观建设用水量普遍较少，没有大量挤占城市的清洁水源。

8.2.2 我国人工景观生态用水概况

2005 年中国生态城市建设《南京宣言》指出："我国资源的人均占有量低于世界平均水平，单位 GDP 的资源和能耗高于世界平均水平，生态环境压力很大。发达国家上百年逐步出现、分阶段解决的问题，在我国 20 多年的快速发展中集中产生，增加了解决生态环境的难度……"。于是生态景观建设的力度日益加大,全国生态用水量逐年增加,其中人工景观生态用水约占 1/2。2002 年以前,水资源公报中没有单列生态用水,2003 年以后,国家级的水资源公报中对生态用水(指城市生态环境用水和天然河湖补水)进行了单独统计(图 8-3),但在省级和地市级水资源公报中,对生态用水进行单独统计依然不多,这就造成了本书研究数据获取的困难。为此,本项研究拟采取分区典型样本分析的方法来估算全国生态用水量,其中各城市人口数据采用 2005 年国家社会经济统计数据(图 8-3)。

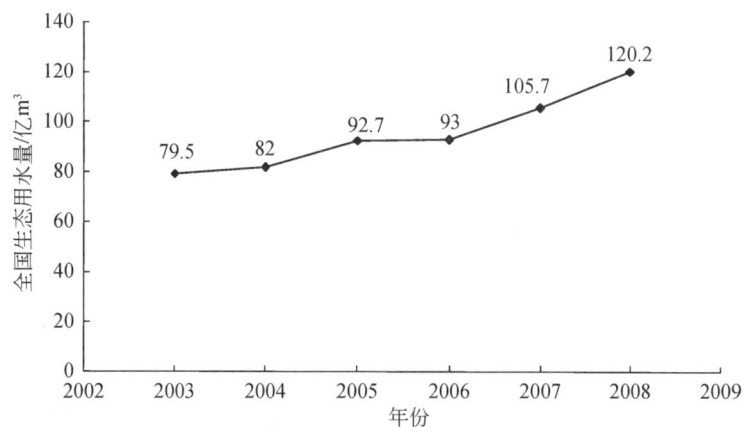

图 8-3　2003~2008 年全国生态用水量统计数据(包括城市生态景观用水和天然河湖补水)

8.2.2.1　景观生态用水分区

人工景观生态用水和农业灌溉用水相似,与当地的气候、土壤和景观植被(作物)类型密切相关,因此参照《中国综合农业区划》对不同农业分区的城市进行分类处理,估算其人工景观生态用水量。

(1) 黄土高原区

2001~2002 年山西省水资源研究所董翊立等(2004)对山西省 22 个城市的生态环境用水进行了调查,调查结果如下:在不考虑城市排污稀释用水的情况下,2000 年山西省 22 个城市的人均生态环境用水量为 $52m^3/a$,其中 10 个地级城市的人均生态环境用水量为 $47m^3/a$,12 个县级城市的人均生态环境用水量为 $60.4m^3/a$。若再扣除城郊水土保持用水、城郊天然生态防护林用水以及河道最小环境用水,22 个被调查城市的人均生态环境用水量为 $20m^3/a$。其中 10 个地级城市的人均生态环境用水量为 $19m^3/a$,12 个县级城市的人均生态环境用水量为 $21m^3/a$。本研究参照该调研结果来计算黄土高原区的人工景观生态用水量。

(2) 黄淮海区

黄淮海区具有经济发达、城市集中、水资源短缺三大特点,是人工景观生态系统建设的重点区域。本研究首先剖析北京市的人工景观生态用水量,进而分析魏彦昌等(2003)在海河流域的研究成果,拟定了该区人工景观生态用水的计算方法。

北京市城八区园林绿地面积为 30 611.08 hm^2(其中公共绿地面积为 7803.45 hm^2,专用绿地面积 22 807.63 hm^2),道路绿地面积为 3184.18 hm^2,道路绿化长度为 2666.16km,

街头绿地 282 处，面积 638.05hm²（《北京园林年鉴》（2006 年））。2006 年远郊区县园林绿地面积为 8266.47hm²，其中，公共绿地面积为 2688.57hm²，专用绿地面积 5577.9hm²。在园林绿地中，草坪面积约占 6000hm²（2002 年北京市草坪面积已达 5000hm²，考虑奥运工程建设，增加 1000hm²）。北京草坪年灌水量一般在 600~1000mm，以此推算，北京每年草坪灌溉需水量应在 3600 万~6000 万 m³，估算为 5000 万 m³。北京地区是以灌木和乔木为主的地区，年灌溉水量约为 300mm，由此可计算出草坪以外的绿地灌水量约为 7200 万 m³。北京城六区每年的绿地灌溉用水量约为 12 200 万 m³。

北京城区有大小湖泊 600hm²，景观河道 63.5km，水面面积约 100hm²，总水面面积 700hm²；水面蒸发量约为 663 万 m³（北京水面蒸发 946.8mm），渗漏量约 1000 万 m³（北京水域底部有较厚的淤泥层，这个淤泥层本身就有很好的防渗作用，因此可推算其平均渗漏量每天约为 4mm，一年约为 1460mm）；按平均水深 1m 计算，水体总量约 700 万 m³，水体维持健康循环周期按一个月计算，除去冬季冰冻期三个月，每年需循环水量约 6300 万 m³。北京城市河湖每年需水 8000 万 m³。综合绿地灌溉用水和河湖湿地用水，北京城区每年的生态用水量约为 2.02 亿 m³。北京市城区户籍人口约 1000 万人，人均生态用水量约为 20m³。

魏彦昌等（2003）核算了海河流域北京、天津、唐山、石家庄、邯郸、大同等 25 个城市的生态用水，发现对于海河流域人口在 40 万~150 万人的城市，其生态需水量与人口存在较好的相关关系，如下式：

$$y = 0.0093e^{0.028x} \quad 相关系数 R = 0.82 \tag{8-1}$$

式中，y 为生态用水量（亿 m³）；x 为人口（万人）。

按照上述公式计算，不同级别城市的人均生态需水量如表 8-1 所示。

表 8-1　城市人口与人均生态用水量的对应关系

城市人口/万人	40	50	60	70	80	90	100	110	120	130	140	150
人均生态用水量/(m³/a)	1.7	2.2	2.9	3.9	5.1	6.8	9.0	11.9	15.7	20.8	27.6	36.5

魏彦昌等（2003）的计算方法为定额法，采用了两个定额：①北京地区 1m² 绿地年用水量 1m³；②其他城市 1m² 绿地年用水量 0.5m³。由此计算得到的北京城市生态用水量为 4.68 亿 m³，为本书估算的北京城市生态用水量（2.02 亿 m³）的 2.32 倍。实际上《2006 年海河流域水资源公报》统计的流域总的生态用水仅 4.58 亿 m³，而魏彦昌等计算的海河流域 25 个城市的生态用水总量为 10.83 亿 m³，后者是前者的 2.36 倍。因此本书对式（8-1）进行修正如下：

$$y = 0.0045e^{0.028x} \tag{8-2}$$

由表 8-2 可以看出，修正后的公式计算值在人口低于 100 万人时存在系统性偏小，人均生态用水量低于 5m³/a，在人口高于 150 万人时存在系统性偏大。因此本研究在计算城市生态用水量时，对于小于 100 万人的城市，人均生态需水量取 5m³/a；对于人口大于 150 万人的城市，人均生态需水量取 20m³/a 计算；对于人口在 100 万~150 万的城市，采用修正公式计算。

表 8-2　城市人口与人均生态用水量的对应关系 [按式 (8-2) 计算]

人口/万人	40	50	60	70	80	90	100	110	120	130	140	150	160
人均生态用水量/(m³/a)	0.8	1.1	1.4	1.9	2.5	3.3	4.4	5.8	7.6	10.1	13.3	17.7	23.4

(3) 其他农业分区

文献检索显示，针对其他农业分区城市人工景观生态用水的研究比较少。对各级水资源公报进行分析，可以从一个侧面了解各分区的人工景观生态用水状况。

东北区大部分与松辽流域重合，根据《2006 年松辽流域水资源公报》数据，该区生态环境用水量为 4.87 亿 m³。松辽流域总人口为 1.2 亿人，城镇人口 6000 万人，其中地级以上城市人口约 4000 万人，由于水资源公报统计的生态环境用水主要是地级市以上的，因此估算松辽流域的人均景观生态用水量约为 12m³/a。

内蒙古及长城沿线区地处干旱半干旱内陆区，以畜牧业为主，城市建设受水源限制，人工景观的建设标准比较低。但由于当地气候干燥，蒸发量大，单位面积景观植被的用水量比较大。本书将两种因素综合考虑，该区的城市人均景观生态用水量取 15m³/a。

甘新区地处干旱内陆区，以灌溉农业和畜牧业为主，与内蒙古及长城沿线区类似，城市建设受水资源限制，人工景观的建设标准比较低，当地气候干燥，蒸发量大，单位面积景观植被的用水量比较大。由于干旱程度更高，取该区的城市人均景观生态用水量为 20m³/a。

青藏区城市规模小，城镇人口少，该区城市人口最多的马尔康仅 16 万人，由于城市规模小，城市天然植被绿化背景值高，人工景观生态系统的建设几乎为零，仅有一些道路绿化用水。考虑到该区降水基本能够满足当地的高原植被用水需求，同时由于海拔高，蒸发量较小，取该区城市人均景观生态用水量为 5m³/a。

西南区的四川盆地人口密度高，城市规模大，相应的人工景观建设的需求大，由于该区降水量比较丰富，年均 800～1200mm，根据《2006 年长江流域及西南诸河水资源公报》，该区金沙江石鼓以下至宜昌段生态用水量约 3.5 亿 m³，主要为人工湿地补水量；该区城市人口约 3500 万人，人均景观生态用水量约为 10m³/a。

长江中下游区经济发达，城市密集、规模大。由于长江中下游降水区降水量大，年均 1000～1600mm，人工绿地基本不需要灌溉，其景观生态用水主要是城市河湖湿地补水。根据《2006 年长江流域及西南诸河水资源公报》，该区宜昌至河口段生态用水量约 15 亿 m³；该区城市人口 1.2 亿人，人均景观生态用水量约为 12.5m³/a。

华南区降水丰富，平均年降水在 1400mm 以上，城市周边绿化背景值高，人工绿地不需要灌溉，其景观生态用水主要是城市河湖湿地补水。根据《2007 年珠江流域水资源公报》，该区广东省生态用水量约为 6 亿 m³；广东省城市人口约 5600 万人，扣除珠江压咸用水后，人均生态用水量约为 8m³/a。

8.2.2.2　现状景观生态用水

(1) 东北区

东北区拥有地级以上城市 35 个，城镇人口 4881 万人，根据上面的分析，该区人均景观生态用水量约为12m³/a，由此推算东北区人工景观生态用水量约为5.86亿 m³（表8-3）。

表8-3 东北区地级以上城市列表

省区	城市	城镇人口/万人	省区	城市	城镇人口/万人
辽宁	沈阳	446	吉林	通化	105
	大连	312		浑江	88
	鞍山	176		白城	81
	抚顺	148		延吉	120
	本溪	105	黑龙江	哈尔滨	466
	丹东	101		齐齐哈尔	195
	锦州	116		鸡西	120
	营口	100		鹤岗	87
	阜新	86		双鸭山	91
	辽阳	78		大庆	126
	盘锦	64		伊春	111
	铁岭	95		佳木斯	122
	朝阳	89		七台河	48
	锦西	80		牡丹江	148
吉林	长春	318		绥化	151
	吉林	210		黑河	97
	四平	131		加格达奇	13
	辽源	57			

（2）内蒙古及长城沿线区

内蒙古及长城沿线区拥有地级以上城市14个，城镇人口1178万人，根据上面的分析，该区人均景观生态用水量约为15m³/a，由此推算内蒙古及长城沿线区人工景观生态用水量约为1.76亿 m³（表8-4）。

表8-4 内蒙古及长城沿线区地级以上城市列表

省区	城市	城镇人口/万人	省区	城市	城镇人口/万人
内蒙古	呼和浩特	98	内蒙古	集宁	64
	包头	133		东胜	45
	赤峰	99	河北	张家口	134
	海拉尔	178		承德	83
	乌兰浩特	22	山西	大同	134
	通辽	81		朔州	35
	锡林浩特	15	陕西	榆林	57

(3) 黄淮海区

黄淮海区拥有地级以上城市 40 个，城镇人口 7612 万人。根据上面的分析，该区城市人工景观生态用水计算时，对于小于 100 万人的城市，人均生态需水量用 $5m^3/a$；对于人口大于 150 万人的城市，人均生态需水量用 $20m^3/a$ 计算；对于人口在 100 万~150 万人的城市，采用修正公式计算。由此推算黄淮海区人工景观生态用水量约为 12.90 亿 m^3，城市人均景观生态用水量约为 $17m^3/a$（表 8-5）。

表 8-5 黄淮海区地级以上城市列表

省区	城市	城镇人口/万人	生态用水/亿 m^3	省区	城市	城镇人口/万人	生态用水/亿 m^3
北京	北京	998	2.00		秦皇岛	115	0.11
天津	天津	556	1.11		邯郸	174	0.35
山东	济南	308	0.62		邢台	139	0.22
	青岛	351	0.70	河北	保定	256	0.51
	淄博	184	0.37		沧州	151	0.30
	枣庄	120	0.13		廊坊	112	0.10
	东营	84	0.04		衡水	70	0.04
	烟台	236	0.47		郑州	261	0.52
	潍坊	248	0.50		开封	94	0.05
	济宁	239	0.48		平顶山	119	0.13
	泰安	177	0.35		安阳	115	0.11
	威海	114	0.11		鹤壁	47	0.02
	日照	76	0.04		新乡	224	0.45
	滨州	94	0.05	河南	焦作	104	0.08
	德州	130	0.17		濮阳	69	0.03
	聊城	140	0.23		许昌	95	0.05
	临沂	251	0.50		漯河	61	0.03
	菏泽	156	0.31		商丘	147	0.28
河北	石家庄	354	0.71		周口	122	0.14
	唐山	224	0.45		驻马店	97	0.05

(4) 黄土高原区

黄土高原区拥有地级以上城市 30 个，城镇人口 2342 万人。根据上面的分析，该区人均景观生态用水量约为 $20m^3/a$，由此推算黄土高原区人工景观生态用水量约为 4.68 亿 m^3（表 8-6）。

表 8-6 黄土高原区地级以上城市列表

省区	城市	城镇人口/万人	省区	城市	城镇人口/万人
山西	太原	227	甘肃	兰州	180
	阳泉	63		白银	41
	长治	88		天水	82
	晋城	47		定西	31
	忻州	62		平凉	15
	离石	66		西峰	34
	榆次	80		临夏	40
	临汾	97		夏河	2
	运城	82	青海	西宁	106
陕西	西安	319		平安	28
	铜川	40		海北州	9
	宝鸡	90		同仁	3
	咸阳	102	宁夏	固原	17
	渭南	98	河南	洛阳	174
	延安	53		三门峡	66

（5）甘新区

甘新区拥有地级以上城市23个，城镇人口1098万人。根据上面的分析，该区人均景观生态用水量约为20m³/a，由此推算甘新区人工景观生态用水量约为2.20亿 m³（表8-7）。

表 8-7 甘新区地级以上城市列表

省区	城市	城镇人口/万人	省区	城市	城镇人口/万人
内蒙古	乌海	42	新疆	乌鲁木齐	145
	临河	59		克拉玛依	24
	阿拉善	15		吐鲁番	20
甘肃	嘉峪关	15		哈密	32
	金昌	22		昌吉	63
	酒泉	30		博乐	14
	张掖	30		库尔勒	58
	武威	29		阿克苏	40
宁夏	银川	84		阿图什	2
	石嘴山	42		喀什	83
	吴忠	40		和田	15
				伊宁	194

（6）青藏区

青藏区拥有地级以上城市15个，城镇人口90万人。根据上面的分析，该区人均景观生态用水量取 5m³/a，由此推算，青藏区人工景观生态用水量约为 0.05 亿 m³（表 8-8）。

表 8-8 青藏区地级以上城市列表

省区	城市	城镇人口/万人	省区	城市	城镇人口/万人
四川	马尔康	16	西藏	拉萨	9.00
	康定	12		昌都	5.80
青海	共和	8		泽当镇	0.19
	玛沁	6		乃东	4.00
	玉树	3		日喀则	2.50
	德令哈	4		那曲	0.20
				噶尔	4.50
				八一镇	9.00
				林芝	5.80

（7）西南区

西南区拥有地级以上城市 41 个，城镇人口 3867 万人。根据上面的分析，该区人均景观生态用水量取 10m³/a，由此推算，西南区人工景观生态用水量约为 3.86 亿 m³（表 8-9）。

表 8-9 西南区地级以上城市列表

省区	城市	城镇人口/万人	省区	城市	城镇人口/万人
广西	河池	57	贵州	贵阳	169
重庆	重庆	786		六盘水	65
四川	成都	454		遵义	112
	自贡	91		铜仁	81
	攀枝花	58		兴义	22
	泸州	79		毕节	138
	德阳	80		安顺	40
	绵阳	120		凯里	100
	广元	60		都匀	53
	遂宁	77	云南	昆明	208
	内江	79		东川	5
	乐山	86		昭通	41
	宜宾	89		曲靖	71
	南充	151		楚雄	36
	达县	106		玉溪	37
	雅安	31		保山	25
	西昌	38		丽江	16
陕西	汉中	73		泸水	11
	安康	45		中甸	7
	商州	35	甘肃	成县	35

(8) 华南区

华南区拥有地级以上城市 43 个，城镇人口 6495 万人。根据上面的分析，该区人均景观生态用水量取 $8m^3/a$，由此推算，华南区人工景观生态用水量约为 5.20 亿 m^3（表 8-10）。

表 8-10 华南区地级以上城市列表

省区	城市	城镇人口/万人	省区	城市	城镇人口/万人
福建	福州	150	广东	广州	508
	厦门	91		深圳	165
	莆田	58		珠海	86
	泉州	189		汕头	483
	漳州	129		佛山	351
广西	南宁	172		江门	221
	梧州	60		湛江	201
	北海	44		茂名	247
	玉林	71		肇庆	98
	百色	47		惠州	114
	钦州	39		汕尾	156
海南	海口	82		河源	85
	三亚	25		阳江	84
云南	个旧	72		清远	113
	文山	90		东莞	61
	思茅	32		中山	60
	景洪	27	台湾	台北	644
	大理	43		基隆	39
	潞西	16		台中	106
	临沧	23		高雄	277
香港	香港	700		台南	187
澳门	澳门	49			

(9) 长江中下游区

长江中下游区拥有地级以上城市 87 个，城镇人口 11 591 万人。根据上面的分析，该区人均景观生态用水量取 $12.5m^3/a$，由此推算，长江中下游区人工景观生态用水量约为 14.49 亿 m^3（表 8-11）。

表 8-11　长江中下游区地级以上城市列表

省区	城市	城镇人口/万人	省区	城市	城镇人口/万人
上海	上海	1098	江西	南昌	205
江苏	南京	418		景德镇	59
	无锡	279		萍乡	56
	徐州	303		九江	124
	常州	160		新余	38
	苏州	298		鹰潭	32
	南通	241		赣州	168
	连云港	172		宜春	132
	淮阴	143		上饶	125
	盐城	288		吉安	102
	扬州	173		临川	99
	镇江	111	河南	南阳	161
浙江	杭州	283		信阳	128
	宁波	176	湖北	武汉	485
	温州	148		黄石	54
	嘉兴	108		十堰	110
	湖州	76		沙市	164
	绍兴	121		宜昌	127
	金华	97		襄樊	120
	衢州	42		鄂州	31
	舟山	35		荆门	84
	丽水	41		黄州	171
	临海	97		孝感	94
安徽	合肥	169		咸宁	77
	芜湖	93		江陵	31
	蚌埠	91		恩施	18
	淮南	106	湖南	长沙	213
	马鞍山	58		株洲	99
	淮北	81		湘潭	82
	铜陵	39		衡阳	227
	安庆	100		邵阳	125
	黄山	33		岳阳	121
	阜阳	102		常德	143
	宿州	72		大庸	27
	滁州	92		益阳	80
	六安	54		娄底	82
	宣州	46		郴州	157
	巢湖	83		永州	84
	贵池	25		怀化	94
福建	三明	86		吉首	69
	南平	102	广东	韶关	126
	宁德	88		梅州	122
	龙岩	84	广西	柳州	123
				桂林	112

在以上分区计算的基础上，可得全国城市生态用水总量约为 51 亿 m³，分区结果如表 8-12 所示。

表 8-12　全国 9 个分区城市生态用水量

分区	东北区	内蒙古及长城沿线区	黄淮海区	黄土高原区	甘新区	青藏区	西南区	长江中下游区	华南区
城市生态用水量/亿 m³	5.86	1.76	12.90	4.68	2.20	0.05	3.86	14.49	5.20

以上计算结果尚未考虑建筑水景观的用水量，建筑水景观用水量与人口有着比较好的相关性，总体用水量不大。本次研究时采用人均定额法估算，定额的标准参考世界著名"喷泉之都"——罗马。据统计，罗马共有大小喷泉 3000 多处，每座喷泉的水面面积平均约为 100m²，年均用水量约 400m³，罗马城每年的喷泉用水总量约为 120 万 m³。罗马城市人口约 300 万人，人均喷泉用水量约 0.4m³/a。以此标准计算，我国 328 个地级以上城市（39 159 万人）的喷泉用水量约为 1.6 亿 m³。综合上述城市生态用水和建筑水景观用水，我国人工景观生态用水的规模约为 52.6 亿 m³，占全国生态用水总量的一半，其余的一半为天然河湖补水量。

8.2.3　人工景观生态用水影响因子

人工景观生态用水主要有三大影响因子，即经济发展水平、当地水资源条件和城市规划理念。经济发展水平决定了人群的需求层次，从而对生态环境提出了具体的消费需求，当天然生态系统无法满足人群需求时，即产生了人工景观生态建设的内在需求，因此经济发展水平是人工景观生态用水的需求动因。当地水资源条件是人工景观生态系统建设的约束条件。城市规划理念客观上是需求动因和约束条件相互调和的产物，是一个从动因子，但由于直接受人类社会支配，并且直接作用于人工景观生态系统建设的实践，因此也是一个不可忽视的因子。

为了弄清人工景观生态用水的需求规律，本研究通过城市遥感图像，结合当地的水资源条件和社会经济数据，分析了国外 36 个城市及国内 26 个城市的绿地面积比例和水面面积比例，以解析不同发展阶段、不同水资源条件下城市景观生态建设的现状，进而揭示人工景观生态用水的规律。

8.2.3.1　国外城市绿地及水面现状

国外 36 个调研城市绿地面积比例与人均 GDP 的关系如图 8-5 所示，各城市的降水量和人均 GDP 如表 8-13 所示。降水数据主要来自于世界气象局网站，降水统计系列为 1961～1990 年共 30 年的数据，其余部分为 Weatherbase（http：//www.weatherbase.com）公布的世界城市的年平均降水数据。人均 GDP 主要来自 2006 年世界城市 GDP 排名及其他网络发布的统计数据。通过各城市的遥感图像分析，国外 36 个调研城市绿地的水面比例现状如表 8-14

所示，其中9个发达城市绿地的水面比例现状如表8-15所示。

表8-13 国外36个调研城市降水量及人均GDP

序号	城市名称	降水量/mm 数值	降水量/mm 时间	人均GDP/（美元/a）数值	人均GDP/（美元/a）年份
	平均值	1 102.7	—	25 741	—
1	德黑兰	229.9	1961～1990年	12 000	2006
2	慕尼黑	1 055.8	1961～1990年	38 200	2002
3	墨西哥城	816.2	1961～1990年	17 000	2006
4	伦敦	795	1961～1990年	38 900	2002
5	巴西圣保罗	1 454.8	1961～1990年	18 800	2006
6	瓦加杜古	750	Weatherbase	1 500	2007
7	雅典	375.9	Weatherbase	20 100	2002
8	开罗	26	1961～1990年	9 000	2006
9	曼谷	1 498	1961～1990年	13 500	2006
10	梵蒂冈	802.6	Weatherbase	57 200	2005
11	平壤	939.8	1961～1990年	1 800	2008
12	莫斯科	691	1961～1990年	16 800	2006
13	首尔	1 344.2	1961～1990年	23 000	2006
14	巴黎	647.4	1961～1990年	46 000	2006
15	德里	804.5	1961～1990年	5 800	2006
16	华盛顿	981.1	1961～1990年	42 700	2006
17	加尔各答	1 800	1961～1990年	7 400	2005
18	华沙	519.6	1961～1990年	24 000	2005
19	东京	1 466.8	1961～1990年	29 300	2002
20	达卡	1 978.7	Weatherbase	1 600	2002
21	卡拉奇	167.6	1961～1990年	5 600	2002
22	孟买	2 401.2	1961～1990年	8 800	2005
23	太子港	1 323.3	Weatherbase	1 800	2006
24	克里夫兰	2 352.0	Weatherbase	42 200	2002
25	马尼拉	2 201.2	1961～1990年	7 300	2005
26	威尼斯	1 461	1961～1990年	23 500	2005
27	伊斯坦布尔	678.3	1961～1990年	13 300	2006
28	旧金山	500.4	1961～1990年	58 000	2006
29	纽约	1 056.4	1961～1990年	61 000	2006
30	拉格斯	1 538	1961～1990年	7 200	2005
31	大阪	1 306.2	1961～1990年	20 800	2006
32	里斯本	750.7	1961～1990年	35 100	2005
33	里约热内卢	1 172.9	1961～1990年	12 200	2006
34	新加坡	2 150	1961～1990年	32 000	2006
35	洛杉矶	305.3	1961～1990年	45 300	2002
36	布宜诺斯艾利斯	1 214.6	1961～1990年	18 200	2006

表 8-14 国外 36 个调研城市绿地的水面比例现状

序号	城市名称	绿地比例/% 背景值	绿地比例/% 城区	水面比例/% 背景值	水面比例/% 城区
	平均值	36.8	17.7	5.1	2.8
1	德黑兰	32.0	29.4	1.0	1.4
2	慕尼黑	20.4	10.2	1.1	0.8
3	墨西哥城	50.7	25.3	1.5	1.7
4	伦敦	42.0	39.2	1.6	2.5
5	巴西圣保罗	24.1	10.4	1.6	0.4
6	瓦加杜古	32.0	21.9	1.6	1.6
7	雅典	22.6	20.0	2.0	2.0
8	开罗	34.7	10.5	2.1	4.1
9	曼谷	37.9	6.6	2.1	2.7
10	梵蒂冈	19.6	13.7	2.2	2.4
11	平壤	53.4	13.0	2.6	3.9
12	莫斯科	40.3	19.5	3.4	5.2
13	首尔	49.5	15.4	3.8	5.8
14	巴黎	33.9	14.9	4.6	6.4
15	德里	26.9	11.4	4.9	5.7
16	华盛顿	47.8	31.4	5.0	3.0
17	加尔各答	62.5	16.7	6.0	5.9
18	华沙	56.0	32.0	7.6	10.0
19	东京	15.5	7.5	9.0	1.5
20	达卡	56.0	32.1	18.0	8.0
21	卡拉奇	15.0	16.3	沿海	0.8
22	孟买	17.0	8.0	沿海	0.6
23	太子港	20.0	11.8	沿海	2.6
24	克里夫兰	25.0	17.0	沿海	3.0
25	马尼拉	26.2	3.2	沿海	1.1
26	威尼斯	28.0	28.0	沿海	3.0
27	伊斯坦布尔	30.6	24.6	沿海	2.4
28	旧金山	32.0	18.0	沿海	0.0
29	纽约	34.7	15.3	沿海	1.6
30	拉格斯	37.0	4.9	沿海	0.2
31	大阪	42.0	3.6	沿海	1.5
32	里斯本	42.0	29.0	沿海	1.0
33	里约热内卢	47.0	10.0	沿海	1.0
34	新加坡	48.2	33.6	沿海	3.9
35	洛杉矶	57.8	9.8	沿海	0.5
36	布宜诺斯艾利斯	65.5	21.3	沿海	1.0

表 8-15 国外 9 个发达城市绿地及水面面积比例现状

序号	城市名称	绿地面积比例/%		水面面积比例/%	
		背景值	城区	背景值	城区
	发达城市平均值	39.4	22.9	4.6	3.4
1	伦敦	42.0	39.2	1.6	2.5
2	莫斯科	40.3	19.5	3.4	5.2
3	首尔	49.5	15.4	3.8	5.8
4	巴黎	33.9	14.9	4.6	6.4
5	华盛顿	47.8	31.4	5.0	3.0
6	东京	15.5	7.5	9.0	1.5
7	纽约	34.7	15.3	沿海	1.6
8	里斯本	42.0	29.0	沿海	1.0
9	新加坡	48.2	33.6	沿海	3.9

8.2.3.2 国内城市绿地及水面现状

国内 26 个调研城市的分布如图 8-6 所示。通过对《中国县（市）社会经济统计年鉴 2006》和《中国水资源公报 2006》等文献的调研，国内 26 个城市水资源条件和经济发展概况以及计算的城市水资源条件与经济发展的综合指数 C 如表 8-16 所示，可用于后面的绿地面积比例的影响因素分析。国内 26 个城市绿地及水面面积比例现状如表 8-17 所示。

表 8-16 国内 26 个城市水资源条件及经济发展概况

城市	降雨量 P/mm	蒸发量 ET/mm	干旱指数 R/(ET/P)	人均GDP/元	综合指数 C /（GDP/$R \times 10^{-4}$）
北京	572	1 842	3.22	44 969	1.40
重庆	1 209	1 400	1.16	10 982	0.95
济南	673	2 263	3.36	31 604	0.94
郑州	632	1 600	2.53	23 320	0.92
太原	431	1 720	3.99	26 239	0.66
西安	553	1 212	2.19	15 925	0.73
石家庄	517	1 931	3.73	20 082	0.54
呼和浩特	398	2 000	5.03	29 049	0.58
乌鲁木齐	286	1 900	6.64	25 507	0.38
银川	186	2 000	3.70	20 727	0.56
开封	670	1 959	2.92	8 570	0.29
齐齐哈尔	415	1 000	2.41	8 003	0.33
唐山	599	1 500	2.51	28 466	1.14
大连	602	1 548	2.57	38 155	1.48

续表

城市	降雨量 P/mm	蒸发量 ET/mm	干旱指数 R/(ET/P)	人均GDP/元	综合指数 C /(GDP/$R\times10^{-4}$)
武汉	1 269	1 269	1.00	26 238	2.62
宜昌	1 138	1 236	1.09	15 253	1.40
成都	870	1 500	1.72	22 139	1.28
沈阳	690	1 600	2.32	29 935	1.29
襄樊	900	1 400	1.55	10 407	0.67
哈尔滨	524	1 509	2.88	18 821	0.65
天津	575	1 900	3.30	35 783	1.08
南京	1 062	1 473	1.39	35 510	2.56
南昌	1 624	1 307	0.80	23 860	2.97
长沙	1 546	1 500	0.97	23 968	2.47
广州	1 736	1 629	0.94	69 268	7.38
上海	1 184	1 257	1.06	51 474	4.85

表 8-17 国内 26 个城市绿地及水面面积比例现状

序号	城市名称		绿地面积比例/%		水面面积比例/%	
			背景值	城区	背景值	城区
	全国平均		38.17	17.33	6.83	5.42
1	北部地区	北京	52.0	42.3	2.4	3.6
2		哈尔滨	28.0	6.0	3.7	6.8
3		呼和浩特	20.3	6.8	0.7	0.8
4		济南	51.2	30.6	2.8	1.8
5		开封	16.8	1.7	2.1	3.6
6		沈阳	35.5	12.5	9.4	8.8
7		石家庄	38.0	15.4	5.9	3.6
8		太原	28.0	15.9	0.8	0.1
9		唐山	29.0	16.0	0.7	0.1
10		天津	36.5	7.6	9.2	6.0
11		西安	30.0	20.1	1.1	1.6
12		大连	26.4	15.0	4.3	1.0
13		银川	35.3	15.3	5.0	0.5
14		郑州	41.6	24.6	2.0	0.8
15		齐齐哈尔	24.4	6.1	10.0	12.0
16		乌鲁木齐	21.90	5.10	0.50	0.50
	北部16城市平均		32.18	15.06	3.79	3.23

续表

序号	城市名称		绿地面积比例/%		水面面积比例/%	
			背景值	城区	背景值	城区
	全国平均		38.17	17.33	6.83	5.42
17	南部地区	长沙	38.3	11.4	7.1	13.6
18		成都	38.3	14.5	3.2	2.2
19		南京	52.0	27.5	15.0	5.0
20		上海	21.8	17.3	8.3	2.7
21		武汉	56.0	32.0	12.8	14.0
22		襄樊	53.4	7.9	4.9	9.2
23		宜昌	69.7	17.6	14.4	13.5
24		重庆	49.7	34.8	22.0	4.0
25		广州	48.0	28.0	15.0	16.0
26		南昌	50.2	18.5	14.3	9.2
	南部10城市平均		47.74	20.95	11.70	8.94

8.2.3.3 城市生态建设的影响因子分析

国外36个城市中，许多属于港口城市，统计水面面积比例失效，因此对于国外城市重点分析其绿地面积比例与人均GDP的关系。理论上讲，人均GDP越高，市民对景观绿地的需求越高，绿地面积比例越大；实际上，由于城市规模不一，周边的绿地背景各异，城市景观规划的理念也会有所不同，因此城市绿地面积比例并不与人均GDP呈单线性关系。以人均GDP作为横坐标，绿地面积比例作为纵坐标，将国外36个城市点绘在坐标图上（图8-4），细致分析可以发现，两者的关系可以用两条趋势线来刻画，分别定义为规划标准A和B。近似规划标准A的城市有19个，分别是德里、太子港、平壤、雅典、莫斯科、加尔各答、卡拉奇、布宜诺斯艾利斯、华盛顿、里斯本、墨西哥城、威尼斯、伊斯坦布尔、瓦加杜古、新加坡、华沙、德黑兰、伦敦、达卡。近似规划标准B的城市有17个，分别是梵蒂冈、纽约、洛杉矶、大阪、慕尼黑、东京、旧金山、巴黎、马尼拉、曼谷、克里夫兰、拉格斯、巴西圣保罗、孟买、里约热内卢、开罗、首尔。总体来讲，对应规划标准A的城市绿地面积较大，同样人均GDP条件下的绿地面积约为标准B的2.5倍。A类城市绿地面积比例较高，大致分为三种情况：①花园型城市，例如，新加坡、伦敦、雅典、威尼斯等；②参照花园型城市建设的首都，例如，华盛顿、墨西哥城、德里、莫斯科等；③经济欠发达的城市，例如，平壤、达卡、瓦加杜古等。B类城市绿地面积比例较低，也有三种情况：①城市周边绿化背景值高，中心城区绿地面积比例较低，例如，纽约、巴黎、大阪、首尔、里约热内卢等，其城市周边绿化背景值都在35%以上；②降水量较少，限制了其绿地建设，例如，开罗、洛杉矶、旧金山等；③城市绿地建设相对滞后，如孟买、马尼拉等。

综上所述，国外城市生态建设的主要影响因子包括人均 GDP、当地水资源条件以及城市规划理念，三者综合作用形成了现有的两条规划标准，分别为

规划标准 A： $y = 4 \times 10^{-6}x + 0.1672$

规划标准 B： $y = 2 \times 10^{-6}x + 0.0545$

式中，y 为绿地面积比例；x 为城市人均 GDP（美元）。

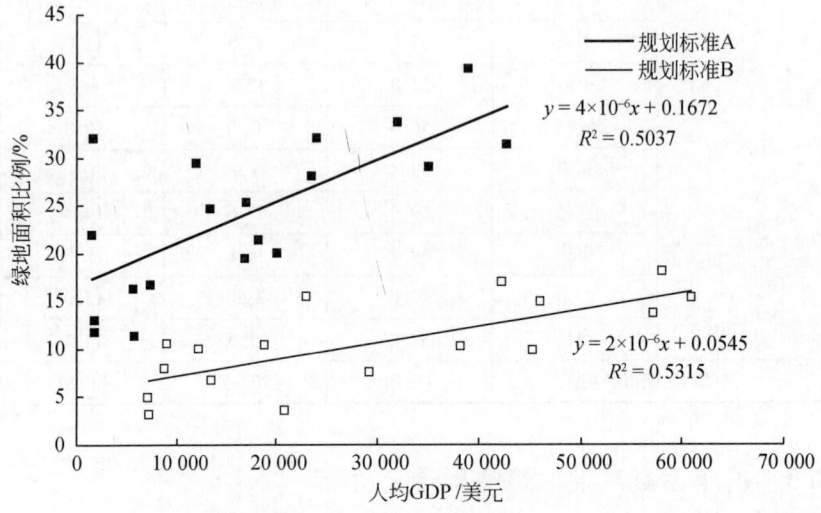

图 8-4　国外 36 个城市绿地面积比例与人均 GDP 的关系

国内 26 个城市的绿地面积比例和水资源及经济发展综合指数 C 的关系如图 8-5 所示。可以看出，26 个城市的点据分别落在三条趋势线附近，这三条趋势线在本研究中依次被定义为西北标准、江淮标准和华南标准。落在西北标准线附近的城市有北京、重庆、济南、郑州、太原、西安、石家庄、呼和浩特、乌鲁木齐、银川、开封、齐齐哈尔。落在江淮标准线附近的城市有唐山、大连、武汉、宜昌、南京、成都、沈阳、襄樊、哈尔滨、天津。落在华南标准线附近的城市有长沙、南昌、广州、上海。上述城市点据与三条标准线的相关程度均较高，相关系数分别为 0.887、0.924 和 0.971。城市点据落点所属的趋势线与城市的实际位置也有不完全符合的情况，例如，重庆位于江淮地区，却落在了西北标准线附近，唐山、天津位于华北地区，却落在了江淮标准线附近，长沙、南昌、上海落在了华南标准线上。这些都与城市当地的规划思路有关，上述三条标准线的称谓只是一个相对地域概念。

城区的水面面积主要受当地降水和蒸发的影响，降水量少、蒸发量大的地区，要维持较大的水面面积必然导致水资源的巨大浪费，因此水资源条件是限制城市水面比例的主要约束条件。图 8-6 显示了国内 26 个城市城区水面面积比例与干旱指数的相关关系，近似为双曲线相关。其中，上海水面面积比例偏小，主要是因为上海沿江临海，周边水面面积比例的背景值高，城区水面面积反而较少；齐齐哈尔市城区水面面积比例较高，是因为该市规模小，且有大面积的松花江故道形成的水面。其他偏离趋势线的点据也各有原因，这里不一一赘述。图 8-6 中的趋势线可以作为城市水面规划的一条参考标准，如果规划城市周

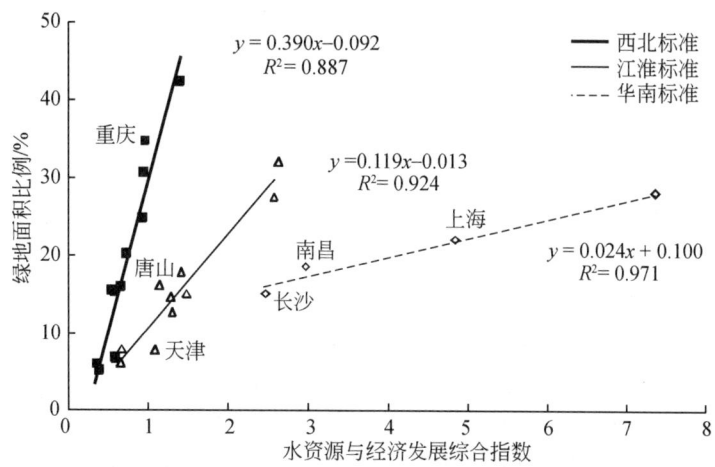

图 8-5　国内 26 个城市绿地面积比例与水资源及经济发展综合指数的关系

边的水面面积比例背景值较高，规划可以适当低于本标准，如果当地现有水面面积比例已经高于本标准，则没有必要在规划新的人工水面，只需对原有水面进行整治改造，提高其生态品位即可。

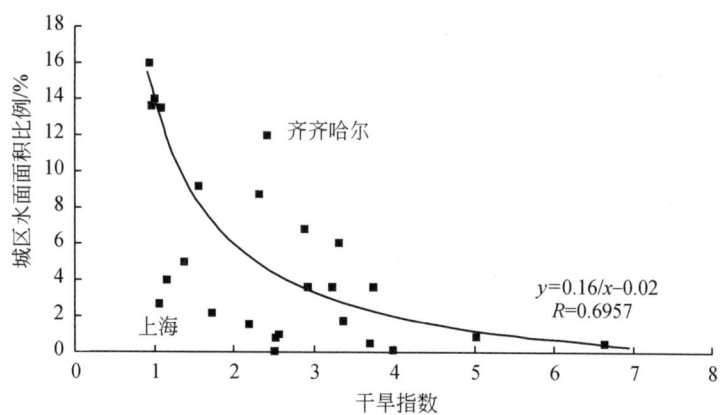

图 8-6　国内 26 个城市城区水面面积比例与干旱指数的相关关系

8.3　人工景观生态建设与用水规划基础理论

8.3.1　人工景观生态建设的目的和基本原则

8.3.1.1　建设目的

人工景观生态建设的目的是营造环境优美、舒适宜居、人水和谐、生态系统良性循环的城市水圈，具体包括如下四个方面：①确保人居环境的健康安全；②水环境的明显改善和水资源的可持续利用；③水体自然景观与人文景观的协调；④历史文化的传承发展和城市品位的提升。

8.3.1.2 基本原则

健康的人工景观生态系统必须建立在城市生态系统科学理论基础之上，按照生态学的基本原理和社会经济可持续发展的要求，以提升城市品位，实现人与自然和谐相处的目标。人工景观生态建设的原则如下：

(1) 水资源约束原则

我国幅员辽阔，南北方纬度的巨大跨度造成了南北方气候的显著差异，突出表现为南方湿润多雨、北方干燥少雨。降雨量分布的严重不均形成了我国南北方水资源分布的巨大差异。因而，在我国进行人工景观生态建设，南方和北方城市的规划标准是不一样的。

南方城市雨量充沛，气候湿润，因而水资源约束小，能够支撑高耗水、高水质的人工景观生态建设的用水需求。同时南方河网密集、水系发达，可以方便地由自然河道改造为景观河道，建设人工补水和天然径流补水相结合的开路水循环系统。人工景观生态系统建设重点要考虑防洪、排涝等安全保障要求。

北方城市水资源匮乏，相对南方城市而言，进行人工景观建设的水资源约束大，适宜规划低耗水的人工景观。由于河网稀疏、河道水量不足，北方城市适合建设人工"内流域"，大部分时间不接纳"内流域"外的天然径流，也不以径流形式向"内流域"外排放，灌溉和补水主要通过再生水。同时要做好循环水体的水质检测、保障体系。

(2) 区域平衡原则

人工景观生态建设须按照区域平衡的原则。处于同一个气候带、水资源量相近的地区，在享受人工景观生态系统带来的服务功能方面的权益是平等的，在渴望健康、美好的人居环境方面的愿望是相同的，所以要本着"公平"的原则进行人工景观生态建设规划。不因同一气候带的地区间的发展速度、经济实力的差异而有所偏颇，更不能以牺牲一个地区的人工景观生态建设的水资源量来满足另一个地区超标准的人工景观生态建设的用水需求。

(3) 经济可行原则

人工景观生态建设须遵照经济可行性原则。不同地区经济发展速度、城市化进程、水资源状况都是不同的，因此，人工景观的建设规模、建设种类、需水程度都要与本地区的社会经济发展水平、水资源可利用量相匹配。例如，北方经济发展较快的缺水地区，水资源极其宝贵，规模适度、高效节水的人工景观建设不仅能让人们享受美好生活环境，促进区域经济社会健康发展。同时，经济的快速发展带来的水资源消耗量的下降又将为人工景观建设节约出更多的水资源量。两者互相促进，相得益彰。反之，超越发展阶段和水资源条件的人工景观生态建设则难以维持，不仅无益于生态修复，还会造成大量的投资浪费。

(4) 节约用水原则

人工景观生态建设须遵循节约用水的原则。在全球干旱趋势的大背景下，无论是现在的丰水地区还是缺水地区，水资源已经成为越来越珍贵的资源。因此，对不同地区人工景观生态建设在规划、施工、运行的各个环节都必须严格遵循节约用水的原则，发挥单位水资源的最大经济效益。适宜的林地、草地、湿地面积比例，是实现人工景观节约用水的先决条件。

8.3.2 基于可持续理念的人工景观用水规划理论

8.3.2.1 人工绿地灌溉需水量计算理论

(1) 人工绿地生态环境需水量计算

人工绿地是城市生态系统中具有负反馈调节功能的重要组成部分，具有改善局部小气候、净化空气、降低噪声、提供生物栖息地以及景观娱乐等生态服务功能。水是城市绿地赖以生存的重要生态因子之一，水资源的盈亏、质量和时空分布差异直接影响着人工绿地生态服务功能的发挥。

人工绿地生态环境需水量是指在一定的降水时间系列下，维持人工绿地系统健康存在与生态服务功能的顺畅发挥所需的一定水质标准下的水量。依据城市绿地生态环境需水的类型，综合分析不同的需水类型所支持的生态服务功能，同时确定不同需水类型的计算指标，如表8-18所示。植物需水是城市绿地植被的水资源消耗量，作为动态水资源长期循环流动，土壤需水是人工绿地系统的水资源储存量，为绿地植被的生长发育提供必要的土壤水分环境，是绿地植被生长所需占用的水量。

表8-18 城市绿地生态环境需水量计算指标

需水类型	生态环境功能	计算指标
植物需水	植物生长发育，改善环境与净化空气，防风、抗灾、降噪声，必要的城市景观美学需要	植物类型、植物覆盖率、植物生长状况与发育阶段、土壤水分条件等
土壤需水	保持土壤一定湿度，为植物供应水分，维持一定的植物形态	土壤类型、土壤质地、土层厚度、土壤含水量、土壤容重等

A. 人工绿地生态环境需水量计算方法

人工绿地生态环境需水量的计算模型如下：

$$W_{cg} = W_p + W_s \tag{8-3}$$

式中，W_{cg} 为城市绿地生态环境需水量（m³）；W_p 为人工绿地植物需水量（m³）；W_s 为人工绿地土壤需水量（m³）。

在缺乏不同城市及不同植被类型的需水资料情况下，实际蒸散量取各城市所在位置植被的平均实际蒸散量，并由此确定植物蒸散消耗需水量计算公式如下：

$$W_p = (1 + 1/99) \cdot \kappa \cdot \sum_{i=1}^{n} \beta_{1i} \cdot ET_{0i} \cdot A_{pi} \tag{8-4}$$

式中，W_p 为人工绿地植物需水量（m³）；κ 为单位换算系数；β_{1i} 为不同类型植被的实际蒸散量与潜在蒸散量的比例（%）；ET_{0i} 为不同类型植被的潜在蒸散量（mm）；A_{pi} 为不同类型植被的覆盖面积（km²）；n 为植被类型数；下标 i 为第 i 种植被类型。计算时间可根据需要，以年、月、旬、生长期、汛期、非汛期等为时间单位。

在缺乏不同区域、不同类型城市土壤水分方面定量化研究资料的情况下，土壤需水量的计算可选取某一区域城市土壤水分常数（如田间持水量）的平均值，采用以下计算方法：

$$W_s = \kappa \cdot \alpha_s \cdot \sum_{i=1}^{n} H_{si} A_{si} \tag{8-5}$$

式中，W_s 为人工绿地土壤需水量（m³）；κ 为单位换算系数；α_s 为不同等级下的土壤实际含水量与田间持水量的比例（%）；H_{si} 为不同类型植被的有效土厚度（m）；A_{si} 为第 i 类土壤分布面积（km²）。

B. 人工绿地生态环境需水等级划分

人工绿地生态环境需水划分为最小、适宜和理想需水三个等级如表 8-19 所示。其中最小需水是系统维持自身发展所需的最低水量，低于这一水量，系统就会逐渐萎缩、退化甚至消亡。

表 8-19 人工绿地生态环境需水等级划分   （单位：%）

需水类型	指标	最小	适宜	理想
植物需水	实际蒸散量/潜在蒸散量	60	80～90	100
土壤需水	土壤含水量/田间持水量	55	65～70	100

选取实际蒸散量与潜在蒸散量的比值作为植物需水的等级划分指标；选取田间持水量为土壤需水的理想阈值，临界土壤含水量为适宜需水的上限值，植物生长阻滞水量作为土壤需水的最小阈值。据此，选取土壤含水量与田间持水量比值作为土壤需水的等级划分指标。

(2) 主要园林树种的灌溉需水量计算理论

树木吸收的水分只有一小部分（1%）用于代谢，绝大多数通过蒸腾散失到大气中。树木耗水量是一个随时间和空间而不断变化的变量，影响树木耗水量的因素比较多，如气象条件、土壤条件、植物种类、栽培方式等。认识与掌握乔木、灌木耗水规律，对于实现节水灌溉具有重要意义。

不同绿化植物的年耗水量差异较大，主要是由于不同植株的根冠结构、吸水与释水性能存在显著差异。张俊民等（2004）根据"北京市居住区绿化生态效益的研究"相关成果计算出了典型落叶阔叶树的耗水特征（表 8-20）和常见乔木、灌木的年蒸散量（表 8-21），刘淑明等（2004）研究确定了黄土高原区（年干燥度 1.1，年降水量 631 mm）油松和侧柏人工林适宜灌溉定额（表 8-22）。

表 8-20　典型落叶阔叶树耗水特征　　　　　　　　　　（单位：mm）

树种	5	6	7	8	9	10	全生长期
美国红栌	74.3	86.2	98.7	111.4	100.2	92.5	563.3
紫叶黄栌	60.9	89.7	101.2	115.9	85.6	75.8	529.1
黄栌	79.1	98.5	107.2	119.7	90.5	83.7	568.7
欧李	58.2	85.3	95.7	61.6	55.2	44.4	400.4
刺槐	—	—	—	—	—	—	498.6
桃	—	—	—	—	—	—	625.1
苹果	—	—	—	—	—	—	591.2

表 8-21　常见乔木、灌木单株年蒸散量

类别	名称	绿量/m²	日释放水量/(g/m²)	年蒸腾水量/(m³/株)
落叶乔木（胸径15cm）	栾树	141.13	1281.3	23.1
	臭椿	117.12	1293.4	19.3
	白蜡	160.75	1577.7	32.4
	银杏	91.46	1260.4	14.7
	国槐	141.53	1803.4	32.6
	垂柳	115.84	1864.8	27.6
	毛白杨	85.97	1786.1	19.6
	落叶乔木平均	121.97	1552.4	24.2
常绿乔木（胸径10cm）	油松	87.51	1560	17.4
	桧柏	51.42	1698	11.1
	白皮松	120.77	1736	26.8
	常绿乔木平均	86.57	1664.7	18.4
灌木（冠高1.8m）	丁香	6.8	1113.2	1.0
	西府海棠	8.2	1143.6	1.2
	金银木	10.7	1333.7	1.8
	连翘	2.8	1449.4	0.5
	天目琼花	2.6	996.4	0.3
	榆叶梅	17.1	1421.2	3.1
	紫薇	9.8	1429.7	1.8
	珍珠梅	9.8	1183.4	1.5
	灌木平均	7.9	1290.3	1.3

表 8-22　典型常绿针叶树适宜灌溉定额　　　　　　　　（单位：m³/hm²）

树种	月份			合计
	3	5	7~8	
油松	400	1630~3000	3230~3730	5250~6000
侧柏	400	1640~2980	3290~5960	5330~9330

(3) 主要园林草种的灌溉需水计算

近年来，国内外针对农作物灌溉需水量计算开展了大量的研究，已经建立了较为完善的农作物需水量计算方法，但是对城市园林绿地需水量研究相对滞后，目前的研究重点还主要集中在草坪草需水量计算方面。计算公式如下（刘洪禄，2006）：

$$\mathrm{ET}_c = K_c \cdot \mathrm{ET}_o \tag{8-6}$$

式中，ET_c 为草坪需水量；K_c 为作物系数；ET_o 为参考作物需水量，指开阔地高度 10~17cm 的冷季型草坪草蒸腾量。

下面列出不同草坪草的 K_c 值：

紫花苜蓿 $K_c = 0.77$；

冷季型草坪草 $K_c = 1.14$；

暖季型草坪草 $K_c = 0.96$。

8.3.2.2　人工湿地需水量计算理论

(1) 湿地生态需水量的计算

A. 湿地植物需水量

湿地植物需水量包括植物同化过程耗水和体内包含的水分蒸腾耗水、湿地植株表面蒸发耗水以及土壤蒸发耗水。其中蒸腾和土壤蒸发是最主要的耗水途径，占植物需水量的99%，因而把植物需水量近似理解为蒸散发量。从理论上可表达为（杨志峰等，2003）

$$\frac{\mathrm{d}W_p}{\mathrm{d}t} = \mathrm{ET}_m \tag{8-7}$$

式中，W_p 为植物需水量；ET_m 为蒸散发量；t 为时间，以月为单位。

B. 湿地土壤需水量

湿地土壤需水量与植物生长及其需水量密切相关。植物密集的湿地（如沼泽、草甸）和植被稀疏或滩涂湿地计算土壤需水量的方法有差异。土壤含水量是计算土壤需水量的基础和依据，湿地土壤含水量用以下公式计算：

$$S = 0.1 W_e h \tag{8-8}$$

式中，S 为土壤含水量（mm）；0.1 为单位转换系数；W_e 为土壤容积湿度；h 为土层厚度。

C. 野生生物栖息地需水量

野生生物栖息地需水量是鱼类、鸟类等栖息、繁殖需要的基本水量。根据正常年份鸟类或鱼类在该区栖息、繁殖的范围内计算其正常水量，为避免与湿地土壤需水量的重复，这里只计算地表以上低洼地的蓄水量（满足野生动物栖息、繁殖的水量）。

野生生物栖息地需水量表示为

$$Q_1 = 1/6 \left(A_b + A_t + \sqrt{A_t A_b}\right) \delta_1 (T_1 + B) \tag{8-9}$$

$$Q_2 = 1/6 \left(A_b + A_m + \sqrt{A_m A_b}\right) \delta_2 (T_2 + B) \tag{8-10}$$

式中，Q_1 为洪水期需水量；Q_2 为枯水期需水量；A_b 为湿地区正常年面积；A_t 为洪水期湿地面积；A_m 为枯水期湿地面积；T_1、T_2 分别为洪水期、枯水期水平面高度；B 为正常年水平面高度；δ_1、δ_2 为水平面高度订正系数。

(2) 湿地环境需水量的计算

足够的水量、良好的水质、宽阔的水面和一定的流速是人工湿地环境需水的重要保证。表 8-23 列举了人工湿地系统生态环境需水分类及其计算指标（杨志峰等，2006）。

表 8-23　人工湿地生态环境需水分类与计算指标

分类	计算指标
生态基流	河流水面面积、河道断面宽度与水深、河流流速
栖息地需水	湖泊水面面积、湖泊水深
水面蒸发消耗需水	湿地水面面积、湿地水面蒸发量
渗漏消耗需水	湿地水面面积、河道断面宽度与水深、湖泊水深、渗漏系数
水体置换需水	湖泊水面面积、湖泊水深、湖泊换水周期

人工湿地生态环境需水量计算模型如下：

$$W_{cw} = W_w + W_u + \mu_{\max}(W_b, W_h, W_L) \tag{8-11}$$

式中，W_{cw} 为人工湿地生态环境需水量（m^3）；W_w 为湿地水面蒸发消耗需水量（m^3）；W_u 为湿地渗漏消耗需水量（m^3）；W_b 为河道基流（m^3）；W_L 为湿地水体置换需水量（m^3）。

A. 城市生态基流（W_b）

对城市河流来说，河道生态基流的功能主要体现为维持河流自身的存在、保持一定的流速与流态等几个方面。根据城市河流所发挥的主要生态环境功能，综合考虑城市河流水面面积、平均断面宽度和水深、平均流速及其季节性变化等因素，这里给出针对城市河流（特别是人工河道）生态基流的计算方法：

$$W_b = \kappa V B_b T \tag{8-12}$$

式中，κ 为单位换算系数；V 为河流断面平均流速（m/s），可通过实测资料获得，亦可利用水力学公式（谢才公式）求得；B_b 为过水断面面积（m^2）；T 为时间（根据计算精度的要求，可以选择年、汛期和非汛期、月、旬、日等作为计算的时间尺度）。

B. 湿地栖息地需水量（W_h）

为维持湖泊正常的生态环境功能，在允许一定水位变化范围的情况下，必须保证城市湿地常年存在的水量。湿地栖息地需水量可通过下式计算：

$$W_h = \varepsilon A_h H_h \tag{8-13}$$

式中，ε 为湿地水面面积占湿地总面积的比例（%）；A_h 为城市湿地水面面积（m^2）；H_h 为不同等级的湿地平均水深（m）。

C. 湿地水面蒸发消耗需水量（W_w）

水面蒸发是水体水分的消耗项，无论是湖泊还是河流都必须对这部分水量进行补充，才能保证在水量平衡的情况下，水位维持基本不变，即保证城市湿地自身的存在。其计算公式如下：

$$W_w = E_{601} A_w \tag{8-14}$$

式中，A_w 为湿地水面面积（m²）；E_{601} 为 E-601 型蒸发器实测的城市湿地水面蒸发量（mm）。

D. 湿地渗漏消耗需水量（W_u）

湖泊、水库的渗漏损失量与水面面积、蓄水量和水文地质条件有关。人工湿地渗漏消耗需水量的计算公式如下：

$$W_u = \kappa I B_u T \tag{8-15}$$

式中，κ 为渗透系数；I 为水力坡度；B_u 为渗漏剖面面积；T 为计算时段长度。

渗透系数：黏土 $k=1\text{mm/d}$，亚黏土 $k=1.7\text{mm/d}$，亚砂土 $k=2.5\text{mm/d}$，粉细沙 $k=3\text{mm/d}$，粗沙 $k=5\text{mm/d}$。

E. 湿地水体置换需水量（W_L）

当城市湿地自身不能净化输入的污染物，水质恶化严重时，人工换水成为一种解决问题的办法，其实质是促进水体的流动。湿地水体置换需水量计算公式如下：

$$W_L = A_w \cdot H_w \cdot T_L \tag{8-16}$$

式中，W_L 为人工湿地置换需水量（m³）；A_w 为湿地水面面积（m²）；H_w 为不同等级湿地平均水深（m）；T_L 为湿地置换水周期（年/次）。

(3) 人工湿地环境需水等级划分

与人工绿地环境需水等级划分相同，将人工湿地环境需水划分为三个等级，即最小、适宜和理想需水，如表 8-24 所示。

表 8-24 人工湿地生态环境需水等级划分

需水类型	指标	最小	适宜	理想
河道生态基流	（过水断面面积/河流断面面积）/%	40	60~80	100
		30	50~70	100
栖息地、水面蒸发及渗漏消耗需水	（湿地水面面积/湿面面积）/%	40	60~80	100
		30	50~70	100
	湿地水深/m	0.8	1.2~1.6	2.0
		0.6	1.0~1.4	2.0
湿地水体置换需水	湿地置换水周期/（年/次）	1.25	0.75~1.0	0.5

8.3.2.3 建筑水景观需水量计算理论

(1) 建筑水景观的蒸发量计算

建筑水景观采用循环水，水面面积相对固定。水面蒸发是建筑水景观最主要的水量损失途径。其蒸发速率（单位面积的蒸发量）的计算可以采用国内外计算水面蒸发的常用公式彭曼公式：

$$E = \frac{\Delta \cdot R + \gamma \cdot E_a}{\Delta + \gamma} \tag{8-17}$$

式中，E 为水面蒸发量；R 为水面辐射平衡值；E_a 为水面附近空气干燥力；Δ 为饱和水气压曲线的斜率；γ 为干湿球常数。

由于原型彭曼公式中 R 与 E_a 的计算方法是根据英国特定的海洋气候条件下取得的实验资料建立的，因此，我国学者一般采用以下办法对彭曼公式进行修正：①利用布朗特公式或别尔良德公式计算水面有效辐射 F；根据埃斯川姆公式建立计算水面太阳辐射总量 Q 的区域性经验公式；经验估计水面反射率 a 后，由公式 $R = (1-a)Q - F$ 确定水面辐射平衡 R 的数值。②采用 20m^2 蒸发池或漂浮蒸发器的蒸发量与饱和水气压差及风速等资料，建立以道尔顿模型为基础的半经验公式，用以确定 E_a（闵骞和苏崇萍，1993；郭生练，1994）。

（2）建筑水景观的需水量计算

建筑水景观的耗水途径主要包括蒸发损失、循环渗漏损失、雾化损失等。蒸发损失通过式（8-17）计算单位面积的蒸发量乘以面积得到。循环渗漏损失针对不同的建筑形式要分别计算，例如，对于有防渗处理和没有防渗处理的广场喷泉水池，其循环渗漏量的计算要加以区别：有防渗处理的循环渗漏量很小，可以忽略不计；没有防渗处理的，要根据式（8-15）计算水池渗漏量。建筑水景观的雾化损失主要指喷泉、水幕等的雾化作用损失的水量，这部分损失要根据水景观的运行时间和雾化损失速率计算。目前，关于水景观雾化损失速率的理论计算研究成果较少，可以先根据水景观的规模估算一个综合损失速率，再乘以水景观的运行时间得到。

8.3.2.4 人工景观生态用水的重复水量计算理论

（1）人工绿地与人工湿地的重复水量计算理论

一般情况下的区域水资源总量计算，是在分析计算地表水和地下水资源的基础上推求的。但不是简单地将地表水与地下水资源量之和作为水资源总量。由于地表水和地下水之间互相联系，又互相转化，河川径流量中包括一部分地下水排泄量，地下水补给量中有一部分来源于地表水体入渗，从而产生了各自计算量中的重复问题。因此，正确的水资源总量应该是地表水与地下水资源量（平原区需扣除井灌回归补给量）之和再扣除二者之间的重复水量。人工景观生态用水量的计算与区域水资源总量的计算相类似，人工景观生态用水总量不是各类景观用水量的简单相加，还要考虑其中的重复量问题。

城市人工景观生态用水包括人工湿地、人工绿地和建筑水景观用水。由于大部分人工建筑水景观都预先做好了防渗处理，渗漏损失很小，可以忽略不计。而人工湿地与人工绿地间的生态用水重复计算问题不容忽视。

水资源规划中的城市生态环境用水计算一般采用定额法，其中考虑了渗漏损失量。通常城市生态环境用水 W，包括城市绿地用水 W_G、湖泊水面蒸发 W_E、湖泊水下渗 W_L、环境卫生用水 W_H 等。计算公式如下（张杰等，2008）：

$$W = W_G + W_E + W_L + W_H \tag{8-18}$$
$$W_G = A_1 \times \varphi \tag{8-18a}$$
$$W_E = (E - P) \times A_2 \div 1000 \tag{8-18b}$$
$$W_L = A_2 \times h \tag{8-18c}$$
$$W_H = A_3 \times q \tag{8-18d}$$

式中，φ 为绿化用水定额（m^3/m^2）；A_1 为绿化覆盖面积（m^2）；E、P 分别为城市的水蒸发量和降水量（mm）；A_2 为城市的水面面积（m^2）；h 为年渗漏水深（mm）；A_3 为建城区面积（m^2）；q 为环境卫生用水定额（m^3/m^2）。

由此可见，在景观生态用水量的计算中，人工湿地、人工绿地用水量计算中都包括渗漏损失量。由于水分人工湿地与人工绿地之间的互相联系、互相转化，在渗漏的同时相互都有补给，从而也产生了各自用水量计算中的重复问题。正确的人工景观生态用水总量应该是建筑水景观、人工湿地和人工绿地用水量之和再扣除人工湿地和人工绿地用水的重复水量。

（2）人工绿地与人工湿地的重复水量计算

人工湿地与人工绿地的重复水量就是地下水交换过程中的净出流量，可以根据湿地水量平衡原理进行估算。湿地水量平衡原理计算公式为（李九一等，2006）

$$\Delta W = P - E + (R_i - R_o) + (G_i - G_o) \tag{8-19}$$

式中，ΔW 为湿地储水变化量；P、E 分别为降水量和蒸发量；R_i、R_o 分别为地表水入流和出流量；G_i、G_o 分别为地下水入流和出流量。上述变量单位均为 m^3。

根据湿地水量平衡公式，可求得其地下水净流出量：

$$G_o = G_i - \Delta W + P - E + (R_i - R_o) \tag{8-20}$$

人工绿地水量平衡原理计算公式为（刘洪禄等，2006）

$$G + P + U = E + I + J + \Delta Q \tag{8-21}$$

式中，G 为灌溉水量；E 为蒸散发量；P 为有效降水量；ΔQ 为土壤蓄水变量；U 为地下水补给量，包括测渗补给；J 为植株体水分变量；I 为侧向和深层渗漏量。上述变量单位均为 mm。植株体水分变量 J 一般小于植物耗水量的 1%。因此，公式可简化为

$$G + P + U = E + I + \Delta Q \tag{8-22}$$
$$I = G + P + U - E - \Delta Q \tag{8-23}$$

人工湿地与人工绿地的重复水量是指有水力联系的"绿地—湿地"、"绿地—绿地"、"湿地—湿地"或"湿地—绿地"之间在地下水交换过程中，下游地块从上游地块中获得的净水量 W_R，其示意图如图 8-7 所示。

下游地块从上游地块中获得的净水量 W_R 只占式（8-20）或式（8-23）计算出的净流出水量的一部分（另一部分垂直入渗进入地下水），实际计算中将总上游单元的总流出水量乘以一个比例系数得到重复水量 W_R，比例系数的大小通过实地调研得到。

8.3.2.5 人工景观生态系统建设格局的优化理论

随着我国城市化进程的加快，人工景观生态系统的建设活动日趋频繁，人工绿地、人

第 8 章 | 人工景观生态系统用水原理及其建设模式

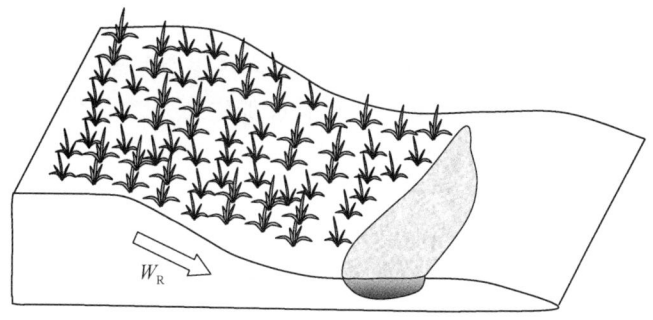

a. "绿地—湿地"系统重复水量示意图

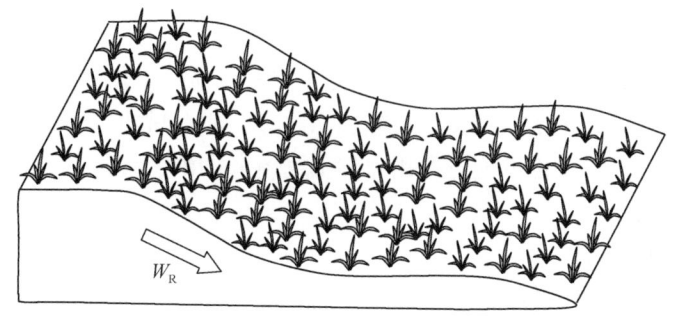

b. "绿地—绿地"系统重复水量示意图

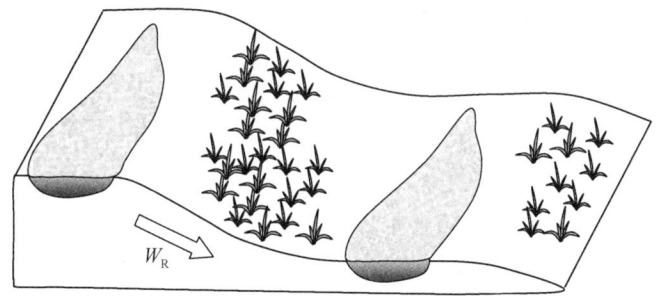

c. "湿地—湿地"系统重复水量示意图

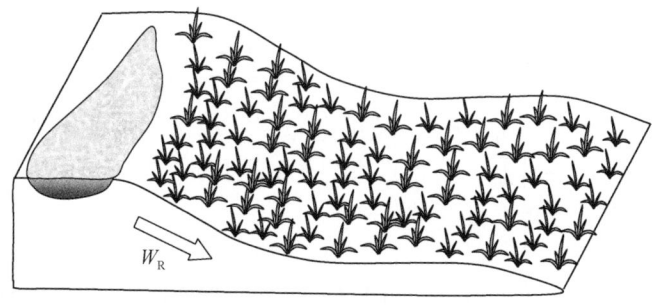

d. "湿地—绿地"系统重复水量示意图

图 8-7 人工湿地和人工绿地系统重复水量示意图

| 327 |

工湿地、建筑水景观的大量涌现，在为人们生活提供优美的环境、愉悦的精神享受的同时也带来了由于系统建设格局的不合理而引发的一系列水生态问题。为此，人工景观生态建设格局问题引发了人们越来越多的关注。人工景观生态系统建设格局须遵循以下几项原则：

(1) 可持续发展原则

按照不同水体、不同水域、不同地段的功能定位，合理、有序规范管理水开发强度和空间布局，要与两个承载能力相适应，即与水资源承载能力和水环境承载能力相适应，严格限制高耗水的景观项目。强化水资源承载能力和水环境承载能力的约束，以水资源的可持续利用支撑和保障人工景观生态系统用水的可持续发展。

(2) 总体规划的原则

我们只有对人工景观生态系统中的人工绿地、人工湿地、建筑水景观进行总体规划，才能够最大限度地利用、维护城市整体自然山水格局，避免城市盲目扩张造成对自然景观基础的破碎化，更主要的是能够充分利用自然的河流、湖泊、湿地，对恢复和重新构建水生态系统起决定性的作用。

(3) 崇尚自然的原则

A. 尊重水的自然运动规律

水域景观开发建设过程中，要尊重水的自然运动规律。人工景观生态系统建设必须保证上游地区的用水循环不影响下游的水体功能，地表水的循环利用不影响地下水的功能与水质，水的人工循环不损害水的自然循环，维系或恢复城市乃至整个流域的良好水环境。要留给水出路，从水循环的角度来与水环境共生共存。

B. 崇尚自然为主的生态水工技术

人类在享受水利工程带来种种有形经济效益的同时，水域生态系统长期为人们无偿提供的各种服务功能，却不知不觉地消失了，这种隐形的损失是不可估量的。人工景观生态系统建设中的水工技术需要向崇尚自然的、以生态为主的方向转变，主要有下列四种类型：①选用自然型工程技术；②选用近自然型工程技术；③选用生态施工法；④选用当地传统的工程技法。在应用这些工程时应注重它们与水景艺术设计的结合。

(4) 生态用水安全保障的原则

在一定水域空间内，凡是对人工景观的生存和发展及环境质量的维持与改善起支持作用的系统所消耗和存现的水量，称为水景观生态系统用水量。忽视和严重挤占生态用水，会导致水域维持生态平衡的功能减弱，城市生态环境恶化。要充分保障人工景观生态用水，在保持整个水域生态系统基本需要的基础上改善水质，维护水域生态系统的生物多样性，从而促进整体景观要素的良性互动。

(5) 区划保护的原则

根据城市水体水质、水生态现状、服务对象和总体规划发展布局，对人工景观进行水功能区划。对不同分区的水体进行水体纳污能力分析计算，作出污染物排放总量控制规划。在此基础上合理布局水处理设施，建立完善的污水收集与输送系统，将水污染防治的重点由末端治理转向源头控制，保证城市水生态系统的良性循环。

8.4 人工景观用水规划标准研究

8.4.1 水量标准

人工景观用水的水量标准主要取决于人工绿地和人工湿地，建筑水景观用水较少，且多数为一次性投入，换水周期长，本章不做重点考虑。

水量标准的具体体现是人工绿地和人工湿地面积的比例大小，水资源充沛的地区，绿地和湿地面积比例可以规划得高一些，水资源短缺的地区，绿地和湿地的面积比例要相应缩减。同时由于人工景观生态系统的建设需要大量的资金，因此面积比例的规划因子中还要考虑当地的经济发展水平，本节采用水资源及经济发展综合指数 C 来表征这一因子。

8.4.1.1 人工绿地规划标准

对于人工绿地，结合国内城市的绿地面积比例与水资源及经济发展综合指数 C 的关系将中国分为三个地区，具体分区如图 8-8 所示。第一条红色分界线以上为西北地区，如北京、太原、西安、石家庄、呼和浩特、乌鲁木齐、银川等城市，此类城市绿地面积比例规划满足西北标准：

$$y = 0.3903x - 0.092 \tag{8-24}$$

式中，y 为绿地面积比例；x 为综合指数，$x =$ 人均 GDP/R，$R = $ ET/P，ET 为蒸发量（mm）；P 为降雨量（mm）。

两条红线之间为江淮地区，如成都、襄樊等城市，此类城市绿地面积比例规划满足江淮标准：

$$y = 0.1348x - 0.0207 \tag{8-25}$$

式中，y，x 的具体含义同式（8-24）。

第二条红线以下为华南地区，如长沙、广州等地，此类城市绿地面积比例规划满足华南标准：

$$y = 0.024x + 0.1 \tag{8-26}$$

式中，y，x 的具体含义同式（8-24）。

位于分界线上及其周边的城市可以参照两类城市标准确定其中的一种，如郑州、西安现状绿地面积比例为西北标准，哈尔滨、天津则为江淮标准。分区图与所选 26 个城市实际状况比较吻合，只有个别城市不满足此分类，这是由于该地区的城市规划理念和特殊地理位置造成的，如重庆，本来应落在江淮标准线上，但是现状绿地面积比例却高于江淮标准。这主要是由于重庆为山城，城市周边都是山，且水资源充沛，本身天然绿化较好；城区依山而建，绿化成本较低，因此重庆市区相对于其现状人均 GDP 而言，绿化面积偏大。

为验证此标准的可行性，现从三个地区各选一个城市，即位于西北地区的兰州、位于江淮地区的合肥和位于华南地区的杭州，分析其是否符合所规划的标准。三个城市水资源

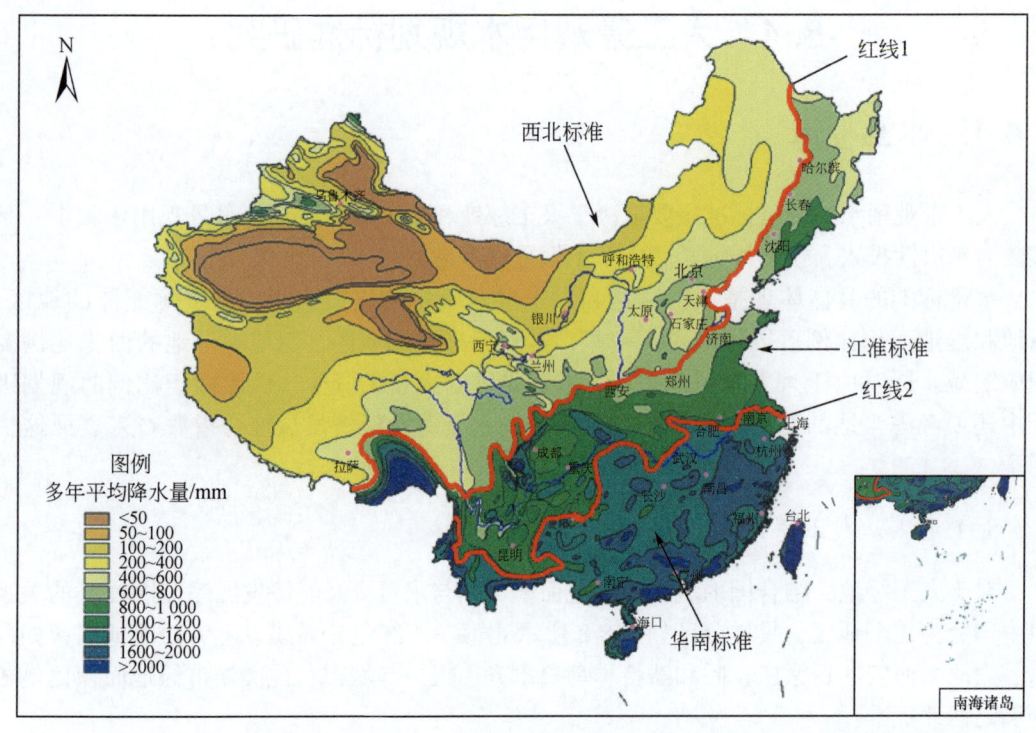

图 8-8 人工绿地规划标准分区图

条件及经济发展状况如表 8-25 所示，数据来源与其他 26 个城市一样，具体分析结果如图 8-9 所示。由图 8-9 可以看出，三个城市所对应的点紧密围绕所规划的标准线，这印证了本研究提出的规划标准的可行性。

表 8-25　三个城市的水资源条件及经济发展概况

城市	绿地面积比例/%	降水量/mm	蒸发量/mm	干旱指数	人均 GDP/元	综合指数
兰州	11.5	311.7	1 468	4.71	18 296	0.39
合肥	20.4	945.6	876	0.93	18 732	2.02
杭州	21.6	1 454.6	1 275	0.88	38 879	4.44

8.4.1.2　人工湿地规划标准

对于人工湿地，其主要的制约因素是水资源，没有足够的水量，即使有建设人工湿地的经济实力，依然无法维持超过当地标准的湿地面积，如果强行建设，则将会影响当地水资源的可持续利用。因此，本节主要根据图 8-6 的湿地面积现状调研成果确定城市人工湿地面积的规划标准。由城市城区水面面积比例与干旱指数的相关关系可以得出，城区人工

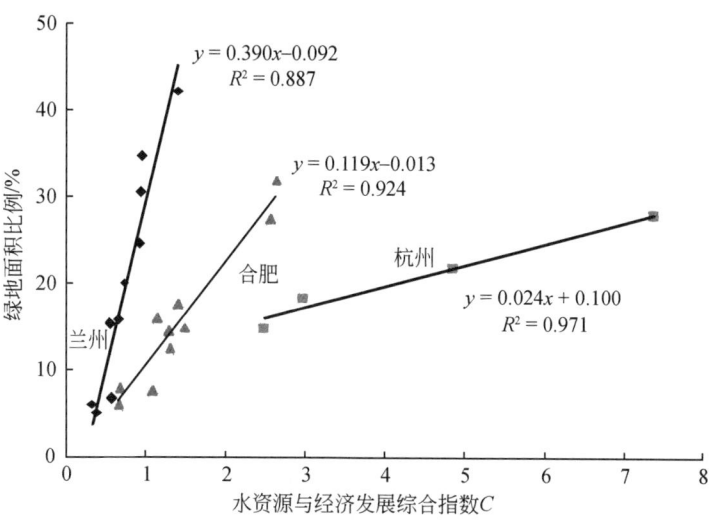

图 8-9　三个样本城市与三条标准线的关系图

湿地比例规划标准为

$$y = \frac{0.16}{x} - 0.02 \tag{8-27}$$

式中，y 为城区湿地面积比例；x 为当地干旱指数。各地区的湿地背景各不相同，对湿地的规划造成一定的影响，因此，此标准不是一个绝对固定的标准，可以根据当地的情况和规划理念作适当的调整，但调整幅度不易过大，否则当地水资源条件将难以支撑。

人工景观生态系统的需水总量可以参照上述关于人工绿地和人工湿地的需水量计算理论，结合标准中规定的绿地面积和湿地面积计算出的需水量即为适宜本地区的水量标准。

8.4.2　水质标准

对于不同的人工景观用水要采取不同的水质标准，从而达到水资源的合理配置，并节约成本。水质标准按照中华人民共和国住房和城乡建设部颁布的《再生水回用于景观水体的水质标准》（CJ/T 95—2000）（表 8-26）和原国家环境保护局颁布的《地表水环境质量标准》（GB 3838—2002）（表 8-27）。

表 8-26　再生水回用于景观水体的水质标准　　　　　　　　（单位[①]：mg/L）

序号	回用类型 标准值 项目	A 人体非直接接触	B 人体非全身性接触
1	基本要求	无漂浮物，无令人不愉快的嗅和味	无漂浮物，无令人不愉快的嗅和味
2	色度/度	30	30

续表

序号	项目 \ 标准值 \ 回用类型	A 人体非直接接触	B 人体非全身性接触
3	pH	6.5~9.0	6.5~9.0
4	化学需氧量（COD）	60	50
5	五日生化需氧量（BOD$_5$）	20	10
6	悬浮物（SD）	20	20
7	总磷（以P计）	2.0	1.0
8	凯式氮	15	10
9	大肠菌群/（个/L）	1000	500
10	余氯[2]	0.2~1.0[3]	0.2~1.0[3]
11	全盐量	1000/2000[3]	1000/2000[4]
12	氯化物（以Cl$^-$计）	350	350
13	溶解性铁	0.4	0.4
14	总锰	1.0	1.0
15	挥发酚	0.1	0.1
16	石油类	1.0	1.0
17	阴离子表面活性剂	0.3	0.3

[1] pH 及注明单位处除外；
[2] 1.0 为夏季水温超过25℃时采用值；
[3] 为管网末梢余氯；
[4] 2000 为盐碱地区采用值。

表8-27　地表水环境质量标准基本项目标准限值　　（单位：mg/L）

序号	项目	要求	水质分类[1]				
			I类	II类	III类	IV类	V类
1	水温	人为造成的环境水温变化应限制在：周平均最大温升≤1℃；周平均最大温降≤2℃					
2	pH（无量纲）		6~9				
3	溶解氧	≥	饱和率90%（或7.5）	6	5	3	2
4	高锰酸盐指数	≤	2	4	6	10	15
5	化学需氧量（COD）	≤	15	15	20	30	40
6	五日生化需氧量（BOD$_5$）	≤	3	3	4	6	10

续表

序号	项目	要求	水质分类①				
			Ⅰ类	Ⅱ类	Ⅲ类	Ⅳ类	Ⅴ类
7	氨氮（NH$_3$-N）	≤	0.15	0.5	1.0	1.5	2.0
8	总磷（以P计）	≤	0.02 0.01②	0.1 0.025②	0.2 0.05②	0.3 0.1②	0.4 0.2②
9	总氮（湖、库、以N计）	≤	0.2	0.5	1.0	1.5	2.0
10	铜	≤	0.01	1.0	1.0	1.0	1.0
11	锌	≤	0.05	1.0	1.0	2.0	2.0
12	氟化物（以F$^-$计）	≤	1.0	1.0	1.0	1.5	1.5
13	硒	≤	0.01	0.01	0.01	0.02	0.02
14	砷	≤	0.05	0.05	0.05	0.1	0.1
15	汞	≤	0.000 05	0.000 05	0.000 1	0.001	0.001
16	镉	≤	0.001	0.005	0.005	0.005	0.01
17	铬（六价）	≤	0.01	0.05	0.05	0.05	0.1
18	铅	≤	0.01	0.01	0.05	0.05	0.1
19	氰化物	≤	0.005	0.05	0.02	0.2	0.2
20	挥发酚	≤	0.002	0.002	0.005	0.01	0.1
21	石油类	≤	0.05	0.05	0.05	0.5	1.0
22	阴离子表面活性剂	≤	0.2	0.2	0.2	0.3	0.3
23	硫化物	≤	0.05	0.1	0.2	0.5	1.0
24	粪大肠菌群/（个/L）	≤	200	2 000	10 000	20 000	40 000

①Ⅰ类主要适用于源头水、国家自然保护区；Ⅱ类主要适用于集中式生活饮用水地表水源地一级保护区、珍稀水生生物栖息地、鱼虾类产卵场、仔稚幼鱼的索饵场等；Ⅲ类主要适用于集中式生活饮用水地表水源地二级保护区、鱼虾类越冬场、洄游通道、水产养殖区等渔业水域及游泳区；Ⅳ类主要适用于一般工业用水区及人体非直接接触的娱乐用水区；Ⅴ类主要适用于农业用水区及一般景观要求水域。
②湖泊、水库水质要求。

8.4.2.1 亲水河岸水质标准

由于亲水河岸是人类嬉戏、玩耍的地方，与人类的接触较为密切，因此对亲水河岸的水质要求较高，采用《地表水环境质量标准》（GB 3838—2002）中Ⅲ类用水水质标准，具体水质指标如表 8-27 所示。

8.4.2.2 景观河道水质标准

如果景观河道水体为流动水体，由于其自身可以一定程度地稀释排入水的污染物，因此从节约成本、合理利用水资源的角度出发，水质标准采用《再生水回用于景观水体的水质标准》（CJ/T 95—2000）中的 A 类水体水质标准，具体水质标准如表 8-26 所示。

如果景观河道水体为没有任何稀释条件的缓流人工水体，为了防止水体继续劣化甚至黑臭，丧失作为景观用水水体的价值，造成巨额浪费，应采用水质标准要求较严的《地表水环境质量标准》（GB 3838—2002）中的Ⅳ~Ⅴ类水质标准。

8.4.2.3 建筑水景观水质标准

建筑水景观多以观赏性为主，很少与人类直接接触，因此，水质标准采用《地表水环境质量标准》（GB 3838—2002）中的Ⅳ类水质标准。

8.4.2.4 绿地灌溉水质标准

为了节约水资源，绿地灌溉应采用再生水，但是研究表明，再生水中的多数污染物不仅对动植物是有毒性的，而且很有可能进入地下含水层使饮用水污染物超标（崔超等，2004），并且再生水中的病原体会依附到植物表面，人体接触后很可能会被感染（张克强，等，2006）。因此用再生水灌溉绿地应遵循一定的标准，严控重金属、持久性有机物、激素等，富营养化标准也要适当降低。具体指标可以参照由北京市园林局和北京市水务局联合发布的《北京城市园林绿地使用再生水灌溉指导书》中再生水浇灌城市园林绿地的水质要求，如表 8-28 所示。不同的地区可以结合当地具体情况进行适当调整。

表 8-28 再生水浇灌城市园林绿地的水质要求　　　　（单位：mg/L）

序号	项目	标准值
1	pH（无量纲）	6.5~8.5
2	嗅	无不快感
3	全盐量（溶解性总固体）/(mg/L) ≤	1000
4	氯化物/(mg/L) ≤	250
5	总磷（以 P 计）/(mg/L) ≤	10
6	氨氮/(mg/L) ≤	20
7	生化需氧量（BOD_5）/(mg/L) ≤	20
8	浊度（NTU）/(mg/L) ≤	10
9	铁/(mg/L) ≤	0.3
10	总汞/(mg/L) ≤	0.001
11	总镉/(mg/L) ≤	0.005
12	总砷/(mg/L) ≤	0.05
13	铬（六价）/(mg/L) ≤	0.1
14	总铅/(mg/L) ≤	0.1
15	阴离子表面活性剂（LAS）/(mg/L) ≤	1.0
16	总余氯/(mg/L)	0.2≤管网末端≤0.5
17	总大肠菌群数/(mg/L) ≤	3 个/L

8.4.3 安全标准

城市中的绿地具有一定的防灾功能，具体表现在：①城市中的绿色林带可以防洪、抗旱、保持水土，并在一定程度上缓解北方城市的风沙、沙尘暴和沿海城市的海潮风、风暴等灾害对城市的影响；②城市中的绿地可以起到阻燃作用，可以有效地减少或缓解爆炸、火灾等事故对居民造成的伤害；③城市中的大型公园和城郊绿地可以作为避灾安置场所、救灾物资的集散地和救援直升机的起降地，各类单位附属绿地可以作为受灾时人员紧急避灾疏散场所；④绿色植物由于其很好的杀菌作用可以防止传染病的爆发和传播（唐进群等，2008；林展鹏，2008）。

根据国内外以往的经验教训我们可以看到，大部分在地震时能及时逃到公园、绿地等一定面积的成片园林绿地的人都可以幸免于难，绿地在对抗人为或自然的重大灾害时发挥的作用是无比巨大的。因此，在进行城市规划时一定要充分考虑绿地的防灾避灾作用，并按照一定的标准对绿地进行合理的规划。具体标准如表8-29所示（唐进群等，2008）。

表8-29 避灾绿地分级规划指标

避灾场所名称	使用时间	基本指标/(m²/人)	避灾条件	服务半径	相应的各类绿地
紧急疏散避险绿地	灾害突发时（灾害当天）	1~2	满足人员站立及疏散的基本空间	步行1min到达	集中成片的附属绿地与居住区公园
临时避灾安置绿地	灾害初发后（灾后1日至数周内）	4~5	满足简易帐篷搭建及人员疏散空间	步行10min到达，300~500m	上述绿地和区级公园
后期过渡避灾安置绿地	灾害恢复时（灾后数周至数年内）	10~12	满足过渡性住房搭建及维持基本生活的空间	1000~1200m	市区级公园和市郊其他绿地

8.5 人工景观生态的系统建设模式与关键技术

8.5.1 人工景观生态用水系统的建设模式

人工景观生态系统按其用水的补给方式和水循环驱动力可划分为三种模式：天然水补给模式、人工水补给模式以及封闭内循环模式。

8.5.1.1 天然水补给模式

天然水补给模式是指人工景观生态系统与自然主循环相衔接，直接以天然径流、降水、地下水等天然水资源作为其用水补给的一种建设模式。在这种建设模式下人工生态景观系统或与自然水循环直接连接，或在人类活动如雨水采集、天然水人工输移等的干预下间接与自然水循环相连接，采用天然水补给景观生态用水，维持人工景观生态系统的稳定和循环发展。其系统循环的主要驱动力来自于重力、能量梯度力和生物力等天然力，同时也包含部分人工力的干预过程。河流滨岸带绿地景观、河流廊道内的人工湿地建设以及通过雨水收集补给的人工绿地等均属于此种建设模式。其主要特点如下：

1）贴近天然环境，生态效应好。天然水补给模式直接把天然水引入人工生态系统，减少了对生态系统的人为干预，较好地模拟了自然生态环境，生态系统结构复杂、生态多样性良好，从而提高了生态系统的稳定性。

2）系统较难控制，后期管理较难。天然水补给模式受自然环境变化的影响剧烈，自然水气条件和水文过程成为人工景观生态系统的主要胁迫力，当天然补给源的水质水量等发生异常变化时，人工景观生态系统的抵御能力偏低。

3）运营成本较低。

8.5.1.2 人工水补给模式

人工水补给模式是指人工景观生态系统与社会经济水循环相衔接的，以中水、自来水等社会水循环中的人工水作为其用水补给的一种建设模式。在这种模式中，天然水并没有直接用于补给人工景观生态系统，而是先由自然主循环进入社会侧支水循环，转化为社会水循环的"人工水"形式补给人工景观生态系统，具体用于补给人工景观生态系统的水源既可以是天然水处理后的自来水，也可以是经过相应标准净化处理后回用的中水。系统内水循环的主要驱动力来自于人工力（同时借助自然力）。这种建设模式由于可以回用中水建设人工景观生态，解决我国水资源紧缺压力和景观生态建设需求之间的矛盾，所以具有广阔的发展潜力。其主要特点如下：

1）人工干预痕迹显著，对生态系统稳定性存在影响。天然水进入社会水循环后，在得到净化处理的同时也丧失了作为生态环境承载介质的部分原有的生态功能，水体中生物种群多样性受到削弱，特别是目前中水深度处理成本较高，用于补给生态系统的有机物含量异常，对人工景观生态系统的稳定性造成冲击。

2）系统控制力强，后期管理相对简单。人工水补给模式下，人工景观生态系统的主要补给源和循环驱动力均受到人类活动的强烈影响，对景观生态系统的人为调控较容易实现。

3）运营成本较高。

8.5.1.3 封闭内循环模式

封闭内循环模式是指使人工景观生态系统处于一个封闭的自循环圈中，构建生态闭路水循环系统的建设模式。这种建设模式构建了一个封闭的自循环生态系统，通过各种水生动植物群落共同构成的复杂的水生生态环境，实现物质能量的平衡和水体自净。能量、营养、水分在系统内循环往复，在理想情况下这样的系统能够实现自我更新和稳定循环，但由于人工生态景观系统存在蒸散发和渗漏，形成系统耗散，因此在封闭内循环模式的建设中实际还需通过人工补水的方式弥补系统耗散，引导系统良性发展。以北京奥运水系建设为例：水系建设以微生物菌床、底泥系、水生植物、水生动物等几个子系统构成一个复杂的闭合生态系统，通过合理的配置底、水两个组分中的生物种类、数量以及结构，建立起微生物、水生植物、水生动物三个生物群体生态关系（食物链关系），以及微生物之间、水生植物之间、水生动物之间的种群竞争关系，尤其充分应用大型水草的生态功能，最终达到这种关系的相互平衡（生态平衡），从而形成稳定的水生生态系统。这种稳定的水生生态系统不仅具有美丽的景观，而且具有较强的水质净化功能和防污功能。水系建设同时考虑了北京市朝阳区的最大蒸散量和下渗因素，以北小河再生水厂的高品质中水配合日常降水和周围绿地汇流对生态系统进行补给。这种模式的主要优点是：

1）生态结构完整，生态功能强大。通过合理配置生态系统中各组分的种类、数量和结构，使生态系统内部达到平衡，通过生态系统的自我调节实现生态环境的良性发展。

2）高效节约的系统运行模式。由于实现了系统的自我调节和自我更新，在系统内部实现了水资源的再利用，提高了资源利用的效率。

3）循环过程完全可控。

人工景观生态系统的三种建设模式并非孤立存在，而是相互交叉、相互渗透，同一个城市可以选择多种建设模式进行人工生态建设，而同一个景观生态系统中可能同时存在多种模式共同作用。在人工景观生态系统的建设中应综合考虑当地自然、经济条件，因地制宜，选取适宜的建设模式或者建设模式的组合，最大限度地提高资源的利用效率，保障生态系统的可持续发展。

8.5.2 人工景观生态系统建设的关键技术

8.5.2.1 再生水的深度处理技术

再生水是工业废水与生活污水进入城市污水处理厂经二级或二级以上处理后排放的水的总称。再生水的利用是减少污染源、解决城市缺水的有效途径之一。补给人工景观系统是再生水利用的重要方面，作为节约水资源的有效方法。发达国家已大量使用再生水代替饮用水灌溉绿地。再生水的深度处理，可以有效地提高水资源的利用效率，缓解水资源紧缺现状和生态建设需要间的尖锐矛盾。通过对再生水的深度处理，净化水质，使之满足人工景观的生物过程用水要求和景观用水要求，实现人工景观生态系统的服务功能。目前主要再生水深度处理的技术包括以下几个方面：

1）传统的物理化学方法。对水体投放化学药品，经过氧化、中和等化学反应和凝聚、沉淀、过滤等物理过程，分离水中的污染物，达到净化水体的目的。主要的物化方法包括混凝沉淀、高效过滤、活性炭吸附、石灰法以及臭氧氧化法，其优点是工艺简单、运行成本低；缺点是对氨氮、有机质污染的削减能力不足，同时在水体中引入化学药剂，对生态系统造成影响。

2）生物技术。生物技术是在水体内引入微生物，利用微生物活动对水体内的污染物进行分解，净化水体。生物方法对比传统物化方法具有避免水体人工化学干扰的优势，处理过程洁净安全。但由于微生物繁殖过程中存在着变异性，一段时间的运行后，会由于微生物种群结构变异造成处理效率下降的现象，所以实际应用中需要周期性进行人工选种、优化和补充投放，工艺复杂。此外，微生物本身也可作为一些水生生物的营养，可能打破原有生态平衡而造成新的生态问题。

3) 膜技术。即通过膜过滤技术，分离水体中污染物的方法，包括微滤、超滤和反渗透等方式。

4) 膜-生物反应器 (MBR) 即生物处理技术和膜分离技术的结合，能高效进行固液分离，获得可直接回用稳定出水，处理效率高，处理效果显著。根据北京奥运公园再生水补水研究表明：二级出水经过 MBR 后，出水可完全满足《城市污水再生利用城市杂用水水质》(GB/T 18920—2002) 标准。除总氮、总磷外，出水水质可完全满足《城市污水再生利用景观环境用水水质》(GB/T 18921—2002) 标准。

8.5.2.2 人工绿地节水灌溉技术

人工绿地是人工景观生态系统的重要组成部分，也是人工生态景观建设中最常用的项目，人工绿地的灌溉用水是人工景观生态系统用水的重要组成部分。随着人工景观建设的不断开展，人工绿地的节水灌溉技术也受到了广泛的重视。目前对绿地节水灌溉的主要研究方向集中在高抗低耗植被类型的选取、先进灌溉技术手段的应用以及高效灌溉制度措施的研究三个方面：

1) 人工绿地植被类型选择。人工绿地的主要耗水项表现为植物的蒸散耗水，合理选择绿地植被类型、优化植被结构可以有效地提高水资源的利用率。王瑞辉等 (2006a, 2006b, 2007, 2008) 通过对北京丁香等 15 个品种的盆栽试验和对油松、侧柏、元宝枫等树种的树干边材液流及环境影响因子的长期观测，确定了这些树种耗水的时空变异规律，揭示了不同树种耗水能力的差异，建立了树木耗水与环境因子关系模型，并提出了 5 种典型的绿植被类型的节水灌溉制度。刘洪禄等 (2006) 对 19 种观赏草进行了田间小区实验，确定了 19 种观赏草的耗水时空规律和强度。要基于不同植物的耗水规律，因地制宜地选择人工绿地的草种和树种。

2) 采用先进灌溉技术。应用先进的灌溉技术也可以有效地提高灌溉水的利用率，减少灌溉水的无效消耗，从而实现人工绿地的节水目标。目前主要的节水灌溉技术包括喷灌、微灌、滴灌等。

3) 非工程措施。人工绿地的非工程措施节水主要指通过施用保水剂以及应用适宜的园艺和灌溉制度达到保水降耗的目的。

8.5.2.3 湿地渗滤层水质控制技术

人工湿地是人工建造和控制运行的水体，是人工景观生态系统的重要组成部分。人工湿地的系统耗散主要表现在蒸散和下渗两个方面，其中湿地的下渗一方面造成水量的损失，另一方面造成污染物在水体、土壤、地下水中的运移，形成交叉污染，破坏了水质和生态环境的健康。因此对湿地渗滤层进行合理、有效的控制具有重要的意义。当前人工湿地的防渗技术主要包括以下三个方面：

1）柔性工程防渗。主要采取土工膜防渗。土工膜是一种薄型、连续、柔软的防渗材料，具有防渗性能好、适应变形能力强、施工方便以及工程造价低等优点。因而在水利工程中土工膜得以广泛的应用。但是，土工膜在施工、运行管理中易被刺破，影响防渗效果，同时由于这种防渗方式会破坏水体与侧岸和水底的连通性，影响了生态系统的流动性，不利于生态系统的良性循环。

2）刚性工程防渗。刚性防渗处理一般采用混凝土浇筑，并辅以喷涂防水涂料，系统造价高，对水质影响较大，且切断了土壤和水体的物质交换，不利于生态环境的发展。

3）生态防渗。生态防渗主要指采取新型生态环保防渗材料和措施，在防渗的同时兼顾底层动植物的生存环境的保持。膨润土防水毯是目前具有代表性的生态环保防渗措施：膨润土是一种以蒙脱石为主要成分的黏土矿物，具有遇水膨胀形成不透水凝胶体的重要特性。膨润土防水毯由两层土工合成材料间夹封优质钠基膨润土通过集束针合而成，因为钠基膨润土颗粒遇水后膨胀形成紧密的凝胶体，这种凝胶体可以起到防渗的作用，同时还具有自我修复的能力，从而不怕水中植物根系的穿刺，这就使上述龙形水系在具有防渗功能的同时又不影响水植物的生长。膨润土为天然无机矿物质，对人体和环境无害，而且不会出现老化，使用寿命可长达50年。

8.5.2.4 湿地生态人工调节技术

湿地是一类既不同于水体又不同于陆地的特殊过渡类型生态系统，为水生、陆生生态系统界面相互延伸扩展的重叠空间区域。人工湿地系统不仅仅具有城市景观功能，同时也是水生生态系统的承载环境。调控人工湿地的水文过程，形成湿地水位的周期变动，对促进生物多样性的发展、减少水分蒸发和渗漏损失具有重要意义。

随着生态水文学的发展，越来越多的研究开始关注湿地生态系统对其水文过程的响应机制。Wassen 等于 1996 年对贝尔扎布河岸淡水沼泽湿地的生态系统特征（如植被组成、生物量等）与生境水文参数（如淹水期、淹水深度、地下与地表水位等）进行了分析，通过模型定量表征了植物生态系统对湿地生境湿度梯度变化的响应。该研究表明，影响植被分布的两个最主要的水情因子是淹水深度和淹水持续时间。Auble 等于 2005 年在美国犹他州弗利蒙河研究开发出一个耦合水流变化梯度与相应的植被生态水文模型，成功地预测由于水流情势变化引起的低地植被种类结构变化。而王丽等于 2007 年通过水位控制模拟试验，研究了水位梯度对三江平原典型湿地植物——小叶章和毛果苔草根茎萌发及生长的影响，得到了两种植物的最适宜水位。Dubnyak 和 Timchemko 于 2000 年研究得出了水动力与生物反应之间的定量关系，指出可通过调节水域的水动力和水文特征来直接控制生物的演化过程和水质。这些研究都揭示了水文过程对湿地生态系统的影响，通过结合湿地生态水文学上的先进研究成果，我们可以有目的地对人工湿地的水文、水化学过程进行调控，从而实现人工景观生态系统的良性发展。

第 9 章　第三产业用水系统原理及其安全调控

9.1　城市第三产业用水的结构与特性

9.1.1　第三产业的内涵

在产业分类方法产生以前，第三产业已有了一定程度的发展。历史上第三产业理论的产生可以追溯到 1690 年。当时英国的古典经济学家威廉·配第所发表的著作《政治算术》中，已论及有关第三产业的思想，但明确提出三次产业分类法的则是 20 世纪 30 年代的英国经济学家、新西兰奥塔哥大学教授 A. 费希尔。1935 年，费希尔在《安全与进步的冲突》一书中指出，第一、二、三产业在某种意义上是与人类需要的紧迫程度有关的，第一产业为人类提供满足最基本需要的食品；第二产业满足其他人员进一步的需要；第三产业则满足人类除物质需要以外各种劳动的需要，为人们提供生活上的便利、娱乐和各种精神上的享受。克拉克继承了费希尔的研究成果，并在其 1940 年出版的《经济进步的条件》一书中更为全面地划分了三次产业。第一次世界大战后，随着发达国家第三产业的迅速崛起和发展，出现了更多的有关第三产业的理论著述，其中具有代表性的有：福克斯的《服务经济》（1968 年），贝尔的《后工业社会的来临》（1974 年）以及格鲁伯和沃克合著的《服务业的增长：原因与影响》（1989 年）等。

国家统计局将第三产业的内部结构划分为两个部门（流通部门、服务部门）、四个层次。第一层次是流通部门，包括交通运输、仓储业、邮电通信业、商贸业及餐饮业等；第二层次是为生产和生活服务的部门，如金融业、保险业、房地产管理业、居民服务业、公用事业、旅游业、咨询信息服务业、综合技术服务业等；第三层次是为提高居民素质和科学文化水平服务的部门，如科研、教育、广播、电视、文化、卫生、体育、社会福利业等；第四层次是为社会公共需要服务的部门，如国家机关、社会团体等（根据国务院办公厅转发的国家统计局《关于建立第三产业统计报告上对我国三次产业划分的意见》）。

依据第三产业的服务对象，有学者将第三产业划分为生产性服务业、消费性服务业和公共服务三类。生产性服务业指主要为生产活动提供中间投入的服务业，但其到底包括哪些行业还不能完全确定。有些学者定义的生产性服务业由商业服务、法律服务和各种专业服务组成，具体包括广告、计算机和数据处理服务、人员提供服务、管理和商业咨询服务、保护和侦探服务、住宅和其他房屋服务、法律服务、会计和审计服务以及工程和建筑服务。还有些学者将货物储存与配送、办公清洁和安全服务也包括在生产性服务中。国外的统计资料中对生产性服务业的处理方法也不一致。加拿大的行业分类标准（NAICS

Canada）将生产性服务业定义为交通运输、仓储和通信、批发贸易、金融、保险和房地产以及商业服务。美国肯塔基州的年度经济报告将生产性服务业定义为信息服务、金融活动、专业和技术服务。消费性服务业是与生产性服务业相对的一个概念，指主要为消费者提供服务产品的服务业。与生产性服务业相比，消费性服务业很少被提及，即使出现，也仅仅是作为生产性服务业的陪衬。国外的消费性服务业包括但不限于零售业、住宿、餐饮、为个人提供的服务、为家庭提供的服务等。与生产性服务业及消费性服务业并列的是公共服务，包括教育、行政服务、卫生以及社会服务等。

根据《国民经济和社会发展第十一个五年规划纲要》对"面向生产者的服务业"和"面向消费者的服务业"的有关阐述，本研究在国民经济行业分类门类尺度上对第三产业行业按照服务对象进行分类，如图9-1所示。交通运输、仓储和邮政业（门类 F），信息传输、计算机服务和软件业（门类 G），金融业（门类 J），租赁和商务服务业（门类 L），科学研究、技术服务和地质勘查业（门类 M）5个行业门类属于生产性服务业，即主要面向生产者，提供生产相关辅助服务的行业。批发和零售业（门类 H），住宿和餐饮业（门类 I），房地产业（门类 K），居民服务和其他服务业（门类 O），文化、体育和娱乐业（门类 R）5个行业门类属于消费性服务业，即主要面向消费者，提供消费服务的行业。水利、环境和公共设施管理业（门类 N），教育（门类 P），卫生、社会保障和社会福利业（门类 Q），公共管理和社会组织（门类 S），国际组织（门类 T）5个行业门类属于公共服务行业。由于分类尺度较大，分类系统中还存在一定缺陷，如交通运输、仓储和邮政业中的城市公共交通业应属于公共服务范畴，一些基础性科学研究行业和专业技术服务行业也具有很强的公共服务属性。在此，本研究不作详细论述，仅提出一个示意性的分类体系。

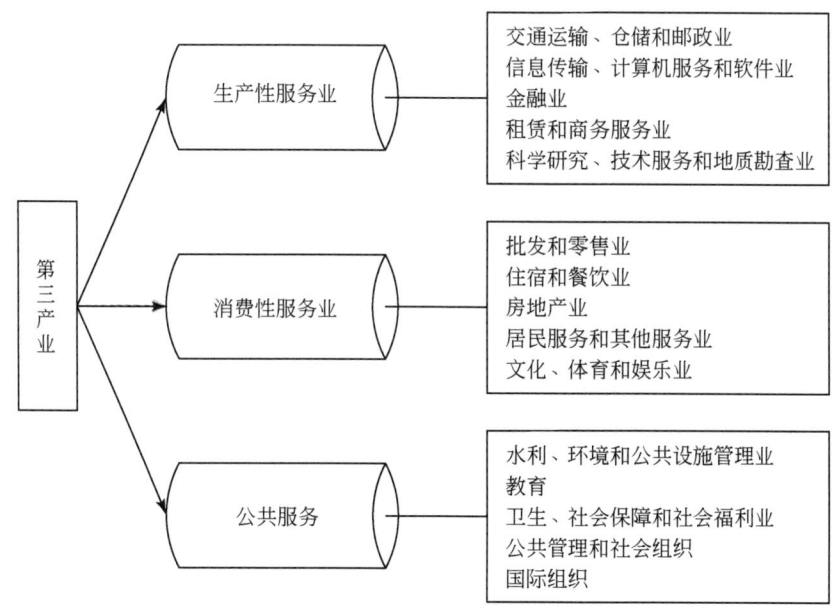

图 9-1　第三产业行业分类

9.1.2 第三产业用水的分类

9.1.2.1 用水标准中三产用水分类

住房和城乡建设部在 1999 年依据《城市供水条例》（中华人民共和国国务院令第 158 号），颁布了《城市用水分类标准》（CJ/T 3070—1999）。该标准引用《国民经济行业分类》（GB/T 7454—1994）并按行业不同的用水性质进行用水类别划分。《城市用水分类标准》的颁布有利于统一全国城市用水的分类名称及其含义；有利于保证我国城市各类水量的正确统计和可靠汇总，有利于促进城市可饮用水资源的合理应用和节约使用。

《城市用水分类标准》将城市用水分为居民家庭用水、公共服务用水、生产运营用水、消防及其他特殊用水 4 大类别。其中与第三产业相关的用水类别为公共服务用水和部分生产运营用水。本研究摘录《城市用水分类标准》中涉及第三产业的主要用水类型，如表 9-1 所示。

表 9-1 第三产业用水类型

序号	类别名称	范围
4.2	公共服务用水	为城市社会公共生活服务的用水
4.2.1	公共设施服务用水	城市内的公共交通业、园林绿化业、环境卫生业、市政工程管理业和其他公共服务业的用水
4.2.2	社会服务业用水	理发美容业、沐浴业、洗染业、摄影扩印业、日用品修理业、殡葬业以及其他社会服务业的用水
4.2.3	批发和零售贸易业用水	各类批发业、零售业和商业经纪等的用水
4.2.4	餐饮业、旅馆业用水	宾馆、酒家、旅馆、餐厅、饮食店、招待所等的用水
4.2.5	卫生事业用水	医院、疗养院、专科防治所、卫生防疫站、药品检查所以及其他卫生事业用水
4.2.6	文娱体育事业、文艺广电业用水	各类娱乐场所和体育事业单位、体育场（馆）、艺术、新闻、出版、广播、电视和影视拍摄等事业单位的用水
4.2.7	教育事业用水	所有教育事业单位的用水（不含其附属的生产、运营单位用水）
4.2.8	社会福利保障业用水	社会福利、社会保险和救济业以及其他福利保障业的用水
4.2.9	科学研究和综合技术服务业用水	科学研究、气象、地震、测绘、环保、工程设计等单位的用水
4.2.10	金融、保险、房地产业用水	银行、信托、证券、典当、房地产开发、经营、管理等单位的用水
4.2.11	机关、企事业管理机构和社会团体用水	党政机关、部队、社会团体、基层群众自治组织、企事业管理机构和境外非经营单位的驻华办事机构、驻华外国使领馆等的用水
4.2.12	其他公共服务用水	除 4.2.1~4.2.11 外的其他公共服务用水

续表

序号	类别名称	范围
4.3	生产运营用水	在城市范围内生产、运营的农、林、牧、渔业，工业，建筑业，交通运输业等单位在生产、运营过程中的用水
4.3.21	地质勘查、建筑业用水	地质勘查、土木工程建筑业、线路管道和设备安装业等工程的用水
4.3.22	交通运输业、仓储、邮电通信业用水	除城市内公共交通以外的铁路、公路、水路、航空运输及其相应的辅助业、仓储、邮政、电信业等单位的用水

公共服务用水包括公共设施用水，社会服务业用水，批发和零售贸易业用水，餐饮业、旅馆业用水，卫生事业用水，文娱体育业、文艺广电业用水，教育事业用水，社会福利保障业用水，科学研究和综合技术服务业用水，金融、保险、房地产业用水，机关、企事业单位管理机构和社会团体用水，其他公共服务业用水共12大类别。生产运营用水中与第三产业直接相关的有地质勘查、建筑业用水，交通运输业、仓储、邮电通信业用水。

本研究依据《城市用水分类标准》（CJ/T 3070—1999）中给出的用水类别与《国民经济行业分类》（GB/T 7454—1994）的对应关系，考虑《国民经济行业分类》（GB/T 7454—1994）与《国民经济行业分类》（GB/T 7454—2002）的差异，给出《城市用水分类标准》（CJ/T 3070—1999）中的用水类别与《国民经济行业分类》（GB/T 7454—2002）中行业分类的对应关系，如表9-2所示。随着国民经济的不断发展，新兴行业不断涌现，可以认为《城市用水分类标准》（CJ/T 3070—1999）中的用水类别包括《国民经济行业分类》（GB/T 7454—2002）的各行业用水，但不限于这些行业。

表9-2 城市用水分类标准与国民经济行业分类对照

序号	用水类别名称	GB/T 7454—1994 门类	大中小类	名称	GB/T 7454—2002 门类	大中小类	名称
4.2	公共服务用水						
4.2.1	公共设施服务用水	K	751	市内公共交通业	F	53	城市公共交通业
			7520	园林绿化业		81	公共设施管理业
			7530	自然保护区管理业		811	市政公共设施管理
			7540	环境卫生业	N	812	城市绿化管理
			7550	市政工程管理业		813	游览景区管理
			7560	风景名胜区管理业		80	环境管理业
			7590	其他公共服务业		801	自然保护
						802	环境治理

续表

序号	用水类别名称	GB/T7454—1994 门类	大中小类	名称	GB/T7454—2002 门类	大中小类	名称
4.2.2	社会服务业用水	K	76	居民服务业	O	82	居民服务业
			790	租赁服务业		83	其他服务业
			82	信息、咨询服务业	L	73	租赁业
			83	计算机应用服务业		74	商务服务业
			84	其他社会服务业	G	61	计算机服务业
			800	旅游业		62	软件业
					R	92	娱乐业
4.2.3	批发和零售贸易业用水	H	61	食品、饮料、烟草和家庭用品批发业	H	63	批发业
			62	能源、材料和机械电子设备批发业			
			63	其他批发业			
			64	零售业		65	零售业
			65	商业经纪与代理业			
4.2.4	餐饮业、旅馆业用水	H	67	餐饮业	I	67	餐饮业
		K	78	旅馆业		66	住宿业
4.2.5	卫生事业用水	L	85	卫生	Q	85	卫生
4.2.6	文娱体育事业、文艺广电业用水	L	86	体育	R	91	体育
		M	90	文化艺术业		90	文化艺术业
			91	广播电影电视业		89	广播、电视、电影和音像业
4.2.7	教育事业用水	M	89	教育	P	84	教育
4.2.8	社会福利保障业用水	L	87	社会福利保障业	Q	86	社会保障业
						87	社会福利业
4.2.9	科学研究和综合技术服务业用水	N	92	科学研究业	M	75	研究与试验发展
			93	综合技术服务业		76	专业技术服务
4.2.10	金融、保险、房地产业用水	I	68	金融业	J	68	银行业
						69	证券业
			70	保险业		70	保险业
						71	其他金融活动
		J	72	房地产开发与经营业	K	72	房地产业
			73	房地产管理业			
			74	房地产代理与经纪业			

续表

序号	用水类别名称	GB/T 7454—1994 门类	大中小类	名称	GB/T 7454—2002 门类	大中小类	名称
4.2.11	机关、企事业管理机构和社会团体用水	F	51	水利管理业	N	79	水利管理业
		G	60	邮电通信业	F	59	邮政业
					G	60	电信和其他信息传输服务业
		I	68	金融业	J	68	银行业
						69	证券业
			70	保险业		70	保险业
		J	72	房地产开发与经营业	K	721	房地产开发经营
			74	房地产代理与经纪业		723	房地产中介服务
		N	92	科学研究业	M	75	研究与试验发展
			93	综合技术服务业		76	专业技术服务
		O	94	国家机关	S	93	中国共产党机关
						94	国家机构
			95	党政机关		95	人民政协和民主党派
			96	社会团体		96	群众团体、社会团体和宗教组织
			97	基层群众自治组织		97	基层群众自治组织
		P	991	企业管理机构	L	741	企业管理服务
4.2.12	其他公共服务用水	P	59	仓储业	F	58	仓储业
			999	其他类未包括的行业	T	98	国际组织
4.3	生产运营用水						
4.3.21	地质勘查、建筑业用水		50	地质勘查业	M	78	地质勘查业
4.3.22	交通运输业、仓储、邮电通信业用水	G	52	铁路运输业	F	51	铁路运输业
			53	公路运输业		52	道路运输业
			54	管道运输业		54	水路运输业
			55	水路运输业		55	航空运输业
			56	航空运输业		56	管道运输业
			57	交通运输辅助业		57	装卸搬运和其他运输服务
			58	其他交通运输业			

注：表中"大中小类"的行业代码，两位的表示大类，三位的表示中类，四位的表示小类。

《城市用水分类标准》(CJ/T 3070—1999) 依据不同行业的用水性质差异形成了较为详尽的城市用水分类体系，但在一些方面还有待改进。

1）用水分类体系存在重复："4.2.11 机关、企事业管理机构和社会团体用水"类别中包括金融业、房地产业、试验研究与发展、综合技术服务业等行业用水，但"4.2.9 科学研究和综合技术服务业用水"、"4.2.10 金融、保险和房地产业用水"两个用水类别又分别对上述行业用水进行了单独界定。对于这些行业中的某一特定单位，无法判定其用水究竟属于机关、企事业管理机构和社会团体用水类别，还是属于"金融、保险、房地产业用水"或"科学研究和综合技术服务业"用水。《城市用水分类标准》（CJ/T 3070—1999）对此并未给出更为细化的认定标准。

2）行业类别与行业用水类别的匹配性较差，导致同一用水类别内不同行业用水差异明显。例如，"4.2.2 社会服务业用水"类别中，"居民服务业"下属的"洗浴服务"和"其他服务业"下属的"清洁服务"行业的经济活动均以水作为主要投入要素，而在同类别的"商务服务业"、"计算机服务业"、"软件业"中，水仅仅是一种附属投入要素。又如，餐饮业和旅馆业属于典型的社会服务业，但在用水类别中被单列为"4.2.4 餐饮业、旅馆业用水"类别。然而餐饮业用水和宾馆业用水的用水结构差异很大（餐饮业用水以操作间用水为主，宾馆业用水以客房用水为主），被归并为同一用水类别略有不妥。

总的来看，《城市用水分类标准》（CJ/T 3070—1999）与《国民经济行业分类》（GB/T 7454—1994）及其后续版本《国民经济行业分类》（GB/T 7454—2002）紧密对应，其用水分类体系基本依托于经济分类体系，但对行业本身的用水特征关注不够。

9.1.2.2 取水定额中三产用水分类

水利部在《用水定额编制技术导则（试行）》中，建议将城市公共生活用水分为机关、宾馆、学校、医院、餐饮、商业、写字楼、文体、洗浴、绿化、洗车、其他共12个用水类别（表9-3）。该分类方式参考了城镇建设行业标准《城市用水分类标准》（CJ/T 3070—1999），吸取了各省（自治区、直辖市）在制定取水定额分类体系过程中积累的经验，根据城市公共生活行业用水在城市生活用水中所占的比例大小，重点考虑具有代表性、用水比例较大的行业。此外，《用水定额编制技术导则（试行）》参照国家标准《国民经济行业分类》（GB/T 4754—2002），确定了这12类用水类别各自包括的范围，给出了城市公共生活用水分类与《国民经济行业分类》（GB/T 4754-2002）的对照（表9-4）。

表9-3 城市公共生活用水分类

序号	用水类别	范围
01	机关	专业技术服务业、科技交流和推广服务业、广播业、电视业、公共管理和社会组织、国际组织
02	宾馆	住宿业
03	学校	初等教育、中等教育、高等教育、职业技能培训
04	医院	卫生业
05	餐饮	餐饮业
06	商业	批发业和零售业
07	写字楼	在城市中央商务区的专门为企业提供办公、会议、接待、培训等，拥有现代化的软硬件设备，能提供人性化服务的大型的商业大厦。多为银行、证券、保险等部门行业的办公地点

续表

序号	用水类别	范围
08	文体	艺术表演场馆、图书馆与档案馆、博物馆、体育场馆、娱乐业
09	洗浴	洗浴服务业
10	绿化	城市绿化、公园
11	洗车	洗车业
12	其他	其他公共生活用水行业

表9-4 城市公共生活用水分类与行业代码对照表（GB/T 4754—2002）

序号	用水类别	门类	大中小类	类别名称
01	机关	S	93	中国共产党机关
			94	国家机构
			95	人民政协和民主党派
			96	群众团体、社会团体和宗教组织
			97	基层群众自治组织
02	宾馆	I	66	住宿业
03	学校	P	841	学前教育
			842	初等教育
			843	中等教育
			844	高等教育
			8491	职业技能培训
04	医院	Q	85	卫生
05	餐饮	I	67	餐饮业
06	商业	H	63	批发业
			64	零售业
07	写字楼	J	68	银行业
			69	证券业
			70	保险业
			71	其他金融活动
08	文体	R	902	艺术表演场馆
			903	图书馆与档案馆
			905	博物馆
			912	体育场馆
			92	娱乐业
09	洗浴	O	825	洗浴服务
10	绿化	N	812	城市绿化管理
			813	游览景区管理
11	洗车	O	8311	汽车、摩托车维护与保养（此处仅指清洗）
12	其他			

注：表中"大中小类"的行业代码，两位的表示大类，三位的表示中类，四位的表示小类。

9.1.2.3 面向驱动力的三产用水分类

基于第三产业行业用水的微观分析,可将第三产业行业划分为整体自我驱动型行业用水和整体功能驱动型行业用水两大类别,如表9-5所示。

表9-5 第三产业行业用水基本类型

整体自我驱动型	整体功能驱动型	
纯内部个体	纯内部驱动型	含外部驱动型
机关 写字楼 学校	科研 绿化 洗车	洗浴 医院 文体 商业 宾馆 餐饮

(1) 整体自我驱动型行业

整体自我驱动型行业用水包括机关、写字楼、学校用水;整体功能驱动型行业用水包括科研、绿化、洗车、洗浴、医院、文体、商业、宾馆和餐饮等行业用水。整体自我驱动属性的行业用水波动小于整体功能驱动属性行业用水。这是由于功能驱动属性的附加用水更易受外界环境影响。自然因素、经济因素、社会因素、政治因素均能显著改变其附加用水需求。如突发大规模流行性疾病导致医院附加用水增加,经济繁荣则导致宾馆、商业、文体、洗浴等行业附加用水攀升,长期干旱则显著增加绿化行业的附加用水。

机关和写字楼是最为简单的两类。给定某一时间截面,机关、写字楼行业空间区域内的个体全部为行业内部个体,行业基本单元对所属员工的用水行为具有很强的约束性。这些内部个体发生的用水行为具有整体自我驱动型属性,即所有用水行为的目的都是满足行业内部人员需要,如饮水需要、卫生需要(盥洗、冲厕、保洁)、环境温度等。特别指出,并不是所有行业内部个体发生的用水行为都仅具有自我驱动属性,负责行业基本单元整体保洁的清洁人员和供冷供暖的工程人员所发生的用水行为除满足其自身需要外,很大一部分满足其他内部人员的需要,因而具有功能驱动属性。但是从行业整体来看,这部分功能驱动型用水行为的受益者几乎全部是行业内部人员,所以行业整体的用水行为仍然体现为自我驱动属性。考察机关、写字楼的社会功能,发现这些社会功能的实现基本上可以认作是行业内部人员日常需要得以满足的附带产物,即社会功能的实现不需要额外的附加用水。按照国民经济行业分类,具有该类特性社会功能的行业包括国家机构、中国共产党机关、基层群众自治组织等公共管理部门,群众团体、社会团体和宗教组织、国际组织等社会组织机构,邮政业、电信业、社会保障业、社会福利业、出版业、电视广播等公共事业机构和金融业、房地产业、租赁和商务服务业等社会服务行业。

学校是另一类用水具有自我驱动属性且完全由行业内部人员构成的行业。给定某一时间截面,学校行业内的个体由教职工和学生两部分组成。从社会功能来看,学校最主要的社会功能是传授知识,满足学生的求知需要,因而相较于机关、写字楼分类,添加了实验用水和体育场馆用水。普通教学楼及办公楼内个体用水行为与机关、写字楼分类没有明显区别，主要满足饮水需要、卫生需要等。

（2）整体功能驱动型行业

A. 纯内部驱动型

科研、绿化和洗车在给定的时间截面上，行业空间内个体全部由行业内部人员构成。科研行业的社会功能是提高整个社会的科技水平和为社会提供专业技术服务。环境卫生行业的社会功能是保持城市市容环境整洁。园林绿化的社会功能是维护城市绿地景观。洗车的社会功能是清洗社会车辆。上述行业社会功能的实现都有赖于附加用水的发生，或者可以将上述行业的社会功能看做提供一种明显蕴含虚拟水的社会服务，因而整个行业的用水行为具有功能驱动属性。考察行业人员构成，上述行业中除了类似机关、写字楼中仅满足自身需要、满足自身需要并通过发生功能驱动型用水行为以满足行业内部人员需要两大类组成人员外，还包括专门从事功能驱动型用水行为满足行业外部需要的人员，他们的用水行为包括科研人员的科学实验用水、专业技术检测过程中发生的实验用水、清扫街道用水、浇灌城市绿地用水和洗车用水。

B. 含外部驱动型

洗浴的社会功能是向社会提供洗浴服务，是对一般个体洗浴活动的集中和提升。给定时间截面，洗浴空间范围内包括服务人员和洗浴消费者两类个体，其中服务人员是洗浴的内部个体，而洗浴消费者是洗浴的外部个体。洗浴的特殊社会功能决定了其除行业所属服务人员的自身用水外，还要提供供洗浴消费者使用的洗浴用水。因而洗浴行业内个体发生的用水行为包括三种类型：内部人员（洗浴服务人员）发生的自我驱动型用水行为，满足基本生活需要；内部人员（洗浴服务人员）发生的功能驱动型用水行为，除满足内部人员的基本生活需要外，也有部分满足外部人员（洗浴消费者）的特定需要，如操作中央空调的工程人员、保洁人员和向洗浴消费者提供饮食的厨师等；外部人员（洗浴服务人员）利用洗浴业提供的设施发生的自我驱动型用水行为，这种用水行为从表观上看是整个洗浴业用水行为最主要的外在表现形式，即洗浴用水。由于外部人员发生的洗浴活动本质是一种消费行为，因而洗浴业对外部人员用水行为的约束性很差，很难直接对其自我驱动型用水行为做出限制，仅能通过一定程度的改造洗浴设施达到间接控制的目的。

商业的社会功能是促进社会商品流通，国民经济行业分类中涉及零售业、批发业两种业态。一般情况下，给定的时间截面，商业行业空间内存在着商家和顾客两类个体，其中商家是构成商业行业内部人员的主体。商业用水由商家日常用水和消费者在购物时产生的临时性用水组成。消费者的临时性用水具有叠加效应，即满足消费者临时性需求的服务必须持续性供给。如商业内部人员中的保洁人员必须随时保持商业场所的清洁以满足不同消费者对环境卫生方面的需要。商家还要提供设施供消费者发生自我驱动型用水行为，如盥洗、冲厕等。

文体的情况与商业类似，消费者的自我驱动属性的临时用水在行业用水中所占比例较大。文体行业从业者的功能驱动型用水行为是文体行业用水的另一个构成部分，如体育场浇洒场地用水、游泳池补水、剧场道具用水等。

宾馆的社会功能是向社会提供住宿服务。给定时间截面，行业空间内存在行业服务人员和顾客两大类个体。顾客利用宾馆和招待所行业提供的设施发生自我驱动型用水行为以满足在住宿过程中产生的自身需要，包括卫生需要、饮水需要、住宿需要等。此外，房客还通过使用行业提供的产品或服务达成自身需要的满足，如床单等的使用。服务人员除发生自我驱动型用水行为满足自身需要外，还通过发生功能驱动型用水行为向顾客提供产品或服务（洗衣服务、客房清洁服务等）。

医院是典型的公共事业机构，其社会功能是向社会提供医疗服务。给定时间截面，医院行业空间内存在着医务人员和病人两类个体。医院的用水包括医务人员及病人的生活用水及医疗用水（消毒、药剂配置、手术等）。其中医务人员属于医院行业内部人员，发生自我驱动型用水行为满足自身需要。医务人员发生的功能驱动型用水行为有两类：一类是面向所有行业空间内个体的用水行为，如保洁、中央空调；另一类是专门指向病人的用水行为，即在向病人提供医疗服务过程中发生的功能驱动型用水行为。门诊病人和住院病人主要发生自我驱动型用水行为，在接受医务人员提供的医疗服务的同时，满足自身基本生活需要。同时，相较于其他行业，医院行业内个体对医疗安全需要和卫生需要的需求程度比较高，体现为相关用水的增加，如消毒用水、医务人员洗浴用水等。

餐饮属于社会服务业，其社会功能为向社会提供饮食服务。随着经济的不断发展，餐饮行业的边界在不断扩大。严格意义上讲，宾馆、商业、洗浴等行业内涉及的餐饮服务部分都应被归入餐饮行业。给定时间截面，餐饮行业空间实体内包括工作人员和消费者两类个体。受其社会功能影响，餐饮行业最主要的用水是在食物加工、烹饪以及餐具清洗过程中发生的用水。工作人员的用水行为中，用以提供饮食服务的功能驱动型用水行为占绝对主体，用以满足日常生活需要的自我驱动型用水行为所占比例不大。消费者的用水行为以自我驱动型为主，其实质为在接受餐饮服务中蕴含的虚拟水过程中产生的附带用水，主要是盥洗、冲厕等用水活动。

9.1.3 第三产业用水基本特征

随着工业化水平的提高、城市化的扩张、城市人口的快速增长和人们生活水平的不断提高，城市用水量在不断地增长，同时其用水结构也随时间而发生着不可忽视的改变。城市用水的主体主要由工业用水和城市生活用水组成，农业用水量所占比例往往较低。其中，城市生活用水主要包括城市居民家庭生活用水与第三产业（服务业）用水两大部分，而这两部分的用水均在不同程度上随着城市人口的增长和城市居民生活水平的提高而增加，故城市生活用水的变化可在某种意义上反映城市第三产业用水的变化。

第三产业用水与人民群众的日常生活密切相关，其所包含的行业在用水构成上存在着一定的共性；第三产业用水行为在整体上具有共性的同时，各行业用水行为的构成形式仍存在一定的差别。这主要源自不同行业所提供的服务差异较大。随着行业的变化，人员用水、设备用水及其特色用水量所占比例发生变化。第三产业可按行业性质分为非营利性行业和营利性行业，前者包括机关、学校、医院、科研及公共场所等行业，后者则包括商业、餐饮、饭店等行业。第三产业这种服务性性质决定了其增加值产出与用水量之间的关系不如农业和工业直接密切，这就使得第三产业的用水经济效益能够显著高于其他产业。王浩等（2008）对我国产业部门水资源利用状况进行分析研究的结果表明，第三产业是三次产业中用水效益最高的产业，1999 年我国仅使用了 1% 的生产用水就创造了 30% 的 GDP，因此第三产业是高效节水产业生产模式的发展目标。因此，尽管第三产业在许多国家和地区都得到了迅猛的发展，其用水量也在不断增加，但这些国家和地区的总体用水效益却始终处于不断提高的趋势。

在第三产业用水中，满足用水个体自身需要的自我驱动型用水所占比例最大，这一明显异于工业用水和农业用水的特征，显示了第三产业用水与人类日常生活的紧密联系，并导致第三产业用水在多个方面具有独特之处。

第三产业的耗水率最低。大部分取水经过简单利用后直接排放，在用水过程中损耗的水量与农业、工业相比微乎其微。

由于第三产业用水是与日常生活息息相关的，很难采用其他方法对其进行替代，因而必须优先保障第三产业用水的供给。

整体上，第三产业对取水水质的要求明显高于工业、农业取水。一方面，第三产业用水与用水者日常生活密切相关，特别是相当比例的用水涉及用水者的生理活动或与用水者身体直接接触，因此取水水质在客观上不但要能够提供足够的效用满足相应需要，更要保证用水者的身体健康和生命安全；另一方面，用水者对与日常生活密切相关，特别是与身体直接接触的取水水质往往具有过高的偏好，不情愿使用能满足基本卫生健康等要求但相对"低水质"的水，而盲目追求取水水质的绝对纯净。

第三产业用水的平均用水流程较短，绝大部分用水属于一次性用水，分散性和时间的不确定性较强，不具备形成类似工业用水复杂串、并联结构的客观条件。这一特征与高水质标准共同限制了再生水在第三产业的广泛使用，也是造成第三产业用水循环率较低的主要原因。

第三产业用水的分散性和不确定性还导致其用水过程标准化、模式化、定量化程度较低。第三产业很大比例的用水以个体为核心单独发生，理论上具有较大的调控空间。通过调动用水个体的主观能动性可以有效提高个体微观环节的用水效率，因此第三产业用水具有良好的"弹性"，节水潜力巨大。

9.1.3.1 用水主体

用水主体即发生用水行为的主要人群。在用水过程中，第三产业主要行业的用水主体有所差异。机关（写字楼）的用水主体为职工；高校用水主体为学生、职工；医院用水主体为职工和病人；宾馆、商业的用水主体均为职工和顾客（图9-2）。

按照用水主体与行业的长期隶属关系，可将用水主体划分为行业内部用水主体和行业外部用水主体两大类。其中，行业对内部用水主体通常具有较强的控制力，可以有效地影响、限制、约束其用水行为，该人群是行业内部个体的聚集。而行业外部用水主体的用水行为则很少受限，该人群由行业外部个体构成。

顾客和病人属于典型的行业外部用水主体，这两类主体均接受对应行业提供的服务。其中，顾客用水行为的消费属性强于病人。顾客在接受行业服务过程中，其用水行为很大程度上专门以消费为目的，用水是所接受服务的主要内容之一。与之相对应，病人在接受医疗服务过程中，其用水行为仅为保证医疗活动的顺利完成，并不是所接受服务的重要组成部分。因此，医院对病人用水消费程度的限制能力高于顾客在所属行业中受到的限制。职工用水主体是典型的行业内部用水主体，通过签订劳动合同，职工与行业构成单元形成较为稳定的劳动关系，并接受管理。学生也是一类行业内部用水主体，虽然与学校之间不存在严格的隶属关系，但是可以认作是一种特殊的合同关系：学生在接受学校提供的教育服务的同时，必须接受学校的管理。

用水主体的差异直接体现为其用水活动的受控程度：首先职工的用水受控程度最高，其次为学生，再次为病人，顾客的用水受控程度最低。与之相对应，首先机关（写字楼）对本行业用水的管理能力最强，其次为学校，再次为医院，宾馆和商业的用水可控性最差，即宾馆和商业对顾客的用水行为在很大程度上仅能被动接受。

一般而言，整体用水具有功能驱动属性的行业，其用水主体大多由内部个体（职工）和外部个体（顾客、病人）构成。而整体用水表现为自我驱动属性的行业，其用水主体不涉及行业外部个体，仅由职工组成。第三产业用水主体分析如图9-2所示。

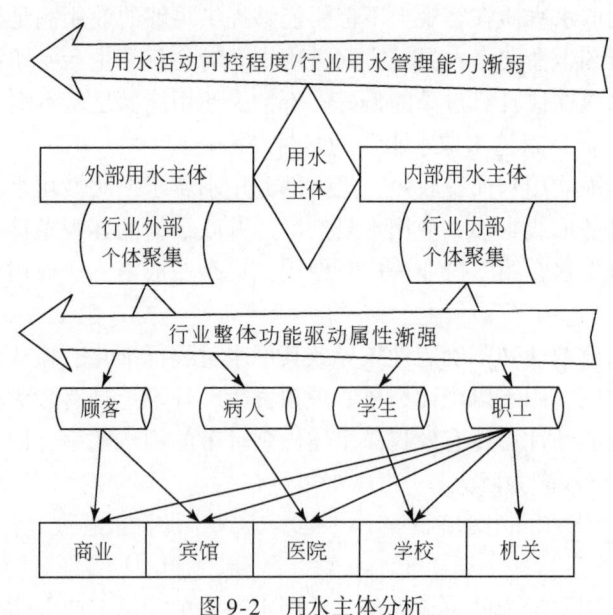

图 9-2　用水主体分析

9.1.3.2　运营方式

第三产业主要行业用水单位依据行业水价、计划水指标、运营需要等因素安排水资源利用。对几乎所有第三产业行业而言，水是一种基础性投入要素，其消费模式与行业本身的运营方式密切相关。

第三产业中存在着两类截然不同的运营方式。机关、科研、学校、医院等公共服务类第三产业行业提供的社会服务价值难以精确定量,且运营费用大多以财政拨款形式支付。而宾馆、商业等生产性或消费性服务类第三产业行业则以赢利为经营目的,其经营活动是在一定条件约束下的收益最大化决策过程,因而绝大多数生产性或消费性服务类第三产业行业都建立了完善且精细的成本核算制度和效益考评机制。

第三产业各行业用水单位用水的一般流程如下:用水单位首先接收水行政主管部门下达的年度用水指标,按照自身内部用水构成将指标分解到各时段各主要用水部位。其次,用水单位在正常运营中参考各部位分时段用水指标,在保证正常运营的前提下,尽量节约用水使实际用水量低于分解指标值,并按照行业水价缴纳实际用水水费。最后,用水单位汇总本年度用水记录、计划水指标完成情况、主要用水部位用水情况等信息形成用水分析报告,反馈给水行政主管部门用以拟定下一年度计划水指标。

机关、科研、学校、医院等公共服务类行业受运营方式影响,用水过程受控程度较低。用水单位往往不了解本单位的实际用水情况,对用水过程的认识仅限于发生用水活动并按时缴纳水费,很少采取措施干预某个用水环节。造成这种情况的原因有三点:首先,公共服务类行业大都提供基础性且无法替代的公共服务,其用水必须优先保障,因而往往被配给远大于实际用水量的计划水指标。即便实际用水量超计划指标,也很容易以公共服务不可停止为理由申请额外指标。其次,公共服务类行业提供的社会服务价值难以精确定量,因而其用水效益难以评价,用水合理水平难以确定。最后,作为运行费用的组成部分之一,水费以财政拨款的形式支付。由于用水单位不直接承担由水费产生的经济压力,因此在面临行业高水价和超额用水加价收费的情况下缺乏节水激励。

宾馆、商业等消费性或生产性服务类行业追求收益最大化,在经营过程中严格控制成本。水作为一种重要的物质要素,其使用费用直接影响利润,因此绝大多数消费性或生产性服务类行业用水单位均将水费支出纳入成本核算,并严格控制用水量。用水单位对用水情况的关注与水费占总支出的比例正相关。较高的行业水价和严格的计划水指标总量抬高单位取水成本,迫使用水单位提高其对用水过程管理的精细化水平,以提高用水效益。因此,消费性或生产性服务类行业用水单位大多拥有较为完善的用水计量系统,对本单位的整个用水过程进行全面监控,及时优化用水方式以获取最大经济利润。

水价敏感度是一个弹性的概念,指用水单位在用水过程中对水价变化的响应程度。本研究采用水价敏感度来评价用水单位的用水运营方式,水价敏感度越高,用水单位对用水过程的关注程度越高,在用水管理、节约用水方面投入精力的意愿越大。一般而言,公共服务类行业的水价敏感度低于生产性或消费性非公共服务类行业。

9.1.3.3 时间特征

第三产业主要行业的用水时间特征与行业用水主体的活动周期紧密对应,短期变化(时变化)契合用水主体生理周期,中期变化(日变化和月变化)契合用水主体的社会生活周期及天气周期,长期变化(年变化)契合经济周期,如图9-3所示。

不同用水主体的活动周期具有明显特异性。

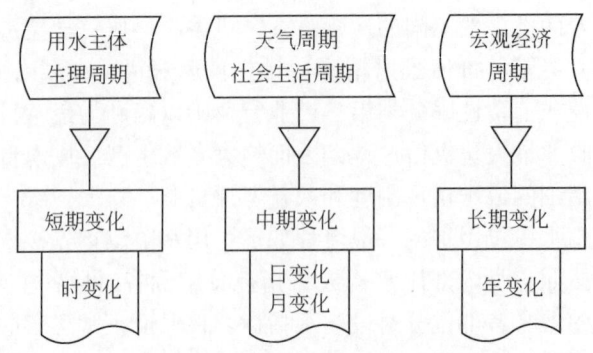

图 9-3　不同尺度用水时间特征

从长期来看，顾客用水主体由于具有较强的消费性，其用水行为与经济周期密切相关。从中期来看，天气周期作为外部因素对各个用水主体的活动均有影响。而社会生活周期的影响与行业类型有关。宾馆、商业等生产性或消费性服务类行业中的所有用水主体，无论职工用水主体还是顾客用水主体，其用水行为在节假日的发生频率均高于普通工作日，且顾客用水主体变化程度高于职工用水主体。公共服务类的很多行业具有相反的特征，工作日内职工用水主体的用水行为发生频率远高于节假日。从短期来看，在行业空间内承载用水主体全部生理活动的行业用水时间特征严格符合用水主体生理周期（如宾馆中的顾客用水主体、学校中的住宿学生用水主体等）。进一步，不同用水主体的基本生理周期不存在显著差别，但由于各行业作息时间有所差别（即行业空间内承载的生理活动有所差别），导致各行业用水主体用水活动的时变化不同。职工用水主体往往较为一致的是在上班开始、就餐、下班之前几个时间点用水行为发生频率较高；商业行业职工用水主体的上班用水高峰和下班用水高峰分别晚于机关、学校等行业的对应用水高峰。

机关用水从时变化来看，高峰集中于上班、午休、下班三个时段，其他时段基本保持平稳。从日变化来看，用水量波动明显，节假日用水量通常锐减。从月变化来看，用水量峰值大多出现在 7~8 月份，绿化用水量较大的机关在 3 月份还可能出现另一个用水峰值。

学校具有相对独特的取排水时间特征。时变化规律仍然表现为早、中、晚三个用水高峰。日变化大体保持稳定，波动小于机关。由于寒暑假的存在，月变化十分明显，用水高峰出现在 6 月和 9 月，7 月和 8 月反而用水量偏小。绝大多数高校都拥有较大的绿地面积，故在 3 月份也存在一个用水高峰。

从长期来看，宾馆取排水的时间特征符合经济周期，经济景气时，宾馆入住率高，取水量较大；经济衰退时，宾馆入住率低，取水量较小。从日变化来看，节假日宾馆取水量会出现一个短期峰值。从月变化来看，夏季 6~8 月宾馆取水量远高于其他时期。

医院取排水时间特征具有其特殊性。从时变化来看，用水高峰大致集中于早、中、晚三个时段。从日变化来看，日波动程度较小，基本保持稳定。从月变化来看，夏季 7~8 月份用水量最大。以一个更宏观的时间尺度来考察，医院的瞬时用水高峰有可能出现在换季季节、某种传染病爆发时期等特殊时点。

商业与宾馆类似，从长期来看，商业取排水时间特征与经济周期有关。经济景气阶段商业用水量处于较高水平，当经济进入衰退时期时，商业用水量处于较低水平。从时变化来看，商业用水的峰值出现在中午和晚上职工用餐前后的时段。从日变化来看，节假日时期商业用水量处于峰值，工作日期间比较稳定。从月变化来看，商业的月用水波动较大。商业用水高峰出现在 7~8 月份，这是由于夏季客流量一般高于冬季，且气温较高，导致中央空调和职工浴室用水量较大。近年来，随着"黄金周"政策的推行和年底"折扣季"等促销手段的使用，5 月、10 月、12 月也会出现瞬时的商业用水高峰。

9.2 城市第三产业用水的微观机理

9.2.1 个体行为驱动

第三产业内部的行业差异导致其用水特异性强，用水类型多样。从宏观上看，第三产业不同行业具有不同的用水特征；从微观上看，第三产业用水的本质是第三产业就业人员及服务对象的用水。第三产业下辖不同行业，行业由从事同一类经济活动的行业基本单元（单位、机构、企业、组织）构成。微观上，任何行业基本单元均是一系列差异个体在特定空间范围内按照某种内部结构集聚形成的综合体。个体用水行为的汇总在宏观上表现为某行业基本单元乃至行业本身的用水行为，如图 9-4 所示。某行业独特的用水类型可以归结为该行业基本单元在用水性质上具有高度一致性，而这种一致性从微观上来看，是组成行业基本单元个体的集聚结构和个体本身用水特性的直接表现。因此，本研究从个体用水行为的视角探讨第三产业用水的微观机理。

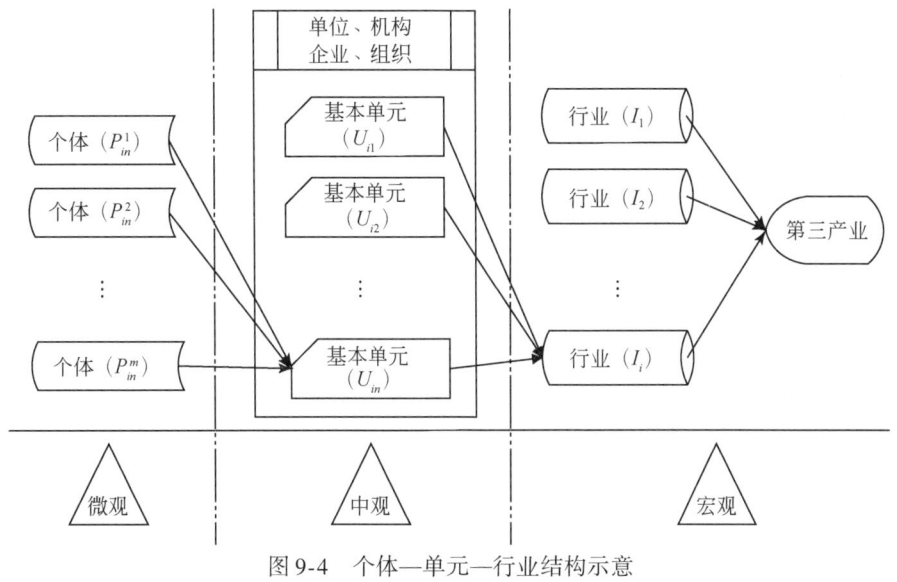

图 9-4 个体—单元—行业结构示意

行为通常指为达成某种目标而进行的受思想支配的可感知活动。完整的行为发生过程可简化为"需要产生→活动→需要满足"，其中活动指人类对活动对象进行改造。需要和

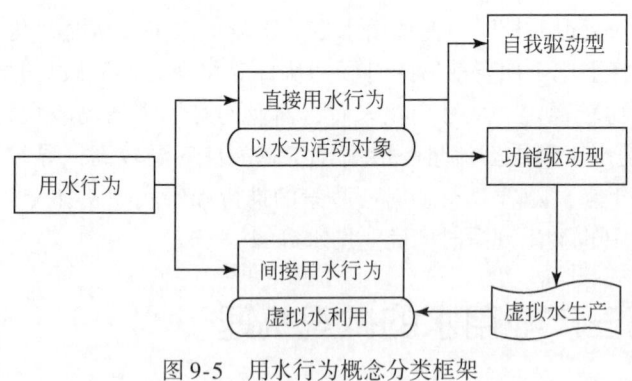

图 9-5 用水行为概念分类框架

在需要驱动下的活动共同构成行为。

用水行为即活动对象为水的一类行为，个体通过某种活动直接或间接利用水的效用以满足某种需要。直接用水行为与间接用水行为的区别在于活动对象的不同：直接用水行为以水作为活动对象，间接用水行为的活动对象则为某种物质产品或服务，即虚拟水的利用（图 9-5）。为方便起见，本研究仅探讨以水为活动对象的直接用水行为。

探究城市个体的用水行为，大致可以划分为两种类型：自我驱动型和功能驱动型。自我驱动型即个体发生该类用水行为主观上是出于满足自身需要之目的，且由用水活动达到的需要满足具有较强的排他性，如盥洗、饮用等；功能驱动型即个体发生用水行为以体现某种功能，用水个体在主观上有意愿通过用水活动满足其他个体的需要，如保洁、空调等。功能驱动型用水行为往往具有明显的规模效应或较高的技术门槛，在很大程度上是一个将"真实水"转化为"虚拟水"的过程，而对功能驱动型用水行为所提供的产品及服务的利用过程则属于间接用水行为范畴。

9.2.1.1 个体的需要

行为科学学者对人类需要进行了一些研究，马斯洛需求层次理论将人类需要划分为生理需要、安全需要、社交需要、尊重需要等，需要层级逐渐提高。过于高级的需要层次的满足仅涉及心理层面，与"引发用水活动的需要"基本无关，故不在此处涉及。按个体需要的满足是否直接与水相关，可分为对水的直接需要和潜在需要，判断标准为在需要满足过程中水是否为直接投入的核心物质要素。由于本研究不涉及间接用水行为（虚拟水利用），因而对潜在用水需要不做探讨。按需要的具体功能可分为饮水需要、食物需要、衣着需要、卫生需要、住宿需要、娱乐需要、安全需要、求知需要等，具体某种功能需要根据不同满足程度还存在不同层次（表 9-6）。

表 9-6 个体需要的分类

需要功能分类		需求层次分类	对应用水活动举例
大类	小类		
安全	消防	安全需要	消防用水
	医疗	安全需要	消毒用水
卫生	清洁	生理需要 社交需要	自身清洗、盥洗、洗衣、沐浴
	保洁	生理需要 社交需要	环境及设备清洗、拖地、洗车

续表

需要功能分类		需求层次分类	对应用水活动举例
大类	小类		
饮用	饮用	生理需要	日常饮水
食物	食品加工	生理需要 社交需要	烹饪用水、洗碗
住宿	室温	生理需要 社交需要	空调用水、供暖用水
	绿地	生理需要 社交需要	绿化用水
求知	求知	尊重需要	实验用水

安全需要可以被细分为消防安全需要和医疗安全需要。消防安全需要主要表现为消防用水，而医疗安全需要主要表现为临床医疗用水、手术操作用水等具有明显消毒属性的用水。

卫生需要包括针对个体自身的清洁需要和针对个体所处环境的保洁需要。清洁需要包括盥洗、沐浴、洗衣等。不同清洁程度对应不同需要层次，最低级需要层次对应的清洁程度仅保证正常生理活动的进行，较高需要层次对应的清洁程度往往出于自身对舒适的追求或社交的需要，需要层次越高耗用的水量越大。保洁需要与清洁需要类似，不同在于与个体联系的紧密程度有所降低。保洁需要主要是针对环境和设备的清洁，包括冲厕、拖地、洗车等。

饮水需要是人类生存的基本需要，也是与水直接相关的需要。

食物需要主要涉及烹饪过程中用水需要，包括食材的解冻、清洗、加工等处理过程，炊具及餐具的清洗。较低需要层次的食物需要仅仅出于维持生命消耗的目的，较高需要层次的食物需要则是为了塑造某种社会地位：食用精美食物通常显示一定的社会身份，赢得其他社会个体的认同，从而形成心理满足感。

与之类似，住宿需要同样横跨多个需要层次，具体表现为住宅环境的温度保持（供冷、供暖）及景观营造（绿化）。

求知需要是以尊重需要为主体的高层次需要，个体求知需要的满足可获得其他个体的认同和尊重。求知需要通过学习和研究（主要对应实验用水）得到满足。

9.2.1.2 用水的效用

从原理上看，用水活动的核心是提取水的某种或某些效用加以利用，这些效用如表 9-7 所示。

表 9-7 水资源效用类型

效用类型	描述指标	单位
运载介质	传质负荷	kg/h
	浓度	kg/m^3
动力介质	流速	m/s
温度介质	温度	℃
生命物质	水量/水质	—
景观环境		

运载介质，按运送物质状态和溶解度差异分为固体运载、可溶物运载、液体运载等。固体运载指以水为基本介质改变某一环境内溶解度较低的不溶/微溶物含量过程；可溶物运载指以水为基本介质改变某一环境内溶解度较高的物质含量过程；液体运载主要指以水为基本介质改变某一环境内某种与水不相容液体量，该过程与液体表面化学性质有关。简化的三种运载介质类型示意如图9-6所示。现实中，上述三种运载效用往往被混合利用，其实质为水体介质与环境发生各种形式的物质交换。生活中各种洗涤、工业中萃取和洗脱等操作都属于利用水的该种效用。一般认为，目标运载物在水体介质与外界环境中含量的差值越大，水体所能提供的运载介质效用也就越大。

动力介质是指将水体介质中蕴含的动能传递给其他物体，有可能转化为他形式的能量，与运载介质的区别在于动力介质不涉及水体本身物质成分（包括溶解物、悬浮物、胶体等）的改变。利用水动力介质效用最典型的例子即为水力发电（图9-7）。一般认为，水体介质所含能量越大（水压越高、流速越快），水体所能提供的动力介质效用也就越大。

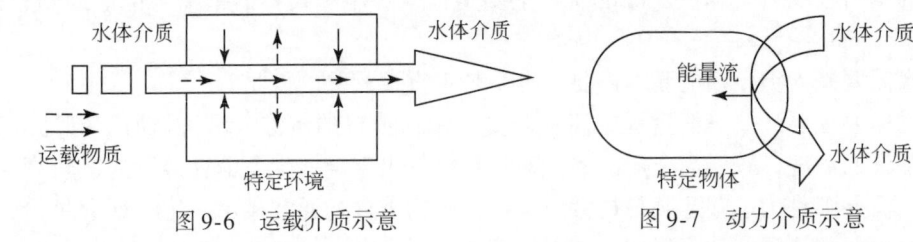

图 9-6 运载介质示意　　　　图 9-7 动力介质示意

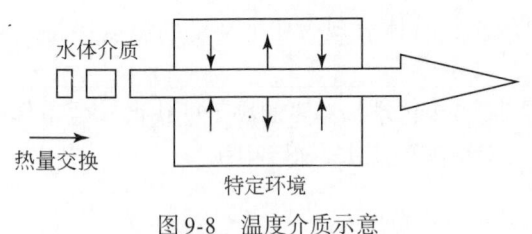

图 9-8 温度介质示意

温度介质是指根据水的比热容，水介质通过发生相变或水体温度变化从而改变外环境温度，其实质为水体与外环境发生热交换，该热交换过程是双向的，既有可能水体介质向环境传导热量，也有可能由特定环境向水体介质传导热量。冷却塔即为利用水体温度介质的典型代表（图9-8）。一般认为，水体与外环境的温度差异越大，水体所能提供的温度介质效用也就越大。

生命物质和景观环境实际上是从微观和宏观两个视角对水是生命之源进行描述的。水是构成生物体的必需物质，对单个生命体而言水是重要的生命物质；从生物圈的角度看，一定水量与水质的水体是维持生态平衡即区域内各生命体正常生存的基本条件。以一个更微观的视角深入生命体内部，水为生命体新陈代谢、生长发育所提供的效用不外乎上述三种介质作用。

9.2.1.3 个体需要与效用耦合

用水活动通过提取水的效用满足个体需要，因而个体需要与水资源效用之间存在特定耦合关系。水资源的生命物质效用满足饮用需要和绿化需要，温度介质效用满足消防安全需要和住宅室温需要，运载介质效用满足卫生需要。不同效用的组合利用可满足其他功能需要，温度介质效用和生命物质效用满足医疗安全需要，运载介质效用和温度介质效用满足食物需要，而求知需要的满足则涉及水资源的全部三种效用（表9-8）。

通常情况下，个体进行用水活动满足自身需要，即发生自我驱动型用水行为。但水资源效用的提取具有规模效应特点，温度介质效用的提取尤其明显。因而满足与温度介质相关功能需要的用水行为具有功能驱动型属性：多个个体（群体）某类需要的满足由少数个体的用水行为达成。

另外，需要层次越高，对效用提取程度和效率的要求也就越高。因而高层次需要的满足存在一定的技术门槛，由具有专业知识和技能的个体发生功能驱动型用水行为。

自我驱动型用水行为包括满足低级需要的卫生用水（清洁、保洁）、饮用用水、食品加工用水和简单实验用水。功能驱动型用水行为则包括满足安全需要的消防用水、医疗用水、满足高级需要的卫生用水（清洁、保洁）、维持室温用水、绿化用水和专业科研用水。需要、效用和用水行为类型的联系如表9-8所示。

表9-8 需要、效用和用水行为类型的联系

需要功能分类		水资源效用	需求层次分类	用水行为类型	
大类	小类			自我驱动	功能驱动
安全	消防	温度介质	安全需要	—	√
	医疗	温度介质 生命物质	安全需要	—	√
卫生	清洁	运载介质	生理需要	√	—
			社交需要	—	√
	保洁	运载介质	生理需要	√	—
			社交需要	—	√
饮用	饮用	生命物质	生理需要	√	—
食物	食品加工	运载介质 温度介质	生理需要	√	—
			社交需要	—	√
住宿	室温	温度介质	生理需要	—	√
			社交需要	—	√
	绿化	生命物质	社交需要	—	√
求知	求知	运载介质 温度介质 生命物质	尊重需要	√	√

在用水行为过程中，为满足不同类型的需要，甚至是同种类型需要的不同需要层次，通过用水活动提取的水效用类型以及提取程度有所不同，这种差异一方面体现为对取水水质的不同要求，另一方面体现为对水体性质的不同改变。

从取水水质来看，一般而言，需要层次越高，对水质的要求也就越高。这是由于高需要层次的满足，意味着从水体中提取更多的效用。而水质好的水体一般具有更大的效用存量。具体来说，部分满足医疗需要和求知需要的水体纯净程度最高，需要纯水（去离子水）甚至超纯水。满足饮用需要、清洗需要和食物加工需要的水体由于直接与人体接触也使用较高标准的水质。保洁用水、消防用水、调节室温用水、绿化用水则允许水体中含有较多杂质，特别是对水体中携带的不溶物含量要求较低。

从排水水质来看，随着水效用提取过程的完成，水体本身会发生一定程度的物化改变。满足医疗需要和求知需要的水体中会增加高毒性、高致病性成分；满足食物加工、清洁、保洁需要的水体中有机物含量、与清洁剂相关的N、P等元素含量以及不溶物携带量均有所增加。消防用水、调节室温用水和绿化用水大量发生相变，水体本身损耗严重。

9.2.2 宏观通量表征

从宏观上看，第三产业各行业承担特定的社会功能并具有特定的行业用水结构和用水过程。从微观上看，特定社会功能的实现有赖于行业基本单元空间范围内各种类型个体用水行为的发生；行业本身的用水结构与过程则体现行业基本单元空间范围内不同类型个体的集聚结构和各类型个体特征。一般认为，社会组织、人际协调等高层次社会功能属于纯粹的非物质需要，已经不涉及具体用水活动。满足社会功能提供者（行业内部个体）的自身需要即可达到该类社会功能的实现，不需要发生额外的用水行为。而较低层次社会功能的实现（餐饮业、居民服务业、住宿业），除需满足社会功能提供者的自身需要外，还发生额外用水行为以满足该社会功能需求者（行业外部个体）的相应需要。

总的来看，行业相关不同类型个体的中低层次需要构成行业特定的社会功能，行业范围内各类型个体用水活动的汇总在宏观上即体现为行业特有的用水结构与过程，行业社会功能的实现则是各类型个体发生用水行为产生结果的宏观表现（图9-9）。

基于此，第三产业行业可以划分为两大类：一类是行业社会功能的实现不需要附加用水，行业用水在整体上具有明显的自我驱动属性；另一类是行业社会功能的实现需要附加用水，行业用水在整体上具有明显的功能驱动属性。这里的附加用水指除满足行业所属人员（行业社会功能提供者）自身需要用水之外的行业用水。附加用水有两种形式：一种是行业员工（行业社会功能提供者）实际发生的以外部个体（行业社会功能需求者）为作用对象的功能驱动型用水行为，将水转化为虚拟水以产品和服务的形式提供给行业外人员消费（图9-10中箭头1）；另一种是行业外人员（行业社会功能需求者）在行业所属空间内利用行业本身提供的设施发生自我驱动型用水行为满足自身需求（图9-10中箭头2）。同时，满足行业所属人员自身需要的非附加用水也有两种形式：一是行业内部人员直接发生的自我驱动型用水行为（图9-10中箭头3）；二是由部分行业内部人员发生的作用对象

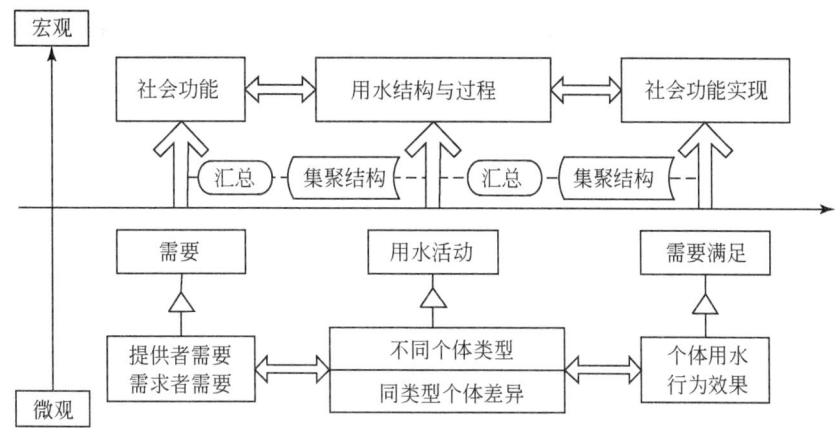

图 9-9　行业宏观现象的微观解释

为其他内部人员的功能驱动型用水行为（图 9-10 中箭头 4）。这为我们分析各行业的用水性质提供了新的思路，即首先在给定的时间截面上考察行业空间内的个体构成，区别该空间内直接受行业管辖的内部个体（行业社会功能提供者）和不受行业管辖的外部个体（行业社会功能需求者）；进一步考察行业内部个体发生的用水行为是否具有明显的行业外部功能驱动属性，即是否明显地生产或提供含有虚拟水的产品或服务供行业外部个体使用。

若某行业在行业空间内发生图 9-10 中箭头 1 及箭头 2 所示用水行为，则认为该行业用水整体具有功能驱动属性；若某行业空间范围内仅发生如图 9-10 中箭头 3 和箭头 4 所示用水行为，则该行业用水整体具有自我驱动属性。

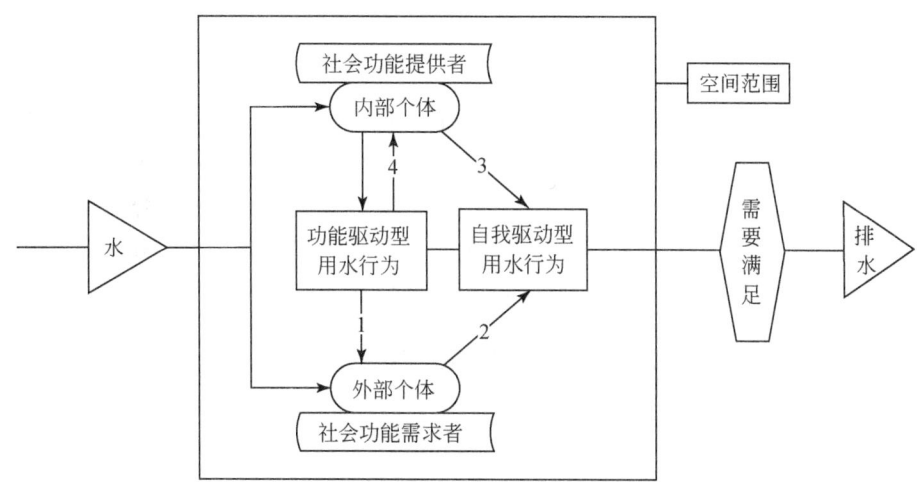

图 9-10　行业基本单元空间范围内用水行为属性示意

9.3 典型行业水系统构成与过程分析

9.3.1 行业用水构成

第三产业各行业具有直接或间接给人提供用水的基本性质，其用水行为主体是在服务过程中发生水消费的员工或消费者，这使得第三产业各行业的用水结构存在共性。一般地说，第三产业用水可以从三个方面分析，如图 9-11 所示。第一，用于顾客和员工的人员用水，包括饮用、清洁（盥洗、沐浴、洗衣）、保洁（冲厕、拖地）、食堂等用水。第二，在建筑或运营过程中设备的用水，包括空调、锅炉、绿化等用水。第三，具有各行业自身特点的特色用水，如医院的医疗用水、学校的实验用水、商业的餐饮用水和宾馆的洗衣房用水等。

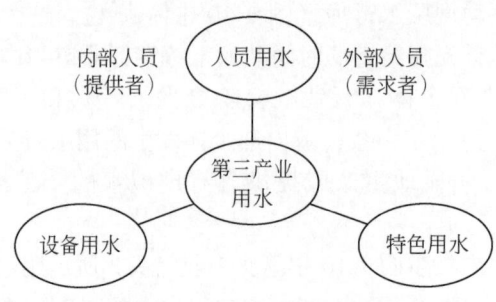

图 9-11 第三产业用水结构

从微观层面个体用水行为的角度来看，人员用水一般属于自我驱动型用水行为，也包括部分以其他内部个体为作用对象的功能驱动型用水行为。设备用水一般属于内部个体发生的主要以其他内部个体为作用对象的功能驱动型用水行为。特色用水的情况比较复杂，大多是以外部个体为作用对象的功能驱动型用水行为，也包括部分以内部个体为作用对象的功能驱动型用水行为。

一般来说，用水具有整体功能驱动属性的行业中，人员用水中外部人员用水比例和特色用水比例较大；而用水具有整体自我驱动属性的行业人员用水全部为内部人员用水。

根据上述三个方面把各个行业的用水部位依次归纳，如表 9-9 所示。

表 9-9 城市公共生活主要行业用水部位 （单位：%）

行业类别	人员用水	设备用水	特色用水
机关（含写字楼）	70	30	—
高校	80	10	10
宾馆	71	11	18
医院	83	12	5
商业	80		20

9.3.1.1 机关

机关的用水结构是第三产业用水行业中较为简单的一个，没有特色用水。一般来讲，机关用水部位中，人员用水的用水部位主要分布在办公楼的卫生间、食堂、浴室，设备用水的用水部位主要是供冷或供暖使用的空调或锅炉，此外，还有少量绿化用水。表 9-10 为 2004 年对北京市某部级机关用水调查结果。由表 9-10 可以看出，办公楼、食堂、浴室主要是以为机关职工服务用水为主，即人员用水占该机关用水量的 70%，而设备用水则占 30%。

表 9-10 某机关主要用水构成

用水部位	比例/%
办公楼	35
食堂	20
浴室	15
供暖供冷	20
其他	10

资料来源：何永等，2007

并非所有机关都具有上述用水类型。机关随着规模与性质的不同，其用水构成也有差别。一般来说，机关的行政级别越高，建筑面积越大，职工人数越多，用水量越大，用水部位越多，用水构成越复杂。人数少、面积小、级别低的机关单位有可能没有食堂、浴室以及中央空调用水；人数多、面积大、级别高的机关单位则可能包含有各种用水类型，不仅有食堂、浴室、中央空调，也可能还有其他类别的附属用水，如景观用水。

图 9-12 给出了一般化的机关用水构成示意图。由图 9-12 中可见机关用水由办公用水

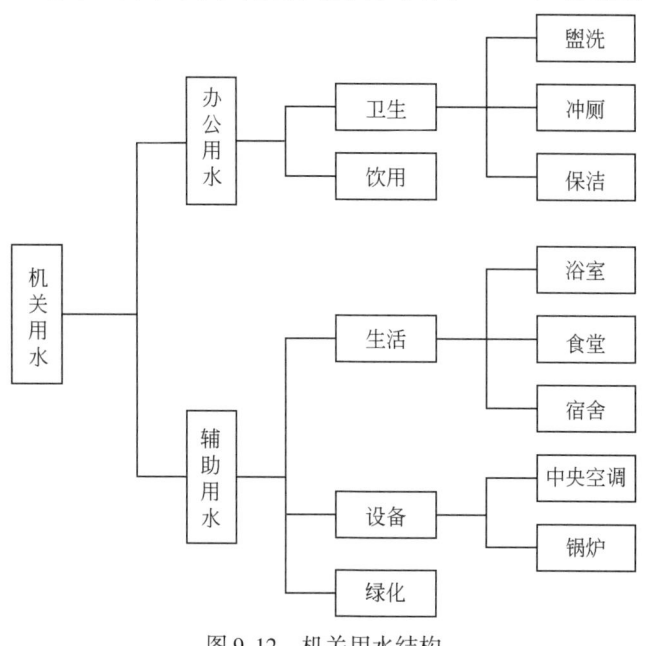

图 9-12 机关用水结构

和辅助用水两部分组成。办公用水主要是人员用水中的卫生用水（盥洗、冲厕、保洁）和饮用水；辅助用水包括人员用水中的生活型辅助用水（浴室、食堂、宿舍）和中央空调、锅炉和绿化等设备用水。

写字楼与机关具有很强的同质性，两者区别在于分类角度。机关更侧重分类对象的行政属性，而写字楼侧重分类对象所在的建筑属性。北京市机关涉及国家机构、党政机关、群众团体、社会团体和宗教组织、企业管理机构等多种行业类型，而写字楼则以金融、地产、商务服务业等行业为主，通常体现为一系列中小型企业的聚集。事实上，在管理实践中，很多规模不大、与其他单位共用同一栋办公建筑的机关事业单位被归入写字楼管理分类。机关与写字楼的用水结构和用水特征基本不存在差别，因此本研究不再单独对写字楼进行讨论。

9.3.1.2 高校

高校是一个集教学、生活于一身的"微型社会"，用水量最大，用水结构也最为复杂（蒋艳灵，陈远生，2007）。教学区、生活区和附属区域是高校的三个主要区域，每个区域又有各自不同的内部结构。通常意义上讲，在高校用水管理中，生活区与附属区这两个区域的用水属于外供水范畴。图9-13给出了高校的用水构成示意图。教学区用水和生活区用水共同构成学校部分用水。教学区用水可以细分为教学、办公楼和图书馆，以及实验

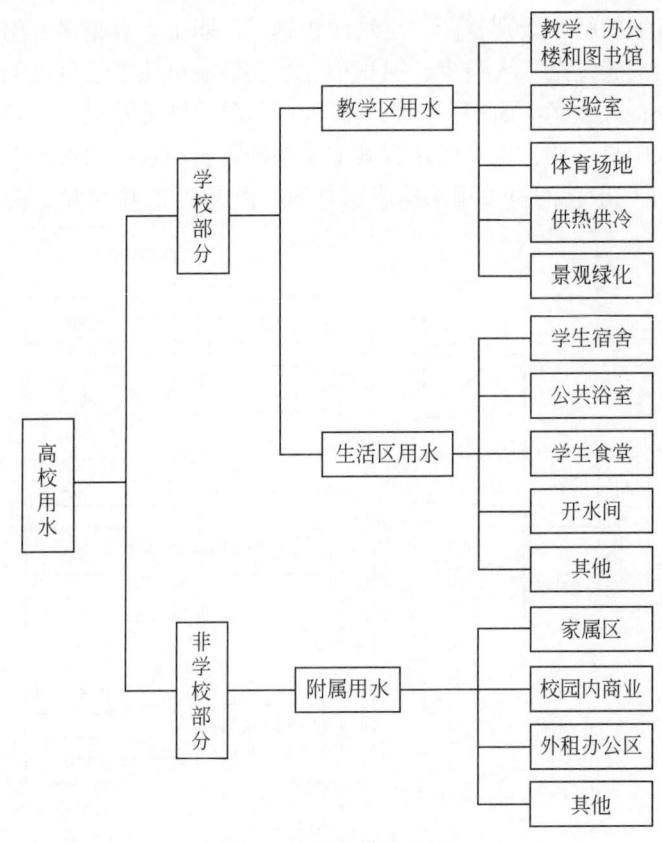

图9-13 高校用水结构

室、体育场地、供热供冷、景观绿化等部分用水,生活区用水包括学生宿舍、公共浴室、学生食堂、开水间等。非学校部分附属用水主要包括家属区居民用水、校园内商业用水、外租办公区用水等。不考虑非学校部分附属用水,学校用水中人员用水包括教学、办公楼和图书馆用水,学生宿舍、公共浴室、学生食堂和开水间用水。设备用水主要是供热供冷的中央空调用水、锅炉用水以及景观绿化用水。实验室用水和体育场地用水是主要的特色用水。

根据2003~2006年对北京市80所高校的调查,表9-11给出了学校部分教学、办公楼、图书馆、宿舍、食堂、浴室等主要用水部位的用水比例,这些用水部位用水总量之和最高可以达到整个学校用水量的80%。其中,宿舍用水量最大,占36%~44%。该部位的用水行为以盥洗、冲厕为主。

表9-11 高校主要用水构成

用水部位	比例/%
教学、办公楼和图书馆	9~12
实验室	4
体育场地	5
供暖	4~6
宿舍	36~44
浴室	6~12
食堂	10~12
其他	5

9.3.1.3 宾馆

宾馆是为旅客提供住宿、餐饮的地点。宾馆随着星级不同,提供的服务也不相同。四星级以上宾馆为顾客提供了除住宿以外更多的其他服务,例如,游泳、休闲、商务服务等。由于各级宾馆在经营定位、保洁程度、环境设施、餐厅档次等的差异,宾馆的用水结构有所区别,一般性的宾馆用水结构如图9-14所示。宾馆用水包括宾馆部分和非宾馆部分。宾馆部分用水主要有客房用水、餐厅用水、洗衣房用水、娱乐健身房用水、空调和供暖补水、锅炉用水、职工食堂以及职工浴室用水等。非宾馆部分包括外租办公区用水、外租商业用水、公寓用水、其他用水等。在宾馆部分用水,属于人员用水的项目有客房用水、职工食堂和职工浴室用水;属于设备用水的项目主要是空调和供暖补水、锅炉用水;属于特色用水的是洗衣房用水、娱乐健身房用水和餐厅用水。

表9-12为对北京市92家星级宾馆主要用水部位调查的结果。可见,客房用水量在宾馆用水总量中的比例最高,占33%~50%;浴室、餐厅、洗衣房、中央空调用水量所占比例也较大。

客房用水量很大并且以旅客洗浴用水为主,而宾馆的浴室用水量所占比例也很大。同时,客房和浴室这两个部位的用水区域相对集中、便于收集且为优质杂排水,因此具有良好的中水利用系统的客观条件(翁建武等,2007)。另外,据统计,有中水设施的宾馆综合床位用水量比无中水设施的宾馆综合床位用水量少16.5%。

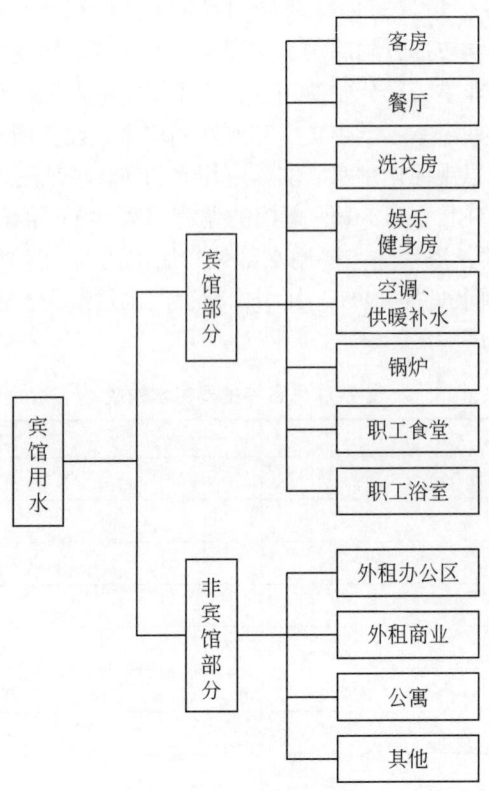

图 9-14 宾馆用水结构

表 9-12 4～5 星级宾馆主要用水构成

用水部位	比例/%
客房	33～50
食堂	3～4
浴室	8～18
餐厅	14～17
洗衣房	10～11
锅炉房	3～9
中央空调	6～12
绿化	1～1.5
游泳池	0.8～1.2
其他	6～8

9.3.1.4 医院

医院用水结构相对复杂，这与医院所提供的服务是密切相关的，如图 9-15 所示。医院用水包括门诊与病房用水、辅助用水两大部分。门诊与病房用水包括盥洗、冲厕、保洁、饮用等人员用水和消毒等特色用水。辅助用水包括浴室、食堂、宿舍等人员用水，中央空调、锅炉等设备用水和绿化用水。

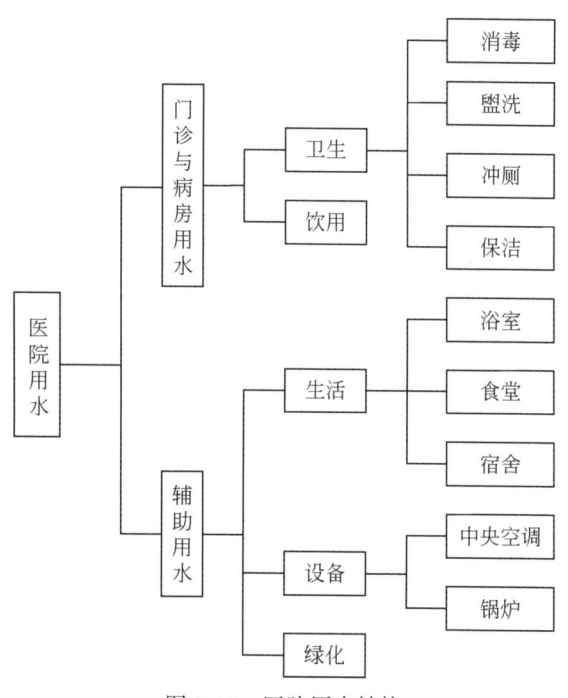

图 9-15 医院用水结构

对北京市某典型三级甲等医院用水情况调查的结果表明，北京市医院主要的用水部位在病房与门诊、洗衣房、食堂、锅炉、浴室，其用水量占总用水量的 80% 以上。表 9-13 为该医院实地调研数据，其门诊与病房用水占 46.18%，是该医院的主要用水部位。在该单位，用水设备则以锅炉、供暖供冷设备为主。其中锅炉用水是在供热、消毒两用水过程中消耗，占整个医院用水量的 2.66%。医院的特色用水为透析水以及医院内部的制药厂和实验室用水，但是这些部位用水量相对较小。如表 9-13 所示的医院中没有制药厂和透析用水的计量，所以在该表中没有体现出来。

表 9-13 某医院用水构成

用水部位	比例/%
病房与门诊	46.18
浴室	26.61
食堂	14.81
绿化	9.57
锅炉	2.66
供暖供冷	0.17

9.3.1.5 商业

商业的用水结构如图 9-16 所示,由营业区用水、餐饮用水和辅助用水三部分组成。营业区用水包括冲厕、保洁、饮用等人员用水和以食品加工为主的特色用水。餐饮用水主要指商业机构内附带的餐饮业用水,严格来说这是一种外供水,目前几乎所有大型百货商场内均提供餐饮服务,因此将餐饮用水视为商业的特色用水。辅助用水包括由职工浴室和职工食堂构成的人员生活用水以及以中央空调补水为主的设备用水。对北京市 29 家商业单位调查结果显示,百货商场与超市各用水部位的用水比例存在差异。百货商场中营业区卫生保洁用水量占总用水量的 30%~50%,附带餐饮用水量约占 20%(表9-14)。超市用水中,食品加工和营业区卫生保洁用水量占总用水量的 85% 左右。其中食品加工包括生鲜食品、豆腐房、熟食等,这些部位在加工、保存食品的过程中用水量相对较大(表9-15)。

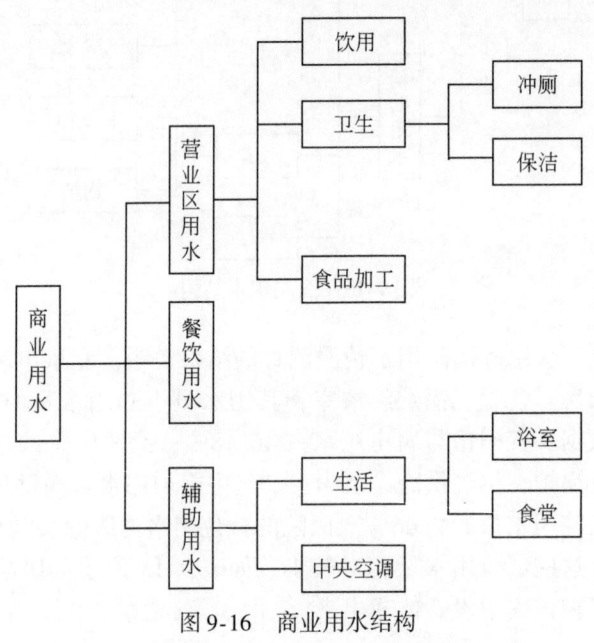

图 9-16 商业用水结构

表 9-14 商场主要用水部位构成

用水部位	比例/%
营业区卫生保洁	30~50
餐饮	20
中央空调	20
其他	10

表 9-15 超市主要用水部位构成

用水部位	比例/%
营业区卫生保洁	43
食品加工	42
职工食堂	5
其他	10

9.3.2 取排水水质

9.3.2.1 取水水质

不同取水用途对水质的要求不同，且各行业取水水质差异不大。由于几乎第三产业全部行业用水都不可避免地涉及饮用水、盥洗用水等与人体直接接触的生活用水，因此第三产业各行业取水水质符合《生活饮用水卫生标准》（GB5749—2006）。冲厕、绿化、洗车和消防用水对水质的要求低于《生活饮用水水质标准》，要符合《城市污水再生利用城市杂用水水质》（GB/T 18920—2002）。杂用水水质在微生物指标（总大肠菌群）、有机物含量（化学需氧量/生化需氧量）、感官指标（嗅、浊度）等方面均显著低于生活饮用水水质。

9.3.2.2 排水水质

第三产业各行业不同的用水构成导致不同用水部位发生的用水行为各不相同，因而排水水质也有所差异。

机关的整体排水水质基本类似居民生活排水，有机物含量偏低。不含机关食堂的排水中油污含量低于普通住家居民，设有浴室且浴室使用频率较高的机关排水水质质量较高，可用于中水回收利用。

学校的排水水质情况较为复杂。生活区排水水质一般与普通居民小区的排水水质无差异。由于大多数学校设有公共浴室，故由洗浴形成的优质杂排水更易收集，经过简单处理即可重复利用，为学校建设中水设施提供了便利。实验室的排水水质特别值得注意，特定实验类型可能导致排水含有特定成分，含有重金属离子、持久性有机污染物、强酸、强碱性的实验室排水需要单独处理。

饭店行业排水水质按用水部位不同而差异明显。如前所述，客房排水属优质杂排水，适宜作为中水水源；餐厅排水富含有机物，化学需氧量（COD）较大；洗衣房排水中总氮、总磷含量较高，容易引起水体富营养化。

医院排水水质中含有一定量的致病微生物以及各种化学药剂，需要单独处理，不适宜作为中水水源。

商业的排水水质劣于宾馆排水水质。餐饮、食品加工等用水部位的排水富含有机物，化学需氧量浓度极高，在夏季很容易腐败，异味明显。总体来看，商业排水中有机物含量明显高于一般居民家庭排水。

《建筑中水设计规范》（GB 50336—2002）给出了各类建筑物不同用水部位的排水水质，如表 9-16 所示。

表 9-16　各类建筑物各种排水浓度表　　　　　　　　　　　（单位：mg/L）

项目	宾馆、饭店			办公楼、教学楼		
	BOD_5	COD_{Cr}	SS	BOD_5	COD_{Cr}	SS
冲厕	250~300	700~1000	300~400	260~340	350~450	260~340
厨房	400~550	800~1100	180~220	—	—	—
淋浴	40~50	100~110	30~50	—	—	—
盥洗	50~60	80~100	80~100	90~110	100~140	90~110
洗衣	180~220	270~330	50~60	—	—	—
综合	140~175	295~380	95~120	195~260	260~340	195~260

项目	公共浴室			餐饮业、营业餐厅		
	BOD_5	COD_{Cr}	SS	BOD_5	COD_{Cr}	SS
冲厕	260~340	350~450	260~340	260~340	350~450	260~340
厨房	—	—	—	500~600	900~1100	250~280
淋浴	45~55	110~120	35~55	—	—	—
盥洗	—	—	—	—	—	—
洗衣	—	—	—	—	—	—
综合	50~65	115~135	40~65	490~590	890~1075	255~285

注："—"为数据资料缺失。

9.3.3　中水利用

根据《建筑中水设计规范》（GB 50336—2002），建筑中水供水系统是设立于建筑物（包括一幢建筑物或几幢相邻建筑物）或建筑小区（包括居住小区、高等院校、机关大院等集中建筑区）内，由中水原水的收集、储存、处理和中水供给等工程设施共同组成的供水系统，是城市污水再生回用系统的组成部分。

原水是指选为中水水源而未经处理的水。中水原水主要来自建筑物或小区的各种排水。原水水质是选择中水原水的重要依据。部分行业的排水不适宜作为原水。医院的排水中常常含有病菌、病毒等多种病原体，经过消毒后也不能保证绝对安全，很可能造成重大健康安全事故。一些研究机构的排水中含有从实验室排出的有毒物质或放射性物质，会危害环境和人体健康安全。

中水设施主要使用生活污水、杂排水和优质杂排水作为中水原水。生活污水指建筑或小区的所有排水的总称，包括盥洗、洗浴、洗衣、厨房、冲厕等排水，这些排水常常混合在一起进行排放。杂排水是不包括冲厕排水的各种排水，如冷却、洗浴、洗衣、盥洗、厨房等排水。优质杂排水是杂排水中污染程度较低的排水，如盥洗、洗浴、洗衣、空调等排水。厨房排水中有机物含量较高，污染程度也较高，不包括在优质杂排水中。根据北京市中水利用实践，采用生物-物化处理工艺的中水设施在使用优质杂排水、杂排水或生活污水为原水时，都能得到符合冲厕、绿化、洗车等主要中水用途的中水。

选用污染程度低、水质较好的排水作为中水原水，可以简化污水处理过程，节约中水设施造价和降低运行管理费用。北京师范大学和北京市南馆公园的中水设施的运行水量都为 500~600m³/d，都使用生物-物化处理工艺。使用优质杂排水的北京师范大学中水设施的运行成本为 1.41 元/m³，而使用生活污水的南馆公园中水设施的运行成本为 3.61 元/m³。

图 9-17 和图 9-18 分别给出了北京市机关办公楼和饭店的中水应用示意图。

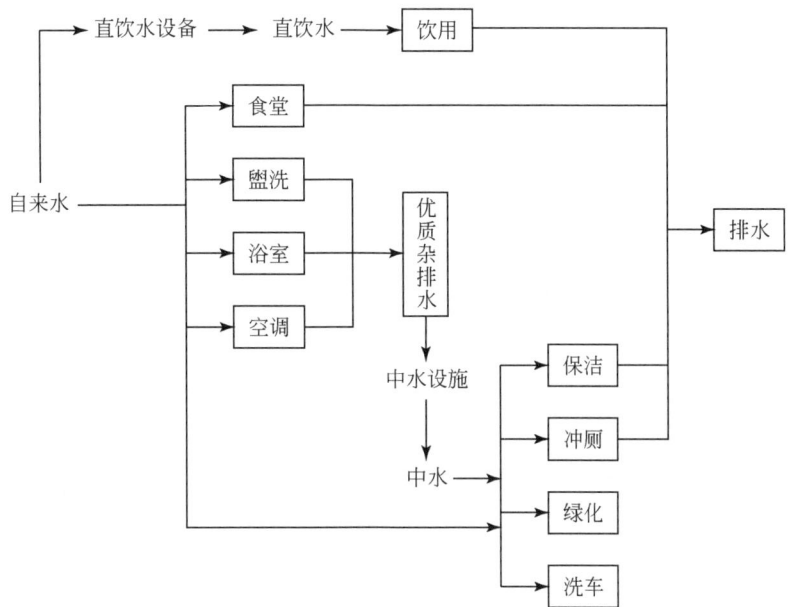

图 9-17 机关办公楼中水应用

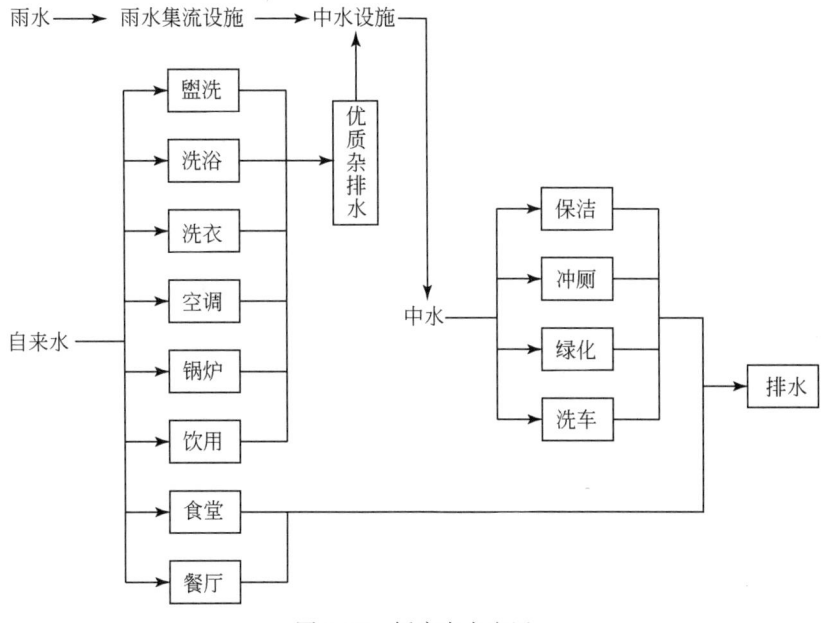

图 9-18 饭店中水应用

9.3.4 水价响应差异

第三产业行业用水分类可以从用水结构复杂程度、用水行为属性和水价敏感度 3 个角度进行，形成 7 种第三产业基本用水类型，分别是简单用水结构-自我驱动-水价不敏感型（以机关为代表）、简单用水结构-自我驱动-水价敏感型（以写字楼为代表）、复杂用水结构-自我驱动-水价不敏感型（以学校为代表）、复杂用水结构-纯内部用水主体功能驱动-水价不敏感型（以科研、绿化为代表）、复杂用水结构-纯内部用水主体功能驱动-水价敏感型（以洗车为代表）、复杂用水结构-含外部用水主体功能驱动-水价不敏感型（以医院为代表）、复杂用水结构-含外部用水主体功能驱动-水价敏感型（包括宾馆、餐饮、商业、文体、洗浴）。不同用水类型在用水结构复杂程度、受外界环境影响程度、用水过程可控程度、水价敏感度方面有所差异。

1) 以机关为代表的简单用水结构-自我驱动-水价不敏感型，只有人员用水和设备用水。人员用水包括饮用、清洁（盥洗、沐浴、洗衣）、保洁（冲厕、拖地）、食堂等用水，设备用水包括空调、锅炉、绿化等用水。所有用水活动均由内部职工主体发生，且仅满足行业内部职工的自身需要，用水过程的可控性很强，受外界环境影响程度低。水价变化不会对该类型行业用水过程造成显著影响，单纯提高水价不能有效提高行业用水效率，不能减少非必要水损耗。

2) 以写字楼为代表的简单用水结构-自我驱动-水价敏感型，也只有人员用水和设备用水。所有用水活动均由内部职工主体发生，且仅满足行业内部职工的自身需要，用水过程的可控性很强，受外界环境影响程度低。水价变化对该类型行业用水过程会产生显著影响，水费支出被纳入成本，提高水价将提高行业运行成本，从而影响盈利水平。受此驱动，用水单位可采取激励措施自觉节约用水，提高用水效率。从长期来看，行业用水水平处于有序的均衡状态。

3) 以学校为代表的复杂用水结构-自我驱动-水价不敏感型，除基本的人员用水和设备用水外，还包括行业特色用水。学校的特色用水主要是体育场用水和实验用水。所有用水活动均由内部主体（教职工和学校）发生，且仅满足行业内部主体（教职工和学生）的自身需要，用水过程的可控性很强，受外界环境影响程度低。同时，以学校为代表的用水基本类型属于非营利性，水价变化不会对该类型行业用水过程造成显著影响，用水单位没有动力提高用水管理水平。

4) 以绿化、科研为代表的复杂用水结构-纯内部用水主体功能驱动-水价不敏感型，除基本人员用水和设备用水外，还包括行业特色用水。科研行业的特色用水主要是以实验用水为主的科研用水；绿化行业的特色用水主要是服务于整个社会的绿化用水。所有用水活动均由内部职工主体发生，除满足内部职工主体需求外，还满足行业外部的社会需求，因而认为其用水行为具有功能驱动属性，易受外界环境气候、水资源条件等因素的影响。科研行业满足全社会的求知需要；绿化行业维护公共绿地，满足社会需要。由于该类行业用水行为全部由内部主体发生，因而对用水过程的控制能力较强。水价变化对该类行业用水过程不产生显著影响，且该类行业一般属于公共服务类行业，用水需要优先保障。

5）以洗车为代表的复杂用水结构–纯内部用水主体功能驱动–水价敏感型，除人员用水和设备用水外，还包括行业特色用水。洗车行业的特色用水即洗车用水，占行业用水总量的60%左右。该类型行业用水活动均由行业内部职工主体发生，以满足行业外部的社会需求为主，直接体现行业本身的社会功能，具有功能驱动属性，易受外界环境如气候、经济形势等因素的影响。该类行业用水行为全部由内部主体发生，因此在用水过程中的控制能力较强，可以根据实际情况全面调整用水行为，以达到控制用水的目的。水价变化对该类型行业用水过程会产生显著影响，水价升高，行业会自觉加强内部管理，减少用水浪费，以节约成本。

6）以医院为代表的复杂用水结构–含外部用水主体功能驱动–水价不敏感型，除人员用水和设备用水外，还包括行业特色用水。医院行业的特色用水主要是手术用水和消毒用水。该类行业用水活动由行业内部职工主体（医生）与行业外部主体（病人）共同发生。该类行业发生的用水行为除满足内部职工主体的自身需要外，还以两种形式满足行业外部主体的需求，体现行业用水的功能驱动性：一种是在行业空间内外部主体直接发生用水行为满足自身需要，另一种是内部主体发生用水行为向社会提供医疗服务。行业用水的功能驱动属性导致其易受外界环境影响，如大规模流行性疾病的爆发将显著提高行业用水。该类行业对内部职工拥有直接管理权限，但对外部病人主体的管理程度较低，仅能采用劝说、提示、诱导等间接方式约束其用水活动，因此该类型行业对用水过程的控制能力较差。此外，该类型行业属于公共服务行业，对水价不敏感。水价提高，行业没有动力加强用水管理以节约用水。

7）复杂用水结构–含外部用水主体功能驱动–水价敏感型，包括宾馆、餐饮、商业、文体和洗浴等行业。除人员用水和设备用水外，该类型行业还包括行业特色用水：如宾馆行业的洗衣房用水、游泳池补水；餐饮和商业行业的餐饮用水、食品加工用水；文体行业的体育场维护用水、游泳池补水、道具布景用水；洗浴行业的洗浴用水等。该类行业用水活动由行业内部职工主体与行业外部顾客主体共同发生。除满足内部职工主体自身需要外，还以两种形式满足行业外部主体的需求，体现行业用水的功能驱动性：一种是在行业空间内外部主体直接发生用水行为满足自身需要，如顾客在洗浴行业内使用的洗浴用水；另一种是内部主体发生用水行为向社会提供产品或服务，如餐饮行业在向顾客提供菜品过程中发生的烹饪用水和餐具清洗用水。行业用水的功能驱动属性导致行业用水易受外界环境影响，如经济繁荣时，该类行业用水量处于较高水平；经济衰退时，该类行业用水量较低。同时，该类行业拥有对内部职工的直接管理权限，但对外部顾客主体的管理程度很低。很多顾客的用水以消费为目的，对用水感官舒适度的追求使其用水量远超过正常用水水平。作为服务提供方的行业，仅能采用劝说、提示、诱导等间接方式约束其用水活动，无法强硬阻止顾客对舒适度的追求，反而为顾客追求舒适创造条件。因此，该类型行业对行业用水过程的控制很差，很大程度上仅能接受顾客的用水结果，很难加以约束。该类型行业均属于营利性行业，水价变化直接影响利润，因而会对水价变化迅速作出响应。水价提高时，该类行业会尽可能采取措施节约用水、提高水资源利用效率以降低用水成本，从而导致用水量的显著减少。

9.4 城市第三产业用水的通量与构成特征

9.4.1 部分国家第三产业用水构成的比较

一个国家的产业构成必然会在一定程度上影响到其用水构成,其中,第一产业基本对应农业用水,第二产业基本对应工业用水,第三产业对应第三产业用水。目前在各国用水构成项目中,很少单独划分出第三产业用水项,而生活用水项目包含了第三产业用水和居民家庭用水等,因而可以在一定程度上反映第三产业用水情况;严格来说,目前各国用水构成统计中,生活用水项中减去城镇居民生活用水即为第三产业用水。如表 9-17 所示,列出了世界上 14 个国家 1990 年前后的用水构成及相应的产业构成,其中包括 7 个发达国家和 7 个发展中国家。

表 9-17 世界典型国家用水构成和产业构成对照表

国家		年份	用水构成/%			产业构成/%			人均国民生产总值/美元
			农业	工业	生活	第一产业	第二产业	第三产业	
发达国家	美国	1990	42	45	13	2.0	28.1	69.9	22 380
	加拿大	1991	12	70	18	2.8	32.7	64.5	19 640
	法国	1990	15	69	16	3.4	26.5	70.1	19 710
	德国	1991	20	70	10	1.4[1]	56.7[1]	41.9[1]	22 720
	英国	1991	3	77	20	1.7	31.4	66.9	16 170
	日本	1990	50	33	17	2.5	41.2	56.3	26 100
	澳大利亚	1985	33	2	65	4.0[2]	34.8[2]	61.2[2]	11 370[2]
	平均值		25	52	23	2.6	35.9	61.5	19 727
发展中国家	墨西哥	1991	86	8	6	7.8	28.5	63.7	2 580
	巴西	1990	59	19	22	8.1	38.7	53.2	2 790
	俄罗斯	1994	20	61	19	7.9[3]	39.2[3]	52.9[3]	2 240[3]
	中国	1990	87	7	6	27.1	41.6	31.3	420
	印度	1990	93	4	3	31.0	29.0	40.0	370
	埃及	1993	86	8	6	17.2[3]	33.1[3]	49.7[3]	620[3]
	南非	1990	72	11	17	4.6	40.1	55.3	2 530
	平均值		72	17	11	14.9	35.7	49.4	1 650

①为1991年数据;②为1985年数据;③为1995年数据。
资料来源:用水数据引自刘昌明,陈志恺,2001;产业构成数据和人均国民生产总值数据引自1997~1999年的《国际统计年鉴》。

表 9-18 列出了部分国家三次产业的万美元 GDP 增加值用水量,包括具有一定代表性的 6 个发达国家和 6 个发展中国家。由表 9-18 可知,不论是发达国家还是发展中国家基本具有这样一个趋势:万美元农业增加值用水量>万美元工业增加值用水量>万美元第三产业增加值用水量的关系。其中,发展中国家万美元农业增加值用水量、万美元工业增加值用水量和万美元第三产业增加值用水量分别约为发达国家的 4 倍、3.2 倍和 3.7 倍。而这三者的比例关系,在 6 个发达国家中平均为 29:3:1,而在 6 个发展中国家中平均则为 31:3:1。加之在发展中国家产业结构中,第二产业比例与发达国家相近,而第一产业比例偏高,第三产业比例偏低,因而造成发展中国家的万美元 GDP 用水量(4516m^3)远高于发达国家(453m^3)。因此,发达国家与发展中国家用水结构的差距是由产业结构和产业用水效率两方面因素共同作用造成的;发展中国家要调整用水结构,则必须从这两个方面着手改进,在通过采用节水器具和措施、调整产业内部结构来提高三次产业用水效率的同时,大力增加第三产业比例,促进第三产业高级化。

表 9-18 世界部分国家水资源消耗强度比较 （单位:m^3）

类别	国家	万美元 GDP 用水量	万美元农业增加值用水量	万美元工业增加值用水量	万美元第三产业增加值用水量
发达国家	美国	514	6 930	1 283	57
	澳大利亚(1998 年)	387	4 393	32	367
	加拿大(1998 年)	737	3 423	1 005	220
	法国	288	1 737	807	60
	日本	208	6 655	95	65
	韩国	582	7 323	145	299
	平均值	453	5 077	561	178
发展中国家	中国(2000 年)	5 045	22 011	2 380	796
	俄罗斯	2 054	5 869	3 746	671
	印度	10 875	35 733	1 305	1 182
	埃及	6 761	29 080	2 571	686
	巴西	722	4 895	449	244
	墨西哥	1 638	25 560	304	409
	平均值	4 516	20 525	1 793	665

资料来源:吴季松,2002

9.4.2 我国城市第三产业用水变化分析

随着我国经济和城市化的发展以及人民生活水平的提高,我国的城市用水量及其结构也发生着一定的变化。表 9-19,展示了我国 1999~2007 年的 9 年期间,全国总用水量、城市用水量及其构成（家庭用水和第三产业用水）的变化情况。

表 9-19 1999~2007 年我国城市用水量及其构成变化

项目 年份	总用水量 /亿 m³	城市用水量 /亿 m³	家庭用水量 /亿 m³	城市用水量 占总用水量 的比例/%	第三产业 用水量* /亿 m³	工业用水 量/亿 m³	第三产业用 水量占城市 用水量比例 /%	工业用水量 占全国用水 量比例/%
1999	5435.4	1380.7	125.6	25.4	128.9	1159.0	9.3	21.3
2000	5497.6	1423.1	132.2	25.9	151.7	1139.1	10.7	20.7
2001	5567.4	1448.3	144.8	26.0	161.7	1141.8	11.2	20.5
2002	5497.3	1463.0	150.7	26.6	169.9	1142.4	11.6	20.8
2003	5320.4	1591.5	159.8	29.9	254.5	1177.2	16.0	22.1
2004	5547.8	1671.4	165.1	30.1	277.4	1228.9	16.6	22.2
2005	5633.0	1759.0	172.5	31.2	301.1	1285.2	17.1	22.8
2006	5795.0	1835.1	158.9	31.7	332.4	1343.6	18.1	23.2
2007	5818.8	1923.8	163.8	33.1	356.2	1404.0	18.5	24.1
增长率/%	7.1	39.3	30.2	7.7	176.3	21.1	9.2	2.8

*第三产业用水量由以下公式计算得到：第三产业用水量=城镇生活用水量−家庭用水量。城镇生活用水包含生态环境用水。

资料来源：①家庭用水数据依据 1999~2007 年《中国城市建设统计年报》，建设部综合财务司编，中国建筑工业出版社；②本表除家庭用水和第三产业用水以外的其他用水量数据依据 1999~2007 年《中国水资源公报》，中华人民共和国水利部；③用水比例数据系整理计算得到。

我国总用水量呈持续上升的趋势，9 年来由 5435.4 亿 m³ 增加到 5818.8 亿 m³，总计增加了 7.1%；其中，城市用水量由 1999 年的 1380.7 亿 m³ 增加到 2007 年的 1923.8 亿 m³，9 年间增长幅度高达 39.3%。1999~2007 年，工业用水量由 1159.0 亿 m³ 增至 1404.0 亿 m³，增长幅度为 21.1%；但其占全国用水量的比例则较为稳定，由 1999 年的 21.3% 略增为 2007 年的 24.1%。1999~2007 年，第三产业用水量由 128.9 亿 m³ 增至 356.2 亿 m³，增长幅度高达 176.3%，其占城市用水量的比例同样呈明显上升趋势，由 1999 年的 9.3% 升至 2007 年的 18.5%，几乎提高了一倍。

城市用水量占总用水量的比例及城市用水结构的变化反映了我国城市化的发展以及城市产业结构的演变，而城市化的发展往往与城市水资源利用状况有着密切的联系。随着我国的城市化进程的推进，城市规模扩大，城市用水人口逐渐增加，居民生活水平不断提高。城市化水平的提高同时也使得城市产业结构特点发生了巨大的变化，物质生产部门的重要性逐渐减弱，第三产业已成为经济增长、扩大消费和提供就业的主要产业；发达国家的经验也表明，第三产业终将取代第二产业，成为国民经济最重要的组成部分。有学者对我国城市 1990~2000 年职能结构变化特征进行了研究，结果表明各规模级城市具有工业、矿业职能的城市比例有下降的趋势，而具有其他第三产业、行政和商业职能的城市比例则明显上升，新兴"旅游城市"和"其他第三产业"专业化城市正在不断增多；第三产业正在替代工业成为促进中国城市增长的主要职能和动力。这较好地体现了我国产业和就业结构由"一、二、三"向"三、二、一"转型的发展方向。

值得注意的是，城市产业结构的优化调整促使在城市化进程中城市用水结构的变化以及用水效率的提高。这是因为不同产业用水效率具有显著差异，而城市化的前期和后期则分别对工业和第三产业的发展有着巨大的促进作用。由表 9-18 可知，无论是发达国家还是发展中国家，其用水效率大多具有这样一个特点（特别是当其工业用水效率不是非常高时），即万美元农业增加值用水量>万美元工业增加值用水量>万美元第三产业增加值用水量。因此，第三产业比例高而第一产业比例低的发达国家，其万美元 GDP 用水量基本在 800m³ 以下，大多介于万美元第三产业增加值用水量与万美元工业增加值用水量之间；日本、韩国两国则因其工业和第三产业用水效率均相当高，受农业用水效率较低的影响，万美元 GDP 用水量高于万美元工业增加值用水量。而 2000 年我国万美元 GDP 用水量为 5045m³，介于万美元工业增加值用水量 2380m³ 与万美元农业增加值用水量 22 011m³ 之间，而远大于万美元第三产业增加值用水量 796m³。这表明我国只有进行三次产业结构调整，大力发展第三产业，减少农业和工业比例，才能显著降低万美元 GDP 用水量。同时，我国万美元农业、万美元工业和万美元第三产业增加值用水量均远远高于表 9-18 中 6 个发达国家的平均水平，节水潜力非常大。因此，进行产业内部行业结构调整，提高节水行业的比例，同时全面推行有效且适用的节水措施，以提高三次产业各自的用水效率，对于提高我国整体用水效率有着相当重要的意义。

我国城市化的快速发展，使得城市的产业结构也随之发生着变化。在城市产业结构中，第一产业在国民经济中明显处于次要地位（一些矿业城市除外），第二、第三产业则是城市产业的主体，因此这两者的比例关系对城市用水及其结构有着直接的影响。而从我国产业结构变化的发展趋势来看，第三产业的未来发展潜力明显超过第二产业，必将成为城市的支柱产业（这在有些城市已经实现）；结合表 9-19 的相关数据可知，城市工业用水量比例的逐渐下降和第三产业用水量比例的不断上升，是我国城市用水结构变化的必然趋势。因此，开展对我国城市第三产业用水及其特点的研究具有十分重要的意义。

9.4.3 我国不同区域城市第三产业用水的比较

9.4.3.1 我国东部地区产业用水结构分析

我国城市产业结构的变化必然会在一定程度上体现在就业结构和用水结构上，表 9-20 为 2007 年我国东部 21 个城市的城市指标、用水结构和就业结构。东部 21 个城市的平均城市化率为 48.6%，平均综合人均用水量为 154m³，就业结构第三产业比例平均为 51.4%。城市综合人均用水量与城市水资源的丰欠程度有很大关系，北方各城市的综合人均用水量均在 140m³ 以下，而南方各城市则大多数在 200m³ 以上。值得注意的是，第三产业就业比例较低的城市，综合人均用水量往往较高，例如，北方的大连市和青岛市第三产业的就业比例分别为 46.8% 和 35.1%，处于北方各城市的较低水平，而其综合人均用水则分别高达 134m³ 和 114m³；而南方的苏州市和宁波市第三产业的就业比例也较低，分别为 25.7% 和 36.3%，其综合人均用水量则处于南方各城市的较高水平，分别高达 233m³ 和 252m³。与此相应的是，南方城市中综合人均用水量低于 200m³ 的城市，其第三产业增加值占 GDP 比例均相对较高，如上海市为 52.6%，广州市为 58.4%。这说明第三产业在城市就业结构中比例的高低会对城市综合人均用水量的大小造成一定的影响,总的来说,第三产业就业比例越高,城市综合人均用水量往往就越低。这是因为第三产业用水效率较高,其单位增加值用水量显著低于第二产业。随着城市化进程中第三产业的发展,东部城市的整体用水效率逐渐提高,使得城市综合人均用水量得以降低。

表 9-20 2007 年我国东部地区 21 个城市的城市指标、用水结构和就业结构

等级	城市	用水人口/万人	城市化率/%	综合人均用水量/m³	用水结构/% 生产运营用水	用水结构/% 公共服务及其他用水	用水结构/% 居民家庭用水	就业结构/% 第一产业	就业结构/% 第二产业	就业结构/% 第三产业
超大城市(12)	北京	1585	74.3	90	21.2	31.0	37.9	0.5	26.5	73.0
	天津	651	57.1	106	45.8	19.7	24.6	0.4	49.6	50.0
	石家庄	230	24.9	99	37.5	18.9	28.4	0.5	40.1	59.4
	沈阳	452	58.5	103	21.7	21.2	27.7	0.7	38.1	61.2
	大连	278	44.0	134	22.2	17.3	16.4	1.6	51.7	46.8
	上海	1858	85.1	186	31.7	23.7	26.0	0.4	43.6	56.0
	南京	467	73.9	224	40.2	14.8	33.1	0.5	44.2	55.3
	杭州	289	40.1	231	29.2	17.9	38.1	0.1	53.6	46.3
	济南	340	45.8	100	20.6	6.0	52.9	0.1	48.6	51.4
	青岛	276	35.8	114	34.6	13.1	36.2	0.4	64.5	35.1
	广州	1041	82.3	172	22.3	19.0	41.3	0.4	45.3	54.4
	深圳	725	100.0	215	39.1	10.0	36.9	0.2	53.6	46.2
特大城市(6)	唐山	193	23.5	103	24.4	9.7	48.8	4.7	51.2	44.1
	徐州	130	16.6	90	15.8	31.1	41.0	2.9	39.6	57.5
	苏州	195	24.9	233	34.7	16.8	38.4	0.1	74.2	25.7
	宁波	159	22.9	252	43.8	14.0	32.5	0.1	63.6	36.3
	福州	230	24.6	108	14.5	34.1	51.4	0.7	57.9	41.4
	厦门	209	68.3	136	34.1	13.6	39.7	0.3	71.9	27.8
大城市(2)	保定	113	8.3	84	41.8	10.4	33.7	0.5	41.6	57.8
	海口	81	59.0	207	11.2	27.6	48.3	0.8	30.4	68.8
中等城市(1)	三亚	25	50.1	244	5.4	51.4	26.8	2.2	12.8	85.1
平均值		454	48.6	154	28.2	19.9	36.2	0.9	47.7	51.4

注:由于数据缺失,济南和青岛 2007 年的城市化率以 2006 年的数据代替;综合人均用水量由城市总用水量除以总人口得到,如无特殊说明,则下同。

资料来源:①就业结构数据依据《中国城市统计年鉴2008》(国家统计局,中国统计出版社),城市化率根据《中国城市统计年鉴2008》中 2007 年城市市辖区非农人口除以城市总人口计算得到;②用水人口、综合人均用水量、用水结构依据《2007 年中国城市建设统计年鉴》(住房和城乡建设部综合财务司,中国建筑工业出版社)中相关用水数据计算得到;公共服务与其他用水项为公共服务用水、消防用水及其他用水量之和占总用水量的比例;③本表所列城市用水结构中不包含自备井部分,故三项用水部分比例之和小于 100%,下同。

在用水结构中,公共服务与其他用水在较大程度上可以代表第三产业的用水,本书选取水资源较丰沛的东南部 11 个城市,根据其 2007 年的第三产业就业比例以及公共服务与其他用水量占总用水量的比例,绘制成如图 9-19 所示的散点图。由图 9-19 可知,东部沿海城市的公共服务与其他用水量占总用水量的比例与其第三产业就业比例之间,存在一定的正相关关系。这说明城市用水结构在一定程度上受到就业结构的影响,一个城市第三产业就业比例越高,往往其公共服务与其他用水量占总用水量的比例也越高。

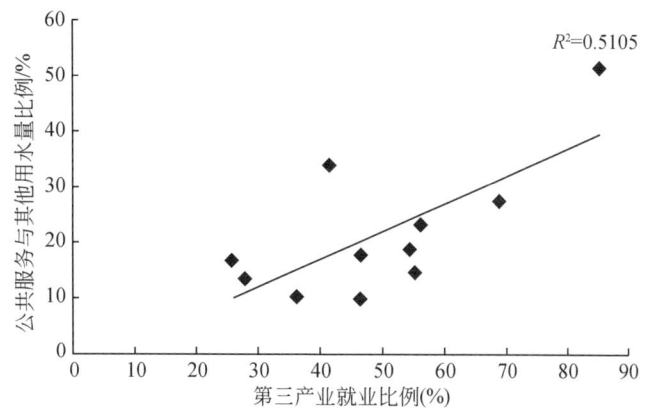

图 9-19 我国东南 11 个城市公共服务及其他用水量占总用水量的比例与
第三产业就业比例的关系(2007 年数据)

总体上看,东部沿海各省市总体城市化水平在全国处于较高的水平,且仍处于不断提高的状态;城市化的发展导致了城市产业结构的变化,主要表现为第一产业增加值占 GDP 的比例持续下降,第二产业通过内部产业结构调整而呈现高级化趋势,第三产业得到了较为全面、快速的发展。与此相应,城市用水指标和结构也随之发生变化,尽管南、北方城市水资源禀赋的差异而使得用水量存在一定的差距,其用水指标和用水结构的普遍规律主要表现为不同城市第三产业发展程度的不同,使得就业结构也体现出一定的差异,城市第三产业就业比例越高,其城市总用水效率越高,综合人均用水量就越低,同时也会使得公共服务与其他用水量在其城市总用水量中的比例越高。

9.4.3.2 我国中部地区产业用水结构分析

表 9-21 所示为 2007 年中部地区 16 个城市的城市指标、用水结构和就业结构。中部 16 个城市的平均城市化率为 30.7%,平均综合人均用水量为 140m^3,第三产业占就业结构比例平均为 53.5%。可见,中部地区城市化水平普遍低于东部地区(48.6%),平均综合人均用水量稍低于东部地区(154m^3),第三产业就业结构比例略高于东部地区(51.4%)。

表 9-21 2007 年我国中部地区 16 个城市的城市指标、用水结构和就业结构

等级	城市	用水人口/万人	城市化率/%	综合人均用水量/m³	用水结构/% 生产运营用水	用水结构/% 公共服务及其他用水	用水结构/% 居民家庭用水	就业结构/% 第一产业	就业结构/% 第二产业	就业结构/% 第三产业
超大城市(5)	太原	292	65.3	113	44.9	11.0	36.3	0.4	50.6	48.9
	长春	255	34.1	112	16.7	29.8	21.4	1.5	40.2	58.3
	哈尔滨	321	34.9	126	25.2	19.4	40.2	5.3	45.6	49.1
	郑州	270	28.6	104	27.1	15.7	38.9	0.3	47.1	52.5
	武汉	514	54.5	200	24.9	18.9	35.0	2.8	48.7	48.5
特大城市(7)	大同	125	37.9	97	47.6	4.7	42.6	0.8	48.5	50.7
	大庆	119	37.5	247	57.6	6.9	23.2	1.6	54.9	43.5
	合肥	194	34.7	127	14.0	27.5	46.5	0.4	40.6	59.0
	南昌	210	35.9	158	19.6	21.6	38.1	3.7	44.9	51.4
	洛阳	134	16.4	143	34.9	14.8	40.9	0.6	45.4	54.0
	长沙	225	28.8	173	12.9	22.2	59.0	0.2	44.0	55.8
	衡阳	91	13.9	242	33.8	20.9	20.9	0.6	43.2	56.2
大城市(2)	四平	39	16.4	30	8.7	40.4	32.1	7.0	29.9	63.1
	淮南	101	40.5	135	40.0	9.2	28.6	1.5	63.2	35.4
中等城市(2)	安庆	56	7.6	112	45.0	17.9	35.4	7.9	22.3	69.9
	赣州	51	4.3	116	17.4	17.5	46.9	2.4	38.3	59.4
	平均值	187	30.7	140	29.4	18.7	36.6	2.3	44.2	53.5

资料来源：同表 9-20。

中部地区城市的用水构成明显受到城市三次产业的增加值构成及就业构成的影响。根据表 9-21 绘制得到这 16 个城市中生产运营用水量占总用水量的比例与第二产业增加值占 GDP 比例之间、公共服务及其他用水量占总用水量的比例与第三产业就业比例之间关系的散点图，分别如图 9-20 和图 9-21 所示。

由图 9-20 和图 9-21 可知，在中部地区这 16 个城市中，生产运营用水量占总用水量的比例与城市第二产业增加值占 GDP 的比例之间，呈现一定的正相关关系；而公共服务及其他用水量占总用水量的比例与城市第三产业就业比例之间，同样呈现一定的正相关关系。而综合人均用水量与城市产业结构和就业结构的关系则并不十分明晰，这可能是因为中部地区各城市水资源禀赋的差异，加之工业化水平和工业结构差别较大所致。

由于中部地区城市用水结构与其产业结构关联程度较高，对城市三次产业结构进行调整优化，必将对城市用水结构产生显著的影响。因此，要有效提高城市用水效率，必须加快单位增加值用水量较低的第三产业的发展，同时促进第二产业内部构成高级化，使其由粗放型的初级产品加工工业向用水效率较高的高技术产业和装备制造业升级。

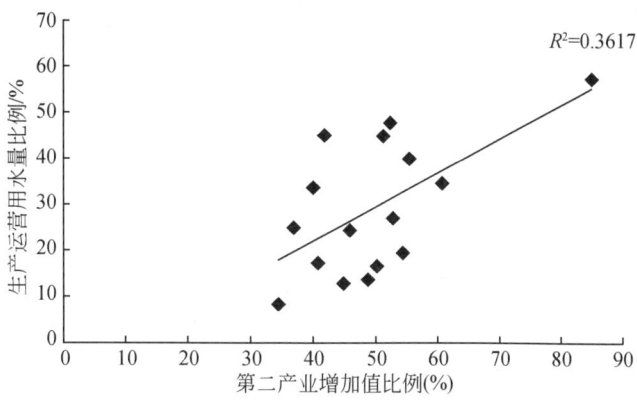

图 9-20 我国中部 16 城市生产运营用水量占总用水量的比例与第二产业增加值占 GDP 比例的关系（2007 年数据）

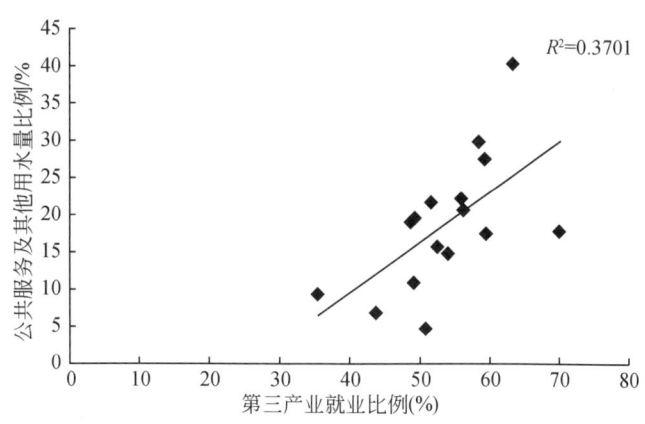

图 9-21 我国中部 16 城市的公共服务及其他用水占总用水量的比例与第三产业就业比例的关系（2007 年数据）

9.4.3.3 我国西部地区产业用水结构分析

表 9-22 所示为 2007 年西部 16 个城市的城市指标、用水结构和就业结构。西部 16 个城市的平均城市化率为 34.7%，平均综合人均用水量为 123m^3，第三产业占就业结构比例平均为 54.7%。可见，西部地区城市的城市化水平明显低于东部地区（48.6%），而高于中部地区（30.7%），平均综合人均用水量明显低于东部（154m^3）和中部地区（140m^3），第三产业就业结构比例则略高于东部（51.4%）和中部地区（53.5%）。需要注意的是，由于西部地区人口密度低于东、中部地区，因此等级较高的城市的密度也较低，位于发展轴线上的少数较大的城市承担着为周围大片地区提供城市服务的职能，从而使西部城市第三产业比例较大。

表 9-22　2007 年我国西部地区 16 个城市的城市指标、用水结构和就业结构

等级	城市	用水人口/万人	城市化率/%	综合人均用水量/m³	用水结构/% 生产运营用水	用水结构/% 公共服务及其他用水	用水结构/% 居民家庭用水	就业结构/% 第一产业	就业结构/% 第二产业	就业结构/% 第三产业
超大城市(3)	重庆	779	19.1	89	30.0	15.2	47.3	0.8	47.0	52.2
	成都	367	35.6	142	14.4	24.6	47.0	0.2	49.9	49.9
	西安	331	42.8	99	16.9	27.2	42.3	1.0	46.3	52.7
特大城市(6)	包头	132	54.0	91	32.4	20.0	28.4	1.2	50.5	48.3
	南宁	189	19.5	155	20.5	22.2	45.6	4.9	31.2	64.0
	贵阳	179	43.1	135	18.5	13.9	41.3	0.4	48.9	50.7
	昆明	307	33.5	83	11.1	27.0	39.2	1.0	42.1	56.9
	兰州	194	57.8	124	46.1	12.8	34.1	0.3	49.4	50.4
	乌鲁木齐	221	74.3	132	21.4	22.3	38.7	2.7	36.2	61.1
大城市(6)	呼和浩特	127	39.2	81	32.0	27.5	19.0	1.3	29.7	68.9
	桂林	61	12.1	190	24.3	22.8	43.9	2.5	31.9	65.7
	绵阳	75	11.8	97	24.9	15.9	51.5	0.5	51.1	48.4
	咸阳	83	10.8	146	44.5	24.8	24.4	1.8	43.4	54.8
	西宁	84	33.5	128	34.5	13.0	40.3	1.8	39.4	58.9
	银川	88	49.7	103	30.8	26.6	37.7	4.8	48.2	47.0
中等城市(1)	白银	35	17.5	172	44.6	11.8	42.5	3.3	52.0	44.7
平均值		203	34.7	123	27.9	20.5	38.9	1.8	43.6	54.7

资料来源：同表 9-20。

西部地区 16 个城市的城市化水平受城市产业结构中第三产业发展程度的影响较东部地区和中部地区显著。根据表 9-22，可绘制我国西部 16 城市的城市化率与城市第三产业增加值占 GDP 比例之间关系的散点图，如图 9-22 所示。由图 9-22 可知，西部地区城市中第三产业增加值占 GDP 比例越高，其城市化率也往往越高，拟合优度达 0.6023。这充分体现了大力推进西部城市第三产业的发展和产业结构优化对促进西部地区提高城市化水平具有非常显著的成效。同时，由于第三产业单位增加值的用水量要显著低于第一、第二产业，因此使得第三产业就业比例高于东、中部的西部地区，其综合人均用水量明显低于东部和中部地区，这体现了三次产业结构对城市综合人均用水量的影响，即第三产业比例越高，综合人均用水量越低。

不过，西部城市的综合人均用水量和用水结构与其产业构成和就业构成的关系则并不十分显著。这可能是西部地区城市的水资源禀赋、现代化和工业化发展水平差别较大以及产业用水效率差距显著所致。同时，西部地区的发展较东部和中部地区落后，特别是第三产业虽然增加值比例较高，但其发展潜力仍未得到较充分的挖掘，这表现为第三产业尤其

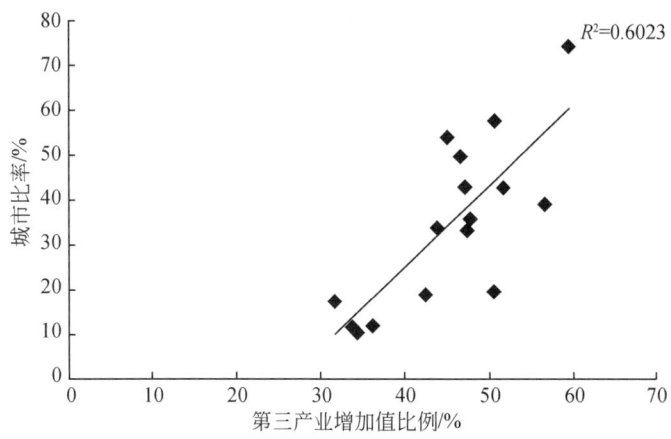

图 9-22　我国西部 16 城市的城市化率与第三产业增加值占 GDP 比例的关系（2007 年）

是服务业的层次不高，产业化水平也较低。因此，西部地区城市用水效率的提高一方面要依靠产业结构的调整，继续降低第一产业增加值占 GDP 的比例，提高第三产业比例；另一方面还要积极调整第三产业内部结构，促使其向产业化和高级化发展。

9.4.4　我国直辖市产业用水结构变化分析

随着社会经济的发展和城市化进程的推进，我国直辖市的城市用水总量及其结构也发生着变化。2000~2007 年北京、天津、上海、重庆 4 个直辖市城市用水占地区总用水比例的变化情况见图 9-23。由图 9-23 可知，除城市化水平显著较高的上海市始终维持在 85% 左右之外，其他 3 个城市用水所占比例均有较明显的变化：城市化推进速度最快的重庆市其城市用水比例的上升也最显著，由 54.8% 增至 68.5%，增幅达 13.7%；其次是北京市，由 51.3% 增至 58.3%，增幅为 7%；唯一有所降低的是城市化发展较慢的天津市，由 41.5% 降至 35.0%，降幅为 6.5%。这说明城市化水平及其发展速度对地区总用水中城市用水的比例及其变化有较明显的影响，城市化发展速度越快，城市用水占地区总用水的比例增加得也就越快。

2000~2007 年，在直辖市的城市内部，城市用水及其结构也呈现较大的变化，如表 9-23 所示。城市用水与工业用水在数量上的总体变化与城市所处地理位置似有一定的联系，北方的北京市和天津市的这两项用水量均呈现下降趋势，且工业用水量的下降趋势较城市用水更为显著；南方的上海市和重庆市则恰好相反，这两项用水量均呈现增加趋势，且城市用水量的增加趋势较工业用水明显。除天津市的第三产业用水量和家庭用水量略呈下降趋势外，其他 3 市的这两项用水量均呈明显的增加趋势：其中，北京市的家庭用水量增长幅度最显著，达 103.5%，而第三产业用水量仅增长了 21.3%；而上海市和重庆市则是第三产业用水量增长幅度最显著，分别达 114.5% 和 166.5%，而家庭生活用水量仅分别增长了 16.7% 和 37.3%。

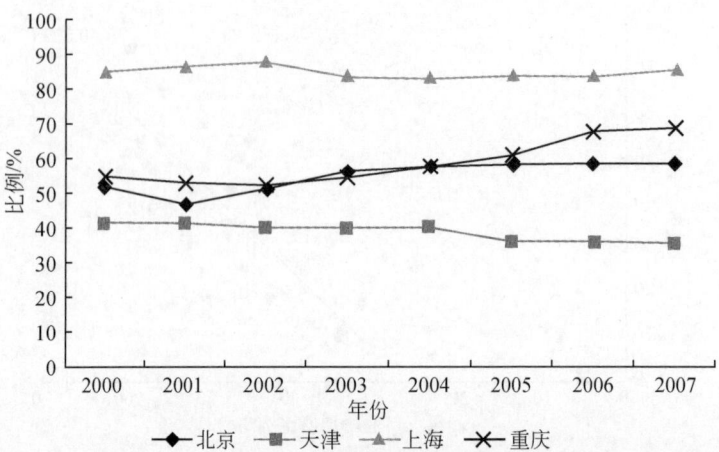

图 9-23 2000~2007 年我国直辖市城市用水量占地区总用水量的比例变化
注：城市内部用水包括工业用水、城镇生活用水和生态环境用水三部分。
资料来源：2000~2007 年《中国水资源公报》，中华人民共和国水利部。

表 9-23 2000~2007 年我国直辖市用水及其构成的变化

直辖市	年份	城市用水量/亿 m³	工业用水量/亿 m³	第三产业用水量/亿 m³	家庭用水量/亿 m³	工业用水比例/%	第三产业比例/%
北京	2000	20.71	10.52	7.54	2.65	50.8	36.4
	2001	18.17	9.18	5.23	3.76	50.5	28.8
	2002	17.64	7.54	6.16	3.94	42.7	34.9
	2003	19.60	7.65	7.31	4.64	39.0	37.3
	2004	19.90	7.66	6.56	5.68	38.5	33.0
	2005	20.07	6.80	8.13	5.14	33.9	40.5
	2006	20.09	6.20	8.65	5.24	30.9	43.1
	2007	20.29	5.75	9.14	5.40	28.3	45.1
	总变化/%	-2.0	-45.3	21.3	103.5	-22.5	8.7
天津	2000	9.40	5.34	2.32	1.74	56.8	24.6
	2001	7.89	4.49	1.34	2.06	56.9	17.0
	2002	7.96	4.50	1.59	1.87	56.5	20.0
	2003	8.17	4.86	1.43	1.88	59.5	17.4
	2004	8.86	5.07	2.01	1.78	57.2	22.7
	2005	8.26	4.51	2.04	1.71	54.6	24.7
	2006	8.25	4.43	2.30	1.52	53.7	27.9
	2007	8.18	4.20	2.29	1.69	51.3	28.0
	总变化/%	-13.0	-21.3	-1.2	-3.0	-5.5	3.3

续表

直辖市	年份	城市用水量/亿 m³	工业用水量/亿 m³	第三产业用水量/亿 m³	家庭用水量/亿 m³	工业用水比例/%	第三产业比例/%
上海	2000	91.95	78.65	5.60	7.70	85.5	6.1
	2001	91.40	77.54	6.86	7.00	84.8	7.5
	2002	91.08	76.00	8.11	6.97	83.4	8.9
	2003	90.49	72.19	9.01	9.29	79.8	10.0
	2004	97.23	77.90	9.30	10.03	80.1	9.6
	2005	101.25	81.31	9.74	10.20	80.3	9.6
	2006	98.55	77.98	12.05	8.53	79.1	12.2
	2007	102.35	81.35	12.02	8.98	79.5	11.7
	总变化/%	11.3	3.4	114.5	16.7	−6.1	5.6
重庆	2000	30.86	25.16	3.31	2.39	81.5	10.7
	2001	30.41	24.46	3.10	2.85	80.4	10.2
	2002	31.45	24.79	3.75	2.91	78.8	11.9
	2003	34.46	26.90	4.62	2.94	78.1	13.4
	2004	39.05	31.17	4.80	3.08	79.8	12.3
	2005	43.12	32.99	6.76	3.37	76.5	15.7
	2006	49.48	38.43	7.40	3.65	77.7	15.0
	2007	53.01	40.91	8.82	3.28	77.2	16.6
	总变化/%	71.8	62.6	166.5	37.3	−4.4	5.9

注：①城市用水为工业用水、城镇生活用水和生态环境用水之和；②第三产业用水量系从城镇生活用水和生态环境用水之和中扣除家庭用水得到。

资料来源：①工业用水和计算城市用水、第三产业用水的各项数据依据 2000~2007 年《中国水资源公报》，中华人民共和国水利部；②家庭用水数据依据 2000~2007 年《城市建设统计年报》（自 2006 年起更名为《中国城市建设统计年鉴》），建设部综合财务司，中国建筑工业出版社。

而从城市用水构成及其变化情况看，4 个直辖市则呈现出较为一致的变化规律，即工业用水量占城市用水量的比例普遍呈下降趋势，而第三产业用水量占城市用水量的比例则呈普遍上升的趋势。其中，北京市工业用水量比例下降幅度最大，达 22.5%，同时第三产业用水量比例上升幅度也最为显著，达 8.7%，这反映了北京市第三产业发展的良好态势。而天津市的第三产业用水量的增加幅度最小，工业用水量比例下降幅度也较小，这与天津市着重发展较高层次的第二产业有一定关系。结合表 9-23 可知，随着城市化的推进和城市产业结构的优化调整，城市第二产业比例下降而第三产业比例上升，城市用水结构必然会随之发生变化，相应表现为工业用水量比例的下降和第三产业用水量比例的上升。

从各个直辖市历年的用水指标及其变化情况来看，也存在着一定的规律性，如表 9-24 所示。随着城市社会经济的不断发展，各个直辖市的人均 GDP 均呈显著的上升趋势，其中北京市的增加幅度最为显著，达 227.0%。与此同时，城市综合人均用水量则呈现不同的变化趋势,其中,北京市的综合人均用水量呈显著的下降趋势,降幅达 25.2%,而重庆市的综合人均用水量则呈显著的上升趋势,增幅达 52.8%;天津市的综合人均用水量略有减少,而上海市的综合人均用水量则变化较小。

表 9-24 2000~2007 年我国 4 个直辖市用水指标变化

直辖市	年份	人均 GDP /万元	综合人均用水量 /m³	万元 GDP 取水量 /m³	万元工业增加值取水量/m³	万元第三产业增加值取水量/m³
北京	2000	1.78	290	160	143	52.1
	2001	2.04	281	138	109	30.4
	2002	2.20	243	111	87	30.9
	2003	2.48	240	94	75	32.4
	2004	2.87	231	78	59	25.5
	2005	4.44	225	49	38	17.1
	2006	4.95	220	42	34	15.5
	2007	5.82	217	34	28	13.6
	总变化/%	227.0	-25.2	-78.8	-80.4	-74.0
天津	2000	1.64	230	140	72	31.1
	2001	1.82	191	105	56	15.7
	2002	2.01	198	99	51	16.5
	2003	2.36	203	85	44	12.8
	2004	2.86	215	74	35	15.9
	2005	3.52	222	62	24	13.3
	2006	4.10	217	52	19	13.1
	2007	4.61	213	45	16	11.2
	总变化/%	181.1	-7.4	-67.9	-77.8	-64.0
上海	2000	2.72	650	240	395	24.3
	2001	3.07	658	215	364	27.3
	2002	3.33	642	193	329	29.4
	2003	3.65	637	171	252	29.8
	2004	4.28	678	155	223	26.1
	2005	5.16	684	131	196	21.1
	2006	5.73	660	113	168	23.0
	2007	6.64	654	98	154	18.8
	总变化/%	144.1	0.6	-59.2	-61.0	-22.9

续表

直辖市	年份	人均 GDP /万元	综合人均用水量 /m³	万元 GDP 取水量 /m³	万元工业增加值取水量/m³	万元第三产业增加值取水量/m³
重庆	2000	0.51	180	350	478	51.0
	2001	0.56	185	328	424	42.5
	2002	0.63	194	306	381	45.3
	2003	0.72	202	279	350	49.3
	2004	0.85	216	252	336	35.6
	2005	1.10	255	231	322	50.1
	2006	1.24	261	209	311	47.3
	2007	1.47	275	187	260	50.4
	总变化/%	188.2	52.8	-46.6	-45.6	-1.1

资料来源：除万元第三产业增加值取水量外，计算万元第三产业增加值取水量所用第三产业增加值指标来源于 2001~2008 年《中国区域经济统计年鉴》，国家统计局国民经济综合统计司，中国统计出版社。其他指标均依据 2000~2007 年《中国水资源公报》，中华人民共和国水利部。

从各个直辖市的用水效率及其变化来看，各市的万元 GDP 取水量、万元工业增加值取水量以及万元第三产业增加值取水量均呈下降趋势，这反映了随着城市化的推进、产业内部行业结构的优化调整、各行业节水器具的普及和城市用水户节水意识的提高等节水措施的成效显现，城市各个产业的用水效率普遍提高。其中，北京市的产业用水效率提升最为显著，万元 GDP 取水量的降幅达 78.8%，其次分别是天津市（67.9%）、上海市（59.2%）和重庆市（46.6%）。且工业用水效率的提升幅度显著高于第三产业，这主要是由于工业万元增加值取水量远高于第三产业的万元增加值，且工业用水效率随技术进步的提升较第三产业为易所致。而从万元 GDP 取水量的绝对值来看，北京市最低，仅 34m³；其次是天津市，为 45m³；再次为上海市，为 98m³；最高的是重庆市，高达 187m³，显著高于其他 3 市，这是因为其工业和第三产业的万元增加值取水量均远高于其他 3 市，整体用水效率明显低下。

值得注意的是，尽管天津市的工业和第三产业的万元增加值取水量均明显低于北京市，但其万元 GDP 取水量却仍然显著高于后者，这反映了城市产业结构对城市总体用水效率的影响。2000~2007 年，天津市的第二产业比例始终明显高于北京市，相应地，其第三产业比例则显著低于北京市；而两市的第三产业用水效率均显著高于工业用水效率，这就使得拥有较高第三产业比例的北京市的万元 GDP 取水量总体上明显低于天津市。另外，不同城市同一产业万元增加值取水量的差异不仅受到产业内各个行业用水效率的影响，还受到产业内部行业结构的影响，这两种因素共同造成了 4 个直辖市之间工业和第三产业用水效率的差异。因此，除采取推广节水器具和提高用水户的节水意识等节水措施以提高各行业的用水效率之外，注重发展产业内部用水效率较高的行业，提高其在产业中的比例，对于提高相应产业的总体用水效率具有十分重要的意义。

9.5 典型城市第三产业用水过程演变分析
——以北京市为例

9.5.1 第三产业用水总量与演变

北京既是我国的首都，也是全国政治、经济、文化、科研和国际交往中心。受北京市良好的经济和交通区位的影响，以及相关产业政策的支持，北京市的城市第三产业得到了迅猛发展，尤其是现代服务业，已成为国民经济的重要组成部分和经济增长点。现代服务业特别是金融业的良好发展态势，使得北京市目前已成为我国重要的金融中心和商业中心。2007 年北京市第三产业贡献率为 72.3%，为第二产业的 2.6 倍，如图 9-24 所示，北京市城市产业结构的不断优化升级对北京市城市用水及其结构产生了深刻的影响。

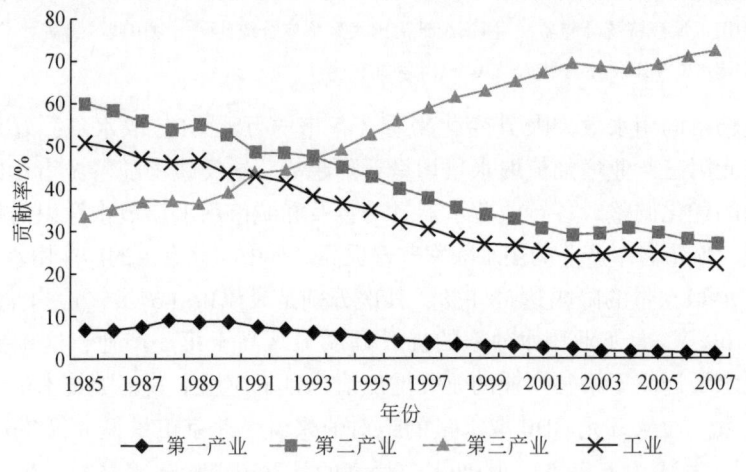

图 9-24　1985~2007 年北京市国内生产总值按三次产业构成变化

北京是我国水资源严重短缺的城市，1956~2000 年的年平均降水量仅为 585mm，多年平均水资源量仅为 37.39 亿 m^3，人均水资源量小于 $300m^3$，远远低于国际公认的缺水下限（$1000m^3$/人）。2000 年北京市第三产业用水量占总用水量的比例仅有 18.66%，不及第一产业用水量的一半；到 2007 年已增长至 26.26%，年均提高 1.09%，如表 9-25 所示。北京市产业用水结构以 2005 年为界，由 "一、二、三" 型向 "一、三、二" 型转变，且从第三产业用水的刚性增长趋势看，未来很可能继续转变为 "三、一、二" 型。

表 9-25 2000~2007 年北京市地区用水量及其构成变化

年份	地区总用水量 /亿 m³	第一产业用水 用水量 /亿 m³	第一产业用水 占总用水量比例/%	工业用水 用水量 /亿 m³	工业用水 占总用水量比例/%	第三产业用水 用水量 /亿 m³	第三产业用水 占总用水量比例/%
2000	40.40	16.49	40.82	10.52	26.04	7.54	18.66
2001	38.93	17.4	44.70	9.18	23.58	5.23	13.44
2002	34.62	15.45	44.63	7.54	21.78	6.16	17.81
2003	35.00	12.92	36.91	7.65	21.86	7.31	20.88
2004	34.55	12.97	37.54	7.66	22.17	6.56	18.98
2005	34.50	12.67	36.72	6.80	19.71	8.13	23.55
2006	34.30	12.05	35.13	6.20	18.08	8.65	25.22
2007	34.81	11.74	33.73	5.75	16.52	9.14	26.26
总变化/%	-13.84	-28.81	-7.09	-45.34	-9.52	21.28	7.60

注：①第一产业用水为农田灌溉和林牧渔业用水之和；②第三产业用水量系从城镇生活用水中扣除家庭用水得到，城镇生活用水包含生态环境用水。

资料来源：①地区总用水、工业用水和计算第一产业用水、第三产业用水的各项数据（除家庭用水外）均依据 2000~2007 年《中国水资源公报》，中华人民共和国水利部。②计算第三产业用水所用的家庭用水数据依据 2000~2007 年《城市建设统计年报》（自 2006 年起更名为《中国城市建设统计年鉴》），建设部综合财务司，中国建筑工业出版社。

9.5.2 第三产业用水结构

从行业类别看，北京市节约用水规划数据显示：2004 年机关（写字楼）、科研、宾馆、学校、商业、医院、餐饮 7 个行业的用水量约占北京城市第三产业用水量的 82%，是北京市第三产业用水的主要行业，如图 9-25 所示。

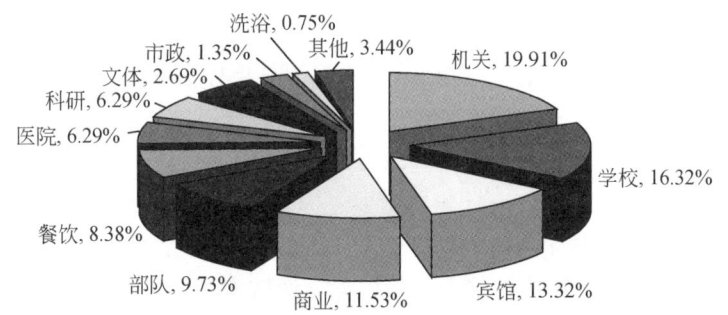

图 9-25 2004 年北京市中心城区公共生活用水构成

资料来源：何永等，2007

年用水量占城市第三产业用水量比例超过 10% 的行业共有 4 个，分别是机关（含写字楼）、学校、宾馆、商业。这 4 个行业的年用水量之和占城市第三产业用水量的 61.08%。

其中，机关年用水量最大，为 1.33 亿 m³，占城市第三产业用水量的 19.91%；学校年用水量次之，为 1.09 亿 m³，占城市第三产业用水量的 16.32%；宾馆年用水量为 0.89 亿 m³，占城市第三产业用水量的 13.32%；商业年用水量为 0.77 亿 m³，占城市第三产业用水量的 11.53%。

公共服务类的机关、学校、医院、科研及其他行业年用水量之和占城市第三产业用水量的比例为 63.02%；而商业、餐饮、宾馆等生产性或消费性服务类行业年用水量之和占总用水量的 36.98%。北京市作为国家的首都，公共服务类行业如高校、机关、科研等高度密集，公共服务类行业用水量在城市公共生活用水量中所占比例很高。

本研究主要选取机关、学校、宾馆、医院、商业 5 个第三产业主要用水行业进行分析。根据北京市的数据，这 5 个行业用水量占城市第三产业用水总量的 66% 以上。机关包括绝大多数的公共管理部门和社会组织机构，宾馆和商业是典型的社会服务行业，高校和医院属于公共事业机构。

机关包括国家机构、党政机关、群众团体、社会团体和宗教组织、企业管理机构等多种行业类型。1999 年北京市机关用水量占城市公共生活用水量的 17.7%，比 1995 年增长了 21%；而 2004 年机关用水量则占城市公共生活用水量的 19.9%，比 1999 年增长了 2.2%（翁建武等，2007）。从 20 世纪 90 年代初开始，机关数量迅速增加，用水量快速增长。

高校用水是北京市学校用水中的主要组成部分。《北京统计年鉴2007》数据显示，始于 20 世纪末全国高校扩招，使北京高校在校人数迅速增加。学校用水量在北京城市第三产业中用水量所占比例较大，约为 16.32%。

伴随着旅游业的快速发展，宾馆用水量不断增长。《北京统计年鉴2007》数据表明：近 10 年来北京的宾馆接待人数在迅速增长，2006 年接待游客达 13 590 万人次，比 10 年前增加了 60%。2006 年北京 4~5 星级宾馆合计 114 家。未来北京市宾馆行业的用水量将随着宾馆数量和接待人数的增加而增加。2004 年，北京宾馆行业用水量占北京市第三产业用水量的 13.32%，占北京城市生活用水量的 7.19%。

随着社会的进步、人民生活水平的逐步提高，医院、卫生机构有了很大的发展，卫生事业用水量也随之有了大幅增长。2006 年，北京市有医院 541 个（不包括部队医院、社区卫生服务中心、诊所、卫生所、医务室等），其中综合医院 352 家。医院是救死扶伤的公益事业窗口单位。医院本身就是人员流动性大的场所，每日卫生用水、淋浴等用水量高于机关、学校等用水行业。北京统计年鉴显示，从 1978 年到 2006 年医院增加了 316 家，数量增长约 81%；病床数与千人拥有病床数更是增幅甚猛，病床数量与 1978 年相比增加了近两倍，而千人拥有病床数也增加了一倍以上。医院取水量约占整个城市生活用水量的比例为 6.29%。

商业是人们日常生活中对百货零售的统称。在国民经济行业分类中，俗称的商场是综合零售的一部分。综合零售包括百货零售、超级市场零售、其他综合零售。根据《北京统计年鉴2007》的数据，北京市共有零售企业 2407 家，综合零售企业 222 家，约占全部零售企业数目的 9%。此外，零售业中连锁零售业共有总店 124 家，所属门店 5301 个；连锁百货商店总店 5 个，所属门店 45 个；连锁超级市场总店 24 个，所属门店 1309 个。商业在北京发展十分迅速，2004 年其用水量在城市第三产业用水量中占 11.53%，仅次于机关、学校，位居第三。

9.5.3 第三产业用水效率

第三产业的产业性质和特点决定了其与农业、工业相比，用水效率要明显高于后两者。如表 9-26 所示，为 2000~2007 年北京市各项用水指标及其变化情况。由表 9-26 可知，北京市农业用水效率最低，万元农业增加值取水量均在 1000m³ 以上，2000 年以来呈波动下降趋势，2007 年为 1224m³，比 2000 年的 2098m³ 下降了 41.7%，但仍分别为工业和第三产业万元增加值取水量的 90 倍和 44 倍。工业的用水效率较高，万元工业增加值取水量均在 150m³ 以下，且呈持续降低的趋势，年降低幅度均在 10% 以上，从 2000 年至 2007 年，万元工业增加值取水量由 143m³ 降至 28m³，总降幅高达 80.4%。第三产业的用水效率显著高于农业和工业，2000 年万元第三产业增加值取水量仅为 52.1m³，且此后基本呈持续下降趋势，到 2007 年万元第三产业增加值取水量仅为 13.6m³，为同年万元工业增加值取水量的约 1/2，也是同年万元第一产业增加值取水量的 1/90。

表 9-26　2000~2007 年北京市用水指标变化

年份	综合人均用水量/m³	万元 GDP 取水量/m³	第一产业用水 万元第一产业增加值取水量/m³	比上年变化/%	工业用水 万元工业增加值取水量/m³	比上年变化/%	第三产业用水 万元第三产业增加值取水量/m³	比上年变化/%
2000	290	160	2098	—	143	—	52.1	—
2001	281	138	2153	2.6	109	-13.8	30.4	-41.7
2002	243	111	1845	-14.3	87	-19.6	30.9	1.6
2003	240	94	1537	-16.7	75	-15.3	32.4	4.9
2004	231	78	1414	-8.0	59	-17.0	25.5	-21.3
2005	225	49	1347	-4.7	38	-37.2	17.1	-32.9
2006	220	42	1441	7.0	34	-14.3	15.5	-9.4
2007	217	34	1224	-15.1	28	-19.0	13.6	-12.3
总变化/%	-25.2	-78.8	-41.7	—	-80.4	—	-73.9	—

资料来源：计算万元第一产业增加值取水量和万元第三产业增加值取水量所用第一、第三产业增加值指标来源于 2001~2008 年《中国区域经济统计年鉴》，国家统计局国民经济综合统计司，中国统计出版社。其他指标均依据 2000~2007 年《中国水资源公报》，中华人民共和国水利部。

北京市三次产业用水效率的不断提高直接造成了万元 GDP 取水量的持续下降，也使得在人们生活水平不断提高的情况下，北京市综合人均用水量仍呈减少的趋势。2000 年北京市综合人均用水量为290m³，万元GDP取水量为160 m³，到2007年已分别降至217m³和34 m³，降幅分别达25.2%和78.8%。

随着北京市不同产业用水效率的变化，其各自的产业增加值占北京市地区GDP的比例以及产业用水量占地区总用水量的比例的变化情况也各具特点，如表9-27所示。由表9-27可知，北京市第三产业增加值占GDP比例与其用水量占总用水量的比例均呈持续上升趋势，两者增幅相近，分别为7.3%和7.6%，可见第三产业的用水量主要受其增加值增长的影响而基本呈与之相同速率的增长趋势。与第三产业的情况相反，第一产业的增加值占GDP的比例以及其用水量占总用水量的比例均呈下降趋势，从2000年至2007年的降幅分别为1.4%和7.1%，说明尽管北京市第一产业增加值所占比例降幅较小且渐趋稳定，但随着农作物种植结构和农业灌溉效率的上升，第一产业用水量占总用水量的比例基本呈持续快速下降的趋势。工业的情况与第一产业相似，但其增加值占GDP比例与其用水量占总用水量的比例的降幅均更为显著，分别为4.4%和9.5%。说明随着北京市三次产业结构的调整和第二产业内部行业结构的调整，工业增加值占GDP比例基本呈持续下降趋势，再加上生产工艺的改造升级进一步提高了节水效率，在这些因素的综合作用下工业用水量占总用水量的比例不仅呈持续下降趋势，且降幅超过其增加值占GDP比例的降幅的两倍。

表9-27 2000~2007年北京市三产增加值和用水量比例对照表 （单位:%）

年份	第一产业 增加值占GDP比例	第一产业 用水量占总用水量比例	工业 增加值占GDP比例	工业 用水量占总用水量比例	第三产业 增加值占GDP比例	第三产业 用水量占总用水量比例
2000	2.5	40.8	26.7	26.0	64.8	18.7
2001	2.2	44.7	25.3	23.6	67.0	13.4
2002	1.9	44.6	23.6	21.8	69.2	17.8
2003	1.8	36.9	24.4	21.9	68.6	20.9
2004	1.6	37.5	25.7	22.2	67.8	19.0
2005	1.4	36.7	24.8	19.7	69.1	23.6
2006	1.1	35.1	23.2	18.1	71.0	25.2
2007	1.1	33.7	22.3	16.5	72.1	26.3
总变化	-1.4	-7.1	-4.4	-9.5	7.3	7.6

注：①第一产业用水为农田灌溉和林牧渔业用水之和；②第三产业用水量系从城镇生活用水中扣除家庭用水得到，城镇生活用水包含生态环境用水。

资料来源：①地区总用水、工业用水和计算第一产业用水、第三产业用水的各项数据（除家庭用水外）均依据2000~2007年《中国水资源公报》，中华人民共和国水利部。②计算第三产业用水所用的家庭用水数据依据2000~2007年《城市建设统计年报》（自2006年起更名为《中国城市建设统计年鉴》），建设部综合财务司，中国建筑工业出版社。

9.5.4 第三产业用水影响因素

北京市第三产业用水量的变化，一方面，与第三产业的发展情况特别是第三产业增加值的变化趋势有关；另一方面，则与相关用水制度和政策的制定以及实施状况关系密切。

1）第三产业经济规模。2000~2007年，北京市人均GDP呈持续快速增长趋势，年均增长13.4%；第三产业作为北京市经济的增长点，其年均增长速度明显高于人均GDP的增长速度，达18.5%，如表9-28所示。与此同时，第三产业用水量则呈现前期略有波动、后期平稳缓慢增长的趋势，而年均增长率仅为2.8%，远低于北京市人均GDP和第三产业增加值的年均增长率。

2）第三产业用水制度与政策。北京市第三产业的相关节水制度，特别是科学合理地制定第三产业各行业的取水定额对于第三产业用水效率的提高有重要意义。

表9-28 2000~2007年北京市人均GDP、第三产业增加值及用水量

年份 项目	人均GDP 当年值/元	比上年变化/%	第三产业增加值 当年值/亿元	比上年变化/%	第三产业用水量 当年值/亿m³	比上年变化/%
2000	24 122	—	2049.1	—	7.54	—
2001	26 998	11.9	2487.3	21.4	5.23	-30.6
2002	30 840	14.2	2996.4	20.5	6.16	17.9
2003	34 892	13.1	3446.8	15.0	7.31	18.5
2004	41 099	17.8	4111.2	19.3	6.56	-10.3
2005	45 444	10.6	4761.8	15.8	8.13	23.9
2006	50 407	10.9	5580.8	17.2	8.65	6.5
2007	58 204	15.5	6742.6	20.8	9.14	5.6
年均增长率/%	13.4	—	18.5	—	2.8	—

注：第三产业用水量系从城镇生活用水和之中扣除家庭用水得到，城镇生活用水包含生态环境用水。
资料来源：同表9-27。

9.6 城市第三产业用水系统调控的机制与途径

9.6.1 城市第三产业用水系统调控的层次化结构

城市第三产业需水管理体系是以第三产业取水定额管理为核心，通过法律规范、行政管理、经济调控、科技支撑和社会支持等多种途径和方法，对城市第三产业各行业的取水行为进行调整以使其趋于合理化的管理体系。因此，第三产业的需水管理可从完善相关法律法规、规范管理制度、进行合理的经济调控和建立信息系统平台等方面进行加强。

（1）法律规范

城市第三产业需水管理体系中的法律手段是各级水管理部门代表国家和政府，依据国家和地区法律、法规赋予的职权，在国家强制力保证实施下开展的需水管理手段。2003年5月，国家统计局颁布并开始执行根据《国民经济行业分类》（GB/T 4754—2002）制定的《三次产业划分规定》，则为城市第三产业需水管理中各个取水行业的分类界定进行了规范。2002年修订通过的《中华人民共和国水法》为我国开展城市需水管理提供了法律依据，其中，国家和地方取水定额管理相关的法规、条例以及有关的技术执行标准和管理系列标准等，是与实施城市需水管理的具体实践关系最为密切的法律支撑和保障。在用水器具方面，须严格按照有关标准或规定进行安装和使用：一方面，根据《城市房屋便器水箱应用监督管理办法》（建设部1992年第17号令）和《关于住宅建设中淘汰落后产品的通知》（建住房〔1999〕295号）的相关规定，淘汰不符合一定要求的用水器具；另一方面，在各新建、改建、扩建建筑工程中所采购和使用的用水器具，必须符合《节水型生活用水器具》（CJ 164—2002）标准中强制性条文的规定。

（2）行政管理

在行政体制上，由城市水行政主管部门（如水务管理机构）对城市各类水资源进行统筹管理，从而达到对第三产业各行业的取水进行统一配置和管理的目标。城市水行政主管部门通过实行相应的取水许可制度，制定并执行第三产业相关行业的取水定额，实现对城市第三产业的需水管理中最主要的部分——行业取水定额管理。而在微观层面上，则由行业用水单位自主建立本单位的定额管理制度并进行贯彻执行，以达到相应的取水指标。城市水行政主管部门作为需水管理的核心——定额管理相关活动的组织者和取水定额标准的执行者，其行政管理行为是城市第三产业需水管理的主体组成部分。城市水行政主管部门须规范并完善台账系统，对城市第三产业各行业用水户实施科学、有效的用水定额管理，并按规定对其进行水平衡测试。城市第三产业各行业用水单位在内部用水管理方面须制定用水相关规章制度，并严格贯彻执行。例如，针对本单位的用水设备和器具制定巡回检查制度和维修保养制度，定期检查并及时处理出现的问题，同时完善用水计量制度，统计用水信息以便及时发现用水量异常情况等。

（3）经济调控

在经济调控手段方面，主要是用水主管部门通过调整水价、奖励节水和惩罚浪费等经济杠杆来调整需水管理中各方的经济利益关系，以达到促进用水主体规范用水行为的目的。需水管理中的水价制度一方面在构成上突出水资源费和污水处理费的重要性，通过从水资源系统的角度深化用水户对节约用水的认识，来达到促使用水户主动节约用水的目的；另一方面则通过累进加价制度和制定行业水价，根据用水需求性质的不同而对水价进行调整，在保障用水户合理用水需求的基本权益的同时，有效抑制不合理的用水需求。

（4）科技支撑

需水管理的科技支撑主要包括软件和硬件两个方面。其中软件指一方面通过对城市第三产业的实际用水情况广泛深入地开展调研活动，科学地制定用水器具和设备的技术标准、规范和市场准入制度等；另一方面应用电子信息技术建立城市第三产业需水管理信息系统,不仅为取水定额的制定、执行和考评等提供科学便利,还能通过为城市第三产业用水户和用水管理者提供信息沟通与交流的平台,达到提高第三产业需水管理效率的目的。硬件则包含节水器具的推广应用、节水工程和非常规水资源利用工程的投资运营以及配套设施的建设等。软件、硬件科技支撑是城市第三产业需水管理得以实行不可或缺的重要辅助手段,其重要性已得到普遍的认可。

(5) 社会支持

城市第三产业需水管理的顺利实施还需要得到广泛有力的社会支持,而第三产业各行业广大用水户对需水管理的配合度尤为重要。需水管理从根本上说是对人的管理,即通过调整人的用水行为来达到使用水需求合理化这个根本目的。因此,在城市第三产业需水管理中,通过向第三产业行业用水户乃至社会大众宣传普及水资源相关知识、开展各种形式的节水教育,以增强用水户和广大民众对需水管理的认识,从而达到一方面提高整个社会节约用水的自觉性,另一方面使得用水户积极开展本单位需水管理,并主动配合第三产业需水管理相关工作的目标。社会支持是城市第三产业需水管理得以顺利实施并取得预期效果的必要条件,对需水管理的开展具有长远意义。

城市水资源调控的组织执行系统有层次化的结构,包括城市、行业和用户三个层次构成,如图9-26所示。在水资源日益成为城市社会经济发展约束的条件下,城市、行业、用户各层次的管理主体通过运用取水定额管理在层次间开展纵向需水管理,通过相关信息在层次之间的纵向传递和反馈,形成管理信息上传、下达的通道,完成城市水资源管理任务的逐级下达和水资源可利用量的逐层分配。为更好地协调和连通各需水管理相关部门,及时、准确地获取和分析用水相关信息,需要进一步完善需水管理的信息传输机制,以形成高效、有序的需水管理体系,充分发挥城市水资源需求管理体系的综合管理功能。

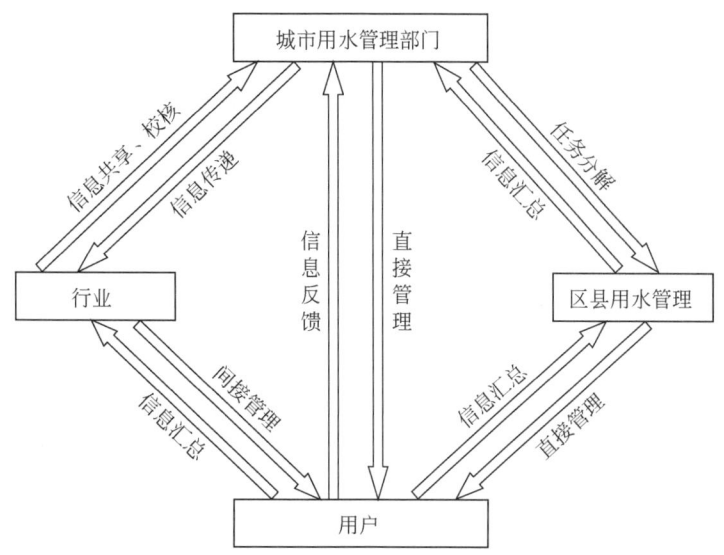

图 9-26 城市水资源需求管理的结构层次

城市水行政主管部门作为城市第三产业需水管理的总执行者,统领城市第三产业各层次定额管理活动的开展。其在需水管理体系中的管理目标和主要任务是全面掌握第三产业各行业的用水特性，依据城市可利用的水资源量，运用行业取水定额对管辖范围内的各行业年度计划取水量进行公平、公开、公正地控制和分配，对各行业的一般用水问题和用户的具体用水行为进行有效的管理和指导。

城市第三产业行业层作为界于城市水管理部门和各用水户之间的中间层，执行着信息集中、转换和传递的任务。城市第三产业各行业的主管部门及其节水监督管理机构通过对行业取水、用水行为的总体约束、管制和监督，以及组织交流用水管理的方法和技术并进行推广，对城市水行政主管部门起到重要的辅助作用。

在微观层面上，城市第三产业相关行业的各用水户在城市水行政主管部门和行业管理部门的双重监督管理之下，通过建立本单位的定额管理制度，将计划取水量层层分解，同时执行行业综合定额，并根据本单位用水特点制定各产品或各用水部位的需水规定。此外，建立完善的计量台账，开展单位用水的分级计量统计，将取用水情况和生产、运行变化情况进行汇总，并定期向城市水管理部门和本行业有关部门上报，反馈定额执行情况和提出相关意见等。

9.6.2 城市第三产业用水系统调控的措施

对于城市第三产业的需水管理而言，当务之急是建立起一整套较为完善且行之有效的管理体系。该体系至少应从需水管理的计量体系、信息系统和管理结构三个方面进行建设完善。

9.6.2.1 城市第三产业需水管理的计量体系

城市第三产业的需水管理活动必须建立在一个完善的计量体系的基础之上，这是因为取水计量体系是取水定额管理的重要组成部分，而取水定额管理则是需水管理的核心。取水计量单位主要包含核算单元的选取、核算单元单位和时间单位的确定等内容。城市第三产业取水定额为在一定时间内核算单元完成其功能所需要的合理的标准取水量，如面积、床位数等。取水定额的合理性和可操作性与核算单元的选取密切相关，因此，城市第三产业核算单元的选取除需符合高相关性的原则以外，还需满足相关数据可获得性较强和易校核等要求。

首先，在核算单元的选取方面，为保证取水定额的科学性和合理性，城市第三产业取水定额的核算单元所代表的量应与取水量有良好的相关关系，核算单元的高相关性主要通过影响因子与取水量的相关性统计分析来进行判别。例如，在分析北京市饭店行业取水量的影响因子（包括面积、员工数、客房数、出租床位数等）时，发现出租床位数与取水量的相关性最高，同时该指标的可获得性较强且易校核，因此选其作为定额核算单元。其次，可获得性是要求核算单元所代表的量所需的数据应较易获得，且数据可靠性好，从而保证取水定额的可操作性，方便计算取水定额指标。例如，若仅从高相关性的角度考虑，医院的取水定额应分为门诊和病房两类，但由于北京市大部分医院无法区分其门诊和住院部的取水量，因此只能以相关性相对较低但数据量较易获取的医院面积数作为取水定额的核算单元。再次，为了确保取水定额的准确性，防止因错报、瞒报核算单元的数量而影响取水定额值的确定和计划水量的分配，除在定额管理系统内部对核算单元所表示的量进行相校验以外，还应积极寻求其他社会经济统计资料进行校核。由此形成的定额核算单元的数量核算校核机制，将成为维护定额管理正常开展的有力保障。

取水定额的计量单位则是用于表征取水定额的导出单位，在取水核算单元确定的基础上，通过核算单元单位和时间单位的复合来进行表达，其由核算单元单位、时间单位、取水量单位等共同组成，其中取水量单位为 m^3。基于对取水定额计量单位的理论分析，在制定北京市第三产业各行业取水定额的工作中，通过对影响第三产业各行业取水量的主要因子及其与取水量之间相关关系的研究，分别确定各个行业的定额核算单元，同时对各省（自治区、直辖市）取水定额所使用的定额计量单位进行对比分析，最终再结合北京市的城市特性，从管理实践的角度确定北京市第三产业中 10 个主要行业的取水定额计量单位，如表 9-29 所示。

表 9-29　北京市第三产业主要行业取水定额计量单位

序号	用水类别	计量单位
01	机关	$m^3/(人 \cdot 月)$
02	学校	$m^3/(人 \cdot 月)$[①]
03	医院	$m^3/(m^2 \cdot a)$
04	饭店	$m^3/(床 \cdot a)$
05	餐饮	$m^3/(m^2 \cdot a)$
06	商业	$m^3/(m^2 \cdot a)$
07	文体	$m^3/(m^2 \cdot a)$
08	写字楼	$m^3/(m^2 \cdot a)$
09	洗浴	$m^3/(m^2 \cdot a)$[②]
10	绿化	$m^3/(m^2 \cdot a)$

①学校人数按标准人数计算；
②暂定。

9.6.2.2　城市第三产业需水管理的信息系统

目前的水资源需求管理体系是以取水定额为核心，以现行的管理组织结构和内外部相关关系为基础，根据管理的功能特点和主要目标而构建的包括管理结构、信息处理传输机制、管理政策手段在内的管理系统。其中，管理信息系统主要由 4 个部件构成，即信息源、信息处理器、信息使用者和信息管理者。在城市水资源需求管理的具体实践中，信息源是水资源需求管理相关信息的产生地，包括通过统计调查获得的用水基本属性信息以及用户取水方面的器测数据等；信息处理器完成对相关信息的传输、加工、保存等任务；信息使用者主要通过对数据信息的一系列操作处理而进行决策；信息管理者则负责对信息系统进行管理与维护，以及按照相关的管理制度政策对整个水资源需求管理的整个信息过程进行管理和控制。

城市水资源需求管理过程中的数据信息是编制城市第三产业取水定额进而开展定额管理的前提和基础。器测数据、统计数据和属性数据是取水定额管理数据的三大类型。其中，基层用水户的器测数据主要包括第三产业用户总取水量的计量、各用水部位的取水计量以及具体器具的取水计量三种。此外，还包括由器测数据进行加工计算所得到的二次数据，如设备漏水率、设备损失率、冷凝水回收率、冷却水循环率等。器测数据是计算用水户总取水量以及确定用水户细致部位取水定额的基础性数据。

统计数据则主要分为企业统计数据、行业统计数据和城市用水统计数据等类型。企业统计数据主要包括第三产业各行业的企业概况和企业的用水流程等。行业统计数据则侧重于对第三产业中的各个行业进行整体的把握，进而掌握该行业的用水概况、用水变化趋势、用水设备和技术的发展以及区域间的行业用水特点差异等情况。城市用水统计数据主要包括城市的水资源量及其分布情况以及城市三次产业之间和第三产业内部取水量的构成等。统计数据是分析城市第三产业行业用水结构特点、进行第三产业各行业取水量配置进而编制第三产业行业取水定额的基础。

城市第三产业水资源需求管理信息中的属性数据是用户基本特征的具体反映，包括第三产业用水户的基本信息、设备信息及用水信息等。属性数据可用来确定城市第三产业用户所属的具体行业，并在此基础上依据影响用户用水的客观因素对用户进行更为细致的类级区分，从而为水行政主管部门对第三产业用户的取水定额管理活动提供一定的便利。

围绕这三类数据所进行的采集、辨别、处理、综合分析和分类组合等工作，奠定了水资源需求管理的信息基础。与城市第三产业各用水户取用水有关的各要素数据以及数据的收集方法、传递、检查校验、加工处理等共同构成了水资源需求管理的信息保障系统。信息基础的不断积累和更新以及精度的不断提高，为推动城市水资源需求管理向更为深入、精细化的方向发展创造了条件。

城市要应用信息系统进行城市第三产业水资源需求管理，首先必须以信息技术为手段，建立起第三产业行业水资源数据库、用户身份识别方法库、定额计算指标确定方法库、专家知识库和决策支持库等数据信息库，然后辅之以空间数据库；在此基础上构建第三产业水资源需求管理信息系统平台，从而实现城市水资源需求管理中的基本信息查询、用户身份识别、用水取水量预测、城市取水定额管理、指标计算、节水评价等功能，进而为城市水资源的合理配置和第三产业用水的科学管理提供决策基础。由于城市水资源需求管理过程中产生的信息不仅种类繁多，而且信息量大，因此，为了便于进行信息的收集、处理和传递，在城市第三产业水资源需求信息管理的实践过程中，特别是在构建具体的管理信息系统时，需要遵循标准化原则、有效性原则、定量化原则和时效性原则。

城市第三产业水资源需求管理信息系统的基本构成包括以下四个部分。

1) 水资源数据库。水资源数据库包含三个层面的数据信息：一是城市水资源数据库，包括水资源的供水数据库、需水数据库；二是行业用水信息数据库，主要是第三产业各主要行业的整体用水情况及其与用水相关的其他数据；三是用户层面的用水数据库，包括第三产业各行业用户的基本属性信息库、取水量月分配数据库、主要用水部位逐月取水量以及与用水相关的其他信息库等。

2）方法模型库。该系统的方法库主要包括数理统计及定额管理的相关模型，主要是统计分析方法（如主成分分析、相关分析）和定额指标计算模型等。

3）决策支持库。决策支持库主要包括相关的法律法规库、管理考核办法以及专家系统，根据定额指标的测算以及用户的定额考评，对用户的用水情况进行评价，并给出合理可行的指导方案。

4）空间数据库、技术平台。将第三产业各用水户按行业分类后，将同一行业内各用户的属性信息与空间信息进行结合，用户的基本信息可通过对应的图层进行显示，并可在图上查阅用户的相关属性（如水量、水源构成、水质等主要信息），使水资源管理部门对于用户的管理更为直观化。同时可实现信息的条件查询，为水资源管理部门调整、修订第三产业取水定额提供决策依据。

9.6.2.3 城市第三产业取水定额管理

城市第三产业取水定额管理是第三产业需水管理的核心。根据中华人民共和国国家标准《工业企业产品取水定额编制通则》（GB/T 18820—2002）和《取水定额》（GB/T 18916.1-9）系列标准中有关"取水定额"的提法，取水量是指用水户为完成其功能而从各种水源提取的水量，包括取自地表水（以净水厂供水计量）、地下水、城镇供水工程以及用水户从市场购得的其他水或水的产品（如蒸汽、热水、地热水等），不包括用水户自取的海水和苦咸水等以及用水户为外供给市场的水的产品（如蒸汽、热水、地热水等）而取用的水量，即 $Q_{取} = Q_{补} = Q_{排} + Q_{耗}$。

城市第三产业取水定额是一种综合取水定额，是指在一定时间内，城市第三产业每核算单元完成其功能所需要的合理的标准取水量。综合取水定额能满足水资源管理部门的取水许可审批、年度用水计划核定、考核行业节水水平、编制水供求计划等水资源管理实践的要求。而核算单元指的是在节水管理工作用于核定用水户用水水平所选取的与取水量关系密切的量，如人数、面积等；取水定额计量单位则是用于表征取水定额的组合单位，由核算单元单位、时间单位、取水量单位共同组成，其中取水量单位为 m^3。

城市第三产业取水定额是考核城市水资源利用效益和评价城市节水水平的重要指标之一，是制定第三产业各行业用水户计划取水指标的依据和评价其合理用水、节约用水的标准，同时也是城市制定经济发展规划以及进行水资源配置的重要参考。城市第三产业定额的编制，一方面可使用水管理部门在制定取水计划指标时摆脱经验管理，向科学的定量管理发展，并为节水规划提供可靠依据；另一方面则通过一系列软硬件指标来约束第三产业各行业的用水行为，提高用水户的节水意识，促使其进行节水改造，最终达到使城市第三产业各行业的节水工作规范化、程序化、标准化，提高第三产业的总体节水水平的目的。在编制城市第三产业取水定额时，应符合以下几项原则：①科学性。即采用科学的制定方法，通过科学的制定过程得出取水定额值。取水定额的制定方法和程序应具有普适性，且能适应第三产业各行业的具体情况。②先进性。制定的定额水平与本城市第三产业同行业现状平均用水水平相比应具备先进性，即要充分考虑先进的节水型工艺、设备和技术以及节水管理理念在第三产业各行业中的应用，以达到促使用水户主动采取措施进行节水进而提高城市第三产业水资源管理总体水平的目的。③可操作性。城市第三产业取水定额的制定应与城市水资源管理的实践紧密结合，具有良好的可操作性，既适用于日常管理，又便于用户理解和接受。取水定额核算单元的选取应使制定定额所需的数据易于获得、准确性好且便于校核。取水定额的调节系数执行方案应科学合理又简便易行。定额编制内容应能满足取水许可审批、年度用水计划核定、考核行业节水水平、编制水供求计划等水资源管理实践的要求。需要注意的是，取水定额的制定和当前用水水平密不可分，并具有一定的时效性。针对城市第三产业各行业所制定的取水定额水平应在一定的时期（5 年）内，各用水户在现阶段既定的经济、技术、自然条件下通过采取加强管理、革新技术和工艺等措施可以基本达到的，因而在经济和技术上是合理、可行的。建立与取水许可管理相适应的取水定额调整机制，通过每 5 年一次的取水许可有效期满的换发证，调整或修订现有第三产业各行业的取水定额，以达到适应产业结构调整、技术进步、人民生活水平提高而引起用水组成和用水水平的变化的目的。这是以人为本的科学发展观在城市水资源需求管理中的体现，更是全面、协调、可持续的经济社会和环境发展的需要。

完善的取水定额指标体系、具体量化的取水定额指标以及核算单元对应的取水规模的界定是开展取水定额管理的三个基本要素。城市第三产业取水定额管理作为第三产业需水管理的核心，其原理主要包括中观和微观两个层次；而第三产业定额管理的定额水量则受到宏观层次上城市总体取水定额指标的限制。

在中观尺度上，主要是基于第三产业的行业用水统计，实现城市水资源在第三产业各行业之间的合理分配。第三产业与第一、第二产业相比有其特殊性，具体体现在其产出较为复杂，主要产出并不是物质性的产品，而是非物质性的服务，因而其用水情况与人（包括经营者与服务对象双方）的关系尤其密切，且在第三产业内部不同行业的经营特点各不相同，用水项目和用水构成均存在一定的差别，这就不可避免地造成行业间用水特点的差异。因此城市第三产业取水定额的制定需依据各行业的具体经营特点，选取适当的取水核算单元。根据取水定额以及取水核算单元对应的规模，定量地核算各行业的用水需求量，是城市第三产业定额管理的核心，它将宏观尺度的城市总体水量分配与微观尺度的用水户用水考核有机地结合起来。同时，开展建设项目水资源论证和取水许可管理，论证建设项目用水量的合理性，以同行业取水定额为建设项目水资源论证报告书审查及取水管理提供决策参考；分析用水过程和综合取水定额，挖掘节水潜力并提出可行的节水措施。此外，以第三产业行业取水定额为依据，开展城市第三产业节水工作的指导、协调，建立节水型用水标准化体系。综合运用法律、行政、经济等措施和相应的激励机制，以确保取水定额管理的有效实施，实现城市水资源的高效利用。

在微观尺度上，主要通过分析第三产业各行业中各类用户用水行为和分部位研究其用水规律，从而完善细部取水定额体系，同时建立以计划取水量、行业取水定额和细部取水定额为主体指标的定额管理考核及评价体系。第三产业的用水影响因素较为复杂，即使在同一行业中，由于用水户在建成年代、地理区位、规模等级、组织结构、服务项目和经营状况等特征上的千差万别，其用水情况多呈现较为显著的个体化特征。因此，有必要根据各用水户的用水规模和取水定额，编制相应的年度取水用水计划，研究用水结构、硬件设施等影响因素在同行业内不同用水户间所造成的客观用水差异，并通过调节系数对取水定额进行合理的调整。审查并下达针对各用水户的取水计划，对用户取水、用水等情况进行统计分析，并对其用水计划执行情况采取监控措施，以及时地掌握各用水户用水、节水情况。此外，对各用水户的用水规模进行统计和核查，避免因虚报、瞒报而造成个体用水控制指标达标、地区取水控制指标却无法完成的困境。

针对城市第三产业所开展的中观、微观尺度的取水定额管理不仅是促进第三产业各行业用水户合理用水、提高城市总体水资源利用效率的基础，同时也是在区域和流域等宏观尺度上开展规范有效的水资源规划和管理，进而进行科学的水供求预测与水资源调配，具有十分重要的意义。

9.6.2.4 其他对策建议

第三产业需水管理必须贯彻落实"总量控制、定额管理"的水资源管理方针政策，并综合运用法律法规、行政制度、经济调控以及技术支持等管理方法，以达到城市水资源管理的目标。具体包括以下内容：

1）制定完善的法律法规体系，使城市第三产业水资源需求管理有法可依。

2）采取有效的经济措施，建立科学合理的城市第三产业水价体系，对于第三产业中对水价敏感性低的非营利性行业（如机关、科研、学校、医院等），须加强行政管理的力度，并对严重浪费水资源的行为处以相应的经济惩罚。

3）科学地制定第三产业各行业的取水定额，并有效执行，使之真正成为"定额管理"的基础。

4）在城市第三产业用水单位内部建立并完善节水激励制度，制定有效可行的奖惩规定，并形成"建议收集—采纳—反应"机制，确立节奖超罚的责任制度。

5）积极实行分质供水，加强对雨水、再生水和海水等非常规水源的利用，对于非常规水资源利用工程等的建设给予便利和支持等。经过多年努力，北京市 2008 年全市再生水利用量（6.0 亿 t）已相当于全市地表水利用量（6.2 亿 t）的水平。若在规模较大的第三产业用水单位（如饭店、高等院校等）内修建中水设施，可节省其 10%~15% 的用水量。

6）推进节水新技术的应用。用水器具应符合已实行的强制标准，如《城市房屋便器水箱应用监督管理办法》（建设部 1992 年第 17 号令）、《节水型生活用水器具》（CJ 164—2002）等，依据《关于住宅建设中淘汰落后产品的通知》（建住房〔1999〕295 号）等淘汰不合要求的用水器具。若对于饭店、高效、医院、洗浴等第三产业用水单位中的洗浴设备更换使用智能卡，可节省其洗浴水量的 40% 左右。加强对城市供水管网系统的维护和更新改造，减少"跑、冒、滴、漏"以使其漏水率降低到最低水平，有效减少水资源浪费的现象。

7）加大信息技术服务与管理的力度，强化实际管理与科学信息管理的结合，将管理实践中得到的经验进行信息转化提炼，运用到信息管理过程中，例如，将实地调查信息表信息结构归纳、提炼、应用为统一的数据库信息收集标准。建立空间数据库和用水数据库，进一步完善以 MIS/3S 为技术基础的城市水资源需求管理决策支持信息平台，促使城市第三产业需水管理更加科学、有效。

第 10 章　虚拟水及其通量核算研究

社会水循环通量过程与社会经济的发展之间具有相互联系、相互制约、相互促进的复杂关系。在社会经济活动中，水资源通量是以国民经济中的一个部门或者社会经济大系统中的一个子系统来加以反映。其中，水资源随物品在地区之间的交换而产生的虚拟流动关系，是水与社会经济系统最密切、最重要的互动关系之一。在经济社会大系统中，各地区之间的经济存在不同程度的互补性。地区之间产品调入调出，间接地包含了水资源通量的调入调出。通过对部门产品生产与消费及单位产品耗水量的统计，可以定量研究随着产品调入调出产生的虚拟水的调入调出量，从而能够考察一个国家或地区实际的水资源消费量，为水资源的优化配置、水资源高效利用、节水型国民经济体系的构建提供有力的技术支撑。

自 20 世纪 90 年代以来，随着虚拟水概念的引入，虚拟水战略被认为是提高全球水资源利用效率及保障缺水地区水安全的有效工具。本章基于虚拟水的概念，以我国南北方及各区域间的虚拟水贸易量为切入点，计算了典型年我国各区域间的虚拟水通量关系，分析了水以真实形式和虚拟形式在我国南北方之间逆向流动的主要原因。从水资源高效利用的角度讲，我国虚拟水在区域间流向不尽合理，但它的形成与我国具体国情密不可分。

10.1　虚拟水及其定量计算的理论基础

10.1.1　开展虚拟水研究的意义

(1) 虚拟水是社会水循环学科知识体系的重要组成部分

社会水循环就是研究水资源在人类社会经济系统循环转化的定量关系。水在社会经济系统中的循环转化通常以两种形式存在：①水的实体形态，即通常水文水资源学科研究的对象；②水的虚拟形态，水资源随物品在地区之间的交换而产生的虚拟流动关系即虚拟水。节水型社会建设是水文水资源学科的一个重要研究方向（分支），需要在对水在社会经济系统迁移转化规律科学认知的基础上，建立其完整的学科体系。因此，对虚拟水的核算是其社会水循环学科知识体系的重要组成部分。

(2) 虚拟水是建设节水型社会的有效手段

虚拟水战略被认为是缺水地区缓解水资源紧张和保障水安全最有效的手段。节水型社会建设的最终任务是建设节水型的国民经济生产体系、建立节水型的社会法律体系与框架、营造节水型社会文化氛围、引导建立节水型的社会消费习惯。这些涉及国民经济产业结构的优化、法律体系的完善、生活习惯、消费习惯、饮食习惯的调整等。所有这些，不仅涉及实体水资源，更涉及虚拟水。

10.1.2 相关概念及其定量计算方法

(1) 虚拟水

虚拟水是由英国学者 Tony Allan 在 20 世纪 90 年代初首次提出的新概念，后经不断完善，目前较为精确的定义为：在生产产品和服务中所需要的水资源数量，被称为凝结在产品和服务中的虚拟水量。经过近 10 年的不懈努力，虚拟水概念在全球范围内引起了广泛的反响与共鸣。2002 年以虚拟水为主题的第一次国际会议在荷兰 Delft 召开，2003 年 3 月在日本东京举行的第三次世界水论坛上对虚拟水问题进行了专门讨论。这两次会议极大地推动了虚拟水在全球范围内研究工作的开展。

虚拟水的主要特征有三点：第一，非实物性。顾名思义，虚拟水不是实物意义上的水，而是以高度浓缩的形式包含在产品中的"看不见"的水。第二，社会交易性。虚拟水是通过商品交易即贸易来实现的，没有商品交易或服务就不会发生虚拟水的"流动"。比如，生产 1kg 小麦，需要消耗 1m^3 的水，那么进口 1t 小麦，从水资源利用的角度讲，就是从出口地进口了 1000m^3 的水。第三，便捷性。由于实体的水贸易即跨流域调水距离较长、成本高昂，这种贸易在具体操作上具有较大困难，而虚拟水以"无形"的形式附存在产品与服务中，相对于跨流域调水而言，其便于运输的特点使其成为提高全球或区域水资源效率，保障缺水地区水安全的有效工具。

(2) 虚拟水交换量计算方法

由于农业用水占全球用水总量的 80% 左右，因此农产品的虚拟水含量是虚拟水计算的主体部分。

一般而言，虚拟水的贸易量的基本计算方法是用实物贸易量乘以其相应的虚拟水含量。由于农业用水量达到全球用水量的 80%，我国农业用水量占总用水量的 70%，因此农产品就成为虚拟水的主要研究对象，各区域间虚拟水贸易量主要是指通过农产品交换而进行的虚拟水交换量。虚拟水含量因产品及产地的不同而有所区别。作物的虚拟水含量主要是其实际蒸散发量，由彭曼标准公式计算。动物产品的虚拟水含量的计算方法比较复杂，其虚拟水含量主要依赖于动物的类型、动物的饲养结构和动物成长的自然地理环境及气候条件等。目前普遍采用的是 Chapagain 和 Hoekstra (2003) 提出的生产树的方法。由于农产品区域间和省际的流通关系十分复杂，要获得准确数据难度较大，因此农产品区域间贸易量的资料可以通过分析各区域的农产品生产能力及消费之间的关系来获得。区域间农产品净进口量（国内消费减去农产品产量）乘以相应的虚拟水含量即为该区域的虚拟水净进口量。

(3) 水足迹

在全球贸易日趋频繁，贸易额不断扩大的今天，通过实物而进行的虚拟水的交换量也越来越大。因此一个国家的国内生产生活用水总量并不能正确反映它对全球水资源的真实占有量。在虚拟水净进口国，为了刻画它对全球水资源的需求量，应该在国内用水量的基础上加上净进口的虚拟水量。同样，在虚拟水进出口国虚拟水量应从国内用水量中扣除。比照于生态足迹的概念，荷兰学者 Hoekstra（2003）提出了水足迹（water footprint）的概念。简单地说，水足迹是指任何已知人口（一个人、一个国家、一个地区或全球）在一定时间内消费的所有产品和服务所需要的水资源数量。这里所指的产品和服务包含人类生活所必需的食物、各种日用品、生活用水及环境用水。因此，水足迹可以真实的反映一个国家、一个地区、一个人对水资源的真实需求和真实占用情况。

首先，水足迹概念的提出将实物形态的水与虚拟形态的水联系起来，为分析和研究一个国家或区域对水资源的真实占有和消费提供了一种新思路。其次，水足迹涵盖了蓝色水（地表水、地下水）和绿色水（土壤水），拓宽了传统水资源评价体系的外延和内涵，近年水足迹的概念又有所发展，将为达到现有水质标准而用于稀释、降解的水量计入水足迹，并将其定义为灰色水。再次，在水资源领域，提供了评价一个国家或地区其生活消费类型与水资源利用定量关系的新方法。通过水足迹向人们说明虚拟水的含义也有助于提高人们对水的忧患意识，有助于节水型社会建设并倡导形成节水的生活消费模式。水足迹结构及计算流程如图 10-1 所示。

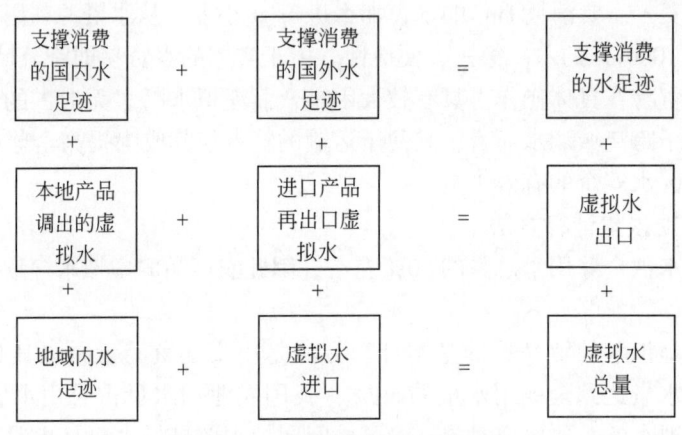

图 10-1 水足迹结构及计算流程

水足迹的水量由三部分构成：蓝色用水、绿色用水和灰色用水。蓝色水（blue water）指赋存于江、河、湖泊及含水层中的地表水与地下水的总和，即通常所说的水资源。为区别于蓝色水，瑞典水文学家 Falkenmark 提出了绿色水（green water），它是指赋存于土壤非饱和含水层（包气带）中的土壤水，以蒸散发的形式由植被利用。灰色水（grey water），是指为达到现有水质标准而用于稀释、降解的水量，这部分水量因为数据获取等原因，计算较为困难。

10.2 各国虚拟水贸易及水足迹比较

荷兰学者 Mokonnen 和 Hoekstra 于 2011 年对 1996~2005 年 210 个国家和地区通过产品贸易而产生虚拟水交换量进行了计算。部分国家虚拟水进出口量如表 10-1 所示。

表 10-1　部分国家虚拟水交换量　　　　（单位：10^6m^3）

国家	虚拟水进口 农产品	动物产品	工业产品	合计	虚拟水出口 农产品	动物产品	工业产品	合计	净进口
阿根廷	4 216	590	862	5 668	92 340	5 287	418	98 045	−92 377
澳大利亚	7 714	593	3 223	11 530	60 836	26 732	1 155	88 723	−77 193
巴西	31 647	1 772	2 125	35 544	93 221	17 095	2 177	112493	−76 949
加拿大	25 538	4 418	8 224	38 180	64 578	17 237	8 942	90 757	−52 577
中国	91 868	15 735	11 629	119 232	89 302	2 336	51 060	142 698	−23 466
埃及	17 625	1 562	536	19 723	7 086	2 834	756	10 676	9 047
法国	57 477	9 153	11 679	78 309	45 269	12 452	7 765	65 486	12 823
德国	92 294	11 593	20 791	124 678	38 363	13 265	12 715	64 343	60 335
印度	27 232	387	1 848	29 467	108 480	5 767	10 627	124 874	−95 407
印度尼西亚	32 361	1 728	1 338	35 427	71 112	383	854	72 349	−36 922
以色列	7 412	1 049	1 179	9 640	1 621	71	537	2 229	7 411
意大利	65 668	25 048	10 701	101 417	24 485	7 856	6 919	39 260	62 157
日本	93 618	17 071	16 535	127 224	3 272	285	6 912	10 469	116 755
墨西哥	70 822	15 881	5 596	92 299	20 540	2 448	3 117	26 105	66 194
荷兰	56 667	7 242	7 072	70 981	36 967	11 958	4 205	53 130	17 851
俄罗斯	39 363	10 982	3 809	54 154	19 830	5 205	33 319	58 354	−4 200
土耳其	24 479	1 086	3 894	29 459	21 626	334	1 713	23 673	5 786
瑞士	8 575	795	3 020	12 390	3 452	364	1 318	5 134	7 256
南非	11 440	948	963	13 351	9 330	2 129	532	11 991	1 360
西班牙	45 387	4 722	6 138	56 247	23 045	7 365	1 633	32 043	24 204
英国	56 028	9 157	12 282	77 467	12 541	3 007	4 037	19 585	57 882
美国	158 787	25 027	50 277	234 091	251 919	36 982	24 771	313 672	−79 581
津巴布韦	1 136	39	44	1 219	5 066	332	114	5 512	−4 293

资料来源：Mekonnen，Hoekstra，2011

主要的虚拟水进口国及进口量为美国约 2341 亿 m^3、日本约 1272 亿 m^3、德国约 1247 亿 m^3、中国约 1192 亿 m^3、意大利约 1014 亿 m^3、墨西哥约 923 亿 m^3、法国约 783 亿 m^3、英国约 775 亿 m^3、荷兰约 710 亿 m^3。

主要的虚拟水出口国及出口量为美国约 3137 亿 m^3、中国约 1427 亿 m^3、印度约 1249 亿 m^3、巴西约 1125 亿 m^3、阿根廷约 980 亿 m^3、加拿大约 908 亿 m^3、澳大利亚约 887 亿 m^3、印度尼西亚约 723 亿 m^3、法国约 655 亿 m^3、德国约 643 亿 m^3。

主要的虚拟水净进口国及进口量为日本约 1168 亿 m^3、墨西哥约 662 亿 m^3、意大利约 622 亿 m^3、德国约 603 亿 m^3、英国约 579 亿 m^3。

从支撑本国消费的水足迹看（表10-2），总量较大的国家包括中国约1.37万亿 m³、印度约1.14万亿 m³、美国约8214亿 m³。但从构成看，这些国家通过产品贸易从国外调入的水足迹所占比例较低，如中国约10%、印度约2.5%、美国约20%。而西欧国家，支撑消费的国外水足迹在该国支撑消费的水足迹总量中所占比例基本接近或超过50%，如荷兰高达94.6%、瑞士达到82.3%、德国达到68.8%、意大利达到60.7%。这一比例较高的国家还包括以色列81.5%、日本76.9%。这说明这些国家约一半以上的水资源消费是通过虚拟水贸易实现的。

表10-2 部分国家支撑消费的水足迹

国家	国内 /10⁶ m³	国外 /10⁶ m³	合计 /10⁶ m³	国外所占比例/%	人均水足迹 /m³	人均水资源量 /m³	人均用水量 /m³
阿根廷	57 273	2 273	59 546	3.8	1 607	20 210	838
澳大利亚	39 461	5 257	44 718	11.8	2 315	22 492	1 032
巴西	322 574	32 799	355 373	9.2	2 027	42 496	300
加拿大	57 173	14 901	72 074	20.7	2 333	86 011	1 362
中国	1 231 579	136 425	1 368 004	10	1 071	2 133	425
埃及	68 023	27 132	95 155	28.5	1 341	1 034	823
法国	55 879	50 253	106 132	47.3	1 786	3 370	505
德国	36 593	80 558	117 151	68.8	1 426	1 881	394
印度	1 115 676	28 929	1 144 605	2.5	1 089	1 801	659
印度尼西亚	208 896	23 343	232 239	10.1	1 124	8 780	571
以色列	2 610	11 515	14 125	81.5	2 303	239	263
意大利	52 082	80 384	132 466	60.7	2 303	3 177	754
日本	40 396	134 384	174 780	76.9	1 379	3 371	706
墨西哥	113 481	83 944	197 425	42.5	1 978	4 256	743
荷兰	1 263	22 110	23 373	94.6	1 466	5 505	642
俄罗斯	236 989	33 502	270 491	12.4	1 852	31 780	467
土耳其	86 550	23 208	109 758	21.1	1 642	3 097	536
瑞士	1 961	9 094	11 055	82.3	1 528	6 920	331
南非	44 235	12 488	56 723	22	1 255	1 014	277
西班牙	57 350	43 170	100 520	42.9	2 461	2 426	706
英国	33 210	2 418	35 628	6.8	1 026	2 377	257
美国	655 062	166 292	821 354	20.2	2 842	9 997	1 558
津巴布韦	13 774	1 182	14 956	7.9	1 210	1 597	336

资料来源：水足迹数据来自于Mekonnen, Hoekstra, 2011；水量数据来自FAO AQUATA数据库。

图 10-2 更为直观地反映了部分国家对水资源的实际消费与径流性水资源消费之间的差异，以人均用水量作为指标进行表征。人均水足迹高的国家如美国、澳大利亚、加拿大、巴西等国均在 2000m³ 以上。通过比较不难发现，各国的为支撑本国消费的水足迹大大超过了其人均用水量，超出量一部分是对绿色水即土壤水的消费、一部分是通过产品交换产生的虚拟水实现的。如美国人均水足迹是其人均用水量的 1.8 倍，澳大利亚为 2.24 倍，日本为 1.95 倍，中国为 2.5 倍。支撑中国国内消费的水足迹为 1071m³，本国的份额约占 90%，其中绿色水又占到了 60% 左右，而这部分水量是以凝结在农产品中的虚拟水的形式存在。由此可见，绿色水对于农业生产意义重大。因此只分析径流性水资源，往往不能真实反映一个国家或地区对水资源的实际使用和占用情况。

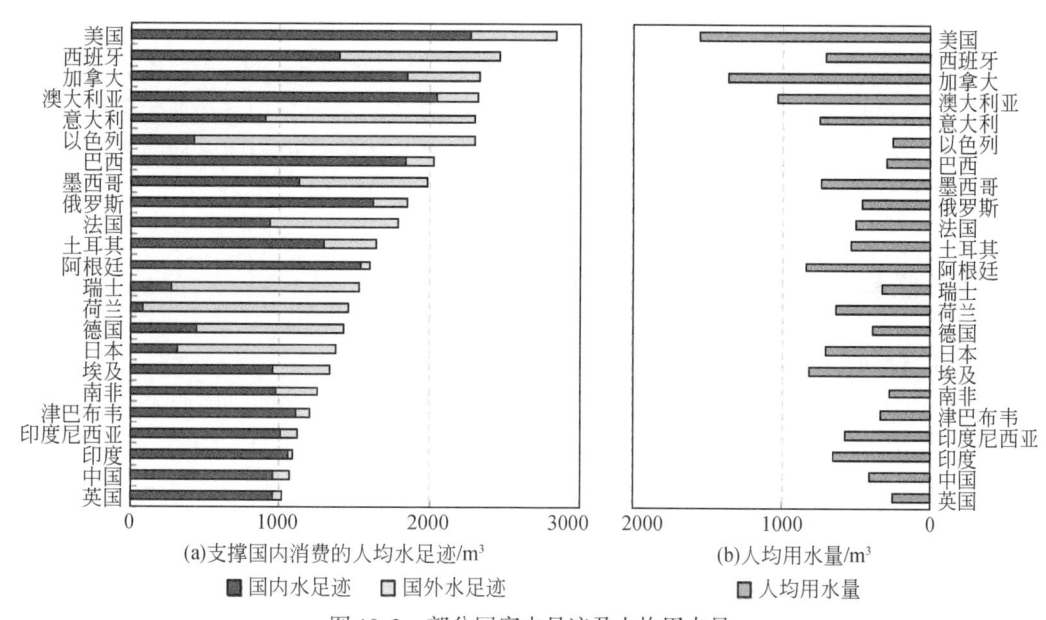

图 10-2　部分国家水足迹及人均用水量

由于动物性产品的虚拟水含量要高于植物性产品，因此膳食结构的差异显著影响了水足迹的量值。根据 Chapagain 和 Hoekstra（2003）的初步估算，以动物产品为主的西欧国家如荷兰、比利时等国人均水足迹较高，量值约在 2000m³；以素食为主的东亚和中美州国家人均水足迹约在 1000 m³。实际的计算结果也与以上结论吻合。目前，中国的人均水足迹与日本、韩国等国家大致相当，与其他国家相比处于中间位置。尽管我国目前的人均水足迹仅为 1000m³ 左右，随着人民生活水平的不断提高，膳食结构的改善特别是动物性产品的摄入量增多，我国人均水足迹将会有显著增长。

国外许多研究均将中国看做世界上前 10 位需要进口虚拟水的国家之一。对于这样一个国际性的虚拟水市场，中国面临着机遇和挑战。

10.3 中国区域虚拟水通量核算基本思路

10.3.1 核算的必要性

虚拟水是一个重要的概念。首先，它将水与产品特别是农产品生产联系起来，强调农产品的生产不仅来自于淡水资源，也来自于土壤水。其次，它是一个扩展的概念，通过贸易，实现水资源在国家或地区间的交换。在我国，水资源时空分布不均造成的北方地区水危机已经成为制约中国社会经济可持续发展的瓶颈。但是，由于我国水资源与耕地资源时空分布极不匹配，城市化工业化进程的加快以及国家产业布局的调整等，客观上造成了"北粮南运"的格局。大量农产品从北方调往南方地区，意味着巨大的虚拟水流动，也进一步加剧了北方地区水资源紧张局势。在积极倡导建设节水型社会、节水型国民经济生产体系的今天，对这部分巨大虚拟水通量的核算，对于更为清晰认识我国区域间社会水循环的现状、对于水资源的高效利用和优化配置等都具有重要意义。

10.3.2 核算思路

(1) 研究内容

由于农业用水占到全球用水量的80%，占我国用水总量的70%，因此农产品就成为虚拟水的主要研究对象。本次研究中将农产品分为粮食、蔬菜、水果、肉类、禽蛋、奶制品六大类，计算典型年条件下的国内各区域间的虚拟水贸易量。为较为准确地描绘国内各区域间虚拟水贸易量，在典型年的选择上需满足如下条件：① 该年应为平水年，以反映在多年平均条件下国内农产品的虚拟水含量；② 该年我国农产品生产应获得丰收，并基本满足国内需求，即在尽量消除国际贸易带来影响的基础上分析国内农产品流通情况；③ 尽量采用最新数据，反映最新状况。

根据以上要求，分析1997年以来我国农产品生产情况，1998年、1999年我国粮食生产连续两年取得大丰收，粮食产量突破5亿t大关，2000年以后我国粮食生产出现了较大波动，2003年粮食产量一度下滑至4.3亿t。此后，随着国家一系列促进农业发展重大政策的出台，全国粮食产量下滑趋势得到遏制，并逐年增长，2007年再次突破5亿t大关，到2010年达到历史最高水平5.46亿t。从全国范围看，1998年为丰水年、1999年为平水年，2000年以后全国来水情况丰枯交替，2010年为平偏丰。为了反映历史状态及近些年的最新变化趋势，选择1999年、2010年两个典型年进行研究。

(2) 研究区域

研究区域为中国内地31个省（自治区、直辖市），不包括台湾、香港和澳门。31个省份根据传统的区划分为北方和南方两个一级区。在此基础上，按照地理位置、气候条件、农业生产状况、农产品主要产区与消费区分开，以体现农产品在区域间的流动以及与传统区域划分模式保持一致的原则，进一步细分为8个二级区，其中北方地区包括京津晋、东北、黄淮海和西北，南方地区包括东南、长江中下游、华南和西南（表10-3）。

表10-3 区域划分

一级区	二级区	省份
北方	京津晋	北京、天津、山西
	东北	内蒙古、辽宁、吉林、黑龙江
	黄淮海	河北、河南、山东、安徽
	西北	陕西、甘肃、青海、宁夏、新疆
南方	东南	上海、浙江、福建
	长江中下游地区	江苏、湖北、湖南、江西
	华南	广东、广西、海南
	西南	重庆、四川、贵州、云南、西藏

（3）区域间虚拟水通量的计算

由于我国农产品区域间、省际的流通关系十分复杂，要获得准确数据难度较大，因此采用简单方法进行估算。在此借鉴了联合国粮农组织食物平衡表的思路（表10-4），农产品区域间贸易量的资料通过分析各区域的农产品生产能力及消费之间的关系来获得。

表10-4 FAO食物平衡表

国内供给				国内利用					人均供给		
产量	进口	库存变动	出口	合计	饲料	种子	加工	浪费	口粮	合计	食物数量	食物转化热量值	蛋白质	脂肪

FAO食物平衡表由FAO统计处负责编制，提供了世界各国农产品系统的大量重要数据。它由三栏构成，分别为国内供给、国内利用、人均供给。每一栏中又分成若干项，国内供给按来源分为产量、进口、库存变动、出口；国内利用按用途分为饲料、种子、加工、浪费、口粮，总利用等于总供给；人均供给等于口粮总量除以人口，并将其折算成相应的营养物质摄入量，以反映一个国家人口营养水平。在此假设库存变动为"零"。国内利用总量减去产量，就是该国或地区该种产品的净进口量。区域间农产品净进口量乘以相应的虚拟水含量即为该区域的虚拟水净进口量。

（4）基本假定

考虑到数据、时间和我国省际农产品的流通关系的复杂性，在进行虚拟水流量计算时进行如下假定：①省内的气候条件同化，每个省选取省会城市测站的气象资料对各种作物进行虚拟水含量计算；②农产品库存变动为"零"；③只有农产品不能实现自给的省份进口相应农产品；④只有农产品出现盈余的省份出口相应农产品；⑤在考虑农产品国际贸易量后，农产品不能自给的二级区首先从同一级区的临近二级区调入农产品；⑥在考虑农产品国际贸易量和同一级区调入后，农产品仍不能自给的二级区从其他一级区调入农产品，农产品的调出量在调出的二级区间进行平均分配。

10.4 农产品供需平衡

10.4.1 1999年以来我国区域农产品生产

以粮食作物为例，1999 年我国粮食生产首次突破 5 亿 t 大关，达到历史最高水平。但 2000 年以后，我国粮食生产出现较大幅度波动，粮食产量连续四年下滑，2003 年粮食产量仅为 4.31 亿 t，达到自 20 世纪 90 年代以来的最低点，2003 年以后，在国家粮食宏观经济政策的干预下，粮食产量逐渐回升，2005 年达到 4.84 亿 t，为 1998 年以来的第三高产年。2005 年以后，随着国家一系列促进农业发展重大政策的出台，全国粮食产量下滑趋势得到遏制，并逐年增长，2007 年再次突破 5 亿 t 大关，到 2010 年达到历史最高水平 5.46 亿 t。

从区域格局看，北方粮食产量在全国所占比例有逐年升高的趋势，如表 10-5 数据显示，这一比重已由 2000 年的 51.4% 上升到 2005 年的 56%，2010 年这一比例又上升到 59%，反映了北方地区在国家粮食生产中的地位日益得到强化（图 10-3）。

表 10-5 1999 年以来我国粮食产量及其区域格局变化情况

项目	分区	1999 年	2000 年	2002 年	2004 年	2006 年	2008 年	2010 年
产量 /10^6 t	北方	268	239	249	260	271	312.8	327.2
	南方	240	226	208	209	213	216.0	219.3
	全国	508	465	457	469	484	528.7	546.5
比例 /%	北方	52.8	51.4	54.5	55.4	56.0	59.2	59.9
	南方	47.2	48.6	45.5	44.6	44.0	40.8	40.1
	全国	100	100	100	100	100	100	100

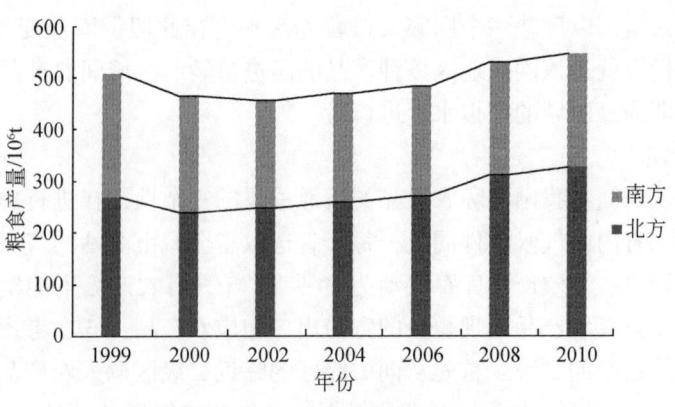

图 10-3 1999 年以来我国粮食产量变化

其他主要农产品生产，在区域分布上也反映了相似的变化趋势。如1999年，我国北方地区生产了全国约56%的蔬菜，55%的水果，48%的肉类，71%的禽蛋和82%的奶制品。2010年，这一比例变化为蔬菜57%、水果71%、肉类47%、禽蛋71%、奶制品91%（表10-6）。

表10-6 典型年我国南北方主要农产品生产比例　　　　　（单位:%）

典型年	区域	粮食	蔬菜	水果	肉类	禽蛋类	奶制品
1999年	北方	52.7	55.6	54.6	47.9	70.5	81.9
	南方	47.3	44.4	45.4	52.1	29.5	18.1
	全国	100	100	100	100	100	100
2010年	北方	59.9	57.2	70.5	47.2	70.8	90.5
	南方	40.1	42.8	29.5	52.8	29.2	9.5
	全国	100	100	100	100	100	100

我国农业生产格局在区域上的变化，生产重心由南向北转移，是多重因素共同作用的结果。第一，南方地区，特别是东南和华南地区是我国经济最发达的地区，经济发展和城市化进程，带动了第二、第三产业的发展。基础设施建设和城市规模的扩张，使得大量耕地被占用，农村劳动力相应的向其他产业转移，这一系列原因导致农业生产的停滞。第二，随着人民生活水平的提高，人们对农产品的消费量快速增长，饮食结构也相应的发生了改变，带动了消费总量的快速增长。第三，对农产品需求量的增长，也激发了农民进行农业生产的积极性，以满足不断扩大的市场需求。因此在土地、光、热条件较好的东北、黄淮海和长江中下游平原，农产品产量不断攀升。第四，与我国国民经济的总体布局密切相关。

10.4.2 我国区域农产品消费

农产品人均消费量的资料主要根据《中国统计年鉴》我国农村、城镇人口农产品直接消费数据推求得到，计算结果如表10-7所示。由计算结果可以看出，我国南方地区粮食、蔬菜、水果、肉类的人均消费量高于北方地区，而畜产品的人均消费量低于北方地区。

表10-7 主要农产品的人均消费量　　　　　（单位：kg/人）

典型年	地区	粮食	蔬菜	水果	肉类	禽蛋类	奶制品
1999年	北方	394.9	273.7	38.2	34.4	19.2	7.1
	南方	398.9	308.8	44.3	50.1	13.0	6.0
	全国平均	397.0	292.3	41.4	42.7	15.9	6.5
2010年	北方	400.9	404.2	44.4	45.8	22.6	10.9
	南方	403.0	423.3	50.1	63.3	15.0	9.2
	全国平均	400.9	404.2	44.4	45.8	22.6	10.9

人均消费量乘以人口，即为农产品的消费总量（表10-8）。从消费利用的角度看，南方地区对粮食、蔬菜、水果和肉类的消费量在全国的比例均超过了50%，其中粮食达到了约53%，蔬菜达到了约56%，水果达到了约57%，肉类达到了约62%；而相应的产量除肉类外均低于50%，禽蛋、奶制品的产量仅占全国的30%和18%。

表10-8 主要农产品消费总量

典型年	指标	地区	粮食	蔬菜	水果	肉类	禽蛋类	奶制品
1999年	总消费量/10⁶t	北方	231.1	160.1	22.3	20.1	11.2	4.2
		南方	262.1	202.9	29.1	32.9	8.5	3.9
		全国	493.2	363	51.4	53.0	19.7	8.1
	比例/%	北方	46.9	44.1	43.4	37.9	56.9	51.4
		南方	53.1	55.9	56.6	62.1	43.1	48.6
		全国	100	100	100	100	100	100
2010年	总消费量/10⁶t	北方	248.9	251.0	27.6	28.5	14.0	6.8
		南方	287.3	301.8	35.7	45.2	10.7	6.6
		全国	536.2	552.8	63.3	73.7	24.7	13.4
	比例/%	北方	46.4	45.4	43.6	38.7	56.7	50.7
		南方	53.6	54.6	56.4	61.3	43.3	49.3
		全国	100	100	100	100	100	100

10.4.3 我国农产品进出口

根据FAO数据库的统计资料，1999年我国主要农产品的进口额为粮食790万t、蔬菜40万t、水果40万t、肉类20万、奶制品15万t，出口的农产品包括粮食770万、蔬菜290万t、水果90万t、肉类30万t、禽蛋1万t、奶制品3万t。2000年以后，我国农产品的进出口量及产品结构发生很大变化，特别是在国内粮食生产出现波动的情况下，我国粮食进口量持续增长。按照国家统计局对粮食的定义，粮食进口由2000年的2913万t增加到2005年的6394万t，其中2004年为最高峰达到6586万t，同期粮食出口虽有所波动，但基本在2000万t以内。粮食净进口量增长幅度较大，由2000年的1125万t增长到2005年的4886万t，其中2004年达到5638万t，占我国粮食产量的比例由2.4%增长到12%。与此同时，粮食的进出口结构也发生了较大变化。2000以前，我国粮食进口的大宗品种为小麦，出口的大宗品种为玉米和稻谷，2000年以后，随着国内玉米消费量和小麦产量的提高，谷物的进口量基本稳定在1500万t，尽管出口量随着粮食产量有所波动，但进出口量基本持平。而随着我国食用植物油消费量逐年扩大，大豆的进口量大幅度上升，2005年达到3820万t，超过我国大豆年产量，我国从大豆的净出口国成为大豆的净进口国。鉴于本章重点是研究我国区域内通过农产品的交换而产生的虚拟水量，且农产品国际贸易数据获取困难，而且国际数据库数据与国内统计数据差别较大，为了保持数据的一致性，在此选用 FAO 数据库以及联合国统计处的资料。而且通过比较年度数据发现，除了大豆，我国其他农产品进出口量变化幅度不大，因此对于除大豆以外的农产品数据以选取某一年的数据以具有代表性。对于大豆，由于大豆主要用途是加工转化为植物油。而对植物油的消费，南北并无较大差异，且人口规模也大体相当，在此对大豆数据在我国南北区域间进行平均分配，以消除大豆进口规模激增带来的影响。因此在本章以后的章节中，农产品进出口的数据均不包含大豆。

10.4.4 我国农产品供需平衡

1995~1999 年中国农业进入了一个连续丰产期，主要农产品产量均达到了历史最高水平。北方地区，主要是东北和黄淮海地区，是我国农产品的主产区。1999 年，主要农产品在全国范围基本实现了供需平衡，但在区域上差别较大。北方地区供给大于需求，各类农产品均出现较大剩余，南方地区需求大于供给，农产品的供应出现巨大缺口，其中粮食缺口达到 2160 万 t、蔬菜 2310 万 t、水果 80 万 t、肉类 190 万 t、禽蛋 230 万 t、奶类制品 250 万 t。

2010 年与 1999 年的情况基本类似，主要农产品在全国范围基本实现了供需平衡，差别主要反映在区域上。北方地区供给大于需求，各类农产品均出现较大剩余，南方地区需求大于供给，农产品的供应出现巨大缺口，而且供应缺口呈现不断扩大的趋势，其中粮食缺口达到 5610 万 t、蔬菜 2350 万 t、水果 970 万 t、肉类 330 万 t、禽蛋 260 万 t、奶类制品 270 万 t（表 10-9）。

表 10-9 中国农产品供需平衡表　　　　　（单位：10^6 t）

典型年	进出口平衡	区域	粮食	蔬菜	水果	肉类	禽蛋	奶制品
1999 年	供需缺口	北方	36.8	65.4	11.3	8.4	3.8	2.4
		南方	-21.6	-23.1	-0.8	-1.9	-2.3	-2.5
		全国	15.2	42.3	12.5	6.5	1.5	-0.1
	净进口	北方	-4.2	-2.3	-0.3	-0.2	-0.01	0.00
		南方	4.5	-0.1	0.1	0.1	0.00	0.12
		全国	0.2	-2.4	-0.2	-0.1	-0.01	0.12
	净调入	北方	-17.1	-23.2	-0.6	-1.8	-2.3	-2.4
		南方	17.1	23.2	0.6	1.8	2.3	2.4
		全国	0.0	0.0	0.0	0.0	0.0	0.0
2010 年	供需缺口	北方	72.6	119.1	32.0	8.8	5.5	27.1
		南方	-62.1	-23.3	-10.1	-3.3	-2.6	-2.8
		全国	10.5	95.8	21.9	5.5	2.9	24.3
	净进口	北方	-5.7	-2.2	-0.6	-0.1	0.0	0.0
		南方	6.0	-0.2	0.4	0.0	0.0	0.1
		全国	0.3	-2.4	-0.2	-0.1	0.0	0.1
	净调入	北方	56.1	23.5	9.7	3.3	2.6	2.7
		南方	-56.1	-23.5	-9.7	-3.3	-2.6	-2.7
		全国	0.0	0.0	0.0	0.0	0.0	0.0

10.5 我国区域间虚拟水交换通量

10.5.1 主要农产品虚拟水含量

在对我国 31 个省份的 26 种农作物、8 种畜产品虚拟水含量计算结果的基础上，根据产量进行加权平均，结果列于表 10-10。

表 10-10 我国主要农产品的虚拟水含量 （单位：m^3/kg）

地区	粮食				蔬菜	水果	肉类	禽蛋类	奶制品
	平均	谷物	豆类	薯类					
北方	1.1	1.0	3.2	0.7	0.1	1.1	7.8	4.2	1.9
南方	0.9	0.8	2.5	1.0	0.1	0.8	5.7	4.3	1.9
全国	1.0	0.9	3.0	0.9	0.1	1.0	6.7	4.2	1.9

由计算结果可以看出，我国粮食的虚拟水含量为 $1.0m^3/kg$，蔬菜为 $0.1m^3/kg$，水果为 $1.0m^3/kg$。畜产品的虚拟水含量要高于农作物，其中肉类产品的虚拟水含量最高，达到 $6.7m^3/kg$，禽蛋类为 $4.2m^3/kg$。我国北方地区农作物虚拟水含量普遍高于南方地区，其中气候条件是主要原因。分地区分作物虚拟水含量见表 10-11。

表 10-11 分地区分作物虚拟水含量 （单位：m^3/kg）

区域	粮食	谷物	大米	小麦	玉米	谷子	高粱	其他	豆类	大豆	其他	薯类	土豆	红薯
全国平均	1.0	0.9	0.8	1.0	1.0	2.9	1.5	2.0	3.0	3.0	3.0	0.9	0.6	1.0
京津晋	1.4	1.2	0.9	1.1	1.3	2.1	1.1	3.1	4.9	5.2	4.3	0.8	0.7	1.3
黄淮海	1.0	1.0	0.8	0.8	1.1	2.4	2.1	2.8	3.2	3.1	3.6	0.8	0.5	0.9
东北	1.1	0.9	0.8	1.0	0.8	4.1	1.4	4.6	2.9	2.8	4.2	0.4	0.4	1.0
西北	1.3	1.2	1.1	1.1	1.1	4.1	1.5	2.6	4.5	4.6	4.5	0.7	0.6	2.1
北方	1.1	1.0	1.0	0.9	1.0	2.9	1.5	3.1	3.2	3.1	4.2	0.7	0.5	0.9
长江	0.9	0.8	0.8	1.1	1.1	1.7	1.3	2.5	2.5	2.2	2.8	0.8	0.6	1.1
东南	0.8	0.8	0.8	1.1	1.3	2.7	1.1	1.1	2.2	2.4	1.8	0.8	0.7	0.9
华南	0.9	0.9	0.8	2.0	1.5	2.1	1.4	3.3	3.5	2.6	1.3	0.7	1.4
西南	0.9	0.9	0.7	1.4	0.9	2.6	1.3	1.2	2.4	3.0	2.2	0.9	0.7	1.0
南方	0.9	0.8	0.8	0.7	1.0	2.1	1.3	2.4	2.5	2.8	2.2	1.0	0.7	1.1
粮食调出区平均	1.0	0.9	0.8	0.9	1.0	3.0	1.5	2.5	2.9	2.9	3.2	0.8	0.5	0.9

10.5.2 我国虚拟水国际贸易通量

由联合国统计的我国农产品贸易资料以及 Chapagain 和 Hoekstra 对于农产品虚拟水含量的计算成果，计算出典型年我国国际虚拟水贸易通量（表 10-12 和表 10-13）。计算结果显示，1999 年中国通过农产品贸易进口的虚拟水通量达到了 281 亿 m³，其中粮食虚拟水进口量占到了进口总量的 80%；出口的虚拟水通量达到 188 亿 m³，其中粮食的虚拟水出口量占到出口总量的 74%。我国虚拟水的净输入量达到 93 亿 m³，其中粮食虚拟水净进口量占到总量的 93%，无疑，粮食是我国农产品虚拟水贸易的主体。

表 10-12　中国国际虚拟水贸易通量（1999 年）　　　（单位：10^9m^3）

进出口	地区	粮食	蔬菜	水果	肉类	禽蛋类	奶制品	合计
进口	京津晋	5.7	0.0	0.1	0.5	0.0	0.0	6.3
	黄淮海	0.0	0.0	0.0	0.0	0.0	0.1	0.1
	东北	0.0	0.0	0.2	0.0	0.0	0.0	0.2
	西北	1.7	0.0	0.0	0.1	0.0	0.0	1.8
	北方	7.4	0.0	0.3	0.6	0.0	0.1	8.4
	长江中下游	1.1	0.0	0.2	0.0	0.0	0.1	1.4
	东南	6.4	0.1	0.1	1.2	0.0	0.0	7.8
	华南	6.2	0.1	0.0	1.8	0.0	0.0	8.1
	西南	1.4	0.1	0.3	0.7	0.0	0.0	2.5
	南方	15.1	0.3	0.5	3.7	0.0	0.1	19.7
	全国	22.4	0.3	0.8	4.3	0.0	0.2	28.1
出口	京津晋	0.0	0.0	0.0	0.0	0.0	0.0	0.0
	黄淮海	-6.4	-0.5	-0.1	-1.9	-0.1	-0.1	-9.0
	东北	-5.8	0.0	0.0	-0.6	0.0	-0.3	-6.7
	西北	-0.3	0.0	0.0	0.0	0.0	-0.2	-0.5
	北方	-12.5	-0.5	-0.1	-2.5	-0.1	-0.5	-16.2
	长江中下游	-1.3	-0.1	0.0	-0.5	0.0	0.0	-1.9
	东南	0.0	0.0	0.0	0.0	0.0	0.0	0.0
	华南	0.0	0.0	0.0	-0.1	0.0	0.0	-0.1
	西南	-0.2	0.0	0.0	-0.4	0.0	0.0	-0.6
	南方	-1.5	-0.1	0.0	-1.0	0.0	0.0	-2.6
	全国	-14.0	-0.6	-0.1	-3.5	-0.1	-0.5	-18.8

续表

进出口	地区	粮食	蔬菜	水果	肉类	禽蛋类	奶制品	合计
	京津晋	5.7	0.0	0.0	0.5	0.0	0.0	6.2
	黄淮海	-6.4	-0.5	0.0	-1.9	-0.1	0.0	-8.9
	东北	-5.8	0.0	0.2	-0.6	0.0	-0.3	-6.5
	西北	1.4	0.0	0.0	0.1	0.0	-0.2	1.3
	北方	-5.1	-0.5	0.2	-1.9	-0.1	-0.5	-7.9
净进口	长江中下游	-0.2	0.0	0.2	-0.5	0.0	0.1	-0.4
	东南	6.4	0.1	0.1	1.2	0.0	0.0	7.8
	华南	6.2	0.0	0.0	1.7	0.0	0.0	7.9
	西南	1.2	0.1	0.3	0.3	0.0	0.0	1.9
	南方	13.6	0.2	0.5	2.7	0.0	0.1	17.2
	全国	8.5	-0.3	0.8	0.8	-0.1	-0.4	9.3

表 10-13 中国国际虚拟水贸易通量（2010 年）　　（单位：$10^9 m^3$）

进出口	地区	粮食	蔬菜	水果	肉类	禽蛋类	奶制品	合计
	京津晋	3.8	0.1	0.1	0.8	0.0	0.0	4.8
	黄淮海	0.0	0.0	0.0	0.0	0.0	0.0	0.0
	东北	0.0	0.0	0.0	0.0	0.0	0.0	0.0
	西北	0.6	0.0	0.0	0.2	0.0	0.0	0.8
	北方	4.4	0.1	0.1	1.0	0.0	0.0	5.6
进口	长江中下游	1.3	0.0	0.0	0.0	0.0	0.0	1.3
	东南	7.7	0.1	0.2	1.3	0.0	0.1	9.4
	华南	8.1	0.1	0.2	1.9	0.0	0.1	10.4
	西南	0.9	0.0	0.2	0.1	0.0	0.0	1.2
	南方	18.0	0.2	0.6	3.3	0.0	0.2	22.3
	全国	22.4	0.3	0.7	4.3	0.0	0.2	27.9
	京津晋	0.0	0.0	0.0	0.0	0.0	0.0	0.0
	黄淮海	-5.2	-0.4	-0.1	-1.4	-0.1	-0.2	-7.4
	东北	-7.5	0.0	0.0	-0.7	-0.1	-0.3	-8.6
	西北	-0.5	-0.1	0.0	0.0	0.0	-0.1	-0.7
	北方	-13.2	-0.5	-0.1	-2.1	-0.2	-0.6	-16.7
出口	长江中下游	-0.4	-0.1	0.0	-0.5	0.0	0.0	-1
	东南	0.0	0.0	0.0	0.0	0.0	0.0	0.0
	华南	0.0	0.0	0.0	-0.3	0.0	0.0	-0.3
	西南	-0.2	0.0	0.0	-0.5	0.0	0.0	-0.7
	南方	-0.6	-0.1	0.0	-1.3	0.0	0.0	-2
	全国	-13.8	-0.6	-0.1	-3.4	-0.2	-0.6	-18.7

续表

进出口	地区	粮食	蔬菜	水果	肉类	禽蛋类	奶制品	合计
净出口	京津晋	3.8	0.1	0.1	0.8	0.0	0.0	4.8
	黄淮海	−5.2	−0.4	−0.1	−1.4	−0.1	−0.2	−7.4
	东北	−7.5	0.0	0.0	−0.7	−0.1	−0.3	−8.6
	西北	0.1	−0.1	0.0	0.2	0.0	−0.1	0.1
	北方	−8.8	−0.4	0.0	−1.1	−0.2	−0.6	−11.1
	长江中下游	0.9	−0.1	0.0	−0.5	0.0	0.0	0.3
	东南	7.7	0.1	0.2	1.3	0.0	0.1	9.4
	华南	8.1	0.1	0.2	1.6	0.0	0.1	10.1
	西南	0.7	0.0	0.2	−0.4	0.0	0.0	0.5
	南方	17.4	0.1	0.6	2.0	0.0	0.2	20.3
	全国	8.6	−0.3	0.6	0.9	−0.2	−0.4	9.2

由于广大的北方地区，特别是东北和黄淮海地区，是我国粮食和其他农产品的主产区，因此出口的虚拟水大部分来自于水资源紧缺的北方地区，北方地区净出口的虚拟水通量1999年达到80亿m³，2010年达到110亿m³。而南方地区各主要农产品产量均不能满足区内消费，每年通过进口及外区域调入进行调剂，因此进口的虚拟水主要流向了水资源相对丰富的南方地区，1999年南方地区虚拟水净进口量达到170亿m³，2010年达到203亿m³。

10.5.3 区域间虚拟水交换通量

10.5.3.1 区域虚拟水平衡

由农产品供需平衡数据及各区域农产品的虚拟水含量可以进行我国各区域虚拟水的平衡分析。分析结果表明（表10-14），1999年我国农业获得丰收，在扣除农产品的国际贸易量外，主要农产品在全国范围内依然出现较大盈余，因此从全国范围看，我国农产品的虚拟水量也出现盈余，盈余量达到856亿m³。从区域看，北方农产品供给大于需求，虚拟水剩余量达到1364亿m³，南方地区需求大于供给，虚拟水缺口达到508亿m³。在8个二级区中，北方的东北、黄淮海和南方的长江中下游平原为盈余区。

表10-14 典型年我国各区域虚拟水平衡表　　　　　（单位：$10^9 m^3$）

典型年	地区	粮食	蔬菜	水果	肉类	禽蛋类	奶制品	合计
1999年	京津晋	−8.4	−0.2	0.6	−4.8	−1.5	0.1	−14.2
	黄淮海	22.3	7.1	8.6	53.8	15.6	−1.0	106.4
	东北	21.3	−0.1	−1.8	15.1	1.8	3.2	39.5
	西北	−1.3	−0.3	4.7	−0.8	0.1	2.3	4.7
	北方	33.9	6.5	12.1	63.3	16.0	4.6	136.4

续表

典型年	地区	粮食	蔬菜	水果	肉类	禽蛋类	奶制品	合计
1999年	长江中下游	2.3	0.4	-1.9	11.2	0.6	-1.6	11.0
	东南	-9.4	-0.8	0.4	-12.1	-3.0	-0.9	-25.8
	华南	-9.0	-0.1	3.0	-15.3	-3.6	-0.9	-25.9
	西南	-1.2	-2.0	-3.2	0.8	-3.4	-1.1	-10.1
	南方	-17.3	-2.5	-1.7	-15.4	-9.4	-4.5	-50.8
	全国平衡	16.6	4.0	10.4	47.9	6.6	0.1	85.6
2010年	京津晋	13.8	2.6	2.5	16.6	4	-1.4	38.1
	黄淮海	-34.3	-12.9	-23.4	-61.5	-17.7	-14.1	-163.9
	东北	-57.2	0.6	-5.5	-27.6	-8.2	-29.2	-127.1
	西北	-1.5	-2.5	-7.5	3.7	0.1	-6.9	-14.6
	北方	-79.2	-12.2	-33.9	-68.8	-21.8	-51.6	-267.5
	长江中下游	1.9	-1.5	-4	-17.2	-2.7	1.2	-22.3
	东南	27.8	1.3	3.5	26.9	7.7	2.3	69.5
	华南	29.3	1.3	4.1	30	6	1.7	72.4
	西南	1.8	0.1	4.9	-13.7	0.9	0.2	-5.8
	南方	60.8	2.1	8.5	26	11	5.4	113.8
	全国平衡	-18.4	-10.1	-25.4	-42.8	-10.8	-46.2	-153.7

2010年的情况与1999年类似，但由于北方地区农产品产量规模的扩大，农产品供大于求的局面较10年前更加突出。从全国范围看，农产品的虚拟水量也出现盈余，盈余量达到1537亿 m³。但北方地区剩余量高达2675亿 m³，南方地区的虚拟水缺口达到1138亿 m³。无论是全国的盈余量还是南方地区的缺口较1999年均呈大幅度的增加态势。在8个二级区中，除东北、黄淮海和长江中下游平原外，西北和西南也成为盈余区，但盈余量较小。

10.5.3.2 区域间虚拟水通量关系

在扣除虚拟水的国际贸易量后，南方地区的虚拟水缺口即被认为是由我国北方地区调入的虚拟水量。在进行二级区间虚拟水流量分析时，鉴于农产品区域间交换的复杂性，10.3.2节中曾进行如下假设：在考虑农产品国际贸易通量后，农产品不能自给的二级区首先从同一一级区的临近二级区调入农产品。因此农产品不能自给的二级区首先从同一一级区的临近二级区调入虚拟水。

遵循以上假设，在二级区中：1999年京津晋首先从黄淮海调入虚拟水，2000年后由于东北地区在国家农业特别是粮食生产方面的地位日益凸显，北方出现需求缺口的京津晋调入的虚拟水再从黄淮海和东北地区进行平均分配。

1999年西南出现虚拟水缺口，首先从长江中下游平原调入虚拟水；2010年西南成为虚拟水盈余区，则西南地区的虚拟水盈余首先满足临近的华南地区，东南、华南地区剩余的虚拟水缺口由长江中下游平原进行补足。

在考虑农产品国际贸易量和同一级区调入后，农产品仍不能自给的二级区从其他一级区调入农产品，农产品的调出量在调出的二级区间进行平均分配。因此，虚拟水的调出量在调出的二级区间进行平均分配。遵循以上假设，在二级区中：东南地区调入的虚拟水在黄淮海和东北地区进行平均分配；华南地区调入的虚拟水在黄淮海和东北地区进行平均分配。

基于以上假设，一级区和二级区间虚拟水流量关系以矩阵的形式列于表 10-15 和表 10-16，区域间虚拟水流量关系如图 10-4 和图 10-5 所示。

表 10-15　一级区虚拟水通量关系矩阵图　　　　　　　　　　（单位：亿 m³）

典型年	出口＼进口	北方	南方	虚拟水区域间净调入量	虚拟水国外净进口量	虚拟水净进口量合计	虚拟水人均净调入
1999 年	北方	—	-51.6	-51.6	-7.8	-59.4	-102
	南方	51.6	—	51.6	17	68.6	104
	全国			0	9.2	9.2	7
2010 年	北方	—	-113.8	-113.8	-11.1	-124.9	-201
	南方	113.8	—	113.8	20.3	134.1	188
	全国			0	9.2	9.2	7

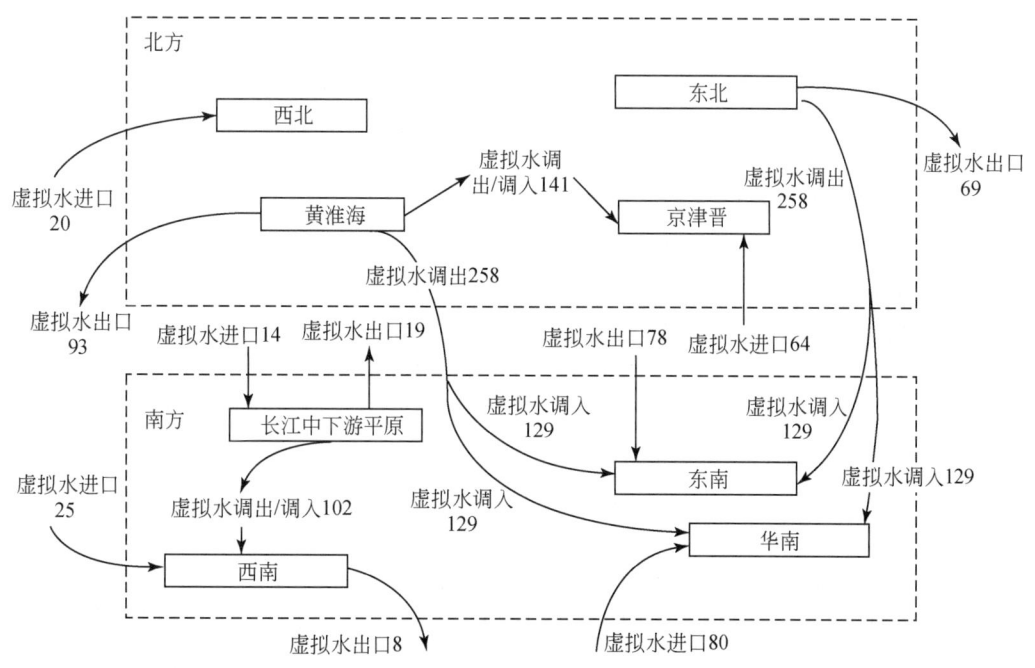

图 10-4　1999 年区域间虚拟水通量关系（亿 m³）

由表 10-15 可知，1999 年，在扣除虚拟水的国际贸易量外，我国南方地区通过农产品的交换从北方地区调入的虚拟水量达到了 516 亿 m³。其中，粮食的虚拟水含量占总交换

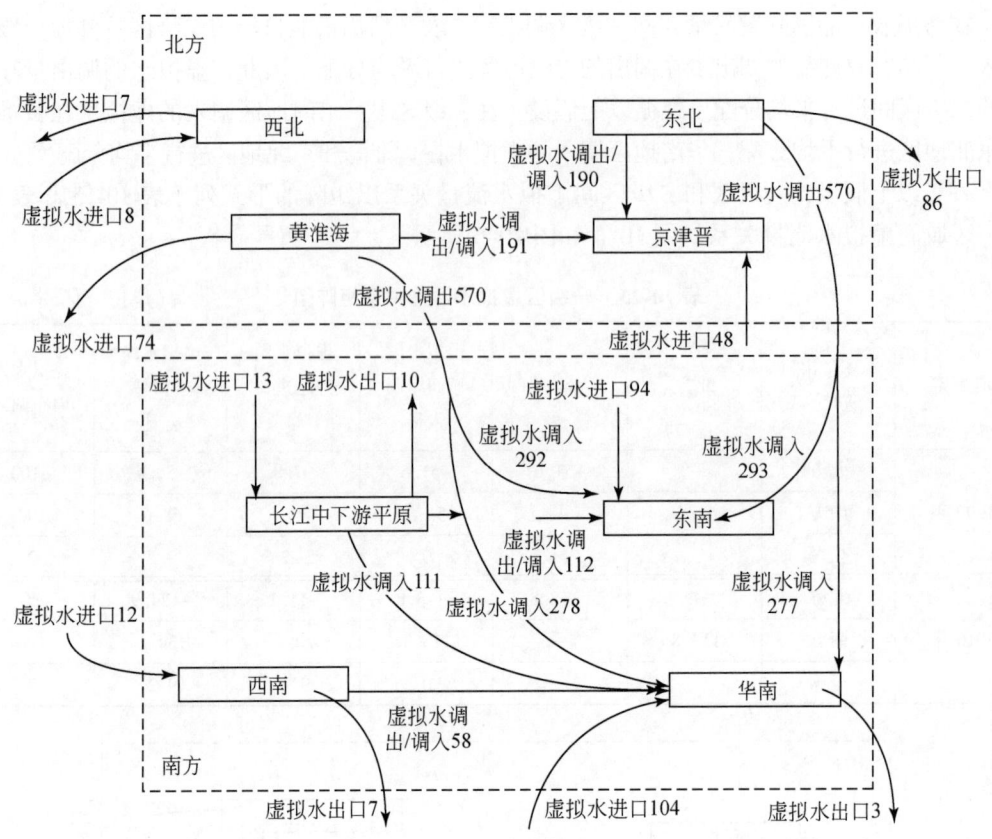

图 10-5　2010 年区域间虚拟水通量关系（亿 m³）

量的 34%，肉类的虚拟水含量占总量的 31%。

由表 10-16 可知，在 8 个二级区间，虚拟水的流向是：东北、黄淮海、长江中下游平原为虚拟水净调出区，其他 5 个二级区为净调入区，其中京津晋、东南和华南为主要的调入地区。黄淮海地区的虚拟水调出量最大，它向京津晋、东南、华南共调出约 400 亿 m³ 的虚拟水，东北地区向东南、华南共调出约 258 亿 m³ 的虚拟水，长江中下游平原向西南地区调出约 102 亿 m³ 的虚拟水。

2010 年，在扣除虚拟水的国际贸易通量外，我国南方地区通过农产品的交换从北方地区调入的虚拟水通量达到了 1138 亿 m³。其中，粮食的虚拟水含量占总交换量的 53%，肉类的虚拟水含量占总量的 23%。

在 8 个二级区间，虚拟水的流向是：东北、黄淮海、长江中下游平原、西南为虚拟水净调出区，西北地区实现自给，京津晋、东南和华南为净调入区。其中调出量最大的黄淮地区和东北地区，它们向京津晋、东南、华南分别调出约 760 亿 m³ 的虚拟水，长江中下游平原向东南、华南地区调出 220 亿 m³ 的虚拟水。

第10章 虚拟水及其通量核算研究

表 10-16 二级区虚拟水通量关系矩阵图

典型年	进口\出口	京津晋	黄淮海	东北	西北	长江中下游	东南	华南	西南	虚拟水区域间净调入量	虚拟水国外净进口量	虚拟水净进口量合计	虚拟水人均净调入
	单位					10^9 m³					10^9 m³		m³
1999年	京津晋	—	14.1							14.1	6.3	20.4	375
	黄淮海	-14.1	—	12.9			-12.9	-12.9		-39.9	-8.9	-48.7	-157
	东北		12.9	—			-12.9	-12.9		-25.8	-6.5	-32.3	-249
	西北				—					0.0	1.3	1.3	14
	长江中下游					—			-10.2	-10.2	-0.5	-10.7	-45
	东南		12.9	12.9			—			25.8	7.7	33.5	361
	华南		12.9	12.9				—		25.8	7.9	33.7	265
	西南					10.2			—	10.2	1.9	12.1	61
	全国									0	9.2	9.2	7
2010年	京津晋	—	19.1	19						38.1	4.8	42.9	628
	黄淮海	-19.1	—				-29.2	-27.8		-76.1	-7.4	-83.5	-260
	东北	-19		—			-29.3	-27.7		-76	-8.6	-84.6	-630
	西北				—					0	0.1	0.1	1
	长江中下游					—	-11.2	-11.1	5.8	-22.3	0.3	-22	-89
	东南		29.2	29.3		11.2	—			69.7	9.4	79.1	691
	华南		27.8	27.7		11.1		—		72.4	10.1	82.5	518
	西南						-5.8	-5.8	—	-5.8	0.5	-5.3	-27
	全国									0.0	9.2	9.2	7

| 421 |

第 11 章 海河流域社会水循环模拟与调控

11.1 海河流域概况

11.1.1 自然地理与水文气象

(1) 自然地理

海河流域位于 112°E~120°E, 35°N~43°N, 东临渤海、西倚太行, 南界黄河, 北接内蒙古高原, 包括北京、天津两市全部, 河北省绝大部分, 山西省东部, 河南省、山东省北部, 内蒙古自治区和辽宁省一小部分在内的 8 省（直辖市、自治区）, 是我国政治、经济和文化的中心区域（图 11-1）。流域总面积为 32 万 km², 占全国总面积的 3.3%。其中, 山丘区面积 18.9 万 km², 占 59%; 平原区面积 13.1 万 km², 占 41%。总的地势是西北高东南低, 大致分高原、山地及平原三种地貌类型。西部为山西高原和太行山区, 北部为蒙古高原和燕山山区, 东部和东南部为广阔平原; 流域山地和平原近乎直接相交, 丘陵过渡段甚短。地形地貌特点如图 11-2 所示。

(2) 河流水系

海河流域包括海河、滦河和徒骇马颊河 3 大水系、7 大河系、10 条骨干河流, 水系如图 11-3 所示。其中, 海河水系是主要水系, 由北部的蓟运河、潮白河、北运河、永定河和南部的大清河、子牙河、漳卫河、黑龙港及运东区和海河干流组成, 分别发源于蒙古高原、黄土高原、燕山、太行山, 面积为 23.25 万 km²。历史上各河流曾汇集到天津入海, 后来先后开辟和扩建了漳卫新河、潮白新河、独流减河、子牙新河、永定新河等人工河道, 使各河系单独入海, 改变了各河汇集天津集中入海的局面。

滦河水系包括滦河及冀东沿海诸河, 流域面积为 5.45 万 km²。滦河发源于坝上高原, 经河北省乐亭县入渤海, 是流域内水量相对丰沛的河流; 冀东沿海诸河发源于燕山南麓, 由洋河、陡河等 32 条单独入海的河流组成, 面积约 1 万 km²。

徒骇马颊河水系为单独入海的平原河道, 位于漳卫南运河以南、黄河以北, 处于海河流域的最南部, 由徒骇河、马颊河、德惠新河及滨海小河等组成, 流域面积为 3.30 万 km²。

海河流域的各河系分为两种类型：一种是发源于太行山、燕山背风坡, 源远流长, 山区汇水面积大, 水流集中, 泥沙相对较多的河流; 另一种是发源于太行山、燕山迎风坡, 支流分散, 源短流急, 洪峰高、历时短、突发性强的河流。历史上洪水多是经过洼淀滞蓄后下泄。两种类型河流呈相间分布, 清浊分明。

第11章 海河流域社会水循环模拟与调控

图 11-1 海河流域行政区划及水资源分区

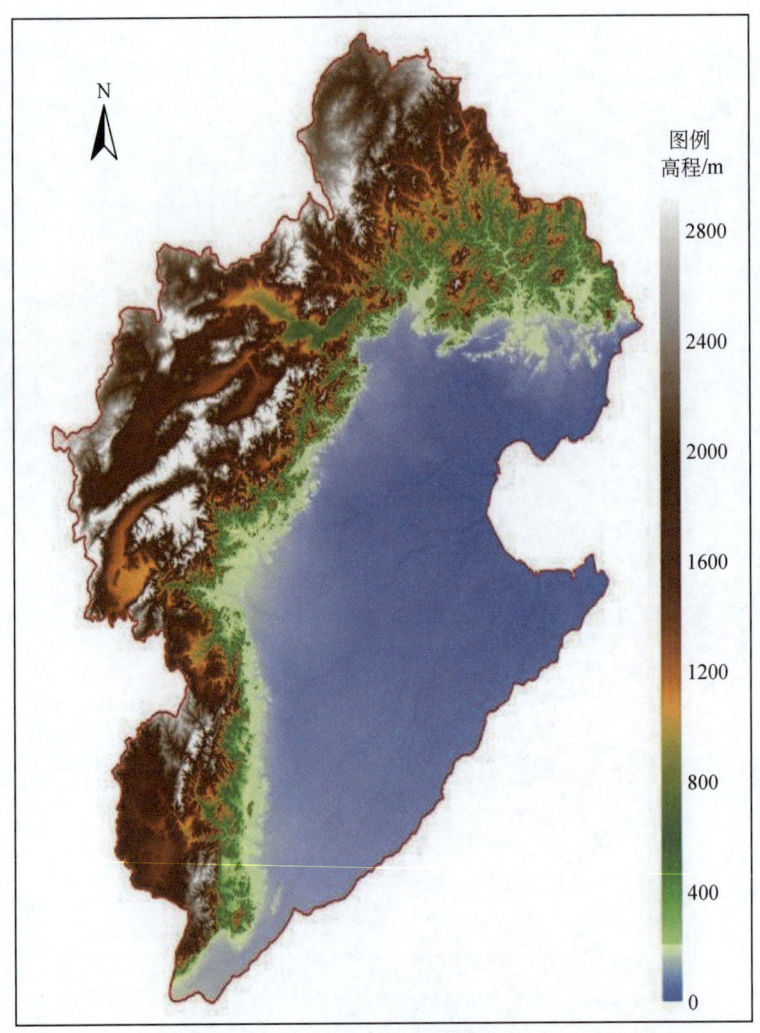

图 11-2 海河流域地形地貌

(3) 降水量

海河流域降水量较少且年内分布很不均匀，全年 80% 降水量集中在汛期（6~9 月），冬四月降水量仅占全年的 3%~10%。降水量年际变化很大，多年平均降水量 530mm（1956~2005 年系列），最大值出现在 1964 年，为 800mm，最小值出现在 1965 年，为 357mm。进入 21 世纪，全流域降水总体处于枯水阶段，2001~2005 年，5 年平均降水量仅为 485mm，较 50 年平均降水量 530mm 偏少 8.5%。

第 11 章 | 海河流域社会水循环模拟与调控

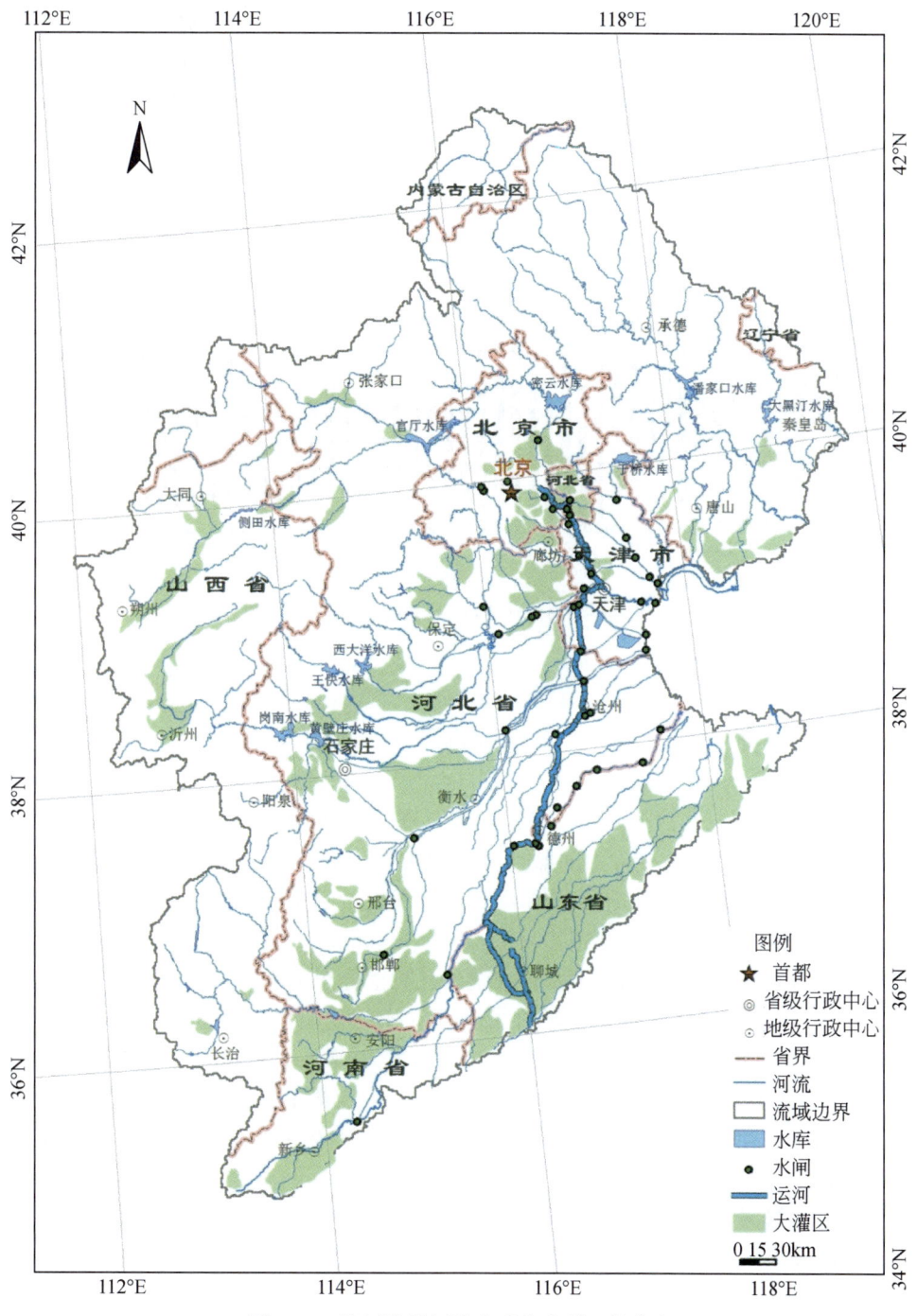

图 11-3 海河流域河流水系和水利工程分布

在空间上，由于受气候、地形等因素的影响，降水总的趋势是由多雨的太行山、燕山迎风坡分别向西北和东南两侧减少。沿太行山、燕山山脉迎风坡，有一条600mm的弧形多雨带。太行山、燕山的背风坡降水量比迎风坡明显偏少，多年平均为450~550mm。图11-4和图11-5给出了海河流域年降水量的时空分布。

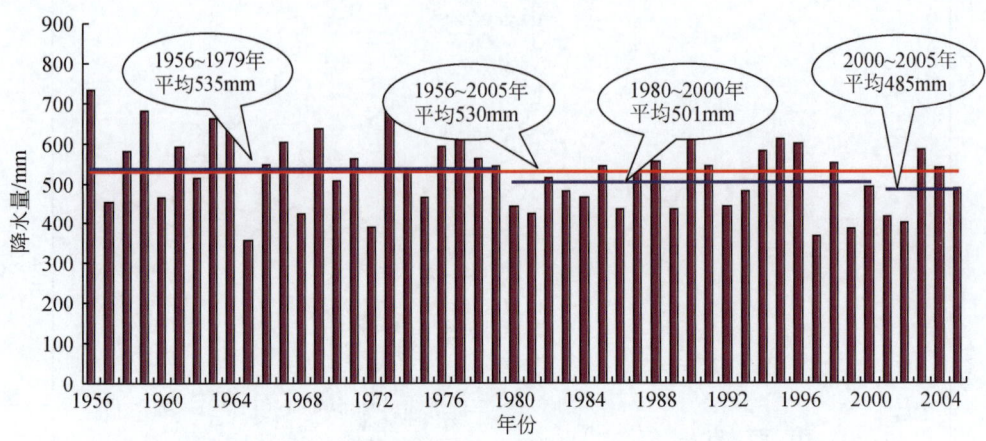

图 11-4　海河流域 1956~2005 年年降水量图

（4）蒸发量

海河流域蒸发量较大，但由于受湿度、气温、风速和日照等因素的影响，时空差异较大。在一年中，5~6月的蒸发量最大，约占全年蒸发量的1/3；12月~翌年1月气温最低，水面蒸发量最小，仅占全年的5.0%左右。在多年平均条件下，全流域年蒸发量为850~1300mm，其中平原区（含山间盆地）年水面蒸发量一般为1000~1300mm，山丘区则介于850~1000mm。图11-6给出了海河流域年蒸发量的多年平均空间分布。

（5）水资源量

地表水资源量：总体表现为地表水资源量少且时空分布不均。据统计，海河流域1956~2000年平均年径流量为216亿m^3，其中山丘区（含山间盆地）164亿m^3，占76%，平原区52亿m^3，占24%。最大为1956年的491亿m^3，次大为1964年的481亿m^3；最小为1999年的83.8亿m^3，次小为1981年的104亿m^3。在年内，径流量主要集中于汛期（6~9月），其中山丘区年径流的45%~75%、平原区的85%以上集中在汛期（6~9月），枯季河川径流所占比例较小。

在空间上，海河流域地表水资源量分布存在明显的地带性差异，总的趋势是由多雨的太行山、燕山迎风区，分别向西北和东南两侧减少。沿太行山、燕山山脉迎风坡，有一个径流深大于100mm的高值区；太行山、燕山的背风坡，径流深比迎风坡明显偏少，多年平均径流深25~50mm；其中，华北平原区多年平均径流深一般为10~50mm。在晋州、宁晋、新河、冀州、衡水一带，多年平均径流深不足5mm，为平原区径流深低值中心。

第 11 章 | 海河流域社会水循环模拟与调控

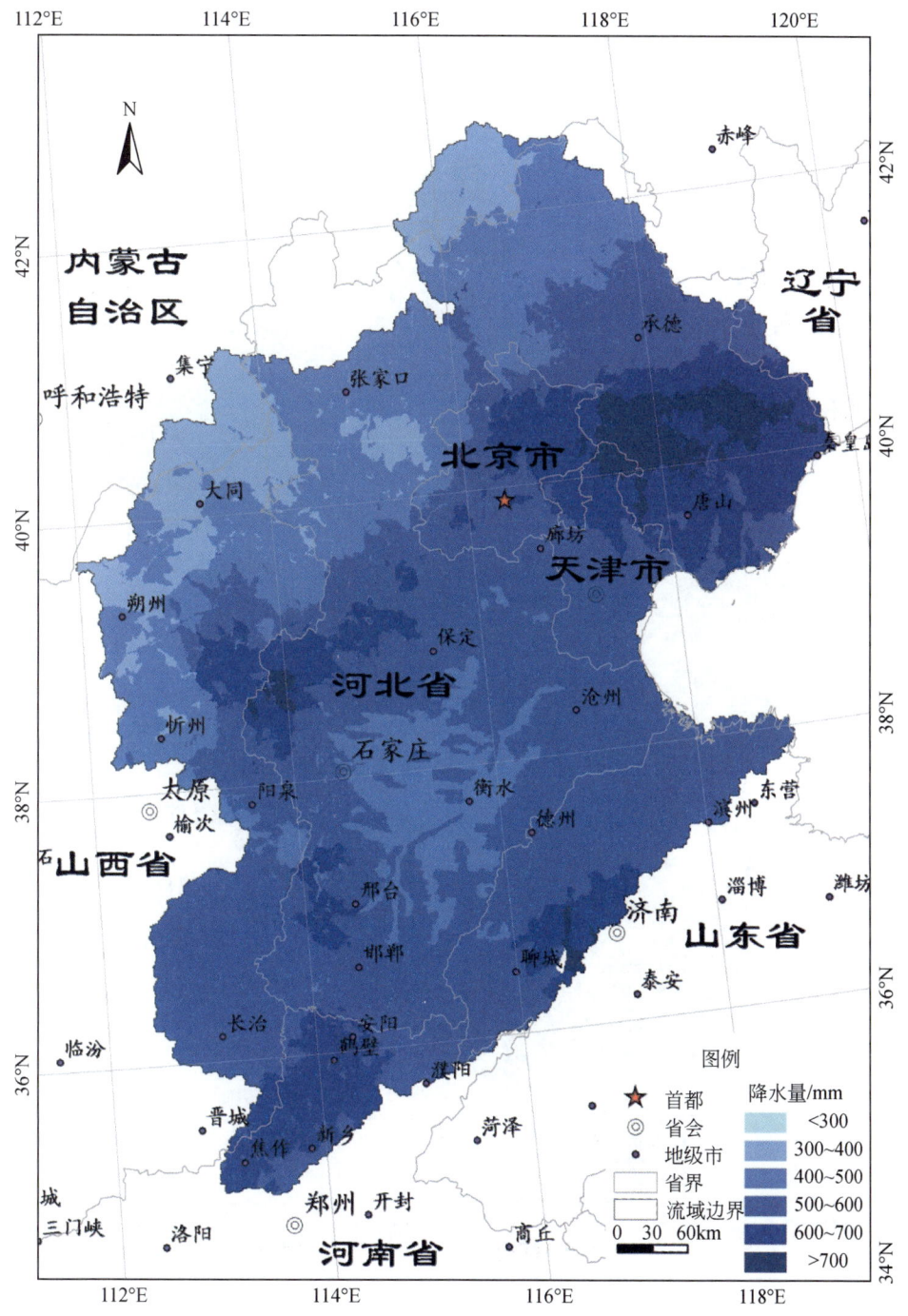

图 11-5 海河流域多年平均降水量分布

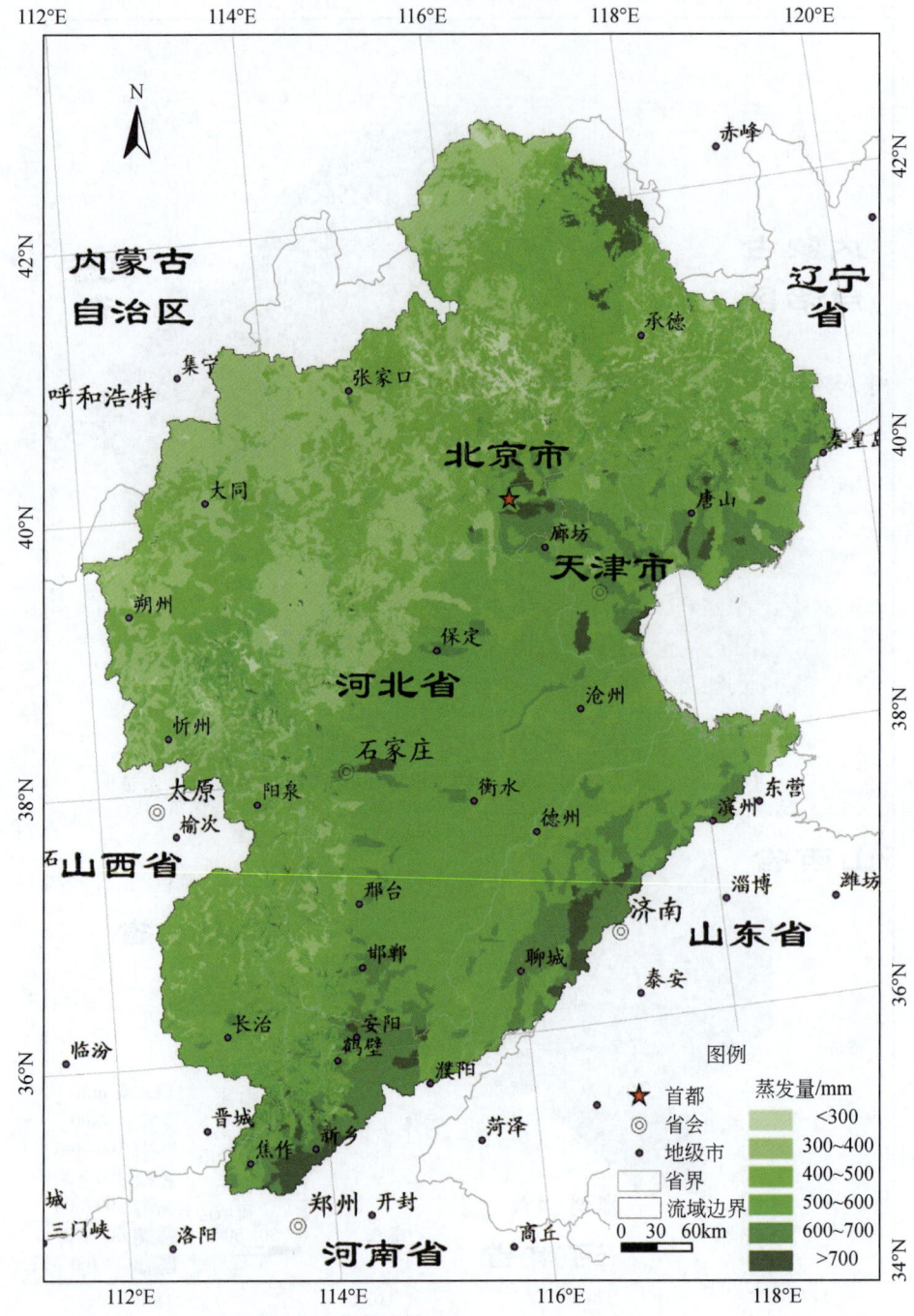

图 11-6 海河流域多年平均蒸发量分布

全流域的矿化度 $M \leqslant 2g/L$ 地下水资源量为 235 亿 m^3（其中矿化度 $M \leqslant 1g/L$ 的为 192.30 亿 m^3），其中平原区矿化度 $M \leqslant 2g/L$ 淡水区地下水资源量为 160.37 亿 m^3（其中 $M \leqslant 1g/L$ 的为 117.03 亿 m^3）。流域山丘区地下水资源量为 108.05 亿 m^3，其中岩溶山区的地下水资源量为 40.83 亿 m^3，占 37.8%。二者的重复量为 33.49 亿 m^3。

海河流域多年平均水资源总量为 370 亿 m^3（1956~2000 年系列）（水利部海河水利委员会，2007），其中地表水资源量为 216 亿 m^3，不重复的地下水资源量为 154 亿 m^3。

11.1.2 高强度人类活动特点

海河流域是我国政治、文化中心和经济发达地区，既包括全国的政治中心首都北京，也包括经济发展"第三极"的渤海经济带龙头地区直辖市天津，同时又分布着贯穿我国南北的交通大动脉京广、京沪、京哈交通通信干线和华北、大港油气田、开滦煤矿等重要基础设施。因而，该流域是我国十大流域中人类活动最为强烈的区域，且随着环渤海经济带的构建和未来商品粮基地的发展，其中的人类活动强度将会进一步增强。由于经济、政治和文化的高速发展，流域内高强度人类活动呈现出如下特点。

（1）人口分布密度大，城镇化率较高

流域内人口发展迅速。据统计，到 2008 年全流域人口达到 1.37 亿人，其中城镇人口 6006 万人，分别较 1980 年增加了 40.9% 和 162%，城镇化率相应提高了 13.4%，到 2008 年达到 37.4%。北京（80.5%）、天津（63.9%）作为我国的大都市，其城镇化率均居全流域之首，且超过全国城镇化率 45.7% 水平（中国社会科学院，2009），成为城镇化最为集中的地区。

随着经济的发展，人口的增加，特别是流动人口的大量涌入，占全国陆地面积 3.3% 的海河流域，承载着占全国总人口 10.3% 的人口；其中城镇人口由 1980 年的 2289 万人增加到 2008 年的 6006 万人，城镇化率由 1980 年 24% 增加到 2008 年的 37.4%，增加了 13.4%。流域内平均人口密度也由 1998 年的 384 人/km² 发展到 2008 年的 419 人/km²，其中平原区达到 747 人/km²，成为全国人口分布密度最大的区域，为全国人口分布密度平均值的 5.7 倍。

（2）经济发展迅速，区域间发展不均衡

环渤海经济带已成为继长江三角洲、珠江三角洲后国家经济发展的"第三极"，海河流域在其中占有极为重要的地位，在全国经济社会发展中始终处于极其重要的地位，成为我国重要的工业和高新产业基地。据统计，到 2008 年，流域 GDP 达到 25 750 亿元，较 1980 年的 1592 亿元，增长了 15 倍；人均 GDP 达到 1.92 万元，较 1980 年的 1638 元增加了 10.7 倍，尤以北京、天津的最高，分别为 4.43 万元和 3.51 万元，而内蒙古和辽宁的最低，仅为 1.09 万元和 0.52 万元。在海河流域的经济发展中以工业和第三产业的发展最为迅速，到 2008 年工业增加值达到 10 571 亿元，形成了以京津唐及京广、京沪铁路沿线为中心的工业生产布局，且在工业发展中以高科技信息产业、生物技术以及新能源、新材料的发展最为迅速。

在农业方面，由于经济的快速发展而区域水资源条件的限制，农业所占的比重不断下降，但是特殊的地理位置和土地资源已使海河流域成为我国三大商品粮生产基地之一，也将在未来解决粮食安全问题方面发挥重要作用。据统计，到2005年，全流域拥有耕地面积15 981万亩，占流域面积的33%，其中有效灌溉面积11 314万亩；在农业用水不增长的情势下，2005年全流域粮食总产量达到4762万t，占全国的9.9%，人均粮食占有量为355kg，但区域间分布不均，其中平原区为375kg，山丘区为297kg。

(3) 水资源需求量大，供给不足

在经济高速发展的条件下，海河流域的水资源需求量极大。根据海河流域水资源规划初步成果，在不考虑现状生态环境需水量的条件下，流域现状总需水量为447亿m^3，其中城市需水量为98亿m^3，农村需水量为349亿m^3（水利部海河水利委员会，2005）。从水平衡方面来讲，农业灌溉需水量约占全流域现状需水量的78%（现状不考虑生态需水量情况下）。

然而，海河流域的水资源本底条件较差，供给严重不足。海河流域多年平均降水量为535mm（1956~2005年系列），是我国东部沿海降水量最少的地区。多年平均水资源总量370亿m^3，其中地表水资源量216亿m^3，不重复的地下水资源量154亿m^3，人均当地水资源量276m^3，亩均水资源只有213m^3，仅相当于全国平均水平的12%，远低于国际人均1000 m^{3}紧缺标准和500m^{3}极度紧缺标准。在维持良好生态条件下，海河流域水资源多年平均可利用量235亿m^3，可利用率63%。全流域以仅占全国1.3%的有限水资源，承担着占全国9.7%的人口和粮食生产以及13%的GDP发展的用水任务。流域经济社会的发展已远远超出水资源的承载能力，处于供需严重失衡状态。

(4) 水利工程发达、用水量大、水资源开发利用强度高

经过多年的建设，海河流域形成了当地地表水、地下水、引黄水、非常规水源等较为完善的水利工程体系。截至2008年，全流域已建成大型水库34座，中型水库114座，小型水库1711座，总库容达到308.9亿m^3。其中包括密云、官厅、潘家口、于桥、岳城、黄壁庄、岗南、王快、西大洋9座大（1）型水库，总库容量达191.3亿m^3。此外，有蓄水能力的塘坝17 505座，蓄水能力1.4亿m^3。除此之外，流域内还有大型水库向城市输水的引提水工程和引黄工程。其中典型的引提水工程包括京密引水、引滦入津、引滦入唐、引青济秦、引册济大等。主要引黄工程有引黄济冀、人民胜利渠和位山灌区等（水资源公报，2008年）。

在大量水利工程的调解下，海河流域2008年总用水量为371.6亿m^3，占全国总用水量的6.3%。其中生活用水量为57.09亿m^3（城镇生活32.66亿m^3，农村生活24.43亿m^3），占全部用水量的15.4%；工业用水量为51.3亿m^3，占总用水量的13.8%；农业用水量254.01亿m^3，占总用水量的68.4%；生态环境用水9.15亿m^3，占总用水量的2.5%。各省市的用水指标差别较大，河北、山东、河南农业灌溉用水量较大，北京、天津以生活用水占有量较大。

全流域2008年经济社会总用水量为371.6亿m^3，包括跨流域调水43.3亿m^3，当地地表水供水量80.0亿m^3，地下水供水量240.6亿m^3，其他水源供水量7.7亿m^3。远超过

294.5 亿 m³ 的可利用水资源总量，流域水资源开发利用率高达 126%，社会经济用水消耗率达 69.9%，大大超过海河流域水资源的承载能力，流域平均缺水率为 20%。为弥补供水不足，超采地下水 77 亿 m³。另外，利用非常规水 7.67 亿 m³，海水直接利用为 24.89 亿 m³。

（5）节水水平较为发达，用水效率高

经过多年的发展，海河流域的节水工作目前已处于全国领先水平。截至 2008 年，海河流域万元 GDP 用水量 86 m³，万元工业增加值用水量 28m³，农田实灌面积亩均用水量 233m³，分别相当于全国平均的 61%、44% 和 54%。城镇生活节水器具普及率 45%，工业用水重复利用率 81%，农业节水灌溉率 49%，灌溉水利用系数 0.64，用水消耗率为 69.9%，较全国平均水平高 17.3%。这为海河流域缓解流域水资源短缺发挥了极为重要的作用，成就了近 50 年来流域总人口增加了 1 倍，灌溉面积增加了 6 倍，GDP 增加了 30 多倍，总用水量却仅增加了 4 倍的用水水平。

11.1.3 主要水问题

水资源作为支撑社会、经济和生态环境发展的基础资源之一，迫于流域内巨大的社会经济发展需求和生态环境的保护，我国目前面临着较为复杂的流域水资源问题。海河流域，作为十大流域中的水资源短缺最为严重的地区，其水资源情势更加严峻，而且由此引发了一系列与水相关的问题。集中表现为：一是水少（干旱）、水脏（水污染严重）和水浑（水土流域）等问题。流域水资源匮乏，地下水超采严重，全流域累计超采量超过 1000 亿 m³，占全国超采总量的 2/3。二是水污染严重，目前全流域 55 条重要河流中，严重污染的有 49 条，劣 V 类水河长占评价河长的 58.7%，居全国首位。水生态失衡，主要河流每年几乎全部发生断流，白洋淀等 12 个主要湿地总面积较 20 世纪 50 年代减少 5/6。三是深层地下水超采。形成了目前海河流域"有河皆干、有水皆污、超采漏斗遍布"的水资源态势。详细的水问题概述如下。

（1）水资源短缺，供需矛盾突出，用水浪费现象依然存在

海河流域人口稠密，土地矿产资源丰富，工农业发展较快，既是重要工农业基地，又是全国政治、文化中心。随着工农业和城市的发展，用水量急剧增长。全流域现状需水量已超过可供水量，成为我国缺水最为严重的地区。据统计全流域人均水资源量居全国十大流域之末，仅为以色列人均水平的 76%，在现状条件下一般年份缺水 20% 以上。在水资源的供给方面，1985～1998 年平均年供水量为 301 亿 m³，水资源开发利用率 80%。其中地表水的开发利用率超过 70%，远超过国际公认的合理开发程度 30%，极限开发程度 40%。

尽管海河流域面临如此严峻的水资源现状，我们也在提高水资源利用效率方面开展了大量工作，但是用水浪费现象依然存在。如农业用水比例占 68%，部分区域仍沿用传统的耕作方式，2008 年节水灌溉率仅为 49%（节水灌溉面积占有效灌溉面积的比例）；万元 GDP 用水量为 86m³，主要城市工业用水重复利用率约 80%，与发达国家相比还有一定差距。大中城市管网漏失率高达15%~20%，远高于国家规定的8%的指标。由于流域内地区之间、城市之间、行业之间发展很不平衡，加上经济结构不尽合理，经济增长方式粗放，水资源浪费依然存在，加剧了流域水资源紧缺的情势。

(2) 地下水超采，地面沉降，水环境恶化

由于海河流域地表水极为短缺，流域内平原区地下水供水量占总供水量的70%，为保证流域经济和社会的稳定发展，造成一些地区地下水长期处于超采状态。从区域分布特征看，海河太行山前平原为大范围整体性超采区，北部燕山平原区为局部超采区。目前平原浅层地下水超采区总面积已达6万km^2，深层地下水超采面积达5.6万km^2（韩瑞光，2004）。全流域地下水超采范围已近9万km^2，占平原面积的70%，累计超采地下水900亿m^3，形成了以北京、石家庄、保定、邢台、邯郸、唐山为中心，总面积达4.1万km^{2}的浅层地下水漏斗区，其中1万km^{2}范围内的部分含水层已被疏干；形成了以天津、衡水、沧州、廊坊等多个城市为中心、面积达5.6万km^2、整体连片的深层地下水漏斗区（王志明，2008）。沉降严重的沧州沉降区1975~1998年累计沉降量达2098mm，天津沉降区1959~1998年最大累计沉降量为3040mm（韩瑞光，2004）。从20世纪60年代至1995年，流域中东部平原累计地沉量大于500mm的面积达13 700km^2，沉降最大的地区为天津，其市中心、塘沽、汉沽和海河干流下游分别下沉2740mm、3040mm、2610mm和1360mm；1998年大于2000mm的面积37km^2，塘沽已有8.0km^{2}降至海平面以下。地下水的严重超采，还引发了地裂和地面塌陷等生态地质灾害。

据统计，2000年，全流域工业废水和城镇生活污水排放总量为53.9亿m^3，这些废污水大部分未经深度处理就直接排入河道，与地表径流相混合，造成河流的污染，其中受到污染的河长比例（水质劣于Ⅲ类）为66.5%。废污水在陆地的消耗量和入海量受流域来水丰枯影响较大，1998年（接近平水年）入海废污水量约7亿m^3，而1997年（特枯年）只有不到4亿m^3，1996年（丰水年）入海废污水量则达13亿m^3（顾涛等，2009）。污灌区主要位于大中城市的下游，大量利用未经处理的废污水，不仅造成河流和海域的污染，而且部分废污水未经任何处理就被再度利用，特别是被广泛用于农业灌溉，造成土壤污染物的富集和农产品的污染，在平原河道呈现"有水皆污"的现状。河道水污染已由20年前的局部河段发展到现在的全流域，由下游蔓延到中上游，由城市扩散到农村，由地表侵入地下。据统计，近年来海河流域的废污水排放量每年高达60亿t。2001年的水质监测结果表明，在全流域近1万km^{2}的水质评价河长中，受污染（水质劣于Ⅲ类）的河长达70%，浅层地下水质劣于Ⅲ类的范围达到6.8万km^2，其中近1万km^{2}的范围由人为污染造成。

流域内每年还引用20多亿立方米污水进行灌溉，污水灌溉对浅层地下水、土壤和农作物造成污染。其中，天津市每年引用7亿m^{3}污水灌溉，农作物中的铅、砷、汞、镉等的含量明显高于其他地区。近海5~10km^{2}海域受到严重污染，污染指标超过规定的Ⅲ类水标准数倍至数十倍，渤海赤潮时有发生。秦皇岛市的洋河、戴河、汤河等冲洪积扇出现海水入侵面积达27km^2，使抚宁县枣园水源地逐渐报废；沧州和河间市咸淡水界面下移10m的面积已达1959km^2（韩瑞光，2004）。另外，由于地下水位低，污染物入渗速度加

快，水源遭到不同程度的破坏。由于地下水资源处于长期超采状态，地下水储量严重消耗，引发了一系列的经济和环境问题。

(3) 河道断流、入海水量锐减，水生态退化

"有河皆干"是对海河流域平原河流现状的形象描述。20 世纪 50 年代，海河流域的降水较为丰沛，河道水量充足，呈现水运盛况。然而，随着降水的减少和用水量的增加，海河流域 21 条主要河流中，有 18 条呈现不同程度的断流，断流时间平均为 78 天。大于 4000km 的平原河道已全部成为季节性河流，其中断流 300 天以上的占 65.3%，有的河道甚至全年断流。永定河自 1965 年以来连续断流，"一条大河波浪宽"的情景已成为人们美好的回忆。河道的干涸使水生动植物失去了生存的条件，大量的水生物种灭绝。同时，破坏了水的自然循环系统，失去了补给地下水、输沙、排盐等作用，还丧失了河道航运、景观等功能。

入海水量由 20 世纪 50 年代的年均 240 亿 m^3 锐减为 2001 年的十多亿立方米。海河流域的水生态系统已由开放型向封闭型和内陆型方向转化，造成了河口泥沙淤积和盐分积累，河口海洋生物大量灭绝，如大黄鱼和蟹类等已基本消失（王志明，2009）。

湿地萎缩，作用衰退。海河流域的湿地面积已由 20 世纪 50 年代的近 1 万 km^2 降至目前的 1000 多平方公里。地处"九河下梢"的天津市，当年湖泊密布、湿地连片，湿地面积占总面积的 40%，如今湿地仅占总面积的 7%。流域内 194 个万亩以上天然湖泊、洼淀现已大多干涸。"华北明珠"白洋淀，自 20 世纪 60 年代以来出现 7 次干淀，干淀时间最长的一次是 1984～1988 年连续 5 年。作为"地球之肾"，湿地面积的萎缩大大降低了其调节气候、调蓄洪水、净化水体、提供野生动植物栖息地和作为生物基因库的功能。大量湿地急剧减少和严重缺水，使许多水生生物灭绝。据调查，白洋淀原有浮游植物 129 种，后来减少到 50 多种；七里海原有鱼、虾、蟹类 30 多种，后来溯河性和降海性鱼、蟹类基本灭绝。团泊洼养鱼面积减少了约 90%，芦苇面积减少了 80% 以上，天然鱼、虾、蟹几乎绝种，鸟类及水生物减少了 80%～90%，涉禽、游禽几乎不见。

生态环境遭到破坏，地下水超采改变了地下水的补排关系，也加剧了天然植被衰退。据统计，海河流域浅层地下水位下降，已经使得太行山前平原区包气带厚度由 20 世纪 60 年代的 3～5m 增加到目前的 10～40m，中部平原区由 60 年代的 2m 左右增加到 2010 年的 5～10m。包气带厚度的变化，阻断了地下水毛细作用对表层土壤的水分补给，使得土壤干化，造成部分耕地沙化。

11.2 海河流域社会水循环模拟模型

海河流域是中国乃至世界上人类活动最为强烈的流域之一，2005 年当地地表水供水量为 87.65 亿 m^3，地下水用水量为 253.0 亿 m^3，而 1980~2000 年流域平均水资源量仅为 324.9 亿 m^3，其中地表水资源量为 170.5 亿 m^3，不重复地下水资源量为 154.4 亿 m^3。大量的取用水造成河流严重断流，地下水位持续下降。从水循环系统结构来看，在高强度人类活动作用下，海河流域水循环系统具有明显的二元结构特点，亟须加强对于社会水循环过程的模拟与调控。

11.2.1 模型总体结构

流域二元水循环模型由分布式水循环模型（water allocation and cycle model，WACM）、水资源配置模拟模型（rules-based objected-oriented water allocation simulation model，ROWAS）和多目标决策分析模型（decision analysis for multi-objective system，DAMOS）耦合而成，其中分布式水循环模型侧重于对于流域自然水循环过程的模拟，是社会水循环模拟的基础，其他两个模型侧重于社会水循环过程的模拟。总体结构如图11-7所示。

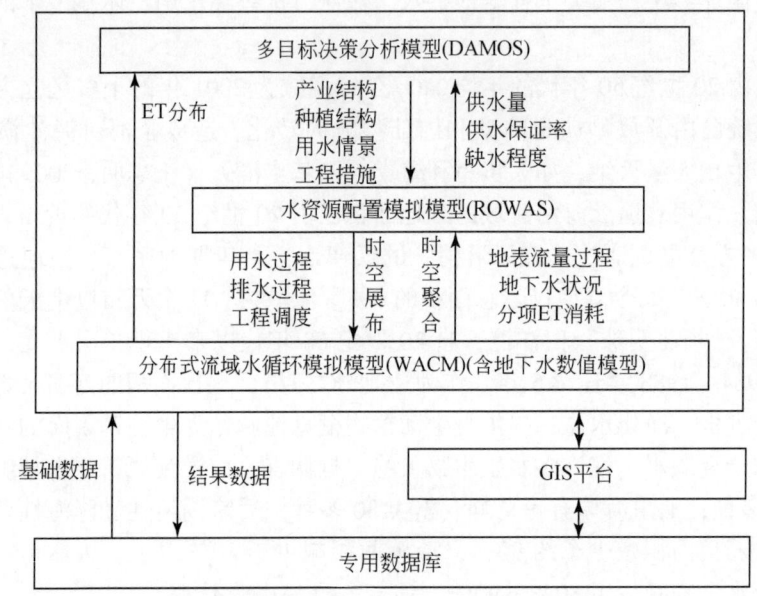

图11-7 海河流域社会水循环模型总体结构图

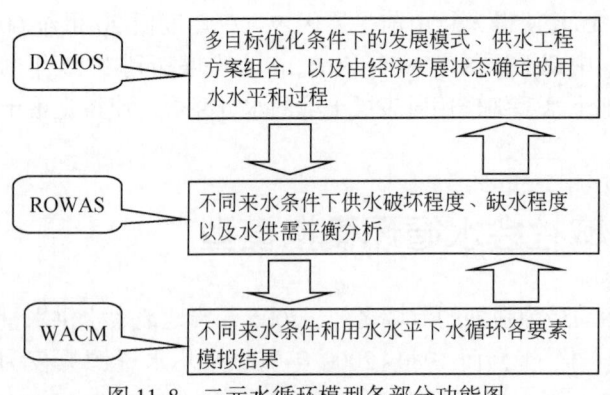

图11-8 二元水循环模型各部分功能图

组成二元模型的三个模块的功能如图11-8所示。针对社会经济系统和水资源系统的复杂性，采用连续型的多目标决策分析模型（DAMOS），科学地分析两大系统内部各因素之间的动态制约关系和期望结果；针对海河流域高强度人类活动作用，采用水资源配置模拟模型（ROWAS）描述人类活动条件下取水、用水、耗水、排水等的循环过程；针对海河流域降水在山区与平原区、地表与地下、城市与农村的不同转化过程，采用分布式水循环模拟模型（WACM）描述。通过三者间的有机耦合，模拟海河流域在自然和社会经济系统驱动下社会水循环和自然水循环的综合演化过程，深刻揭示水资源的"自然—人工"演化特性，为流域水资源调控和 ET 管理等实践提供各种情景模拟及决策支持。

流域二元水循环模型包括模拟模型和优化模型，其中，优化模型（DAMOS）侧重于系统内部各因素之间的动态约束关系和期望条件下系统的发展结果，而不考虑系统的运转过程，两个模拟模型（ROWAS 和 WACM）则侧重于给定条件下系统的运转过程，较少考虑给定诸条件间的相互制约关系。

因此，需要采用两层耦合的方式进行分布式水文模型（WACM）、水资源配置模型（ROWAS）和多目标决策分析模型（DAMOS）之间的耦合，即首先进行分布式水文模型（WACM）和水资源配置模型（ROWAS）两个模拟模型之间的耦合，然后再和多目标决策分析模型（DAMOS）进行耦合，形成完整的流域二元模型。上述模型的耦合不是简单的连接，而是在一定的逻辑关系下按特定的决策内容连接起来的。

11.2.2 DAMOS 模型

多目标决策模型是一个宏观层次上的模型，它通过多目标之间的权衡来确定社会发展模式及在这种模式下的投资组成和供水组成，确定大型水利工程的投入运行时间和次序等问题。其中，宏观经济模块、工业农业生产模块、水资源平衡模块、水环境及生态等模块是模型的基础模块，模型框架如图 11-9 所示。在模型中，需要建立现状及预测状态下的

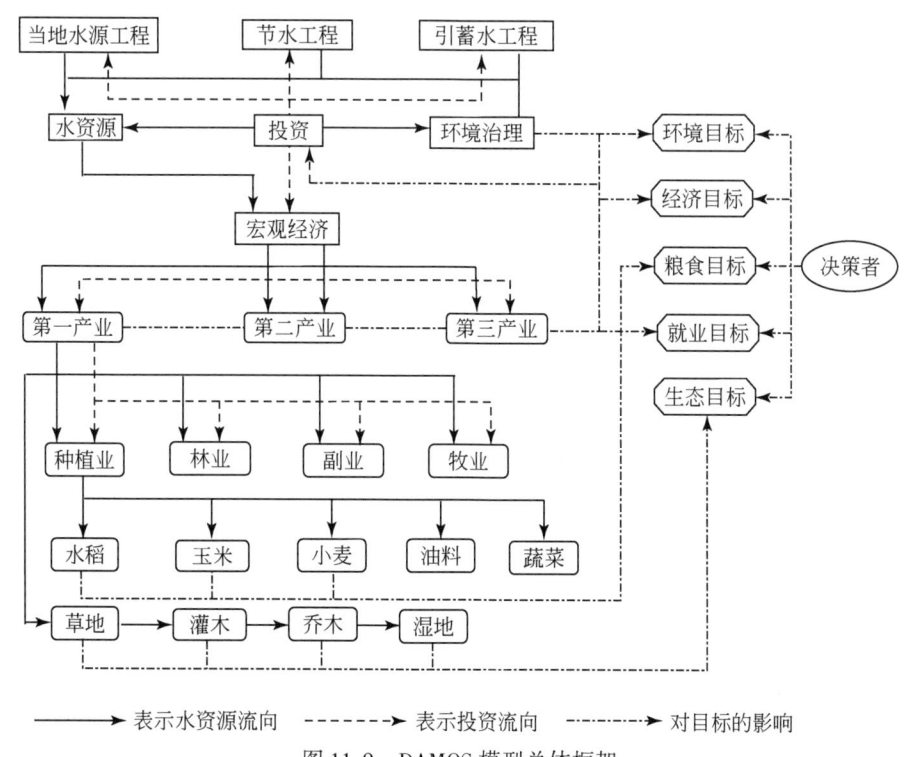

图 11-9　DAMOS 模型总体框架

国内生产总值、工农业生产总值、消费与积累的比例关系。在优化过程中要充分考虑节水规划的指导原则，不断优化产业结构、种植结构和用水结构，同时结合宏观经济模型和人口模型，利用需水预测模型进行需水预测，利用污水处理费用投资来控制污水处理成本，用绿色当量面积来作为衡量生态水平的指标，通过经济的不断发展来促进城镇就业率的提高，从而将水资源、投资和环境、生态、经济等目标有效结合起来。

11.2.2.1 主要模块描述

利用模型模拟计算区域经济、水资源和环境等方面的关系，需要描述流域中各子系统直接的相互作用，主要包括以下几类：

(1) 宏观经济调控

宏观经济与水资源关系的研究，近些年发展很快，其基本原理为：宏观经济发展速度，将影响需水量增长的速度；经济结构的变化和城市化进程，将影响工业和农业用水比例；经济发展的各种污染，将造成有效水资源量的减少；经济积累，将有助于包括水资源在内的各经济部门的开发利用和保护管理。其基本原理主要是基于投入产出分析来确定经济的发展情况。

投入产出模型把一个地区的全部经济当做一个单一的体系来观察，来说明国民经济各部门彼此依赖的相互关系。静态模型中，投资被视为外生变量，以积累的名义包含在最终需求中；动态模型将投资和生产同步计算，以动态考察时间序列上的生产性积累和扩大再生产的关系；实际经济活动中，投资既可能来自于内部积累，也可能来自于外部投入，或者两者结合，视具体问题而定。

投入产出模型可以反映国民经济活动的许多内容，如社会总产品的分配和使用、社会总产品的价值构成、国民收入的总量和来源、劳动力资源和分配使用、生产性固定资产的总量与分配、经济增长情况等。衡量经济的总体发展水平和相应的结构特征，一般采用国内生产总值（GDP），在数值上等于各部门增加值总和，包括折旧、工资和利税。

因此，对于经济行为的描述主要由以下方程表示：

1）结构约束方程；
2）GDP值方程；
3）居民消费方程；
4）社会消费方程；
5）社会积累上、下限约束方程；
6）流动资金方程；
7）进出口上、下限约束方程；
8）各行业产出约束方程；
9）固定资产增量方程；
10）固定资产存量方程；
11）各行业总固定资产与投资方程。

(2) 水资源平衡分析

模拟河道水量分配和调度的物理过程与传统的流域模拟模型功能类似，通过对流域进行概化，形成流域节点图，用于流域的水量平衡演算，得到各个节点的水量，流域水资源利用与水量平衡关系如图 11-10 所示。

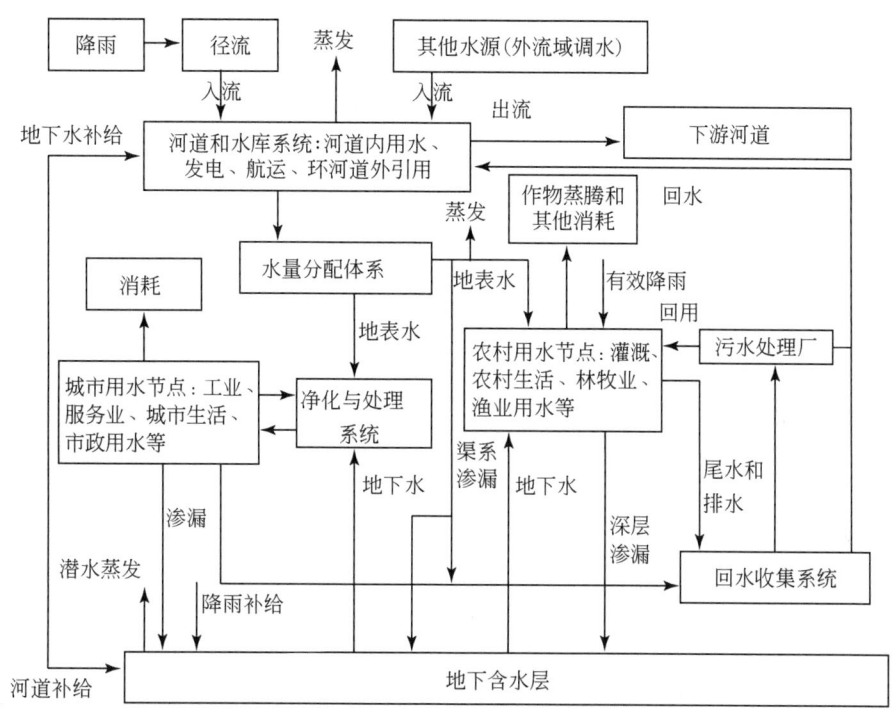

图 11-10　流域水资源利用与水量平衡关系

在本模型中，水量调度和分配行为被限制在河道内和地下含水层进行，主要包括对水库、地下水库、引退水节点和汇流节点的水量分配，各类节点的水量平衡关系如下：

A. 水库

$$VE(M+1,N) = VE(M,N) + I(M,N) - O(M,N) - SP(M,N) - LK(M,N) \quad (11-1)$$

式中，$VE(M+1,N)$ 为水库节点 N 第 M 月的蓄水量；$I(M,N)$ 为水库节点 N 第 M 月的入流量；$O(M,N)$ 为水库节点 N 第 M 月的出流量；$SP(M,N)$ 为水库节点 N 第 M 月的各种供水量；$LK(M,N)$ 为水库节点 N 第 M 月的渗漏损失量。

B. 地下水库

$$GVE(M+1,N) = GVE(M,N) + GSA(M,N) + GSP(M,N) + GSR(M,N) - EG(M,N) - GSE(M,N) \quad (11-2)$$

式中，$GVE(M+1,N)$ 为地下水库节点 N 第 M 月的蓄水量；$GSA(M,N)$、$GSP(M,N)$、$GSR(M,N)$ 分别为水库节点 N 第 M 月的灌溉补给、降雨补给和河渠补给；$EG(M,N)$ 为水库节点 N 第 M 月的潜水蒸发；$GSE(M,N)$ 为水库节点 N 第 M 月的地下水开采量。

C. 河道引退水节点

$$O(M,N) = I(M,N) + R(M,N) - SP(M,N) \quad (11-3)$$

式中，$O(M,N)$ 为节点出流量；$I(M,N)$ 为节点入流量；$R(M,N)$ 为节点的退水；$SP(M,$

N)为引水量。

D. 汇流节点

$$O(M,N) = \sum_J I(M,N,J) \tag{11-4}$$

式中，$O(M,N)$ 为节点出流量；$I(M,N,J)$ 为节点入流量。

该行为的输入为各时段的天然径流量、水库调度规则、节点间的水力关系等，输出为各种供水量和各节点的出流量，行为发生的频率为每月一次。

(3) 水价管理

根据每年的综合社会福利发展状况，确定各种用水价格，包括农业用水、城市生产用水、城市生活用水、市政用水等。这些水价在模型中通过自由变量的形式出现，通过价格需求弹性关系来控制各种用水需求。

(4) 水环境及生态

经济发展所带来的环境污染、生态变化与经济发展程度成正比，与环境、生态投资成反比，环境及生态控制取决于发展模式的确定，并通过模型优化与决策者的外部干预来实现。

生态模块主要处理生态面积和生态耗水的关系。

A. 生态面积的标准化

要对不同种类的生态进行统一的度量，就必须对不同的生态面积进行标准化。Wackernagel 等（1999）提出的生态足迹（ecological footprint）方法是目前比较权威的对生态进行定量核算的方法。在生态足迹模型中，不同的生态类型通过当量因子（equivalence factor）折算成标准生态面积。某类生态的当量因子就是全球范围该类型平均的单位面积生态生物产量与标准值的比。

B. 标准生态的耗水

模型将标准生态面积分为天然部分和人工部分。在模型中，天然部分不消耗河道内径流量，而人工部分只有通过消耗河道内径流量才能存在，从而形成了与其他部门耗水的竞争关系。

在这两个假定的前提下，各节点的标准生态面积在模型中通过自由变量的形式出现，模型通过整体优化确定这些变量的值。

环境问题和生态问题同样复杂，在实际水资源利用过程中，水环境问题主要存在两个方面：由农业灌溉问题引起的土壤和水的盐分积累问题；由工业和生活用水引起的污水中的各种污染物的问题。本模型只考虑了后者，这样水环境管理行为可以概化为提供污水处理费用，包括新增污水处理能力建设费和污水处理运行费，各节点的污水处理费用以自由变量的形式在模型中出现，从宏观经济中的总固定资产投资中提供污水的处理费用。

(5) 生产模块

反映第一、第二、第三产业之间的内部联系，以及与水资源的相互制约关系。其中第一产业分为农、林、牧、副、渔业，第二产业分为工业及建筑业，第三产业分为商业及服务业等。第一、第二、第三产业的比例关系，不仅决定了经济的走向，也间接影响了整个社会的发展目标和模式，因此，对于第一、第二、第三产业的调整和约束是保证模型可行性的基础。

11.2.2.2 模型的多目标处理方法

在多目标问题中，决策的目的在于使决策者获得最满意的方案，或取得最大效用的后果。为此，在决策过程中，必须考虑两个问题：其一是问题的结构或决策态势，即问题的客观事实；其二是决策规则或偏好结构，即人的主观作用。前者要求各个目标（或属性）能够实现最优，即多目标的优化问题。后者要求能够直接或间接地建立所有方案的偏好序列，借以最优择优，这是效用理论的问题。

多目标问题一般的数学表达式如下：

$$\text{Max}(\text{Min}) f(x) = \{f_1(x), \cdots, f_p(x)\} \tag{11-5}$$
$$\text{s.t.} \quad x \in X$$

式中，$f(x)$ 是由决策变量组成的向量；$f_i(x)$ 为目标函数；X 是决策变量的可行域。像这样的多目标优化问题的解一般不是唯一的，而是有多个（有限或无限）解，组成非劣解集，供决策者参考。

DAMOS 模型在处理多目标问题时提供两种基本方法：情景分析方法和交互式契比雪夫方法。其中情景分析方法属于决策偏好的事后估计，而交互式的契比雪夫方法属于通过求解过程中的交互确定决策偏好。

11.2.2.3 目标方程

在水资源规划中，要求多目标分析模块能够综合考虑经济、生态环境、社会、供水稳定性等各方面的因素，体现可持续发展的方针，综合反映经济社会、环境生态与水资源系统的结构及相互关系，因此模型应该包括经济持续发展、社会稳定、水环境保护、生态保护和供水风险五个方面的目标。

在水资源规划多目标均衡模块中，通过充分征求各领域专家与决策者的意见，采用人均国内生产总值（GDP）最高作为经济发展方面的目标，人均生物化学需氧量（BOD）最低作为水环境综合评价指标，人均粮食占有量（FOOD）接近控制目标作为社会安定方面的指标，地下水超采量（OVEX）最低作为生态目标，供水风险性（WSHT）最低作为供水安全目标。这五个目标之间是相互联系、相互制约而又不可公度的。

人均国内生产总值（GDP）是一项全面反映经济活动水平的国际通用指标，作为区域经济发展的目标是比较合适的。对于其他指标来说，国民收入不包括非物质生产部门的产值，而各行业总产值中则有一些重复计算，只有国内生产总值能够比较全面地反映宏观经济的总体发展水平，因此，国内外在宏观经济计算和分析时均采用这一指标。此外，由于这方面的资料比较齐全，数据来源可靠，因此选这一指标作为目标有较好的统计数据支持。

人均生物化学需氧量（BOD）是一项可以反映水环境质量的评价指标，也是一项具有普遍意义的水质指标，能够较为准确的反映区域水环境状况。由于 BOD 是污染组分而不是硬性指标，易于测量，也易于找到统计数据。BOD 指标与环境投资估算也有较好的定量联系，因此选取 BOD 指标可以方便地建立水质与经济方面的联系。

人均粮食占有量（FOOD）与社会安定关系密切，也与经济发展密切相关，尤其是对增加农业人口收入意义重大。减少粮食生产固然可以减少水资源的消耗，但由于经济结构、生产力水平、农村劳动力和自然条件等因素的限制，任何一个地区都不可能在很短的时间内停止粮食生产，因此选取人均粮食占有量接近控制目标作为社会目标具有重要的现实意义。

地下水超采量（OVEX）是重要的生态目标，这是维护生态环境的基础目标，也是水资源管理最终的调控目标之一。地下水的目标是零超采，但区域地下水超采严重，地下水水位已经很低，虽然实现零超采是较好的选择，但对于生态恢复，是远远不够的，调整社会经济用水，在零超采的前提下，要尽量恢复地下水水位，是较为理想的方式。

供水保证率是衡量区域供水风险和水安全水平的重要指标。对于经济社会来讲，由于城市用水占主体，供水安全显得尤为重要，因此本节选取较高供水保证率作为衡量供水风险和水安全的重要目标。

综上所述，本模型的目标方程可以定义为

$$Cobj = f[MaxGDP(t,d), MinBOD(t,d), MaxFOOD(t,d), MinOVEX(t,d), MinWSHT(t,d)] \tag{11-6}$$

11.2.3 ROWAS 模型

11.2.3.1 模型目标与主要功能

ROWAS 模型目标主要是实现符合各种工程技术约束和系统运行规则下的水量合理配置。水资源配置需要完成时间、空间和用户间三个层面上从水源到用户的分配，不同层次的分配受不同因素的影响。

时间层面上对水量的分配主要取决于天然来水状况、用户需水过程以及供水工程的调节能力，通过供水工程尤其是蓄水工程的调节实现从天然来水过程到用户用水需求过程的调节。空间层面分配是指不同区域间的水资源分配，区域间的水量分配主要受供水条件、用水权限影响。供水条件主要反映工程对区域用户的水量传输条件，从一定程度反映了水利工程的配套能力；而分水权限则反映了区域分配共有水源的权利，是决策因素的体现。用户间水量分配则主要受供水方式、用户优先级和水质状况影响。供水方式是指由于供水设施的差异存在部分不能跨用户使用的水源，由于供水方式不同导致部分水源不能供给某类用户；用户优先级决定了不同用户对公共性水源的竞争性关系；水质状况反映了不同用户对水质要求而造成的对配置的影响。

通过配置计算，ROWAS 可以对水量完成时间、空间和用户间三个层面上从水源到用户的分配，并且在不同层次的分配中考虑不同因素的影响。考虑实际中不同类别的水源总是通过不同的水力关系传输，系统采用分层网络的方法描述系统内的不同类别水源运动过程。即将不同水源的运动关系分别定义为水源网络层，而各类水力关系就是建立该类水源运动层的基础。同时又通过计算单元、河网、地表工程节点、水汇等基本元素实现不同水源的汇合转换，构成了系统水量在水平方向上的运动基础，清晰描述不同类别水源平衡过程。

11.2.3.2 模型框架

ROWAS 是基于规则的水资源配置模型，以系统概化为基础对实际系统进行简化处理，通过抽象和简化将复杂系统转化为满足数学描述的框架，实现整个系统的模式化处理。以系统概化得到的点线概念表达实际中与水相关的各类元素和相互关联过程，识别系统主要过程和影响因素，抽取主要和关键环节并忽略次要信息。在系统概化的基础上对系统的水源和用水户进行分类，从而建立模拟模型。

系统模拟过程中需要考虑不同的控制规则，主要包括以下几个方面：

1）系统运行安全性原则。水资源调度运用必须服从安全第一的原则，对各种水利工程、河道、天然湖泊以及蓄滞洪区的操作运用都必须控制在设计的或规定的安全范围之内。地表水库要在确保工程安全条件下运行，其蓄水位不得超过最高允许蓄水位（汛期为防洪限制水位）的限制，各项工程的强制性约束必须遵守。

2）多用户水量分配协调原则。水库的长期调度运行方式主要根据供水的要求来制定，不同优先级的用户根据调度规则控制在保障各用户最低需求的基础上实现水量的渐序分配。

3）水量分配的宽浅式破坏原则。当来水不足时，水资源系统就不能够实现供需平衡，就要发生一定程度的缺水，宽浅式破坏原则就是在时段之间、地区之间、行业之间尽量比较均匀地分摊缺水量，防止个别地区、个别行业、个别时段的大幅度集中缺水。水资源系统往往很难做到完全的或理想的宽浅式破坏，只能够尽量做到大体上的宽浅式破坏。

4）用户优先性原则。供水优先序应从需水的行业、时间、空间三方面来分析。从某种程度上看与供水高效性原则是相符合的。一般而言，生活需水应优先满足；工业需水次之；农业需水再次之；生态环境需水最后满足。其中，生态环境的最低需水量要优先满足。但对于农业，在缺水条件下为保证粮食安全，避免缺水绝收的最低农业用水高于工业和第三产业用户的用水需求。

5）尊重现状分水原则。尊重现有分水协议原则是指当同一流域水资源已经有明确的分水协议的条件下，各个地区的分水量要遵守分水协议。一般情况下，协议分配的水量，应当作为各地区分水的硬性上限约束，不得突破。

6）高效性原则。高效性原则指水资源系统的供水基本上要按照单位用水量效益从高到低的次序进行供水。用水效益的高低也不仅仅局限于经济效益，还应该包括对于人类生命、生活、社会和环境的价值和重要性。一般可以认为，城乡生活需水最重要，要优先供水，保证率最高，最先满足需要。

7）公平性原则。公平性主要体现在地区与地区之间、行业与行业之间的供水。各地区之间已经有水权分配或协议分配的情况，要优先执行。在水权和协议制定过程中，一般比较充分地考虑了公平性以及其他因素。在水量不足的条件下，需要采用宽浅式破坏原则，保障区域和行业之间水量分配的公平性。

ROWAS 模型模拟中单个时段的配置以水源优先序逐次进行。

11.2.3.3 非常规水源利用子系统

非常规水源一般数量较小，按照系统水源利用优先序原则属于应优先使用的水量，其水量只能供本单元使用，不存在单元间的水量传递关系。该类水源利用按照规则及规定的用户和优先序进行配置，对雨水利用、海水淡化、海水直接利用和微咸水利用过程分别进行计算，将其可利用水量分别配置给所需用户。上述各类水源时段可利用量由输入参数确定。

11.2.3.4 当地径流与河网水子系统

地表水资源通常是最主要的水源，具有流动性和可控性强的特点，所以确定地表水的利用方式是规划决策的重要目标。因此，对地表水运动过程的模拟也是整个模型的重点。按照系统概化规则，地表水利用分为本地径流和河网水利用与系统图单列的地表工程供水两个阶段，划分为单列地表工程供水、本地引提水和本地河网水利用三部分进行模拟。

本地水是单元概化引提水工程可以供给的水量。该部分水量由单元的面上径流和概化的引提水利用能力确定，引提供水量按其用户间分配比例配置到各类用户。河网水利用体现单元小型水库及塘坝等本地蓄水设施的供水量，河网入流包括本地河网可以调控的单元面上径流（扣除引提已使用部分）、上游河网超蓄后排出水量、单元排出的部分污水退水、部分水库超蓄水量。河网供出水量由进入河网的总水量、河网蓄水能力以及河网调蓄系数综合确定。

本地水（即本单元面上径流的引提量）的利用量由引提工程能力和可供引提的本地水资源共同决定，对本地水利用量的计算式如下：

$$T = \text{Min}(W, k \cdot s \cdot V) \tag{11-7}$$

式中，T 为本地水利用量；W 为时段最大引提水能力；k 为引提水系数；s 为可以引提的单元面上径流占面上径流总量的比例；V 为面上径流量。

计算引提水利用量后，将该量与单元需水量进行比较，超出可以供给单元的需水，则以可供的单元需水作为实际的引提利用量，反之则引提水量全部被利用。扣除利用后的引提水量剩余的本地径流量即为进入河网的面上径流量。

本地地表径流水量配置后，可以进一步分析河网水量平衡，其平衡关系如下：

$$V_{\text{末}} = V_{\text{初}} + O + P + \sum_{i=0}^{j} Q_i + \sum_{i=0}^{k} R_i - \sum_{i=0}^{l} S_i - T - U - W \tag{11-8}$$

式中，$V_{\text{末}}$ 为河网时段蓄水末值；$V_{\text{初}}$ 为河网时段蓄水初值；O 为进入河网面上径流量；P 为污水退水入河网量；Q_i 为上游地表工程弃水量；j 为上游工程弃水渠道数；R_i 为上游单元河网弃水量；k 为上游河网弃水渠道数；S_i 为单元河网弃出水量；l 为河网弃水渠道数；T 为河网蒸发损失量；U 为河网渗漏损失量；W 为河网水利用量。

河网水利用量计算式如下：

$$V = \text{Min}(T, c \cdot R) \tag{11-9}$$

式中，V 为河网水利用量；T 为河网蓄水总量；c 为河网调蓄系数；R 为河网调蓄能力。

河网调蓄能力可以按照单元概化的中小型工程的兴利库容总和确定，河网调蓄系数可以按照河网利用总量与河网入流量的总体关系得出年值。由于河网水的主要用户是农业，可以按照农业用水过程线将该值分配到年内各时段，对于城镇用水量较大的单元河网调蓄系数可以单独处理。

11.2.3.5 地表水子系统

地表水子系统主要完成单列地表工程的供水以及水量平衡计算。地表工程时段初始库容由上时段末库容累加当前时段实际入库水量得出；时段蒸发渗漏损失由时段初库容确定。其中渗漏损失由渗漏系数计算，蒸发由水面蒸发系数和初始库容对应的水面面积确定。

地表工程供水量以工程来水、受水单元需水和工程调节性能采用水库调节计算得出。各个工程的生活、工业和农业供水量分别以调度线控制计算。各水库根据其供水能力确定对单元的最大需水满足程度，避免超过其实际配套能力的供水结果。另外，工程对各类用户的供水还受渠道过水能力限制，据计算所选取的需水类型确定是否考虑供水过程中的水量损失。各时段末工程供水完毕后超过其蓄水能力部分水量根据系统图工程弃水走向关系排向下游工程、单元或入海。

11.2.3.6 地下水子系统

地下水的开采利用通过简化的地下水库分析，以可开采量的年值分配过程作为地下水库的入流量。由于所使用的地下水资源量已经考虑了各项补给量和排泄量的计算，所以不再计算地表水和地下水的水量交换关系。但在计算统计各项地表水对地下水的补给量，可以作进一步的地下水采补平衡分析，并根据资料条件作地下水模块的功能扩展。

浅层地下水与地表水资源联合调度进行配置，分三个阶段完成配置计算。计算中以各区域地下水可开采量为地下水利用的上限，地下水可开采量在年内可以滚动使用，但不能跨年度累积。

第一阶段主要完成浅层地下水的最低开采利用量，该部分水量是根据现状地下水设施状况和地下水开采能力进行分析确定的，主要满足生活、工业以及农业的最低需水要求。第二阶段在地表供水系统计算完成后进行，将第一阶段配置后剩余的地下水可利用量对地表水供水后仍存在需水缺口的生活、工业用户进行补充供水。计算中以城镇生活、农村生活、工业、农业的用水优先序逐次完成。每一用户的可用水量为上一类用户分配完成后的剩余水量。在深层地下水开采后生活、工业和农业仍存在需水缺口时，按照单元预定的可超采上限进行浅层地下水第三阶段开采利用，追加供给相应的缺水用户。

深层地下水遵循地下水开采保护目标规则，尽量不开采或少开采，主要作为地表水等主要水源供水后部分用户需水仍未满足时的补充供给。深层地下水主要供生活和工业使用，无其他水源地区或当农业最低需水要求也未满足时也可利用。

11.2.3.7 外调水子系统

调水工程将总供水量按受水单元受水比例供入相应调水渠道。工程分水完成后，单元根据其网络关系确定的调水渠道累积外调水受水量,再按照调水水量对各用户分配的比例进行配置,优先级高的用户配置得到的多余水量可以转给下级用户使用。调水工程均具有一定槽蓄能力或调蓄工程,对其概化为调水工程调蓄能力,在供水时段结束后,该部分存蓄水量可以滞后一个时段,超过用户需求的水量可以使用该部分调蓄能力予以存蓄并转移到下时段使用。外调水工程水量平衡:

$$V_{\text{末}} = V_{\text{初}} + O - \sum_{i=0}^{j} Q_i + \sum_{i=0}^{j} R_i - T - U - W \tag{11-10}$$

式中,$V_{\text{末}}$ 为调蓄库容时段蓄水末值;$V_{\text{初}}$ 为调蓄库容时段蓄水初值;O 为时段调水量;R 为调水渠道退水量;Q_i 为调水渠道分水量;j 为调水渠道数;T 为河网蒸发损失量;U 为河网渗漏损失量;W 为退回工程总水量(不能利用和存蓄的水量)。

11.2.3.8 废污水退水计算子系统

当一个时段所有水源配置完成后,即得到各类用户实际用水量,各类用户实际用水乘以耗水率即得到相应耗水量,生态用水认为全部消耗。按照系统概化规则,污水退水均滞后一个时段产生。对于城镇生活和工业用户,实际用水量扣除消耗部分水量即为污水水源量。以污水水源量为基础,再由污水处理再利用的能力确定单元总的可再利用处理后污水水量,处理后再利用污水按利用比例配置到工业、城镇、河湖补水以及农业等用户,对于超出用户需求部分的处理后污水,将其用作改善生态环境使用。对于农村用户(农村生活和农业),扣除耗水后的剩余水量分为下渗水量和回归水量两部分。不能利用的污水量和农村用户耗水后的余水量按系统网络图关系以确定比例退入本单元河网、下游节点或水汇。污水退水产生及处理回用流程如图 11-11 所示。

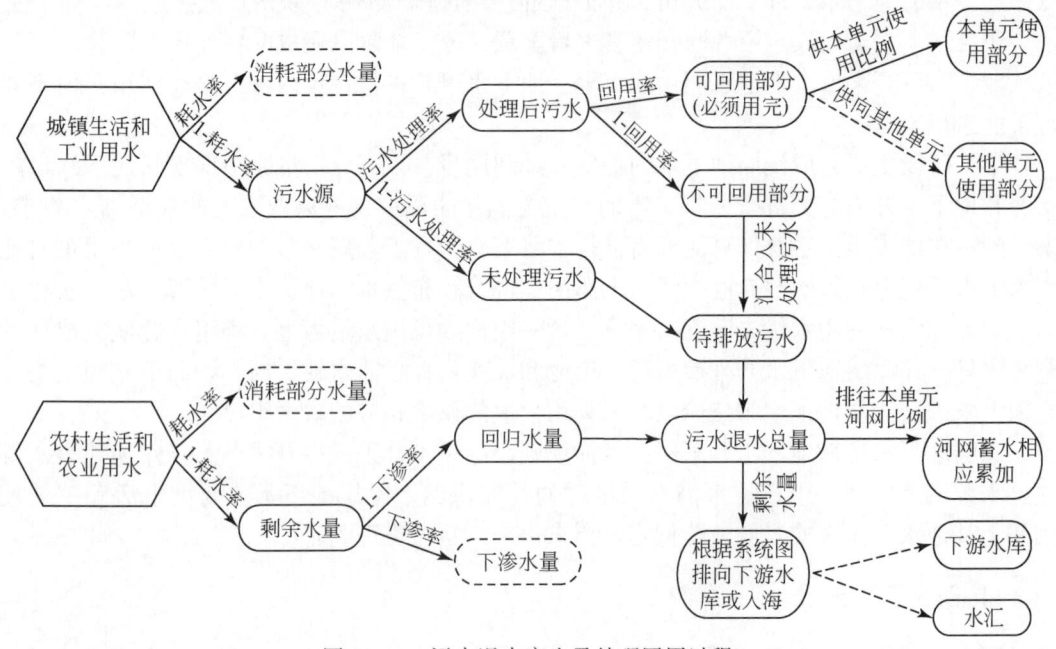

图 11-11 污水退水产生及处理回用过程

11.2.4 WACM 模型

11.2.4.1 WACM 模型原理

(1) 模型概述

WACM 模型是典型的流域二元水循环模型，模型开发的主要目的是用来研究人类活动频繁地区水的分配、循环转化规律及其伴生的物质（C、N）、能量变化过程，为水资源配置、自然-人工复合水循环模拟、物质循环模拟、气候变化与人类活动影响等提供模拟分析的手段。其中，水循环模块是 WACM 模型的核心，其他过程的模拟均是以此为基础展开的。该模型在我国的黄河流域、海河流域及澜沧江流域都有应用。

WACM 模型的开发始于科技部西部开发重大攻关项目"宁夏经济生态系统水资源合理配置研究"，其核心包括平原区水循环模拟和区域水资源配置两大部分，并以此为基础对宁夏生态稳定性、经济效益响应、农业节水潜力等进行分析。此即为 WACM 模型 1.0 版本。

"十一五"期间，借助于国家重点基础研究计划（973）项目"海河流域水循环演变机理与水资源高效利用"等课题的资助，针对流域山区、平原区的水循环过程之间的差异性，开发者对 WACM 进行了改进，完善了对流域山区-平原区的水循环模拟，增加了植被生长模块、土壤风蚀模块、平原区地下水数值模拟模块和积雪融雪模块，形成了 WACM 模型 2.0 版本。

近年来，流域、区域水环境问题突出，人类活动驱动下的社会水循环过程，如城市污水排放、农业非点源污染问题成为研究和关注的焦点。与此同时，碳排放及氮污染问题在世界范围内都引起关注，因此在 WACM1.0、WACM2.0 研究的基础上，开发者以水循环模型为核心，进一步添加了氮循环模块和碳循环模块，形成了 WACM3.0 版本。

在社会水循环方面，WACM 模型能够分别模拟农业、工业、城镇生活与农村生活不同水源供水（地表水、浅层地下水、深层地下水及外调水）条件下的水资源分配及用水过程，对农业用水过程按照灌区和非灌区实现多种作物的实时灌溉与生长过程模拟，加强了人工用水系统与自然水循环系统的耦合模拟。

(2) 模型结构

WACM 模型各计算单元的垂向结构如图 11-12 所示。从上到下包括植被或建筑物截留层、地表洼地储留层、土壤表层、土壤中层、土壤底层、过渡带层、浅层地下水层和深层地下水层等。状态变量包括植被截留量、洼地储留量、土壤含水率、地表温度、过渡带层储水量、地下水位及河道水位等。主要参数包括植被最大截留深、土壤渗透系数、土壤水分吸力特征曲线参数、地下水透水系数和产水系数、河床的透水系数和坡面、河道的糙率等。为考虑计算单元内土地利用的不均匀性，采用了"马赛克"法，即把计算单元内的土地归成数类，分别计算各类土地类型的地表面水热通量，取其面积平均值为计算单元的地表面水热通量。土地利用首先分为裸地-植被域、灌溉农田、非灌溉农田、水域和不透水域五大类。裸地-植被域又分为裸地、草地和林地三类，不透水域分为城市地面与都市建筑物两类。另外，为反映表层土壤的含水率随深度的变化和便于描述土壤蒸发、草或作物根系吸水和树木根系吸水,将透水区域的表层土壤分割成三层。

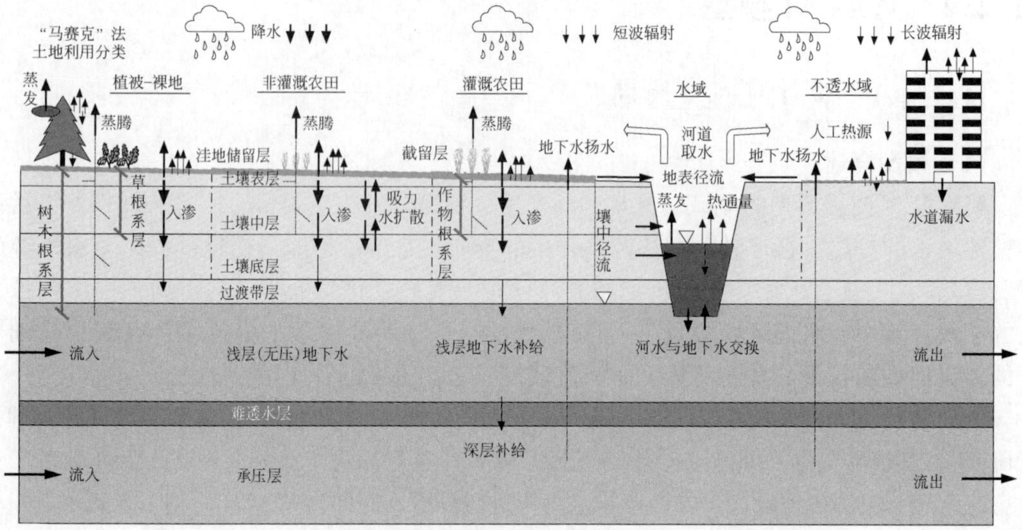

图 11-12 WACM 模型的铅直方向结构(基本计算单元内)

WACM 模型在空间上对流域采取山区与平原区的耦合模拟,如图 11-13 所示。坡面汇流计算根据各等高带的高程、坡度与曼宁糙率系数(各类土地利用的谐和均值),采用一维运动波法将坡面径流由流域的最上游端追迹计算至最下游端。各条河道的汇流计算,根

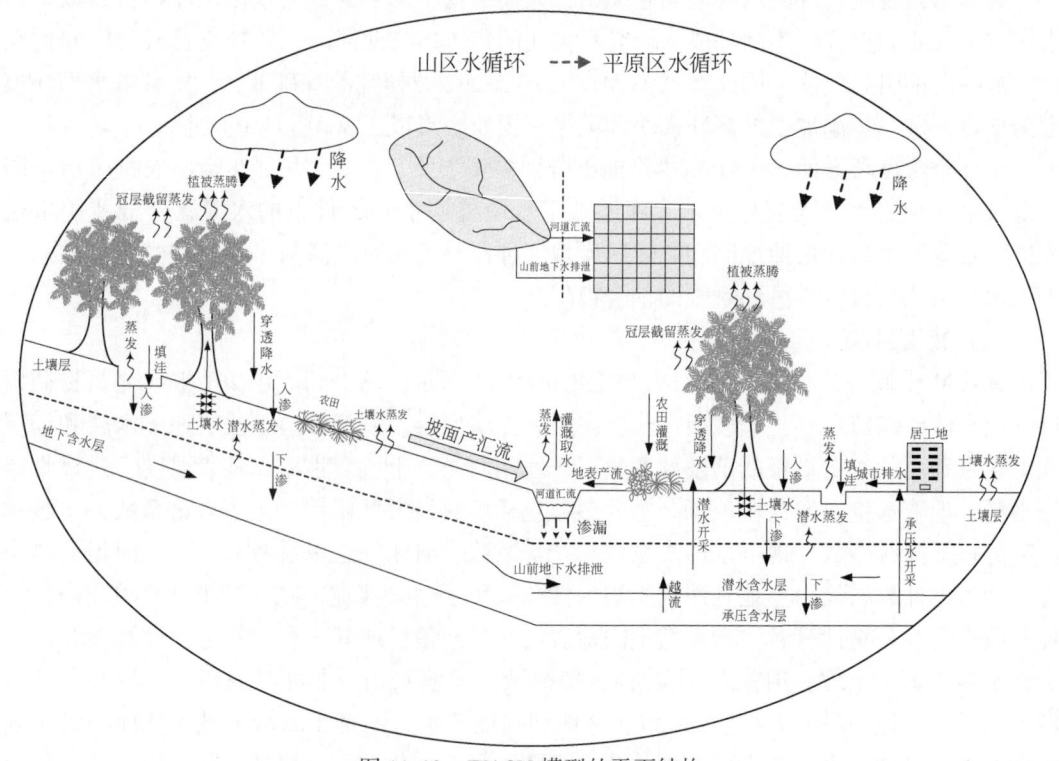

图 11-13 WACM 模型的平面结构

据有无下游边界条件采用一维运动波法由上游端至下游端追迹计算。地下水流动分山丘区和平原区分别进行数值解析，并考虑其与地表水、土壤水及河道水的水量交换。

（3）计算方法

WACM 模型为了反映下垫面因素（地形、土壤类型、植被覆盖）和气象因素的空间非均匀性的影响以及人类活动和气象条件对区域水循环过程的干扰，将研究区分成子区以实现对空间分异性的描述，可以根据研究区自身的特点、所在的行政区域、灌区土地利用类型、作物种植结构、灌溉制度等对研究区进行子区划分，得到最后的水循环计算单元，此时该计算单元即有明确的地理位置、行政区域、灌溉区域和作物种植类型等特征。

WACM 模型将蒸发、蒸腾分为植被截留蒸发、土壤蒸发、水面蒸发和植被蒸腾等多个部分，参照土壤—植被—大气通量交换方法，采用 Penman 公式和 Penman-Monteith 公式详细计算各种类型的蒸、散发过程。

WACM 模型将土壤分为三层，采用 Richards 方程进行计算，为了计算灌溉田面排水和地表径流，模型在土壤层上考虑了地表储流层。

WACM 模型在计算地表径流时，当降雨强度超过土壤入渗能力时，即为超渗产流时，采用霍顿坡面径流公式；当土壤水分饱和或接近饱和状态时，则根据土壤水运动的 Richards 方程来求解。

坡面汇流计算采用基于数字高程模型（DEM）的运动波模型；河道汇流采用一维运动波由上游至下游追迹计算。

地下水模拟根据山区与平原区分别采用均衡模型和平面二维地下水数值模型模拟地下水位的变化过程。

WACM 模型采用双层积雪融雪模型来模拟研究区域的积雪融雪过程。

WACM 模型利用水资源合理配置模块来对研究区的农业、工业和生活用水过程进行详细模拟，并实现与水循环模型的双向耦合。

WACM 模型基本原理详见《经济生态系统广义水资源合理配置》（裴源生，赵勇，2006）。

11.2.4.2 参数率定及模型校验

（1）率定效果评价指标

评价模型验证的好坏，应选择评价标准，本研究主要采用的标准包括径流量误差、Nash-Sutcliffe 效率、模拟流量与统计流量的相关系数。

A. 径流量误差

径流量误差是整个模拟期模拟径流量与实测径流量的差值占实测径流量的百分比的绝对值，径流量误差绝对值越小越好。

$$D_v = \left| \frac{R-F_0}{F_0} \right| \times 100\% \tag{11-11}$$

式中，D_v 为径流量误差（%）；F_0 为实测流量过程的均值（m^3/s）；R 为模拟流量过程的均值（m^3/s）。

B. Nash-Sutcliffe 效率

Nash 与 Sutcliffe 在 1970 年提出了模型效率系数（也称确定性系数）来评价模型模拟结果的精度，它更直观地体现了实测过程与模型模拟过程拟合程度的好坏，公式如下：

$$R_m^2 = 1 - \frac{\sum_{i=1}^{n}(Q_i - q_i)^2}{\sum_{i=1}^{n}(q_i - \bar{q})^2} \tag{11-12}$$

式中，R_m^2 为 Nash-Sutcliffe 效率，在 0~1 变化，值越大表示实测与模拟流量过程拟合的越好，模拟精度越高；Q_i 为模型河川月径流量模拟值（m³/s）；q_i 为河川月径流量实测值（m³/s）；$\bar{q}$ 为多年平均河川月径流量实测值（m³/s）。

C. 相关系数

相关系数是对两个变量之间关系的量度，考查两个事物之间的关联程度。相关系数的绝对值越大，相关性越强，相关系数越接近于 1 和 -1，相关度越强，相关系数越接近于 0，相关度越弱。

通常情况下，相关系数 0.8~1.0 为极强相关，0.6~0.8 为强相关，0.4~0.6 为中等程度相关，0.2~0.4 为弱相关，0.0~0.2 为极弱相关或无相关。其计算公式如下：

$$r_{xy} = \frac{n\sum XY - \sum X \sum Y}{\sqrt{[n\sum X^2 - (\sum X)^2][n\sum Y^2 - (\sum Y)^2]}} \tag{11-13}$$

式中，r_{xy} 为相关系数；n 为系列的样本数；X、Y 分别代表实测系列和模拟系列的数值。

校正准则包括：模拟期平均年均径流量误差尽可能小；Nash-Sutcliffe 效率尽可能大；模拟流量与观测流量的相关系数尽可能大；流量过程误差指数尽可能大。

（2）对河道径流模拟结果的验证

为进行模型验证，在 1956~2005 年共 50 年历史水文气象系列及相应下垫面条件下进行连续模拟计算。取 1956~1979 年为模型校正期，主要校正的参数为极端高敏感和高敏感的参数，验证期为 1980~2005 年。主要选取韩家营、承德、滦县、戴营、密云水库、观台、黄壁庄等水文站作为验证站，将各水文站模拟计算的径流过程与实测值进行对比。Nash 效率系数在 0.6 以上，相关系数在 0.8 以上，对于人类活动极其强烈的海河流域来说，模拟效果比较满意，如表 11-1 和图 11-14 所示。

表 11-1 WACM 验证结果

水文站	相对误差/%	Nash-Sutcliffe 效率	相关系数
韩家营	0.3	0.70	0.85
承德	-5.8	0.72	0.85
滦县	-1.3	0.60	0.86
戴营	-4.0	0.65	0.81
密云水库	11.8	0.79	0.89
观台	3.6	0.81	0.93
黄壁庄	-5.9	0.68	0.83

| 第 11 章 | 海河流域社会水循环模拟与调控

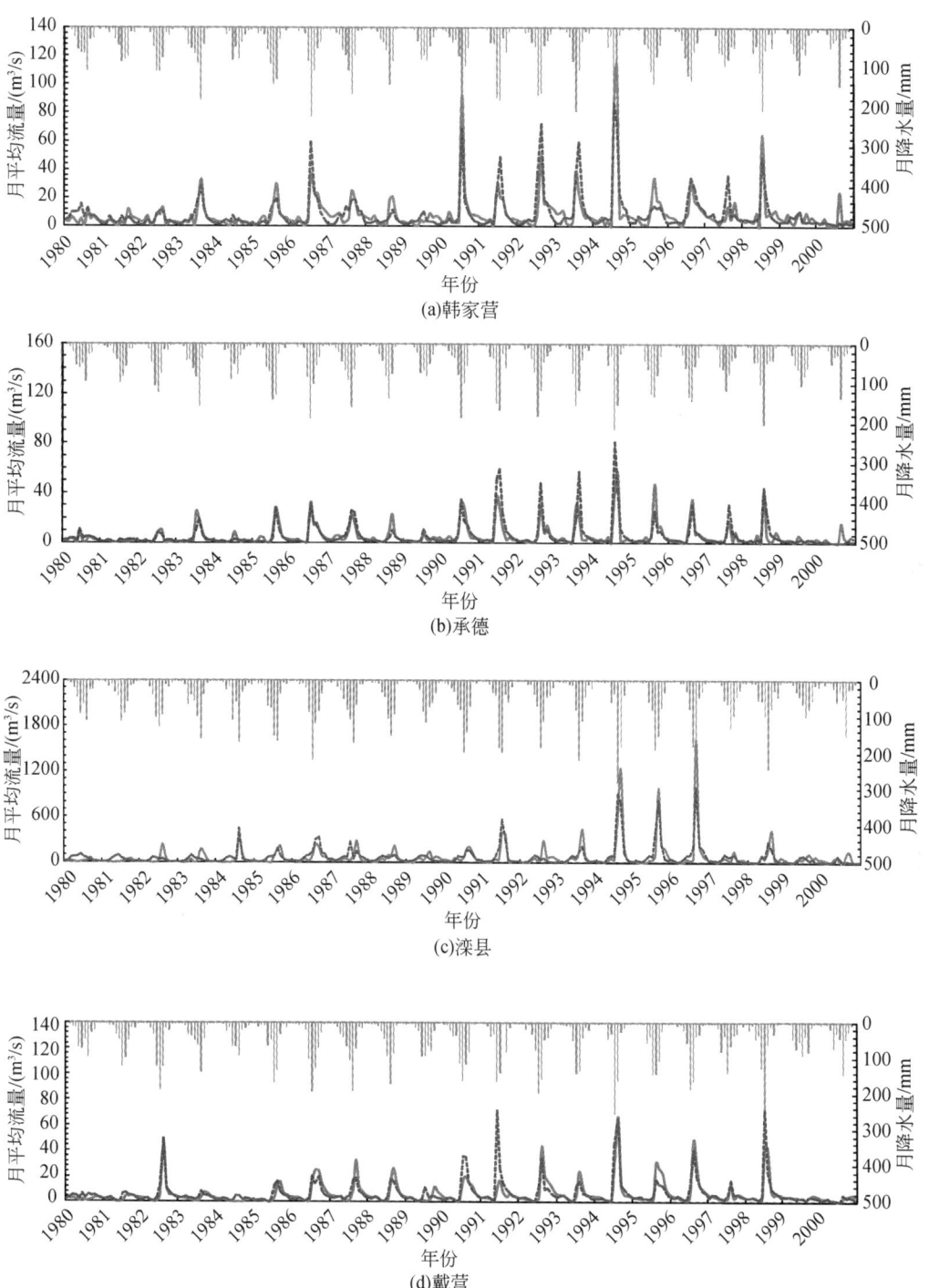

(a) 韩家营

(b) 承德

(c) 滦县

(d) 戴营

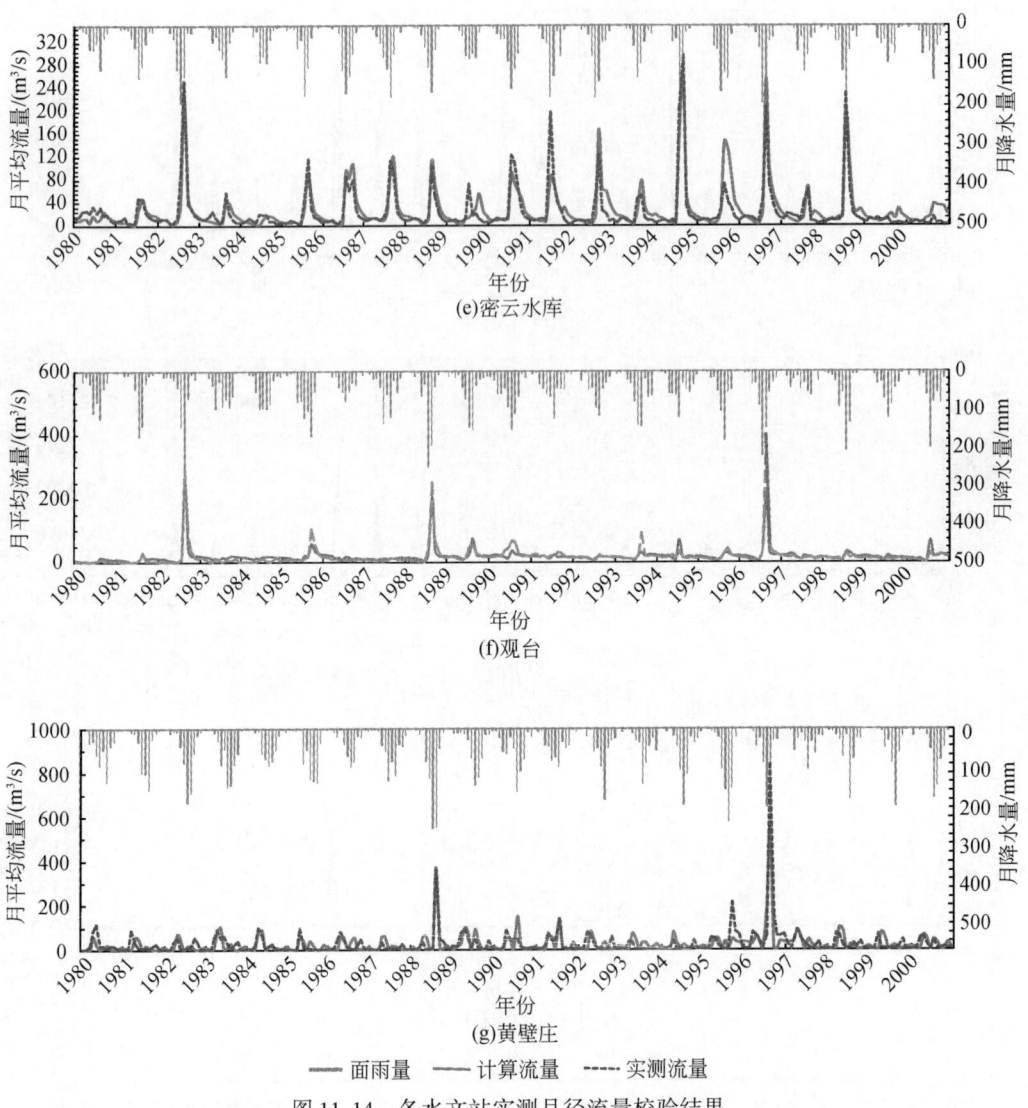

图 11-14　各水文站实测月径流量校验结果

(3) 对水库蓄变量模拟结果的验证

截止到 2005 年，海河流域水库的总库容已经达到 315.4 亿 m^3，而 1980~2000 年流域平均地表水资源量仅为 170.5 亿 m^3，水库对海河流域水循环的影响非常大。选取潘家口、密云、岳城、西大洋四个大型水库作为典型，将 1980~2005 年模拟计算的蓄变量过程与实测过程进行对比。从图 11-15 中可以看到，模拟过程和实测过程基本一致，说明模型能较好地反映水库调度过程。

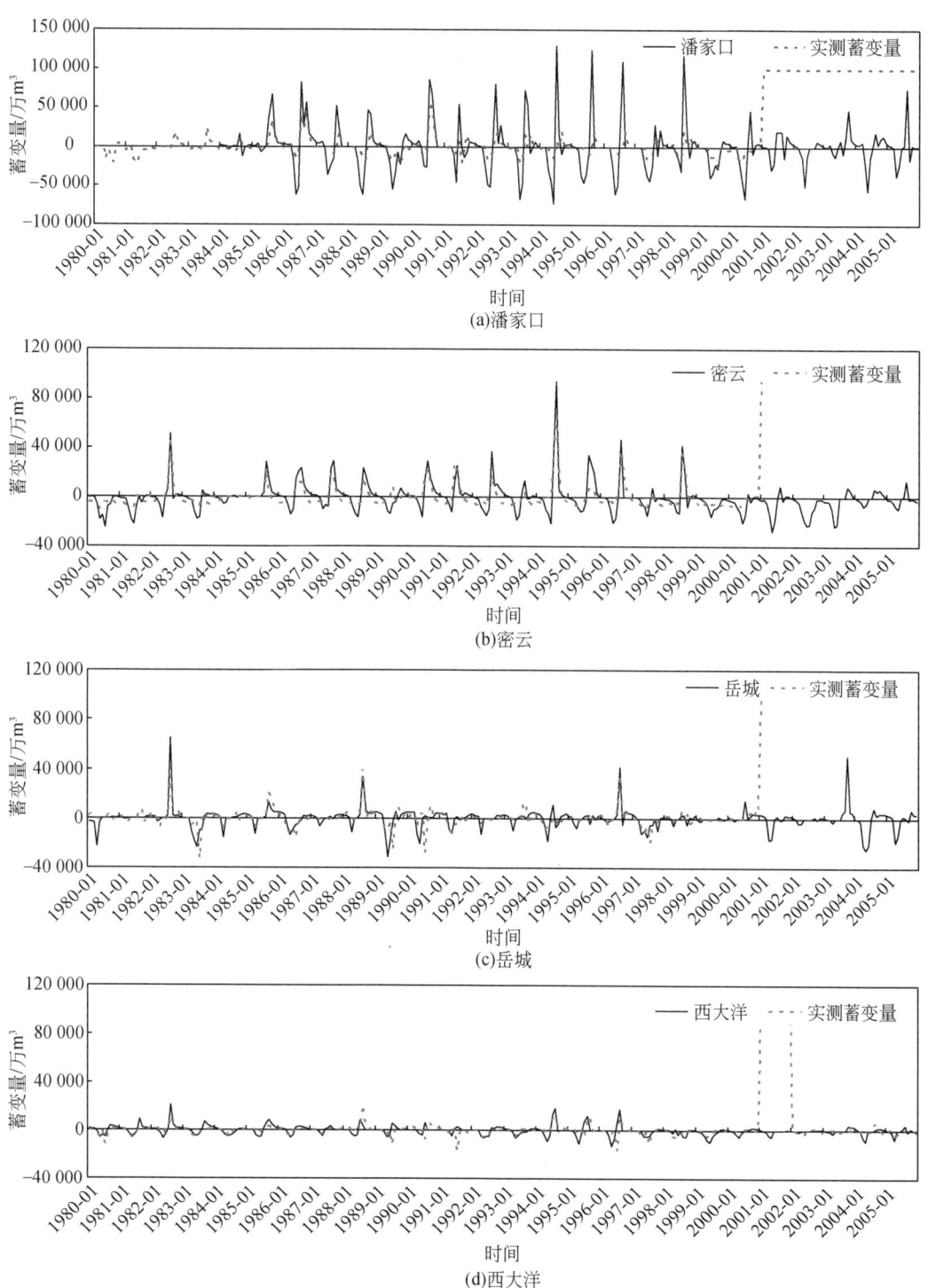

图 11-15 模拟水库蓄变量与实际水库蓄变量比较

11.3 海河流域社会水循环调控方案及模拟结果

11.3.1 多维临界调控三层次递进方案设置

针对海河流域现状水短缺、水污染、生态环境退化等问题，基于海河流域水资源综合规划提出的经济发展指标成果构建基本方案，按照五维协调、层次化分析组合进行不同情景方案设置，形成模拟分析方案集。

在资源、经济、社会、生态、环境五维中，流域水循环稳定和可再生性维持、生态系统修复是保障和支撑经济社会发展的前提，是方案设置需要考虑的因素，在此基础上再考虑经济社会发展、社会稳定、环境友好等因素。故本书采用层次递进方式设置调控情景方案。五维调控的第一层次是水循环系统的再生性维持，包括资源维和生态维；第二层次是经济社会发展与生态环境保护协同发展模式，包括经济规模、产业结构、粮食安全以及与其密切相关的环境状况，涉及经济维、社会维和环境维；第三层次是提高水资源保障能力，包括非常规水源利用、常规水资源的高效利用（强化节水）和加大引江水量等调控措施，涉及资源维和经济维。构建五维调控方案集的主要控制指标，如表11-2所示。

表11-2 分层次多维调控方案的主要控制指标设置

调控层次	资源维	经济维	社会维	生态维	环境维
层次一：水循环再生性维持	自产水（降水量或资源量）	—	—	入海水量	—
	外流域调水量（引长江水和引黄河水）	—	—	—	—
	地下水超采量	—	—	—	—
层次二：经济社会发展与生态环境保护协同发展模式	—	经济发展布局与结构（GDP、三产结构、种植结构）	粮食产量 城镇化率	河道内生态用水量 河道外生态供水量	COD排放量 排污总量
层次三：提高水资源保障能力	非常规水源利用（海水、再生水、微咸水）	常规水源高效利用	—	—	—
		节水型社会建设	—	—	—

按照上述三层次递进引导多维调控方向，进行边界情景排列组合，构建出海河流域水循环多维调控系统组合方案共336套，即F1~F336，其中长系列组合方案96套（F1~F96），如图11-16所示；短系列组合方案240套（F97~F336），如图11-17所示。

以上三层次方案可归纳出以下核心指标：

1）地下水超采量：2020年超采量控制在36亿 m³，2030年不超采；

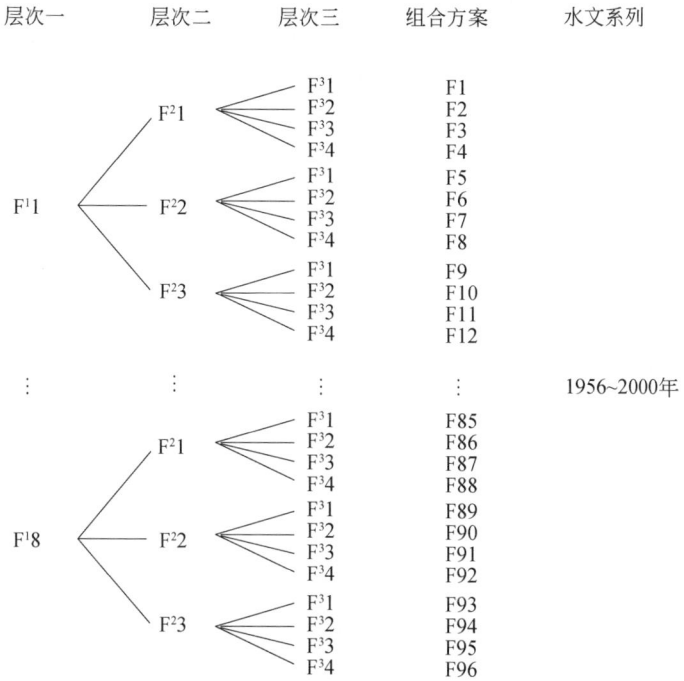

图 11-16　三层次组合方案示意图（长系列）

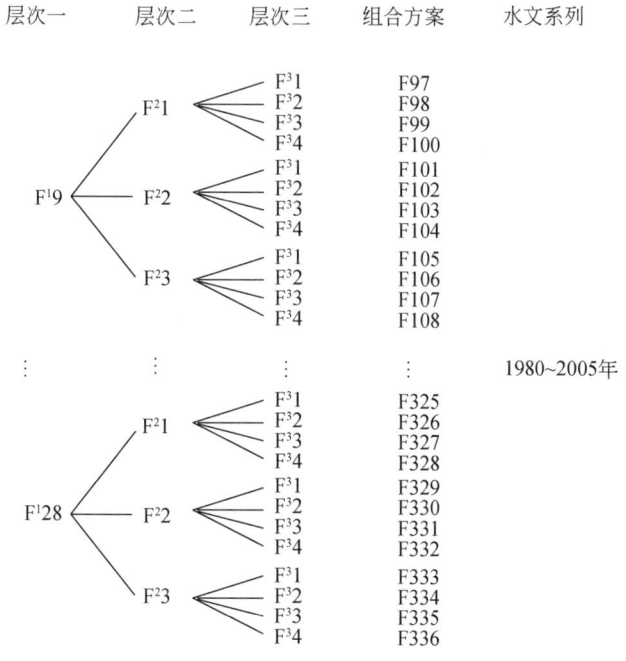

图 11-17　三层次组合方案示意图（短系列）

2) 入海水量：2020 年为 64 亿 m³（海河流域综合规划值）和 55 亿 m³（1980~2005 年平均天然河川径流量的 1/3），2030 年为 68 亿 m³（海河流域综合规划值）、55 亿 m³（1980~2005 年平均天然河川径流量的 1/3）和 75 亿 m³（维持主要河口泥沙冲淤平衡的最小入海水量）；

3) 引江水量：2020 年为 62.4 亿 m³，2030 年为 62.4 亿 m³（中线二期工程未按期实施）、86.2 亿 m³（二期工程达效）、75.0 亿 m³（中线二期工程未按期实施，一期加大 20%）；

4) 粮食产量：2020 年为 5400 万 t（人均 357kg）、5650 万 t（人均 374kg），2030 年为 5500 万 t（人均 349kg）、5900 万 t（人均 375kg）；

5) 人均 GDP：2020 年为 6 万元，2030 年为 10.76 万元；

6) COD 入河量：2020 年为 50 万 t，2030 年为 30 万 t；

7) 城镇环境用水量：2020 年为 10.1 亿 m³，2030 年为 12.7 亿 m³。

11.3.2 多维临界调控方案的比选与评价

应用协同学衡量五维子系统的有序程度，应用系统熵判别水循环系统的演化方向，应用协调度和协调度综合距离遴选出较理想的系列组合方案。

11.3.2.1 组合（系列）方案的协调度及其综合距离

根据协同学理论，系统走向有序的机理既不在于系统现状的平衡与不平衡，也不在于系统距平衡态多远，而在于系统内部各子系统之间相互关联的协调程度。协调度正是反映系统间在发展过程中彼此和谐的程度，故本书组合方案的比选采用协调度和协调度综合距离。

计算协调度的方法有多种，包括几何平均法、加权平均法、方差法与变异系数法等，但评价效果大体相当，其中几何平均法的计算方法较简便，结果反映较为直观，且不需考虑五维综合指标在协调度计算中的权重问题，因此，本书采用几何平均法计算，计算式为

$$H(t) = \theta * \sqrt[5]{\prod_{j=1}^{5} U_J}, \quad \theta = \frac{MIN(U_J)}{|MIN(U_J)|}, \quad J = 1, 2, 3, 4, 5 \quad (11-14)$$

式中，$H(t)$ 为协调度；t 是指 2020 年或 2030 年水平年；U_J 为各子系统（维）的有序度。

长系列方案的五维协调度结果如表 11-3 所示。

表 11-3 五维序参量协调度（1956~2000 年系列）

方案代码	有序度差	资源维	经济维	社会维	生态维	环境维	协调度
F1	ΔU_{t1}	0.16	0.23	0.41	0.71	0.07	0.23
	ΔU_{t2}	0.84	0.98	0.33	0.82	0.91	0.73
F2	ΔU_{t1}	0.14	0.22	0.41	0.71	0.07	0.23
	ΔU_{t2}	0.87	0.98	0.33	0.82	0.91	0.73
F4	ΔU_{t1}	0.20	0.22	0.41	0.71	0.07	0.24
	ΔU_{t2}	0.79	0.98	0.33	0.82	0.91	0.72

续表

方案代码	有序度差	资源维	经济维	社会维	生态维	环境维	协调度
F8	ΔU_{t1}	0.22	0.22	0.41	0.71	0.06	0.24
	ΔU_{t2}	0.87	0.97	0.69	0.82	0.91	0.85
F25	ΔU_{t1}	0.29	0.23	0.41	0.71	0.12	0.30
	ΔU_{t2}	0.92	0.99	0.33	0.82	0.94	0.75
F26	ΔU_{t1}	0.30	0.23	0.41	0.71	0.12	0.30
	ΔU_{t2}	0.94	0.99	0.33	0.82	0.94	0.75
F28	ΔU_{t1}	0.34	0.23	0.41	0.71	0.12	0.31
	ΔU_{t2}	0.95	0.99	0.33	0.82	0.94	0.75
F29	ΔU_{t1}	0.31	0.22	0.41	0.71	0.12	0.30
	ΔU_{t2}	0.57	0.97	0.69	0.82	0.94	0.78
F30	ΔU_{t1}	0.31	0.22	0.41	0.71	0.12	0.30
	ΔU_{t2}	0.57	0.97	0.69	0.82	0.94	0.78
F32	ΔU_{t1}	0.29	0.23	0.41	0.71	0.12	0.29
	ΔU_{t2}	0.68	0.98	0.69	0.82	0.94	0.81
F41	ΔU_{t1}	0.37	0.22	0.41	0.71	0.12	0.31
	ΔU_{t2}	0.66	0.97	0.69	0.82	0.94	0.81
F42	ΔU_{t1}	0.29	0.22	0.41	0.71	0.11	0.29
	ΔU_{t2}	0.73	0.98	0.69	0.82	0.94	0.82
F89	ΔU_{t1}	0.38	0.23	0.41	0.71	0.11	0.31
	ΔU_{t2}	0.71	0.98	0.69	0.82	0.94	0.82
F49	ΔU_{t1}	0.36	0.23	0.41	0.71	0.07	0.28
	ΔU_{t2}	0.84	0.98	0.33	0.82	0.91	0.73
F50	ΔU_{t1}	0.34	0.22	0.41	0.71	0.07	0.27
	ΔU_{t2}	0.87	0.98	0.33	0.82	0.91	0.73
F52	ΔU_{t1}	0.40	0.22	0.41	0.71	0.07	0.28
	ΔU_{t2}	0.79	0.98	0.33	0.82	0.91	0.72
F53	ΔU_{t1}	0.41	0.22	0.41	0.71	0.06	0.27
	ΔU_{t2}	0.84	0.97	0.69	0.82	0.91	0.84
F54	ΔU_{t1}	0.43	0.21	0.41	0.71	0.06	0.28
	ΔU_{t2}	0.84	0.97	0.69	0.82	0.91	0.84
F56	ΔU_{t1}	0.41	0.22	0.41	0.71	0.06	0.27
	ΔU_{t2}	0.87	0.97	0.69	0.82	0.91	0.85
F73	ΔU_{t1}	0.50	0.23	0.41	0.71	0.12	0.33
	ΔU_{t2}	0.67	0.98	0.33	0.82	0.94	0.70

续表

方案代码	有序度差	资源维	经济维	社会维	生态维	环境维	协调度
F74	ΔU_{t1}	0.48	0.23	0.41	0.71	0.12	0.33
	ΔU_{t2}	0.69	0.98	0.33	0.82	0.94	0.70
F76	ΔU_{t1}	0.52	0.23	0.41	0.71	0.12	0.33
	ΔU_{t2}	0.69	0.98	0.33	0.82	0.94	0.70
F77	ΔU_{t1}	0.49	0.23	0.41	0.71	0.12	0.33
	ΔU_{t2}	0.68	0.97	0.69	0.82	0.95	0.81
F78	ΔU_{t1}	0.52	0.23	0.41	0.71	0.12	0.33
	ΔU_{t2}	0.67	0.97	0.69	0.82	0.95	0.81
F80	ΔU_{t1}	0.49	0.23	0.41	0.71	0.12	0.33
	ΔU_{t2}	0.68	0.97	0.69	0.82	0.95	0.81
F89	ΔU_{t1}	0.51	0.22	0.41	0.71	0.12	0.33
	ΔU_{t2}	0.76	0.97	0.69	0.82	0.94	0.83
F90	ΔU_{t1}	0.51	0.22	0.41	0.71	0.12	0.33
	ΔU_{t2}	0.76	0.97	0.69	0.82	0.94	0.83
F92	ΔU_{t1}	0.49	0.23	0.41	0.71	0.12	0.33
	ΔU_{t2}	0.81	0.97	0.69	0.82	0.94	0.84
F21	ΔU_{t1}	0.24	0.22	0.41	0.47	0.06	0.23
	ΔU_{t2}	0.84	0.97	0.69	0.47	0.91	0.75
F22	ΔU_{t1}	0.24	0.22	0.41	0.47	0.06	0.23
	ΔU_{t2}	0.86	0.97	0.69	0.47	0.91	0.76
F33	ΔU_{t1}	0.21	0.22	0.41	0.47	0.06	0.22
	ΔU_{t2}	0.82	0.97	0.69	0.47	0.91	0.75
F34	ΔU_{t1}	0.23	0.22	0.41	0.47	0.06	0.22
	ΔU_{t2}	0.79	0.97	0.69	0.47	0.91	0.74
F37	ΔU_{t1}	0.24	−0.06	0.87	0.47	0.14	−0.24
	ΔU_{t2}	0.80	0.53	0.69	0.47	0.94	0.67
F38	ΔU_{t1}	0.24	−0.06	0.87	0.47	0.14	−0.24
	ΔU_{t2}	0.80	0.53	0.69	0.47	0.94	0.67
F40	ΔU_{t1}	0.41	0.22	0.41	0.47	0.06	0.25
	ΔU_{t2}	0.88	0.98	0.69	0.47	0.91	0.76
F57	ΔU_{t1}	0.43	0.21	0.41	0.47	0.06	0.25
	ΔU_{t2}	0.84	0.97	0.69	0.47	0.91	0.75
F69	ΔU_{t1}	0.44	0.22	0.41	0.47	0.06	0.25
	ΔU_{t2}	0.84	0.97	0.69	0.47	0.91	0.75

注：t1 代表 2020 年，t2 代表 2030 年。

采用式（11-14）计算的协调度只反映某一水平年五维协同的程度，为了综合评价两个水平年整体协调状况，进一步分析计算协调度综合距离，计算式如下：

$$H(2020\text{年},2030\text{年}) = \left(\sqrt{\sum_{i=1}^{5}(1-U_{2020\text{年},i})^2}\sqrt{\sum_{i=1}^{5}(1-U_{2030\text{年},i})^2}\right)^{\frac{1}{2}} \quad (11\text{-}15)$$

长系列 40 个有效方案的协调度综合距离如图 11-18 所示，综合距离越小，系统的协调性越好，依此可推荐出长系列水文条件下较好的组合方案。

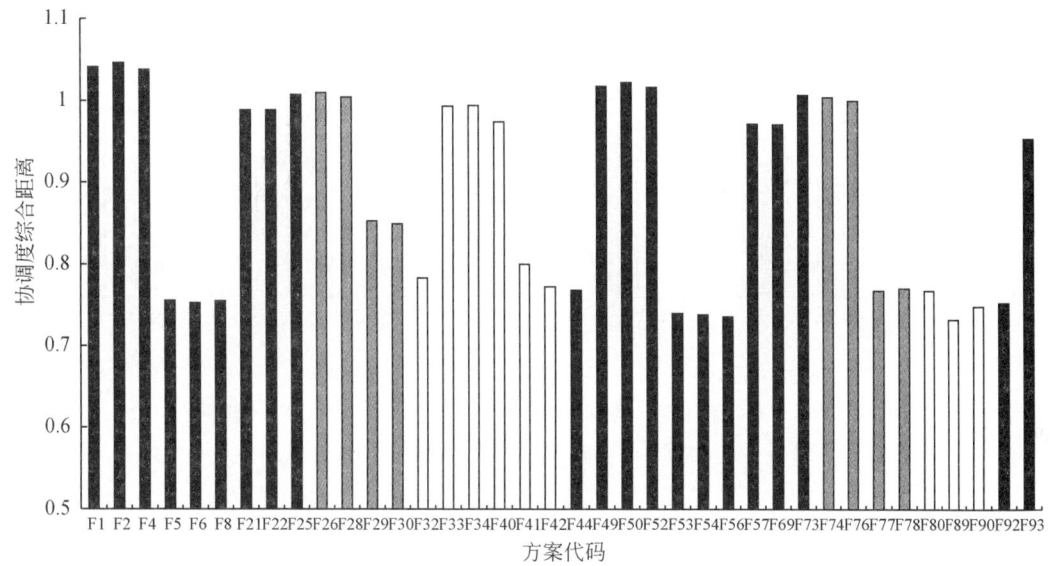

图 11-18　协调度综合距离柱状图（1956~2000 年系列）

1980~2005 年水文系列（短系列）方案各维有序度计算采用的特征指标如表 11-4 所示。采用与长系列相同的分析方法，在 239 个短系列组合方案中，逐步剔除不合理或不可行方案，最终遴选出 48 个有效方案，参与评价与比选。短系列 48 个有效方案的协调度综合距离如图 11-19 所示。

表 11-4　五维理想点、取值范围及序参量权重（1980~2005 年系列）

项目	资源维		经济维		社会维		生态维		环境维	
	地表水开发利用率/%	地下水开采量/亿 m³	人均 GDP/万元	万元 GDP 用水量/m³	人均生活用水比（农村/城镇）	人均粮食产量/kg	入海水量/亿 m³	河道内生态用水量/亿 m³	COD 入河量/万 t	水功能区达标率/%
理想点	50	184	10.76	25	0.78	350	50	42.3	30	100
最小值	50	184	5.00	25	0.60	350	35	35.0	30	60
最大值	75	240	10.76	56	0.80	375	70	45.0	60	100
权重	0.4	0.6	0.4	0.6	0.3	0.7	0.4	0.6	0.5	0.5

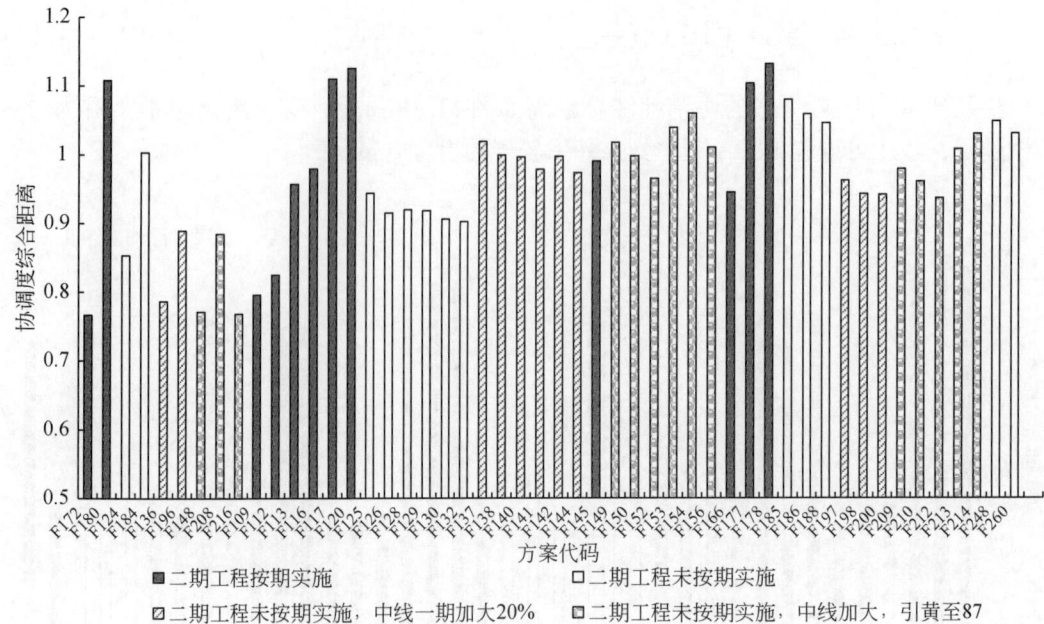

图 11-19　协调度综合距离柱状图（1980~2005 年系列）

11.3.2.2　方案比较与分析

按照两套水文系列，三种调水工程情景（南水北调二期工程按期实施、未按期实施及加大中线一期引水规模 20%）依次筛选和排列出前 5~6 项协调度综合距离较小的（系列）组合方案，从中可提炼归纳出以下主要信息。

（1）长系列调控结果分析

1956~2000 年水文系列（长系列）协调性较好方案的三层次构成及其协调度综合距离如表 11-5 所示，相应的主要控制指标值如表 11-6 所示。

表 11-5　系统协调性较好方案的构成（1956~2000 年水文系列）

调水工程状态	组合方案	层次一：水循环再生利用 编码	层次一：水循环再生利用 构成	层次二：经济社会发展模式 编码	层次二：经济社会发展模式 构成	层次三：水资源保障能力 编码	层次三：水资源保障能力 构成	协调度综合距离	备注
二期按期实施	F1	$F^1 1$	$R_L 07\text{-}1 \sim R_L 20\text{-}1 \sim R_L 30\text{-}1$	$F^2 1$	D07-1 ~ D20-1 ~ D30-1	$F^3 1$	E07-1 ~ E20-1 ~ E30-1	1.076	基本方案
二期按期实施	F56	$F^1 5$	$R_L 07\text{-}1 \sim R_L 20\text{-}2 \sim R_L 30\text{-}1$	$F^2 2$	D07-1 ~ D20-1 ~ D30-2	$F^3 4$	E07-1 ~ E20-2 ~ E30-2	0.770	
二期按期实施	F54	$F^1 5$	$R_L 07\text{-}1 \sim R_L 20\text{-}2 \sim R_L 30\text{-}1$	$F^2 2$	D07-1 ~ D20-1 ~ D30-2	$F^3 2$	E07-1 ~ E20-1 ~ E30-2	0.781	
	F53	$F^1 5$	$R_L 07\text{-}1 \sim R_L 20\text{-}2 \sim R_L 30\text{-}1$	$F^2 2$	D07-1 ~ D20-1 ~ D30-2	$F^3 1$	E07-1 ~ E20-1 ~ E30-1	0.783	

续表

调水工程状态	组合方案	层次一:水循环再生利用 编码	层次一:水循环再生利用 构成	层次二:经济社会发展模式 编码	层次二:经济社会发展模式 构成	层次三:水资源保障能力 编码	层次三:水资源保障能力 构成	协调度综合距离	备注
二期按期实施	F8	$F^1 1$	$R_L07\text{-}1 \sim R_L20\text{-}1 \sim R_L30\text{-}1$	$F^2 2$	D07-1 ~ D20-1 ~ D30-2	$F^3 4$	E07-1 ~ E20-2 ~ E30-2	0.792	
二期按期实施	F5	$F^1 1$	$R_L07\text{-}1 \sim R_L20\text{-}1 \sim R_L30\text{-}1$	$F^2 2$	D07-1 ~ D20-1 ~ D30-2	$F^3 1$	E07-1 ~ E20-1 ~ E30-1	0.805	
二期未按期实施	F80	$F^1 7$	$R_L07\text{-}1 \sim R_L20\text{-}2 \sim R_L30\text{-}3$	$F^2 2$	D07-1 ~ D20-1 ~ D30-2	$F^3 4$	E07-1 ~ E20-2 ~ E30-2	0.835	
二期未按期实施	F77	$F^1 7$	$R_L07\text{-}1 \sim R_L20\text{-}2 \sim R_L30\text{-}3$	$F^2 2$	D07-1 ~ D20-1 ~ D30-2	$F^3 1$	E07-1 ~ E20-1 ~ E30-1	0.835	
二期未按期实施	F78	$F^1 7$	$R_L07\text{-}1 \sim R_L20\text{-}2 \sim R_L30\text{-}3$	$F^2 2$	D07-1 ~ D20-1 ~ D30-2	$F^3 2$	E07-1 ~ E20-2 ~ E30-2	0.837	
二期未按期实施	F32	$F^1 3$	$R_L07\text{-}1 \sim R_L20\text{-}1 \sim R_L30\text{-}3$	$F^2 2$	D07-1 ~ D20-1 ~ D30-2	$F^3 4$	E07-1 ~ E20-2 ~ E30-2	0.859	
二期未按期实施	F30	$F^1 3$	$R_L07\text{-}1 \sim R_L20\text{-}1 \sim R_L30\text{-}3$	$F^2 2$	D07-1 ~ D20-1 ~ D30-2	$F^3 2$	E07-1 ~ E20-2 ~ E30-2	0.920	
二期未按期实施	F29	$F^1 3$	$R_L07\text{-}1 \sim R_L20\text{-}1 \sim R_L30\text{-}3$	$F^2 2$	D07-1 ~ D20-1 ~ D30-2	$F^3 1$	E07-1 ~ E20-1 ~ E30-1	0.924	
加大一期引水20%	F89	$F^1 8$	$R_L07\text{-}1 \sim R_L20\text{-}2 \sim R_L30\text{-}4$	$F^2 2$	D07-1 ~ D20-1 ~ D30-2	$F^3 1$	E07-1 ~ E20-1 ~ E30-1	0.794	
加大一期引水20%	F90	$F^1 8$	$R_L07\text{-}1 \sim R_L20\text{-}2 \sim R_L30\text{-}4$	$F^2 2$	D07-1 ~ D20-1 ~ D30-2	$F^3 2$	E07-1 ~ E20-2 ~ E30-2	0.814	
加大一期引水20%	F92	$F^1 8$	$R_L07\text{-}1 \sim R_L20\text{-}2 \sim R_L30\text{-}4$	$F^2 2$	D07-1 ~ D20-1 ~ D30-2	$F^3 4$	E07-1 ~ E20-2 ~ E30-2	0.819	
加大一期引水20%	F89	$F^1 4$	$R_L07\text{-}1 \sim R_L20\text{-}1 \sim R_L30\text{-}4$	$F^2 2$	D07-1 ~ D20-1 ~ D30-2	$F^3 4$	E07-1 ~ E20-2 ~ E30-2	0.832	
加大一期引水20%	F42	$F^1 4$	$R_L07\text{-}1 \sim R_L20\text{-}1 \sim R_L30\text{-}4$	$F^2 2$	D07-1 ~ D20-1 ~ D30-2	$F^3 2$	E07-1 ~ E20-1 ~ E30-2	0.834	
加大一期引水20%	F41	$F^1 4$	$R_L07\text{-}1 \sim R_L20\text{-}1 \sim R_L30\text{-}4$	$F^2 2$	D07-1 ~ D20-1 ~ D30-2	$F^3 1$	E07-1 ~ E20-1 ~ E30-1	0.864	

表 11-6　系统协调性较好方案的主要调控指标（1956～2000 年水文系列）

调水工程状态	组合方案	层次一:水循环再生利用 编码	层次一:水循环再生利用 构成	层次二:经济社会发展模式 编码	层次二:经济社会发展模式 构成	层次三:水资源保障能力 编码	层次三:水资源保障能力 构成	协调度综合距离	备注
二期按期实施	F1	F11	$R_L07\text{-}1 \sim R_L20\text{-}1 \sim R_L30\text{-}1$	F21	D07-1 ~ D20-1 ~ D30-1	F31	E07-1 ~ E20-1 ~ E30-1	1.076	基本方案

续表

调水工程状态	组合方案	层次一:水循环再生利用 编码	层次一:水循环再生利用 构成	层次二:经济社会发展模式 编码	层次二:经济社会发展模式 构成	层次三:水资源保障能力 编码	层次三:水资源保障能力 构成	协调度综合距离	备注
二期按期实施	F56	F15	R_L07-1 ~ R_L20-2 ~ R_L30-1	F22	D07-1 ~ D20-1 ~ D30-2	F34	E07-1 ~ E20-2 ~ E30-2	0.770	
二期按期实施	F54	F15	R_L07-1 ~ R_L20-2 ~ R_L30-1	F22	D07-1 ~ D20-1 ~ D30-2	F32	E07-1 ~ E20-1 ~ E30-2	0.781	
二期按期实施	F53	F15	R_L07-1 ~ R_L20-2 ~ R_L30-1	F22	D07-1 ~ D20-1 ~ D30-2	F31	E07-1 ~ E20-1 ~ E30-1	0.783	
二期按期实施	F8	F11	R_L07-1 ~ R_L20-1 ~ R_L30-1	F22	D07-1 ~ D20-1 ~ D30-2	F34	E07-1 ~ E20-2 ~ E30-2	0.792	
二期按期实施	F5	F11	R_L07-1 ~ R_L20-1 ~ R_L30-1	F22	D07-1 ~ D20-1 ~ D30-2	F31	E07-1 ~ E20-1 ~ E30-1	0.805	
二期未按期实施	F80	F17	R_L07-1 ~ R_L20-2 ~ R_L30-3	F22	D07-1 ~ D20-1 ~ D30-2	F34	E07-1 ~ E20-2 ~ E30-2	0.835	
二期未按期实施	F77	F17	R_L07-1 ~ R_L20-2 ~ R_L30-3	F22	D07-1 ~ D20-1 ~ D30-2	F31	E07-1 ~ E20-1 ~ E30-1	0.835	
二期未按期实施	F78	F17	R_L07-1 ~ R_L20-2 ~ R_L30-3	F22	D07-1 ~ D20-1 ~ D30-2	F32	E07-1 ~ E20-1 ~ E30-2	0.837	
二期未按期实施	F32	F13	R_L07-1 ~ R_L20-1 ~ R_L30-3	F22	D07-1 ~ D20-1 ~ D30-2	F34	E07-1 ~ E20-2 ~ E30-2	0.859	
二期未按期实施	F30	F13	R_L07-1 ~ R_L20-1 ~ R_L30-3	F22	D07-1 ~ D20-1 ~ D30-2	F32	E07-1 ~ E20-1 ~ E30-2	0.920	
二期未按期实施	F29	F13	R_L07-1 ~ R_L20-1 ~ R_L30-3	F22	D07-1 ~ D20-1 ~ D30-2	F31	E07-1 ~ E20-1 ~ E30-1	0.924	
加大一期引水20%	F89	F18	R_L07-1 ~ R_L20-2 ~ R_L30-4	F22	D07-1 ~ D20-1 ~ D30-2	F31	E07-1 ~ E20-1 ~ E30-1	0.794	
加大一期引水20%	F90	F18	R_L07-1 ~ R_L20-2 ~ R_L30-4	F22	D07-1 ~ D20-1 ~ D30-2	F32	E07-1 ~ E20-1 ~ E30-2	0.814	
加大一期引水20%	F92	F18	R_L07-1 ~ R_L20-2 ~ R_L30-4	F22	D07-1 ~ D20-1 ~ D30-2	F34	E07-1 ~ E20-2 ~ E30-2	0.819	
加大一期引水20%	F89	F14	R_L07-1 ~ R_L20-1 ~ R_L30-4	F22	D07-1 ~ D20-1 ~ D30-2	F34	E07-1 ~ E20-2 ~ E30-2	0.832	
加大一期引水20%	F42	F14	R_L07-1 ~ R_L20-1 ~ R_L30-4	F22	D07-1 ~ D20-1 ~ D30-2	F32	E07-1 ~ E20-1 ~ E30-2	0.834	
加大一期引水20%	F41	F14	R_L07-1 ~ R_L20-1 ~ R_L30-4	F22	D07-1 ~ D20-1 ~ D30-2	F31	E07-1 ~ E20-1 ~ E30-1	0.864	

1）无论哪种调水工程情景，五维协调性较好（综合距离较小）的前三个方案在层次一水循环再生性维持中，都统一指向情景 R_L20-2，即 2020 年水平年地下水超采量控制在 16 亿 m^3（低于地下水压采方案 36 亿 m^3），而情景 R_L30-2，即 2030 年入海水量 93 亿 m^3 无一例入选；在层次二经济社会发展模式中，均选择情景 D20-1 和 D30-2，即人均粮食产量 2020 年维持在 350kg、2030 年提高到 365kg 水平；在层次三提高水资源保障能力中，协调性最好的方案，选择情景 E20-2 和 E20-3，即 2020 年、2030 年均需加大非常规水源利用量依次至 41.1 亿 m^3 和 66.5 亿 m^3。

2）无论哪种调水工程情景，五维协调性居二、居三方案与最好方案的区别在于非常规水源利用量 2020 年维持在基本方案水平（即不加大），或 2030 年也维持在基本方案水平，而其他情景组合一致。这说明协调性较好方案在经济发展规模达到一定范围内，对地下水超采量（资源维）、入海水量（生态维）、粮食产量（社会维）和非常规水源利用量的五维权衡目标值保持高度一致。

3）进一步放宽协调度综合距离，协调性居 4~6 位的方案为层次一中地下水超采量 36 亿 m^3 情景 R_L20-1。

4）与基本方案 F1（流域综合规划方案）相比，五维协调性较好的方案 2020 年减少地下水开采量约 36-16=20（亿 m^3），2030 年增加非常规水源利用量 66.51-41.12=25.39（亿 m^3），至 2030 年提高粮食生产能力 (5700-5500)/5500×100%=3.6%，其不利影响是 GDP 下降约 (16.72-16.56)/16.72×100%=1.0%。

若取五维理想点的有序度均为 1，构建不同方案五维有序度雷达图，在南水北调二期工程按期实施条件下，协调性最好方案 F56（南水北调二期工程按期实施）的发展势态如图 11-20 所示，可见，2020~2030 年五维有序度逐渐逼近理想点，尽管 2030 年与理想点

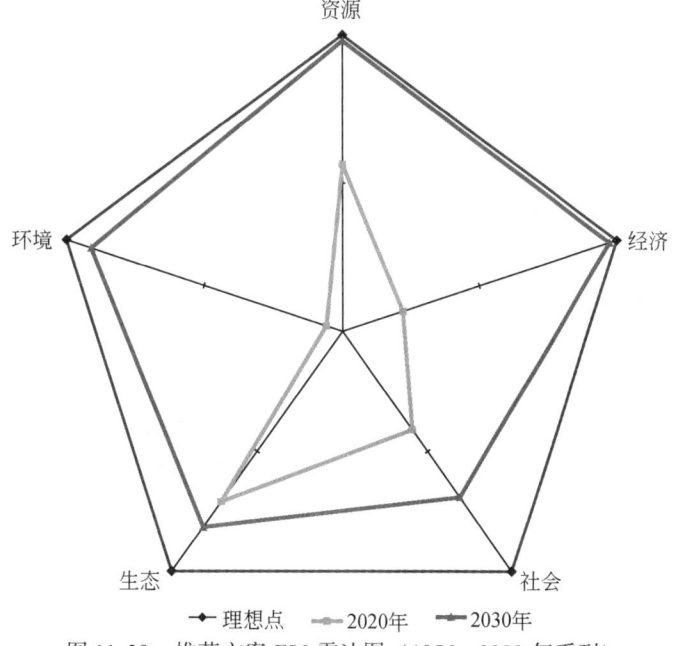

图 11-20　推荐方案 F56 雷达图（1956~2000 年系列）

尚有距离，但五维协同性已明显好于2020年，并趋向均衡。图11-21中同时展示了偏重不同维度发展方案的状态，其中，方案F56的五维均匀度最好，即协同性最高。

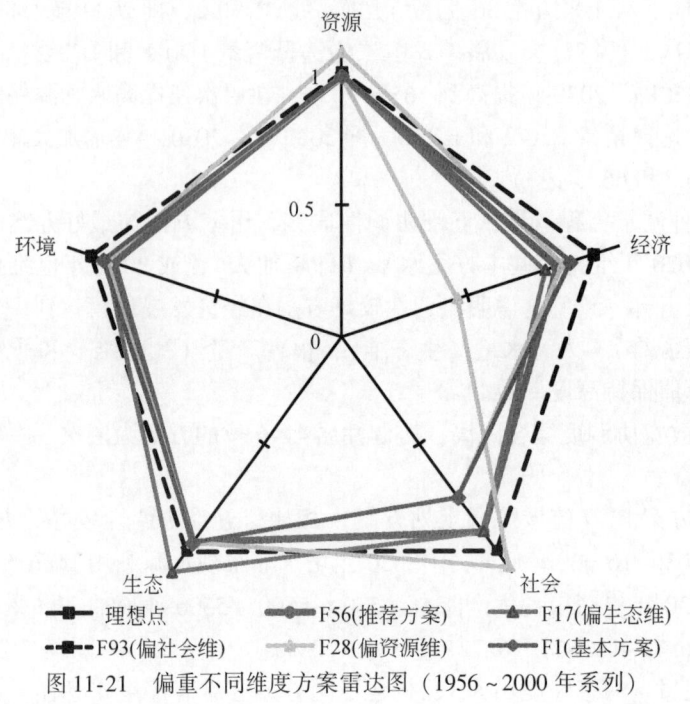

图 11-21　偏重不同维度方案雷达图（1956～2000 年系列）

三类重要方案的调控结果如下：

1）南水北调二期工程按期实施。对比基本方案 F1 和综合比选得出的五维协调性最好方案 F56 的调控结果可知，在 1956～2000 年水文系列条件下，基本可实现海河流域综合规划成果 F1 要求的地下水超采（2020 年 36 亿 m^3，2030 年零超采）、GDP（2030 年达到 16.72 万亿元）、粮食产量（2030 年达到 5500 万 t）、COD 入河量（2030 年达 32.8 万 t）、非常规水源利用量（2030 年为 41.1 亿 m^3，含污水处理回用量）等规划目标，但从水循环系统的整体协调性分析，更理想的方案是 F56，即 2020 年进一步削减超采量至 16 亿 m^3，同时，加大非常规水源利用量 2020 年为 16 亿 m^3，2030 年为 25.4 亿 m^3，使 2030 年国民经济用水总量控制在 505 亿 m^3 左右，可基本实现 GDP 16.56 万亿元，粮食生产能力提高到 5700 万 t。换句话说，以提高海河流域的非常规水利用量和水资源利用效率，提高流域水循环的再生性能力，促进经济发展，并保障粮食安全。

2）南水北调二期工程未按期实施。若南水北调二期工程未能按期实施，2030 年将减少引江水量约 38.3 亿 m^3，更需要在基本方案的基础上，加大非常规水源利用和提高用水效率。对比方案 F32 和 F80 调控结果表明，将 2020 年地下水超采量控制在 16 亿 m^3，2030 年粮食生产能力提高到 5700 万 t，方案 F80 的系统协调性相对更好，届时，2030 年国民经济用水总量需控制在 491 亿 m^3 左右，GDP 将下降到 16.3 万亿元，与规划值相比降低了 2.5%。

3）加大中线一期引水量 20%。加大中线一期引水量 20% 后，2030 年中线引水量达到

75 亿 m³，与南水北调二期工程按期实施相比，减少引江水量约 11.2 亿 m³，与二期工程未按期实施相比，增加引江水量 27.1 亿 m³，在满足地下水压采、粮食产量提高目标后，2030 年 GDP 发展指标介于两者之间。

从总体上看，在长系列水文条件下，降水量较丰沛，ET 对国民经济用水的制约作用有限。通过对非常规水源的开发利用、常规水源的高效利用，五维竞争权衡达到整体协调的国民经济用水量在 500 亿 m³ 左右，在南水北调二期工程按期实施条件下约 505 亿 m³，若二期工程未按期实施则约 490 亿 m³。

（2）短系列调控结果分析

1980～2005 年水文系列（短系列）协调性较好方案的三层次构成及其协调度综合距离如表 11-7 所示，相应的主要控制指标值如表 11-8 所示。

表 11-7 系统协调性较好方案的构成（1980～2000 年水文系列）

调水工程状态	组合方案	层次一：水循环再生利用 编码	层次一：水循环再生利用 构成	层次二：经济社会发展模式 编码	层次二：经济社会发展模式 构成	层次三：水资源保障能力 编码	层次三：水资源保障能力 构成	协调度综合距离	备注
二期按期实施	F172	F¹15	R_S07-1～R_S20-2～R_S30-2	F²1	D07-1～D20-1～D30-1	F³4	E07-1～E20-2～E30-2	0.654	
二期按期实施	F109	F¹10	R_S07-1～R_S20-1～R_S30-2	F²1	D07-1～D20-1～D30-1	F³1	E07-1～E20-1～E30-1	0.722	
二期按期实施	F112	F¹10	R_S07-1～R_S20-1～R_S30-2	F²1	D07-1～D20-1～D30-1	F³4	E07-1～E20-2～E30-2	0.746	
二期按期实施	F113	F¹10	R_S07-1～R_S20-1～R_S30-2	F²2	D07-1～D20-1～D30-2	F³1	E07-1～E20-1～E30-1	0.815	
二期未按期实施	F124	F¹11	R_S07-1～R_S20-1～R_S30-3	F²1	D07-1～D20-1～D30-1	F³4	E07-1～E20-2～E30-2	0.773	
二期未按期实施	F132	F¹11	R_S07-1～R_S20-1～R_S30-3	F²3	D07-1～D20-2～D30-2	F³4	E07-1～E20-2～E30-2	0.767	
二期未按期实施	F130	F¹11	R_S07-1～R_S20-1～R_S30-3	F²3	D07-1～D20-2～D30-2	F³2	E07-1～E20-2～E30-2	0.767	
二期未按期实施	F126	F¹11	R_S07-1～R_S20-1～R_S30-3	F²2	D07-1～D20-1～D30-2	F³2	E07-1～E20-2～E30-2	0.837	
加大中线一期引水规模 20%	F136	F¹12	R_S07-1～R_S20-1～R_S30-4	F²1	D07-1～D20-1～D30-1	F³4	E07-1～E20-2～E30-2	0.709	
加大中线一期引水规模 20%	F196	F¹17	R_S07-1～R_S20-2～R_S30-4	F²1	D07-1～D20-1～D30-1	F³4	E07-1～E20-2～E30-2	0.755	
加大中线一期引水规模 20%	F144	F¹12	R_S07-1～R_S20-1～R_S30-4	F²3	D07-1～D20-2～D30-2	F³4	E07-1～E20-2～E30-2	0.780	

续表

调水工程状态	组合方案	层次一：水循环再生利用 编码	层次一：水循环再生利用 构成	层次二：经济社会发展模式 编码	层次二：经济社会发展模式 构成	层次三：水资源保障能力 编码	层次三：水资源保障能力 构成	协调度综合距离	备注
加大中线一期，引黄河水达到"87分水方案"	F148	$F^1$13	R_S07-1 ~ R_S20-1 ~ R_S30-5	$F^2$1	D07-1 ~ D20-1 ~ D30-1	$F^3$4	E07-1 ~ E20-2 ~ E30-2	0.656	
	F216	$F^1$18	R_S07-1 ~ R_S20-2 ~ R_S30-5	$F^2$3	D07-1 ~ D20-2 ~ D30-2	$F^3$4	E07-1 ~ E20-2 ~ E30-2	0.674	
	F208	$F^1$18	R_S07-1 ~ R_S20-2 ~ R_S30-5	$F^2$1	D07-1 ~ D20-1 ~ D30-1	$F^3$4	E07-1 ~ E20-2 ~ E30-2	0.743	
	F212	$F^1$18	R_S07-1 ~ R_S20-2 ~ R_S30-5	$F^2$2	D07-1 ~ D20-1 ~ D30-2	$F^3$4	E07-1 ~ E20-2 ~ E30-2	0.801	

与长系列情景类似，四种调水工程情景（与长系列相比增加了"加大中期一期引水量且引黄河水达到'87分水方案'"情景），五维协调性较好（综合距离较小）的前三个方案标向集中，在层次一水循环可再生性维持中，都统一指向情景 R_S20-1 和 R_S30-2 ~ 4，即 2020 年水平年地下水超采量 36 亿 m³，2030 年仍需超采 36 亿 m³，入海水量控制在 55 亿 m³；在层次二经济社会发展模式中，均选择情景 D20-2 和 D30-2，即人均粮食产量保持在 350kg 或 2030 年提高到 375kg 水平；在层次三提高水资源保障能力中，选择情景 E20-2 和 E20-3，即 2020 年、2030 年均加大非常规水源利用量至 41.1 亿 m³ 和 66.5 亿 m³。分析结果再一次说明，协调性较好方案在经济发展规模达到一定范围内，对地下水超采量（资源维）、入海水量（生态维）、粮食产量（社会维）和非常规水源利用量的五维权衡目标值保持高度一致。

短系列方案调控结果区别于长系列方案的显著特点是，由于降水量偏少约 1712.4 - 1594.0 = 118.4（亿 m³），ET 成为制约国民经济用水量的重要指标，为了维持基本的经济发展速度，即使到 2030 年也需要超采地下水约 36 亿 m³。

在短系列方案中，协调性最好方案为 F172（南水北调二期工程按期实施），其雷达图和偏重不同维度发展方案的雷达图，如图 11-22 和图 11-23 所示。

四类重要方案的调控结果如下：

A. 南水北调二期工程按期实施

1）F97：采用水资源综合规划成果（基本方案）的超采量、入海水量、调水量等目标，在短系列条件下，预计 2030 年国民经济可供水量约 425 亿 m³，在保障粮食生产目标 5500 万 t 后，可实现 GDP 11.15 万亿元，仅为规划目标值的 67%，即在短系列条件下，要达到基本方案要求的资源、环境和生态目标，无法保证基本的 GDP 增长速度要求（图 11-23）。

第 11 章 | 海河流域社会水循环模拟与调控

表 11-8 系统协调性较好方案的主要调控指标（1980～2005 年水文系列）

水平年	调水工程状态	方案代码	地下水超采量/亿 m³	入海水量/亿 m³	外调水量/亿 m³ 中线	外调水量/亿 m³ 东线	外调水量/亿 m³ 引黄河水	ET控制量/亿 m³	GDP/万亿元	一产	二产	三产	三产比	粮食产量/万 t	废污水产生量/亿 m³	COD入河量/万 t	非常规水利用量/亿 m³ 再生水	非常规水利用量/亿 m³ 微咸水	非常规水利用量/亿 m³ 海水淡化	总用水量/亿 m³
2020年	一期工程达效	F172	55	55				308	10.35	4.6	44.4	51.0		85.3	58.9	36.9		6.4	470.02
		F109	36	64	62.4	16.8	51.2	293	9.45	5.1	43.1	51.8	5400	72.5	50.3	23.9	7.9	3.4	438.6
		F112	36	64				293	9.47	5.0	43.1	51.9		72.6	50.4	36.9		6.4	438.84
	一期工程达效	F124	36		62.4	16.8	51.2	293	9.46	5.0	43.1	52.9	5400	72.6	50.3	36.9		6.4	438.8
		F132		64				294	9.58	4.9	43.0	52.1	5670	73.3	50.9	36.9	7.9	6.4	446.4
		F130		64				294	9.57	4.9	43.0	52.1	5670	73.2	50.9	23.9		3.4	446.3
	一期工程达效	F136	36	64	62.4	16.8	51.2	293	9.44	5.0	43.2	51.8	5400	72.4	50.26	36.9	7.9	6.4	438.6
		F196	55	55				305	10.35	4.6	44.4	51.0		85.1	58.76				465.7
		F200	55	55				306	10.35	4.6	44.4	51.0		85.2	58.8				467.6
	一期工程达效	F148	36	64	62.4	16.8	51.2	293	9.51	4.6	43.1	51.9	5400	72.9	50.5	36.9	7.9	6.4	439.1
		F216	55	55				304	10.26	5.0	43.9	51.5	5650	83.0	57.5				465.7
		F208	55	55				308	10.35	4.6	44.4	51.0	5400	85.2	58.9				469.5
2030年	二期工程按期实施	F172	36	50	86.2	31.3	51.2	327	16.49	3.9	46.4	49.8	5500	97.1	32.9	51.1	8.6	6.8	488.3
		F109	36	55				317	16.31	3.9	44.7	51.4	5700	93.1	31.7	28.6		3.9	471.3
		F112		55				317	16.29		44.7	51.4	5700	93.0	31.7	51.1		6.8	456.8
	二期工程未按期实施	F124	36	55	62.4	16.8	51.2	309	16.23	3.9	45.3	50.9	5500	92.5	31.5	51.1	8.6	6.8	461.1
		F132						296	16.09	3.9	45.3	50.9	5700	91.2	31.1		8.6		444.9
		F130						296	16.09		44.7	51.4	5700	91.4	31.1				444.9
2030年	加大中线一期引黄河水20%	F136	36	55	75.0	16.8	51.2	313	16.31	4.0	44.7	51.4	5500	93.0	31.7	51.1	8.6	6.8	465.9
		F196						314	16.40	3.9	46.4	49.8	5500	96.8	32.9	51.1		6.8	471.0
		F200						302	15.95		46.4	49.8	5700	96.8	32.9				466.8
2030年	加大中线一期，引黄河水达到"87分水方案"	F148	36	55	75.0	16.8	63.1	315	16.23	4.0	44.8	51.2	5500	92.9	31.6	51.1	8.6	6.8	468.7
		F216	36	55				306	16.17	3.8	46.5	49.7	5700	94.9	32.3	51.1	8.6	6.8	462.1
		F208						322	16.48	3.9	46.5	49.6	5500	97.1	33.0				481.2

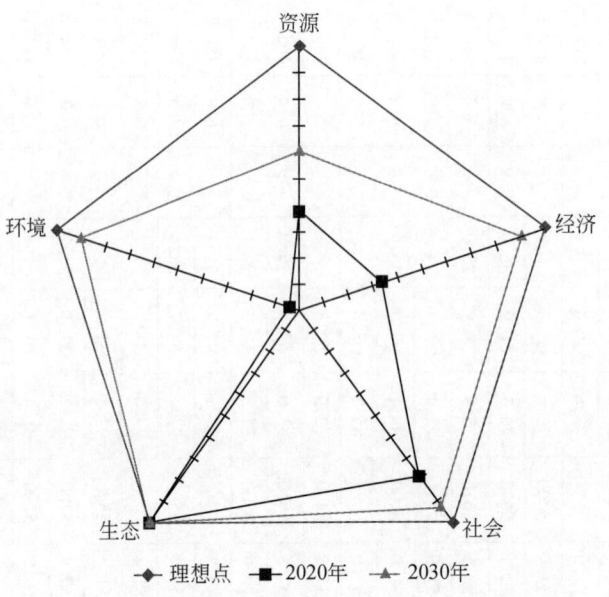

图 11-22　推荐方案 F172 雷达图（1980~2005 年系列）

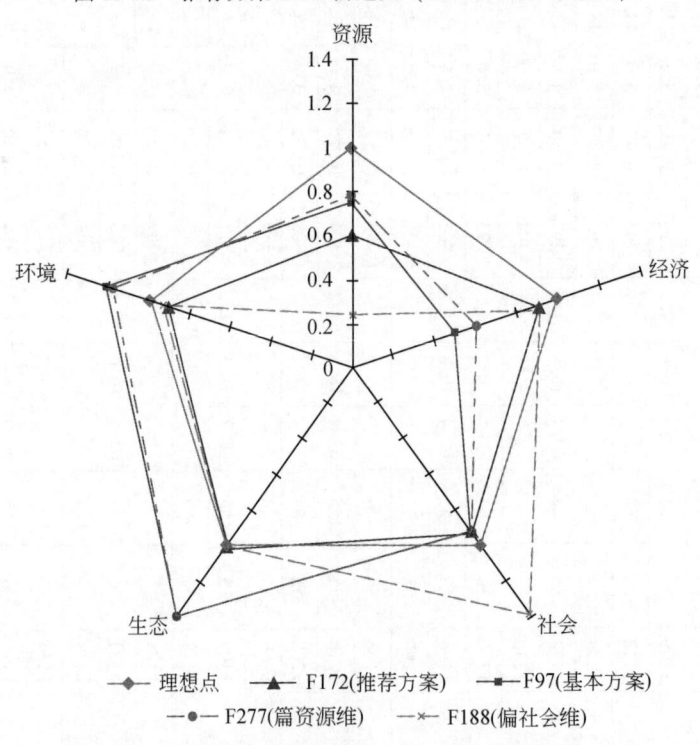

图 11-23　偏重不同维度方案雷达图（1980~2005 年系列）

2）F100：预计 2030 年在基本方案的基础上，加大非常规水源利用量 25.4 亿 m^3，在保障粮食生产目标 5500 万 t 后，可实现 GDP 11.70 万亿元，仍不能满足 GDP 基本增长需求。

3）F172：预计 2030 年在 F100 基础上，加大地下水超采量 36 亿 m^3，减少入海水量到 50 亿 m³，GDP 可提高到 16.48 万亿元，可实现规划目标值的 97%，即通过适度牺牲资源和生态环境维持基本的 GDP 增长，是协调性相对较好的方案。

4）F180：预计 2030 年在 F172 基础上，提高粮食产量 200 万 t，GDP 将下降 0.41 万亿元，可实现规划目标的 96%，五维协调度略低于方案 F172。

B. 南水北调二期工程未按期实施

1）F124：南水北调二期工程未按期实施，2030 年超采地下水量 36 亿 m³、入海水量控制在 55 亿 m³，通过进一步强化节水，并加大非常规水利用量至 66.5 亿 m³（增加约 25.4 亿 m³），预计 2030 年可实现 GDP 16.23 万亿元，约为规划目标值的 97%。

2）F184：在 F124 基础上，增加 2020 年超采量至 55 亿 m³，减少入海水量至 55 亿 m³，可使 2030 年 GDP 提高到 16.48 万亿元，但系统协调性低于方案 F124。

3）F132：在 F184 基础上，提高 2030 年粮食生产能力至 5700 万 t，GDP 将减少到 16.09 万亿元。

以上三个方案都采用加大非常规水利用量弥补二期工程未按期实施的缺憾，其中，F184 以进一步加大 2020 年超采量、减少入海水量提高经济发展规模，偏重于经济；F132 提高 2030 年人均粮食产量，偏重于粮食安全，影响了 GDP 总量；F124 是系统协调性相对较好的方案。

C. 加大中线一期引水量 20%

方案 F136 加大中线一期引水量 20% 至 75 亿 m³，与二期工程按期实施相比，减少引江水量约 11.2 亿 m³，与二期未按期实施相比增加引江水量 27.1 亿 m³，在保障粮食产量 5500 万 t 的前提下，预计 2030 年 GDP 可达到 16.3 万亿元；若 F196 进一步增加超采量、减少入海水量，GDP 可进一步提高，但系统协调性不及方案 F136。

D. 加大中线一期引水量 20%，引黄水量达到黄河"87 分水方案"值

方案 F148 在 F136 的基础上，充分利用引黄水量，达到国务院黄河"87 分水方案"指标 63.1 亿 m³，加上中期一期引水量增加 20%，外调水量可达到 154.9 亿 m³，与南水北调二期工程按期实施的外调水量 168.71 亿 m³ 相比，减少水量 13.8 亿 m³，与仅加大中线一期引水量相比，增加水量 11.9 亿 m³，2030 年可支撑 GDP 发展规模介于两者之间。

总体上看，在 1980~2005 年偏枯水文系列条件下，ET 对国民经济用水的制约作用显著。通过对非常规水源的开发利用、常规水源的高效利用，五维竞争权衡达到整体协调的国民经济用水量在 460 亿 m³（F124 二期工程未按期实施，超采 36 亿 m³）至 480 亿 m³（F172 二期工程按期实施，超采 36 亿 m³）。为了保持基本的 GDP 增长速度，三产比例从 3.9∶46.5∶49.6（F172 二期工程按期实施）调整为 3.9∶44.7∶51.4（F124 二期工程未按期实施）。

11.3.2.3 调控结论

运用协同学和信息熵理论对 336 套系列组合调控方案进行了比选，结果表明：

1）在 1956~2000 年系列条件下，降水量较丰沛，ET 对国民经济用水的制约作用有限。通过加强对非常规水源的开发利用、常规水源的高效利用，可进一步控制 2020 年地

下水超采量下降到 16 亿 m³, 2030 年实现采补平衡, 入海水量控制在 55 亿~60 亿 m³。五维竞争权衡达到整体协调的国民经济用水量应控制在 505 亿 m³ (南水北调二期工程按期实施) 至 490 亿 m³ (二期工程未按期实施), 在保障 2030 年粮食生产能力达到 5700 万 t 条件下, 可实现 GDP 总量 16.30 万亿~16.56 万亿元, 南水北调二期工程未能按期实施与按期实施相比将减少 GDP 1.57%。系统整体协调性较好方案: ①南水北调二期工程按期实施, 方案 F56 和 F54; ②南水北调二期工程未按期实施, 方案 F80 和 F77; ③二期工程未按期实施、加大中线一期引水量 20%, 方案 F89 和 F90。

2) 在 1980~2005 年偏枯水文系列条件下, ET 对国民经济用水的制约作用显著。若采用基本方案设定的地下水超采量 (2020 年 36 亿 m³、2030 年采补平衡)、入海水量 (2020 年 64 亿 m³、2030 年 68 亿 m³) 目标, 即使南水北调二期工程按期实施, 非常规水利用量提高到 66.5 亿 m³, 仅可实现规划 GDP 目标值的 67%。因而, 五维目标需综合协调, 竞争权衡的结果如图 11-24 所示。

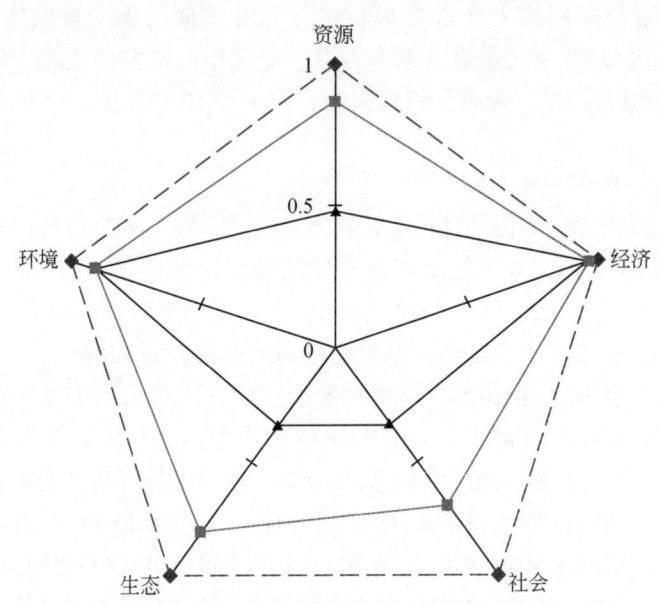

－◆－长系列理想点　─■─长系列推荐方案F56　─▲─短系列推荐方案F172

图 11-24　长、短系列推荐方案五维竞争协同有序度方案雷达图 (2030 年)

在 1980~2005 年系列条件下, 应以大力提高常规水资源的利用效率、加大非常规水利用量为前提, 2030 年地下水超采量控制在 36 亿 m³, 入海水量控制在 50 亿 m³ 左右, 粮食生产能力维持在 5500 万 t, 国民经济用水量控制在 460 亿 m³ (F124 二期工程未按期实施, 超采 36 亿 m³) 至 480 亿 m³ (F172 二期工程按期实施, 超采 36 亿 m³)。为了保持基本的 GDP 增长速度, 三产比例从 3.9∶46.5∶49.6 (F172 二期工程按期实施) 调整为 3.9∶44.7∶51.4 (F124 二期工程未按期实施), 可实现 GDP 总量 16.23 万亿~16.48 万亿元。分析结果表明, 在短系列水文条件下, 南水北调二期工程按期实施非常必要。系统整体协调性较好方案:

①南水北调二期工程按期实施，方案 F172 和 F109；②南水北调二期工程未按期实施，方案 F124 和 F132；③二期工程未按期实施、加大中线一期引水量 20%，方案 F136 和 F196；④加大中线一期引水量 20%，引黄河水达"87 分水方案"，方案 F148 和 F216。

两套水文系列理想点、基本方案、推荐方案五维竞争权衡结果，如图 11-25 所示。

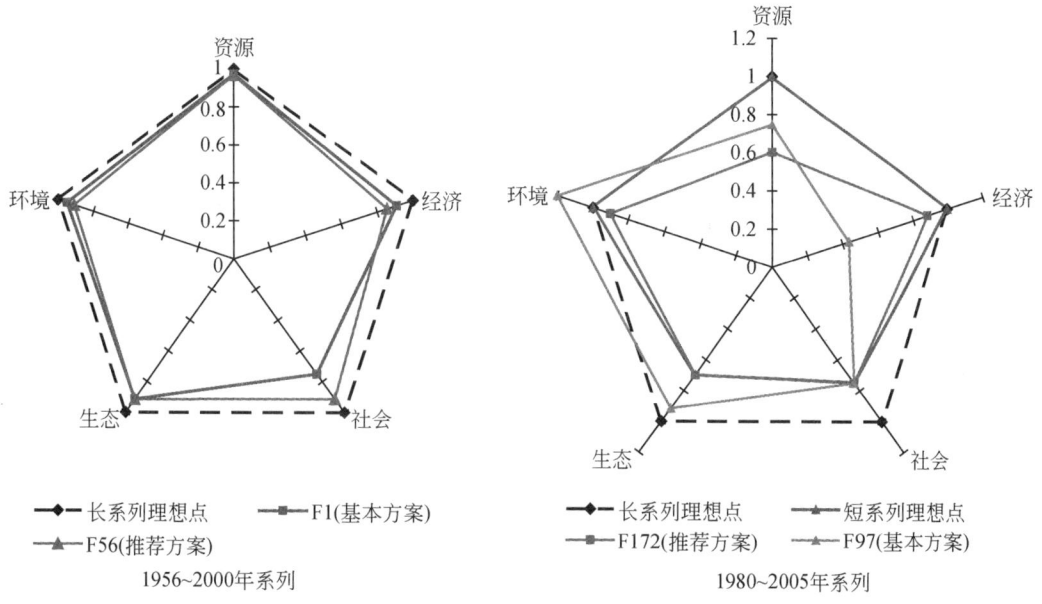

图 11-25　五维竞争协同有序度雷达图（2030 年）

11.3.2.4　调控方案风险分析

五维临界调控系统是极其复杂的系统，受多种不确定因素的干扰，任何单一因素或多因素组合的不确定性变化都会导致多维临界调控方案的风险。其中最大的风险来自南水北调二期工程能否按期实施。因而，本次设置了二期工程按期实施、未按期实施、加大中线一期引水规模等情景，以规避风险。

对三种情景的分析结果表明，在 1956~2000 年水文系列条件下，由于降水量丰沛，二期工程按期实施与否对调控结果影响不大，而在 1980~2005 年偏枯水文系列条件下，即使南水北调二期工程 2030 年达效，为保证基本的经济发展用水，2030 年尚需适量超采地下水，故二期工程按期实施十分必要。

11.3.3　总量控制指标分析

11.3.3.1　总量控制策略

总量控制策略是落实多维临界调控实施方案的决策，需要将合适的情景调控方案与管理措施相关联，根据多维临界整体调控分析之后的推荐方案，建立一整套具备可操作性的流域层面管理控制实施方案，满足推荐方案下的流域总量控制管理，实现预定的多维调控模式。根据五维调控的情景分析方案，总量控制策略应包括水量的时空配置和污染负荷的时空调控，实现经济社会与生态环境均衡协调的水资源和水环境综合解决方案。通过对推荐情景方案的效应分析，提出总量控制指标。

资源维主要表征协调自然水循环与社会用水之间的均衡，其总量控制目标应落实到流域主要水循环通量和用水量的控制。经济维主要体现在水资源对经济发展的支撑状况，因此可以通过国民经济供用水总量反映。社会维以公平性为准则，可以农业用水总量及其分布反映水资源利用的公平合理性。生态维表征系统的可持续性和水循环的支撑作用，可以生态用水总量以及水循环自身健康的总量指标表达。环境维核心在于水环境功能的维持，应当以用水对水环境产生影响的总量指标来反映。

根据上述总量控制的总体策略和指标选取原则，本书在五维十项宏观表征指标整体调控、水资源供用过程和污染物迁移转化等分析的基础上，结合海河流域水资源与水环境管理现状，针对流域水资源与水环境的问题，以推进海河流域水资源与水环境综合管理为目标，按照"取水、用水、耗水、排水"四种口径提出七大总量控制目标。各项总量指标在模拟分析水资源与水环境的合理配置方案分析基础上得出，达到提高水资源利用效率和效益、修复生态环境和改善海河流域及渤海水环境质量等目的。

11.3.3.2 地表水取水总量

海河流域地表水水源工程分为蓄水、引水、提水、调水工程。蓄水工程包括蓄水水库及小型塘坝，其中大型水库是最主要的地表水资源开发工程；引水工程包括从河道、湖泊等地表水体自流引水的工程；提水工程指利用扬水泵站从河道和湖泊等地表水体提水的工程；调水工程指水资源一级区或独立流域之间的跨流域调水工程，主要包括引黄工程和南水北调东、中线工程。推荐方案地表水工程供水量如表 11-9 所示。

表 11-9 海河流域推荐方案地表水工程供水量　　　（单位：亿 m³）

方案	水平年	蓄水工程	引提水	河网水	外调水工程	当地地表水
基准年		72.8	16.9	12.1	43.2	101.8
F89	2020	73.2	21.2	16.4	130.2	110.9
	2030	83.9	11.7	11.8	142.2	107.5
F56	2020	82.0	22.7	17.3	130.2	122.0
	2030	80.7	11.2	9.7	166.5	101.6
F136	2020	56.6	10.1	14.2	134.4	81.0
	2030	63.8	12.1	15.6	143.0	91.1
F172	2020	59.6	10.5	14.0	134.4	84.1
	2030	65.4	7.0	8.6	166.0	81.0

从表 11-9 可以看出，1956~2000 年水文系列方案（F89、F56），2030 年当地地表水取

水量控制在 107.5 亿 m³ 和 101.6 亿 m³，地表水开发利用率依次为 50% 和 47%[①]。1980~2005 年水文系列方案（F136、F172），2030 年当地地表水取水量控制在 91.1 亿 m³ 和 81 亿 m³，地表水开发利用率依次为 57% 和 51%，与基准年相比分别减少 10.7 亿 m³ 和 20.8 亿 m³。说明南水北调水后，不仅能够满足新增的社会经济用水，而且使当地地表供水有所减少。

根据推荐调控方案结果分析，在南水北调中线二期（东线三期）工程实施的前提下，地表水取水总量控制指标在长系列水文条件下应为 101.6 亿 m³，与现状地表供水量基本持平，地表水开发利用率维持在 47% 左右。短系列水文条件下地表取水总量应控制在 81 亿 m³，地表水利用率在 51%。这说明在水文形势不利的条件下必须采用更为严格的地表水取用总量控制指标，保证水循环的资源维健康。考虑未来来水与近期枯水年一致，海河流域地表水取水总量应控制在 81 亿 m³ 左右。

11.3.3.3 地下水开采总量

地下水开采总量为深浅层地下水实际开采量之和。地下水开采总量为资源维控制目标，通过地下水开采总量将地下水超采量和地下水位控制在较合理范围内，逐步实现地下水的采补均衡，有利于系统的生态维持。地下水水源包括浅层地下水和深层地下水。海河流域推荐方案下地下水工程供水量组成情况，如表 11-10 所示。

表 11-10　海河流域推荐方案地下水工程供水量　　（单位：亿 m³）

方案	水平年	浅层地下水	深层地下水	地下水合计
基准年		211.6	35.2	246.8
F89	2020	183.8	29.5	213.3
	2030	178.6	24.2	202.8
F56	2020	178.6	28.8	207.4
	2030	166.5	17.2	183.7
F136	2020	198.7	20.3	219.0
	2030	205.7	15.7	221.4
F172	2020	219.3	24.2	243.5
	2030	207.6	14.6	222.2

1956~2000 年水文系列方案（F89、F56），地下水超采量由基准年的 63 亿 m³，逐步递减到 2020 年水平年的 23 亿~29 亿 m³，2030 年若南水北调二期工程按期实施（方案 F56）可实现零超采。1980~2005 年水文系列方案（F136、F172），2030 年地下水超采量控制在 36 亿 m³ 左右。

考虑未来水文条件与近期的一致性，海河流域在南水北调通水后地下水开采总量近期应

---

① 1956~2000 年系列多年平均地表水资源量为 216.1 亿 m³，1980~2005 年系列多年平均地表水资源量为 158.6 亿 m³，地表水开发利用率分别采用相应系列的地表水资源量计算得出。

控制在 220 亿 m³，远期应控制在 184 亿 m³，实现地下水总体零超采和地下水位的逐步回升。

11.3.3.4 ET 总量

海河流域水循环多维临界调控中，资源维是调控的核心，其总量控制指标以 ET 总量表示。以 ET 总量作为全流域水量平衡的主要指标，兼顾自然水循环过程和社会水循环过程，对资源维、经济维和社会维的状态均有反映。国民经济用水总量反映了经济维的状况，同时国民经济用水中的农业用水总量反映了社会公平性。

从水资源循环过程来看，ET 是海河流域水循环过程中的主要流失量。在自然水循环过程中，降雨是海河流域的主要流入水量，而主要流出量包括 ET 和入海水量。从海河流域的层次上分析，水量平衡主要是流入量和流出量的平衡，即降水量和 ET 以及入海水量的平衡。海河流域多年平均降水量为 1712.4 亿 m³，而入海水量多年平均只有 93 亿 m³，平衡后的 ET 为 1619 亿 m³，占总流失量的 95%。考虑到调水量及超采量的变化，海河流域的 ET 控制目标如表 11-11 所示。

表 11-11　海河流域 ET 控制目标　　　　　　　　　　（单位：亿 m³）

水文系列年	水平年	降水量	地下水超采量	入海水量	南水北调中线	南水北调东线	引黄河水量	可耗水量	ET 控制目标（考虑允许超采量后）
2007 年	2007	1558.5	81	17	0	0	43.8	1585.3	1666.3
1956~2000 年	2020	1712.4	36	64	62.42	16.8	51.2	1778.8	1814.8
			16					1778.8	1794.8
	2030	1712.4	0	68	86.21	31.3	51.2	1813.1	1813.1
			0	93				1788.1	1788.1
			0	68	62.42	16.8		1774.8	1774.8
1980~2005 年	2020	1594	36	64	62.42	16.8	51.2	1660.4	1696.4
			55	55				1669.4	1724.4
			45	35				1689.4	1734.4
			26	68				1656.4	1682.4
	2030	1594	0	68	86.21	31.3	51.2	1694.7	1694.7
								1707.7	1743.7
					62.42	16.8		1669.4	1705.4
			36	55	75	16.8		1682	1718
						63.1		1693.9	1729.9

从表 11-11 可以看出，1956~2000 年长系列年的情况下，海河流域的可耗水量（水量平衡情况下的 ET）在 1774.8 亿~1813.1 亿 m³ 间变化，允许超采后，ET 控制目标变化范围为 1774.8 亿~1814.8 亿 m³，再进一步增加非常规水源的利用（微咸水和海水利用，与

外调水相同处理），ET 目标最大可以达到 1829 亿 m³。

而 1980~2005 年短系列年的情况下，海河流域的可耗水量在 1660.4 亿~1707.7 亿 m³ 间变化，允许超采后，ET 控制目标变化范围为 1682.4 亿~1743.7 亿 m³，增加非常规水源的利用后，ET 目标最大可以达到 1759.1 亿 m³。

11.3.3.5 国民经济用水总量

根据方案计算中供用相等的原则，各方案的供水总量即为国民经济用水总量。随着外调水的增加，国民经济可用水总量增加，其中当地地表水和地下水供水量均有不同程度的减少。表 11-12 为推荐调控方案下各方案、各行业的用水总量。可以看出，在 1956~2000 年水文系列条件下，2030 年国民经济用水总量达到 508.5 亿 m³，在 1980~2005 年水文系列条件下可以达到 480 亿 m³。根据调控方案分析，在维持资源维和生态维合理需求，协调经济发展与生态环境保护协同均衡条件下，未来国民经济用水总量应控制在 485 亿 m³ 左右。为保持社会维的行业公平和缓解发展与生存的矛盾，农业用水总量应保持在 260 亿 m³ 以上。

表 11-12　海河流域推荐方案国民经济用水总量　　（单位：亿 m³）

方案	水平年	需水总量	供水总量	城镇生活	农村生活	工业及第三产业	农业	城镇生态	农村生态	缺水总量
基准年		458.7	401.9	22.4	17.1	71.5	285.5	5.4	0.0	56.8
F89	2020	504.2	503.4	38.0	16.1	128.9	306.8	10.1	3.5	0.8
F89	2030	503.0	502.9	48.1	15.4	118.4	304.0	12.6	4.4	0.1
F56	2020	509.5	508.6	38.0	16.1	133.0	308.0	10.1	3.4	0.9
F56	2030	509.2	509.2	48.1	15.4	122.2	306.4	12.7	4.4	0.0
F136	2020	439.9	439.2	38.0	16.1	107.3	264.0	10.1	3.7	0.7
F136	2030	467.4	466.6	48.1	15.4	115.6	271.2	12.7	3.6	0.8
F172	2020	467.6	466.8	38.0	16.1	133.0	266.0	10.1	3.6	0.8
F172	2030	479.9	479.9	48.1	15.4	122.7	276.6	12.7	4.4	0.0

11.3.3.6 排污总量

为表达污染负荷总量和分布两种特征，排污总量采用 COD 污染物入河控制量和水功能区达标率两项指标来反映。

（1） COD 污染物入河控制量

污染物入河控制总量是根据水体的纳污能力、污染物排放量、排污口分布等条件，以实现水功能区达标为目的，对入河污染物进行限量控制的定额指标，也可称作允许纳污量。在海河流域各类水功能分区中，保护区和饮用水源区采用现状纳污能力作为各规划水平年污染物入河控制量，其他水功能区的污染物入河控制量分别按以下方法确定。

2020 年，对于入河量小于纳污能力的水功能区，则以其入河量作为入河控制量；对于现状入河量超过纳污能力的河系干流及主要支流功能区或现状入河量未超过其纳污能力两倍的其他功能区，按照2020年的纳污能力进行控制，达到水质目标；对于其他污染比较严重的水功能区，按照现状入河量的50%确定入河控制量。2030年，若入河量小于纳污能力，则以入河量作为入河控制量。若入河量大于或等于纳污能力，则以纳污能力作为入河控制量。

根据上述方法，通过对不同水平年污染物入河量预测，确定海河流域2020年COD入河控制总量为53.1万t；2030年COD入河控制总量为30.7万t。

海河流域入河污染物总量主要集中在大中型城市的纳污河流。根据流域水功能区的COD现状入河量分析，污染最为严重的40个水功能区现状入河量占流域总入河量的74%。因此，提高大、中城市污水集中处理率，是完成污染物削减任务的关键措施。海河流域不同水平年污染物入河控制量如表11-13所示，全流域COD入河总量控制指标为53.11万t/a和30.71万t/a。

表11-13　海河流域不同水平年COD入河控制量　　　（单位：万t/a）

河系	2020年	2030年	行政区	2020年	2030年
滦河	2.42	2.19	北京	5.95	6.71
北三河	7.64	6.96	天津	11.63	3.69
永定河	3.67	2.68	河北	21.8	10.45
大清河	6.51	2.67	山西	3.25	2.11
子牙河	11.84	4.37	河南	6.01	3.67
海河干流	9.5	3.05	山东	4.41	4.02
漳卫河	6.93	4.35	内蒙古	0.06	0.06
黑龙港运东	0.67	0.59	—	—	—
徒骇马颊河	3.93	3.85	—	—	—
流域合计	53.11	30.71	—	53.11	30.71

（2）水功能区达标率

按照污染物入河控制量进行控制，流域水功能区的一级区中的保护区、保留区，二级区中的饮用水源区、景观娱乐用水区（共173个、规划河长5676km）与人民生活息息相关，应在2020年前先行达标；河系干流及重要支流的水功能区在2020年达到水功能区水质标准，2020年海河流域63%的水功能区将达标，2030年将全部达标。海河流域省界断面水质保护目标，如表11-14所示。省界控制断面的水质是行政区域污染物总量削减考核的重要依据之一。根据《海河流域综合规划》的目标，现状水质污染较重（劣Ⅴ类水质）的省界缓冲区2020年比现状水质提高一个水质类别，其他省界缓冲区水质在2020年达到水功能区水质标准；2030年全部达到水功能区水质标准。海河流域34条重要河流的36个省界控制断面，2020年达到水功能区水质标准的有24个，占67%，2030年全部达到水功能区水质标准。

表 11-14 海河流域省界断面水质保护目标表

序号	河系	河流	省界	控制断面	现状水质	水质保护目标 2020 年	水质保护目标 2030 年
1	滦河	闪电河	河北—内蒙古	黑城子牧场	Ⅲ	Ⅲ	Ⅲ
2	滦河	滦河	内蒙古—河北	郭家屯	Ⅳ	Ⅲ	Ⅲ
3	北三河	潮河	河北—北京	古北口	Ⅱ	Ⅱ	Ⅱ
4	北三河	潮白河	北京—河北	赶水坝	Ⅴ	Ⅳ	Ⅳ
5	北三河	白河	河北—北京	下堡	Ⅲ	Ⅱ	Ⅱ
6	北三河	黑河	河北—北京	三道营	Ⅱ	Ⅱ	Ⅱ
7	北三河	汤河	河北—北京	喇叭沟门	Ⅱ	Ⅱ	Ⅱ
8	北三河	沟河	北京—河北	双村	Ⅳ	Ⅲ	Ⅲ
9	北三河	沟河	河北—天津	辛撞闸	劣Ⅴ	Ⅴ	Ⅲ
10	北三河	北京排污河	北京—天津	大沙河	劣Ⅴ	Ⅴ	Ⅴ
11	北三河	蓟运河	河北—天津	张头窝	劣Ⅴ	Ⅴ	Ⅳ
12	北三河	潮白新河	河北—天津	吴村闸	Ⅴ	Ⅳ	Ⅳ
13	北三河	北运河	河北—天津	土门楼	劣Ⅴ	Ⅴ	Ⅳ
14	永定河	永定河	河北—北京	八号桥	Ⅳ	Ⅳ	Ⅳ
15	永定河	南洋河	山西—河北	水闸屯	Ⅲ	Ⅲ	Ⅲ
16	永定河	洋河	山西—河北	西洋河	Ⅳ	Ⅲ	Ⅲ
17	永定河	桑干河	山西—河北	册田水库	Ⅳ	Ⅲ	Ⅲ
18	永定河	御河	内蒙古—山西	堡子湾	劣Ⅴ	Ⅴ	Ⅲ
19	永定河	二道河	内蒙古—河北	友谊水库	Ⅳ	Ⅲ	Ⅲ
20	大清河	拒马河	河北—北京	张坊	Ⅲ	Ⅲ	Ⅲ
21	大清河	唐河	山西—河北	倒马关	Ⅳ	Ⅲ	Ⅲ
22	大清河	大清河	河北—天津	台头	劣Ⅴ	Ⅴ	Ⅲ
23	子牙河	子牙河	河北—天津	王口	劣Ⅴ	Ⅴ	Ⅳ
24	子牙河	绵河	山西—河北	地都	Ⅳ	Ⅲ	Ⅲ
25	子牙河	滹沱河	山西—河北	小觉	Ⅲ	Ⅲ	Ⅲ
26	子牙河	子牙新河	河北—天津	御甲庄	劣Ⅴ	Ⅴ	Ⅳ
27	子牙河	沧浪渠	河北—天津	窦庄子南	劣Ⅴ	Ⅴ	Ⅳ
28	漳卫河	清漳河	山西—河北	刘家庄	Ⅴ	Ⅲ	Ⅲ
29	漳卫河	浊漳河	山西—河南	天桥断	劣Ⅴ	Ⅴ	Ⅴ
30	漳卫河	浊漳河	河南—河北	合漳	Ⅲ	Ⅲ	Ⅲ
31	漳卫河	漳河	河南—河北	观台	Ⅳ	Ⅲ	Ⅲ
32	漳卫河	南运河	山东—河北	第三店	Ⅴ	Ⅱ	Ⅱ
33	漳卫河	卫河	河南—河北	龙王庙	劣Ⅴ	Ⅴ	Ⅳ
34	漳卫河	卫运河	河北—山东	馆陶	劣Ⅴ	Ⅴ	Ⅲ
35	徒骇马颊河	马颊河	河南—河北	南乐	Ⅴ	Ⅳ	Ⅳ
36	徒骇马颊河	徒骇河	河南—山东	大清集	劣Ⅴ	Ⅴ	Ⅳ

11.3.3.7 入海水量

入海水量为生态维控制目标，根据有关科研成果分析，维持海河流域河口海相淤积动态平衡的多年平均水量为 75 亿（最小）~ 121 亿 m³（适宜）；维持主要河口水生生物（鱼类）栖息地盐度平衡的多年平均水量为 18 亿（最小）~ 50 亿 m³（适宜）。五维整体调控的结果表明，入海水量控制应以维持河口水生生物栖息地盐度的基本平衡为目标。海河流域推荐方案下的入海水量，如表 11-15 所示。

表 11-15　海河流域推荐方案入海水量　　　（单位：亿 m³）

方案	水平年	入海水量
	基准年	49.0
F89	2020	62.1
	2030	71.4
F56	2020	65.5
	2030	68.6
F136	2020	66.5
	2030	49.7
F172	2020	59.2
	2030	51.0

从计算结果可以看出，在 1956~2000 年水文系列条件下，入海水量应控制在 70 亿 m³ 左右，在 1980~2005 年水文系列条件下，应控制在 50 亿 m³ 左右。

11.3.3.8 生态用水总量指标

根据海河流域生态现状、修复目标和功能定位，考虑河流、湿地、河口现状生态质量不下降或进行改善与修复，按照山区河流、平原河流、湿地及河口分别确定枯水年生态水量。规划的山区河段基本属于自然状态，蒸发渗漏损失已在现状实测水量中反映，生态水量为基流量；平原河流不同河段有不同的物理结构、动态的过流蓄水、植被、地下水位等情况，根据实际情况进行估算。

对于水体连通和生境维持功能的河段，要保障一定的生态基流，原则上采用 Tennant 法计算，取多年平均天然径流量的 10%~30% 作为生态水量，山区河流原则上取 15%~30%，平原河流 10%~20%；对于水质净化功能的河流，同于水体连通功能河段，不考虑增加对污染物稀释水量；对景观环境功能的河段，采用植被的灌水量或所维持的水面部分用槽蓄法计算蒸发渗漏量；北运河、陡河、独流减河等大量接纳城市排水的河流，生态水量根据现状实测水平确定。

湿地生态规划水量采用湿地最小生态需水量，该水量用生态水位法计算，考虑维持水生动植物生存条件的最低水位和水面，以蒸发渗漏损失为最小生态水量。现状水位低于最低生态水位的湿地，需一次性补水。

河口生态水量采用入海水量，以河系为单元进行整合，扣除河流上下段之间、山区河流与平原河流之间、河流与湿地及入海的重复量。2020年和2030年河流生态水量采用同一标准。

（1）河流生态水量

经计算，平原24个河段最小生态水量为28.51亿 m³（表11-16）。上述河流最小生态水量对应耗损量约12.15亿 m³，剩余入海水量16.36亿 m³，加上沿海地区直流入海河流现状入海水量1.83亿 m³后，平原规划河流最小入海水量为18.19亿 m³。

表11-16　海河流域平原河流规划生态水量　　（单位：亿 m³）

序号	河系	河流名称	规划河段	最小生态水量	入海水量	沿海诸河入海水量
1	滦河	滦河	大黑汀水库—河口	4.21	4.21	0.32
2	滦河	陡河	陡河水库—河口	1.02	1.02	
3	北三河	蓟运河	九王庄—新防潮闸	0.95	0.85	
4	北三河	潮白河	苏庄—宁车沽	1.38	0.70	1.3
5	北三河	北运河	通县—子北汇流口	1.53	1.00	
6	永定河	永定河	卢沟桥—屈家店	1.42		
7	永定河	永定新河	屈家店—河口	0.68	1.10	
8	大清河	白沟河	东茨村—新盖房	0.68		
9	大清河	南拒马河	张坊—新盖房	0.35	1.24	
10	大清河	潴龙河	北郭村—白洋淀	0.50		—
11	大清河	唐河	西大洋—白洋淀	0.68		
12	大清河	独流减河	进洪闸—防潮闸	1.24	0.6	
13	海河	海河干流	子北汇流口—海河闸	0.6		
14	子牙河	漳沱河	黄壁庄水库—献县	1		
15	子牙河	滏阳河	京广铁路桥—献县	0.73		0.21
16	子牙河	子牙河	献县—第六堡	0.96	0.96	
17	漳卫河	漳河	铁路桥—徐万仓	0.32		
18	漳卫河	卫河	合河—徐万仓	3.25		
19	漳卫河	卫运河	徐万仓—四女寺	2.07		1.60
20	漳卫河	漳卫新河	四女寺—辛集闸	1.2		
21	漳卫河	南运河	四女寺—第六堡	0.66		
22	徒骇马颊河	徒骇河	毕屯—坝上挡水闸	1.90	1.90	
23	徒骇马颊河	马颊河	沙王庄—大道王闸	0.82	0.82	—
24	徒骇马颊河	德惠新河	王凤楼闸—白鹤观闸	0.36	0.36	
			合计	28.51	16.36	1.83

(2) 湿地生态水量

全流域规划的 13 个湿地最低生态水面面积为 836km²，最小生态水量为水面蒸发渗漏量扣除降水量，经计算为 8.77 亿 m³。其中水面蒸发量为 8.65 亿 m³，渗漏量为 3.84 亿 m³，降水量为 3.71 亿 m³；另需一次性补水量为 8.23 亿 m³，由丰水年或外流域调水补给。各湿地生态水量如表 11-17 所示。

表 11-17　海河流域平原主要湿地规划生态水量

序号	湿地名称	生态水面 /km²	年蒸发量 /亿 m³	年降水量 /亿 m³	年渗漏量 /亿 m³	规划生态水量 /亿 m³	一次性补水量 /亿 m³
1	青甸洼	5	0.05	0.02	0.04	0.06	0.06
2	黄庄洼	95	0.84	0.44	0.61	1.01	0.93
3	七里海	85	0.85	0.39	0.62	1.08	0.74
4	大黄堡洼	95	0.84	0.44	0.61	1.01	0.93
5	白洋淀	122	1.34	0.53	0.24	1.05	1.22
6	团泊洼	60	0.60	0.31	0.30	0.60	0.55
7	北大港	177	1.95	0.76	0.97	2.16	1.78
8	永年洼	11	0.12	0.04	0.04	0.12	0.12
9	衡水湖	55	0.60	0.22	0.13	0.51	0.55
10	大浪淀	49	0.54	0.21	0.10	0.43	0.49
11	南大港	55	0.61	0.24	0.10	0.47	0.55
12	恩县洼	17	0.19	0.07	0.04	0.16	0.16
13	良相坡	10	0.12	0.04	0.03	0.11	0.15
合计		836	8.65	3.71	3.83	8.77	8.23

(3) 流域生态水量

流域生态水量由河流、湿地、河口三部分组成，规划生态水量如表 11-18 所示。

表 11-18　海河流域生态规划水量（枯水年）　　　　（单位：亿 m³）

河系	河流	湿地	河流湿地重复量	入海水量	总规划生态水量（不重复）
滦河及冀东沿海	5.55	—		5.55	5.55
北三河	5.16	3.17	1.4	3.85	6.93
永定河	2.10	—	—	1.10	2.10
大清河	4.05	3.81	1.62	1.84	6.24
子牙河	2.9	0.62	0.62	1.17	2.9
黑龙港运东	—	0.9			0.9
漳卫河	7.50	0.27		1.60	7.77
徒骇马颊河	3.08	—		3.08	3.08
合计	30.34	8.77	3.64	18.19	35.47

注：山区河流生态水量与平原河流生态水量重复；河流水量中含直流入海河流的入海水量 1.83 亿 m³。

枯水条件下，河流生态水量为 30.34 亿 m³，湿地生态水量为 8.77 亿 m³，河流与湿地重复部分为 3.64 亿 m³，入海水量为 18.19 亿 m³，总规划生态水量为 35.47 亿 m³。生态水量占海河流域多年平均天然径流量的 16.2%，占特枯年流域天然径流量的 35%。考虑南水北调工程的实施，生态用水控制总量在未来枯水年应达到 35.5 亿 m³，其中入海水量为 18.2 亿 m³，其余为河道内和湿地生态用水量。

11.4 海河流域社会水循环调控措施

为实现海河流域水资源的可持续利用，应从完善水资源配置工程体系、节水与非常规水源利用、加强水资源保护、实行最严格的水资源管理制度等方面开展工作。

11.4.1 水资源配置工程

海河流域目前已初步形成了当地地表水、地下水、引黄水和非常规水源利用相结合的水资源配置工程体系。

11.4.1.1 配置工程体系

南水北调工程通水后，海河流域将在现有工程体系基础上，建设完善以"二纵六横"为骨干的流域水资源配置工程体系，形成"南北互济"、"东西互补"水资源配置工程体系。如图 11-26 所示。

其中，"二纵"是指南水北调中线、东线两条总干渠，以及鲁北、豫北、河北、天津的引黄工程。"六横"是指滦河、北三河、永定河、大清河、子牙河、漳卫河 6 个天然河系，以及进入永定河上游的引黄入晋北干线、南水北调支渠和配套工程、现有引水工程等。

11.4.1.2 主要规划项目

海河流域规划重点水资源配置工程包括外调水和当地水开发两类，共 12 项。

外调水主要项目有南水北调中线、南水北调东线、山西省引黄入晋北干线、河北省引黄（引黄入淀），以及引黄入晋北干线济京和引黄济津潘庄线路两项应急引黄工程，共计 6 项。

当地水开发主要项目有山西省浊漳河吴家庄、河北省承德市武烈河双峰寺、河北省张家口市清水河乌拉哈达等 3 座大型水库，32 座中型水库（含南水北调配套水库 8 座）、中线总干渠与各河系、大型水库与河系、河渠湖库等连通工程，以及农村饮水安全工程，共 6 项（类）。

11.4.2 节水与非常规水源利用

11.4.2.1 节水规划措施

(1) 城镇生活节水

加快城市供水管网技术改造，降低输配水管网漏损率，有计划地推进城市供水管网的

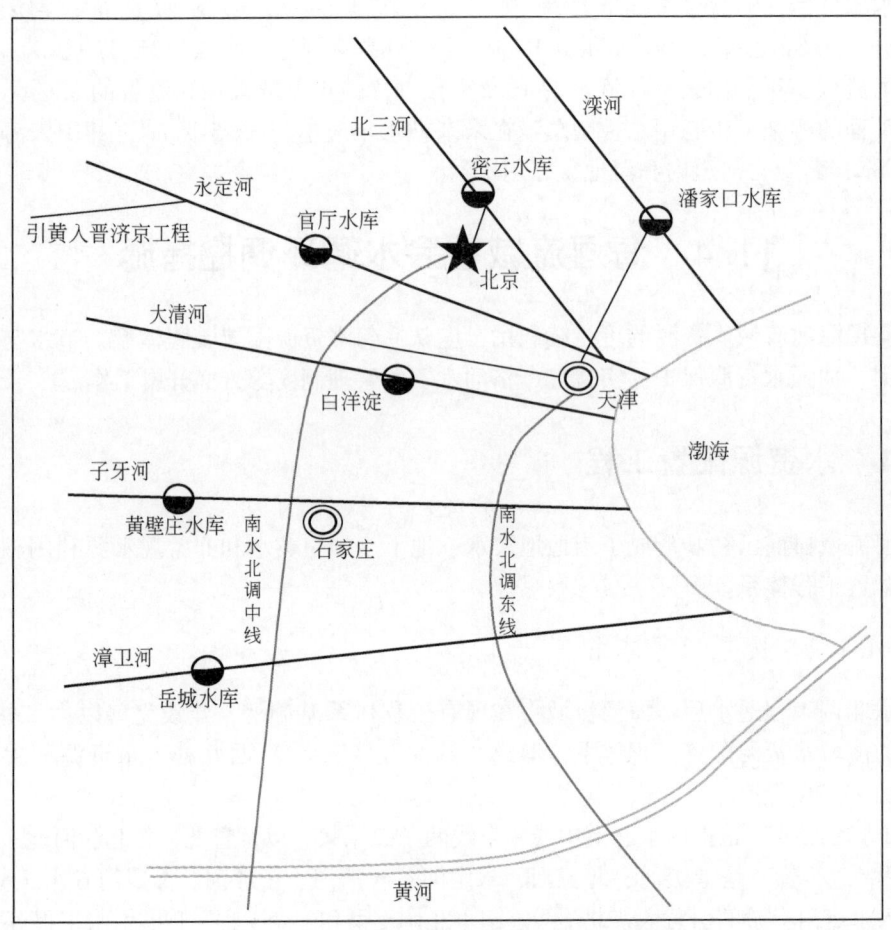

图 11-26　海河流域水资源配置工程体系示意图

更新改造工作，对运行使用年限超过 50 年，以及旧城区严重老化的供水管网，争取在 2020 年前完成更新改造。到 2030 年，全流域城镇供水管网漏损率要达到 10% 以下，其中 30 万人以下的城市自来水管网漏损率要降低到 8% 左右，100 万人以上的大城市要降低到 10% 以下。

全面推行节水型用水器具，提高生活用水节水水平。强化国家有关节水政策和技术标准的贯彻执行力度，制定推行节水型用水器具的强制性标准。制定鼓励居民家庭更换使用节水型器具的配套政策，大力推广节水型住宅。2020 年前，企事业单位生活用水节水器具普及率要达到 100%，城镇新建商品住宅节水器具使用率要达到 100%。2030 年城镇居民生活用水和企事业单位公共用水节水器具普及率均要达到 100%。

加大城镇生活污水处理和回用力度。大力倡导再生水回用，新建 20 万 m^2 以上规模的住宅小区，年生活用水量在 10 万 m^3 以上企事业单位，强制建设生活污水处理回用站，推广中水冲厕和绿地灌溉。加强城市雨水的利用，城市建设中要增加雨水的收集和存蓄工程，逐步增加城市河湖和公共绿地灌溉雨水使用量。

采取以上措施，海河流域城镇生活（包括公共）用水到2020年可实现节水量3.5亿 m³，到2030年可实现节水量4.0亿 m³。

（2）工业节水

积极发展节水型产业和企业。控制经济布局，促进产业结构调整，积极发展节水型产业，新建企业必须采用国际先进的节水技术。加强建设项目水资源论证和取水管理，限制缺水地区高耗水项目上马，禁止引进高耗水、高污染工业项目，以水定产，以水定发展。逐步降低单位产品新鲜水使用量，提高用水效率，做到节水减排，实现清洁生产。

强化对现有企业的节水力度。通过技术改造，促进企业向节水型方向发展，通过企业技术升级、工艺改革、设备更新，逐步淘汰耗水大、技术落后的工艺设备，限期达到产品节水标准。推进清洁生产战略，加快污水资源化步伐，促进污水、废水处理回用。采用新型设备和新型材料，提高循环用水浓缩指标，减少取水量。加强计量，强化企业内部用水管理，建立完善三级计量体系。加强用水定额管理，改进不合理用水因素。

通过采取以上节水措施，到2030年，海河流域工业用水重复利用率将提高到95%，万元工业产值用水定额降至20m³/万元；可实现工程节水量17.9亿 m³。

（3）农业灌溉节水

优化农业种植结构。根据水资源条件合理安排作物种植结构和发展灌溉规模，优化农业结构和布局，发展高效节水农业和生态农业。黑龙港和滨海平原地下咸水区通过政策措施限制冬小麦等高耗水作物的种植面积，优先发展旱作节水农业，积极培育和推广耐旱的优质高效作物品种，适当发展一定规模的设施农业。

加快灌区节水改造。加大大、中型灌区更新改造力度，重点解决骨干工程设施不配套、老化失修、渠系不配套、渗漏损失严重等问题。开展大、中型灌区末级渠系和田间节水改造，提高用水效率。小型灌区普遍存在灌溉规模小、设施老化、配套不全、用水效率偏低等问题，应结合农田水利基本建设，加快进行节水改造，重点解决水源脆弱、输水漏损严重和田间用水效率低的问题。

加大田间节水改造力度。大力发展田间渠道防渗和管道输水，因地制宜发展喷微灌、膜下滴灌和膜上灌等节水灌溉技术，逐步加大设施农业的比重，水稻区全面推广浅湿灌等灌溉方式。改革传统耕作方式，发展保护性耕作，推广各种生物、农艺节水技术和保墒技术，研究开发和推广耐旱、高产、优质农作物品种。

大力发展旱作节水。在丘陵、山区和干旱地区因地制宜建设水窖等小型集雨工程，采取覆盖集雨、雨水积蓄补灌、保墒固土、生物节水、保护性耕作等措施。积极推广深松蓄水保墒等旱作节水技术。

通过采取以上措施，到2030年，海河流域节水灌溉面积达到9500万亩，节水灌溉率达到85%，灌溉水有效利用系数达到0.76。可实现工程节水量21.0亿 m³。

（4）工程总节水量及效果分析

综合城镇生活、工业和农业灌溉三个行业节水措施，到2020年，海河流域可实现工程节水量33.29亿 m³；到2030年，可实现工程节水量42.91亿 m³，其中城镇生活3.96亿 m³、工业17.94亿 m³、农业灌溉21.01亿 m³，如表11-19所示。

表 11-19 海河流域主要行业节水量　　　　　　　　　　（单位：亿 m³）

行政区	2020 年				2030 年			
	城镇生活	工业	农业灌溉	小计	城镇生活	工业	农业灌溉	小计
北京	0.73	1.04	0.80	2.57	0.90	2.02	1.13	4.05
天津	0.50	0.93	1.53	2.96	0.60	1.86	1.66	4.12
河北	1.61	6.83	11.78	20.22	1.70	9.20	13.25	24.15
山西	0.15	0.77	0.42	1.34	0.18	1.02	0.53	1.73
河南	0.31	0.73	0.95	1.99	0.35	1.65	1.12	3.12
山东	0.20	0.94	2.56	3.70	0.22	2.12	2.69	5.03
内蒙古	0.01	0.03	0.45	0.49	0.01	0.07	0.60	0.68
辽宁	0.00	0.00	0.02	0.02	0.00	0.00	0.03	0.03
流域合计	3.51	11.27	18.51	33.29	3.96	17.94	21.01	42.91

强化节水措施对需水抑制效果显著。如不采取强化节水措施，海河流域 2030 年多年平均总需水量将从 514.8 亿 m³ 增加到 557.7 亿 m³，增加 42.9 亿 m³，增幅为 8.3%。其中，城镇生活需水量增加 8.1%，工业和农业灌溉用水分别增加 20.4% 和 7.7%，如表 11-20 所示。

表 11-20 海河流域强化节水措施对需水量的影响

项目	2020 年需水量			2030 年需水量		
	有节水措施/亿 m³	无节水措施/亿 m³	增加幅度/%	有节水措施/亿 m³	无节水措施/亿 m³	增加幅度/%
城镇生活	38.0	41.5	9.2	48.1	52.0	8.1
工业	60.4	71.6	18.5	87.7	105.6	20.4
灌溉（多年平均）	279.6	298.1	6.6	272.7	293.7	7.7
总需水量（多年平均）	494.6	527.8	6.7	514.8	557.7	8.3

（5）控制 ET 的节水措施

从水资源宏观管理到水资源开发利用各个层面，贯彻 ET 节水理念，控制无效蒸发，提高雨水资源利用效率。通过全社会各种有效的节水措施减少耗水，提高利用效率，逐步使海河流域水循环步入良性轨道。

在水资源配置方面，要优化水资源配置布局，减少潜水和地表水体蒸发。对浅层地下水位较高的地区，加大潜水和微咸水开发利用，降低地下水位，减少地下水潜水蒸发。科学配置与调度水源，实施地表水和地下水联合调度，充分发挥地下水含水层的调蓄作用，优先利用地表水，降低地表水体的水面蒸发。加强输水渠道防渗工程，减少输水损失，降低由于渠道渗漏产生的水分散失量。

在农业灌溉方面，要调整农业种植结构，减少土壤和作物蒸发。优化作物种植结构，减少水稻和冬小麦种植面积，增加节水作物种植。实施灌溉节水，在灌溉渠系节水的同时，大力发展管道输水、微灌、滴灌、膜下滴灌等高效节水灌溉面积以及蔬菜大棚等设施农业，减少土壤水无效蒸发量。通过发展秸秆覆盖、薄膜种植等作物耕作和农艺措施，实行田间蓄水保墒。

在水生态修复和水环境建设方面，要注意与当地的气候及地理环境相适应。在水土保持生态建设和林业发展中，要推广耐旱品种，因地制宜地布设与气候及地理环境相适应的乔、灌、草，控制高耗水林、草种植。在河流水生态修复和水环境建设中，要规范与控制人造水面面积，合理确定城市绿地林、草布局，推广节水林、草种植。

11.4.2.2 非常规水源利用

(1) 海水淡化和直接利用

海水利用包括直接利用和海水淡化。直接利用主要用于电厂冷却，海水淡化后可用于生活。海水淡化技术目前有蒸馏法、反渗透法和电渗析法三种。其中，反渗透法是用压力驱使海水通过反渗透膜，具有节能的优点，能量消耗量只有电渗析的一半，是蒸馏法的2.5%，是近年来发展最快、最有前途的方法。

随着天津滨海新区、河北曹妃甸工业区，以及京唐港、黄骅港建设，具有大量利用海水的潜力。根据天津、河北、山东三省市有关部门规划，海河流域2020年海水直接利用量可达65亿 m^3，按1/20～1/30比例折合成淡水为2.5亿 m^3，海水淡化利用量0.9亿 m^3，合计3.4亿 m^3；2030年海水直接利用量可达75亿 m^3，折合淡水2.9亿 m^3，海水淡化利用量1亿 m^3，合计3.8亿 m^3。

(2) 微咸水利用

微咸水（苦咸水）利用一般包括农业灌溉和经淡化后供农村生活使用两个方面。微咸水利用主要采取咸淡水混浇的方法进行灌溉。苦咸水淡化方法有蒸馏法、电渗析法和反渗透法，当前海河平原苦咸水区农村主要使用反渗透法。

海河流域矿化度2～3g/L的微咸水资源约有17.7亿 m^3。根据天津、河北、山东三省市规划，2020年微咸水可利用量将达到7.8亿 m^3，开发利用率达到44%；2030年微咸水将达到8.6亿 m^3，开发利用率达到49%。

(3) 再生水利用

再生水具有不受气候影响、不与临近地区争水、可以就近取水、水源稳定可靠且保证率高等优点，与海水淡化、跨流域调水相比成本较低，还有助于改善水生态环境。再生水可用于农业灌溉、城市绿化、河湖环境、市政杂用、生活杂用、工业冷却、湿地湖泊补水等方面，而且不存在任何技术问题。

随着污水处理程度的提高，到2020年海河流域一般城市再生水利用率将达到20%左右，无外来水源的严重缺水城市要达到40%。根据各省市有关部门规划，预计2020年流域再生水可利用量可达到24亿 m^3，2030年达到29亿 m^3。

(4) 非常规水源总供水量

据预测，海河流域2020年非常规水总供水量可达35.1亿 m^3，2030年可达41亿 m^3（表11-21）。

表 11-21 海河流域非常规水源供水量　　　　　　　　（单位：亿 m³）

行政区	2007 年				2020 年				2030 年			
	再生水	微咸水	海水	合计	再生水	微咸水	海水	合计	再生水	微咸水	海水	合计
北京	4.57	0	0	4.57	5.2	0.0	0.0	5.2	5.9	0.0	0.0	5.9
天津	0.08	0	0.02	0.1	4.8	0.8	1.3	6.9	5.4	0.8	1.4	7.6
河北	0.51	2.26	0.01	2.78	7.6	4.3	1.8	13.8	9.0	5.1	2.1	16.2
山西	1.67	0	0	1.67	2.5	0.0	0.0	2.5	3.3	0.0	0.0	3.3
河南	0	0	0	0	2.1	0.0	0.0	2.1	2.4	0.0	0.0	2.4
山东	0.22	0.44	0	0.66	1.4	2.7	0.3	4.4	2.2	2.7	0.3	5.2
内蒙古	0	0	0	0	0	0	0.3	0.3	0	0	0.4	0.4
辽宁	0	0	0	0	0.0	0.0	0.0	0.0	0.0	0.0	0.0	0.0
流域合计	7.05	2.70	0.03	9.78	23.9	7.8	3.4	35.1	28.6	8.6	3.8	41.0

注：①海水可利用量包括淡化和直接利用折合淡水量。②2007 年其他水源利用量不包括集雨工程。

11.4.3　水资源保护

水资源保护包括污染源防治、重要水库水源地保护、地下水压采等。

11.4.3.1　污染源防治

(1) 点污染源防治和污水处理

根据污染源预测和水功能区水体纳污能力分析，海河流域 2020 年 COD 入河削减量为 58.44 万 t，削减率为 52%；2030 年 COD 入河削减量为 101.2 万 t，削减率为 77%。如表 11-22 所示。

表 11-22　海河流域 2020 年、2030 年 COD 削减量

行政区	2020 年		2030 年	
	削减量/万 t	削减率/%	削减量/万 t	削减率/%
北京	4.55	43	11.16	62
天津	9.31	44	19.99	84
河北	29.08	57	45.38	81
山西	3.26	50	7.09	77
河南	2.40	29	4.73	56
山东	9.58	68	12.45	76
内蒙古	0.26	80	0.40	86
流域合计	58.44	52	101.20	77

工业污染源治理主要是加强企业治理力度，积极调整产业结构，推进清洁生产，严格环保准入，继续实施工业污染物总量控制，加强对重点工业污染源监管等。

海河流域河流水量小、纳污能力低，污水处理设施建设成为改善河流水质的关键因素。要合理确定污水处理厂设计标准及处理工艺，出水直接排入渤海及富营养化水域的污水处理厂要具有除磷脱氮功能。提高城市再生水利用水平，根据有关部门规定，省辖市2020年再生水利用量要达到污水处理量的20%以上，2030年达到30%以上。加强污水处理厂配套工程建设，确保污水处理费足额征收，加大污水处理费收缴力度。

结合需水预测分析，海河流域2030年城镇生活和工业废污水量可达到约80亿 m^3。根据国家有关规定和当前污水处理厂建设进展情况分析，海河流域2030年大城市污水集中处理率可达到近100%，中等城市和县城达到90%，城市集中污水处理总规模接近每年80亿 m^3，城镇生活和工业废污水可基本上全部得到处理。结合河流生态净化等措施，水功能区规划目标是可以达到的。

（2）面污染源防治

面污染源主要有畜禽养殖、化肥施用、城镇地表径流、农村生活污水及固体废弃物、水土流失等五个方面。

分析表明，海河流域现状面污染源产生的COD达738万t、氨氮76万t、总氮216万t、总磷69万t。其中，COD入河量35万t、氨氮3.7万t、总氮12万t、总磷4万t。入河面源污染物主要来自禽畜养殖污水和化肥施用。点面污染物入河量总负荷中，COD和氨氮的面源污染负荷贡献率分别为21%和25%，而极易造成水库富营养化的总氮和总磷则达到66%和87%。面污染源已成为海河流域地表水污染的主要来源。

面污染源的防治，要结合社会主义新农村建设，加强农村畜禽圈舍、厕所、肥料场建设，建立有机肥料加工厂，加工生产有机肥料，回归自然；推广测土配方施肥，提高化肥有效利用率，减少化肥施用量；推广生物防治病虫害技术，减少农药使用量。

11.4.3.2 重要水库水源地保护

海河流域主要水库水源地有密云、官厅、潘家口、大黑汀、于桥、怀柔、岗南、黄壁庄、岳城、陡河、洋河、石河、西大洋、王快、桃林口、漳泽16座。

目前，已有密云、官厅、于桥、怀柔、岗南、黄壁庄、陡河、洋河、石河9个水库由地方省级或地市级人民政府（人民代表大会）完全划定了水源保护区，其余7个水库尚未划定或完全划定。

根据保护程度，水源地应划分保护区和准保护区。

保护区的范围为大、中型山区水库库区居民迁移线以下的区域（根据水库设计时的移民安置规划），其中大Ⅰ型水库为所在水功能区对应的范围和其对应的库岸外延1km所包含的区域。

准保护区的范围是水库周边分水岭至移民沿线之间的区域，其中大Ⅰ型水库为其保护区外延3~5km以内（保护区外）的区域。保护区及准保护区陆域边界不应超过相应分水岭。

水源地保护的主要措施包括建设水源地保护区物理或生物隔离带；开展准保护区内的点污染源以及泥沙、农村面污染源治理，按照准保护区规定的水质标准和纳污能力核定污染物入河控制量；加强水库上游污染源防治和污水处理，或在河流入库口设置水质净化工程，改善入库水质；控制或关闭库区内水产养殖，减少库区周边的人口和生产活动等，控制库区内污染源。

11.4.3.3 地下水压采

(1) 平原地下水压采

海河平原 2007 年地下水开采量约为 208 亿 m^3，包括浅层地下水、深层承压水（不含微咸水）。以水资源三级区套省级行政区为单元统计，当年地下水超采量约达 81.4 亿 m^3，占总供水量的 20%。

南水北调工程通水后，通过水资源优化配置，平原地下水 2030 年配置开采量下降至约 129 亿 m^3，已低于平原地下水可开采量约 135 亿 m^3，地下水总体上实现采补平衡。与 2007 年相比，海河平原 2030 年需压采地下水约 81 亿 m^3，其中河北平原压采量达约 60 亿 m^3，占总压采量的 74%。山东徒骇马颊河平原因有引黄便利的条件，目前地下水总体不超采，未来可以适当加大开采量。压采量计为零，如表 11-23 所示。

表 11-23　海河平原 2030 年地下水压采量　　　　　（单位：万 m^3）

行政区	可开采量	2007 年开采量	2007 年超采量	2030 年配置开采量	压采量
北京	21.32	22.64	2.66	17.19	5.45
天津	4.16	8.16	5.58	4.16	4.00
河北	74.28	134.10	60.10	73.75	60.35
河南	11.01	21.54	10.53	10.74	10.8
山东	24.50	21.79	2.54	23.21	0
合计	135.27	208.23	81.41	129.05	80.6

平原地下水压采的基本原则是：先压南水北调工程直接受水区、后压间接受水区，先压深层承压水、后压浅层地下水，先压严重超采区、后压一般超采区。南水北调工程受水区范围内的城镇生活和工业地下水开采井，在南水北调工程通水后，逐步减少或停止地下水开采。其中，报废的开采井予以封填，停止抽取地下水；其余开采井予以封存备用，一般年份不开采，特殊干旱情况下，可按照规定的程序启用，发挥抗旱作用。南水北调工程受水区范围内的农业地下水开采井，在南水北调工程通水后，根据被挤占的农业用水量返还情况，采取有封有留的措施，严格控制开采量。

地下水压采的主要措施是：对有替代水源的超采区，结合替代水源的建设情况，对现有的地下水开采井采取限采或限期封存（填）等措施，逐步压缩地下水开采量。现状城镇公共供水管网已覆盖范围内的自备井，能够利用公共供水管网的要尽快完成水源替换工作，取消自备井开采，有特殊需要的要对其取水量进行核定并加强监督和管理。

(2) 平原地下水回灌补源

根据水源条件，因地制宜地采取地下水回灌补源措施，增加地下水的有效补给及地下水的资源储量，提高水资源的利用效率和抗风险能力。规划修建地下水人工回灌补源工程32处。

北京市规划通过集雨和提高地下水入渗率，增加雨水下渗量补给地下水；利用通惠河、潮白河等河道和蓄滞洪区拦蓄洪水，增加地下水补给量。

河北省规划建设七里河、白马河、滹沱河、沙河及一亩泉等回灌补源工程，利用南水北调中线工程退水补给地下水。另外，在汉江丰水年时，利用中线总干渠的加大流量和富余容量也可以将汉江弃水或丹江口余水用于农业和生态环境，建立受水区生态补水的长效机制。

河南省规划建设的回灌补源工程多数是引黄河水，少数是引当地地表水进行替代和补源。引黄补源工程主要是通过调节引黄灌区的灌溉用水量进行。通过规划的工程措施，适当加大黄河两岸灌区浅层地下水开采量，节约引黄水量，扩大引黄补源范围；在引黄灌区或引黄补源工程下游，兴建、续建配套工程，利用引黄退水补源，还可以利用现有工程在非灌溉季节进行引水拦蓄补源。

(3) 山间盆地地下水压采

在海河流域的大同、蔚（县）阳（高）、张（家口）宣（化）、涿（鹿）怀（来）、天（镇）阳（高）、延庆、遵化、忻（州）定（襄）、长治9个山间盆地，2007年浅层地下水开采量为15.2亿 m³，超采量0.76亿 m³，总体上超采量不大，但局部超采较为严重。盆地地下水超采较为严重的是大同和延庆盆地。大同市城郊地下水超采区现状漏斗中心水位下降速率超过3.5m/a，最大埋深近80m，局部含水层被疏干。

山间盆地地下水保护措施主要是增加引黄水（引黄入晋北干线）、当地地表水（建设一些供水水库）、再生水利用，加大节水力度，逐步压缩地下水开采量，实现盆地地下水系统的良性循环。到2020年，山间盆地地下水可实现采补平衡，部分山间盆地浅层地下水实现补大于采。

(4) 重要泉域保护

海河流域主要岩溶大泉有山西省的娘子关泉、神头泉、坪上泉、辛安泉，河北省的黑龙洞泉、百泉、一亩泉、威州泉，河南省的珍珠泉9个。岩溶大泉具有调节性能强、集中出露、水流相对稳定、水质优良等特性。由于地下水过度开采、煤矿开采排水等原因，以上9个大泉现状泉水流量平均比20世纪50年代减少了一半以上，其中百泉、一亩泉已干涸。与泉水流量衰减相伴，泉域地下水水位呈持续下降趋势，其中娘子关泉近20年来泉域地下水水位整体下降约20m。

泉域保护的措施主要包括通过划定保护区、分区制定地下水开采量控制方案和污染治理方案等。对山区重要泉域进行保护，要遏制地下水水位下降和水质恶化的趋势。对已干涸的平原泉口采取河湖沟通等措施逐步予以恢复，其中，一亩泉恢复工程主要为王快、西大洋水库联合向一亩泉调水；百泉恢复工程主要为各泉坑之间建连接渠，泉区出口建节制闸及泉坑周围岸坡护砌、绿化等。

11.4.4 实行最严格的水资源管理制度

11.4.4.1 严格取水总量控制

(1) 严格控制用水总量增长

海河流域工业用水应按微增长的原则进行控制,新增工业用水主要依靠节水和再生水解决。海河流域农业用水除列入全国千亿斤粮食规划区可适当新增用水外,不再增加用水指标。

(2) 建立省级行政区取水许可控制指标体系

以水资源配置方案为基础,编制《海河流域用水总量控制指标》,制定海河流域省级行政区取水许可总量控制指标,包括生活、工业、农业、生态环境等用水行业的地表水、地下水、外调水和非常规水源取用水指标。

在明晰流域水资源总量和可利用量的基础上,制订全流域及各省级行政区域水资源配置方案,为流域层面的用水总量控制管理提供依据。制定用水效率控制红线,进一步完善用水定额及其标准体系,在现状用水水平分析、流域和区域水资源配置方案的基础上,制订更为科学、更为严格的行业用水定额。

(3) 制订或调整主要跨省河流水量分配方案

制定跨省河流水量分配方案是控制省级行政区取水总量最有效也是难度最大的措施。

经国务院正式批复的海河流域水量分配方案有滦河、漳河、永定河。另外,《21世纪初期首都水资源可持续利用规划》(国函〔2001〕53号批复)规定,河北省平水年进入官厅水库水量为3亿m^3,潮白河进入北京水量为6亿m^3。

海河流域需要制订水量分配方案的主要跨省河流有滦河、蓟运河、潮白河、北运河、永定河、拒马河、滹沱河、漳河、岳城水库、卫河10条。其中,国务院已批复的滦河、漳河、永定河水量分配方案,应根据南水北调工程通水后新的水资源情势进行调整,并制订水量调度方案和水量调度管理办法。

(4) 健全水资源论证制度

水资源论证审批应以取水许可控制指标体系、河流水量分配方案等为依据,对于超过指标的项目应停止审批。

加强水资源论证管理立法工作,建议将《建设项目水资源论证管理办法》上升为行政法规,提升办法的法律地位;完善流域水资源论证管理法规体系,强化水资源论证管理。同时,大力推进国民经济和社会发展规划、城市总体规划和重大建设项目布局的水资源论证工作,完善相关管理制度,从源头上把好水资源开发利用关,增强水资源论证管理在国家宏观决策中的作用。

进一步加强取水许可管理规章制度建设。以已有法律、法规为基础,完善流域取水许可管理法规体系,为取水许可管理提供法规保障;提出流域取水许可总量控制指标,并进一步细化分解,建立覆盖流域和省、市、县三级行政区域的取水许可总量控制指标体系;

制定《海河流域取水许可总量控制管理办法》，严格取用水管理。

逐步探索并建立水权交易制度，促进水资源优化配置和高效利用。在政府宏观调控和监管下，水行政主管部门制定有关的交易程序和交易规则，促进取水权从低效用户向高效用户转移，促进水资源同经济社会发展相适应。

(5) 严格地下水开发利用管理

加强地下水管理，合理划分地下水资源保护区，明确地下水超采地区、严重超采区、禁止开采区和限制开采区的开发利用及管理制度，对于超采区不允许增加开采量。加强山区泉域和矿山开采区地下水保护。

完善地下水管理制度。水资源配置方案给出的地下水配置开采量，是地下水开采管理的"红线"。落实地下水水功能区划，明确开发区、保护区和保留区的开发、保护规则。加强对地下水位的动态监测，对地下水压采效果进行实时评价，定期向社会公布地下水动态信息，强化舆论的监督作用。根据地下水功能区开展地下水管理，逐步完善地下水管理制度，加强对地下水水源地的保护。结合南水北调工程，制订海河流域地下水压采方案及压采的保障措施，实行地下水压采、限采。

制定海河流域地下水管理条例。地下水是海河流域主要供水水源，超采严重。南水北调工程的实施为海河流域受水区地下水压采创造了有利的条件。为了保障地下水压采工作的有序开展，实现地下水资源的可持续利用，亟须出台加强地下水管理方面的规定。海河流域地下水管理条例主要包括以下内容：一是明确条例的适用范围；二是确定地下水管理组织机构及其职责；三是建立地下水资源开发、利用与保护相关制度；四是完善地下水取水许可和水资源论证制度；五是加强地下水资源动态监测站网的建设；六是建立地下水资源开发利用及保护的奖惩机制；七是建立地下水开采及水资源保护监督管理制度。

(6) 强化水资源统一配置和调度

南水北调工程通水前，海河流域要以保证京、津等大城市供水安全为重点，做好各项应急调水工作。南水北调工程通水后，要根据水资源配置方案，优先使用长江水和非常规水源，控制当地地表水和黄河水利用量，大力压缩地下水开采量。

建立流域水资源开发利用协商机制，在跨省河流和地下水源地、省际边界河流新建、扩建、改建各类水工程，应当按照有关规定与相关省（自治区、直辖市）水行政主管部门充分协商，并按法定程序报批。

建立流域供水安全应急保障机制，完善大中城市和重点地区应急调水预案，确保供水安全。地级以上城市要全面完成城市供水应急预案编制，制定干旱和紧急情况下的供水措施，建立干旱期动态配水管理制度、紧急状态用水调度制度，保障正常生活生产用水。

建立水资源战略储备制度，按照重要程度，区分深层地下水、浅层地下水、非常规水资源等，建立水资源储备，规定水资源储备量和使用条件。

建立洪水资源利用管理制度。海河流域已在潘家口、岗南、黄壁庄、于桥和岳城等综合利用水库开展了洪水预报和主汛期动态控制汛限水位研究，应在管理中不断探索，在不增加工程措施和承担有限风险的情况下，减少汛期弃水，增加供水。同时加强河系沟通，以利于洪水资源利用。还可采取雨水集流、入渗回灌、雨水储存、管网输送及调蓄利用等措施，实现城市雨洪资源的有效利用。

11.4.4.2 加快推进节水型社会建设

(1) 完善用水定额管理制度

国家有关部门将开展重点行业用水定额国家标准修订，省级水行政主管部门也将开展定额标准制定工作，同时开展典型灌区、用水企业和服务性用水单位的用水监测和考核，制定和发布一些耗水量大产品的淘汰名录。

(2) 建立和完善水价形成机制

南水北调工程通水后，海河流域形成了外调水、当地水和非常规水等多水源供水的局面。应建立各水源合理的水价关系，从经济政策上使长规水和非常规水源得到优先使用，当地水利用（特别是地下水开采）得到控制。

完善水价形成和征收管理机制。水资源费和供水水价是水资源配置中的价格因素，为充分发挥市场机制和价格杠杆在水资源配置、水需求调节和水污染防治中的作用，充分利用外调水源，需对水资源费和水价结构、标准、计价方式、征收与补偿等方面进行改革，建立充分体现海河流域水资源紧缺状况和水资源配置特点的水资源费和水价形成及管理机制，以合理利用各种水源、提高用水效率、促进水资源优化配置。

合理调整供水水价，理顺水价结构。按照不同用户的承受能力，建立多层次供水价格体系。逐步提高工程供水水价和城市供水水价，合理确定再生水价格，特别是要理顺南水北调水和当地水源供水水价的协调关系，使外调水源得到充分利用。

扩大水资源费征收范围，合理确定征收标准。积极探索农业地下水资源费征收和财政补贴机制，限制深层承压水的使用量。改革水价计价方式，强化征收管理，积极探索实施两部制水价和阶梯式水价的计价方式。

(3) 深化节水型社会建设试点

海河流域列入第一批（2001年）节水型社会建设试点的城市有天津市和廊坊市，列入第二批（2006年）的有北京市海淀区、石家庄市和德州市。要在总结经验的基础上，加强对试点工作的指导，深入推进节水型社会建设。

11.4.4.3 加强水功能区监督管理和水生态修复

(1) 开展水功能区监督管理

严格入河排污口管理，对现状排污量超过水功能区限制排污总量的地区，限制审批新增取水和入河排污口。根据水利部批复的海河流域入河排污口监督管理权限，开展在入河排污口的设置审查、登记、整治、档案、监测等方面的监督管理工作。

加强水功能区入河排污口管理制度建设。落实水利部水资源〔2008〕217号《关于海河流域入河排污口监督管理权限的批复》文件精神。进一步加强入河排污口监督管理，全面推动入河排污口常规化监测，适时开展入河排污口监督性监测工作以及污染物总量通报工作。进一步细化落实入河排污口监督管理权限及分级管理制度，各省、自治区、直辖市水利（水务）厅（局）主管部门继续加强对入河排污口监测的支持和入河排污口的常规性监测,加强入河污染物总量通报工作。建立入河排污口登记和审批制度,将水功能区限排总量分解到入河排污口。新建、改建、扩建入河排污口要进行严格论证,强化对主要河流和湖泊的入河排污口管制,坚决取缔饮用水水源保护区内的排污口。严格取水和退水水质管理,合理制定取水用水户退排水的监督管理控制标准,严禁直接向河流湖泊、水库排放超标准工业废污水,严禁利用渗坑向地下退排污水。

完善流域水资源保护与水污染防治协作机制。建立流域水污染监测预警系统与流域水污染事件应急处理机制,实行跨省河流闸坝调度通报制度,减少水污染突发事件及其造成的损失。落实《海河流域水资源保护与水污染防治协作机制》,充实"海河流域水系保护协调小组"人员,进一步完善联席会议、联合检查、重大水污染事件应急处理、跨省河流闸坝调度通报、水系保护信息共享和技术支持与科技合作六项工作制度,全面开展流域水污染联防联治。

完善水量水质监测和通报制度。按照流域水文状况和经济社会发展需要,结合水资源及水功能区管理,进一步完善流域水量水质监测制度,通过水资源监测网络建设,采取自动监测、遥感监测和生物监测等技术手段,扩大水量水质的监测覆盖面,提高监测频次,全面掌握流域内水资源动态和水质状况。编制水资源监测通报,及时向社会公布。完善应急监测制度,及时有效地应对突发性水环境事件,为提高水污染处理速度和质量奠定基础。

建立省界断面水量水质联合监测制度。建立和完善海河流域省界断面水功能区水质考核指标体系和评价标准。流域管理机构应对流域内省界断面水量水质状况及污染物入河总量实施监测通报,定期将有关情况以文件形式通报有关部门。

(2) 加强对饮用水源地保护

海河流域已有密云、怀柔、潘家口、大黑汀、岗南、岳城、于桥、西大洋、大浪淀9座水库和滹沱河、北京北四河平原、滦冀沿海、邯郸羊角铺、大同御河、安阳洹河6处地下水源地列入国家重要饮用水源地第1、第2批名录。加强水源地的监督检查和治理保护,做好突发事件应急预案。

制定引滦水资源保护管理条例。近年来,滦河上游点、面污染源排污量有所增加。引滦水资源保护涉及不同省市和部门,亟须在国家层面出台加强引滦工程水质保护的法律、法规。引滦水资源保护管理条例主要包括以下内容:一是明确水源地保护区;二是理顺引滦水资源保护管理体制;三是完善滦河入河污染物总量控制制度;四是加强各级水质监测机构建设;五是建立水资源保护奖惩机制;六是建立完善的监督管理制度;七是建立水资源保护的公众参与机制。

加强重点饮用水水源地和跨省市供水工程的水质保护监督与协调工作。建立重点水域水质监测制度,维护饮用水源地和重要水体功能区的良好水质。

(3) 加强水生态保护与修复

加强对山区河流水生态保护,保证特枯水年实测水量不低于生态水量。南水北调工程通水前,抓住来水有利时机开展平原河流、湿地生态修复,特别是保证白洋淀等重要湿地具有一定水面;南水北调工程通水后,开展大规模生态修复工作,落实各河流、湿地的生态水源和相关工程、管理措施。

建立水库闸坝的生态调度制度。以维护河流健康、促进人水和谐为宗旨，统筹防洪、兴利与生态，运用先进的调度技术和手段，实施生态调度，在保障水库防洪、供水安全的同时，兼顾下游河道的生态需求，减免和消除水库对平原河道生态造成的负面影响，发挥水利工程在改善生态方面的积极作用。加强水库来水的科学预报预测，增强水库防洪安全和生态调度的灵活性。根据水库蓄水量和来水预测情况，对岳城、岗南、黄壁庄、王快、西大洋等重点大型水库，在非汛期结合供水任务，制订合理放水计划，汛前集中下泄的水量分摊到各月中，保障平原河道的基流量，维持河道一定的水体连通功能，改善河道生态环境，同时还要避免污水集中下泄。

逐步建立与水有关的生态补偿制度。近年来海河流域组织实施了多项应急生态补水工作，制定海河流域生态补水方案的保障措施，按照水价形成机制制定应急调水补偿制度。根据建立与水有关生态补偿管理机制的要求，建立健全与水有关的生态补偿监测、生态服务功能和价值评估、监督、评价和后评价等相关制度，规范与水有关的生态补偿行为。强化流域管理机构在统筹协调解决流域上下游、左右岸利益相关者关系中的作用，建立与水有关的生态补偿协调、协商、仲裁等有关制度，确保与水有关的生态补偿工作的有序开展。加强水生态补偿资金和项目的监管，确保资金的合理使用和工程效益的充分发挥。

建立河流生态管理"三线"制度。划定河流湖泊"蓝、绿、灰"三条控制线，其中"蓝线"是水体控制线，包括岸线区域，水体空间范围及必要的涨落带，以保证水体具有一定的面积、生态流量和水位及生态功能上的完整性，以杜绝减少水面、分割水面和对水体进行过度人为干扰，导致水生态系统功能下降的情况发生。"绿线"是蓝线外所控制陆域植物区域的控制线，绿线区域为水体的保护和水生态系统的稳定提供缓冲空间，在产生经济效益的同时，需保证河流湖泊的主体功能和作用，进行绿化压尘保持植被覆盖率，防治水土流失，实施不同的管理对策。"灰线"主要是被确定为影响滨水景观的开发建设区域，应在滨水景观塑造、天际轮廓线控制和生态通道等方面体现人水和谐的理念。

11.4.4.4 加强水利信息化建设，完善流域水资源监测网

(1) 水利信息化建设

海河流域水利信息化建设总目标是：在充分利用、整合、挖掘现有资源的基础上，形成布局合理、高度共享、快速反应的流域水利信息化体系，提高各级水利部门的管理能力、决策能力、应急处理能力和公共服务能力。具体包括以下五个方面。

一是扩建改造信息监测采集系统。扩大信息采集点范围，提高信息采集点密度，提升站网综合监测能力和移动监测能力，提高信息采集自动化程度。到2020年水情测报自动化率达到70%以上，工程监控、地下水监测自动化率均达到50%以上，水质监测、旱情监测、灾情监测自动化率均达到30%以上；到2030年水情测报自动化率达到100%，工程监控自动化率达到80%以上，水质监测、旱情监测、灾情监测自动化率均达到70%以上。

二是实现流域机构和流域内各级水利部门信息传输网络全部互联互通，建成覆盖全流

域的信息传输网络系统、视频会议系统及完备的应急通信保障系统。到 2020 年县级水利部门连通覆盖率、局域网覆盖率、视频会议系统覆盖率均达到 100%。

三是整合信息资源，建设各类基础数据库，完成流域数据中心和省级水利部门数据中心建设，建立数据交换和共享机制。

四是在充分挖掘已有信息资源、整合业务应用系统的基础上，加强业务应用系统的业务功能协作，为流域水事管理提供现代化管理手段。到 2020 年业务应用信息化率达到 80%以上，电子公文通达率、电子公文流转覆盖率、政务公开实现程度、行政审批事项网上办理率均达到 100%；2030 年业务应用信息化率达到 90%以上。

五是建立水利信息化安全保障系统，完成安全体系、标准体系和运行维护体系建设，保证信息化建设成果安全、持续、稳定并发挥效益。

（2）完善水资源监测体系

以保障供水安全、防洪安全和生态安全为目标，完善海河流域水资源监测网。重点是调整站网结构，加强省级行政区边界、重要城市、重要取水和退水口、湿地的监测站密度，逐步实现实时监测。海河流域水文监测站网规划如表 11-24 所示。

表 11-24　海河流域水文监测站网规划

分类	2007 年	2020 年	2030 年	2007~2030 年增加
基本水文站/处	347	413	478	131
地下水位自动监测井/眼	1773	4227	4227	2454
地表水质监测站/处	1261	1408	1525	264
地下水质监测井/眼	546	669	841	295

基本水文站规划的重点是通过水文站新增或改造，调整现有站网布局，增设省界出入境断面、重要城市、重要取水和退水口的监测站，强化水文站服务于水资源配置和管理的整体职能。充分依托流域水文站网（流量站），加强地表水资源监测。到 2030 年，建成覆盖全流域的地表水水量监测网络。

地下水位自动监测井网规划以海河平原为重点，加强对山前平原浅层地下水超采区、中东平原深层承压水开采区以及重要地下水源地的实时监测。海河流域地下水监测信息中心由流域中心、省市中心、地市分中心组成。到 2020 年建成覆盖全流域的地下水水位监测网络。

地表水水质监测站规划的重点是加强对水系上游、干流、省界、污染源排放集中等河段的监测。同时要提升单站综合监测能力，实现水文、水质联合监测。加强实验室仪器设备、实验室基础设施、水质移动监测、水质自动监测、监测机构和监测队伍建设，提升流域水质监测能力。到 2030 年建成覆盖全流域的地表水水质监测网络。

地下水水质监测站规划建设的重点是增加在地表水污染区、地下水重要水源地等地区的站点密度。水环境监测中心与地表水监测中心共用，不再新建。到 2030 年建成覆盖全流域的地下水水质监测网络。

第 12 章　天津市社会水循环模拟与调控

天津市位于海河流域下游，素有"九河下梢"之称，随着区域经济社会的快速发展和人口的增长，从资源消耗的角度，天津市近 10 年每年实际消耗 ET 超过可消耗 ET147.4 mm，这些超量 ET 都是以过度引用地表水、减少入海水量和超采地下水为代价换取的。另外，区域水污染的状况日益严重，目前除饮用水输水河道保持Ⅲ类水质外，其他河流的水质基本都是Ⅴ类或劣Ⅴ类水平，生态环境已经遭到严重破坏，附近的渤海水域也成为渤海水质最差的部分。由人类活动造成的水资源短缺及生态环境恶化成为天津市水资源面临的突出问题，已成为经济社会可持续发展的"瓶颈"性制约因素。控制区域耗用水量、减少社会水循环用水通量是实现"真实节水"、提高水资源利用效率和效益、有效缓解水资源供需矛盾、改善区域水生态环境质量的有效途径。本章将作者研发的理论成果和关键技术应用于天津市水资源与水环境综合规划实践中，在区域社会水循环模拟基础上，优化分配地表水、合理开采地下水和利用再生水，提出了用于天津市水资源与水环境综合管理的七大总量控制指标，切实转变水资源粗放式管理和开发利用方式，不断提高水资源的利用效率和效益，缓解水资源供需矛盾。2011 年，研究成果得到天津市发展和改革委员会的批复并得以实施。

12.1　天津市基本情况

12.1.1　自然地理

天津市位于华北平原东北部，海河流域的下游，北依燕山，东临渤海，海岸线长 153km，全市总面积为 11 946.88km^2，其中平原占 93.9%，山区和丘陵占 6.1%。天津市现辖 13 个区、3 个县，包括滨海新区、和平区、河东区、河西区、南开区、河北区、红桥区、东丽区、津南区、西青区、北辰区、武清区、宝坻区、蓟县、宁河县和静海县，详细分布如图 12-1 所示。

天津市气候属暖温带半湿润大陆性季风型气候，多年年平均气温在 12℃左右，极端最高气温为 42.7℃（1942 年 6 月 15 日），极端最低气温为 -27.4℃（1966 年）。区域多年平均降水量为 574.9mm，由北向南递减，多年平均蒸发能力为 900~1200mm，由北向南递增，干旱指数为 1.20~2.08。

天津市特殊的地理位置和地貌特点使其河流水系较为发达，流经本市的行洪河道有 19 条，排涝河道 79 条，分属于海河流域的北三河（蓟运河、潮白河、北运河）水系、永定河水系、大清河水系、海河干流水系、黑龙港运东水系和漳卫南运河水系。除此之外还包括天津市的重要供水水源工程——引滦入津、南水北调东中线调水。

第12章 天津市社会水循环模拟与调控

图 12-1 天津市行政分区图

12.1.2 经济社会

2010年天津市总人口为1299.29万人,年末户籍人口为984.83万人,其中非农业人口604.39万人,农业人口380.44万人,当年人口自然增长率为6‰。2010年全市国内生产总值为9108.83亿元,比2009年增长22.6%,是2000年的5.4倍。三产的比例为1.6:53.1:45.3,三次产业对经济增长的贡献率分别为1.2%、66.3%和32.5%。

12.1.3 水资源及开发利用

天津市多年平均降水量为574.9mm,人均水资源占有量约有160m³,为全国人均水资源量占有量的1/15,仅为世界平均水平的1/60,水资源极度匮乏。

天津市共有大型水库3座,总库容达到22.4亿m³,中型水库12座,总库容为3.3亿m³,小型水库126座,其中小(一)型为49座,小(二)型为77座,共计库容1.68亿m³。

2010年全市水资源总量为9.20亿m³,其中地表水资源量为5.58亿m³,地下水资源量为4.45亿m³。全市总供用水量为22.42亿m³,其中,地表水源供水量为16.16亿m³,包含引滦水量5.78亿m³,引黄水量2.28亿m³;地下水源供水量为5.87亿m³;深度处理的再生水回用量为0.17亿m³;海水淡化量为0.22亿m³。按用水项目划分,生产用水量为17.71亿m³,生活用水量为3.49亿m³,生态用水量为1.22亿m³。

2010年全市废污水排放量达5.83亿t。2010年全年地表水评价河长为1625.94km,其中Ⅱ类水河长69.34km,占评价河长的4%,Ⅲ类水河长189.20km,占评价河长的12%,Ⅳ类水河长106.00km,占评价河长的7%,Ⅴ类水河长19.00km,占评价河长的1%,劣Ⅴ类水河长1242.40km,占评价河长的76%。全市河流污染比较严重。

12.1.4 水资源与水环境存在的问题

(1) 资源型缺水极为严重,供需矛盾突出

从水资源情况来看,多年平均条件下,天津市人均水资源量仅为160m³,加上引滦等入境水,人均水资源量也不足为370m³,且时空分布很不均匀,水资源开发利用难度较大,属于典型的重度资源型缺水地区。随着气候变化和上游用水量的增加,将来入境水量和引滦水量达到这一理论值的难度很大,加上滦河流域和海河流域同枯的概率较高,更是加剧了区内水资源供需矛盾。

(2) 水环境形势严峻,需加大保护和治理力度

尽管天津市已在保护和改善水环境方面作出了很大的努力,但水环境形势依然严峻。天津市全区污水排放量大大超过了水环境承载能力,实际的水体环境容量远远不能满足稀释净化要求,造成大面积严重的水污染。2004年,在25个被监测的河流中,76%的河流总体水质均为劣Ⅴ类。同时近海海域也出现不同程度的富营养化,2003年天津市海域发生富营养化的水域占到全部监测海域的45%，发生富营养化的海域主要受到陆源排污的影响，天津市近海海域水质现状堪忧。

（3）水资源利用效率与严重缺水形势不相匹配

天津市一方面水资源紧缺，另一方面用水效率还比较低下，浪费水的现象还比较严重。主要表现在：资源配置不尽合理，在部分已接通引滦水的地区还在超量开采地下水；在工业用水方面，节水型企业比例不高，工业循环用水浓缩倍率多为2.5倍左右；在生活用水方面，全市节水器具普及率不高，为40%左右。在供水行业，天津市自来水公司的产销差率在17%以上，区县自来水公司的产销差率普遍高达20%以上，远远超过国家节水标准；农业种植结构不尽合理，全市农业用水居高不下，农业的GDP虽仅占全市的4.1%，但农业用水量占全市用水量的50%以上；农业节水总体水平不高，管理粗放，缺乏定额计量配水，各类农业节水工程控制面积为244.7万亩，仅占有效灌溉面积的46.04%，灌溉水利用系数为0.6左右，节水潜力尚未充分挖掘。

12.2 调控目标与原则

12.2.1 调控目标

本书研究以ET为核心的水资源与水环境综合规划理念，通过"自上而下、自下而上、纵横协调"的工作方法，在以往研究经验和成果的基础上，开展天津市水资源与水管理综合调控研究，为天津市水资源与水环境的可持续发展提供新思路。通过实施这一规划，旨在解决天津市现存的水资源短缺、水环境污染和水生态恶化三大重要水问题。规划2020年水平年调控目标如下：

1）地下水超采控制目标。全市地下水开采实现采补平衡。

2）水环境修复目标。全市典型污染物（COD和氨氮）入河排放量达到水功能区的纳污总量要求。

3）水生态修复目标。全市饮用水源功能区水生态系统近期不再恶化，保持中营养结构水平，远期趋于良性发展；保证全市河湖湿地等生态系统基本用水量，保证入海水量，全面改善陆域和近岸海域的水生态状况。

12.2.2 调控原则

1）可持续性原则。可持续性原则表现在为实现水资源的可持续利用，区域发展模式要适应当地水资源条件，水资源开发利用必须保持区域的水量平衡、水土平衡、水盐平衡、水沙平衡、水化学平衡和水生态平衡。

2）高效性原则。高效性原则是通过各种措施提高参与生活、生产和生态过程的水量及其有效程度，减少水资源转化过程和用水过程中的无效蒸发，提高水资源利用效率及效益，增加单位供水量对农作物、工业产值和GDP的产出；减少水污染，增加符合水质等级的有效水资源量。

3）公平性原则。公平性原则具体表现在增加地区之间、用水目标之间、用水人群之间对水量和污染负荷的公平分配。

4）系统性原则。系统性原则表现在对地表水和地下水统一分配，对当地水和过境水统一分配，对原生性水资源和再生性水资源统一分配，对降水性水资源和径流性水资源统一分配，对水资源和污染负荷统一分配。

12.3 天津市社会水循环模拟及分析

根据构建的二元水循环模拟模型，对天津市1997~2004年进行强人类活动影响下的水循环模拟，定量分析天津市取、用、耗、排过程下的水循环转换通量关系，为总量控制与定额管理下的水资源管理提供依据。

12.3.1 全市二元水循环过程定量分析

天津市二元水循环路径及各分项水量模拟结果如图12-2所示，括号中的数值为1997~2004年8年平均量。天津市水面分布较广，直接降至水面上的降水量较大，为7.3亿m^3，其

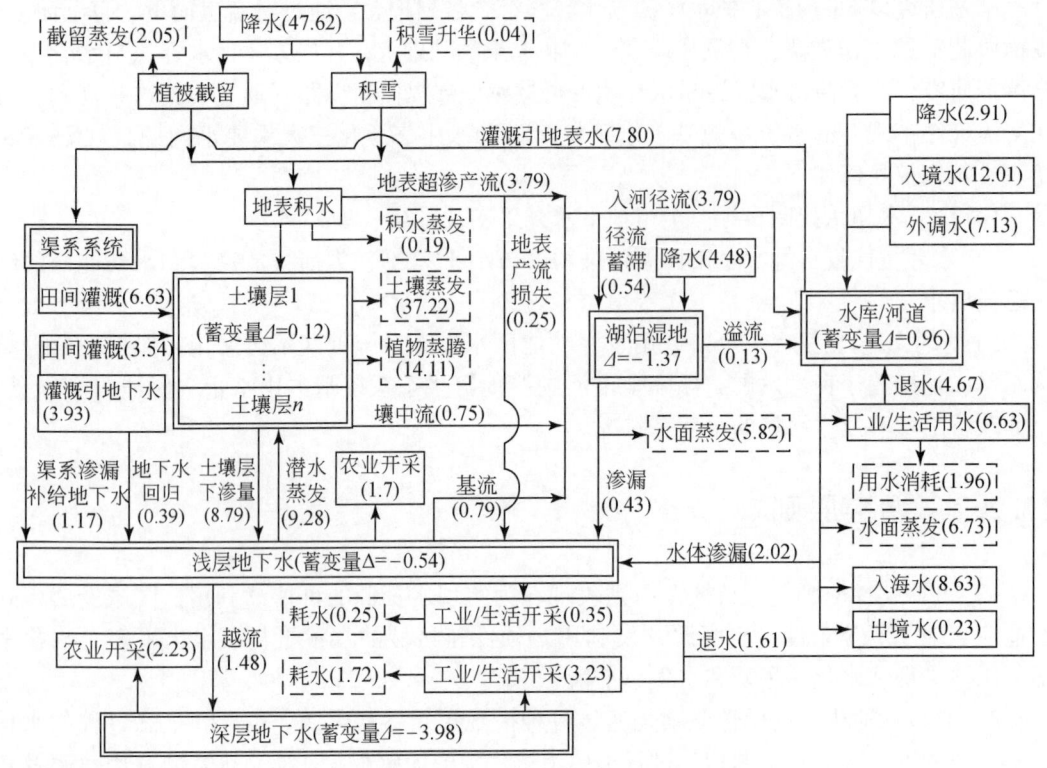

图12-2 天津市二元水循环路径及各分项水量模拟结果（单位：亿m^3）

中降到水库和河道上的直接产流量为 2.91 亿 m³，占总降水量的 5%，池塘/湖泊/湿地上的降水量为 4.48 亿 m³，占总降水量的 8%；除自身产流量以外，上游入境水和外调水也是天津市的两大水资源供给量，总量达到 19.14 亿 m³，而出境和入海水量只有 8.86 亿 m³，其余水量均消耗在区域内。

陆面降水量为 47.62 亿 m³，占总降水量的 87%，其中形成地表径流量 3.79 亿 m³（约占陆面降水量的 8%）直接转化为地表水；2.28 亿 m³ 的水分（约占陆面降水量的 5%）以植被截流蒸发、积雪升华和积水蒸发的形式返回到大气中，其余除小部分被植被截留利用外绝大部分水分（约占陆面降水量的 87%）渗入土壤转化为土壤水；田间灌溉引地表水 7.8 亿 m³，其中 1.17 亿 m³（约占灌溉引地表水的 15%）经渠系渗漏直接补给地下水，6.63 亿 m³（约占灌溉引地表水的 85%）灌入田间转化为土壤水；灌溉引地下水 3.93 亿 m³，其中重新回归到地下水的水量为 0.39 亿 m³，约占灌溉引地下水的 10%，其余 3.54 亿 m³ 水（约占灌溉引地下水的 90%）灌入田间转化为土壤水；土壤系统接受大气降水、田间灌溉水以及潜水蒸发补充的同时，除供生物生长所需水分外，有 51.33 亿 m³ 的水分（约占陆面降水量、田间灌溉量与潜水蒸发量总和的 77%）以植被蒸腾和土壤蒸发的形式返回至大气，8.79 亿 m³ 的水分（约占陆面降水量、田间灌溉量与潜水蒸发量总和的 13%）下渗转化为地下水，0.75 亿 m³ 形成壤中流流入河道转化为地表水；浅层地下水在接受土壤水和灌溉引水损失补给的同时，通过潜水蒸发的作用将 9.28 亿 m³ 的水分带入土壤层转化为土壤水，另外形成 0.79 亿 m³ 的基流流入河道转化为地表水。

由以上分析可以看出，在强人类活动的干扰下，天津市水循环过程非常复杂，总结区域"四水"转化关系如图 12-3 所示，方框内的数值为 1997~2004 年 8 年平均转化量。其

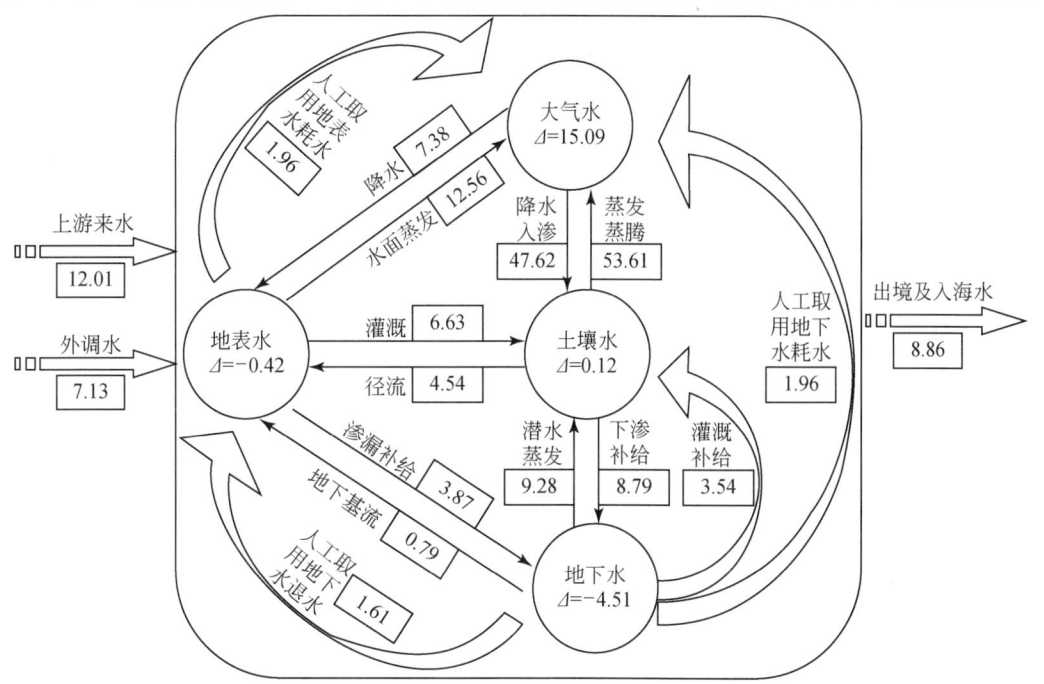

图 12-3　天津市"四水"转化关系及转化量示意图（单位：亿 m³）

中土壤水 8 年平均蓄变量为 0.12 亿 m³；地下水包括浅层和深层地下水，处于超采状态，蓄变量为-4.51 亿 m³；地表水的蓄变量即为河道、水库、湖泊、湿地等地表水体的蓄变量，总蓄变量为-0.42 亿 m³；大气水 15.09 亿 m³ 的蓄变量是指在垂向上地面蒸发量与大气降水量的差值；天津市总入境水与总出境水的差值等于区域内大气水、地表水、土壤水、地下水的蓄变量的总和，即为 10.28 亿 m³。

12.3.2　全市主要水循环要素构成及定量分析

从整个区域水循环的角度来讲，1997~2004 年天津市水资源的主要供给项包括大气降水、上游来水和区域外调水，其中 1997~2000 年外调水为引滦水，2001~2004 年外调水除引滦水之外，还包括引黄水。

根据模型模拟结果，天津市 1997~2004 年 8 年平均水循环通量如表 12-1 所示，其中供给项和耗排项中各要素所占比例如表 12-2 所示。从表 12-1 中可以看出：模型将陆面过程和水面过程分别进行模拟，供给项中区域总降水量为 55.01 亿 m³，占水资源总供给量的 74.2%；区域总入境量为 19.13 亿 m³，其中上游来水量为 12.01 亿 m³，占总供给量的 16.2%，外调水量包括引滦水和引黄水，总调水量为 7.12 亿 m³，占总供给量的 9.6%。可见，当地水资源已不能满足天津市的用水需求，1997~2004 年水资源供给呈现出以降水量为主，上游来水量和外调水量为辅的供水模式。

表 12-1　天津市 1997~2004 年平均水循环通量　　（单位：亿 m³）

序号	供给项		耗排项		蓄变项	
1	陆面降水量	47.62	陆面植被截留蒸发量	2.05	陆面蓄变量	0.12
2	湖泊/湿地降水量	4.48	陆面积雪升华量	0.04	湖泊/湿地蓄变量	-1.37
3	河道/水库降水量	2.91	陆面土壤蒸发量	37.22	河道/水库蓄变量	0.96
4	上游来水量	12.01	陆面植被蒸腾量	14.11	浅层地下水总蓄变量	-0.54
5	引滦水	5.63	陆面积水蒸发量	0.19	深层地下水总蓄变量	-3.98
6	引黄水	1.49	湖泊/湿地蒸发量	5.82	—	—
7	—	—	河道/水库蒸发量	6.73	—	—
8	—	—	除灌溉外取用水耗水量	3.92	—	—
9	—	—	泃河山区出境量	0.23	—	—
10	—	—	入海水量	8.63	—	—
汇总						
1	总降水量	55.01	陆面总蒸发	53.61	总蓄变量	-4.81
2	上游来水量	12.01	水面蒸发	12.56	—	—
3	外调水量	7.12	除灌溉外取用水蒸发量	3.92	—	—
4	—	—	总出境水量	8.86	—	—
合计	—	74.14	—	78.95	—	-4.81

表 12-2　天津市 1997～2004 年平均水循环通量各供给、耗排项所占比例　（单位:%）

序号	供给项		耗排项	
1	陆面降水量	64.2	陆面植被截留蒸发量	2.6
2	湖泊/湿地降水量	6.0	陆面积雪升华量	0.0
3	河道/水库降水量	3.9	陆面土壤蒸发量	47.1
4	上游来水量	16.2	陆面植被蒸腾量	17.9
5	引滦水	7.6	陆面积水蒸发量	0.2
6	引黄水	2.0	湖泊/湿地蒸发量	7.4
7	—	—	河道/水库蒸发量	8.5
8	—	—	除灌溉外取用水耗水量	5.0
9	—	—	泃河山区出境量	0.3
10	—	—	入海水量	10.9
汇总				
1	总降水量	74.2	陆面总蒸发	67.9
2	上游来水量	16.2	水面蒸发	15.9
3	外调水量	9.6	除灌溉外取用水蒸发量	5.0
4	—	—	总出境水量	11.2
合计	—	100.0		100.0

耗排项中，所占比例最大的为陆面蒸发蒸腾量，占总耗排量的 67.9%，陆面蒸发蒸腾总量为 53.61 亿 m^3，在垂向上包括植被截留蒸发量、积雪升华量、地表积水蒸发量、土壤蒸发量和植被蒸腾量。由于天津市的池塘、湖泊、湿地和水库等水面分布较广，因此水面蒸发量也较大，为 12.56 亿 m^3，占总耗排量的 15.9%；除灌溉水以外的人工取用水量的耗水量为 3.92 亿 m^3，占总耗用量的 5.0%；出境量和入海量为 8.86 亿 m^3，占总耗排项的 11.2%，远少于天津市的入境水量。

经过降水、产流、下渗等自然水循环过程和社会水循环的供、用、耗、排四大过程之后，天津市 8 年平均区域水资源总蓄变量为 -4.81 亿 m^3，其中土地利用单元、湖泊/湿地、河道/水库、浅层地下水及深层地下水的蓄变量分别为 0.12 亿 m^3、-1.37 亿 m^3、0.96 亿 m^3、-0.54 亿 m^3 和 -3.98 亿 m^3。

其中陆面包括耕地、林地、草地和城乡、工矿及居民地及未利用地 5 种土地利用类型，不同土地利用类型对陆面蒸发的贡献有所不同，根据本书第 5 章的分类分析可以得出天津市 1997～2004 年不同土地利用类型上的降水量、灌溉水量及蒸发量，汇总结果如表 12-3 所示。从表 12-3 中可以看出，耕地由于面积较大，再加上灌溉的作用，使之总蒸发量最大，达到 39.11 亿 m^3。再根据对灌溉农田与雨养农田中蒸发量的分析，可以提炼出除潜水蒸发量以外，由降水和灌溉引起的蒸发量分别为 27.46 亿 m^3 和 5.31 亿 m^3。

表 12-3　天津市 1997~2004 年平均陆面降水量、灌溉水量及蒸发量

土地利用类型	面积/km²	降水量/亿 m³	田间灌溉量/亿 m³	总蒸发量/亿 m³	其中潜水蒸发量/亿 m³
耕地	6 918.39	31.45	10.17	39.11	6.35
林地	468.40	2.57	—	2.10	0.18
草地	281.91	1.41	—	1.34	0.22
城乡、工矿及居民地	1 819.21	8.36	—	7.05	1.63
未利用地	833.08	3.82	—	4.00	0.91
陆面合计	10 320.99	47.61	10.17	53.60	9.29

12.3.3　人工取用水过程中的供、用、耗、排通量

由上述分析可以看出，在整个区域水资源消耗中陆面蒸发所占比例最大，其中耕地上的蒸发量由于大量作物的种植与灌溉水的补充又使其在陆面蒸发中所占比例最大。下面将分析包括灌溉水在内的人工取用水过程中发生的供、用、耗、排通量。

以农村和城市为不同研究对象，将人工取用水按行业分为农业、农村生活，城镇生活、二三产业及其他三类，在二元水循环模型中采用以下方式对人工取用水进行展布：根据种植结构和灌溉制度对农业用水进行展布；根据总用水量与所占面积比例对农村生活、城镇生活、二三产业及其他用水进行展布。1997~2004 年各行业不同供水水源 8 年平均供水量如表 12-4 所示。从表 12-4 中可以看出，当地水资源无法满足区域用水需求，需有一定的外调水来保证，含外调水的地表水供水量最大，达到 14.47 亿 m³，另外需超采一部分深层地下水，而由于天津市浅层地下水埋深较浅，所以浅层地下水利用量较小。另外，各行业用水中，农业灌溉用水最大，总供水量为 11.73 亿 m³。

表 12-4　天津市 1997~2004 年各行业不同水源年平均供水量　（单位：亿 m³）

行业分类	地表水（含外调水）	浅层地下水	深层地下水	合计
农业	7.80	1.70	2.23	11.73
农村生活	0.00	0.20	1.02	1.22
城镇生活、二三产业及其他	6.67	0.14	2.15	8.96
合计	14.47	2.04	5.40	21.91

农业用水的耗水主要是由蒸发和作物蒸腾作用引起的，排水主要用于补给地下水；生活、二三产业及其他用水的耗水主要是由用水过程中的蒸发作用引起的，排水主要是以退水的形式最终排入水体，进行回用。1997~2004 年天津市各行业 8 年平均供、用、耗、排水量如表 12-5 所示，其中耗水率如表 12-6 所示。农业总供水量为 11.73 亿 m³，由于在输水过程中会发生渠系渗漏等损失，所以最终田间用水量为 10.17 亿 m³，其中以蒸发蒸腾的方式耗掉的水量为 5.31 亿 m³，补给地下水的水量为 6.43 亿 m³，耗水率为 45%。由于生活和二三产业等用水主要是由管道输送的，所以认为其供用水量相同。农村由于几乎无排水管道等配套设施，所以认为 100% 耗水，总耗用水量为 1.22 亿 m³；城镇生活、二三产

业及其他用水总供水量为 8.97 亿 m³，耗水率为 30%。由此可知，天津市 1997~2004 年 8 年间人工取用水造成的总耗水量为 9.23 亿 m³，占总供水量的 42%。

表 12-5　天津市 1997~2004 年各行业平均供、用、耗、排水量（单位：亿 m³）

行业分类	供水总量	用水总量	耗水总量	退水总量	补给地下水量
农业	11.73	10.17	5.31	0	6.43
农村生活	1.22	1.22	1.22	0	0
城镇生活、二三产业及其他	8.97	8.97	2.70	6.27	0
合计	21.92	20.36	9.23	6.27	6.43

表 12-6　天津市 1997~2004 年各行业 8 年平均耗水率（单位：%）

行业分类	农业	农村生活	城镇生活、二三产业及其他	合计
耗水率	45	100	30	42

12.3.4　主要农作物耗用水特点及水分生产率

天津市主要农作物包括小麦、玉米、水稻、棉花、大豆等，其中小麦和玉米多为复种，耕地上的耗水也主要发生在这些主要农作物的生育期内，剖析主要农作物的耗水特性和水分生产率可作为农业用水总量控制与定额管理的依据。

（1）小麦、玉米的耗用水特点及水分生产率

天津市的小麦和玉米一般实施轮作制，每年的六月中旬收割小麦，然后紧接着种植玉米；9 月底收割玉米，然后紧接着种植小麦，小麦跨年生长，每年反复如此。

1997~2004 年麦复玉米农田上的月蒸发量、降水量和灌溉量的对比如图 12-4 所示。从图 12-4 中可以看出，小麦和玉米轮作的农田上的蒸发曲线年内呈现出明显的双峰曲线，这与作物的生长、降水及气温、日照等气象条件有关。年初，春回大地，小麦复苏，随着气温的升高和日照时间的增长，蒸发量逐渐增加，在 5 月达到年内的第一个高值；6 月中

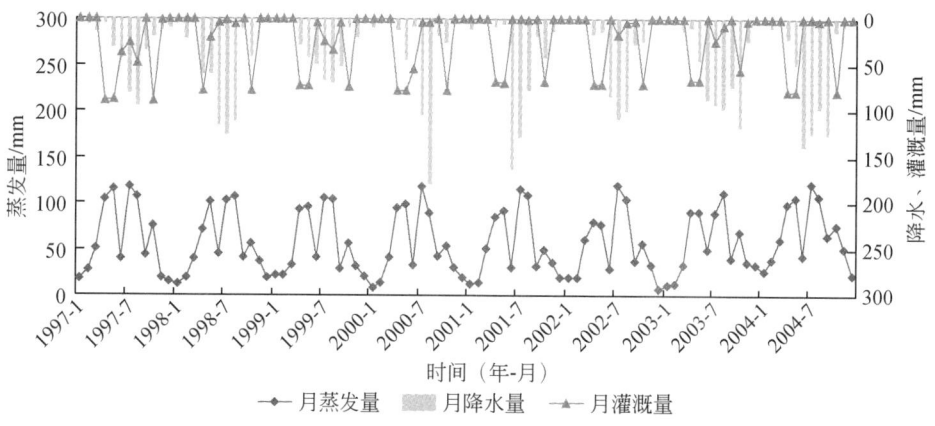

图 12-4　1997~2004 年麦复玉米月蒸发量、降水量及灌溉量

旬小麦收割、玉米种植，裸露的地表使蒸发量迅速降低；但随着玉米的快速生长以及降水增加、气象条件充足，蒸发量又迅速增加，于7月或者8月达到年内的第二个高值；9月，随着玉米的收割、小麦的种植又使得蒸发量迅速减少；10月伴随小麦的破土而出，蒸发量略有增加，但随着降水量的减少、温度的走低、日照时数的减少，蒸发量逐渐降低；随着冬季的到来，小麦停止生长进入冬眠期，蒸发量随之降至最低。

从图12-4可以看出，年际、年内降水量变化较大，灌溉水量和灌溉次数也不完全相同，预设小麦灌溉4次，按时间顺序分别为拔节水、灌浆水、播后水和冬灌水，土壤墒情阈值分别设为0.25、0.25、0.85和0.25，即当预设灌溉当天的实际土壤墒情低于预设土壤墒情时进行灌溉，其中小麦播种以后一般都会进行灌溉，因此播后水灌溉时的土壤墒情阈值设置较大，应提高此次水的灌溉保证率。由于有土壤墒情限制，再加上灌溉期是否有降水等判断，致使每年的灌溉时期和灌溉水量有所不同。

表12-7还给出了8年间模型模拟的小麦和玉米轮作的农田中小麦和玉米的综合水分生产率。表12-8和表12-9分别为对应农田上的小麦和玉米水分利用效率。

表12-7 1997~2004年麦复玉米水分生产率

年份	降雨量/万 m³	灌溉量/万 m³	蒸发量/万 m³	产量/t	产量/(kg/hm²)	总供水利用效率/(kg/m³)	总耗水利用效率/(kg/m³)
1997	53 265	48 784	103 645	1 554 450	11 166	1.52	1.50
1998	81 770	26 270	94 588	1 514 179	10 520	1.40	1.60
1999	49 960	44 293	96 235	1 424 811	10 217	1.51	1.48
2000	53 810	47 191	92 358	1 216 082	8 814	1.20	1.32
2001	71 346	33 147	93 094	1 322 360	9 395	1.27	1.42
2002	55 101	37 794	93 338	1 391 560	9 678	1.50	1.49
2003	80 545	38 951	96 074	1 323 468	9 289	1.11	1.38
2004	85 757	42 017	117 621	1 430 974	10 141	1.12	1.22
8年平均	66 444	39 806	98 369	1 397 236	9 902	1.33	1.43

表12-8 1997~2004年玉米水分生产率

年份	降雨量/万 m³	灌溉量/万 m³	蒸发量/万 m³	产量/t	产量/(kg/hm²)	总供水利用效率/(kg/m³)	总耗水利用效率/(kg/m³)
1997	33 875	14 044	39 911	663 908	4 822	1.39	1.66
1998	41 587	191	38 046	767 751	5 684	1.84	2.02
1999	29 527	11 790	36 583	702 946	5 112	1.70	1.92
2000	37 680	10 908	35 409	546 382	3 996	1.12	1.54
2001	42 102	141	38 196	721 506	4 835	1.71	1.89
2002	36 656	4 131	38 392	737 679	5 134	1.81	1.92
2003	43 190	7 848	36 544	678 260	4 828	1.33	1.86
2004	56 458	1 299	43 834	705 944	5 358	1.22	1.61
8年平均	40 134	6 294	38 364	690 547	4 971	1.51	1.80

表 12-9 1997~2004 年小麦水分生产率

年份	降雨量 /万 m³	灌溉量 /万 m³	蒸发量 /万 m³	产量 /t	产量 /(kg/hm²)	总供水利用效率/(kg/m³)	总耗水利用效率/(kg/m³)
1997	19 390	34 739	63 734	925 147	6 769	1.71	1.45
1998	40 183	26 078	56 543	729 361	5 221	1.10	1.29
1999	20 433	32 503	59 653	751 087	5 179	1.42	1.26
2000	16 130	36 283	56 949	707 983	4 828	1.35	1.24
2001	29 245	33 006	54 898	615 427	4 439	0.99	1.12
2002	18 445	33 663	54 946	639 554	4 520	1.23	1.16
2003	37 355	31 103	59 529	643 632	4 574	0.94	1.08
2004	29 300	40 719	73 787	737 189	5 190	1.05	1.00
8 年平均	26 310	33 512	60 005	718 673	5 090	1.22	1.20

（2）水稻的耗用水特点及水分生产率

天津市水稻的种植时间为 4 月初，泡田期间模型中设置约两周灌田一次，与小麦和玉米不同，水稻根据指定灌溉时间进行灌溉。1997~2004 年水稻田的月蒸发量与降水量和灌溉量的对比如图 12-5 所示。从图 12-5 中可以看出，水稻田的月蒸发曲线主要呈现为单峰曲线，从 4 月中旬插秧开始，随着稻秧的迅速生长、气温的升高、日照时数的增长，水稻的蒸发量逐渐增加，于 6 月份达到年内最高值；进入夏季，虽然气温继续升高、太阳辐射继续增强，但由于降水量的增加抑制了水分的蒸发，直到水稻收割蒸发量均呈下降态势。

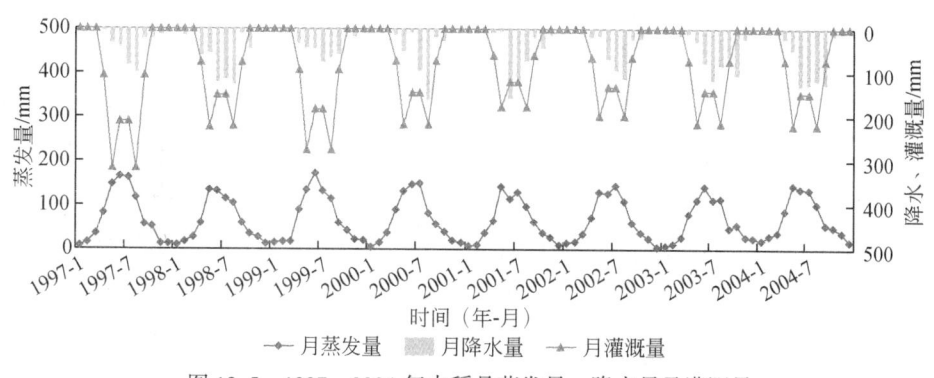

图 12-5 1997~2004 年水稻月蒸发量、降水量及灌溉量

表 12-10 为天津市 8 年间水稻生长期内的降水量、灌溉量、蒸发量、总产量、单产以及总供水水分利用效率和总耗水水分利用效率。从表 12-10 中可以看出，水稻的 8 年平均单产为 7504kg/hm²，总耗水的水分利用效率为 1.18，大于总供水的水分利用效率（0.60），说明期间的降水和灌溉水除了蒸、散发以外，还产生了径流并下渗补给了地下水。

表 12-10 1997~2004 年水稻水分生产率

年份	降雨量 /万 m³	灌溉量 /万 m³	蒸发量 /万 m³	产量 /t	产量 /(kg/hm²)	总供水利用效率/(kg/m³)	总耗水利用效率/(kg/m³)
1997	5 701	25 777	7 602	167 765	7 817	0.53	2.21
1998	10 263	17 506	6 287	151 860	7 359	0.55	2.42
1999	7 064	22 754	7 301	168 875	7 834	0.57	2.31
2000	7 654	17 439	6 807	147 718	6 916	0.59	2.17
2001	7 643	15 040	6 311	151 205	7 047	0.67	2.40
2002	7 101	16 018	6 634	173 227	8 020	0.75	2.61
2003	8 444	17 989	6 307	157 658	7 429	0.60	2.50
2004	12 426	17 331	6 849	165 308	7 609	0.56	2.41
8 年平均	8 287	18 732	13 645	160 452	7 504	0.60	1.18

(3) 棉花的耗用水特点及水分生产率

天津市棉花的种植时间为 4 月下旬,与小麦和玉米相似,灌溉方式设置为动态灌溉,预设灌溉 2 次,分别为播后水和 6 月下旬的现蕾水,墒情阈值分别设为 0.85 和 0.30。图 12-6 为棉花田月蒸发量与降水、灌溉水的对比图,从图 12-6 中也可以看出,8 年间每年 4 月均实施了灌溉,以保证出苗,而 6 月的现蕾水在丰水年份并没有灌溉。

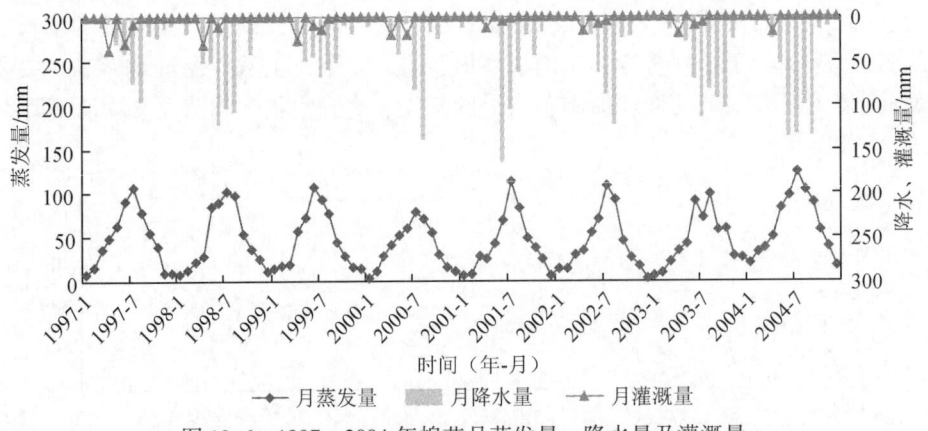

图 12-6 1997~2004 年棉花月蒸发量、降水量及灌溉量

从图 12-6 还可以看出,棉花田的月蒸发曲线主要也是呈现为单峰曲线,4 月下旬种植以后,从 5 月开始随着棉苗的快速生长和气温、太阳辐射等气象条件的充足,蒸发量不断增加,于 7 月达到年内峰值;随后蒸发量逐渐降低。

表 12-11 为天津市 8 年间棉花生长期内的降水量、灌溉量、蒸发量、总产量、单产以及总供水水分利用效率和总耗水水分利用效率。从表 12-11 中可以看出,棉花的 8 年平均单产为 1399kg/hm²,总耗水的水分利用效率为 0.34,与总供水的水分利用效率(0.31)相当。

表 12-11 1997~2004 年棉花水分生产效率

年份	降雨量 /万 m³	灌溉量 /万 m³	蒸发量 /万 m³	产量 /t	产量 /(kg/hm²)	总供水利用效率 /(kg/m³)	总耗水利用效率 /(kg/m³)
1997	4 141	492	6 059	17 880	1 277	0.39	0.30
1998	6 300	134	6 375	23 328	1 598	0.36	0.37
1999	4 045	361	6 361	19 955	1 469	0.45	0.31
2000	4 516	236	6 367	10 013	775	0.21	0.16
2001	5 948	70	6 662	18 136	1 272	0.30	0.27
2002	4 939	176	6 646	22 781	1 592	0.45	0.34
2003	7 155	231	6 594	20 781	1 497	0.28	0.32
2004	8 253	0	6 381	24 588	1 708	0.30	0.39
8 年平均	5 662	212	6 431	19 683	1 399	0.34	0.31

（4）大豆的耗用水特点及水分生产率

天津市大豆的种植时间为 6 月下旬，与棉花相似，灌溉方式设置为动态灌溉，预设灌溉 2 次，墒情阈值均设为 0.25，但由于生长期恰逢一年中的丰水期，所以所需灌溉量不大，图 12-7 为大豆田间月蒸发量与降水、灌溉水的对比图，从图 12-7 中也可以看出，8 年间只有在降水量较少的 1997 年、1999 年以及 2000 年 6 月实施了较为明显的灌溉，并且灌溉量很少，而其他年份几乎没有灌溉。

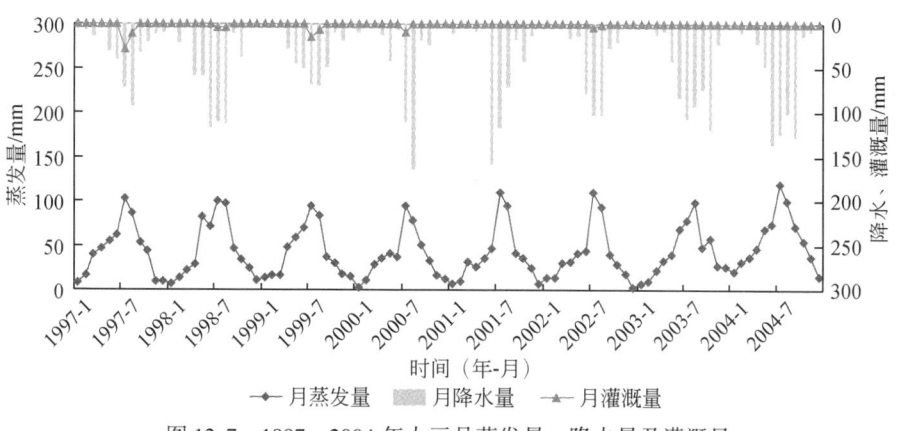

图 12-7 1997~2004 年大豆月蒸发量、降水量及灌溉量

从图 12-7 中还可以看出，大豆田的月蒸发曲线主要也是呈现为单峰曲线，6 月之前蒸发量缓慢上升，6 月下旬种植大豆以后，7 月的蒸发量明显增加达到年内峰值，随后蒸发量又逐渐降低。

表 12-12 为天津市 8 年间大豆生长期内的降水量、灌溉量、蒸发量、总产量、单产以及总供水水分利用效率和总耗水水分利用效率。从表 12-12 中可以看出，大豆的 8 年平均单产为 1120kg/hm²，总耗水的水分利用效率为 0.25，小于总供水的水分利用效率

(0.45)，说明期间的降水除了蒸、散发以外，还产生了径流并下渗补给了地下水。

表 12-12　1997~2004 年大豆水分生产率

年份	降雨量/万 m³	灌溉量/万 m³	蒸发量/万 m³	产量/t	产量/(kg/hm²)	总供水利用效率/(kg/m³)	总耗水利用效率/(kg/m³)
1997	11 741	1 951	27 669	52 158	982	0.38	0.19
1998	14 004	300	27 348	73 999	1 226	0.52	0.27
1999	11 186	840	27 203	68 206	1 191	0.57	0.25
2000	19 066	304	26 024	46 195	788	0.24	0.18
2001	12 282	0	25 674	68 167	1 148	0.55	0.27
2002	13 922	222	24 668	75 085	1 263	0.53	0.30
2003	16 080	15	25 244	68 545	1 144	0.43	0.27
2004	20 257	0	26 407	72 050	1 214	0.36	0.27
8 年平均	14 817	454	26 280	65 551	1 120	0.45	0.25

12.4　天津市水资源调控方案

根据天津市水资源与水环境综合管理总体目标，以水量水质二元水循环模拟为基础，结合现状及需要解决的问题，天津市总量控制下具体目标主要以七大总量控制为重点，并将其层层分解到各区县。区域总量控制具体指标如表 12-13 所示。

表 12-13　2020 年方案管理具体目标（2020 年南水北调中线全通、东线不通水情景）来水频率

序号	七大控制指标	多年平均	50%	75%	95%
1	地表水总量控制/亿 m³	33.26	36.10	34.41	28.77
2	地下水总量控制/亿 m³	4.08	4.36	3.46	5.22
3	国民经济用水总量控制/亿 m³	32.67	35.45	33.17	30.58
4	生态用水总量控制/亿 m³	4.66	5.01	4.71	3.40
5	ET 总量控制/mm	622	676	529	540
6	排污总量控制/万 t	1.03（氨氮）/7.51（COD）			
7	入海总量控制/亿 m³	16.49	18.01	8.88	8.20

12.4.1　区域取水总量调控方案

（1）耗水管理目标

实施 ET 总量控制，减少可控 ET，特别是要减少占耗水比例最大的农业产生的 ET。2020 年南水北调中线全通、东线不通水情景下目标 ET 为 622mm，不同区县的 ET 控制目

标如表 12-14 所示。

表 12-14　天津市各区县不同频率的 ET 管理目标　　　（单位：mm）

来水频率\区县	中心城区	滨海新区	东丽	西青	北辰	津南	武清	宝坻	蓟县	静海	宁河
多年平均	1847	1701	589	896	715	622	710	688	541	464	508
50%	1566	2150	573	1099	740	683	734	709	496	448	670
75%	1437	1584	480	798	586	528	562	576	440	386	442
95%	1566	1596	542	863	618	583	526	517	451	479	423

（2）地表水取水管理目标

控制地表水取水总量，优化地表水分配，避免地表水过度开发。2020 年南水北调中线全通、东线不通水情景下，地表水的多年平均取水总量为 33.26 亿 m³。不同区县的地表水取水管理目标如表 12-15 所示。

表 12-15　天津市各区县不同频率下地表水取水管理目标　　　（单位：亿 m³）

来水频率\区县	中心城区	滨海新区	东丽	西青	北辰	津南	武清	宝坻	蓟县	静海	宁河
多年平均	6.08	8.4	1.57	2.18	1.65	1.22	3.51	2.6	1.82	2.47	1.75
50%	5.96	8.79	1.7	2.22	1.65	1.36	4.51	3.4	1.87	2.42	2.22
75%	5.7	8.01	1.6	2.35	1.63	1.26	4.04	3.35	1.95	2.46	2.07
95%	5.56	6.73	1.5	2.04	1.42	1.07	2.89	1.59	1.94	3.08	0.96

注：地表水泛指地表上面的水量，包括本地径流、上游入境水、外调水以及再生水、雨水、海水等水量。

（3）地下水取水管理目标

控制地下水取水总量，遏制地下水超采，2020 年南水北调中线全通、东线不通水情景下，地下水多年平均取水总量为 4.08 亿 m³。不同区县的地下水取水管理目标如表 12-16 所示。

表 12-16　天津市各区县不同频率下地下水取水管理目标　　　（单位：亿 m³）

来水频率\区县	中心城区	滨海新区	东丽	西青	北辰	津南	武清	宝坻	蓟县	静海	宁河
多年平均	0	0.13	0.05	0.15	0.06	0.05	0.82	1.51	1.03	0.09	0.2
50%	0	0.06	0.04	0.15	0.05	0.04	1.69	1.21	0.93	0.1	0.1
75%	0	0.2	0.04	0.15	0.05	0.04	0.25	1.63	0.95	0.09	0.06
95%	0	0.29	0.11	0.22	0.12	0.11	0.52	2.21	1.22	0.1	0.33

注：地下水泛指地下的水量，包括浅层淡水、深层淡水、岩溶水、微咸水等水量。

12.4.2 行业耗用水调控方案

(1) 全市行业用水总量控制

1) 国民经济用水管理目标。根据国民经济发展目标和各区县水资源条件，实施国民经济用水总量控制管理，提高水资源的利用效率和效益。2020年在南水北调中线全通、东线不通水情景下，国民经济多年平均取水总量为32.83亿 m³、32.67亿 m³。不同区县的国民经济用水管理目标如表12-17所示。

表12-17　天津市各区县不同频率下国民经济用水管理目标　（单位：亿 m³）

区县 来水频率	中心城区	滨海新区	东丽	西青	北辰	津南	武清	宝坻	蓟县	静海	宁河
多年平均	5.19	7.83	1.31	2.2	1.61	1.1	3.86	3.63	2.6	2.06	1.28
50%	5.06	8.11	1.43	2.23	1.6	1.22	5.71	4.06	2.51	2.05	1.48
75%	4.84	7.53	1.33	2.34	1.58	1.13	3.8	4.43	2.67	2.13	1.39
95%	4.77	6.37	1.29	2.12	1.46	1.01	3.11	3.58	3	2.81	1.06

2) 生态环境用水管理目标。2020年河湖湿地水生态系统达到中营养系统结构水平，全市多年平均生态用水达5.42亿 m³（方案2020D）和4.66亿 m³（方案2020H），不同区县的生态环境用水管理目标如表12-18所示。

表12-18　天津市各区县不同频率下生态环境用水目标　（单位：亿 m³）

区县 来水频率	中心城区	滨海新区	东丽	西青	北辰	津南	武清	宝坻	蓟县	静海	宁河
多年平均	0.9	0.7	0.31	0.14	0.1	0.17	0.46	0.47	0.25	0.49	0.67
50%	0.91	0.73	0.31	0.15	0.1	0.17	0.48	0.55	0.29	0.47	0.84
75%	0.86	0.69	0.31	0.15	0.1	0.17	0.49	0.55	0.23	0.42	0.74
95%	0.79	0.66	0.31	0.14	0.08	0.16	0.3	0.22	0.16	0.37	0.22

(2) 行业用水定额管理

A. 总量控制与定额管理相结合的水资源管理控制

在农业方面，根据推荐方案对天津市各区县农业用水实施定额计量管理，控制农业用水过程中每个环节的耗水量。2020年推荐高节水水平，水田、水浇地、菜田、林果和鱼塘的农业年灌溉定额为420m³/亩、150m³/亩、484m³/亩、149m³/亩和458m³/亩，2020年全市的农田目标定额为231m³/亩。对于农业用水的监测盲点增设监控点，进行实时计量，确保用水定额的有效实施。

在生活方面，根据推荐方案对天津市各区县城镇及农村生活用水实施阶梯水价计量管理，控制生活用水过程中每个环节的耗水量。2020年城镇和农村平均用水定额分别为

127.3L/（人·d）、95.8L/（人·d），未来水平年内保证城镇和农村用水户安置水表，加大生活用水的监督力度，减少生活用水过程中的无效损耗。

在第二、第三产业方面，根据推荐方案对天津市各区县第二、第三产业用水加强计划用水制度，实施定额计量管理，控制工业用水过程中每个环节的耗水量。2020年全市第二、第三产业平均用水定额分别为11.1m³/万、6.0m³/万元。加大对企业用水的监督力度，减少第二、第三产业用水过程中的无效损耗。

B. 发展农业节水灌溉新技术

要逐步建设各区县农业节水工程，对于农业节水的重点区县首先开展灌区的节水改造，扩大节水工程控制面积，因地制宜发展灌溉新技术，改善现有输配水方式，提高灌溉水利用效率，减少无效损耗。其中，灌溉新技术主要包括喷灌、滴灌、微灌等；输水方式要大力发展低压管道输水和防渗明渠灌溉。

在新四区、塘沽区、汉沽区已率先建成农业节水区的基础上，2020年全市建设固定喷、微灌工程50万亩，新增节水工程灌溉面积105万亩（其中防渗明渠10万亩、低压管道60万亩、喷灌2万亩、微灌33万亩），累计达到440万亩，占全市有效灌溉面积的83%。通过实施灌溉节水工程和灌溉节水技术，到2020年天津市灌溉水利用系数由现在的0.57~0.70提高到0.78~0.83。

C. 加强城市供水管网改造

建设中心城区供水管网改造工程，完成改造老旧管网750km以上，将原有老旧管网逐年换成带衬里的球墨铸铁管，支管换成优质高强度塑料管或塑钢管。2020年供水管网漏失率由现在的16%降为10%。

D. 推广生活用水计量与节水器具

完成城镇居民生活"一户一表"工程，改造户内管网600km，实现61.5万户抄表到户，2020年基本完成户内管网改造，抄表到户率达到100%（方案2020D、2020H）。

结合节水器具市场准入制度建设，大力推广普及节水，2020年全市基本普及节水型用水器具。在高等院校学生住宅要大力推广再生水回用、IC智能卡计费技术。

12.4.3 水环境纳污控制调控方案

（1）污染物入河总量控制

天津市主要污染物为COD，氨氮为其次。2020年污染物排放要满足各个主要控制断面水质达到《天津市水功能区规划报告》中水功能区的标准要求，采用效验好的二元模型反复演算，保证各个主要控制断面在长系列模拟期中80%的月份水质都达到水功能区要求。

对水环境实施排污总量控制，2020年全市在南水北调中线全通、东线不通水情景下，氨氮和COD允许入河量控制在1.03万t和7.51万t，不同区县的水环境管理目标如表12-19所示。

表 12-19　天津市各区县排污总量管理目标　　　　　　　　（单位：万 t）

区县	氨氮 点源	氨氮 非点源	COD 点源	COD 非点源
中心城区	0.06	0.01	0.34	0.08
滨海新区	0.09	0.05	0.83	0.36
东丽	0.02	0.03	0.19	0.17
西青	0.01	0.01	0.09	0.07
北辰	0.03	0.01	0.14	0.05
津南	0.03	0.04	0.31	0.25
武清	0.12	0.01	0.49	0.08
宝坻	0.08	0.03	0.8	0.22
蓟县	0.26	0.07	1.87	0.66
静海	0.02	0.02	0.17	0.17
宁河	0.01	0.01	0.14	0.04

(2) 入海水量管理

天津市年平均入海径流量已从 20 世纪 50 年代的 144.3 亿 m³ 减至 2000 年以后的 3.8 亿 m³，相应海域盐度也从 24‰~26‰ 升高至 2004 年的 31‰~33‰，同时由全年径流变为集中于汛期，加之入海污水量的增大，N、P 营养盐的排海量的剧增，最终使近岸海区水生态急剧衰退。天津市保持一定的入海水量对于维持河口和渤海湾的水沙、水盐、水热和生态平衡都是必需的和重要的。

本研究主要考虑河口区域有适宜的咸淡水比例（盐度）、水温、水质等，为河口区域提供良好的生物生存环境。盐度是近岸海域生境最敏感的环境因子，对河口淡水生物和半咸水生物有致命的影响，而且这种影响从时间上来说，基本上是瞬时的。河口区盐度的变化受控于河道淡水的补给，因此可以利用生物对盐度的适应能力作为控制条件来求得河口淡水的需求量。利用河口的年入海水量与相应的盐度作回归分析，建立二者的相关关系，根据盐度测站地理位置的生物类型及其适应盐度能力，计算相应的水量为生态用水量。

通过塘沽站 1965~1997 年的长系列海表盐度观测数据，入海水量与盐度的关系建立线性回归方程：

$$Y = -1.3861\ln X + 32.494$$

相关系数 $R = 0.823$

根据回归方程和盐度控制标准，计算得出适宜入海水量 16.4 亿 m³ 作为 2020 年的控制目标。另外每年的 4~6 月是鱼类的洄游期，也是入渤海湾天津海区产卵孵化和幼鱼生长、肥育期，根据《天津市水生态恢复规划研究》成果，需保证最低 2 亿 m³/a 的入海淡水量，以提高水生生物多样性，促进海区水生态恢复。

根据用水总量控制方案及模型模拟分析，2020 年在南水北调中线全通、东线不通水情景下，多年平均可实现入海水量 16.49 亿 m³，受损海域水生态系统明显改善并有效控制赤潮风险。不同月份的入海水量管理目标如表 12-20 所示。

表 12-20　天津市不同来水频率的入海水量管理目标　　（单位：亿 m³）

月份	多年平均			50%			75%			95%		
	北系	南系	全市合计	北系	南系	全市合计	北系	南系	全市合计	北系	南系	全市合计
1	0.15	0.46	0.61	0.04	0.46	0.50	0.22	0.52	0.74	0.40	0.48	0.88
2	0.15	0.52	0.67	0.04	0.53	0.57	0.04	0.43	0.47	0.20	0.43	0.63
3	0.13	0.90	1.03	0.05	0.73	0.78	0.05	0.70	0.75	0.05	0.72	0.77
4	0.25	1.00	1.25	0.05	0.67	0.72	0.05	0.67	0.72	0.05	0.67	0.72
5	0.09	0.76	0.85	0.07	1.30	1.37	0.05	0.55	0.61	0.05	0.56	0.61
6	0.41	0.78	1.19	0.92	1.19	2.11	0.09	0.64	0.72	0.06	0.63	0.68
7	0.66	1.33	1.99	0.54	0.99	1.53	0.11	0.73	0.84	0.10	0.46	0.57
8	1.35	1.36	2.72	0.44	1.03	1.47	0.10	0.47	0.56	0.08	0.37	0.45
9	0.88	0.95	1.82	1.18	1.52	2.70	0.06	0.42	0.48	0.26	0.44	0.71
10	0.74	1.13	1.87	0.81	0.73	1.54	0.25	0.99	1.25	0.08	0.54	0.62
11	0.30	0.93	1.22	0.70	1.78	2.48	0.08	0.76	0.84	0.07	0.73	0.80
12	0.31	0.95	1.26	0.34	1.91	2.25	0.07	0.83	0.90	0.05	0.71	0.76

12.5　天津市水资源调控方案评估

12.5.1　水资源分析

随着南水北调工程相继供水以及非常规水源开发力度加大，2004 年和 2020 水平年天津市水资源供给条件逐步得到改善。水资源总量呈增加趋势，分别为 82.9 亿 m³ 和 93.3 亿 m³。供水量也呈增加趋势，分别为 28.44 亿 m³ 和 37.33 亿 m³；非常规水源供水量分别为 2.05 亿 m³ 和 8.47 亿 m³。

12.5.2　ET 分析

（1）综合 ET

天津市 2004 年和 2020 水平年综合 ET 分别为 608mm 和 626mm，占水资源量比例分别为 87% 和 80%，可以看出规划水平年 ET 逐步得到控制，体现了"真实节水"的理念。

（2）农业 ET

2004 年和 2020 水平年的农业 ET 分别为 773mm 和 701mm，虽然 2020 年水平年耗水量大的蔬菜种植面积比现状年增加了 1/4，但是 2020 水平年的农业 ET 值低于 2010 年水平年，可见农业节水水平得到了大幅提高，农业耗水得到较好控制。

（3）第二、第三产业 ET

2004 年和 2020 水平年的万元 GDP 耗水量分别为 6.8m³/万元和 1.9m³/万元，可以看出随着节水水平的提高，天津市第二、第三产业用水效率大幅增长。

(4) 生态 ET

2004 年和 2020 水平年的生态 ET 分别为 526mm 和 574mm，其中自然 ET 均为 427mm，人工补水产生的 ET 分别为 99mm 和 147mm，生态 ET 呈增加趋势，天津市生态朝着好的方向发展。

12.5.3 生态环境分析

2004 年和 2020 水平年城市生态用水量分别为 0.76 亿 m^3 和 1.75 亿 m^3，农村生态现状年基本不补充水量，2020 水平年增加到 2.9 亿 m^3，城市生态和农村生态得到了较大的改善。

2004 年和 2020 水平年的入海水量分别为 12.2 亿 m^3、16.48 亿 m^3，入海水量逐步增大，到 2020 水平年可达到适宜入海水量水平，入海口生态得到恢复。

2004 年和 2020 水平年的地下水深层开采量分别为 4.14 亿 m^3、0.54 亿 m^3，地下水开采量逐步减小。2020 水平年地下水开采满足采补平衡目标。

到 2020 水平年，经过污染物排放消减控制措施，主要河道断面水质达到水功能区水质标准，可实现环境修复目标。

12.5.4 社会经济分析

2004 年和 2020 水平年城市生活用水量分别为 2.8 亿 m^3 和 5.7 亿 m^3，定额分别为 113L/(人·d) 和 134 L/(人·d)，农村生活用水量分别为 0.93 亿 m^3 和 0.48 亿 m^3，定额分别为 74L/(人·d) 和 93 L/(人·d)，可以看出，随着经济社会发展，城镇和农村生活水平都得到极大提高，体现了以人为本的思想。

2004 年和 2020 水平年的经济效益分别为 3006 亿元和 15 945 亿元，第一产业人均经济效益分别为 2983 元和 6105 元，体现了"工业反哺农业，城市反哺农村"的思想。

综上所述，本研究推荐的调控方案，在资源性缺水地区实行基于耗水（ET 管理）控制的水资源与水环境综合管理，是完全符合最严格水资源管理制度要求的，对于缓解天津市水资源供需矛盾、提高水资源利用效率和效益、实现天津市水资源的可持续利用与社会经济及生态环境的协调发展提供有力支撑，可以为干旱、半干旱地区水资源可持续利用提供有益的借鉴。

第 13 章　城市单元社会水循环模拟与调控

13.1　城市水循环系统概述

城市是人们大量集中居住和活动的主要地域空间，是人们经济、政治和社会生活的中心，在现代化建设中起着主导作用，是人类文明的标志。伴随着城市化的进程，城市人口膨胀，密度增大，产业集中，社会经济活动强度增大，大规模改变了土地、大气、水体、生物、资源、能源的性质和分布，引起城市自然地理环境的变化，尤其是对人类生存与发展必不可少的水资源及城市水环境的影响越来越显著。随着城市社会经济的发展和人口的增多，对水的需求量增大，废污水也相应增多。由于城区建筑物不断增加，道路及下水管网建设使下垫面不透水面积日益扩大，直接改变了城市及其周边地区的雨洪径流形成条件，整体上对水的时空分布、水分循环及水的理化性质、水环境产生各种各样的影响。

13.1.1　城市水系统与城市水循环

13.1.1.1　城市水系统的概念与基本构架

(1) 城市水系统的概念

城市水系统就是在一定地域空间内，以城市水资源为主体，以水资源的开发利用和保护为过程，并随时空变化的动态系统。城市水系统与社会、经济、政治因素密切相关。

城市水系统存在的基础是城市水资源。城市水资源指城市可利用的、具有足够的数量和可用的质量，并能满足城市某种用途的水资源。在现有社会经济和技术条件下能被有效利用，同时具备水量和水质要求的地表水、地下水、再生回用水、雨水和海水等，均可视为城市水资源。城市水资源作为城市生产和生活的基础资源之一，除了它固有的本质属性和基本属性外，还具有环境属性、社会和经济属性。水的环境属性源于其本身就是环境的重要组成部分，它决定了水在自然环境中的特殊地位以及水的质量和状态受环境影响的必然性。水的社会属性决定了水资源的功能，主要体现在水的被开发利用上，而开发利用的行为方式又取决于社会对水的需求和认识水平；水的经济属性是水资源稀缺性的体现，它是由水的社会属性衍生出来的，社会的需求是水的经济价值的根源，水的功能和价值只有通过开发利用和保护这一社会活动才能得以实现。因此，水资源的功能和价值的实现过程实际上就是水资源的开发利用和保护过程。

(2) 城市水系统的基本构架

城市水系统由城市的水源、供水、用水和排水四大要素构成，集城市用水的取水、净化、输送，城市污水的收集、处理、综合利用，降水的汇集、处理、排放，以及城区防洪（防潮、防汛）、排涝为一体，是各种供、排水设施的总称。城市供水排水设施可分为供水和排水两个部分，也分别称为供水系统和排水系统（图13-1）。

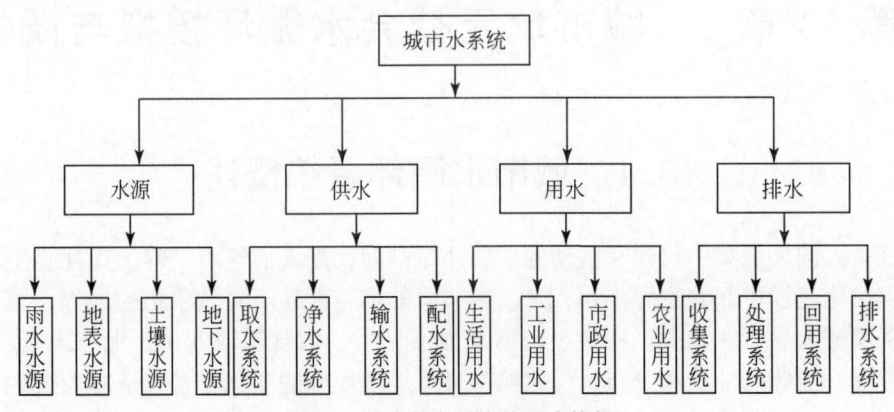

图13-1 城市水系统的基本构架

具体而言，城市水系统主要包括以下供水、排水设施：

1）水源取水设施，包括地表和地下取水设施、提升设备和输水管渠等。取水工程包括取水水源和取水地点，建造适宜的取水构筑物，主要任务是保证城市取得足够水量和质量良好的原水。

2）给水处理设施，包括各种采用物理、化学、生物等方法的水质处理设备和构筑物。生活饮用水一般采用反应、絮凝、沉淀、过滤及消毒处理工艺和设施，工业用水一般有冷却、软化、淡化、除盐等工艺和设施。

3）供水管网，包括输水管渠、配水管网、水量与水压调节设施（泵站、减压阀、清水池、水塔）等，又称为输水和配水系统，简称输配水系统。输配水工程将足够的水量输送和分配到各用水地点，并保证水质及水压要求。

4）排水管网系统，包括污水和废水收集与输送管渠、水量调节池、提升泵站及附属构筑物（如检查井、跌水井、水封井、雨水口）等。

5）废水处理设施，包括各种采用物理、化学、生物等方法的水质净化设备和构筑物。由于废水的水质差异大，采用的废水处理工艺各不相同。常用物理处理工艺有格栅、沉淀、曝气、过滤等；常用化学处理工艺有中和、氧化等；常用生物处理工艺有活性污泥处理、生物滤池、氧化沟等。

6）排放和重复利用设施，包括废水受纳体（如水体、土壤）和最终处置设施，如排放口、稀释扩散设施、隔离设施和废水回用设施等。

13.1.1.2 城市水循环系统及其基本环节

城市水系统是水的自然循环和水的社会循环的耦合。城市的水循环包括自然循环和社会循环两部分，自然循环是指水由降水、蒸发、地表径流、下渗、地下水流等构成的循环系统，社会水循环是指由城市给水、用水、排水和处理系统组成的循环系统。水资源从城市水源地,经给水设施、供水管网进入城市水用户,经用户系统的耗用后进入排水管网,除一部分直接排入河道外,其余部分将进入废水处理设施进行净化,其后一部分被排入河道,一部分被重新供给其他用途。水资源经取、给、供、用,再排到河道的过程,构成了城市水循环过程。

一般意义上,城市水循环就是水在城市取、用(耗)、排三(四)个环节及其相关水体之间相互转化的过程。由于人口和产业集聚、建筑物林立、不透水面积扩大、水系人工化,因此城市水循环实质是对自然水循环的强化,其循环过程发生了明显变化,即降水被闸、坝、堤防控制,排水系统被各种不透水管道所代替,水分流动、污染和净化都被人工强化。这样,城市水循环过程中的每一个环节过程均有各自的运行系统,这些环节过程共同构成城市水循环系统。

城市取水水源主要包括河流湖泊、地下水、外调水、海水和城市系统内部的再生回用水。城市取水并做适当的处理净化后,根据不同用户对用水水质的要求,通过各种供水管网输送给居民生活、工业生产、市政用水、城市观光、生态农业和其他需水用户。水资源经用户耗用后,水质发生不同程度的改变,以废污水形式通过排水管网的收集输送,最终进入河流(道)、湖泊、海洋和地下水等受纳水体。根据各地污水处理要求和处理设施情况,全部或部分排水在进入上述受纳水体之前,一般要进行集中或分散处理,以达到排水水质要求,并使水污染总排污量不超过城市区域及相关水体的纳污能力,维护区域水环境安全。目前,我国对城市水循环的关注,主要集中在用(耗)水、排水两(三)二个环节上(图13-2)。对取(供)水环节,大部分城市供水属城市市政管辖,将城市取(供)、用(耗)、排水环节作为一个系统循环过程来考虑还不多。可见,城市水循环由区域天然水循环和人工侧支水循环复合而成,后者是对天然水循环的社会强化。

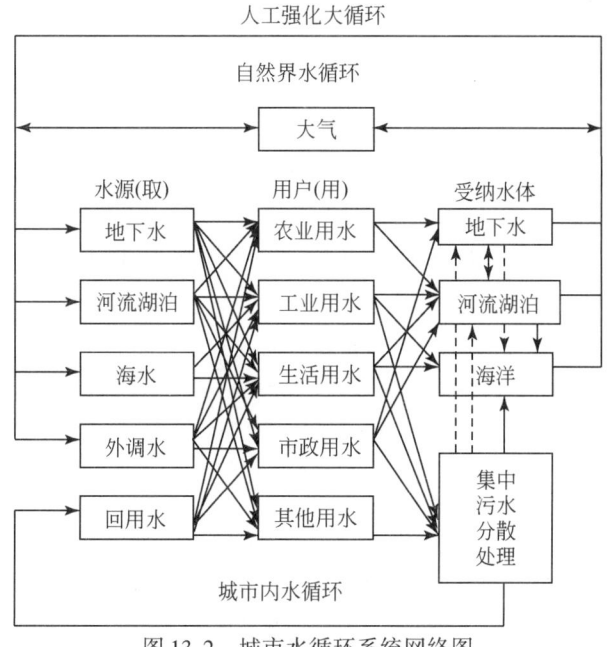

图 13-2 城市水循环系统网络图

13.1.1.3 城市水循环系统的基本过程

城市供水的用途通常包括生活、工业和市政消防三大类。为满足城市和工业企业的用水需求，城市供水系统需要具备充足的水资源、取水设施、水质处理设施和输水及配水管道网络。各种用水经用户使用后，水质受到不同程度的污染，需要及时地收集和处理；另外，城市化地区的降水会造成地面积水，甚至洪涝灾害，需要及时排除。因此，根据城市废水的来源，废水可以分为生活污水、工业废水和雨水。为收集、处理和排除以上各种城市废水而建设的工程设施，称为城市排水系统。只有建立合理、经济和可靠的城市排水系统，才能达到保护环境、保护水资源、促进生产以及保障人们生活和生产活动安全的目的。

城市的不透水下垫面、河道整治和人工排水管网等，创造了一个新的径流形成条件，隔绝了地面径流、土壤水和地下水的转换，使水循环过程行程缩短，时间加快。城市不透水的下垫面和合流制排水系统，增加了城市水环境中的悬浮固体及污染物，减少下渗和降低地下水位，减少城市枯水期基流。但事实上，城市水循环作为水文大循环的一部分，尽管其是自然水循环在城市区域的人工强化环节，且已经完全不同于自然水循环的过程，但水循环过程的连续性，使城市水循环系统无法从自然水循环系统中剥离出去。相反，随着城市化水平的不断提高，城市水循环与区域自然水循环及区域"自然-社会"二元水循环的联系日益密切，尤其是随着城市需水的增长，在本区域水资源无法支撑城市需（用）水要求的情况下，外流域调水作为许多城市缓解缺水状况的最后选择，城市与区域水循环甚至与城市区域没有直接水力联系的外流域的相互关联度影响与日俱增（图13-3）。

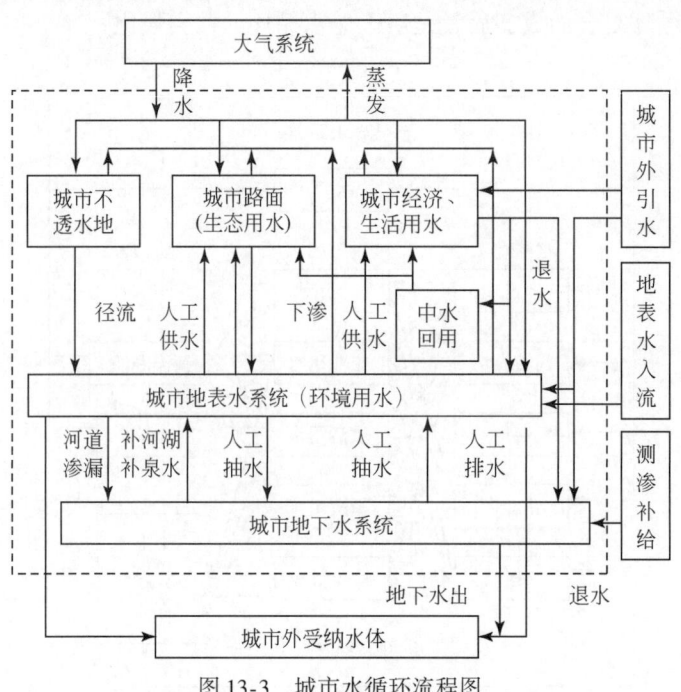

图 13-3　城市水循环流程图

13.1.2 城市水循环系统的基本特性

13.1.2.1 城市水系统的基本特性

城市水系统是重要的基础设施,以城市水系统为运营、管理对象的城市水循环,对国民经济发展具有全局性和先导性的影响。城市是人类活动最为集中和强度最大的地区,城市水系统也成为水交换频率最快、循环强度最高的地区,因此城市水系统具有水循环的高强性。同时,城市水系统的根本目标是保证水的良性循环,实现水资源的可持续利用,以水资源的可持续利用保障城市经济社会的可持续发展。为此,城市水系统需将给水和排水紧密结合,形成一个完整、协调的体系,具有给排水的统一性;必须保障和维系经济发展与资源环境协调发展的可持续性;同时,城市水系统作为城市的公共设施,其实现的功能、给水排水的产品和服务,又具有公益性与商品的双重性。

(1) 水循环过程的高强性

从城市生态学的角度看,城市是一个具有复杂网络的人工生态系统,物流、能流、信息流的交换平衡才能维持城市大系统的稳定,其中水流是城市各种流中最为基础和重要的物流。城市地区人口、工业生产、商业活动密集,生产、生活时时刻刻离不开水,加上城市用水的便捷性和高保证率要求,使得城市水系统的取水、给水、供水、排水过程时刻高度耦合,环环相扣,运转不停,水循环频度十分强烈。因此,城市水系统过程具备水循环过程的高强性。

(2) 给排水的统一性

人类社会对水的利用应遵循自然水循环的基本规律,在城市水循环过程中,给水和排水是人类向自然界"借水"和"还水"的两个过程,并且在用水之后,须对水进行再生处理,使水质达到自然界自净能力所能承受的程度,否则,城市污水污染了水体,将直接影响城市及其相关地区的供水水质,从而直接从城市水系统的源头——取水环节上使得城市水系统陷于恶性循环。另外,城市排水经过一定的处理后作为水源,可回用于工业、市政、农业乃至生活用水。这样,排水及污水处理系统也可看做水的加工厂,其水源是废水,但经处理后可作为城市可用水资源。

随着水源污染的加剧和用水需求的增加,全球许多城市因水源污染而被迫在净水厂前端设置污水处理设施对原水进行预处理,另外一些城市因缺水需对污水处理厂的出水进行深度处理再生利用。自来水厂和污水处理厂已相互交织,难分彼此,城市水源、供水、用水、排水等环节之间的关系变得越来越密切,相互的制约作用也越来越明显。城市水系统是以城市可持续用水为核心、各环节紧密相联的统一体。

(3) 公益和商品的双重性

水是生产、生活的必需品,其价格需求弹性和收入弹性很小,这就决定了给水、排水企业必须以保证全社会的基本用水需求为首要目标,而不是利润最大化,而这个目标本身具有强烈的公益性。同时,给水、排水的品质与公众健康直接相关,因此城市水系统尤其是给水、排水环节受到政府的严格监控管理和各阶层居民的强烈关注，使得给水、排水企业针对市场反应的驱动具有非敏感性，这种非敏感性正是城市水系统公益性的重要表现。因城市水系统的建设维护需要大量的投资和运行费，规划建设时间长，使用周期受许多不确定性因素影响，这种高投资、高风险、低收益的基础性行业一般由市政公共部门负责建设和运营，更强化了城市水系统公益性的必然性。另外，城市水系统具有一定的商品性。城市水系统的产品凝聚了一定的社会必要劳动，具有使用价值和可交换性，也是一种商品。传统的低水价政策，造成公众对奢侈用水的漠视，也使节水技术开发和实施缺乏动力，最终导致用水浪费严重。因此，对水价的制定一定程度上也要考虑市场经济规律。

城市水系统的公益和商品的双重性是相互对立、矛盾的两种属性，强调公益性必然削弱其商品性；反之亦然。因此，城市水系统的良性运行必须在其两种属性中找到平衡点，实现以城市水资源的可持续利用保障城市经济社会的可持续发展。

13.1.2.2 城市供输水子系统特性

城市供输水系统主要包括城市取水系统、净水系统、输水系统和配水系统，是各种供输水设施的总称。城市供输水子系统的特性主要有以下两点。

（1）对水源具有较高要求

城市用水户主要是居民生活、工业和市政用水，用水密集且持续，有较高的保证率和水质要求。加上城市水系统的公益性和商品性的双重属性，因而对水源点的选取要综合考虑水源点各种条件来确定。城市水系统地下水取水水源点的位置取决于其水文地质条件、地质环境和用水要求，应选在水质良好、不易受污染的富水地段。江河取水水源点的选取要结合江河的水流状况、流量流速、水位变幅、河床断面状况、河床地质条件、冰情和航运情况，以及施工、运行等因素来决定。

（2）高风险性

城市水系统是一种典型的网络结构系统，其建设具有投资大、周期长的显著特点，大部分资产具有很强的专用性，与其他网络产业如电信产业相比，具有更显著的沉淀成本特征，当期运营成本在总成本中所占的比例比较低。沉淀成本使得城市供输水系统在建成后容易受到侵占，并可能得不到合理的补偿，因此城市供输水子系统具有投资大、周期长、沉淀成本比例大的高风险性。另外，城市供输水系统分布范围广、裸露工程多、看管困难、维护量大，因此在很多地区，城市水系统往往十分脆弱，系统本身受损的风险较大。

13.1.2.3 城市用水子系统特性

城市用水渗透社会生产和社会生活的各个领域，类型多种多样，总体可分为工业用水、生活用水和市政用水三部分（图13-4）。下面主要就工业用水、生活用水和市政用水的特性进行分析。

（1）工业用水

从可否重复利用的角度看，工业用水可分为易重复利用用水（如冷却用水、空调用水、锅炉用水）和难重复利用用水（如工艺用水、其他用水）两类。从功能分析，由于

第 13 章 城市单元社会水循环模拟与调控

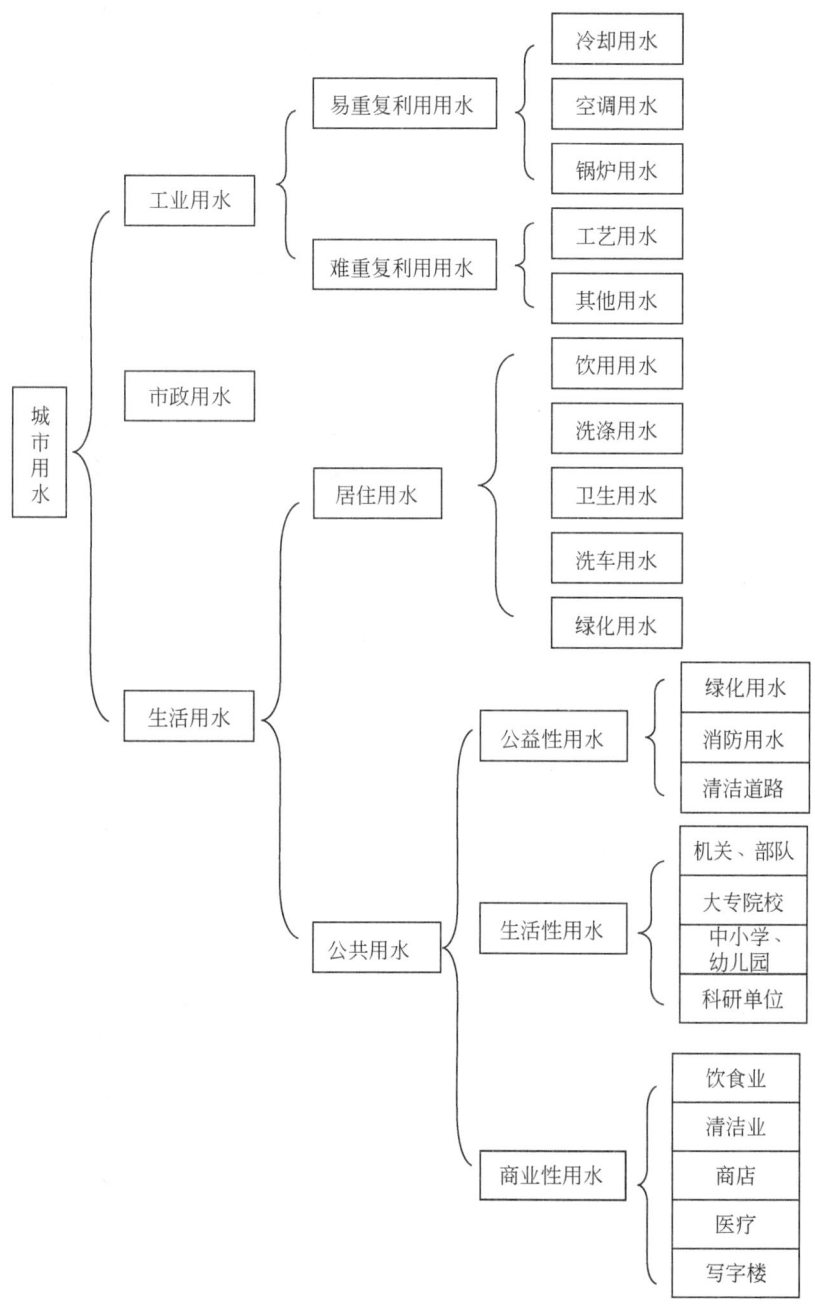

图 13-4 城市用水构成

水是天然的能源载体和物质载体，主要发挥冷却、热能传导、洗涤和原料四大功能。据统计，我国工业冷却用水占全国工业用水总量的 40%，这部分水是可以重复利用的，且重复利用量占整个工业用水量的 80%，这是工业用水的第一项功能。第二项功能是锅炉用水，主要用于产生蒸汽和热水，其取水也占我国工业总用水量的 40%，重复利用量比较小。工业用水的第三项功能是洗涤，即将其他地方的杂质、污染物转移到水这种介质中。第四个功能是进入产品，包括食品、饮料、医药等。冷却、锅炉大多用在重化工工业或者是能源工业，洗涤用水最大的是纺织、造纸、洗煤等行业，是水污染的最大贡献源。

工业用水具有以下四个方面的特性：一是和农业、生态用水不同，工业用水的水源，或者说工业用水必须取自狭义的径流资源；二是一般情况下，各工业用水总量一般不大，单位价值用水量小，但要求定时定量，保证率要求高；三是可重复利用的量相对较大，但工业用水重复利用率存在一个极限，当其达到一定程度后，就不会再有较大的变化；四是对水质要求高，同时污染也较大。目前，工业生产是环境污染尤其是水环境的主要污染源。

（2）生活用水

通常将城市用水中除工业用水（包括生产区生活用水）以外的所有用水统称为城市生活用水。城市生活用水包括居住用水和公共用水两大部分，居住用水主要是饮用、洗涤、卫生、洗车和家庭绿化用水。

居住用水具有明显的时间变化特征，不仅有时变和日变特征，同时还具有较强的月变和年变特征。一般而言：①早6~9时城市居民生活用水出现一天最大用水高峰，第二个用水高峰出现在晚18~21时，前者主要是由于洗澡、洗漱和冲厕用水量增加所致，后者主要是由厨房、冲厕和洗澡用水量增加所致。②生活用水还具有逐日波动的特征，通常将最高日用水量与平均日用水量的比值计算为日变化系数。研究表明，一些小城镇周六、周日生活用水量呈现一周内最低值。③研究发现，生活用水量在每年春季的2月和3月用水量最低，而到了夏季的7~9月用水量达到年内最高值，这种用水量逐月变化的特征，使得不同季节的用水也不同，用水量最多的是第三季度，最少的是第一季度，而另两个季度差别不大，造成这种变化的一个重要原因在于第三季度由于温度的升高导致人们洗澡次数的增加。④在年际水平，随着城市化的不断发展和人民生活水平的逐渐提高，生活用水量的发展规律为"较低水平—快速增长—缓慢增长—趋于平缓"四大发展阶段。

（3）公共用水

市政用水（也即上述公共用水）是对城市生活用水中除居民家庭用水以外的公共建筑、市政、环境景观和娱乐用水的统称。公共用水可分为公益性用水、生活性用水和商业性用水。

公益性用水包括用于绿化、消防和喷洒道路，生活性用水主要包括机关、部队、大专院校、中小学校、幼儿园、科研单位的用水，而商业性用水则主要指宾馆、饮食业、商场、医疗、洗浴娱乐业等的用水。公益性用水的显著特点表现为没有直接的消费主体，水的消费主体是整个城市，而不能细分到某个人，主要包括绿化用水、城市消防用水及浇洒道路用水等。这部分用水虽然从根本上与人的生活息息相关，但与人的直接相关性较差，受城市面积和气候因素的影响更大。生活性用水是指水单位为满足本部门成员工作时间内生活而发生的用水，它与居住用水既有很大的相似性，又有较大的区别。主要表现在居住用水是对个人和个人财产的消费，而生活性用水是对本单位集体财产的消费，经济因素对个体的约束不直接。商业性用水是指把水作为一种经济成本的用水方式，它的消费具有三个明显的特点：一是水的消费能为用水单位带来利润；二是水的消费个体不固定、不受经济约束；三是水的消费与用水单位的产值有很强的相关性。

总之，城市生活用水量的多少取决于当地的气候、水资源丰富程度、居住习惯、人口数量及社会经济条件等诸多因素。随着城市人口的不断增加，城市生活用水量稳步上升，其在城市总用水中的份额也越来越高。其中，公共用水在城市发展中的作用越来越受到重视，在生活用水中所占的比例也逐步提高，这一方面由于城市建设对绿化等生态建设的重视导致这部分用水的需求越来越大，而另一方面，在公共生活用水部分和商业性用水部分，可能这部分的水的经济价值与使用者的利益未能直接挂钩或者公众的节水意识还不够强，导致这部分水资源的使用还存在浪费现象，因此节水的潜力还比较大。

13.1.2.4 城市排水子系统特性

给水、排水是城市水系统中不可分割的两部分，共同构成给排水系统，该系统也是一个物质流循环系统。人类产生的废物在系统内循环重复利用，不再随着废水排出系统而污染自然水体。因此，和城市给水系统一样，城市排水系统也是城市最基本的市政工程设施。城市排水系统对保证城市生活和生产的正常秩序，满足社会效益、经济效益和环境效益等具有重要作用。城市排水系统的功能是：①及时排除雨水、污水，防止市区内涝；②集中处理污水，达标排放，防止公共水域水质污染。如果将城市拟人化，水就是城市的血液，给水管网就是动脉，排水管网就是静脉。而污水处理厂就是城市的肝脏，起到净化城市污水与制造再生水的作用。可见，排水系统起到回收城市污水和净化再生，畅通城市水循环的作用。传统观念上，排水系统是以防止雨洪内涝、排除和处理污水、保护城市公共水域水质为目的，认为污水是有害的，应尽快排除到城市下游。这种观念导致的结果往往是保护了局部的生活环境，危害了广大流域地区。

与给水系统类似，排水系统也具有投资高、建设周期长和高风险性的特点，此外，排水系统还具有系统体制多样的特点。城市排水一般可分为雨水和污水两大类。一般而言，污水主要由生活用水污水、工业生产污水、市政污水及公共水域污水等组成，其排放具有持续性，即每天24小时均会产生，且一般情况下其污染物含量较高；雨水排水依赖于降雨情况，当降雨在城市形成径流后，雨水排水才开始工作，一般而言，雨水排水中的污染物浓度相对较低，为减轻水体污染程度，一般对雨水排水和污水排污进行分质收集排放。由此，也就产生了两套甚至两套以上的排水沟道系统如分流制和合流制等，而合流制又可细分为完全合流制和不完全合流制两类，具体可参看城市给排水方面的文献。

13.1.3 城市化的水循环效应

城市化的程度是衡量一个国家和地区经济、社会、文化、科技水平的重要标志，也是衡量国家和地区社会组织程度和管理水平的重要标志。城市化是人类进步必然要经过的过程，是人类社会结构变革中的一个重要线索，只有经过了城市化，才能标志着现代化目标的实现。据预测，到2020年我国城市化水平将达到50%左右。因此，在加快城市化进程的同时，需处理好城市水循环与城市发展的关系，搞好城市水资源开发及保护城市化进程的顺利进行。正确认识城市化对城市水循环系统所带来的影响，并采取必要的措施认真予以解决，对"自然－社会"二元水循环模式的构建有着重要的意义。

城市化的水循环效应包括城市化对自然水循环的影响和对城市水循环系统中取、供、用（耗）、排的影响。城市化的水循环效应主要由城市人口增加、经济发展、产业结构变化以及城市化区域土地覆盖变化所致，对水循环的影响主要表现为城市进程驱动着需水量、废污水、不透水面积的增加，以及城市排水系统的改变，如图13-5所示。

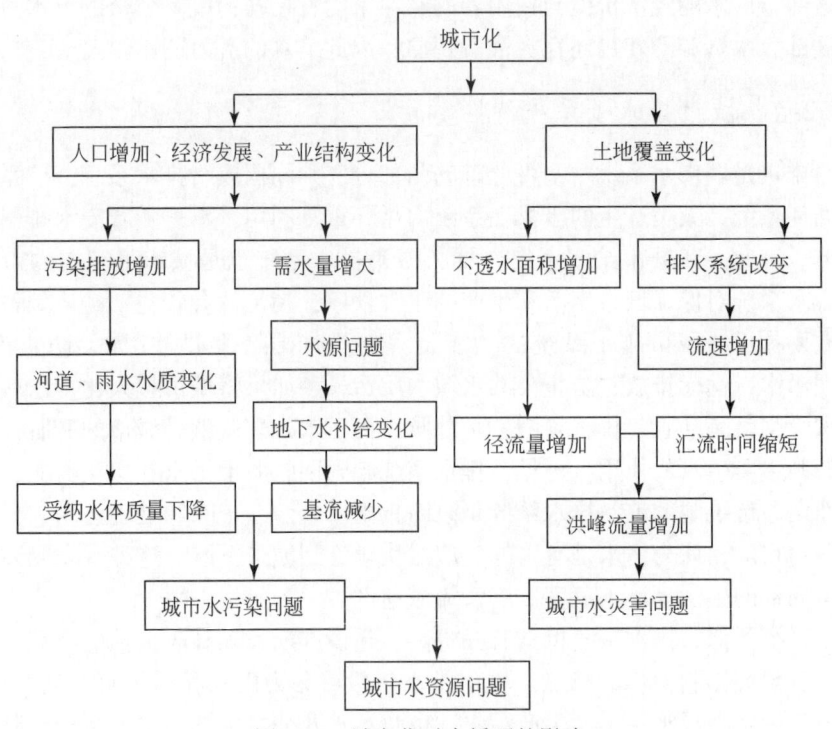

图13-5　城市化对水循环的影响

13.1.3.1　城市化对自然水循环的影响

随着社会经济的不断发展，城市化进程日益加快，与之相伴随的是农业用地向非生产性用地转移的力度与规模空前扩大，大面积地表因密闭而彻底丧失了生产力和生态功能，并直接改变地表径流特征以及地表水质量，从而对水的流动、循环、分布、水的物理、化学性质以及水与环境相互关系产生各种各样的影响。

城市化导致土地覆盖变化将最终导致水分循环的变化，进而影响水量在空间分布上的变化。城市的兴建和发展使原本天然植被或土壤大面积地被街道、工厂、住宅等建筑物代替，可渗水地面减少。由此，一方面，地表水和地下水的联系通道被严重阻塞，地下土壤及地下水与外界的交流、自我净化调节功能日益弱化，自然水循环过程被破坏；另一方面，大面积的不渗水地面实际大大改变了城市地区原自然水循环过程下垫面的滞水性、渗透性和热力状况，城区降水产流快，汇流时间短，形成的洪峰尖瘦。因此，城市化对水循环要素量的变化影响明显，它们的变化随城市的发展，下垫面不渗水面积的增大而增大，不渗水面积的百分比越大，土壤下渗量越小，地面径流越大。

（1）城市化对城市降水的影响

引起气候变化的原因主要有自然因素和人类活动，其中人类活动又集中体现为城市化。随着城市规模的发展、城市面积的扩大和城市人口的增加，大量生活、交通、工业人为热及温室气体排放，在城市下垫面的热力、动力作用和温室效应的影响下，形成了城市区域气候。早在 1968 年 Changnon 就指出城市化对降水的可能影响问题，并导致了 METROMEX 计划（大城市气象观测试验计划）的发起和实施。例如，对圣路易斯城长期降水资料的分析表明，在城市的上空和下风方向月均和季均降水量以及降水天气现象的发生频率，明显高于周围临近地区，这种降水分布异常在夏季最显著，并且表现出随着城市化进程加快而增强的趋势。在对 METROMEX 计划观测资料分析和数值模拟的基础上，Changnon 等进一步指出城市对夏季中等以上强度的对流性降水的增雨效果尤其显著，并提出了三种城市增强降水机制假说。

（2）城市化对城市水循环途径的影响

随着城市的快速发展，居民的生活及工作环境在很大程度上得到了改善。但是随之出现的是城市大面积的天然植被和土壤被街道、工厂、住宅等建筑物所代替，使下垫面的不透水面积增大，从而减少了降水的入渗量。城市化前，蒸发量占 40%，地面径流量占 10%，入渗地下水占 50%；城市化后蒸发量占 25%，地面径流量占 30%，屋顶径流量占 13%，入渗地下水占 32%。下垫面的变化已经在很大程度上改变了城市区域水循环途径，对涵养城市水源产生了不利影响。

（3）城市化对地表径流特征的影响

城市化地区下垫面以及地表状况的迅速变化，导致自然的降雨—径流过程发生质的变化。城市道路及铺砌路面的不断增加使同量级的降水产生的径流远比自然状态下的大。不透水面积和排水工程的扩大，使土壤入渗和地面蒸发相应减少，而由降水形成的地表径流量、流速和峰值流量增加，汇流时间缩短，从而城市的雨洪径流明显增大，地表径流的侵蚀和搬运能力也相应增强。从图 13-6 中 Crawters 流域不透水面积与年最大洪峰流量变化图可以看出，随着流域内不透水面积的增大，流域年最大洪峰流量呈现增大趋势。同时，从图 13-7

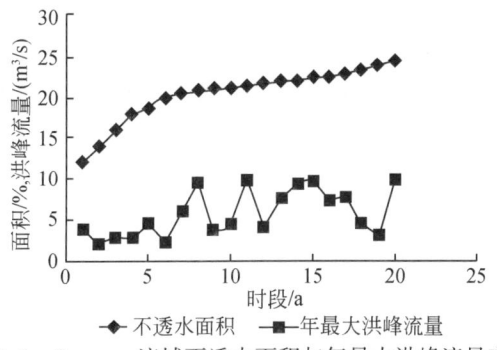

图 13-6 Crawters 流域不透水面积与年最大洪峰流量变化

中可以看出，相同滞洪蓄量下，城市洪峰出现时间早于农村，且城市的洪峰要大于农村。

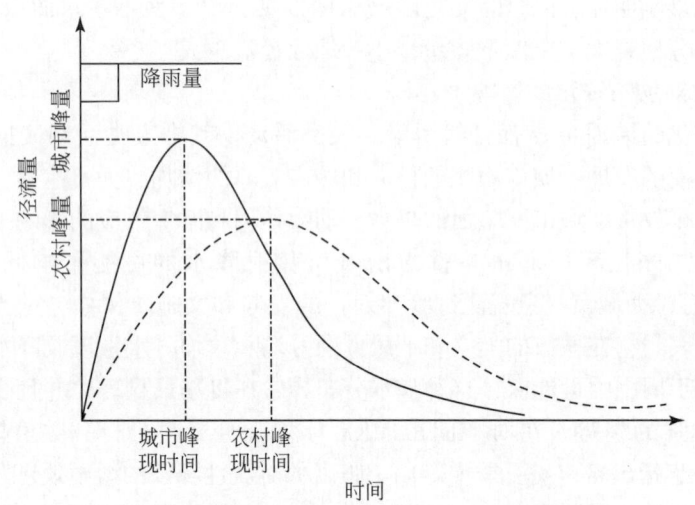

图 13-7　相同滞洪蓄量时城市化对流域响应的影响

（4）城市化对地表水质的影响

人类赖以生存的水环境不断地遭受污染是世界普遍存在的问题。城市化对地表水质的影响主要表现为两个方面：一是城市化人口增加和社会经济发展所排放的污染物不断增加，很快超过城市本身水体的自净能力，而且污染物中带有大量的难降解物，水环境污染日益严重，要求城市污水处理规模不断增加；二是以城市地面硬化为主要特征的下垫面变化后，城市降水汇流时间大大缩短，径流量增加，冲刷城市下垫面污染物的能力剧增，径流中悬浮固体和污染物含量也增大。随着城市污水处理力度的不断提高，在许多城市地区，雨水径流污染已成为城市水污染的主要组成部分。在两次暴雨之间，大气中沉降和城市活动产生的尘土、杂质及各类污染物积聚在这些不透水面积上，最后在降雨期被径流冲洗掉，进入雨水管道。城市雨水管道中大量污染物排入城市的河、溪沟，造成城市水域污染。据环保部门的监测表明，水体污染最严重的是久旱后的大暴雨所形成的地表水。

（5）城市化对地下水的影响

城市化对地下水的影响显著，主要表现在：一是地下水超量开采造成地下水位下降，二是城市不透水面积增加，降雨入渗对地下水的补给量减少。一方面，城市化的不断发展导致城市人口剧增，工业不断发展，城市用水量增加，水资源供需形势紧张。为解决供应不足问题，绝大部分缺水城市均将城市地下水作为补充和稳定城市水资源供给的长期水源，过量开采导致地下水位不断下降。另一方面，由于城市不透水面的不断增加，降雨下渗对地下水补给量减少，更加剧了地下水的下降趋势。多种因素的共同作用，加剧了地下水形势，许多城市区域已出现了地下水漏斗区。

（6）城市化对蒸散发的影响

一方面，城市化不断加速，导致绿地迅速减少，可渗水面减少，降水对地下水的垂直补给量减少，使得地表及树木的水分蒸发和蒸腾作用相应减弱，包气带蒸发量减少，从而使总蒸发量减少。尤其是城市扩张过程中，伴随着的城市土地利用变化导致的大片农田改变为人工路面及建筑群，截断了包气带蒸发，使地表蒸发减少。另一方面，伴随绿地面积的减少，城市硬化面积和不透水面积急剧增加，蒸发能力迅速提高，城市路面洒水和雨后的蒸发量比绿地或原有地面大大增加。因此，迄今为止，城市化对蒸发量的总影响仍缺少一个定量认识。

（7）城市水土流失对城市水质的影响

城市水土流失是一种典型的城市水文效应。城市建设发展过程中，大量的建筑工地使流域地表的天然植被遭到破坏，裸露的土壤极易遭受雨水的冲蚀，形成严重的水土流失，从而改变了地表物质能量的迁移状态，增加了水循环过程中的负载。例如，截止到1995年年底，深圳市的水土流失面积已达$185km^2$，占全流域面积的9.2%。流失的水土不仅造成侵蚀区流域的冲刷和淤积，造成人畜伤亡和财产损失，而且导致下游流域河道、港口及水库的淤积，恶化水质。这种工程型的水土流失，主要是由人类活动所造成的。

城市化对水质的影响主要表现为对城市水体的污染。污染来自三个方面：一是工业废水；二是生活废水；三是城市非点源污染。工业污染主要指由工厂或企业排放的废水、废气，其特点是排放集中、浓度高、成分复杂，有的毒性大，甚至带有放射性；生活废水主要指城市居民日常生活排放的废水、废气，其特点是有机含量高、生化耗氧量低，易腐败，特别是由医院排放的含有细菌或带有病毒的污水、污物，对水体具有极大地危害性；非点源污染主要是指工厂和机动车辆排放的废气，大气尘埃，生活垃圾，街道、陆面的废弃物，建筑工地上的建筑材料及松散泥土等。

城市降雨径流污染是非点源污染的重要途径。降雨将大气、地面上的污染物淋洗、冲刷，随径流一起通过下水道排放进河道。污染径流的成分十分复杂，含有重金属、腐烂食物、杀虫剂、细菌、粉尘等若干有害物质，量也很大，对水体污染的危害性要比其他污染途径严重得多。城市降水径流污染的浓度及成分随时间、季节、各次降雨的不同而不同。例如，每年春季的初级降雨径流一般污染物含量较大；每年雨季的大雨既能冲刷长期积存在街面和下水道中的污物，也能稀释河道天然径流与污水量的比例，但并不改善水质。

13.1.3.2 城市化对社会水循环系统的影响

（1）对取水子系统的影响

随着城市化的发展，城市人口增长、工业发展、用水量标准提高，城市用水需求不断增长，从而不断对城市取水产生重要影响。表现为取水范围、取水量及取水水质三个方面。首先，城市化进程中，城市取水地理范围不断扩大，取水口不断向外迁移，有的甚至随河流不断向上溯源；从水源范围上，从最初的地表水取水，到后来的地下水取水，有的地方甚至不断向海水、雨水等非常规水源取水。其次是取水量需求不断增加，城市取水不断挤占周边农业、农村取水量，甚至挤占生态用水，超采地下水。再次是取水水质，受水污染和生态环境恶化的影响，城市取水水质一般会逐渐变差。

（2）对供（输）水子系统的影响

在一定的城市化阶段内，城市化进程推进将促进城市的水需求不断增长，包括同一地域范围内供水管网供水能力的增长和城市供水管网分布范围的增长两方面。城市供水系统建设投资大，牵涉面广，因此对一个不断发展的城市而言，城市供（输）水系统不可能一次建成，最理想的方式是在统一规划的基础上分期实施。另外，在城市化初期，城市供（输）水子系统布置形式一般为树枝状管网，随着城市扩大、城市各分区间及各行业间联系的不断紧密，要求在整个给水区域内，在技术上要使用户有足够的水量和水压，在时间上要求无论在正常工作或局部管网发生故障时都保证不中断供水，因此城市化发展促进供（输）水子系统逐渐由树枝状管网向环状管网转变，从而也使供（输）水子系统的建设投资越来越大，管理越来越复杂。

（3）对用（耗）水子系统的影响

影响城市用水量的主要因素是生活用水和工业用水，城市化对城市用水子系统的影响主要包括水量、水质和用水便利度三个方面。

就水量看，用水量增长的原因主要包括：人口增加、人均生活用水标准提高、工业规模扩大和体系完善、服务业日益发达、市容市貌（城市生态）改善等。一般而言，随着城市人口的不断增长，用水量会大幅度增加，但不同城市间城市用水的演变趋势差异较大。以美国自来水厂协会调查的统计数据为例，分析表明，1940~1970 年，美国城市人均用水量经历了一个快速的正增长期，从 1970 年以后进入了一个稳定和下降期，1940~1992 年的 50 多年中，美国城市的用水量已经没有明显的时间趋势，至于不同时间和不同地点用水量的差异，一般解释为由于价格、收入、气候、房屋类型和其他决定用水量的因素的差异而引起。据统计，我国 1980 年城市人口为 1.91 亿人，到 2004 年增长至 5.43 亿人，年均增长率为 4.45%；1980 年城市年供水量为 88.3 亿 m^3，2004 年增长至 490.28 亿 m^3，年均增长率为 7.40%；1990 年全国城市污水排放总量为 179 亿 m^3，2004 年增长至 356 亿 m^3，年均增长率为 5.03%。另外，城市经济总量及产业结构的变化对城市水循环的影响也主要反映在城市用水总量及用水构成上。用水量随着经济总量和三次产业结构的变化而变化。1997 年我国三次产业经济结构为 19.1%：50.0%：30.6%，各产业用水量所占比例为 70.4%：20.2%：9.4%。2004 年我国三次产业经济结构调整为 15.2%：52.9%：31.9%，各产业用水量所占比例为 64.4%：22.2%：13.2%。1997~2004 年三次产业生产总值和其用水量结构如表 13-1 所示。

表 13-1 三次产业及用水量结构变化表

年份	国内生产总值/亿元	各产业所占比例/% 第一产业	第二产业	第三产业	总用水量/亿 m^3	各产业用水量所占比例/% 第一产业	第二产业	第三产业
1997	74 462.6	19.1	50.0	30.9	5 566	70.4	20.2	9.4
1998	78 345.2	18.6	49.3	32.1	5 235	69.3	20.7	10.0
1999	82 067.5	17.6	49.4	33.0	5 591	69.2	20.7	10.1
2000	89 468.1	16.4	50.2	33.4	5 498	68.8	20.7	10.5
2001	97 314.8	15.8	50.1	34.1	5 567	68.7	20.5	10.8
2002	105 172.3	15.3	50.4	34.3	5 497	68.0	20.8	11.2
2003	117 390.2	14.4	52.2	33.4	5 320	64.5	22.1	13.4
2004	136 875.9	15.2	52.9	31.9	5 548	64.6	22.2	13.2

由表 13-1 中可见，1997~2004 年，我国国内生产总值增长迅速，全国用水总量基本稳定，用水效益增长了近 1 倍。从结构上看，第一产业生产总值下降 3.9 个百分点时，其用水量相应下降了 5.8 个百分点；第二产业生产总值比例增长了 2.9 个百分点时，其用水量比例相应增长了 2.0 个百分点；第三产业所占比例 1997~2002 年呈增长趋势。从总量上看，第一产业生产总值呈缓慢上升趋势，而用水量呈缓慢下降趋势，这表明我国农业用水水平已经有所提高，这与近年来农业节水技术的推广有较大的关系；第二产业生产总值增长迅速，其用水总量增加较少，生产总值增长速度远远高于其用水量增长速度；第三产业生产总值以稍低于第二产业增长速度快速增长。这表明三次产业效益明显提高。

就水质来看，人口增加、工业发展和满足人们日益增长的服务需求，导致城市用水对象多元化，而各种用水的水质要求不同。因工业生产、居民生活和大部分公益性用水均通过给水系统进行配置，因此，尽管各种用水对水质的要求不同，但实际上这些用水的标准一般都达到生活用水水质标准。

随着城市化进程的日益推进，城市给排水系统日益发展完善，城市居民用水的便利程度大大提高。

(4) 对排（回用）水子系统的影响

随着城市化的发展，城市排水系统及其排水规模不断加大，甚至出现了排水跟不上城市发展的速度，使城市部分地区存在不同程度的脏、乱、差问题，严重影响了居民生活质量。

在人口不甚集中、工业不太发达的时代，人们误认为水资源足够利用、水环境容量足够大，而忽略了水的再生性质和水环境的脆弱本质，因此全球多年的排水实践仅保护了局部城区生活环境，污染了全流域，造成长期危害。事实上，良好的水环境不应是局部地域的，而应是流域乃至全球的。当今社会，由于经济的迅速增长和城市人口的高度集中，水环境劣化日趋严峻，水资源短缺矛盾日趋突出。今后城市排水系统要起到回收污水、再生净化、畅通城市水循环的作用，就必须从防涝减灾、治污减灾的被动地位，升华到以污水资源化、创建健康水循环、恢复良好水环境和维系水资源可持续利用为己任的城市生命线工程的地位上来。

13.2 城市社会水循环供水系统模拟与调控

13.2.1 城市社会水循环供水系统

城市供水系统是社会水循环系统一个重要的单元，每天每个城市数以百万吨符合饮用水标准的自来水正是通过城市供水系统输配给千家万户、工业企业、第三产业等用水单位，是社会水循环系统中服务人口与类型多、接触面广、对社会经济发展支撑度高的显著特点。同时，城市供水系统也是国家的重要基础设施，直接关系到社会经济稳定发展和人民生活的安定，在保障城市发展和安全运行中发挥着重要的基础性资源作用，具有安全性、可靠性、要求高的又一战略特点。

随着国民经济的发展，我国的城市供水事业得到了迅速的发展，经历了"十一五"大规模的新建和改扩建，基本实现了城市供水系统运行管理的"两提高"（安全、效益提高）和"三降低"（电耗、药耗、损耗降低）的短期发展目标和要求。但是，当前能源与水资源紧张仍是世界性问题。随着经济建设的发展，能源紧张与水资源供需矛盾在我国日益突出，节约能源与水资源已经成为我国的基本国策。目前，我国大多数城市供水系统运行、调度仍然采用人工经验方式，能源消耗比较大，如果将其纳入社会水循环系统对其进行模拟与调度，建立基于社会水循环统一调控的城市社会水循环供水系统侧支循环，不仅能够节省大量能源，创造出可观的经济效益。同时，在水资源匮乏、水源污染严重、建设资金紧张的情况下，还可以提高供水可靠安全性，最大程度地减少管网漏失量，减少供水产销差，减少能源与水资源的浪费，对提高整个社会水循环系统效率、效益具有深远的意义。

另外，我国供水企业在相当一段时期内，为适应经济高速发展、城市化进程较快的国情，非常重视满足供水管网系统的用水量需求。但由于供水系统复杂，供水方式不合理的存在，造成管网中水质发生变化，"二次污染"严重；同时因管网中压力分布不均，致使管网事故频繁，管理和维修比较困难等一系列问题发生。要有效地解决这些问题，就必须对城市供水系统实施动态模拟，继而实现供水系统的科学调度，通过合理调配管网系统供水设施，实现管网系统的多目标优化运行，最终提高供水运行管理水平，提高供水服务质量，提高供水效率，建成城市社会水循环模拟与调度系统。

城市社会水循环模拟与调度系统作为水资源合理利用的重要环节，必须在确保供水安全可靠的前提下，以提高供水服务质量、供水效率、经济效益为目标，应用现代控制理论和方法，应用计算机、遥测、遥感、遥控等先进技术，全面地进行城市社会水循环系统的信息化建设，逐步实现城市社会水循环运行、调度与宏观、中观、微观调控数字化、信息化、智能化。

13.2.1.1 城市社会水循环供水系统科学调度内容

城市社会水循环供水系统科学调度（即供水管网科学调度）指的是在对供水管网运行状态实施集中、全面和实时监控的基础上，运用现代化信息技术，以及智能化和优化控制理论和方法，安全可靠地将符合流量、压力和水质要求的水供应给用户，在最大限度地提高供水系统安全可靠性的同时，降低供水运行成本，提高运行管理科学技术水平，提高供水企业的经济效益与社会效益。

城市社会水循环供水系统科学调度的具体目标为：全面提升供水服务水平，提高水量、水压和水质的保证率；降低供水能耗、物耗和人力资源成本，提高供水企业的社会效益和经济效益。其发展方向是实现供水调度与控制的优化、自动化和智能化，最终实现与水资源控制、水处理过程控制及供水企业管理的一体化。

城市社会水循环供水系统的科学调度思想与传统供水优化调度相比较，在供水信息化建设方面，强调利用先进的计算机和通信技术；在控制手段方面，积极引入智能化控制方法；在决策目标方面，除供水可靠性和经济性之外，特别增加了供水安全性的目标。

城市社会水循环供水系统科学调度系统主要由以下四部分组成。

(1) 数据采集与通信网络系统

包括检测水压、流量、水质等参数数据采集和数据通信网络；通信网络与水资源调度系统、水处理监控系统、供水企业生产调度中心等连通，建立统一的接口标准与通信协议。

(2) 数据库系统

数据库系统是科学调度系统的数据中心，具有规范的数据格式和完善的数据管理功能。一般包括地理信息系统（GIS）、管网模型数据及各检测点的压力、流量、水质等实时状态数据和调度决策数据。

(3) 调度决策支持系统

这是科学调度系统的指挥中心，主要具有供水管网动态模拟、用水量预测、调度优化决策、调度状态评估等功能。

(4) 调度执行机构

由各种执行设备或智能控制设备组成，可以分为开关执行系统和调节执行系统。开关执行系统控制阀门的开闭、水泵机组启停等；调节执行系统调节、控制阀门的开度、电机转速等。

其中，供水调度决策支持系统是供水科学调度大系统的核心组成部分。

13.2.1.2 城市社会水循环供水调度决策支持系统

决策支持系统是面向决策环境的非结构化或半结构化部分，以改进决策结果的最终效果为目的，辅助决策者进行方案制订的系统。

城市社会水循环供水调度决策支持系统涉及供水可靠性、安全性、经济性等方面，能够利用来自数据库的静态和动态信息，进行供水管网动态模拟、用水量预测，按照目标函数和约束条件求解调度模型，并对决策方案进行多目标综合评估，优选和推荐最终方案。系统决策方案应该具有人工方案、离线预案、在线方案等多种形式。城市社会水循环供水调度系统的决策支持主要体现在以下三个方面：

(1) 模型的决策支持

在科学研究中，往往是先提出正确的模型，然后才能得到正确的运动规律，建立较完善的理论体系。供水管网模型、水量预测模型、优化调度模型等是对供水系统特征和变化规律的科学抽象，通过研究这些模型可以揭示调度决策问题的本质，深入了解和掌握管网实时运行状态和运行效率，有利于提高管网系统的运行安全可靠性，克服由管网设施隐蔽性而带来的管理盲目性。

(2) 专家经验的决策支持

专家经验是通过知识来表达的。知识与模型一样，是决策的资源。知识来源于实践，是对现实状态发生变化以及相应对策的描述。数学模型是对现实问题用数学方法进行定量分析，而知识却是对那些无法用精确模型表达的问题进行定性分析，知识属于人工智能的范畴。在供水科学调度实践过程中，也存在许多问题是无法建立精确的数学模型来进行描述的，这就需要利用建立专家知识库的手段来对决策进行支持。

(3) 方案结果的决策支持

模型和知识是决策支持的定量和定性手段。对于复杂的供水决策问题，单一模型或知识往往是难以进行辅助支持的。这时，就需要通过一定的体系和工作流程，将多个模型和知识进行有机组合，按照人工输入或自动获得的边界条件，经过综合计算，最终得到方案结果，实现辅助决策。

13.2.2 城市社会水循环供水系统模拟模型

城市社会水循环供水系统数学模型包括水力模型和水质模型，它是供水调度决策支持系统的重要基础和依据。通过进行城市社会水循环供水系统水力和水质动态模拟，能够深入了解和掌握实时运行状态和运行效率，有效指导供水运行决策。本研究主要就城市社会水循环供水系统水力模型展开研究。

13.2.2.1 水力模型

国内外许多学者对调度决策基础的水力模型进行了大量研究和实践，目前供水系统水力模型主要分为两类，即宏观模型和微观模型。相应基础上的调度系统称为供水宏观调度和供水微观调度。

(1) 城市社会水循环供水系统水力宏观模型

宏观模型是一种数据相关性统计模型，利用"黑箱理论"的基本思想，来寻求城市社会水循环供水系统中不同区域间的流量、压力变化的关系和规律。

早期的宏观模型以"比例负荷"为前提，即认为供水系统的总用水量、各供水泵站供水量以及各节点用水量在一天内各时段按相同的比例因子变化。它的非线性表达式为

$$H_{pt}(i) = C_{pt}(i,1) + C_{pt}(i,2)Q_d^{1.85} + \sum_{m=1}^{I} C_{pt}(i, m+2) Q_p(m)^{1.85} \tag{13-1}$$

式中，$H_{pt}(i)$ 为泵站与对应蓄水池水位之间的压差（m）；C_{pt} 为回归常数系列；i 为泵站个数；Q_d 为总供水量（m³/h）；Q_p 为各泵站的供水量（m³/h）。

$$Q_t(j) = C_t(j,1) + C_t(j,2)Q_d^{1.85} + \sum_{m=1}^{J} C_t(j, m+2) H_t(m)^{0.54} + \sum_{i=1}^{I} C_t(j, i+J+2) Q_p(i) \tag{13-2}$$

式中，$Q_t(j)$ 为流进储水池的流量（m³/h）；$H_t(m)$ 为各储水池的水位（m）；J 为储水池个数；C_t 为回归常数系列。

$$P_n(h) = C_n(h,1) + C_n(h,2)Q_d^{1.85} + \sum_{i=1}^{I} C_n(h, i+2) H_d(i)$$

$$+ \sum_{j=1}^{J} C_n(h, I+j+2) H_t(j) \tag{13-3}$$

式中，$P_n(h)$ 为测压点 h 处的压力（m）；$H_d(i)$ 为第 i 泵站的出水压力（m）；C_n 为回归常数系列。

然而，我国的城市用水量比较复杂，一般是按"非比例负荷"模式变化的。因此结合实际情况，研究提出了一些不受"比例负荷"限制的宏观模型，其中比较有代表性的是宏观解析模型。该模型是以伯努利方程和海曾威廉公式为基础的，认为节点水压等于该节点到参考点的水头损失和参考点水压之和，从而建立了城市社会水循环供水系统中测压点压力与供水点流量之间的关系：

$$H_i = C_i + \alpha_i \left(\sum_{j=1}^{np} C_{ij} Q_j \right)^2 = C_i + \left(\sum_{j=1}^{np} \sqrt{\alpha_i} C_{ij} Q_j \right)^2 \quad i = 1, 2 \cdots, m \quad (13\text{-}4)$$

式中，H_i 为节点 i 的水压（m）；Q_j 为第 j 个供水泵站的出水流量（m³/h）；np 为管网系统中供水泵站数目；m 为管网系统中测压点数目；C_i、C_{ij}、α_i 为式中的待定系数。

对于上式，可以将 C_i 看做测压点的基准压力，C_{ij} 相当于各泵站供水量的对节点 i 压力的影响权重，α_i 相当于总供水量的修正系数。

（2）城市社会水循环供水系统水力微观模型

城市社会水循环供水系统水力微观模型建立的思想，主要是从供水系统的拓扑关系出发，依据管道管径、管长、管材及节点用水量等主要参数，构造出拓扑结构模型。该模型的基本数学方程包括质量平衡方程和能量平衡方程，即

$$\sum_{i \in \mu_j} (\pm q_i) + Q_j = 0 \quad j = 1, 2, 3, \cdots, N \quad (13\text{-}5)$$

$$H_{Fi} - H_{Ti} = h_i = s_i q_i |q_i|^{\alpha-1} \quad i = 1, 2, 3, \cdots, M \quad (13\text{-}6)$$

式中，q_i 为管段 i 的流量（m³/h）；Q_j 为节点 j 的流量（m³/h）；μ_j 为节点 j 的关联集；$\sum_{i \in \mu_j}(\pm q_i)$ 为对节点 j 关联集中管段进行有向求和，管段流量流出节点时取正值，流入节点时取负值；Fi、H_{Fi} 为管段 i 的起始点编号和起始点水头（m）；Ti、H_{Ti} 为管段 i 的终止点编号和终止点水头（m）；h_i 为管段 i 的压降（即水头损失，暂不考虑增压设备的影响）（m）；s_i 为管段 i 的摩阻系数；α 为管段阻力指数，与水头损失计算公式指数相同；N 为管网模型中的节点总数；M 为管网模型中的管段总数。

上式是供水系统状态方程组，对其进行求解的方法主要有环流量法、节点水头法和管段流量法。

（3）模型评价与选择

宏观模型是根据城市社会水循环供水系统中测压点压力与供水泵站工况之间的内在关系，经数学统计和归纳，建立泵站出口压力与管网测压点压力及泵站出口流量之间的宏观关系模型。它是一种数据相关性统计模型，求解管网中不同区域间的流量、压力变化的关系和规律，而不是通过供水系统水力分析计算，因此，具有数学模型简单、需要的数据量少和建模速度较快的优点。但是，宏观模型建立的根本出发点是用于供水系统运行自动化和优化调度，而不关心供水系统中详细的组件功能信息，不能表达管网中各个管段的运行状态和参数，对管网维护、更新和改造方案不具有指导作用。另外，当管网结构变化较快，管网用水规律变化较大时，模型的模拟精度将较难保证，需要不断修正宏观模型，从

而降低了宏观模型的稳定性、通用性和长效性。

微观模型是以城市社会水循环供水系统拓扑结构为依据，应用水力学、网络图形理论和算法，进行供水系统中各管道、节点和区域水量和压力动态模拟计算的模型。通过求解管网中管段流量、节点压力、泵站流量和扬程，建立供水系统供水电费最小和供水压力稳定安全为目标的优化调度模型，同时通过求解供水泵站优化运行模式，到达泵站优化调度的目标。因此，微观模型的实时动态运行模拟提供了供水系统中各管段、节点、水泵、阀门等组件的详细运行状态信息，检验了供水系统运行质量，能够揭示供水系统中存在的设计与运行调度问题，为泵站设计、运行、维护和扩建提供依据，为供水系统化运行优化调度提供决策支持。与宏观模型相比，微观模型对系统的变化及节点用水量分布的变化适应性较强，当某水池或主干管中断使用时，将供水系统拓扑关系校正后，仍可进行系统工况模拟；而宏观模型就需要重新获取原始数据，进行回归分析，校正回归曲线，建立新的模型形式。

13.2.2.2 城市社会水循环供水调度优化决策基本模型选择

（1）决策对象

供水科学调度的过程就是在系统模型基础上，根据运行状态和预测水量的数据，求解优化决策数学模型，从而得到满足决策目标函数的各台水泵的开关量（或调节量）以及阀门的调节量，同时也可以得到调度方案实施后的管段流量、节点压力、水池水位等数值。

因此，供水科学调度的决策对象分为两类：①控制类对象，包括水泵的开关量（或调节量）、阀门的调节量等；②状态类对象，包括管段流量、节点压力、水池水位、水质浓度等。

（2）模型类别与选择

A. 决策模型类别

根据决策变量的不同，可建立供水管网系统调度决策的显式模型和隐式模型。显式模型是以水泵的运行状况（定速泵为开关，调速泵为转速）作为决策变量；隐式模型是先以泵站流量或水池水位等作为中间变量，再求解水泵的运行状况。

显式模型是以各泵站水泵流量和水泵状况为变量建立直接调度决策模型，该模型将水源、泵站、管网有机地结合起来，从整个供水系统的可靠性、运行经济性、泵站可操作性的角度出发，将泵站优化目标函数及各约束条件统一考虑，合理调配各种水泵运行。

隐式模型可以分为两级来求解。第一级求解过程对于有水池调节的实时反馈系统，可先确定最优的水池变化迹线，即在满足系统最小运行费用的前提下，得到一组在整个调度各个时段的水池变化水位；如果是以泵站出口流量作为决策变量时，计算结果是确定每个时段各泵站的流量分配。第二级求解过程是在最优水池变化迹线或泵站流量的基础上，进一步求解各泵站水泵运行状况。

B. 决策模型选择

显式模型是将整个系统统一考虑，一次求解，虽然这样计算效率高，但一次建模中考虑的变量及约束条件多，建模及运行复杂，因此比较适用于供水系统结构和泵站相对简单的情况。

隐式模型的求解精度较高，但计算耗时很长，对于泵站内水泵组合数较少，缺少调速泵，即泵站内可调余地较小的系统，有时得不到优化解。因为当一级寻优得到最优的流量分配后，泵站内有限的水泵组合种类不能满足所要求的供水流量，就可能使泵站组合种类的可行域与最优流量可行域的交集出现空集，即出现无解的情况。

目前，对于国内大多数城市，采用泵站直接供水模式，供水系统中调节水池较少，调度决策对象一般是各泵站内定速泵的开关量或调速泵的转速。解决这类问题，选用显式模型显然是比较适合的，显式模型又称为直接优化调度模型。

13.2.2.3 城市社会水循环供水系统多目标优化决策数学模型

(1) 目标函数

从供水科学调度的基本概念可知，供水经济性和安全性是供水系统科学调度的两个主要决策目标。

A. 供水经济性目标 f_1

即供水运行总费用最小，总费用包括净水厂制水成本和泵站电耗两部分。

净水厂制水总费用 f_S 应该考虑各水厂取水、输水及水处理的各项成本费用。

$$f_S = \sum_{t=1}^{T} \sum_{i=1}^{W} d_{1it} Q_{it} \tag{13-7}$$

式中，f_S 为制水成本（元）；d_{1it} 为第 i 净水厂在 t 时段内的制水成本（元/m³）；Q_{it} 为第 i 净水厂在 t 时段内的处理水量（m³）；W 为净水厂数目；T 为供水调度时段数。

泵站供水电耗 f_p 的计算方法为

$$f_P = \sum_{t=1}^{T} \sum_{i=1}^{P} \sum_{j=1}^{M_i} a_{ijt} d_{2ijt} Q_{ijt} H_{ijt} \tag{13-8}$$

式中，f_P 为泵站电耗（元）；a_{ijt} 为 i 泵站 j 水泵在 t 时段的开关状态，水泵运行取 1，否则取 0；d_{2ijt} 为 i 泵站 j 水泵在 t 时段单位扬程和单位供水量的电费［元/(m³·m)］；Q_{ijt} 为 i 泵站 j 水泵在 t 时段的出水流量（m³/h）；H_{ijt} 为 i 泵站 j 水泵在 t 时段的扬程（m）；M_i 为 i 泵站内水泵台数；P 为供水泵站数目。

其中，d_{2ijt} 的计算方法为

$$d_{2ijt} = \frac{100 \times 9.81 E_t}{3600 \eta_{ij}} = \frac{E_t}{3.67 \eta_{ij}} \quad i = 1, 2, \cdots, P;\ j = 1, 2, \cdots, M_i \tag{13-9}$$

式中，E_t 为 t 时段的电价（元/kW）；η_{ij} 为 i 泵站 j 水泵机组的运行效率（%）。

其中，η_{ij} 的计算方法为

$$\eta_{ij} = \frac{N_{ij}}{N_{Eij}} = \frac{A_{ij0} + A_{ij1} Q_{ij} + A_{ij2} Q_{ij}^2 + A_{ij3} Q_{ij}^3}{N_{Eij}} \times 100\% \quad i = 1, 2, \cdots, P;\ j = 1, 2, \cdots, M_i$$

$$\tag{13-10}$$

式中，N_{ij} 为 i 泵站 j 水泵机组运行的有效功率（kW）；N_{Eij} 为 i 泵站 j 水泵机组的额定功率（kW）；A_{ij0}、A_{ij1}、A_{ij2}、A_{ij3} 为 i 泵站 j 水泵机组功率-流量曲线多项式拟合常数。

因此，供水运行总费用最优目标为

$$\min f_1 = \min(f_S + f_P) \tag{13-11}$$

B. 水质安全性目标 f_2

$$\min f_2 = \min \sum_{t=1}^{T} \sum_{i=1}^{N} \min[0, \min(C_{it} - \underline{C}_{it}, \overline{C}_{it} - C_{it})]^2 \tag{13-12}$$

式中，C_{it} 为节点 i 在 t 时刻的物质浓度（mg/L）；$\underline{C}_{it}$ 为节点 i 在 t 时刻允许的最小物质浓度（mg/L）；$\overline{C}_{it}$ 为节点 i 在 t 时刻允许的最大物质浓度（mg/L）；N 为节点数目。

这样就构成了由 f_1 和 f_2 组成的多目标优化问题。多目标优化问题的求解方法一般是先转化为单目标优化问题，常用的方法有约束法、分层序列法、评价函数法、线性加权法等，本研究采用的是线性加权法，便于体现不同调度需求下各目标函数的偏重性。构成的单目标函数 F 为

$$\min F = \min(\lambda_1 f_1 + \lambda_2 f_2)^2 \tag{13-13}$$

式中，λ_1、λ_2 分别为供水经济性和水质安全性的权重系数，且 $\lambda_1 + \lambda_2 = 1$。

（2）约束条件

A. 管网水力约束

主要指的是管网流量连续性约束和能量平衡性约束。

$$Q_{it} + \sum_{j \in S_i}(\pm q_{jt}) = 0 \quad i = 1, 2, \cdots, N; j = 1, 2, \cdots, M; t = 1, 2, \cdots, T$$

$$H_{Fjt} - H_{Tjt} = s_j q_{jt}^{\alpha} \quad j = 1, 2, \cdots, M; t = 1, 2, \cdots, T \tag{13-14}$$

式中，q_{jt} 为管段 j 在 t 时段的流量（m³/h）；Q_{it} 为节点 i 在 t 时段的流量（m³/h）；H_{Fjt}、H_{Tjt} 分别表示 t 时段管段 j 起点和终点的节点水头（m）；S_i 为以节点 i 为终点的上游管段集合；s_j 为管段 j 的摩阻系数；α 为管段阻力指数，与水头损失计算公式指数相同；N 为节点数目；M 为管段数目。

B. 节点水质约束

$$\underline{C}_{it} \leq C_{it} \leq \overline{C}_{it} \quad i = 1, 2, \cdots, N; t = 1, 2, \cdots, T \tag{13-15}$$

式中，C_{it} 为节点 i 在 t 时段的物质浓度（mg/L）；$\underline{C}_{it}$ 为节点 i 在 t 时段允许的最小物质浓度（mg/L）；$\overline{C}_{it}$ 为节点 i 在 t 时段允许的最大物质浓度（mg/L）。

C. 储水池水位约束

$$\underline{y}_{it} \leq y_{it} \leq \overline{y}_{it} \quad i = 1, 2, \cdots, S; t = 1, 2, \cdots, T \tag{13-16}$$

式中，y_{it} 为储水池 i 在 t 时段的水位（m）；$\underline{y}_{it}$ 为储水池 i 在 t 时段允许的最低水位（m）；$\overline{y}_{it}$ 为储水池 i 在 t 时段允许的最高水位（m）；S 为管网中储水池数目。

D. 控制点压力约束

$$\underline{H}_{it} \leq H_{it} \leq \overline{H}_{it} \quad i = 1, 2, \cdots, K; t = 1, 2, \cdots, T \tag{13-17}$$

式中，H_{it} 为控制点 i 在 t 时段的供水压力（m）；$\underline{H}_{it}$ 为控制点 i 在 t 时段的最小供水压力（m）；$\overline{H}_{it}$ 为控制点 i 在 t 时段的最大供水压力（m）；K 为控制点数目。

E. 水泵供水流量约束

$$\underline{q}_{ijt} \leq q_{ijt} \leq \overline{q}_{ijt} \quad i = 1, 2, \cdots, P; j = 1, 2, \cdots, M_i; t = 1, 2, \cdots, T \tag{13-18}$$

式中，q_{ijt} 为 i 泵站 j 水泵在 t 时段的供水流量（m³/h）；$\underline{q}_{ijt}$ 为 i 泵站 j 水泵在 t 时段供水流

量允许最小值（m^3/h）；$\bar{q}_{ijt}$为i泵站j水泵在t时段供水流量允许最大值（m^3/h）；

F. 水泵供水压力约束

$$\underline{p}_{it} \leq p_{it} \leq \bar{p}_{it} \quad i = 1, 2, \cdots, P; \quad j = 1, 2, \cdots, M_i; \quad t = 1, 2, \cdots, T \quad (13\text{-}19)$$

式中，p_{ijt}为i泵站j水泵在t时段的供水压力（m）；$\underline{p}_{ijt}$为i泵站j水泵在t时段供水压力允许最小值（m）；$\bar{p}_{ijt}$为i泵站j水泵在t时段供水压力允许最大值（m）。

G. 调速泵转速约束

$$\underline{v}_{ij} \leq v_{ijt} \leq \bar{v}_{ij} \quad i = 1, 2, \cdots, P; \quad j = 1, 2, \cdots, V_i; \quad t = 1, 2, \cdots, T \quad (13\text{-}20)$$

式中，v_{ijt}为i泵站j调速泵在t时段的转速（r/min）；$\underline{v}_{ij}$为i泵站j调速泵转速最小值（r/min）；$\bar{v}_{ij}$为i泵站j调速泵转速最大值（r/min）；V_i为i泵站调速水泵的数目。

H. 水泵开机台数约束

$$\underline{B}_{ijt} \leq B_{ijt} \leq \bar{B}_{ijt} \quad i = 1, 2, \cdots, P; \quad j = 1, 2, \cdots, K_i; \quad t = 1, 2, \cdots, T \quad (13\text{-}21)$$

式中，B_{ijt}为i泵站j类型水泵在t时段的开机台数；$\underline{B}_{ijt}$为i泵站j类型水泵在t时段允许最小开机台数；$\bar{B}_{ijt}$为i泵站j类型水泵在t时段允许最大开机台数；K_i为i泵站水泵类型数。

(3) 多目标优化决策模型

兼顾供水经济性和水质安全性，便建立了供水调度多目标优化决策模型：

$$\min F = \min(\lambda_1 f_1 + \lambda_2 f_2) = \min \left\{ \begin{array}{l} \lambda_1 \left(\sum_{t=1}^{T} \sum_{i=1}^{W} d_{1it} Q_{it} + \sum_{t=1}^{T} \sum_{i=1}^{P} \sum_{j=1}^{M_i} a_{ijt} d_{2ijt} Q_{ijt} H_{ijt} \right) \\ + \lambda_2 \{ \sum_{t=1}^{T} \sum_{i=1}^{N} \min[0, \min(C_{it} - \underline{C}_{it}, \underline{C}_{it} - C_{it})]^2 \} \end{array} \right\}$$

$$(13\text{-}22)$$

$$\text{s.t.} \begin{cases} Q_{it} + \sum_{j \in S_i}(\pm q_{jt}) = 0 & i = 1, 2, \cdots, N; \; j = 1, 2, \cdots, M; \; t = 1, 2, \cdots, T \\ H_{Fjt} - H_{Tjt} = s_j q_{jt}^{\alpha} & j = 1, 2, \cdots, M; \; t = 1, 2, \cdots, T \\ \underline{C}_{it} \leq C_{it} \leq \bar{C}_{it} & i = 1, 2, \cdots, N; \; t = 1, 2, \cdots, T \\ \underline{y}_{it} \leq y_{it} \leq \bar{y}_{it} & i = 1, 2, \cdots, S; \; t = 1, 2, \cdots, T \\ \underline{H}_{it} \leq H_{it} \leq \bar{H}_{it} & i = 1, 2, \cdots, K; \; t = 1, 2, \cdots, T \\ \underline{q}_{ijt} \leq q_{ijt} \leq \bar{q}_{ijt} & i = 1, 2, \cdots, P; \; j = 1, 2, \cdots, M_i; \; t = 1, 2, \cdots, T \\ \underline{p}_{it} \leq p_{it} \leq \bar{p}_{it} & i = 1, 2, \cdots, P; \; j = 1, 2, \cdots, M_i; \; t = 1, 2, \cdots, T \\ \underline{v}_{ij} \leq v_{ijt} \leq \bar{v}_{ij} & i = 1, 2, \cdots, P; \; j = 1, 2, \cdots, V_i; \; t = 1, 2, \cdots, T \\ \underline{B}_{ijt} \leq B_{ijt} \leq \bar{B}_{ijt} & i = 1, 2, \cdots, P; \; j = 1, 2, \cdots, K_i; \; t = 1, 2, \cdots, T \end{cases}$$

决策模型中经济性目标和安全性目标的权重系数可以由操作人员按调度需求进行设置，也可以采用以下方法来确定。

考虑如下的多目标最优化数学问题：

$$F(x, x \in R) = \min_{x \in R} [f_1(x), f_2(x)]^T \quad (13\text{-}23)$$

设 $\min\limits_{x\in R} f_1(x)=f_1(x_1)$，$\min\limits_{x\in R} f_2(x)=f_2(x_2)$。若 $f_1(x_1)=f_1(x_2)$，即 $\min\limits_{x\in R} f_1(x)=f_1(x_2)$，则 x_2 就是供水调度多目标优化决策模型的绝对最优解。如果不存在这样的绝对最优解的情况，此时，$f_1(x_1)=f_1(x_2)$，$f_2(x_1)=f_2(x_2)$，于是就有

$$\min\limits_{x\in R} f_1(x) = f_1(x_1) < f_1(x_2)$$
$$\min\limits_{x\in R} f_2(x) = f_2(x_2) < f_2(x_1) \quad (13\text{-}24)$$

对于 R 的象集 $F(R)$ 上存在由这么两点 $[f_1(x_1),f_2(x_1)]$ 及 $[f_1(x_2),f_2(x_2)]$ 确定的一条直线，其方程形式为

$$\lambda_1 f_1(x) + \lambda_2 f_2(x) = a \quad (13\text{-}25)$$

式中，λ_1、λ_2 为权重系数，且 $\lambda_1+\lambda_2=1$。a 为常数项。于是有

$$\begin{cases} \lambda_1 f_1(x_1) + \lambda_2 f_2(x_1) = a \\ \lambda_1 f_1(x_2) + \lambda_2 f_2(x_2) = a \\ \lambda_1 + \lambda_2 = 1 \end{cases} \quad (13\text{-}26)$$

求解上述方程组，得到权系数为

$$\begin{cases} \lambda_1 = [f_2(x_1) - f_2(x_2)]/\{[f_1(x_2) - f_1(x_1)] + [f_2(x_1) - f_2(x_2)]\} \\ \lambda_2 = [f_1(x_2) - f_1(x_1)]/\{[f_1(x_2) - f_1(x_1)] + [f_2(x_1) - f_2(x_2)]\} \end{cases} \quad (13\text{-}27)$$

13.2.2.4　城市社会水循环供水调度决策支持系统结构设计

调度决策支持系统的总体框架设计，如图 13-8 所示，主要分为输入输出接口、调度数据库、调度知识库、调度模型库、决策控制模块五大模块。

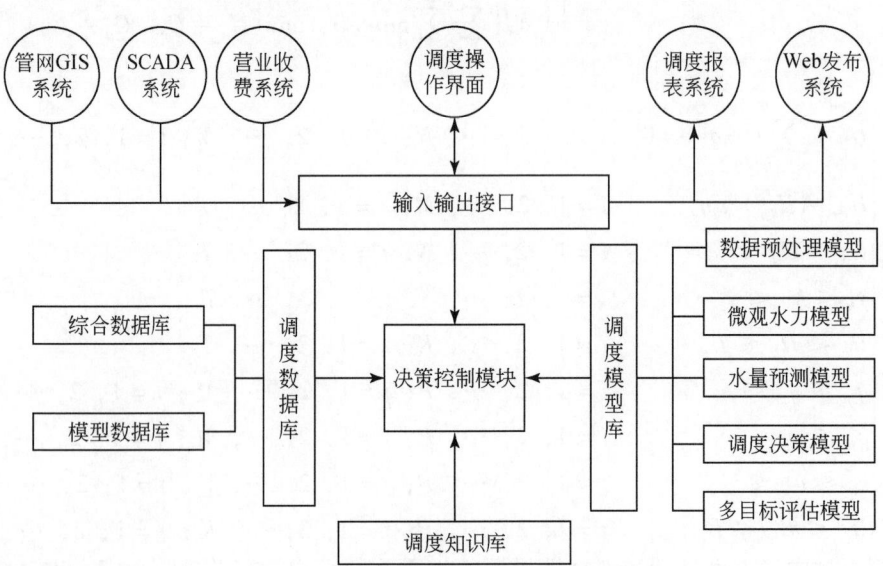

图 13-8　调度决策支持系统的总体框架

（1）输入输出接口

本系统的输入接口主要是指与城市供水 GIS 系统、城市供水 SCADA 系统、营业收费

系统、工作流系统、人工调度操作的接口；输出接口主要是将调度方案或运行结果输出到报表系统或 Web 发布系统进行信息的统计管理或远程发布。系统决策的数据通过自动或人工的方式进行输入和输出，其中调度操作界面提供了人机交互的功能，便于人为设置预期工况，让系统进行离线和在线调度决策方案的支持。

（2）调度数据库

调度数据库主要包括模型数据库和综合数据库。供水系统的拓扑结构、与调度相关的阀门、水泵等设备信息均存储在模型数据库中，它的信息来源于系统的输入接口；日用水量、时用水量数据经过滤处理后存入综合数据库，该数据库还包括调度事件、历史调度方案、水泵历史运行数据、各监测点历史数据以及调度评估结果等信息。

（3）调度模型库

模型库是调度决策支持系统的重要部分。它对调度决策的所有模型进行统一管理，有利于提高模型方法的通用性。这些具体模型包括水力模型、数据预处理模型、用水量预测模型、调度决策模型、状态评估模型等。

（4）调度知识库

人是决策的主体，人工智能调度是利用计算机来模拟人的行为来实现决策的方法，它是供水领域未来的一个发展方向。人工智能的一个重要组成部分就是知识库。通过对专家多年的实践经验进行提炼，以知识库的形式来确保调度方案的实用性。一般的调度计算都是根据数学模型来解决供水调度的可靠性和经济性，对现场操作的实用性考虑欠佳，原因是许多操作规程没有办法转换为数学公式加入求解模型。而知识库的建立提供了该类问题的解决方法，它是调度方案可行合理性的重要保障。另外，供水系统的调度具有一定的规律可循，例如，管网控制点压力与供水压力呈现一定的相关关系；在不同供水情况下，泵站多水泵组合具有相应的高效方案等。这些规律对调度决策方案的搜索具有启发作用，可以加入到调度知识库中加以利用。

（5）决策控制模块

该模块是调度决策支持系统的重要控制部分。它负责控制数据库和知识库的输入和输出，调用模型库中的各种方法，协调其他各模块之间的关系。

13.2.2.5 城市社会水循环供水调度决策支持系统流程设计

调度决策支持系统工作流程如图 13-9 所示。

在大多时间，系统会实时对管网运行状态进行跟踪监控。每个调度时段初期，系统会根据数据库中的动态数据进行是否决策的判断；在已知管网和泵站现有状态的情况下，利用预测水量进行下一个或下几个时段的管网状态模拟计算，如果计算得到未来时段主控点的压力或压力趋势均在控制范围内，则无需进行调度决策，流程返回到调度监测模块，继续下一个调度事件的监测；如果未来时段主控点的压力趋势超出了规定的上下限，说明未来时段由于用水量的增加或减少，管网将处于不可靠供水状态，则需要及时进行调度决策，产生新的水泵开关策略，使管网系统运行控制在可行、合理、优化的范围内。调度方案的产生是按如下三个步骤来进行的。

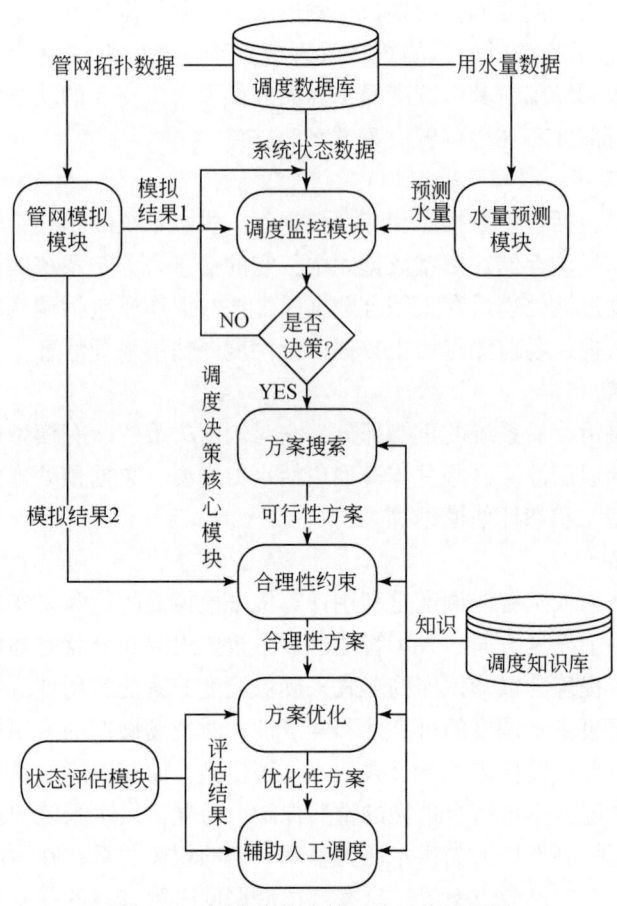

图 13-9 调度决策支持系统工作流程图

第一步,根据现有水泵运行状态搜索所有可行性方案。可行性方案指的是除检修以外所有可操作水泵组合而成的方案。如果采取缩短调度时段,基于水泵现有状态以及专家知识库进行启发搜索等方法,系统对水泵操作方案的搜索空间大大减少,这样有利于避免水泵方案多重组合的复杂情况,提高调度方案的决策效率。

第二步,对可行性方案进行合理性约束。合理性约束主要考虑管网水力条件约束、泵站水力条件约束、主控点压力要求约束、水泵操作合理性约束、清水池水位约束、各水处理流程间均衡性约束等。其中管网和泵站的水力约束,管网中主控点压力的约束均是通过管网微观水力模拟来实现的,其他约束条件通过调度知识库中的专家知识来控制。

第三步,对可行、合理的方案进行优化计算。本书的研究方案是在求解以供水运行费用作为目标函数的优化决策模型的同时,结合多目标综合评估方法筛选单目标方案进行优选,从而保障供水的可靠性、安全性和经济性。

最后决策支持系统输出可行、合理和优化的方案,提供人工参考,进行供水调度决策的支持。

13.2.3 城市社会水循环供水系统模拟与调控实例

海河流域某城市自来水建设发展管理公司成立于1994年6月，下辖2座水厂（第一水厂、高新区第二水厂），供水能力为45万 m³/d，供水服务范围覆盖高新区258km²，建成地下供水输配水管道总长度约900km。

13.2.3.1 海河流域某城市供水系统建模

国外从20世纪80年代就开始了供水管网建模的实践，在实践过程中发展了一系列的管网水力模型软件。其中，EPANET、InfoWorks WS、WaterGEMS、MIKE URBAN、同济宏扬给水管网水力模拟软件等，都是应用较为成熟的软件。同济宏扬给水管网水力模拟软件具有性能稳定、模拟仿真度高、界面丰富友好、兼容性强等一系列优点。建模完成后可进行水力静态和动态模拟、水质动态模拟、监测点优选、爆管压力分析等工作。选用该软件作为海河流域某城市给水管网水力模型搭建的平台。

海河流域某城市供水管网水力模型的结构流程图，如图13-10所示。

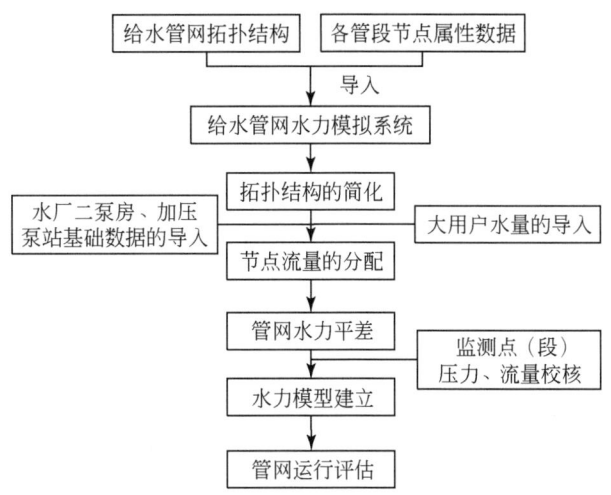

图13-10 供水管网水力模型结构流程图

（1）拓扑结构的简化

首先将已有的海河流域某城市供水管网图和管网中各管段、节点的属性数据（管段数据包括管长、标准管径、管材类型、粗糙度和供水方式，节点数据包括节点类型、节点标高）导入到系统中。由于区域范围较大，管线复杂，不利于系统的运行计算，需要对导入的管网拓扑结构进行简化。简化的原则应把握如下两点：①对管网部分区域简化后，保证其服务的主要功能不变，管网中各元素自身及相互关系不产生影响；②简化后与实际系统的误差控制在允许范围之内。

按照上述原则将导入的管网拓扑图进行简化，对部分管线和节点进行整合，简化后的高新区管网保留 DN500 及以上管段（中心城区保留 DN400 以上管段）。简化后的拓扑结构包含 353 个管段、260 个节点。简化后的管网拓扑结构如图 13-11 所示。

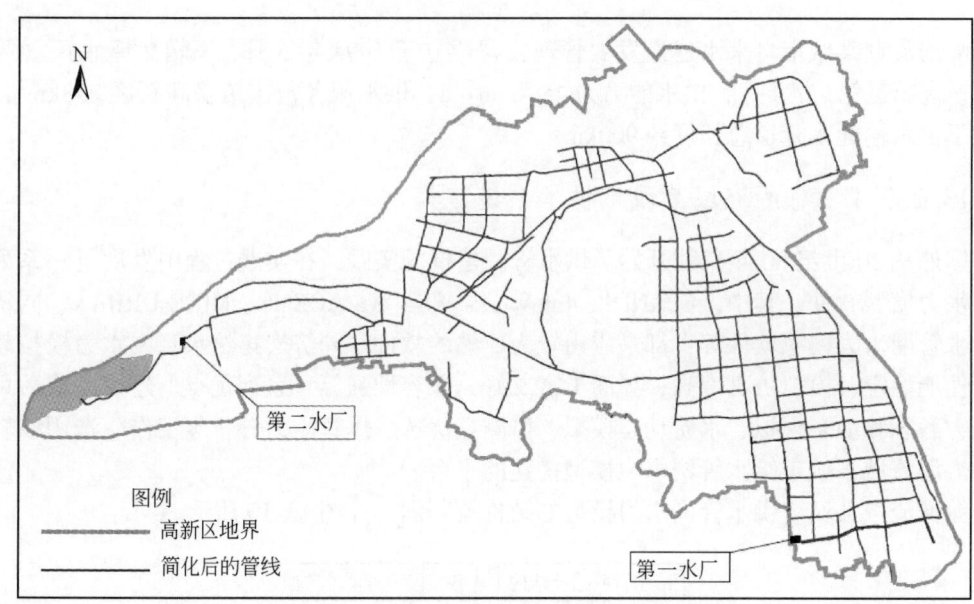

图 13-11　简化后的高新区管网拓扑结构图

（2）节点流量分配与管网压力平差

管网拓扑结构简化之后，把辖内服务的水厂信息（主要为二泵房）、中途加压泵站运行参数输入到供水管网水力模拟系统中。供水系统的主要采集数据包含泵房（站）的水泵台数，各水泵型号、静扬程、阻力系数、转速、开关状态、额定扬程、额定流量、额定功率等信息。表 13-2 为第一水厂、高新区第二水厂二泵房水泵部分运行参数。

表 13-2　第一水厂、高新区第二水厂二泵房水泵部分运行参数

水厂名称	水泵名称	型号	叶轮直径 D/mm	转速 /(r/min)	单泵运行工况 泵压 /MPa	流量 /(m³/h)	功率 /kW
第一水厂	1#送水机组	24SAP-10J	725	745	0.32	3 300	390
第一水厂	2#送水机组	28SAP-10J	840	645（下调13%）	0.32	4 400	456
第一水厂	4#送水机组	28SAP-10J	775（切削后）	745	0.35	4 860	690
第一水厂	5#送水机组	28SAP-10J	740（更换叶轮）	745	0.33	4 200	465
高新区第二水厂	1#送水机组	32SAP-13	880	745	0.35	11 200	1 100
高新区第二水厂	3#、6#送水机组	32SAP-13	860	745	0.33	10 800	980
高新区第二水厂	5#、7#送水机组	24SA-14	565（叶轮改进）	745	0.32	4 200	420

为了使建立的管网水力模型具有较高的精确度，能够较好地模拟管网的实际运行情况，需要在条件允许的情况下，尽可能地对各节点的流量进行准确的分配。虽然用户用水具有一定的随机性，但从一个周期来看，又具有一定的规律，因此可以利用用户用水随时间的变化规律对节点流量进行分配。

将海河流域某城市供水管网水力模型节点流量可以分为以下四类。

1）大用户用水量。根据海河流域某城市自来水建设发展管理公司提供的 2012 年 11 月月度供水报表，将月用水量≥1 万 t 的用户作为大用户计算。统计显示，共有大用户 113 个，月用水 300.4 万 t，占 11 月总供水量的 37.97%。

2）普通用户用水量。月用水量小于 1 万 t 以下的用户，采用按区块面积分流量的方法模糊对应各节点。普通用户的用水量根据月售水量与大用户用水量差值求得，为 391.4 万 t，占 11 月总供水量的 49.47%。

3）漏失水量。根据月度渗漏率统计数据获得，并按管长等比例分配，对应各节点的漏失水量为所有与之相邻的管段漏失水量总和的一半。11 月漏失水量为 88.5 万 t，占 11 月总供水量的 11.19%。

4）未计量水量。未计量水量主要由协议优惠水量、抢修冲洗水量、水表计量误差水量构成。采用各节点等水量分配，11 月未计量水量为 10.9 万 t，占 11 月总供水量的 1.37%。

管网水力计算与平差过程通过节点连续性方程、管段压降方程和回路能量方程结合导入的管网信息进行。

（3）水力模型的校核

模型的校核是一个不断完善、反复调整的过程。评价建立的管网水力模型是否满足建模要求，可以考虑以压力和流量作为指标进行分析：

监测节点的压力实际值与模型压力计算值之差小于 4m；

监测管段的流量实际值与模型流量计算值误差小于 10%。

根据海河流域某城市 2012 年 11 月的月供水量（791.2 万 t），选择与之供水量最接近的 2012 年 11 月 9 日（26.37 万 t）作为校验日来评判海河流域某城市给水管网水力模型建立效果的优劣。此次校验过程选择了均匀分布在海河流域某城市给水管网中的 20 个节点压力监测点和 10 个管段流量监测点对建立的水力模型进行校核。图 13-12 为压力的校核误差对比。图 13-13 为流量校核误差对比。

根据压力、流量校核分析可知，最大压力误差为 1.54m，最大流量误差为 4.34%。建立的管网水力模型与实际情况较为接近，完全符合建模的要求。

（4）模型的更新与维护

由于给水管网的运行工况不断变化，要保证建立的模型实时有效，能够为供水单位提供可靠的技术参考，必须定期对建立的模型更新维护。更新维护工作主要从以下几个方面展开：①管网拓扑结构的更新。添加新建的管线，删除废弃的管线，并导入变化管线的属性信息。②节点水量重新分配。及时更新大用户月度用水信息，重新对各节点水量进行分配。③水厂泵站的运行参数变化。将水厂最新的供水量、二泵房及新建泵站的更新数据导入到系统并重新模拟。④模型校核的定期进行。定期选取管网中的监测点（段）与模型计

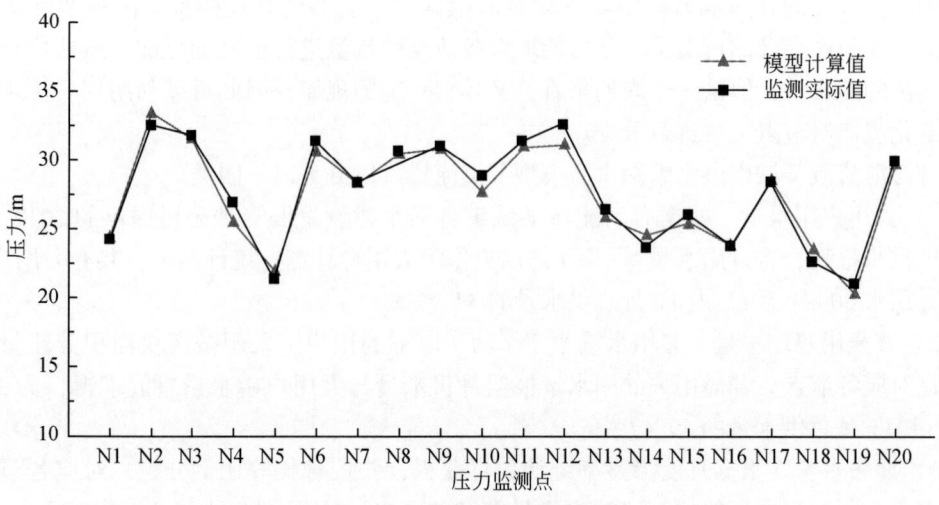

图 13-12 压力校核误差对比

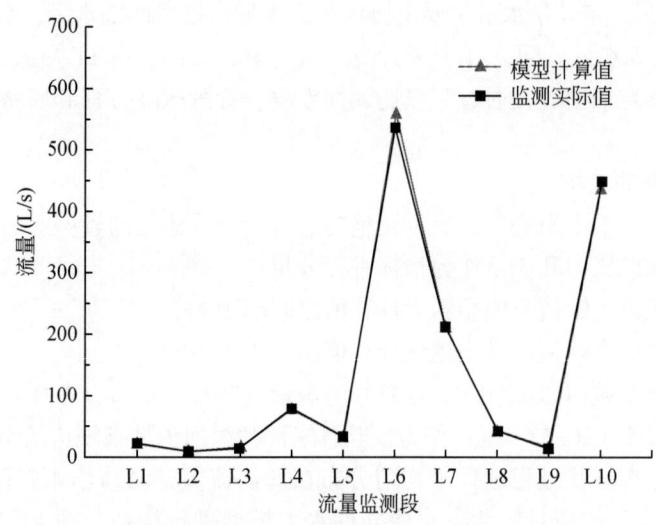

图 13-13 流量校核误差对比

算数据进行比对,保证模型的精确度。

13.2.3.2 海河流域某城市供水系统模拟评价

水力模型建立以后,系统可以反馈各个节点及管段的运行信息并生成相应的图表,为管网现阶段运行调度提供决策支持,为管网的远期规划改造提供有效建议。现根据生成的海河流域某城市供水管网自由水压等值线图(图 13-14)和管网流速分级图(图 13-15)对管网运行情况进行分析。

| 第 13 章 | 城市单元社会水循环模拟与调控

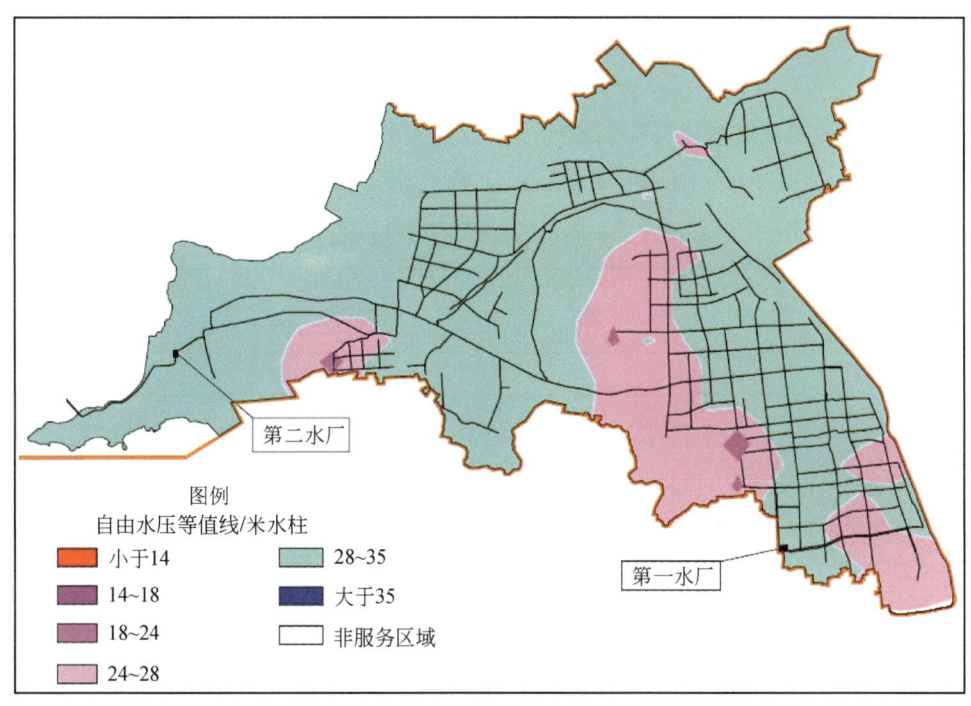

图 13-14 海河流域某城市给水管网自由水压等值线图

图 13-15 海河流域某城市给水管网流速分级图

(1) 管网压力分析

由表 13-3 可知，海河流域某城市绝大部分区域给水管网自由水压在 28～35m，符合城市配水管网供水水压亦满足用户接管点处服务水头 28m 的要求。最低管网末梢自由水压为 19.8m，亦符合住房和城乡建设部制定的供水管网末梢压力不应低于 14m 的行业标准。压力略低的区域可考虑修建中途加压泵站、设立水塔等方式保证管网末端的水压要求。

表 13-3 管网压力统计（26.37 万 t/d 情景）

压力范围/m	面积/km²	比例/%
<14	0.00	0.00
14～18	0.00	0.00
18～24	0.77	0.30
24～28	56.15	21.76
28～35	201.08	77.94
>35	0.00	0.00

(2) 管网流速分析

由表 13-4 可知，海河流域某城市供水管网流速普遍较低，没有充分利用管网资源。许多管道流速甚至在 0.1m/s 以下，与管道的经济流速相差甚远，管网整体处于低负荷运行状态。管网低负荷运行会导致管网水龄过长，"生长环"过早形成，形成二次污染。当管道中流速骤然发生变化，"生长环"表面疏松层被冲下，用户水中铁含量升高，还会出现"黄水"、"红水"现象。管道的加快腐蚀也会导致管道通水能力减弱，较早出现漏损等一系列问题。

表 13-4 管网流速统计（26.37 万 t/d 情景）

流速/(m/s)	管段数/个	比例/%
<0.1	186	52.69
0.1～0.2	77	21.81
0.2～0.3	41	11.61
0.3～0.4	28	7.93
0.4～0.6	17	4.82
0.6～0.9	3	0.85
0.9～1.4	1	0.28
1.4～2.3	0	0.00
>2.3	0	0.00

13.2.3.3 供水系统日供水量增加调控模拟

现行供水量管网流速过低，同时也表明了海河流域某城市供水管网具有较大的潜力，可以较好地满足远期规划要求。现以日用水量 45 万 t（第一水厂、高新区第二水厂均满负荷运行)为例,增加水泵开启台数,模拟高新区给水管网的运行状态。图 13-16 为日供水量 45 万 t 时高新区给水管网流速分级图。

图 13-16　日供水量 45 万 t 时海河流域某城市给水管网流速分级图

结合图 13-16 和表 13-5 进行比对,在日用水量增加到 45 万 t 以后,管网流速普遍提高,接近或略低于经济流速的管段百分比显著增长,且大多数管段仍未超负荷运行,只需要对极少部分管段进行改建即可满足管网运行需要。不容忽视的是,管网中仍有部分管段流速很低,且这部分管道大多为支管或管网末梢管段,更易引起水质的恶化。因此,在管道设计时,应当综合考虑管网实际运行因素,避免盲目选用大管径管道。

表 13-5　管网流速统计(45 万 t/d 情景)

流速/(m/s)	管段数/个	比例/%
<0.1	57	16.15
0.1~0.2	82	23.23
0.2~0.3	79	22.38
0.3~0.4	54	15.30
0.4~0.6	39	11.05
0.6~0.9	22	6.23
0.9~1.4	18	5.10
1.4~2.3	2	0.57
>2.3	0	0.00

1) 通过建立供水管网水力模型，可以生成供水管网与供水区域水压分布图，明确供水区域内压力分布状况，发现供水低压区或者高压区。进而为制订供水调度方案提供科学依据，低压区应采取技术手段增加用户水压；高压区则应是管网节能降耗的关键部位。研究发现，海河流域某城市供水在201km^{2}范围内供水压力在28～35m，存在明显的供水压力浪费，应重点进行节能降耗。这一发现表明，建立供水管网水力模型是供水系统进行节能降耗的重要前提之一。

2) 根据所建立的水力模型，本书研究发现，不论是在平均日供水还是最高日供水，供水管网流速普遍存在整体偏低的现象。流速偏小为"生长环"存在提供了有利的条件，主管段"生长环"所占管内空间远大于50%，甚至超过了60%，表明低流速是管网二次污染的一个重要原因。

3) 从水力模型来看，流速偏低、水龄偏大是导致外来污染源在管网中长期存在、供水浑浊时间的重要原因。

4) 不论是最高日还是平均日供水时，支管和管网末梢都是极低的流速在运行，大部分小于0.1m/s，这一环节是污染持续的重灾区，表明支管与管网末梢管径普遍偏大，因此建议在进行支管与末梢管网设计时，应加强流速校核，确保流速不宜太小，管径不宜偏大。

5) 根据管网水力模型可以看出，在最高日供水状况下，海河流域某供水管网整体流速仍然偏小，从流速来看，即使再增加流量，现有管网也不能满足供水要求，因此，水力模型不仅可以研究管网压力、流速分布与分析，也可以作为管网改扩建的依据。建议管网改扩建之前，应建立水力模型，分析其流速、压力等重要运行参数，进而提高改扩建的科学性和准确性。

13.3 城市社会水循环排水系统模拟与调控

13.3.1 城市社会水循环排水系统

城市社会水循环排水系统包括污水和雨水的排除系统，城市雨水的排除系统，在城市自然水文过程中，由于城市化进程使城区下垫面条件发生了很大变化，大面积建筑和路面取代天然植被，地表雨水截留能力和下渗能力大大降低，降水径流系数迅速变大，地表径流迅速增加，洪峰流量加高，峰现时间提前，当城市管网及河道排除能力不足，以及各类人工调控单元，城市闸、坝、泵站等系统，调控不当导致路面和低洼区域积水，长时间无法排除，致使城市内涝，严重影响居民的工作和生活，对城市的安全运行也构成威胁。在全球气候变化的影响下，极端降雨事件增多，暴雨造成的城市内涝现象有明显增加的趋势。

城镇化进程的不断推进，高强度开发，势必造成城镇下垫面不透水层的增加，降雨后径流量增大，引起强烈城市水文效应，导致一系列城市水资源、水生态环境以及城市自然水循环问题。一些国家和地区通过控制区域不透水性面积的比例来缓解这些问题，目前国外先进的治理理念是低影响开发 LID（low impact development）。LID 强调城市开发应减少对环境的冲击，其核心是基于源头控制和延缓冲击负荷的理念，LID 是以维持或者复制区域天然状态下的水文机制为目标，通过一系列分布式的措施创造与天然状态下功能相当的水文和土地景观，以对生态环境产生最低负面影响的设计策略。采用源头削减、过程控制、末端处理的方法进行，包括渗透、过滤、蓄存、挥发和滞留，控制面源污染、防治内涝灾害、提高雨水利用程度，常见措施如表 13-6 所示。LID 不同于传统意义上的疏导和流域级别利用大型设施管理径流，这些基于源头控制的微观设计策略包含有另一种形式的暴雨管理实践，即这种源头控制能减少暴雨径流集中管理的需要。LID 措施可以方便的整合城市基础设施，并且成本更低、具有更好的景观效应。

表 13-6 常见的 LID 措施列表

LID 措施	描述
生物滞留池（bioretention）	生物滞留池基于土壤类型、位置条件和土地利用设计，由一组在污染物去除和暴雨径流削减上起不同作用的结构组成，通常这些结构组成包括：植物缓冲带、沙床、蓄水区、有机层、土壤、植物。生物滞留设施较传统的暴雨输移系统更节约成本。生物滞留池的各组成结构需达到一定的指标才能保证系统的效果，如覆盖层厚度应在 2~3in① 且每年需定期更换，土壤在使用前需进行相关指标的检测，种植的植物也有较为严格的要求
植草沟（grassed swales）	植草沟一般用于居民街道和高速公路的两边，具有降低径流速率、过滤和渗滤的作用，沉淀是主要的污染物去除机制，其次是渗透和吸附作用。当水深最小、停留时间最长时，植草洼地的处理效果最佳。植草洼地适应性强、设计灵活、成本相对较低，也需要定期去除沉淀物和定期对植物进行收割
绿色屋顶（vegetated roof covers）	绿色屋顶可降低城市不透水比例，是削减城市暴雨径流的有效措施，对于因不透水比例过高造成的旧城区合流制管网溢流控制尤其有效。绿色屋顶包括植被层、介质、土工布层和排水层。绿色屋顶具有诸多好处，如拓展生命、降低能耗并为暴雨径流控制提供土地，在欧洲被广泛应用。绿色屋顶对径流的削减量与降雨设计直接相关。所设计的降雨需对该区域最大的降雨具有典型性和代表性
透水铺装（permeable pavements）	透水铺装可有效降低排水区的不透水比例，最适合低交通量区，如停车场和人行道。透水铺装可使径流进入地下土壤促进污染物的去除，无需管网输送和集中处理
雨落管改造（rain gutter disconnects）	将经屋顶天沟—雨落管输送到排水管网的雨水改接到植草洼地或生物滞留池，通过渗透等措施净化，或改接到雨水收集桶（rain barrel）或雨水收集槽/箱（cistern）内，待旱季利用

① 1in = 2.54cm。

13.3.2 城市社会水循环排水系统模拟模型

在我国长期沿用的城市水文模型方法有推理公式法、等流时线法、单位线法等。由于以上几种方法基本属于集总型，一般仅适用于水文资料比较充足、设计条件比较简单、汇流面积较小的区域，且难以计算出流量过程。

在《城市排水工程规划规范》（GB 50318—2000）以及《室外排水设计规范》［GB 50014—2006（2011版）］中所使用的推理公式，采用经验法确定坡面汇流时间，采用水力学的恒定均匀流推理公式计算管网汇流。恒定均匀流推理公式基于以下三个假设：在计算雨量过程中径流系数是常数，汇流面积不变，在汇水时间内降雨强度不变。而实际上这三者都是变化的，恒定流水力计算简单易行，在实际应用中推理公式适用于较小规模排水系统的计算，其结果误差不大，但大范围的排水计算过程复杂，对于大范围的排水计算并不适合。当流域特性比较复杂，以及人类活动影响比较强烈，人工调控干预比较显著时，这类方法难以描述城市复杂水文过程。

目前国外把城市排水管网、城市河湖水系、人工调控单元及措施作为一个系统考虑，并用基于水动力学过程的数学模型对城市排水系统进行管理，著名城市水文模型有SWMM、STORM、MOUSE、HYDROSIN、Wallingford等。SWMM是分布式动态降雨-径流模型，对城市区域单一事件或连续时间事件进行水量和水质的模拟。模型将城市地表、管网、河道以及闸门、泵站等人工调控措施作为一个相互关联的大系统，综合考虑下垫面的产汇流以及在城市管网与河道中运送输移和人工干预调控等机制。模型主要包括地表产汇流、地下水、管网汇流模块。

13.3.2.1 地表产汇流

城市汇水区的产流过程就是暴雨的扣损过程，当降雨量大于截留和填洼量，且雨强度超过下渗速度时，地面开始积水并形成地表径流，这一过程通过产流模型进行描述。降落在城市地表的降雨转化成以下几个部分——截留、不透水表面的地面填洼、透水表面的地面填洼、渗透、直接地面径流，最终得到进入雨水口的地表汇流。

（1）降雨

雨量计为研究区域内的一个或者多个子汇水面积提供降水数据。模型对于雨量数据可以是用户定义的时间序列，或者来自外部文件。支持目前使用的几种不同降雨文件格式，以及标准的用户定义格式。

（2）初期损失

降雨初期阶段的截留、初期湿润和填洼等不参与形成径流的降雨部分称为初期损失（表13-7）。对于城市高强度降雨，初期损失对产流的影响较小，但对于较小的降雨或者不透水表面比例低的集水区，其影响较大截留及湿润典型值为：不透水表面 0.5~1mm，农作物 1mm，草地 2mm。通常不详细模拟，而是累计入填洼，作为整体的初期损失。

填洼为滞留于坑洼而无法参与形成径流的部分雨水。这部分雨水只能通过蒸发或下渗去除。填洼是影响产流的重要因素，典型值为：不透水表面 0.5~2mm，平顶屋面 2.5~7.5mm，裸土可达 5mm，草地可达 10mm。尽管透水表面上的填洼损失更高，但对径流分析来说，不透水表面的填洼更加重要，因为它代表了不透水表面的唯一损失（表 13-7）。

表 13-7　地表初期损失　　　　　　　　　　　　（单位：in）

类型	初期损失值
不渗透地表	0.05~0.10
草坪	0.10~0.20
牧场	0.20
森林凋落物	0.30

资料来源：ASCE，1992

（3）蒸发

蒸发是一种潜在的降雨损失，而且不透水表面的填洼量只能通过蒸发得以恢复，在连续模拟中的作用更加突出，因此模型中也需定义蒸发过程。在城市水文学中，通常对复杂的蒸发过程进行大量简化。

降雨过程中的蒸发作用实际非常微弱：夏季平均日蒸发量在 3mm 左右；生长季节蒸发量范围为 0.5~1mm/d（林地）到 2~7mm/d（作物和草地）。

（4）入渗

影响土壤入渗的因素很多，其中最主要的因素包括土壤条件、土地利用类型以及土壤含水率。模型中可用的入渗模型有格林-安普特模型、Horton 下渗模型和 SCS 曲线数法。

格林-安普特模型是基于达西定律发展来的，其原理是假定水分在土壤下渗过程中，前端具有一个明显的湿润锋，再根据每个时间步长植物截留后的有效降水量、下渗能力和饱和水力传导度来计算每个区域的实际下渗量，而下渗能力又可以根据土壤饱和水力传导度、毛管压力、土壤含水量和累积下渗量计算得到，其输入参数包括降水强度、有效降雨强度、下渗能力、饱和水力传导度、土壤湿润前后毛管压力差、土壤湿润前后含水率差以及降雨后形成径流的时间和开始积水的时间等。

$$f = k(1 + A/F)$$
$$F = kt + A\ln\left(\frac{A+F}{A}\right) \quad \text{其中,} \quad A = (SW + h_0)(\theta_s - \theta_0) \quad (13\text{-}28)$$

式中，f 为下渗率；F 为累积下渗量；SW 为湿润锋处的土壤吸力（负的土壤水势）；k 为湿润区土壤导水率（近似为饱和导水率）；θ_s 为湿润区土壤体积含水率；θ_0 为初始土壤含水率；h_0 为地表积水深；t 为时间。

SW 取决于土壤类型和土壤特性，其计算公式为

$$SW = \int_0^{S_0} k_r(\theta) ds \quad (13\text{-}29)$$

式中，θ 为土壤体积含水率；s 为土壤吸力；$k_r(\theta) = k(\theta)/k_s$，为土壤相对导水率；$S_0$ 为初始土壤吸力。

Horton 模型描述了下渗率随着时间指数级下降至稳定下渗率的过程。该方程需要属

的参数包括研究区初始下渗率、稳定下渗率、入渗衰减系数以及降水持续时间等。其下渗曲线计算公式如下：

$$f_p = f_c + (f_0 - f_c) e^{-kt_r} \quad (13\text{-}30)$$

式中，f_p 为下渗率；f_c 为稳定率；f_0 为初始下渗率；k 为下渗衰减系数；t 为降雨持续时间。

在进行连续序列的模拟时，需要计算一次降水事件后土壤的下渗恢复能力。其下渗恢复能力方程如下：

$$f_p = f_0 - (f_0 - f_c) e^{-a_d(t-t_w)} \quad (13\text{-}31)$$

式中，a_d 为下渗恢复能力的衰减系数；t_w 为假设恢复曲线初始下渗率等于稳定下渗率时的时间。

SCS 曲线数方法。SCS 方法为美国土壤保持局开发的主要用于计算农村或郊区用地类型的降雨损失模型。该法在美国、法国、德国、澳大利亚和非洲部分地区得到广泛应用。它是对具有均一条件的农村集水区的径流分析得到的，它可以用于模拟农村集水区排入城市管网系统的情况。这是一个简单的径流模型，在降雨过程中，随着湿度的增加，径流系数增大。集水区的响应由两个参数描述：含水深度，表示假设的一场无限大降雨的损失量；集水区湿度指数，用于修改干旱或湿润条件下的含水深度。

$$Q = \frac{(P - I_a)^2}{P + S - I_a}$$

$$S = \frac{25\ 400}{\text{CN}} - 254 \quad (13\text{-}32)$$

式中，P 为降雨量；I_a 为初始损失量；S 为土壤持水量；CN 为径流曲线数。

（5）坡面汇流

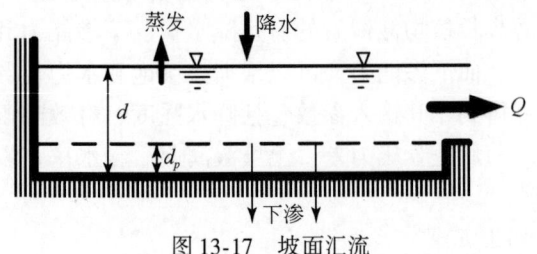

图 13-17 坡面汇流

城市坡面汇流指各子流域径流汇集到区域排水口或直接汇入河道的过程。模型采用非线性水库法计算子流域内部汇流，其模型产流的概念图，如图 13-17 所示。

每个汇水区被处理成一个非线性的蓄水池，其流入项有降水和来自上游子流域的水流；其流出项包括入渗、蒸发和地表产流、蓄水池的容量为最大洼地储水量，最大洼地蓄水量包括积水、使地表湿润和被截留的水量。只有当蓄水池水深 d 超过最大洼地蓄水深 d_p 时，地表径流 Q 才会发生，其大小可以通过联立曼宁公式和连续性方程计算得出。

曼宁公式为

$$Q = W \frac{1.49}{n} (d - d_p)^{\frac{5}{3}} S^{\frac{1}{2}} \quad (13\text{-}33)$$

式中，W 为子流域固有宽度；S 为坡度；n 为曼宁糙率系数。n 取值参考表 13-8。

连续方程公式为

$$Q = Ai - A \frac{\partial d}{\partial t} \quad (13\text{-}34)$$

式中，d 为水深（m）；A 为排水区域表面面积（m^2）；t 为时间（s）；Q 为流量（m^2/s）；i 为扣除蒸发和下渗后的净雨强度（m/s）。蓄水池中的水深 d 随着时间不断更新，其深度根据子流域的水量平衡方程得出。

联立上式合并为非线性微分方程，求解 Q、d。

$$\frac{\partial d}{\partial t} = i - \frac{Q}{A} = i - W\frac{1.49}{nA}S^{\frac{1}{2}}(d-d_p)^{\frac{5}{3}} = i - \varphi(d-d_p)^{\frac{5}{3}}$$

$$\varphi = W\frac{1.49}{nA}S^{\frac{1}{2}} \tag{13-35}$$

式中，φ 是关于子流域宽度、坡度和糙率的函数。

在模型进行汇流演算前，首先会比较下渗量、蒸发损失与降水量、填洼的大小。如果前二者为大，表示所有的水量都损失掉，流域没有径流流出；如果损失量大于降水量而小于后者之和，则洼地水量将补充损失水量，流域同样没有径流流出；只有当损失量小于后两者之和时，流域才有水流出。计算不同地表滞蓄水量时，只需改变式中的 d_p 的数值即可，如对于有蓄水能力的不透水面，其下渗取 0，对于没有蓄水能力的不透水面下渗和地表滞蓄深均取 0。

表 13-8 地表漫流曼宁糙率系数

地表	n
光滑沥青	0.011
光滑混凝土	0.012
常规混凝土衬里	0.013
良好木材	0.014
水泥砂浆砖砌	0.014
陶土	0.015
铸铁	0.015
金属波纹管道	0.024
水泥橡胶地表	0.024
休耕土壤（无残留物）	0.05
耕种土壤	
剩余覆盖<20%	0.06
剩余覆盖>20%	0.17
牧场（天然）	0.13
草坪	
平原短草	0.15
稠密杂草	0.24
狗牙根	0.41
树林	
轻型灌木	0.40
密实灌木	0.80

资料来源：McCuen et al., 1996

13.3.2.2 地下水

在地下水模型的概化图有以下两个区域组成，如图 13-18 所示。上部分区域是非饱和的，其含水量 θ 经常变化；下部分区域是完全饱和的，对含有一定孔隙率 ϕ 的土层来说，该部分常常是一个固定值（土壤饱和状态下的含水量）。

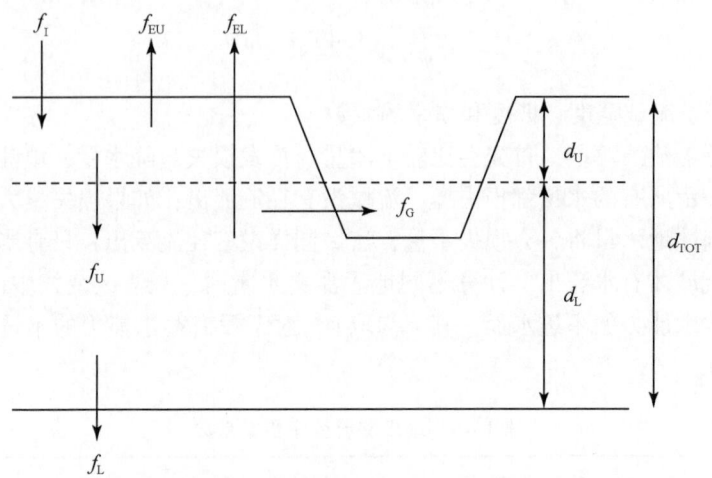

图 13-18 地下水地表水交换模块示意图

各参数如图 13-18 所示，各变量的意义如下：

f_I 为来自地表的入渗量。

f_{EU} 为来自上部分区域的潜在蒸发，该部分蒸发通常不参与表面蒸发（即上层潜在蒸发量）。

f_U 为上层土壤对下层土壤的补给量，取决于上层土壤的含水量和深度 d_U。

f_{EL} 为来自下层饱和区的蒸发量，取决于上层区域的深度 d_U。

f_L 为下层区域向深层地下水的下渗量，取决于下层饱和区的深度 d_L。

f_G 为地下水侧向补给排水系统中的水量，取决于下层饱和区的深度 d_L 和排水渠系或节点的受水深度。

一旦模型在给定的时间步长下对水流的模拟开始，那么在每个区域的水量将发生改变，根据水量平衡新的水深及不饱和区域土壤含水量属性将被记录，这样做是为了使下步模拟继续下去。

地下水与排水系统水量交互由地下水水位与排水节点处水位关系决定（图 13-19），交互水量由公式算出：

$$Q_{gw} = A_1(H_{gw} - H^*)^{B_1} - A_2(H_{gw} - H^*)^{B_2} + A_3 H_{gw} H_{sw} \quad (13-36)$$

式中，Q_{gw} 为地下水流量 [m³/(s·hm²)]；H_{gw} 为含水层之上饱和区域的高度（m）；H_{sw} 为高于含水层底上接受节点的地表水高度（m）；H^* 为临界地下水位高度（m）。

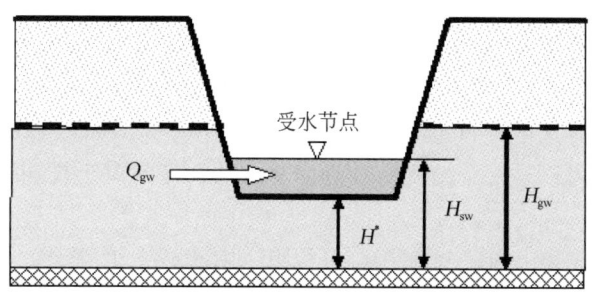

图 13-19 地下水与排水系统水量交换示意图

13.3.2.3 管网汇流

管网的流量演算，通过渐变非恒定流质量和动量方程的守恒控制（即圣维南流量方程组）。求解这些方程有恒定流演算、运动波演算、动力波演算等。

动量方程：

$$\frac{\partial H}{\partial x}+\frac{v}{g}\cdot\frac{\partial v}{\partial x}+\frac{1}{g}\cdot\frac{\partial v}{\partial t}=S_0-S_f \tag{13-37}$$

连续方程：

$$\frac{\partial Q}{\partial x}+\frac{\partial A}{\partial t}=0 \tag{13-38}$$

式中，H 为静压水头（m）；v 为过水断面平均流速（m/s）；x 为管长（m）；t 为时间（s）；g 为重力加速度（m/s^2）；S_0 为管渠底部坡度（m/m）；S_f 为摩擦损失的能量坡降（m/m）；Q 为流量（m^3/s）；A 为过水断面面积（m^2）；$\frac{\partial H}{\partial x}$ 为压力项；$\frac{v}{g}\cdot\frac{\partial v}{\partial x}$ 为对流加速度；$\frac{1}{g}\cdot\frac{\partial v}{\partial t}$ 为当地加速度；S_0 为重力项；S_f 为摩擦力项；$\frac{\partial Q}{\partial x}$ 为进出单元体的流量变化项；$\frac{\partial A}{\partial t}$ 为在控制单元体中的水体体积变化项。

（1）恒定流演算

恒定流演算表示最简单的演算（实际上没有演算），假设每一计算时间步长内流量是恒定均匀的。于是它简单将渠道上游端点的进流水文过程线转化为下游端点，没有延后或者形状上的变化。正常流动方程用于将流量相关于过流面积（或者水深）。该类演算不考虑渠道蓄水、回水影响、进口/出口损失、流向逆转或者压力流动。它仅仅用于树状输送网络，其中每一节点仅具有单一出水管段（除非节点为分流器，这种情况下需要两条出流管段）。这种形式的演算对使用的时间步长不敏感，事实上仅适合于利用长期连续模拟的初步分析。

（2）运动波演算

该类演算方法利用每一管渠动量方程的简化形式，求解连续性方程。后者需要水面坡度等于渠道坡度。可以通过管渠输送的最大流量，为满流正常水流数值。超过该值的任何流量进入进水节点，其损失来自系统，或者可能在进水节点顶部积水；当能力可用时，重新引入到管渠。运动波演算允许流量和面积随管渠空间和时间上的变化。当进流量在整个渠道演算时，可能导致缓冲和延缓的出流水文过程线。可是，该种形式的演算没有考虑回水影响、进口/出口损失、水流逆转或者压力流，也限制为枝状网络布局。它通常维护了数值稳定性，具有中等大的时间步长，量级为 5~15 分钟。如果不期望前述的效应很显著，那么该可选方式可以是一个精确有效的演算方法，尤其对于长期模拟。

（3）动力波演算

动力波演算求解完整一维圣维南流量方程组，因此产生了理论上最精确的结果。这些方程包括管渠的连续性和动量方程，以及节点的容积连续性方程。利用这种形式演算，当封闭渠道满流时，可能表示压力流，以便流量可以超过满流正常水流数值。当节点的水深超过最大可用深度时，发生洪流；过分流量从系统损失，或者在节点顶部积水，并可重新进入排水系统。动力波演算可以考虑渠道蓄水、回水、进口/出口损失、流向逆转和压力流。因为它耦合了节点水位和管渠流量的求解，可用于任何一般网络布置，甚至包含了多重下游分流和回路情况。对于受到显著回水影响的系统，这是可选的方法，由于下游流量约束，并具有通过堰和孔口的流量调整。该方法必须利用更小的时间步长，量级为分钟或更低。

以上每一种演算方法，利用曼宁公式将流量与水深和底部（或者摩擦）坡度相关。有一种例外是对于圆形压力干管形状，在有压流下，需要利用 Haen-Williams 或者 Darcy-Weisbach 公式。

13.3.3 城市社会水循环排水系统模拟与调控实例

北京市属于缺水型城市，但汛期雨量集中，导致汛期时河道峰值流量大、积滞水频繁发生，如表 13-9 所示。尤其是 2012 年 7 月 21 日，一场暴雨使北京陷入严重的内涝，因灾死亡人数已达到 79 人。据有关部门的统计，此次特大暴雨已致北京约 190 万人受灾，造成经济损失近百亿元。

表 13-9 北京市多次内涝情况

时间	内涝现象
2004 年 7 月 10 日	北京西三环航天桥、莲花桥等 41 处主要路段出现严重积水，城市交通陷于瘫痪
2006 年 7 月 31 日	迎宾桥下积水深达 1.7m，首都机场高速完全瘫痪，多次航班延误
2007 年 8 月 1 日、8 月 6 日	北三环安华桥下，两次发生严重积水，多处地段交通瘫痪
2008 年 6 月 13 日、7 月 30 日	知春路等 10 余处重点路段发生严重积水，交通瘫痪
2009 年 7 月 30 日	南池子、广渠门、和平西桥等多处路段严重积水，交通瘫痪
2011 年 6 月 23 日	大雨导致多条环路及主干道积水拥堵，部分环路断路，地铁 1 号线、13 号线、亦庄线等线路部分区段停运
2011 年 7 月 24 日	全市平均降水量 52mm，达到暴雨级别，多处严重积水，交通瘫痪
2011 年 8 月 9 日	全市平均降雨量为 10mm，以 12 小时内降雨量计算，城区的降雨达到大雨级别。全市出现 15 处积水点，交通接近瘫痪
2012 年 7 月 21 日	全市 16 小时平均降雨量为 170mm，总体达到特大暴雨级别，城区道路积水点 63 处，交通瘫痪，造成 79 人遇难

如何主动应对汛期时超标准降雨和局地强降雨，全面掌握城市雨洪排放系统状态，有效进行预防调控，防止城区严重积滞水，进一步科学地利用雨洪水，资源缓解城市缺水，对城市排水体系进行系统的管理，需要建立城市水文模型。城市水文模型耦合城市排水体系中的排水管网、城市河湖水系以及人工调控运行控制机制，建立能适应复杂的城市管网以及不同河道断面形式的河湖水系，计算各种来水和出流条件下的排水系统的水流流量、水位，计算各类闸、坝、堰等人工调控单元的水流状态，通过调节人工调控单元运行工况参数来控制排水系统的水位、流量。

13.3.3.1 通惠河流域排水系统建模

气候属于典型的暖温带半湿润大陆性季风气候，多年平均气温为 11～12℃，多年平均降雨量为 595mm，多年平均水面蒸发量为 1120mm，多年平均陆面蒸发量在 450～500mm。北京城区河道主要有东、西、南、北四条护城河及清河、坝河、凉水河、通惠河四条主要的排水河道，如图 13-20 所示。

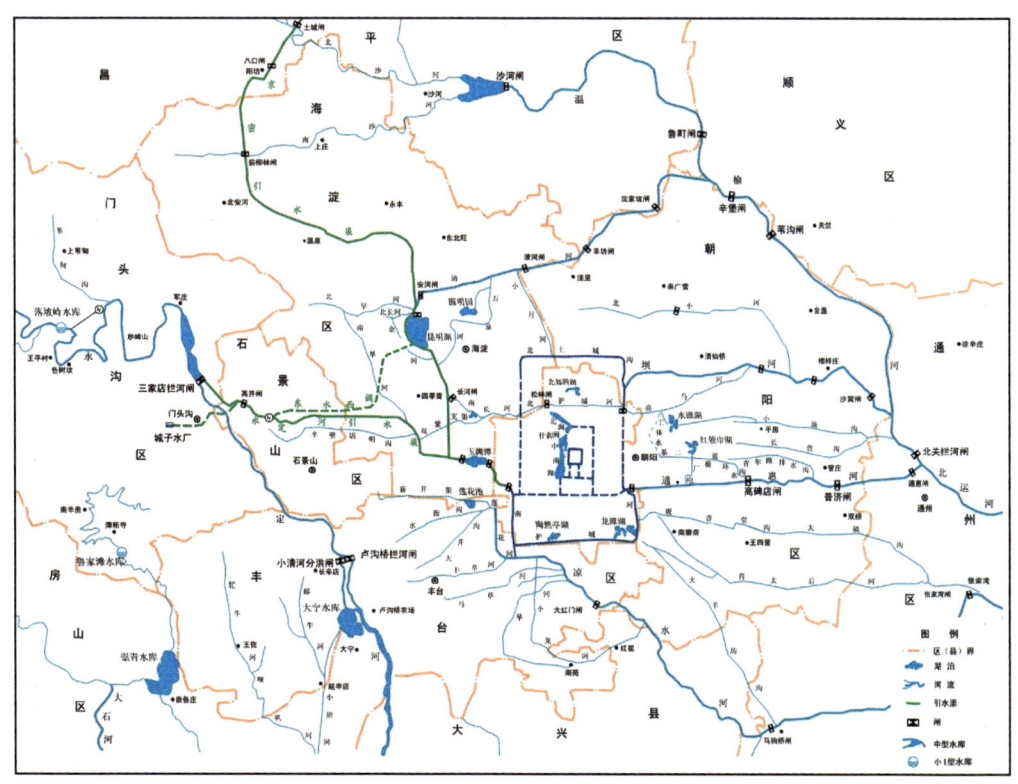

图 13-20 北京城市河湖水系

以北京市通惠河流域为例，建立耦合自然与人工过程的城市水文模型，如图 13-21 所示。北京通惠河流域，是北京中心城区内四大城市排水流域之一，流域面积约 270km²，整体地势西高东低，大部分地区为海拔 25～65m 的平原。流域范围内通惠河水系在历史上即玉泉水系。通惠河是玉泉水系的尾闾，是北京城中心区排水的主渠道，还担负着西郊洪水的分流任务。

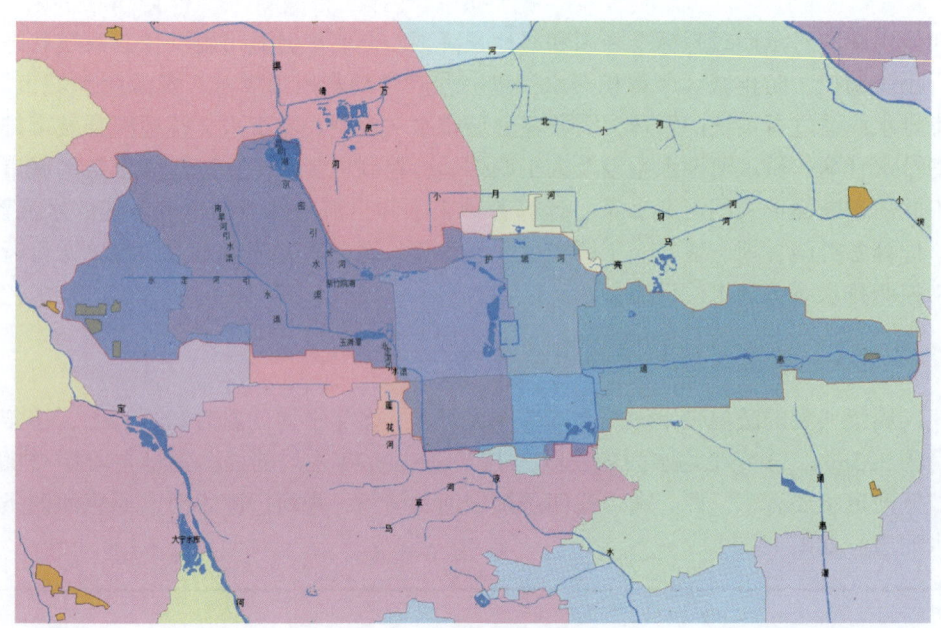

图 13-21　通惠河流域范围

北京市城市河湖调度的总体原则是"西蓄、东排、南北分洪",如图 13-22 所示,具体措施是:西蓄,利用三家店调节池、永定河引水渠、京密引水昆玉段、玉渊潭东西湖调

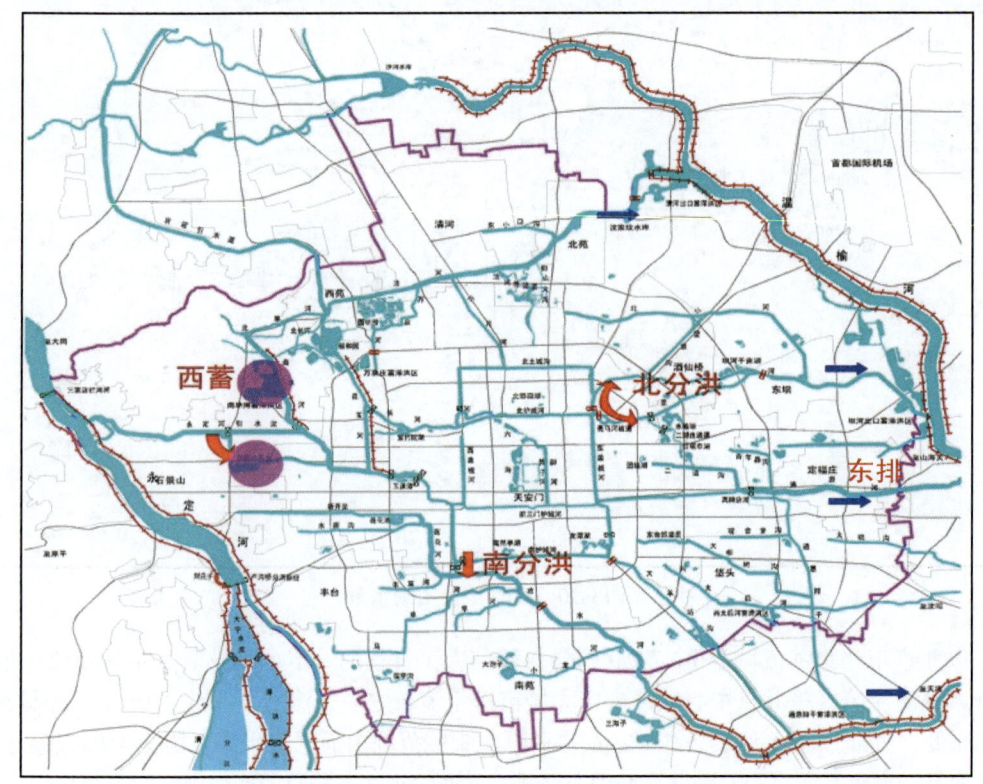

图 13-22　北京中心城区"西蓄、东排、南北分洪"

蓄洪水，减免西部洪水对城市区的排水压力；东排，利用南北护城河、前三门暗沟等河渠将市中心产生的洪水经通惠河向东泄洪；南分洪，利用右安门分洪道向凉水河分洪；北分洪，利用京密引水昆玉段由南向北从安河闸向清河分洪，北护城河由坝河首闸向坝河分洪。

(1) 城市管网

流域内的城市主干管网，不仅包括市政管网，还有北京历史传统地下沟渠及暗沟，如西护暗沟、北护暗沟、前三门暗沟、南北沟沿干沟、御河暗沟、龙须沟、西直门外明沟、会城门明沟、青年沟等，如图 13-23 所示。城市主干管网的空间布局由《北京市 2008—2020 年总体规划》中北京中心城区雨水排除规划获取，城市主干管网的断面、坡度等参数，参考《北京志·市政卷·道桥志、排水志》，对于具有复杂断面形式的管段，概化为 DN2000 的圆管，坡降为 3‰。

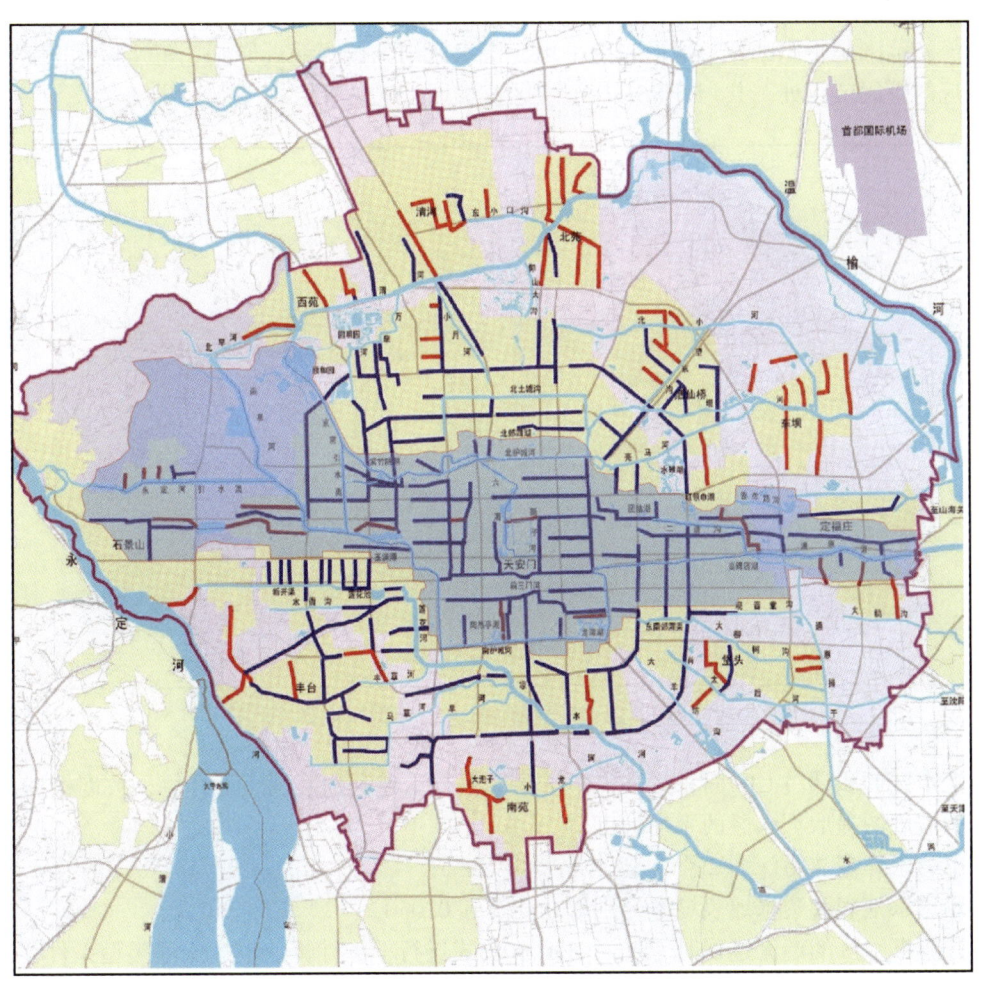

图 13-23　北京中心城区雨水排除规划图

(2) 城市河湖水系

流域内的河湖水系有京密引水渠昆玉段、永定河引水渠、南旱河、双紫支渠、长河、转河、北护城河、南护城河、二道沟、内城河湖、东护（城）暗河、西护（城）暗河、前三门暗河；主要湖泊有昆明湖、紫竹院湖、玉渊潭、什刹海、北海和中南海、龙潭湖、高碑店湖。河湖水系断面及设计参数参考《北京城市河湖水系资料汇编》。在城市雨洪过程中进行水量输送及调蓄过程的湖泊主要是玉渊潭湖、高碑店湖，在模型中作为调蓄池，进行水量调节。

（3）闸坝等人工调控单元

流域内闸坝有：玉渊潭进出口闸、二热闸、右安门橡胶坝、凉水河泄洪道闸、龙潭闸、东便门橡胶坝、高碑店闸、团城湖闸、松林闸、坝河分洪闸、东直门闸。闸坝调控实现北京城市雨洪"西蓄、东排、南北分洪"。模型中闸坝的设计参数参考《北京城市河湖水系资料汇编》。

（4）汇水区

流域范围是平原区域，地形较为平坦，汇水区划分按照就近原则，汇水区地表产流流入最近的管网节点处。共划分861片汇水区，如图13-24所示。

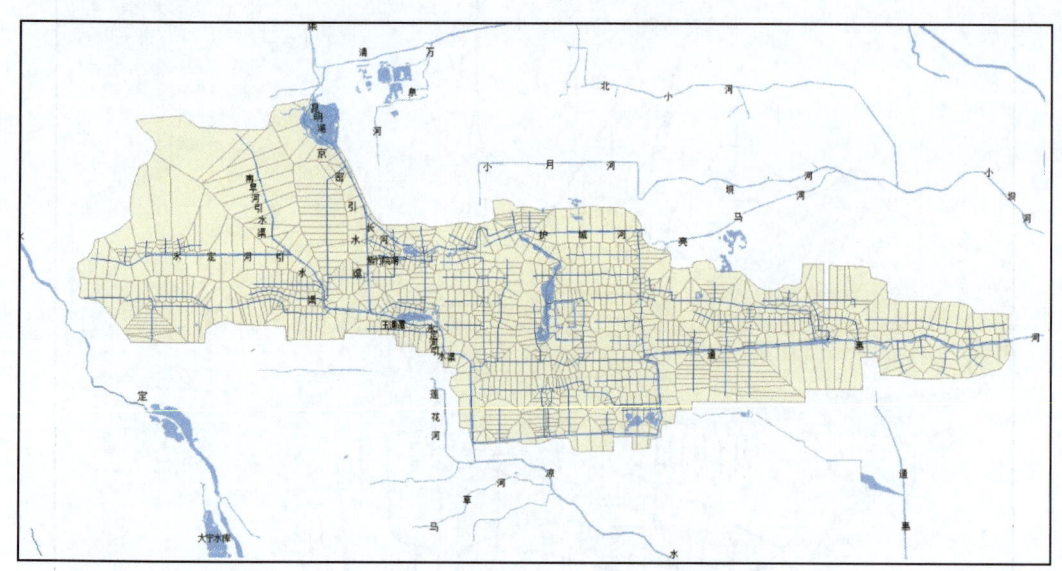

图13-24 通惠河城市水文模型概化图

汇水区面积通过GIS面积量算，不透水率根据土地利用数据统计计算、坡度根据DEM制作的坡度图提取汇水区的平均坡度。

不透水地表洼蓄深为2mm，透水地表为12mm。

不透水地表和透水地表糙率分别取0.015和0.030。

计算汇水区的产流过程时，选用Horton公式进行下渗计算。根据土壤类型条件，参考模型用户手册中下渗参数的推荐值，初始下渗率为76.2mm/h、稳渗率为3.81mm/h和下渗衰减系数0.0006。

（5）运行调度规则

为满足城市河道景观生态、通航等需求，通过闸坝等人工调控单元使河道保持一定水位，当降雨产生后，适时采取水量调蓄及分洪措施，进行雨后拦蓄尾水，维持河道正常水位。京密引水渠昆玉段，雨前通过团城湖南闸、玉渊潭进出口闸、玉渊潭电站闸维持水位48.50~48.70m，雨中调整玉渊潭进出口闸，利用玉渊潭东、西湖进行调蓄，维持48.50~48.70m 水位，当水位持续上涨超过 49.00m，玉渊潭电站闸和团城湖南闸进行分洪调控，雨后调控泄洪量，利用玉渊潭东、西湖、昆玉段、五孔桥—八一湖拦蓄雨洪恢复景观水位。北护城河，雨前通过坝河泄洪闸、东直门闸维持水位40.00m，雨中闸门逐步提起至敞泄，通过坝河泄洪闸进行分洪，雨后关闭分洪闸，调控东直门闸维持景观水位。西护城河，雨前通过右安门橡胶坝和凉水河泄洪道闸维持水位39.30m，雨中控制右安门橡胶坝流量100m³/s，提起泄洪道闸进行南分洪，雨后拦蓄尾水，维持景观水位。南护城河，雨前通过龙潭闸维持水位36.50m，雨中泄洪维持水位36.00~36.50m，雨后拦蓄尾水，维持雨前水位。通惠河，雨前通过高碑店闸维持水位30.80m，雨中根据来水情况，进行泄洪，雨后拦蓄尾水，恢复水位 30.60~30.80m。

（6）降雨

模型的降雨变量是将东直门、高碑店、乐家花园、龙潭闸、卢沟桥、松林闸、天安门、右安门等水文雨量监测站点的雨量监测数据，根据垂直平分法将监测点雨量数据分配至流域各个汇水区。

13.3.3.2 北京"7·21"降雨排水系统模拟评价

（1）北京"7·21"降雨概述

受东移南下的冷空气和西南气流的共同影响，从 2012 年 7 月 21 日 9 时至 7 月 22 日 4 时的 19 小时内，北京市普降大暴雨，局地出现特大暴雨，如图 13-25 所示。全市平均降雨量170mm，是新中国成立以来的最大降雨；城区平均降雨215mm，是 1963 年以来最大降雨；降雨暴雨中心位于房山区河北镇，达541mm，超过 500 年一遇水平。

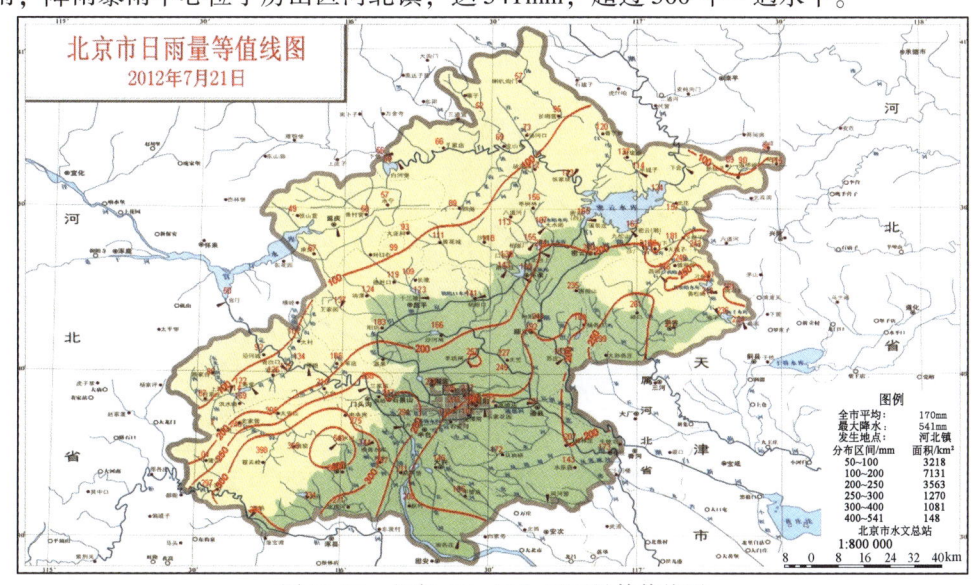

图 13-25 北京"7·21"日雨量等值线图

由故宫雨量站"7·21"暴雨过程图（图 13-26），本次降水城区主要集中在 7 月 21 日下午 14 时至 7 月 22 日凌晨 4 时，降雨过程为双峰雨，强降雨发生在 14 时、19 时和 20 时。

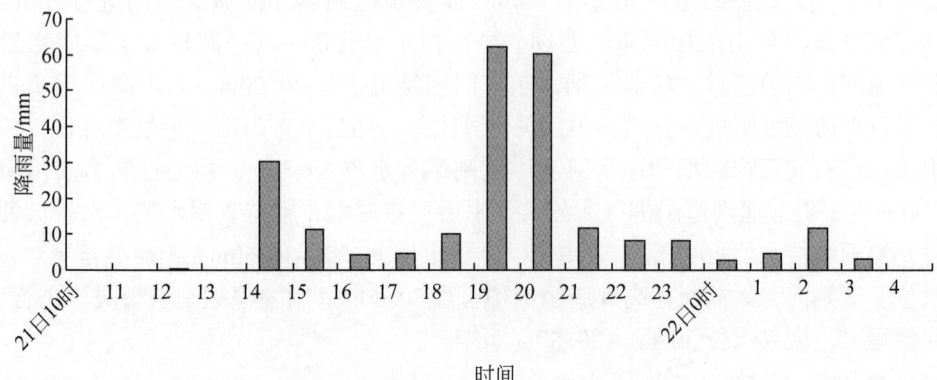

图 13-26　故宫"7·21"降雨过程

2012 年 7 月 21 日傍晚，随着降雨强度的逐步增大，城区河道水位持续上涨。为保证城市河湖防汛安全，高碑店闸、二道沟排洪闸等闸站采取全力泄洪，并实施南北分洪的调度措施，经安河闸北分洪（7 月 21 日 20：00~7 月 22 日 03：00），经坝河闸北分洪（7 月 21 日 19：10~22：30），经泄洪道闸南分洪（7 月 21 日 15：30~7 月 22 日 05：10）。22 日凌晨雨量逐渐减弱，河道水位逐步恢复到控制水位，根据河道水情，为确保城市河湖景观、环境用水需求，适时进行拦蓄尾水。

(2) 模型验证

根据通惠河流域城市水文模型，将监测断面乐家花园的水位、流量模拟值与监测值进行对比，将监测断面高碑店闸和龙潭闸的水位模拟值与监测值对比，发现模型能够较好地反映实际水文过程，如图 13-27~图 13-30 所示。

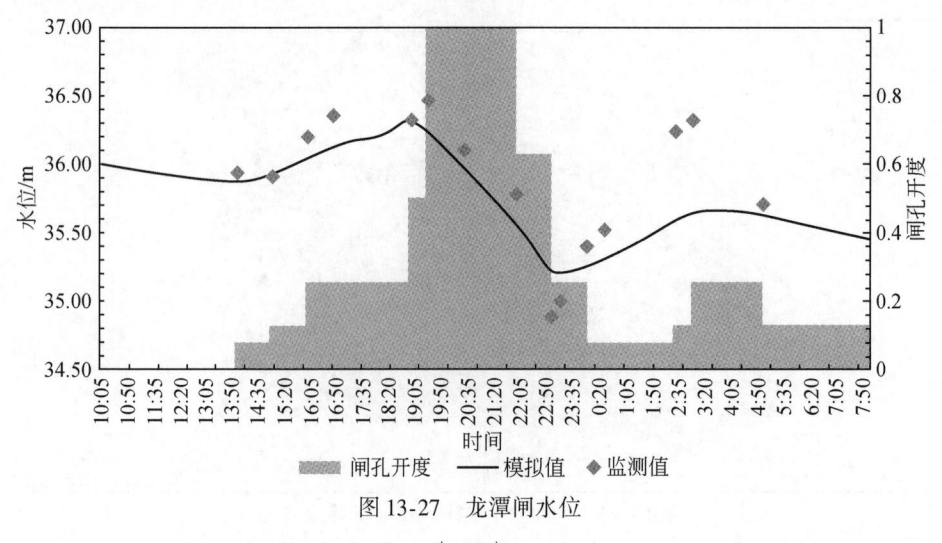

图 13-27　龙潭闸水位

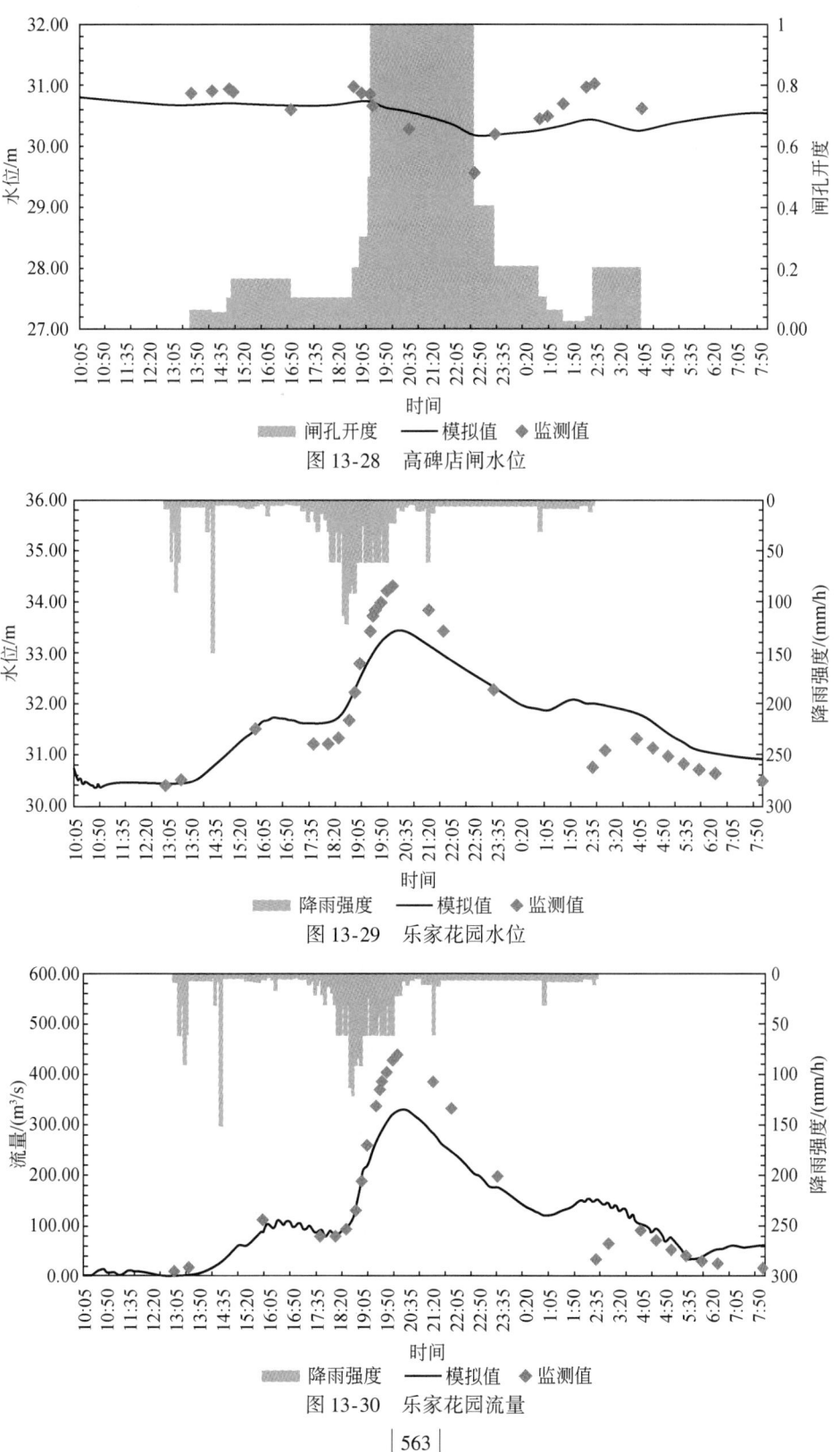

图 13-28 高碑店闸水位

图 13-29 乐家花园水位

图 13-30 乐家花园流量

(3) 模拟结果

此降雨过程，城区平均总降雨量为 213mm，总雨量为 5755.80 万 m³，产流量为 3302.43 万 m³，其中入渗量为 1438.65 万 m³，产流系数 0.57，各条河道所在流域的产流情况和断面的水位过程线，如表 13-10 和图 13-31 所示。

表 13-10 各条河道流量对比

河道	降雨量/mm	总雨量/万 m³	产流量/万 m³	入渗量/万 m³	产流系数
南旱河	203.80	458.95	144.60	114.73	0.51
永定河引水渠	272.58	1294.12	821.94	323.42	0.64
京密引水渠昆玉段	203.80	359.04	205.99	89.75	0.57
南长河、转河	203.80	245.29	165.39	61.31	0.67
北护城河	211.66	146.37	81.80	36.58	0.55
东护城河	210.14	320.32	209.85	80.05	0.66
南护城河	194.30	528.13	339.44	131.99	0.64
前三门暗沟	204.13	691.50	448.02	172.80	0.65
二道沟	197.79	154.90	87.64	38.72	0.57

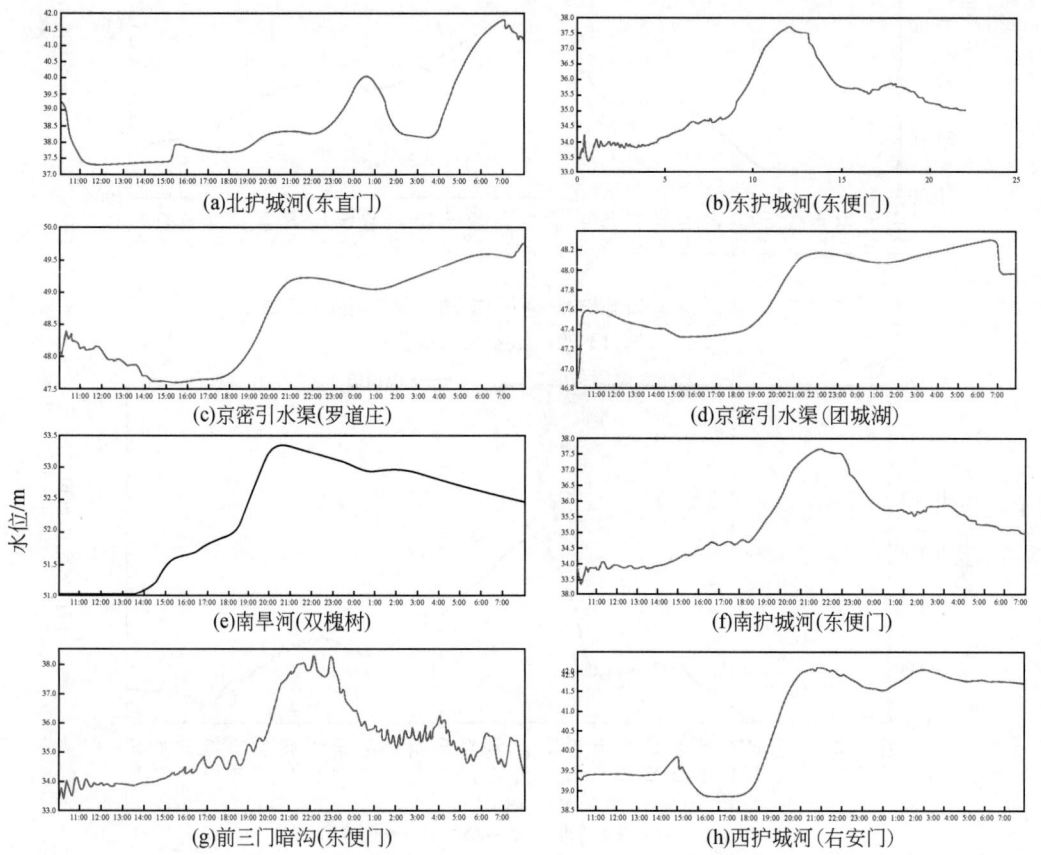

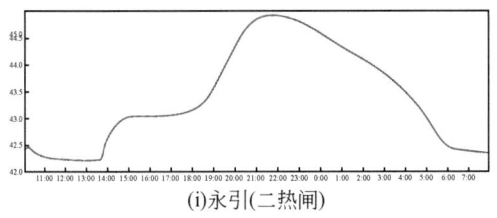
(i)永引(二热闸)

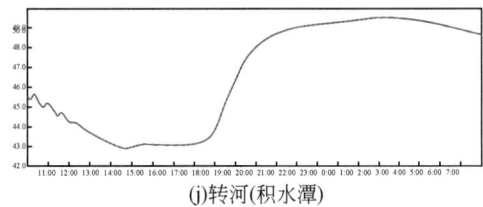
(j)转河(积水潭)

图 13-31　各河段水位过程线

通过乐家花园断面水位过程线可以看出本次降雨为双峰雨，相应的流量过程也为双峰，并且洪峰起涨迅速，洪水总历时短，洪水起涨时刻约在 2012 年 7 月 21 日 14 时，到 7 月 22 日 8 时，洪峰过程基本结束。总历时 16 个小时，而降雨历时 12 个小时。原因是城市区域不透水面积大，产流形成快，而在乐家花园监测站点上游，城区河道调蓄能力有限，造成雨型与洪峰形状的一致，通过下游高碑店闸的运行调控，在 7 月 21 日 19～22 时进行敞泄以及高碑店湖的调蓄作用，使洪峰陡落，洪水过程总历时短（图 13-32）。

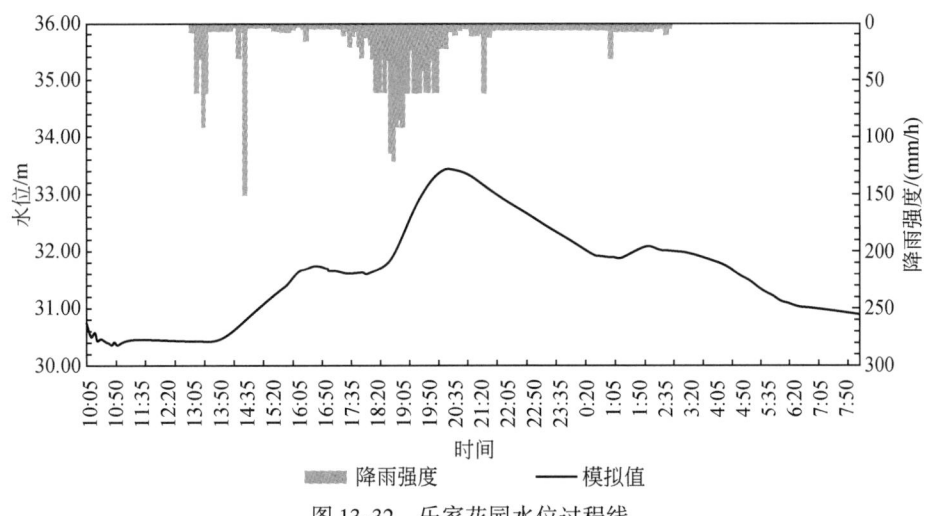

图 13-32　乐家花园水位过程线

流域内河道管网的充满度如图 13-33 所示，反映河道管网运行压力情况，当管网运行不能消纳降雨产流量，将产生溢流，模拟结果表明溢流点总数为 82 处，其中溢流时间小于 0.1 小时 18 处，0.1～1 小时分别为 5 处，1～10 小时为 50 处，大于 10 小时分别为 9 处（表 13-11）。

13.3.3.3　排水系统改变透水率调控模拟

进行 LID 措施改造后，增加城市区域的透水区域的面积和模拟透水面积分别增加 10%和 20%，其他调控措施保持不变的情景。模拟结果如表 13-12 和图 13-34 所示。

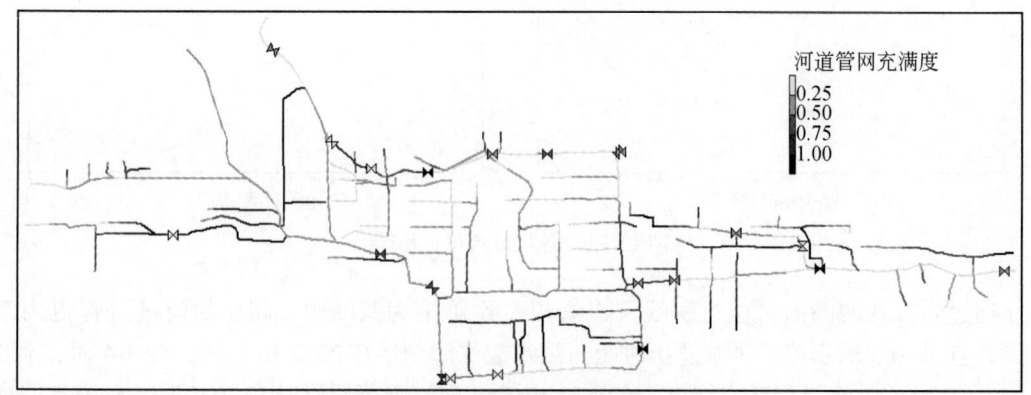

图 13-33　河道管网充满度图

表 13-11　节点溢流个数及时间统计

出现溢流		溢流时间<0.1h		溢流时间 0.1~1h		溢流时间 1~10h		溢流时间>10h	
数量/个	比例/%	数量	比例	数量	比例	数量	比例	数量	比例
82	9.36	18	2.11	5	0.58	50	5.87	9	1.05

表 13-12　降雨产流入渗对比

透水面积增加比例/%	降雨量/mm	总雨量/万 m³	产流量/万 m³	入渗量/万 m³	产流系数
0	213.28	5755.80	3302.43	1438.65	0.57
10	213.28	5755.80	2948.71	2014.23	0.51
20	213.28	5755.80	2574.26	2589.81	0.45

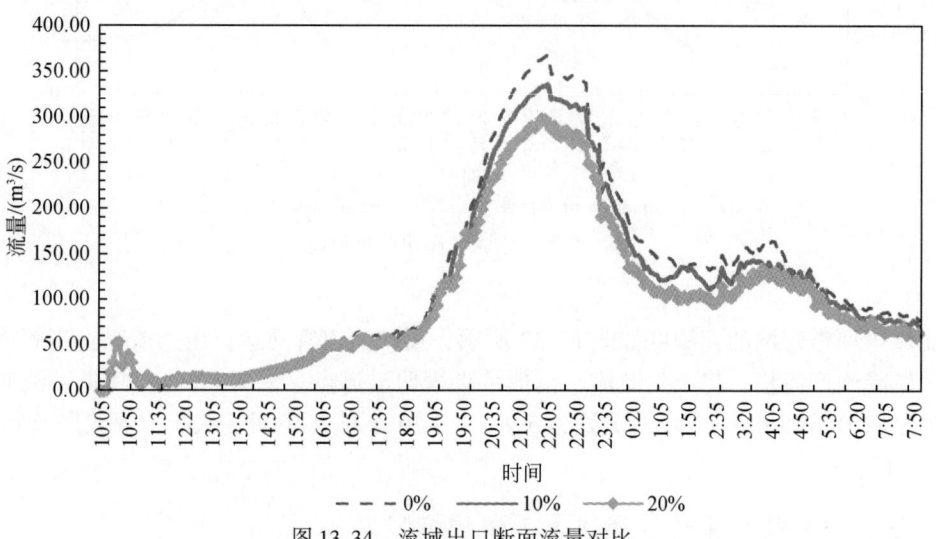

图 13-34　流域出口断面流量对比

实施调控措施后随着透水面积的增加，流域内产生的降雨径流量减少，径流系数分别为 0.57、0.51、0.45，断面处的流量过程线形状并未发生变化，但洪峰流量分别为 370.20m³/s、336.90m³/s、299.66m³/s。

第 14 章　总结与展望

本书在分析"自然-社会"二元水循环认知模式和耦合机制的基础上,对社会水循环系统结构和特征进行了解析,揭示了社会水循环通量的演化机制,深入分析了工业、农业、生活、第三产业和人工生态等行业用水过程,剖析了各行业用水需水基本原理和节水减污的调控机制。研发了流域、行政区域、城市单元等不同尺度社会水循环过程模拟模型,在海河流域的相关单元进行了实证研究。最后,基于上述三个尺度社会水循环模拟,提出了相应尺度社会水循环调控的方案和阈值。

14.1　总　　结

1) 在对"自然-社会"二元水循环模式及耦合机制认知的基础上,解析了社会水循环系统结构与动力机制,系统揭示了社会水循环通量演化机制与规律。

随着经济社会需水量和社会水循环通量的增加,极大地改变了原有的自然水循环原始特性,社会水循环通量的保障及相应的生态环境外部性问题开始显现,成为当前水资源主要矛盾。因此,现代环境下,流域水循环演变规律受自然和社会二元作用力的综合作用,具有高度复杂性,是一个复杂的巨系统。在自然驱动力与人类活动驱动力的双重驱动下的水分在流域地表介质中的循环转化中驱动力、循环路径、结构与参数和服务功能与效应等方面具有二元化特征,水循环在驱动力、过程、通量三大方面均具有耦合特性,并衍生出多重效应。

在分析"自然-社会"二元水循环认知模式和耦合机制的基础上,对社会水循环系统结构和特征进行了解析,根据社会水循环过程按照不同环节划分为取(供)水过程、用(耗)水过程、排水过程和水的再生回用过程,并结合社会水循环自身的驱动特征,提出了社会水循环的二维动力机制是用水需求及对应的"社会势",后者是一个由区位、经济、政策和技术等多元变量耦合形成的系统参量;提出社会水循环调控的目标是内部的安全性和外部的低影响性,调控的关键环节是取水端、用水过程和排水端,调控的路径是总量控制与定额管理相结合。

在对社会水循环通量演化机制进行研究的基础上,结合农业、工业、生活、第三产业和人工生态等社会水循环过程的各个环节,对包括径流性水资源和有效降水在内的社会水循环通量及其演化规律进行了评价和分析,探讨了社会水循环的渐变演化机制和突变演化机制,系统揭示了社会水循环通量演变的驱动因子和演化规律,分析预测了中国社会水循环通量的演化和发展水平。

2) 在对工业、农业、生活、第三产业和人工生态等行业用水过程分析的基础上，深入解析了各行业用水需水基本原理和节水减污的调控机制。

工业用水系统：①从不同环节工业用水的服务功能出发，对工业用水特征效应进行了系统分析；基于工业用水系统发展进行总结，解析了工业用水发展的宏观驱动机制；通过对火力发电、石油化工、造纸、钢铁、纺织印染、食品加工六大高用水行业水循环系统过程的调查与分析，总结了各高用水行业水循环过程中水量水质需求及量质演变特点。②结合国内外工业用水发展的历程分析，提出了工业用水发展的宏观规律；划分了我国工业用水发展阶段并分析了每个阶段工业用水发展特点，并确定了工业用水的主要影响因子。③基于工业用水影响因子研究，对我国工业用水发展趋势进行了宏观预判，并根据水资源本底条件和工业及其用水发展现状特点，将我国划分为四个类型区，研究分析了每个类型区为了工业用水发展趋势，分区域提出了工业用水系统调控途径与模式。

农业用水系统：①在剖析农业用水基本原理的基础上，分析了农业水循环的多源特性、通量特性、消耗特性、时空特性和结构变化特性，解析了农业水循环过程，评价了农业用水效率。②在解析农业面源污染形成运移过程基础上，分析了农业面源污染的特点、危害和估算方法，评价了1990年以来我国农药和化肥施用、畜禽养殖污染排放以及水土流失现状，提出了源头减排、过程控制、末端治理的防治措施。③在定义农业水循环通量概念的基础上，以2008年为现状年，分析了我国农业水循环通量基本结构，我国农田水循环流入通量为1.41万亿 m^3，其中自然降水补给1.0万亿 m^3，人工补给0.37万亿 m^3，分别占74%和26%；在农田水循环流出通量中，消耗和非消耗量分别为0.84万亿 m^3 和0.57万亿 m^3，分别占流入通量的60%和40%；而在0.84万亿 m^3 的消耗通量中，来自降水补给和人工补给为0.61万亿 m^3 和0.23万亿 m^3，分别占72%和28%，由此得出降水补给是我国农业水循环通量的最主要补给和消耗来源，并分析了我国不同尺度农业用水演变规律和世界典型国家农业用水演变规律。④在粮食安全分析的基础上，开展了面向粮食安全保障的农业用水需求预测，按照2020年和2030年的粮食水分生产率，对于人口适中条件的粮食需求量，粮食生产共需水4315亿 m^3 和4171亿 m^3，农田灌溉总需水量为3020亿 m^3 和2919亿 m^3。最后提出了我国农业水循环系统安全调控目标、原则、途径和策略。

生活用水系统：①在对生活用水的基本内涵、特性分析以及影响因子分析的基础上，对三大典型生活用水单元的水循环结构进行了解析，即农村生活、城镇生活与发达城市生活用水单元。②通过对国内外生活用水系统的调研，从通量、结构、质量等方面归纳了生活水循环的发展规律。③基于统计数据，对我国生活水循环系统现状、演变规律进行了分析，考察生活用水影响因子演变特点，对我国未来生活水循环系统发展进行了预测。④从水质、水量两大方面系统提出了我国生活水循环的调控目标，并对基于水质、水量耦合的多元优化调控途径进行了探索。

人工生态用水系统：①结合人工生态的现状特征，分析了人工景观用水系统的服务功能及其用水特征与要求，解析了人工景观用水系统的六项服务功能、五项用水特征和三项用水保障要求。②在广泛调研和收集国内外研究和统计资料的基础上，系统分析了国内外人工景观生态用水系统的用水量。国外方面，重点分析了纽约、巴黎、柏林、莫斯科、伦敦等城市的绿地、湿地建设和用水情况，总结指出国外发达城市的绿地和湿地建设大多依赖天然降水，耗用城市清洁水资源比较；国内方面，在分区基础上估算了全国城市人工景观生态系统的用水量为52.6亿 m³，约合同期全国生态环境用水总量的1/2，即全国现有生态环境用水中，有一半用于城市人工景观生态系统，另一半则用于天然河湖的生态补水。③在国外36个城市和国内26个城市遥感资料解译的基础上，通过因子分析总结归纳了国内外城市绿地和水面建设的规律。国外城市重点分析其绿地面积比例与人均GDP的关系，根据其规划理念和城市绿地背景值的差异，大体可以聚类出A和B两条规律线。国内城市重点分析了"城区绿地面积比例-水资源及经济发展综合指数"、"城区水面面积比例-干旱指数"之间的关系，并进行了聚类和拟合。④在总结前人研究成果的基础上，系统归纳了人工景观生态建设与用水规划基础理论，包括各类人工景观生态系统的需水计算及其重复计算方法等；基于国内人工景观生态系统用水及其影响因子的分析结果，研究了人工景观生态系统的规划标准，包括水量标准、水质标准和安全标准。

第三产业用水系统：①在对城市第三产业用水的分类与特性进行了系统识别的基础上，从微观个体行为驱动和宏观通量的视角分析了第三产业用水的过程机理；②总结研究了机关、高校、宾馆、医院、商业等典型行业用水原理与构成，识别了其取排水水质、中水利用以及水价响应特征；③对世界典型国家、我国城市总体、不同区域城市以及直辖市第三产业的用水通量、构成与演变进行了系统分析；④选取北京市为案例，给出了其第三产业用水总量与演变特征、用水结构、用水效率与过程和用水的影响因素；⑤在此基础上，系统提出了第三产业用水系统优化调控的机制与途径，包括第三产业用水系统调控的层次化结构和调控措施。

3）在对城市单元用水系统分析的基础上，分析研究了国内外城市水循环演化规律，揭示了城市化的动力机制和城市水循环系统演变的影响因素，提出了城市水循环系统调控的机制与策略。

城市水系统由城市的水源、供水、用水和排水四大要素构成，集城市用水的取水、净化、输送，城市污水的收集、处理、综合利用，降水的汇集、处理、排放，以及城区防洪（防潮、防汛）、排涝为一体，城市水系统是水的自然循环和水的社会循环的耦合，通过分析城市水循环系统的基本过程，揭示了城市水系统水循环过程的高强性，给排水的统一性、公益和商品的双重性。分析了城市化及其发展阶段对城市水循环的影响以及国内外城市水循环演化规律，揭示了城市化的动力机制和城市水循环系统演变的影响因素，以及虚拟水交易对城市水循环的调控影响。

城市水循环系统调控是城市水资源的科学管理，城市水管理的对象不仅仅是水资源本身，还应包括人类从事水资源开发利用和保护过程的不同环节（如供水、用水和排水等），即城市社会水循环系统，各环节既自成体系又彼此相关，形成"取水—输水—用户—再生水循环"的反馈式循环流程。通过水资源的不断循环利用，使水的社会循环和谐地纳入水的自然循环过程中，实现社会用水的健康循环。提出了从城市水务管理机制、产业措施机制、水治污与回用机制、雨水利用、浅层地下水的合理开发、水权水价调控机制、外区域调水调控机制、城市降雨径流污染管理等机制对城市水循环系统进行调控。

4）研发了流域、行政区域、城市单元等不同尺度社会水循环过程模拟模型，对海河流域的相关单元进行了实证研究。

对海河流域、天津市和典型城市单元的社会水循环过程进行了系统模拟，根据模型各自的定位，其中流域和区域社会水循环模拟模型是嵌套于分布式自然水循环的半分布式模拟模型，城市单元社会水循环模拟模型分为两部分：一是城市供水调度模拟模型，力图通过供水过程精细化过程模拟提高水量、水压和水质保证率，并降低供水能耗与水耗；二是城市水文模型与城市排水体系耦合的城市排水调度模拟模型，力图通过城市排水过程的精细化模拟，为城市排水调控提供决策支持，以降低城市雨洪灾害风险。最后基于上述三个尺度社会水循环模拟，提出了相应尺度社会水循环调控的方案和阈值。

海河流域：科学辨识了海河流域的高强度人类活动特点及其主要水问题；构建了以分布式水循环模型 WACM 为基础，耦合水资源配置模拟模型 ROWAS 和多目标决策分析模型 DAMOS 的海河流域社会水循环模拟模型，既可对历史水循环过程进行模拟，又可对未来气候变化、不同社会经济发展模式及水资源管理模式下的流域水循环过程进行预测分析；采用三层次递进方案设置思路，按照 1956~2000 年、1980~2005 年两套水文系列，南水北调二期工程按期实施、未按期实施和加大中线一期调水规模三种情景构建了 336 套（系列）组合方案；应用协调度和协调度综合距离遴选较理想的系列组合方案，提出了两种水文情景、三种调水工程状态下，资源、经济、社会、生态、环境五维竞争权衡、整体协同的推荐方案；按照"取、用、耗、排"四种口径，结合推荐方案，分析并提出了包括地表水取水总量、地下水开采总量、ET 总量、国民经济用水总量、排污总量、生态用水总量和入海水量的七大总量控制目标，并从水资源配置工程、节水与非常规水源利用、水资源保护、实行最严格的水资源管理制度等方面，提出了海河流域保障水资源可持续高效利用的社会水循环调控措施。

行政区域：将研发的理论成果和关键技术应用于天津市水资源与水环境综合规划实践中，在区域社会水循环模拟基础上，优化分配地表水、合理开采地下水和利用再生水，提出了用于天津市水资源与水环境综合管理的七大总量控制指标，切实转变了水资源粗放式管理和开发利用方式，不断提高了水资源的利用效率和效益，缓解了水资源供需矛盾。在资源性缺水地区实行基于耗水（ET 管理）控制的水资源与水环境综合管理，是完全符合最严格水资源管理制度的要求，为实现天津市水资源的可持续利用与社会经济及生态环境的协调发展提供有力地支撑，也为干旱、半干旱地区水资源可持续利用提供有益的借鉴。2011 年，研究成果得到天津市发展和改革委员会的批复并实施。

城市单元：将供、排水系统整体耦合起来模拟，在城市单元内部实现了社会水循环全过程模拟。在供水系统模拟中，一是将城市供水系统作为社会水循环一个重要单元，纳入社会水循环整体进行模拟与调控，建立了城市社会水循环供水系统模拟方法和过程控制，根据系统模拟输出结果中的水压、流速分布等为依据，指出了城市社会水循环节能降耗关键途径，为城市社会水循环高效运行与精细化管理奠定了理论基础；二是通过建立城市社会水循环供水模拟系统，可以实时展示社会水循环过程中水流的"水龄"、流速等重要运行参数，为及时发现与处理水质"二次污染"提供了重要的预警技术手段；三是通过建立城市社会水循环模拟系统，可以准确评估城市社会水循环单元规模、运行状况及未来一段时间内是否能够满足社会经济发展的要求，为城市社会水循环单元规划、设计提供了一个新的决策参考。

在排水系统模拟中，考虑了自然与人工的双重影响。包括不同强度的降雨，经过由城市复杂下垫面的地表产汇流，城市市政排水管网、河湖水系的输送以及由闸坝、泵站的调控，所形成的排水过程，在空间和时间尺度上都表现出复杂的动态性。以 SWMM 的城市水文模型为基础，考虑空间尺度上不同范围的降雨强度、不同的下垫面情况，在时间尺度上降雨变化过程和汇流面积动态变化过程，实现更为精细、动态模拟城市排水过程。能够对构建排水系统的全部要素进行集成模拟，综合评价市政管网、城市水利设施以及人工控制单元，并且提出了城市排水系统调控基于低影响开发（LID）的调控理念，以模型为手段定量化模拟评价了调控措施对整个排水系统的影响。

最后，以海河流域典型城市单元为例进行了供（排）水系统过程模拟和调控分析。

14.2 展　　望

总体来看，通过一个时期的探索，本书与其他有关的研究成果在社会水循环以及"自然-社会"二元水循环的耦合研究方面已形成了诸多的知识点，对于社会水循环的基本原理、内在机制、过程规律及生态环境效应也有了初步的认知，社会水循环理论框架已初步形成，但是对社会水循环的系统认知还亟待加大研究和创新力度，需要在社会水循环过程的数学表述、模型开发及应用、多维调控阈值、环境与生态系统响应等方面重点开展基础性研究工作，这些方向将会成为今后一段时期内研究的热点和难点，若取得突破性研究成果将极大地推动社会水循环研究的发展，及早建立比较完善的社会水循环知识体系。

（1）社会水循环过程的数学表述

由于对社会水循环过程的认识仍然存在诸多盲区，尚未形成比较完善的社会水循环理论认知体系，因此目前对社会水循环过程的描述基本上仍停留在概念描述层面，开发的模型也是基于现有概念模型，利用水量平衡原理进行简单的数学描述，缺乏揭示其实际的循环驱动机制及作用机制的数学物理模型方法。未来随着对社会水循环过程及其与自然水循环过程的耦合作用机制的不断深入研究，将在社会水循环的单一过程和系统耦合作用两大层面逐步取得突破。其中，社会水循环的单一过程是指对社会水循环的主要过程和关键环节，如供水、输水、排水、回收利用等，通过能够反映其物理运动机制和能量变化的数学方法进行定量描述。系统耦合层面包括了水系统内部与外部系统两个方面，前者是指对社会水循环各个关键环节之间以及与自然水系统之间的物理运动机制和能量变化进行定量的数学描述，后者是指对社会水循环与水系统外的其他自然系统（如社会系统、生态系统等）之间的相互作用过程及能量交互进行数学定量描述。上述内容将会成为支撑社会水循环理论体系、促进社会水循环及其相关研究不断发展进步的核心。

（2）社会水循环模型开发及应用研究

社会水循环模型是模拟、分析和预测社会水循环演变规律的重要工具，同时也是未来研究的热点和难点之一。在当前针对特殊需求而开发的社会水循环模型的基础上，如针对城市洪水、水污染等具体问题的微观单元尺度的社会水循环模型和为流域水资源规划及决策服务的宏观社会水循环模型，随着对社会水循环驱动过程及其作用机理的深入研究，未来的社会水循环模型发展和突破的重点方向，包括应用现代空间信息技术，掌握不同类型社会用水斑块的时空分布信息，集合不同类型社会水循环模拟模块，实现多时空尺度的社会水循环过程分布式模拟；考虑城市建筑类型对社会用水垂向分布特征的影响，如高层楼房与平房的用水循环过程显然是有区别的，在原有平面（一维及二维）社会水循环模拟的基础上进一步开发三维立体式的分布式社会水循环模型；与自然水循环过程耦合，开发能够客观反映不同尺度"自然-社会"二元水循环演变过程的分布式水循环模型，重点解决人类活动影响较大的特大城市及城市群区域的水循环问题。

（3）社会水循环多维调控阈值研究

对社会水循环系统中"供—用—耗—排—回用"各过程采取总量控制等调控措施，是维系生态环境系统的良性健康运行的重要保障。制定科学合理的调控措施，需要客观认识社会水循环调控的目标阈值，即何时调控、如何调控和调控效果的问题。因此，在理解社会水循环的循环过程、剖析其系统结构、总体把握社会水循环通量的基础上，开展社会水循环的调控阈值研究将是未来研究的难点和热点问题之一，是直接影响严格水资源管理制度实施进度及成效的关键环节。

社会水循环调控的目标包括资源、社会、经济、生态和环境等多维目标，因此，为协调好水资源、生态环境保护与社会经济发展之间的关系，处理好社会水循环系统与自然水循环系统之间水需求的矛盾，解决好水短缺、水污染、水生态环境退化等问题，需要不断丰富"自然-社会"二元水循环调控综合模式，基于社会水循环过程开展社会水循环多维调控目标的阈值研究，综合分析用水总量控制目标阈值、用水效率控制目标阈值和纳污能力控制目标阈值，这也是社会水循环研究领域的一个重要方向。

（4）社会水循环过程的环境与生态系统响应研究

国内外在社会经济取用水和排污对生态与环境的影响、自然水循环系统对社会经济用水承载约束的研究方面已经取得了较丰富的成果，但多数研究是针对单一用水环节或简化用水过程对生态与环境的影响，还比较缺乏基于社会水循环与自然主循环两大系统之间的耦合、平衡和调控基础上的生态环境系统响应研究，对社会水循环影响环境与生态系统的作用机制研究还比较薄弱，而未来加强水资源开发利用过程中的环境与生态保护急需开展相关的研究。综合来看，不同尺度、自然与人工综合作用、水量与水质耦合条件下的社会水循环，对环境与生态系统的作用机理、驱动机制、响应反馈模式、调控阈值等方面的研究将是未来发展的趋势。

参 考 文 献

阿萨林 A E，赵秋云.2008.俄罗斯的水资源及其利用.水利水电快报，20（05）：1-4.
北京市园林局.2006.北京园林年鉴（2006年）.北京市园林局内部出版物.
卜有生.1986.生态农业基础.北京：中国环境科学出版社.
卜秋平，陆少鸣，曹科，等.2002.城市污水处理厂的建设与管理.北京：化学工业出版社.
岑国平，沈晋，范荣生.1998.城市设计暴雨雨型研究.水科学进展，9（1）：41-46.
车伍，李俊奇.2006.城市雨水利用技术与管理.北京：中国建筑工业出版社.
陈百明.2006.澳大利亚的农业资源与区域布局.中国农业资源与区划，27（4）：55-58.
陈家琦.1994.在变化环境中的中国水资源问题及21世纪初期供需展望.水利规划与设计，4：13-19.
陈家琦，王浩，杨小柳.2002.水资源学.北京：科学出版社.
陈雷.1993.澳大利亚节水灌溉.喷灌技术，（4）：53-58.
陈默，张林秀，翟印礼，等.2007.中国农村生活用水投资情况及区域分布.农业现代化研究，28（3）：340-342.
陈庆秋.2004.珠江三角洲城市节水减污研究.广州：中山大学博士学位论文.
陈庆秋，陈晓宏.2004.基于社会水循环概念的水资源管理理论探讨.地域研究与开发，23（3）：109-113.
陈仁仲，卢文俊，李士睢，等.2001.工业用水效率与回收率的内涵探讨.工业污染防治，（77）：122-159.
陈树勋.1993.90年代工业.北京：经济管理出版社.
陈新加.2002.厦门城市用水系统的调查及评价与预测.中国农村水利水电，6：38-41.
陈玉民，郭国双，王广兴，等.1995.中国主要作物需水量与灌溉.北京：中国水利水电出版社.
程国栋.2003.虚拟水——中国水资源安全战略的新思路.中国科学院院刊，（4）：260-265.
褚俊英，陈吉宁.2009.中国城市节水与污水再生利用的潜力评估与政策框架.北京：科学出版社.
丛翔宇，倪广恒，惠士博，等.2006.城市立交桥暴雨积水数值模拟.城市道桥与防洪，（2）：52-55.
崔超，韩烈保，苏德荣.2004.再生水绿地灌溉水质标准的比较研究.再生资源研究，（1）：28-31.
崔健.2006.农业面源污染的特性及防治对策.中国农学通报，（1）：335-340.
戴慎志，陈践.1999.城市给水排水工程规划，合肥：安徽科学技术出版社.
邓荣森，李青，陈德强.2004.污水回用改变水循环的环境经济分析.重庆大学学报，27（2）：125-139.
董欣，陈吉宁，曾思育.2008.城市排水系统集成模拟研究进展.给水排水，34（11）：118-123.
董翊立.2004.城市生态环境用水概念及山西省城市生态环境用水现状分析.山西能源与节能，（2），18-19.
杜会，魏冰，杨珺.2006.绿化植物对水循环的影响.中国农学通报，22（8）：453-457.
段爱旺，张寄阳.2000.中国灌溉农田粮食作物水分利用效率的研究.农业工程学报，16（4）：2.
范群芳，董增川，杜芙蓉，等.2007.农业用水和生活用水效率研究与探讨.水利学报，10：465-469.
冯业栋，李传昭.2004.居民生活用水消费情况抽样调查分析.重庆大学学报，27（4）：154-158.

傅金祥，马兴冠. 2002. 水资源需求预测及存在的主要问题探讨. 中国给排水，18（10）：27-29.
顾涛，韩振中，刘斌. 2009. 海河流域水资源管理现状与对策研究. 湿地中国网，http：//www. shidi. org/sf_43010D24E7FC454683ED8465E455A3D3_151_cnplph. html[2013-10-30].
顾月红，葛朝霞，薛梅，等. 2008. 北京市生活用水年预报模型. 河海大学学报（自然科学版），36（1）：19-22.
郭生练. 1994. 水面蒸发计算中几个问题的研究. 武汉水利电力大学学报，27（1）：99-106.
郭元裕. 1997. 农田水利学. 北京：中国水利水电出版社.
国家发展和改革委员会环境和资源综合利用司. 2004. 重点行业用水与节水. 北京：中国水利水电出版社.
国家人口和计划生育委员会. 2007. 国家人口发展战略研究报告. 人口研究，(1)：1-10.
国家统计局和国家环境保护总局. 2007. 中国环境统计年鉴. 治黄科技信息，(5)：22-27.
韩金荣，赵蔚英. 2001. 生活饮用水水质与人体健康效应的评价. 中国预防医学杂志，2（2）：158-160.
韩瑞光. 2004. 加强海河流域地下水管理 促进经济社会可持续发展. 海河水利，(5)：13-15.
何永，刘红，张晓昕. 2007. 北京市节约用水规划研究（2006~2020年）. 国家科技成果.
贺国庆，李湘姣，刘国纬，等. 2008. 人类活动对广东省水循环的影响分析. 自然资源学报，28（1）：70-72.
洪蔚. 1987. 日本生活排水污染负荷削减对策. 全国公害研会志，12（1）：5-7.
侯元兆，李玉敏. 2007. 世界主要城市森林发展现状与趋势. 中国城市林业，5（2）：61-65.
胡珊珊，郑红星，刘昌明，等. 2012. 气候变化和人类活动对白洋淀上游水源区径流的影响. 地理学报，67（1）：62-70.
贾绍凤. 2001. 工业用水零增长的条件分析——发达国家的经验. 地理科学进展，20（1）：51-59.
贾绍凤，王国，夏军，等. 2003. 社会经济系统水循环研究进展. 地理学报，58（2）：255-262.
贾仰文，王浩，周祖昊，等. 2010a. 海河流域二元水循环模型开发及其应用：Ⅰ模型开发与验证. 水科学进展，21（1）：1-8.
贾仰文，王浩，甘泓，等. 2010b. 海河流域二元水循环模型开发及其应用：Ⅱ水资源管理战略研究应用. 水科学进展，21（1）：9-15.
建设部城市节约用水办公室. 1992. 城市节约用水规划参考资料汇编. 245-247.
姜乃昌，韩德宏. 1990. 配水管网的解析宏观模型. 给水排水，1：2-8.
蒋艳灵，陈远生. 2007. 北京市高校用水定额管理的探索. 给水排水，33（6）：68-72.
焦爱华，杨高升. 2002. 澳大利亚可持续发展水政策及启示. 水利水电科技，22（2）：63-65.
靳孟贵，张人权，孙连发，等. 1998. 黑龙港地区农业—水资源—环境系统分析. 地质科技情报，17（2）：18-20.
库兹涅茨. 1985. 各国的经济增长（中文版）. 北京：商务印书馆.
来海亮，汪党献，吴涤非. 2006. 水资源及其开发利用综合评价指标体系. 水科学进展，17（2）：95-101.
雷志栋，胡和平，杨诗秀. 1997. 关于提高灌溉水利用率的认识. 中国水利，(7)：13-14.
李碧清，高洁，白宇，等. 2004. 城市污水深度处理与流域健康水循环. 低温建筑技术，(4)：67-68.
李贵宝，谭红武，朱瑶. 2002. 中国水环境污染物排放标准的现状. 中国标准化，(9)：49-50.
李贵宝，周怀东，刘晓茹，等. 2005. 我国生活饮用水水质标准发展趋势及特点. 中国水利，9：40-42.
李贵宝，周怀东，王东胜. 2003. 我国农村水环境及其恶化成因. 中国水利，(4)：57-60.
李桂芳，孟范平，李科林，等. 2001. 株洲市生活污水污染特征研究. 中南林学院学报，21（2）：23-28.

李海鹏.2007.中国农业面源污染的经济分析与政策研究.武汉:华中农业大学博士学位论文.
李九一,李丽娟,姜德娟,等.2006.沼泽湿地生态储水量及生态需水量计算方法探讨.地理学报,61(3):289-296.
李奎白,李星.2001.水的良性社会循环与城市水资源.中国工程科学,3(6):37-40.
李其林,魏朝富,王显军,等.2008.农业面源污染发生条件与污染机理.土壤通报,39(2):169-176.
李琪.2003.中国农村雨水集蓄利用系统及其发展.中国农村水利水电,(7):1-3.
李文生,徐士国.2007.流域水循环中的人工影响因素及其作用.水电能源科学,25(4):28-32.
廖永松.2006.中国的灌溉用水与粮食安全.北京:中国水利水电出版社.
林展鹏.2008.高密度城市防灾公园绿地规划研究——以香港作为研究分析对象.中国园林,(9):37-42.
刘宝勤,姚治君,高迎春,等.2003.北京市用水结构变化趋势及驱动力分析.资源科学,25(2):38-43.
刘昌明.2004.黄河流域水循环演变若干问题的研究.水科学进展,15(5):608-614.
刘昌明,陈志恺.2001.中国水资源现状评价和供需发展趋势分析.北京:中国水利水电出版社.
刘昌明,何希吾.1998.中国21世纪水问题方略.北京:科学出版社.
刘洪禄,吴文勇,郝仲勇,等.2006.城市绿地节水技术.北京:中国水利水电出版社.
刘家宏,秦大庸,王浩,等.2010.海河流域二元水循环模式及其演化规律.科学通报,55(6):512-521.
刘淑明,孙长忠,孙丙寅.2004.油松和侧柏人工林适宜灌溉定额的研究.林业科学,40(6):85-90.
刘文新,陶澍,王永华,等.1996.京密引水中不同形态天然有机物的卤代活性.中国环境科学,16(5):372.
刘兴坡,刘遂庆,李树平,等.2007.基于SWMM的排水管网系统模拟分析技术.给水排水,2007,33(4):105-108.
龙爱华,王浩,于福亮,等.2011.社会水循环理论基础探析Ⅱ:科学问题与学科前沿.水利学报,42(5):505-513.
龙爱华.2008.社会水循环理论方法与应用初步研究.北京:中国水利水电科学研究院.
鲁仕宝,黄强,马凯,等.2010.虚拟水理论及其在粮食安全中的应用.农业工程学报,26(5):59-64.
鲁欣,秦大庸,胡晓寒,等.2009.国内外工业用水状况比较分析.水利水电技术,(1):102-105.
吕政.2008.中国工业发展报告.北京:经济管理出版社.
马静,陈涛,申碧峰,等.2007.水资源利用国内外比较与发展趋势.水利水电科技进展,27(1):6-13.
马静,汪党献,Hoekstra A Y.2004.虚拟水贸易与跨流域调水.中国水利,(13):37-39.
马丽,顾显耀,刘文泉,等.1999.长江三角洲气候的变化与社会经济管理系统.南京气象学院学报,(4):258-264.
闵骞,苏崇萍.1993.水面蒸发计算中几个问题的研究.武汉水利电力大学学报,26(2):229-236.
牛文全,高建恩,冯浩,等.2007.建立雨水利用学科体系的初步探讨.第四次全国雨水利用技术研讨会论文.
潘大庆.2004.第三届世界水论坛国家报告——印度.小水电,(2):8-17.
裴源生,赵勇.2006.经济生态系统广义水资源合理配置.郑州:黄河水利出版社.
彭奎,朱波.2001.紫色土集水区氮素收支状况与平衡分析.山地学报,(19):30-35.
祁鲁梁,李永存,宋业林.2003.工业用水节水与水处理技术术语大全.北京:中国水利水电出版社.
钱春健.2008.从社会水循环概念看苏州水资源的开发利用现状.水利科技与经济,14(5):377-378.

钱易,刘昌明,邵益生,等.2002.中国城市水资源可持续开发利用//钱正英,张光斗.2002.中国可持续发展与水资源战略研究报告集(第5卷).北京:中国水利水电出版社.

全国节约用水办公室.2003.全国节水规划纲要及其研究.南京:河海大学出版社.

尚海洋,徐中民,王思远.2009.不同消费模式下虚拟水消费比较.中国人口·资源与环境,19(4):50-54.

尚海洋,张志强.2011.石羊河流域武威市水资源社会化循环评估.干旱区资源与环境,25(7):57-62.

沈大军,杨小柳,王浩,等.1999.我国城镇居民家庭生活需水函数的推求及分析.水利学报,12:6-10.

石玉林,卢良恕.2001.中国农业需水雨节水高效农业建设.北京:中国水利水电出版社.

史晓燕,肖波,李建芬.2007.城市污水循环再生利用的环境效益及其应用状况.节水灌溉,(2):28-31.

舒金华,黄文钰,高锡芸,等.1998.发达国家禁用(限用)含磷洗衣粉的措施.湖泊科学,10(1):90-96.

水利水电快报.2006.国外水电纵览大洋洲篇.水利水电快报,27(15):22-27.

宋序彤.2005.我国城市用水发展和用水效率分析.中国水利,13:40-43.

孙傅.2009.社会经济特征变化对城市给水管网的影响研究.北京:清华大学博士后出站报告.

唐进群,刘冬梅,贾建中.2008.城市安全与我国城市绿地规划建设.中国园林,(9):1-4.

陶传友.2004.灌溉农业铺筑土耳其可持续发展之路.世界农业,(02):18-20.

万洪富.2005.我国区域农业环境问题及其综合治理.北京:中国环境科学出版社.

王大哲.1995.城市生活用水量预测方法探讨.西安建筑科技大学学报,27(4):360-364.

王道.2005.俄罗斯经济结构的发展趋势.中国社会科学院院报.

王德荣,张泽,李艳丽.2000.水资源与农业可持续发展.北京:北京出版社.

王纲胜,夏军,万东晖,等.2006.气候变化及人类活动影响下的潮白河月水量平衡模拟.自然资源学报,21(1):86-91.

王浩.2007.中国水资源问题与可持续发展方略//王昂生.2007.中国可持续发展总纲(第4卷).北京:科学出版社.

王浩,贾仰文,王建华,等.2004.黄河流域水资源演变规律与二元演化模型.中国水利水电科学研究院.

王浩,龙爱华,于福亮,等.2011.社会水循环理论基础探析Ⅰ:定义内涵与动力机制.水利学报,42(4):379-387.

王浩,王建华,秦大庸,等.2006.基于二元水循环模式的水资源评价理论方法.水利学报,37(12):1496-1502.

王丽,胡金明,宋长春,等.2008.水位梯度对三江平原典型湿地植物根茎萌发及生长的影响.应用生态学报,18(11):2432-2437.

王利民,程伍群,彭江鸿.2011.社会生产活动对流域水资源供需状况影响分析.南水北调与水利科技,9(3):163-166.

王庆平,刘金艳.2010.气候变化和人类活动对滦河下游地区水资源变化影响分析.地理学报,(15):41-44.

王瑞辉,马履一,李丽萍,等.2006b.元宝枫树干液流的时空变异性研究.北京林业大学学报,28(Supp.2):12-18.

王瑞辉,马履一,奚如春,等.2007.北京4种常见园林植物的水分分级管理.林业科学,43(9):18-22.

王瑞辉,马履一,奚如春,等.2008.北京7种园林植物及典型配置绿地用水量测算.林业科学,44

(10): 64-68.

王瑞辉, 奚如春, 徐军亮, 等. 2006a. 用热扩散式茎流计测定园林树木蒸腾耗水量. 中南林学院学报, 26 (2): 7-12.

王雯雯, 赵智杰, 秦华鹏. 2012. 基于SWMM的低冲击开发模式水文效应模拟评估. 北京大学学报（自然科学版）, 48 (2): 303-309.

王西琴, 刘昌明, 张远. 2006. 基于二元水循环的河流生态需水水量与水质综合评价方法——以辽河流域为例. 地理学报, 61 (11): 1132-1140.

王亚东. 2007. 澳大利亚农业考察. 世界农业, (11): 35-37.

王勇. 2005. 俄罗斯农业经济改革剖析. 世界农业, (5): 40-42.

王志民. 2002. 遏制海河流域生态环境恶化刻不容缓. 中国水土保持生态建设网, http://www.swcc.org.cn/desc.asp?id=6549 [2013-10-30].

魏刚, 许艳红, 熊蓉春, 等. 2003. 工业锅炉节水技术发展现状与趋势. 化学技术经济, (11): 27-30.

魏彦昌, 苗鸿, 欧阳志云, 等. 2003. 城市生态用水核算方法及应用. 城市环境与城市生态, 16 (Suppl): 18-20.

翁建武, 蒋艳灵, 陈远生, 等. 2007. 北京市公共生活用水现状、问题及对策. 中国给水排水, 23 (14): 77-82.

吴波. 2008. 我国实施主要污染物减排的客观战略研究. 国家环境咨询委员会和科学技术委员会.

吴季松. 2002. 现代水资源管理概论. 北京: 中国水利水电出版社.

吴文勇, 刘洪禄, 郝仲勇. 2005. 北京市农业节水发展的回顾与展望. 北京市水利科学研究所.

武力, 温瑞. 2006. 1949年以来的中国工业化的"轻"、"重"之辩. 经济研究, (9): 39-49.

袭著革, 杨红莲. 2008-02-21. 新型污染物危害知多少. 健康报, 008.

项学敏, 周笑白, 周集体. 2006. 工业产品虚拟水含量计算方法研究. 大连理工大学学报, 46 (2): 179-184.

谢贤群. 2003. 我国北方地区农业生态系统水分运行及区域分异规律研究的内涵和研究进展. 地球科学进展, 18 (3): 440-446.

徐向阳. 1998. 平原城市雨洪过程模拟. 水利学报, 8: 34-37.

徐雁金, 傅柳松, 邱理均, 等. 2004. 造纸工业节水技术. 环境污染治理技术与设备, 5 (7): 52-55.

徐中民, 龙爱华, 张志强. 2003. 虚拟水的理论方法及在甘肃省的应用. 地理学报, 58 (6): 861-869.

许炯心. 2007. 人类活动对黄河川径流的影响. 水科学进展, 18 (5): 648-655.

严煦世, 刘遂庆. 2002. 给水排水管网系统. 北京: 中国建筑工业出版社.

杨红莲, 袭著革, 闫峻, 等. 2009. 新型污染物及其生态和环境健康效应. 生态毒理学报, 1 (4): 28-34.

杨敏. 2006. 分散式中水回用系统模拟预测与情景分析. 北京: 首都师范大学硕士学位论文.

杨淑蕙, 刘秋娟. 2007. 造纸工业清洁生产环境保护循环利用. 北京: 化学工业出版社.

杨战社, 高照良. 2007. 城市生态住宅小区水资源循环利用研究. 水土保持通报, 27 (3): 167-170.

杨志峰, 崔保山, 刘静玲, 等. 2003. 生态环境需水量理论、方法与实践. 北京: 科学出版社.

杨志峰, 刘静玲, 孙涛, 等. 2006. 流域生态需水规律. 北京: 科学出版社.

姚远. 2006. 典型小城镇生活用水特性研究及生活用水量预测. 重庆: 重庆大学硕士学位论文.

姚远, 曾曜, 刘涛, 等. 2006. 小城镇生活用水量调查与应用研究. 郑州大学学报（工学版）, 27 (2): 124-128.

姚治君, 管彦平, 高迎春. 2003. 潮白河径流分布规律及人类活动对径流的影响分析. 地理科学进展, 22 (6): 599-606.

袁宝招.2006.水资源需求驱动因素及其调控研究.南京:河海大学博士学位论文.
袁宝招,陆桂华,郦建强,等.2007a.我国生活用水变化分析.水资源保护,23(4):48-51.
袁宝招,陆桂华,李原园,等.2007b.水资源需求驱动因素分析.水科学进展,18(3):404-409.
袁一星,张杰,赵洪宾,等.2005.城市给水管网系统模型的校核.中国给排水,21(12):44-46.
袁远.2004.北京市家庭生活用水规律与模拟模型研究.北京:北京化工大学硕士学位论文.
臧漫丹,诸大建.2006.基于循环经济理论的上海水资源治理模式研究,给水排水,32(3):40-47.
张从.1993.农业环境保护概论.北京:中国农业大学出版社.
张光辉,刘少玉,张翠云,等.2004.黑河流域水循环演化与可持续利用对策.地理与地理信息科学,20(1):63-66.
张建锋,祁水炳,王晓昌,等.2007.城镇供水价格调整对用水特征的影响.水资源保护,23(1):74-86.
张杰,高雪峰,王润元.2008.生态用水的估算方法研究和问题探讨.干旱气象,26(2):12-16.
张杰,熊必永.2004.城市水系统健康循环的实施策略.北京工业大学学报,30(2):185-189.
张杰,熊必永,李捷.2006.水健康循环原理与应用.北京:中国建筑工业出版社.
张进旗.2011.海河流域水循环特征及人类活动的影响.河北工程技术高等专科学校学报,(2):8-11.
张俊民,张莉楠,李芳.2004.北京城市不同类型绿地单位面积年灌溉需水量的估算.北京园林,(4):21-24.
张克强,张洪生,韩烈保,等.2006.都市再生水灌溉绿地水质控制标准的制定研究.农业环境科学学报,26(Supp.1):100-106.
张书函,丁跃元,陈建刚.2002.德国的雨水收集利用与调控技术.北京水利,3:39-41.
张维理,武淑霞,冀宏杰,等.2004.中国农业面源污染形势估计及控制对策——21世纪初期中国农业面源污染的形势估计.中国农业科学,37(7):1008-1017.
张炜,李思敏,孙广垠,等.2010.雨水回用对城市水循环和下游生态环境的影响.水利水电科技进展,30(3):50-52.
张舞,陈绍平,黄小红,等.2004.广州市农业环境污染及其对策.生态,13(1):142-143.
张雅君,冯萃敏,刘全胜.2003.北京城市用水系统流图的研究.北京建筑工程学院学报,19(1):28-32.
张艳芳,Gardner A,张祎.2008.澳大利亚水资源分配的法律原则.内蒙古环境科学,(2):1-3.
张岳.2000.中国水资源与可持续发展.南宁:广西科学技术出版社.
章家恩,饶卫民.2004.农业生态系统的服务功能与可持续利用对策探讨.生态学杂志,23(4):99-102.
赵洪宾.2003.给水管网系统理论与分析.北京:中国建筑工业出版社.
赵鸣骥,黄家玉,曹云龙,等.2004.土耳其、摩洛哥农业灌区经营管理考察报告.中国农业综合开发,(1):10-12.
赵荣钦,黄爱民,秦明周.2003.农田生态系统服务功能及其评价方法研究.农业系统科学与综合研究,19(4):267-270.
赵松岭.1996.集水农业引论.西安:陕西科学技术出版社.
郑博福,陈绍波,柳文华,等.2005.我国"三步走"战略中工业需水量趋势.中国给水排水,5(21):29-31.
中共中央马克思恩格斯列宁斯大林著作编译局.1995.马克思恩格斯选集.北京:人民出版社.
中国农业年鉴编辑委员会.1990–2009.中国农业统计年鉴1990–2009.北京:中国农业出版社.
中国社会科学院工业经济研究所.2008.中国工业发展报告.北京:经济管理出版社.

中华人民共和国国家统计局. 2006. 中国统计年鉴 2005. 北京：中国统计出版社.

中华人民共和国国家统计局. 2008. 中国统计年鉴 2007. 北京：中国统计出版社.

中华人民共和国国家统计局. 2009. 中国统计年鉴 2008. 北京：中国统计出版社.

中华人民共和国水利部. 2007. 2006 年中国水资源公报. 北京：中国水利水电出版社.

中华人民共和国水利部. 2008. 2007 年中国水资源公报. 北京：中国水利水电出版社.

中华人民共和国水利部. 2009. 2008 年中国水资源公报. 北京：中国水利水电出版社.

仲婧, 许宁. 2004. 生活污水中污染物质的排放规律探讨. 泰山医学院学报, 25（4）：356-358.

周景博. 2005. 中国城市居民生活用水影响因素分析, 统计与观察, 6：75-76.

周玉文. 2010. 城市排水管网非恒定流模拟技术的实用意义与应用前景. 给水排水, 26（5）：14-16.

周玉文, 赵洪宾. 2000. 排水管网理论与计算. 北京：中国建筑工业出版社.

周祖昊, 王浩, 贾仰文, 等. 2011. 基于二元水循环理论的用水评价方法探析. 水文, 31（1）：8-12.

朱强, 李元红. 2004. 论雨水集蓄利用的理论和实用意义. 水利学报,（3）：60-64.

邹家庆. 2003. 工业废水处理技术. 北京：化学工业出版社.

Abu-Zreig M, Attom M, Hamasha N. 2000. Rainfall harvesting using sand ditches in Jordan. Agricultural Water Management, 46：183-192.

Ahorro de agua en la industria. 1999. Grupo BYSE electrodomestico, S. A. Water Efficiency in Cities. International Conference.

Alcocer V H, Tzatchkov V G, Buchberger S G, et al. 2004. Stochastic residential water demand characterization. Proceedings of the 2004 World Water and Environmental Resources Congress, Salt Lake City, UT.

Allan J A. 1993. Fortunately there are substitutes for water otherwise our hydropolitical futures would be impossible. Priorities for Water Resources Allocation and Management. London：ODA.

ASCE. 1992. Design & Construction of Urban Stormwater Management Systems. New York, NY.

Auble G T, Scott M L, Friedman J M. 2005. Use of individualistic streamflow-vegetation relations along the Fremont River, Utah, USA to assess impacts of flow alteration on wetland and riparian areas. Wetlands,（25）：143-154.

Bailey R J, Jolly P K, Lacey R F. 1986. Domestic water use patterns. Technical Rep. No. 225, Water Research Centre, Medmenham, U. K.

Beecher J A, Mann P C, Hegazy Y, et al. 1994. Revenue effects of water conservation and conservation pricing：issues and practices. National Regulatory Research Institute, Ohio State University, USA.

Boers Th M, Ben-Asher J. 1982. A review of rainwater harvesting. Agricultural Water Management, 5：145-158.

Bouhiah. 1998. Water in the economy：Integrating water resources into national economic planning. Cambridge：Harvard University.

Chapagain A K, Hoekstra A Y. 2003. Virtual water trade：A quantification of virtual water flows between nations in relation to international trade of livestock and livestock products//Virtual Water Trade：Proceedings of the International Expert Meeting on Virtual Water Trade, Value of Water Research Report Series No. 12, IHE Delft, The Netherlands.

Chèvre N, Guignard C, Rossi L, et al. 2012. Substance flow analysis as a tool for urban water management. Water Science & Technology, 63（7）：1341-1348.

Cpasqualino J, Meneses M, Castells F. 2010. Life cycle assessment of urban waste water reclamation and reuse alternative. Journal of Industrial Ecology, 15（1）：49-63.

Critchley W, Siegert K. 1991. Water Harvesting. Rome：FAO.

Dalhuisen J M, Florax R J G M, de Groot H L F, et al. 2000. Price and income elasticities of residential water demand: Why empirical estimates differ. Tinbergen Institute Discussion Paper, No. 2001-057/3.

Depietri Y, Renaud, F G, Kallis G. 2012. Heat waves and floods in urban areas: A policy-oriented review of ecosystem services. Sustainability Science, 7 (1): 95-107.

Dubnyak S, Timchenko V. 2000. Ecological role of hydrodynamic processes in the Dnieper Reservoirs. Ecological Engineering, (16): 181-188.

Duong T T H, Adin A, Jackman D, et al. 2011. Urban water management strategies based on a total urban water cycle model and energy aspects—case study for Tel Aviv. Urban Water Journal, 8 (2): 103-118.

EEA. 2001. Sustainable water use in Europe (Part II): demand management. European Environment Agency. Environmental Issue Report No. 19.

EPA. 2000. Community water system survey 2000 volume 1: Overview. EPA 815-R-02-005A, 2002.

EPA. 2005. Factoids: drinking water and ground water statistics for 2005. EPA 816-K-03-001.

European Commission. 1998. Towards Sustainable Water Resources Management—A Strategic Approach, Chapter 1: Water resources management: the challenges. Brussels: European Commission.

Falkenmark M. 1997. Society's interaction with the water cycle a conceptual framework for a more holistic approach. Hydrological Sciences, 42, (4): 451-466.

Fox P, Rockström J. 2003. Supplemental irrigation for dry-spell mitigation of rainfed agriculture in the Sahel. Agricultural Water Management, 61: 29-50.

Gary-Wolff P E. 2004. Conservation potential and California's urban water demand. Woodrow Wilson Center River Basin Study Group, China Visit, June 12-17, 2004, Pacific Institute.

Gleick P H. 1996. Basic water requirmenets for human activities: Meeting basic needs. Water International, 21: 83-92.

Hardy M J, Coombes K G. 2005. Integrated urban water cycle management: the urban cycle model. Water Science and Technology, 52 (9): 1-9.

He X B, Li Z B, Hao M D, et al. 2003. Down-scale analysis for water scarcity in response to soil-water conservation on Loess Plateau of China Agriculture. Ecosystems and Environment, 94: 355-361.

Herrmann T, Schmida U. 1999. Rainwater utilization in Germany: Efficiency, dimensioning, hydraulic and environmental aspects. Urban Water, 1: 307-316.

Hoekstra A Y. 2003. Virtual water: An introduction//Virtual Water Trade: Proceedings of the International Expert Meeting on Virtual Water Trade, Value of Water Research Report Series No. 12. Delft, The Netherlands, IHE.

Howard G, Bartram J. 2003. Domestic water quantity, service level and health. World Health Organization.

Huang Yao-Huan, Jiang Dong, Zhuang Da-Fang, et al. 2012. Evaluation of relative water use efficiency (RWUE) at a regional scale: A case study of Tuhai-Majia Basin, China. Water Science and Technology, 66 (5): 927-933.

Hutson S S, Barber N L, Kenny J F, et al. 2000. Estimated Use of Water in the United States in 2000. U. S. Geological Survey, Circular 1268.

ICID, 薛亮. 2002. 中国节水农业理论与实践. 北京: 中国农业出版社.

Jeffrey P, Gearey M. 2002. Socieal responses to water conservation policy instruments: A literature review and some comments on emerging theory. Presentation for the EPSRC Funded Network on Water Conservation & Recycling.

Jensen M E, Burman R D, Allen R G. 1990. Evapotranspiration and irrigation water requirement. ASCE

Manual 70.

Jeppesen J, Christensen S, LyngsLadekarl U. 2011. Modelling the historical water cycle of the Copenhagen area 1850-2003. Journal of Hydrology, 404 (3-4): 117-129.

Jia Yangwen, Ni Guangheng, Yoshihisa Kawahara, et al. 2001. Development of WEP model and its application to an urban watershed. Hydrological Processes, 15 (11): 2175-2194.

Jordan J L. 1999. Pricing to encourage conservation: Which price "which rate structure". Management of Water Demand: Unresolved Issues, Special issue of Water Resources Update 14: 34-37.

Karamouz M, Ali M, Sara N, et al. 2010. Urban Water Engineering and Management. United State: Chemical Rubber Company Press.

King D M, Perera B J C. 2011. Sensitivity analysis of yield estimate of urban water supply systems. Australian Journal of Water Resources, 14 (2): 141-155.

Lekkas D F, Manoli E, Assimacopoulos D. 2008. Integrated urban water modelling using the aquacycle model. Global Nest Journal, 10 (3): 310-319.

Lens P, Pol L H, Wilderer P, et al. 2008. 工业水循环与资源回收. 成徐州, 吴迪, 等译. 北京: 中国建筑工业出版社.

Leung R W K, Li D C H, Yu W K, et al. 2012. Integration of seawater and grey water reuse to maximize alternative water resource for coastal areas: the case of the Hong Kong international Airport. Water Science & Technology, 65 (3): 410-417.

Livesley S J, Dougherty B J, Smith A J, et al. 2010. Soil-atmosphere exchange of carbon dioxide, methane and nitrous oxide in urban garden systems: impact of irrigation, fertiliser and mulch. Urban Ecosyst, 13: 273-293.

Loucks D P, van Beek E, Stedinger J R, et al. 2005. Water Resources Systems Planning and Management: An Introduction to Methods, Models and Applications. Paris: UNESCO.

Lundy L, Wade R. 2011. Integrating sciences to sustain urban ecosystem services. Progress in Physical Geography, 35 (5): 653-669.

Ma Ying, Feng Shaoyuan, Huob Zailin, et al. 2011. Application of the SWAP model to simulate the field water cycle under deficit irrigation in Beijing, China. Mathematical and Computer Modelling, 54 (3-4): 1044-1052.

Mackay R, Last E. 2010. Switch city water balance: A scoping model for integrated urban water management. Review in Environmental Science and BioTechnology, 9 (4): 291-296.

Makropoulos T C, Rozos E. 2010. Managing the complete urban water cycle: the urban water optioneering tool. Greece.

Manning W J. 2008. Plants in urban ecosystems-essential role of urban forests in urban metabolism and succession toward sustainability. International Journal of Sustainable Development and World Ecology, 15 (4): 362-370.

Maslow A H. 1943. A theory of human motivation. Psychological Review, 50: 370-396.

McCuen R. 1996. Hydrology. FHWA-SA-96-067, Federal Highway Administration, Washington, DC.

Meinzen-Dick R S, Rosegrant M W. 2001. Overcoming water scarcity and quality constraints. In a 2020 Vision for Food, Agriculture, and the Environment, Focus 9, 2001. International Food Policy Research Institute (IFPRI).

Mekonnen M M, Hoekstra A Y. 2011. National water footprint accounts: the green, blue and grey water footprint of production and consumption. Value of Water Research Report Series No. 50, UNESCO-IHE, Delft, the Netherlands.

Melesse A M, Shih S F. 2002. Spatially distributed storm runoff depth estimation using Landsat images and GIS. Computers and Electronics in Agriculture, 37: 173-183.

Memon F, Butler D. 2001. Water consumption trends and domestic demand forecasting. Presentation at Watersave Network Second Meeting, 4 December, 2001.

Merrett S. 1997. Introduction the economics of water resources. London: University College London Press: 1-62.

Merrett S. 2004. Integrated water resources management and the hydrosocial balance. Water International, 29 (2): 148-157.

Mitchell V G. 2006. Applying integrated urban water management concepts: A review of Australian experience. Environmental Management, 37 (5): 589-605.

Mitchell V G, Cleugh H A, Grimmond C S B, et al. 2008. Linking urban water balance and energy balance models to analyse urban design options. Hydrological Processes, 22 (16): 2891-2900.

Mitchell V G, Diaper C. 2005. UVQ: a tool for assessing the water and contaminant balance impacts of urban development scenarios. Water Science and Technology, 52 (12): 91-98.

Mitchell V G, Mein R G, McMahon T A. 2001. Modelling the urban water cycle. Environmental Modelling & Software, 16 (7): 615-629.

Murase M. 2004. Establishment of sound water cycle systems: Developing hydrological cycle evaluation indicators. Special Features: Water Management. http://www.nilim.go.jp/english/report/annual 2004/p050-053.pdf.

Nehrke S M, Roesner L A. 2004. Effects of design practice for flood control and best management practices on the flow-frequency curve. Water Resource Planning Management, 130 (2): 131-139.

Newcastle Environment Advisory Panel (NEAP). 2004. A sustainable urban water cycle policy for Newcastle. Australia: Newcastle City Council.

Next Space. 2011. Water in the visual city. America: Next Space.

OECD. 2001. The Price of Water: Trends in OECD Countries. Paris: OECD.

Pasqualino J C, Meneses M, Castells F. 2010. Life cycle assessment of urban wastewater reclamation and reuse alternatives. Journal of Industrial Ecology, 15 (1): 49-63.

Qin H P, Su Q, Khu S T. 2011. An integrated model for water management in a rapidly urbanizing catchment. Environmental Modelling & Software, 26 (12): 1502-1514.

Rockström J. 1999. On-farm green water estimates as a tool for increased food production in water scarce regions. Phys. Chem. Earth (B), 24 (4): 375-383.

Rossman L A. 2008. Storm Water Management Model User's Manual. Washington DC: US Environmental Protection Agency.

Sahely H R, Kennedy C A. 2007. Water use model for quantifying environmental and economic sustainability indicators. Journal of Water Resources Planning and Management, 133 (6): 550-559.

Sakarya A B A, Mays L W. 2000. Optimal operation of water distribution pumps considering water quality. Water Resour Planning Manage, 126 (4): 210-220.

Sanchez-Cohen I, Lopes V L, Slack D C, et al. 1997. Water balance model for small-scale water harvesting systems. Journal of Irrigation and Drainage Engineering, 123 (2): 123-128.

Scott C A, Silva-Ochoa P. 2001. Collective action for water harvesting irrigation in the Lerma-Chapala Basin, Mexico. Water Policy, 3: 555-572.

Shiklomanov I A. 2003. World water use and water availability//Shiklomanov I A, Rodda J C. 2003. World Water Resources at the Beginning of the 21st Century. Cambridge, England: Cambridge University Press.

Smith B, Patrick R J. 2011. Xeriscape for urban water security: A preliminary study from saskatoon, Saskatchewan. Canadian Journal of Urban Research, 20 (2): 56-70.

Sto Domingo N D, Refsgaard A, Mark O, et al. 2010. Flood analysis in mixed-urban areas reflecting interactions with the complete water cycle through coupled hydrologic-hydraulic modeling. Water Science and Technology, 62 (6): 1386-1392.

Ternes T A, Meisenheimer M, Mcdowell D. 2002. Removal of pharmaceuticals during drinking water treatment. Environmental Science & Technology, 36: 3855-3863.

United Nations. 1992. Substitute for Tripolyphosphate in Detergents. NewYork: United Nations Publicatioins.

Wackernagel M, Onisto L, Bello P, et al. 1999. National natural capital accounting with the ecological footprint concept. Ecological Economics, 29 (3): 375-390.

Walsh C. 2011. Managing urban water demand in Neoliberal Northern Mexico. Human Organization, 70 (1): 54-62.

Wassen M J, Joosten J H. 1996. In search of a hydrological explanation for vegetation changes along a fen gradient in the Biebrza Upper Basin (Poland). Vegetation, (124): 191-209.

Water Services Association of Australia. 2003. Urban water demand forecasting and demand management: Research needs review and recommendations. Occasional Paper No. 9.

White G F, Bradley D J, White A U. 1972. Drawers of Water: Domestic Water Use in East Africa. Chicago: University of Chicago Press.

World Health Organization, UNICEF. 2004. Meeting the MDG drinking water and sanitation target: A mid-term assessment of progress. Geneva, Switzerland.

Xu P, Huang S, Wang Z, et al. 2008. Water consumption habit in general population of Shanghai and Beijing, China. Asian Journal of Ecotoxicology, 3 (3): 224-230.

Young M D B, Gowing J W, Wyseure G C L, et al. 2002. Parched-thirst: Development and validation of a process-based model of rainwater harvesting. Agricultural Water Management, 55: 121-140.

Zhang H H. 2003. Residential water use: Its implications for municipal water planning: A case study of Beijing. Sustainable Water Resources Management in the Beijing-Tianjin Region: A Canada-China Collaborative Research Initiative Project Report, 2003.